U0197630

稻田土壤重金属污染治理理论与实践

李芳柏 等 著

科 学 出 版 社

北 京

内 容 简 介

本书面向我国稻田土壤重金属污染治理的国家重大需求及相关科学与技术挑战，从地球表层系统科学的视角，全面介绍了稻田土壤重金属污染控制理论、技术及应用。理论部分，首先介绍了研究方法与水稻吸收转运矿质元素的基本过程，然后介绍了镉、砷、汞、铅、铬、锑等重（类）金属在土壤-水稻体系中的迁移转化。技术部分，介绍了土壤-水稻体系多介质界面的镉砷同步钝化与生理阻隔技术。应用部分，介绍了区域稻田土壤重金属污染源解析方法及应用、工程治理实践、技术标准体系。

本书可作为环境科学与工程、环境土壤学、环境地球化学、农业工程及相关交叉学科的参考书，也可作为生态环境、农业农村、自然资源等行业的参考书。

图书在版编目（CIP）数据

稻田土壤重金属污染治理理论与实践/李芳柏等著. —北京：科学出版社，2023.9

ISBN 978-7-03-075993-1

Ⅰ. ①稻…　Ⅱ. ①李…　Ⅲ. ①稻田－土壤污染－重金属污染－污染防治－研究　Ⅳ. ①X53

中国国家版本馆 CIP 数据核字（2023）第 125405 号

责任编辑：郭勇斌　彭婧煜 / 责任校对：杨　赛
责任印制：徐晓晨 / 封面设计：义和文创

科学出版社出版
北京东黄城根北街 16 号
邮政编码：100717
http://www.sciencep.com
北京建宏印刷有限公司印刷
科学出版社发行　各地新华书店经销
*
2023 年 9 月第　一　版　开本：787×1092　1/16
2023 年 9 月第一次印刷　印张：30 1/2
字数：717 000

定价：480.00 元

（如有印装质量问题，我社负责调换）

主要作者简介

李芳柏，1968年生，中共党员，研究员，博导。国家自然科学基金创新研究群体项目负责人，国家杰出青年科学基金获得者、南粤百杰。入选英国土壤学会会士、中国土壤学会会士。担任广东省科学院生态环境与土壤研究所所长、华南土壤污染控制与修复国家地方联合工程技术研究中心创建主任。兼任中国土壤学会副理事长、广东省土壤学会理事长。主持完成了国家自然科学基金重点项目、国家自然科学基金国际合作重点项目、“十三五”国家重点研发计划项目、“863计划”课题等。带领“珠江人才计划”创新团队长期聚焦农用地土壤重金属污染治理及粮食安全的国家重大需求与国际性难题，创建了降低土壤重金属活性的铁循环调控原理-多介质界面的三重阻控技术-大面积治理的工程化应用体系，为推进国家《土壤污染防治行动计划》实施及保障粮食安全贡献了绵薄之力。核心技术入选中国生态环境十大科技进展、“科创中国”先导技术榜单。主持编制国家、行业、广东省技术标准共15项。获第三届全国创新争先奖、中国土壤学会杰出成就奖、中国青年科技奖、广东省五一劳动奖章。以第一完成人获国家科学技术进步奖二等奖1项及广东省自然科学奖、技术发明奖、科技进步奖一等奖共4项。

本书编委会

主　编： 李芳柏

编　委（按姓氏拼音排序）：

陈国俊（广东省科学院生态环境与土壤研究所）
池文婷（广东省科学院生态环境与土壤研究所）
崔江虎（广东省科学院生态环境与土壤研究所）
窦　飞（广东省科学院生态环境与土壤研究所）
杜衍红（广东省科学院生态环境与土壤研究所）
方利平（广东省科学院生态环境与土壤研究所）
高瑞川（广东省科学院生态环境与土壤研究所）
高　庭（中国科学院地球化学研究所）
黄小追（广东省科学院生态环境与土壤研究所）
黄　耀（广东省科学院生态环境与土壤研究所）
黄英梅（广东省科学院生态环境与土壤研究所）
洪泽彬（广东省科学院生态环境与土壤研究所）
胡　敏（广东省科学院生态环境与土壤研究所）
李晓敏（华南师范大学）
刘承帅（中国科学院地球化学研究所）
刘传平（广东省科学院生态环境与土壤研究所）
刘　凯（广东省科学院生态环境与土壤研究所）
刘同旭（广东省科学院生态环境与土壤研究所）
鲁寒莎（广东省科学院生态环境与土壤研究所）
孟韩兵（广东省科学院生态环境与土壤研究所）
潘丹丹（华南师范大学）
庞　妍（广东省科学院生态环境与土壤研究所）
孙蔚旻（广东省科学院生态环境与土壤研究所）
王　培（广东省科学院生态环境与土壤研究所）
王　琦（广东省科学院生态环境与土壤研究所）

王向琴（广东省科学院生态环境与土壤研究所）
吴云当（广东省科学院生态环境与土壤研究所）
夏冰卿（广东省科学院生态环境与土壤研究所）
夏朝霞（广东省科学院生态环境与土壤研究所）
杨　阳（广东省科学院生态环境与土壤研究所）
易继财（华南农业大学）
于焕云（广东省科学院生态环境与土壤研究所）
张　可（广东省科学院生态环境与土壤研究所）
章宇帆（广东省科学院生态环境与土壤研究所）
赵　彬（广东省科学院生态环境与土壤研究所）
钟松雄（广东省科学院生态环境与土壤研究所）

序　一

“万物土中生”。土壤是人类赖以生存与发展的重要物质基础。当前我国农用地土壤环境质量不容乐观、污染地块安全利用存在一定风险。由于土壤污染的复杂性、隐蔽性、长期性，同时我国相关研究起步晚、基础薄弱，我国土壤污染防控总体形势依然严峻，2035年实现稳中向好的目标任务异常艰巨。

我国农用地土壤污染区主要分布在长江中下游、西江及北江流域、西南高背景区等，与水稻主产区高度重叠。我国人多地少，土壤酸化及有机质含量较低、稻田干湿交替导致重金属高活性的地球化学特征，亟须发展以降低重金属活性为核心的农用地土壤污染边治理边生产技术，以保障农产品的安全。但国际上没有成熟的经验可以借鉴。

针对我国农用地土壤重金属污染治理的国家重大需求，广东省科学院生态环境与土壤研究所李芳柏研究员带领团队，以稻田土壤为主要对象，系统阐述了氧化铁-腐殖质-微生物间的相互作用及电子转移机制，揭示了铁与碳氮耦合调控降低土壤重金属活性的生物地球化学原理，创建了多介质界面重金属污染控制方法及“三重阻控”技术，并实现产业化应用，编制了农用地重金属污染风险管控与修复的相关技术标准，为保障我国土壤资源可持续利用与稻米安全提供了科技支撑。在此基础上，编写了《稻田土壤重金属污染治理理论与实践》一书。该书的出版发行，将对农用地土壤重金属污染防治领域相关基础研究、技术研发及其应用具有重要的参考价值。

中国工程院院士
浙江大学
2023年7月

序　二

健康而充满活力的耕地土壤，是人类赖以生存和发展的“命根子”，也是保障中国人“端牢饭碗”的坚实基础。此外，耕地土壤也因其具有多功能性，已成为我国全面践行生态文明的重要载体。

人类文明的演进伴随着对元素，特别是对金属元素的开发和利用。从陶器时代到青铜器时代，再到铁器时代和目前的合金时代，由于人类对重（类）金属的过度开采而带来的环境污染已经遍及全球。从元素使用的全生命周期来说，重金属污染很可能已经或将成为人类科技进步异化的必然产物。

红壤区是我国经济社会较为发达的地区，人类对重金属开采利用的历史悠久，因而红壤区土壤的重金属污染问题显得尤为突出，其中，稻米的镉砷等重金属超标问题已受到广泛关注。稻米是全球一半以上人口的主要食粮，故镉砷等重金属超标将严重威胁人类身体健康。然而，稻田土壤重金属的污染是一个十分复杂的问题，它不仅取决于稻田土壤的重金属污染状况，还与稻田的生态环境条件及土壤理化性质尤其是氧化还原状态、酸碱度等因素密切相关，而且还与水稻的基因型密切相关。因此，治理稻田土壤重金属污染并降低稻米重金属含量，是一个相当困难和复杂的过程，迫切需要发展系统性的污染控制技术。

广东省科学院生态环境与土壤研究所李芳柏研究员领导的团队，聚焦于环境土壤学国际前沿，面向农用地土壤重金属污染治理的国家重大需求，20 多年来一直致力于红壤区稻田铁循环及重金属污染治理的基础理论、科学方法、技术创新及其应用研究，系统研究并揭示了土壤氧化铁-腐殖质-微生物之间的相互作用及电子传递机制、铁与碳氮循环耦合降低土壤重金属活性的生物地球化学调控机制、土壤-水稻体系多介质界面重金属污染控制过程及其原理。该团队在进行基础研究的同时，还积极推进成果的转化与落地实施，目前已实现大面积推广应用，并取得了良好的社会效益和经济效益，而且通过总结凝练，成功创建了稻田土壤重金属污染控制理论-阻控技术-产业化与标准化应用的全创新链样板。

《稻田土壤重金属污染治理理论与实践》不仅是李芳柏团队 20 多年心血和结晶，而且也是该团队研究成果的阶段性总结。这些成果对相关领域的理论研究、技术研发、产品开发及其成果的推广应用等，具有重要的引导作用和借鉴参考意义。期冀该团队继续奋发努力，百尺竿头更进一步。

朱永官

中国科学院院士

中国科学院生态环境研究中心

2023 年 7 月

前　言

土壤是地球的“皮肤”，是人类赖以生存与发展的物质基础，是践行生态文明的载体，关乎国计民生。万物土中生，土为食之本。一方面，我国耕地资源十分紧缺，人均耕地面积不足世界平均水平的1/2。另一方面，我国还面临着较为严重的耕地土壤重金属污染问题，而且部分污染区与粮食主产区、生态脆弱区重合，粮食产量与质量安全问题突出。

党的十八大以来，从中央到地方不断地增强耕地保护战略意识，深入实施“藏粮于地”的战略构想，像保护大熊猫一样地保护耕地，严防死守18亿亩耕地红线。2019年3月8日习近平总书记在参加十三届全国人大二次会议河南代表团审议时提出：“耕地是粮食生产的命根子。要强化地方政府主体责任，完善土地执法监管体制机制，坚决遏制土地违法行为，牢牢守住耕地保护红线。”2020年12月，中央农村工作会议指出：“要严防死守18亿亩耕地红线，采取长牙齿的硬措施，落实最严格的耕地保护制度。”党的二十大报告进一步强调，全方位夯实粮食安全根基，全面落实粮食安全党政同责，牢牢守住18亿亩耕地红线。习近平总书记在2020年科学家座谈会上的讲话指出，一些地区农业面源污染、耕地重金属污染严重。可以说，耕地土壤重金属污染防控是支撑健康中国、乡村振兴、生态文明建设的重要基础。自《土壤污染防治行动计划》实施以来，耕地土壤重金属污染加重的趋势得到了有效的遏制，但是防治任务依然艰巨，任重而道远。

在稻田、麦田、玉米地等主要的耕地类型中，稻田土壤重金属污染问题最为突出，稻谷是我国重金属超标率最高的粮食。据联合国粮食及农业组织数据显示，2020年我国稻田面积约3007.6万hm^2，稻谷产量2.12亿t，分别占世界稻田面积的35.6%与稻谷总量的37.3%。稻米是我国第一主粮。我国85%的稻田分布在红壤区，由于强烈的自然风化与淋溶作用，土壤酸化及有机质含量低，导致重金属活性较高。该区域还分布着两条重要的金属硫化物矿带，长期的矿冶活动加剧了土壤重金属污染。因此，我国《土壤污染防治行动计划》中，确定湖南、广东、广西、湖北、江西、四川、云南、贵州等8个省区优先重点组织开展治理与修复，6个土壤污染综合防治先行区（广东韶关、湖南常德、广西河池、贵州铜仁、湖北黄石、浙江台州）中的5个分布在这一地区。同时，水稻的重金属吸收与积累能力较强，其镉的富集系数远远高于小麦、玉米等粮食作物，导致稻米中镉的超标率较高，对人民的健康构成严重威胁。稻田土壤重金属污染治理已成为我国土壤污染治理的重点与难点。

自20世纪70年代以来，美国、日本和欧洲等发达国家和地区逐步建立了较完善的土壤污染风险管控标准、评价方法体系、管理框架和法律法规体系，实施了多个土壤污染修复计划。例如，日本富山县针对神通川流域镉污染稻田进行了大规模的客土工程修复。总体上，与场地污染土壤修复相比，国际上对耕地土壤重金属污染防控的关注度相对较低。我国对耕地土壤重金属污染风险管控与修复技术的研究起步较晚，但发展迅速。“十三五”期间，国家设置了相关科研专项，国家自然科学基金委对环境土壤学进行了长期的支持与培育，相关基础学科与技术研发取得了长足的进步，相关论文与专利数量已经远高于其他国家。同时，我国还设置了耕地土壤重金属污染治理专项，进行了大面积的稻田土壤镉污染治理探索，总结提炼出一些经济可行的技术模式，部分技术已实现产业化与规模化应用。尽管我国耕地土壤重金属污染治理理论与关键技术取得了快速发展，但是部分技术的靶向性、精准度、成熟度都有待提高，技术转化瓶颈问题仍然较多，产业支持力度较弱，技术标准研究刚刚起步。

稻田土壤重金属污染治理是一个十分复杂且涉及多个学科理论和方法的问题，主要体现在三个方面：①土壤-水稻体系中重金属的迁移转化包含土壤物理、化学、生物等过程耦合，其中，转化受铁、碳、氮、硫等多个元素循环的驱动，而迁移则受水-土、根-土、植物细胞膜的多个界面控制，也受到成土母质、水分、温度、光照等多个要素的影响。②该领域研究必须同时面向国家重大需求和国际科技前沿，而且研究周期较长，但是我国起步晚、基础理论较为薄弱。土壤-水稻体系中重金属迁移转化涉及矿物-有机质-微生物之间相互作用的生物地球化学研究，以及土壤-植物-微生物相互作用的盆栽、田间试验，关键核心技术需要历经实验室的模拟—温室控制性试验—田间控制试验—大面积效果验证等多个层次，系统性研究周期长达 5～10 年。③人多地少的国情决定了我国必须边应用边治理，面对数千万亩重金属污染稻田边生产边治理实践，国际上没有成熟的经验可借鉴，必须基于我国实际情况，自主地探索治理理论和技术。

针对上述科学挑战，我们于 2002 年开始建立攻关团队，以污染最严重的稻田为主要对象，主攻稻田土壤重金属污染治理的基础理论和技术。根据我国南方红壤的地球化学特点，包括铁高丰度、高活性，以及 Fe(Ⅱ)/Fe(Ⅲ)氧化还原电位与碳氮循环、重金属形态转化的匹配性高等，逐步将红壤铁循环及其环境效应作为核心科学问题，试图从铁与碳氮耦合循环驱动重金属迁移转化的视角，探索土壤重金属污染治理的新思路、新理论和新技术。完成了“863 计划”课题“珠江西北江流域重点防控区稻田土壤重金属污染控制技术与示范”、国家自然科学基金国际合作重点项目“红壤区稻田铁循环耦合镉行为的生物地球化学机制”、“十三五”国家重点研发计划项目“农田重金属污染阻隔和钝化技术与材料研发”，以及广东省重大科技专项“农田重金属污染控制技术成果转化与产业化”。

通过多年的努力，于 2019 年经国家发改委批准建立了华南土壤污染控制与修复国家地方联合工程研究中心。“稻田镉砷污染阻控关键技术及应用”获 2019 年度国家科学技术进步奖二等奖，“典型重金属污染耕地精准治理技术及标准化应用”获 2021 年度广东省科技进步奖一等奖，“三重阻控技术有效治理稻田重金属污染”入选 2019 年度中国生态环境十大科技进展，“重金属污染耕地土壤的安全可持续利用技术”入选 2020 年度“科创中国”先导技术榜单。编制农用地重金属污染风险管控与修复的系列技术标准共 12 项，均已颁布实施，3 项国家技术标准已经提交报批稿。

《稻田土壤重金属污染治理理论与实践》从土壤-水稻体系重金属的迁移转化原理、过程、治理技术及其应用层面，系统而深入地阐述稻田土壤重金属污染治理理论、技术和应用效果。全书共有 14 章，第 1～8 章为基础理论，其中，第 1 章阐述土壤-水稻体系中重金属迁移转化研究方法，第 2 章介绍水稻的基本特点及其吸收转运矿质元素的基本过程，第 3～8 章依次介绍镉、砷、汞、铬、锑、铅等 6 种重（类）金属在土壤中的转化过程，以及在土壤-水稻体系中的多界面迁移过程。第 9～11 章为技术原理，其中，第 9 章论述土壤镉砷同步钝化技术，第 10 章介绍稻田根-土界面镉砷阻控技术，第 11 章介绍水稻重金属生理阻隔技术的原理及应用。第 12～14 章为技术应用效果，其中，第 12 章阐述区域稻田土壤重金属污染源解析方法及应用，第 13 章论述稻田土壤重金属污染治理工程化实践，第 14 章介绍农用地土壤重金属污染治理技术标准体系。

本书总结并凝练了研究团队 20 多年来的研究成果，由李芳柏设计与组织，团队 30 多位同事、研究生参与撰写。全书由李芳柏与易继财、刘同旭、李晓敏、钟松雄统稿，每一位作者都参与了撰写、修改和校稿。各章撰写人分别为：第 1 章，方利平、钟松雄、胡敏、杨阳、黄英梅、陈国俊、吴云当、高瑞川、孙蔚旻；第 2 章，易继财、钟松雄、陈国俊；第 3 章，杨阳、钟松雄、刘同旭、池文婷、于焕云；第 4 章，洪泽彬、李晓敏、潘丹丹、刘同旭、胡敏、王向琴；第 5 章，黄耀、黄英梅、刘同旭、章宇帆、胡敏、方利平；第 6 章，陈国俊，刘同旭、张可，夏朝霞，孟韩兵；第 7 章，夏冰卿、王向琴、刘同旭、李晓敏；第 8 章，王培、鲁寒莎、刘同旭、刘承帅；第 9 章，崔江虎、王向琴、刘凯、李彬；第 10 章，王向琴、胡敏、刘传平、于焕云、杜衍红；第 11 章，崔江虎、李晓敏、潘丹丹、刘传平；第 12 章，王琦、刘承帅、钟松雄、高庭、刘传平；第 13 章，王琦、刘传平、庞妍、黄小追、窦飞；第 14 章，赵彬、方利平、刘传平。

在此，衷心感谢全体撰写人员的辛勤付出和精益求精、一丝不苟的工作态度。感谢林启美教授，林教授在稿件修改过程中提供了大量的帮助，付出了辛勤劳动，分享了宝贵的经验；感谢南京大学钟寰教授提出宝贵的修改意见；感谢南方医科大学范磊博士对本书图片的绘制与修改；还需要特别感谢团队的分析测试组、田间试验组的所有人员及科研秘书们，你们默默地付出了劳动与智慧。

必须指出的是，稻田土壤重金属污染治理是我国土壤污染防治攻坚战的重点，也是难点。稻田土壤中重金属的迁移转化过程及稻米重金属积累，受制于土壤、水分、大气、生物等多种环境要素及其相互作用，特别是受铁、碳、氮、硫等多元素循环耦合的驱动，涉及多个学科。由于我们对复杂性地球表层系统过程认知的局限性，本书难免存在疏漏之处，敬请各位专家学者和读者批评指正，敦促我们更加努力，为国家粮食安全出一份力。

李芳柏

2022 年 11 月 12 日

目　录

第0章

绪　　论

立足环境土壤学国际前沿，面向土壤重金属污染治理的国家重大需求，我们从地球表层系统科学的视角，一直致力于红壤铁循环及重金属污染控制理论研究。以稻田为主要对象，系统地揭示了氧化铁-微生物之间的相互作用及电子传递机制、铁与碳氮耦合循环及重金属迁移转化的生物地球化学机制、土壤-水稻体系中多介质界面重金属污染控制原理，并实现研究成果转化及大面积推广应用，着力推进了稻田重金属污染控制理论—阻控技术—产业化与标准化应用的全链条创新。总结凝练团队20多年来的研究成果，计划撰写3本专著，分别为《矿物-微生物间电子转移机理及效应》《稻田土壤铁循环及环境效应》《稻田土壤重金属污染治理理论与实践》，相互关系如图0.1所示。

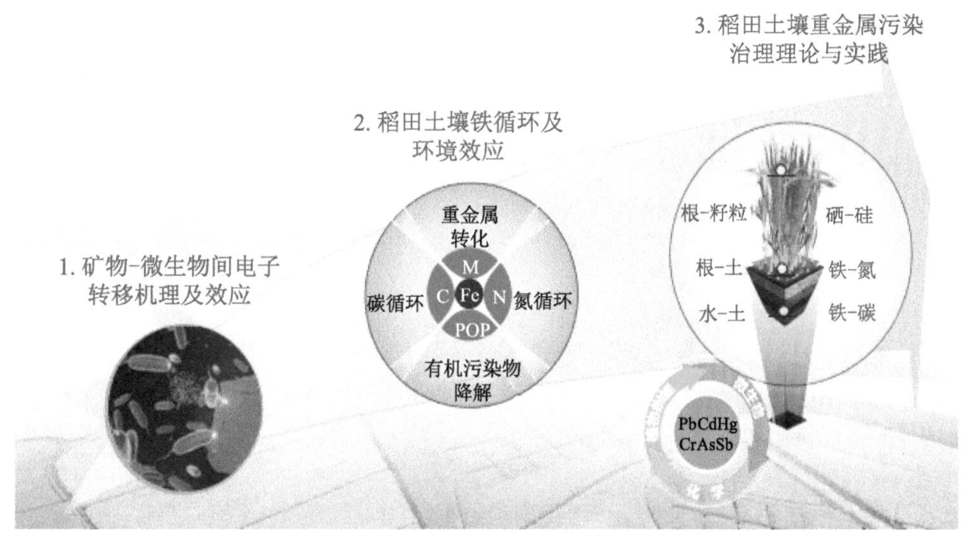

图0.1　稻田土壤重金属污染治理的铁循环理论框架

《稻田土壤重金属污染治理理论与实践》主要从土壤-水稻体系中重金属的迁移转化机制、稻田土壤重金属污染的三重阻控技术、区域应用三个方面进行较系统的介绍，其科学逻辑如图0.2所示。

1. 土壤-水稻体系中重金属迁移转化过程

土壤-水稻体系重金属迁移转化涉及多重界面，受水稻生长协同演变、多个环境要素的制约；此外，稻田干湿交替的水分管理特征，形成氧化还原条件周期性的变化，导致重金属迁移转化过程复杂而多变。因此，深入解析重金属迁移转化多界面-多过程-多要素机制，是实现稻田土壤重金属污染精准治理的关键。如图 0.3 所示，本书分别从以下两方面介绍土壤-水稻体系中重金属迁移转化原理：稻田土壤重金属的转化过程、土壤-水稻体系重金属的多界面迁移过程。

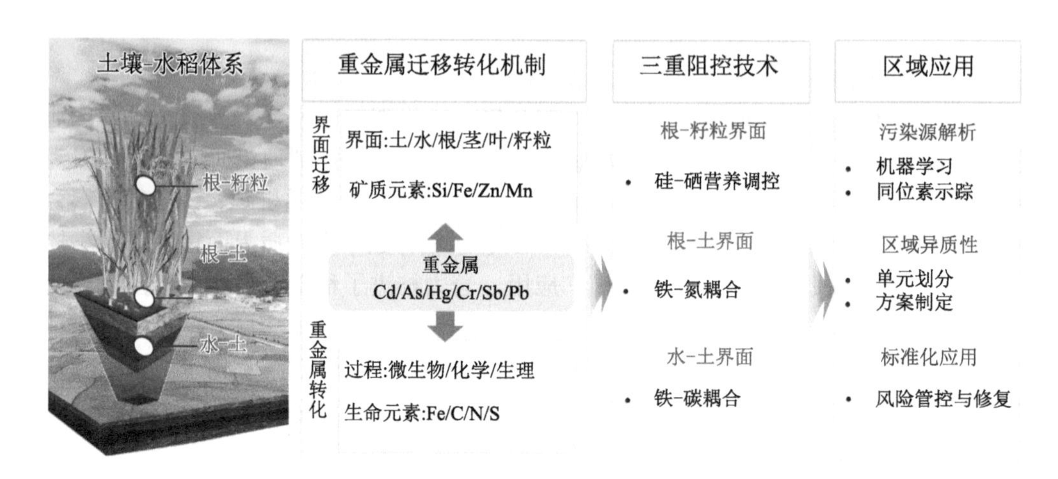

图 0.2 稻田重金属迁移转化机制、阻控技术与应用

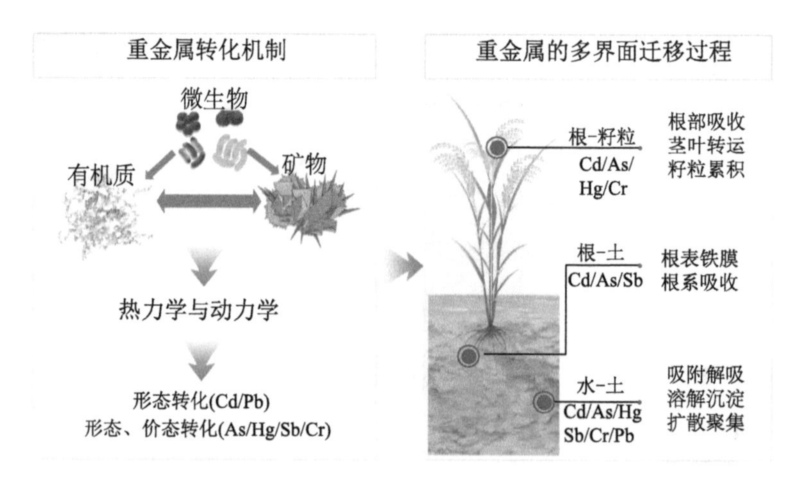

图 0.3 土壤-水稻体系中重金属迁移转化过程及其机制

（1）稻田土壤重金属的转化过程

土壤重金属形态转化与土壤矿物、有机质、pH/Eh、阳离子交换量等存在不同程度的相关性，而铁、碳、氮、硫等元素循环则是稻田干湿交替条件下主要的生物地球化学过程，也必然影响土壤重金属形态及其转化，土壤中游离态铁是与重金属生物有效性及稻米中重金属累积量最相关的指标。氧化铁显著影响重金属的赋存状态及分布特征，主要是因为铁的价态与形态转化活跃；铁循环导致氧化铁的溶解和再次沉淀成矿，显著影响重金属的赋存形态。例如氧化铁还原溶解形成亚铁过程中，铁矿物由弱结晶态转化为强

结晶态，使矿物中的重金属固定更加牢固，从而增强重金属的固定能力。还原溶解释放的部分亚铁离子，可在氧气、硝酸盐等氧化剂的作用下形成次生矿物，同时也与溶解态重金属离子发生共沉淀作用。因此，铁的还原溶解与氧化沉淀是驱动重金属转化的主要过程。

自然界的铁循环与其氧逸度密切相关，而稻田干湿交替则提供了氧逸度周期性变化的条件。铁循环的物理化学过程是最基本的过程，好氧条件下，铁参与一系列自由基、光化学反应；厌氧条件下，则以化学还原和非氧气氧化为主。近年来，微生物介导的铁循环过程受到广泛关注，好氧条件下，主要是微氧型和光合型微生物介导的铁循环，并耦合碳同化过程；而厌氧条件下，包括异化铁还原和硝酸盐还原型亚铁氧化等生物-化学耦合过程，耦合氮转化过程。

围绕稻田土壤重金属的转化过程，本书共涉及镉、砷、汞、铬、锑、铅6种重（类）金属。第1章汇总了相关的研究方法，具体包括土壤-水稻体系中重金属形态转化分析方法、非传统稳定同位素分馏研究方法、重金属转化微生物的分子生物学研究方法，以及水稻重金属转运分子生物学研究方法。第2章介绍了水稻基本特征及其吸收转运必需或有益矿质元素及重金属的基本过程。第3章至第8章依次详细地介绍了镉、砷、汞、铬、锑、铅在土壤中的形态或价态转化过程，以及与相关元素转化的耦合过程。其中镉（第3章）、铅（第8章）在土壤中仅发生形态转化，该转化过程主要受物理化学过程的控制；而砷、汞、铬、锑（第4～7章）同时发生形态和价态转化，除了与物理化学过程相关外，其氧化还原转化、甲基化等过程主要受微生物的控制。

第3章重点介绍了干湿交替下镉的形态转化。稻田干湿交替的水分管理特征，形成氧化还原条件周期性的变化，淹水阶段呈现厌氧状态，而排水阶段则以好氧状态为主。因此，干湿交替导致了一系列化学、生物、物理方面的变化，直接或间接地影响镉的赋存形态。土壤吸附性能主要受pH和土壤表面特性的控制，属于热力学过程。然而土壤pH和土壤吸附位点则受到土壤铁、碳、氮、硫等循环过程的共同影响。因此，土壤镉形态的转化过程由吸附-解吸热力学与土壤元素转化动力学共同控制，该章系统地介绍了热力学和动力学过程，并建立模型，定量地评估各因素的贡献。

第4章介绍了稻田土壤中砷的转化过程，包括吸附、解吸、共沉淀等化学过程，以及氧化、还原、甲基化、脱甲基化等生物化学过程。砷是一种类金属元素，砷污染是一个全球性的环境问题。土壤中的砷形态主要包括亚砷酸、砷酸根等无机砷，以及一甲基砷、二甲基砷等有机砷。砷形态的分布受土壤pH、Eh和反应热力学参数等影响。在干湿交替的水分管理下，砷的氧化还原和甲基化主要受氧气浓度、有机碳和氮形态的影响。淹水条件有利于砷还原，排水条件则有利于砷氧化。此外，土壤中铝砷矿物、铁砷矿物和钙砷矿物等也在特定溶度积下形成。土壤-水稻体系中砷的迁移转化过程主要受成土母质、水分、养分等因素的影响。稻田特殊的水分管理措施，显著地改变稻田土壤的元素循环和理化性质，进而影响土壤中砷的形态分布以及相关微生物的活性。微生物代谢又反过来影响着土壤矿物的转化，进而影响砷在土壤中的释放与固定。微生物功能基因的表达及其代谢，也会受到土壤碳、氮、硅等养分的调控。上述因素对土壤中砷形态转化的影响，会改变砷的生物有效性，并进一步影响水稻对砷的吸收累积。

第 5 章从稻田土壤中汞的转化过程及关键影响因素等角度，系统地阐述其转化机制。汞的转化过程包括汞的形态、迁移性、毒性和生物有效性；转化机制包括光化学、暗化学、生物学、动力学和热力学等；影响因素包括水分管理、成土母质、养分管理和温度等。汞参与大气长距离迁移受到全球性的关注，但我国稻田土壤汞污染只是一个局部性问题。稻田土壤中汞的主要价态为零价和二价。在物理、化学和微生物的综合作用下，汞的各形态之间会发生转化，主要包括氧化、还原、甲基化和去甲基化，转化途径可分为光化学转化途径、暗化学转化途径和生物转化途径。其中，生物转化途径是稻田土壤中汞转化的主要途径。值得注意的是，由于零价汞的溶解度低、易挥发，汞的还原作用可促进其进入大气循环。

第 6 章介绍了铬在稻田干湿条件下的转化过程。环境中铬存在 + 3、+ 6 两种主要价态，稻田土壤中铬为 + 3 价，其生物有效性较高。淹水条件有利于土壤铬的释放，排水条件有利于土壤铬的固定。利用铬稳定同位素分馏、化学提取、土壤理化指标测试、随机森林模型等方法，进一步研究铬在水稻中的吸收及转运机制，尤其是玄武岩风化物形成的铬地质高背景区，水稻籽粒铬积累特征及其主要影响因素。

第 7 章首先介绍了锑的污染现状、物理化学性质、稻田土壤中锑的主要转化过程和机制研究进展，然后重点介绍了土壤锑的形态转化和土壤-水稻系中锑的迁移过程，探讨了水稻植株中锑的迁移规律和主要影响因素。锑是一种类金属元素，其基本性质与砷类似，但其迁移性与砷差异较大，而且锑难以被微生物甲基化，稻米中的锑以无机态为主。

环境中铅存在+ 2、+ 4 两种主要价态，稻田土壤中铅为 + 2 价，其生物有效性显著低于其他金属元素。第 8 章首先介绍了稻田土壤铅污染现状、铅及其化合物的物理化学性质，以及土壤铅的赋存形态与生物有效性。然后，围绕土壤铅转化过程，从铅形态转化的热力学、铅形态转化的动力学入手解析其机制，并建立土壤铅形态转化模型，预测其生物有效性。最后讨论了影响铅迁移转化的关键因素，介绍了土壤-水稻体系中铅同位素分馏特征。

（2）土壤-水稻体系重金属的多界面迁移过程

水稻要维持正常的生长发育，就必须主动或被动地从土壤中摄取各种矿质元素。由于化学性质的相似性，有毒的重金属元素（如 Cd、As）可通过与 Si、Fe、Zn、Mn 等必需或有益矿质元素一起被吸收，进入细胞内。因此，若要解决稻米中重金属积累的问题，首先必须了解水稻植株对必需或有益矿质元素的吸收与转运机制。一般来说，土壤中的矿质元素首先被水稻根系吸收，再通过运输组织向地上部茎、叶及籽粒等器官中转运，这些过程主要是由细胞中各种转运蛋白来完成的。因此，第 2 章以水稻矿质元素转运蛋白为核心，重点探讨 Si、Fe、Zn、Mn 等矿质元素在水稻中的吸收与转运过程及机制。

在 6 种重（类）金属中，Cd、As、Hg 与水稻安全生产最为密切，研究较多，而 Sb、Cr、Pb 很少涉及，因此，本书第 3～5 章分别介绍了 Cd、As、Hg 在水稻植株体内的迁移过程。其中，第 3 章重点介绍了干湿交替下 Cd 在水稻植株器官之间的转运过程。Cd 可以借助其他二价金属离子，如锌、铁、锰的吸收通道进入根系，再转运至地上部，并在稻米中积累。因此，水稻吸收和转运 Cd，不仅与土壤中 Cd 的赋存形态密切相关，也与水稻 Cd 的转运蛋白，以及其他元素的竞争吸收有关。

第 4 章介绍了砷在水稻植株的迁移过程。稻田土壤中不同形态的砷，可被水稻根系吸收，再通过木质部装载、韧皮部转运、节点再分配等过程，最终在籽粒中积累。砷在水稻植株体内器官的吸收和转运，是通过一系列转运蛋白通道进行的，其相应的基因表达，在水稻全生育期内存在一定的时空特征。水稻砷吸收主要发生在稻田淹水时期，并在排水的灌浆期迅速转移至籽粒，其中稻壳和糙米中的砷积累表现出明显的差异。

第 5 章介绍了汞在水稻中的迁移过程，包括汞在水/土-气、叶-气和根-土界面的迁移，水稻植株体内汞的吸收转运，汞相关功能基因的表达特征，汞的积累特征，以及土壤-水稻体系中汞的同位素分馏等。土壤-水稻体系中，汞的多界面迁移过程，主要包括水/土-气界面的迁移（淹水或排水情况下，稻田向大气的汞挥发以及大气向稻田的汞沉降）、叶-气界面的迁移（水稻植株叶片气孔吸收大气中的汞）、根-土界面的迁移（土壤中的汞被水稻根系吸收），以及汞在植株体内的吸收、转运和积累。

2. 稻田土壤重金属污染的阻控技术

土壤-水稻体系中，镉和砷等重金属的迁移转化，涉及水-土、根-土、根-籽粒等多界面的化学-微生物-生理相互作用，过程复杂，调控原理不清，镉砷行为不同而难以同步阻控。因此，稻田土壤镉、砷复合污染治理是环境地球科学的重大挑战。第 9～11 章系统地介绍了土壤-水稻体系三重阻控技术原理。水-土界面：铁循环同步调控镉砷迁移转化的化学-微生物机制，铁-碳耦合调控土壤质子与氧化还原电位，提高砷氧化基因丰度，同步降低了土壤镉砷迁移活性。根-土界面：硝态氮促进铁膜固定镉砷的机制，硝酸盐还原耦合亚铁促进根表铁膜生成，提高镉砷固定量，阻断其从铁膜传输至水稻。根-籽粒界面：硒、硅、铁、锌等矿质元素靶向调控水稻镉砷吸收与转运功能基因活性，提高细胞壁厚度，有效阻隔其从茎叶转移至籽粒（图 0.4）。

依据上述原理，提出了土壤-水稻体系三重阻控的定向调控策略，为解决边生产边治理难题奠定了理论基础。第一重，水-土界面的铁-碳耦合镉砷同步阻控（第 9 章）。第二重，根-土界面的铁-氮耦合养分型钝化策略（第 10 章）。第三重，开拓重金属污染治理的叶面喷施新途径（第 11 章）。

3. 稻田重金属污染治理技术应用及标准化

土壤重金属污染具有高度的空间异质性，因此，区域稻田土壤重金属污染治理面临分类分级和精准化治理的技术挑战。第 12～14 章重点介绍了基于稳定同位素的示踪方法和基于机器学习的集成模型方法。在稻田土壤重金属污染风险评价及治理单元划分的基础上，实施分类分级治理是耕地土壤污染治理的重要手段。考虑到稻田重金属污染的空间异质性，根据目标重金属污染物、土壤重金属污染程度、农产品重金属含量、特征环境要素等，我们建立了切实可行的区域稻田土壤重金属污染治理单元划分方法，编制治理方案，确定针对性较强的修复策略，因地制宜地开展治理工作。最后，本书总结工程实践，编制技术标准共 12 项，提升了我国土壤重金属污染治理的标准化水平（图 0.5）。

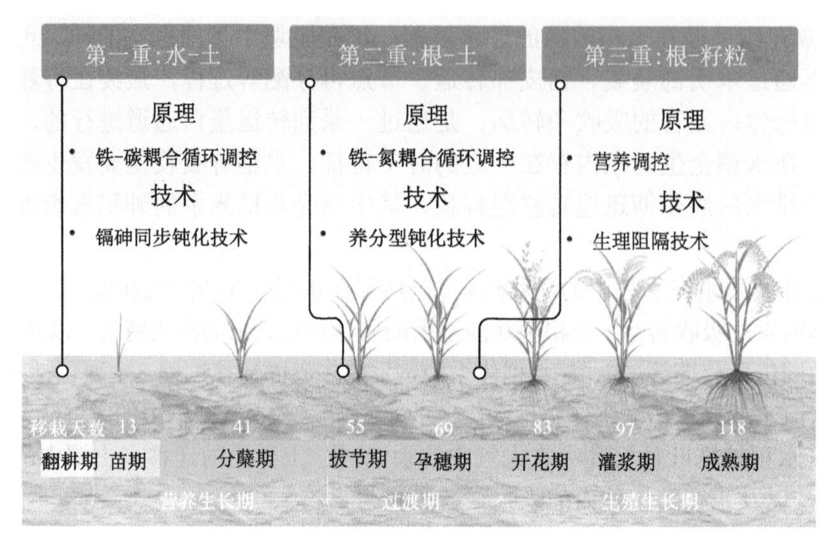

图 0.4　稻田重金属污染的三重阻控技术与原理

第 12 章总结了区域土壤重金属污染来源的复杂性，以及稻田土壤重金属污染源解析的挑战；综述了基于定性和定量分析的区域性土壤重金属污染源解析方法进展，总结了这些方法的适用条件、数据类型、优点和局限性，特别是对人工智能模型和同位素示踪方法做了详细的阐述。

第 13 章介绍了稻田土壤重金属污染治理工程化应用的基本思路，并选取华南某地的稻田治理工程作为典型案例进行重点介绍。以稻米重金属含量达标为目标，对目标区域稻田进行土壤-水稻一一对应的重金属污染现状前期调查、治理单元划分、风险管控与修复方案编制，然后进行工程实施和验收。

第 14 章基于本书的稻田重金属污染治理实践，建立与重金属污染治理过程相配套的标准体系。标准体系可以为重金属污染土壤环境调查、风险评价、污染修复与风险管控等全流程活动提供规范化技术指导，也可为农田重金属污染的科学防控提供标准化和规范化的技术指导。

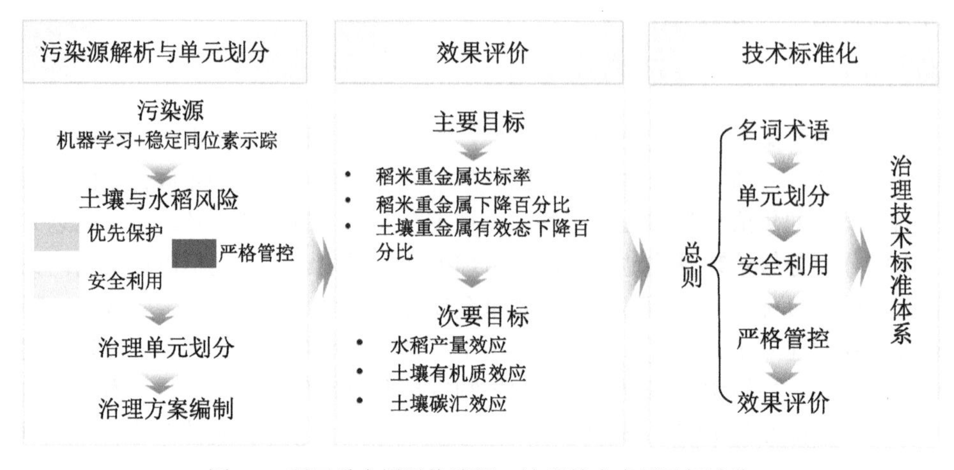

图 0.5　稻田重金属污染溯源、治理技术应用及标准化

第1章

土壤-水稻体系重金属迁移转化研究方法

研究方法是解决科学问题的钥匙，迄今为止，创新性的研究方法对解决许多重大科学问题起到了决定性的作用。本章主要介绍土壤-水稻体系多介质界面中重金属迁移转化的化学、微生物、植物生理等过程的主要研究方法。其中，第一节对土壤重金属形态提取与湿化学分析，以及基于现代光谱等手段的固相表征等进行详细介绍。第二节重点介绍重金属形态转化的热力学、动力学研究方法。第三节着重从非传统稳定同位素分馏的原理、化学分离、质谱测试三个方面介绍镉等重金属的同位素分馏研究方法。第四节从重金属转化微生物的分子生物学机制解析出发，介绍非原位微生物分离培养技术、原位功能微生物识别技术、微生物重金属代谢分析技术，以及土壤宏病毒组学分析等微生物分析方法。第五节主要针对重金属在水稻植株内的分子生物学过程，介绍重金属吸收转运基因、酵母异源表达、重金属吸收转运组学等分析方法。对本章内容的深入了解，有助于我们开展涉及土壤-植物体系多介质界面的重金属迁移转化机制的解析。

1.1　土壤重金属形态及其相关参数的研究方法

1.1.1　重金属形态提取方法

土壤中的重金属赋存形态复杂多样，且受土壤 pH、氧化还原电位（Eh）、阴离子和阳离子种类及浓度、有机物质种类和含量等多种因素的影响，并存在溶解-沉淀和吸附-解吸平衡，以及络合和螯合等多种反应过程。目前，化学提取法作为一种操作简便、测定快速和适用性强的方法，广泛应用于定量评估和预测土壤重金属的生物有效性及迁移性等方面。

1. 单提取法

单提取法是指通过利用某种化学试剂提取土壤中迁移性和生物有效性较高的重金属组分，然后与植物体内重金属含量进行相关性分析，进而评估重金属的生物有效性，也可用于评价重金属的迁移性。根据单提取剂的化学性质和提取能力，可以将其分成 3 类：交换性盐、络合剂和稀酸。

交换性盐溶液是一种弱交换剂，常用的有氯化镁、氯化钙、硝酸钠、磷酸二氢钾等，主要用于提取交换态的重金属，其优点是能较好地反映土壤重金属的生物有效性，适应范围较广，但交换性盐溶液的提取能力较弱，提取量较少。常用的络合剂有乙二胺四乙酸

（EDTA）和二乙基三胺五乙酸（DTPA）（Zhang et al.，2010），其优点是提取能力较强，不仅可以提取交换态重金属，还可以提取碳酸盐结合态，以及部分有机结合态重金属。稀酸主要指稀盐酸、稀硝酸和稀乙酸等溶液（Davidson et al.，1999），其对金属的提取能力更强，除了能提取交换态、碳酸盐结合态、部分有机结合态重金属之外，还能破坏部分晶质铁锰氧化物，从而提取少量铁锰氧化物结合态重金属。单提取法的提取效果受土壤性质和重金属性质的影响较大，故需要根据土壤和重金属的特性，选择合适的提取剂和提取条件，才能更好地反映土壤中重金属的生物有效性。

2. 连续提取法

连续提取法是指根据不同形态重金属稳定性的差异，利用系列提取剂，由弱到强地连续浸提土壤中不同稳定性的重金属，顺次获得从弱到强结合态的重金属，而重金属与土壤基质的强弱结合，可反映重金属的生物有效性和在介质中的迁移性。按照提取步骤多寡，连续提取法可分为四步提取法、五步提取法和七步提取法等方法（Davidson et al.，1999；Tessier et al.，1979），各方法所提取的重金属形态如图 1.1 所示。

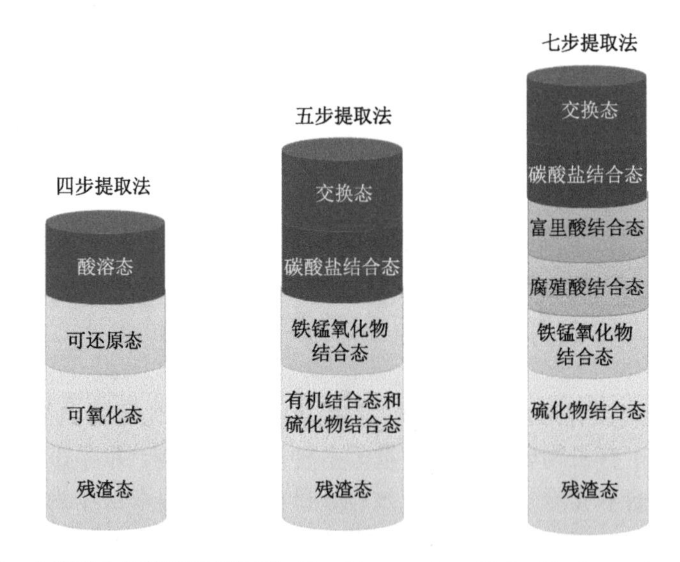

图 1.1　土壤重金属的连续提取法（Davidson et al.，1999；Tessier et al.，1979）

四步提取法中的酸溶态主要包括交换态和碳酸盐结合态的重金属；可还原态为一些与氧化物结合的重金属；可氧化态是指还原性的有机物或硫化物结合的重金属；残渣态主要是固定在次生硅酸盐矿物晶格内的重金属。五步提取法与四步提取法的不同之处在于前两步，分别是提取交换态和碳酸盐结合态重金属，这两种形态与酸溶态重金属相当；铁锰氧化物结合态近似于可还原态；有机结合态和硫化物结合态近似于可氧化态。七步提取法与五步提取法的区别主要是第三和第四步，增加了富里酸和腐殖酸结合态重金属，形态分级更加详细。从实用性上看，如果重金属含量较低（<1 mg/kg），建议选择步骤较少的连续提取法，减少实验误差，以获得更准确的数据；如果重金属含量较高，则应选择步骤较多的提取法，以获得更准确的形态分级数据。

3. 原位提取技术

稻田频繁的干湿交替驱动了复杂的生物地球化学过程，对重金属在土壤–水界面的形态分布产生重要影响。显然，原位提取土壤中不同形态重金属，可以最大限度地反映重金属在稻田土壤中真实的赋存形态。目前，最常用的原位提取技术是土壤孔隙水采集器（Rhizon）技术和梯度扩散薄膜（DGT）技术。土壤孔隙水采集器也称为人工根系，可用于原位连续采集沉积物和土壤孔隙水溶液。Rhizon 装置由亲水性多孔聚酯材料制成，孔径 0.12～0.18 μm，一端与医用注射器直接连接，采用抽真空的方式，自动采集并过滤土壤溶液，从而提取溶解在土壤水溶液中的重金属，即溶解态重金属。孔隙水采集器操作简便，并且可重复使用。梯度扩散薄膜技术是一种新型的提取重金属手段，其核心装置由滤膜、扩散膜和吸附膜构成（Han et al.，2019）。当 DGT 装置放入土壤中，滤膜可阻挡土壤矿物、有机质等颗粒状物质，而土壤溶液中的重金属离子则可透过滤膜，并通过扩散作用在扩散层自由扩散，最终在吸附膜上富集，从而获得土壤溶液中重金属离子。

1.1.2　氧化铁形态分析方法

1. 土壤全铁与有效铁

土壤全铁含量一般采用氢氟酸-高氯酸-硝酸混合酸消解方法进行测定。硝酸用于氧化土壤中相对容易被破坏的物质，并溶出铁元素，形成硝酸铁盐；高氯酸可进一步氧化稳定性较强的有机质；氢氟酸则可破坏土壤硅酸盐矿物的晶体结构。由于氢氟酸腐蚀性较强，也可以使用高氯酸-硝酸两种酸混合液进行消解。

土壤有效铁是指能够被植物根系吸收利用的铁离子或铁化合物，不仅与全铁量有关，而且与铁形态及植物吸收能力有关。土壤有效铁常用二乙基三胺五乙酸-氯化钙-三乙醇胺（DTPA-$CaCl_2$-TEA，pH 7.3）混合浸提液提取（Celik & Katkat，2009），$CaCl_2$ 的作用是防止土壤中游离的碳酸盐溶解，避免碳酸盐封闭的非有效铁溶出，从而造成测试值偏高；TEA 主要作为缓冲液，确保提取过程中的酸碱度维持在 pH 7.3；DTPA 则可通过螯合作用，提取土壤中的可螯合态有效铁。提取液中的铁浓度，一般用原子吸收分光光度法测定，选用 248.3 nm 共振线作为分析线。如果样品中含有较高浓度的 Al、P 和 Ti，可能会在火焰中与 Fe 形成难熔或难解离的组分，从而干扰测定，因此需要加入氯化锶溶液作为释放剂，释放出 Fe，以提高 Fe 的原子化程度，消除干扰。

2. 游离态氧化铁

土壤中不属于层状硅酸盐矿物结合态的铁统称为游离态氧化铁，常以 Fe_d 表示。游离态氧化铁占全铁的百分比称为铁的游离度，可作为土壤矿物风化程度的指标之一。游离态氧化铁一般用连二亚硫酸钠-柠檬酸钠-碳酸氢钠混合溶液提取，也称为 DCB 提取法。该方法的原理是利用连二亚硫酸钠将 Fe^{3+} 还原为 Fe^{2+}，再用柠檬酸根与铁离子络合进行浸提；柠檬酸钠-碳酸氢钠可作为缓冲液，使提取液 pH 稳定在 7.3 左右，避免连二亚硫酸钠降低酸度。DCB 提取法的最大优点是溶解其他矿物较少，可防止硫和硫化镁凝胶等杂质的形成。但该法也存在一定缺点，由于溶解能力有限，对于结晶型铁氧化物含量较高的土壤样品提取可能不全面。该方法提取的铁包含结晶型铁氧化物和无定形铁氧化物两部分，如水铁矿、针铁矿、赤铁矿、纤铁矿和磁赤铁矿，但不包括磁铁矿。由于这些矿物是土壤可变正负电荷的主要来源，因而游离态氧化铁对带电的重金属离子具有强吸附作用，是控制土壤重金属活性的关键因子。

3. 无定形铁氧化物

无定形氧化铁或无定形铁氧化物（Fe_o）是游离态氧化铁中活性较高的一部分，又叫活性铁，对于土壤中阴离子和阳离子的吸附固定均起着极其关键的作用。例如，活性铁极易吸附带负电的砷酸根离子，对于土壤砷的活性与毒性具有关键调控作用。因此，对无定形铁氧化物的测定具有重要的环境意义，常用的方法是草酸铵提取法。该法的提取原理是利用草酸铵还原或络合无定形铁氧化物中的铁离子，使之成为溶解态铁。除草酸铵外，酒石酸、柠檬酸、甲酸、乙酸等有机酸也可用作提取剂，但是这些提取剂的选择性不高，会溶出其他矿物中的部分铁。相比其他有机酸，草酸铵具有一定优势，最关键一点在于草酸铵对于无定形铁氧化物的选择性相对较好。草酸铵提取得到的 Fe_d-Fe_o 值，与 X 射线衍射定量的结晶型铁氧化物呈现一定的线性相关关系，证明草酸铵对无定形铁氧化物提取的效果较好，可作为土壤有效铁含量的定量或半定量分析方法。

4. 络合态铁

络合态铁主要指土壤中含有氨基、亚氨基、羰基、羧基等官能团的有机质，通过络合或螯合键与铁离子结合而形成铁络合物。络合铁广泛分布在土壤中，其含量往往与土壤有机质含量呈正相关关系。络合态铁迁移性强，是土壤铁淋溶的主要载体，可淋移并淀积在不同的土层，与土壤剖面的发育密切相关。络合态铁属于无定形铁，但不能被草酸铵完全提取，需采用碱性焦磷酸钠溶液浸提。在碱性条件下，焦磷酸钠可与土壤腐殖质及其铁衍生物发生不可逆的交换反应，形成焦磷酸铁盐沉淀，同时形成腐殖酸钠盐。pH 是影响提取效果的重要因素，当 pH 为 7.0 时，水合氧化铁可能被溶解，从而导致提取量偏高；pH 为 10.0 时，土壤黏粒容易分散，黏粒表面附着的铁可能形成离子态而被提取，也导致结果偏高。因此，采用较为适宜的酸碱度溶液，如 pH 8.5，并引入 10%的 Na_2SO_4 絮凝剂，可在一定程度上抑制上述反应，降低偏差。此外，Fe/C 比值对提取也会产生影响，因而对于不同来源的土壤，其提取效果存在一定的差异（McKeague et al.，1971）。

5. 水稻根表铁膜

在稻田体系中，除水-土界面外，根-土界面的过程也极为关键。水稻根具有分泌氧气的能力，因此，亚铁离子在根表氧化，可生成红色的氧化铁膜，称为根表铁膜。铁膜由结晶型铁氧化物和无定形铁氧化物组成，包括针铁矿、赤铁矿、纤铁矿、磁铁矿等。这些矿物对于重金属具有强烈的吸附作用，因而是阻隔重金属进入根细胞的重要屏障，也是影响水稻植株吸收富集重金属的关键因子。对于根表铁膜的分析测试，需要从两个方面考虑：

其一是对铁膜的定量分析，思路是将其溶解提取测定；其二是对铁膜结构的分析，需要将铁膜矿物与水稻根分离开，从而才能准确分析其结构特征。前者与土壤游离态氧化铁和无定形铁氧化物的提取方法类似，后者则主要通过物理的超声波处理来实现分离。

1.1.3　氧化铁与重金属固相表征

随着现代分析技术的发展，土壤学与多学科交叉融合。例如，应用电子显微镜联用能谱技术，可提供土壤铁氧化物的结构、元素空间分布等超高分辨率信息；应用紫外光谱、可见光谱、红外光谱、同步辐射 X 射线吸收光谱（XAS）等技术，可研究土壤有机质分子组成及其与铁矿物的结合状况，也可用于研究土壤中重金属形态及其分布，以及重金属在土壤矿物表面的快速反应动力学特性，还可为弱晶质氧化物鉴定及其在分子水平上与重金属的配位环境提供重要证据。本小节主要概述电子显微镜联用能谱技术和光谱分析技术在土壤氧化铁与重金属固相表征中的应用。

1. 电子显微镜联用能谱技术

电子显微镜主要包括扫描电子显微镜（SEM）、透射电子显微镜（TEM）两大类，利用其能够获得土壤中氧化铁等矿物在微米及纳米尺度上的形貌、结构特征等信息。通过联用能量色散 X 射线谱（EDS），可以定性和半定量地分析元素周期表中的 B～U 元素，以及在氧化铁等矿物特定微区域的空间分布信息，从而在分子尺度上为解析土壤氧化铁与重金属、有机质相互作用机制提供依据。利用 SEM，在加速、高压条件下，电子枪发射的电子经光学系统聚集成束并照射到氧化铁矿物表面，从而获得氧化铁等矿物形貌特征，联用能谱技术还能获得特定微区表面重金属等元素的空间分布特征。相比 SEM 技术，TEM 技术可实现电子穿透样品，其分辨率可达到纳米甚至原子级，从而获得氧化铁晶体结构（如晶格距离）等信息。

2. 光谱分析技术

光谱分析技术已逐渐成为土壤铁矿物结构、铁循环以及土壤重金属界面行为等过程的重要研究手段。传统的光谱分析主要包括 X 射线衍射（XRD）谱、紫外-可见光谱、红外光谱等技术，广泛用于氧化铁等矿物晶体结构解析、重金属和有机质等分子在铁矿物表面吸附络合机制解析等。近年来，同步辐射 X 射线技术、穆斯堡尔谱技术等现代光谱技术被引入土壤学研究中，可为土壤铁矿物精细结构解析及其与重金属/有机质相互作用等提供分子或原子水平上的新证据。

X 射线吸收光谱（XAS）是利用 X 射线入射前后信号变化，来分析材料的元素组成、电子态及微观结构等信息的光谱学手段。X 射线吸收谱在吸收边附近及其高能量端存在一些独立的峰或波状起伏，称为精细结构。精细结构从吸收边前至高能延伸段约 1000 eV，可以分为 XANES（吸收边前至吸收边后 50 eV）和 EXAFS（吸收边后 50～1000 eV），XANES 可用于快速鉴定矿物表面特定元素的价态及其组成。在获得同步辐射图谱后，采用线性联合拟合（LCF）的方式对数据进行处理，可以获得铁矿物上不同价态重金属的比例，以及复杂多相体系中重金属的赋存形式。EXAFS 可用于研究重金属与土壤氧化铁的结合状态，提供分子水平的配位数和原子间距等信息。借助同步辐射微区技术，如微 X 射线荧光（μ-XRF）和微 X 射线吸收精细光谱（μ-XAFS），可以实现对土壤氧化铁等矿物微区的定量分析。

穆斯堡尔谱技术可以提供土壤中氧化铁的结构及其变化等信息，利用穆斯堡尔谱技术研究土壤含铁矿物的组成及其比例，可反映成土条件和成土过程的变化。此外，以 ^{57}Fe 标记游离态亚铁，可以揭示亚铁驱动氧化铁晶相转化中，游离态亚铁与结构态三价铁的铁原子交换和电子传递过程。另外，穆斯堡尔谱技术也可用于解析土壤中亚铁与各种重金属取代的铁氧化物进行的原子交换和电子迁移，以及伴随的重金属固定与释放。例如，基于低温穆斯堡尔谱技术的研究发现，亚铁驱动针铁矿的再结晶过程能诱导镍元素的循环转化。

1.2 重金属形态转化热力学与动力学研究方法

1.2.1 热力学研究方法

土壤对重金属吸附行为的传统描述方法主要包括朗缪尔（Langmuir）和弗罗因德利希（Freundlich）等温吸附经验模型，利用这些方法可以获得最大吸附量或吸附强弱等信息，但无法反映吸附过程的作用机制，其中，表面络合模型（SCM）可定量描述金属氧化物吸附重金属过程及其机制。表面络合模型通过计算获得吸附位点的密度，可以预测 pH 对吸附行为的影响（Stumm，1992）。目前，表面络合模型主要包括恒定电容模型（CCM）、双层模型（DLM）、三层模型（TLM）、电荷分布-多位点络合模型（CD-MUSIC）和非理想竞争吸附-杜南模型（NICA-Donnan）等（程鹏飞等，2019），表 1.1 对这几类模型的特点与应用进行了总结。

表 1.1 表面络合模型的特点与应用

模型	特点	应用
CCM	最简单的界面模型，只有一个吸附层	黏土矿物、金属氧化物
DLM	由吸附层和扩散层构成	黏土矿物、金属氧化物
TLM	吸附层分为两部分，外加扩散层构成	黏土矿物、金属氧化物
CD-MUSIC	吸附可以在 2 个吸附层之间进行	金属氧化物
NICA-Donnan	考虑竞争吸附的存在	有机质

以 DLM 模型为代表的表面络合模型，不强调土壤复杂介质中某一具体的矿物表面，而且假设土壤表面羟基是均一分布的，并认为土壤对离子的吸附是均一的络合反应，即广义复合法。采用此方法所建立的 1-site 2-pK_a 的 DLM 模型，用于描述土壤对重金属的吸附行为（Yang et al.，2020）。具体方法包括：将土壤中参与吸附的活性组分，如黏土矿物、金属氧化物和有机质等的表面位点简化为均一的表面位点，表面位点共分 3 种形态（$\equiv SOH$、$\equiv SOH_2^+$ 和 $\equiv SO^-$），其质子化与去质子化作用可用公式（1.1）～（1.2）表示（Goldberg，2014）：

$$\equiv SOH_2^+ \longleftrightarrow \equiv SOH + H^+, K_{a1} \quad (1.1)$$

$$\equiv SOH \longleftrightarrow \equiv SO^- + H^+, K_{a2} \quad (1.2)$$

表面位点浓度（H_s, mol/kg）可以根据 Gran 函数图法获得（图 1.2a），据此可得到表面位点密度（D_s, site/nm^2）；再通过与表面电荷作图，采用直线外推的方法，获得酸平衡常数（pK_{a1}，pK_{a2}）（图 1.2b）；表面位点在不同 pH 下的形态分布，可以由 Visual MINTEQ 3.1 软件计算得出（图 1.2c）。

将采集的水稻土在 pH 3～10 下进行镉吸附实验，按照广义复合法的理论，土壤表面 Cd^{2+}的吸附可以用公式（1.3）来表示：

$$\equiv SOH + Cd^{2+} \longleftrightarrow \equiv SOCd^+ + H^+, K_{SOCd} \quad (1.3)$$

结合 Cd 在不同 pH 下的吸附实验，利用 Visual MINTEQ 3.1 软件计算得到 Cd 的吸附平衡常数（K_{SOCd}）（表 1.2），并获得模拟 Cd 吸附曲线（图 1.2d）。随着 pH 升高，溶解态 Cd 含量下降，而吸附态 Cd 含量升高，pH 5.5 时主要是吸附态 Cd。实线为表面络合模型模拟得到的不同 pH 下，Cd 在水稻土表面的溶解态和吸附态。模型模拟值与实测值吻合良好，说明 Cd 在可变电荷土壤中的吸附行为，可以很好地用 1-site 2-pK_a 表面络合模型进行拟合。

表 1.2　水稻土表面络合模型的酸碱参数（Yang et al.，2021）

实验 pH_{pzc}	H_s / (mol / kg)	D_s / (site / nm^2)	pK_{a1}	pK_{a2}	logK_{SOCd}
6.00 ± 0.16	0.13	3.38	4.53	8.09	−0.36

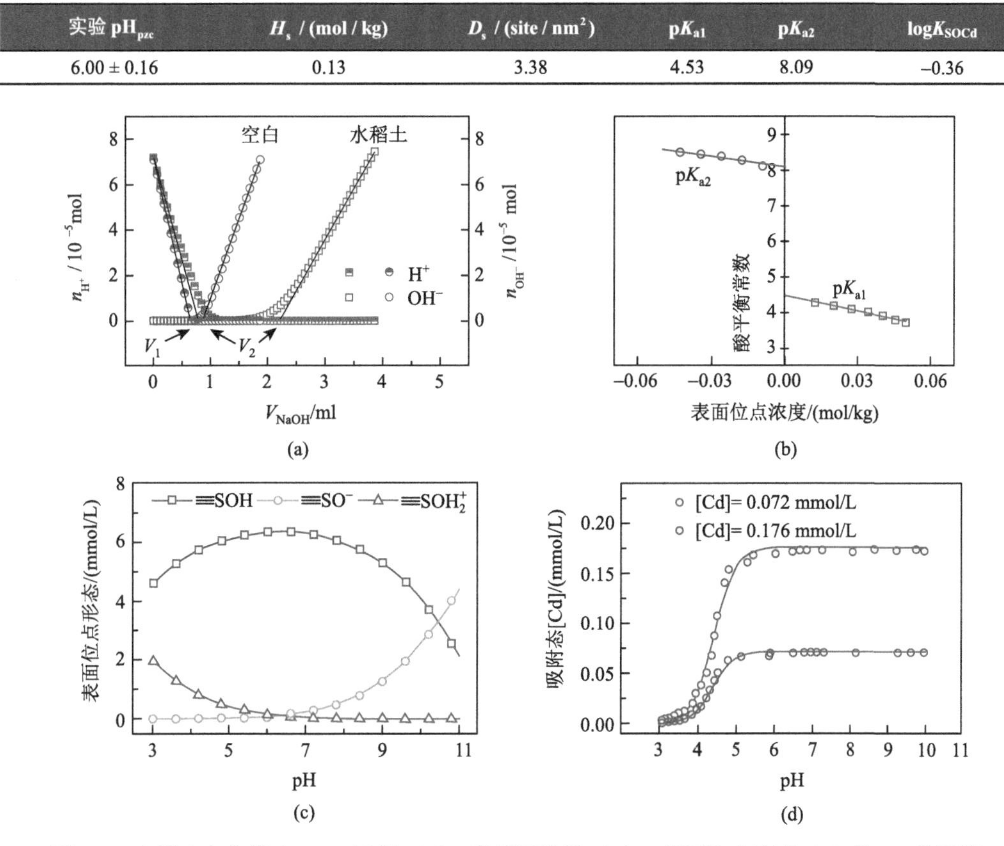

图 1.2　水稻土电位滴定 Gran 函数（a），酸平衡常数（b），表面位点浓度（c）及 Cd 的吸附（d）图（Yang et al.，2021）

1.2.2 动力学研究方法

重金属到达土壤基质表面，会逐渐与土壤基质表面的官能团形成较牢固的化学结构，并通过扩散作用进入次生矿物层间或有机质的微孔中，从而降低其生物有效性，这也是重金属在土壤中的老化过程。目前，已有多个经验模型用于定量描述重金属在水稻土中的长期老化过程，如抛物线模型、Elovich 模型、一级动力学模型、二级动力学模型等（刘彬等，2015）。然而，稻田生境特有的干湿交替过程对水稻生育期内重金属的形态转化具有重要的影响，上述模型无法描述这一特有过程中重金属形态转化的动力学过程。

目前，稻田土壤反应动力学模型已引起广泛的关注，发展了铁氧化物还原、硝酸盐还原、硫酸盐还原等动力学模型（Parvanova-Mancheva et al.，2009；Sun et al.，2018），并初步建立了稻田土壤中重金属形态转化的反应动力学研究方法。以厌氧条件下 Cd 形态动力学过程为例，土壤中溶解态、交换态和吸附态的 Cd 向腐殖酸和富里酸结合态的 Cd 转化，可以按照二级动力学反应简写为反应 1（R1），表面位点的增加可以用一级动力学反应来表示，简写为反应 2（R2），溶解态、交换态和吸附态的 Cd 向铁锰氧化物结合态 Cd 的转化，可按照二级动力学反应简写为反应 3（R3），硫酸盐在厌氧环境下的还原过程符合一级动力学，简写为反应 4（R4），溶解态、交换态和吸附态的 Cd 均可能与硫酸盐的还原产物（S^{2-}）形成硫化物结合态（CdS），因此将此反应按照二级动力学过程简写为反应 5（R5）。这些厌氧条件下镉形态转化动力学过程如表 1.3 所示。将以上数据进行归一化处理，均换算成 μmol/kg 的单位，导入到 KinTek Explorer 软件中，并将反应式书写在模型编辑模块（图 1.3）。通过调整速率常数拟合原始数据，得到最优值（图 1.4，以 R4 为例），最终实现动力学过程的模拟。

表 1.3 厌氧条件下镉形态转化动力学反应式（Yang et al.，2021）

序号	反应式
R1	$Cd_{F0+F1+F2} + {}^{a}Sites_{Rom} \longrightarrow Cd_{F3+F4}$
R2	$\Delta Sites \longrightarrow Sites_{Increase}$
R3	$Cd_{F0+F1+F2} + {}^{b}Sites_{Fe+clay} \longrightarrow Cd_{F5}$
R4	$SO_4^{2-} \longrightarrow S^{2-}$
R5	$Cd_{F0+F1+F2} + S^{2-} \longleftrightarrow Cd_{F6}$

F0，溶解态；F1，交换态；F2，吸附态；F3，富里酸结合态；F4，腐殖酸结合态；F5，铁锰氧化物结合态；F6，硫化物结合态。a：活性有机质位点；b：铁锰氧化物和黏土矿物位点。

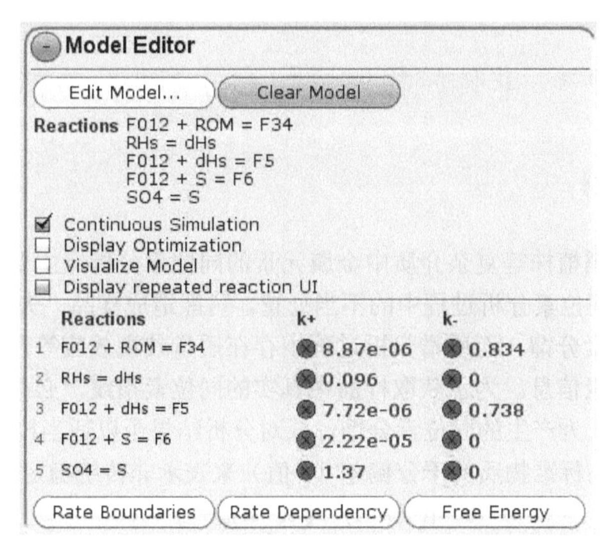

图 1.3　KinTek Explorer 软件的动力学反应式编辑界面

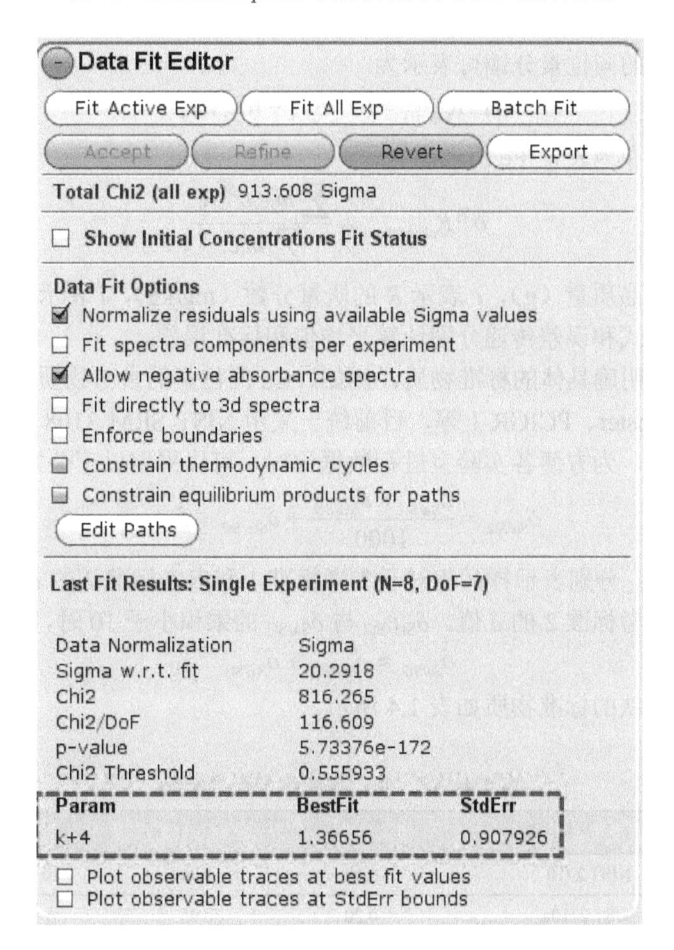

图 1.4　KinTek Explorer 软件的动力学反应式速率常数拟合界面

1.3 非传统稳定同位素分馏研究方法

1.3.1 同位素分馏

针对土壤和水稻植株等复杂介质中金属元素的同位素分析，主要涉及化学分离和质谱分析两大部分。同位素分析过程中的不当处置，可能造成样品“失真”。例如，化学分离过程中存在同位素分馏，而质谱分析过程中存在质量歧视效应等现象，从而可能会掩盖样品的真实同位素信息。为了获取样品中真实的同位素指纹，必须选用适当的方法，以避免分析过程中人为产生的同位素分馏，或对分析结果予以适当校正。

通常采用样品与标准物质的千分偏差（δ 值）来表示非传统稳定同位素的组成：

$$\delta^{A/B}R=[(^{A}R/^{B}R)_{\text{Sa}}/(^{A}R/^{B}R)_{\text{St}}-1]\times 1000 \tag{1.4}$$

式中，R 代表元素；A 和 B 是 R 的质量数，通常 A 的质量数大于 B；Sa 代表样品；St 代表标准物质。

两个储库之间的同位素分馏可表示为

$$\Delta^{56}R_{(A-B)}=(\delta^{56}R)_{A}-(\delta^{56}R)_{B} \tag{1.5}$$

水稻整体植株和地表 δ^{56}Fe 值表示为

$$\delta^{56}R_{\text{plant/shoot}}=\frac{\sum_{i}m_{i}c_{i}\delta^{56}R_{i}}{\sum_{i}m_{i}c_{i}} \tag{1.6}$$

式中，m 表示 R 样品质量（g），c 表示 R 的质量分数（mg/kg），i 表示整个植株的不同部分。根据上述表达式和误差传递分别计算平均值和标准误差。

计算 δ 值还应明确具体的标准物质。例如，Cd 同位素的参考物质包括 JMC、Spex、Prolabo、JMC Münster、PCIGR-1 等，目前统一采用 NIST SRM 3108 作为标准物质。若标准物质不统一时，为方便各实验室进行数据比对，可以采用以下公式实现转换：

$$\delta_{\text{Sa/St2}}=\frac{\delta_{\text{Sa/St1}}\times\delta_{\text{St1/St2}}}{1000}+\delta_{\text{St1/St2}}+\delta_{\text{Sa/St1}} \tag{1.7}$$

其中，$\delta_{\text{Sa/St1}}$ 和 $\delta_{\text{Sa/St2}}$ 分别表示样品相对于参考标准 1 和参考标准 2 的 δ 值；$\delta_{\text{St1/St2}}$ 表示参考标准 1 相对于参考标准 2 的 δ 值。$\delta_{\text{St1/St2}}$ 与 $\delta_{\text{Sa/St1}}$ 的乘积小于 10 时，近似为

$$\delta_{\text{Sa/St2}}\approx\delta_{\text{St1/St2}}+\delta_{\text{Sa/St1}} \tag{1.8}$$

镉、铬、锌和铁的标准物质如表 1.4 所示。

表 1.4 镉、铬、锌和铁的标准物质

重金属	标准物质样品	同位素组成[①]/‰	2 倍标准偏差	测量次数/次	参考文献
Cd	NIST 2710	−0.18	0.06	10	Liu et al.，2020
	NIST 2710a	−0.20	0.05	4	
	NIST 2711	0.63	0.04	14	
	NIST 2711a	0.55	0.05	8	

续表

重金属	标准物质样品	同位素组成[①]/‰	2 倍标准偏差	测量次数/次	参考文献
Cr	NIST 3112a	−0.09	± 0.05	53	Zhang et al.，2018
	NIST-3112a[②]	−0.09	± 0.04	1	
	NIST 3112a（column）	−0.09		1	
	NIST 979[②]	0.00	± 0.04	1	
	SCPCr	−0.02	± 0.05	184	
	SCP Cr（column）	0.03	± 0.11	3	
Zn	BCR-2	0.25	0.04	14	Chen et al.，2014
	BIR-1	0.23	0.05	23	
	BHVO-2	0.31	0.03	46	
	JB2	0.23	0.04	9	
	AGV-1	0.29	0.03	13	
	JA2	0.28	0.03	5	
	AGV-2	0.28	0.05	18	
	G-2	0.34	0.04	23	
	NOD-P-1	0.78	0.03	6	
Fe	BCR-2	0.084	0.004	8	Craddock & Dauphas，2011；Zhu et al.，2020
	BHVO-2	0.109	0.002	9	
	JB-2	0.067	0.021	3	
	JB-3	0.084	0.027	3	
	AGV-1	0.134	0.049	6	
	AGV-2	0.101	0.004	4	
	NOD-P-1	−0.500	0.048	6	
	NOD-A-1	−0.422	0.013	6	
	W-2a	0.051	0.007	3	
	GSP-2	0.155	0.005	3	
	COQ-1	−0.066	0.013	2	
	JP-1	0.002	0.016	3	
	JB-1b	0.091	0.027	2	
	JA-1	0.058	0.010	2	
	JA-2	0.100	0.045	3	
	JA-3	0.085	0.012	3	

①：Cd、Cr、Zn 和 Fe 分别为 $\delta^{114/110}$Cd、$\delta^{53}Cr_{NIST\ 979}$、$\delta^{66}$Zn 和 δ^{56}Fe；②：用热电离质谱测试。

1.3.2　化学分离

化学分离是提纯目标元素并去除基质元素的过程，也是稻田土壤与植株中同位素分析过程中的重要步骤。通常情况下，采用离子交换树脂对目标元素进行分离提纯，以尽可能消除仪器测试过程中基质效应和同质异位素的影响。因此，化学分离的效果直接影响同位素测试的准确度和精确度。尽管不同元素的化学分离方法存在较大差异（Bai et al.，2021；He et al.，2017），但主要体现在建立淋洗曲线、评估化学分离的影响这两方面。

淋洗曲线是以淋洗液的体积为横坐标、各元素的相对浓度为纵坐标绘制的二维图形，能有效刻画元素的化学分离效果。淋洗曲线应满足目标元素的回收率接近 100%，以及基质元素与目标元素实现完美分离的要求。淋洗曲线受离子交换树脂材质、柱长短、颗粒粗细，以及淋洗液种类、浓度和体积等多种因素的影响，其中，离子交换树脂的影响尤为重要。离子交换树脂是一种有机离子交换剂，也是一种具有网状结构的复杂有机高分子聚合物，且含有大量官能团。根据官能团的电荷种类，可分为阴离子交换树脂和阳离子交换树脂（Ball & Bassett，2000）。阴离子交换树脂的官能团用于交换溶液中的阴离子，如 $R\text{-}N^+(CH_3)_3$ 为强碱型官能团。由于电荷多、半径小的过渡元素在 HCl 溶液中更多以络合物（如 $FeCl_4^-$ ）形式存在，因此阴离子交换树脂（如 AG1-X8、AG-MP-1M）可以作为理想的交换树脂。阳离子交换树脂的官能团用于交换溶液中的阳离子，如 $R\text{-}SO_3H$ 为强酸型官能团。由于电荷少、半径大的碱金属元素常以离子形式存在，如 Ca^{2+}，因此可以选择阳离子交换树脂（如 AG 50W-12、AG MP-50 或 DGA）进行纯化（Bai et al.，2021；He et al.，2017）。在不同的酸介质和酸碱度条件下，离子交换树脂与被交换的离子亲和力存在差异，依据这一原理，可利用不同酸液淋洗离子交换树脂，从而实现对样品的纯化（Ponter et al.，2016）。因此，对于离子交换树脂的选择，首先应该满足目标元素与基质元素在离子交换树脂中的分配行为存在差异的要求，而且这种差异越大，越容易实现化学分离，其次是考虑离子交换柱和空白等因素的影响。

此外，还应对分馏过程进行评估，详细查明是否存在同位素分馏、树脂上元素残留以及空白等因素的影响，以保证化学分离的可靠性。化学分离过程中，如果无法满足对目标元素 100%的回收，就会导致假象的同位素分馏效应，使得测定结果与样品真实值间存在明显偏差。因此，正确认识目标元素在离子交换柱上的分馏，并对其进行精确校正，便显得尤为重要。通常做法是，将目标元素的接取区间分为 5～8 等份，用于质谱测试，然后通过做三同位素图解来判断符合哪一条分馏定律（Zhu et al.，2018）。当样品中离子总强度超过树脂的承受范围时，将会造成树脂过载，无法实现化学分离，导致获取的目标元素“失真”，影响质谱测试结果。针对目标元素超低含量的样品，如植物材料，可以采用重复多次的方法进行化学分离。

1.3.3 质谱测试

重金属稳定同位素的常用测试仪器包括多接受电感耦合等离子体质谱（MC-ICP-MS）和热电离质谱（TIMS）。电感耦合等离子体质谱（ICP-MS）早期主要用于元素浓度的分析，具有灵敏度高、精密度好以及样品前处理简单等优点。在重金属稳定同位素测试方面，ICP-MS 的精度和灵敏度都远低于 TIMS，不能满足重金属稳定同位素的高精度测试要求。随着多接受器的引入，MC-ICP-MS 应运而生，大幅度提升稳定同位素的测试能力。

MC-ICP-MS 和 TIMS 的信号检测方式类似，二者最大区别是样品进入仪器的方式不同，从而导致样品离子化的方法存在明显差异（Albarede & Beard，2004）。由于电感耦合等离子源能产生超高温度，理论上能测量的重金属稳定同位素的范围较广，而 TIMS 只适合测量电离电位较低的重金属稳定同位素，故测试范围相对有限。相对于 TIMS 分析，MC-ICP-MS 分析的时间和周期更短、效率更高，而且操作相对简单，但是其缺点是干扰因素更多，不过可以通过足够高的分辨率来克服这些干扰。

MC-ICP-MS 对同位素的测试分析技术在土壤学、地质学、环境学和生物学等诸多领域都具有重要应用。目前 MC-ICP-MS 有三种，分别为 GV Micromass 仪器公司生产的 Isoprobe、Nu 公司生产的 Nu plasma 以及 Thermo Fisher Scientific 公司生产的 NEPTUNE Plus。MC-ICP-MS 主要由三部分组成，分别为电感耦合等离子体、离子分析器和带多接收法拉第杯的信号检测器（Halliday et al.，2000），此外还包括进样系统、抽真空系统、数据处理系统和电源线路控制系统等辅助系统。最为重要的是，质谱测试过程中要特别注意质量歧视效应的校正、同质异位素的干扰与浓度匹配及基质效应等，以确保样品中同位素的提取及分析测试的准确性。

1. 质量歧视效应的校正

质量歧视效应描述的是同位素测试过程中仪器自身所引起的分馏效应。由于使用 MC-ICP-MS 进行同位素测试会产生显著的质量歧视，故需要对仪器的质量歧视效应进行校正。目前，对质量歧视效应的校正方法主要有以下三种：第一，双稀释剂法（Zhu et al.，2018）。该方法以精度好、可靠性高等优点而获得地球化学家的青睐（Lehn et al.，2013；Tan et al.，2020）。该方法适用于包含 4 个及以上同位素的体系，其原理是：首先，选择 2 个已知组成的同位素与自然样品进行混合；然后，对混合样品进行化学分离和质谱测试；最后，利用数学算法反复迭代计算，直至测试的双稀释剂值与理论值小于 10^{-6}。第二，样品-标准间插法（SSB）。利用该方法进行质量歧视效应校正的前提是，测试过程中仪器对样品和标样的质量歧视效应必须相同。另外，用样品前后两个已知同位素组成标准，进行质量歧视效应的校正（Wei et al.，2013）。该方法的优点是操作简单、方便，但是，必须保证化学分离过程中目标元素的回收率达到 100%，而且纯化的样品与标样的基质完全匹配，或者保证残留的基质元素对目标元素的操作不产生可视化的影响。第三，内标（IN）法。该方法是向所有样品和标样中加入一种与被测元素质量数相似的元素，常见的元素对有 Fe-Cu、Mo-Zr-Ru、Pb-T 等。将 SSB 法和 IN 法联用，来校正仪器的质量歧视效应，可简称为 C-SSBIN。通过测量仪器检测待测样品的质量歧视因子，来校正待测样品的质量歧视效应（Ponter et al.，2016）。这三种方法虽然各有优缺点，但是可以互为补充。

2. 同质异位素干扰与浓度匹配

同质异位素是指具有相同质荷比的不同离子或离子团。重金属同位素测试过程中接收的信号，无法直接区分同质异位素。以铬同位素的测试为例，同质异位素的干扰来自 ^{54}Fe、^{50}V 和 ^{50}Ti，其中 ^{54}Fe 离子会对 ^{54}Cr 离子产生干扰，而 ^{50}V 离子和 ^{50}Ti 离子会对 ^{50}Cr 离子产生干扰（Chen et al.，2019a）。此外，同位素测试过程中，测试样品的浓度与样品产生分馏的富集系数之间可能存在相关性，因此，如果样品和标样之间浓度存在差异，可能会导致额外的分析误差（Wu et al.，2016）。

3. 基质效应

基质效应是指在一定工作条件下，由于样品的电离效率和不同核素测量仪器的质量歧视效应会随样品成分的不同而改变，故任何一种高浓度的基质元素都会对待测元素的接收信号产生影响。基质效应可能会对同位素的测试造成显著影响(Dauphas et al., 2009)。基质效应的强度，在很大程度上取决于基质元素的含量、基质元素和待测元素的质量，以及它们电离的难易程度。这主要体现在以下几个方面：第一，基质效应随干扰的基质元素含量的提高而不断增强，其强度主要取决于基质元素的绝对含量，而不是基质元素与目标元素的比例。第二，目标元素的质量越小，受基质元素的影响就越大。相比之下，基质元素的质量越大，所引发的基质效应就越强。第三，基质效应的强度还与基质元素电离的难易程度有关，即基质元素越难电离，基质效应就越弱。

1.4 重金属转化微生物的分子生物学研究方法

土壤是微生物多样性最丰富的生境之一，据不完全估计，每克土壤中含有数亿个细菌、长达几十米到数千米的真菌菌丝，以及大量的放线菌、病毒等微生物。这些微生物在很大程度上驱动着碳、氮、磷、硫以及一些重金属元素的转化和地球化学循环。随着分子生物学技术的发展，尤其是宏基因组、宏转录组、宏蛋白质组以及宏病毒组等“组学”技术的应用，能够对土壤环境中整个微生物群落的遗传和功能多样性进行研究。通过这些技术的组合应用，可以研究土壤复杂体系中参与重金属转化的微生物的丰度、多样性、功能、活性及相互作用，从而探究这些功能微生物如何调控重金属元素的转化过程。表 1.5 概述了本书所涉及的重金属转化相关微生物的分子生物学研究方法及其用途。

表 1.5 重金属转化微生物的分子生物学研究方法及其用途

分类	分析技术	方法概述	用途
非原位微生物分离培养	传统分离培养	先培养后分离：选择合适的生长条件或加入抑制物，形成有利于目标微生物的生长而抑制其他微生物生长的环境	在单细胞层面探索微生物的基因信息与代谢功能
	单细胞分离培养	先分离后培养：将单个微生物细胞从群落中先分离出来，再对分离到的单细胞进行扩大培养	
原位功能微生物识别技术	稳定同位素探针（SIP）技术	利用稳定同位素标记的底物对环境样品进行培养，然后提取环境样品的总核酸，并通过超高速梯度离心将同位素标记的核酸分离，进一步利用分子生物学技术对标记的功能菌群进行物种和功能分析	将特定的元素代谢过程与复杂的环境微生物群落物种进行耦合
	单细胞拉曼 SIP	利用 ^{13}C、^{15}N 或者 ^{2}H 进行同位素标记细胞时会产生特征性的拉曼位移，从而鉴定和分选出被标记的功能菌株	对目标微生物进行分类，并进行生理学分析
基于基因型的微生物重金属代谢机制分析技术	荧光定量 PCR	根据多种微生物物种的目标金属代谢基因片段的同源序列对比结果，对其保守位点序列设计简并引物，然后进行功能基因定量分析	定量分析环境中金属代谢功能微生物的丰度
	扩增子测序	借助合适的类群特异性引物，通过扩增子/功能基因测序检测菌群中特定种类/功能微生物的特征序列	鉴定特定功能微生物菌群的组成和结构

续表

分类	分析技术	方法概述	用途
基于基因型的微生物重金属代谢机制分析技术	宏基因组分析	对环境样品中全部基因组进行提取和建库测序，然后利用生物信息学方法对全部样本中的序列进行组装和注释分析	鉴定样本中全部物种和功能基因组成
	宏转录组分析	对特定时刻生境中微生物 RNA 进行高通量测序，然后利用生物信息学方法比对参考基因组，获得差异表达的基因和通路	揭示复杂微生物群落在特定时间和地点对环境变化的响应
	宏蛋白质组分析	鉴定复杂生境中特定时间内表达的所有蛋白质，利用生物信息学方法揭示生境中蛋白质结构组成、蛋白质的修饰状态及蛋白质间的相互作用	揭示微生物群落的代谢活性、功能动态变化和物种间相互作用
	宏病毒组分析	对土壤病毒颗粒进行分离提取和测序，分析土壤病毒颗粒的病毒组成和多样性，并进行宿主预测，探究病毒对细菌/古菌群落组装、动态变化及功能多样性的影响	探究土壤病毒在细菌/古菌金属代谢过程中的作用
基于功能表型的微生物重金属代谢机制分析技术	基因编辑	对生物体基因组特定目标基因进行修饰，即通过对目的基因进行插入、删除、替换等方式对基因组进行人工修饰	鉴定微生物重金属代谢转化的功能基因

1.4.1　非原位微生物分离培养技术

微生物分离培养是指通过一定的技术方法，将菌株从土壤中分离出来，并在实验室的可控条件下进行多次培养和繁殖，从而获得与初始性状相同的后代。分离培养是研究微生物的生理代谢功能并解析其生态作用的关键，基于该方法，可以分离出具有重金属代谢功能的微生物纯种菌株，并对其参与的重金属代谢过程进行定量解析。

1. 传统分离培养

传统分离培养是指使用不同营养成分的固体培养基，对土壤中可培养的微生物进行分离培养，然后根据微生物的菌落形态及其菌落数来测算微生物的数量及其类型。平板稀释法和平板划线法是进行土壤微生物分离培养的常用方法。平板稀释法是将分离的样品进行适当稀释，使微生物细胞尽量以分散状态存在，每个细胞形成一个菌落，然后将单个菌落转接到适当的培养基上进行纯化培养。平板划线法是指把混杂在一起的微生物，或同一微生物群体中的不同细胞，在平板培养基表面用接种环进行分区划线稀释，从而得到较多独立分布的单个细胞，经培养后长成单个菌落，通常把这种单菌落视为待分离微生物的“纯种”。传统分离培养的原理是：选择适合待分离微生物的生长条件，如合适的营养物质、酸碱度、温度和氧气等，或者加入抑制物，以有利于待分离微生物的生长并抑制其他微生物的生长，从而淘汰非目标微生物，以达到分离目的。例如，Sun 等（2010）将表面灭菌处理的植物组织进行研磨匀浆，再进行梯度稀释，然后将稀释液接种到含有 0.08 mmol/L 铜稀释液的 LB 培养基上，28℃下培养 72 h 后，随机挑选抗铜菌落，经过多次传代纯化，最终分离出 32 株抗铜菌株。传统的菌株分离方法，在重金属代谢功能微生物研究方面仍存在较大的局限性，这是因为许多微生物难以在纯培养条件下生存，而且在分离纯化过程中存在较大的不确定性，导致获得目标菌株的概率较低（Bodor et al.，2020）。

2. 单细胞分离培养

单细胞分离培养是指先将单个微生物细胞从群落中分离出来，再对其进行扩大培养，突破了传统的先培养后分离的研究思路。显然，先分离后培养，可以有效提高菌株分离纯化的效率和通量。将微生物单细胞分离后，还可以结合单细胞全基因组测序等技术，在单细胞水平探究微生物的基因信息及其代谢功能。单细胞分离培养主要有微流控分选、光镊分选、荧光活化细胞分选、激光诱导向前转移技术等单细胞分选技术。

微流控分选是一种利用微米级的微管道，操控纳升甚至皮升级流体的技术。该技术具有操作灵活、集成化、速度快等优势，但是，由于自然界中的微生物形态各异，而且样品中可能含有许多大小不一的非生命体微颗粒杂质，导致分选时易出现管道堵塞等问题，从而制约该技术的应用。

光镊分选是一种以非机械接触的方式来完成对微小物体的夹持、操纵、捕获和固定，其优势在于可以结合拉曼光谱等技术对微生物进行分选。另外，光镊分选技术在细胞分离中还具有低损伤、可视化等优点。该技术的局限性主要是，设备操作较为复杂，单细胞分离效率也较低。

荧光活化细胞分选是目前应用最广的细胞分选技术之一，该方法具有测量指标多、检测速度快等优点。但是，该技术需要的样品量较大（需要几十至几百微升），且对样品中颗粒的大小有严格要求，而对样品进行过滤处理又容易造成微生物种类损失。

激光诱导向前转移技术是一种基于光与物质作用的新型可视化微生物细胞分离技术。与荧光活化细胞分选等技术相比，由于激光诱导向前转移技术是镜下分选，从而具有更高的分辨率，可根据目标微生物细胞的形态、尺寸、荧光及拉曼分子指纹等多种特征进行分选，单细胞获得率高、适用范围广泛。另外，分选后的细胞能够直接用于扩大培养，甚至能直接用于全基因组扩增或测序等分析。

单细胞分选技术在重金属代谢相关微生物的鉴定与分析方面具有良好的应用潜力。例如，为研究铁还原菌在地球化学循环中的作用，Gan 等（2020）合成了一种对 Fe^{2+} 具有高灵敏度和高选择性的耗氧 Fe^{2+} 特异性荧光探针（FSFC），当样品中没有 Fe^{2+} 时，FSFC 不发生荧光，而当样品中有 Fe^{2+} 存在时，会触发 FSFC 的脱氢反应，并引发强烈荧光。利用 FSFC 荧光信息识别铁还原菌，并结合单细胞分选仪 PRECI SCS，可从复杂环境样品中成功分离出目标铁还原菌。

1.4.2 原位功能微生物识别技术

1. 稳定同位素探针技术

稳定同位素探针（stable isotope probing，SIP）技术能从样品中直接回收功能微生物的同位素标记片段，进而获得功能菌的物种信息。该技术能够有效克服环境微生物基因组学的研究瓶颈，揭开“黑箱”的面纱，可从群落水平上揭示复杂环境（如土壤、水体、植物体内等）中关键微生物的生理生态过程，从而为类似原位条件下参与特定代谢过程的活性微生物的鉴定提供了一种强有力的新技术。稳定同位素核酸探针（DNA/RNA-SIP）技术，是将 SIP 标记技术与分子生物学分析方法相结合而发展起来的先进技术，可用于追踪环境中不同物质及生物体内不同元素的流动过程（Wackett，2004）。

采用稳定同位素如 ^{13}C 标记底物，首先，将其添加到环境样品中并进行培养，环境中的微生物细胞在生长繁殖过程中能够利用标记底物合成含有 ^{13}C 的 DNA/RNA；然后，提取环境样品的总 DNA/RNA，并通过超高速梯度离心，分离 ^{13}C-DNA/RNA 与 ^{12}C-DNA/RNA，进一步利用分子生物学技术对 ^{13}C 标记核酸进行分析，将特定的物质代谢过程与复杂的环境微生物群落物种进行耦合；最后，通过对微生物群落进行分析，以 ^{13}C 标记物质的代谢过程为导向，发掘特定环境中微生物的代谢过程。DNA-SIP 与 RNA-SIP 的流程相似。以 DNA-SIP 为例，主要包括以下步骤：首先，将环境样品与稳定同位素标记的底物共同培养，提取微生物的 DNA；然后，将 DNA 与氯化铯（CsCl）溶液混合，并将混合物调整到合适的浮力密度，接着进行等密度梯度离心，根据浮力密度的差异将含有稳定同位素标记的重层 DNA 与轻层 DNA 分别回收；最后，利用 qPCR 技术对各层 DNA 进行定量分析，并对重层 DNA 进行高通量测序及生物信息学分析。近年来，稳定同位素探针技术已成功应用于土壤复杂环境中砷、锑、钒等多种重金属代谢功能微生物的鉴定与分析。

2. 单细胞拉曼 SIP 技术

近年来，拉曼光谱逐渐被应用到单细胞的研究中。在分析单个微生物细胞内的化学结构信息时，该技术能够提供 0.5～1.0 μm 空间分辨率，从而获得单细胞拉曼光谱（SCRS）。SCRS 能够表征不同的细胞类型，并能显示活单细胞的生理和表型变化（Li et al.，2012）。如果将同位素标记视为内部标记，那么拉曼光谱法相当于提供了一种外部无标记且非破坏性的方法，可用来获取自然栖息地中单个微生物细胞的化学指纹，从而直接测量单细胞的内在信息。

由于基于拉曼指纹的细胞表面化学成分会随着环境条件的变化而发生改变，并且会受到细胞生长阶段的影响（Wang et al.，2016），因此基于化学指纹来识别生活在自然栖息地中的微生物几乎是不可能的。针对此缺陷，当前较多研究中采取的对策是将单细胞拉曼光谱与稳定同位素探针（SIP）结合使用。例如，使用 ^{13}C、^{15}N 或者 ^{2}H 同位素标记底物，细胞内会产生特征性的拉曼位移，这种变化则可以作为在同位素标记的底物进行孵化实验后同位素掺入的指标，显示特定同位素底物的代谢或一般代谢活动（Jing et al.，2018；Li et al.，2012）。例如，Cui 等（2018）针对土壤中的固氮菌，建立了单细胞共振拉曼与 $^{15}N_2$ 标记联用技术，发掘出 $^{15}N_2$ 相关的固氮指示菌的特征偏移谱峰，在单细胞水平上实现了对复杂土壤环境中固氮菌的检测以及对土壤固氮菌固氮活性的比较。虽然单细胞拉曼光谱与稳定同位素探针联用技术在重金属代谢方面的应用十分有限，但是该联用技术在功能微生物的重金属代谢机制等研究方向上具有巨大的应用前景。

1.4.3　微生物重金属代谢机制分析技术

土壤中微生物重金属代谢机制的分析技术分为基因型与功能表型两大类：基于基

因型的分析技术包括荧光定量 PCR、扩增子测序、宏基因组分析、宏转录组分析及宏蛋白质组分析等，而基于功能表型的分析技术包括基因编辑等。关于这两大类分析技术的原理，在其他专业书籍中均有详细介绍，本节将着重介绍这些技术在稻田土壤典型重金属相关微生物代谢方面的应用。

1. 基于基因型的微生物重金属代谢机制分析技术

定量 PCR（qPCR）技术作为常用的基于基因型的金属代谢分析手段，广泛用于稻田砷转化微生物相关的研究中，主要检测的目标基因包括 *aioA/aoxB*（砷氧化）、*arrA*（异化砷还原）、*arsC*（砷还原）、*arsM*（砷甲基化）等，用于砷转化基因定量分析的特异引物相关信息见表 1.6。

为了鉴定功能微生物的物种信息，需要利用扩增子测序技术对其功能基因目标片段进行扩增和测序。功能基因扩增子测序主要通过合适的类群特异性引物，对扩增子/功能基因进行扩增和测序，来检测菌群中特定种类/功能微生物的特征序列，从而发现菌群中特定类群微生物的组成结构及分布特征，阐明样本间的多样性和组成差异，进而揭示该类群微生物中与差异性相关联的关键成员，对于鉴定特定生境中的功能微生物（如重金属转化、营养要素循环等相关的微生物）具有重要意义。

相对于扩增子测序等技术只能获取特定基因或特定微生物的信息的局限性，近年来发展起来的宏基因组分析技术，使得获取土壤生境中全部微生物的总基因组信息成为可能。目前，宏基因组分析已成为研究土壤微生物多样性、种群结构、进化关系、功能活性、相互协作以及微生物与环境互作的常用手段，已经被广泛应用于污染土壤生境中参与重金属转化微生物的多样性、代谢途径及其互作关系的研究，以揭示功能微生物调控重金属转化的过程。

然而，为了获取各种生境中微生物重金属代谢相关的表达信息，则需要利用宏转录组分析技术。宏转录组分析的原理是，通过对特定时空生境中微生物的总 RNA 进行提取，然后对纯化的 mRNA 进行反转录以构建 cDNA 文库，最后通过高通量测序和数据分析，来揭示复杂微生物群落在特定时间和特定地点的基因表达信息及微生物活性信息（Bashiardes et al.，2016）。由于宏转录组分析是针对微生物群落的 mRNA 进行随机测序，不需要特异性的探针或引物，故对群落基因的转录分析偏差较少，已成为研究复杂微生物过程的调控或研究微生物对环境变化响应的最有力工具。例如，Zhou 等（2020）利用宏转录组分析，在汞污染稻田中鉴定到 *merA* 和 *merB* 基因的大量同源物，同时还发现，与甲基汞形成相关的 2-氧戊二酸铁氧还蛋白氧化还原酶（由 *afw* 基因编码）活性显著提升，从而为全面了解汞的解毒及汞甲基化的生物地球化学过程作出了积极贡献。

微生物对生物地球化学循环的调控主要发生在蛋白质水平上，而宏蛋白质组分析可实现对复杂生境中特定时间表达的所有蛋白质的鉴定，从而可揭示生境中蛋白质的结构组成、蛋白质的修饰状态及蛋白质间相互作用，有利于探索微生物群落的发展、种内相互关系、营养竞争关系等（Kleiner，2019）。因此，宏蛋白质组分析比宏基因组分析和宏转录组分析更能反映出微生物群落的功能（Aguiar-Pulido et al.，2016）。然而，由于土壤介质中蛋白质提取难度大、宏蛋白质组数据分析要求高等因素的限制，目前宏蛋白质组分析在土壤微生物研究中的应用远比宏基因组分析和宏转录组分析少。

表 1.6　环境砷微生物转化基因引物信息

目标基因	用途	引物名称	引物序列（5′—3′）	扩增子大小/bp	反应条件	参考文献
arrA	qPCR，高通量测序	arrA-CVF1 arrA-CVR1	CAC AGC GCC ATC TGC GCC GA CCG ACG AAC TCC YTG YTC CA	330	95℃变性 3 min，然后进行 35 个退火循环：94℃ 45 s，60℃ 45 s，最后在 72℃进行 1 min 延伸	Mirza et al.，2017
arrA	qPCR，克隆文库	ASF1 AS1R AS2F AS2R	CGA AGT TCG TCC CGA THA CNT GG GGG GTG CGG TCY TTN ARY TC GTC CCN ATB ASN TGG GAN RAR GCN MT ATA NGC CCA RTG NCC YTG NG	630	95℃变性 5 min，然后进行 40 个退火循环：95℃ 30 s，55℃ 35 s，最后在 83℃进行延伸	Song et al.，2009
arrA	qPCR，克隆文库	arrA-F arrA-R	AAG GTG TAT GGA ATA AAG CGT TTG TBG GHG AYT CCT GTG ATT TCA GGT GCC CAY TYV GGN GT	148	95℃变性 10 min，然后进行 38 个退火循环：95℃ 15 s，42℃ 40 s，最后在 72℃进行 1 min 延伸	Malasarn et al.，2004
arrA	qPCR，克隆文库	haarrAD1-F haarrAG2-R	CCG CTA CTA CAC CGA GGG CWW YTG GGR NTA CGT GCG GTC CTT GAG CTC NWD RTT CCA CC	500	95℃变性 5 min，然后进行 40 个退火循环：95℃ 30 s，53.5℃ 30 s，最后在 72℃进行 30 s 延伸	Kulp et al.，2006
arsC	qPCR，克隆文库	amlt-42-f amlt-376-r smrc-42-f smrc-376-r	TCG CGT AAT ACG CTG GAG AT ACT TTC TCG CCG TCT TCC TT TCA CGC AAT ACC CTT GAA ATG ATC ACC TTT TCA CCG TCC TCT TTC GT	350	95℃变性 5 min，然后进行 40 个退火循环：95℃ 30 s，56℃ 35 s，最后在 72℃进行 1 min 延伸	Sun et al.，2004
aioA/*aoxB*	qPCR，克隆文库	M1-2F M2-1R	CCA CTT CTG CAT CGT GGG NTG YGG NTA GGA GTT GTA GGC GGG CCK RTT RTG DAT		95℃变性 5 min，然后进行 40 个退火循环：95℃ 15 s，60℃ 45 s，最后在 72℃进行 30 s 延伸	Quéméneur et al.，2010
aioA/*aoxB*	克隆文库	M1-2F M3-2R	CCA CTT CTG CAT CGT GGG NTG YGG NTA TGT CGT TGC CCC AGA TGA DNC CYT TYT C	1100	94℃变性 2 min，然后进行 28 个退火循环：94℃ 30 s，63℃ 30 s，最后在 72℃进行 30 s 延伸	Quéméneur et al.，2010
aioA/*aoxB*	qPCR	aroA95f aroA599r	TGY CAB TWC TGC AIY GYI GG TCD GAR TTG TAS GCI GGI CKR TT	500	95℃变性 5 min，然后进行 9 个退火循环：94℃ 45 s，54℃ 45 s(每个循环降低 0.5℃)，在 72℃进行 1.5 min 延伸；再进行 25 个退火循环：94℃ 45 s，50℃ 45 s，72℃ 1.5 min；最后在 72℃进行 7 min 延伸	Hamamura et al.，2008

续表

目标基因	用途	引物名称	引物序列（5′—3′）	扩增子大小/bp	反应条件	参考文献
aioA/*aoxB*	qPCR，克隆文库	AroAdeg1F	GTS GGB TGY GGM TAY CAB GYC TA	536	95℃变性 5 min，然后进行 40 个退火循环：95℃ 30 s，60℃ 35 s，最后在 72℃进行 1 min 延伸	Inskeep et al.，2007
		AroAdeg1R	TTG TAS GCB GGN CGR TTR TGR AT			
		AroAdeg2F	GTC GGY TGY GGM TAY CAY GYY TA			
		AroAdeg2R	YTC DGA RTT GTA GGC YGG BCG			
arsM	高通量测序	arsM-309F	GYI WWN GGI VTN GAY ATG A	161	95℃变性 10 min，然后进行 30 个退火循环：95℃ 1 min，54℃ 1 min，最后在 72℃进行 1 min 延伸	Reid et al.，2017
		arsM-470R	ARR TTI AYI ACR CAR TTN S			
arsM	qPCR，克隆文库	arsMF1	TCY CTC GGC TGC GGC AAY CCV AC	325	95℃变性 5 min，然后进行 40 个退火循环：95℃ 30 s，62℃ 35 s，最后在 72℃进行 1 min 延伸	Jia et al.，2013

稻田土壤系统中病毒无处不在，且数量众多，几乎可以感染所有生命体细胞。病毒群落通过感染、裂解、水平基因转移等方式，影响微生物群落的组成、动态变化及功能多样性。病毒复制的前提是成功感染宿主，所以病毒类群的丰度和结构与共存的宿主群落的组成在一定程度上紧密关联。病毒可以通过表达病毒编码的辅助代谢基因（*AMG*）介导其宿主的代谢，而这些 *AMG* 基因通常调控广泛的代谢过程，且涵盖 C、N、S、P 等主要元素的循环。由于病毒序列的组成差异较大，且宏基因组分析测得的序列数据中绝大部分来源于细菌或真菌，因此，必须通过加大测序深度或对土壤病毒颗粒进行物理过滤富集等手段，来提高对病毒序列捕获的效率。

由于土壤基质的复杂性，病毒在土壤中的分布与土壤理化性质、土壤结构等因素密切相关。土壤宏病毒组学研究的第一步是找到适于土壤体系的将病毒洗脱、浓缩和提纯的富集方法，从而可以高效地提取病毒颗粒，并减少细菌核酸的污染。根据前人及笔者团队的前期研究，以 PBS 缓冲液、柠檬酸钾、Na_2HPO_4、KH_2PO_4、$MgSO_4$ 等作为病毒洗脱液，且洗脱过程包括震荡、离心、富集、重悬浮、过滤、超滤、去游离 DNA、病毒 DNA 提取等步骤，可以高效提取土壤病毒颗粒。

对提取富集后的病毒进行分析，首先需对测序数据进行质控、序列组装与评估。采用 Trimmomatic 对原始双端序列进行低质量过滤，采用 ViromeQC 评估整体宏数据中非病毒序列的污染情况，并评估病毒富集效果；采用 Megahit 组装质控后的各个样品有效读长（reads）；采用 Bowtie2 将有效读长回帖至各个样品的重叠群（contigs）集合，计算各个样品的序列利用率，评估拼接效果；采用 CD-HIT 对各个样品的组装结果按设定标准去除冗余重叠群，获得非冗余重叠群（unique contigs）集合。然后，在此基础上进行病毒序列的鉴定及其相对丰度的计算。将获得的非冗余重叠群通过各类病毒预测软件进行结构相似性预测，并对不同软件获得的预测结果进行合并整理；采用 CheckV 进行质量鉴定，去除低质量序列，统计每条病毒重叠群比对上的数据库及软件的对应信息；采用 QIIME2 进行病毒分类操作单元（vOTUs）的多样性分析，通过 Bowtie 导入 Express 统计每条病毒重叠群在不同样品中的相对丰度（RPKM），构建病毒序列丰度矩阵，计算 α 及 β 多样性。最后，对病毒物种及其功能进行注释。功能注释主要采用 Prodigal 对获得的病毒序列进行开放阅读框预测，采用 DRAMv 对预测到的开放阅读框集合进行功能注释（KEGG 和 VOG 注释），通过 VPF-tools 软件对病毒序列进行物种注释及宿主预测。

2. 基于功能表型的微生物重金属代谢机制分析技术

基因敲除技术也称为基因打靶，是在基因同源重组技术及胚胎干细胞技术的基础上发展起来的一种分子生物学技术，在转染细胞中外源打靶基因与核基因组目标基因之间发生 DNA 同源重组，能够使外源基因定点地整合到核基因组的特定位置上，从而达到改变细胞遗传特性的目的。基因敲除技术被广泛用于微生物重金属代谢转化相关基因的功能鉴定，有助于我们理解微生物重金属抗性的分子机制，并促进重金属修复的应用研究。例如，Wang 等通过基因敲除技术，实现了对 *arsADRC*、*arsR2M* 和 *arsB* 基因在砷抗性遗传中的功能鉴定。

基因编辑是另一种能对生物体基因组特定目标基因进行修饰的一种基因工程技术，

即通过插入、删除、替换等方式对目的基因进行人工修饰。目前已先后发展了三代基因编辑技术，即锌指核酸酶（ZFN）技术、类转录激活因子效应物核酸酶（TALEN）技术和成簇的有规律的间隔短回文重复（CRISPR/Cas9）技术。基因编辑已经开始应用于微生物修复重金属污染、培育抗性植物等研究。通过基因编辑技术，已创建了各种形式的基因编辑微生物，包括真菌、藻类和细菌，然后用于消除污染区域的重金属和类金属化合物。例如，Deng 等将含有表达镍转运蛋白基因 *nixA* 和金属硫蛋白基因序列片段的质粒转化进大肠杆菌 SE5000 菌株中，成功获得对镍离子吸收能力远强于原始菌株的基因工程菌，其对 Ni^{2+}吸收能力比原始菌株提升三倍以上。

对微生物细胞中的关键酶直接分离提取并分析其活性，也是研究功能微生物参与重金属转化的重要手段。绝大多数酶都是蛋白质，所以酶的分离纯化方法类似蛋白质的分离纯化，通常依据酶的不同理化特性来选取合适方法。由于酶蛋白易失活，故酶的分离纯化需在低温、温和的条件下进行，其过程包括细胞破碎、抽提、纯化三个环节。细胞破碎的方法主要有机械破碎法、物理破碎法、化学破碎法及酶促破碎法；酶的抽提方法主要有盐溶液提取、酸溶液提取、碱溶液提取、有机溶剂提取；对抽提的酶溶液进一步分离纯化的方法，应依据酶的理化性质以及酶的稳定性进行选择，且需要跟踪测定酶蛋白含量及酶的总活性和比活性，掌握各步骤纯化后酶的回收率及纯化倍数，从而为分离纯化方法的优化提供科学依据。酶学技术的发展对于微生物重金属代谢功能的研究具有重要意义。例如，Anderson 等对 *Alcaligenes faecalis* 中的亚砷酸盐氧化酶进行了提纯和测定，并利用 2, 6-二氯酚吲哚酚（DCIP）还原法测定砷氧化酶活性，通过测定 DCIP 的还原速率，推断砷氧化酶的活性，从而加深了我们对砷相关微生物代谢分子机制的理解。

1.5　水稻重金属转运分子生物学研究方法

揭示水稻重金属转运的机制，离不开对转运蛋白相关基因的功能鉴定及新成员发掘。利用现代分子生物学技术，如候选基因定位与图位克隆、重金属胁迫响应、基因表达差异检测、同源基因功能预测、全基因组关联分析（genome-wide association study，GWAS）、转录组测序、实时荧光定量 PCR（RT-qPCR）、基因打靶和过量表达分析等技术，对重金属转运基因进行研究，有助于探讨水稻调控重金属积累的内在机制。此外，利用离体的植物细胞或组织进行诱变，筛选出对重金属超积累或超敏感的突变体，发掘水稻重金属吸收或转运的新成员，已成为克隆重金属吸收或转运相关基因的有效手段。水稻重金属转运分子生物学研究方法及其用途见表 1.7。

表 1.7　水稻重金属转运分子生物学研究方法及其用途

分类	分析技术	方法概述	用途
重金属转运基因研究方法	实时荧光定量 PCR 分析	通过检测 PCR 反应中每个循环产物的荧光信号，实时监测每次循环扩增的产物变化；通过循环阈值和标准曲线分析，检测样本中目的基因的起始模板数	水稻中重金属转运基因的表达量变化
	组织化学染色分析	将待测基因自身的启动子与编码葡萄糖醛酸糖苷酶（Gus）的基因融合，获得该基因启动子驱动 Gus 蛋白表达的转基因水稻株系	水稻中重金属转运基因在不同器官、组织或细胞水平上的表达

续表

分类	分析技术	方法概述	用途
重金属转运基因研究方法	细胞定位分析	亚细胞定位：以绿色荧光蛋白为报告基因，构建其与重金属转运蛋白融合表达的载体；通过融合蛋白的表达观察目标蛋白的亚细胞定位；免疫荧光染色：将已知的抗体或抗原标记上荧光素，以其为探针对组织或细胞内相应的抗原（或抗体）进行检测；重金属染色：使用重金属特异的染料对组织或细胞进行染色，利用激光扫描共聚焦显微镜观察荧光信号的位置	水稻中重金属转运基因表达的亚细胞定位
	基因打靶分析和过量表达分析	基因打靶：利用 CRISPR/Cas9 系统，设计针对目标基因靶序列的 sgRNA 表达盒，转入受体细胞，诱导核酸序列中特定靶点的切割与修复，使得待测基因表达失活；过量表达分析：从水稻中克隆待测基因，将其插入到含有 35S 或 Ubi 启动子的植物双元表达载体中，获得过量表达植株	待测基因的表达失活或过量表达对植株重金属耐性或积累的影响
酵母异源表达分析方法	酵母异源表达分析	克隆待测基因，将其插入到酵母表达载体中，转化酵母细胞，通过半乳糖诱导其在酵母中表达，观察重金属处理下酵母的生长情况	水稻重金属转运基因对酵母重金属耐性和积累的影响
重金属吸收转运的组学分析方法	转录组学分析	对生物样品的 RNA 进行提取和建库测序，利用生物信息学方法对差异表达基因进行功能注释、功能富集等相关分析	重要生物学过程或代谢途径相关基因的活性和表达量
	蛋白质组学分析	对生物样品的蛋白质进行提取和质谱检测，利用生物信息学方法对差异蛋白质进行 GO、KEGG 富集分析和互作网络分析等	差异蛋白质参与的重要生物学过程、代谢途径或信号转导通路等
	代谢组学分析	对生物样品的代谢物进行提取和质谱检测，利用生物信息学方法进行层次聚类和代谢物相关性等分析	差异代谢物参与的重要生物学过程，以揭示其参与的生命活动机制

1.5.1　重金属转运基因研究方法

1. 实时荧光定量 PCR 分析

对水稻植株进行水培培养及重金属处理，或直接在原位重金属污染土中进行水稻种植，然后利用 RT-qPCR 技术检测水稻中目的基因的表达量变化，可探究这些基因是否在缓解重金属胁迫中扮演一定角色。RT-qPCR 分析有绝对定量、相对定量两种方法。绝对定量法是指利用已知的标准曲线，对未知样品中待测基因的绝对量进行推算的方法（梁子英和刘芳，2020）。然而，RT-qPCR 分析通常采用较多的是相对定量法，它是通过将待测基因与内参基因的 *Ct* 值进行比较来实现相对定量：首先，将待测基因和内参基因同时扩增，测定二者的 *Ct* 值；然后，利用数学公式 $2^{-\Delta\Delta Ct}$ 进行相对量计算。在相对定量法的实际应用中，通常包括对照组和处理组，每组内至少含有 3 次独立的生物学重复（黄小玲等，2018）。以水稻中编码重金属转运蛋白基因 *OsNramp5* 的 RT-qPCR 检测为例（Chang et al.，2020a），具体流程如下：①取样。将水稻根部样品用锡箔纸包好，做好标记，快速投入到液氮中保存备用。②RNA 提取。利用植物总 RNA 提取试剂盒提取水稻根部样品总 RNA，然后利用 Qubit 2.0 荧光计、NanoDrop 2000 分光光度计和生物分析仪对 RNA 的纯度、浓度和完整度分别进行检测。③反转录。RNA 样品检测合格后，以 1.0 μg RNA 为模板，利用反转录试剂盒进行反转录反应，得到 cDNA。④定量 PCR 反应。以适量 cDNA 为模板，利用待测基因的特异性引物、内参基因的特异性引物和实时荧光定量 PCR 扩增所需的预混合溶液（SYBR Green Master Mix）进行定量 PCR 反应。通常以水稻基因 *OsActin1* 作为内参基因，溶解曲线分析的设置为 65～95℃，采用 $2^{-\Delta\Delta Ct}$ 公式计算待测基因的相对表达量。本书关注的水稻重金属主要是镉（Cd）和砷（As），对其吸收和转运相关重要基因的 RT-qPCR 检测引物参见表 1.8（镉吸收或转运相关基因）和表 1.9（砷吸收或转运相关基因）。

表 1.8　水稻镉吸收或转运相关重要基因的 RT-qPCR 检测引物

基因名称	检索号	正向引物序列（5′—3′）	反向引物序列（5′—3′）
OsNramp1	*Os01g0503400*	CGACTAAGCTTAAGAAGCCGCACTAGTATG	CCGGTCTAGAAGGGTACTACACGGGTGGCT
OsNramp5	*Os07g0257200*	CAGCAGCAGTAAGAGCAAGATG	GTGCTCAGGAAGTACATGTTGAT
OsHMA2	*Os06g0700700*	CATAGTGAAGCTGCCTGAGAC	GATCAAACGCATAGCAGCATCG
OsHMA3	*Os07g0232900*	TCCATCCAACCAAACCCGGAA	TGCCAATGTCCTTCTGTTCCCA
OsCd1	*Os03g02380*	TCAGCTGCATCACCAAGCACT	TCTCTTGTTGTGCTCCGCGA
OsIRT1	*Os03g46470*	GCAATTCGCTGCATTGTTAGAT	GAGAAGTCACAGTCACTGTACA
OsZIP5	*Os05g0472700*	CATGAAGACCAAGGTGCAGAGAAGG	TCACGCCCAGATGGCGATCA
OsZIP9	*Os05g0472400*	CATCAGTTCTTCGAAGGGATAGG	TGTGGTTAGCGAGAAGAAGATG
CAL1	*Os02g0629800*	AGTCGCGTGTTCTCCTTTGT	AGTCGCGTGTTCTCCTTTGT
OxCCX2	*Os03g0656500*	GTTCGTGTCCACCGTTGTT	TGGCGAGGAGTGAGCAGA
OsLCT1	*Os06g0579200*	GAGTTCTTCGTCAGAGCTAC	CAGTGCTGGATGACGAATTG

表 1.9　水稻砷吸收或转运相关重要基因的 RT-qPCR 检测引物

基因名称	检索号	正向引物序列（5′—3′）	反向引物序列（5′—3′）
OsLsi1	*Os02g0745100*	CGGTGGATGTGATCGGAACCA	CGTCGAAC TTGTTGCTCGCCA
OsLsi2	*Os03g0107300*	ATCTGGGACTTCATGGCCC	ACGTTTGATGCGAGGTTGG
OsNIP1；1	*Os02g0232900*	CGAGTACAGGTCGATCTGGGTGT	GGAAGGAGCCGCTCTTGGTGAT
OsNIP3；3	*Os08g0152100*	CATCATCACTGCTCTTGCCACTG	AATTGTACGCGCCGGATTCATC
OsARM1	*Os05g0442400*	CCCTGGACTGAGGAGGAGCA	CGTTGGCCTGTCGGATGAA
OsABCC1	*Os04g0620000*	AACAG TGGCTTATGTTCCTCAAG	AACTCCTCTTTCTCCAATCTCTG
OsABCC7	*Os04g0588700*	ACGCACAGGTAGTGGGAAGTC	TCGTTCATGGGATCAAGATTTC
OsCLT1	*Os01g0955700*	GGAGGCTTTATCAGCAGCAT	GCCAAACAAGATACGTCTGTGA
OsPCS1	*Os05g0415200*	GCTTCTGCAATTCAACTCTGAGC	CAATGCAAGGTTCTAGGAGTGAG
OsLsi6	*Os06g0228200*	GAGTTCGACAACGTCTAATCGC	AGTACACGGTACATGTATACACG
OsLsi3	*Os10g0547500*	CTGTATCCCTGTTGCCAGCTG	TAATCCGGCATGCGTACTTG
OsPTR	*Os12g0285100*	GCTCGTGACCATCGTTACCC	TGAATCCGCCGTCTTCTTGT
Actin	*Os01g0125800*	GACTCTGGTGATGGTGTCAGC	GGCTGGAAGAGGACCTCAGG

2. 组织化学染色分析

组织化学染色分析通常是将待测基因自身的启动子与编码葡萄糖醛酸糖苷酶（Gus）的基因融合，转化水稻，获得该基因启动子驱动 Gus 蛋白表达的转基因水稻株系，以便探究该基因表达的组织化学定位。在实际应用中，首先，以植物表达载体 pCAMBIA1301（含有 *Gus* 基因）为骨架，构建由待测基因自身启动子驱动 *Gus* 表达的重组载体；其次，通过农杆菌介导的遗传转化方法，将重组载体转入水稻成熟胚诱导的愈伤组织中，经过筛选、分化、生根、炼苗、移栽等步骤，得到 T_0 代转基因水稻植株，对后代转基因植株进行鉴定，得到稳定且纯合的转基因阳性植株；最后，选取不同生育期阳性植株的各组织部位，通过固定、洗涤、Gus 染色及脱色等步骤处理，在显微镜下观察并拍照。通过观察 Gus 染色的程度和分布，了解待测基因在水稻不同生育期或不同部位的表达情况。例如，为了阐明水稻砷吸收和转运过程中 *OsCLT1* 基因表达的组织定位及时空表达特性，以 *OsCLT1* 启动子（2.5 kb）驱动 *Gus* 基因表达的转基因水稻为材料，进行组织化学染色。研究发现，*OsCLT1* 基因主要在水稻的根系和叶片中表达；对初生根的横截面切片观察发现，该基因主要在根冠、根伸长区的外皮层、厚壁组织、木质部以及成熟期侧根的根原基中表达；对水稻茎部进行 Gus 染色，发现在叶片维管束及叶鞘中也可观察到该基因表达（Yang et al.，2016）。

3. 细胞定位分析

为了探明重金属转运基因的作用与机制，还需要对其进行细胞学水平的研究，如亚细胞定位、免疫荧光染色、重金属染色等分析，对于了解这些转运基因的调控机制具有十分重要意义。

亚细胞定位分析可以确定转运蛋白表达的亚细胞位置，探讨其在重金属转运中的作用。通常以绿色荧光蛋白（green fluorescence protein，GFP）为报告基因，构建重金属转运蛋白与 GFP 融合表达的载体，然后通过融合蛋白的表达来观察目标蛋白的亚细胞定位。GFP 是一种腔肠生物特有的生物荧光蛋白，可在一定波长紫外线的激发下发出绿色荧光，被广泛用于外源基因的瞬时表达研究。例如，为了探究水稻中 P1B-ATPase 转运蛋白 OsHMA3 的亚细胞定位，首先扩增出 *OsHMA3* 基因的全长编码区，并将其与 EGFP 的 5′ 端融合，然后插入到含有 CaMV35S（花椰菜病毒）启动子的 pBI221 载体中，形成 *p35S::OsHMA3-EGFP* 融合表达载体，最后导入到洋葱表皮细胞中进行瞬时表达，通过荧光显微镜观察绿色荧光蛋白的荧光位置，成功发现 OsHMA3 蛋白特异性地定位于液泡膜上（Miyadate et al.，2011）。

免疫荧光染色分析的原理是基于抗原-抗体间能发生特异反应，先将已知的抗体或抗原标记上荧光素，然后以这种抗体（或抗原）为探针对组织或细胞内相应的抗原（或抗体）进行检测（Odell & Cook，2013）。免疫荧光染色分析的流程主要包括细胞切片的制备、固定、通透（或称为透化）、封闭、抗体孵育及荧光检测等步骤。例如，为了探究水稻中根部表达的转运蛋白 OsNramp5 的亚细胞定位，可利用该蛋白质的特异性抗体及带有荧光标记（Alexa Fluor 555）的二抗进行免疫荧光染色，然后利用激光扫描共聚焦显微镜进行观察。研究发现，OsNramp5 在细胞中呈极性表达，且定位于水稻成熟根外胚层细胞的远端（Chang et al.，2020a），从而有助于深入理解该基因在水稻根部镉吸收过程中的作用与机制。

重金属染色分析是探究重金属（如镉）在水稻细胞中分布的有力工具。以镉为例，可使用镉离子绿色荧光染料对植物组织进行染色，然后利用激光扫描共聚焦显微镜观察镉荧光信号的位置，还可利用 Image J 等软件对荧光密度进行定量分析，从而比较不同材料的细胞中镉元素分布差异。例如，为了观察不同浓度镉处理下镉离子在水稻根中的分布，可对根组织进行镉染色分析，主要流程包括：选取镉处理 3 周的新鲜、完整的水稻根组织，在 20 mmol/L Na_2-EDTA 溶液中于室温下浸泡 10 min，然后用超纯水冲洗干净；向 50 μg 镉离子绿色荧光染料中加入 50 μl 二甲基亚砜，在避光条件下混匀，并使其充分溶解，然后用 0.85% NaCl 溶液按 1∶10 比例对染料进行稀释；将洗净的水稻根放入稀释好的镉染料中，在避光条件下于 40℃放置 90 min；镉染色完成后，利用激光扫描共聚焦显微镜对根部扫描观察，从而可了解不同浓度镉处理下水稻根细胞中尤其是细胞壁中镉的分布差异。

4. 基因打靶分析和过量表达分析

以 CRISPR/Cas9（CRISPR-associated protein 9）系统为代表的基因打靶技术日趋成熟。利用 CRISPR/Cas9 系统进行基因打靶时，通过设计针对目标基因靶序列的 sgRNA 表达盒，转入受体细胞，诱导核酸序列中特定靶点的切割与修复，从而实现对靶基因的缺失或插入突变，使得待测基因表达失活，以便准确鉴定待测基因在水稻重金属耐性或积累中的作用（Chen et al.，2019b；Kumar et al.，2021；Manghwar et al.，2019）。基因打靶分析的实验流程主要包括：①选择合适的打靶位点。尤其要注意靶点效率和脱靶风险，通常选择 GC 含量较高（35%～70%）、无高级结构形成的靶位点，以提高编辑效率。②构建打靶载体并进行遗传转化。在植物细胞中，一般将 sgRNA 和 Cas9 基因同时装配到植物双元表达载体上，然后通过农杆菌浸染或基因枪方法进行遗传转化。③鉴定打靶效果。打靶成功的标志是在靶位点区域出现若干碱基的缺失或插入。因此，通常以靶位点为中心，在其两侧约 20～30 bp 处设计合适的引物（PCR 产物约 80～100 bp），然后对靶位点区域进行 PCR 扩增和测序分析。近年来，已有研究者利用 CRISPR/Cas9 介导的基因打靶技术，通过定向诱变镉转运蛋白基因来调控水稻籽粒中镉积累的报道（Liu et al.，2019）。

除了基因打靶，还可对待测基因进行过量表达分析。首先，从水稻中克隆待测基因；然后，将该基因插入到含有 35S 或 Ubi 启动子的植物双元表达载体中，构建过量表达载体，并进行遗传转化，通过对转化植株进行种植和鉴定，获得过量表达植株。例如，为了探究 *OsNramp5* 基因在水稻镉吸收中的作用，以水稻品种日本晴的 cDNA 为模板，扩增 *OsNramp5* 基因的编码序列（coding sequence，CDS）（1617 bp），构建由水稻 *Actin1* 基因启动子驱动的 *OsNramp5* 过量表达株系；通过 qPCR 检测，显示过量表达株系中该基因的表达量比野生型提高 28～70 倍（Chang et al.，2020a）。

1.5.2　酵母异源表达分析方法

酵母是最简单的单细胞真核生物，其作为真核表达系统具有诸多优点，如培养简单、生长速度快、操作简便、成本低廉，而且翻译后的蛋白质能进行正确的修饰和折叠，因而具有一定的生物学功能。通过酵母异源表达分析，可调查植物重金属转运基因对酵母重金属耐性和积累的影响，以便对待测基因进行初步和快速的筛选，而且节约成本，大大缩短实验周期。

酵母异源表达分析的流程，主要包括：首先克隆待测基因，接着将测序验证正确的待测基因插入到酵母表达载体（如 pYES2）中，并转化酵母细胞，然后通过半乳糖诱导外源待测基因在酵母中表达，观察外源基因表达对重金属处理下酵母生长的影响，以探究待测基因在酵母重金属耐性和积累调控中的作用。例如，将水稻镉转运基因 *OsHMA3* 在野生型酵母（BY4743）及其衍生的镉敏感突变体酵母（*Δycf1*）中进行异源表达，探究该基因在酵母镉耐性调控中的作用。研究表明，在镉（30 μmol/L $CdCl_2$）处理下，野生型酵母（BY4743）在培养基中可正常生长，而突变体酵母（*Δycf1*）的生长受到明显抑制。另外，在突变体酵母（*Δycf1*）中，*OsHMA3* 基因表达可明显增加酵母细胞的镉耐受性。但是，若对 *OsHMA3* 基因进行突变，即 *OsHMA3mc*，其表达对突变体酵母（*Δycf1*）的镉耐受性却没有增强作用，从而进一步证实 *OsHMA3* 具有提高酵母 Cd 耐受性的作用（Miyadate et al.，2011）。研究发现，在没有镉胁迫的条件下，野生型酵母、含有 *OsNramp1* 基因的酵母细胞生长与空载体转化的酵母无显著差异。但是，在 10 μmol/L 或 20 μmol/L 镉处理下，与空载体转化的酵母生长相比，野生型菌株、含有 *OsNramp1* 基因的酵母细胞生长受到明显抑制。另外，在 5 μmol/L 镉浓度下处理 12 h 后，与空载体转化的酵母细胞相比，含有 *OsNramp1* 基因的酵母细胞中镉含量增加 44.3%，而在 30 μmol/L 或 100 μmol/L 三价砷处理下，含有 *OsNramp1* 基因的酵母细胞生长未受影响，且细胞中总砷含量没有发生改变。这些结果表明，*OsNramp1* 基因在酵母细胞中可以转运重金属镉，但是不能转运三价砷（Chang et al.，2020b）。

1.5.3　重金属吸收转运的组学分析方法

1. 转录组学分析

转录组学分析是研究水稻细胞表型和功能的一个重要手段。与基因组学分析相比，转录组学分析能提供更多、更有效的有用信息，更具有时间性和空间性（Cramer et al.，2011）。转录组学分析中最常用的技术是直接对 RNA 测序，即 RNA 测序技术（RNA sequencing，RNA-seq），其流程主要包括 RNA 样品检测、文库构建、文库质控和上机测序等步骤。RNA-seq 分析的具体步骤如下：①RNA 样品的检测。对 RNA 样品的纯度、浓度和完整性进行检测，以保证高质量的 RNA，用于后续的文库构建及测序分析。②文库构建。样品 RNA 的质量检测合格后，利用带有 Oligo（dT）的磁珠对 mRNA 进行富集，接着加入片段化缓冲液（fragmentation buffer）将 mRNA 随机打断，然后利用六碱基随机引物，以断裂的 mRNA 为模板合成 cDNA 第一链，再加入缓冲液、dNTPs、RNase H 和 DNA polymerase I 以合成 cDNA 第二链，从而得到双链 cDNA，最后利用核酸纯化磁珠（AMPure XP beads）对 cDNA 进行纯化。将纯化的双链 cDNA 进行末端修复、加 poly A 尾巴，并连接测序接头，然后利用核酸纯化磁珠 AMPure XP beads 选择合适大小的片段，最后对片段进行 PCR 扩增，从而得到 cDNA 文库。③文库质控。文库构建完成后，利 qPCR 方法对文库的有效浓度进行定量检测，以保证文库的质量合格（需保证文库的有效浓度＞2 nmol/L）。④上机测序。文库的质量检验合格后，利用 Illumina 测序仪进行测序。

获得 RNA-seq 数据后，需进行生物信息学分析。首先，将数据进行过滤，得到有效数据（clean data，即 raw data 经过处理后的数据）；再进一步将有效数据与指定的参考基因组进行序列比对，得到的比对数据（mapped data）；然后，对文库进行插入片段长度检验及随机性检验，以评估文库的质量，并对文库进行可变剪接分析、新基因发掘和基因结构优化等结构水平的分析；最后，对不同样品（组）中基因的表达量进行差异性检测，并对差异表达基因进行功能注释、功能富集等相关分析。例如，为了阐明硅缓解镉和砷共同胁迫的分子机制，研究者利用转录组学方法，对水稻镉、砷胁迫下添加硅处理与未添加硅处理的根部差异表达基因进行了详细分析。研究发现，无论是在镉胁迫还是砷胁迫下，水稻对硅响应的基因表达模式都很相似，表明硅介导的机制不仅为两种胁迫所共享，而且硅介导的生物过程，包括表达调控、合成和代谢、转运和定位、刺激响应、氧化还原及细胞壁合成等，是水稻应对重金属胁迫的一种基础性机制。同时，还筛选到两个候选基因，二者分别编码 MYB 转录因子和硫素蛋白，它们可能在施硅缓解镉、砷共同胁迫的过程中发挥较重要作用。这些结果为进一步探究植物中施硅与重金属解毒之间的关系提供了框架，也为重金属污染治理提供了新的见解和思路（Chen et al.，2021）。

2. 蛋白质组学分析

蛋白质组学（proteomics）对植物已知基因的表达研究具有重要作用，对于探究植物重金属相关基因的功能具有重要意义（吴琼等，2021）。目前，定量测定蛋白质的方法主要有两类，即传统的双向凝胶电泳技术和现代的质谱检测技术。其中，质谱检测技术是先将样品分子进行离子化，然后将其按照质荷比的差异予以分离，并确定蛋白质的质量，故具有准确性高、实用性强的优点，因而已被广泛应用于蛋白质组学研究中。近些年兴起的同位素标记相对和绝对定量（isobaric tags for relative and absolute quantitation，iTRAQ）技术，利用多种同位素试剂对蛋白多肽的 N 末端或侧链基团中的赖氨酸进行标记，然后经过高精度质谱仪串联分析，可同时比较多达 8 种样品中蛋白质表达量的差异，故该技术非常适合蛋白质的定量及高通量筛选（吴琼等，2021）。

蛋白质组学分析的实验流程，主要包括蛋白质提取、定量、检测、酶解、脱盐、标记、修饰肽段富集（适用于修饰蛋白质组）、馏分分离和质谱检测等内容（吴琼等，2021）。利用 iTRAQ 技术对蛋白质组进行定量分析主要包括蛋白质提取、酶解、脱盐、iTRAQ 标记、液相色谱-质谱联用仪（liquid chromatograph mass spectrometer，LC-MS）分析、数据分析等步骤。蛋白质组质谱检测完成后，需对测得的数据进行生物信息学分析。首先，基于质谱检测得到的 Raw 文件，搜索对应的数据库，以鉴定蛋白质种类；然后，对质谱检测数据的质量进行检验，随后对鉴定到的蛋白质进行常用功能数据库的注释，包括 COG 数据库、GO 数据库和 KEGG 数据库等，以及进行蛋白质总体差异分析、差异蛋白质筛选及表达模式聚类分析；最后，针对筛选出来的差异蛋白质进行 GO、KEGG 富集分析和互作网络分析等。例如，研究者为了阐明水稻籽粒镉的积累机制，对两个具有不同镉积累能力的水稻品种进行蛋白质组学分析，并通过定量 PCR 和微矩阵数据分析，共鉴定到 47 种差异表达的蛋白质。通过 GO 和 KEGG 富集分析，发现镉的积累激活了细胞中的应激反应通路，并显著影响各种代谢过程，其中包含许多与营养库或淀粉代谢相关的酶蛋白，暗示镉胁迫可能对谷物的质量产生不良影响。同时，研究还发现应激反应是由异常细胞引发，并可能通过活性氧（reactive oxygen species，ROS）介导信号的传递，从而为镉胁迫下水稻籽粒镉的积累提供了新的见解（Xue et al.，2014）。

3. 代谢组学分析

代谢组学是系统生物学的重要组成部分，也是转录组学和蛋白质组学的延伸。代谢组更接近表型，能更直接、更准确地反映生物体的生理状态，因而在水稻等植物的分子生物学研究中被广泛应用。其中，非靶向代谢组学（untargeted metabolomics）能尽可能多地检测出生物样本中的代谢物，以期最大程度反映总的代谢物信息。非靶向代谢组学分析往往需要配备高分辨率的质谱仪，即采用超高效液相色谱与高分辨质谱联用技术（Want et al.，2006）。由于代谢物具有变化迅速、种类繁多、浓度差异大、化学性质各异、数据信息庞大等特点，导致样本的收集、保存、代谢物提取、质谱检测等各个环节都可能对数据的质量产生很大影响，进而影响后续分析的准确性，因此，在代谢组学分析中须对每个实验步骤都严格把控，以确保高质量数据产出（Sellick et al.，2011；Want et al.，2006）。

代谢组学分析的流程主要包括样本中代谢物的提取、LC-MS/MS 检测、数据分析等内容。代谢组学分析的具体步骤包括代谢物提取、质谱测定的参数设置、代谢物的鉴定三个步骤。同样地，也需对测定的代谢组学数据进行生物信息学分析。首先，将质谱检测得到的原始文件（后缀为.raw）导入 Compound Discoverer 3.1 软件中，进行图谱处理及数据库搜索，得到代谢物的定性和定量结果；然后，对数据进行质控检测，以保证数据的准确度和可靠性，并对代谢物进行多元统计分析，包括主成分分析、偏最小二乘法判别分析等，以揭示不同组别中代谢模式的差异，以及利用层次聚类和代谢物相关性分析，揭示样本间及代谢物间相互关系；最后，通过代谢通路富集等分析，解释代谢物相关的生物学意义。研究者为了选育低镉积累的水稻品种，对镉胁迫下两种不同籼稻品种的籽粒进行基于质谱的代谢组学分析。结果发现，当水稻籽粒镉浓度增加时，大多数碳水化合物和氨基酸的含量显著下降，而具有抵御镉毒害的肌醇含量则显著上升。另外，在低镉积累品种中，D-甘露醇和 L-半胱氨酸的含量随着镉浓度的增加而逐渐上升，与 α-亚麻酸代谢和茉莉酸合成有关的有机酸合成也被激活，因此，对代谢通路中一些重要的生物标志物进行测定和分析，有助于低镉积累品种的精准筛选（Zeng et al.，2021）。

参 考 文 献

程鹏飞，王莹，李芳柏，等，2019.可变电荷土壤表面酸碱性质与模型研究进展[J]. 土壤学报，56（3）：516-527.

黄小玲，张登，廖嘉明，等，2018. 荧光定量 PCR 技术的原理及其在植物研究中的应用[J]. 安徽农业科学，46（25）：36-40.

梁子英，刘芳，2020. 实时荧光定量 PCR 技术及其应用研究进展[J]. 现代农业科技，（6）：1-3，8.

刘彬，孙聪，陈世宝，等，2015. 水稻土中外源 Cd 老化的动力学特征与老化因子[J]. 中国环境科学，35（7）：2137-2145.

吴琼，隋欣桐，田瑞军，2021. 高通量蛋白质组学分析研究进展[J]. 色谱，39：112-117.

Aguiar-Pulido V，Huang W，Suarez-Ulloa V，et al.，2016. Metagenomics，metatranscriptomics，and metabolomics approaches for microbiome analysis[J]. Evolutionary Bioinformatics，12：S36436.

Albarede F，Beard B，2004. Analytical methods for non-traditional isotopes[J]. Reviews in Mineralogy & Geochemistry，55：113-152.

Bai J H，Liu F，Zhang Z F，et al.，2021. Simultaneous measurement stable and radiogenic Nd isotopic compositions by MC-ICP-MS with a single-step chromatographic extraction technique[J]. Journal of Analytical Atomic Spectrometry，36：2695-2703.

Ball J W，Bassett R L，2000. Ion exchange separation of chromium from natural water matrix for stable isotope mass spectrometric analysis[J]. Chemical Geology，168（1-2）：123-134.

Bashiardes S，Zilberman-Schapira G，Elinav E，2016. Use of metatranscriptomics in microbiome research[J]. Bioinformatics and Biology Insights，10：S34610.

Bodor A，Bounedjoum N，Vincze G E，et al.，2020. Challenges of unculturable bacteria：Environmental perspectives[J]. Reviews in Environmental Science and Bio/Technology，19：1-22.

Celik H，Katkat A V，2009. Chemical extraction of the available iron present in soils[J]. Asian Journal of Chemistry，21：4469-4476.

Chang J D，Huang S，Noriyuki K，et al.，2020a. Overexpression of the manganese/cadmium transporter OsNRAMP5 reduces cadmium accumulation in rice grain[J]. Journal of Experimental Botany，71（18）：5705-5715.

Chang J D，Huang S，Yamaji N，et al.，2020b. OsNRAMP1 transporter contributes to cadmium and manganese uptake in rice[J]. Plant，Cell & Environment，43（10）：2476-2491.

Chen G J，Han J C，Mu Y，et al.，2019a. Two-stage chromium isotope fractionation during microbial Cr(Ⅵ) reduction[J]. Water Research，148：10-18.

Chen H Q，Liang X Y，Gong X M，et al.，2021. Comparative physiological and transcriptomic analyses illuminate common mechanisms by which silicon alleviates cadmium and arsenic toxicity in rice seedlings[J]. Journal of Environmental Sciences，109（2021）：88-101.

Chen K，Wang Y，Zhang R，et al.，2019b. CRISPR/Cas genome editing and precision plant breeding in agriculture[J]. Annual Review of Plant Biology，70（1）：667-697.

Chen Y A，Chi W C，Trinh N N，et al.，2014. Transcriptome profiling and physiological studies reveal a major role for aromatic amino acids in mercury stress tolerance in rice seedlings[J]. PLoS One，9（5）：e95163.

Craddock P R，Dauphas N，2011. Iron isotopic compositions of geological reference materials and chondrites[J]. Geostandards and Geoanalytical Research，35（1）：101-123.

Cramer G R，Urano K，Delrot S，et al.，2011. Effects of abiotic stress on plants：A systems biology perspective[J]. BMC Plant Biology，11：163.

Cui L，Yang K，Li H Z，et al.，2018. Functional single-cell approach to probing nitrogen-fixing bacteria in soil communities by resonance Raman spectroscopy with $^{15}N_2$ labeling[J]. Analytical Chemistry，90（8）：5082-5089.

Dauphas N，Pourmand A，Teng F Z，2009. Routine isotopic analysis of iron by HR-MC-ICPMS：How precise and how accurate？[J]. Chemical Geology，267（3-4）：175-184.

Davidson C M，Ferreira P C，Ure A M，1999. Some sources of variability in application of the three-stage sequential extraction procedure recommended by BCR to industrially-contaminated soil[J]. Fresenius' Journal of Analytical Chemistry，363（5）：

446-451.

Gan C，Wu R，Luo Y，et al.，2020. Visualizing and isolating iron-reducing microorganisms at single cell level[J]. Applied and Environmental Microbiology，87（3）.

Goldberg S，2014. Application of surface complexation models to anion adsorption by natural materials[J]. Environmental toxicology and chemistry，33（10）：2172-2180.

Halliday A N，Christensen J N，Lee D C，et al.，2000. Multiple-collector inductively coupled plasma mass spectrometry[J]. Inorganic Mass Spectrometry：Fundamentals and Applications，23：291-328.

Hamamura N，Macur R E，Korf S，et al.，2008. Linking microbial oxidation of arsenic with detection and phylogenetic analysis of arsenite oxidase genes in diverse geothermal environments[J]. Environmental Microbiology，11（2）：421-431.

Han L F，Zhao X J，Jin J，et al.，2019. Using sequential extraction and DGT techniques to assess the efficacy of plant-and manure-derived hydrochar and pyrochar for alleviating the bioavailability of Cd in soils[J]. Science of the Total Environment，678：543-550.

He Y S，Wang Y，Zhu C W，et al.，2017. Mass-independent and mass-dependent Ca isotopic compositions of thirteen geological reference materials measured by thermal ionisation mass spectrometry[J]. Geostandards and Geoanalytical Research，41（2）：283-302.

Inskeep W P，Macur R E，Hamamura N，et al.，2007. Detection，diversity and expression of aerobic bacterial arsenite oxidase genes[J]. Environmental Microbiology，9（4）：934-943.

Jia Y，Huang H，Zhong M，et al.，2013. Microbial arsenic methylation in soil and rice rhizosphere[J]. Environmental Science & Technology，47（7）：3141-3148.

Jing X Y，Gou H L，Gong Y H，et al.，2018. Raman-activated cell sorting and metagenomic sequencing revealing carbon-fixing bacteria in the ocean[J]. Environmental Microbiology，20（6）：2241-2255.

Kleiner M，2019. Metaproteomics：Much more than measuring gene expression in microbial communities[J]. Msystems，4（3）：e00115-00119.

Kulp T R，Hoeft S E，Miller L G，et al.，2006. Dissimilatory arsenate and sulfate reduction in sediments of two hypersaline，arsenic-rich soda lakes：Mono and Searles Lakes，California[J]. Applied and Environmental Microbiology，72（10）：6514-6526.

Kumar A，Anju T，Kumar S，et al.，2021. Integrating omics and gene editing tools for rapid improvement of traditional food plants for diversified and sustainable food security[J]. International Journal of Molecular Sciences，22（15）：8093.

Lehn G O，Jacobson A D，Holmden C，2013. Precise analysis of Ca isotope ratios（$\delta^{44/40}$Ca）using an optimized ^{43}Ca-^{42}Ca double-spike MC-TIMS method[J]. International Journal of Mass Spectrometry，351：69-75.

Li M，Xu J，Romero-Gonzalez M，et al.，2012. Single cell Raman spectroscopy for cell sorting and imaging[J]. Current Opinion in Biotechnology，23（1）：56-63.

Liu M S，Zhang Q，Zhang Y，et al.，2020. High-precision Cd isotope measurements of soil and rock reference materials by MC-ICP-MS with double spike correction[J]. Geostandards and Geoanalytical Research，44（1）：169-182.

Liu S M，Jiang J，Liu Y，et al.，2019. Characterization and evaluation of *OsLCT1* and *OsNramp5* mutants generated through CRISPR/Cas9-mediated mutagenesis for breeding low Cd rice[J]. Rice Science，26（2）：88-97.

Malasarn D，Saltikov C W，Campbell K M，et al.，2004. *arrA* is a reliable marker for As(V) respiration[J]. Science，306（5695）：455-455.

Manghwar H，Lindsey K，Zhang X，et al.，2019. CRISPR/Cas system：Recent advances and future prospects for genome editing[J]. Trends in Plant Science，24（12）：1102-1125.

McKeague J A，Brydon J E，Miles N M，1971. Differentiation of forms of extractable iron and aluminum in soils[J]. Soil Science Society of America Proceedings，35：33-38.

Mirza B S，Sorensen D L，Dupont R R，et al.，2017. New arsenate reductase gene（*arrA*）PCR primers for diversity assessment and quantification in environmental samples[J]. Applied and Environmental Microbiology，83（4）：e02725.

Miyadate H，Adachi S，Hiraizumi A，et al.，2011. OsHMA3，a P1B-type of ATPase affects root-to-shoot cadmium translocation in rice by mediating efflux into vacuoles[J]. New Phytologist，189（1）：190-199.

Odell I D，Cook D，2013. Immunofluorescence techniques[J]. Journal of Investigative Dermatology，133（1）：1-4.

Parvanova-Mancheva T，Beschkov V，Sapundzhiev T，2009. Modeling of biochemical nitrate reduction in constant electric field[J]. Chemical and Biochemical Engineering Quarterly，23（1）：67-75.

Ponter S，Pallavicini N，Engstrom E，et al.，2016. Chromium isotope ratio measurements in environmental matrices by MC-ICP-MS[J]. Journal of Analytical Atomic Spectrometry，31（7）：1464-1471.

Quéméneur M，Cebron A，Billard P，et al.，2010. Population structure and abundance of arsenite-oxidizing bacteria along an arsenic pollution gradient in waters of the upper Isle River Basin，France[J]. Applied and Environmental Microbiology，76（13）：4566-4570.

Reid M C，Maillard J，Bagnoud A，et al.，2017. Arsenic methylation dynamics in a rice paddy soil anaerobic enrichment culture[J]. Environmental Science & Technology，51（18）：10546-10554.

Sellick C A，Hansen R，Stephens G M，et al.，2011. Metabolite extraction from suspension-cultured mammalian cells for global metabolite profiling[J]. Nature Protocols，6（8）：1241-1249.

Song B，Chyun E，Jaffé P R，et al.，2009. Molecular methods to detect and monitor dissimilatory arsenate-respiring bacteria（DARB）in sediments[J]. FEMS Microbiology Ecology，68（1）：108-117.

Stumm W，1992. Chemistry of the Solid-Water Interface[M]. New York：John Wiley & Sons，Inc.

Sun J，Henning P，Adam S，et al.，2018. Model-based analysis of arsenic immobilization via iron mineral transformation under advective flows[J]. Environmental Science & Technology，52（16）：9243-9253.

Sun L N，Zhang Y F，He L Y，et al.，2010. Genetic diversity and characterization of heavy metal-resistant-endophytic bacteria from two copper-tolerant plant species on copper mine wasteland[J]. Bioresource Technology，101（2）：501-509.

Sun Y，Polishchuk E A，Radoja U，et al.，2004. Identification and quantification of *arsC* genes in environmental samples by using real-time PCR[J]. Journal of Microbiological Methods，58（3）：335-349.

Tan D C，Zhu J M，Wang X，et al.，2020. High-sensitivity determination of Cd isotopes in low-Cd geological samples by double spike MC-ICP-MS[J]. Journal of Analytical Atomic Spectrometry，35（4）：713-727.

Tessier A，Campbell P G，Bisson M，1979. Sequential extraction procedure for the speciation of particulate trace metals[J]. Analytical Chemistry，51（7）：844-851.

Wackett L P，2004. Stable isotope probing in biodegradation research[J]. Trends in Biotechnology，22（4）：153-154.

Wang Y，Huang W E，Cui L，et al.，2016. Single cell stable isotope probing in microbiology using Raman microspectroscopy[J]. Current Opinion in Biotechnology，41：34-42.

Want E J，O'Maille G，Smith C A，et al.，2006. Solvent-dependent metabolite distribution，clustering，and protein extraction for serum profiling with mass spectrometry[J]. Analytical Chemistry，78（3）：743-752.

Wei G J，Wei J X，Liu Y，2013. Measurement on high-precision boron isotope of silicate materials by a single column purification method and MC-ICP-MS[J]. Journal of Analytical Atomic Spectrometry，28（4）：606-612.

Wu F，Qi Y，Yu H，et al.，2016. Vanadium isotope measurement by MC-ICP-MS[J]. Chemical Geology，421：17-25.

Xue D，Jiang H，Deng X X，et al.，2014. Comparative proteomic analysis provides new insights into cadmium accumulation in rice grain under cadmium stress[J]. Journal of Hazardous Materials，280：269-278.

Yang J，Gao M X，Hu H，et al.，2016. OsCLT1，a CRT-like transporter 1，is required for glutathione homeostasis and arsenic tolerance in rice[J]. New Phytologist，211（2）：658-670.

Yang Y，Wang Y，Peng Y M，et al.，2020. Acid-base buffering characteristics of non-calcareous soils：Correlation with physicochemical properties and surface complexation constants[J]. Geoderma，360：114005.

Yang Y，Yuan X，Chi W T，et al.，2021. Modelling evaluation of key cadmium transformation processes in acid paddy soil under alternating redox conditions[J]. Chemical Geology，581：120409.

Zeng T，Fang B H，Huang F L，et al.，2021. Mass spectrometry-based metabolomics investigation on two different indica rice grains

（*Oryza sativa* L.）under cadmium stress[J]. Food Chemistry，343：128472.

Zhang M K，Liu Z Y，Wang H，2010. Use of single extraction methods to predict bioavailability of heavy metals in polluted soils to rice[J]. Communications in Soil Science and Plant Analysis，41（7）：820-831.

Zhang Z，Ma J，Le Z，et al.，2018. Rubidium purification：Via a single chemical column and its isotope measurement on geological standard materials by MC-ICP-MS[J]. Journal of Analytical Atomic Spectrometry，33（3）：322-328.

Zhu G H，Ma J L，Wei G J，et al.，2020. A novel procedure for separating iron from geological materials for isotopic analysis using MC-ICP-MS[J]. Journal of Analytical Atomic Spectrometry，35（5）：873-877.

Zhu J M，Wu G L，Wang X L，et al.，2018. An improved method of Cr purification for high precision measurement of Cr isotopes by double spike MC-ICP-MS[J]. Journal of Analytical Atomic Spectrometry，33（5）：809-821.

第 2 章

水稻重要矿质元素吸收与转运机制

水稻是极其重要的粮食作物之一，其产量和食用安全性备受人们关注。随着经济高速发展，农田土壤重金属污染的形势日益严峻。水稻植株要维持正常的生长发育，就必须从土壤中吸收所需的多种矿质元素，有些是必需的矿质元素，有些是有益的矿质元素。少量有毒有害的重金属，如 Cd 和 As，也随必需或有益矿质元素一道进入水稻内部，影响水稻的生长甚至产量。重金属元素还会转运到地上部，累积在稻谷中，导致稻米重金属含量超标，威胁人体健康。研究了解水稻植株的形态结构特征，及其吸收转运矿质元素和重金属的过程与机制，是保障水稻安全生产的基础。水稻矿质元素的吸收转运主要包含 4 个关键过程，即根部吸收、木质部装载、节内分配和韧皮部转运（图 2.1），而且大多数是膜的主动运输过程，各种转运蛋白在其中起至关重要作用。本章首先概述水稻吸收和转运矿质元素的基本过程，然后介绍水稻生长及水稻植株重要器官的形态解剖特征，最后以转运蛋白为核心详细介绍水稻吸收和转运矿质元素（Si、Fe、Zn、Mn）的分子机制及同位素分馏特征，为深入理解水稻中重金属（Cd、As）积累的机制及重金属污染修复技术的原理奠定基础。

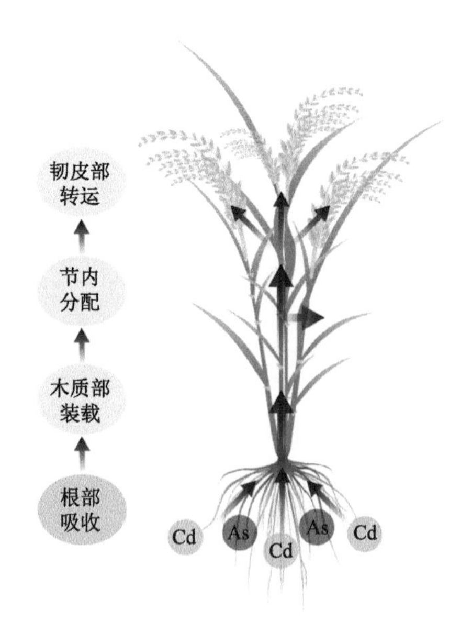

图 2.1　水稻中矿质元素吸收转运的关键过程

2.1　概　　述

水稻是整个亚洲乃至全世界人类的重要粮食作物，其产量和食用安全性备受关注。由于城市化和工业化，许多农业土壤都受到 Cd、As 等有毒和有害元素的污染（Zhao et al.，2010；Clemens & Ma，2016）。重金属 Cd 和 As 非水稻生长所必需，但是它们能够通过水稻生长必需或有益矿质元素的吸收途径进入水稻体内（Verbruggen et al.，2009a；Bakhat et al.，2017），从而对水稻生长造成伤害，而且还会进入食物链，威胁人类健康。人体摄入过量 Cd 会导致肾功能衰竭、骨质疏松或骨软化等症状，而人体摄入过量 As 则会导致癌症、糖尿病、心血管病和发育障碍等严重疾病（Fukushima et al.，1970；McLaughlin et al.，1999；Jiang et al.，2015）。稻米是我国人口的主粮，已成为人体中有毒元素（如 Cd、As）积累的主要膳食来源（Sun et al.，2012；Clemens & Ma，2016）。因此，减少稻米中有毒元素的含量，对于人类健康极其重要。

水稻要维持正常的生长发育，就必须从土壤中摄取各种矿质元素。由于化学性质的相似性，有毒重金属元素 Cd 和 As 等往往通过 Si、Fe、Zn、Mn 等水稻必需或有益矿质元素的吸收通道进入水稻体内（Verbruggen et al.，2009b；Bakhat et al.，2017）。因此，若要解决稻米中有毒元素积累所引起的人类健康问题，首先必须研究了解水稻必需或有益矿质元素的吸收和转运机制。一般来说，土壤矿质元素首先被水稻根部吸收，然后伴随细胞内元素的稳态调节，进一步向地上部组织转移，所有这些过程主要通过转运蛋白来完成。

2.1.1　水稻吸收和转运矿质元素的基本过程

矿质元素在水稻中迁移一般由 4 个关键过程组成，包括根部吸收、木质部装载、节内分配和韧皮部转运。矿质元素在木质部和韧皮部中的装载与卸载以及在细胞中的流入与排出，大多数都是膜的主动运输过程（Sasaki et al.，2016），位于细胞膜上的各类转运蛋白在水稻矿质元素迁移中起至关重要作用。

根系是植物与土壤接触的第一器官，故水稻吸收土壤矿质元素主要由根系来完成。根际环境中 pH、氧化还原电位、根系分泌物、根表铁膜、微生物群落等因素，都会对土壤矿质元素的生物有效性和迁移性产生影响，从而影响根系对矿质元素的吸收（Ali et al.，2020）。

矿质元素进入根细胞有两种方式，一种方式是通过质外体途径，随蒸腾流而被动迁移到各个器官中，另一种方式则是通过细胞膜上的转运蛋白，将矿质元素主动吸收到根细胞内（Huang et al.，2020b）。根系中的质外体屏障，尤其是位于根内皮层和外皮层中的凯氏带，会阻碍矿质元素从根表到中柱细胞的自由扩散。因此，所有矿质元素必须经由内、外皮层细胞中具备流入（influx）或外排（efflux）功能的转运蛋白相互协调配合才能穿过凯氏带并进入共质体中，也即必须经由共质体途径才能从根的表面进入根内部（Sasaki et al.，2016；Barberon，2017）。

位于根部细胞膜上的转运蛋白，负责将矿质元素吸收进入共质体，然后通过细胞中各种转运蛋白，矿质元素向中柱转移，被装载到木质部后，随蒸腾流向地上部移动，最后分配到各个组织器官中。一般来说，矿质元素的转移遵循“根—茎—叶—籽粒”的顺序。另外，Fe、Zn、Mn 等矿质元素，会优先分配到生长活跃的部位如分生组织中，以供细胞利用（Yoneyama et al.，2015；Alejandro et al.，2020），而矿质元素 Si，则会优先沉积到细胞壁、细胞间隙，以及根、叶片的皮层或表层等部位，强化植物细胞，提高植物抗生物胁迫或非生物胁迫的能力（Liang et al.，2015）。

矿质元素在细胞间的短距离运输，可以通过共质体流完成，而不同组织部位间矿质元素的长距离运输，则必须通过节内的跨维管束转移及再分配，将矿质元素重新装载到木质部中，然后再向上转移，输送到新生组织或籽粒中（Slamet-Loedin et al.，2015；Tong et al.，2020）。籽粒中的矿质元素主要来源于两个部分，一是整个生育期由根系直接从土壤中吸收，二是灌浆期由韧皮部介导从营养器官（如叶片）中再分配。在植物中，韧皮部的主要功能是将光合同化产物以及养分从老叶向新生组织或籽粒中转移，因此，韧皮部运输在籽粒的矿质元素积累中通常占据主导地位（Yoneyama et al.，2015；Huang et al.，2020b）。

水稻的节器官具有高度发达的维管系统，主要由扩大维管束（enlarged vascular bundle，EVB）和分散维管束（diffuse vascular bundle，DVB）组成。EVB 来自下部的节或根系，与着生在节上的叶器官相连，而 DVB 则从当前节开始向上延伸，与上部的节或穗相连（Yamaji & Ma，2014）。矿质元素必须通过从 EVB 到 DVB 的跨维管束转移，才能进一步向发育的组织或籽粒分配，这些过程主要由水稻节内表达的各种转运蛋白来完成（Yamaji & Ma，2017）。

矿质元素对水稻的生长和维持必不可少，但是，这些元素如果在细胞内积累过多，将会导致水稻中毒，从而抑制水稻的生长及产量。植物对矿质元素的吸收和转运，受植物自身的调节系统严格控制，也即只允许适量而非中毒水平的元素在细胞内积累。一旦细胞内矿质元素过多，则可能通过膜上的转运蛋白将其排出细胞外或转移到液泡中，也可能被细胞壁上的活性基团固定或被螯合剂（如植物螯合肽、有机酸等）螯合，从而减少细胞内矿质元素的含量或活性（Huang et al.，2020b）。液泡可储存细胞质部分元素，并将其隔离，从而减少细胞质中元素的浓度及其向木质部的装载，故在细胞的矿质元素稳态平衡中发挥重要调节作用（Ricachenevsky et al.，2018）。

2.1.2 水稻吸收和转运矿质元素的重要转运蛋白

迄今为止，在水稻中已鉴定到涉及矿质元素根部吸收和体内转运的许多重要转运蛋白，但是，关于水稻矿质元素吸收转运的机制，仍未彻底清楚。研究表明，许多矿质元素转运蛋白对底物元素都有选择性，但是，已发现许多转运蛋白对底物的转运并非绝对专一，由于化学性质相似性，它们往往可以转运多种元素，甚至包括有毒或有害元素，如 Cd、As 等。

在水稻根部，呈组成型表达的天然抗性相关巨噬细胞蛋白（natural resistance-associated macrophage protein，Nramp）家族成员 OsNramp5，可高效转运 Mn、Fe、Cd

等元素（Sasaki et al.，2012）。锌/铁调节转运蛋白样蛋白（Zn/Iron-regulated transporter-like protein，ZIP）家族成员 OsZIP1、OsZIP3，可转运 Zn、Cu、Cd 等元素（Ramesh et al.，2003）。黄色条纹样（yellow stripe-like，YSL）蛋白家族成员对金属元素的转运，通常需要螯合物如烟酰胺（nicotinamide，NA）或脱氧麦根酸（deoxymugineic acid，DMA）的参与，其成员 OsYSL2 可参与 Fe^{2+}-NA、Mn^{2+}-NA 复合物的长距离运输，从而调控籽粒中 Fe、Mn 等元素的积累（Ishimaru et al.，2010）。在缺 Fe 条件下，Fe 转运蛋白 OsNramp1、OsIRT1 和 OsIRT2 被诱导而大量表达，使得根部对 Fe 吸收增强，同时也增强根部对 Mn、Cd 等元素吸收（Ishimaru et al.，2006；Takahashi et al.，2011；Chang et al.，2020）。转运蛋白 OsHMA2 的作用主要是将 Zn 装载到木质部，同时该转运蛋白也可将其他金属元素（如 Cd）装载到木质部中（Nocito et al.，2011；Takahashi et al.，2012）。OsLCT1 可同时转运 Ca、Mg、Mn、Cd 等元素，控制这些元素从韧皮部向籽粒的输送（Uraguchi et al.，2011）。OsHMA3、OsMTP1 等转运蛋白可将 Zn、Fe 等元素转入液泡中（Ueno et al.，2010；Yuan et al.，2012；Cai et al.，2019a），阳离子扩散促进剂家族（cation diffusion facilitator family，CDF）成员 OsMTP8.1、OsMTP8.2，可将 Mn 等元素转入液泡中（Chen et al.，2013），而液泡铁转运蛋白（vacuolar iron transporter，VIT）家族成员 OsVIT1、OsVIT2，则主要将 Fe、Zn、Mn 等元素转入液泡中储存起来（Zhang et al.，2012）。另外，OsHMA3 还可将有毒元素 Cd 转入液泡中（Lu et al.，2019；Yang et al.，2021），而 OsABCC1 可将有毒元素 As 转运到液泡中隔离起来（Song et al.，2014）。水稻中已发现的矿质元素吸收或转运相关的重要转运蛋白及特性详见表 2.1。

表 2.1　水稻中与矿质元素吸收或转运相关的重要转运蛋白

转运过程	重要转运蛋白	亚细胞定位	转运的元素	参考文献
根部吸收	OsNramp5	细胞膜	Mn、Fe、Cd	Ishimaru et al.，2012 Sasaki et al.，2012
	OsNramp1	细胞膜	Fe、Mn、Cd	Takahashi et al.，2011 Chang et al.，2020
	OsZIP1	细胞膜	Zn、Cu、Cd	Liu et al.，2019b
	OsIRT1 OsIRT2	细胞膜	Fe	Ishimaru et al.，2006
	OsYSL15	细胞膜	Fe	Inoue et al.，2009
	OsLsi1	细胞膜	Si、As(III)	Ma et al.，2006
木质部装载	OsHMA2	细胞膜	Zn、Cd	Nocito et al.，2011 Takahashi et al.，2012
	OsMTP9	细胞膜	Mn、Cd	Yu et al.，2021
	OsYSL2	细胞膜	Fe、Mn	Ishimaru et al.，2010
	OsLsi2	细胞膜	Si、As	Ma et al.，2007
节内转移	OsLCT1	细胞膜	Ca、Mg、Mn、Cd	Uraguchi et al.，2011
	OsLCD	细胞核 细胞质	Cd	Shimo et al.，2011
	OsZIP3 OSZIP4 OsZIP7	细胞膜	Zn、Cd	Sasaki et al.，2015 Mu et al.，2021 Tan et al.，2019

续表

转运过程	重要转运蛋白	亚细胞定位	转运的元素	参考文献
液泡隔离	OsHMA3	液泡膜	Zn、Cd	Ueno et al.，2010 Cai et al.，2019a
	OsMTP8.1 OsMTP8.2	液泡膜	Mn	Chen et al.，2013 Takemoto et al.，2017
	OsMTP1	液泡膜	Zn、Fe、Co、Cd	Yuan et al.，2012 Menguer et al.，2013
	OsVIT1 OsVIT2	液泡膜	Fe、Zn、Mn	Zhang et al.，2012
	OsABCC1	液泡膜	As	Song et al.，2014
	OsABCC9	液泡膜	Cd	Yang et al.，2021

2.1.3 稳定同位素分馏解析水稻矿质元素吸收转运机制

目前，非传统稳定同位素研究已成为地球科学领域的重要研究方向。应用稳定同位素示踪来探究植物对矿质元素如 Zn、Si 和 Fe 的吸收转运和积累机制（冯新斌等，2021；Arnold et al.，2010，2015），已成为深入解析土壤-水稻体系中多界面迁移转化机制的新方法。在水稻等植物中，关于 Cu、Zn、Fe 和 Cd 的吸收转运和积累机制已被广泛报道（Zhong et al.，2021，2022，2023；Arnold et al.，2010），还有人利用同位素分析方法来解析植物中 Fe 的主要来源（Zhong et al.，2022），这些研究结果将为深入解析土壤-水稻体系中 Zn、Si、Fe 等矿质元素的吸收转运机制提供有力证据。

2.2 水稻植株形态解剖结构特征

水稻是重要的单子叶模式植物和谷类作物，为了更好地探讨矿质元素在水稻中的吸收和转运机制，本章首先介绍水稻植株生长发育的基本过程，然后阐述水稻植株主要器官包括根、茎、叶和种子的形态解剖结构基本特征。

2.2.1 水稻植株生长发育基本过程

水稻的生育期是指从种子萌发开始，直到新种子成熟为止。水稻生育期一般划分为三个阶段：营养生长期、营养生长与生殖生长并行期、生殖生长期，也可细分为幼苗期、分蘖（拔节）期、孕穗（抽穗）期、成熟期（图 2.2）（徐是雄等，1984；Hoshikawa，1989；Itoh et al.，2005）。不同品种各时期的长短有些差异，主要表现在营养生长期。幼穗分化标志着营养生长与生殖生长并行期的开始，抽穗后基本上是生殖生长期。水稻生育期短的不足 100～120 d，长的超过 150～180 d，其中幼穗分化至成熟一般为 60～70 d，而生育期的长短主要取决于营养生长期。

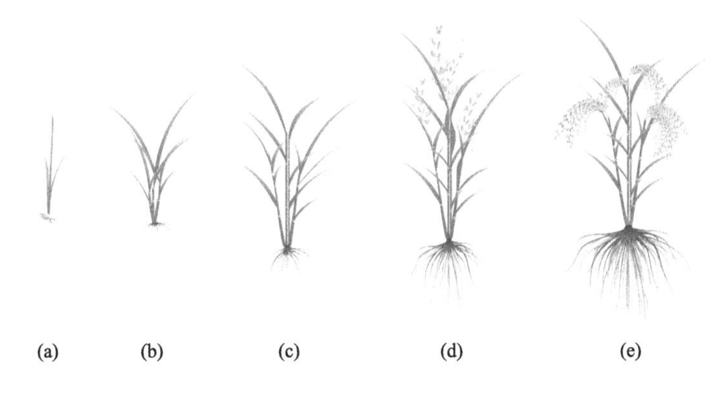

图 2.2　水稻植株生长发育基本过程

（a）种子萌发；（b）幼苗期；（c）分蘖（拔节）期；（d）孕穗（抽穗）期；（e）成熟期。

水稻的营养生长为生殖生长奠定物质基础，包括种子发芽以及根、茎、叶生长，由幼苗期、分蘖期和拔节期组成。幼苗期是指从种子萌动开始，第一叶（不完全叶）长出并持续到第一个分蘖出现之前的时期。在幼苗期，植株最终会形成 5 片叶子，其根系也快速生长。分蘖期从第一个分蘖开始，一直持续到最大分蘖数为止。分蘖从节的腋芽处形成，随着水稻植株生长，首先在主分蘖上产生二次分蘖，进而在二次分蘖上又产生三次分蘖。水稻拔节时，分蘖数达到最高峰。水稻的拔节生长可能在分蘖结束后开始，也可能与分蘖期部分重叠。生育期长的水稻品种，其株高一般较高，且拔节期也较长。有时为了方便，把水稻的分蘖期和拔节期统称为分蘖（拔节）期。

水稻的生殖生长包括幼穗分化、开花和结实，由孕穗期、抽穗期和成熟期组成。水稻幼穗分化完成后，形成幼穗花序，当幼穗花序的尖端从剑叶的叶鞘抽出时，标志着抽穗期开始。孕穗期从幼穗分化开始到抽穗为止，一般需要 30 d 左右。水稻的抽穗期与孕穗期、成熟期均有部分重叠。有时为了方便，也把孕穗期和抽穗期统称为孕穗（抽穗）期。成熟期则从抽穗后开花到谷粒成熟为止，包括乳熟期、蜡熟期（黄熟期）和完熟期。水稻抽穗后，从花序顶端向下逐渐开花，花粉散落到雌蕊柱头上，稻壳随后关闭。水稻完成开花授粉后，进入乳熟期，此时期籽粒开始灌充白色乳状液体，即“灌浆”。在乳熟期，绿色的幼穗花序开始向下弯曲，水稻的分蘖基部也开始衰老，但是剑叶及其下 2 片叶仍为绿色。当谷粒中乳状液体成分开始变柔软，并逐渐变硬，标志水稻进入蜡熟期，此时稻穗和谷粒的外表开始变黄，分蘖和叶片也明显衰老，故也称为黄熟期。最后，水稻进入完熟期，此时大多数谷粒充满干物质，并完全变黄、变硬，同时叶片也逐渐变干，并出现大量死叶。

2.2.2　水稻主要器官形态解剖基本特征

为了适应稻田的淹水条件，水稻的根、茎、叶中均有发达的通气系统，即气腔，以保证氧气能顺利到达各个器官组织。水稻还具有独特的矿质元素吸收和分配系统，例如根系的内、外皮层组织中分布着凯式带，可阻止水分和矿质元素在质外体自由流动，而茎部节内存在高度发达的维管系统，可调节养分优先输送到新生器官和组织中（Huang et al.，2020b）。

1. 水稻的根

水稻种子在有足够水分、适宜温度（28～36℃）和充足氧气的条件下，其内部生理生化反应开始活跃，才能够正常萌发（Itoh et al.，2005）。在萌发过程中，种子首先吸水膨胀，胚芽鞘和胚根鞘先后突破种皮，即“露白”，接着胚根伸长，然后从胚芽鞘中长出只有叶鞘而无叶片的不完全叶，再依次长出第一、第二、第三……完全叶。当第三完全叶长出时，胚乳中的养分基本耗尽。从第三完全叶开始，依次从不完全叶节、第一完全叶节……长出不定根。当第四完全叶长出时，第一完全叶的腋芽处开始长出分蘖。

水稻根系包括种子根、胚轴根、不定根 3 种类型，具有吸收水分和养分的能力，同时也可向地上部输送水分和养分（Hoshikawa，1989）。种子根由胚中的根原基形成，只有 1 条，负责发芽期间幼苗的养分吸收。胚轴上一般不长根，但播种较深或旱播时，可能会长出许多细根，即胚轴根，且呈横向生长。不定根是从鞘叶节及以上各节中长出的根，呈冠状，故又称冠根，是水稻根系的主要组成部分。水稻根系的生长与生育时期有关，在分蘖期，一级根大量发生，分布较浅，多数在 0～20 cm 土层内横向扩展；在幼穗分化期，分枝根大量发生，且向纵深发展，特别是上三位根（即表根）陆续出现，对成熟期的叶片生长及籽粒充实起非常重要作用。

水稻根由根冠和根体构成，根尖顶端为根冠，起保护生长点的作用（徐是雄等，1984）。根尖生长点的后面是根的伸长区，细胞迅速伸长，并分化出维管束。伸长区后面是成熟区，内部维管束已分化完成，且在根的表面分生出大量根毛，并产生侧根。根成熟区是水分和养分吸收最活跃的区域，从横切面看，由表皮、皮层和中柱 3 部分组成（图 2.3）。表皮的表面细胞逐渐脱落，只剩下一层厚壁细胞，排列紧密，其细胞壁高度木质化，起保护根的作用。根的皮层由 8～10 层薄壁细胞组成，随着根的生长，这些薄壁细胞相继解体，形成气腔，且与茎、叶的气腔连通。皮层的最内侧，一般有 1～2 层薄壁细胞不解体，即内皮层。内皮层细胞的结构较特殊，在其径向上的细胞壁高度

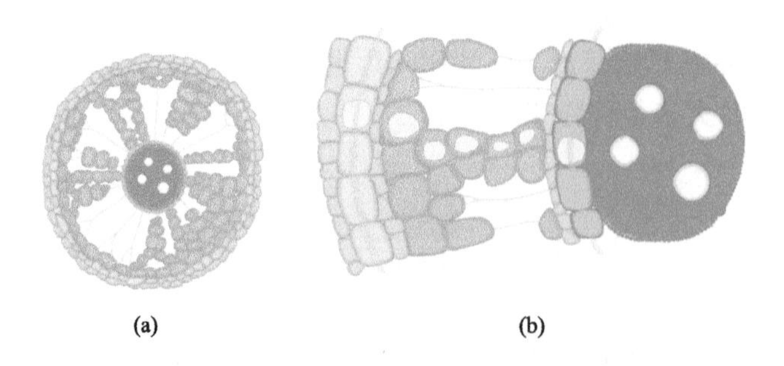

图 2.3　水稻成熟根的横切面解剖基本结构

（a）成熟根横切面结构；（b）成熟根横切面局部放大。

木栓化，形成凯氏带，起阻碍水分和矿质元素通过质外体途径自由进出根中柱的作用。根中柱的最外层为中柱鞘，由一层厚壁细胞组成，中柱的内部包含木质部和韧皮部，二者相间排列。

2. 水稻的茎

水稻的茎一般中空直立、呈圆筒形，具有机械支持、输导和储藏养分的功能，尤其是茎节，在矿质元素分配中起重要枢纽作用（Clemens & Ma，2016）。茎由节和节间两部分组成，茎上着生叶的部位是节，上下两节之间的部位称为节间。茎的初期生长多为顶端生长，由于顶端分生组织的活动，不断产生新的茎节和叶器官。水稻从幼穗分化开始，茎的顶端生长逐渐减弱，茎的后期生长主要依赖节间基部保留的居间分生组织的细胞分裂，即居间生长，使得茎伸长，即拔节。

稻穗以下一般有 14～17 个节间，但是只有最上面的 3～5 个节间伸长。伸长的节间位于地上部，形成茎秆，而不伸长的节间常位于地面以下，集缩为长 2 cm 左右的地下茎。节间表面是大量长方形表皮细胞，其外层细胞壁沉积有大量硅质，表皮细胞间存在硅化细胞和气孔细胞。在节间的表皮细胞以下，为数层厚壁细胞，其内存在纵向的小维管束；而在厚壁细胞以下，为数层薄壁细胞，其内存在纵向的大维管束（图 2.4）。随着茎的成熟，维管束之间薄壁细胞相继解体，在节间中央形成大型髓腔，而在节部则形成横膈膜。节是根、蘖、叶等器官发生的部位，尤其是地面下的节，其上可长出根和分蘖，故又称为分蘖节或根节。在水稻的节间伸长期，节和节间的物质不断充实，硬度增加，单位体积质量达到最大值，是决定水稻抗折断力和抗病虫能力的最关键时期。水稻开花授粉后，茎秆储藏的物质开始向籽粒转移，在抽穗后 21 d 左右，茎秆质量下降到最低水平（Hoshikawa，1989；Yamaji & Ma，2017）。

节内部分布着非常复杂但是组织非常严密的维管系统，这些维管系统主要由扩大维管束、分散维管束及网状维管束等组成，且与上、下部节内的维管束相连（图 2.4）。节内维管束，尤其是扩大维管束的面积，比节间内维管束的面积大约 10 倍，这种结构有利于减缓节内蒸腾流，使得矿质营养在输送到叶片之前能在节中停留更长的时间。扩大维管束与叶片直接连通，而分散维管束围绕扩大维管束排列，与上部的节或穗相连。扩大维管束中木质部周围薄壁细胞分化出输送营养和水分的细胞，即木质部转移细胞，这些转移细胞面向木质部的细胞壁呈内向生长，可增大细胞的表面积，有利于矿质养分从扩大维管束卸载。扩大维管束与分散维管束之间的细胞层，称为薄壁细胞桥，其特征是细胞间存在密集的胞间连丝（图 2.4）。网状维管束较小，呈横斜走向，与扩大维管束和分散维管束均有连接。在节的基部还存在节内维管联结（nodal vascular anastomosis，NVA），与各种维管束都有径向连接，从而可调节养分在不同维管束间的分配（Yamaji & Ma，2014）。

3. 水稻的叶

叶片是水稻光合作用的重要器官，分为 3 种：第一种是胚芽鞘和分蘖鞘，呈无色薄膜状，属于叶的变形，不含叶绿素；第二种是不完全叶，含有叶绿素，有叶鞘但无叶片；第三种是完全叶，含有叶片、叶鞘、叶枕、叶舌及叶耳在内的所有叶组织（徐是雄等，

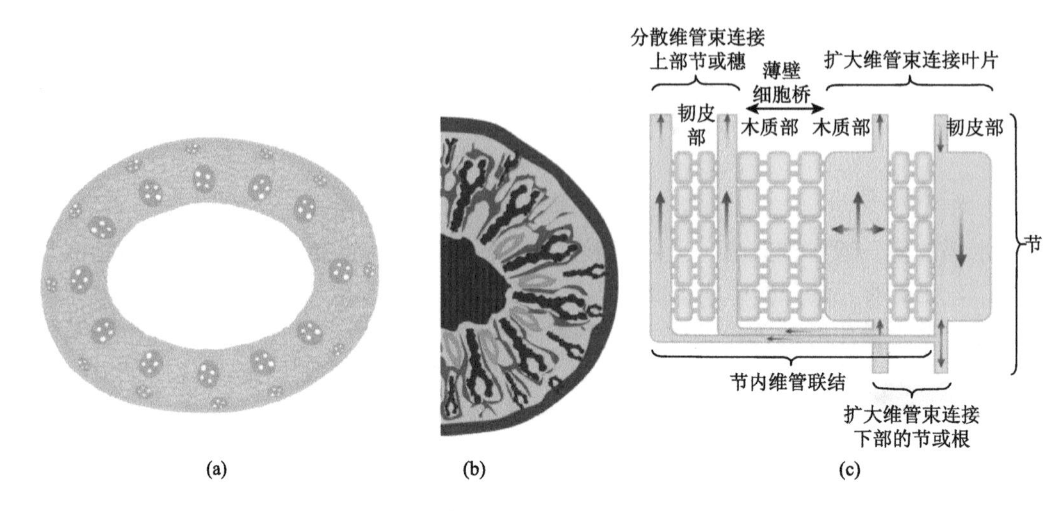

图 2.4　水稻节横切面及纵切面解剖结构示意图

（a）水稻节横切面；（b）水稻节横切面局部放大示扩大维管束和分散维管束；（c）水稻节纵切面示意图。

1984）。在叶片和叶鞘内，含有许多大小不一且呈纵向或横向排列的维管束，它们负责叶内养分的运输和再分配。水稻的主茎上一般有 14～17 片叶，其长度存在一定规律：从第一叶开始往上，叶片长度由短变长；至倒数第三叶时，叶片长度又由长变短。水稻的最上一片叶呈剑形，也称为剑叶。叶的生长源于茎尖生长点顶端分生组织的分化，在叶原基分化完成后，随着细胞分裂，首先是叶片伸长，然后是叶鞘伸长，当叶片伸长达 8～10 mm 时，其基部分化出叶耳和叶舌。

叶片由表皮细胞、薄壁细胞、泡状细胞，以及厚壁组织、维管束等组成（图 2.5）（徐是雄等，1984）。在叶片表面，存在与中脉平行排列的 3 种细胞列：第一种是硅化细胞和木栓细胞列，二者相间排列，位于叶脉外侧；第二种是气孔细胞列，位于硅化细胞和木栓细胞两侧；第三种是泡状细胞列，位于两个相邻叶脉之间。在叶片表面的细胞列间，还着生有钩状、齿状或针状的茸毛。泡状细胞仅发生在叶片上表面，其角质层较薄，未木质化或硅质化（图 2.5）。当水稻受干旱胁迫时，泡状细胞收缩，使得叶片内卷，蒸腾作用减少，从而避免叶片水分损失。除泡状细胞外，叶片表面的细胞均高度硅质化，其细胞壁外侧有蜡质层和角质层。叶脉的维管束由维管束鞘包围，其木质部一般位于近轴侧，而韧皮部位于远轴侧。在中脉维管束周围，一般存在 2～4 个较大的气腔（图 2.5），这些气腔与叶鞘及根部的气腔连通，可直接将叶片吸收的氧气运送到根部。

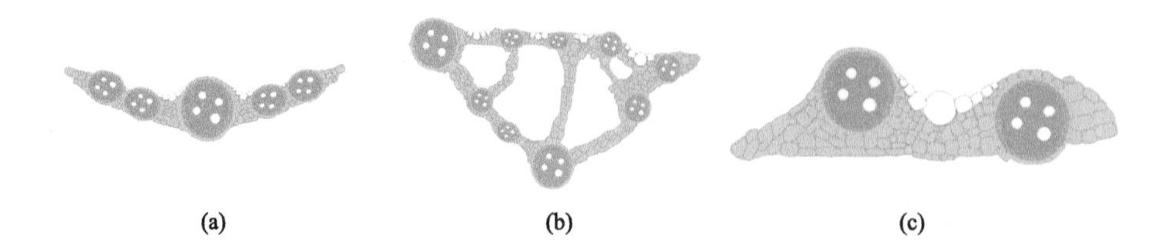

图 2.5　水稻成熟叶片中脉与侧脉横切面结构

（a）水稻叶片横切面结构；（b）水稻叶片中脉横切面结构；（c）水稻叶片侧脉横切面结构。

叶鞘的表面无茸毛，叶绿体和气孔的数量均比叶片少，且无泡状细胞。叶鞘细胞的硅质化及角质化程度均比叶片高，机械组织也比叶片发达，从而具有保护茎秆和幼叶的作用。叶鞘的气腔较叶片多，通气组织也比叶片发达。叶鞘的光合作用能力比叶片低得多，但是它能储藏淀粉和糖类物质，这些储藏物质在抽穗后会被输送到穗部籽粒中。叶枕位于叶片与叶鞘的交界处，其表面平滑，细胞不含叶绿体，且未硅化。叶耳位于叶枕的两侧，有许多茸毛，环抱茎秆。叶舌位于叶枕内侧，呈膜状，表面有乳突及茸毛，可阻止雨水和病菌侵入叶鞘。

4. 水稻的种子

水稻的穗为圆锥花序，由穗轴、一级枝梗、二级枝梗、小穗梗和小穗组成，每级枝梗与小穗都存在维管束联系，并与茎的维管束相连（Hoshikawa，1989）。每个小穗中仅有 1 朵小花能结实，每朵小花都包含内稃、外稃、雌蕊、雄蕊等结构。内稃、外稃的结构相似，主要由外皮层、薄壁组织和内皮层组成。外皮层由几层厚壁细胞组成，最外层的厚壁细胞加厚程度最高，并沉积有大量硅质，外皮层还着生有毛状体。在厚壁组织以下，内稃、外稃中分别存在 3 条、5 条纵向的维管束，这些维管束在种子基部与小穗轴相连，种子的内皮层及维管束周围组织均由薄壁细胞组成，且未硅质化。

水稻完成双受精之后，籽粒开始发育，即由受精卵发育成胚，受精极核发育成胚乳，胚乳的最外层为糊粉层，而珠被发育成种皮，子房壁发育成果皮，于是整个子房发育成一粒稻米（也称糙米），即水稻的果实（也称颖果）（图 2.6）。在成熟稻米中，种皮与果皮紧密黏合，不易区分。

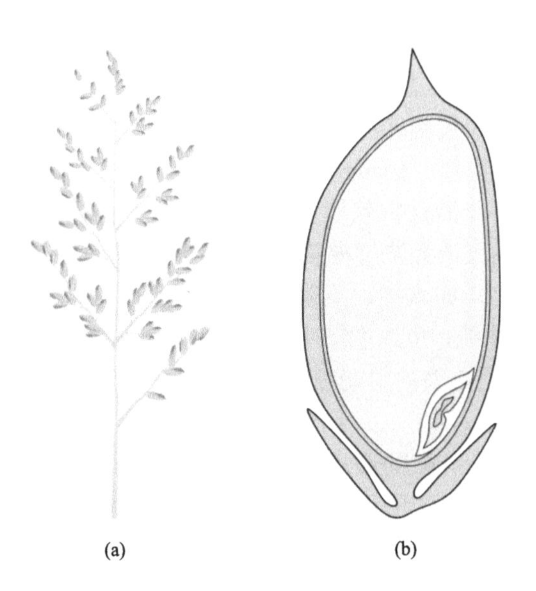

图 2.6　水稻穗和籽粒的形态及籽粒纵切面结构

（a）水稻主穗基本形态；（b）水稻籽粒纵切面基本结构。

在水稻抽穗前，淀粉和糖类物质主要积累在茎、叶、叶鞘的细胞内。在稻米形成过程中，通过维管束系统以及颖果薄壁细胞内的质外体途径和共质体途径，由茎叶制造和储藏的物质源源不断地向籽粒输送，此过程称为灌浆。灌浆的物质主要有两类：一类是碳水化合物；另一类是氨基酸或酰胺类物质，输入米粒后可制造蛋白质。籽粒中 1/3 的灌浆物质来源于抽穗前在茎和叶中积累的物质，其余为抽穗后叶片的光合产物。谷粒中 2/3 的干物质在籽粒乳熟期形成，因而乳熟期是提高水稻产量的关键时期（Itoh et al.，2005）。随着时间推移，籽粒不断失水，胚乳逐渐变硬，稻壳颜色逐步转为黄色，水稻进入蜡熟期。当米质紧硬、籽粒全部变为黄色时，即为完熟期，这也是谷粒收获的适宜时期。

2.3 水稻重要矿质元素吸收与转运的分子机制

水稻中 Cd、As 等重金属的污染及防控，往往与 Si、Fe、Zn、Mn 等矿质元素密切相关，本节将详细阐述这几种重要矿质元素吸收和转运的过程及分子机制。

2.3.1 硅

1.土壤 Si 的形态及植物生理作用

Si 是地壳中含量最丰富的矿质元素，主要以硅酸盐矿物和石英矿的形式存在。溶解态硅是指可溶于土壤溶液中的各种硅化合物，主要是单硅酸（H_4SiO_4），这也是植物可直接吸收和利用的形态，其在土壤溶液中的浓度为 0.1～0.6 mmol/L。水稻是典型的喜硅植物，Si 是细胞壁的主要组成元素，水稻植株中 Si 含量可占干物质质量的 10%（Epstein，1999；Imtiaz et al.，2016）。虽然尚未确定 Si 是水稻生长的必需元素，但是大量研究表明，Si 能够增强水稻植株的抗倒伏能力，并具有减轻水稻非生物胁迫和生物胁迫的作用，对水稻的生长及产量至关重要（Liang et al.，2015；Frew et al.，2018）。

植物对硅的吸收，存在能量依赖型（主动吸收）和非能量依赖型（被动吸收）两种方式。大多数双子叶植物可依赖浓度梯度而被动地吸收少量硅（Takahashi et al.，1990），但是，大多数单子叶植物，如水稻、小麦、玉米等，以及少量双子叶植物，如黄瓜等，具有能量依赖型 Si 吸收系统，可以主动吸收大量硅（Nikolic et al.，2007；Nanayakkara et al.，2008）。水稻吸收 Si 是典型的主动吸收过程，且主要吸收单硅酸。在水稻木质部汁液中，硅主要以单硅酸的形态存在，离子态的 Si 占比很小。水稻体内的硅，绝大部分是以硅胶即水合无定形硅或聚合硅酸的形式存在，约占总硅含量的 90%～95%，而少量 Si 则以硅酸、胶体硅酸及硅酸盐离子的形式存在（Ma et al.，2006，2007）。

2. 水稻 Si 吸收和转运基本过程

目前，在水稻中已鉴定到 Si 从土壤转移到籽粒的几个重要转运蛋白，包括 OsLsi1、OsLsi2、OsLsi3 和 OsLsi6，初步揭示了水稻 Si 的吸收和转运机制。水稻吸收和转运硅主要包括以下几个关键过程：①由根部外皮层细胞中的 OsLsi1 将环境溶液中的 Si 转入细胞内，再由 OsLsi2 将 Si 释放到通气组织的质外体中；②由内皮层中的 OsLsi1 将质外体溶液中的 Si 转入内皮层细胞中，再由 OsLsi2 将 Si 转出细胞，进而向中柱方向移动；③装载到中柱木质部导管的 Si 以非聚合态的单硅酸形式，随蒸腾流向地上部移动；④地上部定位于木质部导管一侧薄壁细胞的细胞膜上的 OsLsi6，将木质部中的 Si 卸载到薄壁细胞内，再由 OsLsi2、OsLsi3 将细胞内 Si 向外转移，或重新装载到木质部中再分配；⑤硅酸被转运和分配到不同器官和组织中，由于失水而聚合形成硅胶，沉积到细胞壁上或细胞间隙中（图 2.7）。在 Si 的迁移中，根系中 Si 的吸收和转运、节内 Si 的转移与再分配是最重要的两个过程，对其研究也最充分。

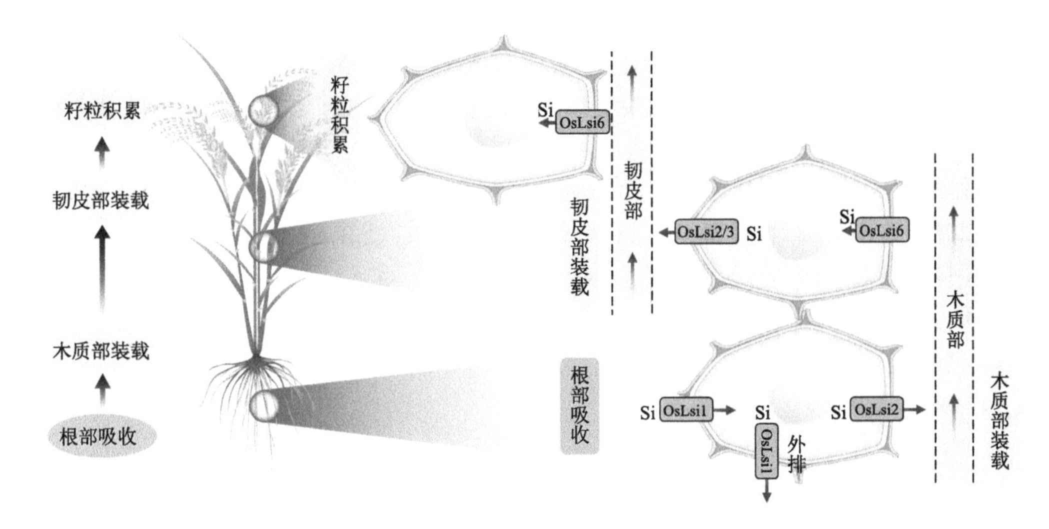

图 2.7　水稻植株中重要的 Si 吸收和转运蛋白及其作用过程

3. 水稻根系吸收 Si

OsLsi1 和 *OsLsi2* 主要在水稻根部大量表达，而 *OsLsi3* 和 *OsLsi6* 在根部的表达量很低，主要在地上部叶鞘和叶片中表达（Ma et al.，2006，2007；Yamaji et al.，2008）。OsLsi1 属于水通道蛋白，是 Nod26 样主要内在蛋白（Nod26-like major intrinsic protein，NIP）；OsLsi2 属于假定阴离子转运蛋白，是 Si 的外排蛋白。OsLsi1 和 OsLsi2 均定位于根部的外皮层、内皮层细胞中，但是二者亚细胞定位的极性不同，其中 OsLsi1 定位于细胞的远轴端，而 OsLsi2 定位于同一细胞的近轴端。在根尖 0～10 mm 区域，*OsLsi2* 的表达量较低，但是在根系的成熟区，*OsLsi2* 的表达量较高（Ma et al.，2007）。

水稻根系吸收 Si，需要由 OsLsi1 和 OsLsi2 协同来完成。根外皮层细胞中的 OsLsi1，首先将外部溶液中的硅酸转运到细胞内，然后由 OsLsi2 将硅酸外排到质外体中；接着 OsLsi1 将质外体中的硅酸转运到内皮层细胞中，再由 OsLsi2 将硅酸向外释放。通过 OsLsi1 和 OsLsi2 的接力转运，将根外部的 Si 逐步转移到中柱细胞内，最后装载到木质部中（Ma et al.，2006，2007）（图 2.7）。OsLsi1 和 OsLsi2 的这种协同作用，可能是水稻 Si 累积量显著高于其他禾本科植物的一个重要原因；在外部 Si 供应充足的条件下，*OsLsi1* 和 *OsLsi2* 基因的表达均下调（Ma et al.，2006，2007）。

4. 水稻植株中 Si 的长距离运输及再分配

装载到木质部导管中的 Si，随蒸腾流向地上部转移，然后由 OsLsi6、OsLsi2 和 OsLsi3 协调配合，最终分配到不同的器官和组织中。OsLsi6 主要定位在节、叶鞘和叶片木质部导管周围的薄壁细胞中，负责卸载扩大维管束蒸腾流中的 Si（Yamaji et al.，2008；Yamaji & Ma，2009）（图 2.7）。OsLsi2 和 OsLsi3 则定位于扩大维管束和分散维管束周围薄壁细胞的细胞膜上，负责将薄壁细胞内的 Si 向分散维管束转移（Yamaji et al.，2015）。

在茎节内，主要由定位于不同细胞层的 Si 转运蛋白，即 OsLsi6、OsLsi2 和 OsLsi3，来介导节内 Si 的转移和再分配。OsLsi6 负责卸载扩大维管束木质部中的 Si，然后 Si 通过胞间连丝向邻近细胞转移并进入共质体；再由 OsLsi2 和 OsLsi3 将 Si 重新装载在分散维管束的木质部细胞中（图 2.7）；最后，Si 通过韧皮部转移到硅体、硅细胞乃至籽粒中，在蒸腾作用下大多数 Si 失水聚合，沉积到细胞壁和细胞间隙中（Ma et al.，2011；Yamaji et al.，2015）。由于亚砷酸与硅酸具有相似的化学性质，因而这些负责吸收和转运 Si 的蛋白，同时也能介导水稻中三价砷（As^{3+}）的吸收与转运（Ma et al.，2008；Zhao et al.，2010；Huang et al.，2020b）。

2.3.2 铁

1. 土壤 Fe 的形态及植物 Fe 吸收系统

Fe 是植物生命活动所必需的营养元素，参与光合作用、呼吸作用、生物大分子合成等许多重要的代谢过程（Kawakami & Bhullar，2021）。由于存在三价铁（Fe^{3+}）与二价铁（Fe^{2+}）之间的可变价态特性，因此 Fe 在植物体内氧化还原系统中扮演着重要角色（Huang et al.，2020b）。

土壤中 Fe 的含量虽然较丰富，但有效 Fe 含量却较低（Ali et al.，2020）。为了适应土壤缺 Fe 的胁迫，植物在长期进化过程中形成了两套 Fe 吸收系统，即基于 Fe^{3+}还原的系统Ⅰ和基于 Fe^{3+}螯合的系统Ⅱ（Yoneyama et al.，2015）。植物中的两套 Fe 吸收系统，主要由具有较高 Fe 亲和性的转运蛋白组成。当 Fe 缺乏时，这些转运蛋白表现出较强的转运活性，通过根表皮主动吸收土壤中的 Fe（Sasaki et al.，2016）。

在双子叶植物和非禾本科植物中，如拟南芥等，Fe 的吸收主要依赖系统Ⅰ（Sasaki et al.，2016）。当土壤缺 Fe 时，依赖系统Ⅰ的植物（即系统Ⅰ型植物），根部细胞膜上的质子泵受缺 Fe 诱导激活，向膜外泵出大量质子，使根际土壤酸化，提高根际环境中可溶性 Fe 的浓度，从而有助于根系吸收利用 Fe。同时，根表皮细胞膜上的 Fe 还原酶（ferric reduction oxidase，FRO）活性大大增强，将土壤中的 Fe^{3+}还原为可溶性更强的 Fe^{2+}，然后由定位于细胞膜上的 Fe^{2+}转运蛋白，如 IRT1 等，将 Fe^{2+}吸收到根细胞内（Matsuoka et al.，2014；Tsai & Schmidt，2017）。

2. 水稻根系吸收 Fe

禾本科植物如水稻吸收土壤中的 Fe，除了依赖系统Ⅰ，还可依赖系统Ⅱ。虽然水稻根细胞中缺乏 Fe 还原酶，但是淹水条件下，土壤的还原性较强，Fe 的主要存在形式是 Fe^{2+}。水稻中 ZIP 家族的两个成员 OsIRT1 和 OsIRT2，以及 Nramp 家族的成员 OsNramp1，都可介导根系细胞对 Fe^{2+}的吸收，因此，淹水条件下的水稻主要依赖系统Ⅰ摄取 Fe（Ishimaru et al.，2006；Takahashi et al.，2011；Kobayashi et al.，2014）（图 2.8）。

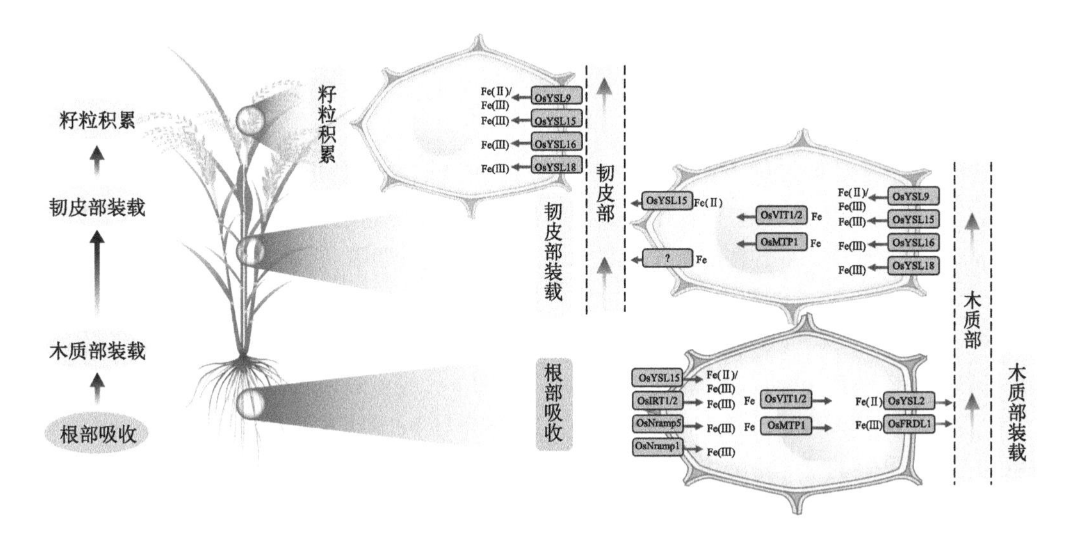

图 2.8　水稻植株中重要的 Fe 吸收和转运蛋白及其作用过程

稻田排水时，Fe 主要以氧化态的 Fe^{3+}化合物存在，此时，水稻根系主要依赖系统Ⅱ吸收 Fe（Aung & Masuda，2020）。依赖系统Ⅱ的植物（即系统Ⅱ型植物）根系会分泌一种 Fe 载体，即脱氧麦根酸（DMA）。DMA 是在烟酰胺合成酶（NAS）和烟酰胺氨基转移酶（NAAT）的作用下，由烟酰胺（NA）前体合成而来（Banakar et al.，2019）。水稻根部细胞膜上的转运蛋白 TOM1，负责将细胞内的 DMA 分泌到根际中（Nozoye et al.，2011）。DMA 可与根际的 Fe^{3+}形成稳定的螯合物，然后通过细胞膜上的 YSL 家族成员，即 OsYSL15，将 Fe^{3+}-DMA 螯合物转运到细胞内（Inoue et al.，2009；Lee et al.，2009）（图 2.8）。*OsYSL15* 受 Fe 缺乏胁迫的强烈诱导，但不受 Zn、Mn 缺乏的影响；*OsYSL15* 在水稻根的表皮、内皮层和维管束中，以及缺 Fe 条件下的叶组织中表达；敲除 *OsYSL15* 基因，可显著降低水稻的根、茎、叶中的 Fe 浓度（Inoue et al.，2009；Lee et al.，2009）。

3. 水稻植株体内 Fe 稳态调节

维持细胞内 Fe 稳态的平衡，对水稻植株的正常生长非常重要。缺 Fe 诱导的 bHLH 转录因子家族成员 OsIRO2，对植物 Fe 载体的分泌以及 *OsYSL15* 的表达具有正调控作用，从而增强水稻对 Fe 的吸收；而该家族另一个成员 OsIRO3 的作用却相反，它负向

调节 *OsIRO2*、*OsNAS* 基因的表达，从而抑制水稻吸收 Fe（Ogo et al.，2007；Wang et al.，2020b）。据报道，缺 Fe 响应的 bHLH 转录因子家族成员 OsPRI1 和 OsPRI2，也是水稻 Fe 稳态的正调控因子（Zhang et al.，2017，2020）。另外两个成员，即 OsbHLH133 和 OsbHLH156，还可调控水稻的根和地上部间 Fe 分配（Wang et al.，2013，2020a）。

在植物体内，Fe 稳态还可能受表观遗传调控。例如，拟南芥中 SHK1 结合蛋白 1（SKB1）催化组蛋白 H4R3（H4R3sme2）的甲基化，可抑制 bHLH 转录因子家族成员的表达，从而间接调控 Fe 的稳态平衡（Fan et al.，2014）。另外，由于植物 Fe 载体，如 DMA 和 NA 等，在 Fe、Zn 的吸收和转运中扮演重要角色，因而与其合成相关的基因也可能参与水稻 Fe 稳态的调控；植物激素、一氧化氮、钙离子等调节因子，也可能参与水稻 Fe 稳态的调控（Tong et al.，2020）。但是，这些因素对水稻体内 Fe 稳态调节的作用及机制，还有待深入研究。

Fe 被水稻根系吸收进入细胞后，一部分可被液泡膜上的 Fe 转运蛋白，如 OsVIT1 和 OsVIT2 等，转移到液泡中储存，以调节细胞内 Fe 稳态的平衡（Zhang et al.，2012）（图 2.8）。在液泡中，Fe 主要以植酸铁（Fe-phytate）、烟酰胺铁（Fe-NA）等复合物形式存在。在酵母中，OsVIT1 和 OsVIT2 可挽救酵母 Fe、Zn 敏感突变体的表型，还可提高酵母细胞液泡中的 Mn 含量；在水稻的剑叶和叶鞘中，*OsVIT1* 和 *OsVIT2* 的表达水平都较高，但是，*osvit1* 和 *osvit2* 突变体剑叶中 Fe、Zn 的积累减少，而 Mn 积累却未发生改变，表明 OsVIT1 和 OsVIT2 的作用主要是介导 Fe 和 Zn 的液泡隔离（Zhang et al.，2012）。液泡膜上的 Zn 转运蛋白 OsMTP1，也能转运 Fe，因而也可能参与调节水稻细胞内 Fe 的稳态（Menguer et al.，2013）（图 2.8）。

4. 水稻植株中 Fe 的长距离运输及再分配

水稻根系吸收的 Fe，一部分储存在液泡中，其余可能被装载到木质部，然后向地上部转移。在酸性的木质部汁液中，Fe 主要以金属螯合物形式运输，如三价铁（Fe^{3+}）就能与柠檬酸形成络合物。在中柱鞘细胞中表达的 RD3 样蛋白质 1（OsFRDL1），属于多药物和有毒化合物排出（multidrug and toxic compound extrusion，MATE）家族，可以转运 Fe^{3+}-柠檬酸盐复合物，负责将 Fe^{3+}-柠檬酸盐外排到木质部导管中，是 Fe 从根部向地上部输送所必需的转运蛋白（Yokosho et al.，2009）（图 2.8）。烟酰胺不仅是合成麦根酸的前体，且能螯合 Fe^{2+}和 Mn^{2+}，而定位于韧皮部的 OsYSL2，能转运 Fe^{2+}-NA 和 Mn^{2+}-NA 复合物，因而在 Fe、Mn 的韧皮部装载及其长距离运输中发挥重要作用（Ishimaru et al.，2010）（图 2.8）。在具备 Fe 吸收系统 II 的植物中，脱氧麦根酸（DMA）与 Fe^{3+}络合，OsYSL15 不仅能吸收根部的 Fe^{3+}-DMA 络合物，也负责体内 Fe^{3+}-DMA 络合物的长距离运输（Inoue et al.，2009；Lee et al.，2009）。*OsYSL16* 和 *OsYSL18* 基因在水稻根、叶、穗的维管组织中有较高表达，其表达的转运蛋白定位于细胞膜上，在 Fe^{3+}-DMA 络合物的韧皮部运输及籽粒分配中发挥重要作用（Aoyama et al.，2009；Kakei et al.，2012）；而 OsYSL9 可同时将 Fe^{2+}-NA、Fe^{3+}-DMA 转运到细胞内（Senoura et al.，2017）（图 2.8）。OsFRDL1 在茎节内大量表达，可将薄壁细胞内柠檬酸盐外排到质外体，溶解其中的 Fe，从而也能促进节内 Fe 的跨维管束转移及 Fe 向籽粒的分配（Yokoshoet al.，2016）。

2.3.3　锌

1. 土壤 Zn 的形态及植物生理作用

Zn 是水稻生长必需的营养元素，它是多种蛋白质的辅因子，也是多种酶的组成成分，在维持蛋白质结构，以及调控 DNA 的复制和基因表达中发挥重要作用，广泛参与器官形成、胚胎发生、胁迫响应、大分子代谢、光合作用和呼吸作用等生命过程（Hacisalihoglu，2020；Hefferon et al.，2019）。水稻如果缺 Zn，会导致植株生长发育迟缓，并表现出“萎黄病”等症状（Swamy et al.，2016）。

水稻根系主要吸收锌离子（Zn^{2+}），也可吸收有机酸络合态锌，因而 Zn^{2+}和低分子锌化合物是 Zn 的主要活性形态。根系吸收的 Zn 可在液泡、叶绿体及细胞壁中富集。当细胞内的 Zn^{2+}浓度过高时，植物会将过量的 Zn 泵入液泡内储存，且主要以有机酸、蛋白质或多肽螯合的复合物形式存在；当 Zn 不足时，液泡中的 Zn 就会释放到细胞质中（Sasaki et al.，2016；Tong et al.，2020）。

Zn 可以积累在水稻根部，也可通过木质部向上转移。在木质部中，Zn 既能以有机酸结合态形式，也能以离子态形式进行长距离运输；而在韧皮部中，Zn 主要与低分子量有机酸协同运输，而且韧皮部内 Zn 含量一般较高（Yoneyama et al.，2015；Hacisalihoglu，2020）。

2. 水稻根系吸收 Zn

关于水稻 Zn 吸收和转运的分子机制，目前了解仍然很少。由于 Zn 与 Fe 存在较强的植物生物学相似性，故二者吸收和转运的机制往往存在较大相似性（Sasaki et al.，2016）。许多转运蛋白、螯合剂或调控因子，都共同参与植物中 Zn 和 Fe 的吸收、转运及稳态平衡的调节（Tong et al.，2020）。与 Fe 运输有关的载体，如烟酰胺、柠檬酸等，除了结合 Fe，也可以结合 Zn，因而也是水稻 Zn 高效吸收及迁移所必需的载体（Tong et al.，2020）。

与其他矿质元素类似，水稻吸收和转运 Zn 同样也包含几个关键步骤：根部吸收、木质部装载、韧皮部装载及籽粒积累等。根部吸收是第一步，根际环境因素如土壤 pH、氧化还原电位、有机质含量、根系分泌物、微生物群落等，都会影响根际土壤中 Zn 的生物有效性，对 Zn 的吸收产生显著影响（Ali et al.，2020）。水稻的根表铁膜对根系吸收 Zn 的影响较复杂：一方面，根表铁膜能吸附和固定 Zn^{2+}，减少根系对其吸收；另一方面，铁膜在根际区域富集 Zn^{2+}，当环境中的 Zn^{2+}缺乏时，铁膜中富集的 Zn^{2+}则可被重新活化，从而促进根系吸收 Zn（Xu & Yu，2013）。根系分泌的柠檬酸、苹果酸等有机酸，对土壤 Zn 的生物有效性也可能产生显著影响。据报道，水稻根系分泌物相关基因如 *OsNAS2*、*OsNAS3* 等过量表达时，籽粒 Zn、Fe 的含量都会显著增加（Suzuki et al.，2008），但是此过程的详细机制还有待深入研究。

Zn 必须穿过根系细胞的细胞膜，才能进入共质体中。目前在水稻中鉴定到几个重要的 Zn 转运蛋白，如定位于根皮层细胞膜上的转运蛋白，包括 OsZIP1、OsZIP4、OsZIP5、OsZIP9 等，它们协同配合，将土壤中的 Zn 吸收到根细胞中（Ishimaru et al.，2005；Lee et al.，2010；Liu et al.，2019b；Tan et al.，2020）。另外，OsIRT1 等铁转运蛋白，除了吸收 Fe，也可能吸收 Zn（Lee & An，2009）（图 2.9）。

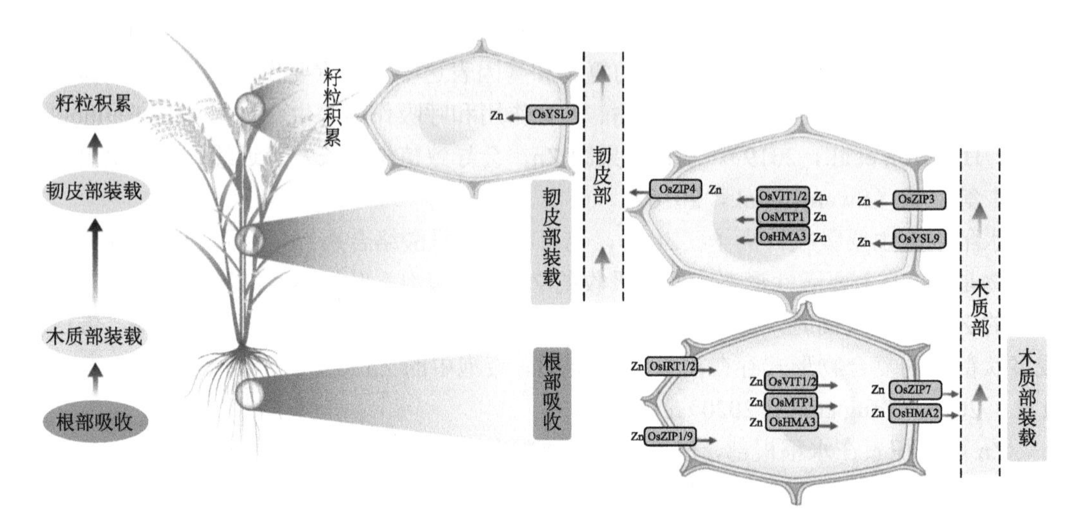

图 2.9　水稻植株中重要的 Zn 吸收和转运蛋白及其作用过程

3. 水稻细胞中 Zn 稳态调节

细胞质中的金属螯合剂，如植物螯合肽、烟酰胺、金属硫蛋白等，对细胞内离子稳态的调节具有十分重要作用（Verbruggen et al.，2009a；Zhao et al.，2022）。这些金属螯合剂可与 Zn^{2+}结合，作为细胞内 Zn^{2+}的缓冲剂，维持游离 Zn^{2+}处于较低的浓度，以保护细胞免受 Zn 过量毒害。金属螯合剂也可作为金属伴侣，与金属离子络合，促进这些金属离子在细胞内区室化或排出细胞外（Verbruggen et al.，2009a；Zhao et al.，2022）。液泡是细胞内金属离子区室化的最大场所，Zn 过量时会被转入液泡中储存起来，从而减少 Zn 的木质部装载及向地上部输送（Ricachenevsky et al.，2018）。当植株中其他部位需要 Zn 时，液泡内储存的 Zn 会被释放出来，以供细胞利用。在水稻中，已发现了一些定位于液泡膜上的重要转运蛋白，如 OsHMA3、OsMTP1、OsVIT1、OsVIT2 等，其主要作用是转运 Fe、Mn 等金属离子，但是也具有将 Zn 离子转入液泡的作用（Zhang et al.，2012；Ricachenevsky et al.，2018；Cai et al.，2019a）（图 2.9）。

4. 水稻植株中 Zn 的长距离运输及再分配

Zn 从水稻根部到地上部的转运过程中，定位于根部中柱细胞膜上的外排转运蛋白，即 OsHMA2，可介导 Zn 的木质部装载（Takahashi et al.，2012；Yamaji et al.，2013b）。Zn 被装载到木质部后，随蒸腾流沿木质部导管向上转移。在共质体传输中，Zn 可能与烟酰胺（NA）结合，形成 Zn^{2+}-NA 复合物，而 OsYSL9 负责 Zn^{2+}-NA 复合物的共质体转运（Senoura et al.，2017）（图 2.9）。

茎节是矿质元素跨维管束转移、再分配及向上部器官输送的重要枢纽（Yamaji &Ma，2017）。Zn 在节内的转移及再分配，主要由 OsZIP3、OsZIP4、OsZIP7 和 OsHMA2 等转运蛋白介导（Yamaji et al.，2013b；Sasaki et al.，2015；Tan et al.，2019；Mu et al.，2021）。其中，OsZIP3 在节内 EVB 木质部周围的薄壁细胞中表达，负责 EVB 木质部 Zn 的卸载（Sasaki et al.，2015），而 OsHMA2 和 OsZIP7 与木质部 Zn 的装载有关（Sasaki et al.，2015；Tan et al.，2019），OsZIP4 则可能与韧皮部 Zn 的装载有关（Mu et al.，2021）（图 2.9）。

水稻籽粒中的 Zn 有两个来源：根系从土壤中吸收的 Zn 直接运输到籽粒、叶片等组织中的 Zn 再利用（Impa et al.，2013）。由蒸腾系统介导的从根部到地上部的木质部连续流，即质外体流，可以直接将 Zn 输送到籽粒。但是，由于根部的内外皮层中存在凯氏带屏障，以及根部细胞壁对 Zn 的螯合作用，使得 Zn 质外体流的流动受到极大的抑制（Sasaki et al.，2016；Huang et al.，2020a）。在水稻灌浆期，衰老叶片中的 Zn 会被再活化，转运到节内后重新分配和再利用，但是根系中储存的 Zn 能否再利用目前尚不清楚。韧皮部是联结植株营养器官与籽粒的主要组织，营养器官中含有的大量 Zn，通过茎节内的再分配及韧皮部装载，从衰老或成熟组织转移到新生组织或籽粒中，因此韧皮部运输在籽粒 Zn 积累过程中占主导地位，这也可能是水稻籽粒 Zn 积累的关键过程（Sasaki et al.，2016；Huang et al.，2020a；Impa et al.，2013）。

2.3.4　锰

1. 土壤 Mn 的形态及植物生理作用

Mn 是植物生长发育必需的矿质元素，它是细胞内许多酶的辅因子，在光合作用、呼吸作用、活性氧清除、生物大分子合成、胁迫响应、信号传导等生命过程中发挥十分重要作用（Hebbern et al.，2009；Socha & Guerinot，2014；Alejandro et al.，2020）。水稻植株缺 Mn，会表现叶脉发黄（“萎黄病”）、组织坏死等症状，而且生物量减少，易遭受病害。然而，水稻的正常生长发育只需要少量 Mn，Mn 过量反而会引起植株中毒，出现叶片褪绿或褐色斑点等症状；Mn 过量还会影响植株中其他元素的吸收和转移，并影响叶绿素合成，导致光合作用下降（Kopittke et al.，2010；Yanykin et al.，2010；Blamey et al.，2015）。

土壤 Mn 有多种形态，其中最易溶解的形态是二价锰（Mn^{2+}），也是植物吸收和积累 Mn 的最有效形态（Alejandro et al.，2020）。土壤 pH 和氧化还原电位是影响 Mn 生物有效性的主要因素。在高 pH 和高氧分压条件下，Mn 主要形成不溶性锰氧化物，容易导致土壤 Mn 缺乏（Shao et al.，2017；Alejandro et al.，2020）。在低 pH 和淹水条件下，Mn^{2+} 和 Fe^{2+}浓度都会急剧增加，但是水稻积累 Mn^{2+}却比 Fe^{2+}多，这是因为 Mn^{2+}的氧化需要有比 Fe^{2+}更高的氧化还原电位，从根表面释放的氧气足以氧化 Fe^{2+}而不能氧化 Mn^{2+}，导致 Mn^{2+}被根系大量吸收，这也是水稻容易发生 Mn 中毒的原因，从而影响水稻的生长和产量（Ali et al.，2020；Zhao et al.，2022）。土壤中 Mn 的生物有效性，还受根际微生物的影响，这是因为某些微生物可以固定氧化锰，从而降低 Mn 的生物有效性（Lovley et al.，2011；Geszvain et al.，2012；Wei et al.，2021）。在淹水条件下，根系分泌的氧释放到根际，氧化 Fe^{2+}和 Mn^{2+}，并在根表面形成红色的铁锰氧化物胶膜，即根表铁膜，这对 Fe^{2+}和 Mn^{2+}的过量吸收起一定抑制作用（Limmer et al.，2021）。

2. 水稻根系吸收 Mn

水稻吸收 Mn 主要由根系细胞中的转运蛋白来完成，转运蛋白可分为流入和外排两类，这也是植物体内 Mn 稳态调节网络的重要组成部分。流入转运蛋白将 Mn 从细胞外空间转移到细胞质中，而外排转运蛋白负责将 Mn 从细胞质排出到质外体中（Socha & Guerinot，2014；Shao et al.，2017）。大多数与 Mn^{2+}有关的转运蛋白，对其他二价阳离子如 Fe^{2+}、Zn^{2+}、Cd^{2+}、Ca^{2+}等，也具转运活性，故水稻中专一的 Mn 转运蛋白非常少（Socha & Guerinot，2014；Shao et al.，2017）。

目前的研究表明，流入转运蛋白 OsNramp5 和外排转运蛋白 OsMTP9 共同介导水稻植株 Mn 的吸收（Sasaki et al.，2012；Ueno et al.，2015）（图 2.10）。在成熟根的外皮层和内皮层细胞中，*OsNramp5* 和 *OsMTP9* 都有较高的表达，但是两个转运蛋白的亚细胞定位极性不同。OsNramp5 定位于细胞的远轴端细胞膜上，而 OsMTP9 定位于同一细胞的近轴端细胞膜上。OsNramp5 发挥流入作用，将 Mn 从介质溶液或质外体溶液中运输到细胞内（Sasaki et al.，2012）。在敲除 *OsNramp5* 基因的水稻突变体中，Mn 吸收几乎完全丧失；通过补充 Mn，则可挽救 *osnramp5* 突变体的生长缺陷；当其他类型的金属元素缺乏时，*osnramp5* 突变体却无生长受阻的表型，这些结果表明 OsNramp5 是水稻 Mn 吸收的主要转运蛋白（Ishimaru et al.，2012）。OsMTP9 主要发挥外排作用，介导细胞内 Mn 的排出，从而调控 Mn 向木质部的转移。在敲除 *OsMTP9* 基因的水稻突变体中，Mn 的吸收以及向地上部的转移都显著降低（Ueno et al.，2015）。通过 OsNramp5 和 OsMTP9 的协同配合，水稻的根从外部土壤吸收 Mn，然后径向运输到中柱细胞中（Sasaki et al.，2016）。

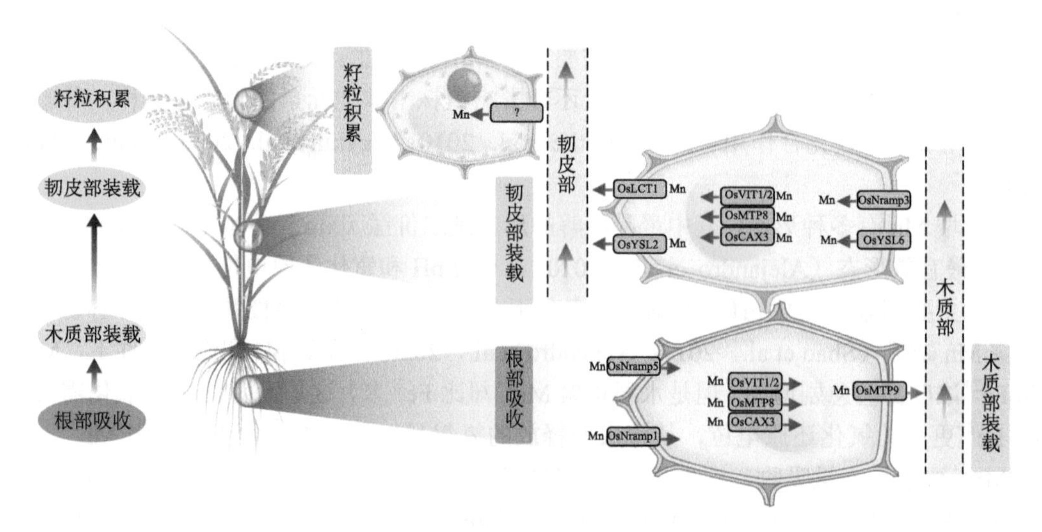

图 2.10　水稻植株中重要的 Mn 吸收和转运蛋白及其作用过程

在大多数情况下，植物体内金属转运相关的基因，都可能受环境中元素缺乏的诱导而表达上调；当元素充足或过多时，这些转运基因的表达则可能会被抑制，以维持体内元素稳态的平衡，使植物免受金属过量毒害。*OsNramp5* 和 *OsMTP9* 基因的转录水平，虽然受缺 Fe 或缺 Zn 的诱导上调表达，但是其转录水平却不受 Mn 浓度的调节，表明这两个基因对水稻细胞内 Mn 稳态的平衡可能无调控作用（Sasaki et al.，2012，2016）。

3. 水稻细胞内 Mn 稳态平衡的调节

液泡是调节细胞内 Mn 稳态平衡的重要组织，也与细胞的 Mn 耐受性有关。当细胞内 Mn 过多时，一部分 Mn 会被转移到液泡中隔离，目前已鉴定出几个 Mn 转运蛋白（图 2.10）。OsMTP8.1 定位于液泡膜上，其作用是将 Mn^{2+}转入到液泡中隔离起来；*OsMTP8.1* 在水稻的地上部尤其是老叶中高度表达，在高 Mn 或低 Mn 条件下，其表达分别被诱导或抑制（Chen et al.，2013）。*OsMTP8.2* 在根和地上部都有表达，但其表达水平低于 *OsMTP8.1*（Takemoto et al.，2017）。对 *OsMTP8.1* 和 *OsMTP8.2* 进行双突变时，突变体中 Mn 的积累减少；当 Mn 升高时，突变体会表现出 Mn 中毒症状；OsMTP8.1 和 OsMTP8.2 不能转运 Fe，也不受 Fe 缺乏诱导（Chen et al.，2013；Takemoto et al.，2017）。水稻 *OsCAX3* 基因在酵母中表达可提高细胞的 Mn、Ca 耐受性；在水稻的所有组织中，均发现 *OsCAX3* 表达；OsCAX3 转运蛋白优先将 Mn^{2+}而非 Ca^{2+}输送到液泡中，而且可能仅在高浓度 Mn 条件下才发挥作用（Kamiya et al.，2005）。水稻 *OsCAX4* 基因在酵母中表达可提高细胞的 Mn、Cu 耐受性，在水稻中其转录水平受盐胁迫的诱导而增加（Yamada et al.，2014）。OsCAX1a 在酵母中可将 Ca^{2+}、Mn^{2+}转运到液泡中，但是其在水稻中可能仅参与 Ca^{2+}的稳态调节，因为 Mn^{2+}反而降低其转录水平（Kamiya et al.，2005，2006）。定位于水稻液泡膜上的转运蛋白 OsVIT1 和 OsVIT2，在酵母中可将 Fe^{2+}、Zn^{2+}、Mn^{2+}等转入液泡中，故推测其在水稻中也可能发挥同样作用（Zhang et al.，2012）。

除了液泡的隔离外，水稻中还存在其他机制来抵抗过量 Mn 的毒性。*OsYSL6* 在水稻的根和地上部都有表达，OsYSL6 蛋白定位于细胞膜，具有将 Mn^{2+}-NA 复合物从质外体运输到共质体中的作用（图 2.10）。当 *OsYSL6* 基因失活时，会导致突变体的地上部质外体中积累高浓度 Mn，植株表现出 Mn 中毒症状，这时共质体中过量的 Mn 可与苹果酸、柠檬酸等有机酸形成无代谢活性的复合物而解毒（Sasaki et al.，2011）。水稻体内过量的 Mn 还可被结合固定到细胞壁、厚角组织等非代谢区域，或被转运到内质网，还可能被有机酸螯合，以减少细胞质中 Mn 浓度，从而降低 Mn 的金属活性（Fernando & Lynch，2015；Li et al.，2019）（图 2.10）。

水稻中的转运蛋白基因 *OsMTP11*，受高 Mn 浓度的诱导而表达上调，且在输导组织中特异性表达，故也可能参与 Mn 的解毒（Zhang & Liu，2017）。在高 Mn 条件下，敲除 *OsMTP11* 会导致水稻突变体的生长受抑制，还会使水稻的根和地上部 Mn 含量增加，而 *OsMTP11* 过表达时，会增强水稻的 Mn 耐受性，并减少根部和地上部中 Mn 的积累（Ma et al.，2018）。

4. 水稻植株中 Mn 的长距离运输及再分配

水稻根系吸收的 Mn，一部分进入液泡中隔离，其余转运到地上部各个组织器官中，主要储存在叶内。水稻 YSL 家族成员的 *OsYSL2* 基因，在韧皮部伴胞细胞中高度表达，在根中几乎无表达；OsYSL2 蛋白可转运 Mn^{2+}-NA 和 Fe^{2+}-NA 复合物，与水稻体内 Mn 和 Fe 的韧皮部装载及长距离运输密切相关（Ishimaru et al.，2010）（图 2.10）。当 *OsYSL2* 基因过量表达时，水稻籽粒的 Mn 含量显著增加（Ishimaru et al.，2010）。在水稻的韧皮部汁液中，Mn 的浓度很低，暗示水稻体内 Mn 的迁移性较低（Alejandro et al.，2020）。OsNramp6 定位于水稻细胞的细胞膜上，已发现该蛋白在酵母中具有转运 Mn^{2+}和 Fe^{2+}的活性；*OsNramp6* 主要在水稻的地上部表达，表明 OsNramp6 与水稻地上部 Mn 的长距离运输可能有关（Peris-Peris et al.，2017）。

水稻的节是连接叶、茎、穗的重要枢纽，其内分布着复杂而组织良好的维管束系统，在矿质元素的分配中起非常重要作用（Yamaji & Ma，2014，2017）。在水稻基部的节中，OsNramp3 定位于细胞膜上，属于流入转运蛋白，主要在扩大维管束的木质部周围细胞及分散维管束的韧皮部周围细胞中高度表达，负责 Mn 从木质部到韧皮部的转移，以及 Mn 从成熟组织向发育组织的输送（Yamaji et al.，2013a；Yang et al.，2013）（图 2.10）。*OsNramp3* 的转录水平基本不受 Mn 浓度的影响，但是其蛋白质水平在高 Mn 浓度下迅速降低，表明水稻中可能通过 OsNramp3 蛋白的翻译后修饰来响应外界 Mn 浓度的变化。当 Mn 缺乏时，OsNramp3 调节 Mn 从扩大维管束木质部的蒸腾流向发育组织或穗中优先运输，以满足最低生长需求；当 Mn 过量时，OsNramp3 蛋白被迅速降解，使得 Mn 优先储存在成熟组织中，以保护新生组织免受 Mn 过量毒害（Yamaji et al.，2013a；Yang et al.，2013）。因此，OsNramp3 蛋白质水平上响应细胞中 Mn 浓度的变化，可能是水稻维持 Mn 稳态的一个常态机制（Yamaji et al.，2013a；Yang et al.，2013）。已发现的水稻植株中 Mn 吸收和转运相关的重要蛋白及特性详见表 2.2。

表 2.2 水稻植株中 Mn 吸收和转运相关的重要转运蛋白及特性

转运蛋白名称	表达部位	亚细胞定位	转运元素	参考文献
OsNramp5	根、穗	细胞膜	Mn、Fe、Cd	Ishimaru et al.，2012 Sasaki et al.，2012
OsMTP9	根	细胞膜	Mn	Yu et al.，2021
OsNramp6	叶	细胞膜	Mn、Fe	Peris-Peris et al.，2017
OsYSL2	根韧皮部、叶维管、发育种子	细胞膜	Mn、Fe	Ishimaru et al.，2010
OsYSL6	根、茎、叶	细胞膜	Mn	Sasaki et al.，2011
OsMTP11	根、茎、叶	高尔基体	Mn	Zhang & Liu，2017 Ma et al.，2018
OsNramp3	节、叶	细胞膜	Mn	Yamaji et al.，2013a Yang et al.，2013
OsMTP8.1	根、茎、叶	液泡膜	Mn	Chen et al.，2013
OsMTP8.2	根、茎、叶	液泡膜	Mn	Takemoto et al.，2017

续表

转运蛋白名称	表达部位	亚细胞定位	转运元素	参考文献
OsCAX1a	根、茎、叶、花、种子	液泡膜	Mn、Ca、Cd	Kamiya et al., 2005, 2006
OsCAX3	根、茎、叶、花、种子	液泡膜	Mn、Ca、Cd	Kamiya et al., 2005
OsCAX4	根	液泡膜	Mn、Ca、Cu	Yamada et al., 2014
OsVIT1	叶中表达最高，根、茎、穗、胚表达较少	液泡膜	Mn、Fe、Zn	Zhang et al., 2012
OsVIT2	叶、根、茎、穗	液泡膜	Mn、Fe、Zn	Zhang et al., 2012

2.4　水稻重要矿质元素的同位素分馏特征与机制

研究同位素分馏的特征与机制，可为解析土壤-水稻体系中铁、锌和硅等矿质元素的吸收和转运过程提供新的认识和见解。本节将重点介绍水稻中重要的矿质元素，包括铁、锌和硅等元素的同位素分馏研究进展，以便深入理解水稻植株吸收和转运这些矿质元素的内在机制。

2.4.1　铁

1. 水稻铁吸收过程中的铁同位素分馏

许多研究表明，水稻是兼具系统 I 和系统 II 吸收铁的植物。水稻能通过系统 I 吸收铁，如通过 OsIRT1 转运蛋白将 Fe^{2+}吸收进入根系细胞（Ishimaru et al.，2006）。稻田排水导致水稻缺铁和铜，可诱导根中 *OsIRT1* 基因的表达（Ishimaru et al.，2006），表明在富含 Fe^{2+}的土壤溶液中水稻通过系统 I 吸收铁可能很有限。水稻亦可通过根系分泌 DMA，然后吸收 Fe(III)-DMA 螯合物（Ishimaru et al.，2007；Masuda et al.，2017），导致铁吸收过程中铁的同位素组成较土壤变化很小甚至可忽略不计（Liu et al.，2019；von Blankenburg et al.，2009）。Zhong 等（2022）进一步研究发现，稻田排水时 $\Delta^{56}Fe_{水稻植株-整体土壤}$为$-0.41‰$，表明水稻主要通过系统 I 吸收 Fe。水稻植株相对于土壤溶液没有表现出分馏作用（$\Delta^{56}Fe_{水稻植株-土壤溶液}=-0.06‰$），但与铁膜的分馏较大（$\Delta^{56}Fe_{水稻植株-孔隙水}=-0.84‰$）。这表明在排水条件下，水稻主要获取来自土壤溶解释放的 Fe。

在淹水条件下，水稻植株中的铁同位素组成相比于土壤中的铁同位素组成没有表现出明显的差异（$\Delta^{56}Fe_{水稻植株-土壤}=0.05‰$），这与淹水稻田中的情况相似。在淹水条件下，整株水稻中的 Fe 同位素介于土壤溶液（$\Delta^{56}Fe_{水稻植株-土壤溶液}=1.71‰$）和铁膜（$\Delta^{56}Fe_{水稻植株-铁膜}=-0.72‰$）之间。土壤溶液和铁膜都可能是水稻 Fe 的潜在来源，因为它们比土壤更接近根表面。此外，水稻植株与铁膜的分馏程度小于水稻植株与土壤溶液之间的分馏，说明淹水条件下根表铁膜是水稻铁的来源。由于根系径向泌氧，根际存在一个氧化区，因此在根际存在两个物理化学过程：Fe(II)从还原区向氧化区的扩散和 Fe(II)在氧化区内氧化（Williams et al.，2014；Maisch et al.，2019）。Fe(II)向邻近氧化区扩散，然后被根际分泌的氧气氧化，在根表产生的 Fe(III)形成铁膜（Williams et al.，2014）。铁从孔隙水到根表铁膜转移的过程，可导致2.43‰±0.03‰的铁同位素分馏。淹水条件下水稻主要通过OsIRT1转运蛋白吸收Fe^{2+}，这与淹水土壤溶液富铁有关。一般说来，由于Fe(III)-DMA络合物的相对质量差异很小，Fe(III)-DMA配合物不会在Fe(III)吸收过程产生额外分馏（Guelke & von Blanckenburg，2007）。另外，一般认为土壤溶液和铁膜是根部铁的直接来源。因此，假设根系吸收铁的过程不产生额外的铁同位素分馏，通过同位素分馏和质量平衡就能判断它们对水稻铁吸收的贡献大小。Zhong 等（2022）对水稻根系铁同位素分馏研究表明，水稻根系通过系统Ⅱ吸收 Fe(III)占主导地位，铁膜被认为是水稻吸收铁的主要来源，且对水稻铁吸收的贡献达70.4%。

植物可利用的铁元素在水稻与土壤间的同位素分馏，是鉴别水稻铁吸收机制的重要指标。以系统Ⅰ吸收铁的植物中，根系吸收铁之前，三价铁被还原为二价铁（亚铁），且随着还原作用的发生，轻铁同位素优先进入亚铁中，导致植株比土壤易富集相对较轻的铁同位素。以系统Ⅱ吸收铁的植物中，通过根系分泌物螯合根际土壤中的可溶性三价铁，导致植株比土壤易富集相对较重的铁同位素。Chen 等（2020b）发现水稻植株的铁同位素组成比土壤重0.6‰，这表明水稻吸收铁的主要途径是Fe(III)与植物铁载体（phytosiderophore，PS）的螯合作用。由于Fe(III)-PS螯合物种类的分子质量都较大（一般超过300 Da），相对质量差异较小，故水稻吸收Fe(III)-PS的过程中可能不存在铁同位素的动力学分馏。

铁在水稻植株体内转移过程中，从根表皮到中柱的转运是一个非常重要的环节。铁从根表皮到中柱的转移中，一般认为铁的形态会从Fe(III)-PS转变为Fe(Ⅱ)-NA（von Wirén et al.，1999）。Kiczka 等（2010）测定了三种植物（山蓼 *Oxyria digyna*、法国酸模 *Rumex scutatus* 和巨序剪股颖 *Agrostis gigantea*）中根皮层和根中柱的铁同位素组成，发现它们的根中柱均比根皮层易富集轻铁同位素，且根皮层和根中柱之间的铁同位素分馏在−2‰～−4‰之间，证明根部铁可从Fe(III)-DMA转变为Fe(Ⅱ)-NA，这表明铁发生还原反应后，植物会优先富集轻铁同位素。但是，Chen 等（2020b）通过分析水稻根表皮和根中柱的铁同位素分馏，发现根中柱比根表皮易富集较重的铁同位素，且根中柱和根表皮间的铁同位素分馏为0.26‰，这可能是因为从根表皮到根中柱的运移中铁并未经历还原反应，从而推测水稻根部铁的转移过程中，铁是由Fe(III)-DMA转变为Fe(III)-NA，而不是由Fe(III)-DMA转变为Fe(Ⅱ)-NA（图2.11）。

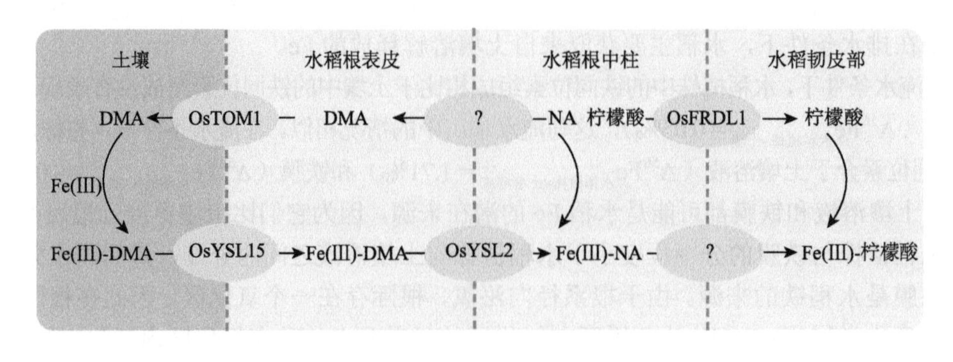

图2.11　水稻根系吸收Fe的吸收和转运机制

OsYSL15为Fe(III)-DMA的转运蛋白，OsYSL2为Fe(III)-NA的转运蛋白，OsFRDL1为柠檬酸的转运蛋白。

还有两个重要证据证实上述观点，一个证据是，两相间的铁同位素平衡分馏与亲和常数（affinity constant）*K* 值相关，*K* 值越大，越容易富集较重的铁同位素，反之，则越容易富集较轻的铁同位素（Morgan et al.，2010；Ottonello & Zuccolini，2008），这符合键能越大就越容易富集重同位素的分馏原则（Wiederhold，2015）。von Wirén 等（1999）报道，Fe(Ⅲ)-DMA 和 Fe(Ⅲ)-NA 的 *K* 值分别为 18.1 和 20.6，说明 Fe(Ⅲ)-NA 的亲和常数高于 Fe(Ⅲ)-DMA，因此，如果 Fe(Ⅲ)-DMA 和 Fe(Ⅲ)-NA 间存在铁同位素分馏，那么 Fe(Ⅲ)-NA 会比 Fe(Ⅲ)-DMA 易富集较重的铁同位素，这与 Chen 等（2020b）的研究结果相符，表明铁配体结合亲和常数与平衡铁同位素分馏成正相关。另一个证据是，Moynier 等（2013）通过第一性原理计算得到 Fe(Ⅲ)-DMA 和 Fe(Ⅱ)-NA 间铁同位素分馏为–3.25‰，然而 Chen 等（2020b）实际测得的根中柱和根表皮之间铁同位素分馏为–1.63‰，因此，只有当 Fe(Ⅲ)-NA 占绝大多数时才能使理论计算值与 Chen 等（2020b）的结果吻合，且可排除铁从水稻根皮层到根中柱转移过程中发生还原的可能性。

2. 水稻植株体内铁转运过程中的铁同位素分馏

水稻植株体内铁同位素分馏的特征，可有效指示水稻植株体内铁转运过程中铁的氧化还原状态及配体类型（Guelke & von Blanckenburg，2007）。根据铁同位素分馏的大小和趋势，可识别铁的氧化还原状态，从而区分系统Ⅰ型或系统Ⅱ型植物（Liu et al.，2019a）。Guelke 和 von Blanckenburg（2007）测定了 7 种系统Ⅰ型植物和 3 种系统Ⅱ型植物中各组织的铁同位素组成，研究发现，在系统Ⅰ型植物中，由于铁转运过程中三价铁发生还原作用，铁同位素的分馏量可达 1.5‰，且根、茎、叶、籽粒的铁同位素组成逐渐变轻；而在系统Ⅱ型植物中，各组织间铁同位素分馏仅为 0.2‰～0.3‰，且根、茎、叶、籽粒等组织的铁同位素组成相似，表明系统Ⅰ型植物引起的铁同位素分馏尺度大于系统Ⅱ型植物。Liu 等（2019）依据铁同位素分馏程度来探究水稻铁吸收的机制，也发现铁同位素分馏程度较大的植株中铁吸收方式主要是系统Ⅰ，而铁同位素分馏幅度较小的植株中铁吸收方式主要是系统Ⅱ。但是，Moynier 等（2013）计算植物中最常见的几种铁物种间同位素分馏值，发现在三价铁未发生还原的条件下，仅出现铁物种的变化，如由 Fe(Ⅲ)-PS 转变为 Fe(Ⅲ)-柠檬酸，而铁同位素分馏可达到 1.5‰，这表明仅通过铁同位素分馏程度，不能确定铁是否发生氧化还原反应，也不能区分系统Ⅰ型或系统Ⅱ型植物，因此需结合铁同位素分馏的其他特征综合判断。

水稻植株茎、叶等组织在不同生长阶段铁的同位素分馏值，是鉴别植物体内铁转运中是否发生还原反应的一个重要指标（Guelke-Stelling & von Blanckenburg，2012；Guelke et al.，2010）。在铁的还原过程中，随着氧化还原电位不断降低，溶液中会逐渐富集较轻的铁同位素，而固相逐渐富集较重的铁同位素（Chen et al.，2019，2020a）。Guelke-Stelling 和 von Blanckenburg（2012）以大豆、燕麦分别作为典型的系统Ⅰ型和系统Ⅱ型植物，研究它们在不同生长阶段的铁同位素分馏特征，发现大豆各组织在不同生长期铁同位素的变化程度明显高于燕麦。显然，属于系统Ⅱ型的植物中，处于不同节位的叶片间铁同位素组成较相似；而系统Ⅰ型的植物，不同节位的叶片间铁同位素组成变化较大（Guelke-Stelling & von Blanckenburg，2012；Guelke & von Blanckenburg，2007），如在属于系统Ⅰ型的植物菜豆（*Phaseolus vulgaris* L.）、绿穗苋（*Amaranthus hybridus* L.）和大豆（*Glycine max* L.）中，不同节位的叶片间铁同位素组成变化可达 0.75‰，而属于系统Ⅱ型的植物燕麦（*Avena sativa* L.）和小麦（*Triticum aestivum* L.）中，不同节位的叶片间铁同位素组成变化小于 0.10‰。Moynier 等（2013）对 5 种典型的属于系统Ⅱ型的植物叶片铁同位素分馏研究发现，不同节位的叶片间铁同位素组成也都相近。

Chen 等（2020b）对水稻拔节期和成熟期的茎、叶、穗、稻壳及籽粒的铁含量和铁同位素组成进行了研究，发现水稻拔节期各组织的铁浓度均低于成熟期，且呈现从根到籽粒逐渐下降的趋势。在水稻在拔节期和成熟期，铁同位素组成分别为 0.48‰ ± 0.09‰ 和 0.52‰ ± 0.05‰，而且两个时期各组织的铁同位素组成差异不显著，这表明水稻属于系统Ⅱ型植物，其吸收铁的机制主要依赖 Fe(III)与配体的螯合。因此，在水稻体内铁的传输过程中，主要是由于各组织间铁形态的变化而发生铁同位素分馏。水稻体内铁从根到茎的传输过程中，三价铁-配体络合物主要是从 Fe(III)-NA 转变成为 Fe(III)-柠檬酸（图 2.12）。Moynier 等（2013）利用密度泛函理论计算了植物中铁与不同配体间的铁同位素分馏，发现 Fe(III)-NA 与 Fe(III)-柠檬酸间铁同位素分馏为−1.5‰，这与 Chen 等（2020b）测得的从根到茎的铁同位素分馏结果相近（$\Delta^{56}Fe_{根-茎}=-1.6‰$），进一步证明铁从根到茎的运输过程中铁的形态由 Fe(III)-NA 转变成为 Fe(III)-柠檬酸。

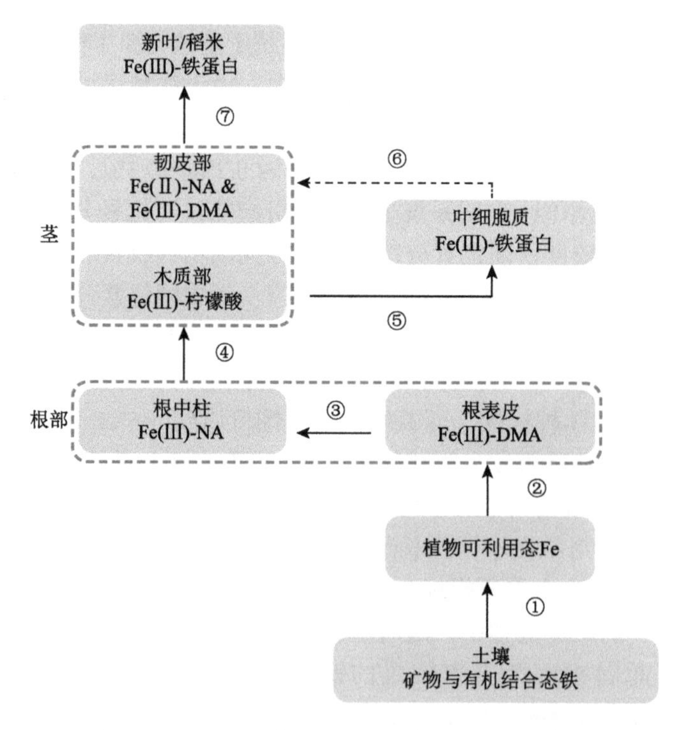

图 2.12 土壤-水稻体系中 Fe 化合物变化示意图

箭头指示铁的主要吸收转运途径或不同铁池间的过渡。数字表示铁的吸收转运步骤，其中步骤 7 表示老叶中的铁通过韧皮部传递给新叶，木质部中的铁形态为 Fe(III)-DMA 和 Fe(Ⅱ)-NA。木质部负责将水和无机营养物质从根部运输到地上组织，韧皮部负责营养物质的双向长距离运输。绿色虚线框表示水稻中铁吸收转运相关的组织器官。

叶片中铁同位素组成为–0.09‰ ± 0.05‰，而叶与茎之间的铁同位素分馏（$\Delta^{56}Fe_{叶-茎}$）为 0.54‰，表明铁从茎到叶的运输过程中，叶中富集较重的铁同位素。研究表明，从茎向叶运输的过程中，铁从木质部卸载后进入叶肉细胞，并以植物铁蛋白的形式储存在液泡中（Hell & Stephan，2003）。叶与茎之间的铁同位素分馏表明，植物铁蛋白与 Fe(III)-柠檬酸之间的同位素分馏也可能是 0.54‰。水稻进入生殖生长期后，水稻植株内的铁会重新分配（Yoneyama et al.，2015）。新叶中的铁，除了一部分来源于茎中的木质部外，另一部分铁可能由老叶通过韧皮部供给（Tsukamoto et al.，2009）。

关于韧皮部中铁的形态还存在一定争议，有人认为，韧皮部中的铁以 Fe(III)-DMA 螯合物为主，或以 Fe(II)-NA 螯合物为主；而另一些人认为韧皮部中的铁以 Fe(III)-DMA 和 Fe(II)-NA 螯合物两种形式并存。通过铁的同位素分馏分析，可为解决这一争议提供新的视角。叶片和茎的铁同位素分馏特征表明，铁从老叶传输到新叶的过程中，韧皮部中的铁以 Fe(III)-DMA 和 Fe(II)-NA 螯合物两种形式并存，而且无论是 Fe(III)-DMA 还是 Fe(II)-NA，叶与茎中的铁同位素组成均显著不同，即叶 Fe(III)-DMA 的铁同位素组成显著高于茎，而 Fe(II)-NA 则显著低于茎。如果韧皮部是以 Fe(III)-DMA 或 Fe(II)-NA 的形式，将铁从老叶输入到茎，再被新叶接收，那么水稻植株茎的不同节点以及不同节位的叶片之间，会出现显著的同位素分馏，而且同一叶片或节点的铁同位素组成也会随生育期发生显著变化。但是，实际的观测结果却显示，水稻植株茎的不同节点以及不同节位的叶片之间的铁同位素组成相似，而且也未随生育期发生显著变化，这表明韧皮部输入的铁与茎中原有的铁具有相似的同位素组成，也暗示可能正是因为韧皮部中 Fe(III)-DMA 和 Fe(II)-NA 两种形式并存，才可能导致叶与茎具有相似的铁同位素组成。

2.4.2　锌

1. 水稻锌吸收过程中的锌同位素分馏

水稻植株倾向于从孔隙水中吸收较重的锌同位素，而且排水与淹水两种水分管理模式下，土壤孔隙水至水稻植株的锌同位素分馏尺度一致（$\Delta^{66}Zn_{水稻植株-孔隙水}$ = 0.38‰～0.39‰）（图 2.13）。当土壤孔隙水中的锌自由离子扩散到根表面时，植物根系会分泌铁载体，如 2′-脱氧麦根酸等（Jouvin et al.，2012），Zn^{2+}则以 DMA-Zn 络合物的形式进入水稻根部（Arnold et al.，2010）。研究发现，水稻根系分泌的 2′-脱氧麦根酸通过络合作用优先络合较重的锌同位素（$\Delta^{66}Zn_{植物铁载体锌络合物-锌离子}$ = 0.30‰ ± 0.07‰）（Marković et al.，2016；Arnold et al.，2010），从而导致水稻植株比土壤溶液易富集重锌同位素。由于缺铁是植物铁载体分泌的主要驱动因素，而且排水条件下植物铁载体分泌作用更强，促进水稻锌的吸收（Arnold et al.，2010，2015；Houben et al.，2014），这也是水稻在排水条件下更易富集重锌同位素的原因。

据报道，土壤溶液中的锌浓度较低时，可诱导 *ZIP* 家族基因，如根中的 *OsZIP1*、*OsZIP3*、*OsZIP5* 和 *OsZIP9* 的表达量上调，通过 ZIP 转运蛋白增强 Zn^{2+}吸收，以补偿锌不足（Lee et al.，2010；Huang et al.，2020a；Tan et al.，2020；Yang et al.，2020）。一般来说，低锌会刺激根系分泌低分子量有机酸（如苹果酸），这些有机酸能够酸化土壤，从而提高锌的生物有效性（Widodo et al.，2010）。研究发现，与植物铁载体锌络合物相比，水稻更容易吸收游离的锌离子（Bashir et al.，2012）。Jouvin 等（2012）推测，ZIP 蛋白与 DMA 类似，也偏向于转运较重的锌同位素，锌同位素分馏尺度相近，，说明 ZIP 转运蛋白可参与重锌同位素在根系的跨膜转运，但 ZIP 转运蛋白参与的锌转运是在重锌同位素从土壤溶液中吸附到根表之后才发生。由于 ZIP 和 DMA 介导的两个吸收途径中，锌同位素分馏的方向一致，导致无法对两个途径的贡献准确定量。但是，仍然可推测，淹水缺锌条件下，ZIP 介导的锌转运途径贡献更大。

与根系吸收相比，铁膜可吸附更重的锌同位素（$\Delta^{66}Zn_{铁膜-孔隙水}=0.78‰\sim0.89‰$）（图 2.13）。根据固相 γ-Al_2O_3（$\Delta^{66}Zn_{固相-液相}=0.47‰\pm0.03‰$）（Gou et al.，2018）、锰氧化物（$\Delta^{66}Zn_{固相-液相}=0.16‰\sim3‰$）（Bryan et al.，2015）和氢氧化铁（$\Delta^{66}Zn_{固相-液相}=0.52‰\pm0.04‰$）（Balistrieri et al.，2008）吸附的锌同位素组成，可推测轻锌同位素易于平衡分配到水相，而且锌在矿物界面吸附的分馏尺度受氧原子八面体配位和四面体配位结构差异的影响（Juillot et al.，2008；Balistrieri et al.，2008；Pokrovsky et al.，2005）。在锌同位素的平衡分馏中，配位数较低、键合较强的锌化合物优先富集较重的锌同位素（Wiederhold et al.，2015；Gou et al.，2018）。因此，在孔隙水锌向根表面扩散的过程中，铁膜可作为一个储层，将重锌同位素优先隔离于根表铁膜。研究发现，铁膜锌的同位素比土壤高（$\Delta^{66}Zn_{铁膜-土壤}=0.26‰\sim0.46‰$），这与以前的研究结果相反（$\Delta^{66}Zn_{铁膜-土壤}=-0.3‰\sim-0.1‰$）（Aucour et al.，2015，2017），表明排水与淹水条件下，富集轻锌同位素的锌化合物，如 ZnS，难以固定在根表铁膜中。

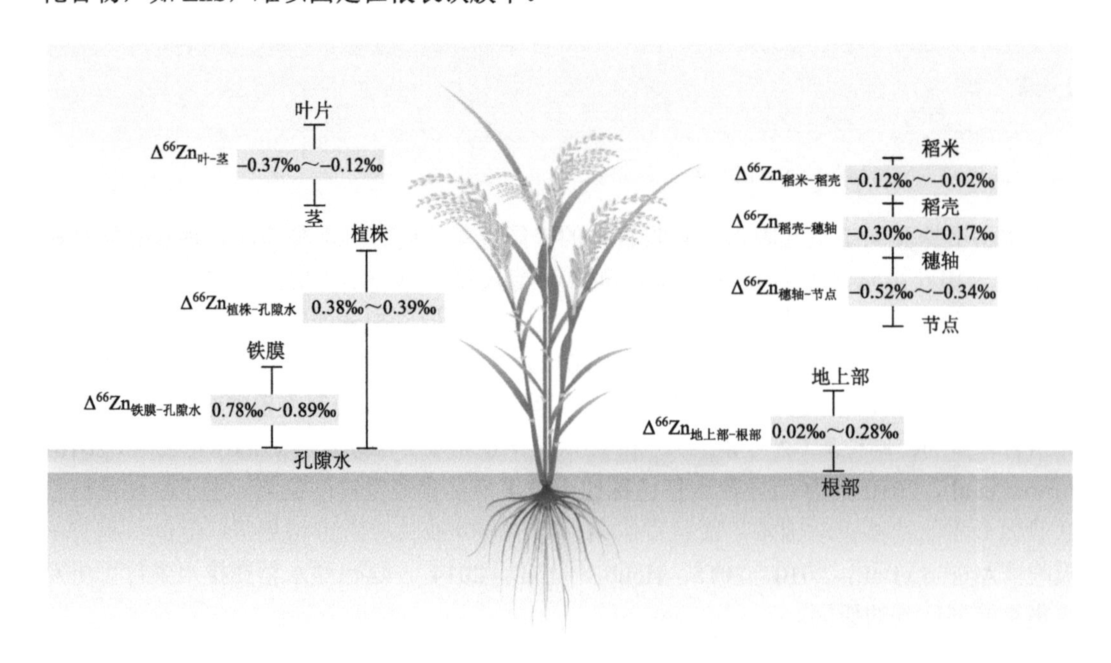

图 2.13　土壤-水稻体系中 Zn 的同位素分馏特征

2. 锌在水稻体内转运过程中的锌同位素分馏

从根部到地上部的转运过程中，锌同位素呈正向分馏（$\Delta^{66}Zn_{地上部-根部}=0.02‰\sim0.28‰$）。与镉元素的转运方式类似（Moore et al.，2020；Wiggenhauser et al.，2021），锌同位素分馏的大小和方向受锌转运蛋白 OsHMA3 和 OsHMA2 共同控制。锌可被 OsHMA3 转运至根部液泡中隔离，这可能是从根部到地上部转运过程中锌同位素变化的先决条件，这是因为 OsHMA3 具有较强的金属结合活性，更倾向于隔离锌（Cai et al.，2019b；Ueno et al.，2010）。因此，锌的液泡隔离可能是根中易富集轻同位素的主要原因（Che et al.，2019）。然而，在排水条件下，地上部与根部之间几乎不发生锌同位素分馏（$\Delta^{66}Zn_{地上部-根部}=0.02‰$）。根部 OsHMA2 负责将细胞质中的 Zn^{2+}装载至木质部，并向地上部转运，该转运蛋白在排水条件可被诱导表达上调，以响应更高的锌水平（Yamaji et al.，2013b；Takahashi et al.，2012），表明排水条件下 OsHMA2 是锌从根部向地上部转移的较大贡献者。然而，稻田排水时，地上部与根部之间几乎不发生锌同位素分馏（$\Delta^{66}Zn_{地上部-根部}=0.02‰$）。与镉元素类似，OsHMA2 转运过程中也几乎不发生锌同位素组成的改变（Moore et al.，2020）。因此，排水条件下，根部-地上部转移过程不发生锌同位素分馏主要与 OsHMA2 的转运功能直接有关。在淹水条件下，锌从根部到地上部的转移却存在显著的同位素分馏（$\Delta^{66}Zn_{地上部-根部}=0.28‰\pm0.03‰$）。与 *OsHMA2* 基因的表达模式相反，在低锌条件下，根中 *ZIP* 家族基因的表达水平会更高。已有研究表明，当锌的供应受限时，*ZIP* 家族基因表达均上调（Sasaki et al.，2014）。还有人发现，低锌处理下，通过上调 *ZIP* 家族基因如 *OsZIP4*、*OsZIP5*、*OsZIP7* 和 *OsZIP8* 的表达，可保障较高的锌转运至地上部（Tiong et al.，2015；Tan et al.，2019，2020）。在具有正常功能液泡膜转运蛋白基因 *OsHMA3* 的水稻品种中，其地上部仍可保持较高的锌水平（Ueno et al.，2010），这可能归因于 *ZIP* 家族基因的更强表达（Sasaki et al.，2014）。因此，在淹水条件下，大量锌通过 ZIP 家族转运蛋白装载到木质部，并通过长距离运输转移至地上部，从而导致从根部到地上部更大尺度的锌正分馏。与排水条件相比，淹水条件下根系中 *ZIP* 家族基因表达增强，可能导致略重的锌同位素向上转运。

较轻的锌同位素倾向于从茎转运至叶（$\Delta^{66}Zn_{叶-茎}=-0.37‰\sim-0.12‰$）（图 2.12）。Moynier 等（2009）的研究表明，Zn^{2+}被装载到木质部后，随蒸腾流向叶片移动。水稻籽粒中锌的积累，与锌从叶片通过韧皮部分配到籽粒的过程有关（Impa et al.，2013）。籽粒中积累的锌，大部分来自于叶片中锌的活化和转运（Aucour et al.，2015）。有学者发现，宽叶香蒲（*Typha latifolia* L.）（$\Delta^{66}Zn_{叶-茎}=-0.2‰$）和虉草（*Phalaris arundinacea* L.）（$\Delta^{66}Zn_{叶-茎}=0.78‰$）两种植物中，锌从茎转运至叶片过程中同位素分馏的方向和尺度均表现不同，这与植物叶和茎具有不同比例的吸附/复合四面体锌（富集重锌同位素）有关（Aucour et al.，2015，2017）。有研究认为，烟酰胺（NA）是韧皮部汁液中锌的主要配位体，可增强韧皮部中锌的流动性，从而促进锌向稻米的转运。细胞壁吸附的锌和 NA 络合的锌，分别形成四面体和八面体锌化合物，故推测细胞壁吸附的锌同位素比 NA 络合的锌同位素更重（Aucour et al.，2015，2016；Juillot et al.，2008）。因此，与小麦叶中锌的再利用过程类似，水稻中的 Zn-NA 也会优先被重新活化并通过韧皮部转运（Wiggenhauser et al.，2018）。

轻锌同位素从节 I 向上转运到穗轴中，且穗轴中的锌同位素比地上部、茎以及节 II、节III的更重（图 2.13）。在茎节中，OsZIP3、OsZIP5 和 OsZIP7 的表达有助于将重锌同位素离子转移到薄壁细胞桥（Sasaki et al.，2014；Tan et al.，2019；Ishimaru et al.，2007）。细胞壁结合的锌中，磷酸锌占很高的比例（Broadley et al.，2007），从而可能导致此类化合物锌同位素比 Zn^{2+}和苹果酸锌重 1%（Fujii & Albarède，2012）。在水稻茎节细胞内，锌与有机配体如 2′-脱氧麦根酸形成络合物（Che et al.，2019），从而导致重锌同位素保留在薄壁细胞桥中（Yamaguchi et al.，2012）。研究表明，水稻茎节中金属硫蛋白基因 *OsMT2b* 和 *OsMT2c* 的表达水平不受锌浓度影响，且金属硫蛋白与锌大量螯合，从而促进锌装载到韧皮部（Lei et al.，2021），此过程也受转运蛋白的调控，如通过 OsHMA2 介导可将锌从木质部转移到韧皮部中（Yamaji et al.，2013b）。金属硫蛋白中的巯基与锌结合时，优先结合轻锌同位素，因此推测金属硫蛋白在锌进入韧皮部中可能起关键作用。金属硫蛋白结合的锌及韧皮部中的 Zn^{2+}同位素组成，都支持锌从节点或茎到穗轴的转运过程中优先转运轻锌同位素这一结论（图 2.13）。

轻锌同位素从穗轴依次转运到稻壳和稻米中（图 2.13），而且锌通过质外体屏障时重锌同位素会被优先阻隔，以阻止锌向稻米的转运（Oslen & Palmgren，2014）。在韧皮部汁液中，金属硫蛋白、烟酰胺与锌螯合，从而促进锌的移动，并将其分配到稻米中（Lei et al.，2021；Oslen & Palmgren，2014）。有研究表明，Zn-NA 可促进锌向稻米的转运和储存（Banakar et al.，2017，2019）。锌从稻壳转运到稻米的过程中，也会产生较小的分馏（$\Delta^{66}Zn_{稻壳-稻米}$ = −0.12‰～−0.02‰）。与含 S 螯合物相比，重锌同位素更易在含 O 和 N 供体的配合物中富集（Fujii et al.，2014），表明金属硫蛋白结合的锌会优先转运到稻米中。

2.4.3 硅

1. 水稻硅吸收过程中的硅同位素分馏

水稻主要吸收溶解态 H_4SiO_4，也可吸收分布在水溶液中的含硅颗粒物。利用含溶解态 H_4SiO_4 的营养液进行水培，发现水培液中硅同位素组成 $\delta^{30}Si$ 从初始的−0.1‰提高至 1.5‰，表明水稻优先吸收轻硅同位素，这为水稻根系吸收溶解态 H_4SiO_4 提供了重要证据（Ding et al.，2008）。由于 H_4SiO_4 的聚合过程是一个不可逆过程，而且 SiO_2 沉淀不太可能与溶液中的 H_4SiO_4 交换硅同位素，因此水稻中的硅同位素分馏可视为瑞利过程中的动力学同位素分馏（Ding et al.，2005）。

水稻植株通过主动吸收和被动扩散两个途径从土壤介质中吸收硅，但可能主要是主动吸收过程（Rains et al.，2006；Ma et al.，2006，2007），这是因为由特定转运蛋白介导的硅吸收比扩散快得多，且不受蒸腾作用影响（Ma et al.，2006）。目前已发现的 Lsi1 和 Lsi2，是水稻主动吸收硅的特异转运蛋白（Ma et al.，2006，2007）。在水稻、竹子、香蕉和硅藻等植物中，植株与生长溶液之间硅同位素分馏的方向和程度都较相似，这表明除了转运蛋白的作用外，某些共同的基础机制在许多植物的硅吸收中也起重要作用，如蒸腾作用导致的硅被动吸收就可能是其中的一个重要机制。显然，同一植株体内可能同时存在主动和被动两种硅吸收系统。例如，玉米中就存在主动和被动的硅吸收混合模型（Ding et al.，2008）。水稻从土壤中吸收的硅元素主要以植硅体形式储存于体内，当植株凋亡时，体内的硅又以枯枝落叶形式返回到土壤中，然后大约 93%的植硅体能再次被水稻吸收。肖晗等（2019）通过硅同位素分馏研究表明，水稻植株中 δ^{30}Si 值与土壤中有效硅含量存在显著正相关关系，从而证实植硅体可能是植物吸收硅的主要来源。

2. 水稻体内硅转运过程中的硅同位素分馏

现有研究结果显示，水稻茎叶、稻壳和稻米的硅同位素组成 δ^{30}Si 均比根重，且茎叶（–0.16‰）、稻壳（0.61‰）和稻米（2.98‰）的硅同位素组成依次加重（Ding et al.，2005），这说明硅的长距离运输主要受蒸腾作用的影响，并不受转运蛋白调控。水稻根系（主要是内胚层细胞）、茎叶和稻壳（主要是表皮细胞）中二氧化硅的分布模式，也暗示蒸腾作用对水稻中硅沉淀产生影响（Ding et al.，2008）。尽管水稻体内硅的转移和再分配过程受 OsLsi6、OsLsi2 和 OsLsi3 等转运蛋白的调控，但是植物茎叶中二氧化硅的分布和 δ^{30}Si 值（Ding et al.，2005a，2008）明显受蒸腾流的影响，表明水稻叶中硅的运输可能是被动机制。在硅从茎叶到籽粒以及从稻壳到籽粒转移的过程中，同位素分馏尺度分别高达 3.14‰和 2.37‰（Ding et al.，2005），这是因为 Si 通过韧皮部向籽粒转移的过程中，蒸腾作用使得大多数 Si 失水聚合而沉积到细胞壁和细胞间隙中，从而导致轻硅同位素优先被隔离而重硅同位素向籽粒转运。

2.5　展　　望

综上所述，目前我国农田土壤中 Cd、As 等重金属的污染仍然比较严重。Cd 和 As 都不是水稻植株的必需元素，但是它们可借道必需或有益矿质元素的转运蛋白，一起进入水稻体内，并在籽粒中积累。尽管我们对相关过程的分子机制有一定程度的了解，但是，仍然需要在以下几个方面开展更深入研究。

（1）通过构建各种水稻突变体，利用分子生物学、遗传学、生理学、多组学及生物信息学的分析技术，发掘更多的重金属吸收、转运及耐性相关基因及其蛋白质。通过对这些基因的功能进行鉴定，以详细了解重金属在水稻中积累的过程及原理，并了解必需和有益矿质元素与重金属之间相互作用的过程及机制。还需对超积累植物进行组学研究，挖掘重金属超积累相关的基因，鉴定其功能，开发高耐性与高积累植物品种，加速稻田土壤重金属的植物提取。

（2）对 Cd、As 等重金属相关的重要基因进行水稻遗传改良，是未来应对重金属污染的有效途径。通过重金属积累相关的分子标记辅助选择，或者对目标品种中重金属积累相关基因进行遗传改良，特别是利用当前热门的基因编辑技术，如 CRISPR/Cas9 技术，对水稻中重金属相关基因进行编辑，既可培育籽粒重金属低累积品种，以实现粮食安全生产，也可培育茎叶重金属高富集品种，以修复污染稻田。必须注意的是，无论采用何种策略，都不应以牺牲水稻的品质和产量为代价。

（3）Si 是水稻不可或缺的矿质元素，与水稻植株的抗逆性关系十分密切。施 Si 可缓解水稻重金属毒性，甚至减少水稻重金属积累，但其分子机制仍未清楚。需加强 Si 与重金属之间相互作用的研究，挖掘更多相关基因，鉴定其功能，以阐明 Si 与重金属相互作用的分子机制，发展基于 Si 应用的水稻重金属污染修复策略。

（4）同位素分馏技术是研究水稻矿质元素吸收和转运机制的一个全新思路，应加强相关理论和技术研发，尤其是开展多环境要素条件下土壤-水稻体系中矿质元素同位素分馏特征和机制的研究，以便能更深入地理解水稻矿质元素吸收和转运的详细机制，为生理调控及功能材料开发提供理论依据。

参考文献

肖晗，孙燕，周静杰，等，2019. 不同类型土壤对水稻硅同位素分馏的影响[J]. 核农学报，33（9）：1865-1872.

徐是雄，徐雪宾，等，1984. 稻的形态与解剖[M]. 北京：农业出版社：1-177.

Alejandro S，Höller S，Meier B，et al.，2020. Manganese in plants：From acquisition to subcellular allocation[J]. Frontiers in Plant Science，11：300.

Ali W，Mao K，Zhang H，et al.，2020. Comprehensive review of the basic chemical behaviours，sources，processes，and endpoints of trace element contamination in paddy soil-rice systems in rice-growing countries[J]. Journal of Hazardous Materials，397：122720.

Aoyama T，Kobayashi T，Takahashi M，et al.，2009. OsYSL18 is a rice iron(Ⅲ)-deoxymugineic acid transporter specifically expressed in reproductive organs and phloem of lamina joints[J]. Plant Molecular Biology，70（6）：681-692.

Arnold T，Kirk G J D，Wissuwa M，et al.，2010. Evidence for the mechanisms of zinc uptake by rice using isotope fractionation[J]. Plant Cell and Environment，33（3）：370-381.

Arnold T，Marković T，Kirk G J，et al.，2015. Iron and zinc isotope fractionation during uptake and translocation in rice（*Oryza sativa*）grown in oxic and anoxic soils[J]. Comptes Rendus Geoscience，347：397-404.

Aucour A M，Bedell J P，Queyron M，et al.，2015. Dynamics of Zn in an urban wetland soil-plant system：Coupling isotopic and EXAFS approaches[J]. Geochimica et Cosmochimica Acta，160：55-69.

Aucour A M，Bedell J P，Queyron M，et al.，2017. Zn speciation and stable isotope fractionation in a contaminated urban wetland soil-*Typha latifolia* system[J]. Environmental Science and Technology，51（15）：8350-8358.

Aung M S，Masuda H，2020. How does rice defend against excess iron？：Physiological and molecular mechanisms[J]. Frontiers in Plant Science，11：1102.

Bakhat H F，Zia Z，Fahad S，et al.，2017. Arsenic uptake accumulation and toxicity in rice plants：Possible remedies for its detoxification：A review[J]. Environmental Science And Pollution Research，24（10）：9142-9158.

Balci N，Bullen T D，Witte-Lien K，et al.，2006. Iron isotope fractionation during microbially stimulated Fe(Ⅱ) oxidation and Fe(Ⅲ) precipitation[J]. Geochimica et Cosmochimica Acta，70：622-639.

Balistrieri L S，Borrok D M，Wanty R B，et al.，2008. Fractionation of Cu and Zn isotopes during adsorption onto amorphous Fe(Ⅲ) oxyhydroxide：Experimental mixing of acid rock drainage and ambient river water[J]. Geochimica et Cosmochimica Acta，72（2）：311-328.

Banakar R，Fernandez A A，Diaz-Benito P，et al.，2017. Phytosiderophores determine thresholds for iron and zinc accumulation in biofortified rice endosperm while inhibiting the accumulation of cadmium[J]. Journal of Experimental Botany，68（17）：4983-4995.

Banakar R，Fernandez A A，Zhu C，et al.，2019. The ratio of phytosiderophoresnicotianamine to deoxymugenic acid controls metal homeostasis in rice[J]. Planta，250（4）：1339-1354.

Barberon M，2017. The endodermis as a checkpoint for nutrients[J]. New Phytologist，213（4）：1604-1610.

Bari M A，Akther M S，Reza M A，et al.，2019. Cadmium tolerance is associated with the root-driven coordination of cadmium sequestration，iron regulation，and ROS scavenging in rice[J]. Plant PhysiolBiochem，136：22-33.

Bashir K，Ishimaru Y，Nishizawa N K，2012. Molecular mechanisms of zinc uptake and translocation in rice[J]. Plant Soil，361：189-201.

Blamey F P，Hernandez-Soriano M C，Cheng M，et al.，2015. Synchrotron-based techniques shed light on mechanisms of plant sensitivity and tolerance to high manganese in the root environment[J]. Plant Physiology，169（3）：2006-2020.

Broadley M R，White P J，Hammond J P，et al.，2007. Zinc in plants[J]. New Phytologist，173（4）：677-702.

Bryan A L，Dong S F，Wilkes E B，et al.，2015. Zinc isotope fractionation during adsorption onto Mn oxyhydroxide at low and high ionic strength[J]. Geochimica et Cosmochimica Acta，157：182-197.

Cai H，Huang S，Che J，et al.，2019a. The tonoplast-localized transporter OsHMA3 plays an important role in maintaining Zn homeostasis in rice[J]. Journal of Experimental Botany，70（10）：2717-2725.

Cai Y M，Xu W B，Wang M E，et al.，2019b. Mechanisms and uncertainties of Zn supply on regulating rice Cd uptake[J]. Environmental Pollution，253：959-965.

Chang J D，Huang S，Yamaji N，et al.，2020. OsNRAMP1 transporter contributes to cadmium and manganese uptake in rice[J]. Plant Cell and Environment，43（10）：2476-2491.

Che J，Yokosho K，Yamaji N，et al.，2019. A vacuolar phytosiderophore transporter alters iron and zinc accumulation in polished rice grains[J]. Plant Cell and Environment，181（1）：276-288.

Chen G，Chen D，Li F，et al.，2002a. Dual nitrogen-oxygen isotopic analysis and kinetic model for enzymatic nitrate reduction coupled with Fe(Ⅱ) oxidation by *Pseudogulbenkiania* sp strain[J]. Chemical Geology，534：119456.

Chen G，Han J，Mu Y，et al.，2019. Two-stage chromium isotope fractionation during microbial Cr(Ⅵ) reduction[J]. Water Research，148：10-18.

Chen G，Liu T，Li Y，et al.，2021. New insight into Fe uptake and transport from paddy soils to rice plants using Fe isotope fractionation[J]. Fundamental Research，1，277-284.

Chen Z，Fujii Y，Yamaji N，et al.，2013. Mn tolerance in rice is mediated by MTP8.1，a member of the cation diffusion facilitator family[J]. Journal of Experimental Botany，64（14）：4375-4387.

Clemens S，Ma J F，2016. Toxic heavy metal and metalloid accumulation in crop plants and foods[J]. Annual Review of Plant Biology，67：489-512.

Ding T P，Ma G R，Shui M X，et al.，2005. Silicon isotope study on rice plants from the Zhejiang province，China[J]. Chemical Geology，218：41-50.

Ding T P，Tian S H，Sun L，et al.，2008. Silicon isotope fractionation between rice plants and nutrient solution and its significance to the study of the silicon cycle[J]. Geochimica et Cosmochimica Acta，72：5600-5615.

Epstein E，1999. Silicon[J]. Annual Review of Plant Physiology，50：641-664.

Fan H，Zhang Z，Wang N，et al.，2014. SKB1/PRMT5-mediated histone H4R3 dimethylation of Ib subgroup bHLH genes negatively regulates iron homeostasis in *Arabidopsis thaliana*[J]. Plant Journal，2014，77（2）：209-221.

Fernando D R，Lynch J P，2015. Manganese phytotoxicity：New light on an old problem[J]. Annals of Botany，116（3）：313-319.

Frew A，Weston L A，Reynolds O L，et al.，2018. The role of silicon in plant biology：A paradigm shift in research approaches[J]. Annals of Botany，121：1265-1273.

Fujii T，Albarède F，2012. Ab initio calculation of the Zn isotope effect in phosphates，citrates，and malates and applications to plants and soil[J]. PLoS One，7：e30726.

Fujii T，Moynier F，Blichert-Toft J，et al.，2014. Density functional theory estimation of isotope fractionation of Fe，Ni，Cu，and Zn among species relevant to geochemical and biological environments[J]. Geochimica et Cosmochimica Acta，140：553-576.

Fukushima M，Ishizaki A，Sakamoto M，et al.，1970. On distribution of heavy metals in rice field soil in the “Itai-itai” disease epidemic district[J]. Nihon Eiseigaku Zasshi，24（5-6）：526-535.

Garnier J，Garnier J，Vieira C，et al.，2017. Iron isotope fingerprints of redox and biogeochemical cycling in the soil-water-rice plant system of a paddy field[J]. Science of the Total Environment，574：1622-1632.

Geszvain K，Butterfield C，Davis R E，et al.，2012. The molecular biogeochemistry of manganese(Ⅱ) oxidation[J]. Biochemical Society Transactions，40（6）：1244-1248.

Gou W X，Li W，Ji J F，et al.，2018. Zinc isotope fractionation during sorption onto Al oxides：Atomic level understanding from EXAFS[J]. Environmental Science & Technology，52（16）：9087-9096.

Guelke M，von Blanckenburg F，2007. Fractionation of stable iron isotopes in higher plants[J]. Environmental Science & Technology，41：1896-1901.

Guelke M，von Blanckenburg F，Schoenberg R，et al.，2010. Determining the stable Fe isotope signature of plant-available iron in soils[J]. Chemical Geology，277：269-280.

Guelke-Stelling M，von Blanckenburg F，2012. Fe isotope fractionation caused by translocation of iron during growth of bean and oat as models of strategy Ⅰ and Ⅱ plants[J]. Plant and Soil，352：217-231.

Hacisalihoglu G，2020. Zinc（Zn）：The last nutrient in the alphabet and shedding light on Zn efficiency for the future of crop production under suboptimal Zn[J]. Plants，9（11）：1471.

Hebbern C A，Laursen K H，Ladegaard A H，et al.，2009. Latent manganese deficiency increases transpiration in barley（*Hordeum vulgare*）[J]. Physiol Plant，135（3）：307-316.

Hefferon K，2019. Biotechnological approaches for generating zinc-enriched crops to combat malnutrition[J]. Nutrients，11（2）：253.

Hell R，Stephan U W，2003. Iron uptake，trafficking and homeostasis in plants[J]. Planta，216：541-551.

Hoshikawa K，1989. The Growing Rice Plant[M]. Tokyo：Nosan Gyoson Bunka Kyokai（Nobunkyo）.

Houben D，Sonnet P，Tricot G，et al.，2014. Impact of root-induced mobilization of zinc on stable Zn isotope variation in the soil-plant system[J]. Environmental Science & Technology，48（14）：7866-7873.

Huang S，Sasaki A，Yamaji N，et al.，2020a. The ZIP transporter family member OsZIP9 contributes to root Zn uptake in rice under Zn-limited conditions[J]. Plant Physiology，183（3）：1224-1234.

Huang S，Wang P T，Yamaji N，et al.，2020b. Plant nutrition for human nutrition：Hints from rice research and future perspectives[J]. Molecular Plant，13（6）：825-835.

Impa S M，Gramlich A，Tandy S，et al.，2013. Internal Zn allocation influences Zn deficiency tolerance and grain Zn loading in rice（*Oryza sativa* L.）[J]. Frontiers in Plant Science，4：534.

Imtiaz M，Rizwan M S，Mushtaq M A，et al.，2016. Silicon occurrence uptake transport and mechanisms of heavy metals minerals and salinity enhanced tolerance in plants with future prospects：A review[J]. Journal of Environmental Management，183（3）：521-529.

Inoue H，Kobayashi T，Nozoye T，et al.，2009. Rice OsYSL15 is an iron-regulated iron(Ⅲ)-deoxymugineic acid transporter expressed in the roots and is essential for iron uptake in early growth of the seedlings[J]. Journal of Biological Chemistry，284（6）：3470-3479.

Ishimaru Y，Masuda H，Bashir K，et al.，2010. Rice metal-nicotianamine transporter，OsYSL2，is required for the long-distance transport of iron and manganese[J]. Plant Journal，62（3）：379-390.

Ishimaru Y，Masuda H，Suzuki M，et al.，2007. Overexpression of the OsZIP4 zinc transporter confers disarrangement of zinc distribution in rice plants[J]. Journal of Experimental Botany，58（11）：2909-2915.

Ishimaru Y，Suzuki M，Kobayashi T，et al.，2005. OsZIP4，a novel zinc-regulated zinc transporter in rice[J]. Journal of Experimental Botany，56（422）：3207-3214.

Ishimaru Y，Suzuki M，Tsukamoto T，et al.，2006. Rice plants take up iron as an Fe^{3+}-phytosiderophore and as Fe^{2+}[J]. Plant Journal，45（3）：335-346.

Ishimaru Y，Takahashi R，Bashir K，et al.，2012. Characterizing the role of rice NRAMP5 in manganese，iron and cadmium transport[J]. Scientific Reports，2：286.

Itoh J，Nonomura K，Ikeda K，et al.，2005. Rice plant development：From zygote to spikelet[J]. Plant & Cell Physiology，46（1）：

23-47.

Jiang Y，Zeng X，Fan X，et al.，2015. Levels of arsenic pollution in daily foodstuffs and soils and its associated human health risk in a town in Jiangsu province，China[J]. Ecotoxicological and Environmental Safety，122：198-204.

Jouvin D，Louvat P，Juillot F，et al.，2009. Zinc isotopic fractionation：Why organic matters[J]. Environmental Science & Technology，43（15）：5747-5754.

Jouvin D，Weiss D J，Mason T F M，et al.，2012. Stable Isotopes of Cu and Zn in higher plants：Evidence for Cu reduction at the root surface and two conceptual models for isotopic fractionation processes[J]. Environmental Science & Technology，46（5）：2652-2660.

Juillot F，Maréchal C，Ponthieu M，et al.，2008. Zn isotopic fractionation caused by sorption on goethite and 2-lines ferrihydrite[J]. Geochimica et Cosmochimica Acta，72（19）：4886-4900.

Kakei Y，Ishimaru Y，Kobayashi T，et al.，2012. OsYSL16 plays a role in the allocation of iron[J]. Plant Molecular Biology，79（6）：583-594.

Kamiya T，Akahori T，Ashikari M，et al.，2006. Expression of the vacuolar Ca^{2+}/H^{+}exchanger，OsCAX1a，in rice：Cell and age specificity of expression，and enhancement by Ca^{2+}[J]. Plant & Cell Physiology，47（1）：96-106.

Kamiya T，Akahori T，Maeshima M，2005. Expression profile of the genes for rice cation/H^{+}exchanger family and functional analysis in yeast[J]. Plant & Cell Physiology，46（10）：1735-1740.

Kato M，Ishikawa S，Inagaki K，et al.，2010. Possiblechemical forms of cadmium and varietal differences in cadmium concentrations in the phloem sap of rice plants（*Oryza sativa* L.）[J]. Soil Science and Plant Nutrition，56：839-847.

Kawakami Y，Bhullar N K，2021. Delineating the future of iron biofortification studies in rice：Challenges and future perspectives[J]. Journal of Experimental Botany，72（6）：2099-2113.

Kobayashi T，Itai R N，Nishizawa N K，2014. Iron deficiency responses in rice roots[J]. Rice，2014，7（1）：27.

Kopittke P M，Blamey F P，Asher C J，et al.，2010. Trace metal phytotoxicity in solution culture：A review[J]. Journal of Experimental Botany，61（4）：945-954.

Lee S，An G，2009. Over-expression of *OsIRT1* leads to increased iron and zinc accumulations in rice[J]. Plant Cell and Environment，32（4）：408-416.

Lee S，Chiecko J C，Kim S A，et al.，2009. Disruption of OsYSL15 leads to iron inefficiency in rice plants[J]. Plant Physiology，150（2）：786-800.

Lee S，Jeong H J，Kim S A，et al.，2010. OsZIP5 is a plasma membrane zinc transporter in rice[J]. Plant Molecular Biology，73（4-5）：507-517.

Lei G J，Yamaji N，Ma J F，2021. Two metallothionein genes highly expressed in rice nodes areinvolved in distribution of Zn to the grain[J]. New Phytologist，229：1007-1020.

Li J，Jia Y，Dong R，et al.，2019. Advances in the mechanisms of plant tolerance to manganese toxicity[J]. International Journal of Molecular Sciences，20（20）：5096.

Liang Y，Si J，Römheld V，2005. Silicon uptake and transport is an active process in *Cucumis sativus*[J]. New Phytologist，167：797-804.

Liang Y C，Nikolic M，Belanger R，et al.，2015. Silicon in Agriculture：From Theory to Practice[M]. New York：Springer Publishing.

Liang Y C，Sun W C，Zhu Y G，et al.，2007. Mechanisms of silicon-mediated alleviation of abiotic stresses in higher plants：A review[J]. Environmental Pollution，147（2）：422-428.

Limmer M A，Evans A E，Seyfferth A L，2021. A new method to capture the spatial and temporal heterogeneity of aquatic plant iron root plaque in situ[J]. Environmental Science & Technology，55（2）：912-918.

Liu C，Gao T，Liu Y，et al.，2019a. Isotopic fingerprints indicate distinct strategies of Fe uptake in rice[J]. Chemical Geology，524：323-328.

Liu X S，Feng S J，Zhang B Q，et al.，2019b. OsZIP1 functions as a metal efflux transporter limiting excess zinc，copper and cadmium accumulation in rice[J]. BMC Plant Biology，19（1）：283.

Lovley D R，Ueki T，Zhang T，et al.，2011. Geobacter：The microbe electric's physiology，ecology，and practical applications[J]. Advances in Microbial Physiology，59：1-100.

Lu C，Zhang L，Tang Z，et al.，2019. Producing cadmium-free Indica rice by overexpressing *OsHMA3*[J]. Environment International，126：619-626.

Ma G，Li J，Li J，et al.，2018. OsMTP11，a trans-Golgi network localized transporter，is involved in manganese tolerance in rice[J]. Plant Science，274：59-69.

Ma J F，Tamai K，Yamaji N，et al.，2006. A silicon transporter in rice[J]. Nature，440（7084）：688-691.

Ma J F，Yamaji N，Mitani N，et al.，2007. An efflux transporter of silicon in rice[J]. Nature，448（7150）：209-212.

Ma J F，Yamaji N，Mitani N，et al.，2008. Transporters of arsenite in rice and their role in arsenic accumulation in rice grain[J]. PNAS，105（29）：9931-9935.

Ma J F，Yamaji N，Mitani-Ueno N，2011. Transport of silicon from roots to panicles in plants[J]. Proceedings of the Japan Academy Series B：Physical and Biological Sciences，87（7）：377-385.

Maisch M，Lueder U，Kappler A，et al.，2019. Iron lung：How rice roots induce iron redox changes in the rhizosphere and create niches for microaerophilic Fe(Ⅱ)-oxidizing bacteria[J]. Environmental Science & Technology Letter，6：600-605.

Marković T，Manzoor S，Humphreys-Williams E，et al.，2017. Experimental determination of zinc isotope fractionation in complexes with the phytosiderophore 2′-deoxymugeneic acid（DMA）and its structural analogues，and implications for plant uptake mechanisms[J]. Environmental Science & Technology，51（1）：98-107.

Matsuoka K，Furukawa J，Bidadi H，et al.，2014. Gibberellin-induced expression of Fe uptake-related genes in Arabidopsis[J]. Plant & Cell Physiology，55（1）：87-98.

McLaughlin M J，Parker D R，Clarke J M，1999. Metals and micronutrients-food safety issues[J]. Field Crops Research，60（1-2）：143-163.

Menguer P K，Farthing E，Peaston K A，et al.，2013. Functional analysis of the rice vacuolar zinc transporter OsMTP1[J]. Journal of Experimental Botany，64（10）：2871-2883.

Moore R E T，Ullah I，de Oliveira V H，et al.，2020. Cadmium isotope fractionation reveals genetic variation in Cd uptake and translocation by *Theobroma cacao* and role of natural resistance-associated macrophage protein 5 and heavy metal ATPase-family transporters[J]. Horticulture Research，7（1）：71.

Morgan J L L，Wasylenki L E，Nuester J，et al.，2010. Fe isotope fractionation during equilibration of Fe-organic complexes[J]. Environmental Science & Technology，44：6095-6101.

Moynier F，Fujii T，Wang K，et al.，2013. Ab initio calculations of the Fe(Ⅱ) and Fe(Ⅲ) isotopic effects in citrates，nicotianamine，and phytosiderophore，and new Fe isotopic measurements in higher plants[J]. Comptes Rendus Geoscience，345：230-240.

Moynier F，Pichat S，Pons M L，et al.，2009. Isotopic fractionation and transport mechanisms of Zn in plants[J]. Chemical Geology，267（3-4）：125-130.

Mu S，Yamaji N，Sasaki A，et al.，2021. A transporter for delivering zinc to the developing tiller bud and panicle in rice[J]. Plant Journal，105（3）：786-799.

Nanayakkara U，Uddin W，Datnoff L，2008. Application of silicon sources increases silicon accumulation in perennial ryegrass turf on two soil types[J]. Plant and Soil，2008，303：83-94.

Nikolic M，Nikolic N，Liang Y，et al.，2007. Germanium-68 as an adequate tracer for silicon transport in plants. Characterization of silicon uptake in different crop species[J]. Plant Physiology，2007，143（1）：495-503.

Nishiyama R，Kato M，Nagata S，et al.，2012. Identification of Zn-nicotianamine and Fe-2′-deoxymugineic acid in the phloem sap from rice plants（*Oryza sativa* L.）[J]. Plant & Cell Physiology，53（2）：381-390.

Nocito F F，Lancilli C，Dendena B，et al.，2011. Cadmium retention in rice roots is influenced by cadmium availability，chelation and translocation[J]. Plant Cell and Environment，34（6）：994-1008.

Nozoye T，Nagasaka S，Kobayashi T，et al.，2011. Phytosiderophore efflux transporters are crucial for iron acquisition in graminaceous plants[J]. Journal of Biological Chemistry，286（7）：5446-5454.

Ogo Y，Itai R N，Nakanishi H，et al.，2007. The rice bHLH protein OsIRO2 is an essential regulator of the genes involved in Fe uptake under Fe-deficient conditions[J]. Plant Journal，51（3）：366-377.

Oslen L I，Palmgren M G，2014. Many rivers to cross：The journey of zinc from soil to seed[J]. Frontiers in Plant Science，5：30.

Ottonello G，Zuccolini M V，2008. The iron-isotope fractionation dictated by the carboxylic functional：An ab-initio investigation[J]. Geochimica et Cosmochimica Acta，72：5920-5934.

Peris-Peris C，Serra-Cardona A，Sánchez-Sanuy F，et al.，2017. Two NRAMP6 isoforms function as iron and manganese transporters and contribute to disease resistance in rice[J]. Molecular Plant-Microbe Interactions，30（5）：385-398.

Pokrovsky O S，Viers J，Freydier R，2005. Zinc stable isotope fractionation during its adsorption on oxides and hydroxides[J]. Journal of Colloid and Interface Science，291（1）：192-200.

Rains D W，Epstein E，Zasoski R J，et al.，2006. Active silicon uptake by wheat[J]. Plant & Soil，280：223-228.

Ramesh S A，Shin R，Eide D J，et al.，2003. Differential metal selectivity and gene expression of two zinc transporters from rice[J]. Plant Physiology，133（1）：126-134.

Ricachenevsky F K，de Araújo Junior A T，Fett J P，et al.，2018. You shall not pass：Root vacuoles as a symplastic checkpoint for metal translocation to shoots and possible application to grain nutritional quality[J]. Frontiers in Plant Science，9：412.

Sasaki A，Yamaji N，Ma J F，2014. Overexpression of OsHMA3 enhances Cd tolerance and expression of Zn transporter genes in rice[J]. Journal of Experimental Botany，65（20）：6013-6021.

Sasaki A，Yamaji N，Ma J F，2016. Transporters involved in mineral nutrient uptake in rice[J]. Journal of Experimental Botany，67（12）：3645-353.

Sasaki A，Yamaji N，Mitani-Ueno N，et al.，2015. A node-localized transporter OsZIP3 is responsible for the preferential distribution of Zn to developing tissues in rice[J]. Plant Journal，84（2）：374-384.

Sasaki A，Yamaji N，Xia J，et al.，2011. OsYSL6 is involved in the detoxification of excess manganese in rice[J]. Plant Physiol，157（4）：1832-1840.

Sasaki A，Yamaji N，Yokosho K，et al.，2012. Nramp5 is a major transporter responsible for manganese and cadmium uptake in rice[J]. Plant Cell，24（5）：2155-2167.

Senoura T，Sakashita E，Kobayashi T，et al.，2017. The iron-chelate transporter OsYSL9 plays a role in iron distribution in developing rice grains[J]. Plant Molecular Biology，95（4-5）：375-387.

Shao J F，Yamaji N，Shen R F，et al.，2017. The Key to Mn homeostasis in plants：Regulation of Mn transporters[J]. Trends in Plant Science，22（3）：215-224.

Shimo H，Ishimaru Y，An G，et al.，2011. Low cadmium（LCD），a novel gene related to cadmium tolerance and accumulation in rice[J]. Journal of Experimental Botany，62（15）：5727-5734.

Slamet-Loedin I H，Johnson-Beebout S E，Impa S，et al.，2015. Enriching rice with Zn and Fe while minimizing Cd risk[J]. Frontiers in Plant Science，6：121.

Socha A L，Guerinot M L，2014. Mn-euvering manganese：The role of transporter gene family members in manganese uptake and mobilization in plants[J]. Frontiers in Plant Science，5：106.

Song W Y，Yamaki T，Yamaji N，et al.，2014. A rice ABC transporter，OsABCC1，reduces arsenic accumulation in the grain[J]. PNAS，111（44）：15699-15704.

Sun G X，Van de Wiele T，Alava P，et al.，2012. Arsenic in cooked rice：Effect of chemical enzymatic and microbial processes on bioaccessibility and speciation in the human gastrointestinal tract[J]. Environmental Pollution，162：241-246.

Suzuki M，Tsukamoto T，Inoue H，et al.，2008. Deoxymugineic acid increases Zn translocation in Zn-deficient rice plants[J]. Plant Molecular Biology，66（6）：609-617.

Swamy B P M，Rahman M A，Inabangan-Asilo M A，et al.，2016. Advances in breeding for high grain zinc in rice[J]. Rice，9（1）：49.

Takahashi R，Ishimaru Y，Senoura T，et al.，2011. The OsNRAMP1 iron transporter is involved in Cd accumulation in rice[J]. Journal of Experimental Botany，62（14）：4843-4850.

Takahashi R，Ishimaru Y，Shimo H，et al.，2012. The OsHMA2 transporter is involved in root-to-shoot translocation of Zn and Cd in rice[J]. Plant Cell and Environment，35（11）：1948-1957.

Takahashi E，Ma J，Miyake Y，1990. The possibility of silicon as an essential element for higher plants[J]. Comments on Agricultural and Food Chemistry，2：99-102.

Takemoto Y，Tsunemitsu Y，Fujii-Kashino M，et al.，2017. The tonoplast-localized transporter MTP8.2 contributes to manganese detoxification in the shoots and roots of *Oryza sativa* L[J]. Plant & Cell Physiology，58（9）：1573-1582.

Tan L T，Qu M，Zhu Y，et al.，2020. ZINC TRANSPORTER5 and ZINC TRANSPORTER9 function synergistically in zinc/cadmium uptake[J]. Plant Physiology，183（3）：1235-1249.

Tan L T，Zhu Y X，FanT，et al.，2019. OsZIP7 functions in xylem loading in roots and inter-vascular transfer in nodes to deliver Zn/Cd to grain in rice[J]. Biochemical and Biophysical Research Communications，512（1）：112-118.

Tiong J W，McDonald G，Genc Y，et al.，2015. Increased expression of six ZIP family genes by zinc（Zn）deficiency is associated with enhanced uptake and root-to-shoot translocation of Zn in barley（*Hordeum vulgare*）[J]. New Phytologist，207（4）：1097-1109.

Tong J Y，Sun M J，Wang Y，et al.，2020. Dissection of molecular processes and genetic architecture underlying iron and zinc homeostasis for biofortification：From model plants to common wheat[J]. International Journal of Molecular Sciences，21（23）：9280.

Tsai H H，Schmidt W，2017. One way. Or another? Iron uptake in plants[J]. New Phytologist，214（2）：500-505.

Tsukamoto T，Nakanishi H，Uchida H，et al.，2009. ^{52}Fe translocation in barley as monitored by a positron-emitting tracer imaging system（PETIS）：Evidence for the direct translocation of Fe from roots to young leaves via phloem[J]. Plant & Cell Physiology，50：48-57.

Ueno D，Sasaki A，Yamaji N，et al.，2015. A polarly localized transporter for efficient manganese uptake in rice[J]. Nat Plants，1：15170.

Ueno D，Yamaji N，Kono I，et al.，2010. Gene limiting cadmium accumulation in rice[J]. PNAS，107（38）：16500-16505.

Uraguchi S，Kamiya T，Sakamoto T，et al.，2011. Low-affinity cation transporter（OsLCT1）regulates cadmium transport into rice grains[J]. PNAS，108（52）：20959-20964.

Verbruggen N，Hermans C，Schat H，2009a. Molecular mechanisms of metal hyperaccumulation in plants[J]. New Phytologist，181（4）：759-776.

Verbruggen N，Hermans C，Schat H，2009b. Mechanisms to cope with arsenic or cadmium excess in plants[J]. Current Opinion in Plant Biology，12（3）：364-372.

von Wirén N，Klair S，Bansal S，et al.，1999. Nicotianamine chelates both Fe^{III} and Fe^{II}. Implications for metal transport in plants[J]. Plant physiology，119：1107-1114.

Wang L，Ying Y，Narsai R，et al.，2013. dentification of OsbHLH133 as a regulator of iron distribution between roots and shoots in *Oryza sativa*[J]. Plant Cell and Environment，36（1）：224-236.

Wang S，Li L，Ying Y，et al.，2020. A transcription factor OsbHLH156 regulates strategy Ⅱ iron acquisition through localising IRO2 to the nucleus in rice[J]. New Phytologist，225（3）：1247-1260.

Wang W，Ye J，Ma Y，et al.，2020. OsIRO3 Plays an essential role in iron deficiency responses and regulates iron homeostasis in Rice[J]. Plants，9（9）：1095.

Wei T，Liu X，Dong M，et al.，2021. Rhizosphere iron and manganese-oxidizing bacteria stimulate root iron plaque formation and regulate Cd uptake of rice plants（*Oryza sativa* L.）[J]. Journal of Environmental Management，278（Pt 2）：111533.

Widodo，Broadley M R，Rose T，et al.，2010. Response to zinc deficiency of two rice lines with contrasting tolerance is determined by root growth maintenance and organic acid exudation rates，and not by zinc-transporter activity[J]. New Phytologist，186（2）：400-414.

Wiederhold J G，2015. Metal stable isotope signatures as tracers in environmental geochemistry[J]. Environmental Science & Technology，49（5）：2606-2624.

Wiggenhauser M，Aucour A，Bureau S，et al.，2021. Cadmium transfer in contaminated soil-rice systems：Insights from solid-state speciation analysis and stable isotope fractionation[J]. Environmental Pollution，269：115934.

Wiggenhauser M，Bigalke M，Imseng M，et al.，2018. Zinc isotope fractionation during grain filling of wheat and a comparison of zinc and cadmium isotope ratios in identical soil-plant systems[J]. New Phytologist，219（1）：195-205.

Williams P N，Santner J，Larsen M，et al.，2014. Localized flux maxima of arsenic，lead，and iron around root apices in flooded lowland rice[J]. Environmental Science & Technology，48：8498-8506.

Wu B，Wang Y，Berns A E，et al.，2021. Iron isotope fractionation in soil and graminaceous crops after 100 years of liming in the long-term agricultural experimental site at Berlin-Dahlem，Germany[J]. European Journal of Soil Science，72（1）：289-299.

Xu B，Yu S，2013. Root iron plaque formation and characteristics under N_2 flushing and its effects on translocation of Zn and Cd in paddy rice seedlings（*Oryza sativa*）[J]. Annals of Botany，111（6）：1189-1195.

Yamada N，Theerawitaya C，Cha-um S，et al.，2014. Expression and functional analysis of putative vacuolar Ca^{2+}-transporters（CAXs and ACAs）in roots of salt tolerant and sensitive rice cultivars[J]. Protoplasma，251（5）：1067-1075.

Yamaguchi N，Ishikawa S，Abe T，et al.，2012. Role of the node in controlling traffic of cadmium，zinc，and manganese in rice[J].Journal of Experimental Botany，63（7）：2729-2737.

Yamaji N，Ma J F，2009. A transporter at the node responsible for intervascular transfer of silicon in rice[J]. Plant Cell，21（9）：2878-2883.

Yamaji N，Ma J F，2014. The node，a hub for mineral nutrient distribution in graminaceous plants[J]. Trends in Plant Science，19（9）：556-563.

Yamaji N，Ma J F，2017. Node-controlled allocation of mineral elements in Poaceae[J]. Current Opinion in Plant Biology，39：18-24.

Yamaji N，Mitatni N，Ma J F，2008. A transporter regulating silicon distribution in rice shoots[J]. Plant Cell，20（5）：1381-1389.

Yamaji N，Sakurai G，Mitani-Ueno N，et al.，2015. Orchestration of three transporters and distinct vascular structures in node for intervascular transfer of silicon in rice[J]. PNAS，112（36）：11401-11406.

Yamaji N，Sasaki A，Xia J X，et al.，2013a. A node-based switch for preferential distribution of manganese in rice[J]. Nature Communications，4：2442.

Yamaji N，Xia J，Mitani-Ueno N，et al.，2013b. Preferential delivery of zinc to developing tissues in rice is mediated by P-type heavy metal ATPase OsHMA2[J]. Plant Physiology，162（2）：927-939.

Yang G Z，Fu S，Huang J J，et al.，2021. The tonoplast-localized transporter OsABCC9 is involved in cadmium tolerance and accumulation in rice[J]. Plant Science，307：110894.

Yang M，Li Y T，Liu Z H，et al.，2020. A high activity zinc transport OsZIP9 mediates zinc uptake in rice[J]. The Plant Journal，103（5）：1695-1709.

Yang M，Zhang W，Dong H，et al.，2013. OsNRAMP3 is a vascular bundles-specific manganese transporter that is responsible for manganese distribution in rice[J]. PLoS One，8（12）：e83990.

Yanykin D V，Khorobrykh A A，Khorobrykh S A，et al.，2010. Photoconsumption of molecular oxygen on both donor and acceptor sides of photosystem Ⅱ in Mn-depleted subchloroplast membrane fragments[J]. Biochimica et Biophysica Acta，1797（4）：516-523.

Yokosho K，Yamaji N，Ma J F，2016. OsFRDL1 expressed in nodes is required for distribution of iron to grains in rice[J].Journal of Experimental Botany，67（18）：5485-5494.

Yokosho K，Yamaji N，Ueno D，et al.，2009. OsFRDL1 is a citrate transporter required for efficient translocation of iron in rice[J]. Plant Physiology，149（1）：297-305.

Yoneyama T，Ishikawa S，Fujimaki S，2015. Route and regulation of zinc，cadmium，and iron transport in rice plants（*Oryza sativa* L.）during vegetative growth and grain filling：Metal transporters，metal speciation，grain Cd reduction and Zn and Fe biofortification[J]. International Journal of Molecular Sciences，16（8）：19111-19129.

Yu E，Yamaji N，Mao C，et al.，2021. Lateral roots but not root hairs contribute to high uptake of manganese and cadmium in rice[J].

Journal of Experimental Botany，72（20）：7219-7228.

Yuan L，Yang S，Liu B，et al.，2012. Molecular characterization of a rice metal tolerance protein，OsMTP1[J]. Plant Cell Reports，31（1）：67-79.

Zhang H，Li Y，Pu M，et al.，2020. *Oryza sativa* positive regulator of iron deficiency response 2（OsPRI2）and OsPRI3 are involved in the maintenance of Fe homeostasis[J]. Plant Cell and Environment，43（1）：261-274.

Zhang H，Li Y，Yao X，et al.，2017. Positive regulator of iron homeostasis1，OsPRI1，facilitates iron homeostasis[J]. Plant Physiology，175（1）：543-554.

Zhang M，Liu B，2017. Identification of a rice metal tolerance protein OsMTP11 as a manganese transporter[J]. PLoS One，12（4）：e0174987.

Zhang Y，Xu Y H，Yi H Y，et al.，2012. Vacuolar membrane transporters OsVIT1 and OsVIT2 modulate iron translocation between flag leaves and seeds in rice[J]. Plant Journal，72（3）：400-410.

Zhao F J，Ago Y，Mitani N，et al.，2010. The role of the rice aquaporin Lsi1 in arsenite efflux from roots[J]. New Phytologist，186（2）：392-399.

Zhao F J，Ma Y，Zhu Y G，et al.，2015. Soil contamination in China：Current status and mitigation strategies[J]. Environmental Science & Technology，49（2）：750-759.

Zhao F J，Tang Z，Song J J，et al.，2022. Toxic metals and metalloids：Uptake，transport，detoxification，phytoremediation and crop improvement for safer food[J]. Molecular Plant，15（1）：27-44.

Zhong S X，Li X M，Li F B，et al.，2021. Water management alters cadmium isotope fractionation between shoots and nodes/leaves in a soil-rice system[J]. Environmental Science & Technology，55：12902-12913.

Zhong S X，Li X M，Li F B，et al.，2022. Source and strategy of iron uptake by rice grown in flooded and drained soils：Insights from Fe isotope fractionation and gene expression[J]. Journal of Agricultural and Food Chemistry，70（8）：2564-2573.

Zhong S X，Li X M，Li F B，et al.，2023. Cadmium isotope fractionation and gene expression evidence for tracking sources of Cd in grains during grain filling in a soil-rice system[J]. Science of the Total Environment，873：162325.

第3章

土壤-水稻体系中镉迁移转化机制

稻田是一个干湿交替十分频繁的农田生态系统，氧化还原电位（Eh）、pH 等诸多性质呈现复杂的时空变化，不仅直接影响土壤镉的赋存形态及其生物有效性，而且还关系水稻植株镉的吸收和转运。本章首先阐述了土壤镉污染现状，土壤镉形态及其生物有效性，以及镉的物理化学与地球化学性质。研究了土壤镉转化的热力学与动力学机制，揭示了稻田控制镉生物有效性的铁循环机制，定量评估了铁循环对镉形态转化的相对贡献。进一步运用非传统稳定同位素分馏与分子生物学手段，揭示了水稻对镉的根系吸收、茎叶转运与解毒、稻米累积的生理机制，探讨了土壤-水稻体系中镉、铁、锌的同位素分馏特征并揭示其拮抗关系，为深入阐明土壤-水稻体系中镉的迁移机制提供了新的视角。土壤-水稻体系中镉的迁移转化过程见图 3.1。水稻全生育期镉的累积特征表明，稻米镉累积主要来源于其灌浆期的镉吸收，而扬花期地上部累积镉的回迁对稻米镉累积的贡献不大。因此，如何有效控制水稻灌浆期对镉的吸收是稻田镉污染治理的重要环节。最后探讨了影响土壤-水稻体系中镉迁移转化与稻米镉累积的主要因素。试图为稻田镉污染治理技术研发提供理论依据。

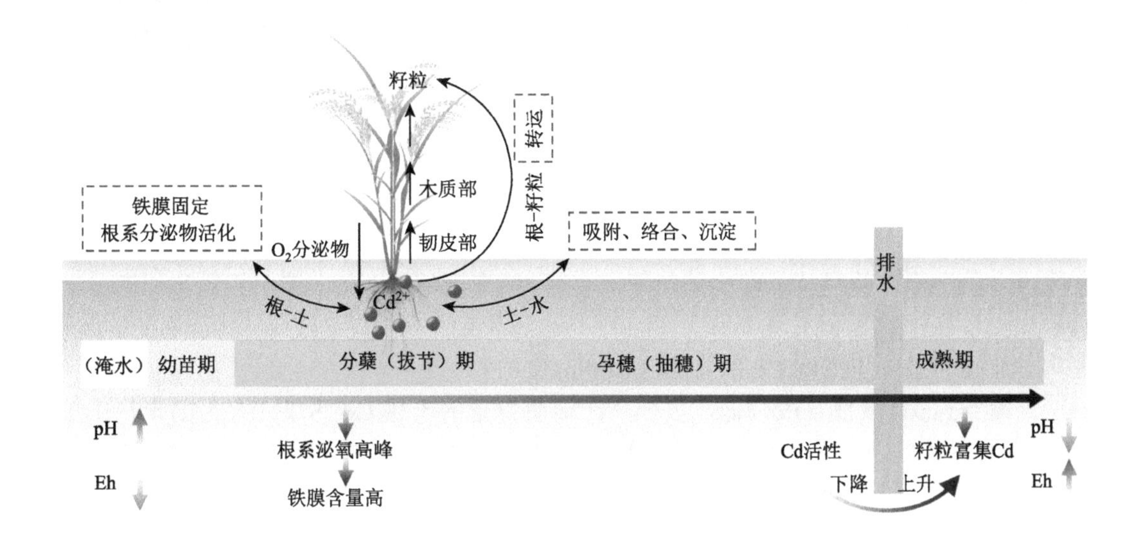

图 3.1　土壤-水稻体系中镉的迁移转化过程

3.1 我国稻田土壤镉污染现状及镉的赋存形态

镉（cadmium，Cd）是生物毒性较强的重金属，我国土壤Cd的背景值为0.22 mg/kg，显著低于美国、日本、英国等国家的土壤背景值。外源的Cd主要通过灌溉水、大气干湿沉降、施肥等方式进入农田，从而导致农田土壤Cd超标。土壤镉有多种形态，能够被当季作物吸收的为有效态Cd，不仅取决于Cd的形态，而且也受到环境条件的重要影响。

3.1.1 镉的危害及土壤镉污染现状

镉是一种对植物毒性较强的元素，在植物种子的萌发乃至整个生命过程中，Cd都可能对植物产生不同程度的危害。Cd竞争性结合蛋白质中的巯基，抑制细胞内生物学过程中关键酶的活性，或取代蛋白质中的铁、锰、锌等元素，干扰细胞内基本元素的稳态，从而影响细胞的正常代谢活动（Jomova & Valko，2011）。Cd胁迫还会促进细胞内活性氧（ROS）的产生，引起脂质过氧化反应，导致蛋白质和DNA损伤（Islam et al.，2015）。

水稻作为主要的粮食作物之一，是全球50%以上人口的主食。农田土壤中的Cd会通过食物链传递到人体中，危害人类健康。由于水稻富集Cd的能力较强，导致我国居民摄入的膳食Cd来源中，稻米来源超过50%，南方典型地区可高达65%（Song et al.，2017）。Cd进入人体后，很难消除与排泄，其半衰期长达30年，并可能在肾脏、骨骼、肝、肺、脑等器官中富集，与含氮氧的有机物质配位结合。人体吸收的Cd主要积累于肾脏中，故Cd中毒首先表现为低分子量蛋白质减少、尿液中蛋白质和Cd含量增加等肾脏损伤症状。进入人体内的Cd还能抑制肾脏内维生素D的生物活性，使钙结合蛋白的生物合成受阻，导致钙无法在骨质中正常累积，最终会造成骨骼损伤，引发骨痛病等疾病（Uraguchi & Fujiwara，2013）。

土壤Cd的来源非常广泛，主要分为自然来源和人为来源两部分。

自然来源赋予土壤镉背景值，主要来自火山灰、成土母质风化等过程。火山活动会造成大量污染物的释放，其中就包括Cd。自然来源的Cd在土壤中的富集程度，取决于成土母质中矿物种类及其镉含量，受风化过程镉释放速率的控制，当然，土壤物理化学性质会进一步影响Cd的富集（Uddin，2017）。

土壤Cd的背景值一般较低，很少存在地质背景的土壤Cd污染，人为因素是土壤Cd污染的主要原因。所谓的人为因素主要是指人类的工业和农业生产活动向土壤输入含Cd的各种物质，从而导致土壤Cd超标，甚至污染。有色金属矿物开采和冶炼过程所产生的废水和废渣，是目前我国一些地区土壤Cd的主要来源；另外，磷肥、规模化养殖场来源的有机肥等，也可能将一定量的重金属带入到农田中（Kubier et al.，2019）。我国有色金属矿区主要分布在贵州、云南、四川、湖南、湖北、江西、广东、广西、福建等地，这些地区农田土壤Cd污染比较严重，而这些地区也是我国主要的水稻种植区域，因此，是 Cd 污染防控的重点地区（Hu et al.，2016）。

3.1.2　土壤镉的赋存形态及生物有效性

土壤 Cd 以多种形态存在，主要与铁锰氧化物等次生矿物、有机质、硫化物等以多种方式和方法结合，显然，土壤 Cd 的生物有效性与有机质、次生矿物、共存阴阳离子和微生物等因素有关。

土壤有机质拥有大量的羧基、羟基等官能团，可与土壤溶液中的 Cd(Ⅱ)发生络合和螯合作用，会降低 Cd 的生物有效性，尽管植物能够吸收利用小分子络合和螯合态 Cd（Zhu et al.，2018）。由于羧基官能团的酸平衡常数（pK_a）较低，pK_a 通常为 4～6（Shi et al.，2017），即使在弱酸性条件下，土壤表面仍然存在大量的负电荷，对 Cd 固定具有重要的意义。Zhu 等（2018）建立多点位模型研究土壤中 Cd 的吸附行为，结果表明在 pH＜5.29 的酸性土壤中，Cd 主要与有机质络合。稻田土壤中施用有机肥，能够降低 Cd 的生物有效性，促进其固定（Wu et al.，2011）。

土壤黏土矿物表面分布着大量的吸附位点，能够有效低吸附和固定 Cd。我国稻田土壤大多位于热带亚热带区域，由于长期高温多雨，成土母质发生强烈的脱硅和富铝化反应，土壤黏土矿物主要是高岭石和铁铝氧化物（Yang et al.，2020），蛭石、蒙脱石等硅酸盐黏土矿物比较少（Xu et al.，2012）。这些土壤黏土矿物表面分布有大量的 pH 依变电荷，也称可变电荷，可通过库仑引力或专性吸附作用，吸附和固定 Cd。高岭石的等电点较低（pH_{pzc}＜6.5），而铁铝氧化物的等电点则较高（$pH_{pzc}=8$～10）（Kosmulski，2018），因此水稻土中 Cd 主要吸附于高岭石类矿物的表面，而铁铝氧化物对 Cd 的吸附较弱。Zhu 等（2018）通过多点位模型计算发现，在 pH＜6 时，Cd 被铁铝氧化物吸附的比例很低。Yuan 等（2019）在酸性水稻土中添加赤铁矿，发现 Cd 的生物有效性并未明显下降，这说明赤铁矿虽然可增加表面吸附位点数量，但在酸性条件下表面存在大量的正电荷，并不能有效低吸附固定 Cd。

土壤中存在着大量的阴离子和阳离子，对 Cd 的赋存状态影响较大。土壤溶液中的阳离子与 Cd(Ⅱ)发生竞争作用，如淹水条件下，铁锰氧化物的还原溶解，导致土壤溶液中 Fe(Ⅱ)和 Mn(Ⅱ)浓度增加；此外还有 Cu(Ⅱ)、Pb(Ⅱ)等金属离子，这些阳离子不仅与 Cd(Ⅱ)竞争吸附位点，而且还与 S^{2-}竞争形成金属硫化物沉淀（Hofacker et al.，2013）。土壤溶液中的阴离子，其中 Cl^-对 Cd 的生物有效性影响最明显，主要形成溶解性较强的络合物（$CdCl^+$和 $CdCl_2$），从而被作物吸收（Lopez-Chuken et al.，2010）。

微生物可直接和间接地对土壤 Cd 的赋存形态产生影响。直接影响一是表现在微生物的胞外聚合物与 Cd(Ⅱ)共沉淀，从而降低 Cd 的生物有效性；二是微生物吸收利用 Cd，以低毒或无毒形式存在于微生物中（Chen et al.，2020）。谷胱甘肽是微生物体内一种含量丰富的小分子多肽，其富含的巯基（—SH）对 Cd(Ⅱ)具有很强亲和力，从而可与 Cd 形成低毒或无毒化合物（Ren et al.，2015）。据报道，*Alishewanella* 菌属 WH161 可使水稻土中交换态 Cd 的含量降低高达 33.6%，并使水稻中 Cd 的积累量显著降低 78.3%，这可能是因为生物沉淀或固定作用降低了 Cd 的生物有效性，从而减少水稻对 Cd 的吸收（Shi et al.，2018）。间接影响表现在稻田淹水和排水过程中厌氧-好氧微生物的活动，驱动铁、碳、氮、硫的氧化还原反应，影响土壤 pH-Eh 值，从而间接影响土壤中 Cd 的赋存状态（Kögel-Knabner et al.，2010）。

3.1.3 镉的物理化学与地球化学性质

镉是位于元素周期表内第五周期的ⅡB 族，在地壳中的丰度为 0.2×10^{-6}。镉的原子序数为 48，原子量为 112.41，电子构型为 $4d^{10}5s^2$。在自然界中，Cd 有 8 个稳定同位素，分别为 ^{106}Cd、^{108}Cd、^{110}Cd、^{111}Cd、^{112}Cd、^{113}Cd、^{114}Cd、^{116}Cd，其丰度分别为 1.25%、0.89%、12.50%、12.80%、24.13%、12.20%、28.73%、7.50%（钟松雄等，2021）。金属镉具有银白色光泽，熔点为 320.9℃，沸点为 765℃，密度为 8.65 g/cm^3，易溶于酸，但不溶于碱。在碱性条件下 Cd 易形成氢氧化镉沉淀。在潮湿空气中，镉金属会缓慢氧化，逐渐失去光泽，并形成氧化物层。镉是典型的亲铜元素，它的氧化态为 +1 和 +2 价，环境中以 +2 价最为普遍。镉可制作成特殊的易熔合金、耐磨合金、焊锡合金等，还广泛用于钢结构的电镀防腐层、原子反应堆控制棒、光电池等，此外，镉合金在国防工业上也有重要用途。

镉是典型的分散元素，通常以类质同象的形式存在于与其地球化学性质相近的 Zn、Cu 和 Sn 等的硫化物中（表 3.1）（叶霖等，2005）。因此，镉形成独立矿物的条件较苛刻，至今还未发现真正的独立矿床。自然界中发现的镉矿物种类不多，且较稀少，不易形成工业富集，故一般只具有矿物学意义。镉的独立矿物中，既有单质，也有氧化物、硫化物、硫酸盐、碳酸盐和硒化物等，其中以硫化物和硫酸盐最多。镉既有一定的亲石性，又有很强的亲硫性，且亲硫性要大大强于亲石性。镉的一些独立矿物属于黝铜矿和辰砂等的变种矿物，主要是由于镉对这些矿物中其他金属（如 Zn、Ag、Sb、Fe、Hg 等）的阳离子进行类质同象置换所致，说明镉与这些元素具有近似的地球化学性质和行为。此外，大部分镉矿物多产于硫化物矿床表生氧化带，表明镉在表生条件下具有独特的地球化学行为：在主成矿阶段，Cd 主要表现为亲硫性，导致形成其他矿物的变种矿物，而在表生氧化阶段，Cd 以亲石性为主，导致形成镉的典型氧化带矿物（如 CdO、$CdCO_3$ 和 CdS 等）。

镉离子的半径为 97 pm，与钙离子的半径（99 pm）十分接近，因此 Ca^{2+}的吸收通道很难区分 Cd^{2+}，而且 Cd^{2+}与有机体之间的亲和性也很高（表 3.2 和表 3.3）。另外，镉离子的半径远大于铁或铝离子的半径。有研究表明，虽然 Cd 在土壤表面的吸附会在 1 小时内完成，但是即使吸附 1 年后 Cd 仍然轻易被解吸，这是因为 Cd 离子很难与铁铝氧化物中的铁、铝发生置换，从而难以进入矿物晶格中（Yuan et al.，2021）。镉容易与硫化物形成沉淀，在稻田淹水条件下，硫酸盐还原产生硫化物，从而促进硫化镉生成。当水稻生长进入排水期后，金属硫化物会发生快速氧化，而氧化的顺序则由金属硫化物的电极电势决定，即优先氧化具有较低电极电势的硫化物（图 3.2）。此外，当存在大量硫化锌沉淀时，则会抑制硫化镉的氧化，从而减少 Cd 的活化，并降低水稻对 Cd 的吸收（Huang et al.，2021）。

表 3.1　镉的独立矿物表（叶霖等，2005）

英文名称	中文名称	分子式	晶系	类别
native cadmium	自然镉	Cd	六方	单质
monteponite	方镉矿	CdO	等轴	氧化物
otavite	菱镉矿	$CdCO_3$	三方	碳酸盐
cadmoselite	硒镉矿	$CdSe$	六方	硒化物
greenockite	硫镉矿	CdS	六方	硫化物
hawleyite	方硫镉矿	CdS	等轴	
cernyite	铜镉黄锡矿	Cu_2CdSnS_2	四方	
Cd-enriched tetrahedrite	富镉黝铜矿	$Cu_{10}Cd_2Sb_4S_{13}$	等轴	
Cd-enriched freibergite	富镉银黝铜矿	$(Cu，Ag)_{10}Cd_2Sb_4S_{13}$	等轴	
Mn-Cd-enriched tetrahedrite	含锰镉黝铜矿	$Cu_{10}(Fe，Cd，Mn)_2Sb_4S_{13}$	等轴	
cadmian metacinnabar	含镉的黑辰砂	$(Hg，Cd，Zn)S$	等轴	
niedermayrite	—	$Cu_4Cd(SO_4)_2(OH)_6 \cdot 4H_2O$	等轴	硫酸盐

表 3.2　元素的离子半径、金属硫化物的溶度积和电极电势（戴树桂，2006）

离子	离子半径/pm	金属硫化物	溶度积（K_{sp}）	电极电势/V
Si^{4+}	40	MnS	12.6	–1.56
Mn^{7+}	46	FeS	17.5	–0.96
Al^{3+}	53.5	NiS	18.5	–0.80
As^{3+}	58	ZnS	23.8	–1.40
Fe^{3+}	64.5	CdS	26.1	–1.17
Ni^{2+}	69	PbS	27.9	–0.93
Cu^{2+}	73	CuS	35.2	–0.70
Zn^{2+}	74	HgS	52.4	–0.70
Cd^{2+}	97			
Ca^{2+}	99			
Hg^{2+}	102			
Pb^{2+}	119			

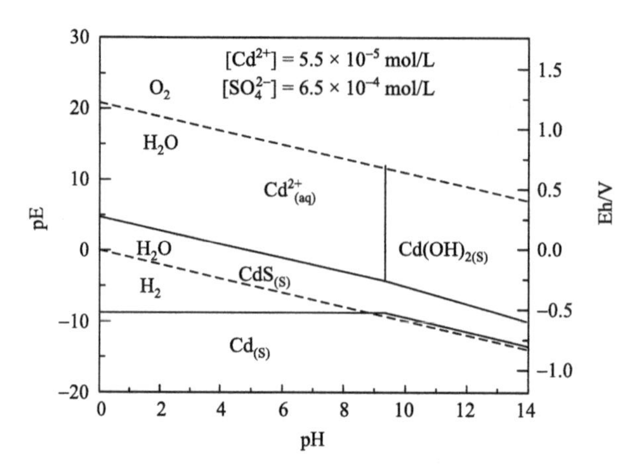

图 3.2 水中 Cd 的 pE-pH 图（Chuan et al.，1996）

表 3.3 Cd 离子与无机配体和有机配体形成络合物的稳定常数（Morel & Hering，2010）

无机配体	稳定常数	有机配体	稳定常数
OH^-	CdL 3.9 CdL_2 7.6 $CdL_{2(s)}$ 14.3	乙二胺盐酸盐	CdL 5.4 CdL_2 9.9 CdL_3 11.7
CO_3^{2-}	$CdL_{(s)}$ 13.7	氨基三乙酸盐	CdL 11.1 CdL_2 15.1 CdOHL 13.4
SO_4^{2-}	CdL 2.3 CdL_2 3.2 CdL_3 2.7	乙二胺四乙酸盐	CdL 18.2 CdHL 21.5
Cl^-	CdL 2.0 CdL_2 2.6 CdL_3 2.4 CdL_4 1.7	环己烷二胺四乙酸盐	CdL 21.7 CdHL 25.1
Br^-	CdL 2.1 CdL_2 3.0	亚氨基二乙酸盐	CdL 6.6 CdL_2 11.1
F^-	CdL 1.0 CdL_2 1.4	吡啶甲酸盐	CdL 5.0 CdL_2 8.3 CdL_3 11.4
NH_3	CdL 2.6 CdL_2 4.6 CdL_3 5.9 CdL_4 6.7	去铁敏	CdL 8.8 CdHL 16.2 CdH_2L 22.7
S^{2-}	CdL 27.0 CdHL 22.1 CdH_2L_2 43.2 CdH_3L_3 59.0 CdH_4L_4 75.1	甘氨酸盐	CdL 4.7 CdL_2 8.4 CdL_3 10.7
$S_2O_3^{2-}$	CdL 3.9 CdL_2 6.3 CdL_3 6.4 CdL_4 8.2 Cd_2L_2 12.3	丙二酸盐	CdL 3.2 CdL_2 4.0 CdHL 6.9
$P_2O_7^{4-}$	CdL 8.7 CdOHL 11.8	乙酸盐	CdL 1.9 CdL_2 3.2
$P_3O_{10}^{5-}$	CdL 9.8 CdHL 14.6 CdOHL 12.6	乙醇酸盐	CdL 1.9 CdL_2 2.7

续表

无机配体	稳定常数	有机配体	稳定常数
CN^-	CdL 6.0 CdL_2 11.1 CdL_3 15.7 CdL_4 17.9	柠檬酸盐	CdL 5.0 CdL_2 7.2 CdHL 9.5 CdH_2L 12.6
水杨酸盐	CdL 6.4	谷氨酸盐	CdL 4.8
邻苯二甲酸盐	CdL 3.4		

3.2 稻田土壤镉的转化机制

当 Cd 进入土壤后，绝大部分被快速地吸附于土壤表面，达到热力学平衡，与土壤黏土矿物、金属氧化物和有机质等形成表面化合物或络合物，降低其迁移性。稻田典型的干湿交替过程会引起氧化还原状态的显著变化，发生铁还原与亚铁氧化、反硝化与硝化、硫还原与硫氧化、有机碳转化等过程，从而直接驱动镉形态的转化。与此同时，铁、碳、氮、硫等元素循环释放或者消耗质子，伴随着土壤 pH 发生周期性变化，从而显著影响土壤镉的赋存状态及有效性。

3.2.1 土壤镉形态转化的热力学机制

土壤中重金属的吸附行为常用等温吸附模型进行描述，其中朗缪尔（Langmuir）和弗罗因德利希（Freundlich）等温吸附模型应用较多。运用这些模型拟合可获得饱和吸附量、位点结合能力等参数。Wang 等（2016）通过 Langmuir 模型拟合 Cd 在氧化土（Oxisol）和老成土（Ultisol）中的吸附行为，得到的饱和吸附量分别为 1765 mg/kg 和 2675 mg/kg。但是在酸性水稻土中，Cd 含量超过 0.3 mg/kg 就可能导致稻米镉超标。因此，采用 Langmuir 和 Freundlich 模型获得的饱和吸附量，对于揭示水稻土中镉的形态转化意义不大，无法与其转化过程建立联系。

20 世纪 70 年代初期提出的表面络合模型（SCM）为金属氧化物吸附阴阳离子的研究提供了很好的理论基础。在表面络合模型中，将金属氧化物对离子的吸附假设为表面络合反应，可计算获得吸附位点的密度，并可预测 pH 对吸附行为的影响（耿增超和戴伟，2011）。此后，关于表面络合模型的应用快速发展，该模型不仅可研究金属氧化物对重金属的吸附行为，而且关于腐殖质、各种黏土矿物的表面络合模型也相继报道。表 3.4 罗列了水稻土壤组分吸附镉的表面络合模型反应方程式与热力学平衡常数。

表 3.4 土壤组分吸附镉的表面络合模型反应方程式与热力学平衡常数

土壤组分	位点	反应式	热力学平衡常数 log*K*
石英[a]	≡SiOH	$\equiv SiOH + H^+ \longleftrightarrow \equiv SiOH_2^+$	−1.1
		$\equiv SiOH \longleftrightarrow \equiv SiO^- + H^+$	−8.1
		$\equiv SiOH + Cd^{2+} \longleftrightarrow \equiv SiOCd^+ + H^+$	−5.3

续表

土壤组分	位点	反应式	热力学平衡常数 $\log K$
高岭石[a]	$\equiv SOH$	$\equiv SOH + H^{+} \longleftrightarrow \equiv SiOH_2^{+}$	2.1
		$\equiv SOH \longleftrightarrow \equiv SiO^{-} + H^{+}$	−8.1
		$\equiv SOH + Cd^{2+} \longleftrightarrow \equiv SOCd^{+} + H^{+}$	−5.0
	X(Na)	$X(Na) + H^{+} \longleftrightarrow X(H) + Na^{+}$	2.5
		$2X(Na) + Cd^{2+} \longleftrightarrow X_2(Cd) + 2Na^{+}$	4.3
水铁矿[a]	$\equiv Fe_{(w)}OH$	$\equiv Fe_{(w)}OH + H^{+} \longleftrightarrow \equiv Fe_{(w)}OH_2^{+}$	7.29
		$\equiv Fe_{(w)}OH \longleftrightarrow \equiv Fe_{(w)}O^{-} + H^{+}$	−8.93
		$\equiv Fe_{(w)}OH + Cd^{2+} \longleftrightarrow \equiv Fe_{(w)}OCd^{+} + H^{+}$	−2.9
	$\equiv Fe_{(s)}OH$	$\equiv Fe_{(s)}OH + H^{+} \longleftrightarrow \equiv Fe_{(s)}OH_2^{+}$	7.29
		$\equiv Fe_{(s)}OH \longleftrightarrow \equiv Fe_{(s)}O^{-} + H^{+}$	−8.93
		$\equiv Fe_{(s)}OH + Cd^{2+} \longleftrightarrow \equiv Fe_{(s)}OCd^{+} + H^{+}$	0.47
三水铝石[b]	$\equiv AlOH$	$\equiv AlOH + H^{+} \longleftrightarrow \equiv AlOH_2^{+}$	7.17
		$\equiv AlOH \longleftrightarrow \equiv AlO^{-} + H^{+}$	−11.18
		$\equiv AlOH + Cd^{2+} \longleftrightarrow \equiv AlOCd^{+} + H^{+}$	−2.73
有机质[c]	$\equiv FA_{(w)}$	$\equiv FA_{(w)}^{-} + H^{+} \longleftrightarrow \equiv FA_{(w)}H$	2.34
		$\equiv FA_{(w)}^{-} + Cd^{2+} \longleftrightarrow \equiv FA_{(w)}Cd^{+}$	−0.97
	$\equiv FA_{(s)}$	$\equiv FA_{(s)}^{-} + H^{+} \longleftrightarrow \equiv FA_{(w)}H$	8.6
		$\equiv FA_{(s)}^{-} + Cd^{2+} \longleftrightarrow \equiv FA_{(w)}Cd^{+}$	0.5
	$\equiv HA_{(w)}$	$\equiv HA_{(w)}^{-} + H^{+} \longleftrightarrow \equiv HA_{(w)}H$	2.93
		$\equiv HA_{(w)}^{-} + Cd^{2+} \longleftrightarrow \equiv HA_{(w)}Cd^{+}$	−0.2
	$\equiv HA_{(s)}$	$\equiv HA_{(s)}^{-} + H^{+} \longleftrightarrow \equiv HA_{(w)}H$	8.0
		$\equiv HA_{(s)}^{-} + Cd^{2+} \longleftrightarrow \equiv HA_{(w)}Cd^{+}$	2.37

a: Schaller 等（2009）；b: Karamalidis 和 Dzombak（2010）；c: Kinniburgh 等（1999）。

水稻土固相对 Cd 吸附的表面络合模型的研究，主要采用组分添加法和广义复合法（Goldberg，2014）。组分添加法主要考虑土壤中有吸附反应的关键组分，而且通常选择 3～5 种关键矿物来模拟土壤固相对 Cd 的吸附行为。Peng 等（2018）选择有机质、铁氧化物、黏土矿物和铝氧化物等，模拟土壤中 Cd 和 Zn 在不同矿物组分表面的吸附行为，发现当 pH＜6 时，主要吸附在有机质和黏土矿物表面；而当 pH≥6 时，铁氧化物的吸附贡献逐渐增加，但铝氧化物对镉、锌的吸附贡献始终很少（图 3.3）。另外，Cd 和 Zn 在矿物表面的分配模式相似，这可能是由于 Cd 和 Zn 是同族元素，二者化学性质相似所致。

组分添加法假设各表面不存在重叠，且各表面之间不存在相互作用。但是，这种情况在土壤中是不可能出现的。土壤中金属氧化物和有机质均会覆盖在黏土矿物表面，

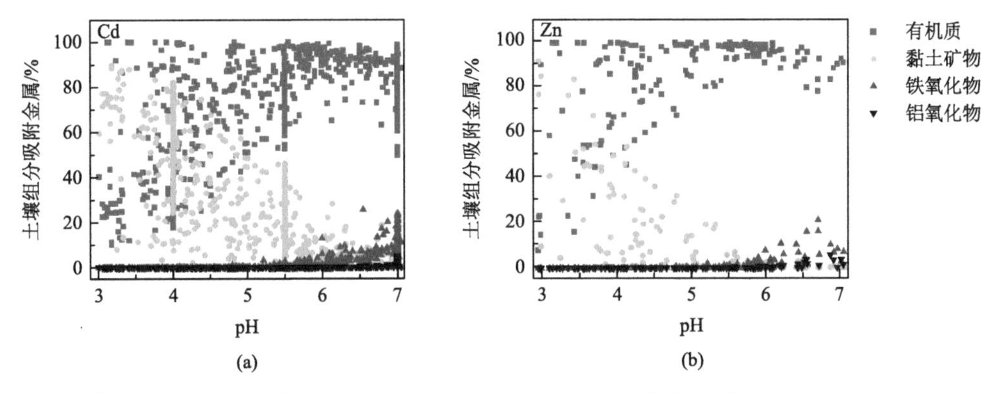

图 3.3　不同 pH 条件下土壤组分对 Cd（a）和 Zn（b）的吸附（Peng et al.，2018）

且彼此间紧密结合。广义复合法不强调具体的矿物表面，而是将土壤表面假设为均一性的表面羟基，土壤对离子的吸附则被认为是均一性表面羟基的络合反应。因此，对于复杂的土壤表面，应用广义复合法更具有科学性和针对性。一些研究应用广义复合法，建立了 1-site 2-pK_a 的 DLM 模型：将土壤中参与酸碱缓冲反应的组分，如交换性阳离子、无定形铝氧化物、表面官能团等，简化为表面羟基（≡SOH），并将复杂的土壤表面酸碱缓冲反应假设为质子化和去质子化过程[式（3.1）和式（3.2）]，从而将 Cd 的吸附转换为表面羟基的络合反应[式（3.3）]（杨阳等，2019；Yang et al.，2020）。

$$\equiv SOH_2^+ \longleftrightarrow \equiv SOH + H^+,\ \log K_{a1} = 4.53 \tag{3.1}$$

$$\equiv SOH \longleftrightarrow \equiv SO^- + H^+,\ \log K_{a2} = -8.09 \tag{3.2}$$

$$\equiv SOH + Cd^{2+} \longleftrightarrow \equiv SOCd^+ + H^+,\ \log K_{SOCd} = -0.36 \tag{3.3}$$

将获得的不同 pH 条件下 Cd 在土壤上的吸附数据与表面酸碱参数（酸平衡常数 pK_{a1} 和 pK_{a2}、比表面积和表面吸附位点密度）结合，并利用 Visual MINTEQ 软件中的 PEST 模块，计算得到 Cd 在土壤表面络合吸附的固有平衡常数（logK_{SOCd}）（杨阳等，2019）。不同 pH 下土壤对 Cd 的吸附如图 3.4 所示，随着 pH 升高，Cd 溶解态含量下降而吸附态含量升高，至 pH 5.5 时 Cd 基本以吸附态存在，因此该模型可很好地模拟 Cd 的吸附行为。从图 3.4 还可知，当 pH 达到 5.5 时，Cd 的吸附已经饱和，此时 Cd 主要吸附于黏土矿物和有机质的表面，而且此类吸附位点的数量充足，可以完全吸附 0.072～0.176 mmol/L 浓度的 Cd。

3.2.2　土壤镉形态转化的动力学机制

1. 镉形态转化动力学过程

稻田周期性的干湿交替，导致土壤氧化还原状况也呈周期性的变化。虽然 Cd 始终以 + 2 价存在，但其赋存形态随其他生命元素循环而转变。为了阐明稻田干湿交替对有效态镉固定的影响机制，设计微宇宙实验：外源添加 Cd（9.0 mg/kg），并采用厌氧 40 d + 好氧 15 d 的土壤培养流程，研究 Cd 形态转化动力学及 Fe、C、S、N 等元素循环。Cd 形态转化动力学如图 3.5 所示（Yang et al.，2021）。

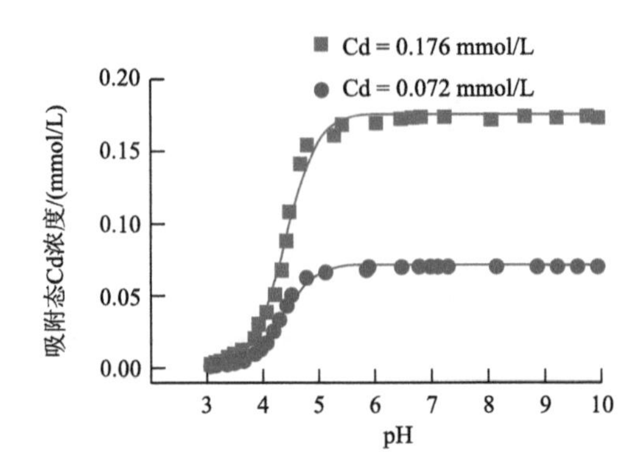

图 3.4 不同 pH 下土壤对 Cd 的吸附（$\log K_{a1} = 4.53$，$\log K_{a2} = -8.09$，$\log K_{SOCd} = -0.36$）（Yang et al.，2021）

研究表明，在厌氧的初始阶段（0 d），溶解态 Cd（F0）占总 Cd 的 10%，而交换态 Cd（F1）和吸附态 Cd（F2）占总 Cd 的 85%（图 3.5a），这可能是因为水溶性 Cd(Ⅱ)通过土壤胶体外层的静电吸附或物理吸附作用，在与土壤颗粒接触后快速吸附在土壤表面所致（Zhang et al.，2018）。进入厌氧培养阶段 2 d 时，溶解态、交换态 Cd 快速下降，溶解态 Cd 占总 Cd 的比例接近 0，而吸附态 Cd 仅轻微下降，且在后续的厌氧时间内，化学吸附态 Cd 仅缓慢下降。一般来说，溶解态、交换态、吸附态 Cd 具有较高的生物有效性（Fulda et al.，2013），因此，厌氧阶段溶解态和交换态的快速下降，表明土壤中 Cd 生物有效性明显下降，且随着厌氧时间的延长，生物有效性下降趋势越大。与此同时，富里酸结合态 Cd（F3）含量明显升高，而腐殖酸结合态 Cd（F4）、铁锰氧化物结合态 Cd（F5）及硫化物结合态 Cd（F6）含量也有一定升高。随着厌氧时间延长，富里酸结合态 Cd 又进一步向腐殖酸结合态、铁锰氧化物结合态和硫化物结合态 Cd 转化。残渣态 Cd（F7）在厌氧阶段几乎没有变化，这表明 Cd 短期厌氧培养很难进入到矿物晶格中而发生固定（Furuya et al.，2016）。进入好氧阶段后，富里酸结合态、腐殖酸结合态、铁锰氧化物结合态和硫化物结合态都迅速下降，主要以溶解态、交换态、吸附态形式存在。从厌氧初始阶段开始至好氧阶段结束的 55 d 培养期内，Cd 的形态发生了较大转化，但在好氧阶段 15 d 后（即 55 d 后），Cd 的形态又几乎回到初始状态（即 0 d）（图 3.5a），这表明 Cd 在厌氧-好氧交替下的形态转化是一个可逆的过程。可见，短期内 Cd 的吸附-解吸、溶解-沉淀等形态转化都是可逆反应。

Yang 等（2021）的研究结果还显示，在厌氧阶段开始时，梯度扩散薄膜（DGT）技术提取的有效态 Cd 浓度（$[Cd]_{DGT}$）为 87.00 μg/L，而厌氧处理 5 d 后迅速下降至 5.2 μg/L，下降 90%以上，且在随后的厌氧期内$[Cd]_{DGT}$趋于稳定。但是，在好氧阶段$[Cd]_{DGT}$却迅速升高，在好氧处理 5 d 后达到 76.16 μg/L，且在好氧处理的 15 d 时达到 88.50 μg/L，这与厌氧初始阶段的$[Cd]_{DGT}$非常接近（图 3.5b）。

2. 铁/碳/氮/硫生物地球化学循环过程

Eh 值是反映土壤氧化还原状况的综合指标，主要取决于土壤中氧化态与还原态物质的相对比例（耿增超和戴伟，2011）。在厌氧阶段，由于微生物的厌氧代谢，硝酸盐、Fe(Ⅲ)

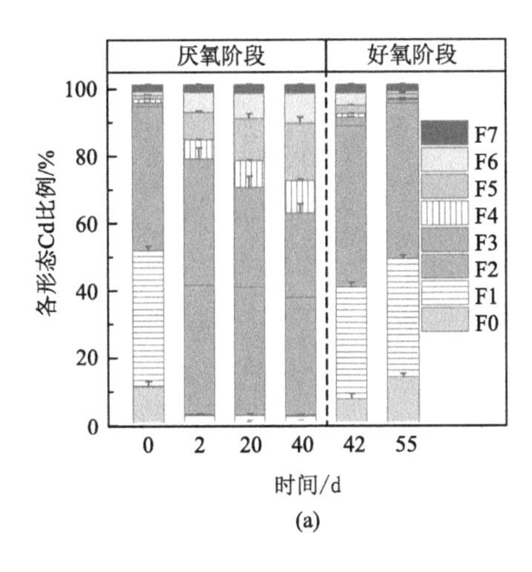

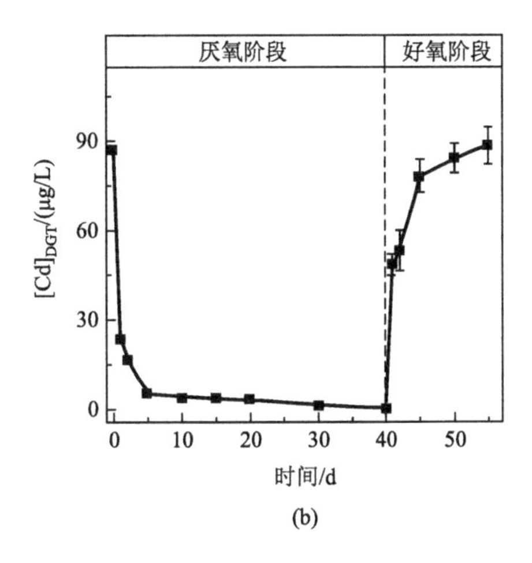

图 3.5　连续提取 Cd 的赋存形态（a）和 DGT 测定的有效态 Cd 浓度（b）（Yang et al.，2021）

和 Mn(Ⅵ)氧化物、硫酸盐等电子受体消耗大量的氢离子和电子（Kögel-Knabner et al.，2010）。Yang 等（2021）发现，在厌氧处理 2 d 后，Eh 从初始的 340 mV 迅速下降到–140 mV（图 3.6a），表明体系迅速转变为强还原状况。土壤 pH 升高则相对缓慢，在厌氧处理 5 d 时，由初始的 4.86 升高至 5.86，而在 15 d 后基本稳定在 6.1（图 3.6a），这可能是因为土壤具有较强的酸碱缓冲能力，能够在土壤溶液缺少氢离子时，释放表面固定的氢离子（Yang et al.，2020；Jiang et al.，2018）。pH 的提高可增加土壤表面负电荷，从而促使 Cd 在土壤表面吸附和固定（杨阳等，2019；Zhu et al.，2012）。随着时间延长，Cd 还可能进一步扩散并进入土壤微孔中，使 Cd 的吸附和固定更牢固（Zhang et al.，2018）。pH 升高导致溶解态、交换态、吸附态 Cd 向其他更稳定形态的 Cd 缓慢转化。进入好氧阶段后，土壤 Eh 快速回升，在好氧处理 1 d 时，pH 从 6.1 快速下降至 5.07，这是因为厌氧期产生的大量 Fe(Ⅱ)等还原产物被氧气氧化，并释放大量氢离子，从而使得 pH 迅速降低（Kögel-Knabner et al.，2010）。pH 降低导致土壤表面的正电荷数量增加，从而使 Cd 从土壤表面解吸。因此，好氧阶段的 pH 快速下降是 Cd 生物有效性提高的主要原因。

图 3.6b 所示为水溶性硝酸盐和硫酸盐的转化动力学过程。在厌氧初期，硝酸盐和硫酸盐的含量迅速下降，并接近于 0，这是因为厌氧环境下硝酸盐和硫酸盐可代替氧气作为电子受体而参与微生物的厌氧代谢反应（Kögel-Knabner et al.，2010）。有研究表明，硝酸盐还原可能产生 NO_2^-、NO、N_2O、NH_4^+ 和 N_2 等还原性产物（Ishii et al.，2011）。硫酸盐还原会产生 S^{2-}，由于硫化物与多种金属离子的溶度积都很低，容易形成金属硫化物沉淀，故硫酸盐还原可降低金属的生物有效性（Hashimoto et al.，2016）。进入好氧阶段后，厌氧阶段形成的产物如 NH_4^+ 和硫化物等，则会被迅速氧化成硝酸盐和硫酸盐，故硝酸盐和硫酸盐的含量在好氧阶段又迅速升高。硝酸盐还原与生成过程对 Cd 形态转化的影响，主要与其对氢离子的消耗与释放有关，从而通过 pH 间接影响 Cd 生物有效性，而硫酸盐对 Cd 形态转化的影响则主要与 CdS 生成有关。在厌氧末期，CdS（F6）占比约 10%，表明其对 Cd 的固定有一定贡献，但是进入好氧阶段后金属硫化物会被迅速被氧化，Cd 被重新释放（图 3.6b）。

图 3.6c 为溶解态 Fe(Ⅱ)以及盐酸提取态 Fe(Ⅱ)和 Fe(Ⅲ)的动力学过程。Heron 等（1994）认为，$Fe(Ⅲ)_{HCl}$代表无定形铁，而$Fe(Ⅱ)_{HCl}$代表还原性亚铁。从厌氧阶段开始至 10 d 内，溶解态 Fe(Ⅱ)和$Fe(Ⅱ)_{HCl}$持续升高，且在后续厌氧培养期趋于稳定，而$Fe(Ⅲ)_{HCl}$表现为最初的 10 d 内快速下降，且后续 30 d 内趋于稳定，$Fe(Ⅱ)_{HCl}$浓度远高于溶解态 Fe(Ⅱ)。Weber 等（2010）认为，溶解态 Fe(Ⅱ)增加，仅是铁还原的一个缩影，还原释放的这部分 Fe(Ⅱ)主要以离子交换的形式固定在土壤表面（Li et al.，2010）。由于 Fe(Ⅱ)与土壤结合并不牢固，易被盐酸提取，故$Fe(Ⅱ)_{HCl}$的增加要远高于溶解态 Fe(Ⅱ)（图 3.6c）。

另外，溶解态 Fe(Ⅱ)和盐酸提取态 Fe 的总和，在厌氧期的前 10 d 较快升高，而后期的上升速度趋于缓慢，这说明不仅盐酸提取的无定形 Fe(Ⅲ)发生还原转化，还有部分盐酸未提取的结晶态 Fe(Ⅲ)也发生还原溶解（Ouyang et al.，2019）。进入好氧阶段后，溶解态 Fe(Ⅱ)和$Fe(Ⅱ)_{HCl}$迅速被氧化，而$Fe(Ⅲ)_{HCl}$迅速升高。由于亚铁氧化而新生成的 Fe(Ⅲ)氧化物通常结晶度较低（Karimian et al.，2018），故易被盐酸提取。从 Cd 的形态转化来看，在厌氧阶段部分 Cd 以铁锰氧化物结合态的形式存在，在厌氧培养第 40 d 其占总 Cd 比例达到最高（占 15.8%），这主要由于 pH 升高过程中氧化铁与镉共沉淀所致。有研究表明，在 Fe(Ⅲ)氧化物还原溶解的过程中，Fe(Ⅱ)吸附到氧化铁表面会引起氧化铁向结晶度更高的方向转化，从而固定表面吸附的金属离子（Yu et al.，2016b），这也可能是铁锰氧化物结合态 Cd 升高的原因之一。在好氧阶段，Fe(Ⅱ)氧化形成大量的无定形 Fe(Ⅲ)氧化物，虽然无定形铁具有较大的比表面积和吸附容量，极易固定重金属离子（Karimian et al.，2018），但铁锰氧化物结合态 Cd 并未升高，这可能是好氧阶段 pH 快速下降而使 Cd 从氧化铁表面解吸所致。

图 3.6d 是溶解性有机碳（DOC）的动力学过程。初始阶段，DOC 只有 0.31 g/kg，但在厌氧阶段 DOC 的含量会迅速升高，至厌氧培养第 40 d 时可达到 5.10 g/kg，而进入好氧阶段后 DOC 的含量却迅速下降。有研究表明，DOC 可能与金属形成络合物，以可溶性的络合物存在，从而提高其活性（Du et al.，2009）。但是，厌氧阶段并未观察到溶解态 Cd(Ⅱ)浓度升高。Li 等（2015）研究发现，DGT 提取的有效态 Cu 浓度与 DOC 含量成正比，而 DGT 提取的有效态 Cd、Ni 和 Zn 浓度与 DOC 含量却无相关性，表明 Cu 更易与 DOC 发生络合形成可溶性络合物，同时也表明 Cd(Ⅱ)与 DOC 的亲和力不强。

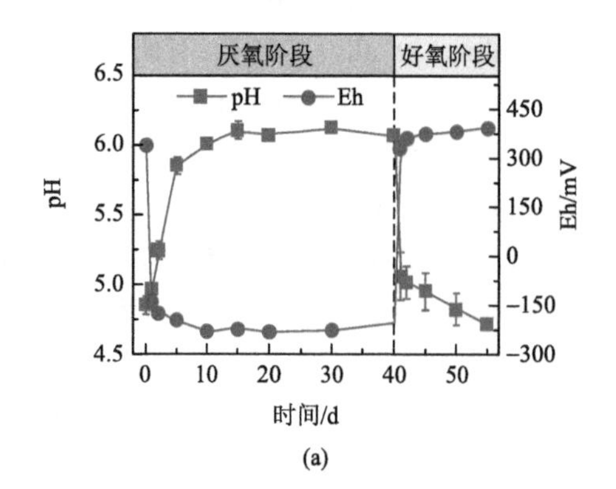

(a)

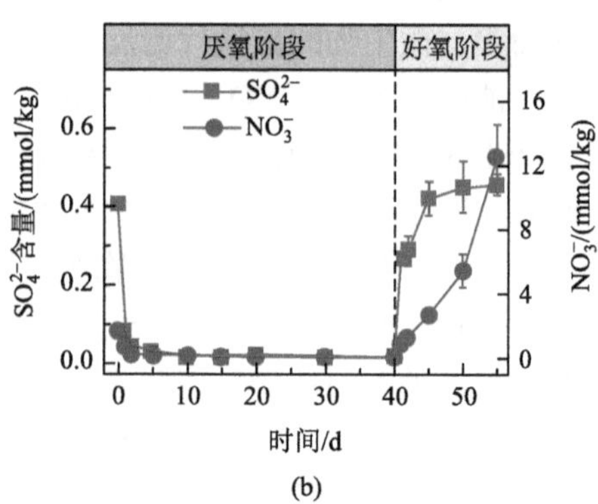

(b)

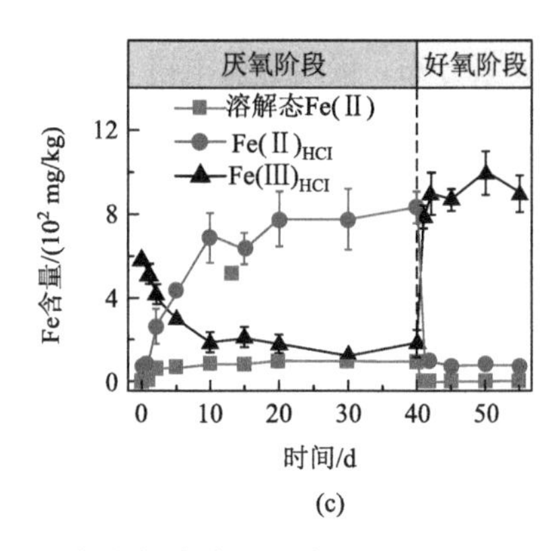

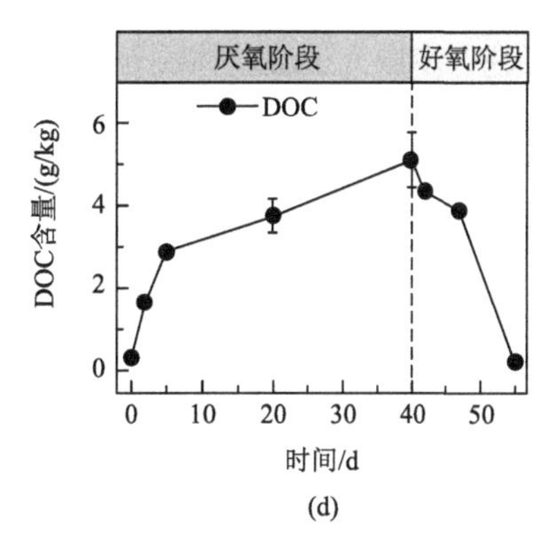

图 3.6　厌氧好氧交替下土壤 pH 和 Eh（a）、水溶性 SO_4^{2-} 和 NO_3^-（b）、溶解态 Fe(Ⅱ)和盐酸提取态 Fe(Ⅱ/Ⅲ)（c）和 DOC（d）含量（Yang et al.，2021）

3. 土壤胶体释放与团聚特征

Yang 等（2021）对培养试验过程中离心后的上清液进行紫外-可见光谱分析，发现厌氧第 40 d 时，波长 200～600 nm 的吸光度远远高于厌氧初始阶段和好氧 15 d 时的吸光度（图 3.7）。Berho 等（2004）将 1.2 μm 作为胶体与悬浮颗粒的划分界线，并指出不同波长对应的胶体与悬浮颗粒组成是不一致的。波长 200～300 nm，主要由胶体产生吸光度，在 300～450 nm 波长内胶体与悬浮颗粒产生的吸光度较相近，而在波长 450～800 nm 的吸光度则主要由悬浮颗粒贡献。另外，胶体和悬浮颗粒的浓度均与吸光度成正比，表明厌氧培养导致胶体和悬浮颗粒的大量释放。胶体或悬浮颗粒的尺寸也会影响吸光度，在浓度相同而尺寸不同时所产生的吸光度不同，且胶体或悬浮颗粒的尺寸越小其吸光度越强。Yang 等（2021）也发现 200～300 nm 波长的颗粒均有较高吸光度，而土壤经好氧培养 15 d 后，200～600 nm 波长的吸光度却迅速下降，可能是由于土壤中的胶体和悬浮颗粒含量明显下降。

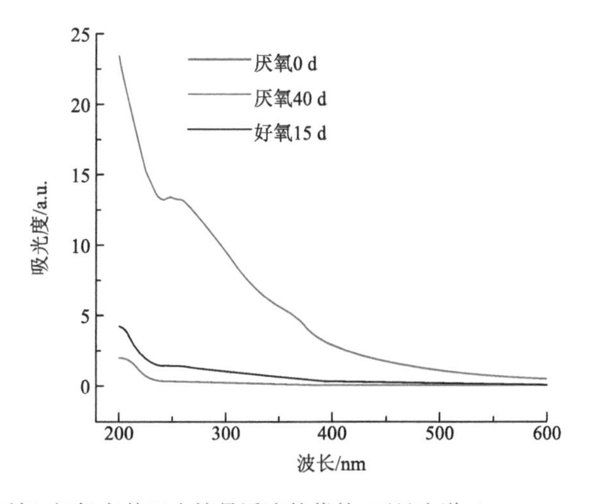

图 3.7　厌氧-好氧交替下土壤悬浮液的紫外-可见光谱（Yang et al.，2021）

为了进一步探究土壤胶体颗粒的表面形貌和元素分布，采用透射电镜（TEM）对厌氧培养 0 d、40 d 以及好氧培养 15 d 的土壤胶体进行分析，结果如图 3.8 所示。在左侧形貌图中，明暗程度代表元素的原子数量与样品厚度差异。从图中可明显观察到，厌氧 40 d 时土壤胶体颗粒的周围被絮状物质包裹，而厌氧初始 0 d 和好氧 15 d 时，胶体颗粒表面则较平滑。EDS 面扫描结果显示，厌氧和好氧培养时间内 O、Si 和 Al 在胶体表面分布均较均匀，而 Fe 在厌氧 0 d 和好氧 15 d 有明显团聚现象，在厌氧 40 d 则呈明显分散状态。对土壤胶体进行 EDS 线扫描后发现，在厌氧 0 d 和好氧 15 d 时 Fe 在特定区域有较高信号值，而厌氧 40 d 时则较均匀。对每个胶体选择 2 个点（Ⅰ和Ⅱ）进行 EDS 点扫描，发现胶体中 Fe 元素信号值有明显差异，在厌氧 0 d 和好氧 15 d，Ⅰ点的 Fe 信号很强，而Ⅱ点的信号较弱，但是在厌氧 40 d 时Ⅰ和Ⅱ点的 Fe 信号值却较相近。从不同培养时期 O、Si、Al 和 Fe 的元素分布来看，Fe 元素在厌氧阶段有明显分散特征，而在厌氧初始和好氧阶段，Fe 呈团聚特征。因此，厌氧阶段可能是由于部分氧化铁发生了还原溶解，导致氧化铁团聚体被分散，而在好氧阶段，表面吸附的 Fe(Ⅱ)被迅速氧化，并发生团聚形成氧化铁。

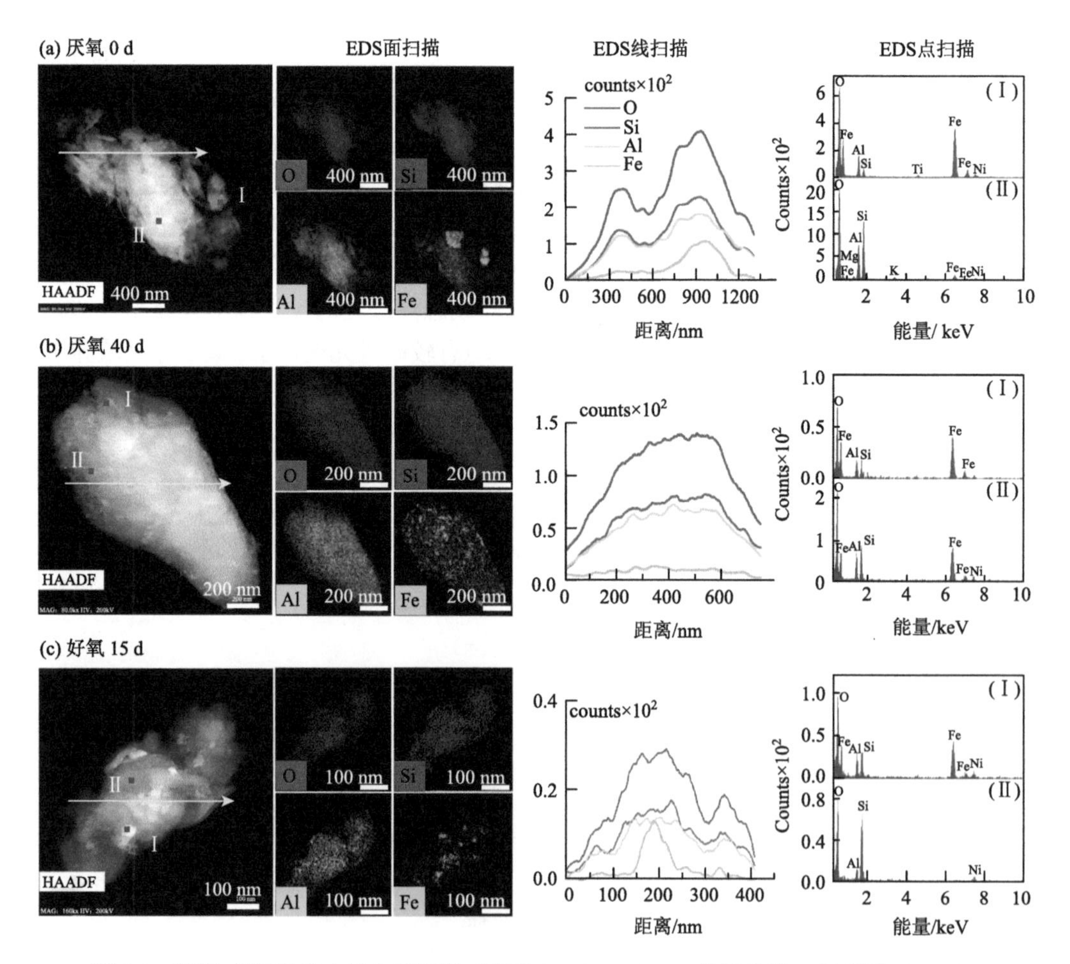

图 3.8　厌氧-好氧阶段土壤电镜图像和表面 O、Si、Al、Fe 能量色散 X 射线谱（EDS）（Yang et al.，2021）

采用连续电位滴定方法，定量分析厌氧–好氧阶段土壤胶体和悬浮颗粒分散可能对土壤表面吸附位点浓度产生的影响（图 3.9）。土壤表面吸附位点浓度在厌氧 0 d 时为 130 mmol/kg，但随着厌氧时间延长而不断升高，最后在厌氧第 40 d 时达到 155 mmol/kg。进入好氧阶段后，土壤表面吸附位点浓度下降，在好氧 15 d 时降低至 129 mmol/kg，这与厌氧初始状态土壤表面吸附位点的浓度相近。土壤表面吸附位点浓度的这种变化，证明厌氧阶段的土壤团聚体被破坏，导致土壤胶体与悬浮颗粒增加，使得土壤表面吸附位点增多，而好氧阶段时土壤重新发生团聚，从而导致土壤表面吸附位点减少。在一定程度上，土壤表面吸附位点浓度的变化可反应土壤吸附性能的变化，故厌氧培养有利于 Cd 在土壤胶体或悬浮颗粒表面固定，而好氧阶段则不利于 Cd 的固定。

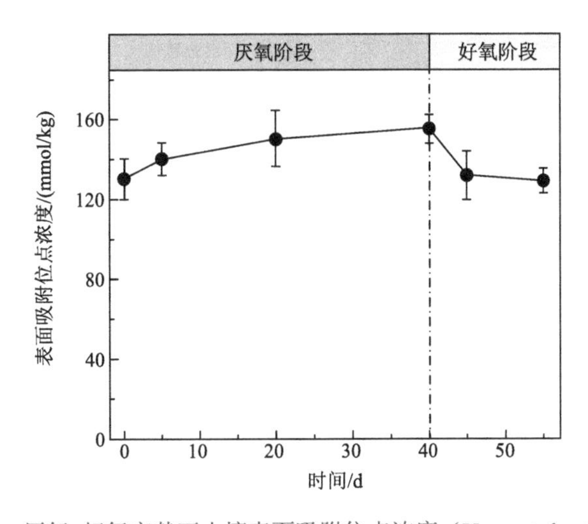

图 3.9 厌氧–好氧交替下土壤表面吸附位点浓度（Yang et al.，2021）

3.2.3 镉形态转化模型与土壤 H^+平衡模型

土壤 Cd 赋存形态的影响因素众多，为了进一步定量各机制的贡献，明确主控因素，我们借助动力学模型评估各机制对镉的固定和释放的贡献。

pH 是影响土壤表面吸附和固定 Cd 的最关键因素，因此，我们采用动力学模型确定土壤中铁、氮、硫等循环对 pH 改变的贡献，从而间接评估生命元素循环对 Cd 固定和释放的贡献。在本节中，主要介绍采用外源添加 Cd 的培养试验体系来建立有效态镉形态转化模型和氢离子平衡模型，同时还采用原始污染土壤的培养试验体系来对模型进行验证，并介绍二者的共同点和差异。

1. 有效态镉形态转化模型

在厌氧阶段，溶解态 Cd（F0）与交换态 Cd（F1）显著下降，而吸附态 Cd（F2）缓慢下降，但富里酸与腐殖酸结合态 Cd（F3 和 F4）、铁锰氧化物结合态 Cd（F5）和硫化物结合态 Cd（F6）显著升高（图 3.5a，b）。如果仅从形态上来看，Cd 的形态转化较简单，然而，Cd 形态转化的实际过程却十分复杂，且可能包含许多步骤（图 3.10）。例如，溶

液中的 Cd^{2+}首先会占据土壤有机质或铁矿物表面的交换位点，但随着时间延长，既可能在表面发生重新分配，也可能通过微孔扩散作用从表面向深层固定（Zhang et al.，2018）。Cd 的这种固定过程，不仅会受 Cd 的浓度梯度影响，还受 pH 升高而导致表面负电荷增加的影响。另外，土壤胶体和悬浮颗粒增加会导致表面吸附位点增加，从而也会影响 Cd 的固定。由于厌氧阶段的 Cd 固定极其复杂，故对每个步骤进行定量分析难度很大，因此需对 Cd 固定机制简化，以便分析 Cd 形态转化的主控因素。

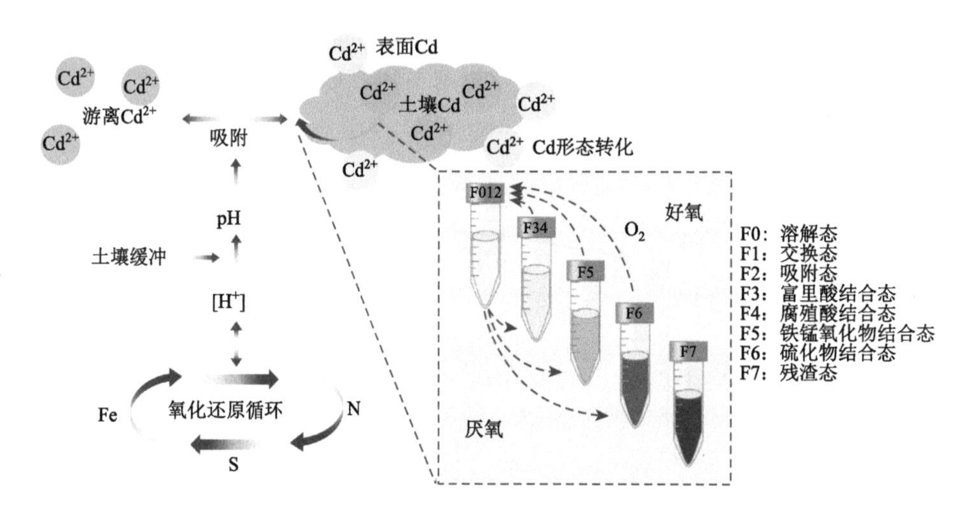

图 3.10　土壤 Cd 形态转化与 Fe/N/S 氧化还原循环

由于土壤中溶解态、交换态和吸附态的 Cd 都具有较强的生物有效性（Fulda et al.，2013），因此可将 F0、F1 和 F2 一起作为潜在的有效态来探讨 Cd 固定机制。然而，土壤中富里酸和腐殖酸对 Cd 的固定均属于有机质表面官能团的络合作用，因此也可将 F3 和 F4 合并在一起探讨 Cd 固定机制。虽然土壤中的有机质对金属的吸附和固定有重要作用，但并不是所有的有机质都参与金属的固定反应。通常来说，仅表面的部分有机质参与固定反应，这部分有机质也称为活性有机质（ROM）（Shi et al.，2013a）。土壤中活性有机质所占比例，常与土壤有机质的总量有关。Shi 等（2013a）提出可按 45%比例计算土壤中活性有机质的含量，本研究中水稻土的有机质含量为 44.79 g/kg，故 ROM 的含量应为 20 g/kg。活性有机质主要由富里酸和腐殖酸构成，在以往的模型计算中富里酸和腐殖酸的比例有多种选择。例如，Weng 等（2001）按 100%腐殖酸进行计算，而其他的一些研究中所选择的腐殖酸比例则较低（Shi et al.，2013a，2013b）。在本研究中，按照 Shi 等（2013b）提出的 82%腐殖酸及 18%富里酸来进行计算。土壤有机质对金属离子的吸附模型，选择 Stockholm Humic 模型（SHM）（Gustafsson & Pkleja，2005）。根据 SHM，腐殖酸的吸附位点密度为 5.33 mol/kg，而富里酸的吸附位点密度为 7.02 mol/kg。本研究中的活性有机质为 20 g/kg，按照 82%腐殖酸计算，其吸附位点浓度为 87.4 mmol/kg，按照 18%富里酸计算，其吸附位点浓度为 25.3 mmol/kg，因此总的活性有机质吸附位点浓度为 112.7 mmol/kg。在土壤培养过程中，若有机质含量充足，则微生物代谢的消耗相对较慢，故可假设活性有机质吸附位点的浓度不变。因此，土壤中溶解态、交换态和吸附态的 Cd 向腐殖酸和富里酸结合态的 Cd 转化，可以按照二级动力学反应简写为反应 1（R1，表 3.5）。

从图 3.9 中可知，土壤表面吸附位点浓度在厌氧培养 0 d 时为 130 mmol/kg，厌氧培养 40 d 时为 155 mmol/kg，共增加了 25 mmol/kg。前文已指出，表面吸附位点的增长可能是由于铁氧化物还原、pH 升高导致铁氧化物和黏土矿物等胶体和悬浮颗粒增加所致，故可以将表面吸附位点的增加简化为氧化铁和黏土矿物吸附位点的增加。因此，表面吸附位点的增加可以用一级动力学来表示，简写为反应 2（R2），其中 ΔSites 为厌氧阶段表面吸附位点浓度的增加值（25 mmol/kg）。溶解态、交换态和吸附态的 Cd 向铁锰氧化物结合态 Cd 的转化，可按照二级动力学反应简写为反应 3（R3），其中 $Sites_{Fe+clay}$ 代表除活性有机质吸附位点外的铁锰氧化物与黏土矿物吸附位点的浓度，该值等于厌氧初始阶段铁锰氧化物、黏土矿物的吸附位点浓度与厌氧过程中增加的吸附位点浓度之和。

据报道，硫酸盐在厌氧环境下的还原过程符合一级动力学（Sun et al.，2018），图 3.6b 显示硫酸盐的变化规律确实属于一级动力学过程，因此将其设为反应 4（R4）。溶解态、交换态和吸附态的 Cd 均可与硫酸盐的还原产物（S^{2-}）形成 CdS，因此将此反应按照二级动力学过程简写为反应 5（R5）。以上所述厌氧阶段动力学方程，如表 3.5 所示。

表 3.5　厌氧-好氧阶段 Cd 形态转化方程式和速率常数（Yang et al.，2021）

阶段		反应式	速率常数	单位
厌氧	R1	$Cd_{F0+F1+F2} + {}^{a}Sites_{Rom} \longrightarrow Cd_{F3+F4}$	$k_1^+ = 8.87$ $k_1^- = 0.83$	kg/(mol/d) d^{-1}
	R2	$\Delta Sites \longrightarrow Sites_{增加}$	$k_2 = 0.096$	d^{-1}
	R3	$Cd_{F0+F1+F2} + {}^{b}Sites_{Fe+clay} \longrightarrow Cd_{F5}$	$k_3^+ = 7.72$ $k_3^- = 0.74$	kg/(mol/d) d^{-1}
	R4	$SO_4^{2-} \longrightarrow S^{2-}$	$k_4 = 1.37$	d^{-1}
	R5	$Cd_{F0+F1+F2} + S^{2-} \longleftrightarrow Cd_{F6}$	$k_5 = 22.2$	kg/(mol/d)
好氧	R6	$Cd_{F3+F4} \longrightarrow Cd_{F0+F1+F2} + Sites_{Rom}$	$k_6 = 0.83$	d^{-1}
	R7	$Sites_{Fe+clay} \longrightarrow Sites_{减少}$	$k_7^+ = 0.27$ $k_7^- = 0.17$	d^{-1}
	R8	$Cd_{F5} \longrightarrow Cd_{F0+F1+F2} + Sites_{Fe+clay}$	$k_8 = 0.36$	d^{-1}
	R9	$S^{2-} \longrightarrow SO_4^{2-}$	$k_9 = 0.83$	d^{-1}
	R10	$Cd_{F6} \longrightarrow Cd_{F0+F1+F2} + SO_4^{2-}$	$k_{10} = 0.19$	d^{-1}

a：活性有机质吸附位点；b：铁锰氧化物和黏土矿物吸附位点。

利用模型计算得到的数据，可以更明确 Cd 形态转化的动力学过程。如图 3.11 所示，在厌氧阶段开始后，溶解态、交换态和吸附态的 Cd 从初始的 93%快速下降至 32.3%，而富里酸和腐殖酸结合态的 Cd 在厌氧初期从 2.5%升高至 48.1%（厌氧 3 d），然后缓慢下降至 39.6%（厌氧 40 d）。铁锰氧化物结合态 Cd 从初始的 1.1%持续缓慢升高，至 20 d 时趋于稳定（14.3%），到厌氧 40 d 时仅升高至 14.6%。硫化物结合态的 Cd 上升较慢且速率恒定，至厌氧 40 d 时占比为 11.6%。

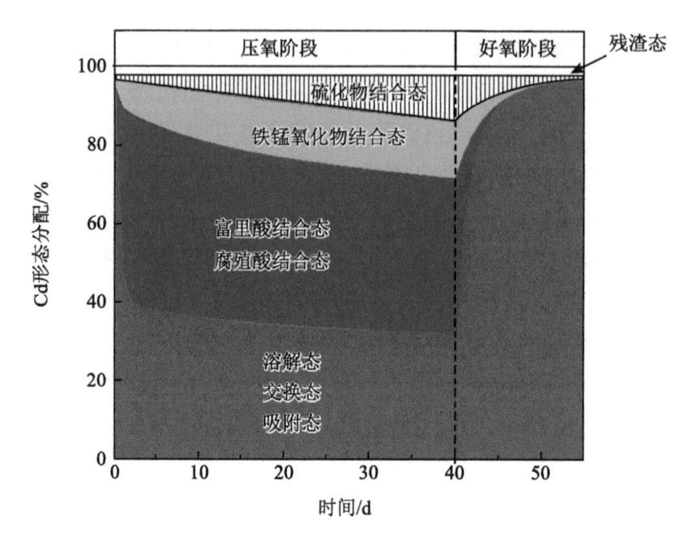

图 3.11 厌氧–好氧培养条件下 Cd 形态转化（根据模型反应 R1～R10 得到）（Yang et al.，2021）

富里酸和腐殖酸对 Cd 的固定，主要是表面羟基和羧基位点的吸附作用所致（Shi et al.，2013a，2013b；Gustafsson & Pkleja，2005），由于有机质羧基官能团的酸平衡常数较低（5～6）（Shi et al.，2017），因此吸附作用取决于 pH 是否大于 6，属于热力学过程，在厌氧阶段 pH 上升超过 6 时则会迅速固定 Cd(Ⅱ)。铁锰氧化物对 Cd 的固定，主要是还原过程中结晶较弱的铁氧化物还原所致，铁氧化物的还原会使土壤黏土矿物与铁氧化物的团聚发生破碎，从而产生大量的铁氧化物、黏土矿物等胶体和悬浮颗粒，而且它们对 Cd 的固定作用随着时间的延长逐渐增长。硫化物对 Cd 的固定，可能受其他金属离子（如 Cu）影响，这些金属离子与 Cd(Ⅱ)发生竞争，从而使 CdS 的产生减慢（Fulda et al.，2013）。

进入好氧阶段后，溶解态、交换态和吸附态的 Cd 含量迅速上升，而以富里酸和腐殖酸结合态的 Cd 含量下降最快（$k_6 = 0.83\ d^{-1}$）；同时，土壤 pH 在好氧 1 d 时从 6.07 下降至 5.07，进一步证明土壤有机质对 Cd 的固定属于 pH 决定的热力学吸附反应，故 pH 快速降低会导致 Cd 快速释放。铁锰氧化物结合态 Cd 含量下降较慢（$k_8 = 0.36\ d^{-1}$），可能是因为铁氧化物对 Cd 的固定不仅只有表面吸附作用，还可能通过微孔扩散作用将 Cd 固定，而 Cd 从铁氧化物或黏土矿物的微孔中释放出来需较长时间。硫化物结合态 Cd 的含量下降最慢（$k_{10} = 0.19\ d^{-1}$），可能是因为 CdS 沉淀的氧化速率远低于解吸速率所致。Huang 等（2021）报道，稻田中除了 CdS 外，还有其他金属也形成硫化物沉淀，如 ZnS。ZnS 等金属硫化物因具有较低电位而先发生氧化，然后才能进行 CdS 的氧化，因此其他金属硫化物对 CdS 的氧化速率会产生影响。

总的来说，在厌氧阶段，溶解态、交换态与吸附态的 Cd 固定主要包含三个机制：其一，由于微生物的厌氧代谢消耗了大量氢离子，使得土壤 pH 升高，从而促进 Cd 被腐殖酸和富里酸固定（占比 39.6%）；其二，由于氧化铁的还原，导致矿物胶体和悬浮颗粒释放以及吸附位点增多，从而在较高 pH 下进一步促进 Cd 固定（占比 14.6%）；其三，由于硫酸盐的还原，导致 CdS 等硫化物沉淀产生，从而使 Cd 固定（占比 11.6%）。在好氧阶段，Cd 被重新释放而产生溶解态、交换态和吸附态的 Cd，其中也包含三个机制：首先，由于还原物质的氧化，导致 pH 下降，从而促进 Cd 从腐殖酸和富里酸表面释放；其次，由于铁氧化物和黏土矿物胶体的团聚，导致吸附位点减少，同时 pH 也降低，促进 Cd 的释放；最后，CdS 发生氧化分解，也会促进 Cd^{2+}的释放。

2. H^+平衡模型

土壤中 Cd 的赋存形态，在干湿交替下会发生显著的变化，最重要的原因是土壤 pH 变化。土壤 pH 的变化，主要是铁、氮、硫的氧化还原循环过程中氢离子的消耗与释放所致，此过程也受土壤酸碱缓冲体系的影响。厌氧阶段 pH 升高是因为硝酸盐、铁氧化物、硫酸盐等作为电子受体参与了微生物的厌氧活动，因而消耗大量氢离子（Kögel-Knabner et al.，2010）。可将厌氧阶段的硝酸盐、硫酸盐和铁氧化物还原过程分别记为 R1～R3（表 3.6），而将土壤表面吸附位点增长的过程记为 R4。进入好氧阶段后，厌氧阶段产生的还原产物会发生氧化反应，如 Fe(Ⅱ)会氧化形成 Fe(Ⅲ)氧化物（记为 R5），硫化物氧化形成硫酸盐（记为 R6）。图 3.6b 显示，硝酸盐含量在氧化培养 15 d 时（12.6 mmol/kg）远超过厌氧培养的初始阶段（1.7 mmol/kg），说明土壤中大量的 NH_4^+ 被氧化。图 3.6b 还显示，硝酸盐的含量在好氧阶段末期未趋于平衡，表明其生成速率仍在上升，这很可能是因为 N 氧化相关的微生物数量持续增长，从而加速硝酸盐的产生。因此，可将硝酸盐的增长分成两步反应：第一步为 N 氧化相关微生物数量的增长，第二步为 NH_4^+ 的氧化，二者的反应式分别记为 R7 和 R8。另外，将好氧阶段表面吸附位点减少的过程记为 R9，而土壤缓冲体系对氢离子的消耗与释放起关键作用，则记为 R10。

表 3.6　厌氧–好氧阶段氢离子消耗与释放反应方程式和速率常数

阶段		反应式	速率常数	单位
厌氧	R1	$NO_3^- + 3H^+ \longrightarrow N_2 + \frac{2}{3}H_2O$	$k_1 = 0.014$	kg/(mol·d)
	R2	$SO_4^{2-} + 10H^+ \longrightarrow H_2S + 4H_2O$	$k_2 = 0.018$	kg/(mol·d)
	R3	$Fe(OH)_3 + 3H^+ \longrightarrow Fe^{2+} + 3H_2O$	$k_3 = 0.006$	kg/(mol·d)
	R4	$\Delta H_s \longrightarrow \equiv SOH$	$k_4 = 0.090$	d^{-1}
好氧	R5	$Fe^{2+} + 3H_2O \longrightarrow Fe(OH)_3 + 3H^+$	$k_5 = 1.67$	d^{-1}
	R6	$H_2S + 4H_2O \longrightarrow SO_4^{2-} + 10H^+$	$k_6 = 0.56$	d^{-1}
	R7	$CH_2O \longrightarrow N_{Ox\text{-}enzyme}$	$k_7 = 0.004$	d^{-1}
	R8	$NH_4^+ + N_{Ox\text{-}enzyme} \longrightarrow NO_3^- + 2H^+$	$k_8 = 2.31\times10^{-6}$	kg/(mol·d)
	R9	$\equiv SOH \longrightarrow \Delta H_s$	$k_9 = 0.034$	d^{-1}
R10		$\equiv SOH \longleftrightarrow \equiv SO^- + H^+$	$\log K = -8.09$	

根据以上氢离子的动力学模型，可分别计算出不同培养时期内，氮、硫和铁发生的还原或氧化反应中所消耗的氢离子浓度。图 3.12 显示，在厌氧阶段，土壤中消耗的氢离子浓度随时间延长而逐步增加，而且厌氧培养 40 d 时，所消耗的全部氢离子中 Fe(Ⅲ)氧化物、NO_3^-和SO_4^{2-}分别占 89.6%、7.4%和 3.0%。进入好氧阶段后，Fe(Ⅱ)和 S^{2-}的氧化非常迅速，在培养 2 d 后即反应完全，而NH_4^+的氧化在初始阶段较慢，但随时间延长会不断加快；好氧培养 15 d 时，所释放的全部氢离子中 Fe(Ⅱ)氧化、NH_4^+硝化和 S^{2-}氧化分别占 55.7%、42.5%和 1.8%。对厌氧和好氧阶段的氢离子释放总量进行比较，可发现好氧阶段释放的氢离子超过厌氧阶段消耗的氢离子，这一现象与 pH 的变化规律相符：在厌氧期间，体系的 pH 由 4.86 升高至 6.07，而在好氧期间，体系的 pH 下降至 4.73，甚至低于初始阶段的 pH。

通过以上分析可知，厌氧期间 pH 升高的最大贡献因素是铁氧化物的还原，而好氧期间 pH 降低的重要原因包括亚铁的氧化以及氨的硝化。因此，在稻田的干湿交替过程中，铁、氮、硫元素的生物地球化学循环过程，不仅会直接影响 Cd 的赋存形态，而且可能通过驱动 pH 改变而间接地影响土壤对 Cd 的吸附性能，从而影响 Cd 的生物有效性。

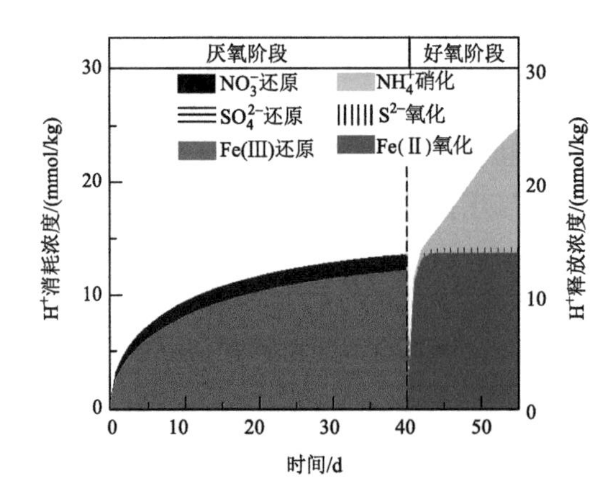

图 3.12　厌氧-好氧阶段 Fe、S 和 N 消耗和释放氢离子的贡献

3. 污染土壤镉形态转化的模型验证

前文已经对镉离子进入水稻土后厌氧-好氧交替培养条件下镉的形态转化，以及铁、氮、硫元素的循环过程进行了分析。然而，污染土壤中镉的赋存形态非常复杂，为进一步阐明干湿交替过程对镉形态转化的影响，采用自然镉污染的水稻土（Cd 浓度为 2.15 mg/kg）进行厌氧-好氧培养试验，并利用表 3.5 中的方程模拟镉形态转化过程。

如图 3.13 所示，在厌氧培养开始时，Cd 的赋存形态中，60.4%的 Cd 为活性较高的溶解态、交换态和吸附态（F0 + F1 + F2），而富里酸和腐殖酸结合态（F3 + F4）、铁锰氧化物结合态（F5）、硫化物结合态（F6）和残渣态（F7）的 Cd 分别只占 12.1%、8.4%、3.2%和 15.9%。随着厌氧培养时间的延长，溶解态、交换态和吸附态的 Cd 逐渐下降，而富里酸和腐殖酸结合态、铁锰氧化物结合态的 Cd 快速上升，另外硫化物结合态 Cd 也小幅上升。至厌氧培养 40 d 时，溶解态、交换态和吸附态的 Cd 仅占 2.4%，而富里酸和腐殖酸结合态、铁锰氧化物结合态的 Cd 分别占 33.7%和 34.4%，是 Cd 的主要形态，但是硫化物结合态对 Cd 形态的贡献较小，只有 13.6%。进入好氧培养阶段后，富里酸和腐殖酸结合态、铁锰氧化物结合态和硫化物结合态的 Cd 迅速向溶解态、交换态和吸附态 Cd 转化。至好氧培养 15 d 时，溶解态、交换态和吸附态 Cd 的比例上升至 67.8%，富里酸和腐殖酸结合态、铁锰氧化物结合态的 Cd 分别下降至 11.5%和 4.8%，且硫化物结合态 Cd 几乎下降至 0。但是，残渣态 Cd 在厌氧与好氧培养过程中却几乎未发生变化，一直维持 15.9%的比例。

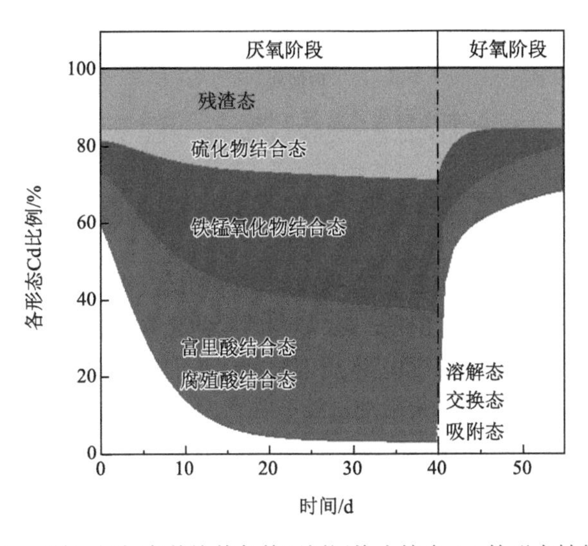

图 3.13　厌氧-好氧交替培养条件下镉污染土壤中 Cd 的形态转化模拟

在整个厌氧-好氧培养过程中，土壤 Cd 形态的转化受初始阶段 Cd 赋存形态的影响很大。当外源添加 Cd 进行培养时，厌氧期结束后的 Cd 形态中溶解态、交换态和吸附态仍占 32.3%，而当利用自然污染土壤培养时，厌氧期结束后这些形态仅占 2.4%。但是，两种土壤培养过程中 Cd 的形态转化规律是相同的，即厌氧期 Cd 的生物有效性降低而好氧期升高，表明模型所涉及的关键反应机制能很好地模拟 Cd 的形态转化过程。

为了阐明土壤 pH 转化过程中铁、氮、硫元素的贡献，采用表 3.6 中方程模拟铁、氮、硫元素循环对氢离子消耗和释放的贡献。图 3.14 显示，在厌氧期，Fe(Ⅲ)氧化物的还原可消耗绝大部分氢离子，在厌氧培养第 40 d 时所消耗的氢离子高达 94.1%，而 SO_4^{2-} 、NO_3^- 还原分别只消耗 4.4%和 1.5%的氢离子；在好氧期，Fe(Ⅱ)氧化释放最多的氢离子，在好氧培养第 15 d 时所释放的氢离子达 76.4%，而 NH_4^+ 硝化、S^{2-} 氧化分别只释放氢离子的 18.8%和 4.8%。

图 3.14 与图 3.12 所显示的氢离子消耗与释放规律基本一致，这说明模型涉及的反应机制能很好地模拟厌氧-好氧期间，铁、氮、硫元素循环对氢离子平衡的贡献。但是，外源添加 Cd 与自然污染土壤的培养过程对氢离子平衡的贡献仍有不同：二者消耗与释放的氢离子总量有差异，而且铁、氮、硫元素循环对氢离子消耗与释放的贡献比例也有差异，这可能是两种土壤的理化性质不同所致。

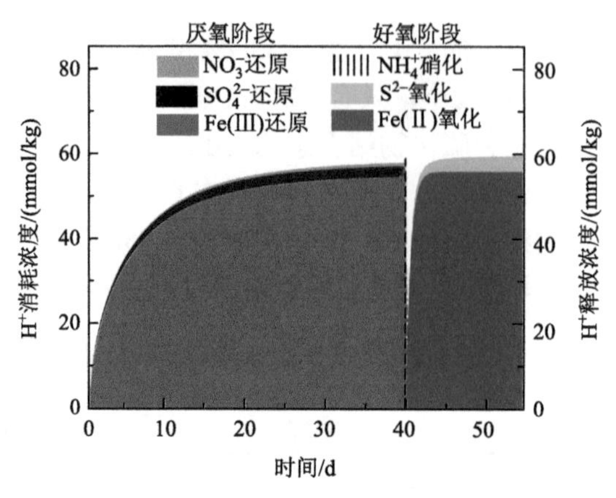

图 3.14　厌氧-好氧交替培养条件下镉污染土壤中氢离子平衡的模拟

3.3　水稻植株中镉迁移转运的多介质界面机制

水稻籽粒中镉的富集主要取决于根系吸收和茎叶转运。镉是植物非必需元素，植物体内没有专属的 Cd 吸收和转运通道。但是，Cd 能利用其他元素如锌、铁、锰等的转运蛋白完成跨膜转运，从而被根系吸收，然后通过木质部装载逐步向地上部迁移。当 Cd 被运输至地上部的茎节内以后，一部分继续通过木质部运输至叶片，而另一部分通过韧皮部转运至籽粒中。在多界面的迁移过程中，镉同位素发生分馏。另外，水稻籽粒中镉的积累，也受水分管理、季节、品种、施肥、母质等因素以及硅、铁、锌等营养代谢的影响。

3.3.1　土壤-水稻体系多介质界面过程

1. 水-土界面

土壤中镉有多种形态，取决于土壤的基本理化性质和环境条件，主要包括溶解态、吸附态、碳酸盐结合态、铁锰氧化物结合态、有机结合态和残渣态（Tessier et al.，1979），土壤中的镉能否被作物吸收，主要取决于其活性和作物的吸收能力。表征土壤镉活性的指标和方法，主要有孔隙水溶解态、盐提取态、弱酸提取态和 DGT 等（Li et al.，2015；Meers et al.，2007）。

水稻土镉的形态转化过程，强烈地受稻田干湿交替及水分条件变化的影响，这些因素直接影响土壤的氧化还原状况，从而影响镉的释放和固定。淹水条件下，随着 Eh 降低，NO_3^-、Mn(Ⅲ/Ⅵ)、Fe(Ⅲ)和 SO_4^{2-} 作为电子受体会被微生物还原为 NH_4^+、Mn(Ⅱ)、Fe(Ⅱ)和 S^{2-}，由于还原过程消耗氢离子，使得土壤 pH 升高并趋于中性，而电子消耗又使 Eh 进一步下降（Li et al.，2017；Wang et al.，2016）。pH 升高促进 Cd 的吸附，而 S^{2-}的产生促进形成 CdS 沉淀，这些因素都有利于镉的固定。排水条件下，淹水阶段产生的还原产物会被快速氧化，如金属硫化物被氧化成 SO_4^{2-}，Fe(Ⅱ)和 Mn(Ⅱ)被迅速形成氧化物沉淀，NH_4^+ 被氧化为 NO_3^-，同时还伴随着氢离子的大量释放，使得土壤 pH 下降。pH 下降会导致 Cd 被解吸，而 CdS 的氧化又导致 Cd 被释放。

2. 根–土界面

根–土界面最活跃的区域为根际，具有诸多独特的物理、化学和生物学性状，最典型的特征包括含有多种有机酸和麦根酸等配位体、铁膜、比较高的氧气浓度，对镉的生物有效性和植物吸收产生巨大的影响。低分子有机酸和麦根酸 Cd 络合/螯合物的生物有效性比较高（Zhong et al.，2022），而高分子有机酸 Cd 化合物的生物有效性可能比较低（Li et al.，2017）。

水稻根系径向泌氧在根际形成氧化性微环境，并将 Fe(Ⅱ)氧化而形成根表铁膜。铁膜主要以结晶度较低的水铁矿为主，其比表面积大，且吸附活性高（Yang et al.，2018）。在水稻的整个生育期内，铁膜中铁的含量通常会逐渐上升。从幼苗期到灌浆期，铁膜中的铁含量从 0.24 g/kg 上升至 3.93 g/kg，至成熟期时达到 10.6 g/kg。同时，水稻根表铁膜所固定的镉也相应增加。从幼苗期到灌浆期，铁膜固定的镉从 0.21 mg/kg 增加到 2.76 mg/kg，至成熟期时达到 15.9 mg/kg（Wang et al.，2019b）。施加铁改性木本泥炭等材料，可显著提升水稻根表铁膜的铁含量，从而固定更多的镉。在水稻的幼苗期、灌浆期和成熟期施加铁改性木本泥炭，根表铁膜的铁含量分别增加 24.5%、166%和 119%，铁膜固定的镉分别增加 32.2%、129%和 68.9%。

根系泌氧能力对铁膜形成影响较大，进而影响水稻吸收镉。在水稻的整个生育期中，分蘖期的根系泌氧最高，随后逐渐下降。水稻根系泌氧还会导致根际土壤 Eh 高于非根际土壤，使得根际土壤中硫化物对镉的沉淀作用下降（Pan et al.，2016）。另外，根际土壤中 Fe(Ⅱ)及其他还原物质被氧化时会释放一定量的 H^+，使得 pH 下降，从而不利于铁膜吸附固定镉（Yuan et al.，2019）。

3. 根–籽粒

水稻吸收转运镉及籽粒镉积累，主要包括 3 个过程：根系向地上部转运、节内跨维管束运输，以及叶内镉再活化后经韧皮部向籽粒转运。

1）根系向地上部转运

水稻根系将镉转移到地上部，可分为两个阶段：镉从木质部薄壁细胞转移到导管和镉在导管中的运输。前者是指位于细胞膜上的转运蛋白将镉装载到木质部导管中，促进镉向木质部装载；后者则主要受蒸腾作用和根压的驱动而使镉在木质部导管中向上运输。定位于根部和节内维管束周围细胞的细胞膜上的 OsHMA2，是木质部锌装载的转运蛋白，但同时也能将镉装载到木质部中（Nocito et al.，2011；Takahashi et al.，2012）。定位于液泡膜上的 OsHMA3，可将细胞质中的镉转入液泡中隔离，从而减少木质部的镉装载，最终可能降低籽粒中镉积累，但是 OsHMA3 不会影响其他金属离子的木质部装载（Ueno et al.，2010）。

2）节内跨维管束运输

水稻茎节及节内维管束是控制镉转运及再分配的重要环节，叶片中积累的镉，经节内维管束介导而被再分配，可贡献约 50%的稻米镉积累量（Rodda et al.，2011）。另外，维管束内的镉在蒸腾作用下随着质流向上运输，故蒸腾作用越强，镉通过木质部向上转运就越快且越多。节内维管束周围细胞的细胞膜上也存在 OsHMA2 转运蛋白的表达，故 OsHMA2 对节内镉的跨维管束运输起重要作用（Takahashi et al.，2012）。OsLCT1 是水稻中的低亲和性阳离子转运蛋白（low-affinity cation transporter，LCT），主要在节内分散维管束和扩大维管束周围薄壁细胞的细胞膜上表达，在 *OsLCT1* 基因干涉株系中，韧皮部镉含量显著下降，表明 OsLCT1 在节内镉的跨维管束转运中也具有重要作用（Uraguchi et al.，2011）。

3）叶内镉再活化后经韧皮部向籽粒转运

水稻生殖生长期内籽粒积累的镉几乎都来自于韧皮部的输送（Uraguchi & Fujiwara，2013；Rodda et al.，2011），*OsLCD* 基因主要在叶片的韧皮部和根部的维管组织中表达，*OsLCD* 突变株系中籽粒的镉含量只有野生型的一半，表明该基因参与调控水稻韧皮部镉的转运（Shimo et al.，2011）。研究还发现，水稻籽粒中的镉含量最终不是由根部吸收多少镉决定，而是由木质部向上转运及韧皮部向籽粒输送的过程来决定，通过韧皮部进入籽粒的镉占比可高达 90%（Uraguchi & Fujiwara，2012）。

3.3.2 水稻根系吸收镉的生理机制

水稻一般从土壤中吸收 Cd^{2+}，受土壤中 pH 及有机质含量等的影响。如图 3.15 所示，定位于根部皮层细胞外侧细胞膜上的 OsNramp5 和 OsNramp1 转运蛋白，在吸收锰的同时可高效吸收镉。OsNramp5 是水稻根部吸收 Mn 的主要转运蛋白，同时也是 Cd 进入水稻根系细胞的转运通道。Sasaki 等（2012）通过转移 DNA（T-DNA）插入突变和 RNA 干涉（RNAi），分别获得粳稻中花 11（ZH11）背景下 *OsNramp5* 基因敲除和敲减的突变株系，发现镉处理水培液中突变株系各部位的镉含量与野生型相比都显著降低，淹水的镉污染稻田中突变株系成熟期籽粒 Cd 含量比野生型下降 91%，但是突变植株水培时幼苗根系和草秆生长受到显著抑制，叶片表现严重缺绿症状；而土培时稻草干重下降 53%，稻米产量仅为野生型的 11%，这些不利性状的产生可能是由 *OsNramp5* 基因突变导致植株 Mn 吸收减少所致。研究表明，缺锰和高镉可诱导 *OsNramp5* 基因上调表达，而缺铁可刺激 *OsNramp1* 基因上调表达（Sasaki et al.，2012；Chang et al.，2020）。这些基因在水稻中过量表达，可刺激根系吸收镉。另外，缺铁诱导 *OsIRT1* 和 *OsIRT2* 基因上调表达，从而在促进水稻铁吸收的同时也增强水稻对镉的吸收（Nakanishi et al.，2006）。锌转运蛋白 OsZIP5 和 OsZIP9 受缺锌诱导表达上调，同时该转运蛋白也能转运镉（Tan et al.，2020）。OsCd1 也负责水稻镉吸收，该转运蛋白受镉胁迫诱导上调表达，从而增强根系吸收镉（Yan et al.，2019）。因此，水稻镉的吸收与二价金属转运蛋白密切有关，故通常受土壤中铁、锌和锰等生物有效性的影响。

如图 3.16 所示，在淹水的水稻营养生长期，土壤溶解态镉浓度随淹水时间延长而不断降低；而在生殖生长期进行排水处理时，溶解态镉浓度又不断提高。另外，水稻根部的镉含量在整个生育期中一直在上升，且排水条件下，根部镉含量增幅远高于淹水条件。由于淹水时土壤中溶解态铁和锰含量远高于排水状况下，导致 *OsNramp1*、*OsNramp5*、*OsIRT1* 和 *OsIRT2* 等基因的表达下降；而淹水的土壤中溶解态镉含量比较低，也导致镉吸收相关基因表达下降，从而使得淹水条件下 Cd 进入水稻根部较少。当水稻进入灌浆期时需要排水，此时根系可吸收大量的镉，导致镉在籽粒中累积，且随着排水时间延长，土壤溶解态镉不断增多，籽粒镉累积量不断上升。

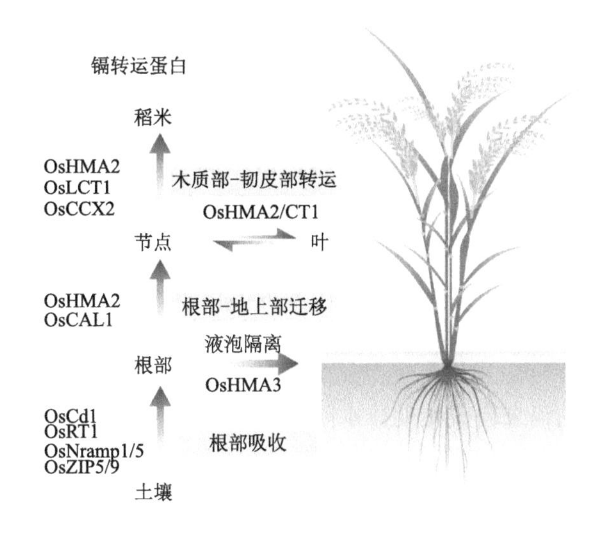

图 3.15　土壤-水稻体系 Cd 转运蛋白

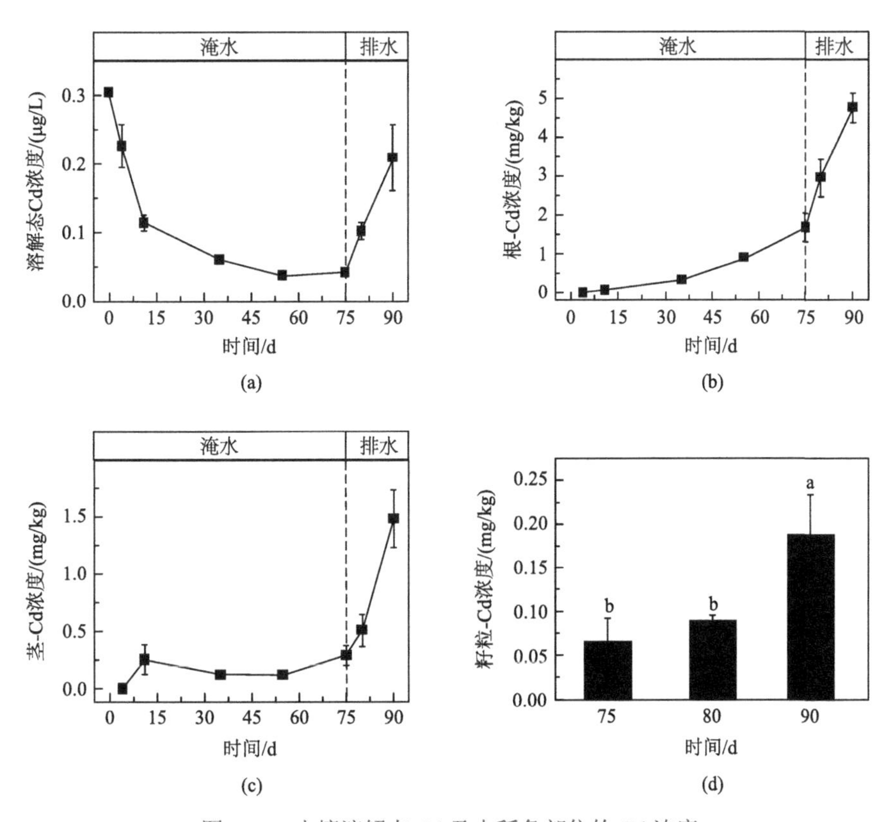

图 3.16　土壤溶解态 Cd 及水稻各部位的 Cd 浓度

根据水稻生物数据库 RiceXPro 中的数据，对水稻根系中几个重要的镉吸收相关基因的表达模式进行分析，发现无论是营养生长期还是生殖生长期的水稻根系中，*OsNramp5* 基因的表达量都最高，而且营养生长期的根系中该基因表达量要高于生殖生长期（图 3.17）。

另外，在营养生长期和生殖生长期中，各个基因的表达量变化并不一致。例如，营养生长期中 *OsNramp5* 基因在 18 时的表达量最高，但生殖生长期中该基因在 18 时的表达量却较低，而在 4 时的表达量却最高。这些结果表明，水稻生长过程中镉的吸收和转运速率并不恒定，而是一个动态变化的过程，故不同生育期的水稻中镉吸收可能存在较大差异。有研究表明，分蘖期和成熟期是水稻镉吸收和转运的关键时期。

在营养生长期，由于水稻需要吸收大量养分，从而导致镉借助铁、锰、锌等元素的转运通道快速进入根系（Li et al.，2017）。在生殖生长期，正值水稻籽粒灌浆和成熟阶段，此时稻田需要排水，使得大量氧气进入根际，伴随发生的氧化反应使 pH 迅速下降，同时 CdS 沉淀在氧化作用下释放出镉离子，从而导致镉活性升高及根系镉吸收增加。有研究发现，籽粒中约 80%的镉来自成熟期排水阶段吸收的镉（Wang et al.，2019a）。

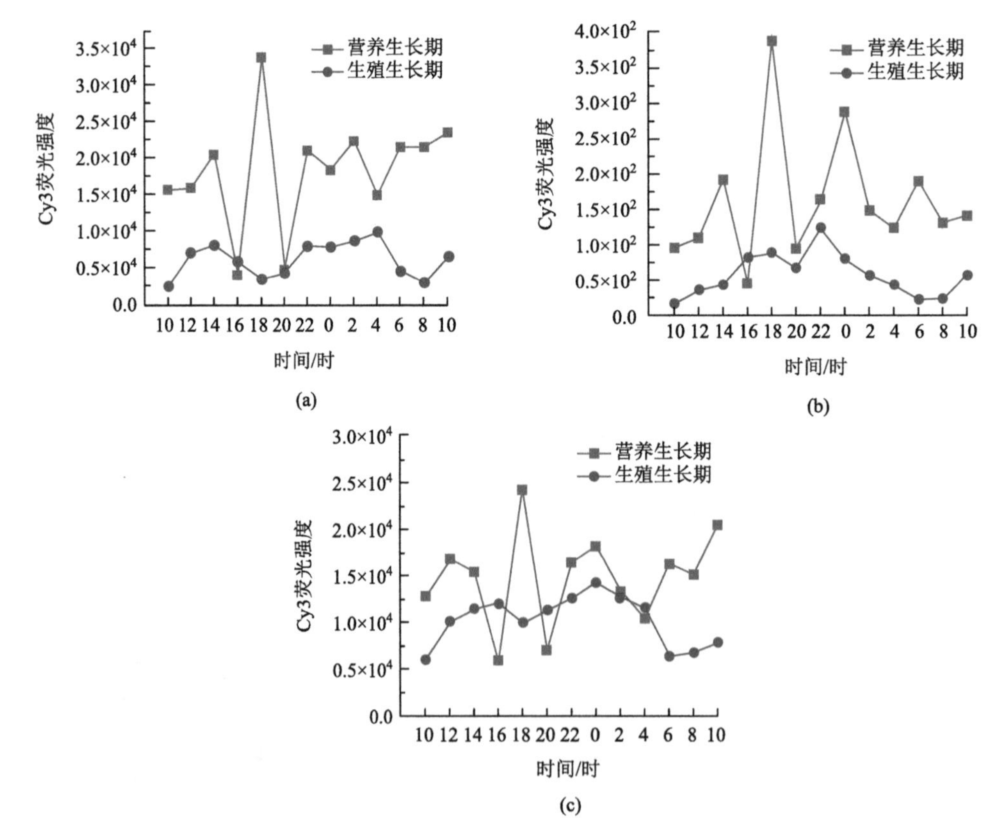

图 3.17 水稻根中镉吸收相关转运蛋白基因的表达量

（a）*OsNramp5*；（b）*OsHMA2*；（c）*OsHMA3*。

3.3.3　水稻植株中镉的转运与解毒机制

1. Cd 的木质部装载

镉离子一旦进入细胞内，植株就会采用各种策略来缓解其毒性。例如，将 Cd^{2+}转运至液泡内，或将 Cd^{2+}吸附于细胞壁形成“防火墙”，以减少镉向地上部转运（Nocito et al.，2011）。细胞质中的镉可与植物螯合肽（PCs）形成络合物 PCs-Cd，然后被 OsHMA3 蛋白转运进入液泡。当水稻根中 *OsHMA3* 基因过量表达时，可增加根部液泡隔离镉，从而减少镉向地上部转运（Uraguchi & Fujiwara，2012）。Das 等（2017）对水稻中的植物螯合肽合成酶基因 *OsPCS1* 和 *OsPCS2* 进行 RNA 干涉（RNAi），使得胚乳中 PCs 含量降低，PCs-Cd 复合物形成减少，故籽粒液泡中隔离的 Cd 也减少，籽粒 Cd 积累量显著降低。另外，木质部装载 Zn 的转运蛋白 OsHMA2，也可以转运镉进入地上部。因此，根部 *OsHMA3* 和 *OsPCS* 基因的表达上调以及 *OsHMA2* 基因的表达下调，有利于水稻根系中镉的滞留，这也是水稻解镉毒的一个重要机制。

编码类防御素蛋白（defensin-like protein）的基因 *CAL1*（cadmium accumulation in leaf 1），也有利于水稻解镉毒（Luo et al.，2018）。*CAL1* 主要在根部外皮层和木质部的薄壁细胞，以及剑叶叶鞘的木质部薄壁细胞中表达，其编码的类防御素蛋白可与细胞质中的 Cd 螯合并分泌到胞外，同时也可促进镉经木质部导管的长距离运输，降低根部细胞内的镉浓度。另外，CAL1 蛋白表达可特异调控 Cd 在水稻茎叶中的累积，而不影响籽粒 Cd 含量，提示该基因在 Cd 污染土壤的水稻生产及植物修复中具有潜在应用价值（Luo et al.，2018）。

根据 RiceXPro 数据库，对水稻中几个重要的镉转运相关基因的表达模式进行分析，发现 *OsHMA3* 基因在营养生长期和生殖生长期的根中表达量都较高（图 3.17），表明水稻自身具有一定的解镉毒机制，即利用 OsHMA3 将 Cd 隔离在液泡中，以减缓镉从根部进入地上部。由于营养生长期植株对锌元素的大量需求，可能导致营养生长期水稻根中 *OsHMA2* 基因的表达显著高于生殖生长期（图 3.17）。另外，水稻中 *OsHMA2* 和 *OsHMA3* 基因的时空表达模式也存在一定差异。例如，无论是营养生长期还是生殖生长期，叶片中 *OsHMA2* 基因的表达量都是在 8 时最高（图 3.18b），而该基因在营养生长期的根中为 18 时表达量最高，在生殖生长期的根中为 22 时表达量最高；无论营养生长期还是生殖生长期，叶片中 *OsHMA3* 基因的表达量都是在 16 时最高，而在营养生长期的根部为 18 时表达量最高，在生殖生长期的根部为 0 时表达量最高。

水稻的营养生长期中，根部吸收的 Cd 主要由木质部转运至叶片内积累，而生殖生长期，根部吸收的 Cd 向上转运至节内后，通过跨维管束运输从木质部转运到韧皮部，然后经韧皮部优先转运到穗，而非优先转运到叶片。另外，在水稻籽粒灌浆期和成熟期，叶内储存的 Cd 会被重新活化，通过节内的再分配然后向籽粒转移，有研究发现籽粒中的 Cd 大约有一半来源于叶片（Uraguchi & Fujiwara，2013）。值得注意的是，水稻体内镉的分布通常是根＞茎＞叶＞稻壳＞糙米，因此水稻根部吸收的镉实际上只有很小一部分通过食物链进入人体。

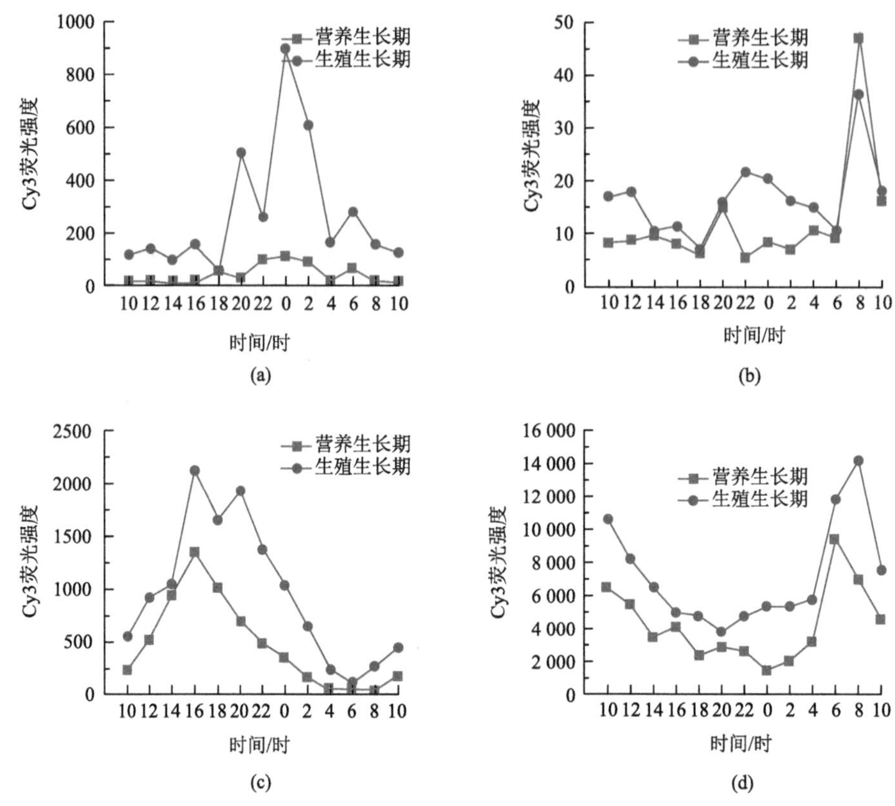

图 3.18 水稻叶中籽粒镉积累相关重要转运基因的表达量

（a）*OsLCT1*；（b）*OsHMA2*；（c）*OsHMA3*；（d）*OsCCX2*。

2. 水稻节内镉分配

水稻根部吸收的镉由木质部向上运输至地上部的节内后，一部分继续通过木质部运输至叶，而另一部分则通过跨维管束转移而向上一节输送，最终经韧皮部输送至籽粒中（Yamaguchi et al.，2012）。Fujimaki 等（2010）利用正电子发射示踪成像系统（positron emitting tracer imaging system，PETIS）观察水稻中镉的转运途径，发现节是控制水稻中镉转运到下一节或穗的最关键部位，而且在节内发生的镉从木质部向韧皮部的跨维管束转移，节内维管束之间以及从木质部到韧皮部的迁移，均受一系列转运蛋白的调控，如 OsLCT1、OsHMA2、OsCCX2 等。

3. 水稻韧皮部镉转运

水稻籽粒 Cd 的积累最终是由韧皮部的转运能力决定，且与基因型密切相关。目前已发现的 Cd 从节到籽粒的关键转运蛋白 OsLCT1 定位于细胞膜上，对 Cd、K、Mg、Ca 和 Mn 元素均有外运转运活性。该转运蛋白主要在水稻叶片和节内的扩大维管束及分散维管束中表达，且生殖生长期的表达量高于营养生长期（Uraguchi et al.，2011）。在粳稻日本晴（Nipponbare）中，对 *OsLCT1* 基因进行 RNAi，发现木质部介导的镉转运过程不受影响，而韧皮部介导的 Cd 转运显著下降，使得籽粒镉含量比野生型至少降低 50%，但是

RNAi 植株的生长及必需元素含量均不受影响（Uraguchi et al.，2011）。Shimo 等（2011）发现 *OsLCD* 基因也可能调控水稻 Cd 由韧皮部向籽粒的输送，该基因主要在根部维管组织和叶片韧皮部的伴胞中表达，其编码的蛋白质定位于胞质和细胞核上。在水培条件下进行镉处理，*OsLCD* 基因的 T-DNA 插入突变体稻草中 Cd 含量比野生型显著降低，而在含有高镉（3.60 mg/kg）和低镉（0.89 mg/kg）的土壤中种植时，突变体籽粒中的镉浓度分别为 0.076 mg/kg 和 0.011 mg/kg，比野生型分别降低 43%和 55%，但是突变体植株的干重和稻米产量却不受影响。*OsCCX2* 基因也可能调控水稻中镉向籽粒的输送，该基因编码一个假定的钙离子转运蛋白，具有离子外运功能。OsCCX2 定位于细胞膜上，主要在节内木质部周围细胞中表达，可促进节内 Cd 装载到木质部，从而增加节内 Cd 向籽粒的输送（Hao et al.，2018）。根据 RiceXPro 数据库，对相关基因的表达模式进行分析，如图 3.18 所示，生殖生长期的叶中 *OsLCT1*、*OsHMA2*、O*sHMA3* 和 *OsCCX2* 基因的表达量都比营养生长期高，表明这些基因对水稻生殖生长期的籽粒镉积累具有较重要作用。

3.3.4　镉从根迁移至籽粒的同位素分馏特征

1.　土壤-水界面

土壤中镉同位素组成，受诸多过程控制，包括土壤表面解吸附、土壤表面与孔隙水的离子交换、土壤溶液的扩散作用、根表铁膜吸附以及水稻吸收等过程。土壤、盐酸提取态、$Ca(NO_3)_2$ 提取态和土壤溶液依次富集更重的镉同位素。在同位素平衡分馏中，更重的同位素通常易富集于键长更短、更强的相上。溶液中的镉（包括游离和水合镉离子）与邻近氧原子结合的距离（2.11～2.28 Å），略短于与水铁矿、针铁矿或腐殖酸结合的距离（2.28～2.30 Å），也短于与水锰矿、纤维素、苹果酸或胶质结合的距离（2.31～2.32 Å）（Yamaguchi et al.，2012；Yuan & Zhang，2020；Bochatay & Persson，2000）。

如图 3.19 所示，土壤溶液与土壤间的分馏 $\Delta^{114/110}Cd_{土壤溶液-土壤}$ 为 0.67‰～0.72‰，与前人的研究结果（$\Delta^{114/110}Cd_{土壤溶液-土壤}$ = 0.61‰～0.68‰）相似（Imseng et al.，2019）。由于镉液态络合物的键长比土壤吸附镉的键长更短（Wiggenhauser et al.，2021），故可推测镉从土壤释放到土壤溶液时，优先富集重镉同位素。另外，土壤溶液中的镉同位素组成显著重于土壤，故镉从土壤释放至土壤溶液的过程与库存效应也相关（Imseng et al.，2019）。水稻植株优先从土壤溶液中吸收轻镉同位素（$\Delta^{114/110}Cd_{土壤溶液-水稻}$ = 0.41‰～0.47‰），这与小麦（$\Delta^{114/110}Cd_{土壤溶液-小麦}$ = 0.20‰～0.36‰）和大麦（$\Delta^{114/110}Cd_{土壤溶液-大麦}$ = 0.06‰～0.18‰）中的研究结果相似。

$Ca(NO_3)_2$ 提取态的镉同位素重于土壤（$\Delta^{114/110}Cd_{Ca(NO_3)_2提取态-土壤}$ = 0.31‰），其分馏值介于土壤-小麦/大麦系统中的分馏值范围（0.31‰～0.44‰）。土壤 $Ca(NO_3)_2$ 提取态镉，可能是通过 $Ca(NO_3)_2$ 提取液与土壤相的离子交换而置换出重镉同位素。与 $Ca(NO_3)_2$ 提取态相比，盐酸提取态的镉同位素更重，这可能是因为盐酸能溶解并释放更多土壤镉，如交换态、有机络合、吸附于氧化物或矿物质储库的镉，因此盐酸提取态中的镉同位素组成比硝酸钙提取态更接近于土壤。

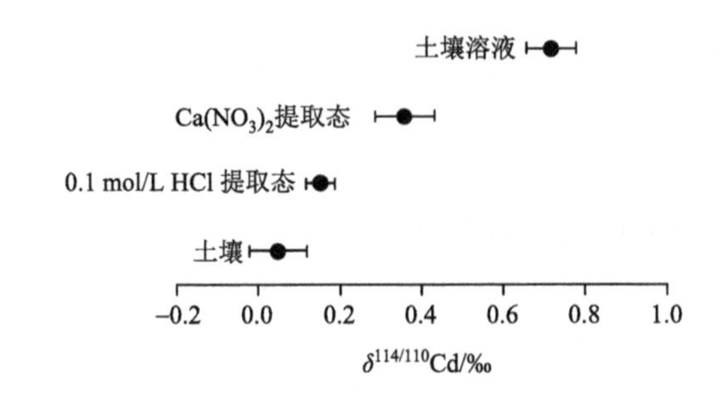

图 3.19 土壤不同提取态的镉同位素组成（Zhong et al.，2021）

2. 铁膜

铁膜一般优先富集轻镉同位素（图 3.20），这可能是因为动力学分馏驱动过程更倾向于吸附和包裹轻镉同位素进入铁膜的铁（氢）氧化物中（Wasylenki et al.，2014；Yamaguchi et al.，2014；Yang et al.，2018；Li et al.，2019）。另外，当达到同位素平衡时，由于镉-水络合物的键比镉与铁氧化物的键更强，根表铁膜比土壤溶液更易富集轻镉同位素。与土壤溶液或营养液相比，水稻根系表面优先吸附轻镉同位素。因此，当镉离子扩散到根表面时，根表铁膜可暂时充当镉储库以及供植物镉吸收的源。

与土体相比，铁膜中镉的同位素组成也较轻（$\Delta^{114/110}Cd_{铁膜-土壤}$ = −0.13‰～−0.09‰），这类似于根表铁膜与土壤间的锌同位素分馏（$\Delta^{66}Zn_{铁膜-土壤}$ = −0.3‰～−0.1‰），而根际 ZnS（富集轻锌同位素）的溶解有助于 Zn^{2+}在根表铁膜上的吸附（Aucour et al.，2017）。因此，排水条件下 CdS 的溶解也有助于根表铁膜吸附 Cd^{2+}，导致根表铁膜富集轻镉同位素。另外，排水条件下，铁膜的镉浓度比其他镉储库显著升高。在排水过程中，一旦孔隙水 Cd^{2+}被根表铁膜吸附，土壤将不断地释放 Cd^{2+}至孔隙水中，以维持各镉储库间的平衡，进而导致铁膜吸附更多的镉（Huang et al.，2019）。

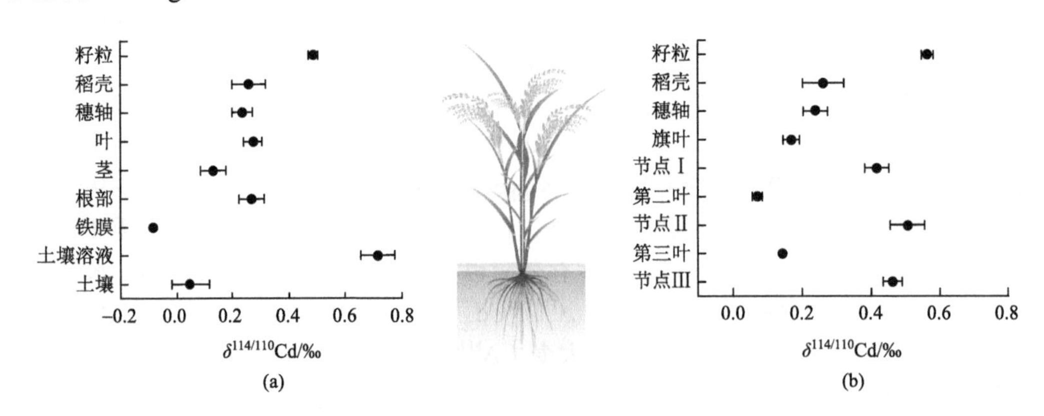

图 3.20 土壤-水稻体系中镉同位素组成（a）以及水稻中节、叶、穗轴、稻壳和籽粒的镉同位素组成（b）（Zhong et al.，2021）

3. 吸收转运

1）吸收过程导致的镉同位素分馏

从孔隙水到根表面以及从非原质体到转运蛋白的过程中，轻镉同位素的扩散速度均快于重镉同位素（Imseng et al.，2019；Wiggenhauser et al.，2021）。Cd^{2+}的吸收主要由锰转运蛋白 OsNRAMP5、铁转运蛋白 OsNramp1 等介导（Takahashi et al.，2011；Sasaki et al.，2012；Chang et al.，2020），而且 OsNramp5 负责镉同位素吸收过程中，产生的分馏尺度可能小于其他元素 Cd 吸收转运蛋白产生的（Zhang et al.，2021）。将可可豆中分离的 *Nramp5* 基因在酵母中表达时，发现该转运蛋白却优先转运轻镉同位素（Moore et al.，2020）。因此，水稻根系中的其他转运蛋白，如 OsNramp1，可能比 OsNramp5 更多地参与轻镉同位素的吸收。尽管敲除 *OsNramp5* 基因比敲除 *OsNramp1* 基因更易减少水稻的镉积累，但镉暴露可诱导 *OsNramp1* 基因的表达，而不诱导 *OsNramp5* 基因的表达（Chang et al.，2020）。排水条件下，土壤溶液中 Fe 和 Mn 的生物有效性较低，从而促进 *OsNramp1* 和 *OsNramp5* 基因的表达，导致水稻吸收更多的镉（Takahashi et al.，2011；Sasaki et al.，2012；Chang et al.，2020），使得水稻植株中镉累积增加。

2）根部-地上部转运导致的镉同位素分馏

当水稻受镉胁迫时，*OsHMA3* 和 *OsHMA2* 的表达水平均比未受镉胁迫时高，但是根中这些基因的表达水平不受镉胁迫浓度的影响，而且这些基因的转录与根部镉的滞留无关（Nocito et al.，2011）。OsHMA3 和 OsHMA2 可转运锌，其表达水平受锌含量影响（Clemens et al.，2013；Takahashi et al.，2012），但是排水和淹水条件，孔隙水中 Zn^{2+}浓度较相似。排水条件下，缺铁虽然可促进根部 *OsHMA2* 的表达，但是该基因对铁转运的影响很小（Takahashi et al.，2012）。另外，随着镉供应量的增加，根细胞和木质部汁液中的镉接近饱和状态，高镉胁迫下根系不能储存过量的镉，而是将镉转运至地上部（Nocito et al.，2011）。因此，由于排水条件下根木质部中的镉含量趋于饱和，可能导致 *OsHMA3* 基因表达水平下降，*OsHMA2* 基因表达水平升高。

排水条件可诱导根部-地上部镉分馏同位素，$\Delta^{114/110}Cd_{地上部-根部}$ 为 0.05‰ ± 0.06‰。一般来说，地上部比根部更易富集重镉同位素，但是水稻镉分馏值 $\Delta^{114/110}Cd_{地上部-根部}$ 小于小麦和大麦（$\Delta^{114/110}Cd_{地上部-根部}$ = 0.16‰～0.19‰）（Imseng et al.，2019）。研究表明，镉主要与根部细胞液泡中的巯基化合物（如 PCs）络合，其富含轻镉同位素，而细胞质中存在 Cd^{2+}与含氧配体络合，主要富含重镉同位素（Zhao et al.，2021），且比 Cd-S 配体化合物（含巯基）可能更有效地从木质部外流，而进入根部-地上部转运过程（Wiggenhauser et al.，2021；Nocito et al.，2011）。值得注意的是，地上部的 $\delta^{114/110}Cd$ 值是由多个不同器官的值加权平均计算得到，这可能会导致误差传播及数值不确定性。

3）节点镉同位素分馏

水稻地上部的叶、穗轴等部位比茎更易富集重镉同位素，但是，镉从节到叶、穗轴的过程却均优先转运轻镉同位素，这表明较轻的镉，如 Cd-S 配体化合物，会优先从节转运至叶片，或在动力学分馏效应的驱动下，Cd 优先转运至叶片（Zhong et al.，2021）。对节内镉形态的研究表明，镉主要与扩大维管束木质部的 S，以及扩大维管束韧皮部的 S 和 O 配位络合，因此，当镉作为 Cd-S 配体化合物固存于节中，并通过木质部流将同位素较重的 Cd 转运至叶中时，会发生镉同位素分馏（Hazama et al.，2015；Ueno et al.，2008）。在节中，*OsHMA3* 基因的表达可为节点保留更多的 Cd-S 配体化合物，从而有助于重镉同位素随木质部流转运至叶片。节内 *OsHMA2* 和 *OsLCT1* 基因的表达，会促进镉装载至分散维管束的韧皮部，导致籽粒镉浓度提高。据报道，水稻成熟期节内 *OsLCT1* 基因表达的水平很高，但高镉浓度不会影响 *OsLCT1* 基因的表达水平（Uraguchi et al.，2011）。排水条件下，镉可能超载（Nocito et al.，2011），从而导致过量的镉通过 OsHMA2 和 OsLCT1 运输到韧皮部，将镉重分配并转运至上部的节和穗轴。排水条件下节内较重的同位素组成与 *OsHMA2*、*OsLCT1* 基因表达间的对应关系表明，由于节内镉同位素较重，OsHMA2 和 OsLCT1 可能优先转运轻镉同位素。

水稻韧皮部汁液中，大部分镉都与蛋白质或巯基化合物络合（Kato et al.，2010），但同时也存在 Cd-S、Cd-O 配体化合物（Yamaguchi et al.，2012）。研究发现，从节点 I 至穗轴优先转运轻镉同位素，表明 Cd-S 配体化合物被优先转运；而轻镉同位素（Cd-S）从叶片经韧皮部的转运，可能提高节和穗轴间的分馏程度。由于排水条件下，剑叶中 *OsHMA2* 和 *OsLCT1* 基因的表达比淹水条件下更强，故可推测排水条件下的剑叶中韧皮部的镉装载增强。镉经韧皮部从剑叶向下运输到节点 I，从而导致更多的镉进一步向穗轴转运（Yamaji & Ma，2014）。因此，通过节点 I 回迁的过程，可能导致穗轴和剑叶间镉的同位素组成相似。

小麦和大麦的籽粒中易富集重镉同位素，可能是因为植物自身发挥了阻止镉在籽粒中累积的机制，如根部和麦秆中轻镉同位素与植物螯合肽的螯合（Imseng et al.，2019；Wiggenhauser et al.，2016，2018）。Zhong 等（2021）的研究结果揭示了水稻中同位素分馏的更多细节，即镉同位素只在穗轴与稻壳间的转运中发生分馏，而从稻壳到籽粒的转运中，籽粒优先富集重镉同位素（$\Delta^{114/110}Cd_{籽粒-稻壳} = 0.30‰ \pm 0.06‰$），表明重镉同位素，如 Cd-O 配体化合物，倾向于转运至籽粒，而轻镉同位素，如 Cd-S 配体化合物，则优先累积于稻壳中。

3.3.5 水稻不同生长发育时期的镉同位素分馏

1. 拔节期

1）土-根界面镉同位素分馏

如图 3.21 所示，水稻优先从土壤溶液吸收轻镉同位素（$\Delta^{114/110}Cd_{整体植株-土壤溶液} = -0.15‰$），且与已报道的分馏程度（−0.34‰～−0.06‰）相似（Imseng et al.，2019；Wiggenhauser et al.，2021），推测水稻优先从土壤溶液中吸收轻镉同位素可能是受到土壤中的镉迁移，以及经转运蛋白进入根部细胞过程的影响（Imseng et al.，2019）。当 Cd 从土壤中释放时，重镉同位素优先在土壤溶液中富集，这是因为含水的 Cd 化合物，如游离和水合镉离子，与相邻氧原子结合的键比与土壤结合的键更短（Wiederhold，2015；Wiggenhauser et al.，2021）。因此，土壤溶液中 Cd 会扩散并吸附于根表，最终被根系吸收（Imseng et al.，2019）。另外，锌在扩散过程中的同位素组成变化表明，通过生物膜或水生环境中活性颗粒周围的边界层扩散，会优先富集轻锌同位素（Arnold et al.，2010；Rodushkin et al.，2004），这种扩散效应也可能解释土壤溶液中的镉同位素分馏机制。但是，尚无证据表明扩散效应对镉同位素有显著影响。

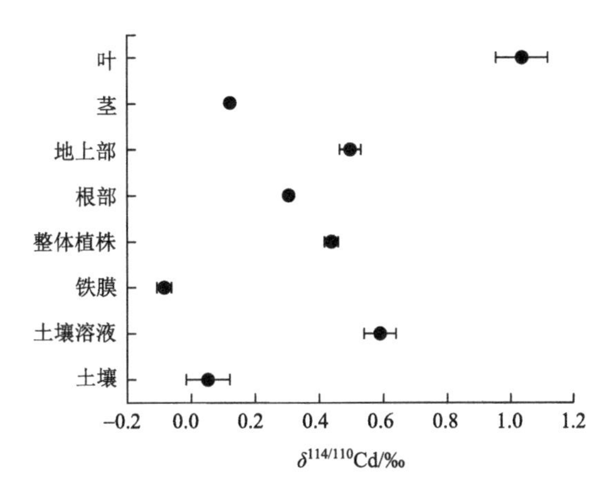

图 3.21　水稻拔节期土壤–水稻体系镉同位素组成（Zhong et al.，2022）

根表铁膜在根系镉吸收方面起重要作用（Huang et al.，2019）。与土壤溶液相反，根表铁膜优先富集轻镉同位素（$\Delta^{114/110}Cd_{铁膜-土壤溶液}=-0.40‰\sim-0.67‰$），从营养液到水稻根表提取态的镉同位素也表现类似分馏方向 $\Delta^{114/110}Cd_{根表提取态-土壤溶液}=-0.17‰$（Zhang et al.，2021）。因此，当镉扩散到根表面时，根表铁膜可通过吸附和共沉淀作用来隔离轻镉同位素（Wiggenhauser et al.，2021；Wasylenki et al.，2014），从而减缓镉被根系吸收。

尽管 OsNramp1 等转运蛋白都可介导水稻的镉吸收过程，但 OsNramp5 转运蛋白是镉进入水稻根系的最主要途径（Sasaki et al.，2012；Takahashi et al.，2011）。最新研究结果显示，可可豆的 Nramp5 转运蛋白可促进酵母细胞对轻镉同位素的摄取（Moore et al.，2020），Nramp 的金属结合位点中蛋氨酸硫优先与 Cd 底物配位（Bozzi et al.，2016）。水稻植株比土壤溶液更易富集轻镉同位素，可能是因为同位素平衡分馏中镉与膜上的转运蛋白结合时优先选择轻同位素，或是因为同位素动力学分馏中的转运蛋白倾向于选择轻镉同位素进行跨膜转运。

2）根部–地上部转运过程中镉同位素分馏

从根部至地上部，水稻优先转运重镉同位素（$\Delta^{114/110}Cd_{地上部-根部}=0.19‰\pm0.03‰$），表明淹水条件下较重的 Cd 同位素容易从根部向地上部转运。研究发现，谷物中常可观察到从根部到地上部/稻秆的镉同位素正分馏，如 OsHMA3 功能正常的水稻中 $\Delta^{114/110}Cd_{地上部-根部}=0.16‰\sim0.19‰$；OsHMA3 功能正常的小麦和大麦中 $\Delta^{114/110}Cd_{地上部-根部}=0.21‰\sim0.41‰$（Imseng et al.，2019；Wiggenhauser et al.，2016，2021）。OsHMA3 转运蛋白在根部液泡的 Cd 隔离中起重要作用，其中 Cd-S 配体化合物是 Cd 的主要存储形式，属于较轻的同位素；而其余较重的同位素，如 Cd^{2+}和 Cd-O 配体化合物，则被转运至地上部（Wiggenhauser et al.，2021；Zhang et al.，2021）。

3）茎–叶转运过程中镉同位素分馏

水稻的叶比茎更易富集重镉同位素，表明重镉同位素优先从茎转运至叶片。较早的研究主要集中于根到地上部/稻秆的镉同位素分馏，未将地上部进一步细分为茎和叶（Imseng et al.，2019；Wiggenhauser et al.，2016，2021）。Moore 等（2020）的研究结果显示，与水稻相似，可可豆的叶片也具有比整个植株更易富集重镉同位素的特征。水稻中 CAL1 的表达可能有助于形成具有轻镉同位素组成特征的 Cd-CAL1 复合物，从而有助于镉固定于茎的木质部，导致相对较重的镉转运至叶片（Zhong et al.，2022）。

2. 扬花期

1）土-根界面镉同位素分馏

与拔节期类似，扬花期的水稻同样优先吸收土壤溶液中的轻镉同位素，但会呈现更大的分馏程度（$\Delta^{114/110}Cd_{水稻植株-土壤溶液}=-0.54‰$）（图 3.22）。根系吸收土壤溶液中的 Cd，受一系列过程的影响，如扩散、根表吸附、转运蛋白的跨膜转运等，这些过程可能有利于轻镉同位素的转移（Imseng et al.，2019；Zhong et al.，2021）。因此，从拔节期到扬花期，土壤溶液与水稻间镉同位素分馏的提高，可能与土壤溶液中轻镉同位素不断被根系吸收，从而导致土壤溶液中轻镉同位素的亏损有关。

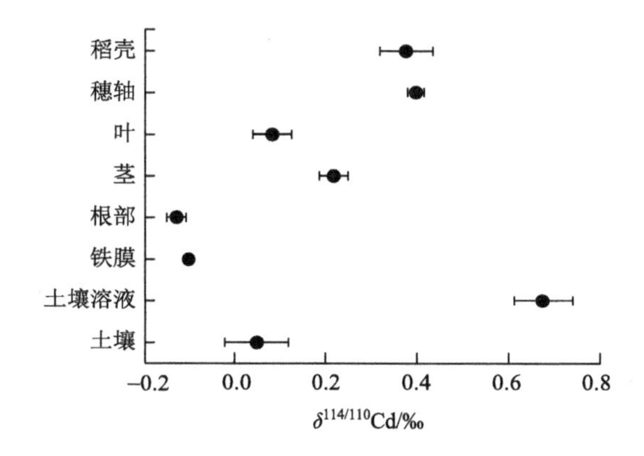

图 3.22　水稻扬花期土壤-水稻体系镉同位素组成（Zhong et al.，2023）

2）根部-地上部转运过程中镉同位素分馏

根部液泡优先对轻镉同位素隔离，会导致轻镉同位素优先富集于根部，而相对较重的镉同位素则被转运至地上部，而且水稻的扬花期比拔节期具有更大的分馏程度（$\Delta^{114/110}Cd_{地上部-根部}=0.31‰$）（Wiggenhauser et al.，2021）。研究表明，水稻中过量表达 *OsHMA3* 基因时，会比 *OsHMA3* 基因功能缺失的水稻植株产生更大程度的根部至地上部分馏（Wiggenhauser et al.，2021）。从拔节期到扬花期，水稻根部逐渐形成更强大的防火墙系统，即通过液泡隔离、镉络合等过程将镉固定于根部，从而导致扬花期根部至地上部的迁移过程中镉同位素分馏值比拔节期更大。

3）地上部迁移过程中镉同位素分馏

在水稻的扬花期，重镉同位素倾向于从茎迁移至穗轴（$\Delta^{114/110}Cd_{花轴-茎}=0.18‰\pm 0.04‰$），且与从穗轴到稻壳的镉同位素组成一致，表明扬花期的水稻茎优先隔离轻镉同位素，且重镉同位素优先转移至穗轴和稻壳。水稻的茎和节点通过木质部和韧皮部与稻壳和穗轴相连，因此，推测重镉同位素均优先通过木质部和韧皮部转运至稻壳和穗轴。

3. 灌浆期

1）土-根界面镉同位素分馏

如图 3.23 所示，水稻灌浆期的土壤溶液中镉同位素组成重于土壤镉（$\Delta^{114/110}Cd_{土壤溶液-土壤}$ = 0.62‰～0.72‰），且与前述结果相似。在同位素平衡分馏中，键较长的 Cd-S 化合物倾向于富集轻镉同位素；而键较短的化合物，由于其较强的键合能力，倾向于富集较重的同位素（Fulda et al.，2013；Wiederhold，2015）。铁膜的吸附优先选择轻镉同位素（$\Delta^{114/110}Cd_{铁膜-土壤溶液}$ = –0.77‰～–0.78‰），沉淀和吸附过程可导致负方向的同位素分馏。此外，灌浆期未改变水稻植株的镉同位素组成（扬花期：$\delta^{114/110}Cd_{水稻植株}$ = 0.14‰；成熟期 $\delta^{114/110}Cd_{水稻植株}$ = 0.14‰），表明水稻扬花期和灌浆期未改变镉的吸收方式。水稻优先吸收轻镉同位素（$\Delta^{114/110}Cd_{水稻植株-土壤溶液}$ = –0.63‰），这与报道的水稻、小麦、大麦和可可豆吸收过程具有负方向分馏的结果一致（Wiggenhauser et al.，2021；Imseng et al.，2019；Moore et al.，2020）。与扬花期相比，灌浆期水稻在根系吸收过程可产生更大程度的镉同位素分馏，这表明由于土壤溶液中的轻镉同位素不断被根系吸收，而引起土壤溶液镉的亏损，从而导致灌浆期的水稻植株与土壤溶液间具有更大程度的镉同位素分馏。

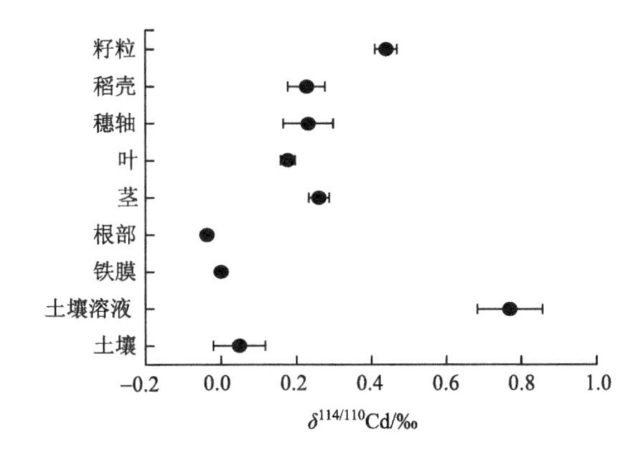

图 3.23　水稻灌浆期土壤-水稻体系镉同位素组成（Zhong et al.，2023）

2）根部-地上部转运过程中镉同位素分馏

根部液泡可对轻镉同位素进行临时“扣押”，相对较重的镉同位素被转运至地上部（$\Delta^{114/110}Cd_{地上部-根部}$ = 0.33‰～0.34‰）（Wiggenhauser et al.，2021）。根部-地上部转运过程中镉同位素分馏的差异，与 OsHMA3 转运蛋白的活性有关。*OsHMA3* 基因功能丧失的水稻植株中，根部与地上部间的镉同位素组成不存在差异；而 *OsHMA3* 基因功能正常时，则可提高水稻植株中根部与地上部间的分馏程度，而且 *OsHMA3* 基因过量表达更导致相对较重的镉同位素迁移至叶片（Zhang et al.，2021）。尽管灌浆期没有观察到整个水稻植株的同位素组成变化，但是根部和地上部的同位素组成均变得更重（根部：$\Delta^{114/110}Cd_{成熟期-扬花期}$ = 0.09‰ ± 0.02‰；地上部：$\Delta^{114/110}Cd_{成熟期-扬花期}$ = 0.08‰ ± 0.05‰），因此灌浆期和扬花期保持相同的根部至地上部的镉分馏程度（$\Delta^{114/110}Cd_{地上部-根部}$ = 0.33‰），推测可能由于水稻为避免镉的毒性，而在灌浆期将镉储存于根部液泡中，以减缓镉向地上部和籽粒中的转运。

3）地上部再分配过程中镉同位素分馏

在水稻的灌浆期，水稻叶片整体亏损轻镉同位素（整体叶片：$\Delta^{114/110}Cd_{成熟期-扬花期}$ = 0.09‰ ± 0.05‰），表明灌浆期轻镉同位素优先从叶片经韧皮部回迁至籽粒（Uraguchi & Fujiwara，2013）。水稻节内扩大维管束的木质部和韧皮部，均存在一定比例的Cd-S和Cd-O配体化合物，且韧皮部中Cd-O配体化合物比例更高，因此推测叶中也存在Cd-S和Cd-O配体化合物（Zhao et al.，2021）。镉从水稻叶片回迁至籽粒，主要以Cd-S配体化合物（富集轻镉同位素）为主，而相对较重的镉同位素则被“扣押”于叶片液泡内。扬花期前在穗轴积累的镉中，其中的重镉同位素在灌浆期迁移至籽粒，使得穗轴亏损重镉同位素，表明更多的Cd-O配体化合物可能运输至籽粒中；而轻镉同位素则储存于质外体中，从而导致灌浆期穗轴和稻壳的镉同时变轻（穗轴：$\Delta^{114/110}Cd_{成熟期-扬花期}$ = −0.17‰ ± 0.07‰；稻壳：$\Delta^{114/110}Cd_{成熟期-扬花期}$ = −0.15‰ ± 0.08‰）。从穗轴到籽粒的迁移过程中，籽粒优先富集重镉同位素（$\Delta^{114/110}Cd_{籽粒-稻壳}$ = 0.21‰ ± 0.06‰）（图3.20），表明更多的Cd-O配体化合物可能运输至籽粒，而大部分Cd-S配体化合物在壳中累积。此结果与小麦和大麦籽粒中倾向于富集重镉同位素类似，且可能是因为轻镉同位素与植物螯合肽发生螯合，从而阻止镉向籽粒的迁移（Wiggenhauser et al.，2016；Imseng et al.，2019）。

3.3.6 铁和锌对水稻镉吸收转运的影响

1. 铁的影响

排水条件下，水稻中铁同位素的组成与土壤溶液相似，表明水稻根部对土壤溶液铁的吸收主要是Fe(Ⅱ)，这可能与根部*OsIRT1*基因表达上调有关。OsIRT1转运蛋白不仅负责水稻铁的吸收，也可介导镉的吸收。由于排水导致缺铁，刺激根部*OsIRT1*基因的表达，导致水稻吸收Fe(Ⅱ)的同时，也吸收更多的镉。另外，排水条件下氧气增多，导致Fe(Ⅱ)生物有效性和pH均降低、氧化还原电位则升高，这有利于镉从土壤铁锰氧化物结合态、硫化物结合态释放。因此，铁与镉竞争的分子效应有限。

排水条件下，水稻优先从土壤溶液吸收重铁同位素（$\Delta^{56}Fe_{水稻植株-土壤溶液}$ = 1.71‰），但是，水稻植株中的铁同位素组成却比根表铁膜的更轻（$\Delta^{56}Fe_{水稻植株-铁膜}$ = −0.72‰）（图3.24）。淹水条件下的根表铁膜和土壤溶液均可能是水稻镉的潜在来源，且可通过二端元混合模型计算出铁膜和土壤溶液对水稻镉吸收的贡献。从土壤溶液到水稻植株的铁同位素分馏程度比从铁膜到水稻植株的程度更大，表明铁膜是比土壤溶液更重要的铁来源。水稻体内的铁主要来源于铁膜，而铁膜主要是根系泌氧将淹水期间异化铁还原所释放的Fe(Ⅱ)，在根表再氧化所形成。淹水条件下，根中*OsNAS3*、*OsNAAT1*、*OsTOM2*和*OsYSL15*基因的表达上调（图3.25），表明淹水条件下有利于OsNAS3和OsNAAT1产生DMA，促进OsTOM2对DMA的分泌及OsYSL15转运蛋白对Fe(Ⅲ)-DMA的吸收。淹水条件下，水稻向根际分泌更多DMA，Fe(Ⅲ)-DMA的吸收比Fe(Ⅱ)更有效率。Fe(Ⅲ)-DMA络合物的吸收，导致重铁同位素优先氧化成氧化铁并附着于根表。通过水稻分泌DMA，溶解络合Fe(Ⅲ)，进而使重铁同位素被水稻根系所吸收。根据同位素的质量平衡机制，虽然系统Ⅰ可以促进水稻对铁的直接吸收，但系统Ⅱ仍然是水稻吸收铁的主要形式。然而，Fe(Ⅱ)通过 OsIRT1 或者 OsNramp1 转运蛋白进入水稻时，可与 Cd(Ⅱ)竞争转运蛋白，从而形成铁与镉的竞争吸收。尽管淹水有利于铁代谢抑制水稻镉吸收，但根系分泌的麦根酸类物质作为铁载体，可与 Fe(Ⅲ)形成络合物而被根系吸收，另外，根系分泌的多种有机酸，会降低根际 pH，且易与镉形成络合物，从而影响根际镉的活性。

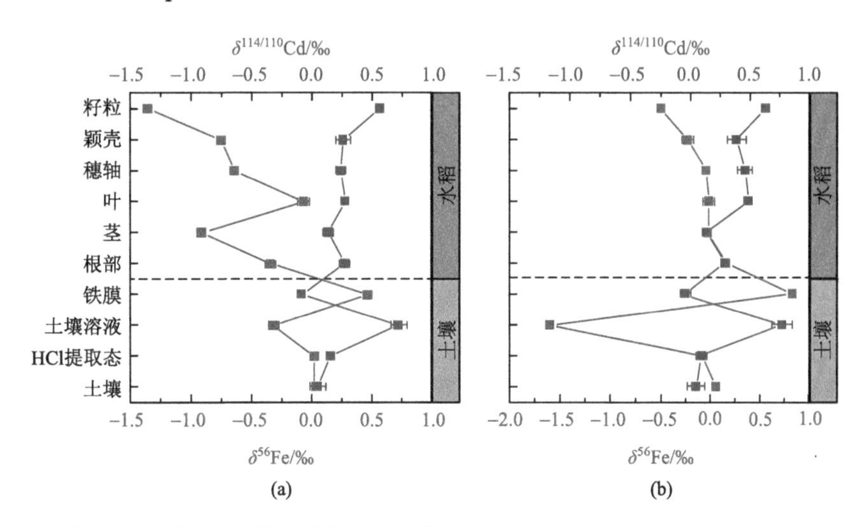

图 3.24 土壤-水稻体系中铁和镉同位素组成（Zhong et al.，2021，2022）

（a）排水；（b）淹水。

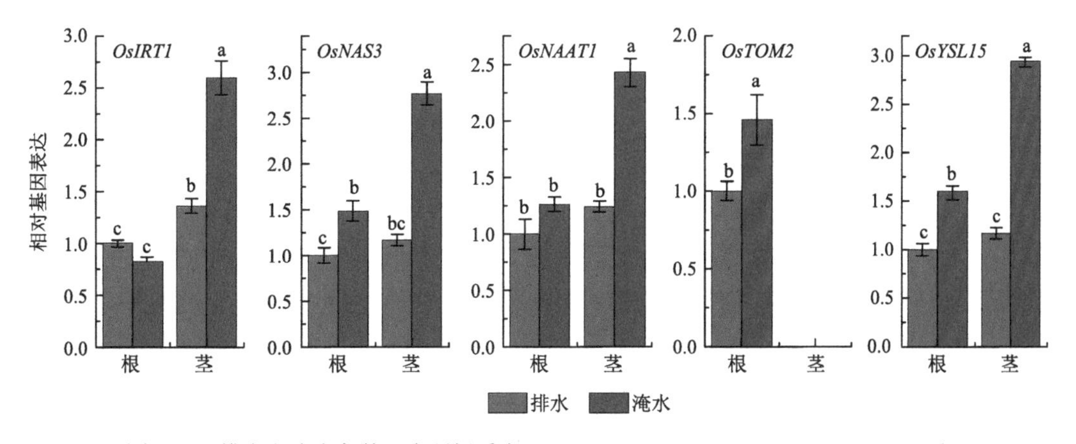

图 3.25 排水和淹水条件下水稻根系中 *OsIRT1*、*OsNAS3*、*OsNAAT1*、*OsTOM2* 和 *OsYSL15* 基因的表达水平（Zhong et al.，2022）

2. 锌的影响

无论排水还是淹水条件，水稻植株都是优先吸收土壤溶液中的重锌同位素，且二者分馏的程度一致（图 3.26）。一般认为，水稻吸收的锌主要是通过根部分泌脱氧麦根酸络合锌，而该络合过程优先选择重锌同位素。淹水条件下，土壤溶液的锌浓度急剧下降，诱导 *OsZIP1*、*OsZIP5* 和 *OsZIP9* 基因在根部表达，导致部分锌将通过亲和力较高的 ZIP 转运蛋白进入水稻（Tan et al.，2020；Yang et al.，2021）。ZIP 转运蛋白介导锌吸收过程所产生的同位素分馏可能与 DMA 络合锌过程相似。因此，淹水条件下，水稻不仅可吸收脱氧麦根酸与锌的络合物，而且 ZIP 转运蛋白可作为锌吸收的额外途径，且淹水条件下的 ZIP 吸收比排水条件下的作用更重要。据报道，OsZIP5 和 OsZIP9 均可转运锌和镉，因此锌和镉可竞争 ZIP 转运蛋白进入水稻（Tan et al.，2020）。然而，OsNramp5 转运蛋白是水稻吸收镉的主要通道，因此，不同水分条件下，锌对水稻镉吸收的抑制作用可能都较为有限。

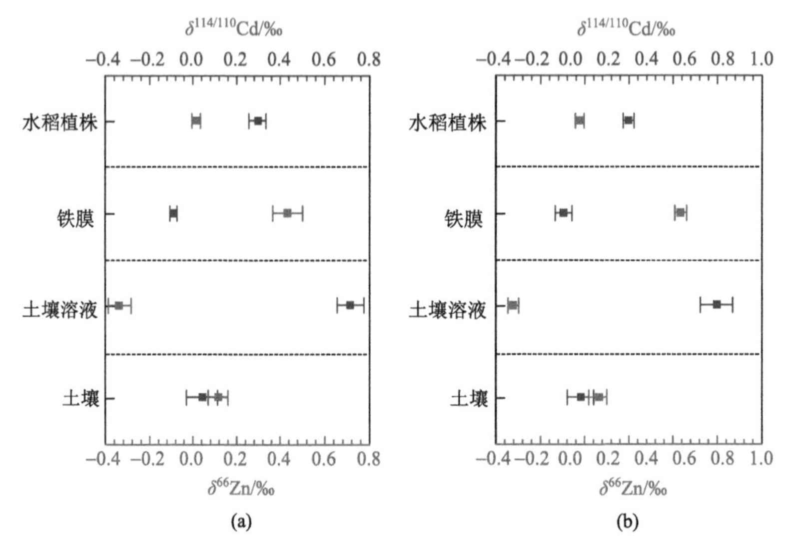

图 3.26 淹水与排水条件下土壤-水稻体系中锌和镉同位素组成（Zhong et al.，2021）

（a）排水；（b）淹水。

排水条件下，水稻根部与地上部的锌同位素组成一致，但淹水条件下水稻的地上部易富集较重的锌同位素，表明淹水和排水条件下水稻中的锌转运机制存在差异。淹水条件下，与 *ZIP* 家族基因表达上调相反，*OsHMA2* 基因的表达下调（Zhong et al.，2021）。OsHMA3 和 OsHMA2 转运蛋白均可以转运锌和镉，其中 OsHMA3 可将锌和镉隔离到根部液泡中，而 OsHMA2 可将锌和镉装载到木质部中。排水条件下，*OsHMA2* 基因的表达上调可促进锌和镉向地上部转运。淹水条件下，*OsHMA3* 基因的表达量比排水条件下更高，从而促进锌和镉竞争进入根部液泡中。ZIP 转运蛋白与 DMA 均优先结合重锌同位素，而淹水条件下缺锌导致 *ZIP* 基因表达上调，从而可优先从根部转运重锌同位素至地上部，故可推测淹水条件下冗余的 ZIP 转运蛋白可能是水稻体内 Zn(Ⅱ)转运的重要途径，从而补偿锌从土根部转运至地上部。目前，关于 ZIP 转运蛋白对于镉的亲和力鲜见报道，但是，平衡分馏中显示重锌同位素优先结合到含氧官能团的配体上，故可推测 ZIP 转运蛋白对镉的亲和力可能较低，对镉从水稻根部转运至地上部的贡献有限。

3.3.7 影响稻米镉积累的关键因素

1. 水分管理因素

在水稻植株分蘖末期，稻田一般都要进行排水，以抑制无效分蘖；在抽穗末期也进行排水，以促进籽粒灌浆且便于成熟期收获（Pan et al.，2016）。Arao 等（2009）的盆栽试验结果显示，全生育期淹水处理，稻米镉仅为 0.005～0.01 mg/kg；而在抽穗期进行排水处理，稻米镉升高至 0.27～0.36 mg/kg。田间试验结果也显示，全程淹水的稻米镉仅为 0.08 mg/kg，而排水条件下则升高至 0.4 mg/kg（Inahara et al.，2007）。如图 3.27a 所示，通过测定全生育期淹水、排水两种水分管理条件下，水稻各组织的镉含量，发现排水条件下水稻根、茎、稻米中的镉含量显著升高（$p<0.05$）；另如图 3.27b 所示，排水条件下，稻米镉含量所占水稻植株镉含量的比例有所升高。在抽穗期，水稻吸收镉的能力强，排水导致稻田镉的生物有效性迅速升高，这两种因素叠加，导致稻米镉累积量显著升高。

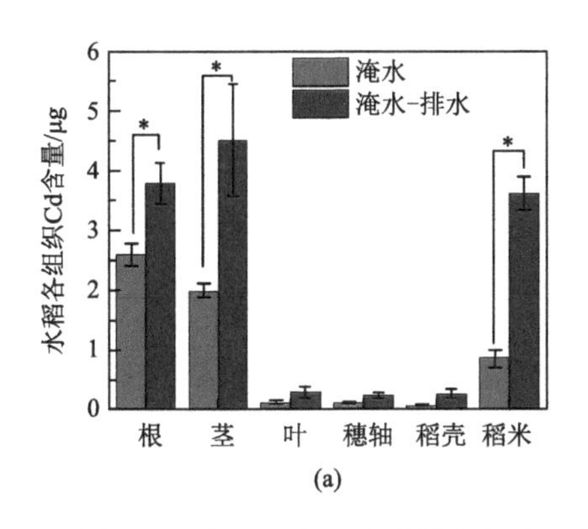

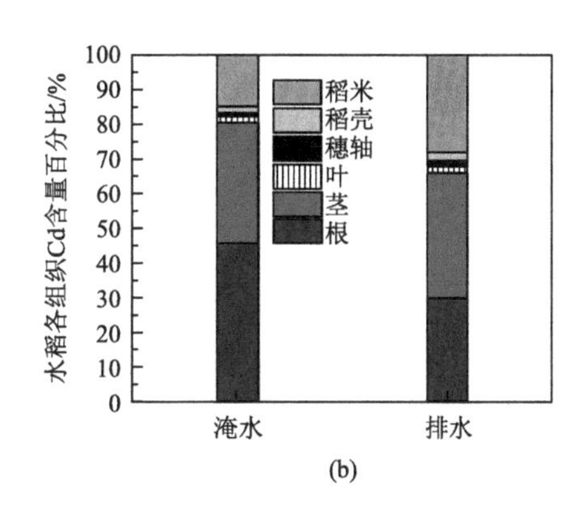

图 3.27　全生育期淹水或排水条件下水稻各组织的镉含量（a）及百分占比（b）

2. 季节因素

在我国南方，根据栽培季节，将水稻分为早稻和晚稻。早稻的生长季节，气温由低到高，日照由短到长，光照由弱到强，降水由少到多，而晚稻则恰好相反。对华南某矿区周边早稻和晚稻镉含量进行分析，发现二者稻米的镉含量有明显差异。晚稻稻米镉平均含量（0.62 mg/kg）远高于早稻（0.29 mg/kg）；早稻稻米镉超标率为 49%，而晚稻则高达 62%（图 3.28），这一结果可能与水稻生长于不同季节中的气象因子有关。在亚热带季风气候区，大部分降雨集中于 3～7 月，土壤容易处于淹水状态，Cd 生物有效性比较低，而此阶段正值早稻生长季节，充沛的雨水会将水稻根际土壤沉降到深层土壤中，从而减少水稻根系与 Cd 的接触。另外，早稻生长季节空气湿度高，水稻的蒸腾作用较弱，土壤溶液中的 Cd 转移到稻米中的蒸腾拉力不足。晚稻的生长季节为 6～10 月，此时田间气温较高，一方面，高温会增强水稻的蒸腾作用，从而促进水稻根系对水分的吸收和转运，土壤溶液中的养分和有效态 Cd 也会随着水分进入水稻体内；另一方面，高温会促进水稻根系中植物铁螯合物的释放，Cd 与铁可共用一套螯合转运系统，导致 Cd 伴随着铁从土壤迁移到水稻体内并累积。

3. 水稻品种

籼稻和粳稻是长期适应不同生态条件，尤其是温度条件而形成的两种气候生态型品种，两者在形态生理特性方面都有明显的差异。籼稻主要分布在低纬度、低海拔的

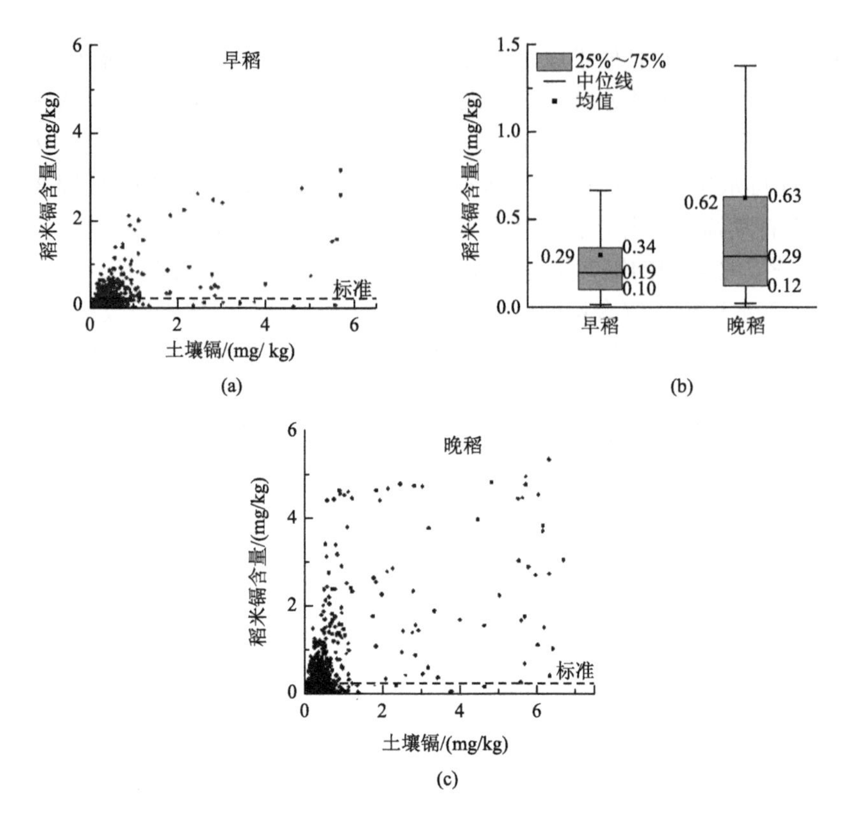

图 3.28　早稻与晚稻的稻米镉含量

早稻：$n = 630$；晚稻：$n = 758$。

湿热地区，如华南热带地区、淮河以南亚热带地区等。粳稻则适于在高纬度、高海拔地区栽培，其分布范围更广，从我国的东北、华北及西北地区到南方的高寒山区、云贵高原及秦岭均有栽培。籼稻是由野生稻最早演变成栽培稻的基本型，而粳稻是人类将籼稻由南向北、由低纬度向高纬度引种后，逐渐适应低温气候下生长的生态变异型。不同的水稻品种中，镉的吸收与积累能力存在明显差异。一般来说，籼稻稻米镉含量普遍高于粳稻，而杂交稻对镉的富集能力要大于常规稻（仲维功等，2006）。通过对 15 个品种水稻 Cd 含量进行检测，发现不同水稻品种间稻米的镉含量差异很大（图 3.29）（Qi et al.，2020）。

4. 养分管理

水稻在生长过程中需要吸收大量的矿质元素，因此施肥是水稻生产不可或缺的技术措施，所用肥料包括有机肥、氮肥、磷肥、钾肥等。

有机肥中含有大量的有机质，其中腐殖酸与土壤中的重金属发生螯合或络合反应，使 Cd 转化为活性较低的有机结合态 Cd。另外，有机质具有很大的比表面积，并带有大量的官能团，如羧基、酚羟基等，从而可有效络合/螯合土壤中 Cd、Zn 等重金属。因此，施用有机肥不仅可提高土壤肥力，而且可减少植物的重金属吸收，降低稻米 Cd 含量（张亚丽等，2001）。

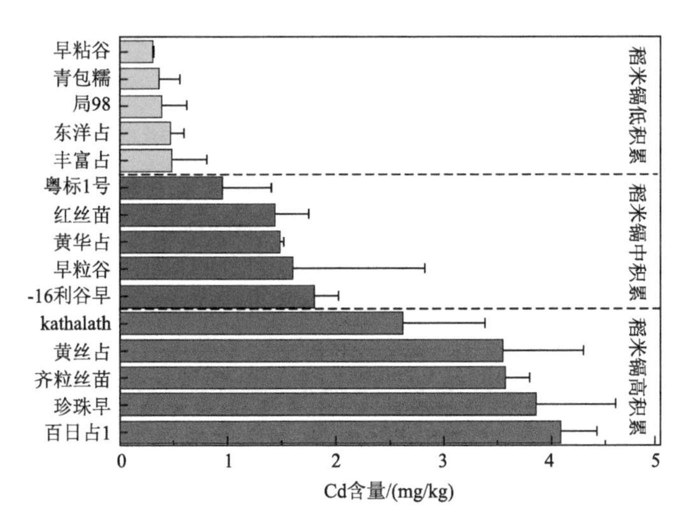

图 3.29　15 个水稻品种的稻米镉含量

镉可与磷酸盐形成不溶性沉淀，降低 Cd 生物有效性，从而减少镉被根系吸收（Seshadri et al.，2016）。

氮肥可改变土壤的理化性质及 Cd 的生物有效性，影响水稻吸收、转运 Cd。例如，尿素显著提高稻米镉的积累，而施用硝酸钠则减少稻米镉积累（图 3.30）。

钾肥主要是氯化钾和硫酸钾，二者都可提高稻米镉含量（图 3.30）。

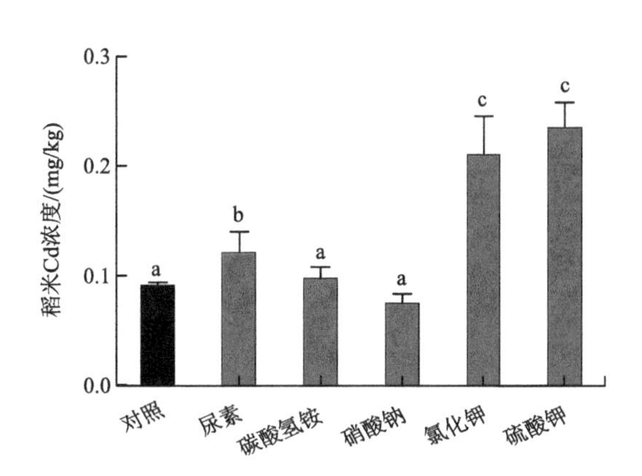

图 3.30　施用不同氮肥和钾肥后稻米中的镉浓度

5. 成土母质

现有研究结果显示，碳酸盐岩石风化物发育的水稻土，水稻稻米 Cd 含量相对较低，这可能是因为碳酸盐发育的水稻土 pH 较高，土壤固相具有更多的负电荷吸附位点，Cd(Ⅱ)被强烈固定在土壤固相中，导致其生物有效性降低（耿增强和戴伟，2011）。花岗岩、第四纪红色黏土发育的水稻土 pH 较低，Cd(Ⅱ)主要被铁锰氧化物、有机质等所吸附，生物有效性相对较高（王代长等，2007）。冲洪积物形成的水稻土，质地较轻，多为砂质土壤，土壤盐基饱和度和 pH 较低，Cd 生物有效性也较高（郝性中，1993）。

6. 土壤硅的生物有效性

硅不是植物生长的必需元素，但对于水稻必不可少，水稻是喜硅植物之一，土壤硅的生物有效性对水稻产量及稻米镉积累影响都很大。研究发现，某矿区采集的107对土壤-稻米样本（Yu et al.，2016a），采用碳酸钠（Na_2CO_3）、碳酸氢钠（$NaHCO_3$）、柠檬酸（CA）、草酸-草酸铵缓冲溶液（Ox）、乙酸-乙酸钠缓冲溶液（HOAc）、连二亚硫酸钠-柠檬酸钠-碳酸氢钠溶液（DCB）等 6 种提取剂提取土壤硅；水稻样品分为籽粒、稻壳、茎秆和根 4 个部位，分别测定其硅、镉含量。结果如表3.7所示，6种提取态硅均与水稻籽粒镉含量呈显著负相关，除DCB-Si和Na_2CO_3-Si外，其他4种提取态硅与茎秆镉含量呈显著负相关。此外，CA-Si和Ox-Si与根部镉含量呈显著负相关。表明不同形态的硅均在一定程度上降低镉从土壤至水稻的转移。

另外，水稻根中硅含量与籽粒、茎秆及根中镉含量呈显著负相关，茎秆中镉含量与硅含量亦呈显著负相关（表3.8），表明硅可降低水稻各个部位的镉积累。

表3.7　不同提取态硅与水稻根、茎秆、稻壳及籽粒Cd含量的相关性分析（Yu et al.，2016a）

硅组分	根 Cd	茎秆 Cd	稻壳 Cd	籽粒 Cd
$NaHCO_3$-Si[a]	−0.12	−0.33**	−0.02	−0.44**
Na_2CO_3-Si[b]	−0.08	−0.18	−0.03	−0.28**
CA-Si[c]	−0.33**	−0.47**	0.03	−0.34**
HOAc-Si[d]	−0.14	−0.38**	0.06	−0.38**
Ox-Si[e]	−0.37**	−0.51**	0.07	−0.29**
DCB-Si[f]	0.43**	0.23*	0.05	−0.32**

a：0.5 mol/L $NaHCO_3$（pH = 8.5）提取态硅；b：0.19 mol/L Na_2CO_3（pH = 11）提取态硅；c：0.025 mol/L 柠檬酸提取态硅；d：乙酸-乙酸钠缓冲溶液（pH = 4.0）提取态硅；e：草酸-草酸铵缓冲溶液（pH = 3.0）提取态硅；f：连二亚硫酸钠-柠檬酸钠-碳酸氢钠溶液提取态硅；*$p<0.05$；**$p<0.01$。

表3.8　水稻根、茎秆、稻壳及籽粒中硅与Cd含量相关性分析（Yu et al.，2016a）

	Cd（籽粒）	Cd（稻壳）	Cd（茎秆）	Cd（根）
Si（籽粒）	0.00	0.00	−0.13	−0.01
Si（稻壳）	−0.14	−0.09	0.013	0.24*
Si（茎秆）	−0.08	0.11	−0.35**	−0.19
Si（根）	−0.28**	−0.20	−0.39**	−0.38**

*$p<0.05$；**$p<0.01$。

3.4　展　　望

综上所述，近年来，国内外已经广泛开展了稻田镉的吸附-解吸、固定-活化、植物吸收转化等方面的研究，但有关土壤-水稻体系中镉的多界面-多过程-多重环境要素，共同制约的迁移转化机制研究仍然不够，理解不够深入，也不够系统。今后，可从地球表层系统过程的角度，深入系统地研究土-水、根-土、根-籽粒的多界面镉迁移转化过程及其机制，主要关注如下几个方面：

（1）镉在"土—水—铁膜—根—节—叶—籽粒"中的迁移或转运的主控过程是什么？最关键的界面和节点是什么？

（2）水稻全生育期 120 d 左右，镉从土壤转移至籽粒受水-土、根-土、根-籽粒的多个界面的控制，涉及土壤化学、微生物、水稻生理学科，应聚焦建立全生育期的土-水、根-土、根-籽粒的多界面动力学模型，以及定量解析界面反应过程及相关机制。

（3）土壤-水稻体系中镉迁移转化的多界面机制受多重环境要素的共同影响，主要包括土壤 pH/Eh 等环境因子、品种（系）等遗传因子、有机肥与化学肥料的施加等人为因子、成土母质等地球化学因子，今后应着力定量地解析多重环境因素的影响及其机制。

参考文献

陈喆，张淼，叶长城，等，2015. 富硅肥料和水分管理对稻米 Cd 污染阻控效果研究[J]. 环境科学学报，35：4003-4011.

戴树桂，2006. 环境化学[M]. 北京：高等教育出版社.

耿增超，戴伟，2011. 土壤学[M]. 北京：科学出版社.

郝性中，1993. 滇东南喀斯特峰丛地区灰岩土壤的基本性质和综合评价[J]. 云南地理环境研究，5：65-75.

李芳柏，李勇珠，2019. 稻田体系中铁的生物地球化学过程及铁同位素分馏机制研究进展[J]. 生态环境学报，28：1251-1260.

龙小林，向珣朝，徐艳芳，等，2014. 镉胁迫下籼稻和粳稻对镉的吸收、转移和分配研究[J]. 中国水稻科学，28：177-184.

彭华，田发祥，魏维，等，2017. 不同生育期施用硅肥对水稻吸收积累镉硅的影响[J]. 农业环境科学学报，36：1027-1033.

王代长，蒋新，贺纪正，等，2007. 酸性土壤中 Cd^{2+}的吸附与运移特性[J]. 环境化学，26：307-313.

杨阳，彭叶棉，王莹，等，2019. 稻田土壤镉的表面络合模型及其生物有效性验证[J]. 科学通报，64：3449-3457.

叶霖，潘自平，李朝阳，等，2005. 镉的地球化学研究现状及展望[J]. 24：339-348.

张亚丽，沈其荣，姜洋，2001. 有机肥料对镉污染土壤的改良效应[J]. 土壤学报，38：212-218.

钟松雄，李晓敏，李芳柏，2021. 镉同位素分馏在土壤-植物体系中的研究进展[J]. 土壤学报，58：825-836.

仲维功，杨杰，陈志德，等，2006. 水稻品种及其器官对土壤重金属元素 Pb、Cd、Hg、As 积累的差异[J]. 江苏农业学报，22：331-338.

Arao T，Kawasaki A，Baba K，et al.，2009. Effects of water management on cadmium and arsenic accumulation and dimethylarsinic acid concentrations in Japanese rice[J]. Environmental Science & Technology，43：9361-9367.

Arnold T，Kirk G J D，Wissuwa M，et al.，2010. Evidence for the mechanisms of zinc uptake by rice using isotope fractionation[J]. Plant Cell and Environment，33（3）：370-381.

Aucour A M，Bedell J P，Queyron M，et al.，2017. Zn speciation and stable isotope fractionation in a contaminated urban wetland soil-*Typha latifolia* system[J]. Environmental Science & Technology，51：8350-8358.

Berho C，Pouet M F，Bayle S，et al.，2004. Study of UV-vis responses of mineral suspensions in water[J]. Colloids and Surfaces A：Physicochemical and Engineering Aspects，248：9-16.

Bochatay L，Persson P，2000. Metal ion coordination at the water-manganite（gamma-MnOOH）interface Ⅱ. An EXAFS study of zinc(Ⅱ)[J]. Journal of Colloid and Interface Science，229：593-599.

Bozzi A T，Bane L B，Weihofen W A，et al.，2016. Conserved methionine dictates substrate preference in Nramp-family divalent metal transporters[J]. Proceedings of the National Academy of Sciences of the United States of America，113：10310-10315.

Chang J D，Huang S，Yamaji N，et al.，2020. *OsNRAMP1* transporter contributes to cadmium and manganese uptake in rice[J]. Plant Cell and Environment，43：2476-2491.

Chen Y，Chen F，Xie M，et al.，2020. The impact of stabilizing amendments on the microbial community and metabolism in cadmium-contaminated paddy soils[J]. Chemical Engineering Journal，395：125132.

Chuan M C，Shu G Y，Liu J C，1996. Solubility of heavy metals in a contaminated soil：Effects of redox potential and pH[J]. Water Air and Soil Pollution，90：543-556.

Clemens S，Aarts M G M，Thomine S，et al.，2013. Plant science：The key to preventing slow cadmium poisoning[J]. Trends in Plant Science，18：92-99.

Das N，Bhattacharya S，Bhattacharyya S，et al.，2017. Identification of alternatively spliced transcripts of rice phytochelatin synthase 2 gene *OsPCS2* involved in mitigation of cadmium and arsenic stresses[J]. Plant Molecular Biology，94：167-183.

Davis J A，Coston J A，Kent D B，et al.，1998. Application of the surface complexation concept to complex mineral assemblages[J]. Environmental Science & Technology，32：2820-2828.

Du L G，Rinklebe J，Vandecasteele B，et al.，2009. Trace metal behaviour in estuarine and riverine floodplain soils and sediments：A review[J]. Science of the Total Environment，407：3972-3985.

Fujimaki S，Suzui N，Ishioka N S，et al.，2010. Tracing cadmium from culture to spikelet：Noninvasive imaging and quantitative characterization of absorption，transport，and accumulation of cadmium in an intact rice plant[J]. Plant Physiology，152：1796-1806.

Fulda B，Voegelin A，Kretzschmar R，2013. Redox-controlled changes in cadmium solubility and solid-phase speciation in a paddy soil as affected by reducible sulfate and copper[J]. Environmental Science & Technology，47：12775-12783.

Furuya M，Hashimoto Y，Yamaguchi N，2016. Time-course changes in speciation and solubility of cadmium in reduced and oxidized paddy soils[J]. Soil Science Society of America Journal，80：870-877.

Goldberg S，2014. Application of surface complexation models to anion adsorption by natural materials[J]. Environmental Toxicology and Chemistry，33：2172-2180.

Gustafsson J，Pkleja D B，2005. Modeling salt-dependent proton binding by organic soils with the MICA-Donnan and Stockholm Humic models[J]. Environmental Science & Technology，39：5372-5377.

Hao X，Zeng M，Wang J，et al.，2018. A node-expressed transporter *OsCCX2* is involved in grain cadmium accumulation of rice[J]. Frontiers in Plant Science，9：476.

Hashimoto Y，Furuya M，Yamaguchi N，et al.，2016. Zerovalent iron with high sulfur content enhances the formation of cadmium sulfide in reduced paddy soils[J]. Soil Science Society of America Journal，80：55-63.

Hazama K，Nagata S，Fujimori T，et al.，2015. Concentrations of metals and potential metal-binding compounds and speciation of Cd，Zn and Cu in phloem and xylem saps from castor bean plants（*Ricinus communis*）treated with four levels of cadmium[J]. Physiologia Plantarum，154：243-255.

Heron G，Crouzet C，Bourg A C M，et al.，1994. Speciation of Fe(Ⅱ) and Fe(Ⅲ) in contaminated aquifer sediments using chemical extraction techniques[J]. Environmental Science & Technology，28：1698-1705.

Hofacker A F，Voegelin A，Kaegi R，et al.，2013. Temperature-dependent formation of metallic copper and metal sulfide nanoparticles during flooding of a contaminated soil[J]. Geochimica et Cosmochimica Acta，103：316-332.

Hu P，Huang J，Ouyang Y，et al.，2013. Water management affects arsenic and cadmium accumulation in different rice cultivars[J]. Environmental Geochemistry and Health，35：767-778.

Hu Y，Cheng H，Tao S，2016. The challenges and solutions for cadmium-contaminated rice in China：A critical review[J]. Environment International，92-93：515-532.

Huang H，Chen H P，Kopittke P M，et al.，2021. The voltaic effect as a novel mechanism controlling the remobilization of cadmium in paddy soils during drainage[J]. Environmental Science & Technology，55：1750-1758.

Huang Q，Liu Y，Qin X，et al.，2019. Selenite mitigates cadmium-induced oxidative stress and affects Cd uptake in rice seedlings under different water management systems[J]. Ecotoxicology and Environmental Safety，168：486-494.

Imseng M，Wiggenhauser M，Keller A，et al.，2019. Towards an understanding of the Cd isotope fractionation during transfer from the soil to the cereal grain[J]. Environmental Pollution，244：834-844.

Inahara M，Ogawa Y，Azuma H，2007. Countermeasure by means of flooding in latter growth stage to restrain cadmium uptake by lowland rice[J]. Japanese Journal of Soil Science and Plant Nutrition，78：149-155.

Ishii S，Ikeda S，Minamisawa K，et al.，2011. Nitrogen cycling in rice paddy environments：Past achievements and future challenges[J]. Microbes and Environments，26：282-292.

Islam E，Khan M，Tirem S，2015. Biochemical mechanisms of signaling：Perspectives in plants under arsenic stress[J]. Ecotoxicology and Environmental Safety，114：126-133.

Jiang J，Wang Y P，Yu M X，et al.，2018. Soil organic matter is important for acid buffering and reducing aluminum leaching from acidic forest soils[J]. Chemical Geology，501：86-94.

Jomova K，Valko M，2011. Advances in metal-induced oxidative stress and human disease[J]. Toxicology，283：65-87.

Karamalidis A K，Dzombak D A，2010. Surface Complexation Modeling：Gibbsite[M]. New York：Wiley.

Karimian N，Johnston S，Gburton E D，2018. Iron and sulfur cycling in acid sulfate soil wetlands under dynamic redox conditions：A review[J]. Chemosphere，197：803-816.

Kato M，Ishikawa S，Inagaki K，et al.，2010. Possible chemical forms of cadmium and varietal differences in cadmium concentrations in the phloem sap of rice plants（*Oryza sativa* L.）[J]. Soil Science and Plant Nutrition，56：839-847.

Kinniburgh D G，van Riemsdijk W H，Koopal L K，et al.，1999. Ion binding to natural organic matter：Competition，heterogeneity，stoichiometry and thermodynamic consistency[J]. Colloids and Surfaces A：Physicochemical and Engineering Aspects，151：147-166.

Kögel-Knabner I，Amelung W，Cao Z H，et al.，2010. Biogeochemistry of paddy soils[J]. Geoderma，157：1-14.

Kosmulski M，2018. The pH dependent surface charging and points of zero charge. Ⅶ. Update[J]. Advances in Colloid and Interface Science，251：115-138.

Kubier A，Wilkin R，Tpichler T，2019. Cadmium in soils and groundwater：A review[J]. Applied Geochemistry，108：104388.

Li H，Luo N，Li Y W，et al.，2017. Cadmium in rice：Transport mechanisms，influencing factors，and minimizing measures[J]. Environmental Pollution，224：622-630.

Li H，Zheng X，Tao L，et al.，2019. Aeration increases cadmium（Cd）retention by enhancing iron plaque formation and regulating pectin synthesis in the roots of rice（*Oryza sativa*）seedlings[J]. Rice，12：28.

Li Y C，Ge Y，Zhang C H，et al.，2010. Mechanisms for high Cd activity in a red soil from southern China undergoing gradual reduction[J]. Australian Journal of Soil Research，48：371-384.

Li Z，Wu L，Zhang H，et al.，2015. Effects of soil drying and wetting-drying cycles on the availability of heavy metals and their relationship to dissolved organic matter[J]. Journal of Soils and Sediments，15：1510-1519.

Lopez-Chuken U J，Young S D，Guzman-Mar J L，2010. Evaluating a biotic ligand model applied to chloride-enhanced Cd uptake by Brassica juncea from nutrient solution at constant Cd^{2+}activity[J]. Environmental Technology，31：307-318.

Luo J S，Huang J，Zeng D L，et al.，2018. A defensin-like protein drives cadmium efflux and allocation in rice[J]. Nature Communications，9：1-9.

Meers E，Samson R，Tack F M G，et al.，2007. Phytoavailability assessment of heavy metals in soils by single extractions and accumulation by *Phaseolus vulgaris*[J]. Environmental and Experimental Botany，60：385-396.

Moore R E T，Ullah I，de Oliveira V H，et al.，2020. Cadmium isotope fractionation reveals genetic variation in Cd uptake and translocation by Theobroma cacao and role of natural resistance-associated macrophage protein 5 and heavy metal ATPase-family transporters[J]. Horticulture Research，7：2006-2016.

Morel F M M，Hering J G，2010. Principles and Applications of Aquatic Chemistry[M]. New York：Wiley.

Nakanishi H，Ogawa I，Ishimaru Y，et al.，2006. Iron deficiency enhances cadmium uptake and translocation mediated by the Fe^{2+}transporters *OsIRT1* and *OsIRT2* in rice[J]. Soil Science and Plant Nutrition，52：464-469.

Nocito F F，Lancilli C，Dendena B，et al.，2011. Cadmium retention in rice roots is influenced by cadmium availability，chelation and translocation[J]. Plant Cell and Environment，34：994-1008.

Ouyang B J，Lu X C，Li J，et al.，2019. Microbial reductive transformation of iron-rich tailings in a column reactor and its environmental implications to arsenic reactive transport in mining tailings[J]. Science of the Total Environment，670：1008-1018.

Pan Y Y，Koopmans G F，Bonten L T C，et al.，2016. Temporal variability in trace metal solubility in a paddy soil not reflected in uptake by rice（*Oryza sativa* L.）[J]. Environmental Geochemistry and Health，38：1355-1372.

Peng S，Wang P，Peng L，et al.，2018. Predicting heavy metal partition equilibrium in soils：Roles of soil components and binding sites[J]. Soil Science Society of America Journal，82：839-849.

Ren G M，Jin Y，Zhang C M，et al.，2015. Characteristics of *Bacillus* sp PZ-1 and its biosorption to Pb(Ⅱ)[J]. Ecotoxicology and Environmental Safety，117：141-148.

Rodda M S，Li G，Reid R J，2011. The timing of grain Cd accumulation in rice plants：The relative importance of remobilisation within the plant and root Cd uptake post-flowering[J]. Plant Soil，347：105-114.

Rodushkin I，Stenberg A，Andrén H，et al.，2004. Isotopic fractionation during diffusion of transition metal ions in solution[J]. Analytical Chemistry，76：2148-2151.

Sasaki A，Yamaji N，Yokosho K，et al.，2012. Nramp5 is a major transporter responsible for manganese and cadmium uptake in rice[J]. Plant Cell，24：2155-2167.

Schaller M S，Koretsky C M，Lund T J，et al.，2009. Surface complexation modeling of Cd(Ⅱ) adsorption on mixtures of hydrous ferric oxide，quartz and kaolinite[J]. Journal of Colloid and Interface Science，339：302-309.

Seshadri B，Bolan N S，Wijesekara H，et al.，2016. Phosphorus-cadmium interactions in paddy soils[J]. Geoderma，270：43-59.

Shi R Y，Hong Z N，Li J Y，et al.，2017. Mechanisms for increasing the pH buffering capacity of an acidic ultisol by crop residue-derived biochars[J]. Journal of Agricultural and Food Chemistry，65：8111-8119.

Shi X Y，Zhou G T，Liao S J，et al.，2018. Immobilization of cadmium by immobilized *Alishewanella* sp. WH16-1 with alginate-lotus seed pods in pot experiments of Cd-contaminated paddy soil[J]. Journal of Hazardous Materials，357：431-439.

Shi Z Q，Allen H E，Di Toro D M，et al.，2013a. Predicting Pb-Ⅱ adsorption on soils：The roles of soil organic matter，cation competition and iron（hydr）oxides[J]. Environmental Chemistry，10：465-474.

Shi Z Q，Di Toro D M，Allen H E，et al.，2013b. A general model for kinetics of heavy metal adsorption and desorption on soils[J]. Environmental Science & Technology，47：3761-3767.

Shimo H，Ishimaru Y，An G，et al.，2011. Low cadmium（LCD），a novel gene related to cadmium tolerance and accumulation in rice[J]. Journal of Experimental Botany，62：5727-5734.

Song Y，Wang Y，Mao W，et al.，2017. Dietary cadmium exposure assessment among the Chinese population[J]. PLoS One，12：e0177978.

Sun J，Prommer H，Siade A J，et al.，2018. Model-based analysis of arsenic immobilization via iron mineral transformation under advective flows[J]. Environmental Science & Technology，52：9243-9253.

Takahashi R，Ishimaru Y，Senoura T，et al.，2011. The *OsNRAMP1* iron transporter is involved in Cd accumulation in rice[J]. Journal of Experimental Botany，62：4843-4850.

Takahashi R，Ishimaru Y，Shimo H，et al.，2012. The *OsHMA2* transporter is involved in root-to-shoot translocation of Zn and Cd in rice[J]. Plant Cell and Environment，35：1948-1957.

Tan L，Qu M，Zhu Y，et al.，2020. ZINC TRANSPORTER5 and ZINC TRANSPORTER9 function synergistically in zinc/cadmium uptake[J]. Plant Physiology，183：1235-1249.

Tessier A，Campbell P G C，Bisson M，1979. Sequential extraction procedure for the speciation of particulate trace metals[J]. Analytical Chemistry，51：844-851.

Uddin M K，2017. A review on the adsorption of heavy metals by clay minerals，with special focus on the past decade[J]. Chemical Engineering Journal，308：438-462.

Ueno D，Iwashita T，Zhao F J，et al.，2008. Characterization of Cd translocation and identification of the Cd form in xylem sap of the Cd-hyperaccumulator Arabidopsis halleri[J]. Plant and Cell Physiology，49：540-548.

Ueno D，Yamaji N，Kono I，et al.，2010. Gene limiting cadmium accumulation in rice[J]. Proceedings of the National Academy of Sciences of the United States of America，107：16500-16505.

Uraguchi S，Fujiwara T，2012. Cadmium transport and tolerance in rice：Perspectives for reducing grain cadmium accumulation[J].

Rice，5（1）：5.

Uraguchi S，Fujiwara T，2013. Rice breaks ground for cadmium-free cereals[J]. Current Opinion in Plant Biology，16：328-334.

Uraguchi S，Kamiya T，Sakamoto T，et al.，2011. Low-affinity cation transporter（*OsLCT1*）regulates cadmium transport into rice grains[J]. Proceedings of the National Academy of Sciences of the United States of America，108：20959-20964.

Wang J，Wang P M，Gu Y，et al.，2019a. Iron-manganese（oxyhydro）oxides，rather than oxidation of sulfides，determine mobilization of Cd during soil drainage in paddy soil systems[J]. Environmental Science & Technology，53：2500-2508.

Wang R H，Zhu X F，Qian W，et al.，2016. Adsorption of Cd(Ⅱ) by two variable-charge soils in the presence of pectin[J]. Environmental Science and Pollution Research，23：12976-12982.

Wang X Q，Li F B，Yuan C L，et al.，2019b. The translocation of antimony in soil-rice system with comparisons to arsenic：Alleviation of their accumulation in rice by simultaneous use of Fe(Ⅱ) and NO_3^- [J]. Science of the Total Environment，650：633-641.

Wasylenki L E，Swihart J，Wromaniello S J，2014. Cadmium isotope fractionation during adsorption to Mn oxyhydroxide at low and high ionic strength[J]. Geochimica et Cosmochimica Acta，140：212-226.

Weber F A，Hofacker A F，Voegelin A，et al.，2010. Temperature dependence and coupling of iron and arsenic reduction and release during flooding of a contaminated soil[J]. Environmental Science & Technology，44：116-122.

Wiederhold J G，2015. Metal stable isotope signatures as tracers in environmental geochemistry[J]. Environmental Science & Technology，49（5）：2606-2624.

Wiggenhauser M，Aucour A M，Bureau S，et al.，2021. Cadmium transfer in contaminated soil-rice systems：Insights from solid-state speciation analysis and stable isotope fractionation[J]. Environmental Pollution，269：115934.

Wiggenhauser M，Bigalke M，Imseng M，et al.，2016. Cadmium isotope fractionation in soil-wheat systems[J]. Environmental Science & Technology，50：9223-9231.

Wiggenhauser M，Bigalke M，Imseng M，et al.，2018. Zinc isotope fractionation during grain filling of wheat and a comparison of zinc and cadmium isotope ratios in identical soil-plant systems[J]. New Phytologist，219：195-205.

Wu F L，Lin D Y，Su D C，2011. The effect of planting oilseed rape and compost application on heavy metal forms in soil and Cd and Pb uptake in rice[J]. Agricultural Sciences in China，10：267-274.

Xu R K，Zhao A Z，Yuan J H，et al.，2012. pH buffering capacity of acid soils from tropical and subtropical regions of China as influenced by incorporation of crop straw biochars[J]. Journal of Soils and Sediments，12：494-502.

Yamaguchi N，Ishikawa S，Abe T，et al.，2012. Role of the node in controlling traffic of cadmium，zinc，and manganese in rice[J]. Journal of Experimental Botany，63：2729-2737.

Yamaguchi N，Ohkura T，Takahashi Y，et al.，2014. Arsenic distribution and speciation near rice roots influenced by iron plaques and redox conditions of the soil matrix[J]. Environmental Science & Technology，48：1549-1556.

Yamaji N，Ma J F，2014. The node，a hub for mineral nutrient distribution in graminaceous plants[J]. Trends in Plant Science，19：556-563.

Yan H L，Xu W X，Xie J Y，et al.，2019. Variation of a major facilitator superfamily gene contributes to differential cadmium accumulation between rice subspecies[J]. Nature Communications，10：2562.

Yang X J，Xu Z H，Shen H，2018. Drying-submergence alternation enhanced crystalline ratio and varied surface properties of iron plaque on rice（*Oryza sativa*）roots[J]. Environmental Science and Pollution Research，25：3571-3587.

Yang Y，Wang Y，Peng Y M，et al.，2020. Acid-base buffering characteristics of non-calcareous soils：Correlation with physicochemical properties and surface complexation constants[J]. Geoderma，360：114005.

Yang Y，Yuan X，Chi W T，et al.，2021. Modelling evaluation of key cadmium transformation processes in acid paddy soil under alternating redox conditions[J]. Chemical Geology，581：120409.

Yu H Y，Ding X D，Li F B，et al.，2016a. The availabilities of arsenic and cadmium in rice paddy fields from a mining area：The role of soil extractable and plant silicon[J]. Environmental Pollution，215：258-265.

Yu H Y，Li F B，Liu C S，et al.，2016b. Iron redox cycling coupled to transformation and immobilization of heavy metals：

Implications for paddy rice safety in the red soil of South China[J]. Advances in Agronomy，137：279-317.

Yuan C L，Li F B，Cao W H，et al.，2019. Cadmium solubility in paddy soil amended with organic matter，sulfate，and iron oxide in alternative watering conditions[J]. Journal of Hazardous Materials，378：120672

Yuan C L，Li Q，Sun Z Y，et al.，2021. Effects of natural organic matter on cadmium mobility in paddy soil：A review[J]. Journal of Environmental Sciences，104：204-215.

Yuan X，Zhang C，2020. Density functional theory study on the inner shell of hydrated $M^{2+}(H_2O)_{1\text{-}7}$ cluster ions for M = Zn，Cd and Hg[J]. Computational and Theoretical Chemistry，1171：112666.

Zhang S N，Gu Y，Zhu Z L，et al.，2021. Stable isotope fractionation of cadmium in the soil-rice-human continuum[J]. Science of the Total Environment，761：143262.

Zhang X，Zeng S Q，Chen S B，et al.，2018. Change of the extractability of cadmium added to different soils：Aging effect and modeling[J]. Sustainability，10：885.

Zhao Y，Li Y，Wiggenhauser M，et al.，2021. Theoretical isotope fractionation of cadmium during complexation with organic ligands[J]. Chemical Geology，571：120178.

Zhong S X，Li X M，Li F B，et al.，2021. Water management alters cadmium isotope fractionation between shoots and nodes/leaves in a soil-rice system[J]. Environmental Science & Technology，55：12902-12913.

Zhong S X，Li X M，Li F B，et al.，2022. Source and strategy of iron uptake by rice grown in flooded and drained soils：Insights from Fe isotope fractionation and gene expression[J]. Journal of Agricultural and Food Chemistry，70（8）：2564-2573.

Zhong S X，Li X M，Li F B，et al.，2023. Cadmium isotope fractionation and gene expression evidence for tracking sources of Cd in grains during grain filling in a soil-rice system[J]. Science of the Total Environment，873：162325.

Zhu B J，Liao Q L，Zhao X P，et al.，2018. A multi-surface model to predict Cd phytoavailability to wheat（*Triticum aestivum* L.）[J]. Science of the Total Environment，630：1374-1380.

Zhu Q H，Huang D Y，Liu S L，et al.，2012. Flooding-enhanced immobilization effect of sepiolite on cadmium in paddy soil[J]. Journal of Soils and Sediments，12：169-177.

第4章

土壤-水稻体系中砷迁移转化机制

砷（Arsenic，As）是一种具有较大生物毒性的类金属元素。长期的地质运动和采矿等人为活动，导致包括中国和美国在内的多个国家和地区土壤和地下水砷污染严重。水稻易于吸收累积砷，稻米是人体砷摄入的主要来源之一，对人体健康与生命安全造成巨大威胁，因此有必要防控土壤-水稻体系砷迁移转化，降低稻米砷累积所带来的生态风险，实现砷污染稻田安全利用。

土壤砷迁移转化过程复杂，包括吸附、解吸、共沉淀、挥发等物理化学过程，以及氧化、还原、甲基化、脱甲基化等生物化学过程。土壤中的砷形态主要包括：亚砷酸[As(III)，H_3AsO_3]、砷酸[As(Ⅴ)，H_3AsO_4]等无机砷，以及一甲基砷酸[MMAs，$(CH_3)AsO(OH)_2$]、二甲基砷酸[DMAs，$(CH_3)_2AsO(OH)$]等有机砷。砷形态的分配受土壤pH、Eh等因素影响。例如，在酸性条件下（pH＜7.0），As(III)和 As(Ⅴ)分别主要以不带电的 $As(OH)_3$ 和带负电的 $HAsO_4^{2-}$ 形态存在，有利于As(Ⅴ)在土壤颗粒上的吸附。在稻田干湿交替条件下，砷的氧化还原和甲基化受氧浓度、有机碳源和氮物种的影响。例如，淹水条件有利于砷还原，排水条件有利于砷氧化。此外，在特定溶度积下土壤中砷可与铝、钙、铁等元素发生沉淀形成复合物。

稻田土壤中不同形态的砷可通过水稻根系吸收、木质部装载、韧皮部转运、节点再分配等过程，最终在籽粒累积。砷在水稻体内不同部位中的吸收和转运是通过一系列转运蛋白通道进行的，其相应基因的表达在水稻全生育期内存在一定的时空特征。水稻砷吸收主要发生在稻田淹水时期，并在排水灌浆期迅速转移至籽粒，其中稻壳和糙米中的砷累积也表现出明显的差异，稻壳中砷浓度为糙米的5倍以上。

土壤-水稻体系中砷的迁移转化过程主要受成土母质、水分、养分等因素的影响。不同成土母质影响土壤基本理化性质的同时，也影响砷的生物可利用性。稻田特殊的水分管理措施导致稻田土壤发生元素形态或价态的转化，进而改变土壤的理化性质，影响土壤中砷的形态分配以及砷转化微生物的活性（图 4.1）。土壤微生物的生长代谢及功能基因的表达也会受到土壤碳、氮、硅等养分的调控。上述因素对土壤砷迁移转化的影响，可进一步影响水稻植株生长以及对砷的吸收累积。

本章首先介绍土壤砷的物理化学特征，接着分别针对砷在土壤、水稻植株中的迁移转化机制展开阐述，最后重点介绍土壤-水稻体系砷迁移转化的影响因素。

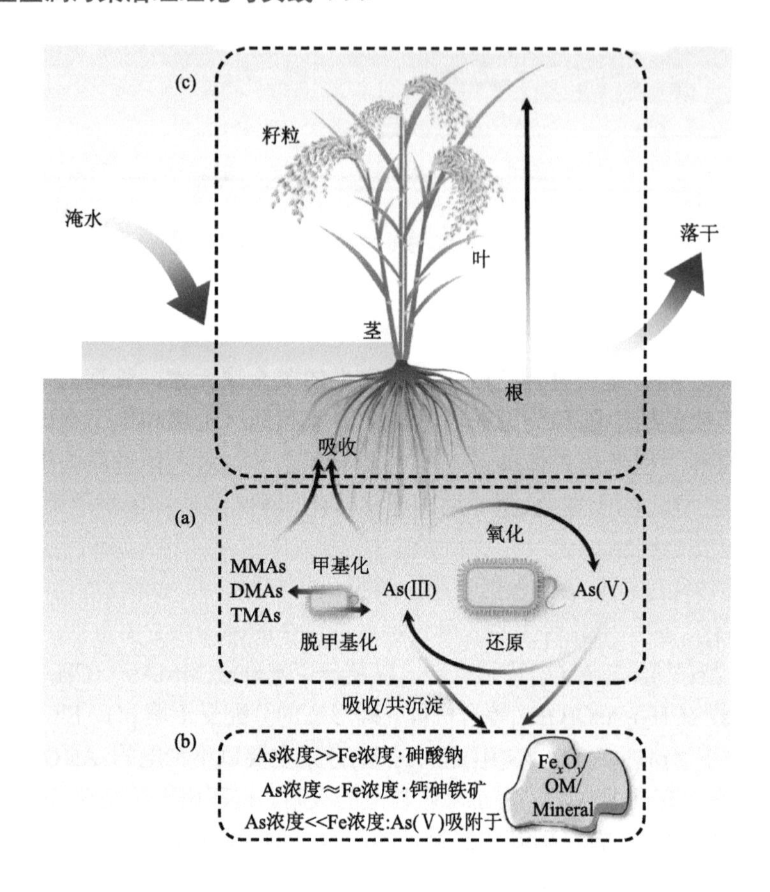

图 4.1　土壤-水稻体系砷迁移转化过程示意图

（a）土壤中砷的氧化、还原、甲基化与脱甲基化过程；（b）土壤中砷与铁矿物的吸附、共沉淀等过程；（c）水稻植株中砷的吸收与转运过程。MMAs：一甲基砷酸，DMAs：二甲基砷酸，TMAs：三甲基砷酸；OM：有机质；Mineral：矿物。

4.1　我国稻田土壤砷污染现状及砷的形态

土壤砷污染已成为一个全球性的环境问题，本节重点介绍土壤砷的物理化学特征，包括土壤砷的来源及分布特征，砷的地球化学特征，土壤砷的形态、迁移性、毒性及生物有效性。

4.1.1　土壤砷的来源及分布特征

1. 土壤砷的来源

岩石圈中的砷可经过一系列自然和人为过程释放到地球表层，进入土壤、水体和大气中，因此土壤砷的来源可分为自然来源和人为来源。

1）自然来源

火山喷发、岩石风化等自然地质活动，可将岩石圈中含砷化合物直接或间接地释放到土壤环境中。在湖泊河流底泥、地下水等缺氧生境中，含砷的铁硫矿物被微生物转化释放出砷。除一些特殊的富砷地区外，土壤中砷的含量一般不超过 15 mg/kg（翁焕新和张霄宇，2000）。雨水冲刷、径流侵蚀等自然过程，可使砷进一步迁移到周边的土壤、地下水、河流等环境中。

2）人为来源

工业和农业活动是土壤砷污染的主要来源。工业来源包括含砷矿质资源的开采与冶炼、废渣与废气的排放，以及以含砷化合物为原料的生产与应用等。砷常以硫化物的形态夹杂在许多有色金属矿中，如金、铜、铅、锌、硒、钴矿等，并作为开采和冶炼过程的副产品和废弃物而伴生。煤炭中砷的含量一般在 2～82 mg/kg，褐煤中砷的含量甚至可高达 1000 mg/kg，在火力发电厂因燃煤排放的飞尘、灰渣、灰尘等微粒中含有大量砷，其沉降是土壤砷的重要来源（Beretka & Nelson，1994）。As_2O_3 作为原料已广泛应用到陶瓷、玻璃、电子产品、涂料、去污剂、化妆品、烟花爆竹等制造过程中，因此含砷化合物是上述产品的重要伴生废弃物（Townshend，1993）。

农业来源包括含砷的饲料、农药、化肥、有机肥等的施用。洛克沙砷、阿散酸等含砷化合物，具有抗寄生虫、促进动物生长、改善动物产品品质等多种作用，常作为饲料添加剂。这些含砷饲料进入动物体后，通过粪便排泄物进入环境，或随着排泄物的农业利用进入农田（Rutherford et al.，2003）。此外，含砷化合物作为杀虫剂、消毒液、杀菌剂和除草剂，广泛应用于农业和园艺，导致土壤中砷累积和超标。常用的磷肥中砷含量介于 3～30 mg/kg，以畜禽粪便为原料的有机肥中也含有不同浓度的砷。含砷肥料的长期大量使用提高了农田土壤中砷的含量，也增加了农作物对砷的吸收累积（Jiao et al.，2012）。

2. 土壤砷分布特征及危害

土壤砷污染呈现区域性特征，不同类型的土壤形成于特定的成土条件，具有不同的物理化学特征，土壤砷形态和含量也存在很大的差异。美国土壤中砷的本底值为 4.5～13 mg/kg（Reimann，2009），我国表层土壤中砷含量 0.01～626 mg/kg，呈现从西南向东北逐渐降低的趋势（翁焕新和张霄宇，2000）。我国南方红壤铁含量较高，与铁结合态砷占 30%以上，钙结合态砷含量小于 5%。我国北方土壤中钙结合态砷占 30%～40%左右，而铁结合态砷含量只有 15%左右。

4.1.2　砷的地球化学特征

1. 砷的化学性质

砷位于元素周期表第 VA 族，原子序数为 33，相对原子质量为 74.92，与同为第 VA 族的磷化学性质相近。砷原子最外层电子排布为 s2p3，一般情况下易失去电子形成 + 3 或 + 5 价的化合物，而很难得到电子形成–3 价化合物。砷元素在地壳中丰度居第 20 位，常与铜、铅、金等金属结合形成含砷矿物，已发现的砷矿物已有数百种。

2. 砷的地球化学循环

与碳、氮、氧、硫等生命组成元素的地球化学循环类似，砷也通过物理、化学和生物等诸多过程，在地球各圈层之间及圈层内部循环转化。例如藻类等初级生产者可转化和累积水体中的砷，并沿食物链逐级富集。水生生物死亡后沉积于水底，砷会被转移到沉积物中，在合适的物理化学条件下再循环进入水体。同样，陆地上的动植物也会转化和累积砷，待其死亡降解后进入土壤。砷呼吸微生物可以将砷从沉积物中释放出来，从而提高砷的迁移性（Stolz et al.，2006）。土壤中的砷可通过食物链被植物、动物不断累积和富集，待其死亡分解后，砷则再循环进入土壤中。

4.1.3 土壤砷的形态、迁移性、毒性及生物有效性

1. 土壤中砷的形态

1）价态与无机/有机态

土壤中砷有 4 个价态：As(–Ⅲ)、As(0)、As(Ⅲ)和 As(Ⅴ)，其中，As(Ⅲ)和 As(Ⅴ)为主要的砷价态，单质态砷（As(0)）很少见，而 As(–Ⅲ)仅在一些厌氧环境中检测到，以砷化氢气体形式存在（Cullen & Reimer，1989）。无机砷包括无机态 As(Ⅴ)和无机态 As(Ⅲ)化合物，其中，$H_2AsO_4^-$ 和 $HAsO_4^{2-}$ 是有氧环境中主要的无机砷，H_3AsO_3 和 $H_2AsO_3^-$ 则是厌氧环境中主要的无机砷。

环境中还存在多种有机砷，主要为甲基化砷，其中二甲基砷酸（DMAs）和一甲基砷酸（MMAs）最为常见。此外，土壤中也发现其他自然生成或人工合成的有机砷，包括三甲基砷酸（TMAs，$(CH_3)_3As$）、砷甜菜碱、砷胆碱、砷糖和含砷芳香化合物等。

2）土壤中砷的赋存形态

土壤中的砷存在不同形态，主要包括溶解态、弱吸附态（可交换态/非专性吸附态）、强吸附态（专性吸附态）、铁氧化物结合态（包括无定形铁铝氧化物结合态、结晶型铁铝氧化物结合态和铁锰氧化物结合态）、钙结合态和难以提取的残渣态等（Aide et al.，2016）。一般来说，土壤中铁结合态砷较铝结合态砷含量更高、更稳定。钙结合态砷在碱性且氧化还原电位较高的土壤中能稳定存在（陈怀满，1991）。因此，pH 较高的石灰性土壤，一般主要是钙结合态砷。

3）土壤中重要的含砷矿物

根据热力学数据及离子浓度，模拟砷在简单环境中的形态可知，氧化条件下主要是 AsO_4^{3-}。砷酸盐矿物主要发育于硫化物丰富的氧化带，并常常伴生稳定的硫砷化合物，如毒砂（arsenopyrite）、雌黄（orpiment）和雄黄（realgar）等（Wilson et al.，2010）。由于砷酸根离子的类质同象置换十分有限，所以砷酸盐矿物与磷酸盐、硫酸盐、硅酸盐矿物结构相似。自然界中常见的砷酸盐矿物包括砷铅矿、臭葱石、镍华、钴华、翠砷铜铀矿、变翠砷铜铀矿，其主要特征见表 4.1。在自然土壤环境中，铁、铝、钙和镁为重要的金属元素，AsO_4^{3-} 多与这些元素反应生成难溶的含砷化合物，其反应式与溶度积（K_{sp}）见式（4.1）～（4.4）。

表 4.1　自然界中常见的砷酸盐矿物主要特征

矿物名称	类别	化学式	晶习	颜色
砷铅矿（mimetesite）	正砷酸盐	$Pb_5[AsO_4]_3 \cdot Cl$	六方柱状	黄色或无色
臭葱石（scorodite）	水合正砷酸盐	$Fe[AsO_4] \cdot 2H_2O$	双锥状	绿色至蓝绿色
镍华（annabergite）	水合正砷酸盐	$Ni_3[AsO_4]_2 \cdot 8H_2O$	柱或皮壳状	黄绿色至深绿色
钴华（erythrite）	水合正砷酸盐	$Co_3[AsO_4]_2 \cdot 8H_2O$	厚板状	紫红色或红色
翠砷铜铀矿（zeunerite）	复合砷酸盐	$Cu[UO_2 \cdot AsO_4]_2 \cdot (8+n)H_2O$	板状	祖母绿色
变翠砷铜铀矿（metazeunerite）	复合砷酸盐	$Cu[UO_2 \cdot AsO_4]_2 \cdot 8\ H_2O$	板或双锥状	鲜祖母绿色

$$Fe^{3+} + AsO_4^{3-} \rightleftharpoons FeAsO_4 \quad K_{sp} = 5.7 \times 10^{-21} \tag{4.1}$$

$$Al^{3+} + AsO_4^{3-} \rightleftharpoons AlAsO_4 \quad K_{sp} = 1.6 \times 10^{-16} \tag{4.2}$$

$$3Ca^{2+} + 2AsO_4^{3-} \rightleftharpoons Ca_3(AsO_4)_2 \quad K_{sp} = 6.8 \times 10^{-19} \tag{4.3}$$

$$3Mg^{2+} + 2AsO_4^{3-} \rightleftharpoons Mg_3(AsO_4)_2 \quad K_{sp} = 2.1 \times 10^{-2} \tag{4.4}$$

2. 土壤中砷的迁移性

土壤砷的迁移性与砷的形态密切相关。As(Ⅴ)通常强烈地吸附在铁、铝等氧化物的表面，迁移性低；而 As(Ⅲ)吸附性较弱，迁移性较高（Smedley & Kinniburgh，2002）。与无机砷相比，有机砷的吸附能力较弱，具有较大的迁移性；而 TMAs 具有挥发性，因此甲基砷的迁移性依次为：TMAs＞DMAs＞MMAs（Lafferty & Loeppert，2005）。在土壤中，溶解态砷的迁移性最高，弱吸附态砷次之，残渣态迁移性最低。

3. 土壤中砷的毒性及生物有效性

土壤砷毒性与其形态密切相关，As(Ⅲ)的毒性高于 As(Ⅴ)，不同形态砷的动物毒性为：DMAs(Ⅲ)＞MMAs(Ⅲ)＞As(Ⅲ)＞As(Ⅴ)＞DMAs(Ⅴ)＞MMAs(Ⅴ)＞TMAs(Ⅴ)O。微生物甲基化的主要产物是 DMAs(Ⅴ)和 TMAs(Ⅴ)O，DMAs(Ⅴ)毒性小于无机砷，且 TMAs(Ⅴ)O 具有挥发性。虽然砷甲基化过程的中间产物 MMAs(Ⅲ)和 DMAs(Ⅲ)毒性大于 As(Ⅲ)，但在细胞内滞留的时间极短（Qin et al.，2006）。因此，微生物砷甲基化作用是较为理想的砷污染脱毒途径。土壤砷的生物有效性与其结合态相关，溶解态和弱吸附态砷的生物有效性较高，更易被生物吸收，因此通常被统称为生物可利用态或有效态砷。

4.2　稻田土壤砷的转化过程与机制

土壤砷的赋存形态受到一系列转化过程的控制，包括吸附与解吸、氧化与还原、甲基化与脱甲基化以及挥发等。深入了解土壤砷的形态转化过程，对稻田砷污染治理具有理论指导意义。本节重点介绍土壤砷的转化过程与机制，包括砷形态转化热力学与动力学、砷形态转化的化学与微生物机制。

4.2.1 土壤砷形态转化的热力学机制

1. 吸附与解吸过程

一般来说，土壤溶液中 As(Ⅴ)主要以$H_2AsO_4^-$和$HAsO_4^{2-}$等阴离子形态存在，易于被带正电的矿物表面吸附（Aide et al.，2016）。随着 pH 升高，$HAsO_4^{2-}$形态逐渐占主导地位，且单个分子占据更多吸附位点，导致 As(Ⅴ)吸附量有所下降。H_3AsO_3[或 $As(OH)_3$]和$H_2AsO_3^-$为土壤溶液中 As(Ⅲ)的主要形态。解离常数见反应式（4.5）～（4.10）。

As(Ⅴ)和 As(Ⅲ)在铁矿物上的吸附效果与 pH 有关（Smedley & Kinniburgh，2002）。As(Ⅴ)在针铁矿上的吸附量随 pH 升高而下降，这与 As(Ⅴ)的存在形态有关（Dixit & Hering，2003）。相比之下，As(Ⅲ)的吸附模式更加复杂。当 pH<6.0 时，As(Ⅲ)以不带电的 H_3AsO_3 存在，在带正电的矿物表面的吸附较弱；当 6.0<pH<9.0 时，部分 H_3AsO_3 转化为含氧阴离子$H_2AsO_3^-$，在铁矿物表面的吸附能力随 pH 升高逐渐增强；当 pH>9.0 时，$HAsO_3^{2-}$逐渐产生，并与$H_2AsO_3^-$发生竞争吸附，由于单个$HAsO_3^{2-}$分子占据更多的吸附位点，As(Ⅲ)在铁矿物表面的吸附量下降（图 4.2）。

$$H_3AsO_3 \rightleftharpoons H_2AsO_3^- + H^+ \quad pK_{a1}=9.2 \tag{4.5}$$

$$H_2AsO_3^- \rightleftharpoons HAsO_3^{2-} + H^+ \quad pK_{a2}=12.7 \tag{4.6}$$

$$HAsO_3^{2-} \rightleftharpoons AsO_3^{3-} + H^+ \quad pK_{a3}=13.4 \tag{4.7}$$

$$H_3AsO_4 \rightleftharpoons H_2AsO_4^- + H^+ \quad pK_{a1}=2.3 \tag{4.8}$$

$$H_2AsO_4^- \rightleftharpoons HAsO_4^{2-} + H^+ \quad pK_{a2}=6.8 \tag{4.9}$$

$$HAsO_4^{2-} \rightleftharpoons AsO_4^{3-} + H^+ \quad pK_{a3}=11.6 \tag{4.10}$$

2. 氧化还原过程

砷的氧化还原一直是环境化学研究的热点。由于 As(Ⅲ)的毒性和迁移性比 As(Ⅴ)更大，因此砷的氧化还原行为研究对砷污染修复和治理具有重要意义。在土壤中，砷的赋存形态受土壤氧化还原电位（Eh）与 pH 的控制。如图 4.2 所示，砷在液相的形态分配受 pH 和 Eh 的影响（Pichler et al.，1999）。图中上部虚线为水的氧化限度边界，上方区域为 O_2 稳定区，下部虚线为水的还原限度边界，下方区域为 H_2 稳定区，两条虚线中间为 H_2O 稳定区。在 H_2O 稳定区内，Eh 对砷的价态具有重要影响，在 Eh 为−0.2～0.4 V 的范围内，有一条区分砷价态的边界，当 Eh 高于该边界时主要为 As(Ⅴ)；当 Eh 低于该边界时主要为 As(Ⅲ)。同时，As(Ⅲ)和 As(Ⅴ)的形态也受 pH 的影响，当 pH<7.0 时 As(Ⅴ)主要为$H_2AsO_4^-$，当 pH>7.0 时 As(Ⅴ)主要为$HAsO_4^{2-}$；As(Ⅲ)在 pH<9.5 时主要为 H_3AsO_3，在 pH>9.5 时主要为$H_2AsO_3^-$。此外，土壤中砷的迁移性受铁和硫的影响，在 pH>4.5 的氧化环境下，Fe 以 $Fe(OH)_3$ 形态存在；在 5<pH<10.5 的还原环境下，

铁以菱铁矿（$FeCO_3$）和黄铁矿（FeS_2）形态存在，上述环境均有利于 As(Ⅴ)和 As(Ⅲ)在铁矿物的吸附固定。

在稻田淹水条件下，由于氧气不足，高价氧化物（如 NO_3^-、Fe(Ⅲ)/Mn(Ⅵ)氧化物、SO_4^{2-}等）发生还原，消耗了大量的电子和氢离子，导致 pH 逐渐趋于中性，而 Eh 则会下降至约−0.3 V。从砷的 pH-Eh 相图来看，此时 As(Ⅲ)为主要价态，且 H_3AsO_3 趋向于转化为 $As(OH)(HS)^-$，并易与黄铁矿结合形成砷黄铁矿。在排水条件下，氧气的进入可引起 As(Ⅲ)、Fe(Ⅱ)和 S^-等还原产物的快速氧化，最终导致 pH 下降和 Eh 升高。从砷的 pH-Eh 相图来看，此时 As(Ⅴ)为主要价态，且以 $H_2AsO_4^-$ 形态存在，有利于其吸附到带正电的 $Fe(OH)_3$ 表面。此外，Fe(Ⅱ)与 As(Ⅲ)的氧化共沉淀过程可进一步促进砷的固定。因此，稻田排水期有利于降低砷的迁移性和生物有效性。反应式（4.11）～（4.17）展示了不同 pH 条件下砷的氧化还原方程及其反应电位（Smedley & Kinniburgh，2002）。

$$H_3AsO_4^0 + 2H^+ + 2e^- \rightleftharpoons H_3AsO_3^0 + H_2O \quad E = +0.60\ (pH = 0.0) \tag{4.11}$$

$$H_2AsO_4^- + 3H^+ + 2e^- \rightleftharpoons H_3AsO_3^0 + H_2O \quad E = +0.45\ (pH = 2.3) \tag{4.12}$$

$$HAsO_4^{2-} + 4H^+ + 2e^- \rightleftharpoons H_3AsO_3^0 + H_2O \quad E = +0.008\ (pH = 6.8) \tag{4.13}$$

$$HAsO_4^{2-} + 3H^+ + 2e^- \rightleftharpoons H_2AsO_3^- + H_2O \quad E = -0.22\,V\ (pH = 9.2) \tag{4.14}$$

$$AsO_4^{3-} + 4H^+ + 2e^- \rightleftharpoons H_2AsO_3^- + H_2O \quad E = -0.42\,V\ (pH = 11.6) \tag{4.15}$$

$$AsO_4^{3-} + 3H^+ + 2e^- \rightleftharpoons HAsO_3^{2-} + H_2O \quad E = -0.51\,V\ (pH = 12.7) \tag{4.16}$$

$$AsO_4^{3-} + 2H^+ + 2e^- \rightleftharpoons AsO_3^{3-} + H_2O \quad E = -0.6\,V\ (pH = 13.7) \tag{4.17}$$

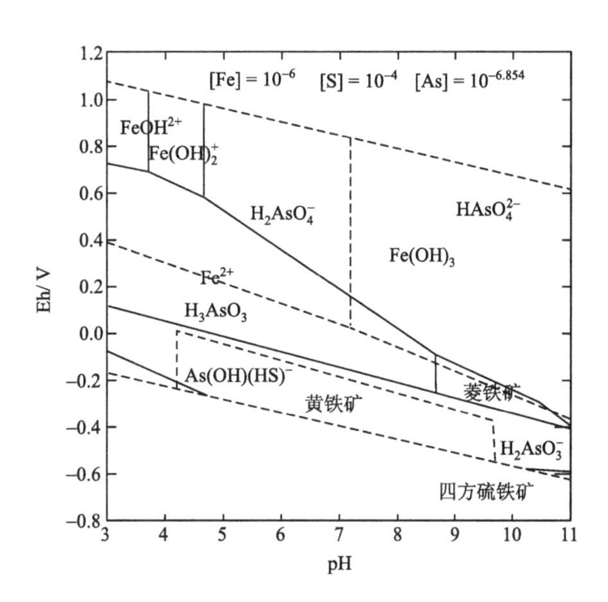

图 4.2　水中砷的 pH-Eh 相图（Pichler et al.，1999）

4.2.2 土壤砷形态转化的化学与微生物机制

在淹水的稻田土壤中，砷伴随着 Fe(Ⅲ)的异化还原而被逐渐释放。释放出的 As(Ⅴ)再被微生物还原，进一步发生甲基化与脱甲基化反应。在排水阶段土壤处于好氧状态，Fe(Ⅱ)迅速氧化，并产生一系列活性氧（ROS），可进一步氧化 As(Ⅲ)，且与新形成的铁氧化物形成共沉淀。土壤砷形态转化的化学与微生物机制，包括矿物表面吸附与解吸过程、化学氧化与还原过程、微生物氧化与还原过程、甲基化与脱甲基化过程等四个方面（图 4.3）。

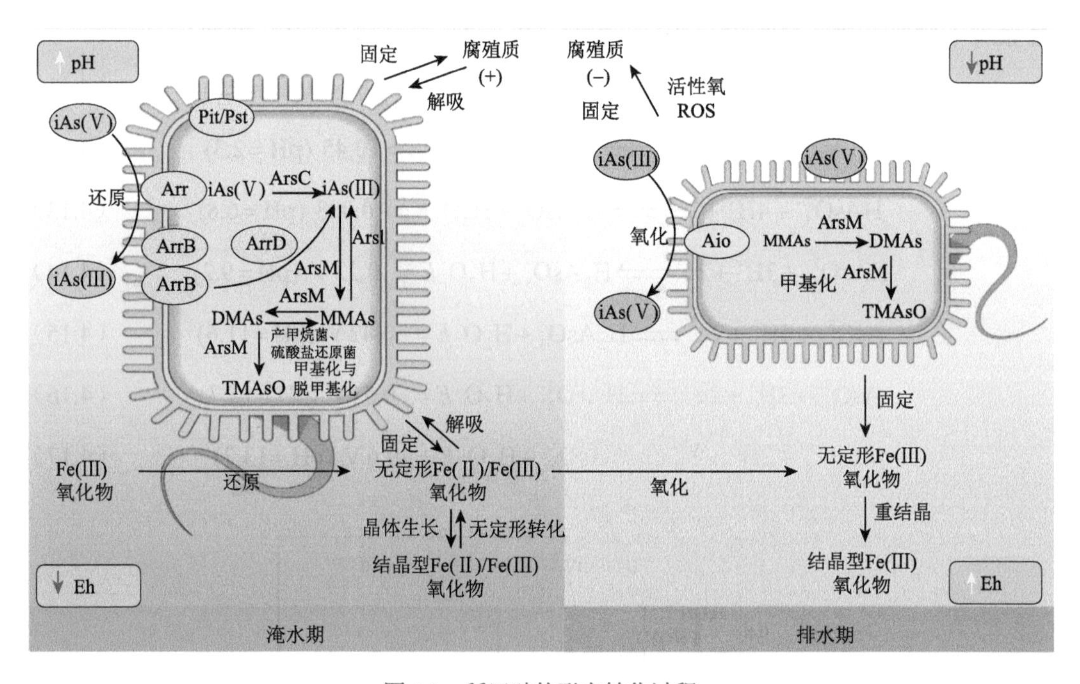

图 4.3　稻田砷的形态转化过程

1. 砷的吸附-解吸过程

砷可在土壤表面聚集并形成沉淀，也会被土壤中的有机质包裹固定，并随着老化过程逐渐扩散进入到土壤黏土矿物或有机质的微孔和裂隙中（王亚男等，2018）。铁铝氧化物能够强烈地吸附砷，因此铁铝氧化物结合态砷占到土壤总砷的 50%～60%（Javed et al., 2013）。当土壤由氧化状态转变为还原状态时，土壤 Fe(Ⅲ)可被还原为 Fe(Ⅱ)，与铁铝氧化物结合的砷会逐渐释放到土壤溶液中。

2. 砷的氧化过程

1）好氧条件下的砷氧化

溶解态 As(Ⅲ)的氧化速率很慢，半衰期大约一年，As(Ⅲ)氧化的化学反应包括活性氧和高价锰氧化物驱动的氧化（Liu et al.，2021）。好氧条件下，稻田土壤中铁元素是影响砷氧化的重要因素。土壤中的 Fe(Ⅱ)可直接活化氧气产生 ROS，并驱动 As(Ⅲ)的氧化。在土壤溶液中，H_2O_2 和 Fe(Ⅳ)是主要的砷氧化剂，该过程伴随水铁矿和针铁矿等铁矿物的生成（Ding et al.，2018）。

非均相体系与均相体系的砷氧化机制明显不同。如针铁矿表面 Fe(Ⅱ)直接活化氧气产生的$\cdot O_2^-$，是该过程主要的砷氧化剂（Liu et al.，2021）。一方面，针铁矿表面 Fe(Ⅱ)通过降低针铁矿表面活化能，促进 ROS 生成与 As(Ⅲ)氧化；另一方面，针铁矿体相的缺陷可能通过促进 H_2O_2 的分解，以及 Fe(Ⅱ)循环提高 As(Ⅲ)氧化效率（洪泽彬等，2020）。好氧条件下，氧气介导的砷氧化反应见反应式（4.18）～（4.27）。

$$\mathrm{Fe(II)} + O_2 \longrightarrow \mathrm{Fe(III)} + \cdot O_2^- \tag{4.18}$$

$$\mathrm{Fe(II)} + \cdot O_2^- + 2H_2O \longrightarrow \mathrm{Fe(III)} + H_2O_2 + 2OH^- \tag{4.19}$$

$$\mathrm{Fe(II)} + H_2O_2 \longrightarrow \mathrm{Fe(III)} + OH^- + \cdot OH \tag{4.20}$$

$$\mathrm{Fe(II)\text{-}As(III)}\text{络合物} + H_2O_2 \longrightarrow \mathrm{Fe(IV)\text{-}As(III)}\text{络合物} \tag{4.21}$$

$$\mathrm{Fe(IV)\text{-}As(III)}\text{络合物} + H_2O_2 \longrightarrow \mathrm{Fe(II)\text{-}As(V)}\text{络合物} \tag{4.22}$$

$$\mathrm{Fe(III)\text{-}As(III)}\text{络合物} + H_2O_2 \longrightarrow \mathrm{Fe(II)\text{-}As(V)}\text{络合物} \tag{4.23}$$

$$\equiv \mathrm{Fe(III)OH}\cdot + \equiv \mathrm{As(III)} \longrightarrow \equiv \mathrm{As(IV)} + \equiv \mathrm{Fe(III)} + OH^- \tag{4.24}$$

$$\mathrm{As(IV)} + \equiv \mathrm{Fe(III)OH}\cdot \longrightarrow \equiv \mathrm{As(V)} + \equiv \mathrm{Fe(III)} + OH^- \tag{4.25}$$

$$\mathrm{As(IV)} + O_2 \longrightarrow \equiv \mathrm{As(V)} + \cdot O_2^- \tag{4.26}$$

$$\mathrm{As(III)} + 2\cdot O_2^- + 4H_2O \longrightarrow \mathrm{As(V)} + 2H_2O_2 + 4\,OH^- \tag{4.27}$$

锰氧化物也可直接氧化 As(Ⅲ)，有报道生物合成的 Fe-Mn 氧化物可同时氧化和吸附 As(Ⅲ)（Zhang et al.，2014）。比起纯 Fe 或 Mn 氧化物体系，Fe-Mn 氧化物对 As(Ⅲ)的氧化固定具有显著协同效应。水铁矿可催化 Mn(Ⅱ)的氧化及加速 Mn(Ⅲ)的形成，进而影响 As 的形态、毒性和迁移性（Lan et al.，2018）。

2）厌氧条件下的砷氧化

一般认为厌氧条件下 As(Ⅲ)难以发生化学氧化，因此主要关注此时黏土矿物对 As(Ⅲ)的吸附效应（Singh et al.，2020）。最新的研究结果显示，当 Fe(Ⅱ)与铁矿物同时存在时，厌氧条件下也可发生 As(Ⅲ)的氧化。这是由于在厌氧条件下，当铁矿物吸附 Fe(Ⅱ)后，表面的氧化还原电位显著降低，还原性增强（Li et al.，2019）。此外，当黄钾铁矾络合 Fe(Ⅱ)发生生物相转化的同时，也可发生 As(Ⅲ)的氧化（Karimian et al.，2015）。针铁矿、纤铁矿和羟基硫酸铁矿物在厌氧以及 Fe(Ⅱ)存在的情况下，均可驱动 As(Ⅲ)的化学氧化（Wang & Giammar，2015）。在上述反应过程中，针铁矿表面的 Fe(Ⅱ)被氧化形成具有高反应活性的三价铁物种或次级铁矿物，这可能是导致 As(Ⅲ)氧化的主要原因（Amstaetter et al.，2010）。

3. 砷氧化的微生物机制

微生物砷氧化是指在细菌分泌的砷氧化酶作用下，As(Ⅲ)氧化为 As(Ⅴ)的过程，包括异养型砷氧化菌（heterotrophic arsenite oxidizers，HAOs）和化能自养型砷氧化菌（chemolithoautotrophic arsenite oxidizers，CAOs）。

1）异养型砷氧化菌

异养型砷氧化菌（HAOs）驱动的砷氧化过程可能是自身的一种解毒反应，HAOs 能够利用外周胞质膜上的砷氧化酶将毒性较高的 As(III)氧化为毒性较低的 As(V)，以降低细胞周围砷毒性（Lloyd & Oremland，2006）。HAOs 的砷氧化酶属于含钼的二甲基亚砜（DMSO）氧化还原酶家族，由两个亚基构成，大亚基（约 90 kDa）是一个含钼离子中心[3Fe-4S]簇的硫铁蛋白（AoxB），小亚基（约 14 kDa）是一个含[2Fe-2S]簇的硫铁蛋白（AoxA）（Ellis et al.，2001）。

2）化能自养型砷氧化菌

与 HAOs 不同，化能自养型砷氧化菌（CAOs）能够以氧气为电子受体氧化 As(III)，并利用这一过程产生的能量将无机 CO_2 合成有机物，供细胞生长。在厌氧环境中，CAOs 以 NO_3^- 为电子受体氧化 As(III)（Oremland & Stolz，2003）。首次从极瘤菌（*Rhizobium* sp.）NT-26 中分离纯化得到 CAOs 砷氧化酶，是由两个分子质量约 89 kDa 的大亚基 AroA 和两个分子质量约 14 kDa 的小亚基 AroB 构成的异型四聚体蛋白质（Santini & vanden Hoven，2004）。

表 4.2 汇总了目前已分离鉴定的砷氧化菌。CAOs 主要分布在 α-和 β-变形菌门，其中 α-变形菌门的菌株（*Paracoccus* sp. SY、*Ancylobacter* sp. OL-1、*Sinorhizobium* sp. DAO10、*Rhizobium* sp. NT-26 和 *Rhizobium* sp. UC-6）主要分离自水稻土、沉积物/土壤、金矿和火山岩；β-变形菌门的菌株（*Thiobacillus* sp. S-1、*Hydrogenophaga* sp. CL-3、*Azoarcus* sp. DAO1、*Acidovorax* sp. NO1 和 *Burkordelia cepacia* UC-2）主要分离自沉积物/土壤、金矿和火山岩。相比之下，HAOs 在门水平上多样性更高，包括 α-，β-和 γ-变形菌门、厚壁菌门和嗜热异常球菌门。其中 α-变形菌门的菌株（*Agrobacterium tumefaciens*、*Sinorhizobium morelense* S3-1C 和 *Agrobacterium* sp. Q）主要分离自砂浆、土壤；β-变形菌门的菌株（*Alcaligenes faecalis*、*Cenibacterium arsenoxidans*、*Alcaligenes* sp. RS-19、*Variovorax* sp. MM-1 和 *Alcaligenes* sp. H）主要分离自牛肉酱、土壤和污水；γ-变形菌门的菌株（*Pseudomonas arsenoxydans* VC-1、*Pseudomonas stutzeri* GIST-BDan2、*Pseudomonas fluorescens* FN-15、*Pseudomonas vancouverensis* FN-48、*Pseudomonas putida* FN-58、*Pseudomonas lubricans*、*Acinetobacter calcoaceticus* AS19-1、*Pseudomonas plecoglossicida* AS5-1、*Pseudomonas knackmussii* AS20-2 和 *Stenotrophomonas* sp. MM-7）主要分离自沉积物、湿地、废水和土壤；厚壁菌门的菌株（*Bacillus arsenoxydans*）主要分离自牛肉酱；嗜热异常球菌门的菌株（*Thermus aquaticus* 和 *Thermus thermophilus*）主要分离自热泉。此外，已有研究从湖水中分离到同时具备异养和化能自养能力的砷氧化菌：γ-变形菌门的 *Alkalilimnicola ehrlichii* MLHE-1。

表 4.2 已分离鉴定的砷氧化菌

菌株	砷氧化类型	门	生境来源	参考文献
Paracoccus sp. SY	化能自养型	α-变形菌门	水稻土	Zhang et al.，2015
Ancylobacter sp. OL-1	化能自养型	α-变形菌门	沉积物/土壤	Garcia-Dominguez et al.，2008

续表

菌株	砷氧化类型	门	生境来源	参考文献
Sinorhizobium sp. DAO10	化能自养型	α-变形菌门	土壤	Rhine et al.，2006
Rhizobium sp. NT-26	化能自养型	α-变形菌门	金矿	Santini et al.，2000
Agrobacterium tumefaciens	异养型	α-变形菌门	土壤/砂浆	Macur et al.，2004
Rhizobium sp. UC-6	化能自养型	α-变形菌门	火山岩	Campos et al.，2009
Sinorhizobium morelense S3-1C	异养型	α-变形菌门	土壤	Kinegam et al.，2008
Sphingomonas subterranea S2-3F	异养型	α-变形菌门	土壤	Kinegam et al.，2008
Alcaligenes faecalis	异养型	β-变形菌门	牛肉酱/污水/土壤	Osborne & Ehrlich，1976；Philips & Taylor，1976
Cenibacterium arsenoxidans	异养型	β-变形菌门	污水	Ahmann et al.，1994
Thiobacillus sp. S-1	化能自养型	β-变形菌门	沉积物/土壤	Garcia-Dominguez et al.，2008
Hydrogenophaga sp. CL-3	化能自养型	β-变形菌门	沉积物/土壤	Garcia-Dominguez et al.，2008
Azoarcus sp. DAO1	化能自养型	β-变形菌门	土壤	Rhine et al.，2006
Acidovorax sp. NO1	化能自养型	β-变形菌门	金矿	Huang et al.，2012
Bacillus arsenoxydans	异养型	厚壁菌门	牛肉酱	Green，1919
Alcaligenes sp. RS-19	异养型	β-变形菌门	土壤	Yoon et al.，2009
Variovorax sp. MM-1	异养型	β-变形菌门	土壤	Bahar et al.，2013
Burkordelia cepacia UC-2	化能自养型	β-变形菌门	火山岩	Campos et al.，2009
Pseudomonas arsenoxydans VC-1	异养型	γ-变形菌门	沉积物	Campos et al.，2009
Alkalilimnicola ehrlichii MLHE-1	化能自养型/异养型	γ-变形菌门	湖水	Hoeft et al.，2007
Pseudomonas stutzeri GIST-BDan2	异养型	γ-变形菌门	湿地	Chang et al.，2010
Pseudomonas fluorescens FN-15	异养型	γ-变形菌门	湿地	Valenzuela et al.，2009
Pseudomonas marginalis FN-41	异养型	γ-变形菌门	湿地	Valenzuela et al.，2009
Pseudomonas vancouverensis FN-48	异养型	γ-变形菌门	湿地	Valenzuela et al.，2009
Pseudomonas putida FN-58	异养型	γ-变形菌门	湿地	Valenzuela et al.，2009
Pseudomonas lubricans	异养型	γ-变形菌门	废水	Rehman et al.，2010
Acinetobacter calcoaceticus AS19-1	异养型	γ-变形菌门	土壤	Kinegam et al.，2008
Pseudomonas plecoglossicida AS5-1	异养型	γ-变形菌门	土壤	Kinegam et al.，2008
Pseudomonas knackmussii AS20-2	异养型	γ-变形菌门	土壤	Kinegam et al.，2008
Stenotrophomonas sp. MM-7	异养型	γ-变形菌门	土壤	Bahar et al.，2013
Alcaligenes sp. H	异养型	β-变形菌门	土壤	Song et al.，2012
Agrobacterium sp. Q	异养型	α-变形菌门	土壤	Song et al.，2012
Thermus aquaticus	异养型	嗜热异常球菌门	热泉	Brock & Freeze，1969；Gihring et al.，2001
Thermus thermophilus	异养型	嗜热异常球菌门	热泉	Gihring et al.，2001

4. 砷还原的微生物机制

微生物介导的 As(V)还原是土壤 As(V)还原的主要过程，主要发生在厌氧环境中（Qiao et al., 2018）。目前已从沉积物、土壤等环境中分离到很多 As(V)还原微生物，包括原核和真核生物（Macur et al., 2004）。微生物介导的 As(V)还原途径，主要可分为细胞质砷还原（也称抗性砷还原）和异化砷还原（也称呼吸砷还原）。

1）细胞质砷还原

细胞质砷还原在有氧及厌氧条件下均可以发生，广泛存在于多种微生物中。细胞质 As(V)还原酶（cytoplasmic arsenate reductase，ArsC）介导的砷解毒机制，可将细胞质中的 As(V)还原为 As(III)，并通过 As(III)通道蛋白将 As(III)排到细胞外，以降低其对细胞的毒性（Bhattacharjee & Rosen，2007）。目前研究已发现 3 种不同类型的细胞质 As(V)还原酶。真核生物细胞中 As(V)还原酶被命名为 Acr2p，位于啤酒酵母 16 号染色体上，是一个约 34 kDa 的同型二聚体蛋白，以谷胱甘肽和谷氧还蛋白作为电子供体。第二类命名为 ArsC，位于金黄色葡萄球菌质粒 pI258 和枯草芽孢杆菌染色体上，其电子供体是硫氧还蛋白。第三类也命名为 ArsC，位于大肠杆菌质粒 R773 上，是一个 16 kDa 的单体蛋白，以谷氧还蛋白和谷胱甘肽簇构成 As(V)还原酶的操纵子（*ars* 操纵子），属于典型的负调控机制。原核生物中，典型的 *ars* 操纵子有两种，一种包括 3 个编码基因（*arsRBC*），另一种包括 5 个编码基因（*arsABCDR*）。*arsRBC* 操纵子主要存在于革兰氏阳性菌，如金黄色葡萄球菌的质粒或者染色体上；*arsABCDR* 操纵子主要存在于革兰氏阴性菌，如大肠杆菌的质粒上。

在第一类 *ars* 操纵子中，As(V)进入细胞后，在 ArsC 的催化下，以还原态硫氧还蛋白作为电子供体，将 As(V)还原为 As(III)，再在 ArsB 作用下被转运出细胞，完成细胞内解毒过程。一些厌氧微生物，如梭状芽孢杆菌属和脱硫弧菌属，能够利用这种机制进行 As(V)的还原（Langner & Inskeep，2000）。在第二类 *ars* 操纵子中，As(V)进入细胞后，首先与 *arsC* 基因编码的 ArsC 结合，激活 ArsC 的催化活性，以还原态谷胱甘肽作为电子供体，将 As(V)还原为 As(III)；As(III)的产生进一步激活 ArsA ATP 酶，催化 ATP 水解提供能量，在 *arsB* 基因编码的砷泵作用下，将 As(III)转运至细胞外，完成细胞内解毒（Páez-Espino et al.，2009）。其中，*arsR* 和 *arsD* 基因负责编码两个转录调节蛋白 ArsD 和 ArsR，调节 *ars* 操纵子的转录与表达。

2）异化砷还原

一般认为，在淹水稻田环境中，异化 As(V)还原是 As(V)还原的主要途径（Ohtsuka et al.，2013）。微生物厌氧呼吸过程中以 As(V)为电子受体，利用呼吸性 As(V)还原酶（respiratory arsenate reductase，Arr）将细胞外的 As(V)还原为 As(III)。异化 As(V)还原只发生在厌氧环境，由特定的微生物所介导。目前，对异化砷还原微生物（dissimilatory arsenate-reducing prokaryotes，DARPs）砷调控过程的研究，主要集中在呼吸还原蛋白（Arr）及其编码基因上。Krafft 和 Macy（1998）首次从 *Chrysiogenes arsenatis* 中纯化得到 Arr，它是由一个小亚基（ArrB）和一个大亚基（ArrA）构成的异源二聚体，属于二甲基亚砜还原酶家族。Malasarn 等（2004）对 *Shewanella* sp. ANA-3 中编码 ArrA 的保守基因 *arrA*

进行克隆测序，进一步证明 *arrA* 是微生物异化砷还原的可靠标志基因。

Desulfitobacterium hafniense 基因组中 *arr* 操纵子的组成是 *arrTSRCABD*，这与 *Shewanella* sp. ANA-3 的 *arr* 操纵子（*arrAB*）的组成存在较大差异。*D. hafniense* 的 *arr* 操作子组成中除 *arrAB* 外，还存在 5 个额外的开放阅读框，可能分别编码一个膜蛋白 ArrC（用来锚定 ArrAB）；一个与 TorD 类似的伴侣蛋白 ArrD，可能参与辅因子与 ArrA 蛋白的结合；另外 3 个基因 *arrR*、*arrS* 和 *arrT* 分别编码 3 个调控蛋白，即 ArrR、ArrS 和 ArrT。其中，ArrA 是催化 As(Ⅴ)还原的核心蛋白，是一个钼蛋白大亚基，分子质量约为 90～95 kDa。ArrB 是一个分子质量约 26 kDa 以[4Fe-4S]聚簇为中心的小亚基。氢气、乙酸盐、甲酸盐、丙酮酸盐、柠檬酸盐、葡萄糖等小分子化合物被氧化后，电子经细胞膜的呼吸传递链传递给 *C* 型细胞色素，在 ArrB 的介导下进一步传递给 ArrA。最终 As(Ⅴ)作为末端电子受体被还原为 As(Ⅲ)，完成呼吸产能过程（Macy et al.，2000）。在进化上 ArrB 蛋白与 ArrA 都具有类似的进化保守性。

表 4.3 汇总了已分离鉴定的异化砷还原菌。异化砷还原微生物多样性丰富，广泛存在于古菌域和细菌域，主要分布在 γ-、δ-和 ε-变形菌门、革兰氏阳性菌及古菌。其中 ε-变形菌门的菌株（*Sulfurospirillum arsenophilum*、*Sulfurospirillum barnesii*、*Sulfurospirillum halorespiran*、*Sulfurospirillum multivorans*、*Sulfurospirillum deleyianum*、*Sulfurospirillum cavolei* 和 *Wolinella succinogenes*）的生境来源多样，包括沉积物、淡水沼泽、土壤、活性污泥、泥浆、森林池塘、地下蓄水层、牛瘤胃液等，甚至在一些不含砷的土壤中也能检测到异化砷还原微生物的存在；δ-变形菌门的菌株（MLMS-1 和 *Geobacter* sp. OR-1）分离自盐湖和水稻土；γ-变形菌门的菌株（*Shewanella* sp. ANA-3 和 *Marinobacter santoriniensis*）分离自木屑和高温沉积物中；厚壁菌门的菌株（*Desulfosporosinus auripigmenti*、*Desulfosporosinus* sp. Y5、*Halarsenatibacter silvermanii* SLAS-1、*Clostridium* sp. OhILAs、*Bacillus arsenicoselanatis* E1H、*Bacillus selenitireducens* MLS10、*Bacillus selenatarsenatis* SF-1、*Bacillus macyae* JMM-4 和 *Desulfuribacillus stibiiarsenatis*）分离自湖水、鸡粪沉积物和金矿；泉古菌门的菌株（*Pyrobaculum aerophilum*、*Pyrobaculum arsenaticum* 和 *Pyrobaculum ferrireducens*）分离自热泉；产金菌门的菌株（*Chrysiogenes arsenatis* 和 *Desulfurispirillum indicum* S5）分离自泥浆和沉积物；脱铁杆菌门的菌株（*Deferribacter desulfuricans*）分离自深海热泉。

表 4.3　已分离鉴定的异化砷还原菌

菌株	电子供体	电子受体	门	生境来源	参考文献
Pyrobaculum aerophilum	CO_2，H_2	As(Ⅴ)，Se(Ⅵ)，$Na_2S_2O_3$，O_2，NO_3^-，NO_2^-	泉古菌门	热泉	Huber et al.，2000
Pyrobaculum arsenaticum	CO_2，H_2，Se(Ⅳ)	As(Ⅴ)，Se(Ⅵ)，S，$Na_2S_2O_3$	泉古菌门	热泉	Huber et al.，2000
Pyrobaculum ferrireducens	蛋白胨、酵母提取物、胰蛋白胨	As(Ⅴ)，Fe(Ⅲ)，Se(Ⅳ)，Se(Ⅵ)，NO_3^-，$Na_2S_2O_3$	泉古菌门	热泉	Slobodkina et al.，2015
Sulfurospirillum arsenophilum	乳酸盐、富马酸、丙酮酸、甲酸盐	As(Ⅴ)，S，O_2，NO_3^-，NO_2^-	ε-变形菌门	沉积物	Ahmann et al.，1994

续表

菌株	电子供体	电子受体	门	生境来源	参考文献
Sulfurospirillum barnesii	乳酸盐、富马酸、丙酮酸、甲酸盐	As(Ⅴ)，Se(Ⅵ)，S，O_2，Fe(Ⅲ)，NO_3^-，NO_2^-	ε-变形菌门	淡水沼泽	Oremland et al.，1989，1994
Sulfurospirillum halorespiran	乳酸盐、H_2、富马酸、丙酮酸	As(Ⅴ)，Se(Ⅵ)，S，PCE，NO_3^-，NO_2^-	ε-变形菌门	土壤	Ahmann et al.，1994 Luijten et al.，2003
Sulfurospirillum multivorans	乳酸盐、乙醇、H_2、甲酸盐、Na_2S	As(Ⅴ)，Se(Ⅵ)，PCE，NO_3^-	ε-变形菌门	活性污泥	Scholz-Muramatsu et al.，1995
Sulfurospirillum deleyianum	富马酸盐	As(Ⅴ)，S，O_2，NO_3^-，NO_2^-，SO_3^{2-}	ε-变形菌门	泥浆、森林池塘	Schumacher & Kroneck，1992；Schumacher et al.，1992
Sulfurospirillum cavolei	富马酸盐、乳酸盐	As(Ⅴ)，S，O_2，NO_3^-，SO_3^{2-}	ε-变形菌门	地下蓄水层	Kodama & Watanabe，2007
Wolinella succinogenes	富马酸盐	As(Ⅴ)，NO_3	ε-变形菌门	牛瘤胃液	Tanner et al.，1981
MLMS-1	硫化物	As(Ⅴ)	δ-变形菌门	盐湖	Hoeft et al.，2004
Shewanella sp. ANA-3	乙酸盐、乳酸盐、丙酮酸盐	As(Ⅴ)，Se(Ⅵ)，NO_3^-，MnO_2，O_2，富马酸盐，$Fe(OH)_3$，AQDS	γ-变形菌门	木屑	Saltikov et al.，2003
Marinobacter santoriniensis	乳酸盐、有机碳	As(Ⅴ)，NO_3^-	γ-变形菌门	高温沉积物	Handley et al.，2009a
Desulfosporosinus auripigmenti	H_2、乳酸盐、乙酸盐、丁酸盐、丙酮酸盐、乙醇	As(Ⅴ)，SO_4^{2-}，SO_3^{2-}，富马酸盐	厚壁菌门	沉积物	Newman et al.，1997；Stackebrandt et al.，2003
Desulfosporosinus sp. Y5	苯酚、琥珀酸盐、H_2、乳酸盐、酵母、H_2+CO_2	As(Ⅴ)，NO_3^-，SO_4^{2-}，Fe(Ⅲ)	厚壁菌门	沉积物	Liu et al.，2004
Halarsenatibacter silvermanii SLAS-1	乳酸盐、半乳糖、苹果酸盐、葡萄糖、果糖、丙酮酸盐、硫化物	As(Ⅴ)，Fe(Ⅲ)-NTA，S	厚壁菌门	沉积物	Blum et al.，2009
Clostridium sp. OhILAs	果糖、乳酸盐	As(Ⅴ)，$Na_2S_2O_3$	厚壁菌门	鸡粪	Stolz et al.，2007
Bacillus arsenicoselanatis E1H	乳酸盐、果糖、苹果酸盐	As(Ⅴ)，富马酸盐，NO_3^-，Fe(Ⅲ)，Se(Ⅵ)	厚壁菌门	湖水	Switzer et al.，1998
Bacillus selenitireducens MLS10	乳酸、丙酮酸、葡萄糖	As(Ⅴ)，富马酸盐，NO_3^-，NO_2^-，O_2，Se(Ⅵ)	厚壁菌门	湖水	Switzer et al.，1998
Bacillus selenatarsenatis SF-1	乳酸盐、醋酸盐、果糖、葡萄糖、蔗糖、甘油	As(Ⅴ)，NO_3^-，Se(Ⅵ)	厚壁菌门	沉积物	Yamamura et al.，2007
Bacillus macyae JMM-4	乳酸盐、苹果酸盐	As(Ⅴ)，NO_3^-	厚壁菌门	金矿	Santini & vanden Hoven，2004
Chrysiogenes arsenatis	乙酸盐、丙酮酸盐、乳酸盐、琥珀酸盐、苹果酸盐、富马酸盐	As(Ⅴ)，NO_3^-，NO_2^-	产金菌门	泥浆	Macy et al.，1996

续表

菌株	电子供体	电子受体	门	生境来源	参考文献
Geobacter sp. OR-1	乙酸盐、甲酸盐、乳酸盐	As(Ⅴ)，Fe(Ⅲ)-NTA，水铁矿，NO_3^-，NO_2^-，MnO_2，苹果酸，富马酸	δ-变形菌门	水稻土	Ohtsuka et al.，2013
Deferribacter desulfuricans	复杂有机化合物、乙醇、H_2、碳源	As(Ⅴ)，S，NO_3^-	脱铁杆菌门	深海热泉	Takai et al.，2003
Desulfuribacillus stibiiarsenatis	乳酸、丙酮酸、甲酸、H_2	As(Ⅴ)，NO_3^-，NO_2^-，Se(Ⅵ)，Se(Ⅳ)	厚壁菌门	沉积物	Abin & Hollibaugh，2017
Desulfurispirillum indicum S5	乳酸、丙酮酸、乙酸	As(Ⅴ)，NO_3^-，Se(Ⅵ)，Se(Ⅳ)	产金菌门	沉积物	Rauschenbach et al.，2011

5. 砷甲基化与脱甲基化的微生物机制

1）砷甲基化

砷甲基化（methylation）是将无机砷转化为 MMAs、DMAs、TMAs 等甲基砷的过程，是微生物对环境中砷的一种重要解毒过程。与无机砷相比，有机砷的毒性更低，因此砷的甲基化对稻田砷污染治理具有重要意义（Lloyd & Oremland，2006）。自然界中许多厌氧和好氧细菌及真菌，都能够将无机砷转化为毒性较低的甲基砷（Bentley & Chasteen，2002）。从水稻土中分离纯化出具有砷甲基化能力的严格好氧菌 *Streptomyces* sp.和 *Arsenicibacter rosenii* SM-1，以及一株厌氧硫酸盐还原菌 *Clostridium* sp. BXM（Kuramata et al.，2015；Huang et al.，2016；Wang et al.，2015）。向厌氧水稻土中添加硫酸盐还原菌专性抑制剂（Mo），发现 SO_4^{2-} 还原显著受到抑制的同时，无机砷向 DMAs 转化的过程也受到明显的抑制，证明了硫酸盐还原菌参与了砷的甲基化过程（Chen et al.，2019）。

砷甲基化功能基因为 *arsM*，该基因编码一个大小约 29.656 kDa 的 *S*-腺苷甲基转移酶。Qin 等（2006）利用基因重组技术将 *arsM* 基因整合到砷敏感的 *E.coli* 基因组，发现重组 *E.coli* 能将培养基中的无机砷转化为 DMAs 及 TMAs。Zhao 等（2013）报道 *arsM* 基因广泛分布于砷污染水稻土中的硫酸盐还原菌和产甲烷菌中。目前相关研究并没有得到明确砷甲基化途径，有 4 种假说：①Challenger 机制为最早提出的砷甲基化机制，认为甲基化过程是三价砷化合物的氧化甲基化与五价砷化物的还原交替进行的，即 As(Ⅴ)—As(Ⅲ)—MMAs(Ⅴ)—MMAs(Ⅲ)—DMAs(Ⅴ)—DMAs(Ⅲ)—TMAs(Ⅴ)O—TMAs(Ⅲ)（Challenger，1945）。②Hayakawa 机制认为 As(Ⅲ)首先与还原型谷胱甘肽 GSH 结合形成 $As(GS)_3$ 复合体，然后由 ArsM 提供甲基供体进行连续的甲基化反应，并最终水解生成 MMAs(Ⅲ)和 DMAs(Ⅲ)，该反应过程不涉及价态的变化（Hayakawa et al.，2015）。由于向该体系中加入 ArsM 后与 GSH 结合的砷消失，因此该机制存在一定的争议。③为此 Dheeman 提出一个新的机制，认为进入机体的 As(Ⅲ)首先与蛋白质上的巯基而不是与 GSH 结合，形成的砷蛋白质复合物经过还原甲基化生成 MMAs(Ⅲ)和 DMAs(Ⅲ)（Dheeman et al.，2014）。④还可能存在一条非酶促途径，即在 GSH 存在情况下，甲基钴胺素能将微生物体外 As(III)转化为 MMAs 和少量的 DMAs（Zakharyan & Aposhian，1999）。

Mestrot 等（2013）发现稻田土壤培养过程中会释放砷化氢（AsH_3）、MAs(III)H_3、DMAs(III)H_3 和 TMAs(III)气体。微宇宙实验发现，每公斤砷污染土壤每年的砷挥发量为 0.5～70 mg，约占土壤总 As 的 0.31%～0.17%，且挥发性砷主要为 TMAs(III)，伴随着少量的 DMAs(III)H_3 和 MAs(III)H_3。稻田原位实验发现，西班牙和孟加拉国土壤每年每公顷 As 挥发量为 220 mg，只占 10 cm 表层土壤砷含量的 0.0003%～0.0016%（Mestrot et al.，2011）。稻田原位检测的砷挥发量比微宇宙实验高 1～2 个数量级。因此，稻田土壤可以产生 AsH_3 等挥发性砷物种，但是其释放量在土壤总砷含量中的占比极微。

土壤淹水及添加有机肥能提高砷元素的挥发速率，但在有氧条件下基本没有砷的挥发（Mestrot et al.，2009）。甲基砷如 MMAs、DMAs 的加入能够提高孟加拉国稻田土的砷挥发速率，说明砷的挥发受土壤砷甲基化程度控制（Mestrot et al.，2011）。土壤孔隙水中可溶性砷、可溶性有机碳的含量与砷的挥发速率相关。土壤中砷的生物甲基化及后续 AsH_3 的挥发，能够提高土壤孔隙水中无机砷的生物有效性。淹水及施用有机肥都会促进土壤 As(V)还原，增加砷释放到孔隙水的比率，有利于砷的生物甲基化及挥发（Mestrot et al.，2011）。砷甲基化微生物的丰度及活性是另一个影响砷挥发的关键因素，然而，目前关于不同土壤中砷甲基化微生物的种类及丰度差异了解很少，其对土壤理化性质的影响也知之甚少。

2）砷脱甲基化

环境中的 DMAs 和 MMAs 会被微生物脱甲基化，在厌氧和好氧土壤中均可发生（Woolson et al.，1973）。土壤中的 DMAs 和 MMAs 的半衰期较短，大约为 20 d，但在一年半后仍能在土壤中检测到 DMAs 和 MMAs，说明土壤中持续进行着砷的甲基化（Woolson et al.，1973）。Sierra-Alvarez 等（2006）培养甲基砷污染的厌氧活性污泥，发现在反硝化条件下，DMAs 不能被脱甲基；在硫酸盐还原及产甲烷条件下，DMAs 能被脱甲基转化为 MMAs 及无机砷，因此认为硫酸盐还原菌与产甲烷菌可能参与了 DMAs 的脱甲基过程。Chen 等（2019）发现向水稻土中添加产甲烷菌专性抑制剂（BES），在抑制微生物产甲烷的同时，也抑制了 DMAs 的脱甲基过程，证明了产甲烷菌参与了 DMAs 的脱甲基过程。

目前，已从有机砷污染土壤中分离出能够将 MMAs 脱甲基成无机砷的 *Pseudomonas putida* 和 *Streptomyces* 等菌株（Maki et al.，2006；Yoshinaga et al.，2011）。蓝藻（Cyanobacterium）*Nostoc* sp. PCC 7120 菌株中也能将 MMAs(III)进行脱甲基化（Yan et al.，2015），*Shewanella putrefaciens* 同样具有将 MMAs 脱甲基化的能力（Chen & Rosen，2016）。向水稻土中添加 NO_3^- 有利于促进 MMAs(III)的脱甲基化，表明反硝化菌可能参与了 MMAs 的脱甲基化过程。

据报道 *arsI* 基因编码的 ArsI（Fe(II)依赖的乙二醇双加氧酶）能将 MMAs(III)脱甲基化为 As(III)（Yoshinaga & Rosen，2014）。蓝藻 *Nostoc* sp. PCC 7120 菌株中也含有 *arsI* 基因（Yan et al.，2015）。虽然 *Shewanella putrefaciens* 具有将 MAs(V)脱甲基化为无机砷的能力，但是该菌基因组内并未发现 *arsI* 基因，说明可能存在其他控制砷脱甲基化的基因（Chen & Rosen，2016）。

与砷甲基化相比，砷脱甲基化的研究较少，因此关于砷脱甲基化的信号通路目前尚不明确。微生物驱动的砷脱甲基化过程主要分为两步：第一步为 MAs(Ⅴ)还原为 MAs(Ⅲ)，包括 DMAs(Ⅴ)和 MMAs(Ⅴ)分别被还原为 DMAs(Ⅲ)和 MMAs(Ⅲ)；第二步为 MAs(Ⅲ)脱甲基化生成 CO_2、As(Ⅲ)和 MMAs(Ⅲ)（Yoshinaga et al.，2011）。

3）砷有机化的其他机制

除上述甲基砷外，土壤中还存在砷糖、砷糖磷脂、砷甜菜碱及砷胆碱等多种有机砷化合物。已发现土壤中存在可以生成砷糖和砷糖磷脂的藻类，但未筛选到可以合成其他有机砷的微生物。砷糖最早在褐藻 *Ecklonia radiate* 中分离鉴定到（Edmonds & Francesconi，1981）。到目前为止，已发现至少 15 种氧代砷糖（oxo-arsenosugars）。其中，大部分砷糖含一个五价二甲基砷基团，并与一个带有侧链的核糖相连。这些砷糖之间的差别主要体现在糖骨架 C1 位置的侧链不同。除氧代砷糖外，近年来还检测到硫代砷糖（thio-arsenosugars），其二甲基砷基团上的氧被硫取代（Meier et al.，2005）。此外，砷糖也会以三甲基砷化合物的形态存在。

砷糖是砷解毒过程的中间副产物，目前对砷糖在生物系统的起源和可能的作用知之甚少（Edmonds & Francesconi，1993）。砷糖合成可能经过甲基化和腺苷化（adenosylation）过程，甲基和腺苷的供体都是 SAM，甲基化过程由依赖于 SAM 的砷甲基化转移酶介导（Ye et al.，2010），而该酶不可能同时实施腺苷化功能。至今未发现任何参与催化腺苷化过程的酶，推测腺苷化过程可能由多个酶参与。

4.2.3　土壤砷形态转化的动力学机制

稻田干湿交替引起土壤氧化还原条件周期性变化，驱动土壤理化性质变化和元素循环（如好氧/厌氧、pH、Eh、关键元素铁/碳/氮/硫等），进而导致砷的形态发生变化。以下阐述厌氧–好氧周期中土壤结合态砷的转化动力学、砷氧化还原动力学、砷甲基化转化动力学和土壤物理化学性质变化等。

1. 土壤结合态砷转化动力学

厌氧–好氧交替条件下，腐殖质和铁氧化物控制着土壤中砷的可利用性。在厌氧阶段当土壤受到外源 As(Ⅲ)的污染时，溶解态（F0）、交换态（F1）和强吸附态砷（F2）为主要的砷形态，约占总砷的 72%（图 4.4a）。这三种形态砷容易被植物吸收，因此常被称为可利用态砷或有效态砷（F0 + F1 + F2）。土壤淹水后，可利用态砷逐渐被腐殖质所固定（F3 + F4），因为溶解态 As(Ⅲ)与有机质通过静电或物理作用形成外球复合物。在土壤淹水 40 d 后，约 50%的可利用态砷转化为腐殖质结合态砷，其中以富里酸结合态砷（F3）为主。残渣态砷（F7）没有发生显著变化，表明土壤颗粒表面砷的结构变化有限，只有少量砷可以转化为非活性组分。

在好氧阶段，土壤排水时，大量氧气进入土壤，Fe(Ⅱ)的迅速氧化与溶解性有机质（dissolveld organic matter，DOM）的沉降进一步促进砷在土壤颗粒上的固定。约 80%的有效态砷被腐殖质（F3 + F4）和铁氧化物（F5）所固定，这主要是土壤溶液中的砷与有机质和新形成的铁铝氧化物络合固定所致。此外，无定形铁铝氧化物结合态砷（F5-1）是土壤排水初期矿物结合态砷的主要组分，约占 90%。土壤排水 7 d 后，矿物发生晶相转化，约有 80%的无定形铁铝氧化物结合态砷转变为结晶型铁铝氧化物结合态（F5-2）。

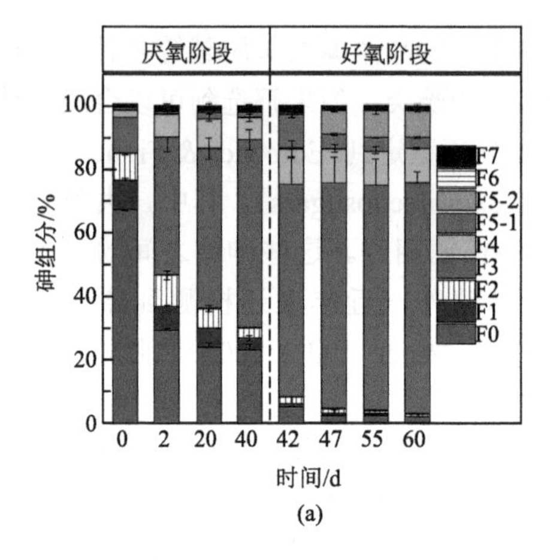

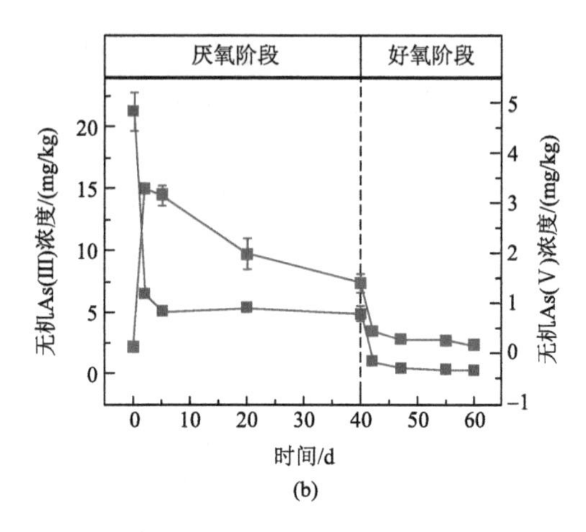

图 4.4 厌氧-好氧交替条件下砷转化动力学

（a）土壤中不同结合态砷的含量变化；（b）可利用态砷（F0 + F1 + F2）的氧化还原动力学。F0：溶解态，F1：交换态（1 mol/L $MgCl_2$，1 h），F2：强吸附态（1 mol/L NaOAc/HOAc，5 h），F3：富里酸结合态（1 mol/L $Na_4P_2O_7$，pH 1.0，2 h），F4：腐殖酸结合态（1 mol/L $Na_4P_2O_7$，pH 10.0，2 h），F5-1：无定形铁铝氧化物结合态（0.2 mol/L $H_2C_2O_4/C_2Na_2O_4$，4 h），F5-2：结晶型铁铝氧化物结合态（0.2 mol/L $H_2C_2O_4/Na_2C_2O_4$ 和 0.2 mol/L $C_6H_8O_6$，热水浴 0.5 h），F6：有机质结合态（30%H_2O_2，pH 2.0，5 h，85℃；3.2 mol/L，20%H_2O_2，0.5 h），F7：残渣态（0.2 g 干土，V_{HNO_3} ∶ V_{HClO_4} ∶ V_{HF} = 15∶2∶2）。数据为平均值 ± 标准差（n = 3）。

2. 土壤砷氧化还原动力学

在厌氧阶段，土壤中的砷同时发生氧化和还原反应；在好氧阶段，土壤中的砷主要发生氧化反应。

在厌氧条件下，土壤可利用态（F0 + F1 + F2）As(Ⅲ)浓度急剧下降至 4.90 mg/kg，而溶液中可利用态 As(Ⅴ)的浓度增加至 3.50 mg/kg，表明发生了砷的氧化和吸附。随后，溶液中的 As(Ⅴ)浓度逐渐下降，这主要是因为厌氧微生物驱动了 As(Ⅴ)还原过程（图 4.4b）。

在好氧条件下，土壤可利用态 As(Ⅲ)和 As(Ⅴ)浓度迅速下降（图 4.4b）。一方面，Fe(Ⅱ)与氧气反应产生的铁氧化物有利于砷的吸附固定；另一方面，Fe(Ⅱ)与氧气反应过程中产生的多种活性氧会导致 As(Ⅲ)的氧化。

3. 土壤砷甲基化转化动力学

土壤砷甲基化过程中 DMAs 为主要的甲基砷形态，同时甲基砷可被土壤颗粒固定。在厌氧条件下，土壤溶解态甲基砷 MMAs、DMAs 和 TMAs 浓度不断增加，其中 DMAs 是优势化合物（77.9%～100%）。在好氧条件下，土壤溶解态 DMAs 浓度显著下降，浓度降幅为 83.3%，而 TMAs 浓度则显著增加并达到平衡，约占总甲基砷的 70%。

土壤淹水后，吸附态甲基砷浓度增至 0.06 mg/kg，其中 DMAs 和 MMAs 约占甲基砷的 40%和 60%，几乎检测不到吸附态 TMAs，这可能是因为 TMAs 具有高的迁移性和挥发性，不易于吸附在土壤颗粒表面。此外，在整个培养阶段，DMAs 是主要的吸附态甲基砷物种，表明 MMAs 转化为 DMAs 是砷甲基化过程的关键步骤。在整个培养阶段，砷甲基化效率最高达到 9.38%（图 4.5）。

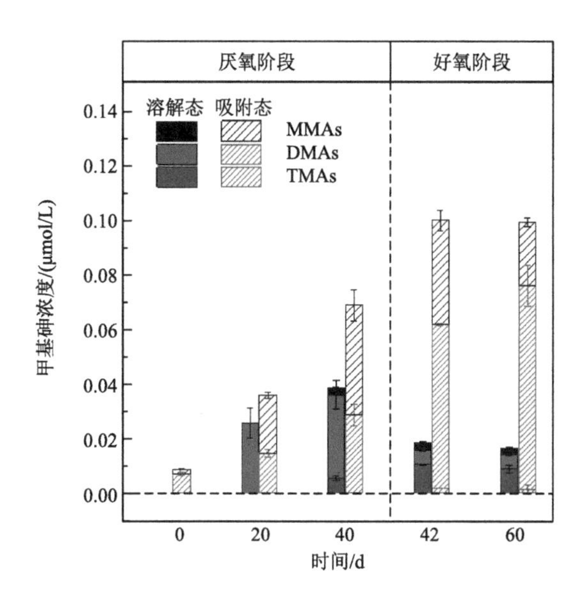

图 4.5　厌氧-好氧交替条件下土壤砷甲基化动力学

吸附态甲基砷用 H_3PO_4 进行提取。数据为平均值 ± 标准差（$n = 3$）。

4. 土壤物理化学性质变化

在厌氧阶段，由于土壤中铁/氮/硫等被还原并消耗质子，导致土壤 pH 升高；在好氧阶段，土壤中铁/氮/硫等被氧化并释放质子，土壤 pH 下降。在厌氧条件下，由于氧气被消耗，土壤氧化还原电位（Eh）从 + 235 mV 迅速下降至−260 mV，表明强还原条件的快速建立（Yang et al.，2020；Xia et al.，2022）。相应地，由于 Fe(III)、NO_3^-、SO_4^{2-} 和其他氧化性物质被微生物还原并消耗质子，导致厌氧培养 20 d 后土壤 pH 从 4.8 增加至 6.35。此外，土壤矿物的还原溶解导致了厌氧阶段有机质的释放（Yang et al.，2020）。

在好氧条件下，大量氧气快速进入土壤体系，导致 Eh 迅速上升至 + 235.1 mV，氧化状态得迅速恢复。由于 Fe(Ⅱ)、S^-和 NH_4^+ 等还原性物质的氧化导致大量质子释放，土壤 pH 迅速下降至 5.9。

土壤物理性质也发生变化。通过透射电镜结合 EDS-Mapping 监测土壤颗粒的形态变化与元素分布发现，在进入厌氧阶段前，土壤颗粒中的铁主要聚集分布；在厌氧培养后，铁均匀地分布于土壤颗粒表面，这是由于 Fe(III)被还原成迁移性更高的 Fe(Ⅱ)（图 4.6）。在土壤好氧阶段，Fe(Ⅱ)被氧化为 Fe(III)氧化物，铁重新聚集分布，这有利于砷被铁氧化物吸附固定。

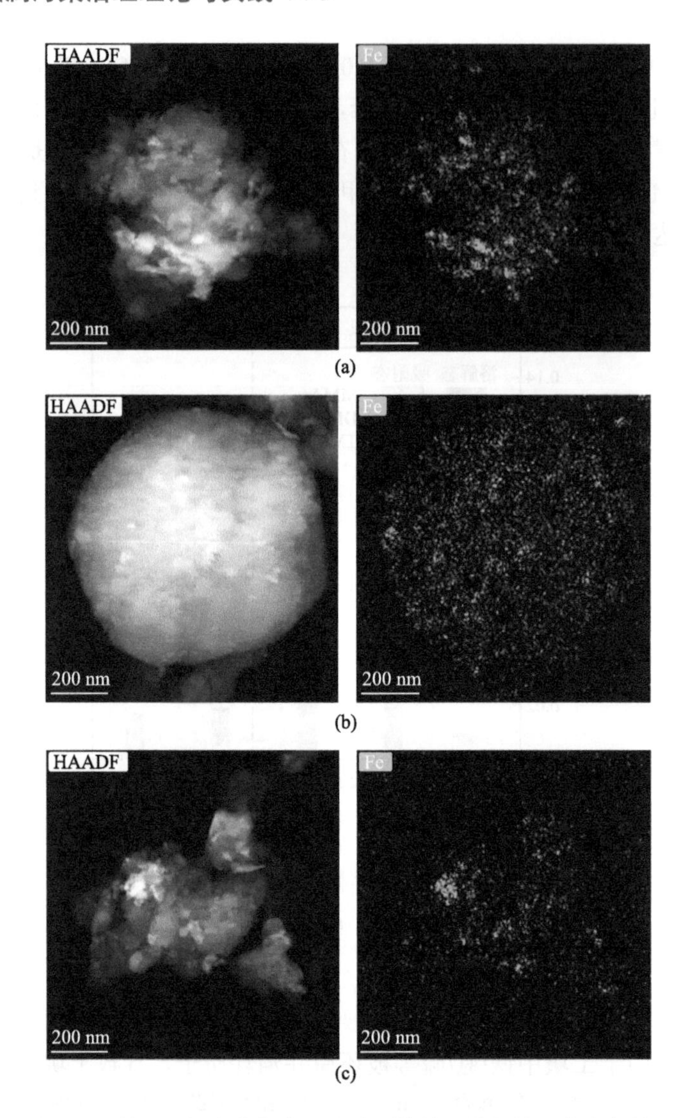

图 4.6 厌氧-好氧交替条件下土壤颗粒的形貌与铁元素分布情况

（a）厌氧 0 d；（b）厌氧 40 d；（c）好氧 20 d。

5. 砷转化功能基因的表达

水稻全生育期根际土壤中砷转化功能基因动态表达的研究发现，土壤细菌总拷贝数（16S rRNA）为 4.3×10^7～6.4×10^7 copies/g，整体呈上升趋势。异化 As(Ⅴ)还原基因 *arrA* 的丰度从 3.0×10^4 copies/g 上升至 8.7×10^4 copies/g；而抗性 As(Ⅴ)还原基因 *arsC* 的丰度则呈下降趋势，且丰度显著低于 *arrA* 基因的丰度（图 4.7）。值得注意的是，*arrA* 基因丰度的增加趋势与土壤溶液中 As(Ⅲ)含量的增加趋势一致，而 *arsC* 基因则截然不同，这表明土壤中 As(Ⅴ)的还原主要由异化砷呼吸细菌驱动。此外，根际土壤中功能微生物调控硫酸盐还原的 *dsrB* 基因的丰度增加了 4 倍，从 4.0×10^5 copies/g 增加到 2.0×10^6 copies/g，这与土壤中 As(Ⅴ)的增加趋势一致。

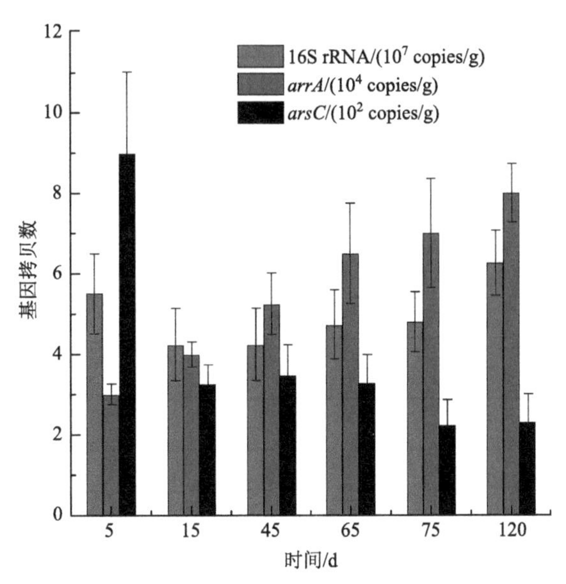

图 4.7　水稻全生育期根际土壤中 16S rRNA、*arrA*、*arsC* 基因的丰度

数据为平均值 ± 标准差（$n = 3$）。

6. 土壤砷形态转化的动力学模型

根据已有数据建立砷形态转化动力学模型，如表 4.4 和表 4.5 所示，在稻田土壤厌氧–好氧交替的条件下，土壤中发生砷的固定、氧化、还原和甲基化等过程。可利用态砷主要被腐殖质（R1/R4）和铁氧化物（R2/R5）固定。铁氧化物固定的过程中，无定形铁铝氧化物结合态砷和结晶型铁铝氧化物结合态砷相互转化（R3/R6）。厌氧条件下，主要为结晶型铁铝氧化物结合态砷向无定形铁铝氧化物结合态砷的转化（R3）；好氧条件下，主要为无定形铁铝氧化物结合态砷向结晶型铁铝氧化物结合态砷的转化（R6）。

土壤中砷的氧化还原和甲基化同时发生，以无机 As(III)的甲基化为主。在厌氧和好氧条件下，砷分别发生氧化还原（R7）和氧化反应（R11），同时发生砷的一甲基化（R8/R12）、二甲基化（R9/R13）和三甲基化（R10/R14）。

利用 KinTeq 软件对砷形态转化动力学进行模型拟合，反应式及拟合速率常数如表 4.4 和表 4.5 所示。由拟合结果（图 4.8）可知，在厌氧阶段，砷主要被腐殖质所固定；在好氧阶段，As(III)与 Fe(II)氧化共沉淀，同时进一步被腐殖质固定。在整个厌氧–好氧过程中，砷的甲基化过程主要为二甲基化。其中，腐殖质固定砷以及无机 As(V)的还原为厌氧条件下主要的砷形态转化过程，而腐殖质和铁氧化物固定砷以及 As(III)的氧化为好氧条件下主要的砷形态转化过程。

表 4.4　土壤中不同结合态砷的转化模型拟合方程及动力学常数

阶段		反应式	速率常数/d^{-1}
厌氧阶段	R1	$F0 + F1 + F2 \rightleftharpoons F3 + F4$	$k_1^+ = 0.380$
			$k_1^- = 0.215$

续表

阶段		反应式	速率常数/d^{-1}
厌氧阶段	R2	$F0+F1+F2 \rightleftharpoons F5\text{-}2$	$k_2^+=0.00283$
			$k_2^-=0.05$
	R3	$F5\text{-}2 \rightleftharpoons F5\text{-}1$	$k_3^+=0.395$
			$k_3^-=0.129$
好氧阶段	R4	$F0+F1+F2 \longrightarrow F3+F4$	$k_4=0.434$
	R5	$F0+F1+F2 \longrightarrow F5\text{-}1$	$k_5=0.25$
	R6	$F5\text{-}1 \longrightarrow F5\text{-}2$	$k_6=0.0926$

表 4.5　土壤中砷氧化还原和甲基化转化模型拟合方程及拟合动力学常数

阶段		反应式	速率常数/d^{-1}
厌氧阶段	R7	可利用态 iAs(Ⅲ) $\rightleftharpoons$ 可利用态 iAs(Ⅴ)	$k_1^+=0.758$
			$k_1^-=1.74$
	R8	可利用态 iAs(Ⅲ) $\longrightarrow$ 溶解态 MMAs	$k_4=0.00231$
	R9	溶解态 MMAs $\longrightarrow$ 溶解态 DMAs	$k_6=0.887$
	R10	溶解态 DMAs $\longrightarrow$ 溶解态 TMAs	$k_8=0.00624$
好氧阶段	R11	可利用态 iAs(Ⅲ) $\longrightarrow$ 可利用态 iAs(Ⅴ)	$k_9=0.915$
	R12	可利用态 iAs(Ⅲ) $\longrightarrow$ 溶解态 MMAs	$k_{12}=0.014$
	R13	溶解态 MMAs $\longrightarrow$ 溶解态 DMAs	$k_{14}=1.02$
	R14	溶解态 DMAs $\longrightarrow$ 溶解态 TMAs	$k_{16}=0.00614$

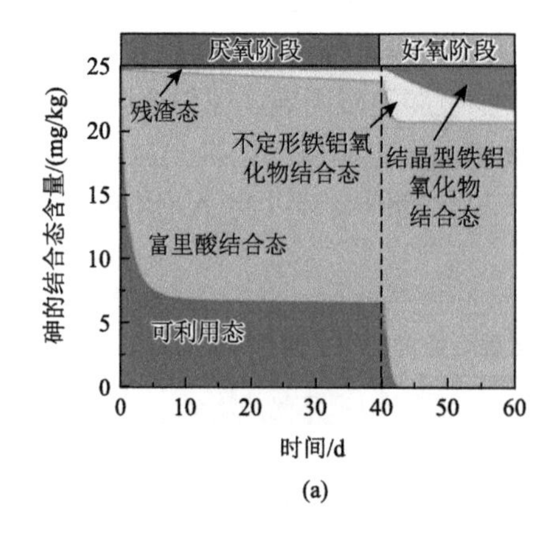

(a)

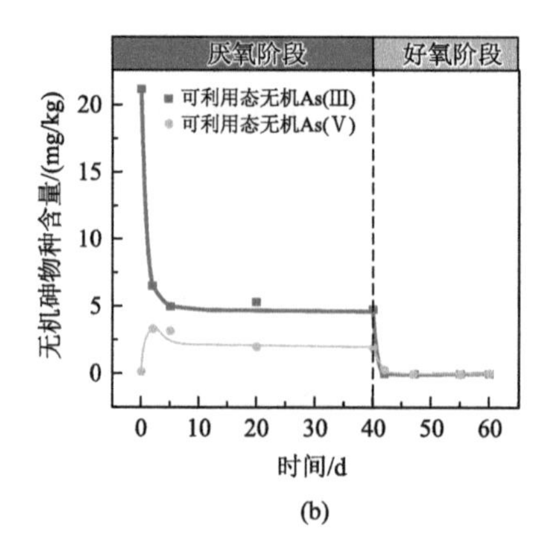

(b)

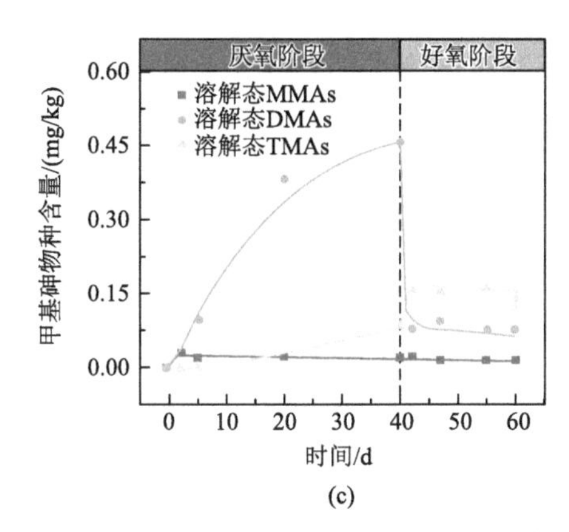

(c)

图 4.8　厌氧和好氧阶段稻田土壤砷的形态转化的模型拟合结果

（a）结合态砷转化；（b）砷的氧化还原转化；（c）溶解态甲基胂转化。

7. 土壤砷形态转化的关键过程

在氧化还原交替的稻田体系中，砷发生氧化、还原、甲基化以及不同结合态之间的转化，并受到复杂的土壤过程影响。

在厌氧阶段，土壤的还原状态迅速建立，有利于微生物介导的As(Ⅴ)和 Fe(Ⅲ)还原；土壤关键元素发生还原并消耗 H^+，土壤 pH 升高，进而导致黏土矿物和有机物表面产生额外的负电荷，有利于 As(Ⅲ)被腐殖质吸附固定；与腐殖酸相比，富里酸对As(Ⅲ)具有更强的络合能力，因此腐殖质结合态砷中以富里酸结合态砷为主；矿物表面以 Fe(Ⅱ)催化的铁氧化物晶相转化过程固定砷为主，因此铁氧化物结合态砷在厌氧阶段略有增加。

在好氧阶段，氧气进入土壤后驱动 Fe(Ⅱ)氧化的同时也活化了多种活性氧，可迅速氧化 As(Ⅲ)生成 As(Ⅴ)；土壤关键元素发生氧化并释放 H^+，土壤 pH 快速下降，土壤颗粒迅速发生质子化，导致 As(Ⅴ)被更多的腐殖质络合；氧化阶段新形成的 Fe(Ⅲ)氧化物与溶解性有机质、As(Ⅴ)发生吸附共沉淀，进一步促进砷的吸附固定；在砷被新形成的矿物吸附固定后，无定形铁氧化物随着时间推移会发生晶相转化，转变为原子排列整齐的结晶型铁氧化物，使得砷不易被释放出来。

4.3　水稻植株中砷迁移过程与机制

稻田土壤溶液中的砷易被水稻根系吸收，并最终在稻米中累积。不同生育期水稻对砷的吸收转运过程与相关功能基因表达密切相关。本节将介绍水稻植株中砷迁移过程，包括水稻砷吸收、转运与解毒的生理机制，以及水稻全生育期砷相关功能基因的时空表达和稻米砷的累积特征。

4.3.1　水稻砷吸收、转运与解毒的生理机制

与其他粮食作物相比，如小麦(*Triticum aestivum*)和大麦(*Hordeum vulgare*)，水稻更容

易累积砷，主要是因为水稻种植的淹水期有利于亚砷酸释放到土壤溶液中，以及亚砷酸与硅酸共用高效的吸收转运通道（Zhao et al.，2009）。

1. 根系

淹水期铁氧化物的还原性溶解，导致 As(Ⅴ)的释放和还原，从而增加了土壤溶液中砷的迁移性和生物有效性。亚砷酸和单硅酸的化学结构类似，在 pH<8.0 时均不发生解离。未解离的亚砷酸可以通过单硅酸的吸收转运系统被水稻根系吸收和转运（Ma et al.，2008）。

OsNIP2；1（也称作 OsLsi1）可以被动吸收亚砷酸进入水稻根系细胞中，然后经 OsLsi2 蛋白的主动转运将根系细胞中的亚砷酸外排到质外体中（Ma et al.，2008）。OsLsi1 和 OsLsi2 均在水稻根系内外皮层的凯氏带细胞中表达，OsLsi1 定位在远中柱端，OsLsi2 定位在近中柱端。OsLsi1 和 OsLsi2 的独特细胞定位和协同合作，使得单硅酸/亚砷酸能够快速有效地通过根系中的凯氏带区域，因而使得单硅酸/亚砷酸的吸收和向地上部转运十分高效（Ma et al.，2008）。

植物螯合肽（phytochelatins，PCs）在植物体内中对砷的脱毒十分重要。一旦亚砷酸被吸收进入拟南芥根系细胞中，便通过巯基配位与植物螯合肽快速络合形成 As(Ⅲ)-PCs 复合体，并被快速隔离在根系细胞的液泡中，阻止 As(Ⅲ)向地上部转运（Dhankher et al.，2002）。研究发现水稻的 OsABCC1 转运蛋白定位在液泡膜上，可以将 As(Ⅲ)-PCs 复合体转运到液泡中，实现脱毒（Song et al.，2014）。此外，非络合态的 As(Ⅲ)可被转运进入根系中柱，并通过蒸腾作用从木质部转运到地上部（Casey et al.，2004）。

在好氧条件下，砷酸盐是主要的砷形态，多以 $H_2AsO_4^-$ 或 $HAsO_4^{2-}$ 阴离子的形式存在。因其与磷酸根离子结构类似，砷酸盐通过磷酸盐转运蛋白（phosphate transporter，PT）吸收进入水稻等高等植物根系细胞中，其中以 Pht1（phosphate transporter 1）家族转运蛋白为主（Wang et al.，2016）。OsPht1;8(OsPT8)对 As(Ⅴ)具有很高的亲和力，水稻植株过表达 *OsPT8* 基因可提高 As(Ⅴ)的吸收能力 3～5 倍；敲除 *OsPT8* 基因可降低水稻对砷酸盐的吸收约 33%～57%，表明 OsPT8 蛋白介导了水稻根系对砷酸盐的吸收（Wang et al.，2016）。水稻根系吸收的 As(Ⅴ)会立即被砷酸盐还原酶（arsenate reductase，AR）还原成 As(Ⅲ)，并与植物螯合肽结合实现砷脱毒，然后隔离在液泡中（Shi et al.，2016）。

2. 地上部

在禾本科植物中，地上部的矿质元素在节中重新分配，每一个节都与其上下部的节通过维管系统连接，其中的转运蛋白介导矿质元素在维管束间的转运（Yamaji & Ma，2014）。

水稻植株中距离穗最近的节点为节Ⅰ，其中的 OsLsi2、OsLsi3 和 OsLsi6 蛋白对单硅酸从节到籽粒的转运十分重要（Ma，2009）。OsLsi6 是 OsLsi1 的同系物，主要定位在节Ⅰ的扩大维管束的外缘，连接着旗叶的叶鞘；OsLsi2 和 OsLsi3 分别定位在扩大维管束旁的维管束鞘细胞层，以及扩大维管束与分散维管束间的薄壁组织上，并与单硅酸从节Ⅰ

到籽粒的维管束间的转运有关（Yamaji et al.，2015）。敲除 *OsLsi6*、*OsLsi2* 或者 *OsLsi3* 基因，可降低圆锥花序中硅的累积，但明显增加了旗叶中硅的累积（Yamaji et al.，2015）。与野生型水稻相比，*lsi2* 突变体内分布在旗叶和节 I 中的砷含量提高了，而稻米中砷的累积量降低了（Chen et al.，2015）。

已有大量研究报道，水稻植株存在亚砷酸和砷酸吸收转运功能的基因和蛋白（Yamaji & Ma，2014；Yamaji et al.，2015），详细见表 4.6 和表 4.7。尽管在亚砷酸转运和分配方面已经取得了较多成果，但是研究相对分散。目前，关于全生育期中亚砷酸的吸收、转运和分配的时空模式方面还鲜有研究。此外，现有的研究主要从植物生理水平探究功能基因和蛋白质，缺少生理水平和分子水平相结合的研究。在水稻全生育期，哪些基因/蛋白质决定亚砷酸的吸收、转运和分配，哪些时期是亚砷酸吸收和转运的关键时期，仍不清楚。

表 4.6　水稻体内 As(Ⅲ)吸收转运、分配和液泡隔离等相关功能基因汇总

基因	功能	主要表达部位	参考文献
OsLsi1	将 As(Ⅲ)/DMAs(Ⅴ)/MMAs(Ⅴ)吸收进入细胞内	根系	Ma et al.，2018
OsLsi2	将 As(Ⅲ)外排到细胞外，As(Ⅲ)的木质部装载及向地上部转运	根系、节	Ma et al.，2018
OsNIP1;1，*OsNIP3;3*	介导根系中 As(Ⅲ)转运到中柱	根系	Sun et al.，2018
OsARM1	*OsLsi1*，*OsLsi2* 和 *OsLsi6* 基因转录的负调控因子	小穗、花轴	Wang et al.，2017
OsABCC1	将细胞质中 As(Ⅲ)-PCs 运入液泡中	根系、叶片、圆锥花序、节	Song et al.，2014
OsABCC7	将细胞质中 As(Ⅲ)-PCs 和 As(Ⅲ)-GSH 运出，介导 As(Ⅲ)的木质部装载	根系	Tang et al.，2019
OsCLT1	维持谷胱甘肽稳态	根系、叶片	Yang et al.，2016
OsPCS1	合成植物螯合肽	根系、地上部	Yamazaki et al.，2018
OsLsi6，*OsLsi2*，*OsLsi3*	介导节中 As(Ⅲ)的维管束间转运	节	Yamaji et al.，2015
OsPTR7（*OsNPF8.1*）	介导 DMAs 长距离转运	根系、叶、节	Tang et al.，2017
OsPT8（*OsPht1;8*）	将 As(Ⅴ)吸收进入细胞内	根系	Wang et al.，2016
OsHAC1;1，*OsHAC1;2*	砷酸盐还原酶，介导 As(Ⅴ)还原为 As(Ⅲ)	主要在根系中表达，其中 *OsHAC1;1* 主要在表皮、根毛和中柱鞘表达，*OsHAC1;2* 主要在表皮、外皮层和内皮层表达	Shi et al.，2016

表 4.7　水稻体内 As(Ⅴ)吸收转运、分配和液泡隔离等相关功能基因汇总

基因	功能	主要表达部位	参考文献
OsPT8（*OsPht1;8*）	将 As(Ⅴ)吸收进入细胞内	根系	Wang et al.，2016
OsHAC1;1，*OsHAC1;2*	砷酸盐还原酶，介导 As(Ⅴ)还原为 As(Ⅲ)	主要在根系中表达，其中 *OsHAC1;1* 主要在表皮、根毛和中柱鞘表达，*OsHAC1;2* 主要在表皮、外皮层和内皮层表达	Shi et al.，2016

4.3.2　水稻全生育期砷转运基因的表达特征

1. 砷转运基因的时空表达模式

一些研究者以水稻粳亚种日本晴（*Oryza sativa* L. cv. *japonica*）为例，发芽 30 d 后移栽到田间，研究其砷转运相关基因的时空表达模式，包括水稻全生育期时空表达模式和昼夜节律。

研究发现 OsLsi1 是定位在水稻根系中的双向通道蛋白，可同时介导单硅酸、亚砷酸和甲基砷的吸收和外排（Li et al.，2009）。在营养生长期和生殖生长期，*OsLsi1* 基因在水稻根系中的表达量最高，成熟期则在叶中有较高的表达；昼夜节律也明显影响水稻根系、茎和叶中 *OsLsi1* 基因的表达（图 4.9a、b）。

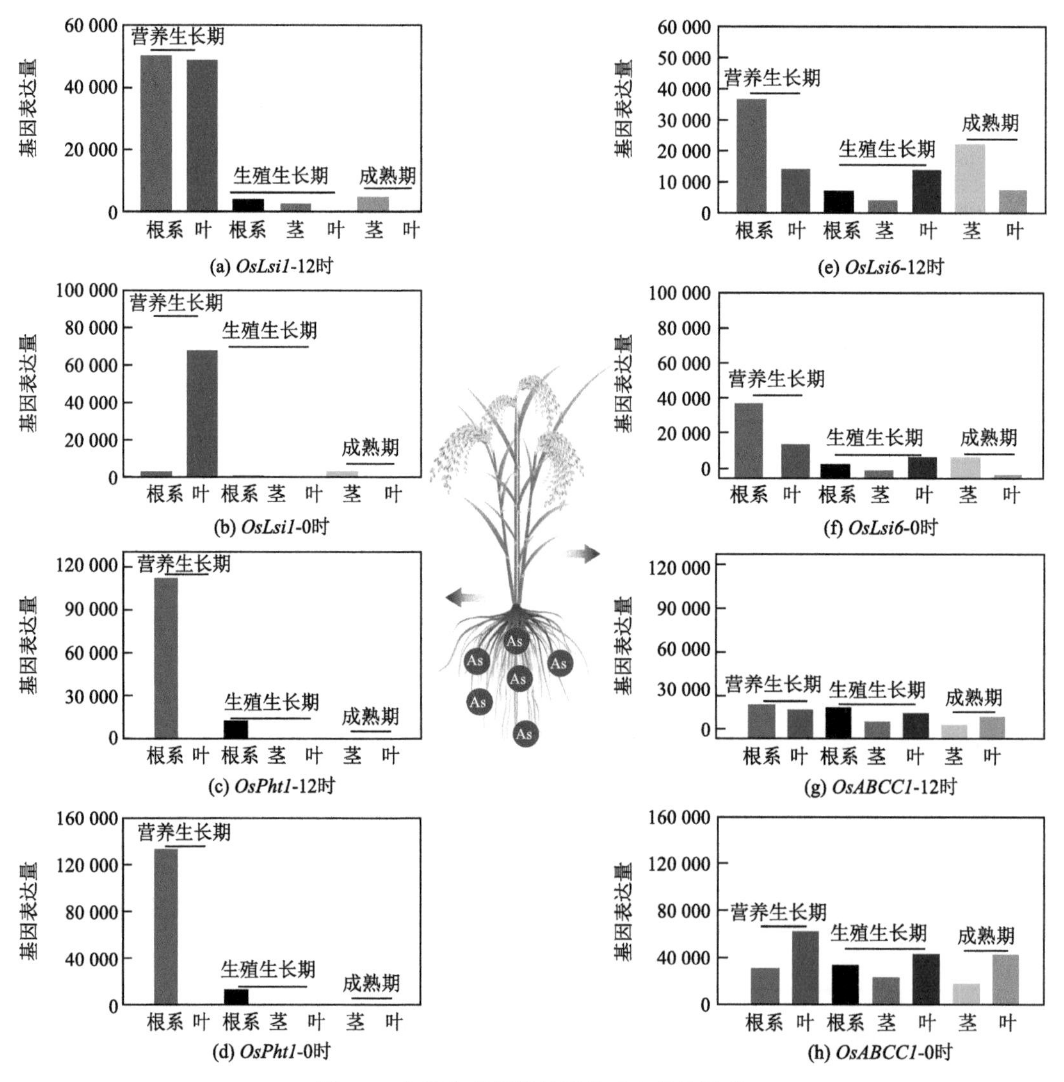

图 4.9　水稻中砷相关基因的时空表达模式

OsPht1 为磷酸基团转运蛋白，是水稻根系吸收砷酸的重要转运蛋白（Yue et al.，2017）。在营养生长期和生殖生长期，*OsPht1* 基因在根系中的表达量最高；昼夜节律对水稻中 *OsPht1* 基因的表达影响较小（图 4.9c、d）。

OsLsi6 为单硅酸转运蛋白，可介导 As(III)在维管束间的转运（Ma，2009）。在营养生长期，*OsLsi6* 基因在根系中的表达量最高，而生殖生长期其在叶中的表达量最高，成熟期其在茎中的表达量最高（图 4.9e、f），这可能与其在节中的高表达有关（Yamaji et al.，2015）。

OsABCC1 定位于液泡膜上，在水稻根系和地上部均有较高程度的表达，可将 As(III)转运到液泡中隔离（Song et al.，2014）。在营养生长期、生殖生长期和成熟期，*OsABCC1* 基因在叶中的表达量最高；昼夜节律可能影响水稻植株中 *OsABCC1* 基因的表达（图 4.9g、h）。

2. 砷转运基因的全生育期表达模式

1）根系

由图 4.10 可知，水稻根系砷浓度从第 6 周（分蘖期）到第 9 周（拔节期）迅速增加，同时根系 *OsLsi1*、*OsLsi2* 和 *OsABCC1* 基因的表达在第 9 周最高。根系中 *OsLsi1* 和 *OsLsi2* 基因同时高表达，显著增加了根系对 As(III)的吸收，而根系中 *OsABCC1* 基因表达的显著增加促进了 As(III)在根系中的累积，降低了其向地上部的转运（见地上部砷浓度，图 4.10a、b）。

从第 12 周（孕穗期）到第 16 周（抽穗期），水稻根系中砷浓度显著增加，表明水稻根系在孕穗期到抽穗期其根系 As(III)吸收显著提升。这可能与根系 *OsLsi1* 和 *OsLsi2* 基因的表达上升有关。

从第 16 周到第 20 周（乳熟期），水稻根系砷浓度降低，地上部砷浓度显著增加，表明自抽穗期到乳熟期 As(III)从根系到地上部的转运量增加。这可能是因为水稻根系 *OsABCC1* 基因表达显著降低，从而降低了根系 As(III)的液泡隔离。

总之，拔节期是水稻根系快速吸收 As(III)的时期，生殖生长期（自抽穗至乳熟）是 As(III)从根系向地上部转运迅速增加的时期。因此，拔节期和生殖生长期是调控水稻砷吸收和转运的关键时期。

2）地上部

在水稻全生育期，叶片砷浓度持续升高；第一叶中 *OsLsi6* 基因的表达在第 12 周和第 18 周较高，这与这个阶段叶片砷浓度增加较快相一致（图 4.10c）。水稻茎秆砷浓度在第 6 周到第 16 周迅速增加，随后降低；这与茎底部 *OsLsi6* 基因的表达量变化一致，即第 16 周前表达量维持在较高水平，随后显著下降（图 4.10d）。这可能会导致水稻抽穗前砷随蒸腾流转运到地上部的过程中，通过木质部或韧皮部运输到地上部其他组织或器官。

随着水稻从抽穗到扬花再到乳熟，稻壳中砷浓度显著增加，随后降低；随着水稻灌浆的开始，稻米砷浓度显著增加（图 4.10e）。在抽穗期，节 I 中 *OsLsi2* 和 *OsLsi3* 基因的表达受到抑制；在扬花期，节 I 中 *OsLsi6*、*OsLsi2*、*OsLsi3* 和 *OsABCC1* 基因的表达均被显著抑制；在乳熟期，节 I 中 *OsLsi3* 基因的表达显著上调（图 4.10e），这导致更多的砷从节 I 转运到稻米中。这可能是乳熟期稻米砷浓度显著增加的重要原因。

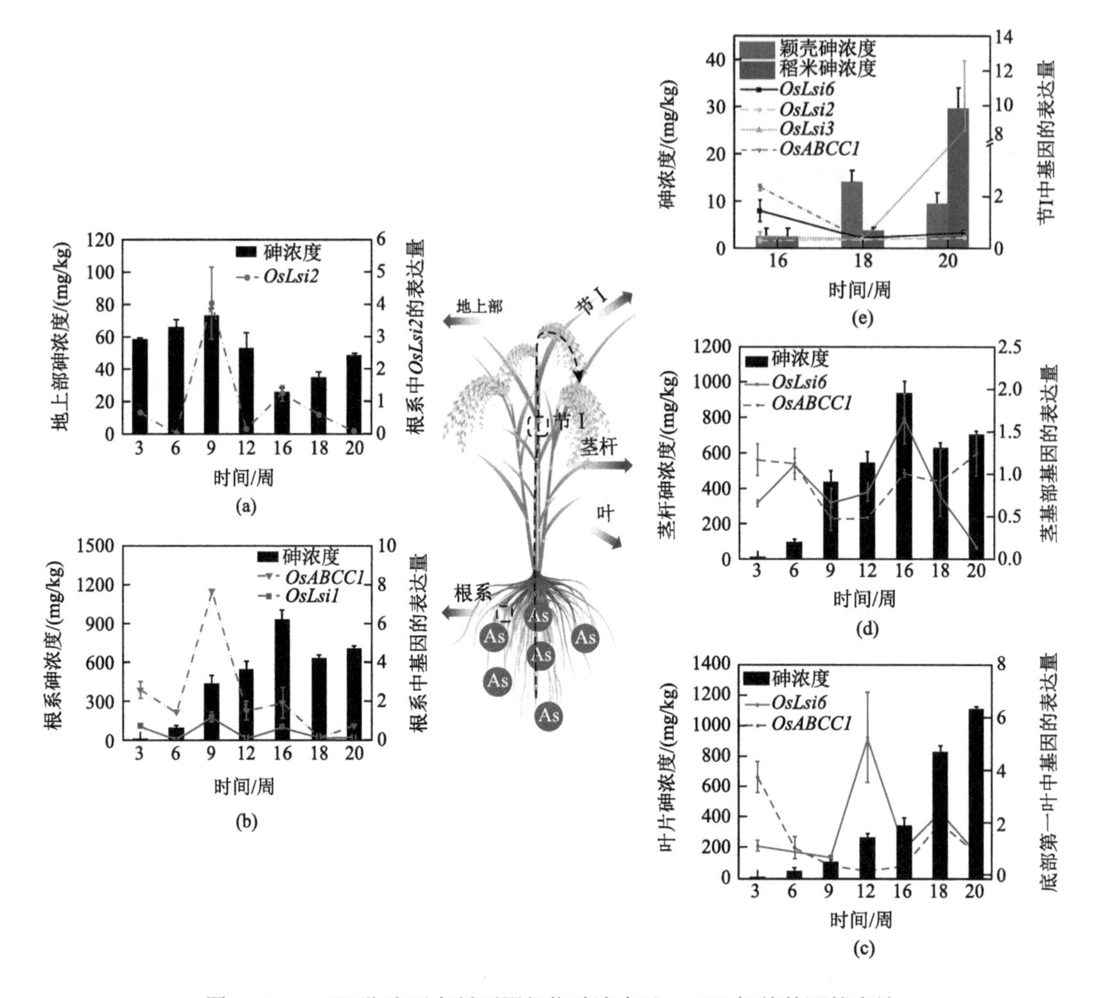

图 4.10　As(Ⅲ)胁迫下水稻不同部位砷浓度及 As(Ⅲ)相关基因的表达

水稻幼苗移栽后一周开始用 5 μmol/L As(Ⅲ)（$NaAsO_2$）处理，此时设置为 0 周；3 周为幼苗期；6 周为分蘖期；9 周为拔节期；12 周为孕穗期；16 周为抽穗期；18 周为扬花期；20 周为乳熟期（Song et al.，2014）。

4.3.3　稻米砷积累的特征

1. 稻壳

稻谷从外向内可以分为四部分：稻壳、麸皮（包括果皮、中皮和糊粉层）、胚芽和胚乳。稻壳中砷浓度（12.42 mg/kg）远高于麸皮（6.24 mg/kg）和胚乳（0.54 mg/kg）（Lombi et al.，2009）。其中，稻壳中无机砷浓度约为总砷浓度的 54%～64%。因此，稻壳作为牲畜饲料施用时，应充分考虑其砷浓度过高带来的健康风险。应用 X 射线荧光（XRF）技术定位到稻壳与胚乳之间胚珠维管中的砷，具体为糊粉层和胚乳的外围（Lombi et al.，2009）。而 X 射线吸收近边结构（X-ray absorption near edge structure，XANES）表征显示糊粉层和胚乳中砷的主要形态为 DMAs 和 $As(Glu)_3$（Lombi et al.，2009）。

2. 糙米

稻谷脱壳后的颗粒称为糙米，糙米碾制过程中形成麸皮（米糠）。稻米的主要营养成分大多分布在麸皮层，含有较多的蛋白质、脂肪、维生素和矿物质。在国际援助项目中，纯麸皮常被用来作为超级食物和营养不良儿童的食物补充剂。然而，美国和日本稻米麸皮产品中无机砷浓度为 0.48～1.88 mg/kg，是米粉的 5～20 倍（Sun et al.，2008）。此外，麸皮中还含有 5%～40%的有机砷。

研究发现，水稻稻米中还含有 0.4～10.1 μg/kg 的脱甲基单硫代砷酸（DMMTA）（Dai et al.，2021）。DMMTA(Ⅴ)是最毒的砷化物，与二甲基亚砷酸（DMAs(Ⅲ)）的毒性相当（Naranmandura et al.，2011）。由于麸皮具有高砷含量和高生物可利用度，作为婴幼儿食品的水稻麸皮类产品应采用更为严苛的砷标准。

胚芽可以累积大量的砷（Lombi et al.，2009）。糙米抛光过程中会丢失麸皮和胚芽，同时砷总量减少了 50%～70%（Fontanella et al.，2021）。然而，稻米 66%的营养（如蛋白质、不饱和脂肪酸、大量 B 族维生素和人类所需微量元素）分布在胚芽中，而精米只占全部营养的 5%。

此外，研究发现早稻稻米砷含量高于晚稻稻米砷含量。其中，75%的早稻稻米砷含量低于 0.203 mg/kg，75%的晚稻稻米砷含量低于 0.174 mg/kg（图 4.11）。而稻米砷与土壤砷之间可能不存在显著相关性，这可能是因为水稻砷吸收、稻米砷累积与土壤中砷的生物有效性更相关，而与土壤总砷含量关系不大。

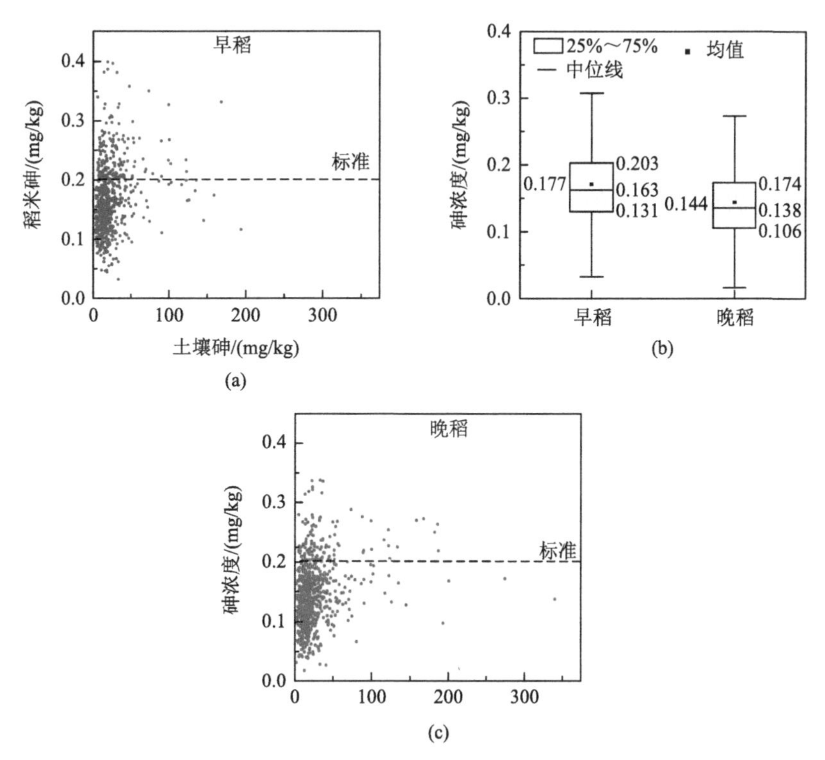

图 4.11　稻米砷与土壤砷的分布特征

（a）早稻中稻米砷与土壤砷的分布；（b）早稻和晚稻中稻米砷含量；（c）晚稻中稻米砷与土壤砷的分布。

4.4 土壤-水稻体系中砷迁移转化的影响因素

成土母质、黏土矿物、矿质养分和 pH 等性质的差异，直接影响土壤中砷的形态及其转化，进而影响水稻植株对砷的吸收累积。稻田特殊的水分管理措施也影响土壤的物理化学性质，进而影响土壤铁矿物转化，以及砷功能微生物的活性。本节重点介绍土壤-水稻砷迁移转化的影响因素，包括成土母质、水分和养分等。

4.4.1 成土母质

成土母质是地壳表层岩石的风化产物，是形成土壤的物质基础，也是构成土壤的骨架，决定土壤形成和发育过程，直接影响着土壤砷的背景值、砷形态和含量。

1. 砷背景值

岩石中的砷含量和分布规律相对稳定，但由于风化及地质作用，导致不同地理环境下成土母质中砷含量存在差异，具有较大的空间异质性（Liu et al.，2015b），部分地区土壤母质中重金属出现高度的富集（陈文轩等，2020）。中国土壤元素背景值调查结果表明，不同类型土壤母质发育的土壤砷含量差异很大，与成土母质的砷含量和性质密切相关。火成岩中砷的原始含量高于沉积岩（除页岩外），但发育于沉积岩上的土壤砷含量一般高于发育于火成岩上的土壤砷含量，这是因为沉积岩在相同地质条件下，风化程度一般比火成岩更为强烈。在火成岩中，发育于酸性岩、中性岩、基性岩的土壤砷含量依次升高。虽然这些母岩砷的原始含量差异不大，但由于其抗风化能力存在明显的差别，即酸性岩＞中性岩＞基性岩，导致基性岩成壤的速度最快，土壤中砷的积累时间也最充分。发育于石灰岩的土壤砷含量最高，但石灰岩砷含量较低，这是因为在石灰岩遭受风化并在土壤形成过程中，大量活性组分被淋滤，造成土壤中铝和铁或铝和钙的积累，有利于砷的富集（翁焕新和张霄宇，2000）。

2. 土壤基质

土壤基质是指组成土壤的各种固体物质，主要是各种黏土矿物和有机质。不同母质发育的土壤中黏粒矿物和有机质含量存在差异。板页岩母质发育的黄泥田中黏粒含量比花岗岩母质发育的麻砂泥田黏粒含量高，且质地更为细腻，导致麻砂泥田比黄泥田质地更疏松，氧气补充量更多。在干湿交替过程中麻砂泥土壤 Eh 下降缓慢，砷的氧化受到抑制，因为质地更加细腻的黏粒往往包含更多的活性吸附剂，如土壤有机质和铁氧化物，有利于重金属的吸附和解吸（Landrot & Khaokaew，2018）。砷与铁氧化物具有高的亲和性，铁氧化物被认为是控制土壤砷吸附解吸最重要的吸附剂。土壤中的有机质常常带负电荷，可与砷竞争铁氧化物上的结合位点，进而促进砷的解吸。土壤中质地更加细腻的黏粒（粒径为 0.22～2 μm）对砷的吸附解吸贡献最大（Wang et al.，2022）。

3. 土壤 pH

土壤 pH 对母质有较大的继承性，因此不同母质发育的土壤的酸碱度指标差异较大。碱性基母岩风化物发育的土壤，pH 高于酸性基母岩发育的土壤；而酸性基母岩（如红砂岩类风化物和第四纪红土）发育的土壤盐基离子含量相对较低，抵抗土壤酸化的能力也相对较弱，更容易发生土壤酸化（孔龙等，2013）。花岗岩发育的土壤交换性酸含量较板页岩发育的土壤低，其交换性酸的释放程度也不同（赵凯丽等，2015）。麻砂泥由花岗岩发育而来，其土壤黏粒矿物主要是 1∶1 型（高岭土），无膨胀性，带电荷少，胶体特性差，阳离子交换能力（CEC）和阴离子交换能力（AEC）均较低，土壤 pH 较稳定。黄泥田由板页岩母质发育而来，黏粒矿物为 1∶2 型（云母、伊利石），带电量大，CEC 和 AEC 均较高，在厌氧阶段土壤 pH 上升明显，有利于含氧砷离子的活化释放，水稻植株对砷的吸收累积强；在好氧阶段土壤 pH 下降显著，有利于含氧砷离子的吸附固定（Yu et al.，2015）。

4.4.2　水分

水分是影响土壤砷形态和生物有效性的重要因素。在淹水条件下，厌氧微生物介导的还原反应导致土壤 pH 上升，有利于矿物表面发生去质子化；同时厌氧条件有利于溶解性较高的三价砷的产生，导致土壤砷的溶解释放。排水时土壤处于好氧状态，pH 快速下降，促进砷含氧阴离子的吸附。因此水分主要通过改变土壤的氧氛围和 Eh/pH，进而影响砷的形态与水稻对砷的吸收累积。

1. 氧氛围

水分条件改变氧氛围是影响砷形态的重要因素。在厌氧条件下，微生物介导 As(Ⅴ)还原过程，相关微生物在沉积物及土壤环境中普遍存在。异化 As(Ⅴ)还原主要在厌氧环境由特定的微生物介导；而脱毒途径的抗性 As(Ⅴ)还原在有氧及厌氧条件下均可发生，相关微生物类型详见表 4.2。异化 As(Ⅴ)还原被认为是淹水稻田砷还原的主要途径（Ohtsuka et al.，2013）。好氧条件下，化能自养型砷氧化微生物能够以氧气为电子受体氧化 As(III)，并利用这一过程产生的能量将无机 CO_2 合成有机物，供细胞生长（表 4.3）。此外，氧气可通过与 Fe(Ⅱ)发生类芬顿反应产生 ROS，氧化 As(III)，改变砷形态（洪泽彬等，2020）。在氧浓度低的情况下，土壤中砷的生物有效性较高，进而促进水稻植株对砷的吸收累积；在氧浓度高的情况下，土壤中砷的生物有效性较低，抑制了水稻植株对砷的吸收累积（Zhang et al.，2020）。

2. Eh/pH

淹水前土壤孔隙结构充满空气，其 Eh 在 300 mV 以上；淹水后土壤孔隙游离氧被微生物快速消耗，形成缺氧的还原环境，同时微生物依次以 NO_3^-、Mn(Ⅳ)、Fe(III)、SO_4^{2-} 为电子受体驱动还原过程。此时，土壤 Eh 迅速降至–200 mV 以下，并伴随 pH 的上升。土壤铁矿物和 As(Ⅴ)均被还原溶解，砷的迁移性和生物有效性提高，导致水稻植株对砷的吸收累积增加。大部分水稻收获前一到两周进行田间排水，Eh 又上升到 400 mV 以上，还原态化合物如 Fe(Ⅱ)和 As(Ⅲ)被氧化为 Fe(Ⅲ)和 As(Ⅴ)，砷被土壤铁矿物和根际铁膜固定，砷的迁移性和生物有效性降低，抑制了水稻根部对砷的吸收。

4.4.3 养分

碳、氮、硫、铁、硅等元素不仅作为关键元素，显著影响土壤环境中砷的形态与价态转化，还作为植物生长的重要养分影响着水稻中砷的吸收累积。

1. 碳

天然有机质（natural organic matter，NOM）是土壤碳的主要赋存形态。NOM 是由具有不同结构和功能的有机质组成的异源混合物，包含低分子量的有机酸、糖类、胺类、醇类，高分子量的富里酸、腐殖酸、胡敏素，以及胞外分泌物等，通过影响砷与土壤颗粒的结合或砷的氧化还原过程，进而改变砷的活性，影响水稻植株对砷的吸收累积。

1）砷的释放

As(Ⅴ)可与 NOM 中的质子化氨基酸基团相结合，也可与 NOM 中的酚羟基发生亲核取代（Thanabalasingam & Pickering，1986；Buschmann et al.，2006）。As(Ⅲ)可与 NOM 中的酚羟基或羧基通过氢键、疏水作用形成 As(Ⅲ)-NOM 二元复合物（Buschmann et al.，2006），或者与 Fe(Ⅲ)、砷含氧阴离子形成 As(Ⅲ)-Fe(Ⅲ)-NOM 三元复合体（Sharma et al.，2010）。在硫还原条件下，As(Ⅲ)可以与 NOM 上的巯基形成三角形的锥体复合体，进而阻止砷的移动（Langner et al.，2012）。此外，NOM 可以促进铁氧化物的化学还原溶解，进而引起 As(Ⅴ)的释放和还原（Bauer & Blodau，2006），有利于水稻的吸收累积。

2）砷的还原

有机质除了和砷发生物理化学作用外，还可以通过改变微生物的群落组成或活性，进而影响砷的转化（Buschmann et al.，2006）。大分子有机质，如生物炭和腐殖质，已被证实能够改变砷相关微生物群落组成和活性（Palmer & von Wandruszka，2010），并能够作为胞外电子穿梭体介导淹水稻田土壤中砷的还原，提高异化砷还原菌地杆菌的丰度和活性（Qiao et al.，2018，2019）。小分子有机质，如乳酸、丙酮酸、延胡索酸、苹果酸、琥珀酸、丁酸、柠檬酸、乙酸、丙三醇、乙醇和甲酸等，均可作为电子供体被异化砷还原菌氧化，驱动 As(Ⅴ)还原（Handley et al.，2009b）。一些细菌如 *Desulfosporosinus* sp. Y5 甚至能以苯酚、丁香酸、苯甲酸、阿魏酸和甲苯等芳香族化合物为电子供体耦合 As(Ⅴ)还原（Liu et al.，2004）。稻秆、木本泥炭等有机质能够参与并影响稻田土壤中微生物介导的砷转化，导致水稻植株对砷的累积量增加（Wang et al.，2019）。

2. 氮

土壤氮转化与砷形态转化密切相关，包括厌氧氨氧化-铁还原耦合的砷释放，以及硝酸盐还原耦合的砷氧化，前者提高了土壤中砷的活性，后者降低了土壤中砷的活性。本节主要介绍常规氮肥对水稻砷吸收富集的影响。

1）铵态氮肥

稻田淹水条件下，NH_4^+可以以铁循环（Fe cycle）方式被氧化。Clément 等（2005）认为厌氧环境中，NH_4^+可以充当异化铁还原菌的能量来源，驱动铁还原过程，主要方式有以下三种：

$$3Fe(OH)_3 + 5H^+ + NH_4^+ \rightleftharpoons 3Fe^{2+} + 9H_2O + 0.5N_2 \quad \Delta_r G_m = -245\,kJ/mol \tag{4.28}$$

$$6Fe(OH)_3 + 10H^+ + NH_4^+ \rightleftharpoons 6Fe^{2+} + 16H_2O + NO_2^- \quad \Delta_r G_m = -164\,kJ/mol \tag{4.29}$$

$$8Fe(OH)_3 + 14H^+ + NH_4^+ \rightleftharpoons 8Fe^{2+} + 21H_2O + NO_3^- \quad \Delta_r G_m = -207\,kJ/mol \tag{4.30}$$

Wenzel 等（2001）提出水稻土中砷的 5 种形态包括交换态、专性吸附态、无定形铁铝氧化物结合态、结晶型铁铝氧化物结合态和残渣态。其中，无定形铁铝氧化物结合态砷和结晶型铁铝氧化物结合态砷为亚稳态，二者含量占总砷的 50%以上。然而，厌氧铁矿物的还原溶解是导致砷释放的关键环节。向水淹稻田土壤中施加铵态氮可促进土壤中铁和砷的还原释放，并促进根际砷还原和水稻根系砷吸收（Weng et al.，2017）。在稻田土壤中施加铵态氮会导致弱结晶铁铝氧化物结合态砷转化为专性吸附态砷，并使稻米无机砷比例增加 6.2%～10.5%，证明铵态氮能通过促进无定形铁铝氧化物的还原、砷的释放和植物对砷的吸收。

2）硝态氮肥

硝酸盐作为厌氧环境的重要电子受体，也参与了淹水稻田 As(III)氧化过程，这是因为微生物厌氧 As(III)氧化可耦合反硝化过程（Senn & Hemond，2002）。一方面，硝酸盐可显著提高稻田土壤 *aioA* 基因的丰度，以及具有砷氧化功能的 *Acidovorax* 菌属的活性，从而促进厌氧稻田的 As(III)氧化过程；另一方面，硝酸盐还可通过耦合 Fe(Ⅱ)氧化，间接影响砷的迁移性和生物有效性（Li et al.，2020；Zhang et al.，2017）。在稻田土壤中，铁、氮和砷间的转化过程紧密联系（Wang et al.，2018，2019）。添加硝酸盐能够显著降低水稻对砷的吸收，其机制包括：①硝酸盐通过抑制或减缓铁还原，降低吸附态砷的释放，导致砷的迁移性降低；②硝酸盐还原型铁氧化菌驱动 Fe(Ⅱ)氧化过程，导致土壤中的砷与 Fe(III)矿物发生共沉淀，从而降低砷的迁移性。这些转化过程对厌氧环境中砷的生物地球循环有重要的影响（Zhang et al.，2021）。硝酸盐的添加还可提高淹水稻田土壤中铁氧化菌、砷氧化基因（*aoxB*）和反硝化基因（*narG*、*nirS* 和 *nosZ*）的丰度，降低 As(Ⅴ)呼吸还原基因（*arrA*）的丰度，促进稻田土壤铁砷氧化，从而降低砷的生物有效性，减少水稻对砷的吸收累积。

3. 硫

硫是植物体内含硫蛋白质的重要组分，约有 90%的硫存在于胱氨酸、半胱氨酸和蛋氨酸等含硫氨基酸中。硫也是脂肪酶、羧化酶、氨基转移酶、磷酸化酶等植物组分，以及硫胺素、辅酶 A、乙酰辅酶 A 等生物活性物质的重要元素。硫肥施入土壤以后，经硫细菌氧化形成硫酸盐而被作物吸收利用。然而，硫酸盐在土壤中经微生物作用、化学作用等作用后，与砷发生反应，进而影响土壤砷的固定、氧化还原与甲基化。

1）砷释放与固定

厌氧条件下，硫酸盐可促进铁矿物的还原溶解，进而促进砷的释放。硫酸盐还原细菌（sulfate-reducing bacteria，SRB）产生 H_2S、元素硫，或与砷发生再沉淀形成 As_2S_3 及难溶的 FeAsS，进而降低砷的生物有效性（Newman et al.，1997；Rittle et al.，1995）。

2）砷氧化还原

硫化物是一种强还原剂，能还原 As(Ⅴ)，形成黄铁矿（FeS_2）、雄黄（AsS）、雌黄（As_2S_3）、毒砂（FeAsS）等矿物，影响砷的溶解性和迁移性。硫氧化细菌可以利用元素硫或 As-S，将 As(Ⅲ)氧化为 As(Ⅴ)（Fisher et al.，2008）。硫酸盐还原也影响砷转化过程，因为硫酸盐不仅强烈影响稻田微生物群落组成，也影响 As(Ⅲ)氧化及抗性 As(Ⅴ)还原微生物的活性（Zhang et al.，2015）。硫酸盐能显著提高稻田土壤中 *arrA* 基因的丰度，促进砷的还原释放（Jia et al.，2015）。因此，硫酸盐可同时促进水稻植株生长与水稻对砷的吸收累积。

3）砷甲基化

硫酸盐还原菌及产甲烷菌分别参与了稻田砷甲基化及脱甲基化过程，从而控制着稻田 DMAs 的动态变化（Chen et al.，2019）。硫酸盐还原菌可以激活微生物的砷甲基化能力，其砷甲基化菌主要为变形菌门（Proteobacteria）和厚壁菌门（Firmicutes）的微生物，在属水平主要为 *Anaeromusa* 和脱硫弧菌属（*Desulfovibrio*）（Reid et al.，2017）。

4. 铁

稻田土壤中铁矿物主要为无定形铁矿物和结晶型铁，是砷的重要吸附载体，铁的转化强烈影响土壤砷的吸附固定，进而影响砷的生物有效性（Wang et al.，2018）。以稻米的安全生产为目标，需要定向调控稻田土壤铁循环过程，降低土壤砷的迁移性，进而抑制砷的根系吸收及向稻米中迁移，实现稻米砷含量达到安全标准。土壤铁钝化技术与农业生产相结合，可以实现边生产边治理，还可大幅提高中轻度污染稻田的安全利用率。

1）铁矿物固定砷

不同铁矿物，如水铁矿、针铁矿和赤铁矿等，均可促进稻田土壤中交换态砷、专性吸附态砷向无定形铁铝氧化物结合态砷、结晶型铁铝氧化物结合态砷转化，进而降低土壤溶液中砷的浓度，显著降低稻米砷含量（Farrow et al.，2015）。

2）零价铁氧化固定砷

在土壤中施加的零价铁，可转化为无定形铁、碳酸盐结合态铁、氧化锰结合态铁等，能够促进砷的吸附和共沉淀，向稳定的残渣态砷转化，从而显著降低水稻种植前和收获后土壤砷的生物有效性（Li et al.，2021）。而新形成的次生铁矿物经过溶解和再沉淀，可生成更多的吸附位点，持续降低土壤溶液的砷浓度。

3）根表铁膜固定砷

水稻根表铁膜主要为水铁矿和针铁矿，对 As(Ⅴ)具有很强的吸附能力，可以作为土壤孔隙水与水稻根系之间的屏障，抑制水稻根系对砷的吸收（Hu et al.，2015）。稻田土壤中无定形铁铝氧化物结合态砷与水稻籽粒中砷浓度呈显著负相关关系，表明无定形铁铝氧化物结合态砷是土壤砷的汇，提高其含量是降低稻米砷累积的关键（Liu et al.，2015a）。

5. 硅

硅可以缓解水稻对砷的富集（Yu et al.，2016；Pan et al.，2019）。一方面，土壤溶液中硅与 As(III)竞争水稻根系的吸收通道蛋白，硅可通过调控水稻根系、节中硅酸/亚砷酸转运蛋白的基因表达，抑制水稻对 As(III)的吸收和降低稻米中砷的累积（Pan et al.，2022）；另一方面，硅可改变根际土壤中微生物（如 Geobacteraceae，地杆菌科）的多样性和丰度，将砷固定在根际土壤和根表铁膜上（Gao et al.，2021）。

1）调节水稻根系砷吸收

在水稻土壤中施加富硅物质，如稻壳、炭化稻壳、硅酸盐肥料，可降低水稻对砷的吸收，并使稻米中主要砷形态由无机砷转为有机砷（Limmer et al.，2018）。硅能够提高水稻根表铁膜中砷吸附能力较强的水铁矿的比例，从而增加水稻根表铁膜中砷的吸附量，降低水稻根系对砷的吸收（Dixit & Hering，2003）。也有研究发现，因为硅酸会与亚砷酸竞争土壤颗粒表面的吸附位点，进而提高土壤溶液中亚砷酸的浓度，导致硅肥的施用不能降低水稻对砷的吸收（Lee et al.，2014）。因此，当在砷污染土壤中施用硅营养材料时，知道污染土壤中的硅、砷生物有效性，才能更好地预测该材料调控水稻根系对砷吸收的效果（Pan et al.，2020）。

2）调节水稻地上部砷转运

叶面施用硅营养材料，可以降低水稻根系硅/砷转运蛋白的基因表达，促进硅与砷在水稻节点外皮组织中的共沉淀，抑制砷向地上部和籽粒转运。在低浓度 As(III)胁迫下，叶面喷施纳米氧化硅能够显著降低 *OsLsi1* 和 *OsLsi2* 基因在根系中的表达，并且显著提高根系中 *OsABCC1* 基因的表达（Pan et al.，2021）。此外，叶面喷施纳米氧化硅，还可明显促进硅和砷在节点外皮组织中的共沉淀，将砷固定在节点外皮组织中，进而减少砷向稻米的分配，对降低稻米砷累积起到重要的屏障作用（Song et al.，2014；Pan et al.，2022）。

4.5　展　　望

综上所述，近年来，国内外已经广泛开展了包括砷吸附–解吸、氧化–还原、甲基化–脱甲基化、吸收转运在内的砷迁移转化研究，但有关土壤–水稻体系中砷的多界面–多过程–多重环境要素，共同制约的迁移转化机制研究仍然不够深入和系统。今后，可从地球循环的角度，深入研究土–水、根–土、根–籽粒的多界面砷迁移转化过程及其关键作用机制，主要关注如下几个方面：

（1）砷从地下部到地上部的迁移或转运的主控过程机制是什么？最关键的界面和节点是什么？

（2）在水稻全生育期内，砷从土壤转移至籽粒受水–土、根–土、根–籽粒的多个界面的控制，涉及土壤化学、微生物、水稻生理学科，应聚焦建立全生育期的土–水、根–土、根–籽粒的多界面动力学模型，以及定量解析界面反应过程及相关机制。

（3）土壤-水稻体系中砷迁移转化的多界面机制受多重环境要素的共同影响，主要包括土壤 pH、Eh 和成土母质等地球化学因子，品种（系）等遗传因子，有机肥与化学肥料的施加等人为因子，今后应着力定量地解析多重环境因素的影响及其作用机制。

参 考 文 献

陈怀满，1991. 环境土壤学[J]. 地球科学进展，6（2）：49.

陈文轩，李茜，王珍，等，2020. 中国农田土壤重金属空间分布特征及污染评价[J]. 环境科学，41（6）：12.

洪泽彬，方利平，钟松雄，等，2020. Fe(Ⅱ)介导针铁矿活化氧气催化 As(Ⅲ)氧化过程与作用机制[J]. 科学通报，65（11）：997-1008.

孔龙，谭向平，和文祥，等，2013. 外源 Cd 对中国不同类型土壤酶活性的影响[J]. 中国农业科学，46（24）：5150-5162.

王亚男，曾希柏，白玲玉，等，2018. 外源砷在土壤中的老化及环境条件的影响[J]. 农业环境科学学报，37（7）：1342-1349.

翁焕新，张霄宇，2000. 中国土壤中砷的自然存在状况及其成因分析[J]. 浙江大学学报：自然科学版，34（1）：88-92.

袁红，廖超林，周清，等，2014. 湖南省几种母质类型水稻土土壤肥力特征[J]. 中国农学通报，30（3）：151-156.

赵凯丽，蔡泽江，王伯仁，等，2015. 不同母质和植被类型下红壤 pH 和交换性酸的剖面特征[J]. 中国农业科学，48（23）：4818-4826.

Abin C A，Hollibaugh J T，2017. *Desulfuribacillus stibiiarsenatis* sp. nov.，an obligately anaerobic，dissimilatory antimonate-and arsenate-reducing bacterium isolated from anoxic sediments，and emended description of the genus *Desulfuribacillus*[J]. International Journal of Systematic and Evolutionary Microbiology，67（4）：1011-1017.

Ahmann D，Roberts A L，Krumholz L R，et al.，1994. Microbe grows by reducing arsenic[J]. Nature，371（6500）：750.

Aide M，Beighley D，Dunn D，2016. Arsenic in the soil environment：A soil chemistry[J]. International Journal of Applied Agricultural Research，11（1）：1-28.

Akter K F，Owens G，Davey D E，et al.，2005. Arsenic speciation and toxicity in biological systems[J]. Reviews of Environmental Contamination and Toxicology，184：97-149.

Amstaetter K，Borch T，Larese-Casanova P，et al.，2010. Redox transformation of arsenic by Fe(Ⅱ)-activated goethite（α-FeOOH）[J]. Environmental Science & Technology，44（1）：102-108.

Bahar M M，Megharaj M，Naidu R，2013. Kinetics of arsenite oxidation by *Variovorax* sp. MM-1 isolated from a soil and identification of arsenite oxidase gene[J]. Journal of Hazardous Materials，262：997-1003.

Bauer M，Blodau C，2006. Mobilization of arsenic by dissolved organic matter from iron oxides，soils and sediments[J]. Science of the Total Environment，，354（2-3）：179-190.

Bentley R，Chasteen T G，2002. Microbial methylation of metalloids：Arsenic，antimony，and bismuth[J]. Microbiology and Molecular Biology Reviews，66（2）：250-271.

Beretka J G，Nelson P，1994. The current state of utilisation of fly ash in Australia[C]. Johannesburg：2nd International Symposium.

Bhattacharjee H，Rosen B，2007. Arsenic metabolism in prokaryotic and eukaryotic microbes[M]//Nies D H，Silver S. Molecular Microbiology of Heavy Metals. Berlin：Springer-Verlag：371-406.

Blum J S，Han S，Lanoil B，et al.，2009. Ecophysiology of “*Halarsenatibacter silvermanii*” strain SLAS-1T，gen. nov.，sp. nov.，a facultative chemoautotrophic arsenate respirer from salt-saturated Searles Lake，California[J]. Applied and Environmental Microbiology，75（7）：1950-1960.

Brock T D，Freeze H，1969. *Thermus aquaticus* gen. n. and sp. n.，a nonsporulating extreme thermophile[J]. Journal of Bacteriology，98（1）：289-297.

Buschmann J，Kappeler A，Lindauer U，et al.，2006. Arsenite and arsenate binding to dissolved humic acids：Influence of pH，type of humic acid，and aluminum[J]. Environmental Science & Technology，40（19）：6015-6120.

Campos V，Escalante G，Yañez J，et al.，2009. Isolation of arsenite-oxidizing bacteria from a natural biofilm associated to volcanic rocks of Atacama Desert，Chile[J]. Journal of Basic Microbiology，49（S1）：S93-S97.

Casey W，Kinrade S，Knight C，et al.，2004. Aqueous silicate complexes in wheat，*Triticum aestivum* L[J]. Plant，Cell & Environment，27（1）：51-54.

Challenger F，1945. Biological methylation[J]. Chemical Reviews，36（3）：315-361.

Chang J S，Yoon I H，Lee J H，et al.，2010. Arsenic detoxification potential of *aox* genes in arsenite-oxidizing bacteria isolated from natural and constructed wetlands in the Republic of Korea[J]. Environmental Geochemistry and Health，32（2）：95-105.

Chen C，Lingyan L，Huang K，et al.，2019. Sulfate-reducing bacteria and methanogens are involved in arsenic methylation and demethylation in paddy soils[J]. The ISME Journal，13（10）：2523-2535.

Chen J，Rosen B P，2016. Organoarsenical biotransformations by *Shewanella putrefaciens*[J]. Environmental Science & Technology，50（15）：7956-7963.

Chen Y，Moore K L，Miller A J，et al.，2015. The role of nodes in arsenic storage and distribution in rice[J]. Journal of Experimental Botany，66（13）：3717-3724.

Clément J C，Shrestha J，Ehrenfeld J G，et al.，2005. Ammonium oxidation coupled to dissimilatory reduction of iron under anaerobic conditions in wetland soils[J]. Soil Biology and Biochemistry，37（12）：2323-2328.

Cullen W R，Reimer K J，1989. Arsenic speciation in the environment[J]. Chemical Reviews，89(4): 713-764.

Dai J，Chen C，Gao A X，et al.，2021. Dynamics of dimethylated monothioarsenate（DMMTA）in paddy soils and its accumulation in rice grains[J]. Environmental Science and Technology，55（13）：8665-8674.

Dhankher O P，Li Y J，Rosen B P，et al.，2002. Engineering tolerance and hyperaccumulation of arsenic in plants by combining arsenate reductase and γ-glutamylcysteine synthetase expression[J]. Nature Biotechnology，20（11）：1140-1145.

Dheeman D S，Packianathan C，Pillai J K，et al.，2014. Pathway of human AS3MT arsenic methylation[J]. Chemical Research in Toxicology，27（11）：1979-1989.

Ding W，Xu J，Chen T，et al.，2018. Co-oxidation of As(Ⅲ) and Fe(Ⅱ) by oxygen through complexation between As(Ⅲ) and Fe(Ⅱ)/Fe(Ⅲ) species[J]. Water Research，143：599-607.

Dixit S，Hering J G，2003. Comparison of arsenic(Ⅴ) and arsenic(Ⅲ) sorption onto iron oxide minerals：Implications for arsenic mobility[J]. Environmental Science & Technology，37（18）：4182-4189.

Edmonds J S，Francesconi K A，1981. Arseno-sugars from brown kelp（*Ecklonia radiata*）as intermediates in cycling of arsenic in a marine ecosystem[J]. Nature，289（5798）：602-604.

Edmonds J S，Francesconi K A，1993. Arsenic in seafoods：Human health aspects and regulations[J]. Marine Pollution Bulletin，26（12）：665-674.

Ellis P J，Conrads T，Hille R，et al.，2001. Crystal structure of the 100 kDa arsenite oxidase from *Alcaligenes faecalis* in two crystal forms at 1.64 Å and 2.03 Å[J]. Structure，9（2）：125-132.

Farrow E M，Wang J，Burken J G，et al.，2015. Reducing arsenic accumulation in rice grain through iron oxide amendment[J]. Ecotoxicology & Environmental Safety，118：55-61.

Fisher J C，Wallschläger D，Planer-Friedrich B，et al.，2008. A new role for sulfur in arsenic cycling[J]. Environmental Science & Technology，42（1）：81-85.

Fontanella M C，Martin M，Tenni D，et al.，2021. Effect of milling and parboiling processes on arsenic species distribution in rice grains[J]. Rice Science，28（4）：402-408.

Gao Z，Jiang Y，Yin C，et al.，2021. Silicon fertilization influences microbial assemblages in rice roots and decreases arsenic concentration in grain：A five-season in-situ remediation field study[J]. Journal of Hazardous Materials，423（Pt B）：127180.

Garcia-Dominguez E，Mumford A，Rhine E D，et al.，2008. Novel autotrophic arsenite-oxidizing bacteria isolated from soil and sediments[J]. FEMS Microbiology Ecology，66（2）：401-410.

Gihring T M，Druschel G K，Mccleskey R B，et al.，2001. Rapid arsenite oxidation by *Thermus aquaticus* and *Thermus thermophilus*：Field and laboratory investigations[J]. Environmental Science & Technology，35（19）：3857-3862.

Green H，1919. Isolation and description of a bacterium causing oxidation of arsenite to arsenate in cattle dipping baths[J]. Journal of the South African Veterinary Association，34（6）：593-599.

Handley K M，Hery M，Lloyd J R，2009a. *Marinobacter santoriniensis* sp. nov.，an arsenate-respiring and arsenite-oxidizing bacterium isolated from hydrothermal sediment[J]. International Journal of Systematic and Evolutionary Microbiology，59（4）：886-892.

Handley K M，Héry M，Lloyd J R，2009b. Redox cycling of arsenic by the hydrothermal marine bacterium *Marinobacter santoriniensis*[J]. Environmental Microbiology，11（6）：1601-1611.

Hayakawa K，Himeno E，Tanaka S，et al.，2015. Isolation and manipulation of mouse trophoblast stem cells[J]. Current Protocols in Stem Cell Biology，32（1）：1E. 4.1-1E. 4.32.

Hoeft S E，Blum J S，Stolz J F，et al.，2007. *Alkalilimnicola ehrlichii* sp. nov.，a novel，arsenite-oxidizing haloalkaliphilic gammaproteobacterium capable of chemoautotrophic or heterotrophic growth with nitrate or oxygen as the electron acceptor[J]. International Journal of Systematic and Evolutionary Microbiology，57（3）：504-512.

Hoeft S E，Kulp T R，Stolz J F，et al.，2004. Dissimilatory arsenate reduction with sulfide as electron donor：Experiments with Mono Lake water and isolation of strain MLMS-1，a chemoautotrophic arsenate respirer[J]. Applied and Environmental Microbiology，70（5）：2741-2747.

Hu M，Li F，Liu C，et al.，2015. The diversity and abundance of As(Ⅲ) oxidizers on root iron plaque is critical for arsenic bioavailability to rice[J]. Scientific Reports，5：13611.

Huang H，Jia Y，Sun G X，et al.，2012. Arsenic speciation and volatilization from flooded paddy soils amended with different organic matters[J]. Environmental Science & Technology，46（4）：2163-2168.

Huang K，Chen C，Zhang J，et al.，2016. Efficient arsenic methylation and volatilization mediated by a novel bacterium from an arsenic-contaminated paddy soil[J]. Environmental Science & Technology，50（12）：6389-6396.

Huber R，Sacher M，Vollmann A，et al.，2000. Respiration of arsenate and selenate by hyperthermophilic archaea[J]. Systematic and Applied Microbiology，23（3）：305-314.

Javed M B，Kachanoski G，Siddique T，2013. A modified sequential extraction method for arsenic fractionation in sediments[J]. Analytica Chimica Acta，787：102-110.

Jia Y，Bao P，Zhu Y G，2015. Arsenic bioavailability to rice plant in paddy soil：Influence of microbial sulfate reduction[J]. Journal of Soils and Sediments，15（9）：1960-1967.

Jiao W，Chen W，Chang A C，et al.，2012. Environmental risks of trace elements associated with long-term phosphate fertilizers applications：A review[J]. Environmental Pollution，168：44-53.

Karimian N，Johnston S G，Burton E D，2015. Impact of Fe(Ⅱ) concentration and pH on transformation of As/Sb bearing jarosite[C]. Goldschmidt 2015.

Kinegam S，Yingprasertchai T，Tanasupawat S，et al.，2008. Isolation and characterization of arsenite-oxidizing bacteria from arsenic-contaminated soils in Thailand[J]. World Journal of Microbiology and Biotechnology，24（12）：3091-3096.

Kodama Y，Watanabe K，2007. *Sulfurospirillum cavolei* sp. nov.，a facultatively anaerobic sulfur-reducing bacterium isolated from an underground crude oil storage cavity[J]. International Journal of Systematic dnd Evolutionary Microbiology，57(4)：827-831.

Krafft T，Macy J M，1998. Purification and characterization of the respiratory arsenate reductase of *Chrysiogenes arsenatis*[J]. European Journal of Biochemistry，255（3）：647-653.

Kuramata M，Sakakibara F，Kataoka R，et al.，2015. Arsenic biotransformation by *S. treptomyces* sp. isolated from rice rhizosphere[J]. Environmental Microbiology，17（6）：1897-1909.

Lafferty B J，Loeppert R H，2005. Methyl arsenic adsorption and desorption behavior on iron oxides[J]. Environmental Science & Technology，39（7）：2120-2127.

Lan S，Ying H，Wang X，et al.，2018 Efficient catalytic As(Ⅲ) oxidation on the surface of ferrihydrite in the presence of aqueous Mn(Ⅱ)[J]. Water Research，128：92-101.

Landrot G，Khaokaew S，2018. Lead speciation and association with organic matter in various particle-size fractions of contaminated soils[J]. Environmental Science & Technology，52（12）：6780-6788.

Langner H W，Inskeep W P，2000. Microbial reduction of arsenate in the presence of ferrihydrite[J]. Environmental Science &

Technology，34（15）：3131-3136.

Langner P，Mikutta C，Kretzschmar R，2012. Arsenic sequestration by organic sulphur in peat[J]. Nature Geoscience，5（1）：66-73.

Lee C H，Huang H H，Syu C H，et al.，2014. Increase of As release and phytotoxicity to rice seedlings in As-contaminated paddy soils by Si fertilizer application[J]. Journal of Hazardous Materials，276：253-261.

Li J，Zhang Y，Wang F，et al.，2021. Arsenic immobilization and removal in contaminated soil using zero-valent iron or magnetic biochar amendment followed by dry magnetic separation[J]. Science of the Total Environment，768：144521.

Li R Y，Ago Y，Liu W J，et al.，2009. The rice aquaporin Lsi1 mediates uptake of methylated arsenic species[J]. Plant Physiology，150（4）：2071-2080.

Li X，Li S，Qiao J T，et al.，2020. Bacteria and genes associated with arsenite oxidation and nitrate reduction in a paddy soil[C]. Goldschmidt 2020.

Li X，Liu L，Wu Y，et al.，2019. Determination of the redox potentials of solution and solid surface of Fe(Ⅱ) associated with iron oxyhydroxides[J]. ACS Earth and Space Chemistry，3（5）：711-717.

Limmer M A，Mann J，Amaral D C，et al.，2018. Silicon-rich amendments in rice paddies：Effects on arsenic uptake and biogeochemistry[J]. Science of the Total Environment，624：1360-1368.

Liu A，Garcia-Dominguez E，Rhine E，et al.，2004. A novel arsenate respiring isolate that can utilize aromatic substrates[J]. FEMS Microbiology Ecology，48（3）：323-332.

Liu C，Yu H Y，Liu C，et al.，2015a. Arsenic availability in rice from a mining area：Is amorphous iron oxide-bound arsenic a source or sink[J]. Environmental Pollution，199（apr.）：95-101.

Liu K，Li F，Pang Y，et al.，2021. Electron shuttle-induced oxidative transformation of arsenite on the surface of goethite and underlying mechanisms[J]. Journal of Hazardous Materials，425：127780.

Liu Y，Wang H，Li J C，et al.，2015b. Heavy metal contamination of agricultural soils in Taiyuan，China[J]. Pedosphere，25（6）：901-909.

Lloyd J R，Oremland R S，2006. Microbial transformations of arsenic in the environment：From soda lakes to aquifers[J]. Elements，2（2）：85-90.

Lombi E，Scheckel K G，Pallon J，et al.，2009. Speciation and distribution of arsenic and localization of nutrients in rice grains[J]. New Phytologist，184（1）：193-201.

Luijten M L G C，de Weert J，Smidt H，et al.，2003. Description of *Sulfurospirillum halorespirans* sp. nov.，an anaerobic，tetrachloroethene-respiring bacterium，and transfer of *Dehalospirillum multivorans* to the genus *Sulfurospirillum* as *Sulfurospirillum multivorans* comb. nov[J]. International Journal of Systematic and Evolutionary Microbiology，53(3): 787-793.

Ma J F，Yamaji N，Mitani N，et al.，2008. Transporters of arsenite in rice and their role in arsenic accumulation in rice grain[J]. Proceedings of the National Academy of Sciences of the United States of America，105（29）：9931-9935.

Ma Y J F，2009. A transporter at the node responsible for intervascular transfer of silicon in rice[J]. The Plant Cell，21(9)：2878-2883.

Macur R E，Jackson C R，Botero L M，et al.，2004. Bacterial populations associated with the oxidation and reduction of arsenic in an unsaturated soil[J]. Environmental Science & Technology，38（1）：104-111.

Macy J M，Nunan K，Hagen K D，et al.，1996. *Chrysiogenes arsenatis* gen. nov.，sp. nov.，a new arsenate-respiring bacterium isolated from gold mine wastewater[J]. International Journal of Systematic and Evolutionary Microbiology，46（4）：1153-1157.

Macy J M，Santini J M，Pauling B V，et al.，2000. Two new arsenate/sulfate-reducing bacteria：Mechanisms of arsenate reduction[J]. Archives of Microbiology，173（1）：49-57.

Maki T，Takeda N，Hasegawa H，et al.，2006. Isolation of monomethylarsonic acid-mineralizing bacteria from arsenic contaminated soils of Ohkunoshima Island[J]. Applied Organometallic Chemistry，20（9）：538-544.

Malasarn D，Saltikov C，Campbell K，et al.，2004. *arrA* is a reliable marker for As(Ⅴ) respiration[J]. Science，306（5695）：455.

Meier J，Kienzl N，Goessler W，et al.，2005. The occurrence of thio-arsenosugars in some samples of marine algae[J]. Environmental Chemistry，2（4）：304-307.

Mestrot A，Feldmann J，Krupp E M，et al.，2011. Field fluxes and speciation of arsines emanating from soils[J]. Environmental Science &

Technology，45（5）：1798-1804.

Mestrot A，Uroic M K，Plantevin T，et al.，2009. Quantitative and qualitative trapping of arsines deployed to assess loss of volatile arsenic from paddy soil[J]. Environmental Science & Technology，43（21）：8270-8275.

Mestrot A，Xie W Y，Xue X，et al.，2013. Arsenic volatilization in model anaerobic biogas digesters[J]. Applied Geochemistry，33：294-297.

Naranmandura H，Carew M W，Xu S，et al.，2011. Comparative toxicity of arsenic metabolites in human bladder cancer EJ-1 cells[J]. Chemical Research in Toxicology，24（9）：1586-1596.

Newman D K，Beveridge T J，Morel F，1997. Precipitation of arsenic trisulfide by *Desulfotomaculum auripigmentum*[J]. Applied and Environmental Microbiology，63（5）：2022-2028.

Ohtsuka T，Yamaguchi N，Makino T，et al.，2013. Arsenic dissolution from Japanese paddy soil by a dissimilatory arsenate-reducing bacterium *Geobacter* sp. OR-1[J]. Environmental Science & Technology，47（12）：6263-6271.

Oremland R S，Blum J S，Culbertson C W，et al.，1994. Isolation，growth，and metabolism of an obligately anaerobic，selenate-respiring bacterium，strain SES-3[J]. Applied and Environmental Microbiology，60（8）：3011-3019.

Oremland R S，Hollibaugh J T，Maest A S，et al.，1989. Selenate reduction to elemental selenium by anaerobic bacteria in sediments and culture：Biogeochemical significance of a novel，sulfate-independent respiration[J]. Applied and Environmental Microbiology，55（9）：2333-2343.

Oremland R S，Stolz J F，2003. The ecology of arsenic[J]. Science，300（5621）：939-944.

Osborne F，Ehrlich H，1976. Oxidation of arsenite by a soil isolate of *Alcaligenes*[J]. Journal of Applied Bacteriology，41（2）：295-305.

Páez-Espino D，Tamames J，de Lorenzo V，et al.，2009. Microbial responses to environmental arsenic[J]. Biometals，22（1）：117-130.

Palmer N E，von Wandruszka R，2010. Humic acids as reducing agents：The involvement of quinoid moieties in arsenate reduction[J]. Environmental Science and Pollution Research，17（7）：1362-1370.

Pan D，Huang G，Yi J，et al.，2022. Foliar application of silica nanoparticles alleviates arsenic accumulation in rice grain：Co-localization of silicon and arsenic in nodes[J]. Environmental Science：Nano，9（4）：1271-1281.

Pan D，Liu C，Yi J，et al.，2021. Different effects of foliar application of silica sol on arsenic translocation in rice under low and high arsenite stress[J]. Journal of Environmental Sciences，105：22-32.

Pan D，Liu C，Yu H，et al.，2019. A paddy field study of arsenic and cadmium pollution control by using iron-modified biochar and silica sol together[J]. Environmental Science and Pollution Research，26（24）：24979-24987.

Pan D，Yi J，Li F，et al.，2020. Dynamics of gene expression associated with arsenic uptake and transport in rice during the whole growth period[J]. BMC Plant Biology，20（1）：133.

Philips S，Taylor M L，1976. Oxidation of arsenite to arsenate by *Alcaligenes faecalis*[J]. Applied and Environmental Microbiology，1976，32（3）：392-399.

Pichler T，Veizer J，Hall G E，1999. Natural input of arsenic into a coral-reef ecosystem by hydrothermal fluids and its removal by Fe(Ⅲ) oxyhydroxides[J]. Environmental Science & Technology，33（9）：1373-1378.

Qiao J T，Li X M，Hu M，et al.，2018. Transcriptional activity of arsenic-reducing bacteria and genes regulated by lactate and biochar during arsenic transformation in flooded paddy soil[J]. Environmental Science & Technology，52（1）：61-70.

Qiao J T，Li X M，Li F，et al.，2019. Humic substances facilitate arsenic reduction and release in flooded paddy soil[J]. Environmental Science & Technology，53（9）：5034-5042.

Qin J，Rosen B P，Zhang Y，et al.，2006. Arsenic detoxification and evolution of trimethylarsine gas by a microbial arsenite S-adenosylmethionine methyltransferase[J]. Proceedings of the National Academy of Sciences of the United States of America，103（7）：2075-2080.

Rauschenbach I，Narasingarao P，Häggblom M M，2011. *Desulfurispirillum indicu*m sp. nov.，a selenate-and selenite-respiring bacterium isolated from an estuarine canal[J]. International Journal of Systematic and Evolutionary Microbiology，61（3）：654-658.

Rehman A，Butt S A，Hasnain S，2010. Isolation and characterization of arsenite oxidizing *Pseudomonas lubricans* and its potential use in bioremediation of wastewater[J]. African Journal of Biotechnology，9（10）：1493-1498.

Reid M C，Maillard J，Bagnoud A，et al.，2017. Arsenic methylation dynamics in a rice paddy soil anaerobic enrichment culture[J]. Environmental Science & Technology，51（18）：10546-10554.

Reimann C，Matschullat J，Birke M，et al.，2009. Arsenic distribution in the environment：The effects of scale[J]. Applied Geochemistry，24（7），1147-1167.

Rhine E D，Phelps C D，Young L，2006. Anaerobic arsenite oxidation by novel denitrifying isolates[J]. Environmental Microbiology，8（5）：899-908.

Rittle K A，Drever J I，Colberg P J，1995. Precipitation of arsenic during bacterial sulfate reduction[J]. Geomicrobiology Journal，1995，13（1）：1-11.

Rutherford D，Bednar A，Garbarino J，et al.，2003. Environmental fate of roxarsone in poultry litter. Part Ⅱ. Mobility of arsenic in soils amended with poultry litter[J]. Environmental Science & Technology，37（8）：1515-1520.

Saltikov C W，Cifuentes A，Venkateswaran K，et al.，2003. The ars detoxification system is advantageous but not required for As(Ⅴ) respiration by the genetically tractable *Shewanella* species strain ANA-3[J]. Applied and Environmental Microbiology，2003，69（5）：2800-2809.

Santini J M，Sly L I，Schnagl R D，et al.，2000. A new chemolithoautotrophic arsenite-oxidizing bacterium isolated from a gold mine：Phylogenetic，physiological，and preliminary biochemical studies[J]. Applied and Environmental Microbiology，2000，66（1）：92-97.

Santini J M，vanden Hoven R N，2004. Molybdenum-containing arsenite oxidase of the chemolithoautotrophic arsenite oxidizer NT-26[J]. Journal of Bacteriology，186（6）：1614-1619.

Scholz-Muramatsu H，Neumann A，Meßmer M，et al.，1995. Isolation and characterization of *Dehalospirillum multivorans* gen. nov.，sp. nov.，a tetrachloroethene-utilizing，strictly anaerobic bacterium[J]. Archives of Microbiology，163（1）：48-56.

Schumacher W，Kroneck P M，1992. Anaerobic energy metabolism of the sulfur-reducing bacterium “Spirillum” 5175 during dissimilatory nitrate reduction to ammonia[J]. Archives of Microbiology，157（5）：464-470.

Schumacher W，Kroneck P M，Pfennig N，1992. Comparative systematic study on “Spirillum” 5175，*Campylobacter* and *Wolinella* species[J]. Archives of Microbiology，158（4）：287-293.

Senn D B，Hemond H F，2002. Nitrate controls on iron and arsenic in an urban lake[J]. Science，296（5577）：2373-2376.

Sharma P，Ofner J，Kappler A，2010. Formation of binary and ternary colloids and dissolved complexes of organic matter，Fe and As[J]. Environmental Science & Technology，44（12）：4479-4485.

Shi S L，Wang T，Chen Z R，et al.，2016. OsHAC1; 1 and OsHAC1; 2 function as arsenate reductases and regulate arsenic accumulation[J]. Plant Physiology，172（3）：1708-1719.

Sierra-Alvarez R，Yenal U，Field J A，et al.，2006. Anaerobic biotransformation of organoarsenical pesticides monomethylarsonic acid and dimethylarsinic acid[J]. Journal of Agricultural and Food Chemistry，54（11）：3959-3966.

Singh P，Sarswat A，Jr Pittman C U，et al.，2020. Sustainable low-concentration arsenite [As(Ⅲ)] removal in single and multicomponent systems using hybrid iron oxide-biochar nanocomposite adsorbents：A mechanistic study[J]. ACS Omega，5（6）：2575-2593.

Slobodkina G，Lebedinsky A，Chernyh N，et al.，2015. *Pyrobaculum ferrireducens* sp. nov.，a hyperthermophilic Fe(Ⅲ)-，selenate-and arsenate-reducing crenarchaeon isolated from a hot spring[J]. International Journal of Systematic and Evolutionary Microbiology，65（Pt_3）：851-856.

Smedley P L，Kinniburgh D G，2002. A review of the source，behaviour and distribution of arsenic in natural waters[J]. Applied Geochemistry，17（5）：517-568.

Song W F，Deng Q，Bin L Y，et al.，2012. Arsenite oxidation characteristics and molecular identification of arsenic-oxidizing bacteria isolated from soil[J]. Applied Mechanics and Materials，（188）：313-318.

Song W Y，Yamaki T，Yamaji N，et al.，2014. A rice ABC transporter，OsABCC1，reduces arsenic accumulation in the grain[J].

Proceedings of the National Academy of Sciences of the United States of America，111（44）：15699.

Stackebrandt E，Schumann P，Schüler E，et al.，2003. Reclassification of *Desulfotomaculum auripigmentum* as *Desulfosporosinus auripigmenti* corrig.，comb. nov[J]. International Journal of Systematic and Evolutionary Microbiology，2003，53（5）：1439-1443.

Stolz J F，Basu P，Santini J M，et al.，2006. Arsenic and selenium in microbial metabolism[J]. Annual Review of Microbiology，60：107-130.

Stolz J F，Perera E，Kilonzo B，et al.，2007. Biotransformation of 3-nitro-4-hydroxybenzene arsonic acid（roxarsone）and release of inorganic arsenic by *Clostridium* species[J]. Environmental Science & Technology，41（3）：818-823.

Sun G X，Williams P N，Carey A M，et al.，2008. Inorganic arsenic in rice bran and its products are an order of magnitude higher than in bulk grain[J]. Environmental Science and Technology，42（19）：7542-7546.

Sun S K，Chen Y，Che J，et al.，2018. Decreasing arsenic accumulation in rice by overexpressing OsNIP1；1 and OsNIP3；3 through disrupting arsenite radial transport in roots[J]. The New phytologist，219（2）：641-653.

Switzer B J，Burns B A，Buzzelli J，et al.，1998. *Bacillus arsenicoselenatis*，sp. nov.，and *Bacillus selenitireducens*，sp. nov.：Two haloalkaliphiles from Mono Lake，California that respire oxyanions of selenium and arsenic[J]. Archives of Microbiology，171（1）：19-30.

Takai K，Kobayashi H，Nealson K H，et al.，2003. *Deferribacter desulfuricans* sp. nov.，a novel sulfur-，nitrate-and arsenate-reducing thermophile isolated from a deep-sea hydrothermal vent[J]. International Journal of Systematic and Evolutionary Microbiology，53（3）：839-846.

Tang Z，Chen Y，Chen F，et al.，2017. OsPTR7（OsNPF8.1），a putative peptide transporter in rice，is involved in dimethylarsenate accumulation in rice grain[J]. Plant & Cell Physiology，58（5）：904-913.

Tang Z，Chen Y，Miller A J，et al.，2019. The C-type ATP-binding cassette transporter OsABCC7 is involved in the root-to-shoot translocation of arsenic in rice[J]. Plant & Cell Physiology，60（7）：1525-1535.

Tanner A C，Badger S，Lai C H，et al.，1981. *Wolinella* gen. nov.，*Wolinella succinogenes*（*Vibrio succinogenes* Wolin et al.）comb. nov.，and description of *Bacteroides gracilis* sp. nov.，*Wolinella recta* sp. nov.，*Campylobacter concisus* sp. nov.，and *Eikenella corrodens* from humans with periodontal disease[J]. International Journal of Systematic and Evolutionary Microbiology，31（4）：432-445.

Thanabalasingam P，Pickering W，1986. Arsenic sorption by humic acids[J]. Environmental Pollution Series B：Chemical and Physical，12（3）：233-246.

Townshend A，1993. Metals and their compounds in the environment. Occurrence，analysis and biological relevance[Z]. Analytica Chimica Acta，271（2）：331-332.

Valenzuela C，Campos V，Yañez J，et al.，2009. Isolation of arsenite-oxidizing bacteria from arsenic-enriched sediments from Camarones River，Northern Chile[J]. Bulletin of Environmental Contamination and Toxicology，82（5）：593-596.

Wang F Z，Chen M X，Yu L J，et al.，2017. OsARM1，an R2R3 MYB transcription factor，is involved in regulation of the response to arsenic stress in rice[J]. Frontiers in Plant Science，8：1868.

Wang L，Giammar D E，2015. Effects of pH，dissolved oxygen，and aqueous ferrous iron on the adsorption of arsenic to lepidocrocite[J]. Journal of Colloid and Interface Science，448：331-338.

Wang P，Zhang W，Mao C，et al.，2016. The role of OsPT8 in arsenate uptake and varietal difference in arsenate tolerance in rice[J]. Journal of Experimental Botany，67（21）：6051-6059.

Wang P P，Bao P，Sun G X，2015. Identification and catalytic residues of the arsenite methyltransferase from a sulfate-reducing bacterium，*Clostridium* sp. BXM[J]. Fems Microbiology Letters，362（1）：1-8.

Wang S，Li R，Lin X，et al.，2022. Kinetic modeling of as release from contaminated soils：Consideration of particle size and co-contamination of Cu[J]. Chemosphere，301：134675.

Wang X，Liu T，Li F，et al.，2018. Effects of simultaneous application of ferrous iron and nitrate on arsenic accumulation in rice grown in contaminated paddy soil[J]. ACS Earth and Space Chemistry，2（2）：103-111.

Wang X，Yu H Y，Li F，et al.，2019. Enhanced immobilization of arsenic and cadmium in a paddy soil by combined applications of woody peat and $Fe(NO_3)_3$：Possible mechanisms and environmental implications[J]. Science of the Total Environment，649：535-543.

Weng T N，Liu C W，Kao Y H，et al.，2017. Isotopic evidence of nitrogen sources and nitrogen transformation in arsenic-contaminated groundwater[J]. Science of the Total Environment，578：167-185.

Wenzel W W，Kirchbaumer N，Prohaska T，et al.，2001. Arsenic fractionation in soils using an improved sequential extraction procedure[J]. Analytica Chimica Acta，436（2）：309-323.

Wilson S C，Lockwood P V，Ashley P M，et al.，2010. The chemistry and behaviour of antimony in the soil environment with comparisons to arsenic：A critical review[J]. Environmental Pollution，158（5）：1169-1181.

Woolson E，Axley J，Kearney P，1973. The chemistry and phytotoxicity of arsenic in soils：Ⅱ. Effects of time and phosphorus[J]. Soil Science Society of America Journal，37（2）：254-259.

Xia B Q，Yang Y，Li F B，et al.，2022. Kinetics of antimony biogeochemical processes under pre-definite anaerobic and aerobic conditions in a paddy soil[J]. Journal of Environmental Sciences，113：269-280.

Yamaji N，Ma J F，2014. The node，a hub for mineral nutrient distribution in graminaceous plants[J]. Trends in Plant Science，19（9）：556-563.

Yamaji N，Sakurai G，Mitani-Ueno N，et al.，2015. Orchestration of three transporters and distinct vascular structures in node for intervascular transfer of silicon in rice[J]. Proceedings of the National Academy of Sciences of the United States of America，112（36）：11401.

Yamamura S，Yamashita M，Fujimoto N，et al.，2007. *Bacillus selenatarsenatis* sp. nov.，a selenate-and arsenate-reducing bacterium isolated from the effluent drain of a glass-manufacturing plant[J]. International Journal of Systematic and Evolutionary Microbiology，57（5）：1060-1064.

Yamazaki S，Ueda Y，Mukai A，et al.，2018. Rice phytochelatin synthases OsPCS1 and OsPCS2 make different contributions to cadmium and arsenic tolerance[J]. Plant Direct，2（1）：e00034.

Yan Y，Ye J，Xue X M，et al.，2015. Arsenic demethylation by a C·As lyase in cyanobacterium *Nostoc* sp. PCC 7120[J]. Environmental Science & Technology，49（24）：14350-14358.

Yang J，Gao M X，Hu H，et al.，2016. OsCLT1，a CRT-like transporter 1，is required for glutathione homeostasis and arsenic tolerance in rice[J]. New Phytologist，211（2）：658-670.

Yang Y，Wang Y，Peng Y，et al.，2020. Acid-base buffering characteristics of non-calcareous soils：Correlation with physicochemical properties and surface complexation constants[J]. Geoderma，360：114005.

Ye W L，Wood B A，Stroud J L，et al.，2010. Arsenic speciation in phloem and xylem exudates of castor bean[J]. Plant Physiology，154（3）：1505-1513.

Yoon I H，Chang J S，Lee J H，et al.，2009. Arsenite oxidation by *Alcaligenes* sp. strain RS-19 isolated from arsenic-contaminated mines in the Republic of Korea[J]. Environmental Geochemistry and Health，31（1）：109-117.

Yoshinaga M，Cai Y，Rosen B P，2011. Demethylation of methylarsonic acid by a microbial community[J]. Environmental Microbiology，13（5）：1205-1215.

Yoshinaga M，Rosen B P，2014. A C·As lyase for degradation of environmental organoarsenical herbicides and animal husbandry growth promoters[J]. Proceedings of the National Academy of Sciences of the United States of America，111（21）：7701-7706.

Yu H Y，Ding X，Li F，et al.，2016. The availabilities of arsenic and cadmium in rice paddy fields from a mining area：The role of soil extractable and plant silicon[J]. Environmental Pollution，215：258-265.

Yu H Y，Liu C P，Zhu J，et al.，2015. Cadmium availability in rice paddy fields from a mining area：The effects of soil properties highlighting iron fractions and pH value[J]. Environmental Pollution，209：38-45.

Yue W H，Ying Y H，Wang C，et al.，2017. OsNLA1，a RING-type ubiquitin ligase，maintains phosphate homeostasis in Oryza sativa via degradation of phosphate transporters[J]. Plant Journal，90（6）：1040-1051.

Zakharyan R A，Aposhian H V，1999. Arsenite methylation by methylvitamin B12 and glutathione does not require an enzyme[J].

Toxicology and Applied Pharmacology，154（3）：287-291.

Zhang G，Liu F，Liu H，et al.，2014. Respective role of Fe and Mn oxide contents for arsenic sorption in iron and manganese binary oxide：An X-ray absorption spectroscopy investigation[J]. Environmental Science & Technology，48（17）：10316-10322.

Zhang J，Zhao S，Xu Y，et al.，2017. Nitrate stimulates anaerobic microbial arsenite oxidation in paddy soils[J]. Environmental Science & Technology，51（8）：4377-4386.

Zhang S Y，Zhao F J，Sun G X，et al.，2015. Diversity and abundance of arsenic biotransformation genes in paddy soils from southern China[J]. Environmental Science & Technology，49（7）：4138-4146.

Zhang X，Yu H Y，Li F，et al.，2020. Behaviors of heavy metal（loid）s in a cocontaminated alkaline paddy soil throughout the growth period of rice[J]. Science of the Total Environment，716：136204.

Zhang X，Zhang Y，Shi P，et al.，2021. The deep challenge of nitrate pollution in river water of China[J]. Science of the Total Environment，770：144674.

Zhao F J，Ma J F，Meharg A A，et al.，2009. Arsenic uptake and metabolism in plants[J]. New Phytologist，181：777-794.

Zhao F J，Harris E，Yan J，et al.，2013. Arsenic methylation in soils and its relationship with microbial *arsM* abundance and diversity，and as speciation in rice[J]. Environmental Science & Technology，47（13）：7147-7154.

Zhu Y G，Yoshinaga M，Zhao F J，et al.，2014. Earth abides arsenic biotransformations[J]. Annual Review of Earth and Planetary Sciences，42：443-467.

第5章

土壤-水稻体系中汞迁移转化机制

汞（Hg）是一种有毒的重金属，食用汞污染稻米已成为人体摄入汞的主要途径之一。稻田淹水条件促进了无机汞转化为毒性更强的神经毒素甲基汞，严重威胁粮食安全和人体健康。本章详细地介绍了土壤-水稻体系中汞迁移和转化机制（图 5.1）。其中，第一节首先从稻田土壤汞来源、稻田土壤汞污染，以及稻米汞含量三个方面介绍稻田汞污染现状，然后介绍了汞及其化合物的理化性质、汞对人体和植物的毒性，以及土壤汞的赋存形态。第二节重点介绍了汞转化的生物机制和化学机制，其中生物机制汇总了当前微生物、藻类以及水稻转化的研究进展，化学机制汇总了当前光化学和暗化学转化的研究进展；随后从动力学和热力学的角度探讨了土壤汞形态转化的动态过程。第三节首先从水稻根系对汞的吸收过程和根际效应两方面介绍了汞在土壤-根系界面的迁移，然后介绍了水稻籽粒汞累积特征和水稻体内汞相关转运蛋白表达特征，进一步探讨了汞在根系-籽粒界面的迁移，最后分别介绍了汞在稻田水/土-气界面和水稻叶-气界面的交换过程。第四节探讨了汞在土壤-水稻体系迁移转化过程中的同位素分馏特征和当前的研究进展。第五节主要从自然因素和农业活动两个方面探讨了土壤-水稻体系汞转化和累积的影响因素，其中自然因素包括成土母质、元素循环和温度，农业活动包括水分管理、施肥和水稻品种。第六节指出了当前汞转化微生物、水稻汞吸收和转化，以及汞循环多元素耦合三个方面研究的不足，并展望了未来的重点研

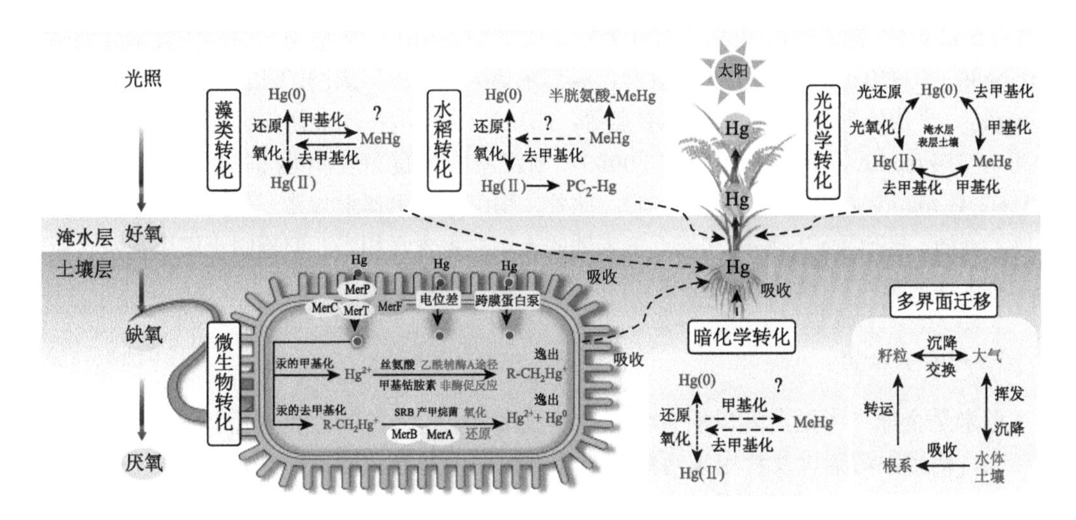

图 5.1　土壤-水稻体系中汞迁移和转化过程示意图

包括汞的藻类转化、水稻转化、光化学转化、微生物转化、暗化学转化，以及汞的多界面迁移；PC_2-Hg：汞的植物螯合肽化合物；SRB：硫酸盐还原菌；MerB：有机汞裂解酶；MerA：汞还原酶；MeHg：甲基汞；实线箭头代表已被证实的过程，虚线箭头代表尚存争议的过程。

究方向。本章内容有利于我们深刻理解土壤-水稻体系中汞的生物地球化学过程，对于制定稻田汞污染防控策略、推进我国农业绿色可持续发展、保障我国粮食安全意义重大。

5.1　我国稻田土壤汞污染现状及其赋存形态

5.1.1　稻田土壤汞来源与污染现状

1. 稻田土壤汞来源

受污染稻田土壤的汞主要来自外源输入（不考虑地质背景的土壤本底汞超标），包括汞矿废石/废渣、汞污染灌溉水、大气汞干/湿沉降、含汞农药/化肥施用等。外源输入汞的形态主要为无机汞（0 价和 +2 价），而甲基汞主要来源于无机汞的甲基化。

2. 稻田土壤汞污染

水稻是世界上最重要的粮食作物之一。据统计，全球有 122 个国家种植水稻，种植面积常年在 1.40 亿～1.57 亿 hm^2，其中 90%左右集中在亚洲（程式华，2022）。2014 年，环境保护部和国土资源部发布了《全国土壤污染状况调查公报》，调查点位覆盖全部耕地，以及部分林地、草地、未利用地和建设用地，实际调查面积约 630 万 km^2。公报显示，我国汞污染地区主要集中在南方，总体点位超标率为 1.6%；其中耕地和工业废弃地点位超标率分别高达 19.4%和 34.9%，汞为主要污染物之一。大量研究显示，稻田土壤汞污染状况最为严重的位置主要集中在汞矿区和工业区周边，土壤汞含量远远超出我国《土壤环境质量 农用地土壤污染风险管控标准（试行）》（GB 15618—2018）所规定的农用地土壤污染风险筛选值（水田，0.5～1.0 mg/kg，pH 5.5～7.5）。例如，湘西茶田汞矿区周围的稻田土壤总汞平均含量高达 131 mg/kg（姬艳芳等，2009），贵州万山汞矿区和务川汞矿区稻田土壤总汞含量分别高达 790 mg/kg 和 320 mg/kg（李冰，2012），成都东郊火力发电厂周围的稻田土壤总汞含量 9～41 mg/kg，平均值为 24.6 mg/kg（郎春燕等，2012），贵州清镇工业污染区稻田土壤中总汞含量高达 354 mg/kg（Horvat et al.，2003），浙江临安节能灯生产区稻田土壤总汞含量达 (3.1 ± 2.4) mg/kg（Liang et al.，2015）。此外，稻田土壤甲基汞含量一般高于其他类型耕地土壤。例如，贵州汞矿区稻田和邻近玉米地的土壤总汞含量相当，但稻田土壤甲基汞含量却高出玉米地约 10 倍（仇广乐，2005）。

3. 稻米汞含量

稻米是全球一半以上人口的主食，也是我国近 2/3 人口的主食（孟其义等，2018）。近年来，稻米汞污染以及食用汞污染大米所导致的汞暴露风险，越来越受到人们的重视。据统计，全球非污染区稻米汞含量通常处于较低水平，总汞和甲基汞含量分别为 0.3～15 μg/kg 和 0.48～6 μg/kg；而污染区稻米汞含量水平通常较高，总汞和甲基汞含量分别高达 1.3～1120 μg/kg 和 0.09～174 μg/kg（孟其义等，2018）。我国非污染区稻米总汞和甲基汞含量平均值分别仅为 4.74 μg/kg（1.06～22.7 μg/kg）和 0.682 μg/kg（0.03～8.71 μg/kg），风险较低（Zhao et al.，2019）；而汞矿区、土法炼金区和氯碱厂等污染地区的稻米，总汞和甲基汞含量可达到较高水平，通常在 1.3～1120 μg/kg 和 0.09～174 μg/kg 范围内（孟其义等，2018），超出我国《食品安全国家标准 食品中污染物限量》中稻米汞的限定值（20 μg/kg）。

5.1.2 汞的理化性质、毒性及土壤汞的赋存形态

1. 单质汞及其化合物的理化性质

汞（Hg），俗称水银，呈闪亮的银白色，是唯一在常温、常压下呈液态且易流动的金属，相对稳定、致密、表面张力高、导热性差、导电性高。汞具有较高的蒸气压（25℃，0.25 Pa），是唯一能够以气态单质形式在全球进行长距离传输的有毒重金属元素，因此广泛分布在水、空气和土壤中。汞难溶于水，溶解度仅为 5.6×10^{-7} g/L（25℃），熔点 234.31 K，沸点 629.9 K，临界温度 1764 K，临界压力 172.00 MPa，熔化焓 2.29 kJ/mol，气化焓 59.2 kJ/mol，密度 13.546 g/cm^3（293 K），摩尔体积 14.82 cm^3/mol，热导率 8.3 W/(m·K)（298 K），电阻率 940×10^{-9} Ω·m（273 K）和 1035×10^{-9} Ω·m（373 K），质量磁化率 2.10×10^{-9} m^3/kg（293 K），线膨胀系数 61×10^{-6} K^{-1}（293 K）。汞的基态电子组态 $[Xe]4f^{14}5d^{10}6s^2$，基态光谱项符号 $^1S_0$，电离能 $I_1 = 1007.1$ kJ/mol，$I_2 = 1810$ kJ/mol，$I_3 = 3300$ kJ/mol，电子亲和能 + 18 kJ/mol，电负性 $\chi_p = 2.00$。

汞在自然界中的分布极不均匀，主要以朱砂（cinnabar）矿物形式存在，其化学成分是硫化汞（mercury sulfide，HgS）。地壳中汞的平均含量为 8.5×10^{-5} g/kg，地壳丰度排序第 67 位，海水汞平均浓度为 3×10^{-8} g/L。汞位于元素周期表的第六周期第 IIB 族，原子序数为 80，原子量为 200.59，属于过渡金属元素。汞外层电子结构为一个封闭的饱和结构（$5d^{10}6s^2$），可强烈地阻止汞原子失去电子，因此会形成弱的分子间作用力，不仅易熔化且具有化学惰性。同时，由于 d 轨道已填满，从满层中失去电子非常困难，且 s 电子和 d 电子的电离势之差较大，通常只失去 s 电子呈现 + 2 价氧化态。汞原子的半径为 0.149 nm，失去 s 电子之后的二价汞离子半径为 0.102 nm。汞属于惰性金属元素，单质汞的化学性质较稳定，在常温下通常不会被空气氧化，只有被加热至沸腾后才慢慢与氧气生成氧化汞（mercuric oxide，HgO）。单质汞在常温下易与单质硫生成结构稳定的难溶物 HgS，还可以溶解多种金属，与金（Au）、银（Ag）、钾（K）、钠（Na）、锌（Zn）等发生汞齐反应，形成汞合金。汞不溶于盐酸和稀硫酸，但溶于氢碘酸、硝酸、浓硫酸和王水。

自然界中，无机汞主要以零价单质汞和二价汞化合物形式存在，有机汞主要以甲基汞形式存在（表 5.1）。土壤生态系统中，无机汞的甲基化和甲基汞的去甲基化最受关注。

表 5.1 单质汞及其主要化合物的理化性质

理化性质	Hg^0	$HgCl_2$	HgO	HgS	CH_3HgCl	$(CH_3)_2Hg$
物理状态	银色液体	白色晶体	黄/红色晶体	黑/红色晶体	红色晶体	无色液体
熔点/℃	–38.8	277	500（分解）	584（升华）	170	–43

续表

理化性质	Hg^0	$HgCl_2$	HgO	HgS	CH_3HgCl	$(CH_3)_2Hg$
沸点/℃	356.7	303	N.D.	N.D.	N.D.	92
蒸气压/Pa（25℃）	0.27	0.017	9.2×10^{-12}	N.D.	1.76	8300
水溶性/(g/L)	49.6×10^{-6}（20℃）	66（20℃）	5.3×10^{-1}（25℃）	2×10^{-3}（25℃）	5～6（25℃）	不溶
亨利定律常数（Pa·m²/mol）	0.32（25℃） 0.29（20℃） 0.18（5℃）	2.9×10^{-8}（25℃）	3.76×10^{-11}（25℃）	N.D.	1.9×10^{-5}（25℃） 0.9×10^{-5}（10℃）	646（25℃） 0.31(25℃) 0.15（0℃）
辛醇/水分配系数[a]	4.2	0.5	N.D.	N.D.	2.5	180

a：无量纲；N.D.：无数据。

Hg^{2+}为 18 电子型离子，极化力和变形性很大，能与卤素离子（除 F^-）、NH_3、CN^-、SCN^-等形成四配位离子 HgL_4（L 代表配体），其中 Hg^{2+}与 CN^-形成的配合物最稳定（表 5.2）。Hg^{2+}与 C、N、P、S 元素配体形成的配合物一般比较稳定，与卤素形成配合物的稳定性顺序为 $Cl^-<Br^-<I^-$（与其他过渡金属离子相反）。此外，配体的浓度直接影响着配合物的组成比例。例如，当 Cl^-浓度为 0.1 mol/L 时，三种配合物 $HgCl_2$、$HgCl_3^-$和 $HgCl_4^{2-}$ 的浓度接近；当 Cl^-浓度增大到 1 mol/L 时，$HgCl_4^{2-}$ 是主要的配合物。

表 5.2　Hg^{2+}与无机/有机配体形成配合物的稳定常数

无机配体	稳定常数	有机配体	稳定常数
OH^-	HgL 10.6 HgL_2 21.8 HgL_3 20.9 $HgL_{2(s)}$ 25.4	乙二胺（EDA）	HgL 14.3 HgL_2 23.2 HgOHL 24.2 $HgHL_2$ 28.0
CO_3^{2-}	$HgL_{(s)}$ 16.1	氨三乙酸（NTA）	HgL 15.9
SO_4^{2-}	HgL 2.5 HgL_2 3.6	乙二胺四乙酸（EDTA）	HgL 23.5 HgHL 27.0 HgOHL 27.7
Cl^-	HgL 7.2 HgL_2 14.0 HgL_3 15.1 HgL_4 15.4 HgOHL 18.1	1, 2-环己二胺四乙酸（CDTA）	HgL 26.8 HgHL 30.3 HgOHL 29.7
Br^-	HgL 9.6 HgL_2 18.0 HgL_3 20.3 HgL_4 21.6 $HgL_{2(s)}$ 19.8	亚氨基二乙酸（IDA）	HgL 11.7
F^-	HgL 1.6	吡啶甲酸酯	HgL 8.1 HgL_2 16.2
NH_3	HgL 8.8 HgL_2 17.4 HgL_3 18.4 HgL_4 19.1	半胱氨酸（Cys）	HgL 15.3

续表

无机配体	稳定常数	有机配体	稳定常数
S^{2-}	HgL 7.9 HgL_2 14.3 HgOHL 18.5 $HgL_{(s)}$ 52.7	甘氨酸（Gly）	HgL 10.9 HgL_2 20.1
$S_2O_3^{2-}$	HgL_2 29.2 HgL_3 30.6	乙酸盐	HgL 6.1 HgL_2 10.1 HgL_3 14.1 HgL_4 17.6
$P_2O_7^{4-}$	HgOHL 18.6	柠檬酸盐	HgL 12.2
CN^-	HgL 17.0 HgL_2 32.8 HgL_3 36.3 HgL_4 39.0 HgOHL 29.6	硫脲	HgL_2 22.1 HgL_3 24.7 HgL_4 26.8
SCN^-	HgL 9.1 HgL_2 16.9 HgL_3 19.7 HgL_4 1.7	吡啶	HgL 5.1 HgL_2 10.0 HgL_3 10.4
I^-	HgL 12.9 HgL_2 23.8 HgL_3 27.6 HgL_4 29.8		

L_n 中 L 代表配体，n 代表配体数量；s 代表沉淀。

2. 汞对人体的毒性与危害

1）单质汞（Hg^0）

单质汞蒸气主要通过呼吸道进入人体，吸收率高达 80%，进入血液系统之后循环到全身各个脏器，其中肾脏和大脑是主要的蓄积器官。进入人体的 Hg^0 可通过呼吸和汗液等方式排出，也可在体内被氧化为 Hg^{2+} 并通过粪便和尿液排出。由于 Hg^0 蒸气能够通过血脑屏障并蓄积在神经系统中，因此可对神经系统造成损伤（王萌和丰伟悦，2020）。

2）无机汞（Hg^{2+}）

无机汞主要经口和皮肤进入人体，肠道吸收率 7%～15%，皮肤吸收率 2%～3%，其中仅有 2%左右的无机汞进入不同组织器官中，其中肾脏是主要的蓄积器官（王萌和丰伟悦，2020）。无机汞由于不容易通过血脑屏障，对神经系统的损伤较小，主要损伤肾脏、免疫系统和胃肠道，进入肾脏的无机汞的半衰期约为 60 d，进入脑组织中的无机汞半衰期约为 23 d，大约 90%的无机汞可通过粪便、尿液、汗液和胆汁等方式排出（Holmes et al.，2009；王萌和丰伟悦，2020）。

3）甲基汞（CH_3Hg^+）

甲基汞具有亲脂性，不易挥发，主要经口进入人体，肠道吸收率高达 95%（王萌和丰伟悦，2020）。甲基汞能够通过血脑屏障和胎盘屏障，并经血液循环分布到全身各器官，因此甲基汞对人体的毒性远高于无机汞，可造成人体神经系统（特别是婴幼儿正在发育的神经系统）的不可逆损伤（例如身体协调和运动能力、语言和记忆能力的损伤）。同时，由于大部分甲基汞可与红细胞蛋白中的巯基牢固结合并参与进一步的肝肠循环（少部分与血浆蛋白结合），因此进入人体的甲基汞不容易被排出体外，其生物半衰期高达 76 d 左右，其中全血半衰期为 50～55 d。甲基汞在人体中可发生缓慢去甲基化，转化为 Hg^{2+}，其中约 90%以 Hg^{2+} 形式由粪便排出，约 10%以 Hg^{2+}形式由尿液排出（Sheehan et al.，2014；王萌和丰伟悦，2020）。

4）二甲基汞（C_2H_6Hg）

二甲基汞是已知毒性最强的有机汞化合物，挥发性强，极易生物累积和生物放大，严重损害人体神经系统，数微升即可致死。二甲基汞的相关研究较少，目前已在海洋表层、垃圾填埋场、红树林沉积物等检测到二甲基汞，由于二甲基汞易被光致去甲基化和热解产生甲基汞，因此也被认为是环境中甲基汞的来源之一（孙婷等，2016）。

3. 汞对植物的毒性与危害

目前，汞的植物毒性仅在实验室高浓度条件下被观察到，而实际环境土壤的汞浓度通常远低于实验室所使用的汞浓度级别。此外，以往的研究主要关注无机汞和总汞的植物毒性，对甲基汞等有机汞的植物毒性研究不足。研究表明，高浓度汞可对植物的生长产生毒害作用，主要表现为产量/生物量下降、光合作用受抑制、养分失衡、遗传毒性、氧化应激和脂质过氧化（Natasha et al.，2020）。其中，单质汞对细胞配体几乎没有亲和力，通常只有当其在细胞中被氧化为＋2 价时才表现出毒性，无机汞主要作用于细胞膜，有机汞主要破坏细胞质组织的完整性和新陈代谢，具体表现在以下几个方面。

1）汞对植物的遗传毒性

遗传毒性通常是指细胞遗传物质（DNA 或 RNA）的完整性被破坏。有人认为汞是一种基因毒素，可通过干扰有丝分裂和细胞增殖破坏植物的细胞周期，从而导致 DNA 片段化、链断裂和微核形成等 DNA 损伤（Azevedo et al.，2018）。大多数由金属应力引起的 DNA 损伤，通常是由形成的多种活性氧（ROS）或与 DNA 复制/修复系统相关的蛋白质相互作用引起的（Angelé-Martínez et al.，2017），这些 ROS 有可能相互作用并破坏 DNA 链的嘌呤和嘧啶碱基（Sallmyr et al.，2008）。

2）汞对植物蛋白的毒性

与其他重金属类似，汞也被报道可与植物蛋白相互作用，毒性与汞浓度关系密切。例如，25 μmol/L $HgCl_2$ 可使小麦的根和叶片总蛋白质含量分别减少 24%和 19%，而 2.5 μmol/L $HgCl_2$ 却使小麦根和叶片总蛋白质含量分别增加 16%和 10%。汞胁迫下总蛋白质含量的增加，可能是植物对汞的耐受响应，这适用于与细胞氧化还原系统相关的不同类型的蛋白质（Sahu et al.，2012）。汞对植物蛋白的毒性可能主要通过以下三种途径：首先，汞可与蛋白质分子的巯基结合，影响植物内部蛋白质的结构和功能，低浓度结合不一定涉及链的变形，但高浓度汞会导致蛋白质沉淀；其次，汞可能通过对细胞膜的毒性以及置换必需离子，破坏重要蛋白质的功能；最后，汞可能通过引起植物体内的氧化应激反应，如生成过量的 ROS，导致蛋白质氧化损伤（Safari et al.，2019）。

3）汞对植物光合过程的影响

光合作用是自养生物的关键代谢过程之一。汞会改变植物光合装置的功能，包括光系统Ⅱ（PS-Ⅱ）的供体位点、产氧蛋白和叶绿体中 ATP 合酶的 β-亚基（Nicolardi et al.，

2012），导致植物的净光合速率、气孔导度和蒸腾速率降低（Guo et al.，2015）。在植物的光合作用过程中，汞离子可以替代其他必需的金属离子，并通过抑制以 PS-Ⅱ为主要目标的电子传递链来终止光合作用过程（Nagajyoti et al.，2010）。同时，汞离子可与位于 D_1 和 D_2 蛋白中的中间体 Z^+/D^+ 相互作用，并与叶绿体蛋白质中的氨基酸形成有机金属络合物，或抑制参与叶绿素合成的酶，导致叶绿素含量降低（Tran et al.，2018）。

4）汞引起的氧化应激反应

众所周知，汞会引发植物的氧化应激反应，包括 ROS 产生、脂质膜氧化、光合装置降解、离子泄漏、遗传毒性效应等（Nagajyoti et al.，2010）。其中，ROS 增加可能是氧化应激和细胞损伤的前兆，ROS 的形成可归因于线粒体、叶绿体和细胞膜电子传递反应的电子泄漏到分子氧上，或者作为不同细胞器中各种代谢过程的副产物（Natasha et al.，2020）。据报道，汞会刺激植物体内 $O_2^{2-}\cdot$、H_2O_2 和 $O_2^-\cdot$ 的产生，并且氧化应激会随着植物中汞累积的增加而增强（Meng et al.，2011）。此外，汞还会影响植物抗氧化系统，抑制超氧化物歧化酶（superoxide dismutase，SOD）、过氧化物酶（peroxidase，POD）和过氧化氢酶（catalase，CAT）的活性（Israr & Sahi，2006）。

5）汞对脂质大分子的损伤

自由基和 H_2O_2 对脂质双分子层的损伤已被广泛报道，主要导致脂质过氧化（lipid peroxidation，LPO）（Natasha et al.，2020）。其中，丙二醛（malondialdehyde，MDA）和硫代巴比妥酸反应物质（thiobarbituric acid reactive substance，TBARS）可能是 LPO 的细胞毒性产物，也是细胞氧化应激的评估指标。脂质膜损伤和抗汞应激 MDA/TBARS 的产生已得到充分证实，汞在植物叶片组织中累积量的线性增加，可导致脂质过氧化和膜完整性丧失呈线性增加（Cabrita et al.，2019）。最近的研究表明，汞在低施用量下能增强植物的 LPO，也可以在较高施用量下阻止 LPO，这种独特的性质主要取决于植物的种类和耐受水平，以及汞的形态和暴露时间（Natasha et al.，2020）。

4. 土壤汞的赋存形态

土壤汞赋存形态的分类方法，目前还没有统一的规范。基于化学形态，可分为单质汞、无机结合态和有机结合态；基于结合方式，可分为以自由离子存在的可溶态、由静电力结合的非专性吸附态、由配位键结合的专性吸附态、由有机质固定的螯合态以及残渣态；基于连续化学浸提法，可分为溶解态、交换态、碳酸盐结合态、铁锰氧化物结合态、有机结合态以及残渣态。在以上分类方法中，以连续化学浸提法为基础的汞形态分类方法应用得最为广泛，具体形态特征如下：

（1）交换态：吸附在黏土矿物、有机质等土壤基质表面且能够被同类离子交换的汞，该形态受液相汞和被交换离子浓度，以及汞在固-液相的分配常数所控制。由于土壤中溶解态汞的含量通常极低，不容易与交换态区分开，所以溶解态通常被合并到交换态中。

（2）碳酸盐结合态（也称为特殊吸附态）：土壤中的汞可与碳酸盐矿物形成共沉淀，这种特殊的结合方式对土壤酸碱性条件非常敏感，当土壤 pH 下降时，碳酸盐结合态汞容易溶解，释放进入土壤溶液中，生物有效性提高。

（3）铁锰氧化物结合态：与铁、锰氧化物结合并包裹于土壤颗粒表面的汞化合物，对土壤氧化还原条件非常敏感，当土壤氧化还原电位（Eh 值）降低时，铁锰氧化物还原溶解，导致汞释放到土壤溶液中，具有潜在的危害性。

（4）有机结合态：土壤中各种有机物如动植物残体和腐殖质等均与汞发生螯合反应，形成螯合态汞化合物。这种形态的汞生物有效性比较复杂，因为某些有机结合态汞可在碱性或氧化条件下发生溶解和转化，但也有些有机结合态不容易溶解和转化。

（5）残渣态：主要存在于原生和次生矿物硅酸盐晶格中，性质稳定，在自然条件下通常不易释放，能长期稳定存在于土壤或沉积物中，不易被植物吸收，对食物链的影响较小。

近年来，X 射线吸收谱（XAS）等同步辐射技术被应用于汞的化学形态研究。XAS 可分为 X 射线吸收近边结构（XANES）谱及扩展 X 射线吸收精细结构（EXAFS）谱两部分，其中 XANES 谱包含物质的电子结构信息，通过与标准物质的比较，可获得吸收原子的价态及其配位原子等“指纹信息”；而通过 EXAFS 谱不需要获得晶体样品就可以得到键长与配位数等结构信息，因此非常适合环境样品中汞的形态分析（李玉锋等，2015）。Kim 等（2003）同时采用 XAS 法和连续化学浸提法，分析汞矿渣中的汞形态，发现对于 HgS（包括辰砂和黑辰砂等不同晶型）等不溶性汞化合物，XAS 法与连续化学浸提法测得的结果基本一致，但对样品中溶解度较大的汞化合物（如 $HgCl_2$、HgO、$Hg_3S_2O_4$ 等），这两种方法所获得的结果差异较大（＞10%）。然而，XAS 技术通常对样品中汞的含量要求过高，一般需达到 mg/kg 量级以上，而实际环境样品的汞含量通常较低，这成为限制 XAS 应用于环境样品研究中的关键瓶颈（李玉锋等，2015）。

5.2 稻田土壤中汞的转化机制

稻田土壤中汞的主要形态为 Hg^0、Hg^{2+}和 CH_3Hg^+。在物理、化学和生物的综合作用下，汞的各形态之间发生相互转化，主要包括汞的甲基化、去甲基化和氧化还原，转化途径主要包括生物转化（微生物、藻类和水稻转化）和化学转化（光转化和暗转化）。其中，土壤微生物可能是土壤-水稻体系汞转化的主要驱动力，但人们对该过程的认识有限；汞的藻类转化、水稻转化和化学转化在土壤-水稻体系中的研究相对较少。在光照下，稻田淹水层和表层土壤，可能主要发生汞的光化学转化、微生物转化和藻类转化；在无光的土壤中，可能主要发生汞的暗化学转化和微生物转化；水稻植株中也可能发生汞的转化，但具体机制仍不清晰。

5.2.1 汞的生物转化

1. 汞的微生物转化

现有研究表明，微生物可能是稻田土壤中汞转化的主要驱动力，参与汞的甲基化、去甲基化和氧化还原。其中，汞的甲基化和去甲基化最受关注，这主要归因于甲基汞的毒性远高于无机汞。微生物的汞转化能力可能受汞转化功能基因的控制，目前已发现的汞转化相关基因主要包括 *hgcAB*、*merA*、*merB*、*mcrA*、*dsrA*、*dsrB* 和 *pmoA* 等（Zhou et al.，2020）。其中，*hgcAB* 是由 *hgcA*（编码类咕啉蛋白）和 *hgcB*（编码铁氧化还原蛋白）组成的双基因簇，可能是微生物汞甲基化所必需的；*merA* 和 *merB* 分别是编码汞还原酶和有机汞裂解酶的基因。*mcrA*、*dsrA*、*dsrB* 和 *pmoA* 等是汞转化相关微生物的基因，其中 *mcrA* 是产甲烷菌的基因，*dsrA* 和 *dsrB* 是编码异化亚硫酸盐还原酶的基因，*pmoA* 是编码甲烷氧化菌诊断酶和颗粒性甲烷单加氧酶的基因。表 5.3 汇总了常见的汞转化微生物。

表 5.3　常见的汞转化微生物（刘悦等，2022）

汞转化类型	主要汞转化微生物	典型菌株
甲基化	硫酸盐还原菌（sulfate reducting bacteria）	*Desulfovibrio desulfuricans* ND132
		Geobacter sulfurreducens PCA
		Desulfovibrio desulfuricans LS
		Desulfovibrio piger
		Desulfovibrio giganteus
		Desulfovibrio termitidis
		Desulfobulbus propionicus 1pr3
		Desulfococcus multivorans 1be1
	铁还原菌（iron-reducing bacteria）	*Geobacter hydrogenophilu*
		Geobacter metallireducens GS-15
		Geobacter bemidjiensis Bem
	产甲烷菌（methanogen）	*Methanoregula formicicum*，*Methanosphaerula palustris*
		Methanomethylovorans hollandica
		Methanolobus tindarius
		Methanospirillum hungatei JF-1
		Methylosinus trichosporium OB3b
去甲基化	甲基营养微生物（methyl trophic microorganism）	*Desulfovibrio desulfuricans* G200
		Desulfovibrio desulfuricans LS
		Desulfovibrio desulfuricans ND138
		Methanococcus maripaludis ATCC 4300
	耐汞原核生物（mercury-resistant prokaryotes）	*Pseudodesulfovibrio hydrargyri* BerOc1
		Geobacter bemidjiensis Bem
		Pseudomonas aeruginosa
		Pseudomonas putida
氧化	好氧微生物（aerobe）	*Desulfovibrio desulfuricans* ND132
		Desulfovibrio alaskensis G20
还原	耐汞原核生物（mercury-resistant prokaryotes）	*Pseudomonas plecoglossicida*
		Geobacter sulfurreducens PCA
		Thermus thermophilus HB27
		Stenotrophomonas sp.
	汞敏感型细菌（mercury-sensitive bacteria）	*Acidithiobacillus ferrooxidans*

1）汞的微生物甲基化

长期淹水导致稻田土壤处于缺氧或厌氧状态，这有利于厌氧微生物介导的汞甲基化过程，其中起关键作用的微生物包括硫酸盐还原菌（sulfate reducing bacteria，SRB）、铁还原菌（iron-reducing bacteria，FeRB）和产甲烷菌（methanogen）等（Acha et al.，2011；Warner et al.，2003）。此外，产气气杆菌（*Aerobacter aerogenes*）、粗糙脉孢菌（*Neurospora crassa*）和黑曲霉（*Aspergillus niger*）等微生物，也具有较弱的汞甲基化能力（Vonk & Sijpesteijn，1973）。

（1）关键微生物

硫酸盐还原菌：属于专性异养微生物，需要利用环境中的碳源和硫酸盐来维持生长与代谢，既有专性厌氧型，也有兼性厌氧型。SRB 以硫酸盐作为电子最终受体，依据其是否能把底物，即酶所作用和催化的物质彻底氧化，可分为完全氧化菌和不完全氧化菌，其中完全氧化菌具有更强的甲基化能力；依据其电子供体的差异，可分为乙酸利用型、乳酸利用型和丙酮酸利用型，其中乙酸利用型 SRB 的甲基化能力较强（刘悦等，2022）。SRB 是目前发现的最重要的汞甲基化微生物之一，但并非所有的 SRB 都能够使汞甲基化，其甲基化的能力取决于菌株，而不取决于微生物的种或属，或者代谢类型（Gilmour et al.，2013；谷春豪等，2013）。

铁还原菌：广泛存在于细菌域和古菌域中，有严格厌氧菌、兼性厌氧菌，以及一些嗜温菌和嗜热菌。FeRB 以三价铁作为最终电子受体，通过氧化有机物获得能量并将三价铁还原为二价铁。与 SRB 类似，并非所有的 FeRB 都具有汞甲基化能力。最新研究发现，在厌氧条件下，铁还原菌 *Geobacter bemidjiensis* Bem 同时具有氧化与还原、甲基化和去甲基化的能力，这使人们开始重新认识 FeRB 在厌氧环境汞形态转化中的贡献（Gilmour et al.，2013；刘悦等，2022）。

产甲烷菌：属于专性厌氧古菌，能够将乙酸、甲基类化合物、H_2 或 CO_2 等作为底物合成甲烷。根据其代谢底物的不同，可分为三种代谢途径：乙酸途径、甲基裂解途径和 CO_2 还原途径（刘悦等，2022）。产甲烷菌是环境中汞甲基化微生物的重要类群，虽然目前已发现的产甲烷菌的汞甲基化能力通常低于 SRB 和 FeRB，但它们可能是某些特定环境中主要的甲基化微生物。例如，Hamelin 等（2011）采集了加拿大圣劳伦斯河沿岸沉水植物上生长的附生生物膜，采用 ^{199}HgO 和 $Me^{200}Hg$ 稳定同位素作为示踪剂进行原位培养，发现产甲烷菌对汞甲基化率的贡献高于 SRB，16S rRNA 测序结果进一步表明产甲烷菌可能是温带河流湖泊附生生物膜中汞甲基化的主要微生物。

（2）关键机制

2013 年美国橡树岭国家实验室研究人员在 *Science* 上首次报道介导微生物汞甲基化的 *hgcAB* 基因簇（Parks et al.，2013），该基因簇的发现对微生物汞甲基化机制的研究具有里程碑意义。其中，*hgcA* 基因编码的类咕啉蛋白，将 Hg^{2+}转化为 CH_3Hg^+；而类咕啉辅因子，在 *hgcB* 基因编码的铁氧化还原蛋白作用下被还原。当敲除脱硫弧菌（*Desulfovibrio desulfuricans* ND132）和硫还原地杆菌（*Geobacter sulfurreducens* PCA）菌株的 *hgcAB* 基因簇时，这些微生物丧失汞甲基化能力；而重新插入这些基因后，两个菌株的汞甲基化能力得以恢复。因微生物类群的不同，甲基化作用在好氧或厌氧的条件下均可发生，其转化机制主要分为酶促反应和非酶促反应。生物甲基化主要发生在细胞内，其中酶促反应发生在细胞内，非酶促反应在细胞内外均可发生（刘悦等，2022）。

酶促反应：微生物利用培养基中的维生素，在细胞内产生转甲基酶促使甲基转移，但酶的种类目前还不清楚。目前研究较多的是乙酰辅酶A途径（部分产乙酸菌、产甲烷菌、硫酸盐还原菌等），甲基来源主要为丝氨酸或者甲酸盐，通过甲基转移酶先将甲基转移至一种含有类咕啉蛋白，再转移至甲基汞（Ekstrom et al.，2003）：

$$HOCH_2—CH(NH_2)—COOH \xrightarrow{\text{丝氨酸羟甲基转移酶}} 5,10\text{-}CH_2—THF + HCH—(NH_2)—COOH \tag{5.1}$$

$$5,10\text{-}CH_2—THF \longrightarrow 5\text{-}CH_3—THF \xrightarrow{\text{甲基转移酶 I}} CH_3—Co\text{-}protein \xrightarrow{\text{甲基转移酶 II}} CH_3Hg^+ \tag{5.2}$$

非酶促反应：以厌氧产甲烷菌合成的甲基钴胺素作为甲基供体，在三磷酸腺苷（adenosine triphosphate，ATP）和中等还原剂存在的条件下，将无机汞转化为甲基汞或二甲基汞，转化模式可能有以下两种：

$$Hg^{2+} + 2R—CH_3 \longrightarrow CH_3HgCH_3 \longrightarrow CH_3Hg^+ + CH_3^+ \tag{5.3}$$

$$Hg^{2+} + R—CH_3 \longrightarrow CH_3Hg^+ \xrightarrow{RCH_3} CH_3HgCH_3 \tag{5.4}$$

2）汞的微生物去甲基化

土壤微生物不仅可以将无机汞甲基化，也可以将甲基汞去甲基化，转化为Hg^{2+}或Hg^0，因此土壤净甲基汞含量取决于甲基化与去甲基化之间的平衡（Zhou et al.，2020）。

（1）关键微生物

甲基汞去甲基化微生物可分为耐汞原核生物和甲基营养微生物，前者长期生存于汞环境中，进化出了一套独特的 *mer* 抗汞操纵子基因系统；后者为甲基营养型厌氧细菌，如硫酸盐还原菌和产甲烷菌等。细菌的汞甲基化和去甲基化能力具有菌株特异性，大部分汞甲基化细菌均能进行去甲基化（Barkay & Gu，2022；刘悦等，2022）。

（2）关键机制

根据产物的不同，微生物去甲基化可分为氧化去甲基途径和还原去甲基途径。

氧化去甲基途径：氧化去甲基在厌氧和好氧条件下皆可发生，但相关机制仍不清楚，涉及该过程的微生物主要为硫酸盐还原菌（Hines et al.，2012）和产甲烷菌（Marvin-Dipasquale et al.，2000）。氧化去甲基可能与一碳化合物的生化代谢途径有关，例如甲醇、甲胺和甲硫醚等，因为这类物质的加入能大幅抑制甲基汞的去甲基化。氧化去甲基过程中，甲基汞通常转化成Hg^{2+}、CO_2和少量CH_4（Yurieva et al.，1997）。对于不同的微生物，末端产物CO_2/CH_4比例和去甲基化速率不同（Marvin-Dipasquale et al.，2000；Oremland et al.，1995），碳的最终产物主要由微生物的呼吸过程决定（Oremland et al.，1995）。其中，CO_2的产量可能与脱氮菌、异化金属还原菌以及硫酸盐还原菌关系密切；而CH_4的产生可能主要来源于产甲烷菌（Warner et al.，2003）。对于产甲烷菌，CO_2和CH_4不仅是氧化去甲基产物，也是一碳代谢产物（Oremland et al.，1995）。以下是硫酸盐还原菌和产甲烷菌氧化去甲基反应方程式：

$$SO_4^{2-} + CH_3Hg^+ + 3H^+ \xrightarrow{SRB} H_2S + CO_2 + Hg^{2+} + 2H_2O \tag{5.5}$$

$$4CH_3Hg^+ + 2H_2O + 4H^+ \xrightarrow{\text{产甲烷菌}} 3CH_4 + CO_2 + 4Hg^{2+} + 4H_2 \tag{5.6}$$

还原去甲基途径：还原去甲基主要由一类具有汞抗性的微生物驱动，该过程受 *mer* 抗汞操纵子控制（Han et al.，2007）。不同微生物的 *mer* 抗汞操纵子并不完全相同，大部分 *mer* 抗汞操纵子主要由结构基因、转运基因、调节基因、操纵启动区域（O/P）组成。其中，结构基因由编码有机汞裂解酶基因（*merB*）及汞还原酶基因（*merA*）组成，控制汞在细胞内的转化，汞摄入细胞转运基因（*merT*、*merP* 和 *merC*）控制汞进出细胞的方式，汞调节基因（*merR* 和 *merD*）控制着基因表达的效率，操纵启动区域控制基因的表达（转录），以及表达的起始时间和表达的程度。在有机汞裂解酶 MerB 的作用下，甲基汞的 C—Hg 键断裂，此过程需要过量的还原剂存在（例如 L-半胱氨酸），还原产物为 Hg^{2+} 和 CH_4；然后，位于细胞质的汞还原酶 MerA 以 NADPH 为电子供体催化 Hg^{2+} 还原为 Hg^0，随后 Hg^0 逸出细胞并挥发至大气中，或在细胞内被重新氧化为 Hg^{2+}（Benison et al.，2004）：

$$R—CH_2Hg^+ + H^+ \xrightarrow{\text{MerB}} R—CH_3 + Hg^{2+} \tag{5.7}$$

$$Hg^{2+} + NADPH + OH^- \xrightarrow{\text{MerA}} Hg^0 + H_2O + NADP^+ \tag{5.8}$$

氧化去甲基途径一般发生在厌氧或低汞浓度环境中，主要与不含 *mer* 抗汞操纵子的厌氧产甲烷菌和硫酸盐还原菌等微生物相关（Schaefer et al.，2002）。还原去甲基途径一般发生在好氧或高汞浓度条件下，受 *mer* 抗汞操纵子控制，主要与耐汞微生物的汞还原酶（MerA）和有机汞裂解酶（MerB）有关。其中，含有 *merB* 基因的微生物具有广谱抗性（对无机汞和有机汞都具有抗性），而仅含有 *merA* 基因的微生物具有窄谱抗性（仅对无机汞具有抗性）（Barkay & Wagnerdobler，2005）。

3）汞的微生物氧化

Hg^0 在自然条件下一般不易发生反应，目前已发现的汞氧化微生物主要为好氧微生物（aerobe），如芽孢杆菌和链霉菌等；另外，还存在与硝化和反硝化耦合的汞氧化现象，一般由红假单胞菌和亚硝化单胞菌等介导（Gilmour et al.，2013；刘悦等，2022）。

一般认为，芽孢杆菌和链霉菌等好氧微生物，可通过体内的过氧化氢酶等酶类催化 Hg^0 氧化为 Hg^{2+}（Grégoire & Poulain，2018）。然而，厌氧微生物的 Hg^0 氧化能力不稳定，机制尚不清晰（Hu et al.，2013）。例如，黑暗厌氧条件下，*D. desulfuricans* ND132 能氧化 Hg^0，但其细胞过滤液不能氧化 Hg^0；*D. alaskensis* G20 及其细胞过滤液都能快速氧化 Hg^0，且快于 *D. desulfuricans* ND132 氧化速率；*G. sulfurreducens* PCA 及其细胞过滤液都不能氧化 Hg^0，但在半胱氨酸的作用下具有氧化能力。*D. desulfuricans* ND132 与 *D. alaskensis G*20 的氧化机制可能不同（Hu et al.，2013），前者可能通过细胞表面特定结构与 Hg^0 接触直接氧化，而后者可能利用溶液中某些可溶性物质或者通过细胞分泌物间接氧化 Hg^0。

4）汞的微生物还原

目前已发现的汞还原微生物主要包括耐汞原核生物（如好氧异养细菌和古菌）和汞敏感型细菌（如嗜酸氧化亚铁硫杆菌）（Barkay & Gu，2022；刘悦等，2022）。汞还原机制主要受 *mer* 抗汞操纵子控制（Grégoire & Poulain，2018），其中起关键作用的是 *merA* 基因所编码的汞还原酶 MerA（蛋白二聚体），可将 Hg^{2+} 还原为 Hg^0；调节基因 *merR* 控制着大多数 Mer 系列蛋白的启动，某些微生物同时受 *merA* 和 *merD* 基因的调节（Barkay et al.，2010）。耐汞微生物 *mer* 系统的汞还原机制已较为明确，但汞敏感型细菌的汞还原机制仍不清楚，可能是细胞表面的某些特殊结构或功能基团，通过介导电子传递导致 Hg^{2+} 的还原（Barkay & Wagnerdobler，2005）。此外，Wiatrowski 等（2006）发现厌氧菌中异化金属还原菌的汞还原过程取决于电子供体和电子受体，而不通过 *mer* 抗汞操纵子途径。

5）汞在微生物中的跨膜运输

汞穿过细胞膜可能有 4 种方式：*mer* 抗汞操纵子转运体系（*mer*-based transport system）、被动扩散（passive diffusion）、促进扩散（facilitated diffusion）和主动运输（active transport）（图 5.2）（Hsu-Kim et al.，2013）：

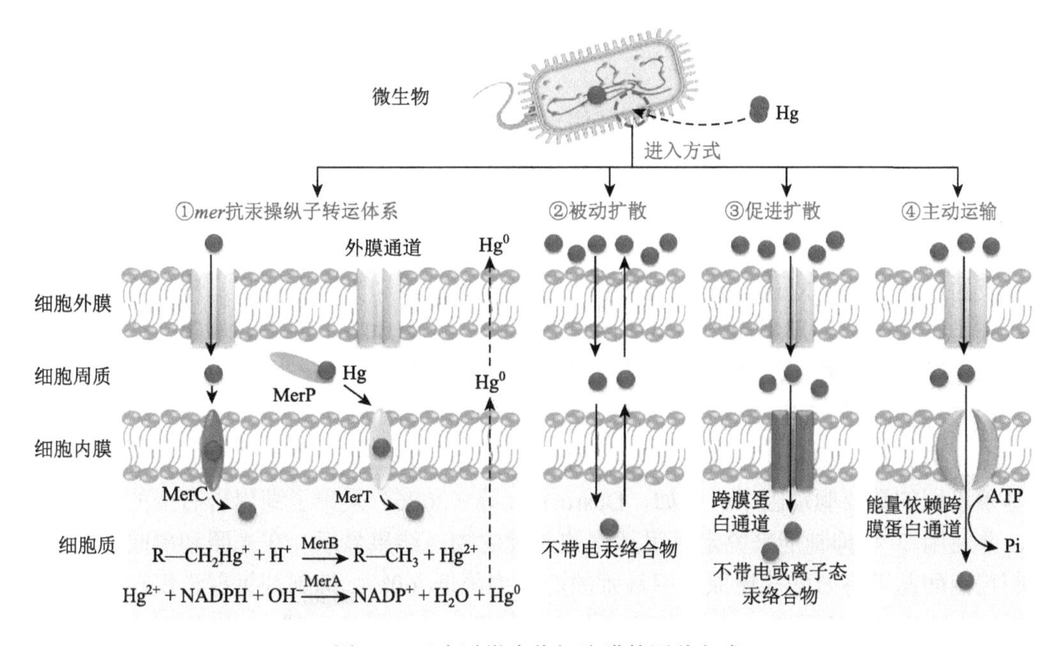

图 5.2　汞穿过微生物细胞膜的四种方式

MerA：汞还原酶；MerB：有机汞裂解酶；MerP，MerC，MerT：转运蛋白；ATP：三磷酸腺苷；Pi：磷酸基团。

（1）*mer* 抗汞操纵子转运体系。转运蛋白基因主要包括 *merP*、*merT*、*merC*、*merF*、*merE* 和 *merG*，所编码的转运蛋白协同完成汞的细胞内外转运。汞首先吸附到位于细胞周质中的 MerP 转运蛋白的半胱氨酸侧链，随后由 MerT 或 MerC（MerF 或 MerE）转运蛋白将汞转移到 MerA 蛋白上。MerA 蛋白是含有 FAD 二硫化物氧化还原酶的二价汞还原酶，能够将毒性较高的离子态 Hg^{2+}还原成毒性较低且挥发性高的 Hg^0；同时，另一种有机汞裂解酶 MerB 可以切断有机汞化合物的 C—Hg 键，形成 Hg^{2+}，再经 MerA 蛋白还原为 Hg^0。应当注意的是，并不是所有汞甲基化微生物的基因组中都含有 *mer* 基因，因此存在其他跨膜方式。

（2）被动扩散。被动扩散过程是在没有特定转运蛋白或载体的情况下发生的，该过程由汞浓度梯度或电位差驱动，不消耗能量。一般认为，经被动扩散进入微生物细胞质中的无机汞，主要为 $HgS_{(aq)}$和 $Hg(HS)_2$ 等不带电、低分子量和高膜渗透性的 Hg^{2+}络合物，但目前汞的被动扩散研究大多基于模型预测和分析。

（3）促进扩散。促进扩散与被动扩散的相似之处在于它们都遵循浓度和电化学梯度原理，并且不消耗能量。不同之处在于，促进扩散是由跨膜蛋白驱动的运输，主要运输非亲脂性、不带电和离子态汞化合物。目前促进扩散的研究仅仅局限于铁还原菌，其他重要的汞转化微生物，如硫酸盐还原菌是否具有该途径，仍然未知。

（4）主动运输。主动运输是依赖跨膜蛋白泵、需要消耗能量的汞吸收过程，早期认为是“几乎不可能的”，因为汞不是微生物的必需元素，并且该过程消耗能量。2011 年前后证实确实存在这一途径，从而为微生物通过甲基化解毒提供了新的见解，并且细胞内的无机汞一旦转化为甲基汞，会被迅速排出。

2. 汞的藻类转化

汞的藻类转化相关研究较少，进展缓慢，以前的研究主要集中在藻类对汞的去甲基化和还原方面。近年来，在湖泊、河流和小溪等淡水系统中，藻类活动被证实可提高附生生物膜的汞甲基化效率（Correia et al.，2012；Olsen et al.，2016）。藻类等光养生物分泌的胞外聚合物可作为黏附剂，使细胞附着并保持附生生物膜结构的稳定性，从而提高甲基汞的产生效率（Xiang et al.，2021）。在长时间淹水和光照条件下，稻田淹水层会形成由藻类、微生物、原生动物等组成的周丛生物附生生物膜，可能影响稻田体系汞的生物地球化学过程。然而，藻类是否影响稻田体系中汞的形态转化尚未得到验证。

1）藻类介导的汞甲基化

由藻类、微生物和原核生物组成的周丛生物附生生物膜，很早已被证实可能是湖泊甲基汞累积的重要驱动因子。例如，Desrosiers 等（2006）采集了湖岸岩石上的附生生物膜，并使用 3 种抑制剂来鉴定汞甲基化的关键生物，结果显示，在光照和黑暗环境中，抑制剂钼酸盐可将硫酸盐还原菌甲基汞的产生率降低 60%；抑制剂氯霉素仅在黑暗期间将原核生物甲基化率降低 40%；而光合作用抑制剂二氯苯基二甲脲（DCMU）在光照期间将藻类甲基化率降低 60%。此发现当时并没有受到足够的关注，直到 2012 年，Correia 等（2012）采用了 5 种不同的抑制剂，分别抑制附生生物膜中的藻类、真菌、硫酸盐还原菌、产甲烷菌和原核生物，结果发现，甲基汞的形成可能不是由周丛生物中的所有生物直接进行，而是取决于它们之间复杂的相互作用。为了进一步探究藻类对水生生态系统汞转化的分子机制，Leclerc 等（2015）监测了湖水附生生物膜中细胞外低分子量硫醇化合物（巯基乙酸、L-半胱氨酸-L-甘氨酸、半胱氨酸和谷胱甘肽）与汞甲基化之间的关系，结果表明，除巯基乙酸外，其余所有生物膜硫醇都与叶绿素 a 以及生物膜可移动胶体部分中的总汞高度相关，藻类可能通过释放低分子量硫醇化合物影响汞的生物有效性，并在生物膜甲基汞的产生中起关键作用。Olsen 等（2016）进一步采用汞同位素示踪法，证实了生物膜的完整性对其汞甲基化能力的重要性，即破坏生物膜结构会降低汞甲基化潜力和净甲基化率。最近的研究发现，藻源有机质的生物可利用部分也可作为营养物质，提高古菌汞甲基化基因 *hgcA* 的丰度和产甲烷菌等古菌的活性，从而间接促进无机汞的甲基化（Lei et al.，2021）。

2）藻类介导的汞还原与去甲基化

藻类参与的汞还原和去甲基化虽已被证实，但机制尚不清楚，这主要由于现实环境中的藻类通常与微生物和原生生物等共存，无法区分汞的转化是否源于藻类自身的作用。研究表明，藻类对汞的还原方式可能受光照和藻类种属的影响，如小球藻在光照条件下主要依赖于汞还原酶 MerA，眼虫在无光条件下主要依赖于细胞外分泌物（Benbassat & Mayer，1978）。藻类对汞的光化学还原作用，可能主要受其释放有机小分子及自由电子的控制，可能与浮游植物色素、藻类生理特性和藻细胞密度有关，主要包括以下 3 种潜在机制：藻细胞表面酶还原作用、水合电子还原作用和藻类光解产生的 DOM 起间接促进作用（赵士波等，2013）。此外，藻类也可能通过汞还原酶 MerA 和有机汞裂解酶 MerB 将甲基汞还原为 CH_4 和 Hg^0，但缺乏直接的证据（谷春豪等，2013）。

3. 水稻植株体内甲基汞的去甲基化

水稻植株体内的汞转化研究目前几乎是空白，这不仅受限于水稻体内痕量汞形态分析技术，而且难以排除水稻植株地上部叶片和茎部的光化学过程，以及地下部根系内生菌和根际微生物的生物过程。

现有的研究表明，水稻植株没有汞甲基化的能力，但可能存在将甲基汞去甲基化的能力。通过转基因技术将微生物的汞还原酶基因 *merA* 引入水稻之后，水稻不仅对汞的耐受浓度提高了，还能像微生物一样进行汞的还原和去甲基化（Heaton et al.，2003）。最近的研究发现，在没有 *merA* 转基因的水稻植物中也观察到了去甲基现象，该现象可能受光化学作用的影响，因为在光照下，水稻叶片中的甲基汞损失了约 45%，而根中的甲基汞仅损失了约 22%，具体机制仍然未知（Strickman & Mitchell，2017）。Xu 等（2016）将水稻植株幼苗种植在含汞培养液中，通过 HPLC-ICP-MS 和 SR-XANES 分析水稻根和芽中的无机汞和甲基汞浓度，结果表明，当暴露于甲基汞溶液时，水稻根和茎中的无机汞比例提高而甲基汞比例显著下降，表明水稻植株中发生了甲基汞的去甲基化。然而，当暴露于无机汞溶液时，在水稻植物的根和芽中均未发现甲基汞显著增加。Strickman 等（2022）采用汞同位素示踪技术，研究了种植水稻对土壤甲基汞累积的影响，发现在未种植水稻的土壤中，甲基汞累积主要受甲基化过程的控制；而在种植水稻的土壤中，甲基汞累积主要受去甲基化过程的控制。上述研究并未排除微生物和光照介导的汞去甲基化过程，因此，水稻自身是否具有去甲基化能力及其去甲基化机制仍不清楚。

5.2.2　汞的化学转化

1. 汞的光化学转化

汞的光化学转化已在大气、海洋和淡水体系中得到证实，主要机制包括光化学氧化、光化学还原、光化学甲基化和光化学去甲基化。由于光线（尤其紫外线）进入稻田会快速衰减，汞的光化学转化可能主要发生在淹水层和表层土壤，并取决于淹水层水体的浊度。目前，土壤-水稻体系汞的光化学转化较少获得关注，该过程是否在土壤-水稻体系中存在，以及其重要性如何仍有待验证。本书仅汇总了汞的光化学转化相关理论研究及其在环境介质中的研究进展。

1）汞氧化的光化学机制

汞的光化学氧化主要通过自由基、臭氧和卤素进行（李芷薇等，2022），其中，羟基自由基（·OH）是最常见的氧化剂：

$$Hg^0 + \cdot OH(+M) \longrightarrow HgOH(+M) \tag{5.9}$$

其中，M 为除·OH 和 Hg^0 以外的第三种物质；·OH 可将 Hg^0 氧化为 HgOH，生成的 HgOH 会快速分解为 Hg^0 和·OH（Hg—OH 键解离能为 46.1～51.9 kJ/mol），不利于反应正向进行。HgOH 可进一步与 O_2 快速发生以下反应：

$$HgOH + O_2 + M \longrightarrow HgO + HOO + M \tag{5.10}$$

但是反应（5.10）的反应焓变约为 210 kJ/mol，为吸热反应；同时 HgO 的键解离能较小（约为 16.7 kJ/mol），易分解为 Hg 和 O。但是，当存在其他高浓度氧化剂 Y 时，如·NO_2、HOO·、CH_3OO·和·BrO 等，HgOH 可以与 Y 继续反应生成 Hg^{2+}，从而稳定 HgOH，促进·OH 将 Hg^0 最终氧化为 Hg^{2+}：

$$HgOH + Y + M \longrightarrow HOHgY + M \tag{5.11}$$

根据高精度量子化学计算方法，计算产物 HOHg—Y 的键长和键解离能，当氧化剂为 O_2 时，键解离能最小（$D_0 = 38.9$ kJ/mol），氧化剂为·BrO 时，键解离能最大（$D_0 = 273.2$ kJ/mol）。

臭氧（O_3）被认为是大气中 Hg^0 的重要氧化剂，Hg^0 与 O_3 反应的中间体可能是 HgO_3，HgO 被认为是最终产物：

$$Hg^0 + O_3 \longrightarrow HgO + O_2 \tag{5.12}$$

Br 原子首先通过反应（5.13），将 Hg^0 氧化为 BrHg·，BrHg·也可解离回 Hg^0，或继续与大气中其他氧化剂 Y，如·NO_2、·OH、Br·、O_2、I·等进一步发生反应：

$$Hg^0 + Br\cdot + M \longrightarrow BrHg\cdot + M \tag{5.13}$$

$$BrHg\cdot + \cdot Y + M \longrightarrow HgBrY + M \tag{5.14}$$

BrHg·键解离能为 68.3 kJ/mol，表明 BrHg·相对于 HOHg·和 HgO 更稳定。并且反应式（5.13）的吉布斯自由能为–33.5 kJ/mol，属于放热反应。因此，相较于·OH 和 O_3，Br·氧化 Hg^0 在热力学上更有优势，但 BrHg·依然属于不稳定化合物，目前尚无实验证实 BrHg·的存在。表 5.4 给出了不同方法计算的 BrHg—Y 和 ClHg—Y 的键解离能（0 K）。

表 5.4　BrHg—Y 和 ClHg—Y 在 0 K 下的键解离能（李芷薇等，2022）

BrHg—Y 化合物	键解离能 D_0/(kJ/mol)	ClHg—Y 化合物	键解离能 D_0/(kJ/mol)
BrHg—Br	305.4，303.8	ClHg—Cl	337.0
BrHg—NO_2	138.9，149.0，142.7，139.3	ClHg—NO_2	153.4
anti-BrHg—ONO	156.1，160.7，151.9，150.2	ClHg—ONO	165.0
syn-BrHg—ONO	177.0，182.2，177.4，176.1	ClHg—OOH	183.1

续表

BrHg—Y 化合物	键解离能 D_0/(kJ/mol)	ClHg—Y 化合物	键解离能 D_0/(kJ/mol)
BrHg—OOH	177.4，167.4	ClHg—OBr	237.0
BrHg—OBr	232.6，223.8	ClHg—OCl	225.1
BrHg—OCl	220.6，211.7	ClHg—NO	54.4
BrHg—NO	49.2	ClHg—OO	33.0
BrHg—OO	27.9		
BrHg—OI	54.8		
BrHg—Cl	83.46		
BrHg—I	70.06		

大气中的 Hg^0 经过光化学氧化为 Hg^{2+}，随后经干/湿沉降进入陆地生态系统。在极地地区（北极和南极）和中纬度地区，尤其在春季，光化学氧化易导致大气 Hg^0 浓度的降低和地表汞浓度的提高（阴永光等，2011）。

值得注意的是，光化学氧化抑制了 Hg^0 从水体向大气的迁移，尤其是夏季，水体中的 Hg^0 主要通过光化学氧化，存留于水体而非向大气挥发。同时，水体中氯离子可明显提高 Hg^0 的氧化速率，这可能是导致海水中 Hg^0 浓度较低的原因。对于人工模拟水样，当采用中波紫外线（ultraviolet-B，UV-B）照射时，汞的光化学氧化过程遵从准一级反应动力学模型；而对于实际水体，汞的光化学还原与光化学氧化同时存在，结果较难预测。

2）汞还原的光化学机制

环境中汞的光化学还原主要由紫外线引发，光照强度的增大和波长的减小，都可以促进 Hg^{2+}的光化学还原过程。淡水和海水中均存在汞的光化学还原，溶解性有机质、氯离子、光照强度和波长等，是影响水体中汞光化学还原的主要因素。此外，水体中的小分子有机酸等有机物也可引发汞的光化学还原。

传统观点认为，Hg^{2+}的光化学还原反应，主要由溶解性有机碳通过光分解产生的有机自由基引发（Nriagu，1994；Zhang & Lindberg，2001）。其中，腐殖酸和富里酸等大分子有机质，结构复杂，容易与汞形成多种络合物，这导致腐殖酸对 Hg^{2+}的光化学还原机制复杂化。腐殖酸不仅可作为光敏化剂，通过电子和能量转移引发汞的光化学还原，还可作为还原剂，与汞络合后，通过羧基、酚羟基和氨基等还原性基团引发汞的光化学还原。近年来，活性气态汞（reactive gaseous mercury，RGM）还原机制理论日益成熟，一些一价汞（Hg^+）自由基被发现，如 HgBr、HgCl、HgI 和 HgOH 等，这些自由基可由 Hg^{2+}化合物，如 *syn*-HgBrONO、HgBrOOH、HgBrOH 和 HgBrO 直接光解产生（Francés-Monerris et al.，2020）：

$$\text{syn-HgBrONO} \longrightarrow \text{HgBrO} + \text{NO} \tag{5.15}$$

$$\text{syn-HgBrONO} \longrightarrow \text{HgBr} + \text{ONO} \tag{5.16}$$

$$\text{HgBrOOH} \longrightarrow \text{Hg} + \text{Br} + \text{OOH} \tag{5.17}$$

$$HgBrOOH \longrightarrow HgBrO + OH \tag{5.18}$$

$$HgBrOOH \longrightarrow HgBr + OOH \tag{5.19}$$

$$HgBrOH \longrightarrow Hg + Br + OH \tag{5.20}$$

$$HgBrOH \longrightarrow Br + HgOH \tag{5.21}$$

$$HgBrOH \longrightarrow HgBr + OH \tag{5.22}$$

$$HgBrO \longrightarrow Br + HgO \tag{5.23}$$

$$HgBrO \longrightarrow Hg + Br + O \tag{5.24}$$

光化学反应速率 J (s^{-1})与反应物的浓度无关，而是与照射的光强度有关，其计算公式为（Saiz-Lopez et al.，2019）

$$J = \int \phi(\lambda,T)\sigma(\lambda,T)I(\theta,\lambda)d\lambda \tag{5.25}$$

其中，ϕ 指物质光解的量子产率，σ 指计算的吸收截面，这两个参数都是波长 λ 和温度 T 的函数。I 指太阳辐照度，是太阳天顶角 θ 和波长 λ 的函数。

近年来，基于完全活性空间自洽场（complete active space self consistent field，CASSCF）理论被用于计算 Hg^{2+} 化合物如 *syn*-HgBrONO、HgBrOOH、HgBrOH 和 HgBrO 直接光解的解离速率常数，结果见表 5.5（Saiz-Lopez et al.，2019；李芷薇等，2022）。

表 5.5　活性气态汞的解离反应和解离速率常数

解离反应	解离速率常数
$HgBr + M \longrightarrow Hg^0 + Br + M$	1.6×10^{-9} cm^3/(molecule·s)
$HgOH + M \longrightarrow Hg^0 + OH + M$	1.22×10^{-9} cm^3/(molecule·s)
$HgBr \longrightarrow Hg^0 + Br$	$3\times10^{-2}s^{-1}$
$HgOH \longrightarrow Hg^0 + OH$	$1\times10^{-2}s^{-1}$
$HgO \longrightarrow Hg^0 + O$	$5.42\times10^{-1}s^{-1}$
$HgBrO \longrightarrow Hg^0 + Br + O$	$2.95\times10^{-2}s^{-1}$
$HgBrO \longrightarrow HgO + Br$	$2.95\times10^{-2}s^{-1}$
$HgBrOH \longrightarrow Hg^0 + Br + OH$	$1.07\times10^{-5}s^{-1}$
$HgBrOH \longrightarrow HgOH + Br$	$1.07\times10^{-5}s^{-1}$
$HgBrOH \longrightarrow HgBr + OH$	$1.07\times10^{-5}s^{-1}$
$HgBrOH \longrightarrow HgBrO + H$	$1.07\times10^{-5}s^{-1}$
$HgBrOOH \longrightarrow Hg^0 + Br + OOH$	$1.32\times10^{-2}s^{-1}$
$HgBrOOH \longrightarrow HgBrO + OH$	$1.32\times10^{-2}s^{-1}$
$HgBrOOH \longrightarrow HgBr + OOH$	$1.32\times10^{-2}s^{-1}$
$HgBrOOH \longrightarrow HgBrOH + O$	$1.32\times10^{-2}s^{-1}$
syn-$HgBrONO \longrightarrow HgBrO + NO$	$9.6\times10^{-4}s^{-1}$
syn-$HgBrONO \longrightarrow HgBr + NO_2$	$9.6\times10^{-4}s^{-1}$

汞也可以发生间接还原反应。早期研究结果显示，HgO 可被 CO 还原为 Hg^0，反应

速率为 5×10^{-18} $cm^3/(molecule\cdot s)$；在燃煤电厂烟羽中的 SO_2 也可能导致汞发生气相还原（Nriagu，1994）。最新的研究表明，HgBrO 与 CO 可以发生还原反应，生成 HgBr 和 CO_2，由于产物 HgBr 的键解离能仅为 65 kJ/mol，反应焓变（−282 kJ/mol）小于 HgBrO 和 CO 反应的焓变，HgBr 可进一步分解为 Br 和 Hg^0；根据反应能垒和阿伦尼乌斯（Arrhenius）方程，计算 200 K 和 298 K 下的反应速率常数为 $2.9\times10^{-11}\sim9.4\times10^{-12}$ $cm^3/(molecule\cdot s)$（李芷薇等，2022）。该反应机制的提出，进一步丰富了大气中汞的还原反应通路。

3）汞甲基化的光化学机制

实验室中已观察到汞的光化学甲基化（阴永光等，2011），但该过程是否会发生在土壤-水稻体系中还有待验证。在紫外线或日光照射下，气相中的甲烷、乙酸、甲醇等甲基供体，可与 Hg^0 或 Hg^{2+}反应生成甲基汞；当甲烷、乙腈、丙酸作为甲基供体时，也检测到乙基汞。类似地，水相中的丙酮、乙酸、丙酸、丙酮酸、乙醛、氨基酸等有机小分子，尤其具有羰基的小分子，在紫外线照射下均可与汞反应生成甲基汞。

$$CH_3CHO + HgCl_2 \xrightarrow{hv} CH_3HgCl \tag{5.26}$$

汞的光化学甲基化产率通常是暗化学甲基化的 3～4 倍，单质硫、有机硫配体以及腐殖酸，均可促进汞的光化学甲基化（谷春豪等，2013）。在淡水湖等实际水体中，溶解性有机质可引发汞的光化学甲基化，大约占淡水湖甲基汞总输入量的 35%。此外，汞的光化学甲基化产率与溶解性有机质的分子质量和浓度密切相关，其中，分子质量低于 5 kDa 或在 30～300 kDa 之间的溶解性有机质，在日光照射下可生成甲基汞，而分子质量较大的溶解性有机质组分，则不能生成甲基汞（阴永光等，2011）。

4）汞去甲基化的光化学机制

甲基汞的去甲基包括直接和间接的光化学去甲基两个过程，大气、海洋和淡水系统中已观察到这种去甲基作用，但土壤-水稻体系中是否存在，尚未见报道。

直接光化学去甲基：甲基汞的去甲基反应需要吸热并破坏 C—Hg 键，因此甲基汞一旦形成就难以去除。甲基汞的 C—Hg 键或甲基汞有机配体复合物的 S—Hg 键，吸收光照辐射之后，可通过分子内电子转移将能量直接或间接地转移到 C—Hg 键，并使其断裂。值得注意的是，在甲基汞的直接光化学去甲基途径中，作为有机配体的溶解性有机质是必要的因子，因为在没有溶解性有机质时，直接光化学去甲基通常难以发生（Barkay & Gu，2022）。溶解性有机质可以通过多种方式影响甲基汞的光化学去甲基化速率，不仅可以通过形成甲基汞-溶解性有机质的复合物，以及光化学产生的自由基，来提高光化学去甲基化速率，也可以通过淬灭自由基或衰减太阳光，来降低光化学去甲基化速率。

$$CH_3HgCl \xrightarrow{hv} CH_3 + HgCl \rightarrow CH_3Cl + Hg^0 \tag{5.27}$$

$$CH_3HgOH \xrightarrow{hv} CH_3 + \frac{1}{2}Hg(OH)_2 + \frac{1}{2}Hg^0 \tag{5.28}$$

$$CH_3HgOH + H_2O \xrightarrow{hv} Hg(OH)_2 + OH^- + CH_4 \tag{5.29}$$

间接光化学去甲基：通常归因于光化学诱导产生的多种活性氧（ROS），如过氧化氢（H_2O_2）、羟基自由基（·OH）、单线态氧（$^1O_2$）、超氧化物（O_2^-）和三重激发态溶解性有机质（triplet excited dissolved organic matter，$^3DOM^*$）等（Hammerschmidt & Fitzgerald，2010）。这些 ROS 广泛存在于自然界中，特别是溶解性有机质中的吸光官能团，如醌或半醌、酚、过氧化物和羰基等，都会产生一系列 ROS，包括 H_2O_2、$^1O_2$、$\cdot OH$ 和 $^3DOM^*$。

$$CH_3HgCl + \cdot OH \longrightarrow CH_3OH + Hg^0 + \cdot Cl \tag{5.30}$$

$$CH_3HgCl + \cdot OH \longrightarrow \cdot CH_3 + HgOHCl \tag{5.31}$$

然而，关于 ROS 对甲基汞光化学去甲基化的作用结果尚存争议，目前大多数研究都依赖使用清除剂来评估 ROS 在甲基汞光化学去甲基中的贡献。显然，选择合适的清除剂对于评估光化学去甲基途径至关重要，同时还要综合考虑光照条件和水体化学性质等影响因素。

此外，甲基汞的光化学去甲基效率与光的波长密切相关，较短波长 UV-B 光线（280～320 nm）的甲基汞光化学去甲基效率高于较长波长 UV-A（320～400 nm）、可见光及光合有效辐射（photosynthetically active radiation，PAR）（400～700 nm）（Lehnherr & Louis，2009）。

目前，汞的光化学去甲基研究主要集中于表层水体介质，而植物体内汞的光化学去甲基化是否发生及作用机制如何仍有待探究。

2. 汞的暗化学转化

关于汞在沼泽等湿地中的暗化学氧化还原、甲基化和去甲基化，已有少量报道。稻田是一个复杂的人工湿地系统，是否存在汞的暗化学转化过程仍然未知。

在厌氧且无光的条件下，还原态有机质如腐殖酸和富里酸，可以同时氧化和还原汞，其中氧化反应主要由巯基或羟基的氧化络合反应控制，该过程可能与氧气有关，不涉及醌类基团（Gu et al.，2011）；而还原反应主要由醌类基团控制，也可与磁铁矿等铁矿物中的 Fe^{2+} 相互作用完成（Zheng et al.，2012）。

汞的暗化学甲基化主要通过甲基供体将无机汞转化为甲基汞，已发现的甲基供体包括有机小分子（如碘甲烷、乙酸及二甲基硫醚）、有机大分子（如腐殖酸），以及有机金属化合物（如甲基锡和甲基铅）（谷春豪等，2013）。以前认为土壤环境中甲基汞的去甲基化主要通过生物途径，最近的研究表明，在一些沼泽中，暗化学去甲基化可能与生物去甲基化具有同样的贡献（Kronberg et al.，2018）。此外，在富含硫化物的环境中，甲基汞可能形成 $(CH_3Hg)_2S$ 复合物，随后被分解为无机汞形态。因此，硫化物或硫化矿物被认为是在不同环境条件下，甲基汞形成和去甲基化平衡的关键影响因素。此外，稻田土壤及水稻植株体内，是否存在非生物去甲基化目前尚不清楚。

5.2.3 土壤汞形态转化动力学和热力学

稻田土壤汞形态转化的动态过程和热力学过程，关系到汞在土壤-水稻体系中的迁移和转化，可为稻田土壤汞污染修复策略的制定提供依据。目前，土壤汞形态转化动力学和热力学研究主要集中在天然湿地体系，针对人工稻田体系的研究相对较少。

1. 土壤汞转化动力学

1）土壤汞形态转化动力学

关于土壤和沉积物中汞的分布及其在水生食物链中的富集，已有大量的研究，但稻田土壤中汞的形态转化和环境行为尚不明确。张成等（2013）采集三峡水库消落带土壤（土壤总汞含量为 184.25 μg/kg），配制模拟江水进行干湿交替的模拟研究，共设置了 2 次“淹水（30 d）-排水（20 d）”循环，结果显示，土壤汞以残渣态为主，干湿交替可导致残渣态汞比例下降，溶解态、交换态、碳酸盐结合态和腐殖酸结合态比例上升，汞的生物有效性提高，生态风险增大。

对于汞污染的酸性水稻土（pH = 5.03），当外源添加 25 mg/kg 无机汞并经过 40 d 厌氧培养之后，汞向更稳定的形态转化（图 5.3），即溶解态和富里酸结合态等弱结合态汞逐渐转化为腐殖酸结合态、有机结合态及残渣态，环境风险降低。随后，将体系改为有氧条件继续培养 20 d，部分有机结合态转化为溶解态并释放至液相中，汞的环境风险提高。其中，交换态和碳酸盐结合态汞含量，在整个厌氧-好氧过程中均处于较低水平（＜0.2 mg/kg）。如图 5.3c 所示，甲基汞有效态含量在初始厌氧阶段（0～20 d）迅速上升，随后逐渐下降（20～40 d）；在好氧阶段，虽然溶解态总汞含量逐渐增大，但甲基汞有效态含量的波动较小。这说明在稻田土壤中，厌氧条件提高甲基汞有效态但降低总汞有效态，好氧条件提高总汞有效态但对甲基汞有效态无明显影响。

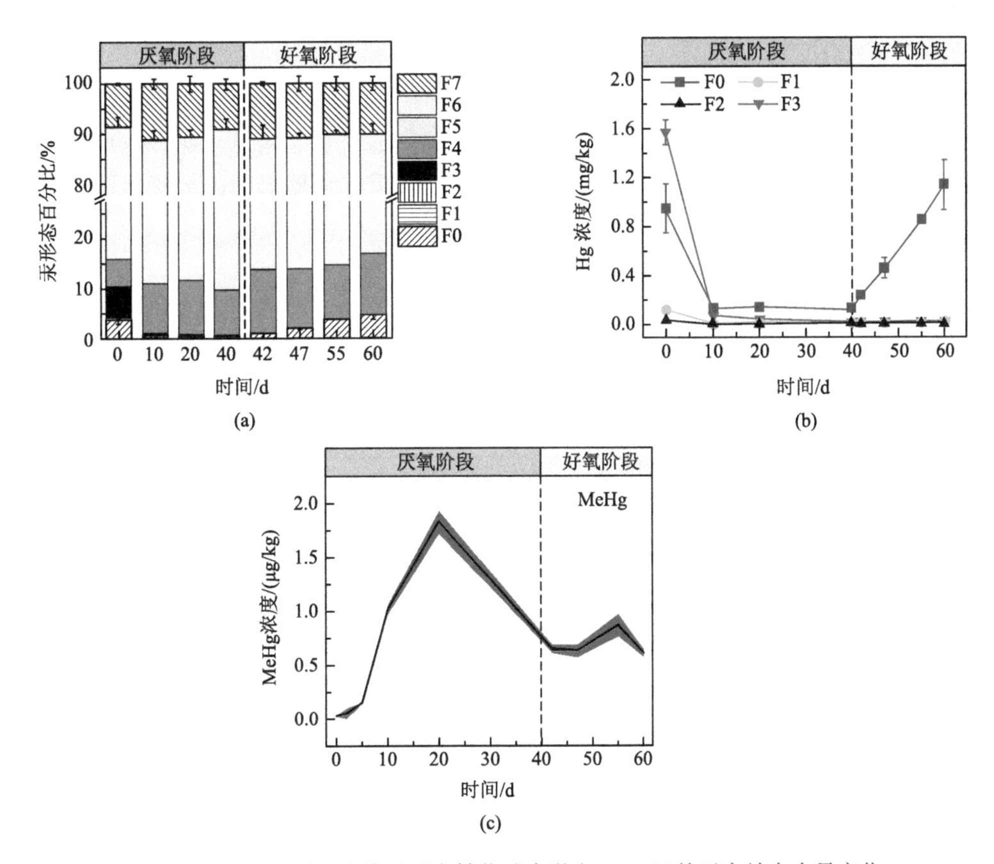

图 5.3 （a，b）稻田土壤汞形态转化动力学和（c）甲基汞有效态含量变化

F0：溶解态；F1：交换态；F2：碳酸盐结合态；F3：富里酸结合态；F4：腐殖酸结合态；F5：铁锰氧化物结合态；F6：有机结合态；F7：残渣态。

2）土壤汞甲基化动力学

神经毒素甲基汞通常是稻田土壤中毒性最高的汞形态，严重威胁粮食安全和人体健康，因此汞甲基化动力学在稻田土壤汞转化动力学的研究中最受关注。汞的甲基化效率主要受微生物的活性和汞的生物有效性控制，而微生物的活性和汞的生物有效性受 pH 和 Eh 等土壤理化性质的影响。Du 等（2019）将无机汞添加到 18 种不同性质的水稻土壤样品中，淹水培养 90 d，研究稻田土壤外源汞甲基化过程的动力学特征，建立了土壤汞甲基化效率与土壤 pH 和 Eh 之间的关系模型（式 5.32，式 5.33）。研究发现，在最初的 30 d 淹水期，k_{ME} 从 0.08%提高到 2.52%，土壤 pH 逐渐提高，而 Eh 逐渐下降，继续淹水 30 d 以后，所有指标趋于稳定。

$$k_{ME} = \frac{C_{MeHg}}{C_{THg}} \tag{5.32}$$

$$\log k_{ME} = -1.27 - 0.003\text{Eh} + 0.020\text{pH} \tag{5.33}$$

其中，k_{ME} 指汞甲基化效率，C_{MeHg} 指土壤甲基汞浓度，C_{Hg} 指土壤总汞浓度。

2. 土壤汞形态转化热力学

稻田土壤不同汞化合物的形成，对汞的转化和迁移起着决定性作用，汞的平衡状态模型依赖于配合物的热力学平衡常数（log*K* 值）。表 5.6 汇总了常见汞化合物形成的热力学反应方程式、平衡常数和焓值，这些热力学反应方程式在预测稻田土壤中汞的生物有效性和汞的甲基化方面具有重要的指导意义。

表 5.6 土壤和沉积物热力学建模中具有平衡常数和焓值的汞热力学反应方程式

热力学反应方程式	log*K*	H_f^0/(kJ/mol)	热力学反应方程式	log*K*	H_f^0/(kJ/mol)
$Hg_{(aq)}{=}Hg_{(l)}$	6.863	−40.459	$Hg^{2+}+4Cl^-{=}HgCl_4^{2-}$	15.3	−59.413
$2Hg^{2+}_{(aq)}+2e^-{=}Hg_2^{2+}$	30.742	23.372	$Hg^{2+}+H_2O+Cl^-{=}HgOHCl_{(aq)}+H^+$	4.27 ± 0.35	2.741
$2Hg(OH)_2+2e^-+4H^+{=}Hg_2^{2+}+4H_2O$	43.185	−63.588	$0.5Hg_2^{2+}+Cl^-{=}(Hg_2)_{0.5}Cl$	−19.497	162.097
$0.5Hg_2^{2+}+e^-{=}Hg_{(aq)}$	6.567	−45.735	$Hg_2^{2+}+2Cl^-{=}Hg_2Cl_{2(s)}$(甘汞)	17.91	−92
$Hg^{2+}+2e^-{=}Hg_{(l)}$	28.851	−72.505	$Hg(OH)_2+H^++Cl^-{=}HgClOH_{(aq)}+H_2O$	10.444	−42.719
$Hg^{2+}_{2(aq)}+2e^-{=}2Hg_{(l)}$	26.86	−172.4	$Hg(OH)_2+2H^++Cl^-{=}HgCl^++2H_2O$	13.494	−62.722
$0.5Hg_2^{2+}+e^-{=}(Hg_2)_{0.5(s)}$	13.452	−83.437	$Hg(OH)_2+2H^++2Cl^-{=}HgCl_{2(aq)}+2H_2O$	20.194	−92.42
$0.5Hg_2^{2+}+e^-{=}Hg_{(g)}$	7.873	−22.054	$Hg(OH)_2+2H^++2Cl^-{=}HgCl_{2(s)}+2H_2O$	21.262	−107.822
$Hg_2^{2+}+2e^-{=}Hg_{2(g)}$	14.955	−58.07	$Hg(OH)_2+2H^++3Cl^-{=}HgCl_3^-+2H_2O$	21.194	−94.189
$Hg(OH)_2{=}Hg(OH)_{2(s)}$	3.496	—	$Hg(OH)_2+2H^++4Cl^-{=}HgCl_4^{2-}+2H_2O$	21.194	−100.721
$Hg^{2+}+OH^-{=}HgOH^+$	10.6	−24.244	$Hg^{2+}+2S^-{=}HgS_2^{2-}$	52.6	—

续表

热力学反应方程式	log*K*	H_f^0/(kJ/mol)	热力学反应方程式	log*K*	H_f^0/(kJ/mol)
$Hg^{2+} + H_2O = HgOH^+ + H^+$	−3.40 ± 0.08	30.33	$Hg(OH)_2 + 2HS^- = HgS_2^{2-} + 2H_2O$	29.414	—
$Hg(OH)_2 + H^+ = HgOH^+ + H_2O$	2.797	−18.89	$Hg^{2+} + HS^- = HgSH^+$	30.2	—
$Hg^{2+} + 3OH^- = Hg(OH)_3^-$	20.9	−83.6	$Hg(OH)_2 + 2HS^- + H^+ = HgHS_2^- + 2H_2O$	38.122	—
$Hg(OH)_2 + H_2O = Hg(OH)_3^- + H^+$	−14.987	37.87	$Hg^{2+} + 2HS^- = HgS_2H^- + H^+$	31.5	—
$2Hg(OH)_2 + 3H^+ = Hg_2OH^{3+} + 3H_2O$	9.031	−65.39	$Hg(OH)_2 + 2SO_3^{2-} + 2H^+ = Hg(SO_3)_2^{2-} + 2H_2O$	29.62	−122.7
$3Hg(OH)_2 + 3H^+ = Hg_3(OH)_3^{3+} + 3H_2O$	12.101	0	$Hg(OH)_2 + 3SO_3^{2-} + 2H^+ = Hg(SO_3)_3^{4-} + 2H_2O$	30.66	—
$Hg^{2+} + 2OH^- = Hg(OH)_2$	21.83	−67.716	$Hg(OH)_2 + 2S_2O_3^{2-} + 2H^+ = Hg(S_2O_3)_2^{2-} + 2H_2O$	35.39	—
$HgO_{(s)} + H_2O = Hg(OH)_{2(aq)}$	—	26.2 ± 1.8	$Hg(OH)_2 + 3S_2O_3^{2-} + 2H^+ = Hg(S_2O_3)_3^{4-} + 2H_2O$	36.76	−200.7
$Hg(OH)_2 = H_2O + HgO_{(s)}$(橙汞矿)	3.64	38.899	$Hg^{2+} + 2SO_4^{2-} = Hg(SO_4)_{2(s)}^{2-}$	2.4	—
$Hg_2^{2+} + 2H_2O = Hg_2(OH)_{2(s)} + 2H^+$	−5.26	—	$Hg(OH)_2 + 2HS^- + 2H^+ = Hg(HS)_{2(aq)} + 2H_2O$	44.516	—
$HgO_{(s)} + 2H^+ = Hg^{2+} + H_2O$	2.37 ± 0.08	−25.3 ± 0.2	$Hg^{2+} + SO_4^{2-} = HgSO_{4(aq)}$	1.4 ± 0.1	—
$Hg(OH)_2 + 2H^+ = Hg^{2+} + 2H_2O$	6.194	−45.5	$Hg(OH)_2 + SO_4^{2-} + 2H^+ = HgSO_{4(aq)} + 2H_2O$	8.612	—
$Hg^{2+} + Hg^0_{(aq)} = Hg_2^{2+}$	8.46	—	$Hg^{2+} + 2HS^- = Hg(HS)_2$	37.7	—
$2Hg(OH)_2 + 2H^+ = Hg_2^{2+} + 0.5O_{2(aq)} + 3H_2O$	0.145	218.58	$Hg^{2+} + SO_4^{2-} = HgSO_{4(l)}$	2	—
$0.5Hg_2^{2+} + 0.5H_2O = Hg_{(aq)} + 0.25O_{2(aq)} + H^+$	−14.953	95.35	$Hg_2^{2+} + SO_4^{2-} = Hg_2SO_4$	6.13	−5.402
$Hg^{2+} + HgCl_{2(aq)} = 2HgCl^+$	0.61 ± 0.03	6.5 ± 1.7	$Hg^{2+} + S^{2-} = HgS$(红色)	53.3	—
$HgCl_{2(aq)} + Cl^- = HgCl_3^-$	0.925 ± 0.09	0.5 ± 2.5	$Hg^{2+} + S^{2-} = HgS$(黑色)	52.7	—
$HgCl_3^- + Cl^- = HgCl_4^{2-}$	0.61 ± 0.12	−10.5 ± 2.5	$Hg(OH)_2 + HS^- + H^+ = HgS_{(s)} + 2H_2O$(朱砂)	45.694	−253.72
$Hg^{2+} + Cl^- = HgCl^+$	6.72	−23.012	$Hg(OH)_2 + HS^- + H^+ = HgS_{(s)} + 2H_2O$(黑辰砂)	45.094	−253.72
$Hg^{2+} + 2Cl^- = HgCl_2$	13.23	−51.045	$Hg_2^{2+} + HS^- = Hg_2S_{(s)} + H^+$	11.677	−69.747
$Hg^{2+} + 3Cl^- = HgCl_3^-$	14.2	−51.882	$Hg(OH)_2 + SO_4^{2-} + 2H^+ = HgSO_{4(s)} + 2H_2O$	9.419	−14.686
$Hg^{2+} + 2HS^- = HgS_2^{2-} + 2H^+$	23.2	—	$2Hg(OH)_2 + 3H^+ = Hg_2OH^{3+} + 3H_2O$	9.031	−65.39

5.3 土壤-水稻体系中汞迁移的多介质界面机制

在环境因素和人为因素的作用下，汞在大气、稻田淹水层、土壤，以及水稻植株体内发生迁移。在水稻地上部分主要涉及土/水/叶-气界面交换，地下部主要涉及土壤-根系界面迁移，植株体内主要涉及根系-籽粒界面迁移（图 5.4）。土壤-水稻体系中汞的多界面迁移，将直接或间接地影响稻田土壤和水稻籽粒中的汞累积。

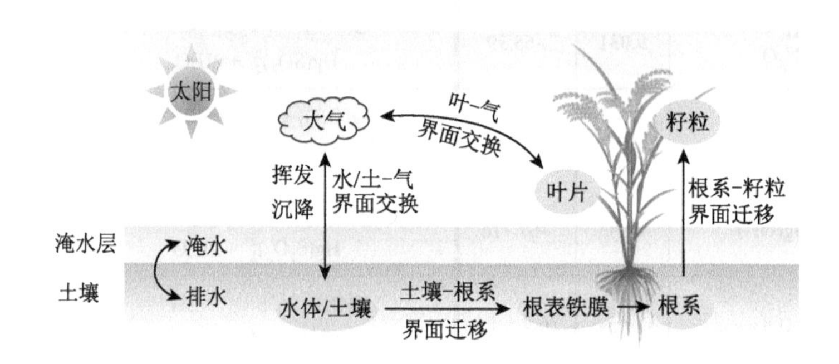

图 5.4 土壤-水稻体系中汞的多界面迁移过程示意图

5.3.1 土壤-根系界面迁移

1. 水稻根系对汞的吸收

1）无机汞

汞是水稻植株非必需元素，水稻植株体内没有特定的汞吸收通道或转运蛋白。因此，无机汞可能主要通过物理扩散，或借助细胞膜上的 Ca^{2+}、Zn^{2+}、Cu^{2+}等其他金属离子通道进入水稻根系细胞内。进入水稻根系细胞的一部分无机汞可与半胱氨酸或植物螯合肽结合，形成植物螯合肽化合物，包括 PC_2-Hg、(des-Gly)PC_2-Hg 和(Glu)PC_2-Hg，然后被转运到液泡中（Meng et al.，2014）；而分布在细胞质中的无机汞可与硫化物或硫醇盐络合，形成类似朱砂型的 β-HgS 纳米颗粒（Manceau et al.，2018）（图 5.5）。因此，水稻根系细胞中的半胱氨酸、植物螯合肽、硫化物和硫醇盐等作为无机汞的解毒物质，阻隔了一部分无机汞在水稻不同组织部位之间的转运，提高了水稻对环境中汞的耐受性（Park et al.，2012）。

2）甲基汞

与无机汞不同，甲基汞更容易穿过水稻根表铁膜“屏障”进入水稻根系细胞内，但具体途径仍然未知。进入细胞中的甲基汞主要与半胱氨酸中的巯基结合，形成甲基汞-半胱氨酸（图 5.5），而不是与植物螯合肽形成络合物储存于液泡（Meng et al.，2014）。由于甲基汞-半胱氨酸主要赋存于蛋白质中，成为“可移动的营养元素”，这导致甲基汞随着蛋白质一起在水稻植株体内转运（Li et al.，2010）。研究表明，土壤中的甲基汞被水稻根系吸收后，首先被转运至茎部和叶片等地上部器官，然后在水稻成熟期被转运并富集至籽粒中

（Meng et al.，2011）。无机汞和甲基汞转运机制的不同，可能归因于两种汞形态对植物螯合肽合成酶活化能力的差异（Tang et al.，2020）。因为 1 个 Hg^{2+}可以与植物螯合态合成酶中 2 个半胱氨酸残基结合，从而激活植物螯合肽的合成（Cobbett，2000），而 CH_3Hg^+只能结合 1 个半胱氨酸残基（Tang et al.，2020）。

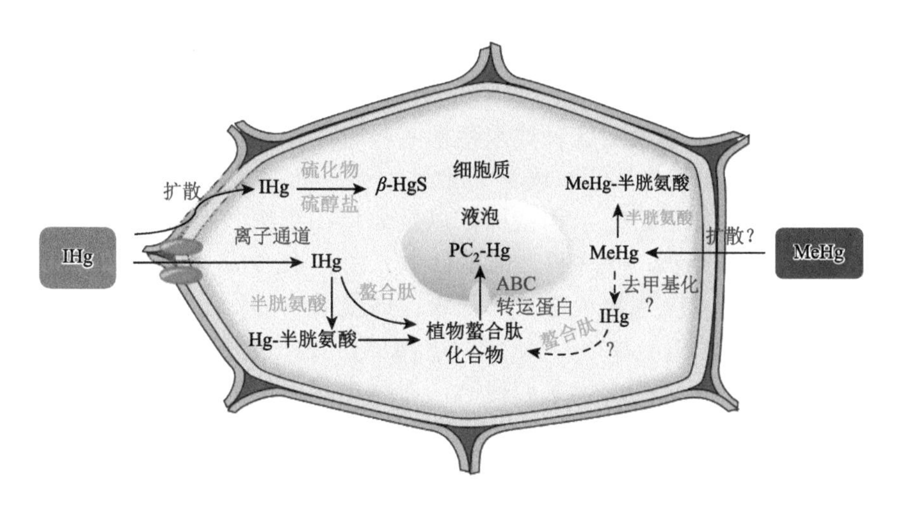

图 5.5　水稻根系细胞中无机汞和甲基汞的吸收与转化机制

IHg：无机汞；MeHg：甲基汞；PC_2-Hg：汞的植物螯合肽化合物；ABC（ATP-binding cassette）：三磷酸腺苷结合盒。

2. 根际效应

植物根际土壤具有与非根际土壤不一样的理化性质，汞在土壤-根系界面的迁移过程可能主要受根系分泌物和根际铁膜调控。首先，植物根系分泌物如柠檬酸、草酸、酒石酸等可被微生物利用，导致根际土壤中汞甲基化微生物的活性增强，从而促进汞的甲基化以及水稻根系对汞的吸收（王燕等，2020）。其次，水稻根系泌氧可在根表微区形成氧化带，还原性物质如 Fe^{2+}和 Mn^{2+}等被氧化后，累积并沉淀在根的表面及根际周围，形成根表铁膜。根表铁膜可作为阻止 Hg^{2+}进入水稻根系组织的物理屏障，主要通过影响水稻根际环境吸附-解吸、氧化-还原、有机-无机络合过程，降低汞的生物有效性、抑制水稻根系对汞的吸收和累积（Trivedi & Axe，2000）。

5.3.2　根系-籽粒界面迁移

1. 水稻籽粒中汞的累积特征

1）无机汞

无机汞在水稻植株不同部位分布比例的差异，可能主要取决于污染物来源和污染程度。例如，土法炼汞区的土壤汞污染程度相对较低，水稻根部无机汞比例仅占植株的 4%；而废弃汞矿区的土壤汞污染严重，水稻根部的无机汞含量占植株的比例高达 26%（Meng et al.，2010）。然而，根表铁膜固定的汞是否算作根部的汞尚存争议，并且水稻根表铁膜汞的提取方法目前还没有统一规范。Meng 等（2014）利用 X 射线吸收近边谱学技术和同步辐射 X 射线荧光微区谱学成像技术，研究我国西南汞矿区稻米不同部位（米壳、米皮和精米）汞的分布特征和化学形态，发现稻米中的无机汞主要储存在米壳和米皮中，精米中无机汞的含量较低（表 5.7），因此在碾米过程中，大约 80%的无机汞会随着米壳和麸皮的去除而被去除（Meng et al.，2014）。

2）甲基汞

与无机汞相比，甲基汞更容易被水稻根系吸收，稻米中甲基汞的生物富集系数（BCF = 水稻组织汞浓度/土壤汞浓度）通常远大于无机汞（Zhang et al.，2010），但目前尚不清楚甲基汞如何进入水稻植株，以及如何在组织之间转移。最近的同位素研究结果表明，水稻糙米、叶片和上部茎秆中分别有 15.5%、10.8%和 8.50%的甲基汞来源于淹水稻田排放至大气中的二甲基汞；而根系中 99.5%的甲基汞来源于稻田土壤和水体（Wang et al.，2018）。这表明水稻体内各部位甲基汞的富集程度，主要受根际土壤和孔隙水中甲基汞含量的控制，而淹水稻田的二甲基汞排放和分解，也是不容忽视的重要因素。甲基汞主要位于精米中，米壳和米皮中甲基汞的含量较低，因此在碾米过程中，大约 80%的甲基汞仍然保留在精米中不能被去除（表 5.7）（Meng et al.，2014）。

表 5.7　无机汞和甲基汞在稻米中的分配比例（Meng et al.，2010，2014）

污染区	无机汞含量/%			甲基汞含量/%		
	米壳	米皮	精米	米壳	米皮	精米
土法炼汞区	46 ± 11	35 ± 8.1	19 ± 6.1	4.7 ± 3.3	18 ± 6.0	78 ± 6.4
废弃汞矿区	38 ± 16	43 ± 13	19 ± 6.3	4.8 ± 3.2	16 ± 4.1	79 ± 6.1

2. 水稻体内汞相关转运蛋白表达特征

汞在水稻植株不同部位的转运和富集过程，与水稻体内编码汞相关转运蛋白的功能基因密切相关，汞相关转运蛋白的表达特征直接影响着汞在水稻根系-籽粒界面的迁移过程，以及汞在籽粒中的累积。然而，我们对汞相关转运蛋白的认识有限，*OsLea14-A* 和 *OsTCTP* 是两个研究较为广泛，且编码汞相关转运蛋白的重要基因。*OsLea14-A* 编码晚期胚胎发育蛋白，参与多种重金属胁迫，过表达可增加水稻汞的累积（Hu et al.，2019）；*OsTCTP* 翻译调控肿瘤蛋白，过表达可提高水稻汞的耐受性（Wang et al.，2015）。我们根据 RiceXpro 网站（http://ricexpro.dna.affrc.go.jp/）水稻基因芯片数据，整理了“日本晴”品种水稻体内 *OsLea14-A* 和 *OsTCTP* 两种编码汞相关转运蛋白基因的时空表达特征（图 5.6 和表 5.8）。在营养生长期，*OsLea14-A* 在叶片的表达量最高（12 时表达量达到峰值），*OsTCTP* 在根部的表达量最高（18 时表达量达到峰值）；在生殖生长期和成熟期，*OsLea14-A* 和 *OsTCTP* 均在茎中表达最高。

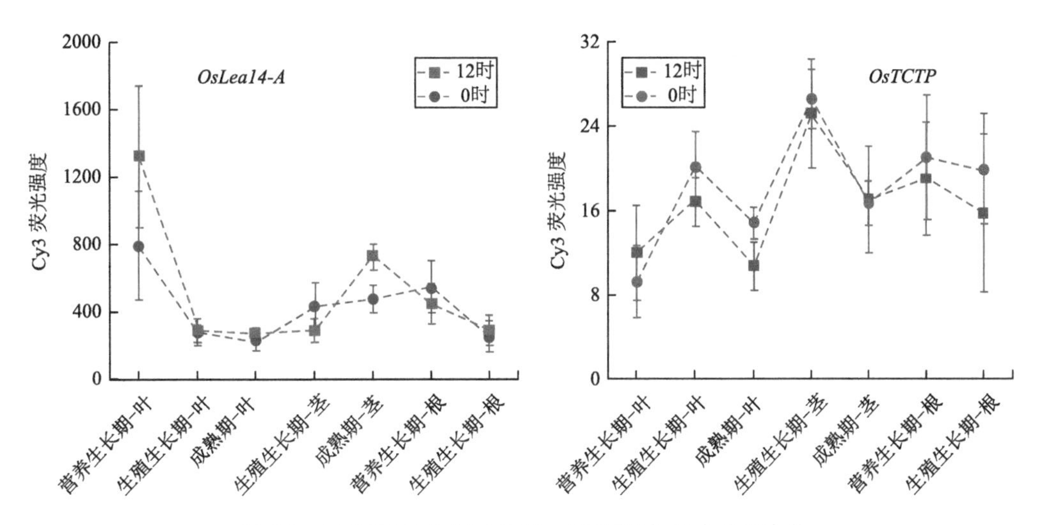

图 5.6　汞相关转运蛋白不同生育期基因相对表达量变化

数据来源于 RiceXpro 网站（http://ricexpro.dna.affrc.go.jp/）水稻基因芯片数据。

表 5.8　汞相关转运蛋白基因最高表达部位和时刻汇总

基因符号	基因名称	各生育期基因最高表达部位			叶片基因最高表达时刻			根部基因最高表达时刻	
		营养生长期	生殖生长期	成熟期	营养生长期	生殖生长期	成熟期	营养生长期	生殖生长期
OsLea14-A	Os01g0225600	叶	茎	茎	12 时	10 时	8 时	6 时	22 时
OsTCTP	Os11g0660500	根	茎	茎	10 时	0 时	0 时	18 时	2 时

5.3.3　水/土/叶–气界面交换

1. 汞在水/土–气界面的交换

汞在稻田水/土–气界面的交换过程主要包括大气汞沉降和稻田汞挥发。大气中的汞主要以 3 种形式存在：气态零价汞（Hg^0，通常占大气总汞的 95%以上）、活性气态汞和颗粒结合态汞（孟博等，2020）。

土壤汞的释放量与土壤温度存在指数相关性，汞在界面上的释放过程可以用 Arrhenius 方程描述：

$$k = A\mathrm{e}^{-\frac{E_a}{RT_s}} \tag{5.34}$$

式中，k 为速率常数，A 为指前因子（也称 Arrhenius 常数），E_a 为表观活化能（kJ/mol），R 为气体常数[J/(K·mol)]，T_s 为土壤温度（K）。将上式取对数：

$$\ln k = \frac{-E_a}{RT_S} + \ln A(\text{常数}) \tag{5.35}$$

根据 Arrhenius 方程，一般的化学反应速率与热力学温度呈指数关系，当温度升高时，土壤汞释放量增大。单质汞蒸发焓的理论值为 14.0 kJ/mol，而环境中的实测值通常较高，这可能受到环境中复杂的生物和非生物因素影响。表 5.9 是利用不同方法测得的汞释放 Arrhenius 表观活化能。

表 5.9 利用不同方法测得的汞释放 Arrhenius 表观活化能

地表类型	测定方法	表观活化能/(kJ/mol)	参考文献
单质汞	理论值	14.0	理论值
牧场	通量箱法	20.5	Poissant & Casimir，1998
污染土壤	微气象法	29.6	Lindberg et al.，1995
林地	微气象法	17.7	Kim et al.，1995
湖泊	通量箱法	29.6	Xiao et al.，1991
林地	通量箱法	18.0～24.9	Carpi & Lindberg，1998
火山土	实验室	13.0	Siegel & Siegel，1988
林地土壤	模拟	29.5，14.0	Scholtz et al.，2003
林地	通量箱法	29.4	Zhang & Lindberg，2001
湖泊	通量箱法	137.9	孙向彤等.，2001
林地/江水	通量箱法	31.1	Wang et al.，2006
旱地/水田	通量箱法	21.5/27.7	林陶，2007

2. 汞在叶-气界面的交换

1）汞在水稻叶-气界面的交换

水稻叶-气界面汞交换的相关研究较少，主要集中在具有高浓度汞蒸气的汞矿区，水稻叶片对气态汞蒸气的吸收，导致水稻植株地上部分（如叶片和稻秆）的总汞含量随着植株的生长逐渐增加（Laacouri et al.，2013）。气孔是大气汞蒸气进入水稻植株地上部分的主要途径，少量汞以活性气态汞和颗粒结合态汞形式，通过非气孔途径进入水稻叶片；大气沉积在水稻叶片表面的无机汞，也可穿过叶片表皮细胞溶解层，进入角质层并扩散到叶片表皮细胞内（Meng et al.，2012）。这些被固定在水稻植株叶片和茎部的无机汞，一般不能重新返回到大气中或者转移到其他组织部位（如水稻籽粒、米壳和根部等）（Meng et al.，2010）。

2）汞在植物叶-气界面的交换机制

汞在树木和苔藓等森林植物的叶-气界面交换研究较多，植物叶-气界面的汞交换被认为是大气汞的重要汇和源。目前认为，汞在植物叶-气界面的交换，包括气孔和非气孔途径，可能存在以下 3 种机制（Zhou et al.，2021）：①气态 Hg^0 在叶-气界面双向交换；

②干湿颗粒沉积在叶片，Hg^0 和 Hg^{2+}被叶片吸收，其中 Hg^0 被过氧化氢酶等氧化为 Hg^{2+}，并与叶片直接吸收的 Hg^{2+}一起经过光化学还原为 Hg^0，部分或全部再排放到大气中；③ 在植物的蒸腾作用下，土壤中的汞被植物吸收转运至叶片，随后直接或光化学还原为 Hg^0 后排放至大气。值得注意的是，土壤汞浓度会影响植株体内的汞累积，但一般不会影响叶-气交换通量。

3）汞在植物叶片累积的影响因素

维管植物叶片中的汞主要来源于大气和土壤，而非维管植物叶片中的汞主要来源于大气。汞在维管植物和非维管植物叶片中的累积具有不同的影响因素（Zhou et al.，2021），对于维管植物，叶片中的汞累积主要受到大气和土壤汞浓度、成土母质、太阳辐射、温度、大气湍流、叶龄、叶面积、气孔导度、气孔数量和叶片生理参数等因素的影响。其中，气孔导度、气孔数量以及过氧化氢酶活性、抗坏血酸等叶片生理参数主要控制气孔吸收途径，蜡角质层和叶面积等则主要控制非气孔吸收途径。对于苔藓等非维管植物，其叶片中汞的生物蓄积受到许多生物和非生物因素的控制，主要包括大气汞浓度、植物物种、成土母质、植物增长率和表面积、暴露时间、干湿沉降颗粒的化学成分等。

5.4　土壤-水稻体系中汞的同位素分馏

土壤-水稻体系中，汞的迁移和转化过程伴随着汞同位素的自然分馏，探明土壤-水稻体系中汞的同位素分馏特征，不仅有助于准确判断环境中汞的污染来源，而且有助于深入理解汞的生物地球化学循环过程，但相关研究尚处于起步阶段。本节主要介绍汞的自然稳定同位素及分馏方式、土壤-水稻体系中汞的同位素分馏特征，以及目前汞稳定同位素分馏的研究进展。

5.4.1　汞的自然稳定同位素及分馏方式

汞有 7 种自然稳定同位素，包括 ^{196}Hg、^{198}Hg、^{199}Hg、^{200}Hg、^{201}Hg、^{202}Hg 和 ^{204}Hg，平均丰度分别为 0.15%、9.97%、16.87%、23.10%、13.18%、29.86%和 6.87%，其组分比例是相对固定的，在特定的转化反应中可能产生分馏。汞的主要稳定同位素及核性质见表 5.10。

表 5.10　汞的主要稳定同位素及核性质

主要稳定同位素	^{199}Hg	^{200}Hg	^{201}Hg	^{202}Hg
原子量	198.968 279 9	199.968 326 0	200.970 302 3	201.970 643 0
天然丰度/%	16.87	23.10	13.18	29.86
半衰期（$T_{1/2}$）	稳定	稳定	稳定	稳定
核自旋（I）	1/2	0	3/2	0
核磁矩(μ)/(J/T)	+ 0.505 885 5	—	–0.560 225 7	—

续表

主要稳定同位素	^{199}Hg	^{200}Hg	^{201}Hg	^{202}Hg
核四极矩/m^2	—	—	+38.7	—
磁旋比/($T^{-1}·s^{-1}$)	$4.846×10^7$	—	$-1.789×10^7$	—
NMR 频率/MHz（2.3488T）	7.712 3	—	2.846 9	—
相对灵敏度（恒定 B_0）	0.005 94	—	0.001 49	—

汞同位素具有多种分馏方式：质量分馏（mass-dependent fractionation，MDF，主要为 $\delta^{202}Hg$）和非质量分馏（mass-independent fractionation，MIF），其中非质量分馏包括奇数非质量分馏（主要为 $\delta^{199}Hg$ 和 $\delta^{201}Hg$）和偶数非质量分馏（主要为 $\delta^{200}Hg$ 和 $\delta^{204}Hg$）（Blum et al.，2014）。MDF 几乎发生在所有的物理、化学、生物过程中，如微生物的甲基化和去甲基化（Janssen et al.，2016）、非生物的甲基化（Jiménez-Moreno et al.，2013），以及植物对汞的吸收等过程中（Yuan et al.，2019）；MIF 通常只发生在特定的过程中，而在生物反应过程中一般不产生明显的 MIF。因此，MDF 和 MIF 的特征比值也可以用来示踪汞污染的来源。汞的奇数 MIF 主要产生于光化学过程，偶数 MIF 的形成机制尚不清楚，可能与大气氧化还原过程有关。

MIF 的发生被认为来源于磁同位素效应（magnetic isotope effect，MIE）和核体积效应（nuclear volume effect，NVE）（郑旺等，2021）。MIE 主要产生于自旋选择反应，如分子在光照下吸收能量发生电子能级跃迁时，有可能产生自由基对（$R_1··R_2$）形式的中间态。该自由基对有两种电子自旋状态：电子自旋成对的单重态和电子自旋不成对的三重态。基于泡利不相容原理，单重态自由基对能够重新结合，并恢复原反应物的状态；而三重态自由基对则倾向于分裂成单个自由基。由于核自旋不成对，“磁性”同位素的核自旋会产生磁场，并影响电子自旋，从而促进自由基对在单重态和三重态之间转换，导致磁性和非磁性的同位素在自由基对参与的反应中，呈现出不同的反应速率和方向，最终产生非质量分馏。NVE 由同位素原子核体积差异引起，带正电的原子核与带负电的电子之间产生静电吸引，电荷的分布受到核体积的影响，即较大的原子核具有较低的电荷密度，因此与电子的吸引相对较弱；较小的原子核与电子结合更紧密，更不容易失去电子。NVE 既可以产生于平衡分馏过程，也可以产生于动力学分馏过程（通过影响反应中间态的活化能），基本规律如下：原子序数大的重元素更容易表现出 NVE；NVE 的产生需要核电子密度发生变化（通常意味着电子的转移或得失），而且只有在原子核处有较高电子密度的轨道上的电子（如 s 轨道），才能够对 NVE 产生显著影响。

5.4.2 土壤-水稻体系中汞的同位素分馏特征

基于目前已经明确的土壤和大气的 MIF 数值，Yin 等（2013）采集并分析了万山汞矿水稻植株、稻田土壤和大气样品的 Hg 同位素组成，结果发现水稻植株中 MDF 在 $\delta^{202}Hg$ 中的差异高达 3.0‰，而 MIF 在 $\delta^{199}Hg$ 和 $\delta^{201}Hg$ 中仅产生 0.40‰的差异。由于高 MIF

通常发生在光化学反应过程中，而植物的汞代谢过程中一般不发生显著的 MIF（Yuan et al.，2019），水稻植株中 MIF 的变化被认为是土壤汞和大气汞综合作用的结果。其中，大气汞在水稻组织中的分配遵循以下顺序：叶＞茎＞稻米＞根，并且一小部分汞在被水稻植株累积之前，可能经历了光化学还原过程。

基于汞同位素示踪研究方法，初步证实了水稻组织中甲基汞和无机汞的转运途径、分配模式、来源和同位素组成的差异（Meng et al.，2014；Li et al.，2017）。Liu 等（2021）利用单一稳定同位素方法，探究了水稻植株中汞的来源和形态转化过程，证实了除大气之外，稻田土壤也是水稻无机汞的主要来源之一，而这在之前的研究中被大大低估了；同时也证实了水稻中的甲基汞来源于稻田土壤微生物的甲基化作用，土壤中产生的甲基汞，通过水稻根系吸收并转运至地上部分，最终累积在水稻籽粒中。Qin 等（2020）发现，在水稻整个生长发育时期，甲基汞的 $\delta^{202}Hg$ 值在水稻各组织（根部、稻秆、叶片和籽粒）中没有明显差异，并且甲基汞在水稻组织中的 $\delta^{199}Hg$ 值（0.14‰ ± 0.08‰）与稻田土壤（0.13‰ ± 0.03‰）和灌溉水（0.17‰ ± 0.09‰）中的数值相近，意味着稻田土壤和灌溉水可能是水稻组织中甲基汞的最初来源；同时，稻田生态系统无机汞的 $\delta^{199}Hg$ 值，也暗示着灌溉水、土壤和大气，对水稻组织（主要包括根、茎、叶和籽粒）无机汞有不同程度的贡献。

水稻植株对土壤中无机汞和甲基汞的吸收，以及汞在植株体内的同位素分馏，受到土壤中单质硫的影响（图 5.7 和图 5.8）。硫代硫酸铵［$(NH_4)_2S_2O_3$］提取态 THg 同位素比土壤中 THg 同位素重，并且单质硫处理中的分馏比对照组更明显（对照组：$\Delta^{202}Hg_{THg提取态-土}$ = 0.26‰，单质硫：$\Delta^{202}Hg_{THg提取态-土}$ = 0.48‰）。$(NH_4)_2S_2O_3$ 被认为可以提取吸附到土壤成分上的可交换态的 Hg 组分，单质硫处理可促进 Hg 共沉淀为硫化汞，从而导致 $(NH_4)_2S_2O_3$ 提取液中的轻 Hg 同位素耗尽。在对照组和单质硫处理组中，铁膜的 $\delta^{202}Hg_{THg}$ 值均显著低于 $(NH_4)_2S_2O_3$ 提取液中 $\delta^{202}Hg_{THg}$ 值（对照组：$\Delta^{202}Hg_{THg铁膜-提取态}$ = −0.79‰，单质硫：$\Delta^{202}Hg_{THg铁膜-提取态}$ = −1.25‰），表明铁膜优先吸附和扣留来自 $(NH_4)_2S_2O_3$ 提取液的轻 THg 同位素。此外，相比于对照组，单质硫的添加诱导了提取液与铁膜之间产生更明显的分馏，表明 HgS 可能促进铁膜的沉积。

整株水稻和根系的 THg 同位素比土壤中 THg 同位素轻。相对于对照组，单质硫处理组产生尺度更小的负向同位素分馏（对照组：$\Delta^{202}Hg_{THg整株-土}$ = −1.43‰ ± 0.010‰，单质硫：$\Delta^{202}Hg_{THg整株-土}$ = −1.20‰ ± 0.0036‰；对照组：$\Delta^{202}Hg_{THg根-土}$ = −1.25‰ ± 0.020‰，单质硫：$\Delta^{202}Hg_{THg根-土}$ = −1.11‰ ± 0.020‰）。结果表明，在整个水稻吸收 THg 的过程中发生了显著的质量依赖分馏，然而，单质硫对从 $(NH_4)_2S_2O_3$ 提取液到整个水稻或根的 THg 同位素分馏尺度没有显著变化，这表明单质硫不影响 THg 从提取态到水稻整株的分馏。此外，与对照组相比，单质硫处理后整株水稻的 $\delta^{202}Hg_{MeHg}$ 值比对照组略高（对照组：−1.18‰ ± 0.014‰，单质硫：−1.0057‰ ± 0.015‰），可能是由于单质硫的添加刺激了稻田土壤 Hg 甲基化的发生，导致植株吸收更多的 MeHg。

被水稻根部吸收后，地上部富集了比根部更轻的 THg 同位素。相对于对照组，单质硫处理组中产生负的 THg 同位素分馏尺度明显低于对照组（对照组：$\Delta^{202}Hg_{THg地上部-根部}$ = −0.94‰ ± 0.067‰，单质硫：$\Delta^{202}Hg_{THg地上部-根部}$ = −0.53‰ ± 0.063‰）。相比之下，两个处理组中地上部的 MeHg 同位素比其在根部重，且单质硫处理组中根部到地上部的 MeHg 分馏尺度比对照组更大（对照组：$\Delta^{202}Hg_{MeHg地上部-根部}=0.33‰\pm0.0097‰$，单质硫：$\Delta^{202}Hg_{MeHg地上部-根部}=0.46‰\pm0.0046‰$）。此外，被从水稻根部输送到地上部后，THg 和 MeHg 同位素在不同的水稻组织中表现出明显的分馏。水稻组织中的 $\Delta^{199}Hg$ 值在对照组和单质硫处理组之间没有显著差异。然而，以上过程无法排除叶片中是否存在光化学分馏，尚不清楚水稻体内有哪些代谢通路参与，因此单质硫介导的水稻体内汞同位素分馏机制仍需进一步研究。

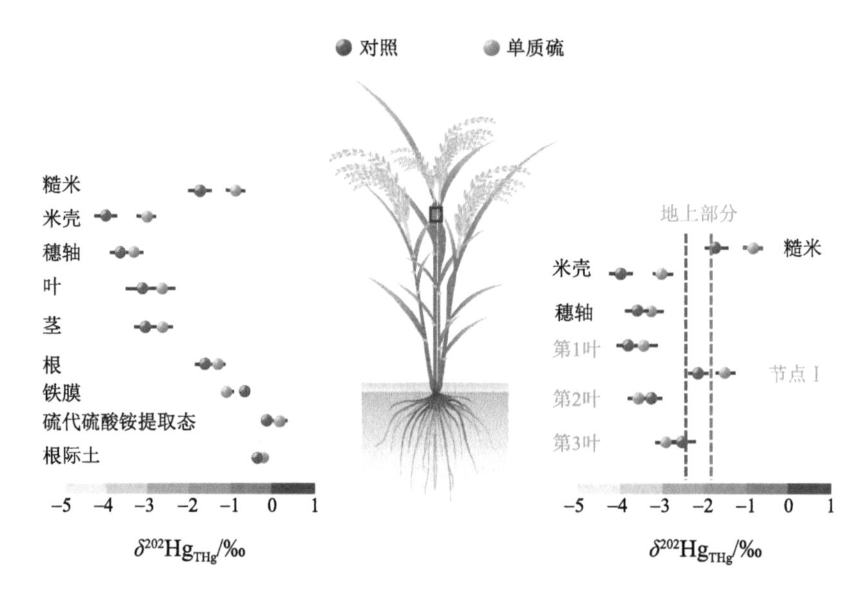

图 5.7 对照组和添加单质硫处理组水稻成熟期土壤和不同组织器官总汞（THg）的质量分馏 $\delta^{202}Hg$

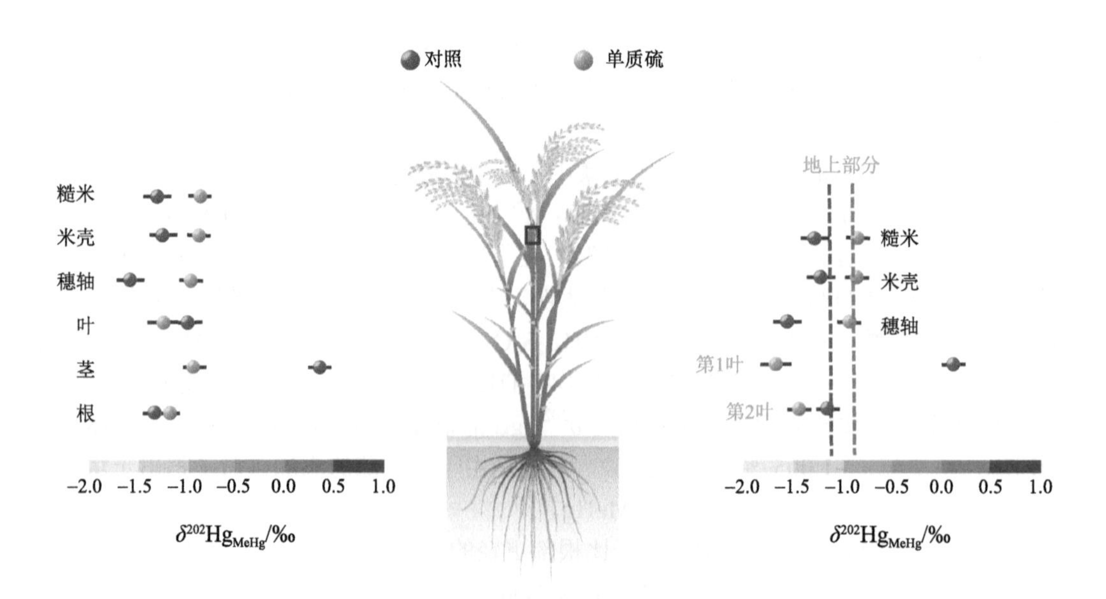

图 5.8 对照组和添加单质硫处理组水稻成熟期不同组织器官甲基汞（MeHg）的质量分馏 $\delta^{202}Hg$

5.4.3 汞稳定同位素分馏的研究进展

Bergquist 和 Blum（2017）发表在 *Science* 上的文章，首次阐述了水体二价汞和甲基汞在光化学还原过程中，存在显著的汞同位素 MDF 和奇数 MIF，为地球科学和环境科学汞同位素研究开辟了新的方向。汞同位素是除了氧和硫同位素之外，第三个在自然界中展现出明显 MIF（± 6‰）的同位素体系（Blum et al.，2014）。氧和硫同位素 MIF 的机制和应用一直是环境和地球科学研究的前沿，而汞同位素具有多种 MIF，其分馏理论和应用都有着巨大的发展潜力。近十多年来，汞稳定同位素示踪研究发展迅速，利用汞同位素的 MDF 和 MIF 特征，能有效地定量环境中不同生物地球化学过程的贡献份额，有望应用于环境中汞的来源、迁移转化过程以及相应的生态环境效应等方面的研究（Yin et al.，2010）。

然而，将汞同位素分馏模拟研究结果应用到自然状况时，需要注意试验条件与自然状况的差别。此外，以往的汞同位素分馏研究通常偏重应用（即环境样品分析），对分馏机制的认识十分有限，这也是当前限制汞同位素地球化学发展最突出的瓶颈。目前的汞同位素分馏研究，主要涉及汞的氧化还原过程、非氧化还原过程（络合、吸附、沉淀、挥发和扩散）、甲基汞的形成与去甲基化，以及同位素交换等过程（郑旺等，2021；孟博等，2020）。

1. 无机汞的氧化还原过程

Hg^{2+}还原过程同位素分馏的研究较多，氧化过程的研究相对较少。几乎所有已报道的还原试验，都将产物 Hg^0 与剩余反应物 Hg^{2+}迅速分离，以避免氧化和同位素交换等逆反应的发生。

1）光化学氧化还原

光化学氧化还原是目前已知的自然界中唯一能够导致显著汞同位素 MIF 的反应过程，这也是该方面研究相对较多的原因，且主要集中在液相中 Hg^{2+}的光化学还原过程（郑旺等，2021；Zhang et al.，2022）。研究发现，①光化学还原过程中，汞的轻同位素优先被还原并富集在产物 Hg^0 中，其中液相光化学还原过程仅产生奇数 MIF，尚未发现偶数 MIF。②液相光化学还原过程奇数 MIF 的机制主要为 MIE，但也可能表现出 NVE，这与光化学还原途径密切相关。水体中 Hg^{2+}光化学还原主要有两种途径：一种是 Hg^{2+}-L（L 为络合基团）受光照激发后发生均裂，生成（Hg··L）自由基对而还原；另一种是天然溶解性有机质（DOM）在光照下产生的自由基（如 HCOO·、HO_2·/·O_2^- 和·CH_3 等），将电子转移给 Hg^{2+}导致其还原。两种途径的 MIF 不同，前者满足 MIE 的产生条件，而后者不满足 MIE，但由于有电子转移，故表现出 NVE。③液相光化学还原过程奇数 MIF 的大小和方向，与 Hg^{2+}络合形态、基团种类、光源属性（如波长和光谱），以及溶液的 pH、溶解氧（DO）等化学性质有关。MIE 的方向与 Hg^{2+}络合的基团种类有关，其中—OR 主要导致(+)MIE，而含还原态硫的巯基（—SH）则主要导致(–)MIE。值得注意的是，络合基团对 MIE 方向的影响，突出表现在 Hg^{2+}-DOM 的光化学还原反应中。

2）非光化学氧化还原

在无光环境下，微生物、DOM、铁矿物等，都能介导汞的氧化还原反应。但目前并未发现微生物还原过程 MIF，可能是因为 NVE 产生于电子转移步骤，而微生物反应通常为多步过程（郑旺等，2021；Zhang et al.，2022）。如果电子转移并非关键限速步骤，那么 NVE 很可能会被其他不产生 MIF 的过程屏蔽。但是微生物导致的汞氧化还原机制较为复杂，不同类型的微生物和不同反应途径引起的分馏，并未得到详细研究，并不排除在微生物氧化还原过程中发现 MIF 的可能性。DOM 导致的非生物暗还原的汞同位素分馏产生 MDF 和 NVE，Hg^{2+}富集重同位素并且产生负的 $\delta^{199}Hg$ 和 $\delta^{201}Hg$，其中 NVE 对总分馏的贡献为 62%～70%。总的来说，暗反应与光化学过程分馏最大的区别在于是否产生 MIF，无光条件下 MIE 几乎不能产生，所以暗氧化还原过程的 MIF 主要表现为 NVE，其 δ 值相对于光化学过程通常小得多。因此，利用 MIF 的大小和方向可以很好地区分汞的氧化还原途径。

2. 无机汞的非氧化还原过程

无机汞的非氧化还原过程主要涉及 Hg^{2+}的络合、吸附和沉淀，以及 Hg^0 的挥发、蒸发和扩散（Estrade et al.，2009）。Hg^{2+}的非氧化还原过程通常不产生显著 MIF，因为无论是 MIE 还是 NVE，都涉及电子转移或者电子密度的变化，而非氧化还原过程中汞原子的电子密度变化通常较小。

Hg^0 的非氧化还原过程中，溶解态 Hg^0 挥发为气态 Hg^0，以及气态 Hg^0 的扩散也只产生 MDF，轻同位素优先挥发或扩散。其中，液态金属 Hg^0 蒸发为气态 Hg^0 的过程会产生相对较大的 NVE，原因是液态金属汞的电子能带结构使其 6s 轨道电子处于不饱和状态，常温下每个汞原子的平均 6s 电子数约为 1.5～1.6，低于气态 Hg^0 6s 轨道的 2 个电子。因此，NVE 会导致 6s 电子密度较高的气态 Hg^0 富集体积较小的轻同位素，而液态金属汞富集体积较大的重同位素。

3. 无机汞的甲基化过程

无机汞的甲基化一直是汞转化研究的热点，但汞同位素分馏的相关研究较少。无机汞的甲基化包括生物和非生物途径，其分馏特征大多以 MDF 为主，无明显的 MIF，反应物 Hg^{2+}倾向于富集重同位素，而轻同位素则优先形成甲基汞。具体的分馏过程受环境因素影响，导致分馏结果复杂化（郑旺等，2021；孟博等，2020）。

生物途径主要由微生物驱动，通常呈现较大范围的分馏系数，这主要归因于微生物甲基化通常为多步复杂过程，表明汞同位素示踪在研究汞的微生物甲基化机制方面也有巨大潜力。非生物途径的研究相对较少，汞的分馏过程受到各环境因素的影响。如以甲基钴胺素作为甲基供体的非生物甲基化过程中，汞同位素 MDF 分馏程度受到光照条件、氯离子浓度、去甲基化等因素影响。

4. 甲基汞的去甲基化过程

甲基汞的去甲基化可在有光和无光两种环境中进行，有光环境中以光化学去甲基化为主，伴随着强烈的奇数 MIF；无光环境中的去甲基化主要由微生物驱动，几乎不产生 MIF。因此 MIF 可有效区分甲基汞的去甲基化途径（郑旺等，2021；Zhang et al., 2022）。

甲基汞光化学去甲基化过程的同位素分馏与无机 Hg^{2+}光化学还原相似。首先，两个过程都导致正向 MDF；其次，两个过程都产生较大的奇数 MIF，且 MIF 机制都主要为 MIE。但光化学去甲基的 MIF 也有一些不同于光化学还原的特征，例如，光化学去甲基 MIF 幅度往往高于光化学还原，光化学去甲基主要产生(+)MIE，且尚未在实验中观察到(−)MIE，而光化学还原随络合基团种类、pH、DO 等反应条件的变化，正、负 MIE 都可能产生。值得注意的是，目前关于甲基汞光化学去甲基和 Hg^{2+}光化学还原的同位素分馏研究，主要在模拟淡水的介质中进行，而在模拟海洋和稻田体系中的研究很少。

微生物去甲基化是环境中甲基汞去甲基的重要途径，已发现可产生正向 MDF，但未发现 MIF。整个过程可能包含胞外扩散、跨膜传输、抗汞酶的催化作用、降解产物的跨膜和扩散至胞外等一系列过程，这些过程的速率和同位素分馏程度都不一样，可能导致分馏大小和程度相互干扰或屏蔽。其中，抗汞酶的催化过程产生较大的分馏，而扩散和跨膜过程则分馏较小。具体哪个步骤为限速步骤则取决于细胞本身生理因素和众多环境因素，而整个降解随限速步骤的不同会体现出不同程度的分馏。

5. 汞的同位素交换过程

同位素交换是指在没有净化学反应的情况下，即交换前后两相的浓度和化学组分不发生变化，也能产生的同位素分馏，这是同位素分馏最常见的方式之一，但目前分馏机制的研究并不多（郑旺等，2021）。

Hg^{2+}与 Hg^0 之间的同位素交换速率与 Hg^{2+}的络合基团种类以及络合形态有关，交换持续几分钟至数小时。多个电子转移的同位素交换过程通常较为缓慢，Hg^{2+}与 Hg^0 之间快速同位素交换的机制，可能通过形成 Hg^+-Hg^+二聚物中间态来实现。值得注意的是，自然界中 Hg^{2+}与 Hg^0 共存的体系很多，同位素交换过程可能与汞的转化和迁移过程同时发生，如果未能充分考虑同位素交换的影响，可能导致错误地理解汞的生物地球化学循环过程。

不同形态 Hg^{2+}之间的同位素交换过程，在溶液中非常普遍，往往是很多表观同位素分馏的真正主控因素。例如，Hg^{2+}吸附到矿物表面和 HgS 沉淀过程的同位素分馏，都主要受控于溶液中不同形态 Hg^{2+}之间的同位素交换导致的平衡分馏。值得注意的是，不同 Hg^{2+}络合物之间同位素交换速率差别较大，部分溶解态 Hg^{2+}之间能够在几分钟之内达到同位素交换平衡，而溶解态与固态 Hg^{2+}之间的同位素交换则相对较慢，平衡时间长达数天甚至数月。

5.5　土壤-水稻体系中汞转化和累积的影响因素

在水稻生长过程中，土壤-水稻体系中汞的迁移和转化受到多种因素影响，主要包括自然因素（成土母质、元素循环和温度等）和农业活动（水分管理、施肥和水稻品种等），探明土壤-水稻体系中汞转化和累积的影响因素，有助于科学指导水稻种植过程中的农业活动，以及精准制定汞污染稻田的安全利用策略。

5.5.1 自然因素

1. 成土母质

无机矿物通常占土壤固相总质量的 95%～98%，无机矿物类型和颗粒大小，对土壤中汞的生物有效性影响较大（孙岩等，2016）。一般说来，土壤矿物粒径越小、质地越黏，土壤与汞的结合就越稳定，汞的活性越低，越不容易解吸或挥发，粒径小于 0.001 mm 的黏粒质量分数与汞在土壤中的富集量呈显著的正相关关系（黄维有和德力格尔，2003）。层状硅酸盐类、氧化物类、碳酸盐类等矿物对土壤中汞的固定贡献最大（荆延德等，2010），黏土矿物中存在大量 K、Na、Ca、Mg 等常规元素构成的晶格，汞可通过离子交换作用进入晶格内部。

黏土矿物与汞的结合，与矿物形状、大小、膨胀度、表面积、阳离子交换量等性质密切相关（黄维有和德力格尔，2003；荆延德等，2010）。例如，2∶1 型蒙脱石比 1∶1 型高岭石的粒径小、膨胀性大、表面积大，其 CEC 高出高岭石 10 倍。因此，2∶1 型蒙脱石更易发生同晶置换，产生永久电荷，汞吸附能力更强。铁锰氧化物对汞的吸附以专性吸附为主，且土壤中铁、锰的含量以及黏粒的多少，与土壤汞含量呈正相关关系，汞吸附容量大小为 MnO_2＞Fe_2O_3＞膨润土＞高岭土＞$CaCO_3$。土壤碳酸盐虽然也能与汞结合，但对土壤中汞的固定能力不如铁锰氧化物稳定，尤其在酸性条件下易发生溶解而释放出汞。

2. 元素循环

1）碳元素

稻田土壤中的碳元素几乎都分布在土壤有机质中，土壤有机质具有多种配位官能团，例如含 S、O 和 N 的官能团，尤其还原性的 S 基团（如巯基）与汞的结合能力最强。土壤有机质不仅可作为汞转化微生物的食物来源，而且溶解性有机质可与汞形成具有生物有效性和植物有效性的络合物（孟其义等，2018）。

土壤有机质包括溶解性有机质（DOM）、胶体有机质（COM）和颗粒状有机质（POM）。其中，DOM 或 COM 与汞结合，会增强汞移动性，提高其生物有效性；POM 与汞结合后，汞的迁移性和生物有效性降低。鉴于地表水和稻田水中的 DOM 通常比较丰富，水中 90%以上的无机汞和 70%～97%的甲基汞可能与水中的 DOM 有关，而不是与土壤或沉积物颗粒有关。DOM 不仅可以通过减缓 β-HgS 颗粒的生长，来提高汞甲基化微生物对汞的利用和甲基汞的产生，也可以通过硫醇将 Hg^0 氧化为 Hg^{2+}。但是，DOM 并不总是促进甲基汞的产生。据报道，DOM 也可将 Hg^{2+}还原为 Hg^0 并挥发，从而降低土壤中汞的生物有效性（Zhang & Lindberg，2001）。

植物源有机质和藻源有机质是稻田土壤有机质的重要组成部分，可能激活汞甲基化微生物的生长。例如，水稻根系分泌的小分子有机酸被证实可作为汞甲基化微生物的电子供体，加剧土壤中汞的甲基化过程（Zhao et al.，2018；Tang et al.，2020）。Zhao 等（2018）

发现根系分泌物可使根际土壤 *hgcA* 基因拷贝数增加 4.1 倍，根际土壤中甲基汞的产生效率远高于非根际土壤。此外，不同水稻品种分泌的小分子有机酸含量存在差异，这可能是水稻品种间根际土壤甲基汞生产效率显著不同的原因之一（汪恒和袁权，2022）。类似地，藻源有机质可作为微生物碳源，提高古菌汞甲基化基因 *hgcA* 的丰度和产甲烷菌等古菌的活性，从而促进无机汞的甲基化（Lei et al.，2021）。值得注意的是，在汞污染程度不同的土壤中，土壤有机质对汞甲基化的影响不同。例如，汞污染稻田，产甲烷菌可以分解土壤有机质产生乙酸，从而促进硫酸盐还原菌和铁还原菌的生长；但对于非汞污染稻田，土壤有机质对汞甲基化作用的影响不明显，造成上述差异的主要原因可能是土壤中甲基化微生物的种群不同（Tang et al.，2020）。

近年来，我国生物炭产业蓬勃发展，生物炭基土壤调理剂/钝化剂已被广泛应用于稻田土壤改良和污染修复，生物炭类物质也逐渐成为土壤有机质的重要组成部分。生物炭是由农林废弃物等生物质在缺氧条件下，经热解形成的一种成分复杂的富碳产物。生物炭的理化性质受控于生物质原料和热解条件，这导致生物炭对稻田体系汞转化的影响难以预测（Tang et al.，2020）。一方面，施加到稻田土壤中的生物炭，可以通过物理吸附和化学吸附（S、O、Cl 等元素官能团）作用，降低无机汞和甲基汞的生物有效性；另一方面，某些生物炭可以促进稻田土壤中甲基汞的形成，这可能归因于生物炭的电化学特性，及其对硫酸盐还原菌等微生物的活化作用。例如，施加 4%椰壳生物炭（600℃下热裂解 3 h）之后，水稻籽粒甲基汞和总汞含量分别下降 61.1%和 64.3%，水稻植株中甲基汞和总汞的转运因子（$TF_{籽粒-根}$）分别下降 52.0%和 6.24%，根际土壤、水稻基茎和水稻叶片汞甲基化效率（k_{ME}）分别下降 47.6%、77.7%和 80.5%（表 5.11）。同时，施加 4%椰壳生物炭（600℃下热裂解 3 h），还可以促进成熟期水稻根际土壤汞从有机结合态向残渣态等惰性形态转化。其中，残渣态、氧化态和特殊吸附态比例分别升高 11.7%、9.56%和 3.22%，有机结合态和溶解/交换态比例分别下降 36.6%和 65.0%（表 5.12）。

表 5.11　对照组和添加生物炭处理组成熟期水稻籽粒的总汞和甲基汞含量和转运因子（$TF_{籽粒-根}$），以及根际土壤、水稻基茎和叶片汞甲基化效率（k_{ME}）

	籽粒含量/(μg/kg，干物质质量)		转运因子($TF_{籽粒-根}$)[a]		甲基化效率(k_{ME})[b]		
	甲基汞	总汞	甲基汞	总汞	土壤	基茎	叶
对照组	75.7 ± 12.9	144.9 ± 30.3	4.7 ± 0.8	$(3.4 \pm 0.3)\times10^{-2}$	$(1.9 \pm 0.6)\times10^{-2}$	3.3 ± 2.5	6.1 ± 1.3
添加生物炭处理组	29.4 ± 4.9	51.6 ± 11.1	2.3 ± 0.2	$(3.2 \pm 0.5)\times10^{-2}$	$(9.7 \pm 1.9)\times10^{-3}$	0.7 ± 0.2	1.2 ± 0.5

a：$TF_{籽粒-根} = C_{籽粒}/C_{根}$，$C_{籽粒}$ 和 $C_{根}$ 分别代表籽粒和根中的汞含量；b：$k_{ME} = C_{MeHg}/C_{THg}$，$C_{MeHg}$ 指土壤或水稻组织中的甲基汞含量，C_{THg} 指土壤或水稻组织中的总汞含量。贵州铜仁万山汞矿区稻田土壤被用于水稻全生育期盆栽试验。

表 5.12　对照组和添加生物炭处理组成熟期水稻根际土壤总汞赋存形态特征

汞赋存形态	对照组总汞含量/(mg/kg，干物质质量)	添加生物炭处理组总汞含量/(mg/kg，干物质质量)
溶解/交换态	$(2.6 \pm 1.0)\times10^{-2}$	$(9.1 \pm 2.8)\times10^{-3}$
特殊吸附态	$(2.4 \pm 1.3)\times10^{-3}$	$(2.5 \pm 1.8)\times10^{-3}$

续表

汞赋存形态	对照组总汞含量/(mg/kg，干物质质量)	添加生物炭处理组总汞含量/(mg/kg，干物质质量)
氧化态	$(5.0\pm2.5)\times10^{-2}$	$(5.4\pm0.8)\times10^{-2}$
有机结合态	18.4 ± 0.6	11.7 ± 0.3
残渣态	23.3 ± 1.6	26.0 ± 1.7

2）铁元素

土壤中铁元素对汞的迁移转化既有抑制效应也有促进效应（孟其义等，2018；汪恒和袁权，2022）。首先，水稻根系泌氧会促进根表铁膜的形成，根表铁膜不仅是水稻适应淹水环境的重要抗逆机制，也是水稻抵抗有毒重金属进入的重要屏障。根表铁膜可以吸附固定土壤孔隙水中游离态的汞离子（Hg^{2+}），降低汞生物有效性，从而抑制根系对汞的吸收。值得注意的是，根表铁膜对无机汞的拦截能力强于甲基汞。例如，根表铁膜中的铁含量与铁膜总汞和稻米总汞含量呈显著的正相关关系，但与铁膜甲基汞和稻米甲基汞含量不存在显著相关关系。

其次，铁元素也具有促进汞甲基化效应。氧化态 Fe(III)可作为底物，促进根际土壤中铁还原微生物的活性，这导致根际土壤中铁还原菌占细菌总数的比例高达 12%，而非根际土壤中占比小于 1%，高丰度的铁还原菌不仅参与汞的甲基化作用，还会促进甲基汞在水稻体内的富集。例如，当根际土壤中铁还原菌 *Geobacteraceae* 基因拷贝数增加时，水稻的甲基汞含量显著增加。

3）硫元素

硫元素可以通过干湿沉降、灌溉和施肥进入稻田土壤，作为无机或有机配体与汞形成沉淀、络合物或螯合物，从而影响汞的迁移、转化和生物富集。然而，硫元素对甲基汞累积的影响并不确定，这可能归因于硫元素对汞的化学转化和微生物转化具有多重影响。

首先，硫元素可抑制土壤中无机汞的甲基化。传统观点认为，硫元素与汞具有较强的结合能力，SO_4^{2-} 的微生物还原产物以及有机硫的微生物分解产物，可与 Hg^{2+}结合形成 HgS 沉淀；由于硫酸盐还原菌等微生物对 HgS 的利用率，远低于可溶性汞和有机结合态汞，因此 HgS 的形成和累积被认为可以抑制无机汞的甲基化（刘永杰，2017）。然而，HgS 的生物有效性目前存在争议，最近的研究发现，不带电的 HgS 可通过扩散跨膜进入细菌体内，而过量的 S^{2-}不仅可与 HgS 形成脂溶性的中性多硫化物，还能促使甲基汞转化成挥发性的二甲基汞，这可能会提高生物对汞的吸收和利用，但具体过程和机制仍不明确（刘永杰，2017）。

$$Hg^0+S\longrightarrow HgS \quad (5.36)$$

$$Hg^{2+}+H_2S\longrightarrow HgS+2H^+ \quad (5.37)$$

$$Hg^0+Na_2S_5\longrightarrow HgS+Na_2S_4 \quad (5.38)$$

$$Hg^{2+}+FeS_{(s)}\longrightarrow HgS_{(s)}+Fe^{2+} \quad (5.39)$$

$$nHg^{2+}+FeS_{(s)}\longrightarrow FeS\text{-}nHg^{2+} \quad (5.40)$$

$$Hg^0 + 2FeS_{(s)} + 4H^+ \longrightarrow HgS_{(s)} + 2Fe^{2+} + H_2S + H_2 \quad (5.41)$$

其次，硫元素也可促进土壤无机汞的甲基化。据报道，土法炼汞区稻田土壤汞的净甲基化潜力（K_m/K_d，其中 K_m 和 K_d 分别代表汞的甲基化速率和去甲基化速率），与土壤孔隙水中 S^{2-} 和 SO_4^{2-} 之间具有极显著的正相关关系，相关性系数分别为 0.69 和 0.84（$p<0.001$，$n=30$）（赵蕾，2016）。最近的研究发现，稻田土壤中添加了不同类型的硫之后（200 mg/kg 元素硫、硫酸铵、硫包覆尿素和硫酸钾），汞的活性增强，稻田土壤中甲基汞含量增加 40%～86%；其中，添加硫酸盐对微生物甲基化的影响，取决于环境中硫酸盐的含量，当土壤硫酸盐含量较低时（＜100 mg/kg），甲基汞含量增加（89%～240%），当土壤硫酸盐含量较高时（＞380 mg/kg），甲基汞含量几乎不受影响（Lei et al.，2021）。

最后，单质硫可降低水稻籽粒甲基汞累积。施加 100 mg/kg 单质硫后，水稻籽粒甲基汞和总汞含量分别下降 18.1%和 16.4%，水稻植株中甲基汞和总汞的转运因子（$TF_{籽粒-根}$）分别下降 63.8%和 15.4%，根际土壤、水稻基茎、水稻叶片汞甲基化效率（k_{ME}）分别下降 57.1%、41.6%和 57.2%（表 5.13）。同时，单质硫可促进水稻根际土壤的汞向有机结合态等惰性形态转化（表 5.14），其中，残渣态、有机结合态、氧化态、特殊吸附态汞含量分别升高了 2.37%、17.3%、3.8%和 41.9%，而溶解/交换态汞含量降低了 63.6%。

表 5.13　对照组和添加单质硫处理组成熟期水稻籽粒的总汞和甲基汞含量和转运因子（$TF_{籽粒-根}$），以及根际土壤、水稻基茎和叶片汞甲基化效率（k_{ME}）

处理组	籽粒含量/(μg/kg，干重)		转运因子($TF_{籽粒-根}$)[a]		甲基化效率(k_{ME})[b]		
	甲基汞	总汞	甲基汞	总汞	根际土壤	基茎	叶
对照	75.7 ± 12.9	62.0 ± 18.8	4.7 ± 0.8	$(3.4 \pm 0.3)\times10^{-2}$	$(1.8 \pm 0.6)\times10^{-2}$	3.3 ± 2.5	6.1 ± 1.3
单质硫	144.6 ± 30.3	120.8 ± 12.2	1.7 ± 0.6	$(2.8 \pm 0.4)\times10^{-2}$	$(7.9 \pm 1.2)\times10^{-3}$	1.9 ± 0.15	2.6 ± 0.1

a：$TF_{籽粒-根} = C_{籽粒} / C_{根}$，$C_{籽粒}$ 和 $C_{根}$ 分别代表籽粒和根中的汞浓度；b：$k_{ME} = C_{MeHg}/C_{THg}$，$C_{MeHg}$ 指土壤或水稻组织中的甲基汞浓度，C_{THg} 指土壤或水稻组织中的总汞浓度。贵州铜仁万山汞矿区稻田土壤被用于水稻全生育期盆栽试验。

表 5.14　对照组和添加单质硫处理组成熟期根际土壤总汞赋存形态特征

汞赋存形态	对照组总汞含量/(mg/kg，干重)	添加单质硫处理组总汞含量/(mg/kg，干重)
溶解/交换态	$(2.6 \pm 1.0)\times10^{-2}$	$(9.5 \pm 1.2)\times10^{-3}$
特殊吸附态	$(2.4 \pm 1.3)\times10^{-3}$	$(3.5 \pm 3.6)\times10^{-3}$
氧化态	$(5.0 \pm 2.5)\times10^{-2}$	$(5.1 \pm 2.8)\times10^{-2}$
有机结合态	18.4 ± 0.6	21.6 ± 1.4
残渣态	23.3 ± 1.6	23.8 ± 4.9

3. 温度

温度可影响根–土界面的汞迁移、植物叶–气界面的汞吸收，以及土–气界面的汞通量。

1）根-土界面的汞迁移

首先，温度可促进植物的蒸腾作用，驱动土壤孔隙水向根际流动，导致土壤孔隙水中的有效态汞、可溶性有机质、铁、硫等元素，以及微生物在根际富集，汞更易被水稻根系吸收（Windham-Myers et al.，2014）。尤其在炎热的夏季，蒸腾作用驱动的水分流动甚至占农田系统内所有水分流动的40%～67%（林陶，2007）。其次，植物的蒸腾作用驱动了表层土壤的氧化（表层含氧水向土壤中流动）和根际土壤的氧化（根系泌氧增强），导致土壤中 Fe 和 S 等元素的氧化还原循环增强，可能促进无机汞的甲基化，而甲基汞更易被水稻根系吸收（Windham-Myers et al.，2014）。

2）叶-气界面汞的吸收

温度可直接影响植物叶-气界面的汞吸收，据报道，在 15～40℃范围内，温度的升高可促进植物叶片气孔张开，扩大了 Hg^0 蒸气进入植物叶片的通道，从而提高植物对大气汞的吸收（杜式华和方声钟，1984）。该过程可能受到植物细胞内过氧化氢酶的控制，因为当植物细胞内过氧化氢酶的含量较低时，即使气孔增大，汞的吸收速率依然受到抑制。

3）土-气界面的汞通量

土壤温度的升高可以提高稻田土-气界面的汞通量。研究发现，基于冷暖季节白昼日的多轮连续监测数据，土-气界面的汞通量与土壤温度之间呈指数相关（$R^2 = 0.7044$，$p<0.01$，$n = 40$）（林陶，2007），这可能归因于温度影响了土壤中汞还原和汞甲基化微生物的活性。Kardena 等（2020）从土壤中分离出 3 株抗汞菌株，在不同温度条件下（25～45℃）培养 60 d，发现 45℃时，土壤中汞的还原去除率高达 73.3%，且抗汞菌株在该温度下具有较强的酶活性。水稻的最佳生长温度一般为 22～28℃，较高的气温一般会促进土壤无机汞的甲基化，从而增强水稻对土壤汞的吸收（Amin et al.，2021）。

5.5.2 农业活动

1. 水分管理

水分管理可显著地影响稻田土壤甲基汞的生成，以及水稻籽粒甲基汞的累积。据报道，在淹水缺氧的条件下种植的水稻籽粒中，甲基汞占总汞的比例高达 49.0%；而在好氧条件下种植的水稻籽粒中，甲基汞所占比例仅为 4.7%（Penget al.，2012）。甲基汞的吸收发生在水稻整个生长过程中，其中在分蘖期和抽穗期达到峰值，因此水分管理提供了一种减少水稻籽粒甲基汞累积的有效方法，例如，在抽穗前通过水分管理可以显著降低籽粒中的甲基汞（Rothenberg et al.，2011）。水分管理对土壤-水稻体系甲基汞累积的调节作用，可能归因于土壤 Eh、pH 以及微生物活性的变化，可能的机制如下：

当稻田土壤处于淹水或厌氧条件下，Eh 降低而 pH 升高（图 5.9），厌氧微生物的生长被激活，部分二价汞或有机汞被微生物和有机质等还原为 Hg^0；同时，低 Eh 可促进铁锰氧化物的还原溶解，导致部分吸附或共沉淀的汞被释放到孔隙水中，汞的迁移性和生物有效性增强；硫酸盐还原菌和铁还原菌等厌氧微生物的汞甲基化作用增强，新产生的甲基汞被水稻吸收并累积在籽粒中（Liang et al.，2004）。

当稻田土壤处于排水或好氧条件下，土壤 Eh 升高而 pH 下降（图 5.9），此时有机质分解速度加快，土壤中的 Hg^0 被氧化成 Hg^{2+}，并迅速与 S^{2-}结合形成 HgS（Rothenberg et al.，2011）。同时，硫酸盐还原菌等汞甲基化厌氧微生物的数量和种群密度减少，汞的甲基化受抑制而去甲基化被促进，最终稻米中甲基汞的累积量下降（Wang et al.，2014）。值得注意的是，稻田的短期排水虽然会干扰甲基汞的产生，但大多数厌氧菌并没有死亡，而是在短期排水期间处于休眠状态。当稻田重新淹水时，缺氧条件会导致土壤有机质分解，并在数小时内刺激厌氧菌恢复活性，进而导致土壤中硫酸盐和甲基汞含量增加（Marvin-Dipasqualeet al.，2014）。

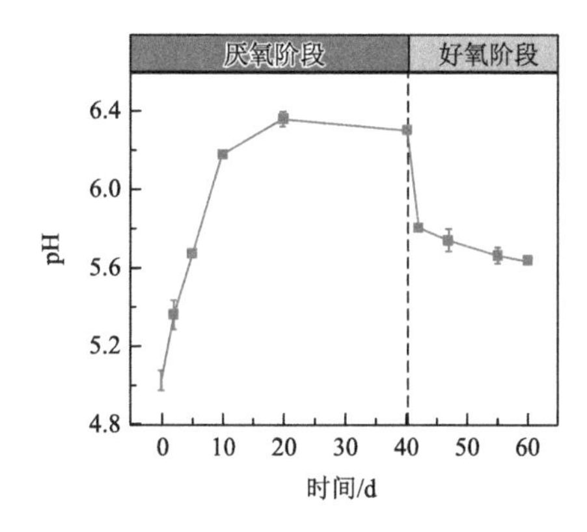

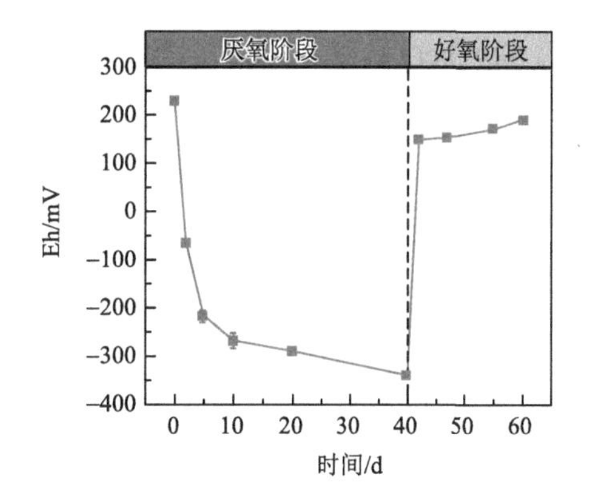

图 5.9　稻田土壤厌氧-好氧阶段 pH 和 Eh 的变化

水旱轮作模式本质上也是一种水分管理，不同的轮作模式已被证实可以影响稻田土壤汞的形态转化和水稻对汞的吸收，但相关机制尚不明确。Sun 等（2019）调查了中国重庆稻田的五种轮作模式，包括其他农田新开垦成稻田（NR-R）、冬季排水（DW-R）、冬季淹水（FW-R）、油菜-水稻轮作（Ra-R）、小麦-水稻轮作（Wh-R）。结果表明，FW-R 的汞甲基化最强，比其他轮作系统高 2～4 倍；其次是 Ra-R 和 Wh-R；然后是 DW-R；最后是 NR-R。因此，DW-R 是减少稻田汞甲基化发生的最佳模式。结合稻田生产，Ra-R 和 Wh-R 可作为稻田的主要轮作模式，具有较高的经济价值和较低的甲基汞污染风险。不同轮作模式可导致土壤甲基汞/总汞比例存在显著差异，这可能归因于土壤有机质，因为土壤有机质中的类蛋白质部分促进了甲基汞的净产生，而类腐殖质部分与甲基汞的亲和力强，促进了甲基汞的累积（Sun et al.，2019）。

2. *施肥*

1）有机肥

有机肥一般包括动物粪便来源的动物有机肥和农作物残留物来源的植物有机肥，有机肥通常会导致稻田土壤甲基汞含量增加，可能有两个方面的机制（Tang et al.，2020）：①有机肥刺激汞甲基化微生物的生长。例如，在厌氧条件下，有机肥被产甲烷菌分解并产生乙酸，从而促进硫酸盐还原菌的活性。②有机肥中的溶解性有机质可与无机汞和有机汞结合，从而提高汞的迁移性和生物有效性。值得注意的是，有机肥中的腐殖质等惰性有机质可与汞强烈的结合，降低汞的活性和生物有效性。此外，不同原料来源的有机肥，对土壤中汞的甲基化也产生不同影响。例如，施用猪粪有机肥后，稻田土壤和稻米的甲基汞含量要比施用稻草有机肥低得多（孟其义等，2018）。

2）氮肥和磷肥

氮（N）和磷（P）是促进水稻生长、确保稻谷产量的必要营养元素（Chen et al.，2011），N 可能至少通过三种途径影响微生物的汞循环过程。首先，氮循环微生物直接参与汞的甲基化。例如，含有 *hgcA* 基因的硝化细菌（Liu et al.，2010）。其次，直接影响 Hg 元素的生物有效性。例如，海洋沉积物中添加 N 和 P 等营养元素可提升甲基汞产率（Liem-Nguyen et al.，2016），而土壤腐殖质中的含氮官能团可结合 Hg^{2+}并降低汞的生物有效性（Skyllberg et al.，2006）。最后，N 与 Fe 等元素的耦合间接影响 Hg 的微生物循环过程。例如，水稻根系泌氧能够促进淹水稻田土壤微生物对氨态氮的硝化作用（Abedi & Mojiri，2020），从而间接抑制根际土壤中 Fe(III)的还原，最终可能影响铁还原菌介导的汞甲基化过程（Kumarathilaka et al.，2018）。

传统磷肥的有效成分为过磷酸钙，通常含有无机汞，这类磷肥的施用会导致稻田土壤“新汞”增多（Tang et al.，2018），“新汞”更易被植物吸收或被微生物转化为甲基汞，引发环境风险（Meng et al.，2018）。近年来，不含汞的新型聚磷酸盐肥料有望替代传统磷肥，以缓解汞的环境风险，主要是因为生物体内的聚磷酸盐可通过螯合作用降低汞的迁移性（Pan-Hou et al.，2001），但该过程目前尚未在土壤-水稻体系中得到验证。

3）硒肥和硅肥

硒（Se）是人类和动物必需的微量元素，也是植物的有益矿质元素。与硫相比，汞与硒之间的结合更强、化合物更稳定。研究发现，土壤中添加硒后，水稻中的无机汞和甲基汞浓度降低。可能的机制是：硒不仅可以促进水稻内皮细胞中铁斑块和质外体屏障的形成，降低细胞膜转运蛋白的活性，限制根细胞对汞的吸收和稻米汞累积；也可以与汞形成惰性 HgSe，抑制汞在土壤中的迁移和微生物甲基化（Tang et al.，2020）。

硅（Si）作为水稻植株的有益矿质元素，不仅可以增强光合作用，提高谷物产量，也可以降低重金属的活性（Tang et al.，2020）。土壤溶液中的硅主要以单硅酸（H_4SiO_4）的形式存在，可通过形成 Hg-Si 共沉淀，将高活性的汞转变为结合态或残留态，从而降低汞的生物有效性。

3. 水稻品种

迄今为止，全球公共种质资源库已收集了 40 多万个水稻种质。大量研究结果已经证实，不同品种对重金属的吸收和转运能力存在差异，尤其是水稻根表面的汞结合效率和水稻植株体内的汞转运，可能受到水稻基因差异性表达的控制，尽管具体机制仍然未知（Tang et al.，2020；Peng et al.，2012）。已发现的高汞累积型水稻品种有 IR1552 和 IR64，低汞累积型水稻品种有 Kasalath、Azucena、日本晴和南丰糯（孟其义等，2018）。大多数水稻品种的总汞和甲基汞累积存在显著差异，但日本晴和南丰糯这两个水稻品种能同时低累积总汞和甲基汞。李冰等（2015）对贵州清镇汞污染地区 20 个水稻品种的籽粒汞含量进行分析发现，不同品种籽粒对总汞（10.3～36.3 μg/kg）的富集能力均远大于甲基汞（1.91～3.95 μg/kg），其中甲基汞的富集程度更易受到水稻基因型的控制（Penget al.，2012）。然而，水稻植株的 Hg 调节相关基因仍然不清楚，目前的研究主要集中于 *merA* 或 *merB* 转基因水稻（Ruiz & Daniell，2009）以及与汞耐受性有关的植物基因（如 *OsTCTP*、*RM1003*、*RM110* 和 *RM405*）（Wang et al.，2013，2015）。最近的研究发现，水稻植株可通过根系分泌物促进土壤中汞甲基化微生物的生长以及甲基汞的生成（Zhao et al.，2018）。因此，不同品种水稻也可能通过根系分泌物的差异影响土壤-水稻体系中甲基汞的生成和水稻籽粒中甲基汞的累积。

5.6　展　　望

汞是一种极易生物富集的有毒重金属，稻田土壤汞污染威胁粮食安全和人体健康。尽管我们对土壤-水稻体系中，汞的迁移、转化和累积的特征有一定的研究和了解，但由于涉及多个学科，很多过程和机制仍然不清楚，未来应在以下 3 个方面继续开展研究工作。

1）汞转化微生物方面

稻田汞转化微生物关键功能基因仍需挖掘。目前仅证实了 7 种与汞转化相关的基因：*hgcAB*、*merA*、*merB*、*mcrA*、*dsrA*、*dsrB* 和 *pmoA*。其中，*hgcAB* 双基因簇已被证实与微生物汞甲基化过程有关，*merA* 和 *merB* 分别是编码汞还原酶和有机汞裂解酶的基因，已被证实与微生物去甲基化过程有关。然而，*mcrA*（产甲烷菌的基因）、*dsrA* 和 *dsrB*（硫酸盐还原菌的基因）、*pmoA*（甲烷氧化菌的基因）与汞的氧化还原、甲基化和去甲基化过程尚未建立准确的对应关系。此外，非生物甲基化已被证实在某些环境中可能是甲基汞形成的主要驱动力，其在稻田体系汞生物地球化学循环中的贡献需要被重视。

2）水稻植株的汞吸收和转化方面

水稻对汞的吸收、转运通道和解毒机制尚不明确。目前的研究主要集中在水稻根系对无机汞和甲基汞的吸收、水稻植株各部位汞的分布特征、来源和形态分析等方面，尚缺乏细胞和分子水平上的机制研究。此外，水稻是否具有去甲基化能力尚有待验证。尽管水稻体内的去甲基化现象被观察到，但在实际环境中，水稻地上部分无法排除光化学去甲基化，地下部分无法排除根际和根内微生物的去甲基化作用。

3）汞循环的多元素耦合方面

汞的生物地球化学循环与土壤中的硫酸盐还原菌、铁还原菌和产甲烷菌等微生物关系密切。因此，稻田体系中 Hg 元素的转化可能与 S、Fe、C 等元素的转化存在耦合关系。虽然目前已有少量研究探讨了 C（土壤有机质、植物源有机质、藻源有机质、秸秆有机质和生物质炭等）、Fe（铁矿物、铁盐和零价铁等）、S（硫酸盐、有机硫和单质硫）等元素对土壤汞甲基化的影响，但稻田土壤汞循环的多元素耦合关系尚未建立，这对于准确预测汞在土壤-水稻体系的迁移和转化过程意义重大。

参 考 文 献

程式华，2022. 论袁隆平杂交水稻国际发展战略[J]. 杂交水稻，37：123-127.

杜式华，方声钟，1984. 植物蒸腾作用、吸汞速率与温度的关系[J]. 环境科学，1：24-26.

冯新斌，陈业材，朱卫国，1996. 土壤中汞存在形式的研究[J]. 矿物学报，2：218-222.

谷春豪，许怀凤，仇广乐，2013. 汞的微生物甲基化与去甲基化机理研究进展[J]. 环境化学，32：926-936.

黄维有，德力格尔，2003. 土壤中的含汞量与土壤中岩石粒径大小的关系[J]. 山西地震，2：35-36.

姬艳芳，李永华，杨林生，等，2009. 湘西凤凰铅锌矿区典型土壤剖面中重金属分布特征及其环境意义[J]. 环境科学学报，29：1094-1102.

荆延德，赵石萍，何振立，2010. 土壤中汞的吸附-解吸行为研究进展[J]. 土壤通报，41：1270-1274.

郎春燕，温丽瑗，张嘉敏，2012. 成都东郊稻田土中汞的分布特征研究[J]. 环境污染与防治，34：28-32.

李冰，2012. 水稻基因型和土壤条件对其吸收总汞和甲基汞的影响[D]. 广州：中山大学.

李冰，卢自勇，朱玲，等，2015. 通过品种选择降低稻米对总汞和甲基汞的吸收[J]. 环境科学与技术，38（7）：28-32.

李玉锋，赵甲亭，李云云，等，2015. 同步辐射技术研究汞的环境健康效应与生态毒理[J]. 中国科学：化学，45（6）：597-613.

李芷薇，孙玉贞，阴永光，等，2022. 大气汞氧化还原过程与机制的计算化学研究进展[J]. 环境化学，41（1）：83-93.

林陶，2007. 汞在水旱轮作系统的释放特征及其影响因素[D]. 重庆：西南大学.

刘永杰，2017. 硫对稻田土壤中汞形态的影响[D]. 太原：山西农业大学.

刘悦，王灿，刘红昌，等，2022. 汞的赋存形态及微生物转化研究进展[J]. 应用与环境生物学报，28（6）：1-14.

孟博，胡海燕，李平，等，2020. 稻田生态系统汞的形态转化及同位素分馏[J]. 矿物岩石地球化学通报，39：13.

孟其义，钱晓莉，陈淼，等，2018. 稻田生态系统汞的生物地球化学研究进展.[J] 生态学杂志，37：18.

仇广乐，2005. 贵州省典型汞矿地区汞的环境地球化学研究[D]. 北京：中国科学院研究生院.

孙婷，王章玮，陈剑，等，2016. 气态二甲基汞的发生系统与产生速率[J]. 环境化学，35（9）：1792-1798.

孙向彤，何锦林，谭红，2001. 红枫湖水面挥发性汞释放通量的测定[J]. 贵州科学，19（2）：6-11.

孙岩，吴启堂，崔理华，等，2016. 土壤矿物、胡敏酸和微生物的混合体系对 Cd 的吸附特征[J]. 生态环境学报，11：1813-1821.

汪恒，袁权，2022. 水稻根际土壤中汞的微生物循环过程[J]. 地球与环境，（5）：767-775.

王萌，丰伟悦，2020. 汞的环境生物化学[J]. 化学教育，41（2）：9-12.

王燕，孙涛，王训，等，2020. 根际土壤中汞甲基化与去甲基化作用双同位素示踪研究[J]. 环境科学学报，40：7.

阴永光，李雁宾，蔡勇，等，2011. 汞的环境光化学[J]. 环境化学，30：8.

张成，宋丽，王定勇，等，2013. 干湿交替条件下三峡水库消落带土壤汞形态变化[J]. 应用生态学报，24：6.

赵蕾，2016. 汞矿区稻田土壤中汞的分布特征及甲基化/去甲基化速率研究[D]. 重庆：西南大学.

郑旺，赵亚秋，孙若愚，等，2021. 汞的稳定同位素分馏机理[J]. 矿物岩石地球化学通报，40（5）：1087-1106.

Abedi T，Mojiri A，2020. Arsenic uptake and accumulation mechanisms in rice species[J]. Plants，9：129.

Acha D，Hintelmann H，Yee J，2011. Importance of sulfate reducing bacteria in mercury methylation and demethylation in periphyton from Bolivian Amazon region[J]. Chemosphere，82：911-916.

Amin S，Khan S，Sarwar T，et al.，2021. Mercury methylation and its accumulation in rice and paddy soil in degraded lands：A critical review[J]. Environmental Technology & Innovation，23：101638.

Angelé-Martínez C，Nguyen K V T，Ameer F S，et al. 2017. Reactive oxygen species generation by copper(Ⅱ) oxide nanoparticles determined by DNA damage assays and EPR spectroscopy[J]. Nanotoxicology，11，278-288.

Azevedo R，Rodriguez E，Mendes R J，et al.，2018. Inorganic Hg toxicity in plants：A comparison of different genotoxic parameters[J]. Plant Physiology and Biochemistry，125：247-254.

Barkay T，Gu B，2022. Demethylation-the other side of the mercury methylation coin：A critical review[J]. ACS Environmental Au，2（2）：77-97.

Barkay T，Kritee K，Boyd E S，et al.，2010. A thermophilic bacterial origin and subsequent constraints by redox，light and salinity on the evolution of the microbial mercuric reductase[J]. Environmental Microbiology，12：2904-2917.

Barkay T，Wagnerdobler I，2005. Microbial transformations of mercury：Potentials，challenges，and achievements in controlling mercury toxicity in the environment[J]. Advances in Applied Microbiology，57：1-52.

Benbassat D，Mayer A M，1978. Light-induced Hg volatilization and O_2 evolution in chlorella and the effect of DCMU and methylamine[J]. Physiologia Plantarum，42：33-38.

Benison G，Lello P，Shokes J，et al.，2004. A stable mercury-containing complex of the organomercurial lyase MerB：Catalysis，product release，and direct transfer to MerA[J]. Biochemistry，43：8333-8345.

Bergquist B A，Blum J D. 2007. Mass-dependent and-independent fractionationof Hg isotopes by photoreduction in aquatic systems[J]. Science，318（5849）：417-420.

Blum J，Sherman L，Johnson M，2014. Mercury isotopes in earth and environmental sciences[J]. Annual Review of Earth and Planetary Sciences，42：249-269.

Cabrita M，Duarte B，Cesario R，et al.，2019. Mercury mobility and effects in the salt-marsh plant *Halimione portulacoides*：Uptake，transport，and toxicity and tolerance mechanisms[J]. Science of the Total Environment，650：111-120.

Carpi A，Lindberg S E，1998. Application of a teflon dynamic flux chamber for quantifying soil mercury flux：Tests and results over background soil[J]. Atmospheric Environment，32（5）：873-882.

Chen X P，Cui Z L，Vitousek P M，et al.，2011. Integrated soil-crop system management for food security[J]. Proceedings of the National Academy of Sciences of the United States of America，108：6399-6404.

Cobbett C，2000. Phytochelatins and their roles in heavy metal detoxification[J]. Plant Physiology，123：825-832.

Correia R，Miranda M，Guimaraes J，2012. Mercury methylation and the microbial consortium in periphyton of tropical macrophytes：Effect of different inhibitors[J]. Environmental Research，112：86-91.

Desrosiers M，Planas D，Mucci A，2006. Mercury methylation in the epilithon of boreal shield aquatic ecosystems[J]. Environmental Science & Technology，40（5）：1540-1546.

Du S，Wang X，Zhang T，et al.，2019. Kinetic characteristics and predictive models of methylmercury production in paddy soils[J]. Environmental Pollution，253：424-428.

Ekstrom E B，Morel F M M，Benoit J M，2003. Mercury methylation independent of the acetyl-coenzyme a pathway in sulfate-reducing bacteria[J]. Applied and Environmental Microbiology，69：5414-5422.

Estrade N，Carignan J，Sonke J E，et al.，2009. Mercury isotope fractionation during liquid-vapor evaporation experiments[J]. Geochimica et Cosmochimica Acta，73：2693-2711.

Francés-Monerris A，Carmona-García J，Acuña A U，et al.，2020. Photodissociation mechanisms of major mercury(Ⅱ) species in the atmospheric chemical cycle of mercury[J]. Angewandte Chemie-International Edition，59（19）：7605-7610.

Gilmour C C，Podar M，Bullock A L，et al.，2013. Mercury methylation by novel microorganisms from new environments[J]. Environmental Science & Technology，47（20）：11810-11820.

Grégoire D S，Poulain A J，2018. Shining light on recent advances in microbial mercury cycling[J]. Facets，3：858-879.

Gu B，Bian Y，Miller C L，et al.，2011. Mercury reduction and complexation by natural organic matter in anoxic environments[J]. Proceedings of the National Academy of Sciences of the United States of America，108：1479-1483.

Guo Y，Liu Y，Wang R，et al.，2015. Effect of mercury stress on photosynthetic characteristics of two kinds of warm season turf grass[J]. International Journal of Environmental Monitoring and Analysis，3：293-297.

Hamelin S，Amyot M，Barkay T，et al.，2011. Methanogens：Principal methylators of mercury in lake periphyton[J]. Environmental Science & Technology，45（18）：7693-7700.

Hammerschmidt C R，Fitzgerald W F，2010. Iron-mediated photochemical decomposition of methylmercury in an arctic Alaskan lake[J]. Environmental Science & Technology，44：6138-6143.

Han S，Obraztsova A，Pretto P，et al.，2007. Biogeochemical factors affecting mercury methylation in sediments of the Venice Lagoon，Italy[J]. Environmental Toxicology and Chemistry，26：655-663.

Heaton A C P，Rugh C L，Kim T，et al.，2003. Toward detoxifying mercury-polluted aquatic sediments with rice genetically engineered for mercury resistance[J]. Environmental Toxicology and Chemistry，22：2940-2947.

Hines M E, Poitras E N, Covelli S, et al., 2012. Mercury methylation and demethylation in Hg-contaminated lagoon sediments (Marano and Grado Lagoon, Italy) [J]. Estuarine Coastal and Shelf Science, 113: 85-95.

Holmes P, James K A F, Levy L S, 2009. Is low-level environmental mercury exposure of concern to human health[J]. Science of the Total Environment, 408: 171-182.

Horvat M, Nolde N, Fajon V, et al., 2003. Total mercury, methylmercury and selenium in mercury polluted areas in the province Guizhou, China[J]. Science of the Total Environment, 304.

Hsu-Kim H, Kucharzyk K H, Zhang T, et al., 2013. Mechanisms regulating mercury bioavailability for methylating microorganisms in the aquatic environment: A critical review[J]. Environmental Science & Technology, 47: 2441-2456.

Hu H, Lin H, Zheng W, et al., 2013. Oxidation and methylation of dissolved elemental mercury by anaerobic bacteria[J]. Nature Geoscience, 6: 751-754.

Hu T, Liu Y, Zhu S, et al., 2019. Overexpression of *OsLea14*: A improves the tolerance of rice and increases Hg accumulation under diverse stresses[J]. Environmental Science and Pollution Research, 26: 10537-10551.

Israr M, Sahi S V, 2006. Antioxidative responses to mercury in the cell cultures of *Sesbania drummondii*[J]. Plant Physiology and Biochemistry, 44: 590-595.

Janssen S E, Schaefer J K, Barkay T, et al., 2016. Fractionation of mercury stable isotopes during microbial methylmercury production by iron-and sulfate-reducing bacteria[J]. Environmental Science & Technology, 50: 8077-8083.

Jiménez-Moreno M, Perrot V, Epov V N, et al., 2013. Chemical kinetic isotope fractionation of mercury during abiotic methylation of Hg(Ⅱ) by methylcobalamin in aqueous chloride media[J]. Chemical Geology, 336: 26-36.

Kardena E, Panha Y, Helmy Q, et al., 2020. Application of mercury resistant bacteria isolated from artisanal small-scale gold tailings in biotransformation of mercury(Ⅱ)-contaminated soil[J]. International Journal of Geomate, 19 (71): 106-114.

Kim C S, Bloom N S, Rytuba J J, et al., 2003. Mercury speciation by X-ray absorption fine structure spectroscopy and sequential chemical extractions: A comparison of speciation methods[J]. Environmental Science & Technology, 37: 5102-5108.

Kim K H, Lindberg S E, Meyers T P, 1995. Micrometeorological measurements of mercury vapor fluxes over background forest soils in Eastern Tennessee[J]. Atmospheric Environment, 29 (2): 267-282.

Kronberg R-M, Schaefer J K, Björn E, et al., 2018. Mechanisms of methyl mercury net degradation in alder swamps: The role of methanogens and abiotic processes[J]. Environmental Science & Technology Letters, 5: 220-225.

Kumarathilaka P, Seneweera S, Meharg A, et al., 2018. Arsenic accumulation in rice (*Oryza sativa* L.) is influenced by environment and genetic factors[J]. Science of the Total Environment, 642: 485-496.

Laacouri A, Nater E A, Kolka R K, 2013. Distribution and uptake dynamics of mercury in leaves of common deciduous tree species in Minnesota, U.S.A[J]. Environmental Science & Technology, 47: 10462-10470.

Leclerc M, Planas D, Amyot M, 2015. Relationship between extracellular low-molecular-weight thiols and mercury species in natural lake periphytic biofilms[J]. Environmental Science & Technology, 49 (13): 7709-7716.

Lehnherr I, Louis V L S, 2009. Importance of ultraviolet radiation in the photodemethylation of methylmercury in freshwater ecosystems[J]. Environmental Science & Technology, 43: 5692-5698.

Lei P, Zhang J, Zhu J, et al., 2021. Algal organic matter drives methanogen-mediated methylmercury production in water from eutrophic shallow lakes[J]. Environmental Science & Technology, 55: 10811-10820.

Li L, Wang F, Meng B, et al., 2010. Speciation of methylmercury in rice grown from a mercury mining area[J]. Environmental Pollution, 158: 3103-3107.

Li P, Du B, Maurice L, et al., 2017. Mercury isotope signatures of methylmercury in rice samples from the Wanshan mercury mining area, China: Environmental implications[J]. Environmental Science & Technology, 51: 12321-12328.

Liang L, Horvat M, Feng X, et al., 2004. Reevaluation of distillation and comparison with HNO_3 leaching/solvent extraction for isolation of methylmercury compounds from sediment/soil samples[J]. Applied Organometallic Chemistry, 18: 264-270.

Liang P, Feng X, Zhang X, et al., 2015. Human exposure to mercury in a compact fluorescent lamp manufacturing area: By food (rice and fish) consumption and occupational exposure[J]. Environmental Pollution, 198: 126-132.

Liem-Nguyen V，Jonsson S，Skyllberg U，et al.，2016. Effects of nutrient loading and mercury chemical speciation on the formation and degradation of methylmercury in estuarine sediment[J]. Environmental Science & Technology，50：6983-6990.

Lindberg S E，Kim K H，Meyers T P，et al.，1995. Micrometeorological gradient approach for quantifying air/surface exchange of mercury vapor：Tests over contaminated soils[J]. Environmental Science & Technology，29（1）：126-135.

Liu J，Meng B，Poulain A J，et al.，2021. Stable isotope tracers identify sources and transformations of mercury in rice（*Oryza sativa* L.）growing in a mercury mining area[J]. Fundamental Research，1：259-268.

Liu Y R，Zheng Y M，Shen J P，et al.，2010. Effects of mercury on the activity and community composition of soil ammonia oxidizers[J]. Environmental Science and Pollution Research，17：1237-1244.

Manceau A，Wang J，Rovezzi M，et al.，2018. Biogenesis of mercury-sulfur nanoparticles in plant leaves from atmospheric gaseous mercury[J]. Environmental Science & Technology，52：3935-3948.

Marvin-Dipasquale M，Agee J L，Mcgowan C，et al.，2000. Methylmercury degradation pathways：A comparison among three mercury-impacted ecosystems[J]. Environmental Science & Technology，34：4908-4916.

Meng B，Feng X，Qiu G，et al.，2010. Distribution patterns of inorganic mercury and methylmercury in tissues of rice（*Oryza sativa* L.）plants and possible bioaccumulation pathways[J]. Journal of Agricultural and Food Chemistry，58：4951-4958.

Meng B，Feng X，Qiu G，et al.，2011. The process of methylmercury accumulation in rice（*Oryza sativa* L.）[J]. Environmental Science & Technology，45：2711-2717.

Meng B，Feng X，Qiu G，et al.，2012. Inorganic mercury accumulation in rice（*Oryza sativa* L.）[J]. Environmental Toxicology and Chemistry，31：2093-2098.

Meng B，Feng X，Qiu G，et al.，2014. Localization and speciation of mercury in brown rice with implications for Pan-Asian public health[J]. Environmental Science & Technology，48：7974-7981.

Meng Q Y，Qian X L，Chen M，et al.，2018. Biogeochemical cycle of mercury in rice paddy ecosystem：A critical review[J]. Chinese Journal of Ecology，37：1556-1573.

Nagajyoti P，Lee K，Sreekanth T，2010. Heavy metals，occurrence and toxicity for plants：A review[J]. Environmental Chemistry Letters，8：199-216.

Natasha M，Shahid S，Khalid I，et al.，2020. A critical review of mercury speciation，bioavailability，toxicity and detoxification in soil-plant environment：Ecotoxicology and health risk assessment[J]. Science of the Total Environment，711：134749.

Nicolardi V，Cai G，Parrotta L，et al.，2012. The adaptive response of lichens to mercury exposure involves changes in the photosynthetic machinery[J]. Environmental Pollution，160：1-10.

Nriagu J O，1994. Mechanistic steps in the photoreduction of mercury in natural waters[J]. Science of the Total Environment，154：1-8.

Olsen T A，Brand C C，Brooks S C，2016. Periphyton biofilms influence net methylmercury production in an industrially contaminated system[J]. Environmental Science & Technology，50（20）：10843-10850.

Oremland R S，Miller L G，Dowdle P，et al.，1995. Methylmercury oxidative degradation potentials in contaminated and pristine sediments of the carson river，nevada[J]. Applied and Environmental Microbiology，61：2745-2753.

Pan-Hou H，Kiyono M，Kawase T，et al.，2001. Evaluation of ppk-specified polyphosphate as a mercury remedial tool[J]. Biological & Pharmaceutical Bulletin，24：1423-1426.

Park J，Song W，Ko D，et al.，2012. The phytochelatin transporters AtABCC1 and AtABCC2 mediate tolerance to cadmium and mercury[J]. The Plant Journal：For Cell and Molecular Biology，69：278-288.

Parks J M，Johs A，Podar M，et al.，2013. The genetic basis for bacterial mercury methylation[J]. Science，339：1332-1335.

Peng X Y，Liu F，Wang W X，et al.，2012. Reducing total mercury and methylmercury accumulation in rice grains through water management and deliberate selection of rice cultivars[J]. Environmental Pollution，162：202-208.

Poissant L，Casimir A，1998. Water-air and soil-air exchange rate of total gaseous mercury measured at background sites[J]. Atmospheric Environment，32（5）：883-893.

Qin C，Du B，Yin R，et al.，2020. Isotopic fractionation and source appointment of methylmercury and inorganic mercury in a paddy ecosystem[J]. Environmental Science & Technology，54：14334-14342.

Rothenberg S E，Feng X，Dong B，et al.，2011. Characterization of mercury species in brown and white rice（*Oryza sativa* L.）grown in water-saving paddies[J]. Environmental Pollution，159：1283-1289.

Ruiz O N，Daniell H，2009. Genetic engineering to enhance mercury phytoremediation[J]. Current Opinion in Biotechnology，20：213-219.

Safari F，Akramian M，Salehi-Arjmand H，et al.，2019. Physiological and molecular mechanisms underlying salicylic acid-mitigated mercury toxicity in lemon balm（*Melissa officinalis* L.）[J]. Ecotoxicology and Environmental Safety，183：109542.

Sahu G K，Upadhyay S，Sahoo B B，2012. Mercury induced phytotoxicity and oxidative stress in wheat（*Triticum aestivum* L.）plants[J]. Physiology and Molecular Biology of Plants，18，21-31.

Saiz-Lopez A，Acuna A U，Trabelsi T，et al.，2019. Gas-phase photolysis of Hg(I) radical species：A new atmospheric mercury reduction process[J]. Journal of the American Chemical Society，141：8698-8702.

Sallmyr A，Fan J，Rassool F V，2008. Genomic instability in myeloid malignancies：Increased reactive oxygen species（ROS），DNA double strand breaks（DSBs）and error-prone repair[J]. Cancer Letters，270：1-9.

Schaefer J K，Letowski J，Barkay T，2002. Mer-mediated resistance and volatilization of Hg(Ⅱ) under anaerobic conditions[J]. Geomicrobiology Journal，19：87-102.

Scholtz M T，Heyst B，Schroeder W H，2003. Modelling of mercury emissions from background soils[J]. Science of the Total Environment，304（1-3）：185-207.

Sheehan M C，Burke T A，Navas-Acien A，et al.，2014. Global methylmercury exposure from seafood consumption and risk of developmental neurotoxicity：A systematic review[J]. Bulletin of the World Health Organization，92：254-269F.

Siegel S M，Siegel B Z，1988. Temperature determinants of plant-soil-air mercury relationships[J]. Water Air and Soil Pollution，40（3）：443-448.

Skyllberg U，Bloom P R，Qian J，et al.，2006. Complexation of mercury(Ⅱ) in soil organic matter：EXAFS evidence for linear two-coordination with reduced sulfur groups[J]. Environmental Science & Technology，40：4174-4180.

Strickman R，Larson S，Huang H，et al.，2022. The relative importance of mercury methylation and demethylation in rice paddy soil varies depending on the presence of rice plants[J]. Ecotoxicology and Environmental Safety，230：113143.

Strickman R J，Mitchell C P J，2017. Accumulation and translocation of methylmercury and inorganic mercury in *Oryza sativa*：An enriched isotope tracer study[J]. Science of the Total Environment，574：1415-1423.

Sun T，Ma M，Du H X，et al.，2019. Effect of different rotation systems on mercury methylation in paddy fields[J]. Ecotoxicology and Environmental Safety，182：109403.

Tang Z，Fan F，Deng S，et al.，2020. Mercury in rice paddy fields and how does some agricultural activities affect the translocation and transformation of mercury：A critical review[J]. Ecotoxicology and Environmental Safety，202：110950.

Tang Z，Fan F，Wang X，et al.，2018. Mercury in rice（*Oryza sativa* L.）and rice-paddy soils under long-term fertilizer and organic amendment[J]. Ecotoxicology and environmental safety，150：116-122.

Tran T A T，Zhou F，Yang W，et al.，2018. Detoxification of mercury in soil by selenite and related mechanisms[J]. Ecotoxicology and Environmental Safety，159：77-84.

Trivedi P，Axe L，2000. Modeling Cd and Zn sorption to hydrous metal oxides[J]. Environmental Science & Technology，34：2215-2223.

Vonk J W，Sijpesteijn A K，1973. Studies on the methylation of mercuric chloride by pure cultures of bacteria and fungi[J]. Antonie Van Leeuwenhoek International Journal of General and Molecular Microbiology，39：505-513.

Wang C Q，Wang T，Ping M U，et al.，2013. Quantitative trait loci for mercury tolerance in rice seedlings[J]. Rice Science，20，238-242.

Wang X，Ye Z H，Li B，et al.，2014. Growing rice aerobically markedly decreases mercury accumulation by reducing both Hg bioavailability and the production of methylmercury[J]. Environmental Science & Technology，48，1878-1885.

Wang Z Q，Li G Z，Gong Q Q，et al.，2015. OsTCTP，encoding a translationally controlled tumor protein，plays an important role in mercury tolerance in rice[J]. BMC Plant Biology，15：123.

Wang Z，Sun T，Driscoll C T，et al.，2018. Mechanism of accumulation of methylmercury in rice（*Oryza sativa* L.）in a mercury mining area[J]. Environmental Science & Technology，52：9749-9757.

Wang Z，Zhang X，Chen Z，et al.，2006. Mercury concentrations in size-fractionated airborne particles at urban and suburban sites in Beijing，China[J]. Atmospheric Environment，40（12）：2194-2201.

Warner K A，Roden E E，Bonzongo J J，2003. Microbial mercury transformation in anoxic freshwater sediments under iron-reducing and other electron-accepting conditions[J]. Environmental Science & Technology，37：2159-2165.

Wiatrowski H A，Ward P M，Barkay T，2006. Novel reduction of mercury(Ⅱ) by mercury-sensitive dissimilatory metal reducing bacteria[J]. Environmental Science & Technology，40：6690-6696.

Windham-Myers L，Marvin-Dipasquale M，Kakouros E，et al.，2014. Mercury cycling in agricultural and managed wetlands of California，USA：Experimental evidence of vegetation-driven changes in sediment biogeochemistry and methylmercury production[J]. Science of the Total Environment，484：300-307.

Xiang Y，Liu G，Yin Y，et al.，2021. Periphyton as an important source of methylmercury in everglades water and food web[J]. Journal of Hazardous Materials，410（15）：124551.

Xiao Z F，Munthe J，de Schroe R W H，et al.，1991. Vertical fluxes of volatile mercury over forest soil and lake surfaces in Sweden[J]. Tellus Series B：Chemical and Physical Meteorology，43（3）：267-279.

Xu X，Zhao J，Li Y，et al.，2016. Demethylation of methylmercury in growing rice plants：An evidence of self-detoxification[J]. Environmental Pollution，210：113-120.

Yin R，Feng X，Meng B，2013. Stable mercury isotope variation in rice plants（*Oryza sativa* L.）from the Wanshan mercury mining district，SW China[J]. Environmental Science & Technology，47：2238-2245.

Yin R，Feng X，Shi W，2010. Application of the stable-isotope system to the study of sources and fate of Hg in the environment：A review[J]. Applied Geochemistry，25：1467-1477.

Yuan W，Sommar J，Lin C，et al.，2019. Stable isotope evidence shows re-emission of elemental mercury vapor occurring after reductive loss from foliage[J]. Environmental Science & Technology，53：651-660.

Yurieva O V，Kholodii G，Minakhin L，et al.，1997. Intercontinental spread of promiscuous mercury-resistance transposons in environmental bacteria[J]. Molecular Microbiology，24：321-329.

Zhang H，Feng X，Larssen T，et al.，2010. Bioaccumulation of methylmercury versus inorganic mercury in rice（*Oryza sativa* L.）grain[J]. Environmental Science & Technology，44：4499-4504.

Zhang H，Lindberg S E，2001. Sunlight and iron(Ⅲ)-induced photochemical production of dissolved gaseous mercury in freshwater[J]. Environmental Science & Technology，35：928-935.

Zhang K，Zheng W，Sun R，et al.，2022. Stable isotopes reveal photoreduction of particle-bound mercury driven by water-soluble organic carbon during severe haze[J]. Environmental Science & Technology，56（15）：10619-10628.

Zhao H，Yan H，Zhang L，et al.，2019. Mercury contents in rice and potential health risks across China[J]. Environment International，126：406-412.

Zhao J Y，Ye Z H，Zhong H，2018. Rice root exudates affect microbial methylmercury production in paddy soils[J]. Environmental Pollution，242：1921-1929.

Zheng W，Liang L，Gu B，2012. Mercury reduction and oxidation by reduced natural organic matter in anoxic environments[J]. Environmental Science & Technology，46：292-299.

Zhou J，Obrist D，Dastoor A，et al.，2021. Vegetation uptake of mercury and impacts on global cycling[J]. Nature Reviews Earth & Environment，2：269-284.

Zhou X Q，Hao Y Y，Gu B，et al.，2020. Microbial communities associated with methylmercury degradation in paddy soils[J]. Environmental Science & Technology，54：7952-7960.

Zhu H，Zhong H，Evans D，et al.，2015. Effects of rice residue incorporation on the speciation，potential bioavailability and risk of mercury in a contaminated paddy soil[J]. Journal of Hazardous Materials，293：64-71.

第6章

土壤-水稻体系中铬迁移转化机制

铬（Cr）是可变价的重金属元素，一般以 Cr(III)形态存在于自然土壤中。水稻可吸收和累积铬，因而可通过食物链进入人体，威胁人类健康。在土壤-水稻体系中，铬的迁移转化过程十分复杂，受水-土界面、根-土界面及水稻不同组织或不同细胞组分间铬再分配的多界面等过程控制（图 6.1）。稻田水分管理过程中的土壤干湿交替变化，必然导致土壤中氧化还原状况、pH、亚铁及硫化物等发生一系列的变化，从而显著影响土壤中铬的赋存状态和生物有效性。本章首先介绍铬的污染现状、地球化学特性以及稻田土壤土中铬主要形态的转化过程，然后运用微宇宙实验方法探讨稻田土壤中铬形态转化的生物地球化学机制，铬稳定同位素分馏方法探讨土壤-水稻体系中铬的迁移特征，随机森林模型方法探讨影响稻米铬积累的主要环境因子，最后以某玄武岩风化形成的铬地质高背景区稻田为对象，探讨稻米铬积累的主要特征及影响其积累的主要环境因素。

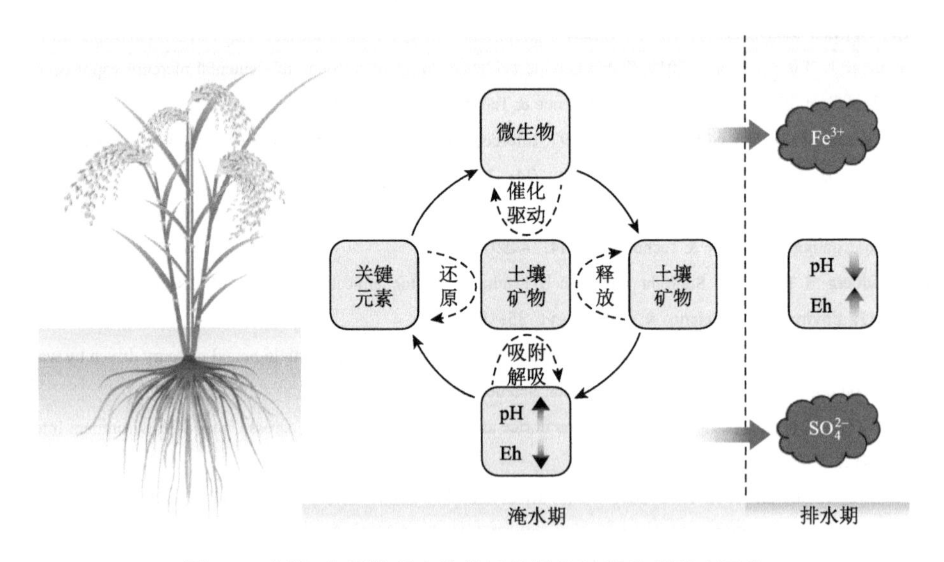

图 6.1　土壤-水稻体系中铬的迁移转化过程及其影响因素

6.1　我国稻田土壤铬污染现状及其地球化学特性

6.1.1　土壤铬来源及污染现状

铬是地壳中丰度排名第 21 位的过渡金属元素，也是土壤和水体中广泛分布的一种有害重金属。土壤中的铬有两个来源：自然来源和人为来源。自然来源主要是指成土母质中含有的铬，如超镁铁质–镁铁质岩石、玄武岩风化物等铬含量较高（Gloaguen & Passe，2017）。铬属于地幔相容元素，在基性岩和超基性岩中的含量远高于长英质岩和沉积物（Yan et al.，2021），因此，风化过程中铬易转移到土壤中，从而形成高地质背景铬的土壤（Wu et al.，2020）。

人为来源是指皮革、电镀、木材加工、有机合成、纺织染色和合金制备等工业过程中产生大量铬渣，含铬工业废水灌溉农田，城市固体废弃物、含铬污泥和磷肥的施用，以及含铬粉尘的沉降，导致土壤铬含量超标（Chen et al.，2019b）。根据美国地质调查局的数据，1996～2019 年全球铬的矿产量逐年增加，于 2019 年达到顶峰（4.48×10^{10} kg），2020 年有所下降。哈萨克斯坦和印度是铬铁矿的主要生产国，年均产量占全球的 62%～81%。中国是铬的主要消费国，主要用于不锈钢生产。

受成土母质、人为活动、土壤理化性质等因素的影响，土壤铬形态及其含量均会不断的发生变化，我国不同地区及同一地区不同土壤类型、不同母质的土壤中铬含量差异较大。据调查，我国土壤铬浓度范围为 0.05～3354 mg/kg（Ao et al.，2022）。

6.1.2　铬的地球化学特性

铬金属具有银灰色光泽，密度为 7.19 g/cm^3。铬的价态可在 0～＋6 之间变化，但环境中最稳定的价态是 Cr(Ⅲ)和 Cr(Ⅵ)，岩石或矿物中，常见的价态为 Cr(Ⅲ)（Silva et al.，2016）。铬在自然界中的形态，主要由其地球化学性质决定，自然界中没有单质铬，通常与二氧化硅、氧化铁、氧化锰等物质结合。火成岩、沉积岩以及常见的铬矿石（如铬铁矿、硬铬尖晶石和富铬尖晶石）都含有一定量铬，由于物理、化学或生物风化的作用，这些铬都可能进入土壤中。在岩石圈中，铬的平均浓度为 200 mg/kg，而且蛇纹岩中铬的浓度高达 2000～4000 mg/kg。

土壤中铬的化学形态主要包括 Cr^{3+}、CrO_2^-、$Cr_2O_7^{2-}$ 和 CrO_4^{2-}（Khezami & Capart，2005），研究表明，铬的迁移能力受其化学形态的影响。例如，Cr(Ⅲ)的迁移能力较弱，大部分被稻田土壤吸附而转入固相，因此只有少量 Cr(Ⅲ)溶于水。Cr(Ⅵ)能以溶解态在水体中稳定存在，因而迁移能力较强（Chen et al.，2019b）。不同价态的铬化合物，对人体的毒性存在差异，Cr(Ⅵ)的毒性远高于 Cr(Ⅲ)，且具有致癌性。另外，Cr(Ⅲ)虽然是人体必需的微量元素，且调节糖和胆固醇代谢，但是人体内若 Cr(Ⅲ)浓度过高，仍然会对人体造成危害（Chen et al.，2019a）。

根据铬的地球化学特性，铬属于亲铁元素，且易电离，并形成稳定的含氧酸阴离子。Cr(Ⅲ)和 Cr(Ⅵ)的化学特性差异显著，在自然环境中，Cr(Ⅲ)易与氧、氢氧化物、硫酸盐及有机质等结合，并形成难溶性沉淀，从而导致土壤或水环境中 Cr(Ⅲ)的生物有效性和迁移率显著降低。另外，由于 Cr(Ⅲ)具有较强的还原性，在碱性环境或氧含量丰富的条件下 Cr(Ⅲ)易被氧化。但是，Cr(Ⅵ)在自然环境中并不以简单的阳离子形式存在，而是与氧结合，并以铬酸盐或重铬酸盐两种酸根阴离子的形式存在。由于铬酸盐或重铬酸盐是强氧化剂，故在酸性环境中 Cr(Ⅵ)易被还原成 Cr(Ⅲ)。

超基性岩和基性岩含有铬尖晶石类矿物，这类矿物具有抗风化的特点，即使岩石经历极端风化，这类矿物仍能保留，是土壤铬的重要来源。铬尖晶石类矿物是尖晶石族的一种氧化物矿物，包括铬铁矿[(Mg, Fe)Cr_2O_4]、镁铬铁矿（$MgCr_2O_4$）、硬铬尖晶石[(Mg, Fe)(Cr, Al)$_2O_4$]和富铬尖晶石[Fe(Cr, Al)$_2O_4$]，成分较复杂，主要由Cr_2O_3、Fe_2O_3、Al_2O_3和 MgO 等组成。这类矿物具有晶格紧凑、高密度和高硬度（莫氏硬度在 8 左右）的特点，也是耐火材料和铬矿石的主要来源。由于与其他矿物存在类质同象替换等形式的联系，铬尖晶石类矿物中可能存在含有少量 Fe、Al、Ca 或 Si 的化合物杂质。

Cr(III)和 Fe(III)的离子半径分别为 61.5 pm 和 64.5 pm（Trolard et al.，1995），由于二者的离子半径相近，故 Cr(III)易取代 Fe(III)，进入土壤中最常见的氧化铁矿物（针铁矿、纤铁矿和赤铁矿）的晶格，从而被固定下来。例如，在亚铁介导的含铬针铁矿重结晶过程中，铬的地球化学行为可能经历三个阶段（图 6.2）：首先，溶解态亚铁吸附在针铁矿表面，形成电位梯度；然后，针铁矿中的三价铁与溶解态亚铁之间发生电子转移和铁原子交换，导致含铬针铁矿发生重结晶，使得重结晶过程中铬相关的键断裂及含铬针铁矿解离，从而释放出 Cr(III)；最后，在亚铁介导的含铬针铁矿重结晶过程中，Cr(III)又被针铁矿重新固定（Hua et al.，2018）。

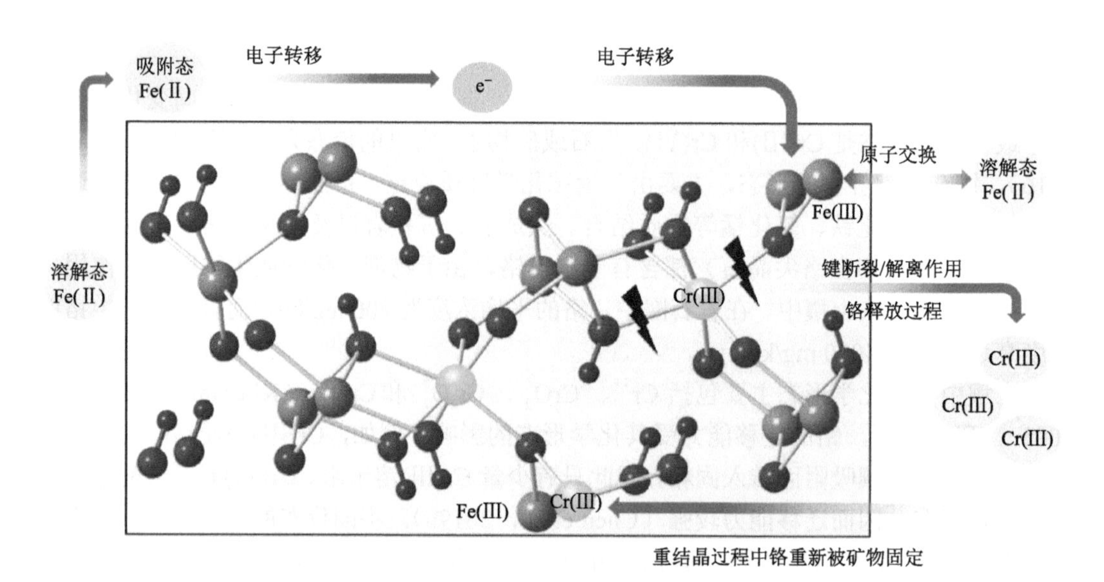

图 6.2 亚铁催化含铬针铁矿重结晶过程中铬的释放与固定

6.1.3 土壤铬的赋存形态、迁移性及生物有效性

土壤中铬的赋存形态对铬的迁移性和生物有效性具有显著影响。土壤重金属赋存形态，有多种提取分析方法，常见的方法有 Tessier 五步提取法和 BCR 连续提取法。Tessier 五步提取法所提取的重金属形态，包括交换态、碳酸盐结合态、铁锰氧化物结合态、有机结合态和残渣态。研究表明，交换态和碳酸盐结合态的铬在土壤中的迁移

性及生物有效性较强，易被水稻吸收，因此对环境的危害较大；而铁锰氧化物结合态、有机结合态及残渣态铬，迁移性及生物有效性较弱，不易被水稻吸收，故对环境的危害较小。在稻田土壤中，铬主要以铁锰氧化物结合态和残渣态的形式存在。在还原条件下，土壤中 Cr(Ⅵ)被还原成 Cr(Ⅲ)，铬从铁锰氧化物结合态向有机结合态转化。土壤 pH 降低，导致溶解态和交换态的铬含量增加，而铁锰氧化物结合态和残渣态的铬含量降低。

总的来说，影响土壤铬赋存形态、迁移性及生物有效性的因素主要包括土壤 pH、Eh、土壤类型、有机质含量和土壤黏土矿物等，稻田土壤中铬的形态及生物有效性呈现以下三方面特点。第一，pH 影响土壤铬的化学形态和地球化学行为，特别是影响其吸附–解吸过程（Balasoiu et al.，2001）。当 pH 较低时，Cr(Ⅲ)易从土壤中解吸；而当 pH 下降时，土壤颗粒对 Cr(Ⅵ)的吸附能力会增强（Covelo et al.，2007）。添加的有机物和无机物，如果改变土壤 pH 和表面电荷，就会对土壤中 Cr(Ⅵ)和 Cr(Ⅲ)的吸附造成较大影响（Taghipour & Jalali，2016）。Bolan 等（2003）报道添加石灰增加 Cr(Ⅲ)的吸附，而 Cr(Ⅵ)的吸附则略有下降，这可能是因为随着 pH 升高，释放到土壤中的羟基离子增加，土壤表面负电荷增多，从而易于形成沉淀，或吸附于土壤中的 Cr(Ⅲ)增加所致。同时，土壤 pH 升高会相应地减少土壤胶体表面的正电荷，从而降低土壤对 Cr(Ⅵ)的吸附能力。对于 Cr(Ⅵ)，在酸性条件下（pH = 1～6.5），Cr(Ⅵ)以 $HCrO_4^-$ 为主；在碱性条件下（pH = 8～12），Cr(Ⅵ)以 $CaCrO_4$ 和 CrO_4^{2-} 为主；pH＞12 时，Cr(Ⅵ)以 CrO_4^{2-} 为主。对于 Cr(Ⅲ)，当 pH＜6 时，氢离子与 Cr(Ⅲ)竞争吸附结合位点，从而促进 Cr(Ⅲ)从土壤固相释放到液相中；pH＞6 时，Cr(Ⅲ)主要以不溶性 $Cr(OH)_3$ 沉淀的形式存在（Shahid et al.，2017）。土壤 pH 提高会增强去质子化过程，土壤胶体表面的负电荷增多，因而倾向于吸附 Cr(Ⅲ)的 $Cr(OH)_2^+$。当土壤胶体颗粒表面 Cr(Ⅲ)离子的吸附位点饱和时，将发生 $Cr(OH)_3$ 的聚合反应，并沉淀在土壤胶体表面。

第二，土壤的氧化还原电位决定氧化还原反应，从而决定铬的价态。一般来说，低 Eh 下，容易发生还原反应；而较高的 Eh 时，则容易发生氧化反应（Shaheen & Rinklebe，2014）。土壤可能存在三种不同的 Eh 状态：氧化状态（Eh＞ + 350 mV）、次氧化状态（+ 100 mV＜Eh＜ + 350 mV）和厌氧状态（Eh＜ + 100 mV）（Otero & Macias，2003）。铬的形态变化对土壤 Eh 高度敏感，且土壤 Eh 是影响铬生物地球化学化行为的一个主要因素（van den Berg et al.，1994）。例如，在还原状态的土壤中，Cr(Ⅵ)易转化为 Cr(Ⅲ)，有利于 Cr(Ⅲ)的沉淀和固定（Rupp et al.，2010）。一般而言，在中性或碱性的富氧环境中，以 Cr(Ⅵ)为主（Ball & Izbicki，2004）。另外，Cr(Ⅵ)在酸性溶液中具有极高的 Eh，表明其具有强氧化电位（Shahid et al.，2017）。

第三，土壤有机质对铬的活性及生物有效性都具有重要的作用。有机质可作为铬及其他重金属的载体（Quenea et al.，2009）。有机质对土壤中铬吸附/解吸的影响较复杂，且受多个因素控制，如可溶与不可溶有机碳的比例，以及有机质中铁、铝、锰的浓度等（Taghipour & Jalali，2016）。有机质也可改变土壤其他条件，从而影响铬的化学形态（Choppala et al.，2018）。土壤中的有机质在控制铬的地球化学行为中发挥关键作用，土壤有机质含量高，不仅可创造还原条件，还可以促使微生物增殖，从而改变土壤的氧化还原电位。在自然系统中，有机质还可以充当微生物还原Cr(VI)的电子供体与穿梭体，加速Cr(VI)的微生物还原，从而有利于Cr(VI)还原为Cr(III)（Ashraf et al.，2017）。

6.2 稻田土壤中铬的转化机制

6.2.1 土壤铬转化的生物地球化学机制

土壤中铬的转化主要包括 Cr(VI)还原、Cr(III)氧化、吸附-解吸、释放-固定、络合-解离等平衡过程，由化学及微生物机制驱动。

1. 化学机制

Cr(VI)的非生物还原，主要受零价铁、亚铁、含亚铁的铁矿物及还原态腐殖酸驱动（Sun et al.，2016）。零价铁是还原 Cr(VI)的常用材料，应用于渗透反应墙工程，其中 Cr(VI)的还原速率，取决于零价铁的比表面积、Cr(VI)浓度及 pH 等因素（Jamieson-Hanes et al.，2014）。还原产物 Cr(III)可与氢氧根离子结合，然后再与氧化铁结合，从而形成氢氧化铁铬。在厌氧条件下，土壤及富铁地下水中形成的绿锈，具有较强的 Cr(VI)还原能力（Stumm & Sulzberger，1992；Brown et al.，1999）。在自然环境中，绿锈与空气接触后易被氧化，是零价铁腐蚀的重要中间产物（Usman et al.，2018）。绿锈是含有 Fe(Ⅱ)与 Fe(III)的混合化合物，其中 Fe(Ⅱ)含量高达 75%（Schwertmann & Fechter，1994），因此绿锈具有很强的还原能力，可有效还原高价重金属、氯化溶剂及硝基芳族化合物（Buerge & Hug，1997）。绿锈属于层状双氢氧化物矿物（Carrado et al.，1988），其八面体 $Fe(OH)_2$ 被 Fe(III)取代，中间为阴离子层，包含氯离子、碳酸根或硫酸根离子，其电荷为中性（Crepaldi & Valim，1998）。与绿锈成品相比，绿锈生成时还原 Cr(VI)的活性更高（Williams & Scherer，2001）。

2. 微生物机制

Cr(VI)被微生物还原为 Cr(III)的过程是铬转化的重要机制。因此，微生物修复是治理土壤 Cr(VI)污染的有效手段（Dhal et al.，2010）。细菌抵御 Cr(VI)的毒性，包括胞外及胞内 Cr(VI)的还原、Cr(VI)的摄入减少、活性氧簇解毒、DNA 损伤修复及 Cr(VI)的外排等机制（图 6.3）。微生物通过这些机制来抵御重金属毒性，因而具备在有毒重金属污染环境下生存的能力。细菌抵御 Cr(VI)的能力，与其生长环境具有相关性。例如，从含有丰富铬铁矿土壤中分离出来的细菌，对 Cr(VI)及其他重金属具有较强的抵御能力（Das et al.，2013）。

Cr(VI)的胞外还原，能有效地降低对细菌细胞的危害。细菌细胞壁上分布的肽聚糖，可作为还原产物 Cr(III)的有效螯合剂（Hoyle & Beveridge，1983）。细菌具有的重金属吸附特性，有利于从溶液中去除金属物质，而这种吸附特性主要依赖于细胞表面分布的反应性官能团，包括羧基、羟基和巯基等。因此，当 Cr(VI)还原的过程发生在胞外时，Cr(VI)则难以进入细胞内。

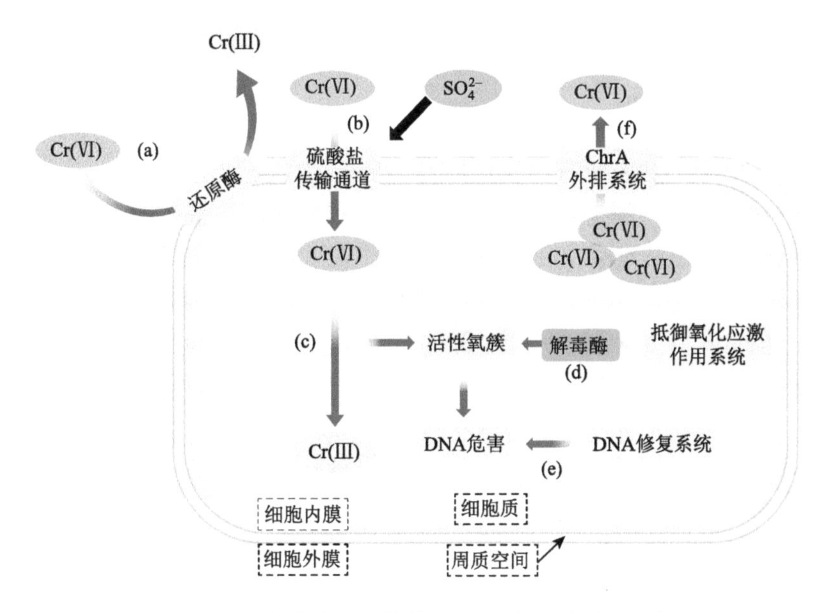

图 6.3　细菌中六价铬的转运、解毒及抵御机制

（a）胞外六价铬还原过程；（b）六价铬通过硫酸盐传输通道进入到细胞内部；（c）胞内六价铬还原过程；（d）通过解毒酶来抵御氧化应激作用系统；（e）DNA 修复系统；（f）ChrA 外排系统。

胞外 Cr(Ⅵ)还原的电子传输方式，主要有三种机制：①还原酶与 Cr(Ⅵ)直接接触机制，即通过细胞外膜上的活性蛋白，将电子直接转移到 Cr(Ⅵ)上；②通过纳米导线将电子传输给 Cr(Ⅵ)；③电子穿梭体机制，即电子介体机制（Lovley，1991）。其中，直接接触机制是最根本的电子传递方式，而电子穿梭体机制是电子传递的辅助方式。研究细胞色素 c（包含 OmcA 和 MtrC）与 Cr(Ⅵ)的相互作用，是阐明 Cr(Ⅵ)还原过程中胞外电子传递机制的关键。在金属还原菌如希瓦氏奥奈达菌（MR-1）中，其胞外聚合物含有的细胞色素 c，可与金属氧化物结合，并进行电子传递，被认为是最重要的金属还原酶（Shi et al.，2006）。

希瓦氏奥奈达菌（MR-1）是革兰氏阴性菌，广泛分布于水体和土壤中（Hau & Gralnick，2007）。在厌氧条件下，MR-1 对 Cr(Ⅵ)具有强还原能力，常作为研究细菌还原 Cr(Ⅵ)过程的模式细菌。MR-1 既能以氧气为最终电子受体进行有氧呼吸，也能以硝酸盐、延胡索酸盐等物质为最终电子受体进行无氧呼吸（Viamajala et al.，2004）。研究表明，MR-1 还原 Cr(Ⅵ)的过程主要发生在胞外（Chen et al.，2019b），而且细胞色素 c 在 MR-1 还原 Cr(Ⅵ)的过程中发挥重要作用（Bencheikh-Latmani et al.，2005）。例如，CymA 是附着于细胞周质上的重要细胞色素，它通过电子供体得到电子，然后通过一系列细胞色素如 MtrA、MtrB 等的传递（Reyes et al.，2012），将电子从细胞周质传递到细菌外膜的 OmcA 和 MtrC 上，最终在胞外将 Cr(Ⅵ)还原为 Cr(Ⅲ)（Myers & Myers，2002）。

细胞色素 c 具有复杂的分子结构，常采用 3 种方法研究其与 Cr(Ⅵ)的相互作用，即数学模拟、分离纯化的细菌外膜蛋白和活体细菌中的细胞色素 c。数学模拟方法具有不受试验手段限制的优势（Wigginton et al.，2009）；而分离纯化的细菌外膜蛋白与Cr(Ⅵ)反应的方法，由于细胞色素 c 与 Cr(Ⅵ)直接反应的速率过快，会导致传统的终点测试法无法测出实际电子传递速率的难题。Inoue 等（2010）研究细胞色素 c 与一系列电子受体的结合反应，发现所有还原反应在 5 min 内就已完成，导致无法获得中间过程信息。有研究者指出，瞬态动力学技术可为此难题的解决提供重要的手段。有人通过采用停流光谱仪，成功地研究了还原态细胞色素 c 与 Cr(Ⅵ)间的瞬态反应动力学特征（Xiong et al.，2006）。Ross 等（2009）利用停流光谱仪测试 MR-1 中的细胞色素 c（包括 OmcS、OmcA 和 MtrC）与蒽醌-2, 6-二磺酸（anthraquinone-2, 6- disulfonic acid，AQDS）、核黄素等电子受体反应的瞬态反应动力学，发现该反应可在 1000 ms 内完成。研究还发现，活体细菌中细胞色素 c 与分离纯化的细胞色素 c，在胞外的电子传递过程并不完全相同。在全细胞体系中，由于蛋白质镶嵌在细胞膜上，其性质会受活体细胞系统本身电子及能量平衡的影响，因此分离纯化的蛋白质与活体细菌中的蛋白质，在电子传递上存在显著差异（Ross et al.，2009）。测定活体细菌中细胞色素 c 含量，更能直接反映细胞色素 c 在胞外电子传递中的作用。由于细胞色素 c 含有大量血红素基团，因此可通过光谱法测定其吸收峰，以此确定活体细菌中细胞色素 c 的含量变化。此外，还可将细菌固定在透明的导电电极上，检测外膜中酶活性中心的电极电势与光谱信号的关系。

采用光谱和电化学相结合的方法，检测活菌生物膜与电极间的电子传递，可为活体细菌胞外电子传递动力学及热力学的研究提供技术支持（Liu et al.，2016）。Liu 等（2011）曾设计出光谱电化学反应器，将生物膜负载到透明导电电极表面，可在特定电压条件下对生物膜光谱信号的变化进行实时监测，从而可将电化学信号与活体细菌中细胞色素 c 的紫外-可见光谱变化关联起来。Liu 等（2016）采用漫透射吸收光谱，有效去除细胞悬液体系中悬浮细胞对散射光的影响，可对活体细菌中细胞色素 c 血红素基团的光谱吸收特性进行准确测定，并建立细胞色素 c 血红素基团与菌悬液浓度的关系，以便探讨金属还原菌还原 Cr(Ⅵ)过程的动力学及化合物变化，从而更具体地显示 Cr(Ⅵ)的还原过程，以及揭示细菌与 Cr(Ⅵ)间电子传递的过程与机制。

研究表明，细菌还原 Cr(Ⅵ)的方式还包括胞内还原（Viti et al.，2009）。例如，大肠杆菌（*Escherichia coli*）主要是通过还原酶 YieF 在胞内将 Cr(Ⅵ)还原。YieF 是一种二聚体氟蛋白，通过 4 个电子转移，即可将 Cr(Ⅵ)直接还原成 Cr(Ⅲ)。其中，3 个电子在还原 Cr(Ⅵ)的过程中被消耗，第 4 个电子则被转移到氧原子上。YieF 二聚体可实现 Cr(Ⅵ)的一步还原，故还原过程中所产生的活性氧簇较少（Park & Zeikus，2002）。另外，假单胞菌 *Pseudomonas putida* MK1 主要是通过还原酶 ChrR 在胞内将 Cr(Ⅵ)还原，而 ChrR 二聚体则需要两步才能实现对 Cr(Ⅵ)的还原。还有人发现，MR-1 还原 Cr(Ⅵ)的过程也发生在胞内（Daulton et al.，2002）。Cr(Ⅵ)在水体中的存在形式为铬酸根离子，由于铬酸根离子与硫酸根离子的化学性质类似，故铬酸根离子可能通过硫酸根离子的 ABC 转运蛋白进入 MR-1 细胞内。研究表明 MR-1 摄入铬酸根的过程为主动运输，且消耗 ATP。铬酸根离子被摄入到细胞内后，细胞质中细胞色素可将 Cr(Ⅵ)还原（Zou et al.，2013）。

6.2.2　土壤铬形态转化的动力学机制

1. 干湿交替过程中铬形态转化特征

稻田土壤干湿交替过程中，会发生 pH 和 Eh 的变化，从而驱动铬形态的转化，并影响其生物有效性。利用微宇宙实验模拟稻田土壤的淹水和排水过程，可得到铬形态转化的动力学（图 6.4a）（Zhang et al.，2023）。在淹水条件下，盐酸提取态铬逐渐增加，表明铬的潜在生物有效性升高。一般来说，淹水会导致土壤的比表面积和表面吸附位点增加，土壤胶体吸附能力增强，但是由于铁氧化物的还原和溶解可促进铬的释放，故导致盐酸提取态铬升高。Tessier 五步提取法的研究结果表明，土壤中铬的形态主要为残渣态（F5），其占土壤总铬的比例为 85%～90%。

在厌氧阶段，有机-硫化物结合态铬（F4）逐渐增加，表明土壤中存在大量的溶解性有机质，同时硫酸盐被还原为硫化物，从而促进形成有机-硫化物结合态铬（Xia et al.，2023）。铁锰氧化物结合态铬（F3）变化不显著，表明铁锰氧化物的还原导致铬的溶解和释放，而亚铁催化氧化铁的重结晶又重新固定铬，二者维持一个动态平衡。在厌氧条件下，吸附态铬（F2）和交换态铬（F1）也逐渐增加（图 6.4b），且其生物有效性也升高（Pantsar-Kallio et al.，2001；Choppala et al.，2018）。

在好氧阶段，盐酸提取态铬逐渐降低，表明 Fe(Ⅱ)氧化的过程可促进 Cr(III)的固定。同时，由于土壤胶体和悬浮物的重新聚集，会进一步促进铬的固定，并导致其生物有效性降低。Tessier 五步提取法的研究结果表明，在好氧条件下，硫化物重新转化为硫酸盐，同时土壤中溶解性有机质含量也下降，从而导致有机-硫化物结合态铬降低（图 6.4b）（Xu et al.，2020）。铁锰氧化物结合态铬变化不显著，这是因为亚铁氧化生成的 Fe(III)矿物可固定铬，但是 Fe(Ⅱ)氧化会释放氢离子，反而促进铬铁氧化物释放铬（Hua et al.，2018）。另外，在好氧阶段，吸附态铬减少，表明其生物有效性下降（图 6.5）。

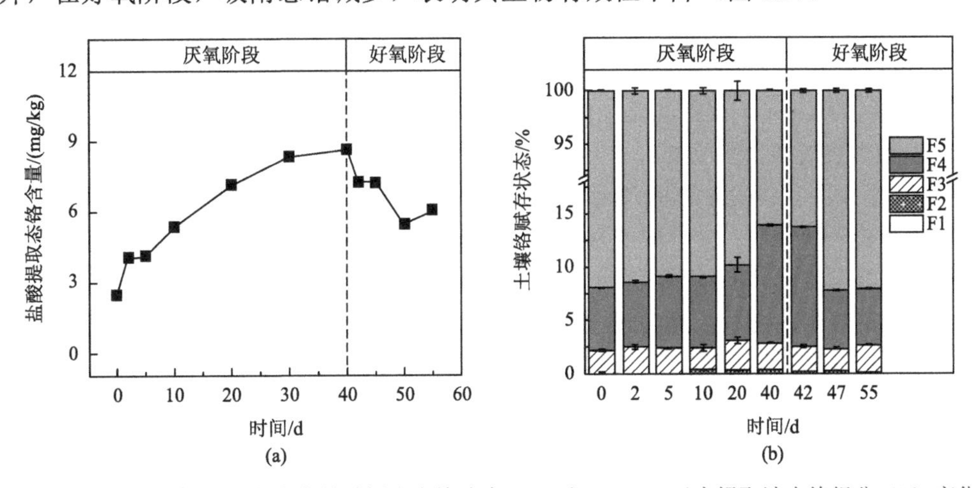

图 6.4　实验室模拟稻田土壤中盐酸提取态铬浓度（a）和 Tessier 五步提取法中铬组分（b）变化

F1：交换态铬；F2：吸附态铬；F3：铁锰氧化物结合态铬；F4：有机-硫化物结合态铬；F5：残渣态铬。

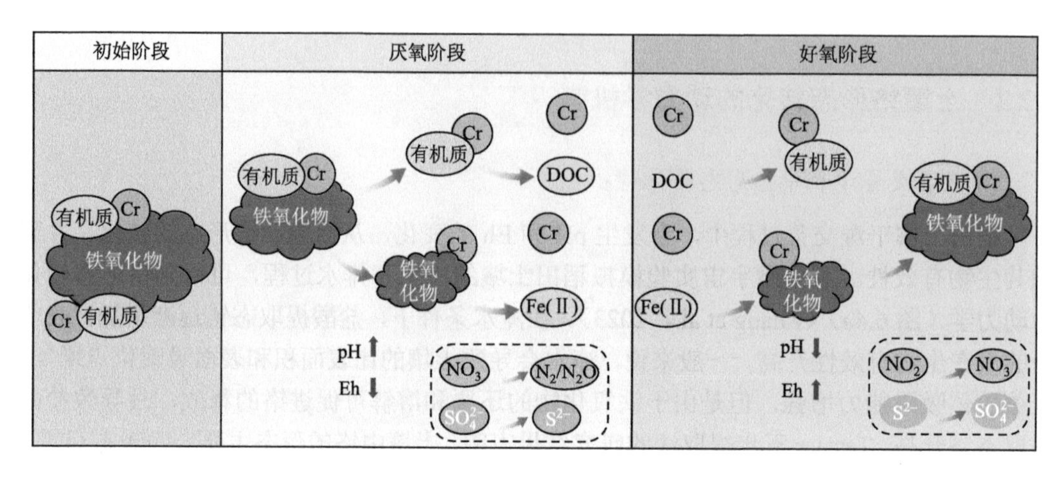

图 6.5　地质高背景区淹水和排水条件下水稻土壤中铬的形态转化机制

2. pH-Eh 与铁/碳/氮/硫循环对铬形态转化的影响机制

大量研究结果显示，土壤中铁/碳/氮/硫循环对铬的形态转化具有重要影响（Xiao et al., 2015，2023）。氧化铁稻田土壤中重要的电子受体，可还原和消耗大量氢离子，导致土壤 pH 升高；而 Fe(Ⅱ)化可释放大量氢离子，导致 pH 降低。另外，硝酸盐还原-氨氧化及硫酸盐还原-硫化物氧化等过程，都会对土壤 pH 及 Eh 产生重要的影响。

在淹水的厌氧阶段，微生物驱动 NO_3^-、SO_4^{2-} 和 Fe(Ⅲ)还原，大量消耗氢离子，导致土壤 Eh 快速下降，pH 升高；有机质厌氧发酵过程中会释放出大量的电子和螯合剂，脱羧反应会引起土壤 pH 升高（Ding et al., 2019）。当 pH 接近 7 时，土壤的 Eh 和 pH 均趋于稳定（图 6.6a）。另外，Fe(Ⅲ)迅速下降，而盐酸提取态 Fe(Ⅱ)迅速增加（图 6.6b）。在厌氧阶段的后期，盐酸提取态 Fe(Ⅱ)含量的变化逐渐趋缓。研究表明，铁氧化物的还原和溶解速率，取决于其结晶度、比表面积以及微生物活性和可能存在的螯合剂。铁氧化物的还原和溶解，有助于铁锰氧化物结合态铬的释放（Davranche & Bollinger，2000）。硫酸盐的还原会产生大量的硫化物（图 6.6c），从而与 Cr(Ⅲ)发生沉淀反应（Rajendran et al., 2019）。溶解性有机碳（DOC）因含有大量官能团，可与铬络合形成铬-有机复合物，从而导致铬释放到溶液中（图 6.6d）。

在好氧阶段，土壤 Eh 迅速升高，随着 Fe(Ⅱ)、硫化物和氨根离子等还原性物质的氧化，大量氢离子被释放，会导致土壤 pH 迅速下降，而 Fe(Ⅲ)、硝酸盐和硫酸盐等氧化物则显著增加（图 6.6）。Fe(Ⅱ)氧化所产生的水铁矿、纤铁矿等结晶度低、比表面积大，因而对 Cr(Ⅲ)的固定能力较强（Chen et al., 2020，2021b）。在好氧阶段，溶解态和盐酸提取态的铁逐渐减少，部分无定形铁重结晶成更稳定的赤铁矿等（Yu et al., 2016）。铁氧化物重结晶的过程中，可固定土壤中的铬，使得好氧阶段铁锰氧化物结合态铬增加，而盐酸提取态铬减少。

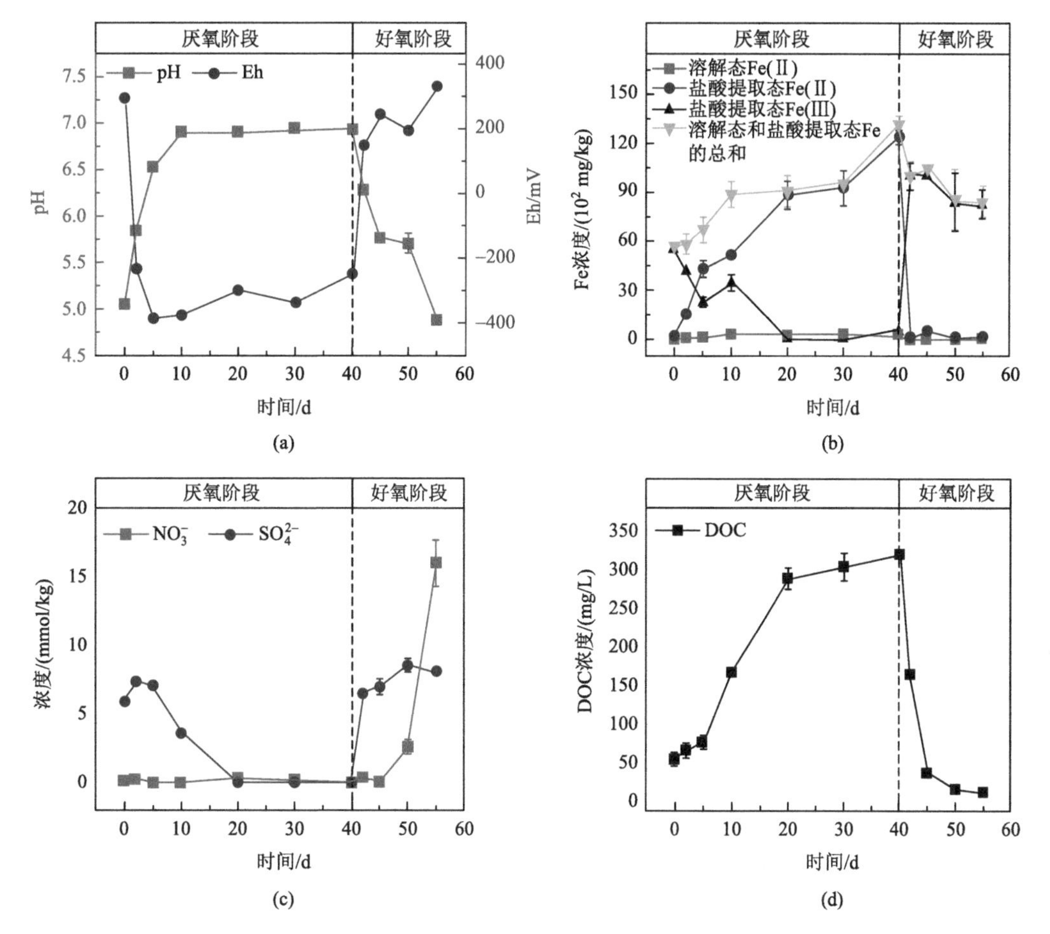

图 6.6　淹水或排水条件下稻田土壤中 pH-Eh 及铁/碳/氮/硫的变化

（a）pH 和 Eh 的变化趋势；（b）溶解态 Fe(Ⅱ)、盐酸提取态 Fe(Ⅱ)和 Fe(Ⅲ)浓度的变化；（c）硝酸盐和硫酸盐浓度的变化；（d）溶解性有机碳（DOC）浓度的变化趋势。

3. 铬形态转化的反应动力学模型

在稻田土壤厌氧与好氧交替变化过程中，铬的迁移转化非常复杂，而且常伴随着铬的固定-释放过程（Xia et al.，2023）。影响土壤铬固定与释放的因素众多，借助反应动力学模型，可解析土壤中铬迁移转化的主控因子和关键过程。Zhang 等（2023）建立了土壤铬迁移转化的反应动力学模型，并将该模型分为厌氧和好氧两个阶段。在厌氧阶段，盐酸提取态铬显著增加，但进入好氧阶段后，盐酸提取态铬迅速减少。另外，铁锰氧化物结合态铬与盐酸提取态铬存在极显著的相关性，表明铁氧化物的氧化和还原在土壤铬的固定与释放过程中起重要作用。在厌氧阶段，铬在水稻土壤中的释放，主要源于铁氧化物的还原性溶解、有机质表面铬的解吸附，以及土壤胶体颗粒的分散等因素。

盐酸提取态铬的释放量（ΔH_{Cr}），可由公式（6.1）计算。其中，$H_{Cr,40d}$ 是厌氧处理 40 d 的盐酸提取态铬浓度，$H_{Cr,0d}$ 是初始的盐酸提取态铬浓度。在时间 t（d）处，H_{Cr} 的净增加（ΔH_{Cr}）可以表示为反应 1（$R1$，表 6.1）。溶解态 Fe(Ⅱ)和盐酸提取态铁浓度（H_{Fe}）的总增加量，可由公式（6.2）计算。其中，$H_{\text{Dissolved Fe(II) and HCl-Fe, 40d}}$是厌氧处理 40 d 条件下溶解态和盐酸提取态铁浓度的总和，$H_{\text{Dissolved Fe(II) and HCl-Fe, 0d}}$是初始（厌氧处理 0 d）条件下溶解态和盐酸提取态铁浓度的总和。在时间 t（d）处，溶解态和盐酸提取态铁浓度的净增加（ΔH_{Fe}）可表示为反应 2（$R2$，表 6.1）。在好氧阶段，盐酸提取态的铬和铁浓度迅速下降，然后逐渐趋于稳定，铬和铁浓度的下降可以分别表示为 $R3$ 和 $R4$（表 6.1）。

$$\Delta H_{\text{Cr}} = H_{\text{Cr, 40d}} - H_{\text{Cr, 0d}} \tag{6.1}$$

$$\Delta H_{\text{Fe}} = H_{\text{Dissolved Fe(II)and HCl-Fe, 40d}} - H_{\text{Dissolved Fe(II)and HCl-Fe, 0d}} \tag{6.2}$$

基于基元反应（从 $R1$ 到 $R4$），模型通过拟合稻田土壤淹水和排水过程中铬和铁的动力学数据，获得速率常数的最佳拟合值（表 6.1，图 6.7）。对于 $R1$ 和 $R2$，速率常数 k_1^+（0.075 d^{-1}）远大于 k_2^+（0.037 d^{-1}），其原因在于：①铁氧化物的还原性溶解，可导致铁锰氧化物结合态铬的直接释放（Davranche & Bollinger，2000）；②有机质的溶解，有助于有机质表面官能团络合态铬的释放（Anawar et al.，2013）。除了铁氧化物的还原性溶解释放出大量有机质外，铁氧化物的还原还消耗大量氢离子，导致土壤 pH 升高，从而进一步使有机质从矿物中解吸（Grybos et al.，2009）；③铁氧化物的还原性溶解还会导致土壤团聚体分解，促进铬的释放（Lu et al.，2014）。基于这些因素，虽然铁氧化物的还原速率常数较低，但是，铁氧化物还原不仅直接影响铬的释放，还会引起有机质溶解及土壤团聚体分解，从而进一步导致铬的释放。

在好氧条件下，铬固定速率常数（$k_3^+ = 0.059\ d^{-1}$）高于铁固定速率常数（$k_4^+ = 0.031\ d^{-1}$），原因在于：①Fe(III)的重结晶过程，该过程可直接固定铬（Li et al.，2012）；②胶体的重新聚集，也可促进铬的固定（Lu et al.，2014）。因此，以上的反应动力学模型，可为定量稻田土壤中干湿交替条件下铬的迁移转化提供理论依据。

表 6.1 实验室模拟稻田土壤淹水和排水条件下反应动力学模型拟合的速率常数

基元反应	反应式	速率常数/d^{-1}	最低值/d^{-1}	最高值/d^{-1}
		厌氧条件		
$R1$	$\Delta Cr \longrightarrow Cr_{\text{Increase}}$	$k_1^+ = 0.075$	0.069	0.081
$R2$	$\Delta Fe \longrightarrow Fe_{\text{Increase}}$	$k_2^+ = 0.037$	0.032	0.043
		好氧条件		
$R3$	$Cr_{\text{HCl}} \longleftrightarrow Cr_{\text{Decrease}}$	$k_3^+ = 0.059$	0.047	0.075
		$k_3^- = 0.119$	0.076	0.178
$R4$	$Fe_{\text{Dissolved+HCl}} \longleftrightarrow Fe_{\text{Decrease}}$	$k_4^+ = 0.031$	0.028	0.033
		$k_4^- = 0.055$	0.040	0.070

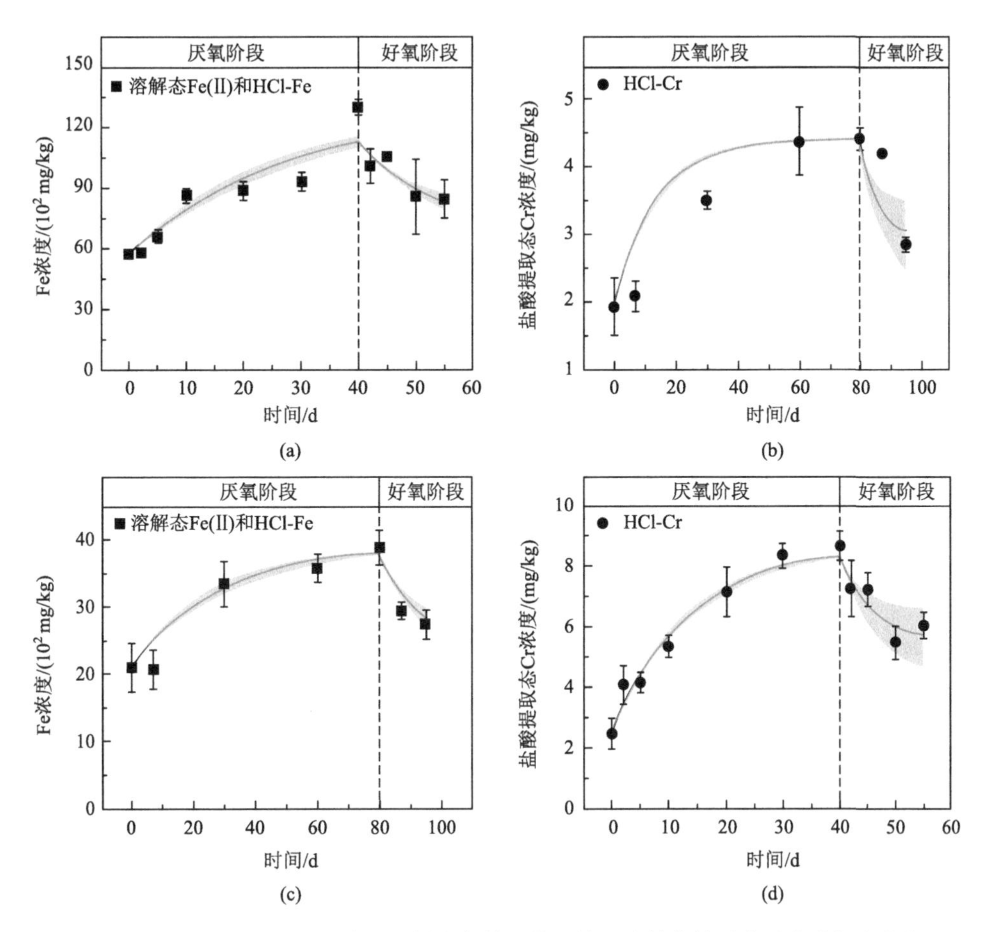

图 6.7 实验模拟稻田土壤淹水和排水条件下铬和铁迁移转化的反应动力学拟合曲线

（a）和（b）为微宇宙实验模拟结果，（c）和（d）为盆栽试验模拟结果。实线代表使用反应 $R1$～$R4$ 的模型拟合，阴影区域是适应 chi^2 检验得出的参数置信区间极限值处的 90%推理置信区间。

6.3 土壤-水稻体系中铬迁移转运的多介质界面机制

6.3.1 水稻根系吸收铬的生理机制

水稻根部和地上部的铬浓度，会随着植株的生长发育发生显著的变化。在淹水的初始阶段，水稻根部和地上部中铬浓度高；但随着淹水时间的延长，根部和地上部中铬浓度逐渐降低。在淹水阶段，虽然土壤中有效态铬的浓度随时间延长逐渐升高，但是，由于水稻根部和地上部的生物量逐渐增加，即所谓的“稀释效应”，从而导致根部和地上部中铬的浓度逐渐降低（图 6.8）。水稻由于根际泌氧会形成根表铁膜（Chen et al.，2021a），铁膜中的铁主要以无定形或结晶型的铁氧化物形式存在（Jiang et al.，2009），铁浓度随水稻的生长而逐渐上升，可从苗期的 0.24 g/kg 升高至灌浆期的 3.93 g/kg，在成熟期甚至达到 10.6 g/kg（Wang et al.，2019）。铁膜对铬从土壤迁移至植物体内至关重要，对三个水稻品种（90-68-2、CDR22 和 Jin 23A）的根表铁膜分析发现，铁膜中铬和铁的含量具有显著的正相关性（Hu et al.，2014）。这些结果进一步证实根表铁膜对铬的固定作用，同时也证实铁膜是制约铬从土壤迁移至水稻体内的重要屏障。

稻田土壤中铬通常以Cr(III)价态存在，而Cr(III)通常以氧化物、氢氧化物或硫化物的形式存在，其毒性较低。植物通过不同的途径吸收Cr(III)和Cr(VI)，当水培营养液中添加代谢抑制剂（2, 4-DNP）时，水稻对Cr(VI)的吸收显著降低，而对Cr(III)的吸收受影响较小，表明水稻Cr(VI)的吸收需要能量参与，是由转运蛋白参与的主动运输过程；而Cr(III)的吸收需要的能量较少（曾凡荣，2010）。有研究表明，由于CrO_4^{2-}与SO_4^{2-}在结构上具有相似性，故CrO_4^{2-}可能通过SO_4^{2-}的转运通道进入植物体内（Shanker et al., 2005）。在水培条件下，用100 μmol/L Cr(III)处理水稻幼苗0.5 h后，水稻根系中铬浓度高达400 mg/kg；而用100 μmol/L Cr(VI)处理0.5 h后，水稻根系中铬浓度≤20 mg/kg，说明Cr(III)比Cr(VI)更易被水稻根系吸收（曾凡荣，2010）。

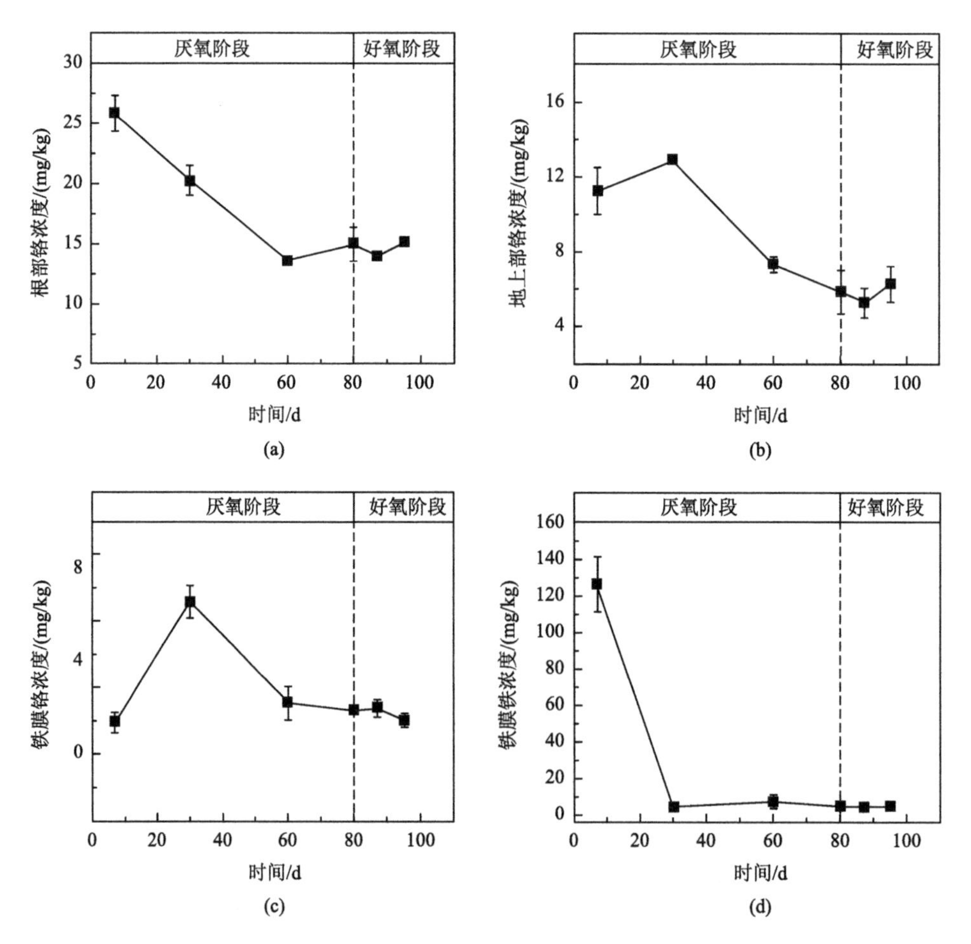

图6.8　盆栽条件下水稻各组织和铁膜中铬和铁浓度的变化

图中为淹水80 d和排水15 d中根部（a）和地上部（b）中铬浓度变化；铁膜中铬浓度变化（c）和铁浓度变化（d）。

6.3.2　水稻植株体内铬的转运

铬虽然是水稻的非必需矿质元素，但是可与必需矿质元素，如铁、硫和磷等竞争结合载体，从而进入根系细胞内（Shanker et al.，2005）。水稻对铬的积累存在明显的基因型差异，例如，对 138 份水稻品种的籽粒铬浓度进行测定，发现籽粒铬浓度的最大值与最小值之比达 20 倍以上，且基因型间籽粒铬浓度的变异系数超过 55%（Zeng et al.，2014）。

同步辐射微束 X 射线荧光（μ-SRXRF）分析、差速离心和逐步化学提取法，是研究铬在水稻组织上的分布特点和形态特征的有效工具。水稻的根部可显著富集铬，μ-SRXRF 检测结果显示，水稻根部的铬绝大部分都积累到根表皮细胞中（曾凡荣，2010）。因此，根表皮细胞对铬的阻隔作用，可能是制约铬从根部向地上部转运的重要机制。Cr(III)进入根细胞后，会与蛋白质、多糖、有机酸等化合物络合，并形成复杂的金属配位体。在植物体内，这些金属配位体的溶解性和迁移性均较低，最终使得 Cr(III)沉积到细胞壁上或积累在液泡中，从而降低铬的毒性（图 6.9）。Cr(VI)和 Cr(III)被水稻根系吸收的过程中，必须通过共质体才能穿过内皮层。由于细胞中的 Cr(VI)容易还原成 Cr(III)，从而使得大部分铬保留在根表层细胞中。

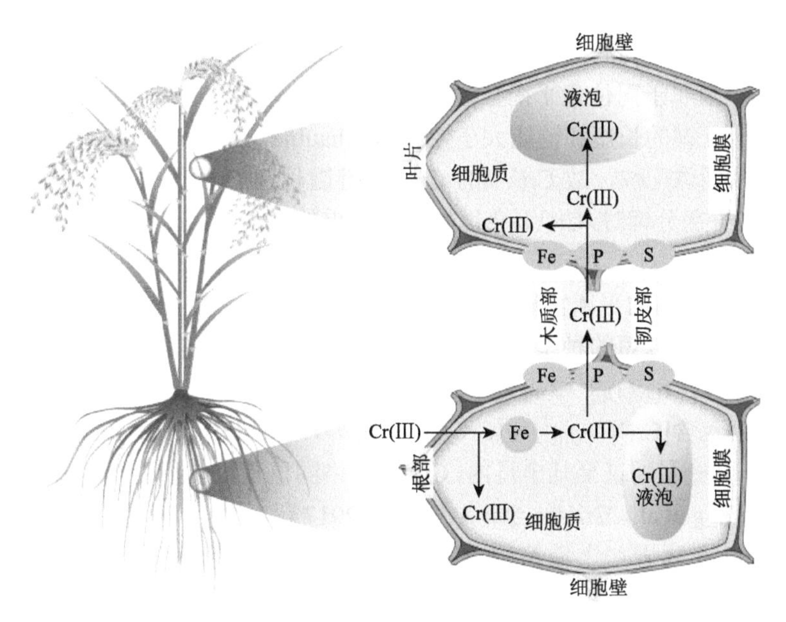

图 6.9　水稻中铬的吸收和转运机制

水稻根系吸收铬，并将大部分铬固定在根表皮细胞的细胞壁和液泡中；通过共质体和外质体途径，铬进入木质部，可实现铬从根部到地上部的转运；再通过韧皮部转运，可实现铬向地上部各组织的再分配。

铬被水稻根系吸收后，其在水稻各组织间的转运过程目前尚不明确，推测可能通过木质部导管向地上部转运。在水稻木质部中，铬以 Cr(III)形式存在，可被导管壁上的离子通过吸附固定，或形成 $Cr(OH)_3$ 沉淀，一部分转运分配到茎、叶的表皮和维管束组织中。研究发现，水稻的亚细胞结构，包括细胞壁、液泡、质体、细胞核和线粒体等，在铬的转运中也发挥作用（Zeng et al.，2011b）。其中，细胞壁和液泡是水稻细胞内铬的主要分布部位，叶绿体和线粒体中铬的分布相对较少。细胞壁中的纤维素、半纤维素和果胶等成分，因含有醛基、氨基、羧基或磷酸基等带负电荷的基团，可与 Cr(III)发生物理化学吸附作用，从而影响 Cr(III)在水稻体内的转运。

6.3.3 土壤-水稻体系中铬同位素分馏的特征

铬稳定同位素分析技术是解析土壤中铬的形态转化，以及土壤固相-籽粒迁移机制的潜在有效工具。铬同位素分馏可分为两大类，即动力学分馏和平衡分馏（图 6.10）。同位素动力学分馏是指在物理化学过程中，由于轻、重同位素迁移的速度不同，而产生的同位素分馏。同位素动力学分馏效应可引起显著的铬同位素分馏，而且动力学分馏效应会导致剩余的 Cr(VI)中富集较重的铬同位素。在 Cr(VI)的还原过程中，会发生铬同位素的动力学分馏。由于轻同位素具有更高的振动频率，故轻同位素在还原过程中会优先富集到生成物[Cr(III)]中，从而导致反应物[Cr(VI)]中富集较重的铬同位素，也即反应物中 δ^{53}Cr 会增加（Chen et al.，2019a，2019b）。

同位素平衡分馏是指当体系处于热力学平衡状态，即体系的能量最低时，同位素在两种物相或两种矿物之间的同位素交换。当溶液中 Cr(VI)和 Cr(III)共存时，若两相之间发生同位素交换，则属于同位素平衡分馏。根据零点势能理论，在热力学平衡状态下，同位素的相对比值受键的长短和键能大小控制（Schauble，2004）。Cr(VI)为正四面体配位，而 Cr(III)为正八面体配位，故 Cr(VI)的 Cr—O 键键长比 Cr(III)的短。因此，当 Cr(VI)和 Cr(III)之间发生平衡分馏时，Cr(VI)会优先富集较重的铬同位素。当 Cr(VI)为 CrO_4^{2-}、Cr(III)为$[Cr(H_2O)_6]^{3+}$或 Cr_2O_3 时，对 Cr(VI)和 Cr(III)间平衡分馏理论计算的结果表明，在温度为 298 K 条件下，两者间的平衡富集系数为 6‰～7‰（Schauble et al.，2004）。

一般来说，键长较短的种型相对于键长较长的种型优先富集较重的铬同位素。键长较短的铬种型包含$[Cr(CO)_6]^0$ 中的 Cr—C 键、$[Cr(H_2O)_6]^{3+}$或 CrO_4^{2-} 中的 Cr—O 键；而键长较长的铬种型包含$[Cr(NH_3)_6]^{3+}$和$[CrCl_6]^{3-}$。另外，Cr(VI)和 Cr(III)之间同位素交换的速率非常缓慢，在几个星期甚至几个月内，Cr(VI)的铬同位素组成不受平衡分馏的影响（Zink et al.，2010；Wang et al.，2015；Qin & Wang，2017）。

我们分别以玄武岩（土壤铬浓度为 270.3 mg/kg）和滨海沉积物（土壤铬浓度为 50.9 mg/kg）发育的稻田土壤为研究对象，测试土壤以及水稻各组织（包括茎、叶、穗、稻壳、籽粒）中铬同位素的组成，来探讨土壤-水稻体系中铬同位素分馏的特征（图 6.11）。两种水稻土中铬同位素组成分别为–0.30‰和–0.09‰，其中玄武岩发育的土壤比滨海沉积物发育的土壤轻 0.21‰。据报道，玄武岩中铬同位素组成为–0.15‰ ± 0.05‰（Schoenberg et al.，2008），印度德干高原玄武岩风化坡面中铬同位素组成在–0.85‰～0.36‰（Wille et al.，2018），而海洋沉积物中铬同位素组成为–0.03‰ ± 0.06‰（Schoenberg et al.，2008），这说明铬同位素可用于示踪土壤的成土母质来源。

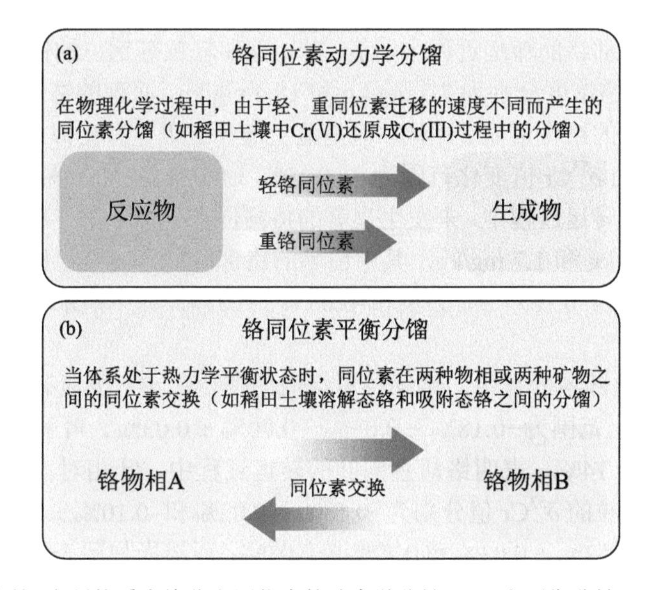

图 6.10 土壤-水稻体系中铬稳定同位素的动力学分馏（a）和平衡分馏（b）基本原理

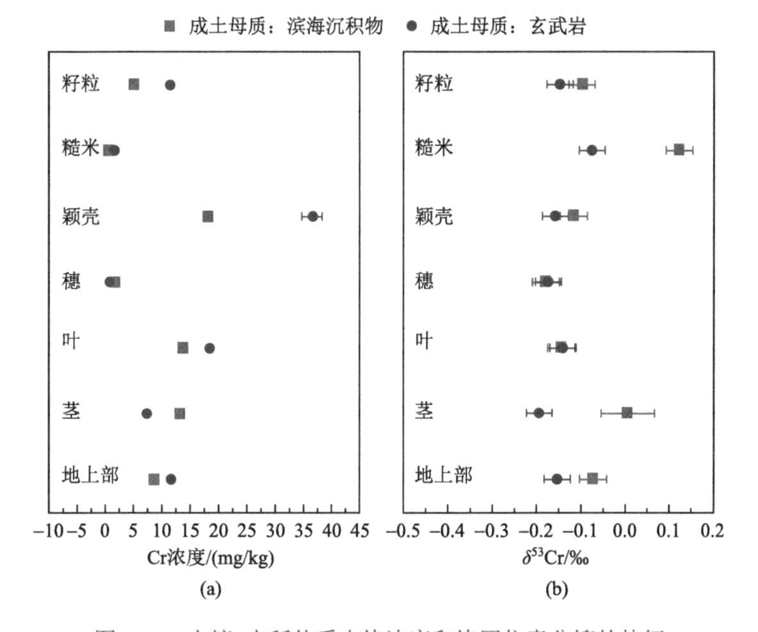

图 6.11 土壤-水稻体系中铬浓度和铬同位素分馏的特征

（a）水稻地上部不同组织中的铬浓度；（b）水稻地上部不同组织中的铬同位素组成。

两种土壤种植的水稻植株样品 B1（玄武岩稻田）和 S1（滨海沉积物稻田）地上部铬浓度分别为 11.8 mg/kg 和 8.5 mg/kg，表明 B1 地上部铬含量高于 S1（图 6.11a）。另外，B1 和 S1 地上部铬同位素组成(δ^{53}Cr 值)分别为−0.15‰ ± 0.03‰和−0.07‰ ± 0.03‰，表明滨海沉积物风化土壤中的水稻地上部 δ^{53}Cr 值略高于玄武岩土壤中的水稻地上部（图 6.11b）。

在水稻 B1 地上部铬的转运过程中，茎、叶、穗和籽粒等部位的铬浓度发生显著的变化，其中，茎和叶的铬浓度分别为 7.5 mg/kg 和 18.4 mg/kg，而穗的铬浓度低至 0.9 mg/kg。虽然水稻 B1 各部位的铬含量显著不同，但是地上部各组织具有相似的铬同位素组成，其茎、叶、穗和籽粒的 δ^{53}Cr 值变化范围为（–0.19‰ ± 0.03‰～–0.14‰ ± 0.03‰），表明水稻 B1 地上部中铬的转运过程中，未发生显著的铬同位素分馏。水稻 B1 的稻壳和糙米中，铬浓度分别 36.5 mg/kg 和 1.7 mg/kg，其中糙米的铬含量超过了安全标准。另外，稻壳和糙米的 δ^{53}Cr 值分别为–0.16‰ ± 0.03‰和–0.08‰ ± 0.03‰，其中糙米相对于稻壳略微富集重的铬同位素。

在水稻 S1 地上部各器官中，铬同位素组成的变化比 B1 更显著，其茎、叶、穗和籽粒的 δ^{53}Cr 值变化范围为–0.18‰ ± 0.03‰～0.00‰ ± 0.03‰。叶和茎之间铬同位素分馏（$\Delta^{53}Cr_{叶-茎}$）为–0.14‰，表明铬从茎向叶的转运过程中，叶相对富集较轻的铬同位素（图 6.10b）。穗和籽粒的 δ^{53}Cr 值分别为–0.18‰ ± 0.03‰和–0.10‰ ± 0.01‰，稻壳和糙米的 δ^{53}Cr 值分别为–0.12‰ ± 0.03‰和 0.12‰ ± 0.03‰，而糙米与稻壳之间的铬同位素分馏为 0.24‰，表明铬从稻壳到糙米转运的过程中富集较重的铬同位素。以上的结果表明，水稻 B1 和 S1 糙米的铬同位素组成具有明显差异，铬同位素组成可为示踪稻米铬的来源提供特征信息。

6.4 影响土壤-水稻体系中铬迁移转化及积累的主要因素

6.4.1 水稻籽粒铬积累的特征

水稻籽粒中铬积累直接关系到粮食安全和人体健康。以我国广东省湛江南部某玄武岩发育的地质高背景区为例，土壤中铬浓度的平均值为(263 ± 149) mg/kg，其最高值达 766 mg/kg（图 6.12）。在此区域种植的水稻中，晚稻籽粒铬浓度的平均值高于早稻（图 6.12c，图 6.13），而且籽粒铬浓度超标（标准为 1.0 mg/kg）比例为 10%，其中早稻超标率为 8%，晚稻超标率为 16%。此外，以珠江三角洲地区的稻田土壤和水稻为对照[土壤铬浓度平均值为(48 ± 30) mg/kg，显著低于地质高背景区]（图 6.12a），分析 363 种水稻材料，发现水稻籽粒铬含量超标比例为 12%。此结果表明，尽管地质高背景区土壤的铬含量高，但是水稻中并未表现出更高的籽粒铬超标风险（图 6.13）。然而，在铬地质高背景区，水稻籽粒铬的积累及污染控制仍然需要高度关注（Sun et al.，2022）。

以生物富集系数（BCF）为指标，可评价重金属在土壤-作物体系中积累的特征。研究表明，重金属本身的理化性质是影响其富集的重要因素（窦韦强等，2021）。例如，土壤中镉的活性相对较高，其生物富集系数远高于其他金属元素；而铬通常易滞留在根际土壤中，难以进入水稻籽粒，故其生物富集系数比镉低得多（廖启林等，2013）。上述的铬地质高背景区中，早稻的 BCF 值在 0.0001～0.0151，均值为 0.0022，而晚稻的 BCF 值在 0.0001～0.0246，均值为 0.0062（图 6.12d）。相对而言，对照区 BCF 值小于 0.01 的点位占比 70%，而 BCF 值在 0.01～0.1 的水稻占比 28%，均高于铬地质高背景区（图 6.12b）。

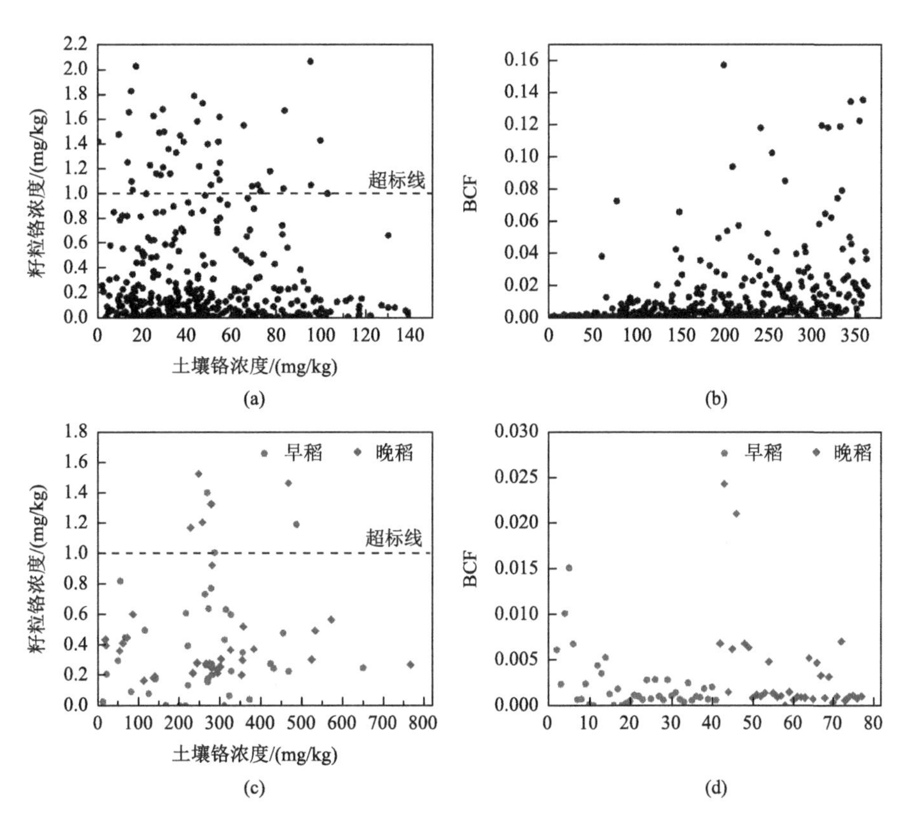

图 6.12　广东省湛江南部铬地质高背景区与珠江三角洲地区土壤及水稻籽粒中铬浓度与生物富集系数（BCF）

（a）珠江三角洲地区土壤及水稻籽粒中铬浓度；（b）珠江三角洲地区籽粒中铬元素 BCF 统计；（c）湛江南部玄武岩风化土壤及水稻籽粒铬浓度；（d）湛江南部铬地质高背景区早稻与晚稻籽粒中铬元素 BCF 统计。

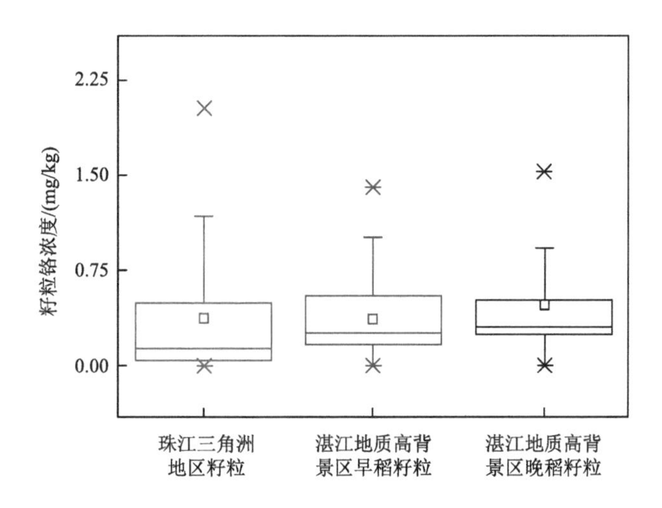

图 6.13　湛江南部玄武岩发育的地质高背景区及珠江三角洲地区籽粒中铬浓度箱形图统计

箱形图上方和下方的星号分别表示籽粒铬浓度的最大值和最小值，小正方形表示籽粒铬浓度平均值，顶部、中间和底部的水平线分别表示 75%的百分比、中位数和 25%的百分比。

6.4.2 土壤-水稻体系中影响铬迁移转化的主要因素

1. 水分管理

现有研究结果显示，农田水分管理与水稻植株铬积累密切相关（Xiao et al.，2021）。水分管理可改变土壤的理化特性，如Eh，pH，亚铁、硫化物、有机质含量等，进而改变土壤中铬的赋存形态及其生物有效性，从而影响水稻对铬的吸收和积累（Xia et al.，2023）。

在稻田淹水过程中，土壤Eh会快速下降；而铁氧化物、硫酸盐及硝酸盐等物质的还原会消耗大量氢离子，从而导致土壤pH升高，并使Cr(III)水解为$CrOH^{2+}$、$Cr(OH)_2^+$、$Cr(OH)_3$和$Cr(OH)_4^-$，最后结晶为$Cr(OH)_3 \cdot H_2O$（Shadreck & Mugadza，2013）。淹水条件还会造成铁氧化物的还原和溶解，被固定的铬会释放到土壤中。同时，铁氧化物还原还会促进有机物溶解，而有机物含有大量能螯合铬的官能团，从而形成铬-有机复合物，故有机物的溶解会导致铬的释放。

在稻田排水阶段，土壤Eh显著上升，而亚铁及硫化物等物质的氧化会释放大量氢离子，从而导致土壤pH降低。另外，增加的氢离子会与阳离子Cr(III)竞争吸附位点，可能导致土壤胶体颗粒对Cr(III)的吸附能力变弱，从而促进Cr(III)的释放和迁移。但是，亚铁氧化会生成三价铁矿物，并形成铁膜，从而会固定土壤溶液中的铬。因此，总体而言，在稻田排水阶段，溶解态铬及生物可利用铬均下降。

2. 养分管理

稻田水分管理不仅影响土壤的理化特性，还会影响土壤养分如氮形态、含量及其生物有效性。稻田淹水过程中，微生物会以硝酸盐为电子受体，将硝酸盐还原成NO_2^-、NO、N_2O、N_2或NH_4^+；而当稻田进入排水阶段，好氧的环境会促进硝化作用，氨首先被氧化成亚硝酸盐，并迅速氧化成硝酸盐，同时释放出大量的氢离子，导致土壤pH下降，进而增强土壤铬固定。

硫是水稻重要的必需矿质元素，但是，由于不定期的施肥，稻田土壤硫含量经常会发生变化。土壤中硫化物的浓度过高，可能会对水稻产生毒害作用，并可能降低其产量。在稻田淹水-排水的过程中，硫会发生氧化还原反应，可能对土壤铬活性产生重要的影响。在稻田淹水阶段，土壤Eh快速下降，此时体系处于还原状态，硫酸根会被微生物还原成硫离子，进而可能与Cr(III)反应，形成金属硫化物沉淀；而在稻田排水过程中，硫化物可能会发生氧化反应，从而促进铬释放，提高其生物有效性。

3. 成土母质

从不同母质发育而成的土壤，铬形态及其浓度的差异显著。例如，沉积岩中铬浓度较低（5～120 mg/kg），而超镁铁质（1600～3400 mg/kg）和镁铁质（170～200 mg/kg）岩石中铬浓度较高（Kabata-Pendias & Pendias，2010）。岩石风化过程中原生矿物发生分解，不同元素在风化过程中可能被活化和重新分配。研究表明，高重金属含量岩石的风化是土壤铬的重要来源（Gloaguen & Passe，2017）。玄武岩主要由易风化的原生镁铁质硅酸盐矿物组成，包括长石、辉石、橄榄石、角闪石、黑云母和玻璃质基体，这些矿物中过渡金属元素，如铬、钒、镍和铅的含量通常都较高（Wang et al.，2020）。玄武岩风化虽然有利于形成富含 Fe-Al 氧化物的土壤，但是，伴随的过渡金属元素富集，可能会提高环境风险（Mendoza-Grimón et al.，2014）。蛇纹石也富含铬元素，主要存在于氧化物和硅酸盐中，如尖晶石和铬铁矿。在土壤形成过程中，铬可以进入蛇纹石硅酸盐中。因此，蛇纹石成土母质发育的土壤，常含有较高浓度的铬，环境和人类健康风险比较高。

6.4.3　影响水稻籽粒铬积累的土壤理化性质

土壤是作物生长的基质，土壤诸多性状都不同程度地影响作物生长发育，当然也影响对必需和非必需矿质元素的吸收和积累，如土壤质地、有机质、阳离子交换量（CEC）、全磷、铬形态等因子，均会影响水稻籽粒中铬的生物富集系数（图 6.14）。

1. CEC、有机质和全磷

据报道，水稻籽粒生物富集系数与阳离子交换量（CEC）呈极显著负相关（$r = -0.395$，$p < 0.01$，图 6.14a），CEC 越高，籽粒中铬积累量就越低。随机森林模型分析结果显示，CEC 对籽粒铬 BCF 的影响最大，相对贡献为 17.6%（图 6.15）。CEC 越高意味着土壤中 Ca^{2+}、Mg^{2+}、K^{+}、Na^{+}等交换性阳离子含量越高，土壤吸附固定铬的能力就越强（Stewart et al.，2003）。土壤有机质含量与铬 BCF 也呈极显著负相关（$r = -0.372$，$p < 0.01$，图 6.14b），对 BCF 的贡献为 13.2%（图 6.15）。腐殖物质对铬的络合能力较强，因为含有的羧基、酚醛羟基和氨基等官能团，对铬均具有较强的络合/螯合能力（Li et al.，2019）。土壤全磷含量与铬 BCF 也呈显著负相关（$r = -0.236$，$p < 0.05$，图 6.14c），但其对 BCF 的贡献仅为 3%（图 6.15）。

2. 盐酸提取态和草酸–草酸铵提取态的铬与铁含量

随机森林模型分析结果显示，盐酸提取态铬和铁与 BCF 有一定的相关性，相关系数（r）分别为−0.262（$p < 0.05$）和−0.194（$p = 0.121$）（图 6.14e、g），二者对 BCF 的贡献分别为 10.4%和 5.9%；而草酸–草酸铵提取态铬和铁与 BCF 呈显著的相关性，相关系数分布为−0.287（$p < 0.05$）和−0.225（$p = 0.051$）（图 6.14d、f），对 BCF 的贡献分别为 15.3%和 15.0%，表明水稻土中无定形氧化铁对铬的固定具有重要的影响。

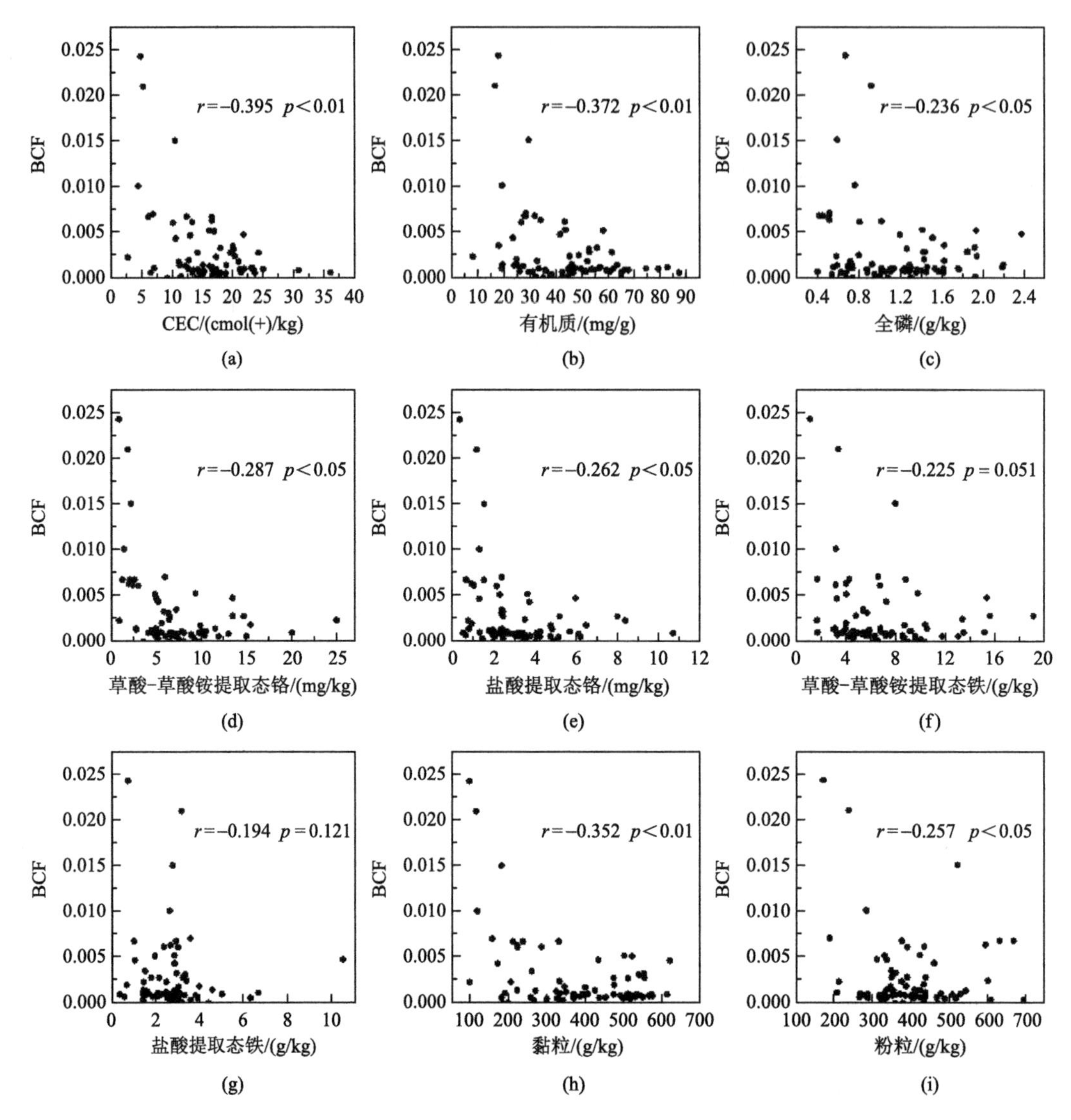

图 6.14 湛江南部铬地质高背景地区水稻籽粒中铬元素生物富集系数（BCF）与影响因素的线性相关分析

3. 土壤质地

据报道，黏粒、粉粒和砂粒与 BCF 呈显著的相关性，相关系数分别为−0.352（$p<0.01$）、−0.257（$p<0.05$）和 0.440（$p<0.01$）。显然，砂粒与 BCF 呈显著的正相关，说明砂粒增多不利于土壤中铬的固定；而黏粒与 BCF 呈极显著的负相关，对 BCF 的贡献为 14.1%，表明黏粒对土壤中铬的固定具有重要作用。

4. pH

随机森林模型、线性相关性分析结果均显示，土壤 pH 与水稻籽粒铬生物富集系数无显著的相关性，对 BCF 的贡献仅为 0.7%，对土壤中铬的固定及水稻籽粒中铬的积累都无显著影响。当土壤 pH 在 4.0～9.0 时，pH 对红壤吸附 Cr(III)无显著影响，且均为饱和吸附（Nikagolla et al.，2013）。

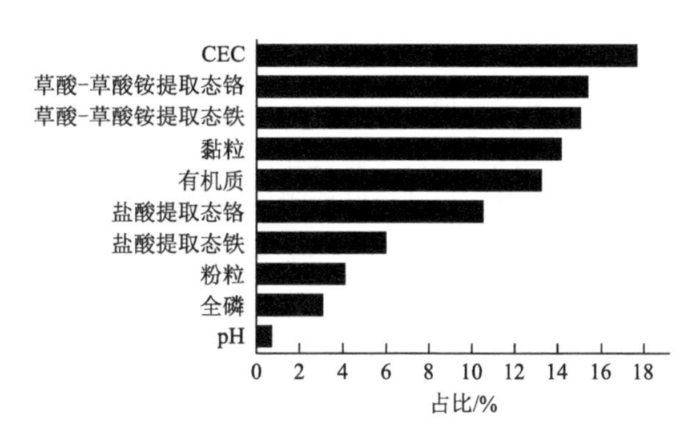

图 6.15　铬地质高背景区主要土壤理化性质对铬稻米 BCF 的相对贡献

6.5　展　　望

对于土壤-水稻体系中铬迁移转化机制的研究，未来需要重点关注以下方面。

（1）土壤-水稻体系中铬的迁移机制。采用铬同位素分馏方法，是解析土壤-水稻体系多界面中铬迁移机制的有效手段。探究铬在土壤固相-孔隙水-根表铁膜-根表皮-中柱等多界面的铬同位素分馏特征，可为揭示土壤固相-孔隙水中铬的释放、铁膜表面的铬共沉淀与吸附、从根的表皮到中柱的铬吸收等过程中的铬迁移机制提供依据。另外，铬在水稻植株体内的转运机制几乎为黑箱，亟待探究。今后，需要重点关注铬在地上部的转运中以木质部为主还是以韧皮部为主、水稻不同细胞组分间铬的再分配机制等科学问题。

（2）水稻土壤中铬形态转化与碳/氮/铁循环的耦合机制。以铁循环耦合碳/氮循环的相互作用为核心驱动力，以异化铁还原、亚铁氧化耦合铬形态转化过程为切入点，重点探讨土壤中有机质及氮素作用下的铬形态转化及其生物有效性，特别是稻米中铬积累的效应，并阐明其生物地球化学机制。关于水稻土壤中铬的迁移转化，目前一般的认识是：在淹水条件下，铁氧化物发生还原性溶解，有效态的铬释放到土壤中，会导致水稻籽粒铬浓度升高；在排水条件下，亚铁发生氧化，有效态铬被重新固定，会导致水稻籽粒铬浓度下降。但是，水稻土壤中若添加硝酸盐，则会触发厌氧条件下硝酸盐还原与亚铁氧化的耦合过程，理论上可使淹水条件下释放的铬被三价铁矿物重新固定，从而降低土壤中有效态铬的浓度，进而降低籽粒中铬的积累。然而，此过程尚待试验证实。因此，今后还需要开展水稻盆栽试验，通过添加或不添加硝酸盐，深入探究硝酸盐影响水稻籽粒铬积累的效应与机制。

（3）水稻全生育期铬迁移转化的定向调控机制。许多研究表明，叶面喷硅技术在定向调控水稻全生育期重金属（包括铬）的迁移转化中具有重要应用潜力。在本章中，已阐明水稻中大部分铬都积累在根部细胞的细胞壁及可溶性组分。细胞壁含有大量半纤维素，有报道指出硅与半纤维素作用，有利于增强细胞壁与铬离子的结合能力。因此，通过喷施纳米硅溶胶，可能阻止铬进入细胞内部，从而降低铬对水稻的毒性。研究还表明，用纳米硅溶胶处理时，大部分硅积累在根部的细胞壁中，而用硅酸盐处理时，硅主要积累在细胞可溶性组分中。植物的根系主要是以 $Si(OH)_4$ 形式吸收硅元素，并与细胞壁组分形成胶体硅。在用纳米硅溶胶处理水稻细胞时，可能跨过胶体硅形成的过程，而以纳米硅溶胶形式存在于细胞壁中，故可直接促进细胞壁与铬离子的结合，从而增加细胞壁的铬含量，并减少铬进入细胞内部。因此，与离子态硅相比，纳米硅溶胶具有更强的促进细胞壁阻隔铬吸收的能力。在今后的研究中，通过叶面喷施纳米硅溶胶，以定向调控水稻全生育期铬的迁移转化，并探究其降低稻米铬积累的效应与机制，这些工作亟待开展。

参 考 文 献

陈英旭，骆永明，朱永官，等，1994. 土壤中铬的化学行为研究Ⅴ. 土壤对 Cr(Ⅲ) 吸附和沉淀作用的影响因素[J]. 土壤学报，(1)：77-85.

窦韦强，安毅，秦莉，等，2021. 稻米镉的生物富集系数与其影响因素的量化关系[J]. 土壤，53（4）：788-793.

廖启林，刘聪，蔡玉曼，等，2013. 江苏典型地区水稻与小麦字实中元素生物富集系数（BCF）初步研究[J]. 中国地质，40（1）：331-340.

曾凡荣，2010. 水稻铬毒害和耐性的生理与分子机理研究[D]. 杭州：浙江大学.

Anawar H M，Tareq S M，Ahmed G，2013. Is organic matter a source or redox driver or both for arsenic release in groundwater? [J]. Physics and Chemistry of the Earth，Parts A/B/C，58-60：49-56.

Ao M，Chen X，Deng T，et al.，2022. Chromium biogeochemical behaviour in soil-plant systems and remediation strategies：A critical review[J]. Journal of Hazardous Materials，424：127233.

Ashraf A，Bibi I，Niazi N K，et al.，2017. Chromium(Ⅵ) sorption efficiency of acid-activated banana peel over organo-montmorillonite in aqueous solutions[J]. International Journal of Phytoremediation，19：605-613.

Balasoiu C F，Zagury G J，Deschênes L，2001. Partitioning and speciation of chromium，copper，and arsenic in CCA-contaminated soils：Influence of soil composition[J]. Science of the Total Environment，280：239-255.

Ball J W，Izbicki J A，2004. Occurrence of hexavalent chromium in ground water in the western Mojave Desert，California[J]. Applied Geochemistry，19：1123-1135.

Bencheikh-Latmani R，Williams S M，Haucke L，et al.，2005. Global transcriptional profiling of *Shewanella oneidensis* MR-1 during Cr(Ⅵ) and U(Ⅵ) reduction[J]. Applied and Environmental Microbiology，71：7453-7460.

Bolan N S，Adriano D C，Natesan R，et al.，2003. Effects of organic amendments on the reduction and phytoavailability of chromate in mineral soil[J]. Journal of Environmental Quality，32：120-128.

Brown G E，Henrich V E，Casey W H，et al.，1999. Metal oxide surfaces and their interactions with aqueous solutions and microbial organisms[J]. Chemical Reviews，99：77-174.

Buerge I J，Hug S J，1997. Kinetics and pH dependence of chromium(Ⅵ) reduction by iron(Ⅱ)[J]. Environmental Science & Technology，31：1426-1432.

Carrado K A，Kostapapas A，Suib S L，1988. Layered double hydroxides（LDHs）[J]. Solid State Ionics，26：77-86.

Chen G，Bai Y，Zeng R J，et al.，2019a. Effects of different metabolic pathways and environmental parameters on Cr isotope fractionation during Cr(Ⅵ) reduction by extremely thermophilic bacteria[J]. Geochimica et Cosmochimica Acta，256：135-146.

Chen G，Chen D，Li F，et al.，2020. Dual nitrogen-oxygen isotopic analysis and kinetic model for enzymatic nitrate reduction coupled with Fe(Ⅱ) oxidation by *Pseudogulbenkiania* sp. strain 2002[J]. Chemical Geology，534：119456.

Chen G，Han J，Mu Y，et al.，2019b. Two-stage chromium isotope fractionation during microbial Cr(Ⅵ) reduction[J]. Water Research，148：10-18.

Chen G，Liu T，Li Y，et al.，2021a. New insight into iron biogeochemical cycling in soil-rice plant system using iron isotope fractionation[J]. Fundamental Research，1：277-284.

Chen G，Zhao W，Yang Y，et al.，2021b. Chemodenitrification by Fe(Ⅱ) and nitrite：Effects of temperature and dual N-O isotope fractionation[J]. Chemical Geology，575：120258.

Choppala G，Kunhikrishnan A，Seshadri B，et al.，2018. Comparative sorption of chromium species as influenced by pH，surface charge and organic matter content in contaminated soils[J]. Journal of Geochemical Exploration，184：255-260.

Coleman R，1988. Chromium toxicity：Effects on microorganisms with special reference to the soil matrix[J]. Chromium in Natural and Human Environments：335-350.

Covelo E F，Vega F A，Andrade M L，2007. Competitive sorption and desorption of heavy metals by individual soil components[J]. Journal of Hazardous Materials，140：308-315.

Crepaldi E L，Valim J B，1998. Layered double hydroxides：Structure，synthesis，properties and applications[J]. Química Nova，21，300-311.

Das S，Ram S，Sahu et al.，2013. A study on soil physico-chemical，microbial and metal content in Sukinda chromite mine of Odisha，India[J]. Environmental Earth Sciences，69：2487-2497.

Daulton T L，Little B J，Lowe K，et al.，2002. Electron energy loss spectroscopy techniques for the study of microbial chromium(Ⅵ) reduction [J]. Journal of Microbiological Methods，50（1）：39-54.

Davranche M，Bollinger J C，2000. Release of metals from iron oxyhydroxides under reductive conditions：Effect of metal/solid interactions[J]. Journal of Colloid and Interface Science，232：165-173.

Dhal B，Thatoi H，Das N，et al.，2010. Reduction of hexavalent chromium by *Bacillus* sp. isolated from chromite mine soils and characterization of reduced product[J]. Journal of Chemical Technology and Biotechnology，85：1471-1479.

Ding C，Du S，Ma Y，et al.，2019. Changes in the pH of paddy soils after flooding and drainage：Modeling and validation[J]. Geoderma，337：511-513.

Gloaguen T V，Passe J J，2017. Importance of lithology in defining natural background concentrations of Cr，Cu，Ni，Pb and Zn in sedimentary soils，northeastern Brazil[J]. Chemosphere，186：31-42.

Grybos M，Davranche M，Gruau G，et al.，2009. Increasing pH drives organic matter solubilization from wetland soils under reducing conditions[J]. Geoderma，154：13-19.

Hau H H，Gralnick J A，2007. Ecology and biotechnology of the genus *Shewanella*[J]. Annual Review of Microbiology，61：237-258.

He X，Chen G，Fang Z，et al.，2020. Source identification of chromium in the sediments of the Xiaoqing River and Laizhou Bay：A chromium stable isotope perspective[J]. Environmental Pollution，264：114686.

Hoyle B，Beveridge T，1983. Binding of metallic ions to the outer membrane of *Escherichia coli*[J]. Applied and Environmental Microbiology，46：749-752.

Hu Y，Huang Y，Liu Y，2014. Influence of iron plaque on chromium accumulation and translocation in three rice（*Oryza sativa* L.）cultivars grown in solution culture[J]. Chemistry and Ecology，30：29-38.

Hua J，Chen M，Liu C，et al.，2018. Cr release from Cr-substituted goethite during aqueous Fe(Ⅱ)-induced recrystallization[J]. Minerals，8：367.

Inoue K，Qian X，Morgado L，et al.，2010. Purification and characterization of OmcZ，an outer-surface，octaheme c-type cytochrome essential for optimal current production by *Geobacter sulfurreducens*[J]. Applied and Environmental Microbiology，76：3999-4007.

Jamieson-Hanes J H，Lentz A M，Amos R T，et al.，2014. Examination of Cr(Ⅵ) treatment by zero-valent iron using in situ，real-time X-ray absorption spectroscopy and Cr isotope measurements[J]. Geochimica et Cosmochimica Acta，142：299-313.

Jiang F Y，Chen X，Luo A C，2009. Iron plaque formation on wetland plants and its influence on phosphorus，calcium and metal uptake[J]. Aquatic Ecology，43：879-890.

Kabata-Pendias A P，Pendias H，2010. Trace Elements in Soils and Plants[M]. Boca Raton：CRC Press.

Khezami L，Capart R，2005. Removal of chromium(Ⅵ) from aqueous solution by activated carbons：Kinetic and equilibrium studies[J]. Journal of Hazardous Materials，123：223-231.

Li D，Wang L，Wang Y，et al.，2019. Soil properties and cultivars determine heavy metal accumulation in rice grain and cultivars respond differently to Cd stress[J]. Environmental Science and Pollution Research，26：14638-14648.

Li X M，Liu T X，Zhang N M，et al，2012. Effect of Cr(Ⅵ) on Fe(Ⅲ) reduction in three paddy soils from the Hani terrace field at high altitude[J]. Applied Clay Science，64：53-60.

Liu T，Li X，Li F，et al.，2016. In situ spectral kinetics of Cr(Ⅵ) reduction by c-type cytochromes in a suspension of living *Shewanella putrefaciens* 200[J]. Scientific Reports，6：29592.

Liu Y，Kim H，Franklin R R，et al.，2011. Linking spectral and electrochemical analysis to monitor c-type cytochrome redox status in living *Geobacter sulfurreducens* biofilms[J]. ChemPhysChem，12：2235-2241.

Lovley D R，1991. Dissimilatory Fe(Ⅲ) and Mn(Ⅳ) reduction[J]. Microbiological Reviews，55：259-287.

Lu S G，Malik Z，Chen D P，et al.，2014. Porosity and pore size distribution of Ultisols and correlations to soil iron oxides[J]. Catena，123：79-87.

Mendoza-Grimón V，Hernández-Moreno J，Martín J R，et al.，2014. Trace and major element associations in basaltic ash soils of El Hierro Island[J]. Journal of Geochemical Exploration，147：277-282.

Myers C R，Myers J M，2002. MtrB is required for proper incorporation of the cytochromes OmcA and OmcB into the outer membrane of *Shewanella putrefaciens* MR-1[J]. Applied and Environmental Microbiology，68：5585-5594.

Nikagolla C，Chandrajith R，Weerasooriya R，et al.，2013. Adsorption kinetics of chromium(Ⅲ) removal from aqueous solutions using natural red earth[J]. Environmental Earth Sciences，68：641-645.

Olk D，Cassman K，Randall E，et al.，1996. Changes in chemical properties of organic matter with intensified rice cropping in tropical lowland soil[J]. European Journal of Soil Science，47：293-303.

Otero X L，Macias F，2003. Spatial variation in pyritization of trace metals in salt-marsh soils[J]. Biogeochemistry，62：59-86.

Pantsar-Kallio M，Reinikainen S P，Oksanen M，2001. Interactions of soil components and their effects on speciation of chromium in soils[J]. Analytica Chimica Acta，439：9-17.

Park D H，Zeikus J G，2002. Improved fuel cell and electrode designs for producing electricity from microbial degradation[J]. Biotechnology Bioengineering，81（3）：348-355.

Qin L，Wang X，2017. Chromium isotope geochemistry[J]. Reviews in Mineralogy and Geochemistry，82：379-414.

Quenea K，Lamy I，Winterton P，et al.，2009. Interactions between metals and soil organic matter in various particle size fractions of soil contaminated with waste water[J]. Geoderma，149：217-223.

Rajendran M，Shi L，Wu C，et al.，2019. Effect of sulfur and sulfur-iron modified biochar on cadmium availability and transfer in the soil-rice system[J]. Chemosphere，222：314-322.

Reyes C，Qian F，Zhang A，et al.，2012. Characterization of axial and proximal histidine mutations of the decaheme cytochrome MtrA from *Shewanella* sp. strain ANA-3 and implications for the electron transport system[J]. Journal of Bacteriology，194：5840-5847.

Ross D E，Brantley S L，Tien M，2009. Kinetic characterization of OmcA and MtrC，terminal reductases involved in respiratory electron transfer for dissimilatory iron reduction in *Shewanella oneidensis* MR-1[J]. Applied and Environmental Microbiology，75：5218-5226.

Rupp H，Rinklebe J，Bolze S，et al.，2010. A scale-dependent approach to study pollution control processes in wetland soils using three different techniques[J]. Ecological Engineering，36：1439-1447.

Sayantan D，2013. Amendment in phosphorus levels moderate the chromium toxicity in *Raphanus sativus* L. as assayed by antioxidant enzymes activities[J]. Ecotoxicology and Environmental Safety，95：161-170.

Schauble E，Rossman G R，Taylor H P，2004. Theoretical estimates of equilibrium chromium-isotope fractionations[J]. Chemical Geology，205：99-114.

Schauble E A，2004. Applying stable isotope fractionation theory to new systems[J]. Reviews in Mineralogy and Geochemistry，55：65-111.

Schoenberg R，Zink S，Staubwasser M，et al.，2008. The stable Cr isotope inventory of solid earth reservoirs determined by double spike MC-ICP-MS[J]. Chemical Geology，249：294-306.

Schwertmann U，Fechter A，1994. Transformation to lepidochrcite[J]. Clay Minerals，29：87-92.

Shadreck M，Mugadza T，2013. Chromium，an essential nutrient and pollutant：A review[J]. African Journal of Pure and Applied Chemistry，7（9）：310-317.

Shaheen S M，Rinklebe J，2014. Geochemical fractions of chromium，copper，and zinc and their vertical distribution in floodplain soil profiles along the Central Elbe River，Germany[J]. Geoderma，228-229：142-159.

Shahid M，Shamshad S，Rafiq M，et al.，2017. Chromium speciation，bioavailability，uptake，toxicity and detoxification in soil-plant system：A review[J]. Chemosphere，178：513-533.

Shanker A K，Cervantes C，Loza-Tavera H，et al.，2005. Chromium toxicity in plants[J]. Environment International，31：739-753.

Shi L，Chen B，Wang Z，et al.，2006. Isolation of a high-affinity functional protein complex between OmcA and MtrC：Two outer membrane decaheme c-type cytochromes of *Shewanella oneidensis* MR-1[J]. Journal of Bacteriology，188：4705-4714.

Silva B，Neves I C，Tavares T，2016. A sustained approach to environmental catalysis：Reutilization of chromium from wastewater[J]. Critical Reviews in Environmental Science and Technology，46：1622-1657.

Stewart M，Jardine P M，Barnett M，et al.，2003. Influence of soil geochemical and physical properties on the sorption and bioaccessibility of chromium(Ⅲ)[J]. Journal of Environmental Quality，32：129-137.

Stumm W，Sulzberger B，1992. The cycling of iron in natural environments：Considerations based on laboratory studies of heterogeneous redox processes[J]. Geochimica et Cosmochimica Acta，56：3233-3257.

Sun S S，Ao M，Geng K R，et al.，2022. Enrichment and speciation of chromium during basalt weathering：Insights from variably weathered profiles in the Leizhou Peninsula，South China[J]. Science of the Total Environment，822：153304.

Sun Y，Li J，Huang T，et al.，2016. The influences of iron characteristics，operating conditions and solution chemistry on contaminants removal by zero-valent iron：A review[J]. Water Research，100：77-295.

Sutherland R A，2002. Comparison between non-residual Al，Co，Cu，Fe，Mn，Ni，Pb and Zn released by a three-step sequential extraction procedure and a dilute hydrochloric acid leach for soil and road deposited sediment[J]. Applied Geochemistry，17：353-365.

Taghipour M，Jalali M，2016. Influence of organic acids on kinetic release of chromium in soil contaminated with leather factory waste in the presence of some adsorbents[J]. Chemosphere，155：395-404.

Trolard F，Bourrie G，Jeanroy E，et al.，1995. Trace metals in natural iron oxides from laterites：A study using selective kinetic extraction[J]. Geochimica et Cosmochimica Acta，59：1285-1297.

Usman M，Byrne J，Chaudhary A，et al.，2018. Magnetite and green rust：Synthesis，properties，and environmental applications of mixed-valent iron minerals[J]. Chemical Reviews，118：3251-3304.

van den Berg C M G，Boussemart M，Yokoi K，et al.，1994. Speciation of aluminium，chromium and titanium in the NW Mediterranean[J]. Marine Chemistry，45：267-282.

Viamajala S，Peyton B M，Sani R K，et al.，2004. Toxic effects of chromium(Ⅵ) on anaerobic and aerobic growth of *shewanella oneidensis* MR-1[J]. Biotechnology Progress，20：87-95.

Viti C，Decorosi F，Mini A，et al.，2009. Involvement of the oscA gene in the sulphur starvation response and in Cr(Ⅵ) resistance in *Pseudomonas corrugata* 28[J]. Microbiology，155：95-105.

Wang H，Li X，Chen Y，et al.，2020. Geochemical behavior and potential health risk of heavy metals in basalt-derived agricultural soil and crops：A case study from Xuyi County，eastern China[J]. Science of the Total Environment，729：139058.

Wang X，Johnson T M，Ellis A S，et al.，2015. Equilibrium isotopic fractionation and isotopic exchange kinetics between Cr(Ⅲ) and Cr(Ⅵ)[J]. Geochimica et Cosmochimica Acta，153：72-90.

Wang X，Yu H Y，Li F，et al.，2019. Enhanced immobilization of arsenic and cadmium in a paddy soil by combined applications of woody peat and $Fe(NO_3)_3$：Possible mechanisms and environmental implications[J]. Science of the Total Environment，649：

535-543.

Wigginton N S，Rosso K M，Stack A G，et al.，2009. Long-range electron transfer across cytochrome-hematite（α-Fe_2O_3）interfaces[J]. The Journal of Physical Chemistry C，113：2096-2103.

Wille M，Babechuk M G，Kleinhanns I C，et al.，2018. Silicon and chromium stable isotopic systematics during basalt weathering and lateritisation：A comparison of variably weathered basalt profiles in the Deccan Traps，India[J]. Geoderma，314：190-204.

Williams A G，Scherer M M，2001. Kinetics of Cr(Ⅵ) reduction by carbonate green rust[J]. Environmental Science & Technology，35：3488-3494.

Wu W，Qu S，Nel W，et al.，2020. The influence of natural weathering on the behavior of heavy metals in small basaltic watersheds：A comparative study from different regions in China[J]. Chemosphere，262：27897.

Xia Z，Yang Y，Liu T，et al.，2023. Chromium biogeochemical cycling in basalt-derived paddy soils from the Leizhou Peninsula，South China[J]. Chemical Geology，622：121393.

Xiao W，Ye X，Yang X，et al.，2015. Effects of alternating wetting and drying versus continuous flooding on chromium fate in paddy soils[J]. Ecotoxicology and Environmental Safety，113：439-445.

Xiao W，Ye X，Zhu Z，et al.，2021. Continuous flooding stimulates root iron plaque formation and reduces chromium accumulation in rice（*Oryza sativa* L.）[J]. Science of the Total Environment，788：147786.

Xiong Y，Shi L，Chen B，et al.，2006. High-affinity binding and direct electron transfer to solid metals by the *Shewanella oneidensis* MR-1 outer membrane c-type cytochrome OmcA[J]. Journal of the American Chemical Society，128：13978-13979.

Xu Q，Chu Z，Gao Y，et al.，2020. Levels，sources and influence mechanisms of heavy metal contamination in topsoils in Mirror Peninsula，East Antarctica[J]. Environmental Pollution，257：13552.

Yan T，Wang X，Liu D，et al.，2021. Continental-scale spatial distribution of Chromium（Cr）in China and its relationship with ultramafic-mafic rocks and ophiolitic chromite deposit[J]. Applied Geochemistry，1：104896.

Yu H Y，Li F B，Liu C S，et al.，2016. Iron redox cycling coupled to transformation and immobilization of heavy metals：Implications for paddy rice safety in the red soil of South China[M]//Sparks D L. Advances in Agronomy. New York：Academic Press：279-317.

Zeng F，Ali S，Zhang H，et al.，2011a. The influence of pH and organic matter content in paddy soil on heavy metal availability and their uptake by rice plants[J]. Environmental Pollution，159：84-91.

Zeng F，Wu X，Qiu B，et al.，2014. Physiological and proteomic alterations in rice（*Oryza sativa* L.）seedlings under hexavalent chromium stress[J]. Planta，240：291-308.

Zeng F，Zhou W，Qiu B，et al.，2011b. Subcellular distribution and chemical forms of chromium in rice plants suffering from different levels of chromium toxicity[J]. Journal of Plant Nutrition and Soil Science，174：249-256.

Zhang K，Yang Y，Chi W，et al.，2023. Chromium transformation driven by iron redox cycling in basalt-derived paddy soil with high geological background values[J]. Journal of Environmental Sciences，125：470-479.

Zink S，Schoenberg R，Staubwasser M，2010. Isotopic fractionation and reaction kinetics between Cr(Ⅲ) and Cr(Ⅵ) in aqueous media[J]. Geochimica et Cosmochimica Acta，74：5729-5745.

Zou L，Liu P，Li X，2013. New advances in molecular mechanism of microbial hexavalent chromium reduction[J]. International Journal of Biotechnology and Food Science，1：46-55.

第7章

土壤-水稻体系中锑迁移转化机制

锑（Sb）是一种有毒的重金属，土壤背景值较低。然而，采矿和冶炼工业加剧了岩石中锑的释放与迁移，并在土壤中累积，导致土壤锑污染。我国是世界上锑矿产量最大的国家，在局部地区，锑矿开采对水稻生产具有较大的影响，引起了各方的关注。土壤-水稻体系中锑的迁移与转化，主要受生物地球化学过程控制，在很大程度上决定稻米中锑的累积（图 7.1）。因此，深入地研究锑迁移与转化过程及其机制，是防控锑污染问题的理论基础。本章从土壤锑的污染现状入手，阐明锑污染研究的重要性；再介绍锑的物理化学特性，稻田土壤中锑主要转化过程和机制；最后对水稻植株中锑的迁移特征和影响因素进行了探讨。

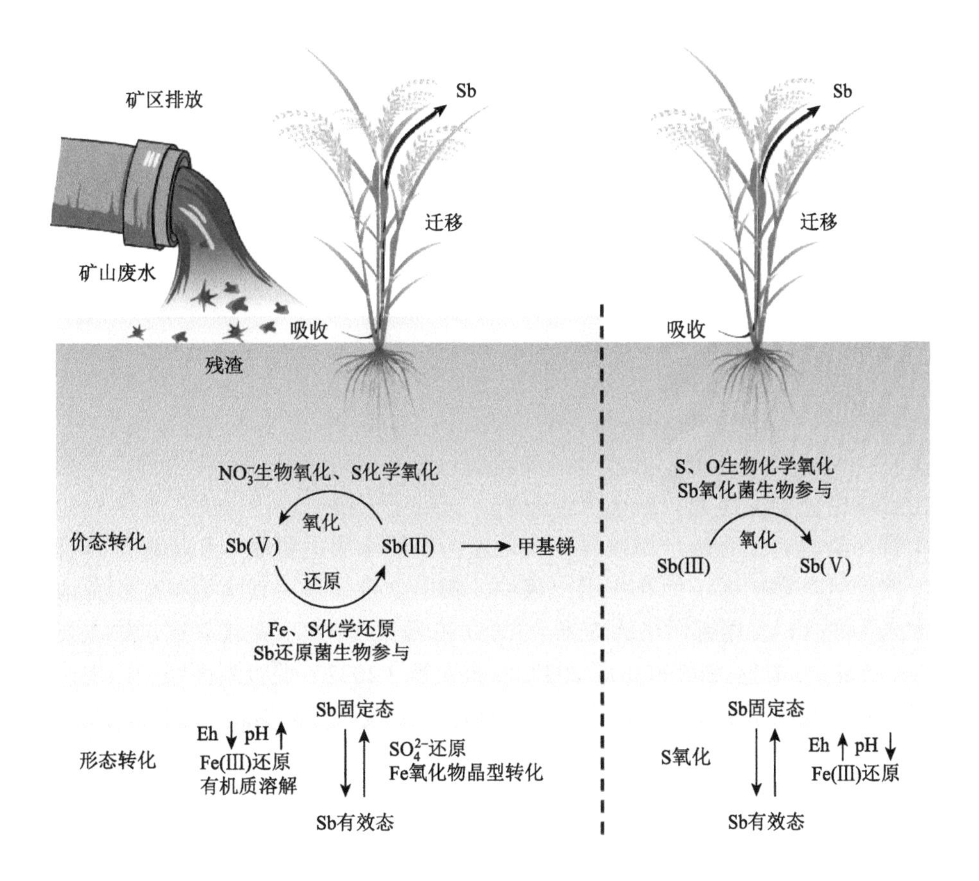

图 7.1　土壤-水稻体系中锑的迁移转化过程示意图

7.1 我国稻田土壤锑来源及污染现状

自然土壤锑含量很大，主要是锑矿开采导致土壤锑污染。我国锑矿的储量巨大，开采过程很难避免矿区周边土壤锑污染。本节主要介绍了土壤锑的主要来源以及我国土壤锑污染现状。

7.1.1 土壤锑来源

我国是世界上最大的锑储量国，约占全球总量的 78%，也是全球最大的锑生产国，约占全球生产的 84%。我国土壤锑背景值为 0.138～2.198 mg/kg（何孟常和万红艳，2004），主要来源于成土母质的风化过程、生物活动及火山活动。然而，长期的锑矿区开采活动导致锑的释放和环境累积（Pacyna & Pacyna，2001），锑相关产品制造以及燃料燃烧等人为活动加剧了锑的释放，某些高污染地区土壤锑含量高达 1500 mg/kg（何孟常和万红艳，2004）。

矿区开采排放的锑，通过废气、废水和残渣的形式进入到环境中。锑普遍存在于煤炭之中，通过燃烧排放进入土壤。我国作为世界上主要的煤炭生产国和消费国，1980～2007 年，通过煤炭燃烧排放到大气中的锑总量持续增加，再通过干湿沉降进入土壤。此外，锑也是众多产品的原材料，比如阻燃剂、染料、二极管、半导体等，广泛应用于橡胶、纸张、塑料、刹车片等制品，进一步加剧环境锑污染。综上所述，锑排放的主要途径包括矿区开采、燃煤释放、锑相关制品排放等，对大气、水体、土壤环境都造成污染，稻田土壤锑污染主要来源于锑矿区锑污染的地表水。

7.1.2 土壤与农产品锑污染现状

我国土壤锑污染地区与锑矿资源分布地区基本吻合，主要集中在西南、中南与华南，锑矿区周边土壤受到了不同程度的锑污染。以湖南省和贵州省典型锑矿区为例，其周边农田土壤中锑含量为 17.23～1438 mg/kg，远高于土壤背景值（殷志遥等，2018）。我国土壤中锑污染具有较强的地域差异，高浓度污染的土壤主要集中在锑矿区，且表现为采矿区＞冶炼区＞尾矿区；而在农用土壤中，稻田含量最高，其次为菜地和荒地。我国南方以大米为主食，食用锑污染的大米（33%）和蔬菜（26%）是锑矿区居民主要的暴露途径（Wu et al.，2011；Cao et al.，2022）。张龙等（2022）调查湖南锡矿山周边土壤，发现从矿区中心延伸至乡镇中心区和城乡交接区，土壤锑含量均超过 200 mg/kg。

7.2 锑的物理化学性质及其地球化学特征

锑作为 VA 族元素，与同主族元素砷的化学性质相似，但也有其独特性。本节介绍锑的物理化学性质、赋存状态、生物有效性与迁移性、毒性等基本特性。

7.2.1　锑的物理化学性质及赋存状态

锑属于第五周期元素，原子序数 51，原子量 121.75，是一种呈银白色的金属，密度 6.684 g/cm^3，熔点 627℃，沸点 1625℃。自然界中较少有单质锑，常以硫化物、氧化物、锑赭石、锑华等形式存在，常见的锑矿物见表 7.1（Herath et al.，2017），主要是辉锑矿，其次是方锑矿。

表 7.1　环境中常见锑矿物种类

矿物种类	环境	中文名称	英文名称	化学式
原生矿物	富硫环境	辉锑矿	stibnite	Sb_2S_3
		黝铜矿	tetrahedrite	$Cu_{12}(SbAs)_4S_{13}$
		辉锑铁矿	berthierite	$FeSb_2S_4$
		车轮矿	bournonite	$PbCuSbS_3$
		脆硫锑铜矿	famatinite	Cu_3SbS_4
		砷硫锑铅矿	geocronite	$Pb_{14}(Sb, As)_6S_{23}$
	缺硫环境	方锑金矿	aurostibite	$AuSb_2$
		红锑镍矿	breithauptite	NiSb
		黄锑矿	cervantite	Sb_2O_4
		方锑矿	senarmontite	Sb_2O_3
		脆银矿	stephanite	Ag_5SbS_4
		锑华	valentinite	Sb_2O_3
次生矿物		水锑铅矿	bindheimite	$Pb_2Sb_2O_7$
		锑铁矿	tripuhyite	$FeSbO_4$
		古铜辉石	bronzite	$Fe_2[Si_2O_6]$
		锑钙石	romeite	$Ca_2Sb_2O_7$

锑与砷（As）同属于 VA 族，具有相似的环境行为（Wilson et al.，2010），以−3、0、+3、+5 四种价态存在，土壤中常以+3 和+5 两种价态的含氧阴离子形态存在（Filella et al.，2002）。

在自然环境中，Sb(Ⅴ)是最主要的赋存形态。但在厌氧环境中，Sb(Ⅲ)则更为稳定，毒性更强。带正电的锑只能在强酸性（pH＜2）条件下存在，而 $Sb(OH)_6^-$ 和 $Sb(OH)_3$ 是自然界中常见的无机形态。五氧化二锑（Sb_2O_5）容易溶解在水溶液中，产生 $Sb(OH)_6^-$，可存在于广泛的 pH 范围（pH 2.7～10.4）环境中。三氧化二锑（Sb_2O_3）在水中形成难溶性氢氧化锑[$Sb(OH)_3$]，因此，在自然酸碱度环境中不溶于水；但在强碱性溶液（pH＞10.4）中，Sb_2O_3 倾向于以 $H_2SbO_3^-$ 或 $Sb(OH)_4^-$ 的形式解离。

不同形态锑、砷的毒性大小和进入植物的难易顺序相似，均为 Sb(III)/As(III)＞Sb(V)/As(V)＞有机态锑/砷，锑在土壤中的迁移转化过程受其形态的控制（He，2007）。

7.2.2 水稻土中锑的生物有效性和迁移性

土壤中锑的化学形态包括无机态和有机态，主要是无机态，包括 Sb(III)和 Sb(V)，以 Sb(V)为主。土壤中锑主要与铁锰氧化物结合，在有机质含量较高的土壤中，则主要与有机质络合（Tella & Pokrovski，2009）。

土壤中锑的形态与价态主要受 pH、Eh、有机质组成及含量、铁锰氧化物等因素影响，与其生物有效性、迁移性和毒性密切相关。稻田交替的淹水-排水耕作方式，导致土壤 Eh 呈现降低—升高、pH 呈现升高—降低的规律性变化，同时氧化铁与腐殖质也呈现还原-氧化的转化过程，相关功能微生物类群丰度及其活性也随之而改变，必然影响土壤锑的还原-氧化、释放-固定等转化过程，进一步影响锑的生物有效性与迁移性（Hockmann et al.，2014）。

淹水条件下，Sb(V)易发生生物和非生物还原，其产物 Sb(III)可被土壤黏土矿物强烈吸附固定（Kulp et al.，2014；Leuz et al.，2006；Polack et al.，2009）；或形成 Sb_2O_3、Sb_2S_3 等难溶性沉淀，降低生物有效性和迁移性（Bennett et al.，2017；Filella et al.，2009）。排水条件下，Sb(III)可通过生物和非生物氧化过程转化为 Sb(V)。稻田淹水-排水交替过程中，锑可被微生物甲基化。在水稻根际泌氧形成的富氧环境中，O_2 和 Fe(II)发生电子转移，生成·OH 自由基，可氧化 Sb(III)为 Sb(V)，并被吸附固定在水稻根表铁膜中（Mendelssohn et al.，1995）。

7.2.3 水稻植株中锑的分布与毒性

尽管锑不是植物必需矿质元素，但对水稻具有一定的毒性，会影响水稻的发芽率、生长和稻米产量，使得水稻根、茎、叶、籽粒中均会不同程度地积累锑（He & Yang，1999）。锑的毒性与价态有关，Sb(III)的毒性更强。锑的毒性主要体现在氧化胁迫，损伤水稻根部细胞膜（Zhu et al.，2020a），也可降低水稻体内水溶性蛋白质含量，从而影响水稻的代谢活动（冯人伟等，2012）。锑在水稻植株中的分布从根往籽粒逐渐减少，籽粒中的锑主要分布在稻壳、麸皮和糊粉层（Wu et al.，2019）。水稻对锑的吸收效率也与价态有关，吸收 Sb(III)的效率更高，但水稻体内以 Sb(V)为主要价态（Ren et al.，2014）。土壤中锑的生物有效性较低，根表铁膜会阻隔根部吸收锑。

7.2.4 稻田锑与砷的迁移转化及积累特征差异

锑与砷位于同一主族，化学性质相似，但二者在土壤-水稻体系中的行为存在明显差异，主要表现在迁移性、毒性、价态和形态转化、微生物代谢能力、水稻吸收能力等方面(表 7.2)(Mitsunobu et al.，2006；Ashley et al.，2003；Tella & Pokrovski，2009；Okkenhaug et al.，2012）。一般说来，As(III)比 As(V)的迁移性更强，而 Sb(V)比 Sb(III)的迁移性更强；锑的甲基化程度远低于砷，稻米中锑以无机态为主；厌氧状态下，锑主要被有机质、硫化物固定，而砷主要被氧化铁固定；稻米砷的生物富集系数也远大于锑。

表 7.2　土壤-水稻体系中锑与砷的迁移转化及累积特征对比

<table>
<tr><th></th><th>迁移性</th><th>毒性</th><th>甲基化</th><th>厌氧固定机制</th><th>微生物代谢能力</th><th>水稻吸收</th><th>水稻中主要形态</th></tr>
<tr><td>Sb(III)</td><td>低</td><td>高</td><td>易</td><td rowspan="2">有机质和硫化物固定</td><td rowspan="2">弱</td><td rowspan="2">难</td><td rowspan="2">无机态</td></tr>
<tr><td>Sb(V)</td><td>高</td><td>低</td><td>难</td></tr>
<tr><td>As(III)</td><td>高</td><td>高</td><td>易</td><td rowspan="2">氧化铁固定</td><td rowspan="2">强</td><td rowspan="2">易</td><td rowspan="2">二甲基砷酸</td></tr>
<tr><td>As(V)</td><td>低</td><td>低</td><td>难</td></tr>
</table>

7.3　稻田土壤锑的转化机制

锑是变价元素，其价态与形态随着土壤 pH 和 Eh 变化而变化。本节主要介绍了锑价态和形态转化过程，探讨了其化学与微生物机制，以及热力学与动力学机制。

7.3.1　土壤锑价态与形态转化

土壤中锑发生价态和形态转化，影响其生物有效性和迁移性。锑价态转化是氧化还原过程，受土壤氧化还原电位、电子供体、电子受体以及微生物群落的影响。厌氧条件下，Fe 和 S 可直接还原锑；微生物还原及有机质的电子穿梭作用，可加速锑还原；同时，在微生物作用下，以 NO_3^- 作为电子受体发生锑的厌氧氧化。好氧条件下，氧气可氧化 Fe(II)，促进电子转移，并形成多种活性氧，直接将 Sb(III)氧化为 Sb(V)。锑形态转化是指锑与土壤中铁氧化物、有机质、硫化物、黏土矿物等组分结合态的变化，主要受锑在土壤中的吸附-解吸、沉淀-溶解、络合-解离等平衡过程的影响。

7.3.2　土壤锑价态与形态转化的化学与微生物机制

1. 矿物表面锑的吸附

1）黏土矿物与铝氧化物

黏土矿物具有丰富的表面电荷和巨大的比表面积，因而其表面活性很高，在微量污染物的自然衰减过程发挥重要的作用。与 Sb(V)相比，蒙脱土吸附 Sb(III)的速度较快且吸附能力较强，Sb(III)和 Sb(V)的最大吸附量分别为 370～555 mg/kg 和 270～500 mg/kg（Xi et al.，2016）。锑的饱和吸附量随 pH 升高而减弱，比表面积较大的蒙脱土吸附 Sb(V)的作用强于高岭土。共存的磷酸根离子可削弱 Sb(V)在黏土矿物表面的吸附，从而增加锑的迁移性、生物有效性和毒性风险。

土壤中常见的三水铝矿（一种铝氧化物）在酸性条件下发生质子化作用，导致其表面产生正电荷，从而将 Sb(Ⅴ)阴离子吸附固定在其表面（Rakshit et al.，2015），反应过程可表示如下：

$$Al\text{-}OH_{(s)} + H^{+}_{(aq)} \longleftrightarrow Al\text{-}(OH)^{+}_{2(s)} \tag{7.1}$$

$$2Al\text{-}OH_{(s)} + Sb(OH)^{-}_{6(aq)} \longleftrightarrow (AlO)_2Sb(OH)^{-}_{4(s)} + 2H_2O_{(l)} \tag{7.2}$$

利用 X 射线吸收精细结构研究表明，高岭土、绿脱石和氧化铝矿物表面锑的吸附特征，均形成内圈/内球络合物（Ilgen & Trainor，2012）。

2）铁氧化物

铁氧化物也称氧化铁，是稻田土壤中丰度比较高的可变价次生矿物，几乎所有的铁氧化物、铁水合氧化物及其混合物，都具有一定的晶体结构，且晶体结构的有序程度和晶体的大小与其形成条件密切相关。铁氧化物常常以几十纳米到几微米的微颗粒存在，具有较大的比表面积和表面自由能，控制着稻田土壤中胶体颗粒的运移过程。

一些研究结果显示，针铁矿（α-FeOOH）和水铁矿（HFO）是稻田土壤中吸附 Sb(Ⅲ)和 Sb(Ⅴ)的主要次生矿物。在很宽的 pH 范围内（3～12），Sb(Ⅲ)都可以被强烈地吸附在α-FeOOH 和 HFO 表面；而在 pH<7 时 Sb(Ⅴ)才表现出强的结合能力（Leuz et al.，2006）。铁氧化物对阴离子的吸附包括专性吸附和非专性吸附，其表面羟基可被配位体（L）取代，反应式如下：

$$\equiv FeOH + L^{-} \longleftrightarrow \equiv FeL + OH^{-} \tag{7.3}$$

$$\equiv (FeOH)_2 + L^{-} \longleftrightarrow \equiv Fe_2L^{+} + 2OH^{-} \tag{7.4}$$

锑主要与羟基配体络合形成Fe-O-Sb表面络合物。吴智君(2010)利用扩散层模型(diffuse layer model，DLM）很好地拟合了 HFO 对 Sb(Ⅲ)和 Sb(Ⅴ)的吸附（如反应式 7.5 和 7.6），其表面络合常数分别为 5.7 和 3.1。EXAFS 结果显示，锑在水铁矿表面以双齿单核的内球面形式进行络合（Guo et al.，2014）。

$$\equiv FeOH^{0} + Sb(OH)_3 \longleftrightarrow \equiv FeOSb(OH)^{0}_{2} + H_2O \quad \log K_1 = 5.7 \tag{7.5}$$

$$\equiv FeOH^{0} + Sb(OH)^{-}_{6} \longleftrightarrow \equiv FeOSb(OH)^{-}_{5} + H_2O \quad \log K_2 = 3.1 \tag{7.6}$$

水稻径向泌氧系统，将 O_2 输送到含有 Fe(Ⅱ)的根际环境中，促进 Fe(Ⅱ)的氧化，并在水稻根表或根际数毫米范围内，形成铁氧化物胶膜（Mendelssohn et al.，1995），简称铁膜。铁膜主要由针铁矿、水铁矿和纤铁矿等组成，对锑具有强烈的吸附作用（Cui et al.，2015），可降低水稻吸收锑。此外，淹水水稻土中亚铁氧化微生物的成矿作用，对锑具有强烈的共沉淀效应（Wang et al.，2019），能显著降低锑的生物有效性及稻米锑累积。

3）锰氧化物

锰氧化物也称氧化锰，是土壤、海洋和淡水沉积物中重要的次生矿物。水稻土中的氧化锰矿物，如水钠锰矿、软锰矿等，表面积大，而且具有较高的氧化还原活性。

与铁氧化物相比，锰氧化物除了对金属元素具有更强的亲和性和专性吸附能力，还对As、Ce、Co、Cr、Pu、Se 和 Sb 等变价元素具有较强的氧化能力，对锑在水–土界面的转化和吸附起重要的作用（Thanabalasingam & Pickering，1990；Wang et al.，2020）。在稻田淹水厌氧环境中，Sb(III)可与锰氧化物发生快速的氧化反应，生成 Sb(V)并吸附在矿物表面。Sb(V)通过取代层状水钠锰矿中的—OH 基团，与水钠锰矿形成配合物。DLM 模型拟合结果显示，Sb(V)主要以外圈/外球络合形式吸附在锰氧化物表面。铁、锰、铝的水合氧化物对 Sb(III)的吸附能力排列顺序为：MnOOH＞AlOOH＞FeOOH（Thanabalasingam & Pickering，1990）。

2. 有机质与锑的络合配位

腐殖酸具有较强的螯合重金属离子的能力，可以将大量的锑固定在土壤有机质中（Steely et al.，2007）。腐殖酸表面带有负电荷，与中性 $Sb(OH)_3$ 的结合能力大于 $Sb(OH)_6^-$（Buschmann & Sigg，2004）。不同来源的腐殖酸对 Sb(III)的吸附特性不尽相同，在 pH 6.1 左右的介质中，胡敏酸（HA）和河流底泥腐殖酸对 Sb(III)吸附量最大，而风化煤腐殖酸在 pH＜6 时，Sb(III)的吸附不受 pH 变化的影响，但当 pH＞6 时，吸附快速减弱（Buschmann & Sigg，2004）。自然环境中，30%的 Sb(III)与有机质结合，与酚羟基形成中性络合物，与羧羟基形成带负电荷的络合物。Buschmann 和 Sigg（2004）提出了 Sb(III)在腐殖酸表面的两种结合机制：第一，配体交换机制，同时释放 1～2 个羟基；第二，络合/螯合机制，形成带负电荷的络合物。

Bowen 等（1979）研究了一种商业泥炭腐殖酸对 Sb(III)的吸附，发现存在两种 Sb(III)-腐殖酸络合物，75%的 Sb(III)结合在分子量约 8000 的腐殖酸上，25%的 Sb(III)被分子量约 1000 的腐殖酸所吸附。在 pH 9～11，分子量约为 1000 的腐殖酸，对 Sb(III)的吸附增加；pH 2～4 时，两种 Sb(III)-腐殖酸络合物都被破坏。Pilarski 等（1995）定量研究了 Sb(III)和 Sb(V)腐殖酸表面的吸附，发现腐殖酸对 Sb(III)的饱和吸附量可达到 53 μmol/g，当腐殖酸起始浓度小于 10 μmol/L 时，对 Sb(V)没有吸附；当起始浓度增大到 75 μmol/L 时，对 Sb(V)的饱和吸附量达到 8 μmol/g，但远低于 Sb(III)的饱和吸附量。Buschmann 和 Sigg（2004）也认为腐殖酸对 Sb(III)的吸附大于 Sb(V)。Tighe 等（2005）研究了一种来自德国的褐煤腐殖酸对 Sb(V)的吸附，当 Sb(V)的起始浓度很低时，该腐殖酸对 Sb(V)的吸附量比 Pilarski 等（1995）的研究结果要高很多，这可能是由于两者所用的腐殖酸来源和性质有很大差别，可能与腐殖酸内的铁、铝杂质络合有关。

3. 锑氧化还原的化学机制

铁和硫都可直接参与锑的还原过程。绿锈作为针铁矿、纤铁矿、磁铁矿等铁氧化物转化的中间产物，在土壤和沉积物环境中广泛存在。与针铁矿和纤铁矿不同，绿锈可以直接将 Sb(V)化学还原成 Sb(III)（Mitsunobu et al.，2008，2009），且其还原能力不受结晶度的影响，反应式为

$$Sb(OH)_6^- + Fe_4Fe_2(OH)_{12} \cdot SO_4 \cdot 3H_2O \longleftrightarrow Sb(OH)_3 + SO_4^{2-} + 6\gamma\text{-}FeOOH + 6H_2O + 3H^+ \quad (7.7)$$

除此之外，Sb(Ⅴ)可以被磁铁矿、四方硫铁矿等含 Fe(Ⅱ)矿物还原为 Sb(Ⅲ)（Kirsch et al.，2018）。Sb(Ⅴ)与磁铁矿反应生成两种复合物：$Sb^{V}O_6$-Fe_3 和 $Sb^{III}O_3Fe_{4\text{-}5}$；Sb(Ⅴ)的还原效率受磁铁矿的初始浓度、反应时间以及 pH 的影响；随着反应物初始浓度增加，反应时间增长 pH 升高，Sb 的还原效率增加；当 pH≥6.5 时，可以发生完全还原。Sb(Ⅴ)与四方硫铁矿反应形成 Sb^{III}-S_3 复合物，且所有实验条件下 Sb(Ⅴ)均被完全还原，而 Sb(Ⅴ)还原也会耦合 Fe(Ⅱ)氧化为 Fe(Ⅲ)，以及 S^{2-}氧化成 S 的过程。

从热力学角度看，厌氧条件下反应速率较慢，硫可以与 Sb(Ⅲ)结合形成 SbS_2^-（Chen et al.，2003），同时也可以与 Sb(Ⅴ)结合形成 SbS_4^{3-}（Fiella et al.，2002；Wilson et al.，2010），说明在厌氧条件下，硫对 Sb 的形态转化过程产生重要的影响。硫可直接影响锑的形态分布，硫也是一种还原剂，能够将 Sb(Ⅴ)还原 Sb(Ⅲ)。厌氧条件下 SO_4^{2-} 还原产物为 H_2S，可直接还原 Sb(Ⅴ)，遵循一级动力学，且受 pH 的影响。其中，酸性条件下（pH＜5），H_2S 可以快速还原 Sb(Ⅴ)，反应式为（7.8）（Polack et al.，2009）。在弱酸性环境中（pH 5～6），$Sb(OH)_6^-$ 可以转化为更活跃的 $Sb(OH)_5$，式（7.9）和式（7.10）为其反应式（Polack et al.，2009），其中 $n = 0$～5。

$$H_2S+Sb(OH)_6^- + H^+ \longrightarrow Sb(OH)_3+1/8S+2H_2O \tag{7.8}$$

$$Sb(OH)_5+nH_2O^+ \longrightarrow Sb(OH)_{5-n}(OH)_n^{n+} \tag{7.9}$$

$$Sb(OH)_5\text{-}n(OH)_n^{n+} + H_2S \longrightarrow 1/8S_8 + 2H_2O + nH^+ \tag{7.10}$$

在不同酸碱体系中，锑与硫发生的还原过程和产物有所不同。在 pH 5 硫浓度为 0.2 mmol/L 和 2 mmol/L 时，Sb(Ⅴ)迅速减少，溶解态 Sb(Ⅲ)的浓度较低，说明体系中可能形成了胶体态 Sb_2S_3，或者其他形态的 Sb(Ⅲ)复合物。而在 pH 6 时，Sb(Ⅴ)被硫还原的速率较快，初始浓度为 0.1 mmol/L 的 Sb(Ⅴ)和 2 mmol/L 溶解态硫时，75 h 内，80% Sb(Ⅴ)被还原生成无定形的 Sb_2S_3。当 pH 7 时，溶解态硫的浓度会影响锑的还原效率，当溶解态硫从 0.02 mmol/L 提高至 0.2 mmol/L 时，体系中被还原的 Sb(Ⅴ)比例从 3%～5%增加至 62%～72%，但是锑的初始浓度并不影响 Sb(Ⅴ)的还原效率。

厌氧条件下，Sb(Ⅴ)的还原还会受有机质的影响。在 20～80 mg/L 胡敏酸（HA）条件下，即使体系中不存在 Fe(Ⅱ)，Sb(Ⅴ)-共沉淀的针铁矿中，Sb(Ⅴ)也可被还原成 Sb(Ⅲ)；而在 Fe(Ⅱ)和 HA 浓度较高的体系中，60%的 Sb(Ⅴ)在 pH 8 时被还原。这可能是 Fe(Ⅱ)介导的 HA-Fe(Ⅱ)-Sb(Ⅴ)三元复合物间的电子传递过程（Karimian et al.，2019），将 Fe(Ⅱ)添加至 HA-Sb(Ⅴ)-Fe(Ⅲ)沉淀中，HA 充当电子穿梭体，铁氧化物发生晶型转变，驱动 Sb(Ⅴ)还原。

厌氧条件下，锑除了可以发生还原反应，也可以发生厌氧氧化反应，硫、铁和氮元素都可在锑的厌氧氧化过程中发挥重要作用。厌氧条件下，S 可以直接氧化 Sb(Ⅲ)，如反应式（7.11）（Helz et al.，2002）：

$$Sb(III) + S_n^{2-} + H^+ \longrightarrow Sb(V) + HS^- + S_{(n-1)}^{2-} \tag{7.11}$$

自然条件下，以 O_2、H_2O_2 为最终电子受体的 Sb(Ⅲ)氧化过程十分缓慢，且受 pH、光照和其他环境因素的影响（Wilson et al.，2010）。Fe(Ⅱ)是加速 Sb(Ⅲ)被 O_2、H_2O_2

氧化和光氧化的重要催化剂（Mitsunobu et al.，2006；Kong et al.，2016）。据报道，溶液中存在的铁矿物（黄铁矿）、络合态铁[$Fe(C_2O_4)_2^{2-}$]、溶解态三价铁等含铁物质时，光照可诱导水分子形成·OH 和 H_2O_2（Kong et al.，2016），O_2 可进一步促进 H_2O_2 与 Fe(Ⅱ)之间发生芬顿（Fenton）反应，产生更多的强氧化剂·OH，促进 Sb(Ⅲ)氧化。中性条件下，溶液中存在的 Fe(Ⅱ)，可还原 O_2、H_2O_2 产生·OH，从而氧化 Sb(Ⅲ)（Mitsunobu et al.，2006）。此外，Fe(Ⅱ)可催化铁氧化物晶型转变，生成具有氧化能力的 Fe(Ⅲ)，可厌氧氧化 Sb(Ⅲ)（Amstaetter et al.，2012）。

稻田环境具备了发生上述三类 Sb(Ⅲ)化学氧化的条件（Mitsunobu et al.，2006；Wilson et al.，2010），光照/黑暗、干湿交替与根系泌氧，是影响稻田 Sb(Ⅲ)化学氧化过程的重要因素。第一，淹水表层土壤易受阳光照射，Sb(Ⅲ)光化学氧化很可能在耕作表层起着重要作用（He et al.，2019）；第二，水稻根际环境中，根系泌氧产生的 O_2，能和 Fe(Ⅱ)发生 Fenton 反应，产生强氧化剂·OH，促进 Sb(Ⅲ)氧化；第三，游离态 Fe(Ⅱ)吸附在新生成的三价铁氧化物表面，催化铁氧化物晶型转变，生成具有氧化能力的过渡态三价铁，氧化和固定 Sb(Ⅲ)（Wang et al.，2019）（图 7.2）。有关铁介导下的 Sb(Ⅲ)光化学氧化与 Sb(Ⅲ)被 O_2 等强氧化剂氧化的机制已有不少报道，但 Fe(Ⅱ)催化铁氧化物晶型转变氧化 Sb(Ⅲ)的相关研究鲜有报道（He et al.，2019）。

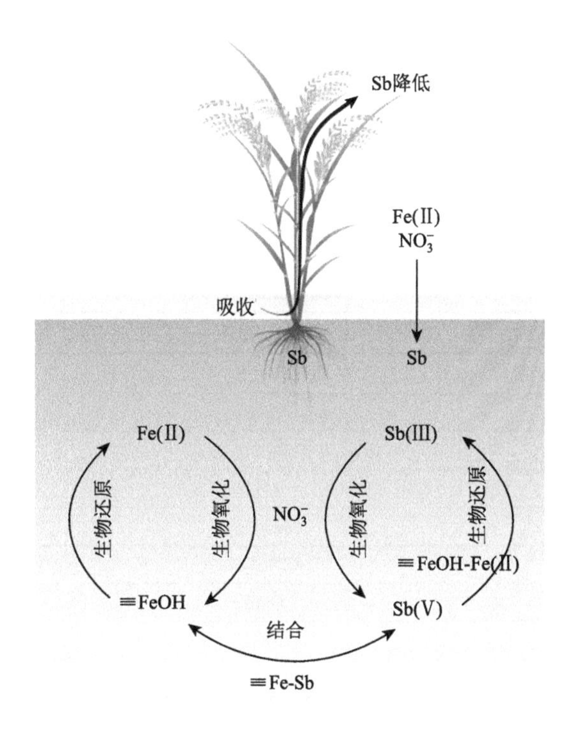

图 7.2　硝酸盐作用下淹水稻田锑的氧化固定行为（Wang et al.，2019）

土壤中锑的生物化学氧化过程耦联 Fe(Ⅱ)氧化 NO_3^- 还原，Fe(Ⅱ)氧化过程固定土壤中有效态 Sb，降低水稻对 Sb 的吸收和累积。

4. 锑氧化还原的微生物机制

锑氧化菌可以将 Sb(Ⅲ)氧化成 Sb(Ⅴ)，有利于降低锑在环境中的毒性。Lialikova（1974）首次发现化能自养锑氧化菌 *Stibiobacter senarmontii*，可以利用 O_2 氧化 Sb(Ⅲ)产生的能量自养生长。Terry 等（2015）分离获得锑氧化菌 IDSBO-1 和 IDSBO-4，其中 IDSBO-1 除了可以将氧气当电子受体，也可以在厌氧条件下，利用硝酸盐作为电子受体氧化 Sb(Ⅲ)。同时，利用 ^{14}C 标记的 $NaHCO_3$ 培养试验，证实 IDSBO-4 可以氧化 Sb(Ⅲ)的同时固定 CO_2。近年来，随着对锑氧化菌的关注，已经从矿区土壤和沉积物中分离出超过 80 株菌，这些菌株主要来自 22 个属（表 7.3），最主要的 4 个属为 *Pseudomonas*（31%）、*Comamonas*（12%）、*Acinetobacter*（12%）和 *Agrobacterium*（10%）。相比于 2016 年的数据（Li et al.，2016），增加了 5 个锑氧化菌新属。

表 7.3 分离培养的锑氧化菌

所属菌属	分离菌种命名	参考文献
Pseudomonas	DA2、DC5、DF12、DF11、DA5、DF3、DF9、DC8、DC7、DS4、DF7、TC13、JC11、DS7、DF8、DF5、DA4、NL6、IK-S1、NL10、NL2、NL5、ZH1、ZH2、ZH4、ZH5	Shi et al.，2013；Nguyen & Lee，2014，2021；Li et al.，2016，2020；Lehr et al.，2007；Loni et al.，2020；Lu et al.，2018
Comamonas	JL25、JL40、DF1、DS1、DF2、JC13、JC12、JC9、S44、NL11	
Acinetobacter	DC2、LH3、LH4、JL7、DS2、NL1、NL12、ZH3、ZH7、ZH8	
Agrobacterium	C58、5A、GW4、C13、LY4、TS43、TS45、D14	
Stenotrophomonas	IK-S2、JL9	
Variovorax	LS1、JL23、IDSBO-4	
Cupriavidus	NL4、S1、ZH6	
Shinella	NLS1、VKA3、VKA4	
Paracoccus	JC6、LH8、XT0.6	
Sphingopyxis	DA6、DS8	
Bacillus	DF4、S3	
Aminobacter	LS5	
Arthrobacter	LH11	
Janibacter	LH2	
Stibiobacter	senarmontii	
Hydrogenophaga	IDSBO-1	
Sinorhizobium	GW3	
Bosea	AS-1	
Flavihumibacter	YS-17^T	
Ensifer	NLS4	
Moraxella	S2	

关于 Sb(Ⅲ)微生物氧化的分子机制，考虑到锑与砷的相似性，猜想锑氧化的官能团和砷一致（Wang et al.，2015），随着研究的不断深入，这一猜想得到进一步证实。

据报道，As(Ⅲ)氧化相关的酶 AioBA 和 ArxAb，可以参与 Sb(Ⅲ)氧化（Silver & Phung，2005；Zargar et al.，2012）。AioBA 氧化酶可以氧化 Sb(Ⅲ)，但是相关基因 *aioBA* 只有 As(Ⅲ)存在时才会表达；在敲除 *aioBA* 基因之后，体系内的 Sb(Ⅲ)氧化虽然有所减弱，但并没有被完全消除，表明存在其他基因和酶调控 Sb(Ⅲ)的生物氧化过程。随后发现 Sb(Ⅲ)氧化过程的 AnoA 酶（Li et al.，2016），在敲除其相应的基因 *anoA* 之后，Sb(Ⅲ)的氧化降低了 27%。这说明 Sb(Ⅲ)微生物氧化具有两个途径：第一，*aioBA* 作为 As(Ⅲ)氧化基因参与 Sb(Ⅲ)氧化；第二，AnoA 氧化。

厌氧环境中，Sb(Ⅴ)还原包括生物和非生物作用过程（Li et al.，2016），微生物是厌氧 Sb(Ⅴ)还原的重要驱动力。对 As(Ⅴ)微生物还原已有一些研究和了解，但 Sb(Ⅴ)的微生物还原还知之甚少。Kulp 等（2014）报道，沉积物中的微生物，可以利用有机碳作为电子供体还原 Sb(Ⅴ)；Nguyen 和 Lee（2014）、Abin 和 Hollibaugh（2014）识别和分离了两种以有机碳作为电子供体的厌氧 Sb(Ⅴ)呼吸菌（MLFW-2 和 JUK-1）；此后，从厌氧沉积物或土壤培养液中，分离出 *Sinorhizobium*（Nguyen & Lee，2014）、*Alkaliphilus*、*Clostrdiaceae*、*Tissierella* 和 *Lysinibacillus*（Wang et al.，2018）等 Sb(Ⅴ)还原菌属；此外，Abin 和 Hollibaugh（2014）从专性厌氧菌 *Desulfuribacillus stibiiarsenatis* MLFW-2T 中，鉴定出了编码异化锑还原酶的 *anrA* 基因。异化锑还原微生物广泛存在于稻田环境，能够参与稻田锑的循环。

电子传递是稻田厌氧 Sb(Ⅴ)还原的另一重要过程。在厌氧环境中，有机质作为常见的电子供体，参与 Sb(Ⅴ)的还原（Abin & Hollibaugh，2014；Kulp et al.，2014）。腐殖质是土壤/沉积物有机质的重要组成部分，按照其溶解特性的不同，可分为富里酸（FA）、胡敏酸（HA）和胡敏素（HM）三个组分（Grasset & Amblès，1998）。稻田中广泛存在的可还原腐殖质的微生物类群，可将 FA、HA 和 HM 还原为还原态腐殖质，并作为电子穿梭体，参与 As(Ⅴ)（Qiao et al.，2019）与 Sb(Ⅴ)的厌氧还原（Lovley et al.，1996；Karimian et al.，2019）。

添加腐殖质的厌氧土壤培养试验结果显示，随着土壤中锑含量增加，锑的迁移性降低，可能是由于还原态腐殖质将 Sb(Ⅴ)还原为更容易被铁氧化物结合的 Sb(Ⅲ)（Verbeeck et al.，2019）。更重要的是，腐殖质作为介导微生物胞外电子传递的重要电子穿梭体，在 Sb(Ⅴ)异化还原中起着至关重要的作用。南彦刚（2014）通过构建“微生物（*Shewanella decolorationis* S12）＋铁氧化物＋锑”的厌氧培养体系，研究了腐殖质模式物蒽醌-2-磺酸钠（AQS），对锑形态转化过程的影响，发现 AQS 作为电子穿梭体促进 Sb(Ⅴ)的还原过程。然而目前关于腐殖质作为电子供体或电子穿梭体，促进 Sb(Ⅴ)还原的相关机制研究，还处于起步阶段，缺少对腐殖质作用下稻田 Sb(Ⅴ)还原过程，以及还原微生物活性及多样性的认识，腐殖质如何影响稻田土壤与稻米中锑形态分布，缺乏系统的研究报道。

5. 锑甲基化的微生物机制

砷和锑都具有甲基化过程，然而锑的甲基化过程关注不多，其机制尚不清晰。现有研究结果显示，微生物在锑的甲基化过程中起着至关重要的作用，Sb(Ⅲ)比 Sb(Ⅴ)

更易于生成甲基锑（Filella et al.，2009）。无机锑也经历一甲基、二甲基、三甲基的还原路径，锑的甲基化也可能由砷甲基化相关酶促作用驱动（Challenger，1945；Andrewes et al.，2000；Wehmeier & Feldmann，2005）。

在沉积物、淹水水稻土中，甲基锑占溶解态总锑含量约 10%（Ying et al.，2018）。据报道，某锑矿区稻田土壤中甲基锑的含量远超旱地土壤，且以三甲基锑为主（Wei et al.，2015；Yang & He，2016），表明稻田厌氧环境具有更高的锑甲基化潜能，有利于锑甲基化发生。厌氧环境中，产甲烷菌、硫酸盐还原菌、溶蛋白细菌等微生物，均可将 Sb(III) 转化为三甲基锑。从产甲烷菌群中分离到的甲酸甲烷杆菌，具有很强的 Sb(III)甲基化的能力，可将 Sb(III)转化为一甲基锑、二甲基锑、锑化氢（Meyer et al.，2007；Wehmeier & Feldmann，2005）。

易分解的有机质，如溶解性有机质（DOM）能够激发土壤微生物活性，如秸秆还田产生的溶解性有机质，可提高土壤砷甲基化基因丰度（区惠平等，2009），从而提高土壤溶液和籽粒甲基砷含量（Ma et al.，2014）；施加腐殖酸和富里酸，均显著提高二甲基砷酸和一甲基砷酸的含量。同样，添加有机质显著地促进三甲基锑的产生（Grob et al.，2018）。锑与砷具有相似的甲基化路径和甲基化转移酶，有机质能提高土壤锑甲基化微生物活性和丰度，促进锑甲基化过程的发生。因此，稻田有机质可能是促进稻田锑甲基化的关键因素，然而目前缺少有机质促进水稻土锑甲基化关键微生物机制的研究。

7.3.3 土壤锑价态与形态转化热力学机制

土壤有机质、铁氧化物、黏土矿物等组分参与锑形态转化，而且处于动态平衡之中，常通过构建热力学模型定量地描述锑在土壤各组分中的分配。不同土壤的组成成分及基本理化性质差异很大，所使用的平衡模型也有所不同，现有的模型包括有机质模型（NICA-Donnan）、黏土矿物模型（two-site）以及不同形态铁矿物的模型（DDL、CD-MUSIC）等（杨阳，2021）。一般采用锑与铁氧化物及黏土矿物的热力学平衡模型，相关的反应式、模型及其平衡常数见表 7.4。采用热力学模型方法，不仅可以解释各组分对锑的吸附特征，同时可结合电镜手段解析其表面配体的主要结构（Essington et al.，2017）。

表 7.4 不同土壤组分对 Sb 的吸附方程、平衡常数及热力学模型

反应式	log*K*	模型	参考文献
$\equiv Fe-OH + Sb(OH)_6^- + H^+ \longleftrightarrow \equiv Fe-OH_2-Sb(OH)_6^-$	9.50	MRM	Cai et al.，2015
$\equiv Fe-OH + Sb(OH)_6^- \longleftrightarrow \equiv Fe-OH_2-Sb(OH)_5^- + H_2O$	4.10		
$\equiv FeOH + Sb(OH)_6^- \longleftrightarrow \equiv FeOSb(OH)_5^- + H_2O$	13.45[a]/13.85[b]	DLM	Guo et al.，2014
$\equiv FeOH + Sb(OH)_6^- \longleftrightarrow \equiv FeOSbO(OH)_4^- + H_2O + H^+$	4.15[a]/5.20[b]		
$\equiv FeOH+Sb(OH)_3 \longleftrightarrow \equiv FeOSb(OH)_2 + H_2O$	19.15[a]/13.5[b]		
$\equiv FeOH + Sb(OH)_3 \longleftrightarrow \equiv FeOSbO(OH)^- + H_2O + H^+$	15.45[a]/7.5[b]		

续表

反应式	$\log K$	模型	参考文献
$2\equiv Fe(OH)+Sb(OH)_6^- \longrightarrow (\equiv FeO)_2Sb(OH)_4^- + 2H_2O$	14.31	DDLM	Vithanage et al.，2013
$\equiv Fe(OH)_2+Sb(OH)_6^- \longrightarrow \equiv FeO_2Sb(OH)_4^- + 2H_2O$	8.32		
$2\equiv Fe(OH)+Sb(OH)_3 \longrightarrow (\equiv FeO)_2Sb(OH) + 2H_2O$	$15.56^c/5.26^d$		
$\equiv Fe(OH)_2+Sb(OH)_3 \longrightarrow \equiv FeO_2Sb(OH) + 2H_2O$	$7.59^c/8.88^d$		
$XOH+Sb(OH)_6^- \longleftrightarrow XOSb(OH)_4^- + H_2O$	$12.04^e/12.7^f/9.47^g$ $11.55^e/11.97^f/8.69^g$	DDL	Ilgen & Trainor，2012
$2XOH+Sb(OH)_6^- \longleftrightarrow (XO)_2Sb(OH)_4^- + 2H_2O$	$15.22^e/16.53^f/12.67^g$ $14.41^e/15.64^f/12/27^g$		
$\equiv AlOH+H^+ +Sb(OH)_6^- \longleftrightarrow \equiv AlOH_2^+\text{-}Sb(OH)_6^-$	8.89	TLM	Rakshit et al.，2015
$\equiv AlOH+H^+ +Sb(OH)_6^- \longleftrightarrow \equiv AlOSb(OH)_5^- + H_2O$	3.78		

a：水铁矿；b：针铁矿；c：锑浓度 4 μmol/L；d：Sb 浓度为 40 μmol/L；e：高岭石；f：三水铝石；g：石英。

不同铁氧化物对锑的吸附能力存在差异，也因锑的价态而异。随着 pH 升高，水铁矿和针铁矿等铁氧化物对 Sb(Ⅴ)的吸附能力降低（Cai et al.，2015；Guo et al.，2014；Vithanage et al.，2013）；在酸性条件下，铁氧化物对 Sb(Ⅴ)的吸附能力要高于在中性和碱性环境中；Sb(Ⅴ)会随着体系中去质子化过程而被释放，而铁氧化物对 Sb(Ⅲ) 最优吸附的 pH 范围较宽（He et al.，2015）。铁氧化物和锑主要形成内圈/内球络合结构而被固定，其中锑与水铁矿结合的主要形式是形成双齿单核复合物（Cai et al.，2015；Guo et al.，2014）。

黏土矿物和铁氧化物类似，对锑具有较强的吸附作用（Ilgen & Trainor，2012），其中高岭石与锑结合，可以同时形成内圈/内球和外圈/外球复合物。高岭石对 Sb(Ⅴ)的吸附作用更强，但随着 pH 和离子强度的增加，其吸附能力减弱（Essington et al.，2017）。当体系中存在如 PO_4^{3-} 和 SO_4^{2-} 等其他阴离子，会影响黏土矿物对锑的吸附。其中 PO_4^{3-} 与锑存在竞争吸附，从而降低高岭石对锑的吸附效率（Rakshit et al.，2015），而 SO_4^{2-} 则对吸附过程影响较小（Essington et al.，2017）。

土壤中铁氧化物、锰氧化物、铝氧化物、天然有机质和黏土矿物等，对锑的吸附作用影响锑的归趋（Buschmann & Sigg，2004；Leuz et al.，2006；Xi et al.，2009）。铁、锰、铝矿物以及黏土矿物的表面存在大量的羟基，是环境中天然的螯合剂，锑在这些矿物表面主要发生配体交换反应。铁、铝和锰（氢）氧化物对 Sb(Ⅲ)和 Sb(Ⅴ)的吸附能力较强，而黏土矿物较弱（Xi et al.，2009；Thanabalasingam & Pickering，1990；Belzile et al.，2001）。土壤有机质富含螯合或络合锑的官能团，对锑的吸附能力较强。锑也可与碱土金属发生沉淀反应，形成稳定的矿物（Herath et al.，2017）。总体上，土壤对锑吸附过程，受体系 pH、竞争性离子、微生物活动的影响（Nakamaru & Sekine，2008；Wilson et al.，2010；Wang et al.，2019）。一般情况下，pH 变化会影响土壤对 Sb(Ⅴ)的吸附（图 7.3），而对 Sb(Ⅲ)的影响较小，主要原因是 Sb(Ⅴ)以 $Sb(OH)_6^-$ 存在，带负电荷，因此受体系中阴阳离子平衡影响较大；而 Sb(Ⅲ)以中性 $Sb(OH)_3$ 存在，因此受阴阳离子平衡影响较小。pH 升高时，土壤对 Sb(Ⅴ)的固定能力减弱；pH 降低时，土壤更容易吸附 Sb(Ⅴ)。除此之外，稻田环境中发生的各过程，共同控制着锑形态转化与迁移（表 7.4）。

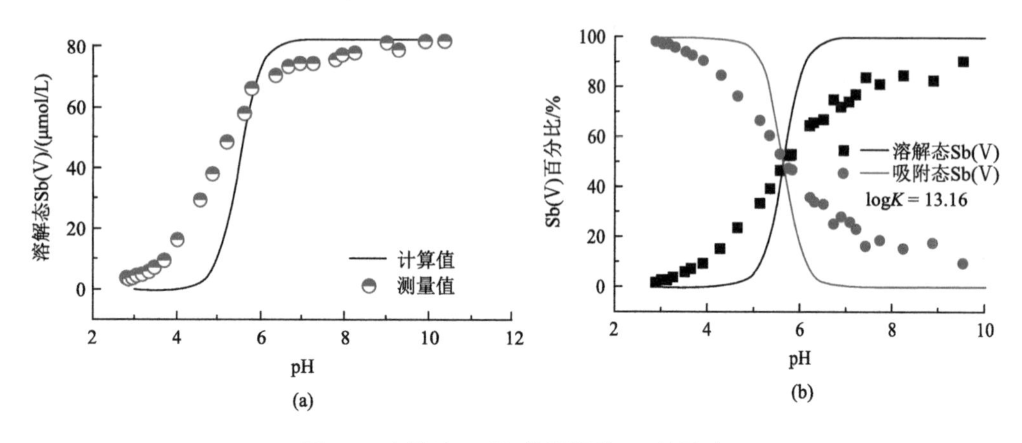

图 7.3　土壤对 Sb(Ⅴ)的吸附受 pH 的影响

7.3.4　土壤锑价态与形态转化动力学机制

稻田淹水-排水的水分管理，导致氧化还原条件的交替变化，锑形态价态也随之发生改变。锑的氧化还原是化学驱动与微生物驱动的价态转化过程；而铁、氮、硫等元素的氧化还原，会影响土-水界面锑的吸附-解吸、沉淀-溶解等过程，从而影响锑的生物有效性。稻田体系各种因素对锑的生物有效性具有不同程度影响，定量评价各因素的相对贡献，对于稻田锑的精准调控具有指导意义。

以外源锑污染体系为例，Sb(Ⅴ)是主要价态，经过培养后，溶解态和 Na_2HPO_4 提取态 Sb(Ⅴ)浓度降低（图 7.4），说明 Sb(Ⅴ)的生物有效性降低。厌氧阶段 Sb(Ⅲ)的形成，说明锑发生了还原反应，锑的价态转化和形态转化共同导致其生物有效性下降。

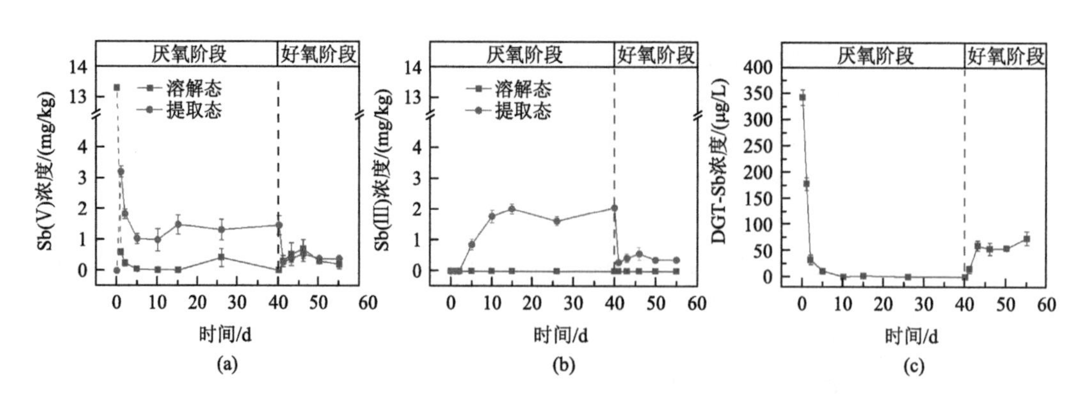

图 7.4　在厌氧和好氧条件下 Sb 形态转化的动力学（Xia et al.，2022）

（a）溶解态和提取态 Sb(Ⅴ)；（b）溶解态和提取态 Sb(Ⅲ)；（c）DGT 提取锑。

为了区分和定量锑在土壤中的价态和形态转化，应构建土壤中锑转化的动力学模型，以获得不同过程的反应速率。锑的形态价态转化反应式及其动力学速率常数总结在表 7.5。结合铁、氮、硫转化动力学特征，可解释模型方程的合理性。

在厌氧条件下，锑转化过程包括硫还原生成 Sb-S、铁氧化物吸附或者共沉淀固定锑、Fe(III)还原过程释放锑，以及锑的氧化还原过程等，具体反应包括：①大部分有效态 Sb(V)在体系中被固定，并且固定态 Sb(V)可以再次被活化[表示为表 7.5 中反应式（7.12）]；②有效态 Sb(V)可以被微生物还原，或者直接化学还原成有效态 Sb(III)（表 7.5 中反应式(7.13)）；③由过程②还原产生的有效态 Sb(III)又可以被固定[表 7.5 中反应式(7.14)]。

在好氧条件下，主要过程包括有效态的 Sb(III)被氧化成 Sb(V)、Fe(II)氧化生成的次生铁矿物通过吸附或者共沉淀作用固定 Sb(V)。反应可以总结为：④Sb(III)被微生物或者化学作用氧化为 Sb(V)[表 7.5 中的反应式（7.15）]；⑤新生成的 Sb(V)被固定[表 7.5 中的反应式（7.16）]。

利用模型模拟，可将体系中不敏感的过程予以简化。例如，好氧条件下锑的释放过程和 Sb(III)的固定过程，对动力学曲线拟合的结果影响并不敏感，可在模型构建时简化。为了更加精准地定量这些多步反应过程，在模型构建时将厌氧[式（7.12）～（7.14）]和好氧[式（7.15）～（7.16）]两个阶段分开拟合（图 7.5）。为了验证模型的精度，对于每一个反应式拟合的曲线都进行标准误差的计算。从图 7.5 和表 7.5 中的结果可知，厌氧阶段有效态 Sb(V)的固定速率（$k_1^+ = 1.48\ d^{-1}$）要快于 Sb(V)的还原速率（$k_2 = 0.061\ d^{-1}$），可能的原因是反应初期的 pH 相对较低。从热力学的角度来说，Sb(V)更多地倾向于被固定，这是由铁、氮、硫等转化动力学过程所决定。因此体系中有效态 Sb(V)浓度降低，从而降低了其还原速率。

在厌氧体系中，Sb(III)被固定的速率常数 k_3 为 $0.013\ d^{-1}$，低于 Sb(V)的固定速率。因为锑的初始态为 Sb(V)，Sb(V)的还原速率较低，Sb(III)的生成就会变慢，从而导致 Sb(III)的固定速率降低。好氧条件下，Sb(III)的氧化较快，其氧化速率（$k_4 = 0.676\ d^{-1}$）要明显高于厌氧阶段的还原速率（$k_2 = 0.061\ d^{-1}$）。因为好氧阶段的快速氧化，不仅包括微生物过程，同时存在化学氧化 Sb(III)。此外，Sb(III)氧化生成 Sb(V)，在后续过程由于 Fe(II)氧化成矿而被再次固定，且其固定速率相对较高（$k_5^+ = 0.436\ d^{-1}$）。同时铁、氮、硫等的

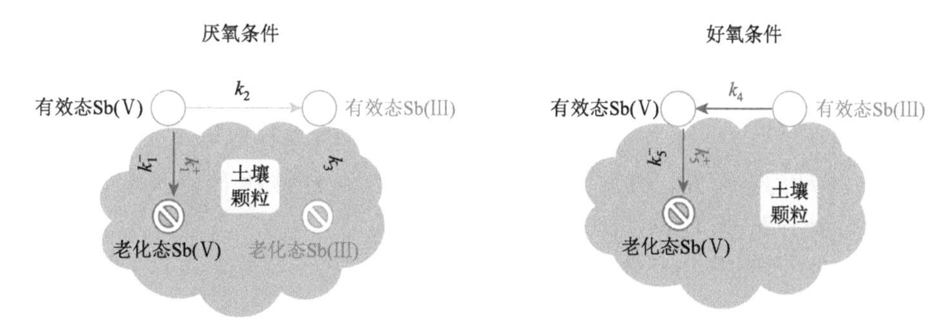

图 7.5 厌氧和好氧条件下锑转化反应过程示意图（Xia et al.，2022）

图中 *k* 值为根据表 7.5 中反应式所计算的速率常数，红色箭头表示的反应过程为限速步骤。

氧化过程导致 pH 下降，使 Sb(Ⅴ)更容易被吸附固定（Xi et al.，2013）。虽然体系存在固定和释放的双向反应，但是固定的正反应速率大于释放的逆反应速率（ $k_5^+ > k_5^- = 0.101\ d^{-1}$）。Sb 在体系中被固定，生物有效性下降。上述锑转化动力学模型的构建和定量分析，可以更清晰地理解土壤中锑转化过程及其与生命元素循环的相互作用，定量揭示锑转化的生物地球化学机制。

表 7.5　厌氧和好氧条件下锑的转化反应式以及动力学速率常数

序号	反应式	速率常数/d^{-1}	上限/d^{-1}	下限/d^{-1}
		厌氧		
（7.12）	$Sb(V)_{有效态} \longleftrightarrow Sb(V)_{老化态}$	$k_1^+ = 1.48$	$k_1^+ = 1.40$	$k_1^+ = 1.57$
		$k_1^- = 0.209$	$k_1^- = 0.188$	$k_1^- = 0.231$
（7.13）	$Sb(V)_{有效态} \longrightarrow Sb(III)_{有效态}$	$k_2 = 0.061$	$k_2 = 0.055$	$k_2 = 0.067$
（7.14）	$Sb(III)_{有效态} \longrightarrow Sb(III)_{老化态}$	$k_3 = 0.013$	$k_3 = 0.0034$	$k_3 = 0.024$
		好氧		
（7.15）	$Sb(III)_{有效态} \longrightarrow Sb(V)_{有效态}$	$k_4 = 0.676$	$k_4 = 0.432$	$k_4 = 1.28$
（7.16）	$Sb(V)_{有效态} \longleftrightarrow Sb(V)_{老化态}$	$k_5^+ = 0.436$	$k_5^+ = 0.279$	$k_5^+ = 0.943$
		$k_5^- = 0.101$	$k_5^- = 0.047$	$k_5^- = 0.168$

“+”和“−”上标分别表示正反应和逆反应。

7.3.5　生命元素循环影响锑的迁移性

土壤铁、碳、氮、硫等关键元素的形态与价态转化，可导致土壤中矿物分散-聚集、有机质吸附-解吸、硫化物沉淀-溶解，并最终影响锑固定-释放。从 Fe、N、S 生命元素的动力学特征可知，厌氧阶段 Fe(Ⅲ)还原成 Fe(Ⅱ)，可导致被铁氧化物固定的 Sb 释放（图 7.6）。同时，NO_3^-、SO_4^{2-} 和 Fe(Ⅲ)还原时消耗质子，提高体系 pH，Sb 可与 OH^-产生的土壤表面位点竞争，有利于 Sb 的释放。而厌氧阶段 SO_4^{2-} 还原为 S^{2-}，与 Sb 发生共沉淀，降低了 Sb 的迁移性。通过 STEM-EDS 表征可知（图 7.7），铁氧化物在厌氧条件下可发生分散，小颗粒铁氧化物具有更高的比表面积，因此对 Sb 的固定能力更强。从 Sb 动力学可知，外源 Sb 随厌氧时间的延长迁移性下降，因此铁氧化物分散与 S 还原，是外源 Sb 迁移性降低的主要原因。

污染土壤中，锑的生物有效性变化也遵循一定的规律，与外源锑的变化有所不同。在厌氧阶段，土壤中 Sb 生物有效性先升高后降低；好氧阶段也呈现生物有效性先升高后下降的趋势。这说明污染土壤中 Sb 处于释放状态，而释放的程度决定了体系中 Sb 最终的生物有效性。通过对生命元素和相关表征结果分析，可知 Fe、N、S 依然影响 Sb 的价态、

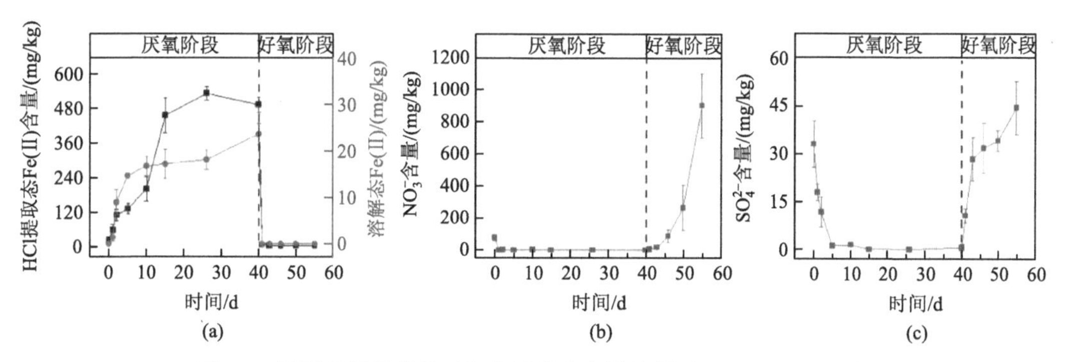

图 7.6　厌氧和好氧条件下生命元素动力学特征（Xia et al.，2022）

（a）溶解态和盐酸提取态 Fe(Ⅱ)，（b）溶解态硝酸根，（c）溶解态硫酸根。

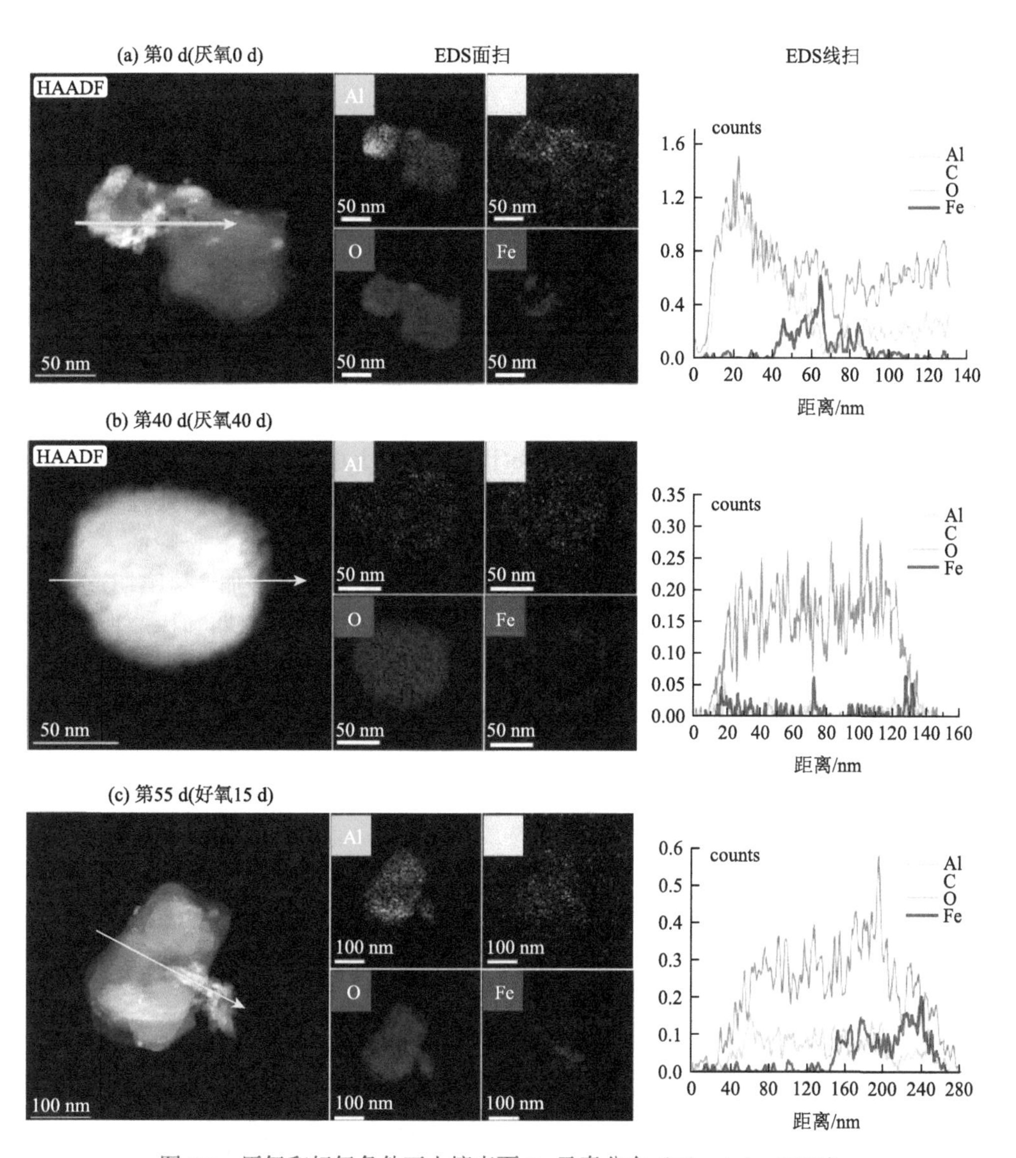

图 7.7　厌氧和好氧条件下土壤表面 Fe 元素分布（Xia et al.，2022）

形态变化。不仅有 Fe、N、S 自身的氧化还原过程，也还存在铁氧化物的分散聚集，以及铁氧化物主要形态的变化。值得一提的是，无论是外源 Sb 还是污染土中 Sb 的变化，都与铁氧化物的变化密切相关。但在外源 Sb 体系中，铁氧化物的分散和聚集，对锑生物有效性的影响更大，而在污染体系中，以 Fe(Ⅲ)的还原以及铁氧化物晶型转化为主要的决定因素。

水稻对重金属的吸收过程影响稻米锑的累积，不同成土母质发育的土壤上栽培的水稻，无人为污染情况下，糙米中重金属的含量基本一致。这也说明土壤中重金属总量，并非决定糙米重金属含量高低的主要因素，糙米重金属含量主要受水稻植株对重金属有效态和吸收能力的影响。

7.4 水稻植株中锑的迁移特征

土壤中锑的转化过程决定了锑的生物有效性，进而影响水稻植株中锑的吸收、富集和转运过程，目前对此过程关注较少，本节首先总结水稻植株中锑的分布和累积，包含锑在水稻各部位分布差异、根部吸收特征，再探讨其可能的分子机制。

7.4.1 水稻植株中锑的分布和积累

锑在水稻植株体内的分布，因生长发育时期和器官组织而异，呈现不同的规律。但整个生育期，植株各部位累积量均呈现根＞茎＞叶＞籽粒的特征。水稻植株对锑的累积随着生长时间延长而增加。在外加 Sb(Ⅲ)的酸性土壤中，水稻根系锑的含量从分蘖期到拔节期急剧增加，从拔节期到成熟期急剧减少；而在 Sb(Ⅴ)的处理中，从分蘖期到孕穗期，水稻根系中锑的含量持续升高，从孕穗期到成熟期显著降低。不同价态锑处理下，秸秆中锑的积累规律相似，均从分蘖期到拔节期略增加，孕穗期逐渐降低，成熟期再次显著增加（Long et al.，2019）。在碱性土壤中，分蘖期到拔节期是水稻中总锑显著上升的关键阶段，尽管至成熟期仍然持续累积，但速率降低。拔节期主要以根部累积锑为主，地上部分累积量相对较少；而在成熟期，地上部分锑的累积速率显著上升（张晓峰，2020）。

7.4.2 水稻根际吸收锑的特征

水稻在不同生长期对各价态锑的吸收效率不同，拔节期主要吸收 Sb(Ⅲ)，扬花期主要吸收 Sb(Ⅴ)（Long et al.，2019）。与砷相比，根部对锑的吸收较弱，但是锑从茎迁移至籽粒的能力强于砷。

植株体内锑含量取决于土壤中锑的生物有效性和植物对锑的吸收能力（Shtangeeva et al.，2011）。自然土壤中只有很少一部分锑可以被 NH_4NO_3 提取，即自然土壤的有效态锑含量很低，植物组织中锑的累积量较低（Hammel et al.，2000）。土壤水分状况影响锑的形态转化，从而影响锑的生物有效性及植物对锑的吸收。淹水降低土壤的氧化还原电位，从而导致 Sb(Ⅴ)被还原为 Sb(Ⅲ)，植株中锑的累积增加（Wan et al.，2013）。磷酸根等共存离子也可能影响植物对锑的吸收。磷酸根与锑竞争吸附土壤颗粒表面吸附位点，导致锑释放到土壤孔隙水中。$Ca[Sb(OH)_6]_2$ 是锡矿山中心区域土壤 Sb(Ⅴ)的主要形态，其溶解度很低，被认为是土壤孔隙水中锑浓度较低的主要原因（Okkenhaug et al.，2011）。

水稻根表铁膜中锑的富集远高于水稻体内（任静华等，2013），Sb(Ⅲ)在根表铁膜和根系中富集量分别是 Sb(Ⅴ)的 28～54 倍和 10～12 倍，表明根表铁膜对 Sb(Ⅲ)的固定和水稻根系的吸收远高于 Sb(Ⅴ)。植物体内的锑主要被固定在细胞壁上，因此，细胞壁被认为是锑进入植物细胞的重要防线，而未被细胞壁阻隔的锑，可以通过根部排出体外，外排量占水稻体内锑的 70%，这可能是植物缓解锑毒性的重要机制。

ATP 酶活性抑制剂钒酸钠和解耦联剂羰基氰化物间氯苯腙（CCCP），均能抑制水稻吸收 Sb(Ⅴ)，表明水稻根系吸收 Sb(Ⅴ)是一个主动吸收过程；水通道蛋白抑制剂不影响水稻对 Sb(Ⅴ)的吸收，表明水稻根部 Sb(Ⅴ)的吸收不是通过水通道蛋白进入细胞内（任静华等，2013）。此外，As(Ⅴ)能通过磷酸盐吸收系统进入植物细胞中，而 Sb(Ⅴ)不能，因为五价砷（AsO_4^{3-}）的空间结构为四面体，而 $Sb(OH)_6^-$ 是八面体结构（Palenik et al.，2005）。

关于植物对 Sb(Ⅴ)的吸收机制，Tschan 等（2008）提出两个假设：①锑酸盐很可能通过阴离子转运体进入根部共质体，例如低选择性的 Cl^- 或 NO_3^- 阴离子转运体；②锑酸盐通过不完全密封或损坏的凯氏带等质外体途径进入木质部，该机制更容易在植物中发生。

一些研究发现，在微生物体内，Sb(Ⅲ)可通过 GlpF 蛋白、Fsp1 蛋白和水甘油通道蛋白（AQP1）进入细胞内（图 7.8），通过 ArsB 蛋白、Acr3p 蛋白和 ABC 超家族转运蛋白外排（Porquet & Filella，2007）。在水稻中也发现 As(Ⅲ)与 Sb(Ⅲ)之间存在竞争吸收，As(Ⅲ)与 Sb(Ⅲ)之间可能利用相同的吸收途径（Meharg & Jardine，2003），但是这一假设尚未得到证实。此外，CCCP、V、Ag 和丙三醇均可以抑制 Sb(Ⅲ)的吸收，表明 Sb(Ⅲ)可以通过水通道蛋白被吸收，同时存在主动运输过程（任静华等，2013）。

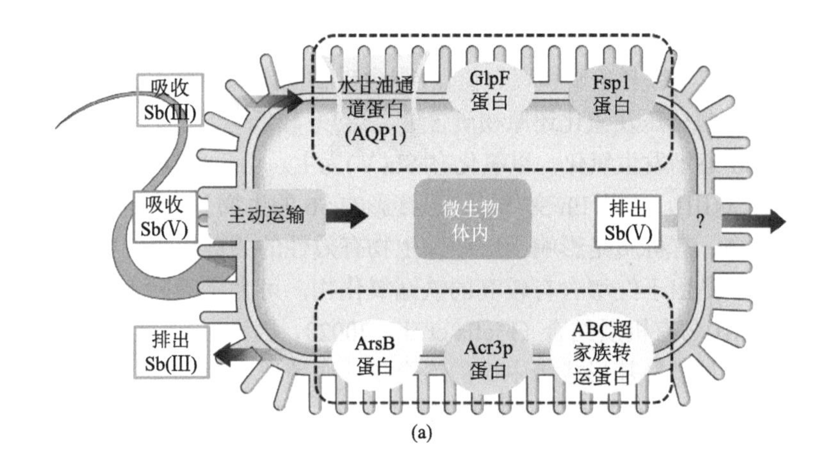

(a)

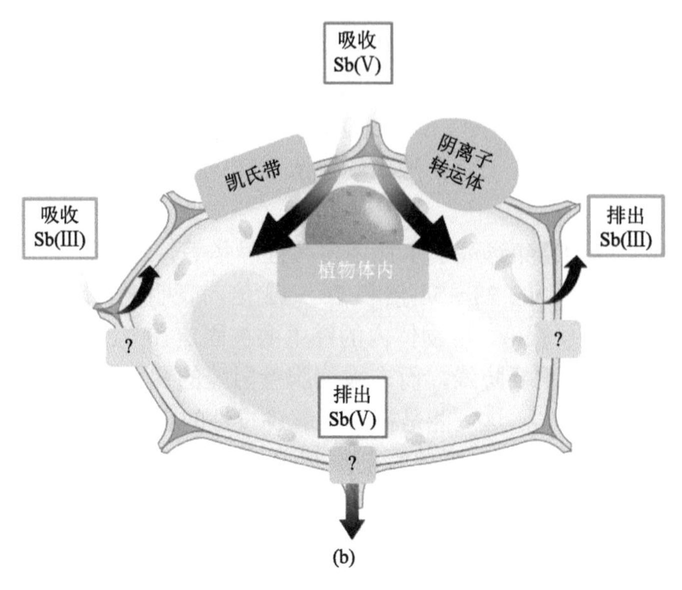

图 7.8 微生物和植物吸收和排出 Sb 的通道

（a）微生物通道；（b）植物通道。

7.5 土壤-水稻体系中锑迁移转化的影响因素

影响水稻中锑的累积因素主要包括三个方面：第一，土壤中有效态锑的量，这与土壤中锑的转化密切相关，并受土壤理化性质的影响；第二，水稻生理特征，不同基因型的水稻品种对锑的响应具有差异性，水稻本身对不同价态锑具有一定的选择性吸收；第三，稻田环境条件，水稻生产过程中的水分管理、养分管理均显著影响锑的生物有效性。

7.5.1 水稻土理化性质的影响

土壤 pH 和 Eh 是影响稻米锑累积的重要因素。李璐璐等（2014）发现酸性红壤吸附锑较强，中性石灰性土壤吸附锑较弱。中性偏酸的土壤中铁矿物对锑的固定能力较强；而随着 pH 升高，OH^-与锑竞争矿物表面位点，导致矿物固定锑的能力减弱（张晓峰，2020）。Eh 关系土壤中的氧气分压及氧化还原物质含量，当 Eh 较低时，Sb 以还原态 Sb(III)为主。当 Eh 较高时，Sb 逐渐发生氧化，以氧化态 Sb(V)为主。由于同样环境条件下，Sb(V)的生物有效性高于 Sb(III)，因此 Eh 变化也可直接影响 Sb 的生物有效性（Xia et al.，2022）。

土壤次生矿物、有机质是影响土壤中锑生物有效性的关键组分。锑在红壤中的生物有效性较低，主要是由于红壤含有较高的铁锰氧化物，可大量吸附土壤中的锑。自然环境中，30%的 Sb(III)与有机质结合（Fiella et al.，2002），因为 Sb(III)可以与羧羟基形成带负电荷的络合物，与酚羟基形成带中性的络合物。腐殖质主要组分胡敏酸和富里酸，对锑具有较强的吸附络合和螯合作用，降低锑的有效性（Steely et al.，2007）。因此土壤腐殖质含量越高，有机结合态锑的比例越高，锑的迁移性和生物有效性也就越低。另外，溶解性有机质（DOM）是土壤中活性最高、迁移性最强的成分之一，对锑的生物有效性产生重要的影响。土壤中 DOM 包括低分子量有机酸、小分子蛋白质、富里酸等，具有羰基、羧基、酚基等多种官能团，可与 Sb(Ⅴ)形成 Sb(Ⅴ)-DOM 复合物，从而降低或增强锑生物有效性，这取决于复合物的分子大小及其溶解性。

7.5.2　水稻品种的影响

水稻对锑的吸收取决于水稻植株的吸收能力和土壤-水稻界面过程。张未利（2018）报道不同水稻品种的锑生物富集系数存在明显差异，常规水稻对锑的吸收可能要强于杂交水稻，并且在不同部位锑的转运难易程度也不尽相同。水稻对不同价态锑的吸收机制和响应不同，吸收能力也有差异。据报道，水稻对于 Sb(Ⅲ)的吸收能力要强于 Sb(Ⅴ)，因为 Sb(Ⅴ)以带负电的$Sb(OH)_6^-$存在，而 Sb(Ⅲ)以中性 $Sb(OH)_3$ 存在（Huang et al.，2011；Ren et al.，2014）。

土壤-水稻体系的转化过程包括根表的固定-释放过程，以及锑进入水稻根部的平衡过程。Sb(Ⅴ)在土壤-水稻体系更容易被根表正电荷物质固定，导致水稻锑吸收减少。虽然淹水条件下 Sb(Ⅴ)会被还原，但有报道，在淹水 2～8 周后，Sb(Ⅴ)依然是主要的存在价态（＞80%）（Okkenhaug et al.，2012）。水稻对锑的吸收取决于土壤锑的生物有效性，而有效态锑是由土壤-水稻体系各界面过程的平衡决定。在土壤-根表界面，根部对锑的吸收响应决定了水稻锑的累积量。植物通过改变其根系形态、根际环境以及分泌多种物质，典型特征是形成根表铁膜，影响根际锑形态、含量及其生物有效性，进而影响植物对锑的吸收（Cui et al.，2015；Long et al.，2019）。植物根系分泌物很多，包括低分子量的有机酸、糖、酚类、氨基酸等物质，以及高分子量的多糖或者聚尿苷酸组成的植物黏液和外酶等。一般说来，大分子物质阻碍锑进入植株体内。这些物质如有机酸类物质通过改变根际 pH（Randall et al.，2001；Zhou et al.，2019）、竞争吸附位点（如带负电的草酸）、络合或螯合锑、促进根表铁膜形成（Zhu et al.，2020b）等，都可以影响 Sb(Ⅴ)的生物有效性。锑可以被根表铁膜吸附并且共沉淀固定，铁膜能够吸附 Sb(Ⅴ)和 Sb(Ⅲ)，同时也可以将吸附的 Sb(Ⅲ)氧化为 Sb(Ⅴ)。不少研究者认为铁膜是阻隔一些重金属进入水稻体内的关键。(Ren et al.，2014)，但铁膜对锑吸收的阻隔仍然存在争议，可能抑制、促进或者没有明显影响（Cai et al.，2016；Huang et al.，2011），因此，铁膜对水稻吸收锑的影响仍然需要进一步研究。

7.5.3　稻田环境条件的影响

稻田水分管理会影响土壤诸多过程，对一些锑赋存形态与价态也有影响，当然也影响其有效态，同时还影响水稻代谢活动，然而影响其吸收锑。崔晓丹等（2015）报道，相比干湿交替，淹水导致土壤溶液中锑浓度提高 3.5%～77.1%，这是因为铁锰氧化物的还原溶解释放大量锑。水分管理可以改变稻田 pH 和 Eh，锑在氧化条件下主要以五价的阴离子$Sb(OH)_6^-$存在，并且在较大的 pH 范围内均较稳定；当 pH 从弱酸性提高至碱性时，其溶解性也随之增加；Sb(Ⅲ)的溶解性也受到了 pH 的影响，$Sb(OH)_3$是 Sb(Ⅲ)的主要形态，Sb(Ⅲ)在 pH＞10.7 和 pH＜2 时，才会呈现可溶的特性。水分管理所导致的 pH 和 Eh 的改变，也影响锑的转化过程，而土壤其他元素转化过程对锑转化也具有重要作用。

稻田土壤铁常常发生氧化还原反应，改变铁矿物形态，进而影响锑的迁移转化行为。其中包括：①在厌氧条件下，Fe(Ⅲ)还原可促进被铁氧化物固定的锑释放，提高其生物有效性，有利于锑发生进一步转化；而好氧条件下 Fe(Ⅱ)氧化形成 Fe(Ⅲ)矿物，有利于对锑的吸附固定。②厌氧还原产生的 Fe(Ⅱ)可促进铁氧化物发生晶型转化，提高矿物对锑的固定能力，改变锑的生物有效性。③植物根表铁膜生成与铁的氧化还原有关，厌氧条件下根系泌氧，可氧化根部 Fe(Ⅱ)形成铁膜；铁膜可固定土壤中有效态锑，降低水稻根部对锑的吸收，影响水稻在根-土界面的迁移行为。

铁元素的转化可与土壤中另一种关键生命元素——氮（N）的转化发生耦合作用，共同影响锑的迁移转化行为。施用氮肥提高土壤氮含量，厌氧条件下，NO_3^-可发生还原反应，产生NO_2^-、N_2O 等还原产物；NO_2^-可化学氧化 Fe(Ⅱ)，进而影响锑的生物有效性。Wang 等（2019）的盆栽试验研究结果显示，施用 Fe(Ⅱ)和NO_3^-显著地降低了锑的生物有效性，籽粒中锑含量也显著降低（图 7.9）。其原因可能包括：①根际土壤中的非生物/生物 Fe(Ⅱ)氧化形成的 Fe(Ⅲ)氧化物，增强对土壤锑的固定；②土壤 pH 的降低，促进 Fe(Ⅲ)氧化物吸附 Sb(Ⅴ)，从而减少水稻的吸收和累积。因此，Fe(Ⅱ)和NO_3^-的联合施用，可作为锑污染土壤安全利用的潜在策略之一。

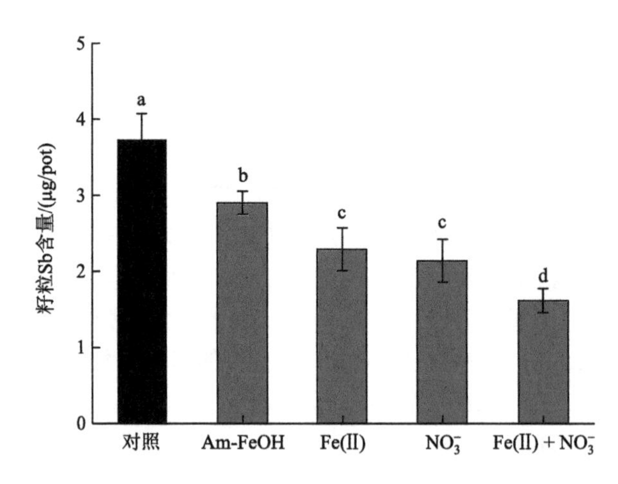

图 7.9 不同处理下籽粒中锑的累积

碳与铁的协同作用，也影响稻田土壤中的锑。据报道，零价铁与生物炭结合，可降低糙米中锑的含量，并且协同修复效率高于单一施用零价铁或生物炭（图 7.10a）。可能是因为促进铁矿物形成与分散，提高锑的钝化能力；也可能是促使 Sb(Ⅲ)及硫化物结合，形成硫化物沉淀（图 7.10b）。另外，零价铁和生物炭还可促进根表铁膜生成，影响水稻对土壤中锑的吸收。

土壤有机质的作用可能表现在以下几个方面：①土壤有机质分解过程改变氧化还原电位，影响相关矿物的沉淀-溶解平衡过程，从而影响锑的有效性；②土壤腐殖质可作为电子穿梭体促进锑的还原；③作为微生物生长的碳源和能源，影响微生物活性及相对丰度，进而影响微生物驱动的锑转化过程。

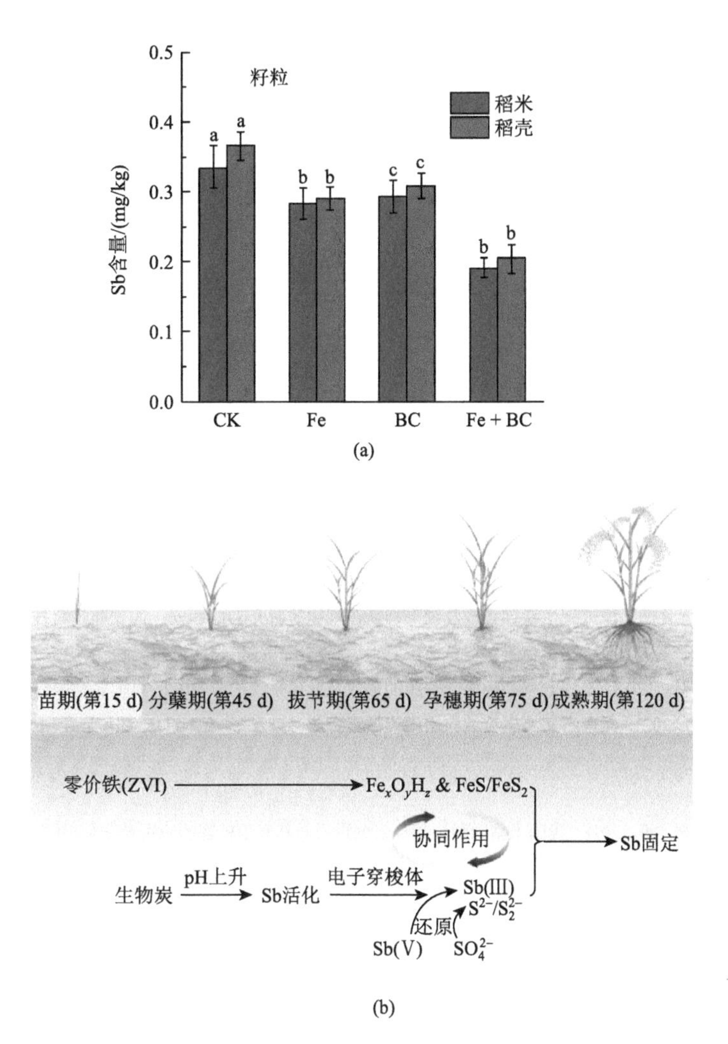

图7.10　零价铁（Fe）与生物炭（Bc）协同作用修复锑污染土壤

（a）不同处理组下水稻籽粒中锑的含量；（b）零价铁与生物炭协同钝化锑的机制。

7.6 展　　望

锑与砷作为同一主族元素，化学性质相似，但目前有关稻田锑迁移转化的报道较少。由于锑具有毒性，并对人类健康产生危害，近年来受到环境土壤学领域研究者的关注逐渐增加。今后，应继续以土壤-水稻体系中锑的迁移转化机制为核心科学问题，从多要素相互作用、多元素耦合驱动、多界面迁移调控的角度，建立稻田土壤锑污染控制理论。

（1）稻田土壤锑转化的多要素相互作用机制。土壤中锑的转化过程受矿物-有机质-微生物相互作用驱动。比如，金属矿物、黏土矿物对锑转化的不同作用机制；不同有机质因其自身溶解性、表面基团、电化学性质差异如何影响锑的转化；锑转化微生物功能的鉴定等，仍需要更前沿的思路和科学方法进一步探索和深入研究。

（2）稻田土壤生命元素循环驱动锑转化的生物地球化学机制。如何区分锑转化的化学、微生物、水稻生理机制，是一个重要的科学挑战。锑转化过程与碳、氮、硫、铁循环耦合，生命元素循环如何驱动锑转化的动力学与热力学机制，也值得关注。

（3）土壤-水稻体系中锑的多界面迁移机制。水-土界面锑的转化与迁移过程，前期已经受到一定程度的关注，而根-土界面、根-节-叶-籽粒的迁移知之甚少，特别是水稻对锑的吸收、转运、解毒过程，相关的生物学机制几乎为空白。这些均为未来应关注的重点科学问题。

参考文献

崔晓丹，王玉军，周东美，2015. 水分管理对污染土壤中砷锑形态及有效性的影响[J]. 农业环境科学学报，(9)：9.

冯人伟，韦朝阳，涂书新，2012. 植物对锑的吸收和代谢及其毒性的研究进展[J]. 植物学报，47：302-308.

何孟常，万红艳，2004. 环境中锑的分布、存在形态及毒性和生物有效性[J]. 化学进展，16（1）：131-135.

何腾兵，董玲玲，李广枝，等，2008. 喀斯特山区不同母质（岩）发育的土壤主要重金属含量差异性研究[J]. 农业环境科学学报，27（1）：188-193.

南彦刚，2014. 微生物异化铁还原过程中铁锑含量及锑形态赋存规律的研究[D]. 西安：西安建筑科技大学.

区惠平，何明菊，黄景，等，2009. 稻田免耕和稻草还田对土壤腐殖质和微生物活性的影响[J]. 生态学报，30：6812-6820.

任静华，蔡菲，罗军，等，2013. 不同水稻品种根部铁膜的形成及对锑吸收的影响[C]. 第七届全国环境化学学术大会.

沈洪艳，安冉，师华定，2021. 湖南省某典型流域农用地土壤重金属污染及影响因素[J]. 环境科学研究，34（3）：10.

杨阳，2021. 稻田土壤生物地球化学驱动的镉形态转化机制与模型[D]. 北京（广州）：中国科学院大学（中国科学院广州地球化学研究所）.

殷志遥，和君强，刘代欢，等，2018. 我国土壤锑污染特征研究进展及其富集植物的应用前景初探[J]. 农业资源与环境学报，35：199-207.

张龙，宋波，黄凤艳，等，2022. 湖南锡矿山周边土壤-农作物系统锑迁移转换特征及污染评价[J]. 环境科学，43：1558-1566.

张未利，2018. 不同水稻品种锑（Sb）富集特征[D]. 福州：福建农林大学.

张晓峰，2020. 土壤-水稻系统中砷和锑的迁移转化机制及过程调[D]. 北京（广州）：中国科学院大学（中国科学院广州地球化学研究所）.

Abin C A，Hollibaugh J T，2014. Dissimilatory antimonate reduction and production of antimony trioxide microcrystals by a novel microorganism[J]. Environmental Science & Technology，48（1）：681-688.

Amstaetter K，Borch T，Kappler A，2012. Influence of humic acid imposed changes of ferrihydrite aggregation on microbial Fe(III) reduction[J]. Geochimica et Cosmochimica Acta，85：326-341.

Andrewes P，Cullen，W R，Polishchuk E，2000. Antimony biomethylation by *Scopulariopsis brevicaulis*：Characterization of intermediates and the methyl donor[J]. Chemosphere，41：1717-1725.

Ashley P M，Craw D，Graham B P，et al.，2003. Environmental mobility of antimony around mesothermal stibnite deposits，New South Wales，Australia and southern New Zealand[J]. Journal of Geochemical Exploration，77（1）：1-14.

Belzile N，Chen Y W，Wang Z，2001. Oxidation of antimony(III) by amorphous iron and manganese oxyhydroxides[J]. Chemical Geology，174（4）：379-387.

Bennett W W，Hockmann K，Johnston S G，et al.，2017. Synchrotron X-ray absorption spectroscopy reveals antimony sequestration by reduced sulfur in a freshwater wetland sediment[J]. Environmental Chemistry，14（6）：345-349.

Bowen H J M，Page E，Valente I，et al.，1979. Radio-tracer methods for studying speciation in natural waters[J]. Journal of Radioanalytical Chemistry，48：9-16.

Buschmann J，Sigg L，2004. Antimony(III) binding to humic substances：Influence of pH and type of humic acid[J]. Environmental Science & Technology，38（17）：4535-4541.

Cai F，Ren J，Tao S，et al.，2016. Uptake，translocation and transformation of antimony in rice（*Oryza sativa* L.）seedlings[J]. Environmental Pollution，209：169-176.

Cai Y，Li L，Zhang H，2015. Kinetic modeling of pH-dependent antimony(Ⅴ) sorption and transport in iron oxide-coated sand[J]. Chemosphere，138：758-764.

Cao W C，Gong J L，Zeng G M，et al.，2022. Impacts of typical engineering nanomaterials on the response of rhizobacteria communities and rice（*Oryza sativa* L.）growths in waterlogged antimony-contaminatedsoils[J]. Journal of Hazardous Materials，430：128385.

Challenger F，1945. Biological methylation[J]. Chemical Reviews，36：315-361.

Chen Y W，Deng T L，Filella M，et al.，2003. Distribution and early diagenesis of antimony species in sediments and porewaters of freshwater lakes[J]. Environmental Science & Technology，37（6）：1163-1168.

Cui X D，Wang Y J，Hockmann K，et al.，2015. Effect of iron plaque on antimony uptake by rice（*Oryza sativa* L.）[J]. Environmental Pollution，204：133-140.

Essington M，Stewart M，Vergeer K，2017. Adsorption of antimonate by kaolinite[J]. Soil Science Society of America Journal，81（3）：514-525.

Filella M，Belzile N，Chen Y W，2002. Antimony in the environment：A review focused on natural waters[J]. Earth-Science Reviews，57（1-2）：125-176.

Filella M，Williams P A，Belzile N，2009. Antimony in the environment：Knowns and unknowns[J]. Environmental Chemistry，6（2）：95-105.

Grasset L，Amblès A，1998. Structure of humin and humic acid from an acid soil as revealed by phase transfer catalyzed hydrolysis[J]. Organic Geochemistry，29：881-891.

Guo X，Wu Z，He M，et al.，2014. Adsorption of antimony onto iron oxyhydroxides：Adsorption behavior and surface structure[J]. Journal of Hazardous Materials，276：339-345.

Grob M，Wilcke W，Mestrot A，2018. Release and biomethylation of antimony in shooting range soils upon flooding[J]. Soil Systems，2（2）：34.

Hammel W，Debus R，Steubing L，2000. Mobility of antimony in soil and its availability to plants[J]. Chemosphere，41（11）：1791-1798.

He M，2007. Distribution and phytoavailability of antimony at an antimony mining and smelting area，Hunan，China[J]. Environmental Geochemistry and Health，29（3）：209-219.

He M，Wang N，Long X，et al.，2019. Antimony speciation in the environment：Recent advances in understanding the biogeochemical processes and ecological effects[J]. Journal of Environmental Sciences，75：14-39.

He M，Yang J，1999. Effects of different forms of antimony on rice during the period of germination and growth and antimony concentration in rice tissue[J]. Science of the Total Environment，243-244：149-155.

He Z，Liu R，Liu H，et al.，2015. Adsorption of Sb(III) and Sb(Ⅴ) on freshly prepared ferric hydroxide（FeO_xH_y）[J]. Environmental Engineering Science，32（2）：95-102.

Helz G R，Valerio M S，Capps N E，2002. Antimony speciation in alkaline sulfide solutions：Role of zerovalent sulfur[J]. Environmental Science & Technology，36：943-948.

Herath I，Vithanage M，Bundschuh J，2017. Antimony as a global dilemma：Geochemistry，mobility，fate and transport[J]. Environmental Pollution，223：545-559.

Hockmann K，Lenz M，Tandy S，et al.，2014. Release of antimony from contaminated soil induced by redox changes[J]. Journal of

Hazardous Materials，275：215-221.

Huang Y，Chen Z，Liu W，2011. Influence of iron plaque and cultivars on antimony uptake by and translocation in rice（*Oryza sativa* L.）seedlings exposed to Sb(Ⅲ) or Sb(Ⅴ)[J]. Plant and Soil，352（1-2）：41-49.

Ilgen A G，Trainor T P，2012. Sb(Ⅲ) and Sb(Ⅴ) sorption onto Al-rich phases：Hydrous Al oxide and the clay minerals kaolinite KGa-1b and oxidized and reduced nontronite NAu-1[J]. Environmental Science & Technology，46（2）：843-851.

Karimian N，Burton E D，Johnston S G，et al.，2019. Humic acid impacts antimony partitioning and speciation during iron(Ⅱ)-induced ferrihydrite transformation[J]. Science of the Total Environment，683：399-410.

Kirsch R，Scheinost A C，Rossberg A，et al.，2018. Reduction of antimony by nano-particulate magnetite and mackinawite[J]. Mineralogical Magazine，72（1）：185-189.

Kong L，He M，Hu X，2016. Rapid photooxidation of Sb(Ⅲ) in the presence of different Fe(Ⅲ) species[J]. Geochimica et Cosmochimica Acta，180：214-226.

Kulp T R，Miller L G，Braiotta F，et al.，2014. Microbiological reduction of Sb(Ⅴ) in anoxic freshwater sediments[J]. Environmental Science & Technology，48（1）：218-226.

Lehr C R，Kashyap D R，McDermott T R，2007. New insights into microbial oxidation of antimony and arsenic[J]. Applied and Environmental Microbiology，73：2386-2389.

Leuz A K，Hug S J，Wehrli B，et al.，2006. Iron-mediated oxidation of antimony(Ⅲ) by oxygen and hydrogen peroxide compared to arsenic(Ⅲ) oxidation[J]. Environmental Science & Technology，40（8）：2565-2571.

Li J，Gu T，Zeng W，et al.，2020. Complete genome sequencing and comparative genomic analyses of *Bacillus* sp. S3，a novel hyper Sb(Ⅲ)-oxidizing bacterium[J]. BMC Microbiology，20：106.

Li J，Wang Q，Oremland R S，et al.，2016. Microbial antimony biogeochemistry：Enzymes，regulation，and related metabolic pathways[J]. Applied and Environmental Microbiology，82（18）：5482-5495.

Lialikova N N，1974. *Stibiobacter senarmontii*：A new microorganism oxidizing antimony[J]. Mikrobiologiia，43：941-943.

Long J，Tan D，Deng S，et al.，2019 Antimony accumulation and iron plaque formation at different growth stages of rice（*Oryza sativa* L.）[J]. Environmental Pollution，249：414-422.

Loni P C，Wu M，Wang W，et al.，2020. Mechanism of microbial dissolution and oxidation of antimony in stibnite under ambient conditions[J]. Journal of Hazardous Materials，385：121561.

Lovley D R，Coates J D，Blunt-Harris E L，et al.，1996. Humic substances as electron acceptors for microbial respiration[J]. Nature，382：445-448.

Lu X，Zhang Y，Liu C，et al.，2018. Characterization of the antimonite-and arsenite-oxidizing bacterium *Bosea* sp. AS-1 and its potential application in arsenic removal[J]. Journal of Hazardous Materials，359：527-534.

Ma R，Shen J，Wu J，et al.，2014. Impact of agronomic practices on arsenic accumulation and speciation in rice grain[J]. Environmental Pollution，194，217-223.

Meharg A A，Jardine L，2003. Arsenite transport into paddy rice（*Oryza sativa*）roots[J]. New Phytologist，157：39-44.

Mendelssohn I A，Kleiss B A，Wakeley J S，1995. Factors controlling the formation of oxidized root channels：A review[J]. Wetlands，15（1）：37-46.

Meyer J R，Schmidt A，Michalke K，et al.，2007. Volatilisation of metals and metalloids by the microbial population of an alluvial soil[J]. Systematic and Applied Microbiology，30：229-238.

Michalke K，Wickenheiser E B，Mehring M，et al.，2000. Production of volatile derivatives of metal(loid)s by microflora involved in anaerobic digestion of sewage sludge[J]. Applied & Environmental Microbiology，66：2791-2796.

Mitsunobu S，Harada T，Takahashi Y，2006. Comparison of antimony behavior with that of arsenic under various soil redox conditions[J]. Environmental Science & Technology，40（23）：7270-7276.

Mitsunobu S，Takahashi Y，Sakai Y，2008. Abiotic reduction of antimony(Ⅴ) by green rust（$Fe_4^{II}Fe_2^{III}(OH)_{12}SO_4 \cdot 3H_2O$）[J]. Chemosphere，70（5）：942-947.

Mitsunobu S，Takahashi Y，Sakai Y，et al.，2009. Interaction of synthetic sulfate green rust with antimony(Ⅴ)[J]. Environmental

Science & Technology，43（2）：318-323.

Nakamaru Y M，Sekine K，2008. Sorption behavior of selenium and antimony in soils as a function of phosphate ion concentration[J]. Soil Science and Plant Nutrition，54（3）：332-341.

Nguyen V K，Lee J U，2014. Antimony-oxidizing bacteria isolated from antimony-contaminated sediment：A phylogenetic study[J]. Geomicrobiology Journal，32（1）：50-58.

Nguyen V K，Nguyen D D，HaM G，et al.，2021. Potential of versatile bacteria isolated from activated sludge for the bioremediation of arsenic and antimony[J]. Journal of Water Process Engineering，39：101890.

Okkenhaug G，Zhu Y G，He J，et al.，2012. Antimony（Sb）and arsenic（As）in Sb mining impacted paddy soil from Xikuangshan，China：Differences in mechanisms controlling soil sequestration and uptake in rice[J]. Environmental Science & Technology，46（6）：3155-3162.

Okkenhaug G，Zhu Y G，Luo L，et al.，2011. Distribution，speciation and availability of antimony（Sb）in soils and terrestrial plants from an active Sb mining area[J]. Environmental Pollution，159（10）：2427-2434.

Pacyna J M，Pacyna E G，2001. An assessment of global and regional emissions of trace metals to the atmosphere from anthropogenic sources worldwide[J]. Environmental Reviews，9（4）：269-298.

Pilarski J，Waller P，Pickering W，1995. Sorption of antimony species by humic acid[J]. Water，Air，& Soil Pollution，84（1-2）：51-59.

Polack R，Chen Y W，Belzile N，2009. Behaviour of Sb(Ⅴ) in the presence of dissolved sulfide under controlled anoxic aqueous conditions[J]. Chemical Geology，262（3-4）：179-185.

Porquet A，Filella M，2007. Structural evidence of the similarity of $Sb(OH)_3$ and $As(OH)_3$ with glycerol：Implications for their uptake[J]. Chemical Research in Toxicology，20：1269-1276.

Qiao J，Li X，Li F，et al.，2019. Humic substances facilitate arsenic reduction and release in flooded paddy soil[J]. Environmental Science & Technology，53：5034-5042.

Rakshit S，Sarkar D，Datta R，2015. Surface complexation of antimony on kaolinite[J]. Chemosphere，119：349-354.

Randall P J，Hayes J E，Hocking P J，et al.，2001. Root exudates in phosphorus acquisition by plants[M]//Ae N，Arihara J，Okada K，et al. Plant Nutrient Acquisition：New Perspectives. Tokyo：Springer：71-100.

Ren J H，Ma L Q，Sun H J，et al.，2014. Antimony uptake，translocation and speciation in rice plants exposed to antimonite and antimonate[J]. Science of the Total Environment，475：83-89.

Shi Z，Cao Z，Qin D，et al.，2013. Correlation models between environmental factors and bacterial resistance to antimony and copper[J]. PLoS One，8：78533.

Shtangeeva I，Bali R，Harris A，2011. Bioavailability and toxicity of antimony[J]. Journal of Geochemical Exploration，110（1）：40-45.

Silver S，Phung L T. 2005. Genes and enzymes involved in bacterial oxidation and reduction of inorganic arsenic[J]. Applied and Environmental Microbiology，71：599-608.

Steely S，Amarasiriwardena D，Xing B，2007. An investigation of inorganic antimony species and antimony associated with soil humic acid molar mass fractions in contaminated soils[J]. Environmental Pollution，148（2）：590-598.

Tella M，Pokrovski G S，2009. Antimony(Ⅲ) complexing with O-bearing organic ligands in aqueous solution：An X-ray absorption fine structure spectroscopy and solubility study[J]. Geochimica et Cosmochimica Acta，73（2）：268-290.

Terry L R，Kulp T R，Wiatrowski H，et al.，2015. Microbiological oxidation of antimony(Ⅲ) with oxygen or nitrate by bacteria isolated from contaminated mine sediments[J]. Applied and Environmental Microbiology，81：8478-8488.

Thanabalasingam P，Pickering W F，1990. Specific sorption of antimony(Ⅲ) by the hydrous oxides of Mn，Fe，and Al[J]. Water Air and Soil Pollution，49：175-185.

Tighe M，Lockwood P，Wilson S，2005. Adsorption of antimony(Ⅴ) by floodplain soils，amorphous iron(Ⅲ) hydroxide and humic acid[J]. Journal of Environmental Monitoring，7：1177-1185.

Tschan M，Robinson B，Schulin R，2008. Antimony uptake by *Zea mays*（L.）and *Helianthus annuus*（L.）from nutrient solution[J].

Environmental Geochemistry and Health，30（2）：187-191.

Verbeeck M，Warrinnier R，Gustafsson J P，et al.，2019. Soil organic matter increases antimonate mobility in soil：An $Sb(OH)_6$ sorption and modelling study[J]. Applied Geochemistry，104：33-41.

Vithanage M，Rajapaksha A U，Dou X，et al.，2013. Surface complexation modeling and spectroscopic evidence of antimony adsorption on iron-oxide-rich red earth soils[J]. Journal of Colloid and Interface Science，406：217-224.

Wan X M，Tandy S，Hockmann K，et al.，2013. Changes in Sb speciation with waterlogging of shooting range soils and impacts on plant uptake[J]. Environmental Pollution，172：53-60.

Wang L，Ye L，Yu Y，et al.，2018. Antimony redox biotransformation in the subsurface：Effect of indigenous Sb(Ⅴ) respiring microbiota[J]. Environmental Science & Technology，52（3）：1200-1207.

Wang N，Deng N，Qiu Y，et al.，2020. Efficient removal of antimony with natural secondary iron minerals：Effect of structural properties and sorption mechanism[J]. Environmental Chemistry，17（4）：332-344.

Wang Q，Warelow T P，Kang Y S，et al.，2015. Arsenite oxidase also functions as an antimonite oxidase[J]. Applied and Environmental Microbiology，81（6）：1959-1965.

Wang X，Li F，Yuan C，et al.，2019. The translocation of antimony in soil-rice system with comparisons to arsenic：Alleviation of their accumulation in rice by simultaneous use of Fe(Ⅱ) and NO_3^- [J]. Science of the Total Environment，650（Pt 1）：633-641.

Watkins R，Weiss D，Dubbin W，et al.，2006. Investigations into the kinetics and thermodynamics of Sb(Ⅲ) adsorption on goethite（alpha-FeOOH）[J]. Journal of Colloid and Interface Science，303（2）：639-646.

Wehmeier S，Feldmann J，2005. Investigation into antimony mobility in sewage sludge fermentation[J]. Journal of Environmental Monitoring，7：1194-1199.

Wei C，Ge Z，Chu，W，et al.，2015. Speciation of antimony and arsenic in the soils and plants in an old antimony mine[J]. Environmental & Experimental Botany，109：31-39.

Wilson S C，Lockwood P V，Ashley P M，et al.，2010. The chemistry and behaviour of antimony in the soil environment with comparisons to arsenic：A critical review[J]. Environmental Pollution，158（5）：1169-1181.

Wu F，Fu Z，Liu B，et al.，2011. Health risk associated with dietary co-exposure to high levels of antimony and arsenic in the world's largest antimony mine area[J]. Science of the Total Environment，409（18）：3344-3351.

Wu T L，Cui X D，Cui P X，et al.，2019. Speciation and location of arsenic and antimony in rice samples around antimony mining area[J]. Environmental Pollution，252（Pt B）：1439-1447.

Xi J，He M，Lin C，2009. Adsorption of antimony(Ⅴ) on kaolinite as a function of pH，ionic strength and humic acid[J]. Environmental Earth Sciences，60（4）：715-722.

Xi J，He M，Kong L，2016. Adsorption of antimony on kaolinite as a function of time，pH，HA and competitive anions[J]. Environmental Earth Sciences，75（2）：136.

Xia B Q，Yang Y，Li F B，et al.，2022. Kinetics of antimony biogeochemical processes under pre-definite anaerobic and aerobic conditions in a paddy soil[J]. Journal of Environmental Sciences，113：269-280.

Yang H，He M，2016. Distribution and speciation of selenium，antimony，and arsenic in soils and sediments around the area of Xikuangshan（China）[J]. Clean-Soil，Air，Water，44（11）：1538-1546.

Ying J，Adrien M，Rainer S，et al.，2018. Uptake and transformation of methylated and inorganic antimony in plants[J]. Frontiers in Plant Science，9：1-10.

Zargar K，Conrad A，Bernick D L，et al.，2012. ArxA，a new clade of arsenite oxidase within the DMSO reductase family of molybdenum oxidoreductases[J]. Environmental Microbiology，14：1635-1645.

Zhao F J，Zhu Y G，Meharg A A，2013. Methylated arsenic species in rice：Geographical variation，origin，and uptake mechanisms[J]. Environmental Science & Technology，47：3957-3966.

Zhou D D，Qu F Z，Wu M，et al.，2019. Effects of organic acids secreted from plant rhizosphere on adsorption of Pb(Ⅱ) by biochars[J]. China Environmental Science，39（3）：1199-1207.

Zhu Y，Wu Q，Lv H，et al.，2020a. Toxicity of different forms of antimony to rice plants：Effects on reactive oxidative species production，antioxidative systems，and uptake of essential elements[J]. Environmental Pollution，263（Pt B）：114544.

Zhu Y，Yang J，Wang L，et al.，2020b. Factors influencing the uptake and speciation transformation of antimony in the soil-plant system，and the redistribution and toxicity of antimony in plants[J]. Science of the Total Environment，738：140232.

Zhu Y G，Xue X M，Kappler A，et al.，2017. Linking genes to microbial biogeochemical cycling：Lessons from arsenic[J]. Environmental Science & Technology，51：7326-7339.

第8章

土壤-水稻体系中铅迁移转化机制

铅（Pb）是一种常见的重金属，作为人类社会应用较早且较多的重金属，全球土壤铅污染既普遍，也比较严重。土壤铅可通过食物链进入人体，导致血铅超标，危害人体健康，食用含铅稻米可能是引起血铅超标的原因之一。稻田独特的淹水-排水交替耕作模式使得稻田土壤环境复杂多变，从而影响土壤铅的生物有效性和水稻铅的积累。因此，系统而全面地了解土壤-水稻体系中铅的赋存形态、分布特征及迁移转化机制，有利于准确评估铅污染稻田的环境风险，对土壤铅污染控制和稻米安全生产具有重要意义。本章首先介绍稻田土壤铅污染现状及特征，重点阐述稻田土壤铅赋存形态及其转化过程，再阐述水稻植株中铅迁移转运的多介质界面机制，最后论述影响土壤-水稻体系铅迁移转化过程的关键影响因素，以及土壤-水稻体系中铅同位素示踪技术（图 8.1）。

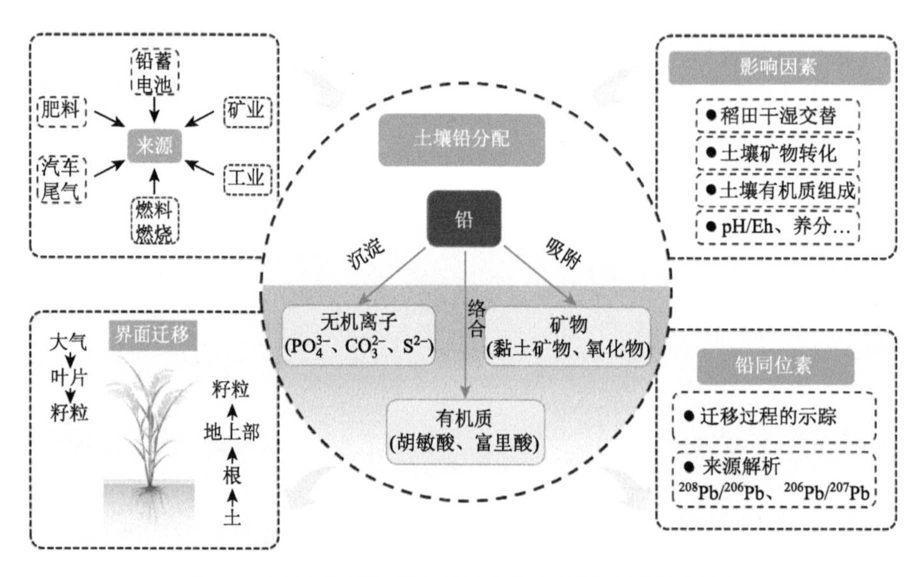

图 8.1 土壤-水稻体系中铅迁移转化过程及其影响因素

8.1 我国稻田土壤铅污染现状及特征

8.1.1 铅及其化合物的物理化学性质

1. 铅及其化合物性质

铅（Pb）原子序数 82，是第六周期Ⅳ族金属元素，原子半径为 0.175 nm，原子量为

207.2。铅是一种有色金属材料，具有熔点低、耐蚀性高、塑性好等优点，常被作为板材和管材的主要材料组分。铅的应用历史悠久，是历史上人类活动排放量最大、性质最活跃的重金属之一。

铅具有两种阳离子价态（Pb^{2+}和 Pb^{4+}），在环境中主要以氧化态及其化合物形式存在。其中，Pb^{4+}具有很强的氧化性，不能稳定存在，易发生分解或与环境中共存物质发生氧化还原反应。例如，铅与卤素易化合生成 $PbCl_4$，但 $PbCl_4$ 很不稳定，容易分解为 $PbCl_2$ 并释放出氯气（Cl_2）。而 Pb^{2+}及其化合物在自然条件下性质稳定，只有在特定条件下才能发生转化，是铅在环境中主要的存在形态。例如，氧化铅（PbO）与硫化铅（PbS）在共热，甚至只有在与有机还原剂（如葡萄糖）共存共热时，才会还原成金属铅。环境中还存在同时含 Pb^{2+}和 Pb^{4+}的化合物，其稳定性则介于前面两类物质之间。例如，四氧化三铅（Pb_3O_4）同时含有 +2 和 +4 价态，是一种混合价态的强氧化剂，常温下性质稳定，在高温时可分解为氧化铅。包括土壤在内的环境介质中，活性态铅主要为二价的离子态（Pb^{2+}）及其与无机或有机配位体形成的络合物和螯合物。Pb^{2+}与无机或有机配位体形成的产物（表 8.1），常用络合常数表征其特征，络合常数越高，生物有效性越低。

表 8.1　Pb^{2+}与一些无机及有机配位体的络合常数（log*K*）（Morel & Hering，2010）

无机配位体	络合产物	log*K*	有机配位体	络合产物	log*K*
OH^-	PbL PbL_2 PbL_3 $PbL_{2(s)}$	6.3 10.9 13.9 15.3	乙二胺	PbL PbL_2	7.0 8.5
CO_3^{2-}	$PbL_{(s)}$	13.1	NTA	PbL	12.6
SO_4^{2-}	PbL $PbL_{(s)}$	2.8 7.8	EDTA	PbL PbHL	19.8 23.0
Cl^-	PbL PbL_2 PbL_3 PbL_4 $PbL_{2(s)}$	1.6 1.8 1.7 1.4 4.8	CDTA	PbL PbHL	22.1 25.3
Br^-	PbL PbL_2 PbL_3 $PbL_{2(s)}$	1.8 2.6 3.0 5.7	羟乙酸	PbL PbL_2 PbL_3	2.5 3.7 3.6
F^-	PbL PbL_2 $PbL_{2(s)}$	2.0 3.4 7.4	甘氨酸	PbL PbL_2	5.5 8.9
S^{2-}	$PbL_{(s)}$	27.5	半胱氨酸	PbL	12.5
$S_2O_3^{2-}$	PbL PbL_2 PbL_3 PbL_4	3.0 5.5 6.2 7.3	乙酸	PbL PbL_2	2.7 4.1
PO_4^{3-}	PbHL PbH_2L $Pb_3L_{2(s)}$ $PbHL_{(s)}$	15.5 21.1 43.5 23.8	柠檬酸	PbL PbL_2 PbHL PbH_2L	5.4 8.1 10.2 13.1

L_n 中 L 表示配体，*n* 表示配体数量；s 表示沉淀。

2. 铅的生理毒性

铅作为非必需矿质元素，对动植物均具有生理毒性。植物吸收积累铅后富集在叶片中，会抑制叶片的光合作用、水分代谢、矿物质吸收等，产生毒害作用。铅通过食物链富集进入人体器官，可降低多种蛋白质、氨基酸和酶活性，导致血红蛋白合成受阻、中枢神经毒性、铅中毒萎缩性胃炎等健康风险（何义芳等，2008）。铅对人体的毒害作用，主要体现在两个方面：首先，铅离子与蛋白质等生物大分子结合，从而钝化多种生物功能酶活性；其次，铅与钙密切相关，可通过取代细胞中的主要组成元素钙，对神经系统产生不利的影响（Bryce-Smith & Waldron，1974；Ara & Usmani，2015）。

3. 铅的同位素

自然环境中，铅同位素主要包括 ^{204}Pb、^{206}Pb、^{207}Pb、^{208}Pb，丰度分别为 1.4%、24.1%、22.1%和 52.4%。其中 ^{204}Pb 为非衰变产物，属于非放射性成因的稳定同位素，其环境丰度总体恒定；而 ^{206}Pb、^{207}Pb、^{208}Pb 为 ^{238}U、^{235}U、^{232}Th 等放射性元素的衰变产物，具有一定的放射性，但在环境中可相对稳定存在，其丰度随时间演化而不同程度增加，半衰期和衰变常数见表 8.2。另外，铅还具有其他放射性活跃、半衰期短的同位素，如 ^{210}Pb（$t_{1/2}$ = 22 a）、^{212}Pb（$t_{1/2}$ = 10 h）、^{214}Pb（$t_{1/2}$ = 26.8 min），由于半衰期较短，常被用于示踪试验或年代断定。铅的原子量大，并且不同同位素之间的相对质量差异小，因而与其他金属元素相比，铅同位素分馏在次生环境的生物地球化学等过程中很少发生（闫颖，2021）。铅同位素组成及变化主要受岩石和矿物中的 U/Pb 和 Th/Pb 比值影响，反映了铅及其赋存介质的地质演化历史过程，如岩浆演化及分异作用、热液和变质作用以及地表低温风化过程等。

表 8.2　铅同位素和母体同位素的半衰期（Komárek et al.，2008）

母体同位素	铅同位素	母体同位素半衰期/a	母体同位素衰变常数/a^{-1}
—	^{204}Pb	—	—
^{238}U	^{206}Pb	4.466×10^{9}	λ^{238}U：1.552×10^{-10}
^{235}U	^{207}Pb	0.704×10^{10}	λ^{235}U：9.850×10^{-10}
^{232}Th	^{208}Pb	1.401×10^{10}	λ^{232}Th：4.948×10^{-11}

8.1.2　稻田土壤铅来源及污染现状

1. 稻田土壤铅来源

稻田土壤中的铅来源广泛，包括成土母质输入的地质自然来源和工农业生产活动输入的人为来源。

地壳中的铅平均含量为 14.8 mg/kg（Wedepohl，1995），属微量元素。其中，花岗岩中的一些矿物，如独居石、磷钇矿、铀矿、钍沸石、锆石、钛铁矿等，通常含有较多铅；

沉积岩通常含铅量较小，如粉砂岩、泥岩、黏土岩和非碳质页岩的铅含量约为 2 mg/kg，砂岩约为 17 mg/kg，石灰石和白云石约为 11 mg/kg。在未受污染的土壤中，铅的平均含量接近于岩石圈的铅含量水平。岩石风化过程会释放出铅，随着含铅矿物的矿化，铅逐渐富集滞留于土壤中，致使一些土壤铅含量升高（Harrison & Laxen，1981）。然而，部分抗风化能力较强的母岩，如碎屑岩、花岗岩中的铅则不容易释放出来。可见，含铅矿物的晶体性质和硬度决定了其抗风化性能，从而影响释放到土壤中的铅含量，地壳中部分含铅矿物晶体特性如表 8.3 所示。

表 8.3　部分含铅矿物晶体结构及其物理特性（Schoenung，2008）

矿物	英文名	化学式	晶系	莫氏硬度	密度/(g/cm^3)
天然铅	native lead	Pb	等轴晶系	1.5	11.3 +
碲铅矿	altaite	$PbTe$	等轴晶系	2.5～3.0	8.2～8.3
硫酸铅矿	anglesite	$PbSO_4$	斜方晶系	2.5～3.0	6.3 +
水锑铅矿	bindheimite	$Pb_2Sb_{26}(O, OH)$	等轴晶系	4.0～4.5	7.3～7.5
铅绿矾	caledonite	$Cu_2Pb_5CO_3(SO_4)_3(OH)_6$	斜方晶系	2.5～3.0	5.6～5.8
白铅矿	cerussite	$PbCO_3$	斜方晶系	3.0～3.5	6.5 +
硒铅矿	clausthalite	$PbSe$	等轴晶系	2.5	8.1～8.3
铬铅矿	crocoite	$PbCrO_4$	单斜晶系	2.5～3	6.0 +
水氯铅铜石	diaboleite	$CuPb_2Cl_2(OH)_4$	四方晶系	2.5	5.4～5.5
白铅铝矿	dundasite	$Pb_2Al_4(CO_3)_4(OH)_8·3H_2O$	斜方晶系	2.0	3.5
水氯铅矿	fiedlerite	$Pb_3Cl_4F(OH)_2$	单斜晶系	3.5	5.9
砷钙铅矿	hedyphane	$Pb_3Ca_2(AsO_4)_3Cl$	六方晶系	4.5	5.8～5.9
黄铅丹	massicot	PbO	斜方晶系	2.0	9.6～9.7
斜辉锑铅矿	meneghinite	$Pb_{13}Sb_7S_{23}$	斜方晶系	2.5	6.3～6.4
砷铅矿	mimetite	$Pb_5(AsO_4)_3Cl$	六方晶系	3.5～4.0	7.1 +
铅丹	minium	Pb_3O_4	四方晶系	2.5～3.0	8.9～9.2
角铅矿	phosgenite	$Pb_2CO_3Cl_2$	四方晶系	2.0～3.0	6.0 +
块黑铅矿	plattnerite	PbO_2	四方晶系	5.0～5.5	6.4 +
板辉锑铅矿	semseyite	$Pb_9Sb_8S_{21}$	单斜晶系	2.5	5.8～6.1
硫碳酸铅矿	susannite	$Pb_4SO_4(CO_3)_2(OH)_2$	三方晶系	2.5～3.0	6.5
钒铅矿	vanadinite	$Pb_5(VO_4)_3Cl$	六方晶系	3.0	6.6 +
钼铅矿	wulfenite	$PbMoO_4$	四方晶系	3	6.8

土壤铅人为来源包括农业生产活动来源，主要来自所施用的无机磷肥和有机肥料。磷肥含铅量为 7～225 mg/kg，亚洲地区的年均磷肥施用量为 34 kg/hm^2，即每年通过磷肥输入土壤的铅高达 0.2～7.7 kg/hm^2（Gupta et al.，2014）。一些商用有机肥铅含量较高，每年可向土壤输入铅 0.1～0.3 kg/hm^2（Cang et al.，2004），长期施用可能会使铅在土壤中大量累积，造成严重的土壤铅污染。

土壤铅的另一个人为来源是工业来源，主要是铅相关的矿冶及工业活动排放。矿冶活动会将原本固存于岩体和矿石中的铅释放到地表环境中，并通过地表水等环境介质迁移并在土壤中累积。据统计，我国有色金属冶炼厂周边土壤铅的平均含量可达1536 mg/kg，远超我国土壤环境质量标准（Jiang et al.，2021）。除冶炼外，燃煤电厂、电镀、电池等工业生产活动产生废弃物的不当处置，均可能向周边土壤输入铅。研究显示，1990～2009 年我国煤炭燃烧产生并向环境中排放的铅约有 46 000 t（Li et al.，2012），其中大部分最终汇入土壤。

土壤铅除以上来源之外，过去长期使用的含铅汽油也是不可忽视的土壤铅来源。四乙基铅曾作为抗爆剂被广泛添加在汽油中，最终随尾气排放并沉降进入土壤。我国自 2000 年起禁止使用含铅汽油，但过去长时间排放的铅，仍是城市陆地环境土壤中主要残留的污染物，需要引起重视。

2. 稻田土壤铅污染现状

调查数据显示，1979～2000 年，我国农田土壤铅含量总体较低，1.0～670.5 mg/kg；2001～2005 年，我国高铅含量土壤主要分布在辽宁、甘肃、云南、浙江、湖南等大型铅锌矿所在的地区；2006～2016 年，高铅含量土壤一般集中在东南丘陵地区，与包括铅冶炼、铅酸电池生产及回收、钢丝绳生产在内的铅产业密切相关。某项涉及我国 402 个工业场地和 1041 个农业场地的调研结果显示，其土壤铅平均含量高于全国土壤背景值（25.6 mg/kg）；华南地区农业场地土壤铅含量较高，与工业场地的土壤铅分布格局类似（Yang et al.，2018）。矿区周边的稻田土壤铅含量可达 460 mg/kg，水稻籽粒中铅含量可达5.2 mg/kg，是国家标准的 25 倍（Xue et al.，2017）。

南方某区域的调查数据显示（图 8.2），尽管稻田土壤铅含量很高，但稻米中铅的生物富集系数（BCF）却仅为 0.014 ± 0.055，这与镉相反（BCF = 0.66 ± 0.66）。该现象与二者物理化学性质有关，由其土壤环境行为差异，以及水稻的“喜好”不一致所致。

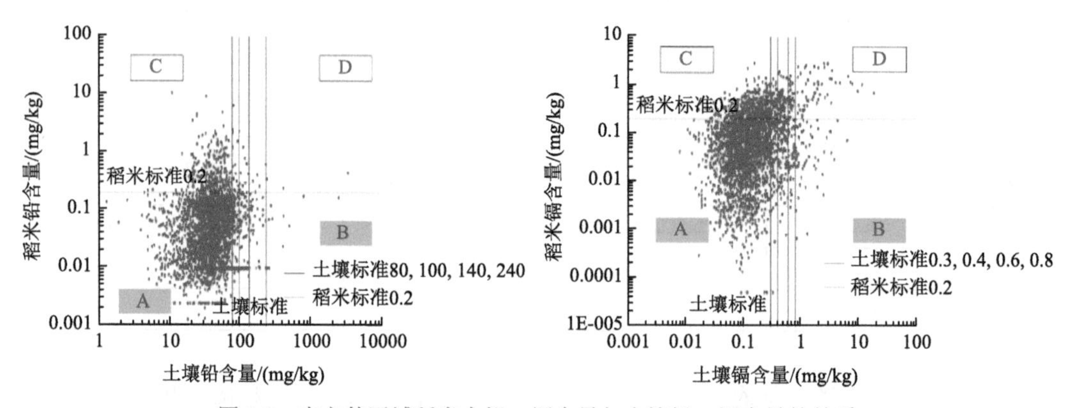

图 8.2　南方某区域稻米中铅、镉含量与土壤铅、镉含量的关系

垂直红色线条从左至右分别代表 pH≤5.5，5.5<pH≤6.5，6.5<pH≤7.5，pH>7.5 的土壤标准；区域 A 为稻米及土壤均不超标，区域 B 为稻米不超标土壤超标，区域 C 代表稻米超标土壤不超标，区域 D 代表稻米及土壤均超标。

8.1.3　土壤铅的赋存形态、迁移性及生物有效性

土壤铅的赋存形态是指铅在土壤环境中存在的物理化学形式，包括土壤环境中各种铅化合物及其在土壤基质中的分布，主要取决于土壤矿物组成及含量、有机质组分及含量、pH 等因素。土壤铅的赋存形态通常以残渣态和铁锰氧化物结合态铅为主，交换态铅占比较低，存在少量碳酸盐结合态铅或有机结合态铅。不同土壤中铅赋存形态存在差异，矿质土壤中，铅主要以铁锰氧化物、铝硅酸盐和碳酸盐结合态等形式存在；有机土壤中主要以有机结合态铅的形式存在，比例可达 71.5%（Emmanuel & Erel，2002）；我国华南地区红壤中，土壤中自由态 Pb^{2+}含量通常较高；西南碳酸盐岩地区的土壤自由态 Pb^{2+}含量较低，但沉淀态铅的含量较高。

铅在土壤中主要随水流而迁移，与铅的赋存形态密切相关。土壤溶液中的铅可随土壤孔隙水迁移，铁锰氧化物结合态铅在一定条件下可释放到溶液中，而残渣态铅则性质较为稳定，具有较低的迁移性。

土壤铅的生物有效性指一定时间内，铅被植物、动物、微生物吸收利用的可能性。植物主要吸收土壤溶液中的铅，包括自由离子态、无机络合态、溶解性有机质络合态、悬浮胶体络合态等，其中游离态 Pb^{2+}为生物有效性最高的形态。

土壤环境条件的改变，可促使铅在矿物-矿物、矿物-孔隙水、孔隙水-水稻根系等土壤微观界面，发生与铅相关的沉淀、吸附、溶解等生物地球化学反应，从而改变土壤铅的赋存形态，影响其迁移性和生物有效性。

8.2　稻田土壤中铅的转化机制

稻田土壤中铅多以活性比较低的赋存形式存在，转化过程主要是吸附-解吸、沉淀-溶解平衡，本节将从热力学和动力学角度阐述土壤铅的转化机制，并介绍一些预测土壤铅平衡分配和动力学行为的模型，为复杂环境条件下土壤铅污染的风险评估和土地管理提供参考依据。

8.2.1　土壤铅形态转化的热力学机制

铅在土壤中的生物有效性很大程度上取决于固液分配。水溶性铅离子进入土壤后，会迅速与土壤溶液中的有机、无机配位体或胶体等结合，形成可溶性铅络合物或沉淀物，或吸附固定在土壤有机质和矿物表面，随后以不同形态固存在土壤中（Chen et al.，2016）。Yang 等（2021a）研究全球尺度下土壤重金属吸附能力时发现，土壤对铅的吸附能力稍大于锌，远大于铬、镉、铜和镍，且全球不同区域的差异很小。这与土壤组分性质及其与重金属的结合特性有关，土壤黏土矿物、铁（氢）氧化物、铝（氢）氧化物及有机质等，对不同重金属的吸附贡献存在差异（图 8.3），其中铁（氢）氧化物对铅具有较大的吸附贡献，远大于其对镉的贡献（Peng et al.，2018a，2018b）。

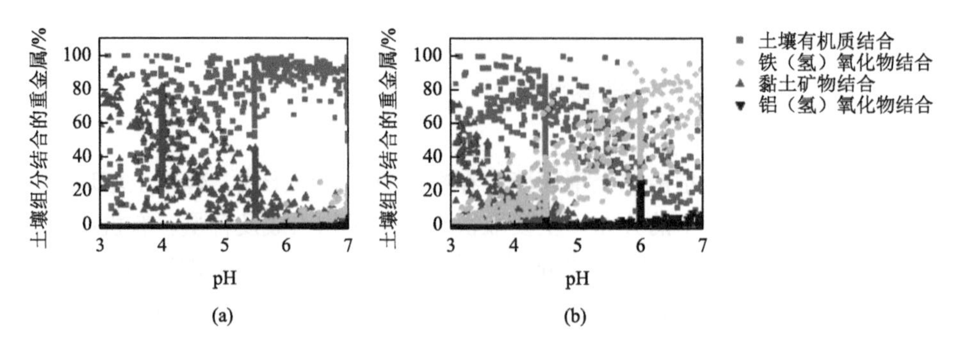

图 8.3　土壤不同组分对镉（a）、铅（b）的相对吸附贡献（Peng et al.，2018b）

1. 土壤黏土矿物与铅的吸附反应

土壤黏土矿物主要为层状硅酸盐次生矿物，构成其晶格的基本结构单元为硅氧四面体和铝氧八面体。硅氧四面体以 1 个硅离子（Si^{4+}）为中心，1 个氧离子（O^{2-}）为顶部，3 个 O^{2-}构成的三角形为底。铝氧八面体以 1 个铝离子（Al^{3+}）为中心，由 3 个 O^{2-}（或氢氧离子）构成的三角形在底层和顶层交错排列。常见的黏土矿物包括 1∶1 型和 2∶1 型（图 8.4），其中 1∶1 型黏土矿物（如高岭石）单元晶层由 1 个硅氧四面体片（简称硅氧片）和 1 个铝氧八面体片（简称铝氧片）构成；2∶1 型黏土矿物（如蒙脱石）单元晶层由 2 个硅氧片夹 1 个铝氧片构成。黏土矿物晶层内可发生普遍的同晶置换现象（如 Mg^{2+}替代 Al^{3+}），从而导致黏土矿物带有大量的永久电荷，主要是负电荷，该现象尤其在 2∶1 型黏土矿物中普遍存在；另外，结构边缘的断键或表面羟基的解离，也会产生一些电荷，主要是 pH-依变电荷，也称可变电荷。同时，带负电荷的黏土为保持单元晶层的电荷平衡，会吸附等量电荷的 Ca^{2+}、Mg^{2+}、Na^{+}等阳离子，这部分离子在土壤环境中易被其他阳离子置换。

黏土矿物对于铅等阳离子重金属具有较高的吸附容量，而 2∶1 型黏土矿物比 1∶1 型黏土矿物的吸附性能和容量更高。例如，蒙脱石的阳离子交换量约为高岭石的 10 倍，其铅吸附量也约为高岭石的 10 倍（赖婧，2013）。黏土矿物吸附铅的机制可以分为三类（图 8.5）：第一，黏土矿物表面解离的羟基与铅形成内圈络合物；第二，表面电荷通过静电引力吸附铅，形成外圈络合物（Strawn & Sparks，1999）；第三，通过层间离子交换吸附铅（Xing et al.，2015）。在低离子强度条件下，黏土矿物对铅的吸附主要以外圈络合物为主，吸附过程不受介质 pH 的影响，这是由于黏土矿物表面电荷主要为永久性的负电荷（约占总量的 80%）。在高离子强度条件下，离子的竞争作用使得铅在黏土矿物上的外圈络合减弱，黏土矿物的表面羟基解离程度随着 pH 升高而增加，从而增加了铅的内圈络合量，因此该条件下以内圈吸附为主（Strawn & Sparks，1999）。黏土矿物对铅的层间离子交换吸附，主要受层间阳离子与黏土矿物本身结合能的控制，而结合能受其结构中层间阳离子的价态和半径影响，其中价态的影响大于半径（Xing et al.，2015）。例如，钠基、镁基、钙基蒙脱石可大量吸附铅，而铁基蒙脱石则很难通过离子交换吸附铅（Chen et al.，2015；Xing et al.，2015）。此外，溶解性有机配位体会在黏土矿物上与铅形成竞争吸附，从而减少黏土矿物吸附的铅；而与黏土矿物结合在一起的有机物，通过负载在黏土矿物上的有机官能团，增加黏土矿物对铅的吸附性能（Zhang & Hou，2008；Parsadoust et al.，2020）。

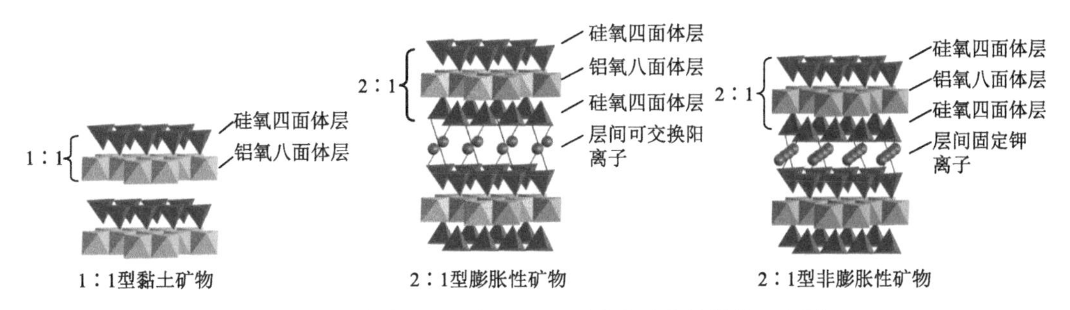

图 8.4　土壤中 1∶1 型和 2∶1 型黏土矿物的结构示意图

2. 土壤有机质与铅的吸附反应

土壤有机质（SOM）虽然只占土壤固体质量不到 5%，但却是土壤中重要的关键组分，在很大程度上决定土壤肥力，也直接和间接地影响重金属生物地球化学循环，决定土壤重金属形态和生物有效性（Sparks，1998）。土壤有机质组成复杂，碳、氧、氢含量分别为 50%、40%和 5%，还含有少量的氮、硫、磷等矿质元素，也吸附少量的钙、铁、镁等营养元素（Tipping et al.，2016）。土壤有机质含有大量的含氧、氮、硫官能团，主要为含氧的羧基和羟基官能团。根据其溶解性，土壤有机质可分为溶解性有机质（DOM）和难溶性有机质，前者主要分布在土壤溶液中，少量吸附在土壤基质表面；难溶性有机质通常与土壤矿物结合在一起，形成土壤团聚体，部分以颗粒态有机质存在。溶解性有机质和难溶性有机质相似，组成成分十分复杂，时空变异也很大。总体来看，难溶性有机质分子量、芳香性及官能团种类和数量等均高于溶解性有机质。土壤有机质具有非均质性和多样性等特征，还具有连续变化性，其组成和性质受气候及环境条件的影响，不同地区和来源的有机质存在较大的差异（Lehmann & Kleber，2015）。

土壤有机质可通过库伦引力吸附、专性吸附、络合和螯合等作用，与铅等重金属以多种方式结合，降低重金属的生物有效性；另外，由于有机质中含有具有电子得失性能的官能团，还可作为电子穿梭体，促进砷、锑等变价（类）金属的氧化-还原（Qiao et al.，2019）。土壤有机质与铅的相互作用，可从两个方面对铅的赋存形态和迁移产生影响。一是溶解性有机质可结合铅，还可溶解一些矿物中的铅，从而促进铅随土壤孔隙水扩散及迁移；二是大量的难溶性有机质具有较强的吸附固定能力，与铅具有较强的亲和力，从而吸附固定铅，降低铅在土壤中的生物有效性和迁移性（Sauvé et al.，2003）。

土壤有机质与铅可形成两类络合物：一类是通过静电引力吸附和氢键作用，生成外圈络合物；另一类是有机质通过取代内圈配位层的水分子或共用自由电子，形成铅-有机配位化学键，并进一步形成含铅内圈络合物，包括单齿、双齿及三齿络合物（Tipping，2002）。土壤有机质中的羧基和酚羟基等基团，决定铅与有机质之间的络合常数，从而影响铅的生物有效性（表 8.4）。环境介质的离子强度和 pH 等条件，也影响有机质与铅之间的相互作用（Wang et al.，2021）。土壤有机质的等电点（PZC）多在 pH 4.5 左右，当介质的 pH 高于 PZC 时，有机质中的官能团发生去质子化作用，产生带负电结合位点，有利于铅离子吸附。当介质的离子强度较高时，有机质胶体的扩散双电层被压缩，不利于铅的外圈络合物形成（Xiong et al.，2013）。

表 8.4 常见金属阳离子与土壤有机质和铁矿物的络合常数（Tipping，2002）

金属阳离子	腐殖酸	富里酸	水铁矿	针铁矿
Fe^{3+}	3.37	3.12	—	—
Pb^{2+}	2.37	2.15	9.58/12.25/14.24	9.75
Cd^{2+}	1.67	1.51	−1.42/1.31	6.98
Cu^{2+}	2.38	2.16	0.97	8.62
Ni^{2+}	1.60	1.43	−1.91/0.86	—

3. 土壤铁（氢）氧化物与铅的吸附反应

铁是地壳中较为丰富的元素，含量仅次于氧、硅、铝。土壤中铁含量丰富，主要为各种铁（氢）氧化物，具有较大的比表面积和丰富的羟基，性质极其活跃，是土壤中吸附铅的重要组分。土壤中常见的铁（氢）氧化物如表 8.5 所示，针铁矿、赤铁矿和磁铁矿在土壤中以终产物形式稳定存在，而水铁矿、施氏矿物等在土壤中不稳定，多作为铁（氢）氧化物形成转化过程中的中间产物存在（Bigham et al.，2018b）。水铁矿是三价铁水解首先形成的弱晶型水合物，是土壤铁（氢）氧化物形成的初级形态，在土壤中广泛分布，因其疏松多孔的结构和巨大的比表面积，是吸附性能最高的铁（氢）氧化物，可吸附大量铅。

表 8.5 土壤常见铁（氢）氧化物的结构和物理化学性质

	水铁矿	针铁矿	纤铁矿	施氏矿物	赤铁矿	磁铁矿
参考文献	Wang et al.，2013，2020	Villalobos & Perez-Gallegos，2008；Villalobos et al.，2009	Liao et al.，2020；Larsen & Postma，2001	Xie et al.，2017；Bigham et al.，2018a	Das & Hendry，2014	Aphesteguy et al.，2015
化学式	$Fe_5HO_8 \cdot 4H_2O$	α-FeOOH	γ-FeOOH	$Fe_8O_8(OH)_6SO_4$	α-Fe_2O_3	Fe_3O_4
比表面积/(m^2/g)	234～427	50～94	63～146	100～200	12～56	14～80
晶型状态	弱晶型	晶型	晶型	弱晶型	晶型	晶型
形貌	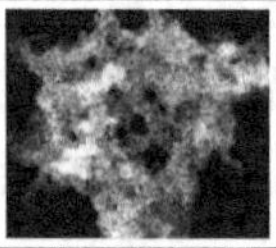	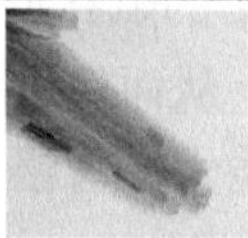	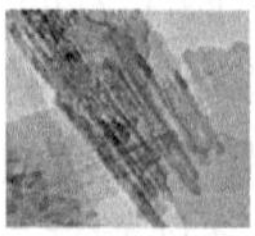	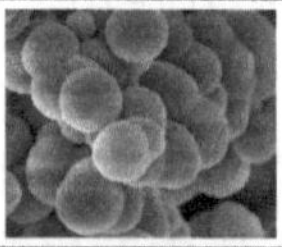	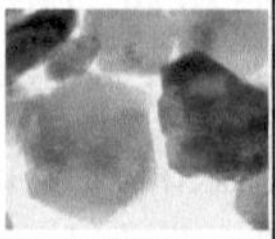	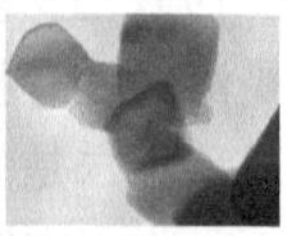

铁（氢）氧化物对铅的吸附固定作用，主要为表面吸附和共沉淀作用（图 8.5c）。铁（氢）氧化物表面具有大量活性位点和可变电荷，可与重金属以共价键形式结合，形成较为稳定的内圈络合物，或以范德瓦耳斯力结合，形成较弱的外圈络合物（Hiemstra，2013）。在常见的几种阳离子重金属中，铅与水铁矿的络合常数最大（表 8.4），即铅是水铁矿优先吸附的重金属。铁（氢）氧化物的 PZC 多在 pH 7 以上，当 pH 升高时，有利于铁（氢）

氧化物表面羟基解离，从而增加对铅的吸附，因此在土壤中随着 pH 升高，铁（氢）氧化物对铅的吸附贡献逐渐增大（图 8.3）。铁（氢）氧化物对铅的吸附不仅与比表面积大小紧密相关（Komárek et al.，2018），还受矿物本身结构影响。例如，悬浊液状态的水铁矿理论上比表面积可达 650 m^2/g（Hiemstra et al.，2019），但干燥后，水铁矿表面结合水大量丢失，疏松结构不可逆地转变为密实结构，重金属吸附能力也随之大大降低（Tian et al.，2018）。同时，铁（氢）氧化物的结构活性，对其吸附固定重金属的性能也产生较大的影响，在三价铁生成水铁矿的过程中，共存的铅离子可通过网捕作用以及共沉淀被吸附固定，这一过程中铅被固定在形成的水铁矿团聚体内部。在水铁矿的进一步老化或其他环境条件作用下，水铁矿可转化为纤铁矿、针铁矿和赤铁矿等其他更为稳定的铁（氢）氧化物。在这一结构转化过程中，共存铅离子可进入稳定态铁（氢）氧化物的晶体结构中，从而对铅形成结构化固定效应，极大降低铅的活性（Lu et al.，2020）。

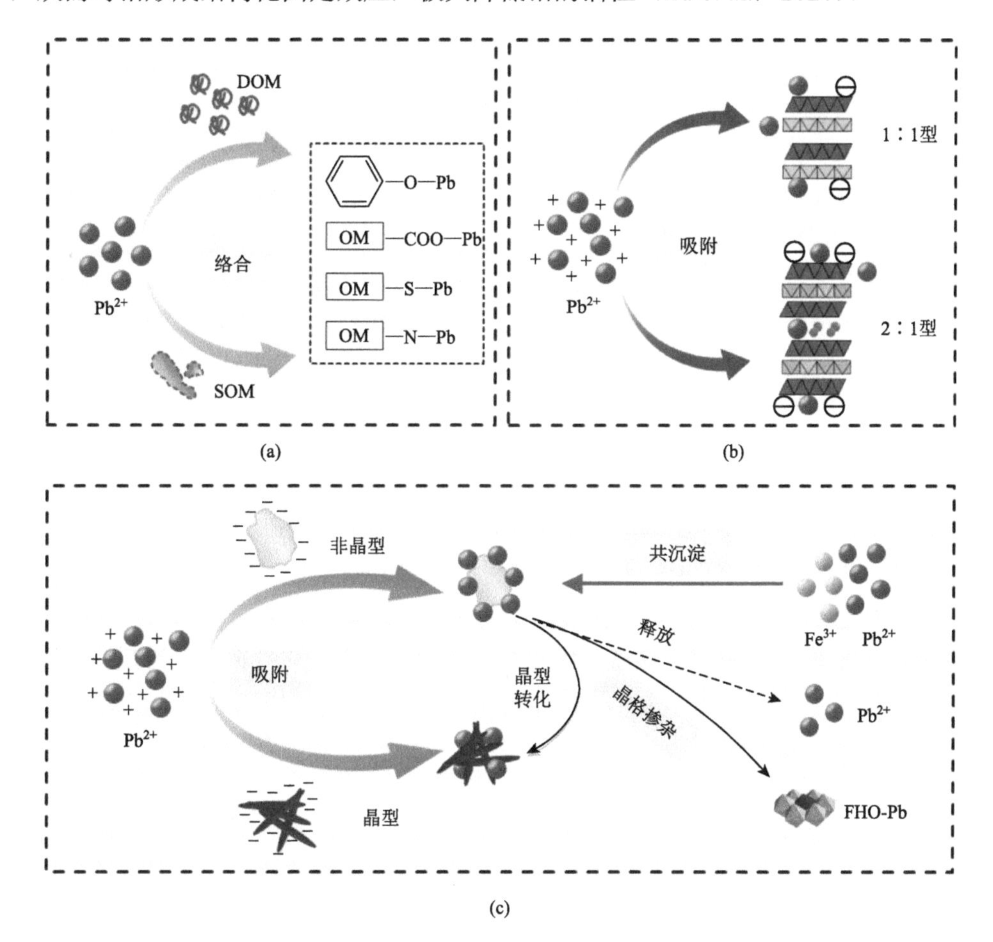

图 8.5　铅在主要土壤组分中的分配机制示意图

（a）有机质；（b）黏土矿物；（c）铁（氢）氧化物。

4. 土壤中铅的沉淀反应

除土壤基质组分吸附铅外，沉淀–溶解也是重要的铅地球化学转化过程，主要受土壤

pH 和共存离子等因素控制。一般说来，土壤 pH 升高会促使铅以不同盐的形式发生沉淀反应。碳酸盐岩发育的土壤，主要形成铅碳酸盐沉淀；南方红壤区，当土壤 pH 升高时，主要形成铅氢氧化物沉淀。大部分土壤 pH 升高时，都可以形成稳定性高的铅磷酸盐沉淀，其溶解度远低于其他铅化合物，对于铅在土壤环境中的分布和固定至关重要（Zeng et al.，2017）。此外，铅还能与土壤部分矿物发生共沉淀作用，形成含铅的固体物质。例如，土壤中的磷酸钙特别是羟基磷灰石，可将铅离子嵌入其结构中，形成十分稳定的结构；铅还可与其他物质共沉淀，形成含铅矿物。因此，铅含量较高的土壤中常发现磷氯铅矿［$Pb_5Cl(PO_4)_3$］，尤其在植物根部附近的土壤中，磷氯铅矿含量较高（Hooda，2010）。在淹水厌氧条件下，稻田土壤中的水铁矿等非晶相或低结晶度的铁（氢）氧化物，可被共存的游离态亚铁驱动发生活跃的晶相转变，铁（氢）氧化物表面吸附的铅通过晶体包裹或结构位取代，被进一步固定到晶相转变后形成的二次氧化铁矿物相中，从而降低稻田土壤铅的活性（刘承帅等，2017）。

由于土壤组成的复杂性及土壤环境条件的频繁改变，铅与土壤不同组分在土壤中的反应很难处于绝对平衡状态。随着土壤环境的改变，原本被固定的铅可能会被释放；而活性较高的游离态铅，也可能被吸附固定从而降低迁移性。例如，土壤酸化可能改变矿物和有机质的表面电荷及结合位点，从而导致土壤固体组分吸附固定的铅被解吸，释放到土壤溶液中。由于不同土壤性质响应 pH 的程度存在差异，这一形态转化过程发生的可能性和发生程度均存在差异（Ottosen et al.，2009）。稻田土壤较为复杂，具有独特的淹水环境及干湿交替过程，导致土壤铅的形态变化更为多样化，且调控机制更为复杂。

8.2.2　土壤铅形态转化的动力学机制

水溶性游离态铅离子进入土壤后，其形态会逐步发生转化，主要表现为从活性高的游离态转变为低活性的结合态，在土壤中的迁移性逐渐下降，并且随时间的延长而进一步变化，此过程称为老化过程。由于土壤的非均质性和复杂性，铅的老化过程往往伴随着铅与土壤其他组分结合的物理、化学及微生物反应，从而影响土壤铅形态转化的热力学平衡状态（姚洪波，2016）。系统了解铅在土壤中的形态转化规律及关键反应过程，揭示铅形态转化的动力学机制，对于理解土壤铅的环境行为及环境风险至关重要。

1. 铅在不同土壤组分间的形态转化

土壤铅形态转化主要受土壤组成及其相互作用过程的控制。在有机质含量较低的矿质土壤中，黏土矿物或铁（氢）氧化物对铅吸附、固定、释放等是控制铅形态转化的重要过程。在有机质含量高的土壤中，铅的形态转化很大程度上取决于土壤有机质的特性，尤其是腐殖质与铅的相互作用。但是，溶解性有机质在土壤中被矿物吸附或氧化，可导致有机质自身的组成及化学性质发生变化，从而影响铅的形态转化（Rinklebe et al.，2016；Ding et al.，2022）。例如，当土壤溶解性有机质与矿物结合形成团聚体时，可增强土壤微粒对铅的吸附能力；而溶解性有机质随着官能团的减少，对重金属的亲和力下降。土壤溶液中的阴离子，碳酸根、硫酸根、磷酸根等，均可与铅离子发生吸附或沉淀反应；

同时，阴离子还可与铁（氢）氧化物结合，促进其对铅的吸附（Zeng et al.，2017）。

土壤酸碱度是影响土壤铅形态转化的重要因素，如有机质在不同 pH 条件下，对土壤铅的吸附固定均具有较强的作用；氧化铁矿物在高的 pH 下，主导土壤铅的吸附固定；而黏土矿物仅在低 pH 条件下，具有重要作用（图 8.3）。土壤矿物对铅形态转化的影响，还受土壤氧化还原条件的影响，氧化还原条件的变化会导致氧化铁等矿物的晶体结构发生变化（图 8.6），在此过程中，土壤溶液中的铅，会被固定在土壤矿物晶体结构内部，成为土壤中的惰性铅组分。

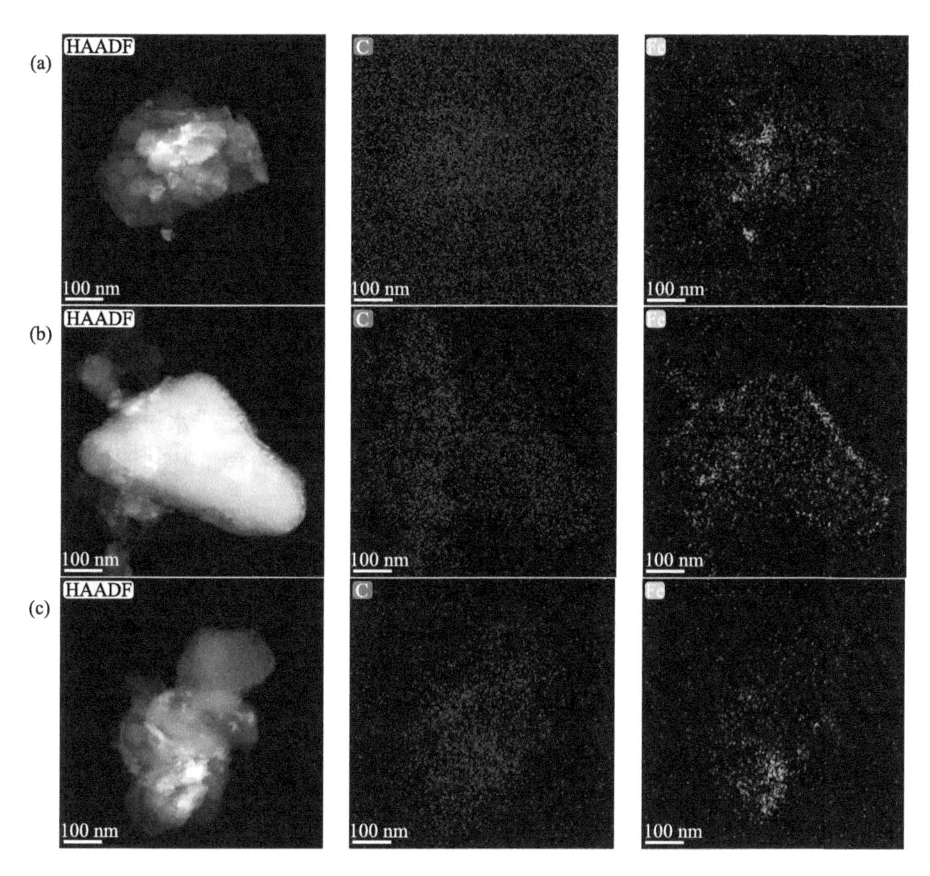

图 8.6　土壤颗粒及碳（C）和铁（Fe）元素在厌氧-好氧条件下的分布变化

（a）厌氧培养第 0 d；（b）厌氧培养第 40 d；（c）厌氧培养 40 d 后继续好氧培养 20 d。

2. 铅在不同土层土壤中的迁移及转化

在不同土层土壤中，铅的形态转化及迁移速率存在差异，这主要是由不同土层土壤的组成成分和环境条件所致。一般认为，铅在底层矿质土壤中的转化和迁移速率，远高于上层的有机土层，有机土层是限制土壤铅转化和迁移的主要土层（Teutsch et al.，2001）。当外源铅进入土壤后，先在有机质含量较高的表层土壤中，主要转化成有机结合态铅，再随水流在土体中运移；当铅迁移到底层土壤，主要转变为铁锰氧化物结合态，并随着铁锰氧化物形态结构转化，发生进一步固定，或随矿物溶解释放，继续在土体中运移（Schroth et al.，2008）。

不同土层土壤的 pH 差异是影响铅转化迁移的重要因素。在 pH 较低的土层土壤中，原本吸附态的铅会发生解吸，重新释放到土壤溶液中；结晶度低的土壤矿物，如水铁矿可发生明显的溶解，从而释放与之结合的铅，提高了铅的迁移性。低 pH 的土层土壤，在物质交换过程中会消耗碳酸盐，从而导致与碳酸盐结合的铅被释放，并随着淋溶作用迁移至更深层土壤（Wang et al.，2019）。一般说来，随着土层深度的增加，土壤 pH 逐步升高（Filippi et al.，2019），有机质和矿物对铅的吸附能力均提高，同时也可能以 $Pb(OH)_2$ 的形式形成沉淀，大大降低铅的迁移性。但是，长江三角洲稻田土壤中铅的转化及迁移行为长期研究结果显示，稻田土壤长期耕作过程中人为的扰动，增加了土壤氧气含量，土壤 pH 有所降低，极大地提高了铅迁移的速率（Wang et al.，2019）。

3. 稻田土壤淹水-排水交替过程中铅的转化

水稻全生育期的水分管理一般经历两次淹水-排水过程：分蘖后期排水以控制无效分蘖，以及收获前排水以促进水稻快速成熟和收获（Kögel-Knabner et al.，2010）。酸性稻田土壤厌氧初期，外源铅进入土壤后仅有少量的溶解态铅，主要是交换态、吸附态和有机结合态铅；随着厌氧时间延长，交换态铅快速下降，吸附态铅增加；进入好氧阶段后，吸附态铅逐步降低，有机结合态铅所占比例增加（图 8.7）。淹水-排水过程中，土壤和土壤溶液的化学性质发生显著变化，影响稳定态铅与游离态铅的含量及其比例，总体上淹水有利于土壤游离态铅的稳定（Zheng et al.，2011）。

稻田淹水-排水过程中氧化还原条件的改变，驱动土壤铅的形态转化（图 8.8）。淹水厌氧还原条件下，铁锰氧化物的还原溶解会释放部分固定的铅；酸性土壤 pH 在此阶段升高，增加土壤固相表面的负电荷，促进铁（氢）氧化物和有机质对铅的吸附固定（Zou et al.，2018）；同时，SO_4^{2-} 可还原为 S^{2-}，与铅生成 PbS 沉淀，或与硫化铁矿物（FeS）形成含铅的共沉淀矿物（Beeston et al.，2010）。排水落干时，稻田土壤处于氧化环境，相应的物理化学反应则向逆反应方向进行。

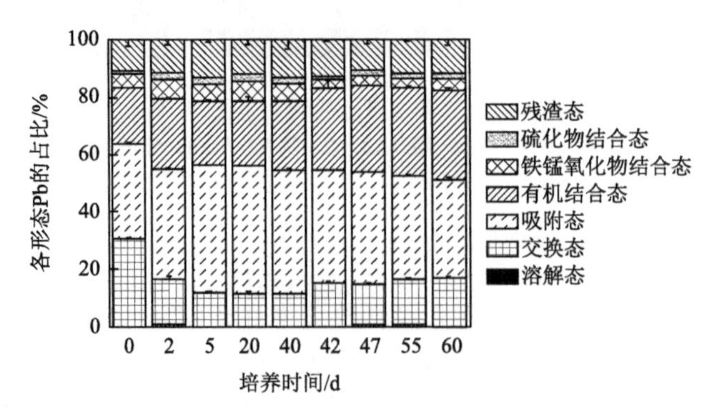

图 8.7　厌氧-好氧条件下，铅在稻田土壤中的形态转化

土壤 5 g，30 mg/L 氯化铅溶液 25 ml，温度 25℃，0～40 d 为厌氧培养，40～60 d 为好氧培养。

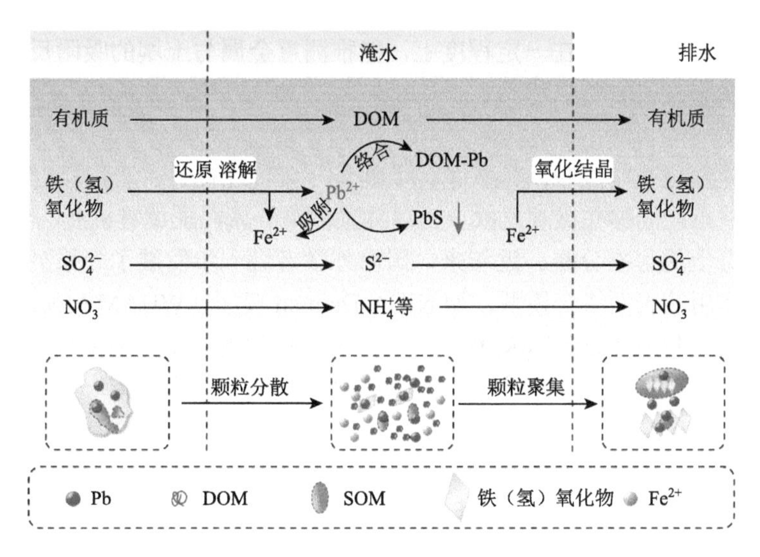

图 8.8　稻田淹水-排水过程对铅形态转化的影响

总体来说，稻田土壤铅的转化和迁移，是一个受土壤组分及其特性、氧化还原条件变化等内外多因素控制的动态过程，因此，在评估特定区域土壤铅的风险及制定土壤铅污染修复对策时，需综合考虑土壤组成及环境条件在时间和空间上的差异。

8.2.3　土壤铅形态转化模型与生物有效性预测

土壤是高异质性环境介质，组成成分复杂，影响因素众多。铅在土壤这一复杂体系中，发生一系列物理、化学、生物反应，如吸附-解吸、沉淀-溶解、氧化-还原、离子交换等，从而影响土壤铅的赋存形态特征，改变土壤铅的迁移性和生物有效性。由于土壤环境条件和反应过程的复杂性，很难明确具体反应过程及其影响条件，研究者们开发出多种模型，以便更好地评估和预测复杂土壤类型和环境条件下土壤铅的赋存形态，以及土壤铅的形态转化和生物有效性。

逐步多元线性回归模型是开发较早、应用最广的经验性模型，较易构建并用于预测土壤-作物体系中包括铅在内的重金属迁移和积累（Hu et al.，2020）。例如，Xu 等（2021）用多元回归模型预测水稻籽粒中铅的含量，指出碳酸盐结合态及有机结合态铅是影响籽粒铅积累的主要因素。然而，逐步多元线性回归模型在低、高铅污染水平下的预测和评估的可靠性存在较大差异，这可能是因为稻田独特的淹水-排水过程导致土壤条件周期性变化，从而影响了土壤铅在该过程中行为的一致性。因此，迫切需要开发更为细化的模型，用于描述和预测土壤铅的形态转化过程，包括平衡模型和动力学模型。

1. 铅转化热力学平衡模型

早期的热力学平衡模型主要是经验性的等温吸附模型，常见的有 Langmuir 模型、Freundlich 模型、Temkin 模型及 BET 模型等。常规做法是，实验室批次试验获得数据后，利用模型方程进行拟合，根据拟合所得的相关性系数和标准差，检验模型适用性，并得到相关参数。等温吸附模型在一定程度上，能推测重金属与土壤的吸附反应类型，但存在一定的局限性，作为经验性模型只能从已知的试验数据中寻找规律，定量地描述过程规律，而难以在环境条件发生变化时，根据条件的变化预测重金属的形态变化。

表面络合模型是在等温吸附模型基础上的进一步优化提升，表面络合模型克服了等温吸附模型的缺点，能够在微观层次上描述并预测重金属在土壤有机质、铁/锰/铝矿物、黏土矿物等组分上的形态分布。近年来，国内外学者进一步发展了一系列侧重不同土壤组分对重金属作用的表面络合模型，如 NICA-Donnan 模型、WHAM Model Ⅵ/Ⅶ模型、CD-MUSIC 模型，以及 1-site 2-pK_a 模型等。前两个模型侧重于描述重金属在土壤有机质上的形态分布，CD-MUSIC 模型侧重于描述重金属在铁矿物上的形态分布。这些模型在络合位点或静电层的假设和简化方式方面有一定的差异，但基本原理均是以质量守恒和电荷守恒为基础，来描述重金属离子的浓度变化、配位方式等。鉴于土壤的异质性和组分的复杂性，在采用表面络合模型研究土壤对铅的吸附行为时，一般采用组分叠加法（component additivity），选择重要的活性组分进行研究，或采用广义复合法（generalized composite），将土壤复杂的表面官能团均一化进行研究，以准确描述并预测土壤重金属的热力学行为。在广义复合法中，铅在土壤表面的吸附反应被描述为

$$\equiv SOH + Pb^{2+} \longleftrightarrow \equiv SOPb^{+} + H^{+}$$

图 8.9 是通过广义复合法拟合的铅在某稻田土壤表面的吸附行为（$\log K = 2.86$），土壤表面络合态铅（$\equiv SOPb^{+}$）在 pH 5 左右，成为最主要的土壤铅形态，这也是酸性土壤中铅的迁移性较低的原因。

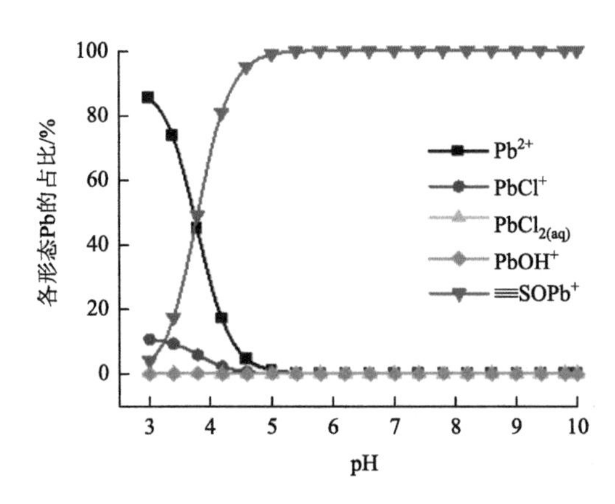

图 8.9　土壤吸附反应中铅形态分布的 1-site 2-pK_a 表面络合模型拟合结果

土壤 1 g，氯化铅溶液 20 ml，离子浓度 0.01 mol/L NaCl，25℃和 270 r/min 下振荡反应 16 h。

2. 铅转化动力学模型

与热力学平衡模型类似，早期的重金属转化动力学模型，也以经验性表观动力学模型为主，如零级（一级、二级）动力学模型、抛物线扩散模型、双常数模型、Elovich 模型、颗粒内扩散模型以及孔道扩散模型等。不同动力学模型的假设存在差异，准一级动力学模型假设吸附受扩散过程影响，准二级动力学模型主要是受吸附空位数的化

学吸附控制而建立，Elovich 模型主要适用于反应活化能变化较大的过程，颗粒内扩散模型主要通过计算内扩散速率常数来拟合动力学过程，孔道扩散模型常用于物质在孔道内扩散过程的模拟。但是，土壤中铅的形态转化受多种过程共同控制，由于对主要过程的反应机制缺乏深入认识，目前表观动力学模型对铅在土壤中的形态转化过程描述的精确性和系统性还需提升，并且难以对多种环境条件共同作用时的过程进行预测。

在重金属表面络合模型的发展中，土壤重金属形态转化机制也逐渐明晰，促进了机理性动力学模型的发展。其中，一类在热力学平衡模型基础上发展起来的动力学模型，成功地模拟了包括铅在内的多种重金属在土壤中的形态转化过程（图 8.10）。该模型采用两个关键的反应方程式[式（8.1）、式（8.2）]，量化了不同反应条件对反应速率的影响（Shi et al.，2016），在简化拟合参数的基础上提高了模型的准确度，可耦合吸附-解吸、氧化-还原、沉淀-溶解等多个反应过程，同时分析各个过程及组分对重金属形态转化的贡献（Shi et al.，2020；Feng et al.，2018）。另一类动力学模型则以不同提取剂提取的重金属形态为基础，结合化学反应机制和通过表征手段得到的重金属形态信息，预测不同形态重金属间转化的途径与过程。Yang 等（2021b）采用该模型评估几十天内土壤重金属的形态变化，定量分析了厌氧和好氧条件下，不同形态镉的转化速率，并能很好地预测水稻籽粒镉含量。

$$k_{ai}/k_{di}=K_{pi}(C_{MeL_i},pH,I,\cdots)=C_{MeL_i}/C_{ion} \tag{8.1}$$

$$\log k_{di}-\log k_{dj}=1/2(\log K_{Mej}-\log K_{Mei}) \tag{8.2}$$

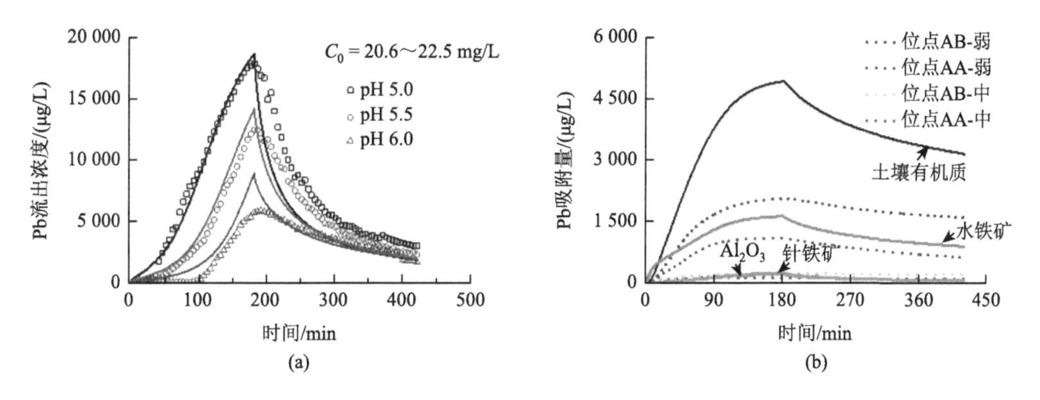

图 8.10　机理性动力学模型模拟 Pb 在土壤中的吸附-解吸动力学过程（Peng et al.，2018a）

3. 模型的不确定性分析

土壤中通常有多种重金属共存，相互影响其生物有效性（Zheng et al.，2020）。一方面可通过竞争土壤结合位点，影响重金属赋存形态；另一方面通过协同或拮抗作用，影响水稻对重金属的吸收积累。现有的形态转化模型，主要考虑单重金属元素在土壤多界面过程的反应，在反映真实土壤过程方面还有一定的差距。近年来，有些模型开始考虑多重金属在铁矿物上的竞争吸附因素（Wu et al.，2020），但总体上还缺乏在土壤环境下的应用及评估。土壤不同组分之间的相互作用会影响其对铅的结合能力，虽然已有一些模型在研究矿物-有机质相互作用方面取得一定进展（Wang et al.，2020，2021），但由于土壤组分及其相互作用十分复杂，还难以反映复杂组分反应过程的特点。如何在模型中，考虑复杂组分及其相互作用对重金属迁移转化行为的影响，同时与植物生理吸收过程有机结合，依旧是一个重大的挑战。

8.3 水稻植株中铅迁移的多介质界面机制

铅是植物的非必需矿质元素，对植物具有毒性，即使暴露在很低浓度下，植物也能从土壤中吸收铅，对植物生长发育造成危害，显现出多种中毒症状（Xiong，1997；Öztürk et al.，2015）。稻田淹水与排水交替的水分管理，影响稻田土壤铅的形态及其生物有效性，也因此影响水稻吸收累积铅（图 8.11）。水稻植株吸收和转运铅，受三个介质界面反应过程的控制（图 8.12）：土壤-孔隙水界面、孔隙水-根系界面以及根系-籽粒界面。本节将以水稻从土壤中吸收铅及铅在水稻植株各部位迁移机制为核心，探讨水稻吸收铅及水稻籽粒积累铅的关键过程，从而为阻控水稻籽粒铅积累，以及铅污染稻田土壤中稻米安全生产提供理论依据。

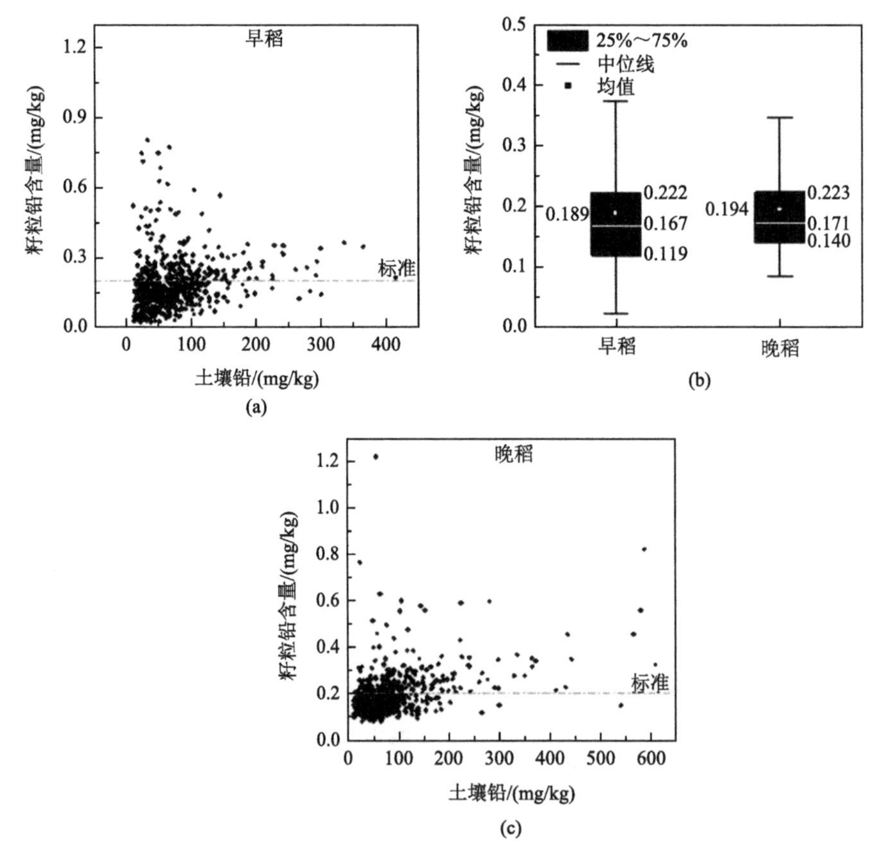

图 8.11 粤北某区土壤和籽粒中铅的浓度关系

样品量：早稻 630 个，晚稻 758 个。

8.3.1　水稻根系吸收铅的过程及机制

水稻根系从土壤中吸收铅，与土壤铅形态及水稻根细胞生理功能密切相关，需经过 3 个过程：根际土壤铅活化的土壤转化过程、铅在根细胞表面吸附与扩散、根系组织吸收的生理生化过程（Arias et al.，2010）。

水稻根系泌氧或泌酸，可改变根际土壤微环境，从而活化铅。游离态铅经两种途径到达根表：扩散和质体流。前者是指游离态铅沿着离子浓度梯度，从浓度高的土体扩散到浓度低的根表；后者是在蒸腾作用拉力的作用下，游离态铅随着水分吸收转运至根表。铅可通过多种途径穿过细胞膜进入水稻根系细胞质，如质子泵、共转运体、反转运体和离子通道等（Khanam et al.，2019）。离子（H^+）ATP 酶和 H^+泵直接参与根系对铅的吸收（Arias et al.，2010）；也可能通过钙转运通道进入细胞质，因此，铅与钙存在竞争吸收，钙离子可限制铅的吸收、转运及其在籽粒中的最终螯合。

作为非必需元素，到达根表的铅主要通过被动渗透进入根系，并随水分传导系统迁移（Pourrut et al.，2013）。水分及养分通过共质体和质外体两种途径进入根系内皮层，共质体途径是指水分和养分通过细胞质经胞间连丝移动到内皮层，质外体途径是指水分和养分通过细胞之间的空隙或细胞壁转运，不进入细胞膜内。两种途径吸收的水分和养分到达内皮层后，均须穿过内皮层细胞膜才能进入维管系统，并向地上部运输。随水分迁移的铅，在低浓度下可穿透细胞壁较薄的幼嫩组织，经共质体途径转运（Pourrut et al.，2011）；同时，铅随着水分经质外体途径进入根系的过程中，表皮、外皮层、内皮层细胞壁及外部多糖等物质，对铅具有较强的结合能力，阻碍其转运；此外，内皮层凯氏带作为第二道屏障，可阻挡两种途径进入的铅的进一步转运（Pourrut et al.，2013）。

总体上，水稻根系吸收的铅大部分滞留根系细胞中（Kim et al.，2002），其中 70%以上被固定在细胞壁中，游离态铅占比不到 10%（Pourrut et al.，2011），少部分转运到地上部（Verma & Dubey，2003）。

8.3.2　铅在水稻植株中的转运过程及其机制

通常使用转移因子（transfer factor，TF）表达植株体内铅的转运程度，例如根–叶之间的转移因子，即叶中铅含量与根系铅含量的比值，此值越高表明从根系转运到叶的铅就越多。与镉、铜、锌等重金属相比，水稻植株中铅的根–叶转移因子比较小（Han et al.，2013；Liang et al.，2018）。大多数植物吸收的铅，大部分（约 95%或更多）滞留在根细胞的质外体或液泡中，仅小部分进入共质体被转运至植物地上部（Kumar et al.，2017）。

蒸腾作用是驱动重金属从植物根部向地上部转运的动力，蒸腾作用产生强大的水流拉力，使得水分、养分及重金属等均通过木质部导管向上运输（Verbruggen et al.，2009）。因此，木质部的装载能力决定铅等向地上部转运的强度和数量（图 8.12）。该能力由特定的 ATP 酶，即重金属转运 ATP 酶（HMA）介导，可维持植物体内金属稳态，并帮助植物在重金属胁迫条件下生存。水稻 P_{1B} 型 ATP 酶重金属转运蛋白可以细分为 6 个亚类，

其中 P_{1B}-2、P_{1B}-4 均对铅具有特异性（Williams & Mills，2005）。当铅离子通过木质部时，可以无机游离态形式，或与氨基酸、有机酸形成络合物形式转运。

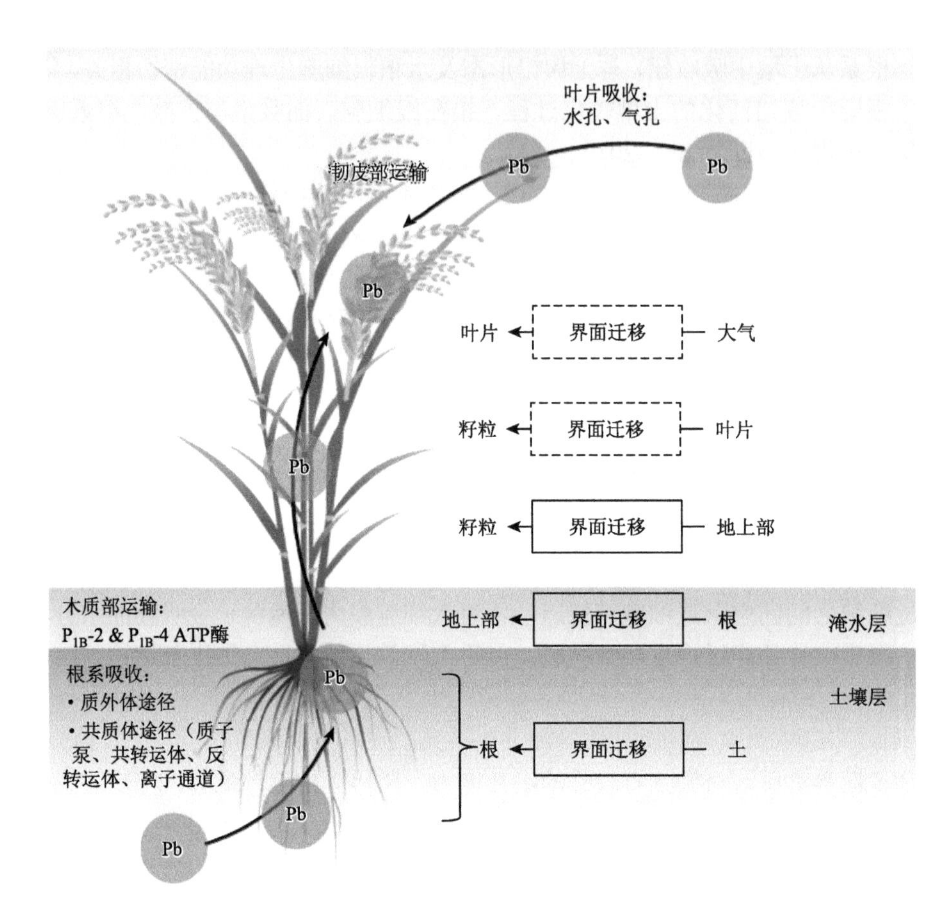

图 8.12　水稻植株中铅的多介质迁移机制示意图

8.3.3　水稻叶片的铅吸收及转运机制

植物不仅通过根系吸收土壤中的铅，叶片也可吸收大气中的铅（图 8.12）（Uzu et al.，2010），尤其是大气铅浓度较高时，叶片吸收铅的作用更明显，甚至比根系的贡献更大。铅从大气环境到植物叶片表面，再到叶片细胞内的转运过程，与叶片形态、结构及代谢活动密切相关。铅从叶片表面进入叶片内部有两个途径：溶解性亲水途径和固态传输途径。前者是铅离子通过分布在叶片尖端或边缘的水孔进入细胞，溶解性的含铅化合物直接渗透穿过角质层水孔，并滞留在质外体或穿过细胞膜进入细胞内（Schreck et al.，2012）。大多数植物叶片上的气孔（保卫细胞之间形成的凸透镜状的小孔）尺寸在微米级，因此纳米态铅污染物易进入气孔并扩散到质外体中，从而在植物叶片中累积，这就是叶片吸收铅的固态传输途径。

8.3.4　水稻籽粒中的铅积累机制

籽粒是水稻植株体内积累铅最少的器官，主要受地上部（尤其是稻穗）铅含量的影响（Ashraf et al.，2020），与铅的茎-叶分配系数紧密相关，而与根-地上部分配系数无关（Liu et al.，2015）。因此，通过大气沉降进入叶片的铅，更容易在籽粒中积累（Zhu et al.，2022）。研究表明，水稻营养生长期（分蘖期、拔节期、孕穗期）吸收的铅，更容易向地上部转运，并在籽粒中积累；而生殖生长期（灌浆期、蜡熟期、成熟期），水稻植株虽然大量吸收铅，但大部分都停留在根系（胡雨丹等，2020）。原因在于，水稻营养生长期根表铁膜尚未完全覆盖，阻控铅迁移的能力较弱；分蘖期、拔节期的快速生长促进了铅向植株地上部转运；虽然水稻茎节可作为屏障，阻碍根系吸收的铅进一步向茎鞘、叶片等组织转运，但茎节中大量积累的铅成为生殖生长阶段稻米铅的重要来源。

水稻籽粒灌浆是籽粒形成最重要的生理过程，也是籽粒铅积累的关键时期。水稻籽粒的灌浆物质，一部分来自抽穗前茎鞘储藏的碳水化合物，一部分来自抽穗后叶片的光合作用（施伟等，2020）。光合同化物经维管系统从储藏或合成部位运输到籽粒，这一过程中，累积在茎鞘或叶片中的铅也被同时转运到穗轴，再进入籽粒。

水稻籽粒中重金属积累与重金属来源有关。研究表明，大气污染环境对糙米中重金属的积累无明显影响，这可能与沉积在茎叶和稻壳表面的重金属主要以颗粒态存在，直接进入植物组织的重金属较少有关（谢国雄等，2020）。然而，水稻籽粒中铅含量受大气沉降影响很大，大气贡献率平均值达 32.7%（徐兰等，2018）。总体上，目前水稻植株体内铅的吸收、转运和排出机制仍不清楚，未来仍需要从分子和基因水平深入研究，以完整了解水稻对铅的吸收、转运、积累和排出机制（Khanam et al.，2019）。

8.4　影响土壤-水稻体系中铅迁移转化的关键因素

水稻植株体内铅的富集过程，一方面受铅在土壤尤其是根际土壤中的赋存形态控制，另一方面也与水稻吸收转运铅的生理过程机制相关。本节将从影响土壤铅的形态转化、水稻植株吸收转运、水稻铅积累等的关键因素方面进行梳理和阐述。

8.4.1　影响土壤铅形态转化的关键因素

土壤中的铅转化存在多个过程，包括吸附-解吸、沉淀-溶解等，导致生物有效性发生相应的变化。土壤基质包括次生硅酸盐矿物、铁（氢）氧化物、有机质、磷酸盐等均具有固定铅的能力，因此，土壤铅的生物有效性取决于铅与这些土壤组分的结合状况。如有机质与铅具有较强的结合能力，但有机结合态铅仅在有机质丰富的表层土壤中占主导。

pH 是影响土壤铅形态及其生物有效性的重要因素之一。土壤有机质和矿物表面的可变电荷及结合位点，均随着 pH 升高而增加，从而增强其吸附固定铅的能力；高 pH 还有利于铅与碳酸盐、磷酸盐等形成难溶性物质。Eh 也影响土壤铅形态和活性，低 Eh 时，铁（氢）氧化物等矿物还原溶解，从而影响其与铅之间的相互作用。土壤中的 Ca^{2+}、Mg^{2+}、Na^{+}、K^{+}等阳离子含量，可影响土壤胶体双电层结构，与铅竞争吸附位点，从而影响铅的生物有效性。

8.4.2 影响水稻植株铅吸收转运及籽粒积累的关键因素

水稻植株可通过根系和叶片分别吸收土壤和大气沉降物中的铅，除了土壤和大气沉降物中铅的形态和生物有效性，根系和叶片的生理特征也分别影响着植株从土壤和大气沉降物中吸收铅。水稻根系主要吸收游离态铅，根际环境是最关键的影响因素。据报道，根系生物量及生理活性影响其吸收铅的能力，在生育后期由于根系活力下降，铅向地上部的转运减弱（胡雨丹等，2020）。大气沉降中的小颗粒态铅（PM＜2.5 μm），可通过气孔进入叶片，气孔大小和开放程度直接决定吸收量。据报道，水稻叶片的气孔随生长阶段增大，光照和高温条件均有利于增加气孔开放程度，促进铅吸收（Zhu et al.，2022）。

水稻籽粒铅积累的关键过程，在于水稻地上部（尤其是穗轴部位）的铅积累量以及转运过程。蒸腾作用是驱动金属从根系到地上部转运的主要动力（Verbruggen et al.，2009），降低蒸腾作用就可以减弱铅向地上部的转运。通过细胞壁固定，或分泌有机螯合剂结合等方式，也可以降低铅活性，从而阻碍铅在水稻植株体内的转运。水稻孕穗期积累和转运的铅，对籽粒铅贡献最大（胡雨丹等，2020）。因此，孕穗期采取调控措施，可有效低减少籽粒铅累积量。

8.4.3 农艺措施对土壤-水稻体系铅迁移转化的影响

1. 水分管理措施

据报道，持续淹水条件下，水稻不同部位铅含量显著减少（Hu et al.，2013）；花期时干湿交替或花期后干湿交替，也有利于减少水稻对铅的吸收（Ashraf et al.，2018）。水分管理改变了稻田土壤 pH、Eh、氧化还原物质种类和数量等诸多性状，对铅的形态、转化及生物有效性产生显著的影响。淹水条件下，Eh 比较低，铁（氢）氧化物还原溶解释放亚铁离子和磷酸盐离子（Kuo，1986），这些物质与铅结合形成沉淀，降低铅的生物有效性（Li & Xu，2015）；亚铁离子与铅离子形成竞争吸收效应，减少植物根部对铅的吸收（Thomine et al.，2000）。酸性稻田土壤淹水后 pH 升高，也可增强矿物和有机质对铅的吸附固定，降低其活性。

2. 种植低累积品种

研究发现，不同水稻品种的产量、籽粒铅含量及生物富集系数存在较大差异（何玉亭等，2019）。通过常规杂交育种、基因工程育种、分子设计育种等方式，可选育出低累积品种，适合在轻度铅污染区种植。水稻籽粒低累积品种分为根系拒吸收型、根系积累型、茎叶积累型等，无论哪种类型，在铅胁迫下都可能减产（何玉龙，2016）。因此，选育水稻铅低累积，同时具有铅高抗性的品种是较为经济、可持续的措施。

植物根系分泌物中的低分子量有机酸可通过与铅络合缓解胁迫和毒害，高分子量根泌物则可通过吸附、固定铅离子的方式，阻控植物对铅的吸收（Chen et al.，2016）。例如，植物可向根际分泌由多糖组成的黏胶状物质，将铅离子吸附沉淀在根外，或与铅离子螯合形成稳定的金属螯合物，降低其生物有效性（Badri & Vivanco，2009）。细胞壁丰富的多糖、果胶质、纤维素、木质素和半纤维素等组分，通过氧原子结合重金属阳离子（Pourrut et al.，2011），细胞壁内带负电荷的果胶也能够结合并固定铅离子（Krzesłowska et al.，2010），或将进入细胞内部的铅包裹隔离在液泡中，均可降低铅的毒害作用。

3. *施用调理剂*

施用土壤调理剂和叶面调理剂均是常用的措施，土壤调理剂包括氯化钙、磷肥、生物碳、黏土矿物等，主要通过提高土壤 pH、增加土壤有机质、增加水稻吸收的竞争性离子（如钙离子）等方式，降低稻田土壤铅的生物有效性。叶面喷施硅肥可显著降低水稻籽粒中的铅含量（张宇鹏等，2020），硅或硒等矿质元素可增强抗性、促进水稻生长并调控重金属吸收转运，且纳米硅在增强水稻细胞壁机械强度，以及抑制重金属吸收方面强于硅酸盐（Cui et al.，2022）。

8.5　土壤-水稻体系中铅同位素示踪

跟踪性研究土壤-水稻体系中铅的转化迁移过程，有助于明确体系铅的形态转化、根系吸收、植株体内转运的过程机制，也可为调控水稻对铅的吸收积累提供直接证据。铅同位素示踪是研究铅在土壤-水稻体系转化迁移的重要手段。常用的铅（Pb）同位素包括 ^{204}Pb（1.4%）、^{206}Pb（24.1%）、^{207}Pb（22.1%）和 ^{208}Pb（52.4%），其中 ^{204}Pb 为长周期放射性同位素，因其半衰期长达 $1.4\times10^{17}a$，在实际运用中可视为稳定同位素。铅同位素通常使用 $^{206}Pb/^{207}Pb$ 和 $^{208}Pb/^{207}Pb$ 比值表示，铅同位素的原子量大，且不同同位素之间相对质量差小，在生物地球化学过程中几乎不产生同位素分馏。因此，在转化迁移过程中，即使所在系统的物理化学条件发生改变，环境介质中的铅同位素比值，一般也不会发生变化，仅取决于其来源矿石的铅同位素比值，具有特殊的“指纹”特征。基于以上特征，铅同位素被广泛用于分析不同生境的铅来源（Komárek et al.，2008）、土壤铅迁移过程、土壤-水稻体系铅吸收转运过程等（Han et al.，2015；Emmanuel & Erel，2002）。

基于铅同位素的“指纹”特征，在实际污染源解析和迁移过程研究时，只要测定研究对象和各种可能源区的铅同位素组成，结合相关模型即可准确判定出污染源，从而为精准污染防控和有效治理提供直接证据（尚英男，2007）。如上所述，铅同位素的原子量大，且不同同位素之间相对质量差小，生物地球化学过程很难导致铅稳定同位素分馏，植物在吸收和转运铅的过程中，也不会发生铅同位素分馏效应（Vilomet et al.，2003）。但是，研究发现水稻叶部的铅同位素组成与其他器官相比有显著差异，这可能是水稻叶片吸收了土壤以外的铅所致（闫颖，2021）。因此，基于铅同位素在生物地球化学过程中的稳定性，铅同位素可作为土壤-水稻体系铅的来源及迁移转运过程的示踪剂，利用端元混合模型，可以进一步定量不同来源的具体贡献比例。Liu 等（2019）通过某区域铅同位素分析发现，该区域土壤铅主要来自于地质背景，但是仅贡献了水稻籽粒中积累铅的 9.2%，而 90.8%的籽粒积累铅来自水稻叶片吸收大气沉降中的铅，该地区大气中的铅主要与该区域的铅锌矿冶炼活动有关（图 8.13）。

以铅同位素示踪为基础，全面明晰特定区域土壤-水稻体系中铅污染来源，对于实施区域污染源和污染途径阻断等防控措施，以及调控水稻生理过程减低铅积累，具有重要意义。测定水稻中铅同位素的特征，并将其与相应的生长环境（土壤、灌溉水、大气沉降）动态变化结合起来，研究铅在土壤-水稻体系中的富集、转运机制，以及水稻各部位对不同铅污染来源的吸收差异，将成为解析水稻铅污染的新思路。

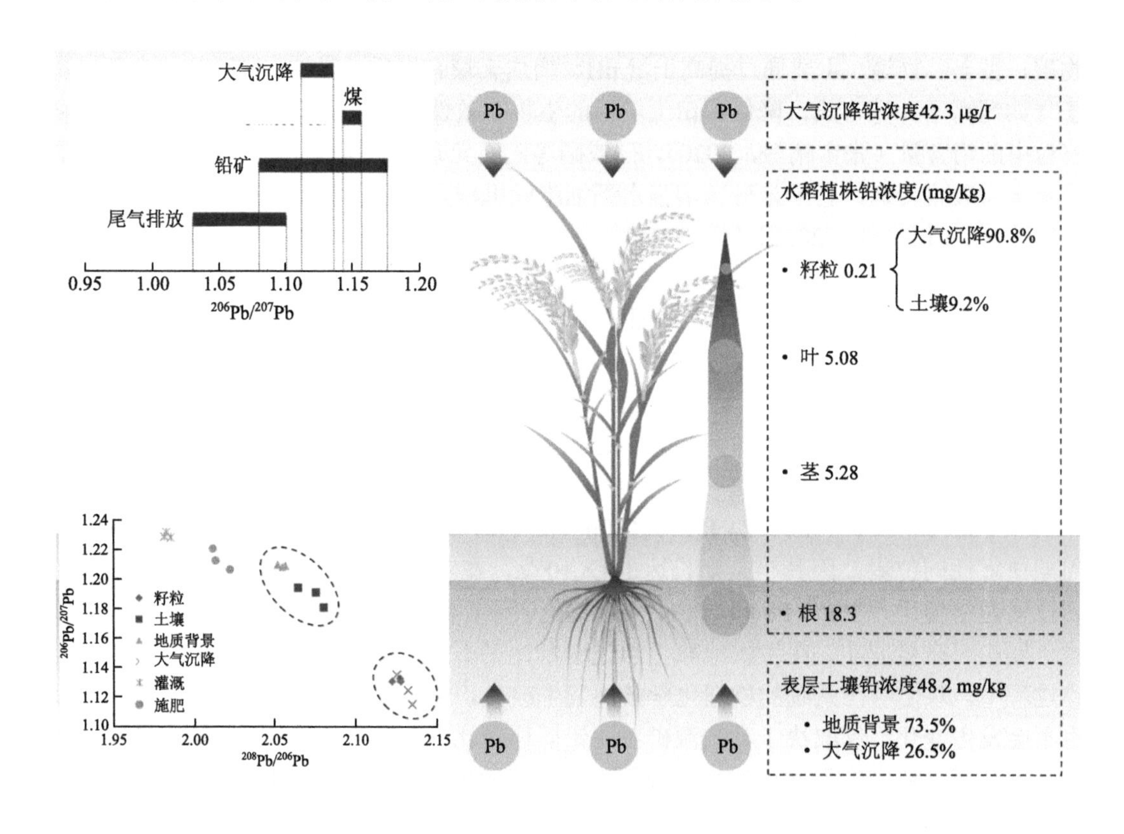

图 8.13　某区域土壤-水稻体系中铅来源的稳定同位素解析（Liu et al.，2019）

8.6 展　望

本章总结整理了我国稻田土壤铅污染现状及特征、稻田土壤铅的赋存形态及其转化过程，分别从土壤化学和水稻生理角度阐述了影响铅在土壤-水稻体系中迁移转化的关键因素，介绍了铅同位素特征及其在示踪铅污染来源中的应用。铅的理化性质决定其在稻田土壤中较为稳定，理论上，土壤铅较少在水稻籽粒中积累，但实际调查显示，仍有不少稻米铅超标现象（图 8.11）。为了更好地控制稻田土壤铅污染，保障水稻粮食安全生产，未来对土壤-水稻体系中铅的研究还需关注以下几个方面。

（1）土壤铅的区域污染控制：土壤铅的来源包括岩石风化、矿区开采、含铅化肥使用、大气沉降等，进入土壤中的铅会不断积累并向地下迁移，因此须在区域范围内对不同地形（坡地/平地）土质的土壤铅污染进行全面调查、贡献计算和风险评估，厘清土壤铅污染的源、汇及时空迁移规律，从而更有针对性地进行区域污染控制。

（2）水稻吸收转运铅的植物生理机制：由于铅在稻田土壤中较为稳定，相比于镉、砷等金属元素，水稻吸收、转运、累积铅的生理机制研究多数还较为浅显，因此需要深入研究水稻铅从穗轴、叶片、气孔到籽粒的转运机制、转运蛋白以及在籽粒中的亚细胞分配机制，以利于制定合理的水稻铅污染农艺调控措施。

（3）大气沉降对土壤-水稻体系铅积累的作用：大气沉降铅可直接进入叶片影响水稻籽粒铅积累，但其贡献在不同研究中差异较大，因此须重点关注并定量分析大气沉降铅的形态、粒径、浓度等特征在土壤-植物体系的积累作用。

（4）土壤-水稻体系铅污染控制技术：现有技术可分为土壤钝化和水稻叶面阻控两大类。常见钝化剂材料面临易导致土壤板结、成本高、不可持续的问题，叶面阻控剂效果还受天气条件约束，因此未来铅污染控制技术需充分考虑土壤化学过程和水稻生理过程，建立一套可持续、可推广的技术与政策相结合的综合策略。

参 考 文 献

何义芳，计惠民，张晓伟，2008. 环境与人类健康[M]. 北京：中国社会出版社.

何玉龙，2016. 镉、铅复合污染条件下不同基因型水稻镉、铅积累特性及低积累品种筛选的研究[D]. 沈阳：沈阳农业大学.

何玉亭，谢丽红，孙娟，等，2019. 轻度铅胁迫下不同水稻品种籽粒铅富集及产质量差异研究[J]. 四川农业科技，(3)：43-46.

胡雨丹，周航，辜娇峰，等，2020. 水培试验下水稻 Pb 吸收累积关键生育期[J]. 环境科学，9（41）：4218-4225.

赖婧，2013. 粘土矿物对铅的吸附及其 CD-MUSIC 拟合[D]. 武汉：华中农业大学.

刘承帅，李芳柏，陈曼佳，等，2017. Fe(Ⅱ)催化水铁矿晶相转变过程中 Pb 的吸附与固定[J]. 化学学报，75：621-628.

尚英男，2007. 土壤-植物的重金属污染特征及铅同位素示踪研究—以成都经济区典型城市为例[D]. 成都：成都理工大学.

施伟，朱国永，孙明法，等，2020. 水稻籽粒灌浆的影响因子及其机制研究进展[J]. 中国农学通报，36（8）：1-7.

谢国雄，楼旭平，姜铭北，等，2020. 大气沉降对水稻各器官铅镉汞砷积累的影响[J]. 中国农学通报，(22)：86-91.

徐兰，周敏，袁旭音，等，2018. 苏南区域农田土壤和大气颗粒中镉和铅含量及对水稻的贡献研究[J]. 生态与农村环境学报，34（3）：201-206.

闫颖，2021. 基于同位素指纹法对稻米重金属污染源解析[D]. 北京：中国农业科学院.

姚洪波，2016. 老化和浓度对稻田土壤中铅形态分布和迁移特性的影响研究[D]. 长沙：湖南大学.

喻华，上官宇先，涂仕华，等，2018. 水稻籽粒中镉的来源[J]. 中国农业科学，51（10)：1940-1947.

张宇鹏，谭笑潇，陈晓远，等，2020. 无机硅叶面肥及土壤调理剂对水稻铅、镉吸收的影响[J]. 生态环境学报，29(2)：388-393.

Aphesteguy J C，Kurlyandskaya G V，de Celis J P，et al.，2015. Magnetite nanoparticles prepared by co-precipitation method in different conditions[J]. Materials Chemistry and Physics，161：243-249.

Ara A，Usmani J A，2015. Lead toxicity：A review[J]. Interdisciplinary Toxicology，8（2)：55-64.

Arias J A，Peralta-Videa J R，Ellzey J T，et al.，2010. Effects of *Glomus deserticola* inoculation on *Prosopis*：Enhancing chromium and lead uptake and translocation as confirmed by X-ray mapping，ICP-OES and TEM techniques[J]. Environmental and Experimental Botany，68：139-148.

Ashraf U，Hussain S，Akbar N，et al.，2018. Water management regimes alter Pb uptake and translocation in fragrant rice[J]. Ecotoxicology and Environmental Safety，149：128-134.

Ashraf U，Kanu A S，Mo Z，et al.，2015. Lead toxicity in rice：Effects，mechanisms，and mitigation strategies—A mini review[J]. Environmental Science and Pollution Research，22：18318-18332.

Ashraf U，Mahmood M H，Hussain S，et al.，2020. Lead（Pb）distribution and accumulation in different plant parts and its associations with grain Pb contents in fragrant rice[J]. Chemosphere，248：126003.

Badri D V，Vivanco J M，2009. Regulation and function of root exudates[J]. Plant，Cell & Environment，32：666-681.

Beeston M P，Van Elteren J T，Šelih V S，et al.，2010. Characterization of artificially generated PbS aerosols and their use within a respiratory bioaccessibility test[J]. Analyst，135：351-357.

Bigham J M，Carlson L，Murad E，et al.，2018a. A new iron oxyhydroxysulphate from Pyhäsalmi，Finland，and other localities[J]. Mineralogical Magazine，58：641-648.

Bigham J M，Fitzpatrick R W，Schulze D G，2018b. Iron oxides[M]//DixonJ B，Schulze D G. Soil Mineralogy with Environmental Applications. Madison：Soil Science Society of America Inc.

Bryce-Smith D，Waldron H A，1974. Lead pollution，disease，and behaviour[J]. Community Health，6：168-176.

Cang L，Wang Y J，Zhou D M，et al.，2004. Heavy metals pollution in poultry and livestock feeds and manures under intensive farming in Jiangsu Province，China[J]. Journal of Environmental Sciences，16：371-374.

Chen C，Liu H，Chen T，et al.，2015. An insight into the removal of Pb(Ⅱ)，Cu(Ⅱ)，Co(Ⅱ)，Cd(Ⅱ)，Zn(Ⅱ)，Ag（I），Hg(Ⅰ)，Cr(Ⅵ) by Na(Ⅰ)-montmorillonite and Ca(Ⅱ)-montmorillonite[J]. Applied Clay Science，118：239-247.

Chen J，Shafi M，Wang Y，et al.，2016. Organic acid compounds in root exudation of Moso bamboo（*Phyllostachys pubescens*）and its bioactivity as affected by heavy metals[J]. Environmental Science and Pollution Research，23：20977-20984.

Cheng H，Wang M，Wong M H，et al.，2014. Does radial oxygen loss and iron plaque formation on roots alter Cd and Pb uptake and distribution in rice plant tissues？[J]. Plant and Soil，375：137-148.

Cui J H，Jin Q，Li F B，et al.，2022. Silicon reduces the uptake of cadmium in hydroponically grown rice seedlings：Why nanoscale silica is more effective than silicate[J]. Environmental Science：Nano，9：1961-1973.

Das S，Hendry M J，2014. Characterization of hematite nanoparticles synthesized via two different pathways[J]. Journal of Nanoparticle Research，16：2535.

Ding Z，Ding Y，Liu F，et al.，2022. Coupled sorption and oxidation of soil dissolved organic matter on manganese oxides：Nano/Sub-nanoscale distribution and molecular transformation[J]. Environmental Science & Technology，56：2783-2793.

Dogan M，Karatas M，Aasim M，2018. Cadmium and lead bioaccumulation potentials of an aquatic macrophyte *Ceratophyllum demersum* L.：A laboratory study[J]. Ecotoxicology and Environmental Safety，148：431-440.

Du L G，Rinklebe J，Vandecasteele B，et al.，2009. Trace metal behaviour in estuarine and riverine floodplain soils and sediments：A review[J]. Science of the Total Environment，407：3972-3985.

Emmanuel S，Erel Y，2002. Implications from concentrations and isotopic data for Pb partitioning processes in soils[J]. Geochimica et Cosmochimica Acta，66：2517-2527.

Feng X，Wang P，Shi Z，et al.，2018. A quantitative model for the coupled kinetics of arsenic adsorption/desorption and oxidation on manganese oxides[J]. Environmental Science & Technology Letters，5：175-180.

Filippi P，Jones E J，Ginns B J，et al.，2019. Mapping the depth-to-soil pH constraint，and the relationship with cotton and grain yield at the within-field scale[J]. Agronomy，9（5）：251.

Gupta D，Chatterjee S，Datta S，et al.，2014. Role of phosphate fertilizers in heavy metal uptake and detoxification of toxic metals[J]. Chemosphere，108：134-144.

Han D，Luo D，Chen Y，et al.，2013. Transfer of Cd，Pb，and Zn to water spinach from a polluted soil amended with lime and organic materials[J]. Journal of Soils and Sediments，13：1360-1368.

Han L，Gao B，Wei X，et al.，2015. The characteristic of Pb isotopic compositions in different chemical fractions in sediments from Three Gorges Reservoir，China[J]. Environmental Pollution，206：627-635.

Harrison R M，Laxen D P H，1981. Lead in soils[M]//Harrison R M，Laxen D P H. Lead Pollution：Causes and Control. Dordrecht：Springer Netherlands.

Hiemstra T，2013. Surface and mineral structure of ferrihydrite[J]. Geochimica et Cosmochimica Acta，105：316-325.

Hiemstra T，Mendez J C，Li J，2019. Evolution of the reactive surface area of ferrihydrite：Time，pH，and temperature dependency of growth by Ostwald ripening[J]. Environmental Science：Nano，6：820-833.

Hooda P S，2010. Trace Elements in Soils[M]. USA：A John Wiley Sons.

Hu B，Xue J，Zhou Y，et al.，2020. Modelling bioaccumulation of heavy metals in soil-crop ecosystems and identifying its controlling factors using machine learning[J]. Environmental Pollution，262：114308.

Hu P，Li Z，Yuan C，et al.，2013. Effect of water management on cadmium and arsenic accumulation by rice（*Oryza sativa* L.）with different metal accumulation capacities[J]. Journal of Soils and Sediments，13：916-924.

Islam E，Yang X，Li T，et al.，2007. Effect of Pb toxicity on root morphology，physiology and ultrastructure in the two ecotypes of *Elsholtzia argyi*[J]. Journal of Hazardous Materials，147：806-816.

Jiang Z，Guo Z，Peng C，et al.，2021. Heavy metals in soils around non-ferrous smelteries in China：Status，health risks and control measures[J]. Environmental Pollution，282：117038.

Khanam R，Kumar A，Nayak A K，et al.，2019. Metal(loid)s（As，Hg，Se，Pb and Cd）in paddy soil：Bioavailability and potential risk to human health[J]. Science of the Total Environment，699：134330.

Kim Y O，Yang Y E，Lee Y，2002. Pb and Cd uptake in rice roots[J]. Physiologia Plantarum，116：368-372.

Komárek M，Antelo J，Králová M，et al.，2018. Revisiting models of Cd，Cu，Pb and Zn adsorption onto Fe(Ⅲ) oxides[J]. Chemical Geology，493：189-198.

Komárek M，Ettler V，Chrastný V，et al.，2008. Lead isotopes in environmental sciences：A review[J]. Environment International，34：562-577.

Kögel-Knabner I，Amelung W，Cao Z，et al.，2010. Biogeochemistry of paddy soils[J]. Geoderma，157：1-14.

Krzesłowska M，Lenartowska M，Samardakiewicz S，et al.，2010. Lead deposited in the cell wall of *Funaria hygrometrica* protonemata is not stable—A remobilization can occur[J]. Environmental Pollution，158：325-338.

Kumar B，Smita K，Flores L C，2017. Plant mediated detoxification of mercury and lead[J]. Arabian Journal of Chemistry，10：S2335-S2342.

Kuo S，1986. Concurrent sorption of phosphate and zinc，cadmium，or calcium by a hydrous ferric oxide[J]. Soil Science Society of America Journal，50：1412-1419.

Larsen O，Postma D，2001. Kinetics of reductive bulk dissolution of lepidocrocite，ferrihydrite，and goethite[J]. Geochimica et Cosmochimica Acta，65：1367-1379.

Lee M，Lee K，Lee J，et al.，2005. AtPDR12 contributes to lead resistance in Arabidopsis[J]. Plant Physiology，138：827-836.

Lehmann J，Kleber M，2015. The contentious nature of soil organic matter[J]. Nature，528：60-68.

Li J，Xu Y，2015. Immobilization of Cd in paddy soil using moisture management and amendment[J]. Environmental Science & Pollution Research International，22：5580-5586.

Li Q，Cheng H，Zhou T，et al.，2012. The estimated atmospheric lead emissions in China，1990—2009[J]. Atmospheric Environment，60：1-8.

Liang C，Xiao H，Hu Z，et al.，2018. Uptake，transportation，and accumulation of C_{60} fullerene and heavy metal ions（Cd，Cu，and Pb）in rice plants grown in an agricultural soil[J]. Environmental Pollution，235：330-338.

Liao S，Wang X，Yin H，et al.，2020. Effects of Al substitution on local structure and morphology of lepidocrocite and its phosphate adsorption kinetics[J]. Geochimica et Cosmochimica Acta，276：109-121.

Liu J，Mei C，Cai H，et al.，2015. Relationships between subcellular distribution and translocation and grain accumulation of Pb in different rice cultivars[J]. Water，Air，& Soil Pollution，(226)：93.

Liu J, Wang D, Song B, et al., 2019. Source apportionment of Pb in a rice-soil system using field monitoring and isotope composition analysis[J]. Journal of Geochemical Exploration，204：83-89.

Liu T，Liu S，Guan H，et al.，2009. Transcriptional profiling of *Arabidopsis* seedlings in response to heavy metal lead (Pb) [J]. Environmental and Experimental Botany，67：377-386.

Lu Y，Hu S，Liang Z，et al.，2020. Incorporation of Pb(Ⅱ) into hematite during ferrihydrite transformation[J]. Environmental Science：Nano，7：829-841.

Morel F M M，Hering J G，2010. Priciples and Applications of Aquatic Chemistry[M]. Hoboken：Wiley.

Obiora S C，Chukwu A，Toteu S F，et al.，2016. Assessment of heavy metal contamination in soils around lead (Pb) -zinc (Zn) mining areas in Enyigba，southeastern Nigeria[J]. Journal of the Geological Society of India，87：453-462.

Ottosen L M，Hansen H K，Jensen P E，2009. Relation between pH and desorption of Cu，Cr，Zn，and Pb from industrially polluted soils[J]. Water，Air，and Soil Pollution，201：295-304.

Öztürk M，Ashraf M，Aksoy A，et al.，2015. Plants，Pollutants and Remediation[M]. New York：Springer.

Parsadoust F，Shirvani M，Shariatmadari H，et al.，2020. Effects of GLDA，MGDA，and EDTA chelating ligands on Pb sorption by montmorillonite[J]. Geoderma，366：114229.

Peng L，Liu P，Feng X，et al.，2018a. Kinetics of heavy metal adsorption and desorption in soil：Developing a unified model based on chemical speciation[J]. Geochimica et Cosmochimica Acta，224：282-300.

Peng S M，Wang P，Peng L F，et al.，2018b. Predicting heavy metal partition equilibrium in soils：Roles of soil components and binding sites[J]. Soil Science Society of America Journal，82：839-849.

Pourrut B，Shahid M，Douay F，et al.，2013. Molecular mechanisms involved in lead uptake，toxicity and detoxification in higher plants[M]//Gupta D，Corpas F，Palma J. Heavy Metal Stress in Plants. Berlin：Springer.

Pourrut B，Shahid M，Dumat C，et al.，2011. Lead uptake，toxicity，and detoxification in plants[J]. Reviews of Environmental Contamination and Toxicology，213：113-136.

Qiao J，Li X，Li F，et al.，2019. Humic substances facilitate arsenic reduction and release in flooded paddy soil[J]. Environmental Science & Technology，53：5034-5042.

Rinklebe J, Shaheen S M, Schroter F, et al., 2016. Exploiting biogeochemical and spectroscopic techniques to assess the geochemical distribution and release dynamics of chromium and lead in a contaminated floodplain soil[J]. Chemosphere，150：390-397.

Rucińska S R，Nowaczyk G，Krzesłowska M，et al.，2013. Water status and water diffusion transport in lupine roots exposed to lead[J]. Environmental and Experimental Botany，87：100-109.

Sauvé S，Manna S，Turmel M C，et al.，2003. Solid-Solution partitioning of Cd，Cu，Ni，Pb，and Zn in the organic horizons of a forest soil[J]. Environmental Science & Technology，37：5191-5196.

Schoenung J M, 2008. Lead compounds[M]//Shackelford J F, Doremus R H. Ceramic and Glass Materials：Structure, Properties and Processing. Boston：Springer.

Schreck E，Foucault Y，Sarret G，et al.，2012. Metal and metalloid foliar uptake by various plant species exposed to atmospheric industrial fallout：Mechanisms involved for lead[J]. Science of the Total Environment，427：253-262.

Schroth A W，Bostick B C，Kaste J M，et al.，2008. Lead sequestration and species redistribution during soil organic matter decomposition[J]. Environmental Science & Technology，42：3627-3633.

Shi Z，Hu S，Lin J，et al.，2020. Quantifying microbially mediated kinetics of ferrihydrite transformation and arsenic reduction：Role of the arsenate-reducing gene expression pattern[J]. Environmental Science & Technology，54：6621-6631.

Shi Z，Wang P，Peng L，et al.，2016. Kinetics of heavy metal dissociation from natural organic matter：Roles of the carboxylic and phenolic sites[J]. Environmental Science & Technology，50：10476-10484.

Sparks D L，1998. Soil Physical Chemistry[M]. Boca Raton：Williams & Wilkins.

Strawn D G，Sparks D L，1999. The use of XAFS to distinguish between inner-and outer-sphere lead adsorption complexes on montmorillonite[J]. Journal of Colloid and Interface Science，216：257-269.

Teutsch N，Erel Y，Halicz L，et al.，2001. Distribution of natural and anthropogenic lead in Mediterranean soils[J]. Geochimica et Cosmochimica Acta，65：2853-2864.

Thomine S，Wang R，Ward J M，et al.，2000. Cadmium and iron transport by members of a plant metal transporter family in *Arabidopsis* with homology to *Nramp* genes[J]. Proceedings of the National Academy of Sciences of the United States of America，97：4991-4996.

Tian L，Liang Y，Lu Y，et al.，2018. Pb(Ⅱ) and Cu(Ⅱ) adsorption and desorption kinetics on ferrihydrite with different morphologies[J]. Soil Science Society of America Journal，82：96-105.

Tipping E，2002. Cation Binding by Humic Substances[M]. Cambridge：Cambridge University Press.

Tipping E，Somerville C J，Luster J，2016. The C∶N∶P∶S stoichiometry of soil organic matter[J]. Biogeochemistry，130：117-131.

Uzu G，Sobanska S，Sarret G，et al.，2010. Foliar lead uptake by lettuce exposed to atmospheric fallouts[J]. Environmental Science & Technology，44：1036-1042.

Verbruggen N，Hermans C，Schat H，2009. Molecular mechanisms of metal hyperaccumulation in plants[J]. New Phytologist，181：759-776.

Verma S，Dubey R，2003. Lead toxicity induces lipid peroxidation and alters the activities of antioxidant enzymes in growing rice plants[J]. Plant Science，164：645-655.

Villalobos M，Cheney M A，Alcaraz C J，2009. Goethite surface reactivity：Ⅱ. A microscopic site-density model that describes its surface area-normalized variability[J]. Journal of Colloid and Interface Science，336：412-422.

Villalobos M，Perez-Gallegos A，2008. Goethite surface reactivity：A macroscopic investigation unifying proton，chromate，carbonate，and lead(Ⅱ) adsorption[J]. Journal of Colloid and Interface Science，326：307-323.

Vilomet J，Veron A，Ambrosi J，et al.，2003. Isotopic tracing of landfill leachates and pollutant lead mobility in soil and groundwater[J]. Environmental Science & Technology，37：4586-4591.

Wang C，Wang J，Zhao Y，et al.，2019. The vertical migration and speciation of the Pb in the paddy soil：A case study of the Yangtze River Delta，China[J]. Environmental Research，179：108741.

Wang P，Ding Y，Liang Y，et al.，2021. Linking molecular composition to proton and copper binding ability of fulvic acid：A theoretical modeling approach based on FT-ICR-MS analysis[J]. Geochimica et Cosmochimica Acta，312：279-298.

Wang P，Lu Y，Hu S，et al.，2020. Kinetics of Ni reaction with organic matter-ferrihydrite composites：Experiments and modeling[J]. Chemical Engineering Journal，379：122306.

Wang X，Li W，Harrington R，et al.，2013. Effect of ferrihydrite crystallite size on phosphate adsorption reactivity[J]. Environmental Science & Technology，47：10322-10331.

Wedepohl K H，1995. The composition of the continental crust[J]. Geochimica et Cosmochimica Acta，59：1217-1232.

Williams L E，Mills R F，2005. P1B-ATPases-an ancient family of transition metal pumps with diverse functions in plants[J]. Trends in Plant Science，10：491-502.

Wu J，Zhao X，Li Z，et al.，2020. Thermodynamic and kinetic coupling model of Cd(Ⅱ) and Pb(Ⅱ) adsorption and desorption on goethite[J]. Science of the Total Environment，727：138730.

Xie Y，Lu G，Ye H，et al.，2017. Fulvic acid induced the liberation of chromium from CrO_4^{2-} -substituted schwertmannite[J]. Chemical Geology，475：52-61.

Xing X，Lv G，Zhu W，et al.，2015. The binding energy between the interlayer cations and montmorillonite layers and its influence on Pb^{2+}adsorption[J]. Applied Clay Science，112-113：117-122.

Xiong J，Koopal L K，Tan W，et al.，2013. Lead binding to soil fulvic and humic acids：NICA-Donnan modeling and XAFS spectroscopy[J]. Environmental Science & Technology，47：11634-11642.

Xiong Z T，1997. Bioaccumulation and physiological effects of excess lead in a roadside pioneer species Sonchus oleraceus L[J]. Environmental Pollution，97：275-279.

Xu Q，Gao Y，Wu X S，et al.，2021. Derivation of empirical model to predict the accumulation of Pb in rice grain[J]. Environmental Pollution，274：116599.

Xue S，Shi L，Wu C，et al.，2017. Cadmium，lead，and arsenic contamination in paddy soils of a mining area and their exposure effects on human HEPG2 and keratinocyte cell-lines[J]. Environmental Research，156：23-30.

Yang H，Huang K，Zhang K，et al.，2021a. Predicting heavy metal adsorption on soil with machine learning and mapping global distribution of soil adsorption capacities[J]. Environmental Science & Technology，55：14316-14328.

Yang Q Q，Li Z Y，Lu X N，et al.，2018. A review of soil heavy metal pollution from industrial and agricultural regions in China：Pollution and risk assessment[J]. Science of the Total Environment，642：690-700.

Yang Y，Yuan X，Chi W，et al.，2021b. Modelling evaluation of key cadmium transformation processes in acid paddy soil under alternating redox conditions[J]. Chemical Geology，581：120409.

Zeng G M，Wan J，Huang D L，et al.，2017. Precipitation，adsorption and rhizosphere effect：The mechanisms for phosphate-induced Pb immobilization in soils：A review[J]. Journal of Hazardous Materials，339：354-367.

Zhang S Q，Hou W G，2008. Adsorption behavior of Pb(Ⅱ) on montmorillonite[J]. Colloids and Surfaces A：Physicochemical and Engineering Aspects，320：92-97.

Zheng M Z，Cai C，Hu Y，et al.，2011. Spatial distribution of arsenic and temporal variation of its concentration in rice[J]. New Phytologist，189：200-209.

Zheng S，Wang Q，Yu H，et al.，2020. Interactive effects of multiple heavy metal(loid)s on their bioavailability in cocontaminated paddy soils in a large region[J]. Science of the Total Environment，708：135126.

Zhu Z，Xu Z Q，Peng J W，et al.，2022. The contribution of atmospheric deposition of cadmium and lead to their accumulation in rice grains[J]. Plant and Soil，477（1-2）：373-387.

Zou L，Zhang S，Duan D，et al.，2018. Effects of ferrous sulfate amendment and water management on rice growth and metal(loid) accumulation in arsenic and lead co-contaminated soil[J]. Environmental Science and Pollution Research，25：8888-8902.

第9章

稻田土壤镉砷同步钝化技术

有效地控制并降低稻米中镉和砷的积累，是我国必须解决的重大粮食安全问题。镉、砷从土壤转运至水稻根表，是水稻镉和砷吸收累积的关键过程，不仅取决于土壤镉和砷的形态和价态，还受土壤酸碱度、氧化还原状态、铁循环等因素的影响，也与根系活力密切相关。因此，镉和砷在土壤中的赋存形态及环境行为，是影响其迁移性和生物有效性的重要因素，而降低镉和砷的生物有效性是有效控制稻米镉、砷积累的关键手段。由于稻田中镉和砷的地球化学行为，受 pH 和 Eh 等因素影响的效应可能完全相反，导致镉、砷的环境行为差异非常大，从而难以实现镉、砷的同步钝化。在实践中，镉和砷同步钝化措施的效果经常表现得不稳定，这也是稻田土壤镉砷同步钝化技术的最大难点。另外，稻田中镉、砷的环境行为与铁循环过程密切相关，而且铁循环是连接碳氮养分循环与镉、砷行为的枢纽。因此，研制激活铁循环过程的铁-碳地质催化材料，是实现稻田土壤镉砷高效同步钝化及稻米安全生产的关键途径（图 9.1）。本章首先阐述镉砷同步钝化技术的原理，以及匹配的土壤环境条件；其次简要阐述生物炭与零价铁钝化稻田镉砷的协同性；最后基于镉砷同步钝化原理，研发铁-碳地质催化材料，并检验其应用效果。希冀本章内容为稻田镉、砷污染的同步控制，提供新的理论依据和技术指导。

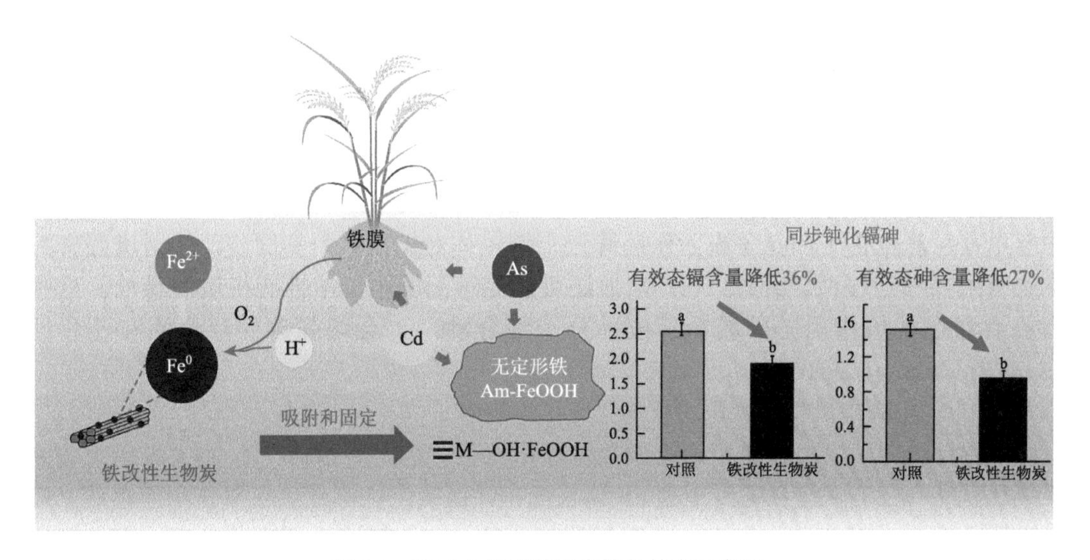

图 9.1　稻田土壤镉砷同步钝化技术示意图

9.1 稻田土壤镉砷同步钝化技术原理

稻田土壤中镉和砷的赋存形态及生物有效性，受土壤 pH、Eh、金属氧化物和有机质等因素的调控。本节首先简要概述稻田土壤中镉、砷的环境行为差异，以及镉砷同步钝化技术面临的挑战，然后重点阐述零价铁与生物炭钝化镉砷的协同效应及原理，以期为稻田镉砷同步钝化技术的开发提供理论依据。

9.1.1 稻田土壤中镉砷迁移转化特征的差异

影响稻田土壤中镉和砷的形态及生物有效性的因素存在差异，主要表现在对土壤 pH、Eh、金属氧化物和有机质等因素变化的响应方面。

1）土壤溶液中镉砷活性对 pH 变化的响应

土壤 pH 是影响土壤镉、砷生物有效性的重要因子，主要是因为 pH 能显著地影响土壤中镉、砷的吸附-解吸、溶解-沉淀等平衡过程。研究表明，土壤中镉的生物有效性与 pH 呈显著负相关，随着 pH 升高，土壤胶体表面发生去质子化作用，负电荷增加，吸附阳离子镉的作用增强，从而降低镉的生物有效性；而当 pH 下降时，土壤溶液中氢离子浓度上升，会与镉竞争吸附位点，从而解吸被吸附的镉，提高其生物有效性（Cerqueira et al.，2011）；pH 较低时，土壤胶体表面发生质子化作用，表面带有大量的正电荷，不利于镉吸附，提高其生物有效性（Wang et al.，2016；Yang et al.，2020）。此外，pH 升高还可能促进 $Cd(OH)_2$ 沉淀的形成，特别是当 pH≥10 时，会直接产生 $Cd(OH)_2$ 沉淀（Mavromatis et al.，2015）。

土壤中的砷主要以三价或五价的无机砷和有机砷化合物等形式存在，土壤 pH 通过改变土壤胶体表面的电荷类型和数量，以及影响砷酸、亚砷酸盐的解离，影响土壤砷的生物有效性。在酸性条件下，土壤胶体发生质子化作用，导致 As(Ⅲ)、As(Ⅴ)分别主要以不带电荷的 $As(OH)_3$ 和带负电荷的 $HAsO_4^{2-}$ 形态存在，因此酸性条件下有利于土壤吸附 As(Ⅴ)。在碱性条件下，主要以 $HAsO_4^{2-}$ 和 AsO_4^{3-} 形态存在，土壤带有更多的负电荷，静电作用和竞争吸附作用降低土壤胶体对砷的吸附和固定，从而增强砷的生物有效性和迁移性。此外，pH 增加还可能促进土壤中可溶性有机质的释放，这些有机质通过配位作用与砷酸盐形成小分子络合物，也会增强砷的溶解性和迁移性（Suda & Makino，2016）。

2）土壤中镉砷活性对氧化还原电位变化的响应

氧化还原电位（Eh）是反映土壤氧化还原性强弱的重要指标，Eh 越大表示土壤处于氧化状态；在淹水条件下，土壤 Eh 比较低，铁锰氧化物等发生还原作用而溶解，促进吸附固定在铁锰氧化物表面上的镉释放。另外，在土壤淹水还原条件下，高价氧化物作为电子受体耦合有机物的厌氧代谢，会消耗大量电子和氢离子，从而导致 pH 逐渐趋于中性，而 Eh 则会下降至约–300 mV。镉的 pH-Eh 相图（图 9.2）表明，淹水条件有利于硫化镉的形成，尽管存在镉离子与其他二价阳离子竞争 S^{2-}。因此，在淹水条件下，稻田土壤 pH 升高而 Eh 下降，镉生物有效性降低；排水落干时，稻田土壤处于氧化状态，pH 下降而 Eh 升高，镉的生物有效性升高（Shen et al.，2020）。

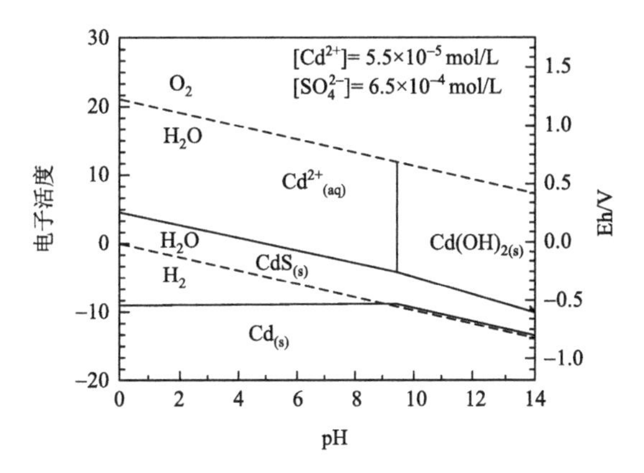

图 9.2 镉形态的 pH-Eh 变化图（Chuan et al.，1996）

在还原状态下，土壤基质固定的 As(Ⅴ)还原成 As(Ⅲ)，而 As(Ⅲ)主要以 H_3AsO_3 形式存在，且较难被吸附固定在土壤胶体颗粒上，故还原条件会增强 As 的迁移性和毒性；还原条件下，土壤中铁锰氧化物会发生还原溶解，从而降低铁锰氧化物结合态砷的比例，导致被吸附固定的砷释放活化；还原条件下，土壤有机质厌氧发酵，产生小分子有机物质，这些物质可作为电子穿梭体，加速 As(Ⅴ)的还原，从而生成迁移性和毒性更强的 As(Ⅲ)。砷的 pH-Eh 相图（图 9.3）显示，在稻田淹水条件下，土壤 pH 接近中性，Eh 约–0.3 V 时，As(Ⅴ)还原成 As(Ⅲ)，而且 H_3AsO_3 转化为 $As(OH)(HS)^-$。由于 As(Ⅲ)的迁移性远高于 As(Ⅴ)，因此稻田淹水增强了砷的生物有效性。当稻田排水落干时，土壤处于氧化状态，As(Ⅲ)、Fe(Ⅱ)

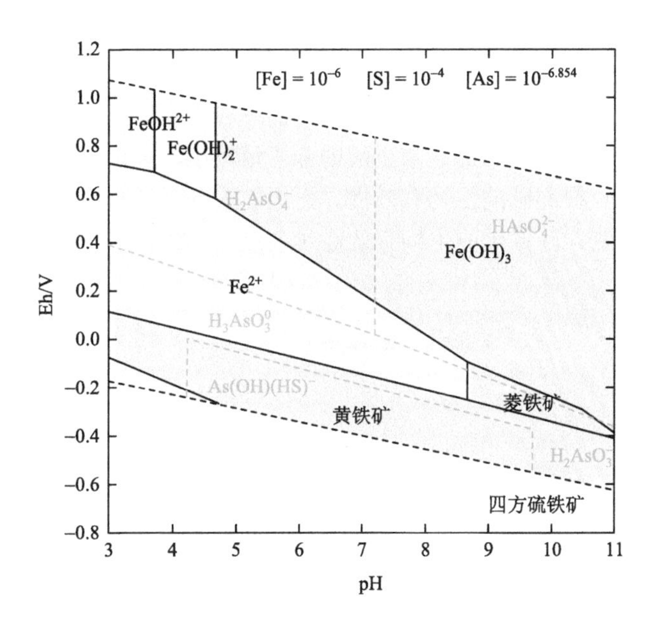

图 9.3 砷形态的 pH-Eh 变化图（Pichler et al.，1999）

和 S^{2-}等还原性产物快速氧化，土壤 pH 下降而 Eh 升高，As(Ⅴ)以 $H_2AsO_4^-$ 形态存在，从而有利于其吸附到带正电荷的 $Fe(OH)_3$ 表面（图 9.3）。此外，由于 Fe(Ⅱ)与 As(Ⅲ)发生氧化和共沉淀，也会进一步促进砷固定，因此，稻田排水可降低砷的生物有效性。

3）土壤中镉砷和有机质的相互作用

有机质是土壤的重要组成部分，含有丰富的官能团，也是土壤可变电荷的主要贡献者。有机质丰富的官能团可作为配位体，与镉、砷发生络合或螯合作用，形成稳定的络合物或螯合物，从而降低其生物有效性（Ponting et al.，2021）。有机质和砷的结合有两种形式：一种是有机质直接与砷作用，即通过配位体交换直接结合形成 As-溶解性有机质络合物；另一种是砷作为键桥，与有机质及铁（铝）氧化物结合，形成不溶的 Fe-As-OM 复合物。据报道，在较高的 pH 条件下，溶解性有机质可降低土壤对镉的吸附，主要是因为重金属和有机质会形成溶解性有机质-金属复合物，而且较高的 pH 条件下，有机质与金属离子竞争土壤黏土矿物表面的吸附位点（Ardini et al.，2020）。此外，有机质可提高酸性土壤的 pH，影响土壤可变电荷数量，从而影响镉砷的形态和生物有效性。

腐殖质是土壤有机质的重要组成部分，其含有大量醇羟基、酚羟基和游离醌基等官能团，具有较强的阳离子吸附交换和络合/螯合能力，如腐殖质与镉形成络合物，降低镉在土壤溶液中的迁移性和生物有效性，从而降低镉在水稻中的积累（Liu et al.，2021）。腐殖质能以电子供体、电子受体或电子穿梭体等形式，影响土壤中镉和砷的氧化还原反应。腐殖质会改变土壤 pH，降低土壤 Eh，促进铁氧化物还原，增加无定形铁氧化物比例，降低结晶型铁氧化物比例，同时提高砷的生物有效性（Colombo et al.，2014）。此外，腐殖质还能与砷发生竞争性吸附作用，促进砷释放；并可作为电子穿梭体，促进 As(Ⅴ)的微生物还原，形成 As(Ⅲ)，增强毒性（Qiao et al.，2019）。

胡敏酸是腐殖质中的主要成分之一，As(Ⅲ)与胡敏酸的络合作用可能有两种方式（图 9.4），第一种是配位体交换反应，由于酚类化合物比羧酸类化合物有更好的π-供体，羧基官能团通过形成带负电荷的复合物与 As(Ⅲ)结合。第二种是络合/螯合反应，腐殖质的主要组分胡敏酸和富里酸可提供孤对电子，通过络合作用与镉形成稳定的络合物，降低镉离子的迁移性和生物有效性（Bai et al.，2018）。富里酸的分子量较小，酸性更高，与砷形成溶解性和迁移性更强的络合物，提高砷的生物有效性。而胡敏酸分子量较大，其结构较复杂，能与砷形成较稳定的络合物，降低砷的生物有效性（王俊等，2018）。

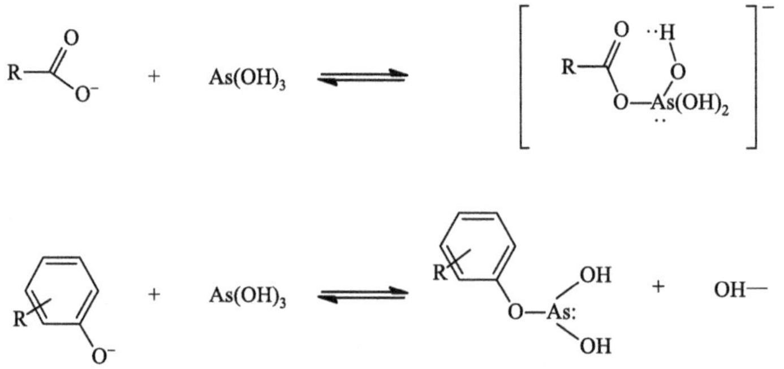

图 9.4　As(Ⅲ)与溶解性有机质中胡敏酸的两种直接络合作用（Buschmann et al.，2006）

4）铁氧化物对镉砷的吸附与固定

土壤中常见的铁氧化物主要是针铁矿、水铁矿和赤铁矿等，主要受 pH、Eh 和 DOM 的影响，均可为镉、砷的吸附与固定提供结合位点，是土壤中镉、砷的重要吸附载体，直接影响镉、砷的赋存形态和生物有效性。据报道，铁锰氧化物结合态镉是土壤中镉的重要赋存形态，因为铁氧化物表面可与镉形成双齿内圈络合物，从而将镉固定（Li et al.，2021）。此外，土壤溶液中铁、锰和铝等元素的离子浓度降低时，可形成对应的结核体，其表面含有丰富的官能团，对镉具有较强的吸附和络合能力（Wang et al.，2021）。

由于铁氧化物表面带有正电荷，因而对带负电荷的砷酸根也有较强的吸附能力，而砷酸根离子吸附在铁氧化物表面，会形成单齿单核和双齿双核络合物，从而显著降低砷的活性和生物有效性（Vodyanitskii，2010）。由于不同类型的铁氧化物具有不同的晶体结构和性质，因而对砷的吸附能力存在较大的差异。常见的铁氧化物吸附砷能力的排序为：水铁矿＞针铁矿＞赤铁矿。由于水铁矿颗粒较小，且以无定形态存在，故其比表面较大、活性较高，因此，通过吸附和共沉淀作用，水铁矿对砷具有强烈的吸附和固定作用。

铁氧化物对砷的吸附，可分为专性吸附和非专性吸附两种方式，并分别形成内表面和外表面两种螯合物，其中内表面螯合物的稳定性远高于外表面螯合物。铁与砷形成的内表面螯合物有三种类型：双齿双核型、双齿单核型和单齿单核型（图 9.5）。此外，As(Ⅲ)被吸附络合至铁氧化物的表面，可加速 As(Ⅲ)氧化成 As(Ⅴ)；而在水铁矿促进 As(Ⅲ)氧化的过程中，Fe(Ⅲ)被还原成 Fe(Ⅱ)，这也说明铁氧化物本身并未作为电子受体氧化 As(Ⅲ)，而仅起催化作用（Bisceglia et al.，2005）。

土壤吸附砷性能与铁含量及铁形态密切相关。研究表明，无定形铁越多，对砷的吸附能力越强，同时还能增强砷的专性吸附或共沉淀，从而影响砷的形态及生物有效性（Yamaguchi et al.，2011）。随着砷的化学形态及环境条件的改变，铁氧化物对砷的固定会发生变化。一般来说，土壤环境中铁氧化物对 As(Ⅴ)的固定作用要强于 As(Ⅲ)。在偏中性土壤中，铁氧化物对砷的固定能力较强；而在 pH 较高的环境中，羟基能与砷竞争 Fe(Ⅲ)矿物表面的吸附位点；但 pH 较低时，则会导致含铁矿物的结构破坏与溶解，从而不利

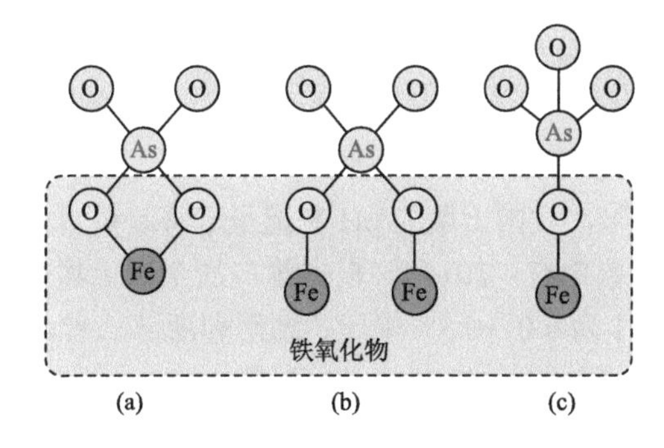

图 9.5　砷与铁形成的内表面螯合物类型（Carabante et al.，2009）

（a）双齿双核型；（b）双齿单核型；（c）单齿单核型。

于对砷的固定（Yamaguchi et al.，2011）。此外，在还原性土壤中，微生物介导铁矿物中的Fe(Ⅲ)还原为Fe(Ⅱ)，导致铁矿物还原溶解，不利于土壤对砷的固定。此外，土壤铁氧化物的还原溶解过程中，会释放出游离态的Fe(Ⅱ)；而在偏中性且氧化状态的环境中，Fe(Ⅱ)被氧化，同时产生和消耗过氧化氢和羟基自由基等氧化物质。羟基自由基是自然界中活性最强的氧化剂，可以氧化绝大部分变价元素，使得As(Ⅲ)氧化成As(Ⅴ)，从而导致As易被铁氧化物固定（Ding et al.，2018）。

9.1.2 稻田镉砷同步钝化技术的挑战

阻止镉、砷从稻田土壤基质颗粒表面迁移至水稻根系表面，是实现稻田镉砷污染阻控的关键过程，这一过程与镉、砷两种元素的形态和价态密切相关，而且受土壤Eh、pH及有机质等多种因素的影响（Kumarathilaka et al.，2018）。

1）稻田镉砷同步钝化与环境条件的匹配性

稻田淹水与排水交替的特殊环境，导致土壤条件产生周期性的变化，必然影响镉、砷的环境行为。淹水条件下镉的生物有效性受到抑制，这主要是因为土壤pH上升，促进难溶的$Cd(OH)_2$形成，以及镉与还原态硫形成CdS沉淀（Fulda et al.，2013）。在水稻根际环境中，根系分泌的氧气直接氧化Fe(Ⅱ)，或发生类Fenton反应，导致水稻根系表面形成铁膜，而铁膜中的铁氧化物对镉具有强烈吸附作用，可将镉固定在铁膜中。淹水条件下，土壤的Eh下降而pH升高，Fe(Ⅲ)氧化物会发生还原溶解，从而使吸附在其表面的As(Ⅴ)释放到土壤溶液中；由于Eh降低及土壤中相关微生物活性提高，释放到土壤溶液中的As(Ⅴ)，会逐渐被还原成毒性更强，且更易被水稻吸收的As(Ⅲ)，导致As的生物有效性提高（于焕云等，2018）。

稻田排水时，土壤pH降低而Eh升高，硫化镉发生氧化，从而释放出镉离子（Bingham，1976）。另外，氢离子与吸附在胶体、有机质表面的Cd^{2+}发生离子交换，也会导致溶液中Cd浓度上升，镉的迁移性和生物有效性进一步增强。与Cd相反，稻田排水时As(Ⅲ)被氧化成As(Ⅴ)，并被铁氧化物或有机质表面吸附，其迁移性和活性大大降低。由此可见，稻田中镉和砷的环境行为易受土壤的pH、Eh和有机质等因素影响，且二者的行为表现完全相反，而这正是开发稻田镉、砷同步钝化技术的最大难点。我国幅员辽阔，土壤的理化性质差异非常大，而镉、砷污染的成因又十分复杂。因此，如何在不同环境条件下实现镉、砷的同步钝化，是一项极大的挑战。

自20世纪80年代以来，我国土壤的pH普遍呈下降趋势，尤其以我国南方红壤区的土壤酸化问题最为突出（鲁艳红，2015）。根据第二次全国土壤普查资料，我国南方红壤区土壤偏酸性，大多数pH为6.0～6.5。福建、湖南和浙江三省，pH 4.5～5.5的强酸性土壤面积，分别占全省土壤总面积的49.4%、38.0%和16.9%。近年来，由于化肥大量施用、酸沉降等因素，我国南方红壤区农田土壤的酸化现象进一步加剧（Guo et al.，2010；赵其国等，2013）。

李冬初等（2020）基于338个国家级定位监测点1988～2017年的数据，对稻田耕层土壤有机质的含量变化特征及驱动因素进行分析，发现全国稻田耕层土壤有机质的平均含量为 32.4 g/kg，而且有机质含量从高到低的地区依次为长江中游地区＞华南地区＞东北地区＞西南地区＞长江下游地区。

由于成土母质、气候及地形等因素的影响，我国稻田土壤中铁氧化物含量的差异也很大。北方土壤中铁氧化物的总量较低，而南方则较高（常跃畅，2014）。另外，铁铝土、富铁土及变性土中的全铁含量较高，而潜育土与新成土则较低。由于铁氧化物的活性较强，且易受环境影响，从而可能导致土壤中铁氧化物的存在形态千差万别。例如，针铁矿广泛分布于寒带乃至热带地区的各类土壤中，而赤铁矿仅分布于热带和亚热带地区高度风化的土壤中，尤其是砖红壤和红壤中（黄成敏和龚子同，2017）。综上所述，由于我国的自然环境条件复杂多变，急需研发适用于不同环境条件的稻田镉砷同步钝化技术，而提高同步钝化技术与环境条件的匹配性则是其中最大的难点。

2）稻田镉砷同步钝化技术的稳定性与长效性

与传统的工程治理技术相比，化学钝化技术和生物修复技术对土壤的破坏性较小。化学钝化技术主要通过吸附作用或共沉淀作用原位固定重金属，以降低重金属的迁移性和生物有效性（Komárek et al.，2013）；而生物修复技术易受土壤中水分、盐度、营养条件和酸碱度的影响。镉是我国稻米中超标最严重的重金属，关于土壤镉的钝化技术，研究较多，也较为深入。通过向土壤中施加钝化剂，如添加碱性物质或具有较大吸附容量的功能材料，发生吸附、沉淀、络合或离子交换等物理化学反应，从而降低土壤中镉的迁移性和生物有效性，即钝化土壤中的镉。但是，施入的钝化剂只能暂时降低镉的迁移性与生物有效性，钝化的镉仍滞留在土壤中，没有完全解除潜在的危害，一旦环境条件改变，可能被重新活化释放出来。因此，保证钝化效果的长效性和稳定性，是钝化技术成功应用的关键。

重金属原位钝化的长效性和稳定性，取决于钝化剂自身的稳定性，以及钝化剂与重金属结合的稳定性（Nagodavithane et al.，2014）。由于温度变化、氧化与还原、酸碱反应、微生物降解等作用，钝化剂自身会发生诸多变化，进而影响其对重金属的钝化效果。此外，不同钝化剂的钝化机制存在差异，且受环境条件的影响，因此，需要因地制宜地选择和应用钝化剂。

零价铁作为一种典型的核-壳结构材料，具有电负性较大、还原活性较高及吸附性较强等化学性质活跃的特点，能为重金属提供较多的吸附位点，从而被广泛应用于包括镉、砷在内的重金属污染土壤的修复治理。但是，零价铁因存在稳定性较差、团聚性较强、易沉淀及电子传递能力较低等缺点，在实际应用中也受到一定限制。研究表明，零价铁本身带有磁性，故易聚集，在土壤中的快速传输和迁移能力会大幅降低（Wan et al.，2010）。另外，由于零价铁的反应无选择性，土壤环境中存在的大量阴、阳离子会竞争并消耗零价铁所释放出的电子，也会导致其活性及钝化重金属的效果大大降低。据报道，施加零价铁粉后，交换态和碳酸盐结合态镉没有显著降低，但非专性吸附态和专性吸附态砷显著降低，而弱结晶铁铝氧化物结合态砷显著升高（Wan et al.，2010）。此外，由于零价铁是非常强的还原剂，极易被氧化为无定形铁氧化物，发生聚集作用，且与镁、磷、硫和钙等矿质元素结合，降低其生物有效性，致使零价铁在土壤重金属修复应用中受到限制（Yin et al.，2012）。

生物炭含有大量的官能团和矿物相（如磷和硅），比表面积大，而且原料来源广泛、制备工艺简单，因而在土壤重金属修复应用中受到极大的重视和广泛的研究。据报道，生物炭施入土壤后，所产生的有机阴离子会与土壤黏土矿物表面的羟基发生配位体交换作用，土壤溶液中羟基自由基增多，pH 显著升高，Eh 也发生变化，进而影响土壤中重金属的存在形态和生物有效性。张晓峰等（2020）发现生物炭可与镉发生络合和吸附反应，并提高体系的 pH，从而促进镉的固定。何玉垒（2021）报道生物炭在老化过程中，元素组成及比表面积的变化均不明显，但是生物炭的含氧基团增多，且芳香性增强，表明生物炭的氧化老化过程会提高生物炭对镉的吸附能力。土壤淋出液的 pH 增加 0.48～1.45 个单位，DOM 减少，而镉浓度降低 3.56%～78.37%，说明 Cd 被钝化。随着硫酸铵施用量的增加，生物炭钝化土壤有效态 Cd 的稳定性逐渐降低，土壤有效态镉含量增加 1.04%～5.76%，稻米和稻壳中镉含量分别增加 7.43%～81.07%、10.84%～40.99%，说明生物炭钝化 Cd 作用受氮肥的影响。单志军（2020）指出生物炭钝化 Cd 的作用和稳定性取决于土壤性质，具有时间性。由此可见，生物炭自身的稳定性以及环境条件的变化，均会对生物炭钝化土壤镉的长效性和稳定性产生影响。

生物炭的钝化作用也与重金属类型密切相关。例如，随着土壤 pH 升高，镉的生物有效性会明显地降低；但砷与之相反，生物有效性提高，主要是因为土壤负电荷增加，降低了对砷的吸附固定能力。生物炭可作为电子受体或电子供体，介导土壤微生物细胞之间的电子传递，以及土壤微生物与污染物之间的电子传递，促进 As(Ⅴ)和 Fe(Ⅲ)的还原，同时也能增加土壤中砷还原菌的丰度，从而导致砷的生物有效性增加（Qiao et al.，2018a）。

9.1.3 稻田土壤中镉砷同步钝化的技术思路

现有研究结果显示，水稻土壤中砷、镉的生物有效性与土壤中 DCB-Fe 呈极显著负相关，表明农田重金属的环境行为与铁循环过程密切相关。铁是土壤的特征地球化学元素，也是地球表面丰度最高的过渡金属元素。铁有复杂而多变的矿物形态，Fe(Ⅱ)/Fe(Ⅲ)氧化还原对具有较高的地球化学活性。因此，在土壤的物质循环过程中，铁具有独特的作用。在稻田土壤体系中，铁循环是连接碳氮养分循环与镉、砷行为调控的枢纽，研制激活铁循环过程的铁-碳地质催化材料，可能是实现高效同步钝化稻田土壤镉砷，以及稻米安全生产的关键手段。

稻田镉砷同步钝化的基本原理如图 9.6 所示，可概括为：①在铁还原微生物的作用下，铁氧化物被还原为 Fe(Ⅱ)，同时铁还原还会消耗土壤 H^+，导致 pH 升高，氧化还原电位降低，从而促进镉的固定；②吸附于铁氧化物表面的亚铁，催化铁氧化物晶相转变为氧化能力更强的 Fe(Ⅲ)，将 As(Ⅲ)氧化为 As(Ⅴ)，从而促进砷的固定；③铁-碳地质催化材料具有激活砷氧化基因的作用，促进砷的氧化，同时砷氧化菌耦合 Fe(Ⅱ)生成铁氧化物，从而进一步吸附和固定砷。

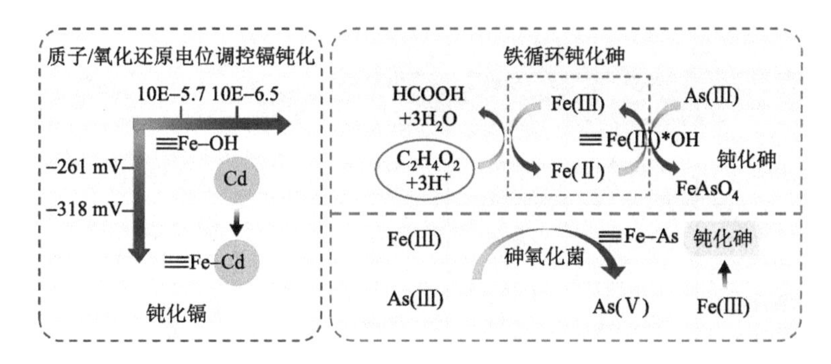

图 9.6　稻田土壤中铁循环过程同步钝化镉砷的基本原理

9.2　生物炭与零价铁协同钝化稻田土壤镉砷的作用

镉砷钝化剂种类繁多，不同钝化剂的作用机制各不相同。钝化镉的材料包括石灰、生物炭等呈碱性物质，可提高土壤 pH，增加土壤有机/无机胶体颗粒表面的负电荷，增强土壤对镉的吸附固定作用，同时促进沉淀反应，降低生物有效性，但是，砷的生物有效性则可能提高。因此，钝化砷必须通过施加能改变其价态的钝化剂，才能降低砷的生物有效性。例如，施用含铁的物质，如铁氧化物、零价铁等，土壤中无定形铁氧化物增加，砷被吸附和固定的作用增强，从而降低砷的生物有效性。

9.2.1　稻田土壤镉砷协同钝化材料

目前，对稻田土壤中砷污染的修复，常通过施加含铁钝化剂，如零价铁、铁盐等，来提高土壤中无定形铁氧化物的含量，促进土壤中砷的固定，从而达到抑制砷在稻米中积累的目的，其中，零价铁在抑制稻米砷积累的应用中效果最好（Mitsunobu et al.，2006；Jr Ultra et al.，2009）。另外，与施加亚铁盐或铁盐相比，施加零价铁还可提高土壤的 pH，从而有利于镉的钝化（Yu et al.，2017a）。但是，零价铁易在土壤表面发生氧化，故具有稳定性欠佳、易团聚等缺点，从而降低零价铁在实际使用中的效果。为了避免铁颗粒的团聚，可将零价铁分散到固相负载材料中，也可通过制备纳米颗粒，以增加其有效表面积和活性位点，并强化电子转移，提高零价铁对镉和砷的吸附效率。

生物炭是在限氧条件下，生物质热降解所形成的一种富碳产物，具有多孔的结构特征，比表面积较大。另外，生物炭还含有大量的电子穿梭基团和附着基团，可以充分发挥其作为电子穿梭体的作用。土壤中重金属的迁移性、毒性和生物有效性主要取决于可交换性和可溶性，生物炭可降低重金属这些属性，有效地钝化 Pb 和 Cd 等阳离子形态的重金属。然而，对于 As 等阴离子形态的重金属，生物炭的钝化作用有限。因此，生物炭能够作为稻田土壤镉钝化剂，但可能不适合用作稻田土壤砷钝化剂。但是，通过添加铁、锰、钙和硫等元素对生物炭材料进行修饰和改性，可以增强其沉淀和吸附作用，降低土壤中的砷和镉的生物有效性。表 9.1 列举了铁、锰、钙和硫等改性生物炭，对土壤镉砷生物有效性的影响，以及降低水稻籽粒镉砷含量的结果。

表 9.1　不同改性生物炭钝化土壤镉或砷的作用及效果

类型	改性生物炭	重金属	模式	用量	钝化效果	参考文献
铁改性生物炭	针铁矿改性生物炭	Cd、As	土培	1.5%	籽粒中的镉和砷含量分别降低 85%和 77%	Irshad et al.，2022
	针铁矿改性生物炭	Cd、As	土培	1.5%	茎中的镉和砷含量分别降低 56.7%和 46.6%	Irshad et al.，2020
	零价铁改性生物炭	Cd、As	土培	5.0%	籽粒中的镉和砷含量分别降低 93%和 61%	Qiao et al.，2018b
	铁改性生物炭	Cd、As	大田	1.5 和 3 t/hm^2	籽粒中的镉和砷含量分别降低 63%和 14%	Tang et al.，2020
	铁改性生物炭	Cd、As	土培	1%和 2%	籽粒中镉和砷含量分别降低 57%～81%和 29%～60%	Islam et al.，2021
	铁改性富硅生物炭	As	土培	1%	籽粒中砷含量降低 59%	Kumarathilaka et al.，2021a
锰改性生物炭	铁锰改性生物炭	Cd	土培	2%～4%	籽粒镉含量降低 66.7%～92.6%	Zhou et al.，2018
	氧化锰改性生物炭	As	土培	0.5%～2%	水稻籽粒中砷含量下降 19.8%	Yu et al.，2017b
	水钠锰矿改性生物炭	As	土培	1%～2%	籽粒中砷含量降低 18%～44%	Kumarathilaka et al.，2021b
硫或钙改性生物炭	硫改性生物炭	Cd	土培	1%	根、茎、籽粒中镉含量分别降低 30%、13.3%、25.1%	Rajendran et al.，2019
	钙改性生物炭	As	土培	1%～2%	籽粒中砷含量降低 24%～45%	Wu et al.，2020

炭基修复剂种类很多，用于稻田的土壤炭基修复剂主要包括：①铁改性生物炭。据报道，向镉、砷复合污染稻田土壤添加 1.5%针铁矿改性生物炭，水稻茎中的镉和砷含量分别降低 56.7%和 46.6%，籽粒分别降低 85%和 77%（Irshad et al.，2020，2022）。Qiao 等（2018b）报道施用含铁量为 5%的零价铁改性生物炭，土壤中镉砷的生物有效性明显降低，水稻籽粒镉和砷含量分别下降 93%和 61%。施用量为 2%的铁改性生物炭，根表铁膜对镉和砷的固定量分别增加了 171.4%和 90.8%，水稻籽粒镉和砷含量分别降低了 81%和 60%（Islam et al.，2021）。施用量为 1%的铁改性富硅生物炭，土壤中铁还原菌的丰度降低 64%，水稻籽粒砷含量降低了 59%（Kumarathilaka et al.，2021a）。②锰改性生物炭。Zhou 等（2018）报道施用量为 2%～4%的锰改性生物炭，镉的生物有效性明显降低，水稻籽粒镉含量降低 66.7%～92.6%。施用氧化锰改性生物炭，水稻籽粒中砷含量下降 19.8%（Yu et al.，2017b）。全生育期淹水条件下，施用 1%水钠锰矿改性生物炭，水稻籽粒砷含量下降 44%（Kumarathilaka et al.，2021b）。③硫或钙改性生物炭。Rajendran 等（2019）报道，施用硫改性生物炭，土壤中交换态镉含量降低 28.4%，根表铁膜镉的含量增加 9.37%，而水稻根、茎、籽粒中镉含量

分别降低 30%、13.3%和 25.1%。Wu 等（2020）指出施用钙改性生物炭明显降低稻田孔隙水的砷含量，并促进水稻根表铁膜对砷的固定（29.7%～54.9%），从而降低水稻籽粒无机砷含量（24%～45%）。

上述研究结果表明，为了提高生物炭在同步钝化镉砷的适用性和有效性，生物炭和零价铁是两种高效的稻田镉砷同步钝化材料。由于铁循环驱动的生物地球化学过程，是控制稻田镉砷生物有效性的关键，因此，协同施用零价铁和生物炭组合材料，可望实现稻田土壤中镉和砷的同步钝化。以棕榈丝为原料的生物炭，并利用镉、砷复合污染的稻田土壤（土壤 pH 为 5.3，镉和砷的含量分别为 2.7 mg/kg 和 36.7 mg/kg）进行水稻盆栽试验。在试验中，共设置 6 种处理，即对照（R1）、1%（质量分数）生物炭（R2）、0.05%（质量分数）零价铁（R3）、1%（质量分数）生物炭与零价铁组合材料（含铁量 0.05%，R4）、1%（质量分数）生物炭与零价铁组合材料（含铁量 0.5%，R5）、1%（质量分数）生物炭与零价铁组合材料（含铁量 1.0%，R6）、1%（质量分数）生物炭与零价铁组合材料（含铁量 2.5%，R7），以探讨施加零价铁、生物炭、生物炭和零价铁组合材料对土壤中镉、砷的生物有效性及其在水稻籽粒中积累的影响。结果表明，添加纯生物炭、零价铁、生物炭与零价铁组合材料，会对水稻各部位镉和砷的积累产生不同的抑制效应，而且水稻不同部位的镉和砷含量均呈现根系＞茎叶＞籽粒的规律。研究还表明，单独施加零价铁或生物炭后，水稻各部位镉和砷的含量比未处理对照呈不同程度地下降（3%～48%）；但是，与单独施加零价铁或生物炭相比，施加生物炭和零价铁组合材料后，水稻各部位镉和砷含量比未处理对照下降的幅度更大（12%～95%）。另外，随着组合材料中铁含量的增加，水稻各部位镉、砷的累积也呈逐步下降趋势。当铁含量为 2.5%时，籽粒中镉和砷的含量分别比对照下降 93%和 61%，其含量分别下降至 0.15 mg/kg 和 0.17 mg/kg，均低于《食品安全国家标准 食品中污染物限量》（GB 2762—2022）中的限定值。

9.2.2　降低土壤中有效态镉和砷的协同作用

土壤中交换态和碳酸盐结合态镉易被水稻吸收利用，而铁锰氧化物结合态镉则不易被水稻吸收利用，但是，在特定条件下，铁锰氧化物结合态镉也可能转化为有效态镉。与镉类似，非专性吸附态砷和专性吸附态砷较易被水稻吸收利用，而弱结晶铁铝氧化物结合态砷不易被水稻吸收利用。

零价铁、生物炭、生物炭与零价铁组合材料，均可调控土壤中镉、砷不同形态之间的相互转化，有效地降低土壤中有效态镉和有效态砷的含量，组合材料的效果最好，其次是生物炭，零价铁的效果最低。不同之处在于，单独施用零价铁或生物炭和零价铁组合材料，土壤中铁锰氧化物结合态镉含量增加，而单独施用生物炭，对这个组分没有显著的影响。这些结果表明，生物炭与零价铁之间存在协同作用，可以促进土壤中镉和砷从有效态向固定态转化（图 9.7）。另外，随着组合材料中零价铁比例的增加，对镉、砷的协同钝化作用更加显著，这显然是由土壤中无定形铁氧化物增加所致（图 9.8）。

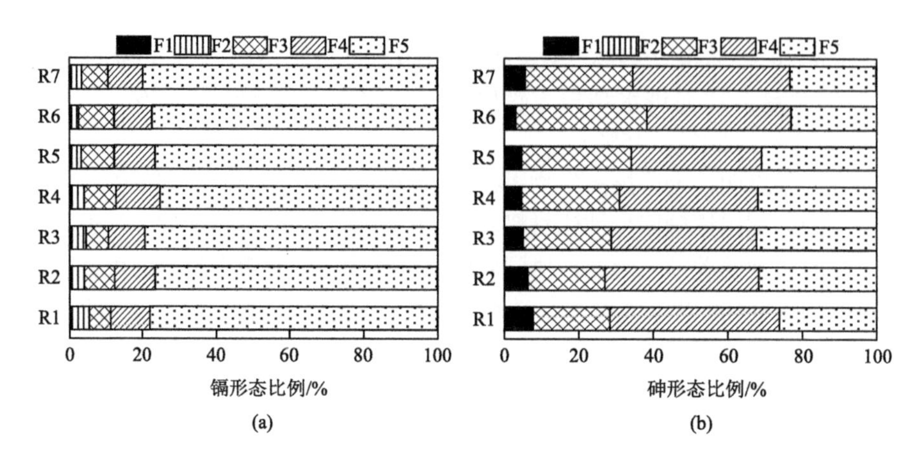

图 9.7 添加生物炭、零价铁、生物炭与零价铁组合材料对土壤中镉和砷形态的影响

F1-Cd：交换态镉；F2-Cd：碳酸盐结合态镉；F3-Cd：铁锰氧化物结合态镉；F4-Cd：有机-硫化物结合态镉；F5-Cd，残渣态镉。F1-As：非专性吸附态砷；F2-As，专性吸附态砷；F3-As：弱结晶铁铝氧化物结合态砷；F4-As：强结晶铁铝氧化物结合态砷；F5-As：残渣态砷。

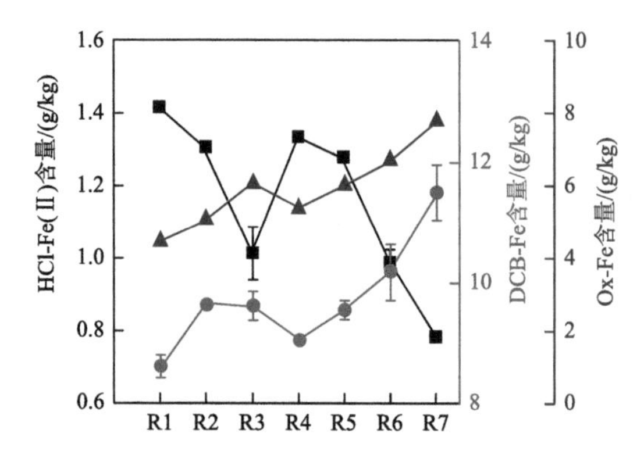

图 9.8 添加生物炭、零价铁、生物炭与零价铁组合材料对土壤铁形态的影响

Ox-Fe：草酸-草酸铵提取态铁；DCB-Fe：连二亚硫酸钠-柠檬酸钠-碳酸氢钠提取态铁；HCl-Fe(Ⅱ)：盐酸提取态。

9.2.3 促进水稻根表铁膜固定镉和砷的协同作用

根系是水稻吸收镉和砷的主要器官，附着在水稻根系表面的铁膜是阻止镉和砷进入根系细胞的第一屏障。铁膜是一种两性胶体，主要成分包含水铁矿、针铁矿和纤铁矿等，具有疏松多孔的特性。铁膜通过吸附、氧化还原及络合等作用，改变根际环境中镉、砷的形态和环境行为，从而影响其生物有效性。

研究表明，单独施加生物炭，可显著地提高水稻根表铁膜中铁和镉的含量，但砷含量却下降了 3%～14%（图 9.9）。单独施加零价铁和施用生物炭与零价铁组合材料，可显著地提高根表铁膜中铁、砷和镉的含量；而且随着零价铁比例提高，铁膜中铁、砷和镉的含量也逐渐增加，当零价铁比例为 2.5%时，根表铁膜中铁、砷和镉的含量均比对照增加 4 倍以上。研究还发现，单独施用零价铁和生物炭与零价铁组合材料，从苗期到成熟期，土壤孔隙水中镉、砷含量明显下降，其中成熟期土壤孔隙水中镉、砷含量分别比对照下降了48.6%和61.5%，但是单独施加生物炭土壤孔隙水中砷含量增加了17.6%（图9.10）。这说明施用生物炭与零价铁存在协同作用，二者组合材料能显著促进水稻根表铁膜对镉和砷的吸附和固定，降低土壤孔隙水中镉、砷含量，降低其生物有效性。

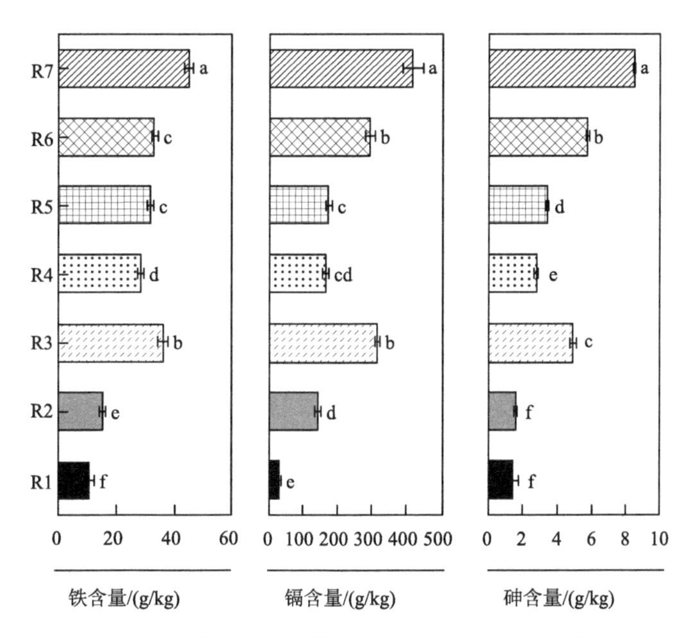

图 9.9　不同处理水稻根表铁膜中铁、镉和砷的含量

R1：对照；R2：1%生物炭；R3：0.05%零价铁；R4：1%生物炭与零价铁组合材料（含铁量 0.05%）；R5：1%生物炭与零价铁组合材料（含铁量 0.5%）；R6：1%生物炭与零价铁组合材料（含铁量 1.0%）；R7：1%生物炭与零价铁组合材料（含铁量 2.5%）。

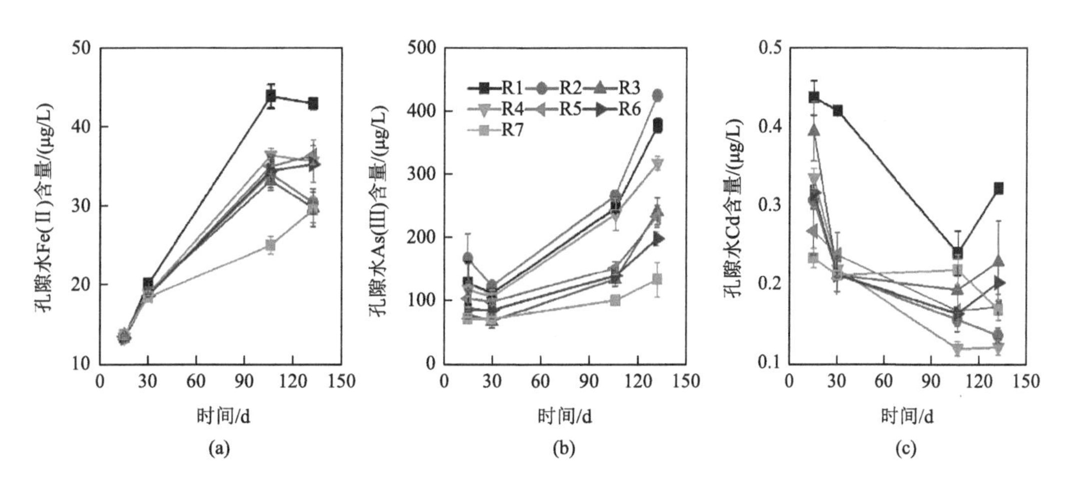

图 9.10　不同处理对土壤孔隙水镉砷的动力学影响

R1：对照；R2：1%生物炭；R3：0.05%零价铁；R4：1%生物炭与零价铁组合材料（含铁量 0.05%）；R5：1%生物炭与零价铁组合材料（含铁量 0.5%）；R6：1%生物炭与零价铁组合材料（含铁量 1.0%）；R7：1%生物炭与零价铁组合材料（含铁量 2.5%）。

9.2.4 降低水稻植株中镉和砷累积的协同效应

生物炭、零价铁、生物炭与零价铁组合材料，均能够降低水稻植株镉和砷的积累，镉和砷含量根系＞茎叶＞籽粒。单独施加零价铁或生物炭后，水稻镉和砷含量降低了3%～48%，施加生物炭与零价铁组合材料，镉和砷含量大幅度降低了12%～95%。更进一步研究发现，随着组合材料中铁含量的增加，水稻各器官镉、砷的累积也呈逐步下降趋势。当铁含量为2.5%时，糙米中镉和砷含量分别下降至0.15 mg/kg和0.17 mg/kg，均低于《食品安全国家标准 食品中污染物限量》（GB 2762—2022）中的限定值，比对照分别下降了93%和61%（图9.11）。这充分说明生物炭与零价铁具有强烈的协同作用，二者配合施用能够更显著抑制水稻吸收累积镉和砷。

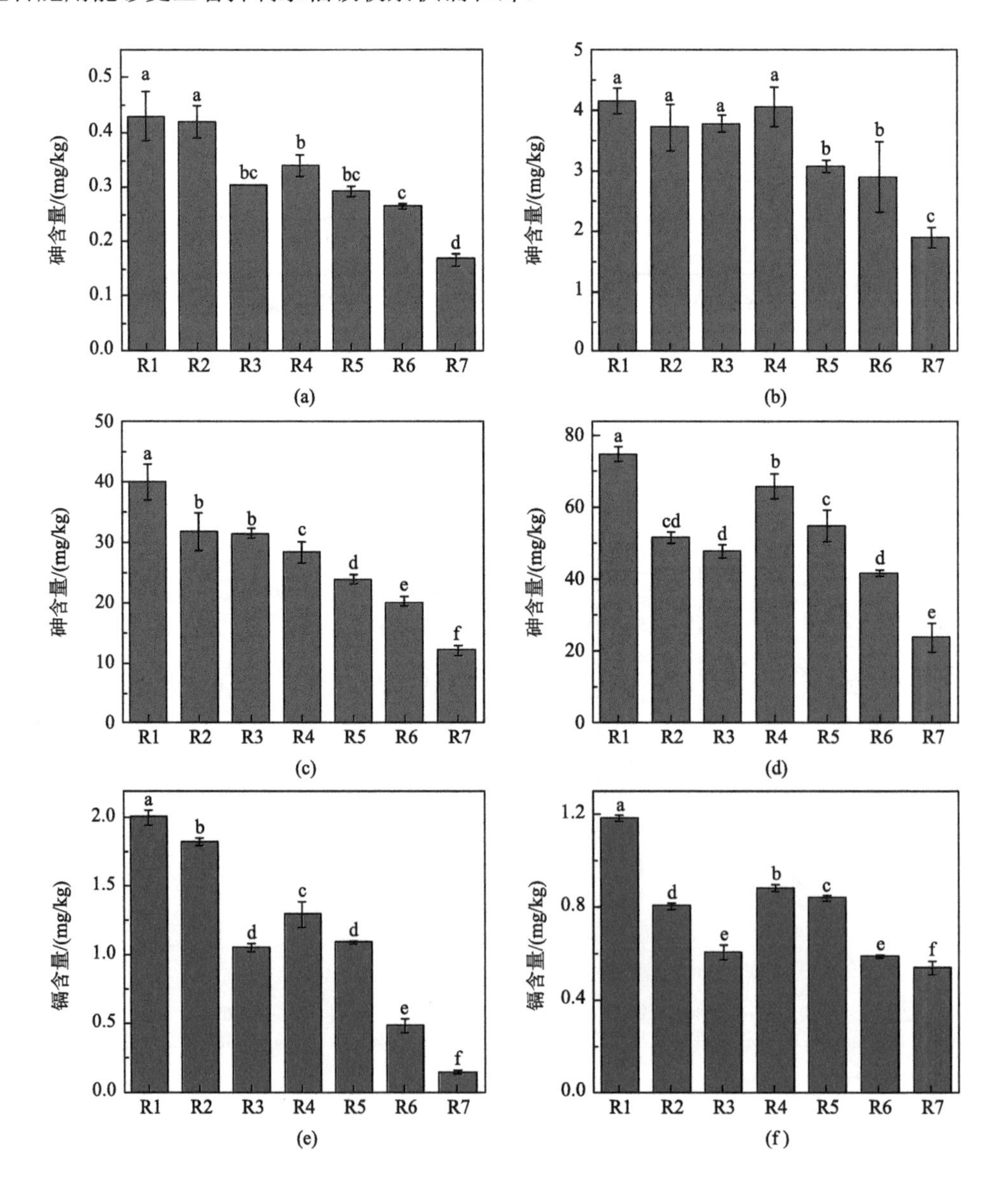

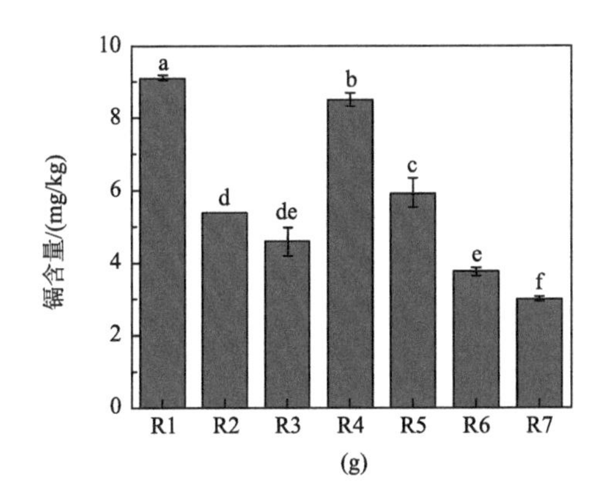

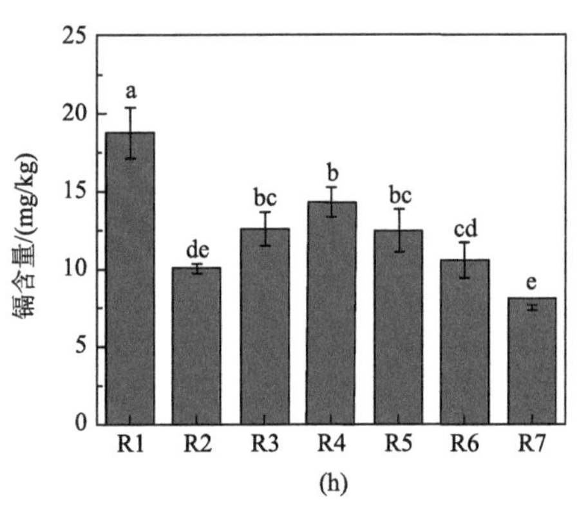

图 9.11 不同处理成熟期水稻各部位镉和砷的含量

（a）糙米 As；（b）稻壳 As；（c）茎叶 As；（d）根系 As；（e）糙米 Cd；（f）稻壳 Cd；（g）茎叶 Cd；（h）根系 Cd
R1：对照；R2：1%生物炭；R3：0.05%零价铁；R4：1%生物炭与零价铁组合材料（含铁量 0.05%）；R5：1%生物炭与零价铁组合材料（含铁量 0.5%）；R6：1%生物炭与零价铁组合材料（含铁量 1.0%）；R7：1%生物炭与零价铁组合材料（含铁量 2.5%）。

9.3 稻田镉砷同步钝化功能材料的研发与应用

现有研究结果表明，随着生物炭与零价铁组合材料中铁含量增加，根表铁膜中镉、砷的含量显著升高，但土壤有效态镉、砷含量逐渐降低，水稻植株镉和砷积累量也逐渐减少，尤其是稻米中镉、砷含量降低的幅度远超过单独施用生物炭和零价铁，说明组合材料的确有明显的协同效应。

众所周知，土壤中有机碳可加速零价铁氧化作用；生物炭本身具有导电性，其表面的芳香环和醌类结构有利于电子的传递，而且表面还富含 C═O、C—H 键，也具有潜在的电子转移能力。因此，组合材料中的生物炭可加速零价铁氧化，促进铁氧化物形成，增强土壤同步钝化镉和砷的能力。

基于这一原理，研制出具有纳米零价铁结构的铁改性生物炭功能材料，可有效地降低土壤中镉和砷的生物有效性。与纯零价铁相比，铁改性生物炭功能材料的反应活性位点增加了 2 个数量级；与纯生物炭相比，其镉砷化学吸附常数增加了 2～3 个数量级。这说明铁改性生物炭的协同效应大大增强，具有优良的镉、砷同步钝化性能。该材料还具有以下优点：①生物炭可改善零价铁的分散性，降低零价铁颗粒之间的空间位阻与磁性效应，具有保持零价铁原有特性，且能协同钝化镉、砷的优势。②生物炭可降低零价铁的氧化趋势。首先，生物炭表面的官能团可与零价铁形成氧化层，从而保护零价铁核心不受氧气和水的侵蚀。其次，生物炭的微孔和介孔结构，可限制氧气向零价铁扩散，从而减少其在氧气中的暴露。最后，生物炭还能够提供酸性官能团（如酚基等），从而阻止氧化反应的发生。③生物炭能增强电子转移的能力。零价铁钝化镉、砷的反应，其本质是电子转移过程，而生物炭可作为电子穿梭体，增强零价铁的电子转移效率。

基于生物炭与零价铁之间的协同效应，开发出系列铁组合的生物炭复合吸附剂，如氧化铁、四氧化三铁、亚铁和零价铁等生物炭复合吸附剂，可以提高生物炭对 As 和 Cd 的吸附能力，降低其生物有效性（Tang et al.，2020；Zhang et al.，2021；Qiao et al.，2018）。多地两年四造的大田试验结果显示，纳米零价铁结构的铁改性生物炭功能材料同步钝化镉砷技术，在中轻度镉、砷复合污染稻田的修复中效果稳定，且具有长效性。

9.3.1 铁改性生物炭的制备及其性能

1. 铁改性生物炭的制备与表征

铁改性生物炭的制备方法可分为两类：一类是先将原材料在高温下分解，然后经 Fe(III)溶液浸渍、还原等过程，制备成铁改性的生物炭（Qu et al.，2022）；另一类则是在制备生物炭之前，先将原材料在 Fe(III)溶液中浸渍一定时间，然后进行高温分解，最后制备成铁改性生物炭（Cui et al.，2019）。

Cui 等（2019）利用第二类方法，以棕榈丝为原料，以硝酸铁为铁源，在高温高压条件下，通过碳的还原作用将硝酸铁还原成铁颗粒，使得铁颗粒沉积到生物炭材料上（图 9.12）。铁改性生物炭材料中铁颗粒的大小较均一，其直径约为 20 nm，均匀分散到生物炭材料的表面和空隙中，且无明显团聚现象，从而可克服纳米零价铁团聚及快速氧化的问题。此外，铁改性生物炭材料含有碳、铁、钾、镁等元素，其中碳和铁的含量分别为 89.77%和 2.16%（图 9.13），而铁的价态分别为零价铁、二价铁和三价铁（图 9.14）。

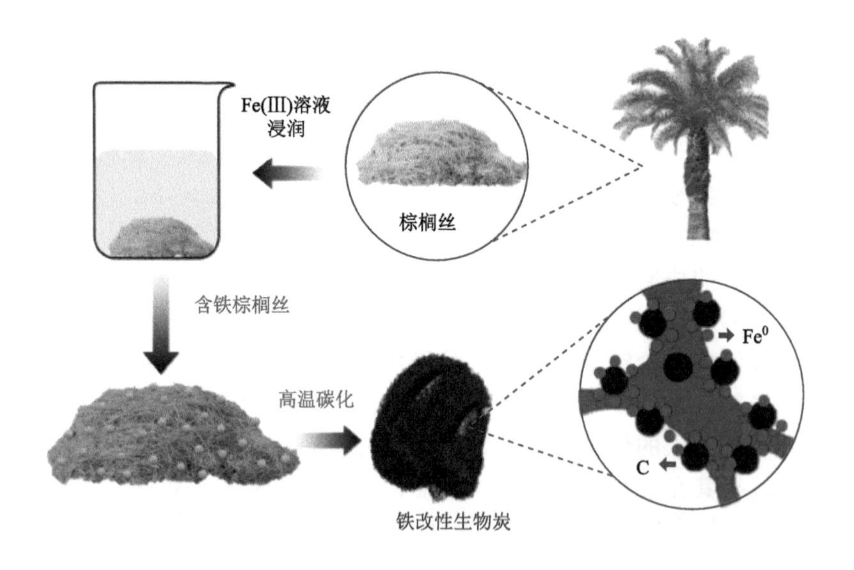

图 9.12 铁改性生物炭的制备过程（Cui et al.，2019）

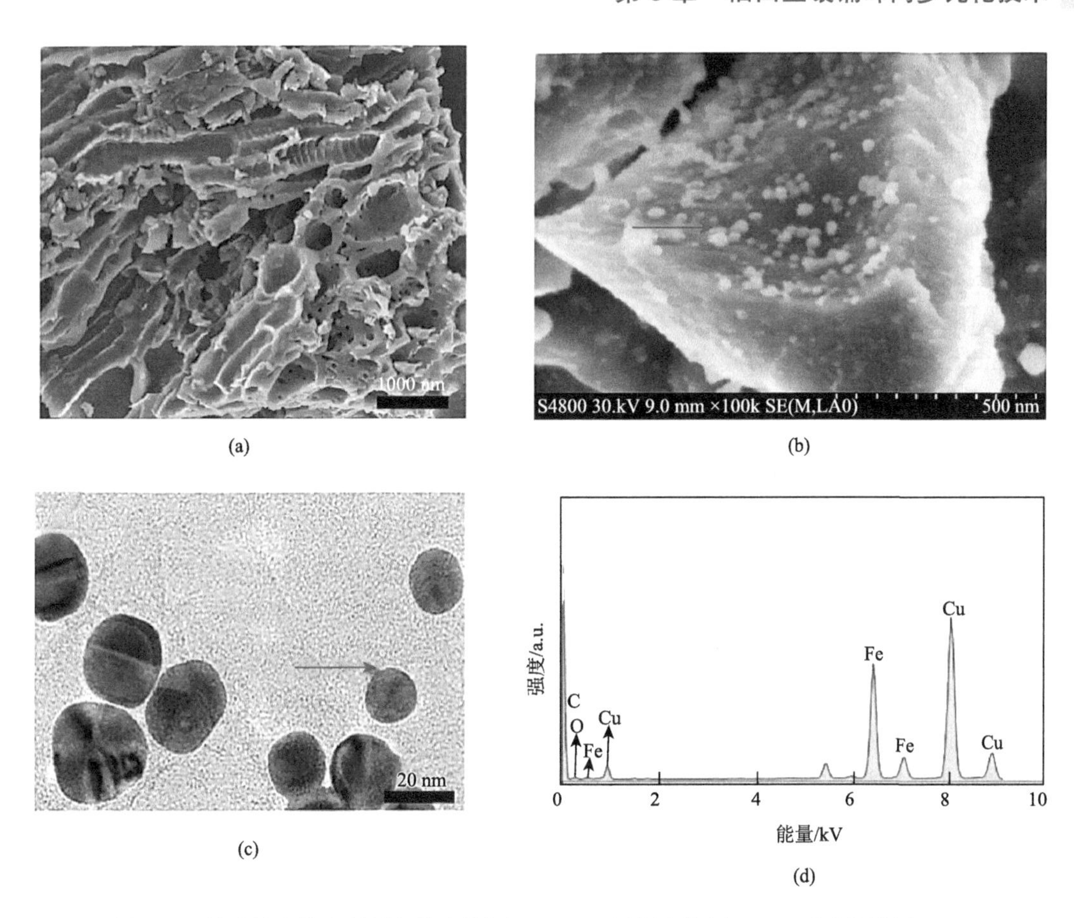

图 9.13　铁改性生物炭材料扫描电镜图（a～b）、透射电镜图（c）、元素能谱图（d）

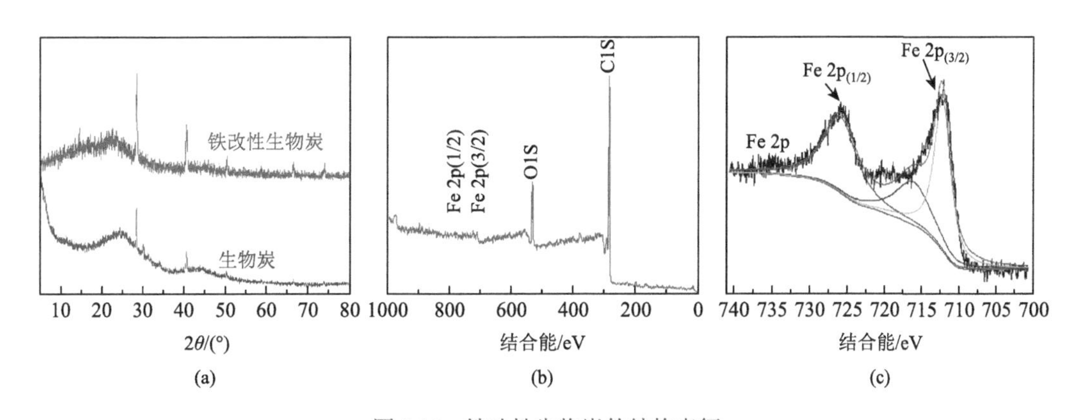

图 9.14　铁改性生物炭的结构表征

（a）XRD 图谱；（b）XPS 光谱；（c）铁改性生物炭的高分辨 Fe 2p 图谱分析。

2. 铁改性生物炭吸附固定镉砷的性能

1）铁改性生物炭对 As(Ⅲ)的吸附动力学

研究结果显示，在 pH 7.0 条件下，铁改性生物炭对 As(Ⅲ)的最大吸附量为 16.23 mg/g，

且主要以 H_3AsO_3 分子形式吸附；最低吸附发生在 pH 9.0，最低吸附量为 10.92 mg/g，且主要以 $H_2AsO_3^-$ 离子形式吸附。此外，铁改性生物炭的吸附能力，随溶液 pH 变化而改变（Cui et al.，2019）。纳米零价铁由于其表面存在不同价态的铁氧化物层而带正电，当零价铁负载到生物炭上后，使得生物炭表面的正电荷大量增加，从而导致生物炭对砷的静电吸附和络合作用增强。因此，铁改性生物炭对 As(Ⅲ)的吸附量远大于纯生物炭，如在 pH 4.0～9.0 条件下，纯生物炭对砷的最大吸附量仅为 2 mg/g，而铁改性生物炭的最大吸附量可达 16.23 mg/g。研究发现，As(Ⅲ)在铁改性生物炭上的吸附行为更符合 Langmuir 模型，表明生物炭表面的吸附活性位点分布均匀，且吸附的产物呈单分子层覆盖，从而可达到较好的钝化效果，这也与铁改性生物炭表面均匀分布的零价铁结构密切相关。

进一步研究发现，溶液体系中会产生大量的 H_2O_2，表明铁改性生物炭能活化氧气产生活性氧，通过氧化作用促进 As(Ⅲ)氧化成 As(Ⅴ)，其中涉及材料表面的铁氧化-氢氧化物层，形成内圈以及外圈络合物的专性吸附两个过程。As(Ⅲ)在铁改性生物炭上的吸附，是包含表面物理化学吸附及氧化还原反应在内的过程。通过离子交换和静电作用，铁改性生物炭表面的无定形铁氧化物与 As(Ⅲ)形成配合物，从而对砷进行吸附和固定。

2）铁改性生物炭对土壤镉砷的钝化效应

铁改性生物炭可以改变土壤镉的形态，与对照相比，施用铁改性生物炭土壤中交换态镉含量降低了 24.5%，而铁锰氧化物结合态和有机结合态镉含量分别增加 21.4%和 14.8%。这意味着铁改性生物炭可能主要通过增强铁锰氧化物或有机物对镉的吸附和固定，来降低镉的迁移性与生物有效性，最终达到钝化镉之目的。

在溶液体系中，铁改性生物炭对砷也具有良好的吸附作用，而且随着铁改性生物炭负载量的增加，对溶液中砷的去除率逐步提高。当铁改性生物炭用量为 25 mg 时，对 As(Ⅲ)的最大去除率可达到 90%。此外，铁改性生物炭颗粒可将部分 As(Ⅲ)氧化成 As(Ⅴ)。由于铁改性生物炭具有磁性，为了回收铁改性生物炭，可将其负载到多孔海绵上，待溶液中的 As(Ⅲ)被吸附后，利用磁铁来收集铁改性生物炭与海绵的复合材料（图 9.15a、b）。

铁改性生物炭施用于砷污染土壤，结果显示，随着铁改性生物炭用量的增加，其对砷钝化的效果则更好，As 的最大去除率可达到 75%，且部分 As(Ⅲ)被铁改性生物炭氧化为 As(Ⅴ)（图 9.15c、d）。此外，也可利用磁铁从土壤中回收铁改性生物炭颗粒，在生产实践中，可利用磁力旋耕机对铁改性生物炭颗粒进行回收。

9.3.2 铁改性生物炭对镉砷同步钝化的效果

1. 稻米中镉砷积累

将镉、砷复合污染的土壤与铁改性生物炭按质量比 100∶1 混合，进行水稻盆栽试验，结果显示，土壤 pH 升高，稻米中镉和砷含量比对照分别下降 51.5%和 28.6%，且均低于 0.2 mg/kg，符合国家规定的镉、砷限量标准。

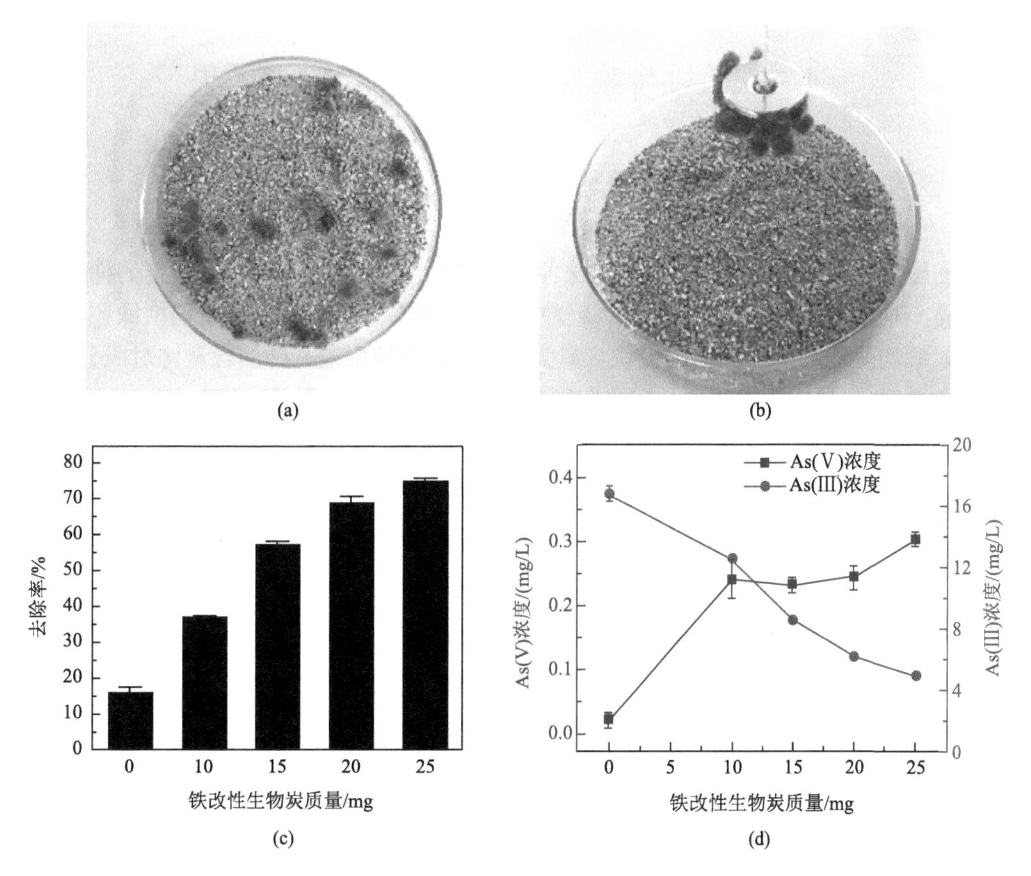

图 9.15　铁改性生物炭从土壤中的回收（a，b）及铁改性生物炭对砷去除的剂量效应（c）和对土壤中 As(Ⅲ)和 As(Ⅴ)浓度的影响（d）

2. 土壤中镉砷生物有效性

盆栽试验结果表明，铁改性生物炭可改变土壤中镉砷的赋存形态，交换态和碳酸盐结合态镉的比例显著降低，而铁锰氧化物结合态、有机结合态和残渣态镉增加，说明促进了土壤镉向难以被水稻利用的形态转化（Liu et al.，2022）。此外，添加铁改性生物炭还显著降低土壤中非专性吸附态砷和专性吸附态砷的比例，而增加无定形铁氧化物结合态砷的比例（Wu et al.，2020）。因此，铁改性生物炭促进土壤中镉和砷赋存形态转化，有效地降低土壤镉和砷的生物有效性。

3. 水稻根表铁膜中镉砷固定量

水稻根表铁膜中镉、砷的固定量，可作为评估镉、砷同步钝化效果的重要指标。研究表明，施加铁改性生物炭，可显著地提高水稻根表铁膜中固定镉、砷能力，成熟期水稻根表铁膜中镉、砷含量分别增加 91.8%和 448.4%。这可能是因为，在淹水环境中，生物炭作为电子穿梭体，促进土壤 Fe(Ⅲ)还原成 Fe(Ⅱ)，同时还可参与类 Fenton 反应，从而促进根表铁膜的形成及其对镉、砷的吸附和固定。

9.4 铁改性生物炭的田间应用技术和效果

9.4.1 铁改性生物炭应用的剂量与效应关系

田间施用铁改性生物炭，对水稻植株各器官的镉、砷积累，具有不同程度的抑制效应，其中，镉、砷含量根系＞茎叶＞稻壳＞籽粒。随着零价铁含量的增加，水稻植株各器官镉、砷的积累量均呈逐渐降低。当零价铁含量为 5%时，籽粒中镉、砷的含量比对照分别下降 92.5%和 60.6%，且均低于《食品安全国家标准 食品中污染物限量》（GB 2762—2022）中的限定值（图 9.16 和图 9.17）。铁改性生物炭应用剂量与土壤中镉砷的钝化效应存在一定的定量关系，而且随着零价铁含量的增加，铁改性生物炭对土壤中镉砷的钝化作用也逐渐增强（图 9.18 和图 9.19）。

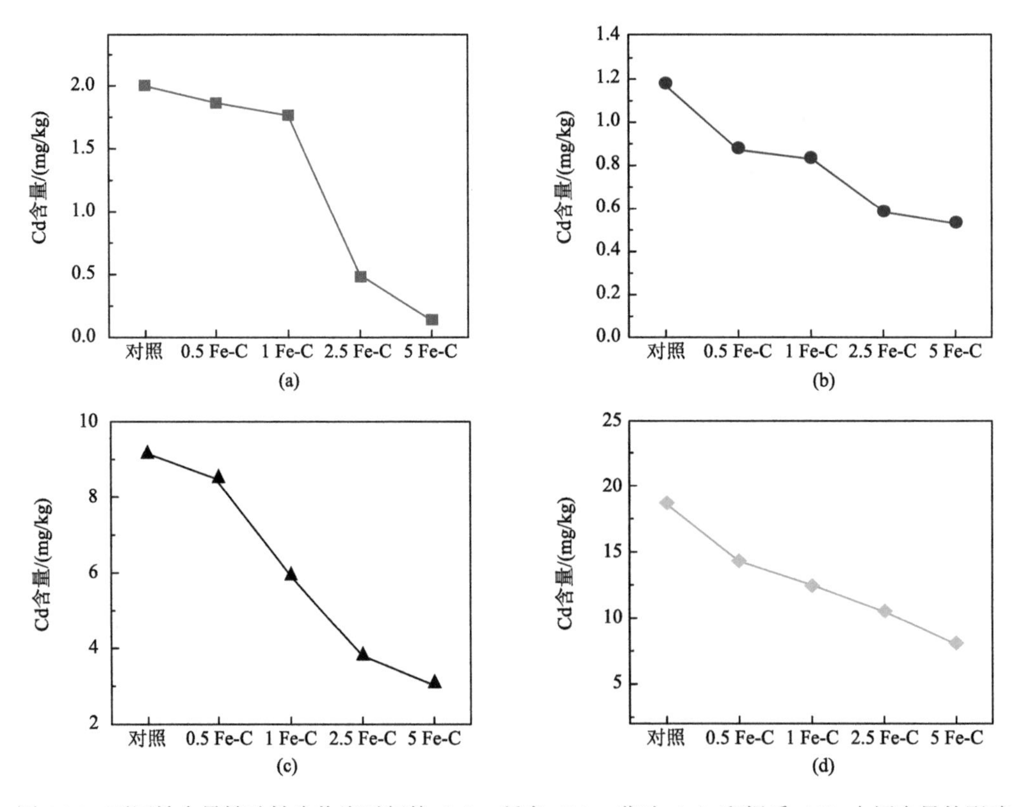

图 9.16　不同铁含量铁改性生物炭对籽粒（a）、稻壳（b）、茎叶（c）和根系（d）中镉含量的影响

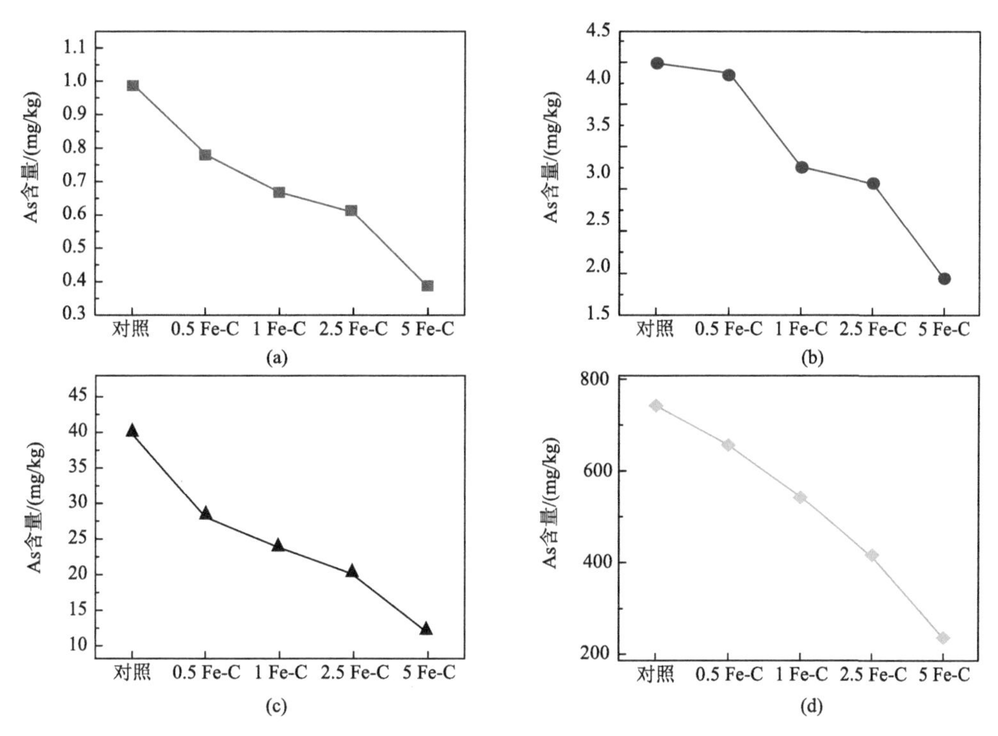

图 9.17　不同铁含量铁改性生物炭对籽粒（a）、稻壳（b）、茎叶（c）和根系（d）中砷含量的影响

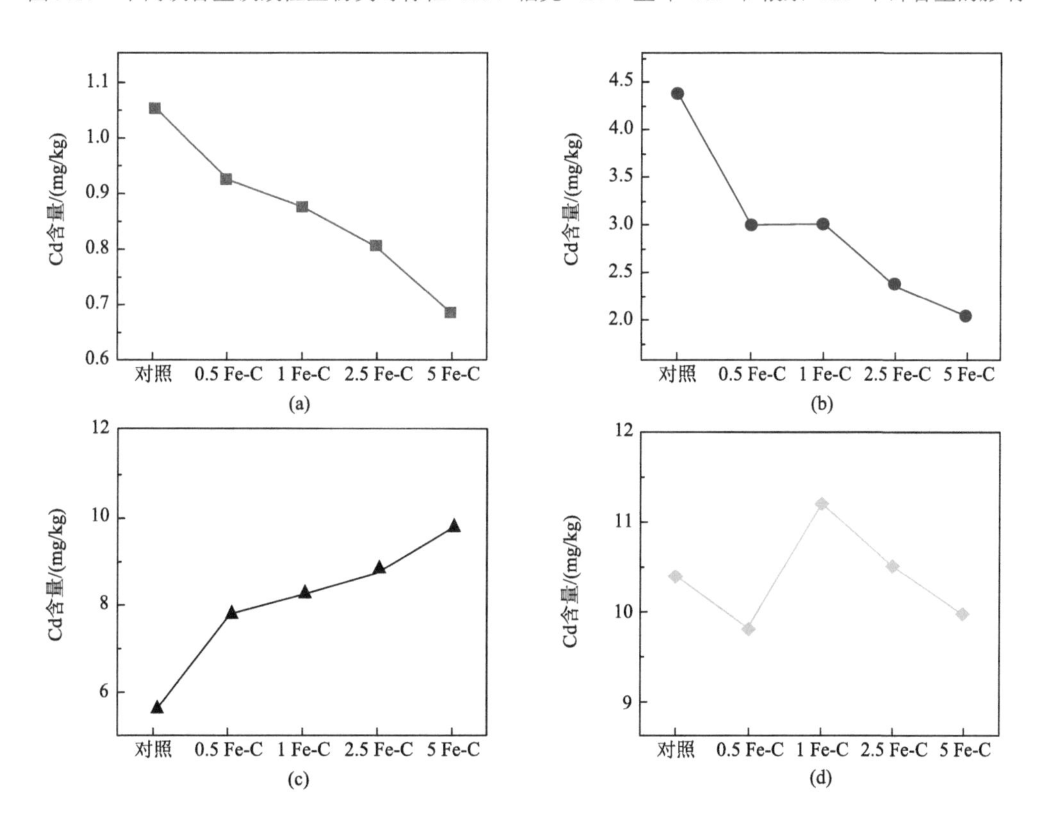

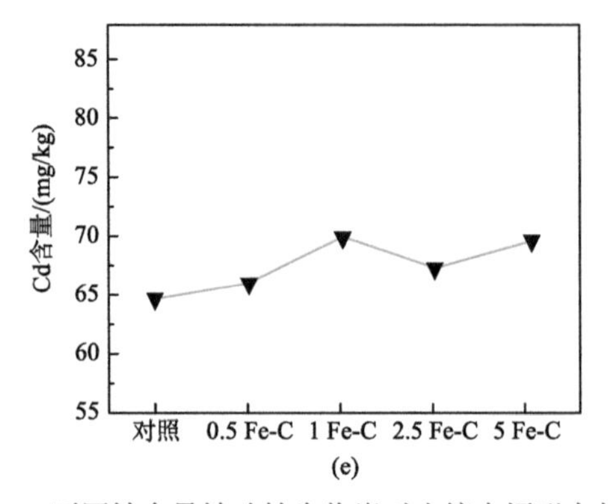

图 9.18　不同铁含量铁改性生物炭对土壤中镉形态的影响

（a）交换态；（b）碳酸盐结合态；（c）铁锰氧化物结合态；（d）有机结合态；（e）残渣态。

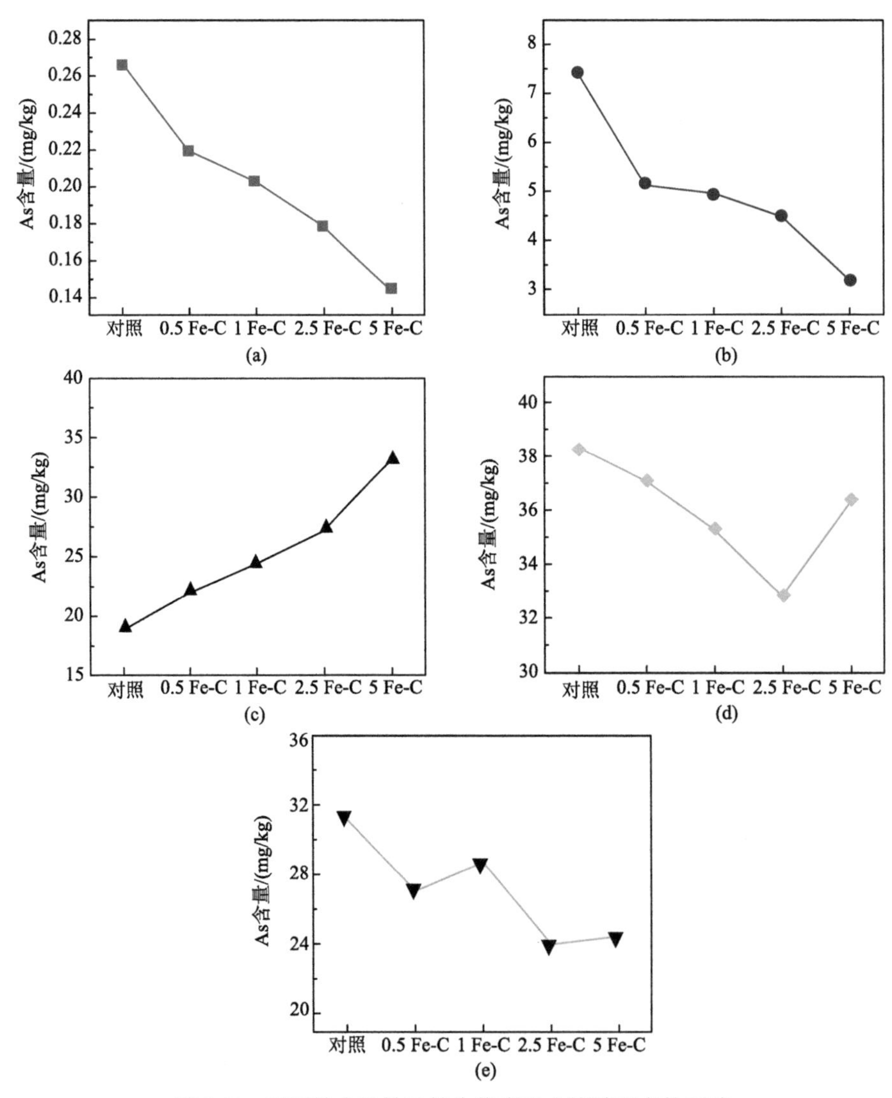

图 9.19　不同铁含量铁改性生物炭对土壤砷形态的影响

（a）非专性吸附态；（b）专性吸附态；（c）弱结晶铁铝氧化物结合态；（d）强结晶铁铝氧化物结合态；（e）残渣态。

9.4.2　铁改性生物炭应用的稳定性

铁改性生物炭对土壤中镉砷同步钝化的效果，与土壤性质、水稻品种、自然环境及气候等因素密切相关。为了验证铁改性生物炭对镉砷同步钝化的稳定性，在红壤区开展了为期 4 年的大规模田间应用试验。研究发现，与对照相比，施用铁改性生物炭（150 kg/亩），稻米中镉和砷的含量分别降低 51%和 35%，而土壤中有效态镉和砷的含量分别降低 48%和 67%，稻米产量增加 5.70%～18.2%。

9.4.3　铁改性生物炭应用的长效性

长效性是评价铁改性生物炭对镉砷同步钝化效果的另一个重要指标。两年四造的小区试验研究结果显示，稻米产量增加 4.24%～11.71%，稻米中镉和砷的含量比对照分别下降 40%和 25%以上（图 9.20 和图 9.21），土壤有效态镉和砷的含量也分别下降 25%和 20%以上（图 9.22 和图 9.23）。这说明铁改性生物炭对镉、砷同步钝化作用，具有长效性。

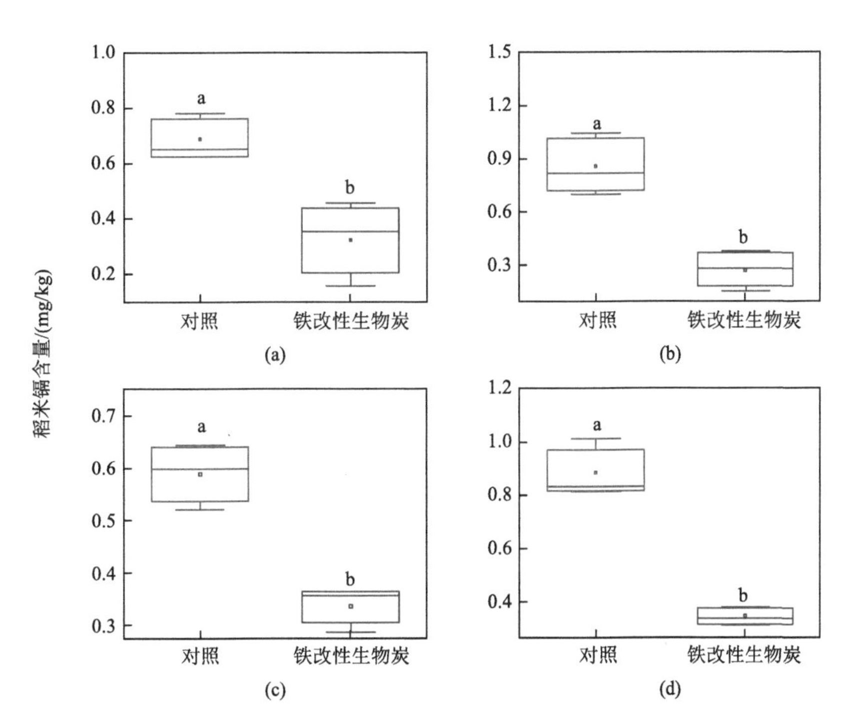

图 9.20　铁改性生物炭对两年四造稻米镉含量的影响

（a）2013 年早稻；（b）2013 年晚稻；（c）2014 年早稻；（d）2014 年晚稻。

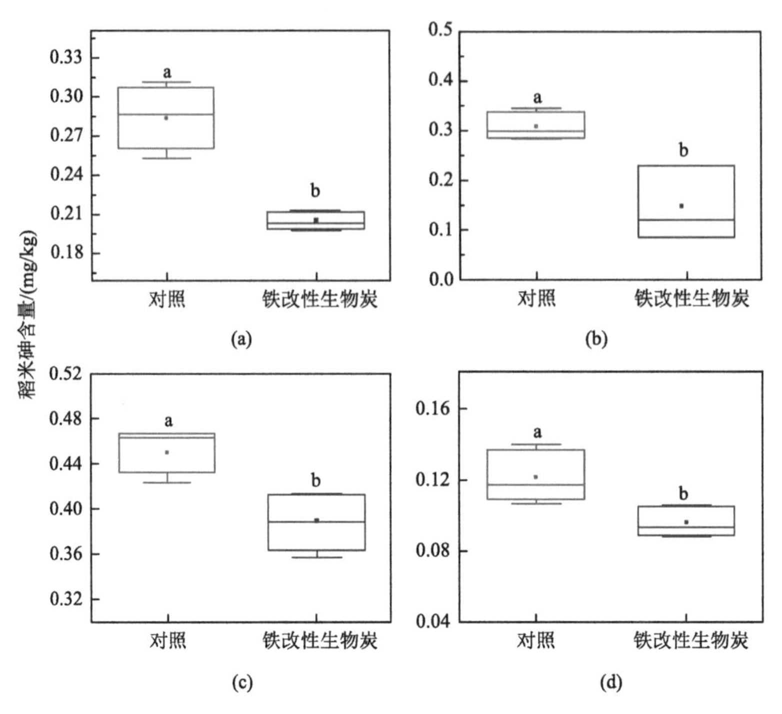

图 9.21　铁改性生物炭对两年四造稻米砷含量的影响

（a）2013 年早稻；（b）2013 年晚稻；（c）2014 年早稻；（d）2014 年晚稻。

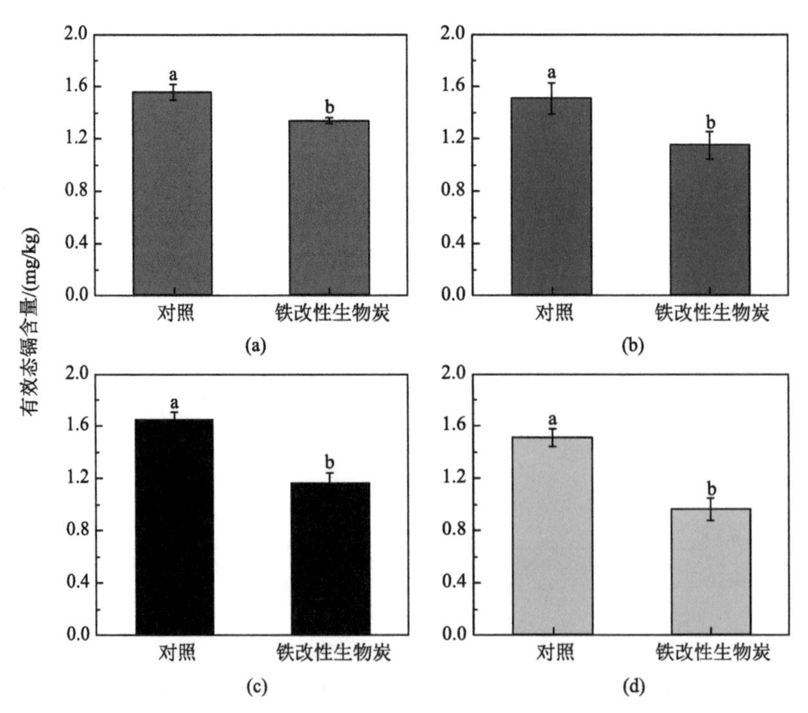

图 9.22　铁改性生物炭对两年四造土壤有效态镉含量的影响

（a）2013 年早稻；（b）2013 年晚稻；（c）2014 年早稻；（d）2014 年晚稻。

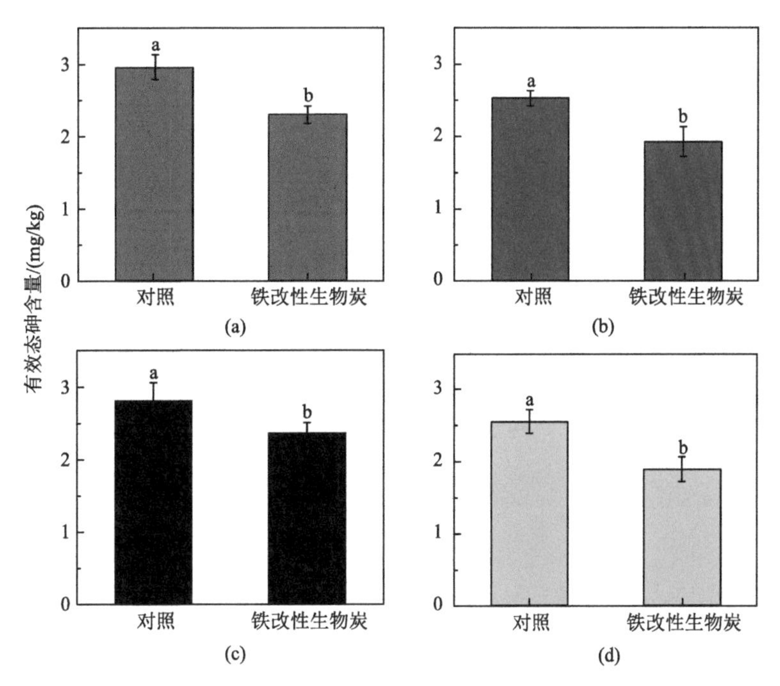

图 9.23　铁改性生物炭对两年四造土壤有效态砷含量的影响

（a）2013 年早稻；（b）2013 年晚稻；（c）2014 年早稻；（d）2014 年晚稻。

9.5 展　　望

在实际稻田环境中，镉和砷的环境行为完全相反。因此，实现镉和砷的同步钝化，是稻田土壤重金属污染修复实践中的最大难点。基于铁循环是连接稻田土壤中碳氮养分循环与镉、砷行为调控的枢纽这一思路，研发出稻田土壤镉砷同步钝化技术，并研制出激活铁循环过程的铁-碳地质催化材料。田间试用结果表明，铁改性生物炭对镉砷的同步钝化具有良好的稳定性及长效性，并在湖南和广东等镉砷污染地区大面积应用，解决了镉砷同步钝化的难题，实现了中轻度镉砷污染稻田的边生产边达标治理。但是，该技术由于存在一些不足而导致实际应用中受到一定限制，故未来还需从以下几方面继续展开研究。

（1）深入研究铁改性生物炭功能材料镉砷同步钝化机制。例如，可利用 X 射线吸收近边结构（XANES）光谱、扩展 X 射线吸收精细结构（EXAFS）光谱等新技术，获得镉和砷的配位及价态信息，以精准测定镉和砷的赋存状态，并区分吸附与沉淀、表面的内圈与外圈络合等过程，有助于深入阐明镉砷同步钝化机制。

（2）构建对镉砷同步钝化效果的评价体系。目前已开发的土壤镉砷同步钝化技术，仅改变土壤中镉和砷的存在形态，并降低其生物有效性，而镉和砷仍留存于土壤中。一旦土壤的环境条件（如 pH、Eh、有机质和微生物等）发生改变，很可能会引起镉和砷的再次活化。因此，钝化效果是否具有长期性、稳定性及是否存在环境效应，是重金属钝化是否成功的关键。未来需开展系统的跟踪性研究，建立有效的镉砷同步钝化评价体系，尤其是要明确钝化效果的量化指标，并探究能兼顾水稻产量和品质的钝化剂最佳配方和用量，以实现经济和生态效益的最大化。

（3）加强对镉砷同步钝化材料和微生物功能菌剂研发。基于铁改性生物炭的结构（生物炭原料和比表面积等）、工艺参数（铁盐、碳化时间和温度等）与镉砷的钝化效果之间的关系，探究最优的生物炭结构和工艺参数。此外，通过富集培养的方法，构建功能微生物菌群，然后研究其钝化镉砷的能力，并筛选出高效、稳定的功能菌群。通过快速繁殖与铁-炭地质催化材料复合，研发协同钝化镉砷的微生物功能材料。

（4）研发土壤重金属分离或去除的技术及相关设备。向重金属污染土壤中施加钝化材料，仅仅改变其中重金属的存在形态，重金属仍留存在土壤中。在未来，可利用磁场或电场的机械设备及配套技术，对土壤重金属进行吸附分离，以达到从根本上去除土壤重金属的目的。

参 考 文 献

常跃畅，2014. 福建省代表性土壤的氧化铁组成与磁化率及其发生学意义[D]. 杭州：浙江大学.

何玉垒，2021. 生物炭对 Cd 污染修复钝化稳定性及其机制研究[D]. 北京：中国农业科学院.

黄成敏，龚子同，2017. 土壤发生和发育过程定量研究进展[J]. 土壤，32（3）：145-150.

李冬初，黄晶，马常宝，等，2020. 中国稻田土壤有机质时空变化及其驱动因素[J]. 中国农业科学，53（12）：2410-2422.

鲁艳红，廖育林，聂军，等，2015. 我国南方红壤酸化问题及改良修复技术研究进展[J]. 湖南农业科学，（3）：148-151.

单志军，2020. 典型水稻土中镉钝化效果的稳定性研究[D]. 北京：中国农业科学院.

王俊，王青清，蒋珍茂，等，2018. 腐殖酸对外源砷在土壤中形态转化和有效性的影响[J]. 土壤，50（3）：522-529.

于焕云，崔江虎，乔江涛，等，2018. 稻田镉砷污染阻控原理与技术应用[J]. 农业环境科学学报，37（7）：1418-1426.

张晓峰，方利平，李芳柏，等，2020. 水稻全生育期内零价铁与生物炭钝化土壤镉砷的协同效应与机制[J]. 生态环境学报，29（7）：1455.

赵其国，黄国勤，马艳芹，2013. 中国南方红壤生态系统面临的问题及对策[J]. 生态学报，33（24）：7615-7622.

Ardini F，Dan G，Grotti M，2020. Arsenic speciation analysis of environmental samples[J]. Journal of Analytical Atomic Spectrometry，35（2）：215-237.

Bai H，Jiang Z，He M，et al.，2018. Relating Cd^{2+} binding by humic acids to molecular weight：A modeling and spectroscopic study[J]. Journal of Environmental Sciences，70：154-165.

Bingham E W，1976. Modification of casein by phosphatases and protein kinases[J]. Journal of Agricultural and Food Chemistry，24（6）：1094-1099.

Bisceglia K J，Rader K J，Carbonaro R F，et al.，2005. Iron(Ⅱ)-catalyzed oxidation of arsenic(Ⅲ) in a sediment column[J]. Environmental Science & Technology，39（23）：9217-9222.

Buschmann J，Kappeler A，Lindauer U，et al.，2006. Arsenite and arsenate binding to dissolved humic acids：Influence of pH，type of humic acid，and aluminum[J]. Environmental Science & Technology，40（19）：6015-6020.

Carabante I，Grahn M，Holmgren A，et al.，2009. Adsorption of As(Ⅴ) on iron oxide nanoparticle films studied by in situ ATR-FTIR spectroscopy[J]. Colloids and Surfaces A：Physicochemical and Engineering Aspects，346（1-3）：106-113.

Cerqueira B，Covelo E F，Andrade M L，et al.，2011. Retention and mobility of copper and lead in soils as influenced by soil horizon properties[J]. Pedosphere，21（5）：603-614.

Chuan M.，Shu G，Liu J，1996. Solubility of heavy metals in a contaminated soil：Effects of redox potential and pH[J]. Water，Air，and Soil Pollution，90（3）：543-556.

Colombo C，Palumbo G，He J Z，et al.，2014. Review on iron availability in soil：Interaction of Fe minerals，plants，and microbes[J]. Journal of Soils and Sediments，14（3）：538-548.

Cui J，Jin Q，Li Y，et al.，2019. Oxidation and removal of As(Ⅲ) from soil using novel magnetic nanocomposite derived from biomass waste[J]. Environmental Science：Nano，6（2）：478-488.

Ding W，Xu J，Chen T，et al.，2018. Co-oxidation of As(Ⅲ) and Fe(Ⅱ) by oxygen through complexation between As(Ⅲ) and Fe(Ⅱ)/Fe(Ⅲ) species[J]. Water Research，143：599-607.

Fulda B，Voegelin A，Kretzschmar R，2013. Redox-controlled changes in cadmium solubility and solid-phase speciation in a paddy soil as affected by reducible sulfate and copper[J]. Environmental Science & Technology，47（22）：12775-12783.

Guo J H，Liu X J，Zhang Y，et al.，2010. Significant acidification in major Chinese croplands[J]. Science，327（5968）：1008-1010.

Honma T，Ohba H，Kaneko-Kadokura A，et al.，2016. Optimal soil Eh，pH，and water management for simultaneously minimizing arsenic and cadmium concentrations in rice grains[J]. Environmental Science & Technology，50（8）：4178-4185.

Irshad M K，Noman A，Alhaithloul H A S，et al.，2020. Goethite-modified biochar ameliorates the growth of rice（*Oryza sativa* L.）plants by suppressing Cd and As-induced oxidative stress in Cd and As co-contaminated paddy soil[J]. Science of the Total Environment，717：137086.

Irshad M K，Noman A，Wang Y，et al.，2022. Goethite modified biochar simultaneously mitigates the arsenic and cadmium accumulation in paddy rice（*Oryza sativa*L）[J]. Environmental Research，206：112238.

Islam M S，Magid A S I A，Chen Y，et al.，2021. Effect of calcium and iron-enriched biochar on arsenic and cadmium accumulation from soil to rice paddy tissues[J]. Science of the Total Environment，785：147163.

Jr Ultra V U，Nakayama A，Tanaka S，et al.，2009. Potential for the alleviation of arsenic toxicity in paddy rice using amorphous iron-(hydr) oxide amendments[J]. Soil Science and Plant Nutrition，55（1）：160-169.

Komárek M，Vaněk A，Ettler V，2013. Chemical stabilization of metals and arsenic in contaminated soils using oxides：A review[J]. Environmental Pollution，172：9-22.

Kumarathilaka P，Bundschuh J，Seneweera S，et al.，2021a. Iron modification to silicon-rich biochar and alternative water management to decrease arsenic accumulation in rice（*Oryza sativa* L.）[J]. Environmental Pollution，286：117661.

Kumarathilaka P，Bundschuh J，Seneweera S，et al.，2021b. Rice genotype's responses to arsenic stress and cancer risk：The effects of integrated birnessite-modified rice hull biochar-water management applications[J]. Science of the Total Environment，768：144531.

Kumarathilaka P，Seneweera S，Meharg A，et al.，2018. Arsenic accumulation in rice（*Oryza sativa* L.）is influenced by environment and genetic factors[J]. Science of the Total Environment，642：485-496.

Li S，Chen S，Wang M，et al.，2021. Redistribution of iron oxides in aggregates induced by pe plus pH variation alters Cd availability in paddy soils[J]. Science of the Total Environment，752：142164.

Liu M，Hou R，Fu Q，et al.，2022. Long-term immobilization of cadmium and lead with biochar in frozen-thawed soils of farmland in China[J]. Environmental Pollution，313：120143.

Liu N，Lou X，Li X，et al.，2021. Rhizosphere dissolved organic matter and iron plaque modified by organic amendments and its relations to cadmium bioavailability and accumulation in rice[J]. Science of the Total Environment，792：148216.

Mavromatis V，Montouillout V，Noireaux J，et al.，2015. Characterization of boron incorporation and speciation in calcite and aragonite from co-precipitation experiments under controlled pH，temperature and precipitation rate[J]. Geochimica et Cosmochimica Acta，150：299-313.

Mitsunobu S，Harada T，Takahashi Y，2006. Comparison of antimony behavior with that of arsenic under various soil redox conditions[J]. Environmental Science & Technology，40（23）：7270-7276.

Nagodavithane C L，Singh B，Fang Y，2014. Effect of ageing on surface charge characteristics and adsorption behaviour of cadmium and arsenate in two contrasting soils amended with biochar[J]. Soil Research，52（2）：155-163.

Pichler T，Veizer J，Hall G E，1999. Natural input of arsenic into a coral-reef ecosystem by hydrothermal fluids and its removal by Fe(Ⅲ) oxyhydroxides[J]. Environmental Science & Technology，33（9）：1373-1378.

Ponting J，Kelly T J，Verhoef A，et al.，2021. The impact of increased flooding occurrence on the mobility of potentially toxic elements in floodplain soil：A review[J]. Science of the Total Environment，754：142040.

Qiao J T, Li X M, Hu M, et al., 2018a. Transcriptional activity of arsenic-reducing bacteria and genes regulated by lactate and biochar during arsenic transformation in flooded paddy soil[J]. Environmental Science & Technology, 52（1）: 61-70.

Qiao J T, LiuT X, Wang X Q, et al., 2018b. Simultaneous alleviation of cadmium and arsenic accumulation in rice by applying zero-valent iron and biochar to contaminated paddy soils[J]. Chemosphere, 195: 260-271.

Qiao W, Guo H, Shi Q, et al., 2019. Characteristics of Dissolved Organic Matter in Shallow Groundwater in the Hetao Basin[M]. Paris: EDP Sciences.

Qu J, Yuan Y, Zhang X, Wang L, et al., 2022. Stabilization of lead and cadmium in soil by sulfur-iron functionalized biochar: Performance, mechanisms and microbial community evolution[J]. Journal of Hazardous Materials, 425: 127876.

Rajendran M, Shi L, Wu C, et al., 2019. Effect of sulfur and sulfur-iron modified biochar on cadmium availability and transfer in the soil: Rrice system[J]. Chemosphere, 222: 314-322.

Shen B, Wang X, Zhang Y, et al., 2020. The optimum pH and Eh for simultaneously minimizing bioavailable cadmium and arsenic contents in soils under the organic fertilizer application[J]. Science of the Total Environment, 711: 135229.

Suda A, Makino T, 2016. Functional effects of manganese and iron oxides on the dynamics of trace elements in soils with a special focus on arsenic and cadmium: A review[J]. Geoderma, 270: 68-75.

Tang X, Shen H, Chen M, et al., 2020. Achieving the safe use of Cd-and As-contaminated agricultural land with an Fe-based biochar: A field study[J]. Science of the Total Environment, 706: 135898.

Vodyanitskii Y N, 2010. The role of iron in the fixation of heavy metals and metalloids in soils: A review of publications[J]. Eurasian Soil Science, 43（5）: 519-532.

Wan J, Klein J, Simon S, et al., 2010. As-Ⅲ oxidation by *Thiomonas arsenivorans* in up-flow fixed-bed reactors coupled to As sequestration onto zero-valent iron-coated sand[J]. Water Research, 44（17）: 5098-5108.

Wang M, Wang L, Zhao S, et al., 2021. Manganese facilitates cadmium stabilization through physicochemical dynamics and amino acid accumulation in rice rhizosphere under flood-associated low pe plus pH[J]. Journal of Hazardous Materials, 416: 126079.

Wang Y, HuY, Duan Y, et al., 2016. Silicon reduces long-term cadmium toxicities in potted garlic plants[J]. Acta Physiologiae Plantarum, 38（8）: 1-9.

Wu J, Li Z, Wang L, et al., 2020. A novel calcium-based magnetic biochar reduces the accumulation of As in grains of rice（*Oryza sativa* L.）in As-contaminated paddy soils[J]. Journal of Hazardous Materials, 394: 122507.

Yamaguchi N, Nakamura T, Dong D, et al., 2011. Arsenic release from flooded paddy soils is influenced by speciation, Eh, pH, and iron dissolution[J]. Chemosphere, 83（7）: 925-932.

Yang Y, Li Y L, Chen W P, et al., 2020. Dynamic interactions between soil cadmium and zinc affect cadmium phytoavailability to rice and wheat: Regional investigation and risk modeling[J]. Environmental Pollution, 267: 115613 .

Yin K, Lo IMC, Dong H, et al., 2012. Lab-scale simulation of the fate and transport of nano zero-valent iron in subsurface environments: Aggregation, sedimentation, and contaminant desorption[J]. Journal of Hazardous Materials, 227: 118-125.

Yu H Y, Wang X, Li F, et al., 2017a. Arsenic mobility and bioavailability in paddy soil under iron compound amendments at different growth stages of rice[J]. Environmental Pollution, 224: 136-147.

Yu Z, Qiu W, Wang F, et al., 2017b. Effects of manganese oxide-modified biochar composites on arsenic speciation and accumulation in an indica rice（*Oryza sativa* L.）cultivar[J]. Chemosphere, 168: 341-349.

Zhang J Y, Zhou H, Zeng P, et al., 2021. Nano-Fe_3O_4-modified biochar promotes the formation of iron plaque and cadmium immobilization in rice root[J]. Chemosphere, 276: 130212.

Zhou Q, Lin L, Qiu W, et al., 2018. Supplementation with ferromanganese oxide-impregnated biochar composite reduces cadmium uptake by indica rice（*Oryza sativa* L.）[J]. Journal of Cleaner Production, 184: 1052-1059.

第 10 章

稻田根-土界面镉砷阻控技术

根-土界面是指植物根系与土壤之间的微小区域，也称根际（rhizosphere）。水稻根系为适应淹水条件下的缺氧环境，会向根际释放氧气和氧化性物质，从而导致根际氧化还原电位（Eh）高于非根际土壤，形成区别于土体的根际环境。尽管植物根际的厚度只有1～4 mm，但其中发生的氧化还原、络合解离等化学反应和微生物代谢活动等，均会极大地影响重金属形态及价态的变化，最终影响重金属的生物有效性或毒性。其中，Fe(Ⅱ)被根系分泌的 O_2 氧化为 Fe(Ⅲ)，或在微生物作用下二次成矿，然后附着在水稻根表形成铁膜。铁膜是阻止重金属进入根系的屏障，但铁膜的形成是一个动态过程，而稻田环境中 Cd、As 等重金属的行为却相反，因此，如何利用根际微生物代谢活动，促进 Fe(Ⅱ)二次成矿作用形成铁膜，同步固定 Cd 和 As，已成为近年来同步阻控技术发展中的热点和前沿性的问题。本章首先简要地介绍根表铁膜形成的生理机制、硝酸铁和腐殖质在铁膜生成过程中的相互作用，以及对 Cd、As 同步固定的技术原理（图 10.1）；再重点介绍已开发的 $Fe(NO_3)_3$ 与泥炭（即木本泥炭，主要成分为腐殖质）复合的养分型钝化调理技术及其应用，以期为稻田土壤 Cd、As 复合污染防控提供理论依据和实践指导。

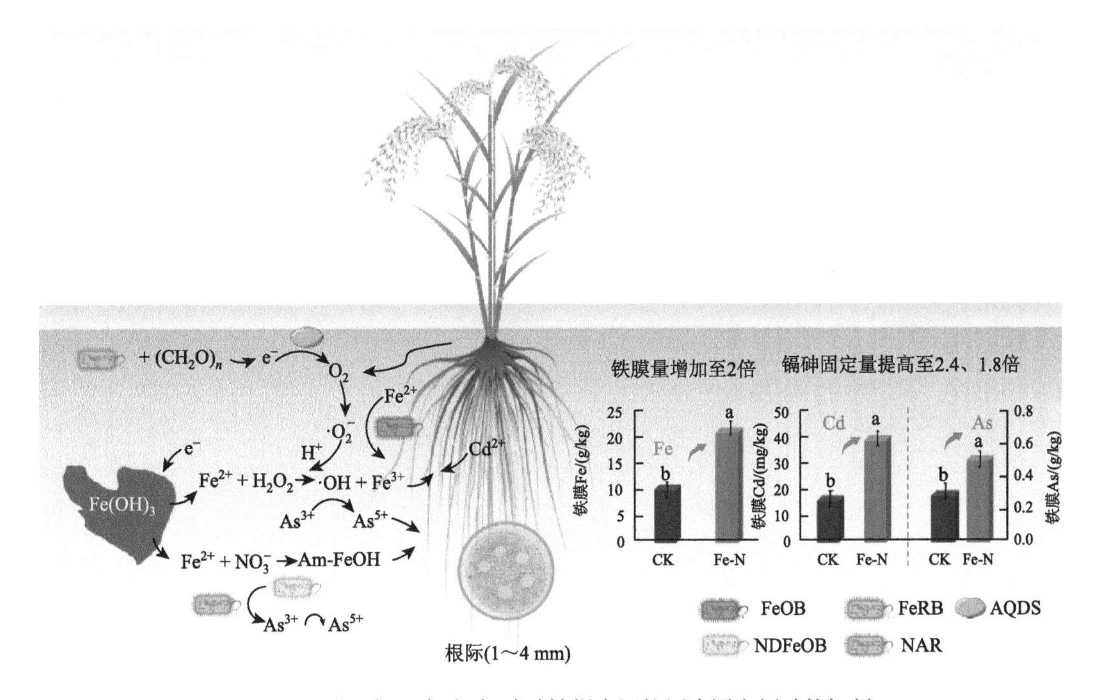

图 10.1　水稻根际腐殖质-硝酸铁耦合调控同步固定镉砷的机制

10.1　根–土界面中铁膜阻控镉砷的技术原理

在根–土界面，铁膜可通过对离子的吸附–解吸、氧化–还原及络合–解离等作用，来改变根际中重金属形态及转化迁移过程，从而影响其生物有效性和毒性。本节将详细地介绍水稻根表铁膜形成的过程及影响因素、铁膜对 Cd 和 As 的固定，以及抑制其进入水稻内部的机制，重点阐述 $Fe(NO_3)_3$ 复合腐殖质在铁膜形成，以及固定 Cd、As 的作用及原理。

10.1.1　水稻根表铁膜

铁（Fe）是土壤中最丰富的元素之一，土壤中铁氧化物通常以 Fe(III)（氢）氧化物为主，包含赤铁矿、磁铁矿、针铁矿、纤铁矿和水铁矿等，其中活跃的 Fe(III)（氢）氧化物广泛分布于稻田中。研究表明，稻田土壤中 Fe(III)（氢）氧化物还原并溶解成 Fe(Ⅱ)的过程，与土壤的 pH、Eh、有机质含量及铁还原菌等因素密切相关（Colombo et al.，2014）。稻田土壤长期淹水所形成的厌氧环境，有利于 Fe 从不溶态向溶解态转化，而异化铁还原菌介导的有机质氧化耦合 Fe(III)还原，则是促进 Fe(III)（氢）氧化物发生还原溶解的重要驱动力（Lovley，1993）。在长期进化中，水稻为了适应淹水的环境，其地上部及根系的结构已发生特异变化，如在体内形成大量通气组织，可将大气中的 O_2 输送到根系，然后由根系将 O_2 及其他氧化性物质释放到根际中，使根际形成好氧环境，导致大量的还原性 Fe(Ⅱ)被氧化，所产生的铁（氢）氧化物沉积在水稻根表，从而形成铁膜（Jiang et al.，2009）（图 10.2）。

淹水条件下，除了植物根际分泌的 O_2 及氧化性物质导致 Fe(Ⅱ)发生化学氧化外，根际中存在的微氧型亚铁氧化菌（FeOB），也可能参与 Fe(Ⅱ)的氧化及铁膜形成。土体与根际之间形成的氧化还原电位差及铁氧浓度梯度，是微氧型 FeOB 生存的良好场所。美国亚特兰大中部不同湿地植物根际微生物调查结果显示，92%的植物根际土壤中都含有丰富的微

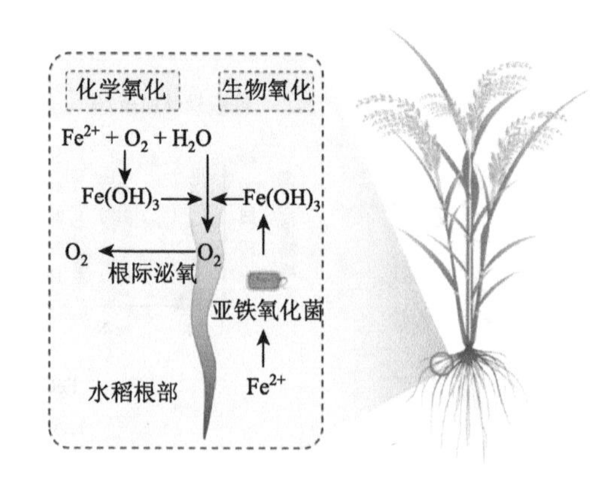

图 10.2　水稻根际泌氧及铁膜生成

氧型 FeOB，其数量最高可达 10^6/g 干土（Weiss et al.，2003）。Emerson 等（1999）曾调查了 4 种水生植物根际的 Fe(Ⅱ)含量，并从根际中分离出具有自养能力的微氧型 FeOB，同时还发现南方慈姑（*Sagittaria australis*）根表铁膜上的 FeOB 数量与总 Fe 含量呈显著正相关关系，意味着 FeOB 可能参与根表铁膜的形成。Neubauer 等（2002，2007）从龙须草（*Juncus effusus*）的根际环境中分离出嗜中性微氧型 *Sideroxydans aludicola*，该 FeOB 可使根际环境中 Fe(Ⅱ)的氧化速率提高 1.3～1.7 倍，且对微氧环境中 Fe(Ⅱ)氧化的贡献率占 18%～53%。陈娅婷等（2016）利用铁氧反向浓度梯度管法，富集培养并分离出水稻土壤中的微氧型 FeOB，然后采用 16S rRNA 基因测序技术，对培养过程中微氧型 FeOB 群落的多样性及组成进行分析。研究发现，在富集培养和传代培养过程中，固氮螺菌（*Azospira*）、磁螺菌（*Magnetospirillum*）、梭菌（*Clostridium*）和红游动菌（*Rhodoplanes*）等菌属在群落中的比例占据优势，并最终分离到以固氮螺菌（*Azospira*）为主（占比为 63.9%）的 FeOB 混合菌团（图 10.3）。该混合菌团具有较活跃的 Fe(Ⅱ)氧化能力，XRD 分析表明，该混合菌团氧化 Fe(Ⅱ)所形成的 Fe(Ⅲ)矿物为无定形铁氧化物（陈娅婷等，2016）。

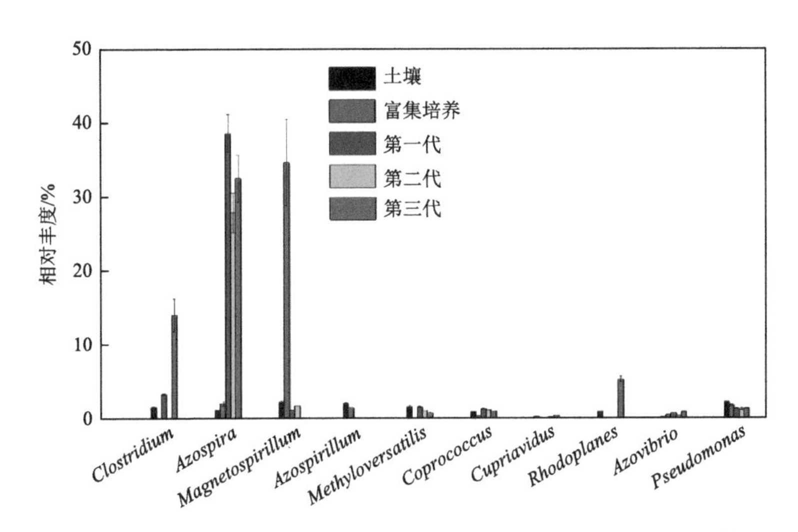

图 10.3 水稻根际土壤微氧型亚铁氧化菌物种的组成与相对丰度（陈娅婷等，2016）

采用铁氧反向浓度梯度管法，富集培养并分离微氧型亚铁氧化菌。

2. 水稻根表铁膜形成的生理机制及重要影响因子

水稻根表铁膜的形成是根际高 Fe(Ⅱ)浓度与根系强氧化力二者共同作用的结果（杨旭健等，2014）。根际中的 Fe(Ⅱ)主要与稻田的 Eh 及微生物活动有关，而根系氧化力是植物生理生化过程强弱的直接体现（Khan et al.，2016）。水稻根系的氧化力主要由根系分泌的氧化酶、氧化性物质、O_2 和根际氧化性微生物等因素构成（Emerson et al.，1999; Neubauer et al.，2007; Weiss et al.，2003），其中，氧化酶包含过氧化物酶（POD）、过氧化氢酶（CAT）、超氧化物歧化酶（SOD）、谷胱甘肽过氧化物酶（GR）等，均能把 Fe(Ⅱ)氧化为 Fe(Ⅲ)（Crowder & Macfie，1986）；氧化性物质包含过氧化氢以及乙醛酸、草酸、甲酸等酸类物质（在酶作用下酸类物质分解，产生过氧化氢），这些物质可释放 O_2，从而将 Fe(Ⅱ)氧化，导致铁膜形成（Ando et al.，1983）；附着在水稻根表的 FeOB（Emerson et al.，1999）或甲烷氧化细菌（King & Garey，1999），对根表铁膜的形成也具有促进作用。

土壤中影响水稻根表铁膜形成的因素主要包括：根系氧化力（根系分泌的氧气和氧化性物质总量以及由此形成的微氧环境）、根际有效态 Fe(Ⅱ)、根际 pH 和 Eh、土壤中无机碳、可溶性盐、土壤有机质、阳离子交换量、碳酸盐含量、生长季节、温度、淹水时间长短、水稻营养状况(如磷、硫、硅营养)以及水稻品种等（傅友强等，2010）。

研究发现，CO_2 促进根系铁膜的形成。在水培条件下，过量的 CO_2 易于形成针铁矿，无 CO_2 或低 CO_2 时 Fe(Ⅱ)快速氧化和水解，形成纤铁矿（St-Cyr & Crowder，1989）。在一定 pH 范围（3～6）内，水培植物的铁膜数量与 pH 正相关。另外磷元素也影响了铁膜形成，缺磷能诱导根表铁膜的形成（Liang et al.，2006）。铁膜的形成量与根系氧化力有关，不同水稻基因型品种形成根表铁膜数量存在显著性差异，不同品种的水稻由于根系分泌氧气、质子和其他化合物的能力有所不同，故形成铁膜的数量也有差异（Liu et al.，2011；杨婧等，2009）。另外硫也可以诱导水稻铁膜形成（Hu et al.，2007）。Wu 等（2012）的实验结果表明，不同品种水稻径向氧气损失（radial oxygen loss，ROL）与铁膜的形成有显著相关性，其空间分布差异与根系泌氧的空间差异具有一致性（Wu et al.，2012，2016）。由于根际 Eh 的降低会带来根际溶解态 Fe 浓度的增加，所以还原条件下沉积在根表的铁膜数量会增多（Christensen & Wigand，1998）。已有研究表明随着土壤 Eh 的增加，形成的根表铁膜数量会逐渐增多；但是当 Eh 继续增加后，溶液中溶解态 Fe 浓度会逐渐降低，根表铁膜数量也会降低。而如果土壤处于极度还原状态，Eh 呈负值时，由于土壤极度缺氧，根系表面形成的铁膜也会减少（Christensen & Wigand，1998）。由此，Eh 过高或过低时都会降低根表铁膜数量。根际 pH 可以通过影响根际溶解态 Fe 浓度和其在根表沉积的再溶解来直接影响根表铁膜的形成，也可以通过影响根系氧化力来间接影响根表铁膜的形成（Macfie & Crowder，1987；Taylor et al.，1984）。水分条件对铁膜的影响主要为非淹水土壤处于好氧状态，植物向根系输送的 O_2 少，Fe 的生物有效性低（Chen et al.，2008）。淹水条件时根际 Fe 主要分布于根表铁膜，排水条件则主要集中在根组织中（St-Cyr & Crowder，1989）。研究发现不同土壤水分影响铁膜数量分布顺序依次为：淹水＞干湿交替＞湿润（董明芳，2016）。在植物的不同生长阶段铁膜数量也有差异，植物生长的旺盛期形成的铁膜数量最多，生长后期根系老化，泌氧能力下降，铁氧化物被还原，铁膜作用退化（Crowder & Macfie，1986；St-Cyr & Crowder，1989）。

3. 根表铁膜的化学组成与空间分布

水稻根表铁膜主要由结晶型和无定形的铁（氢）氧化物组成，如磁赤铁矿（γ-Fe_2O_3）、纤铁矿（γ-FeOOH）、赤铁矿（α-Fe_2O_3）和针铁矿（α-FeOOH）等（Frommer et al.，2011），还含有大量的金属离子，如砷、汞、镍、铬、铝、镉、铅、锌等，这些金属离子与铁（氢）氧化物共沉淀，成为铁膜的组成部分（Khan et al.，2016）。

采用能量色散吸收 X 射线（荧光）光谱[energy dispersive absorption X-ray（fluorescence）spectrometric microanalysis，EDA(F)X]、X 射线吸收近边结构（XANES）光谱、（扩展）X 射线吸收精细结构光谱[(E)XAFS]等技术，分析水稻铁膜的组成，发现不同水稻中铁膜的性状及组织分布存在较大的差异，不同水稻品种的铁膜，都含有针铁矿（α-FeOOH）和水铁矿（$Fe_5HO_8·4H_2O$）两种成分（Frommer et al.，2011；Liu et al.，2006）。

水稻根表铁膜具有横向和纵向的不确定性分布特征，且易受地上部株高、根系大小、根内孔隙、表皮结构等因素影响（傅友强等，2010）。铁膜的纵向分布特征表现为，根尖 1 cm 以上的部位才开始形成铁膜，而且老根的铁膜数量较多，新生根因通气组织尚未完全形成，铁膜的数量较少（何春娥等，2004）。根尖没有铁膜或数量较少，原因可能有两个：①由于根尖分泌质子以及 Fe(Ⅱ)发生氧化而释放质子，降低了根尖的 pH，从而溶解铁（氢）氧化物，使得根尖铁膜数量很少或无法形成；②水稻地上部向下输送 O_2 的主要目的是供根系呼吸作用，由于根尖属于顶端分生组织，其生命力旺盛，细胞内代谢过程需氧量大，从而导致运输到根尖的大部分 O_2 被消耗，只有极少的 O_2 分泌至根外，因此根尖铁氧化物的沉积量少，不易形成铁膜。根尖以外的其他部位质子产生少，其周围的 O_2、CO_2 与 Fe(Ⅱ)、Fe(Ⅲ)反应，生成 $FeCO_3$ 和 $Fe(OH)_3$，从而在根系基部或距根尖较远的部位形成大量铁膜。此外，随着根系基部细胞的老化，对 O_2 需要量也逐渐减少，运输到根基部的大部分 O_2 分泌至根外，从而加速 Fe(Ⅱ)氧化及铁膜的形成（Wang & Peverly，1996）。

10.1.2　水稻根表铁膜对镉砷的固定效应

水稻根表的铁膜是一种两性胶体膜，其电荷来源于铁膜表面基团质子化和去质子化作用。铁膜中的铁氧化物、铁氢氧化物与自然界中铁氧化物的化学性质类似，而且比表面积大，并含有大量的·OH 功能团。因此，铁膜具有较强的化学吸附能力，也有一定的氧化还原能力，能与阴、阳离子发生吸附–解吸、氧化–还原或络合–解离等反应，从而改变根际中营养元素及重金属形态与活性，并影响这些离子的生物有效性或毒性（Shuman & Wang，1997；Liang et al.，2006）。

铁膜可保护植物免受或减少重金属的毒害，主要有两种机制。一种是外在抗性机制，是指铁膜能吸附重金属或与其发生共沉淀，从而将重金属滞留在根系表面（Taylor & Crowder，1983），并改变重金属在固液两相中的分配（Trivedi & Axe，2001）。例如，针铁矿不仅对二价重金属阳离子（如 Cd^{2+}、Pb^{2+}、Hg^{+}等）有强烈的吸附作用，还可结合土壤阴离子，如磷酸根、碳酸根、砷酸根等，从而改变这些重金属离子的生物有效性，但改变的方向和程度取决于环境条件、离子浓度等因素。另一种是内在耐受机制，是指铁膜能够促进大量铁进入植株体内，与重金属竞争代谢敏感位点，并使植株体内的重金属主要沉积在不敏感部位，从而避免重金属对植株组织的伤害（Greipsson，1994）。但是，Fe(Ⅱ)在氧化过程中会释放出质子，降低根际 pH，导致根际土壤中交换态和有机结合态重金属含量增加（Shuman & Wang，1997）。下面将以砷（As）、镉（Cd）为例，详细阐述根表铁膜对水稻重金属吸收的影响及相关机制。

1. 水稻根表铁膜对砷的固定作用

铁膜中的铁（氢）氧化物对砷酸根、亚砷酸根等阴离子具有较强的亲和力，并可通过氧化-还原作用改变As的形态和价态，将毒性较强的As(Ⅲ)转化为毒性较弱的As(Ⅴ)，以降低对根系的毒害（段桂兰等，2007）。采用分步提取法及XANES光谱分析，发现水稻铁膜中的As主要以As(Ⅴ)形式存在，而且As主要被无定形态和结晶态的铁（氢）氧化物吸附和固定（Liu et al.，2006，Seyfferth et al.，2010）。Hossain等（2009）报道，铁膜中的As含量超过根际土壤，表明铁膜具有明显的富集As能力，从而降低土壤As的迁移性。水稻根表铁膜中的As，占植株吸收总As的比例高达75%～89%，表明铁膜具有阻止As进入水稻根细胞的作用（Liu et al.，2004a）。也有研究结果显示，铁膜可降低水稻对As(Ⅴ)的吸收，但是却提高水稻对As(Ⅲ)的吸收（Chen et al.，2005）。

铁膜对As的吸附和固定，主要受水稻生理活性和外部环境因子的影响，包括水稻基因型、根系泌氧能力，以及根际中的阴离子、水分条件等因素（Lee et al.，2013；Liu et al.，2004a；Syu et al.，2014；Wu et al.，2012）。研究发现，磷酸根和Si是影响铁膜抑制水稻吸收As的重要因素（Hu et al.，2005；Liu et al.，2004b），这可能与As(Ⅴ)、As(Ⅲ)可分别通过水稻根系的磷酸根转运蛋白、Si转运蛋白进入水稻根系有关。当磷酸盐充足时，能显著降低铁膜对As的吸附及根系对As(Ⅴ)的吸收；而添加Si可以减少水稻对As(Ⅲ)的吸收（Guo et al.，2007；Wu et al.，2016）。

也有一些研究报道，铁膜促进水稻对As的吸收。As(Ⅲ)通常是土壤基质及根际中的主要形态，X射线荧光光谱（X-ray fluorescence spectrometry）及X射线吸收光谱分析结果显示，淹水条件下的铁膜并未完全覆盖水稻的整个根系，水稻根系可以吸收As(Ⅲ)。另外，铁膜发生还原性溶解时，可导致所吸附的As释放出来，从而提高其生物有效性（Huang et al.，2012；Syu et al.，2013；Wang et al.，2009）。在水稻收获前，通常需要进行排水落干管理，此时稻田土壤处于氧化状态，As(Ⅲ)发生氧化。由于铁氧化物对As(Ⅴ)有较强的吸附，因此铁膜中As(Ⅴ)浓度远高于土壤，反而可能增强水稻吸收As（Yamaguchi et al.，2014）。

2. 水稻根表铁膜对镉的固定作用

由于水稻基因型、根系泌氧量、根系氧化酶活性和根际微生物等生物因素，以及温度、pH、Eh、土壤的通透性及土壤中有效态Fe(Ⅱ)的浓度等物理化学因素都有可能影响根表铁膜的形成，在这些影响因素的共同作用下，根表铁膜影响Cd吸附与吸收存在不一致的现象。水稻根表铁膜对根系Cd的吸收及其在水稻体内的转运有重要作用，铁膜既可以促进也可以抑制水稻根系对Cd的吸收，其作用方向取决于水稻根表铁膜的厚度（Liu et al.，2007b）：当根表铁膜较薄时促进水稻根系对Cd的吸收，随着铁膜厚度的增加，铁膜开始抑制水稻根系对Cd的吸收（李花粉等，1997）。通过水培实验也发现水稻根表铁膜对介质中Cd吸收及其在水稻体内的转运起重要作用，既可促进也可抑制水稻根系对Cd的吸收（刘文菊等，1999）。当根表铁膜较薄时，铁膜会促进水稻根系对Cd的吸收，在铁膜数量达到一定量时，促进作用达到最大值，而后随着铁膜数量的继续增加，铁膜反而会抑制水稻根系对 Cd 的吸收，原因可能在于根–铁膜界面的 Cd 数量有限，吸附于铁膜表面的 Cd 需要经过解吸、跨越铁膜等复杂过程才能到达根表，进而被根系吸收（刘文菊等，1999）。铁膜及植株中 Cd 含量与营养液中铁浓度呈负相关关系，植株中 Cd 的含量明显高于铁膜中 Cd 的含量。水稻对 Cd 的吸收和转运与植株的 Fe 营养水平相关，在叶片中 Fe 与 Cd 竞争代谢敏感位点，根组织本身比根表铁膜起到更重要的屏障作用（Liu et al.，2007b）。还发现营养液中供应磷不影响 Cd 在铁膜上的吸附，但显著提高了水稻根中和地上部 Cd 的含量，加 Fe 后减弱了 P 对水稻根中和地上部 Cd 积累程度（Liu et al.，2007a）。植物根系对 Cd 的吸收借助于 Fe 的运输蛋白，当环境中有大量 Fe 离子存在时，根中 Fe 的运输蛋白对 Fe 的优先结合降低了其与 Cd 的结合概率，从而减少了植株对 Cd 的吸收。同时，在植物体内 Fe 与重金属竞争代谢敏感位点，组织中高含量的 Fe 减缓了植物对 Cd 的毒害反应，这进一步证明了 Fe 对 Cd 的拮抗作用（刘侯俊等，2007）。Zhang 和 Duan（2008）认为水稻根表铁膜对介质中 Cd 的吸收及其在水稻体内的转运起重要作用，它既可以促进也可抑制水稻根系对 Cd 的吸收，其影响方向取决于水稻根表铁膜的老化程度或厚度。其他决定水稻铁膜吸附 Cd 及植株吸收 Cd 的关键因子还包括根际泌氧能力（Wang et al.，2013；Cheng et al.，2014）、水稻生育期差异（Hu et al.，2013）、耕作方式（Liu et al.，2010b）、土壤铁氧化物（Lai et al.，2012；Liu et al.，2010a）以及其他金属的交叉影响（Chen et al.，2014；Huang et al.，2009）。

10.1.3　硝酸铁与腐殖质促进铁膜形成及固定镉砷的作用及原理

1. 硝酸铁促进铁膜形成及固定镉砷的作用

硝酸铁促进铁膜形成及固定镉砷的作用表现在两个方面，一是硝态氮还原介导 Fe(Ⅱ) 氧化成矿并固定镉和砷的作用，二是硝态氮还原介导 As(Ⅲ)等低价类金属元素氧化及固定镉和砷的作用。

水稻根系径向泌氧可刺激根际土壤中硝化微生物种群的繁殖与活性，从而增强根际的硝化作用，促使铵态氮转化为硝态氮。硝态氮的增加又会诱导反硝化微生物的生长繁殖，提高土壤反硝化强度（吴讷等，2019）。反硝化是硝酸盐还原的一个重要路径，会对土壤其他元素的形态产生间接的影响。NO_3^- 还原菌可通过氧化 Fe(Ⅱ)获得能量，并具有反硝化和异化 NO_3^- 还原成氨的代谢能力，因而是铁循环和氮循环耦合的重要连接点（Li et al.，2016；Straub et al.，1996），同时推动铁循环和氮循环（Emerson et al.，2012），故对根际土壤中活性铁的再生，具有非常重要意义。Weiss 等（2003）发现，NO_3^- 依赖型 FeOB 是大部分水生植物根际环境中的常见微生物，在根际铁循环过程中具有重要作用。由微生物驱动的 NO_3^- 依赖型 Fe(Ⅱ)氧化，可能的反应如公式（10.1）所示（Chaudhuri et al.，2001）。因此，作为稻田重要氮素养分之一的 NO_3^-，可驱动根际 Fe(Ⅱ)氧化并形成铁膜，有利于重金属元素的氧化和固定。

$$2NO_3^- + 10Fe^{2+} + 24H_2O \longrightarrow 10Fe(OH)_3 + N_2 + 18H^+ \tag{10.1}$$

微生物介导的NO_3^-还原过程，除了可促进根际活性铁的再生外，还可直接促进As(Ⅲ)等还原性金属离子的氧化（Hiemstra et al.，2007；Li et al.，2016）。例如，副球菌属（*Paracoccus*）菌株可介导NO_3^-脱氮耦合As(Ⅲ)氧化成As(Ⅴ)（Zhang et al.，2016）。NO_3^-可能是根际土壤还原性类金属离子氧化的重要电子受体，有利于As等类金属元素的解毒。NO_3^-还原菌还能够在氧化As(Ⅲ)的过程中，将硝酸盐还原成NO_2^-，而NO_2^-可直接氧化Fe(Ⅱ)成矿［公式（10.2）］（Klueglein & Kappler，2013）。另外，土壤中硝酸盐含量越高，硝酸还原酶（NR）的活性和反硝化强度也越高（Li et al.，2016）。

$$2NO_2^- + 4Fe^{2+} + 5H_2O \longrightarrow 4FeOOH + N_2O + 6H^+ \tag{10.2}$$

2. 腐殖质促进铁膜形成及固定砷镉的作用

为验证电子穿梭体引起根际发生Fenton反应的假设，研究者构建了水稻电化学装置PMFC（plant microbial fuel cell）（图10.4）（Wang et al.，2014）。在该装置中，电路起电子穿梭体的作用，可将阳极室产生的电子运输到阴极室，激发Fenton反应。当电池阳极无异化铁还原菌（CK2），或电池阴极无水稻存在（CK1）时，阴极溶液中As(Ⅲ)的浓度随时间延长逐步降低，整个反应过程中均未检出As(Ⅴ)（图10.5a）；PMFC阴极As(Ⅲ)的下降速率，显著高于CK1和CK2阴极室中As(Ⅲ)的下降速率（图10.5b），而且通电伊始即能在溶液中检测出As(Ⅴ)。反应结束后，测定水稻整株的As含量，以及溶液和纤铁矿中As的形态与含量，并计算反应体系的As回收率。研究发现，与CK1和CK2相比，PMFC水稻（含铁膜）的As含量显著上升，且溶液和纤铁矿表面的As以As(Ⅴ)为主（表10.1）。因此，可推测PMFC体系中阳极的异化铁还原菌，以乳酸为电子供体进行呼吸并产生电子，而电子通过电路进入阴极后，以水稻根系分泌的O_2为电子受体产生H_2O_2，并以碳毡纤铁矿涂层为电子受体产生Fe(Ⅱ)，于是H_2O_2和Fe(Ⅱ)发生Fenton反应，促进Fe(Ⅱ)的二次成矿和羟基自由基（·OH）的形成；而·OH又进一

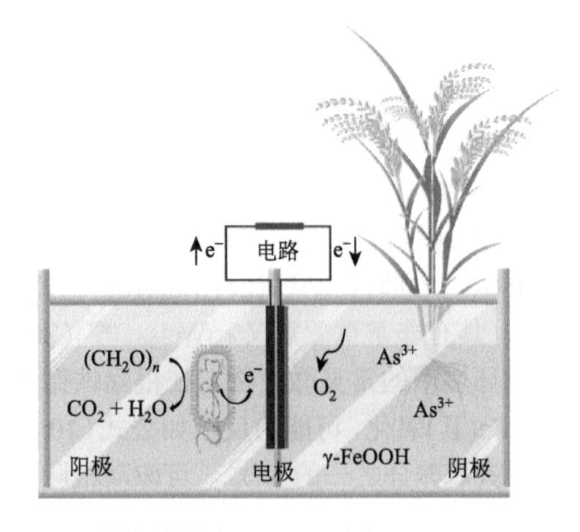

图10.4　电化学装置PMFC（改自Wang et al.，2014）

步将 As(Ⅲ)氧化成 As(Ⅴ)，促进其吸附在次生铁氧化物膜，即铁膜上。此过程的具体反应如下：

$$(CH_2O)_n + 异化铁还原菌 \longrightarrow nCO_2 + nH_2O + e^- \tag{10.3}$$

$$e^- + Fe(Ⅲ) \longrightarrow Fe(Ⅱ) \tag{10.4}$$

$$e^- + O_2 \longrightarrow \cdot O_2^-, \quad \cdot O_2^- + 2H^+ \longrightarrow H_2O_2 \tag{10.5}$$

$$H_2O_2 + Fe(Ⅱ) \longrightarrow Fe(Ⅲ) + \cdot OH + OH^- \tag{10.6}$$

$$2\cdot OH + As(Ⅲ) + 2H^+ \longrightarrow As(Ⅴ) + 2H_2O \tag{10.7}$$

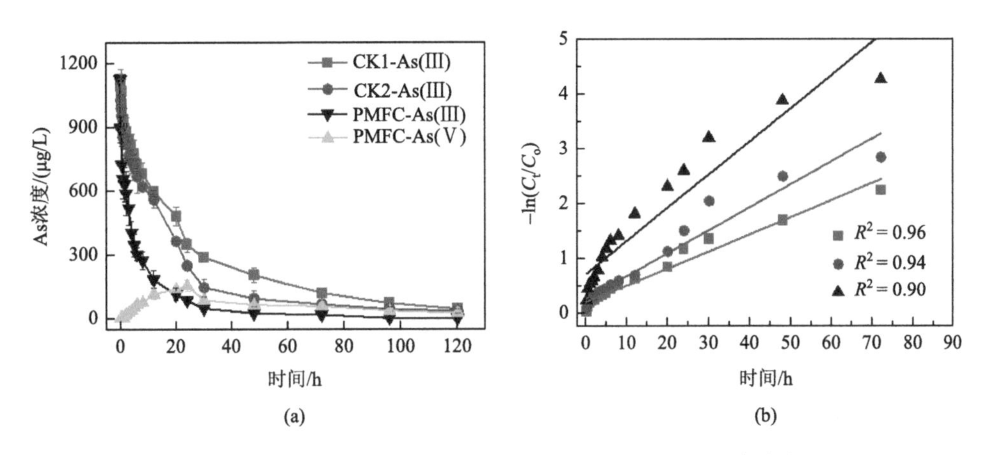

图 10.5　阴极 As(Ⅲ)、As(Ⅴ)随时间变化（a）与 As(Ⅲ)下降速率（b）

表 10.1　反应结束后阴极的砷分布情况

处理	初始 As(Ⅲ)/mg	水稻 As/mg	溶解态 As(Ⅲ)/mg	溶解态 As(Ⅴ)/mg	无定形铁氧化物结合态 As(Ⅲ)/mg	无定形铁氧化物结合态 As(Ⅴ)/mg	回收率/%
CK 1	0.677	—	0.026 ± 0.007	—	0.629 ± 0.008	—	96.9 ± 1.48
CK 2	0.677	0.296 ± 0.034	0.022 ± 0.004	—	0.343 ± 0.038	—	97.3 ± 0.10
PMFC	0.677	0.476 ± 0.016	—	0.015 ± 0.001	—	0.148 ± 0.036	94.6 ± 3.10

设置三组不同水稻株数（3 株、6 株和 9 株）的 PMFC，在反应开始后的 20 h 内（图 10.6），三组 PMFC 电池阴极溶液中 Fe(Ⅱ)、H_2O_2 和 As(Ⅴ)的含量均急剧增加，而 As(Ⅲ)含量则呈相反的趋势，即迅速下降；20 h 后，Fe(Ⅱ)、H_2O_2 和 As(Ⅲ)的含量趋于稳定，而 As(Ⅴ)含量却逐步降低，这可能与碳毡纤铁矿和根表铁膜的吸附及水稻的吸收有关。随水稻植株数量增加，H_2O_2 的产生量、As(Ⅲ)的消耗量以及 As(Ⅴ)的产生量也越多，表明根际分泌的 O_2 量增多可加速根际 Fenton 反应，促进根表铁膜的形成及 As(Ⅲ)的氧化固定。同时，在一定范围内 PMFC 电池电压和功率密度，亦随根际分泌的 O_2 量增多而逐渐增强（图 10.7）。这些结果也进一步证明，水稻土中 FeRB 等微生物的厌氧呼吸，可间接地促进根际铁膜的形成，而电子穿梭体起传递电子并激发 Fenton 试剂生成的重要作用。

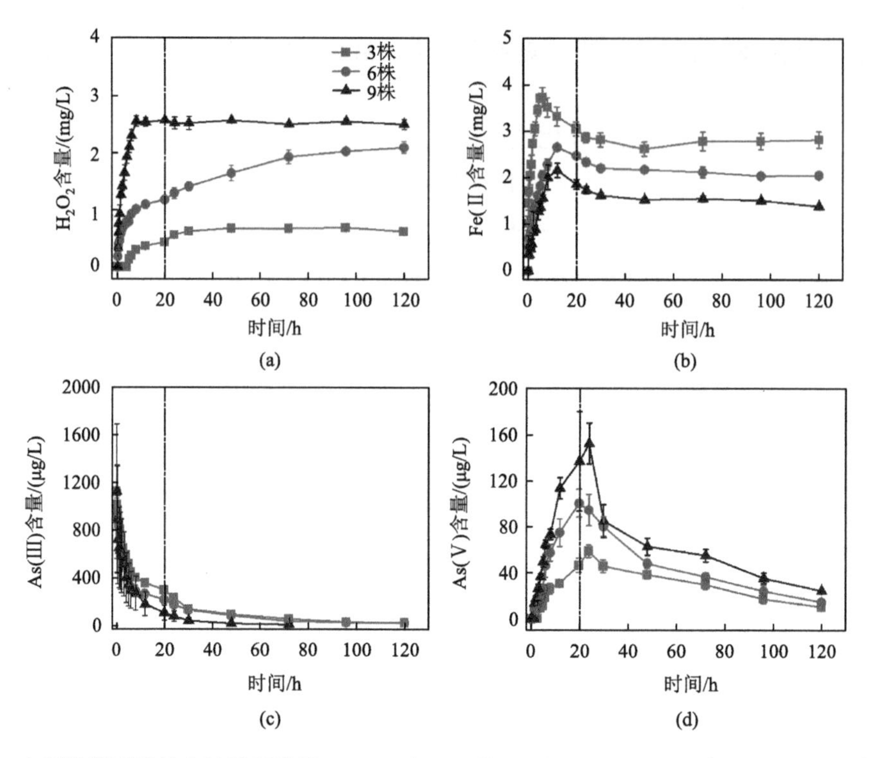

图 10.6　水稻株数不同的电池阴极溶液 H_2O_2（a）、Fe(Ⅱ)（b）、As(Ⅲ)（c）和 As(Ⅴ)（d）含量变化

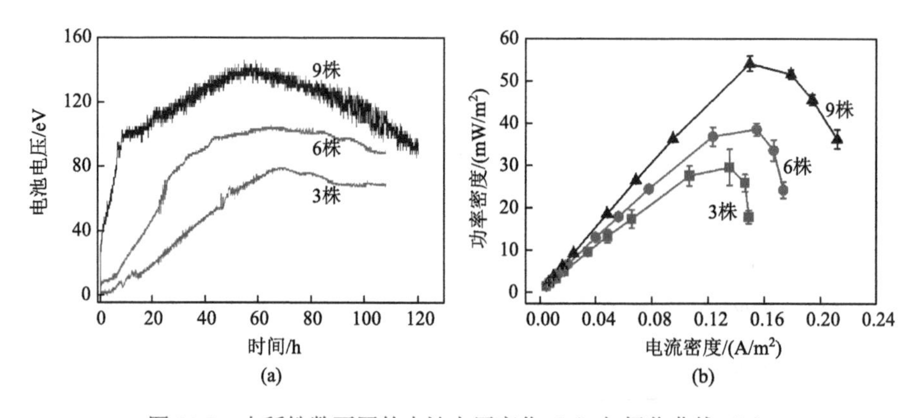

图 10.7　水稻株数不同的电池电压变化（a）与极化曲线（b）

3. *硝酸铁复合腐殖质促进铁膜形成及镉砷固定*

Wang 等（2019）向 Cd、As 复合污染的碱性水稻土（pH 7.4，总 Cd 4.00 mg/kg，总 As 132 mg/kg）施加硝酸铁[$Fe(NO_3)_3$]和泥炭（即木本泥炭，主要成分为腐殖质），验证复合施用 $Fe(NO_3)_3$ 和腐殖质在促进水稻根表铁膜形成及同步固定 Cd、As 中的作用。结果显示，与对照相比，添加 $Fe(NO_3)_3$、腐殖质及 $Fe(NO_3)_3$ 复合腐殖质均可有效地增加水稻各部位的生物量，糙米产量分别增加 5.31%、4.40%和 10.3%（表 10.2），推测这可能由施加硝态氮肥或腐殖质提高土壤肥力所致。

表 10.2　水稻三个生育期根系、茎叶和籽粒的干物质质量

时期	处理	根系	茎叶	稻壳	糙米
分蘖期	T1	4.58 ± 0.32[b]	22.0 ± 0.81[b]	—	—
	T2	5.20 ± 0.66[a]	24.1 ± 1.81[a]	—	—
	T3	5.10 ± 0.08[a]	23.7 ± 3.56[a]		
	T4	5.07 ± 0.57[a]	24.6 ± 0.36[a]	—	—
灌浆期	T1	4.59 ± 0.42[b]	17.5 ± 3.88[b]	—	—
	T2	5.26 ± 0.49[a]	18.7 ± 2.42[a]	—	—
	T3	4.77 ± 0.82[b]	18.2 ± 3.66[b]		
	T4	5.25 ± 0.44[a]	19.0 ± 2.03[a]	—	—
成熟期	T1	5.59 ± 0.13[c]	14.8 ± 1.24[b]	1.76 ± 0.16[b]	6.58 ± 0.33[c]
	T2	6.54 ± 0.94[a]	16.1 ± 1.23[a]	2.01 ± 0.25[a]	6.93 ± 0.51[b]
	T3	5.97 ± 0.73[b]	15.5 ± 0.06[a]	1.98 ± 0.35[a]	6.87 ± 0.81[b]
	T4	6.13 ± 0.40[b]	16.5 ± 1.84[a]	1.93 ± 0.84[a]	7.26 ± 1.71[a]

T1、T2、T3 和 T4 分别代表对照、施加泥炭（5 g/kg）土壤、施加 $Fe(NO_3)_3$（8 mmol/kg）土壤和施加泥炭（5 g/kg）+ $Fe(NO_3)_3$（8 mmol/kg）土壤，下同（Wang et al.，2019）。同一行不同小写字母表明在 $LSD_{0.05}$ 水平上具有显著差异。

与对照相比，复合施加 $Fe(NO_3)_3$ 和腐殖质后，糙米 Cd、As 和 iAs 含量下降显著（分别下降 64.9%、62.9%和 56.3%），且其下降幅度显著高于单独施加泥炭或 $Fe(NO_3)_3$ 导致糙米 Cd、As 和 iAs 下降的幅度之和（下降幅度之和分别为 22.7%、48.5%和 28.5%），表明腐殖质与 $Fe(NO_3)_3$ 在抑制糙米 Cd、As 积累中存在协同效应（图 10.8）。植物对 Cd、

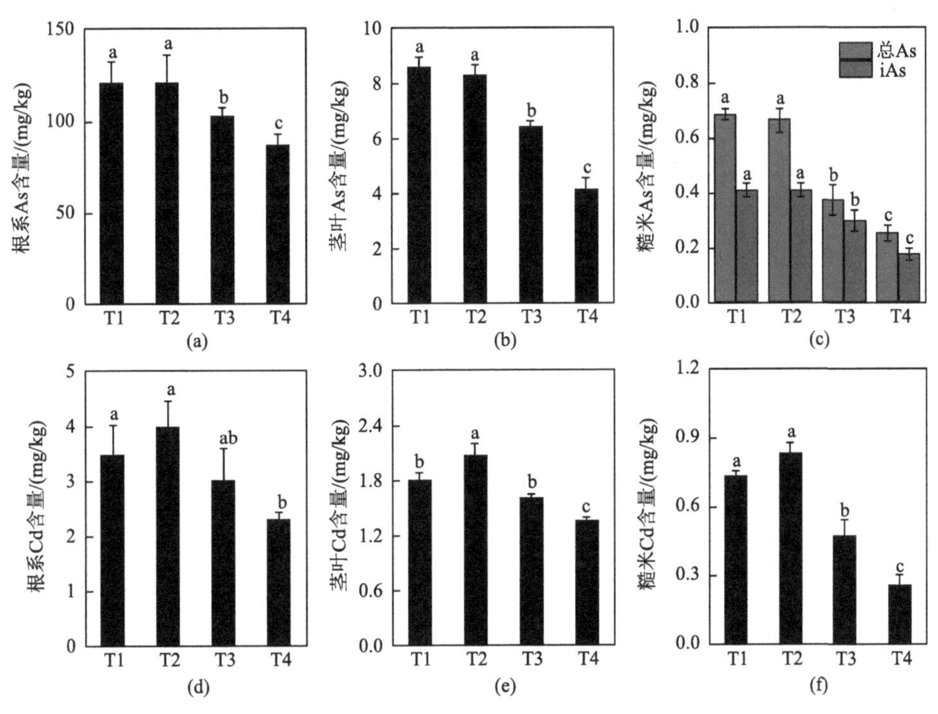

图 10.8　水稻成熟期植株 Cd、As 含量

T1、T2、T3 和 T4 分别代表对照、施加泥炭（5 g/kg）土壤、施加 $Fe(NO_3)_3$（8 mmol/kg）土壤和施加泥炭（5 g/kg）+ $Fe(NO_3)_3$（8 mmol/kg）土壤（Wang et al.，2019）。

As 的吸收，与这些重金属元素在土壤中的迁移性和生物有效性密切相关。复合施加 $Fe(NO_3)_3$ 和腐殖质，可显著影响根表铁膜中 Cd、As 的含量及根际土壤中 Cd、As 的形态。其中，相比对照，水稻成熟期根表铁膜中固定的 Fe、Cd 和 As 含量显著增加（图 10.9）；根际土壤中固定态 Cd（铁锰氧化物结合态 Cd）和 As（弱结晶铁铝氧化物结合态 As）显著上升；而根际土壤中生物有效性 Cd（交换态 Cd 和碳酸盐结合态 Cd）和 As（非专性吸附态 As 和专性吸附态 As）的含量显著下降（图 10.10）。此外，复合施加 $Fe(NO_3)_3$ 和腐殖质，也显著降低了土壤孔隙水中的 Fe(Ⅱ)、As(Ⅲ)和 Cd 的含量（图 10.11）。

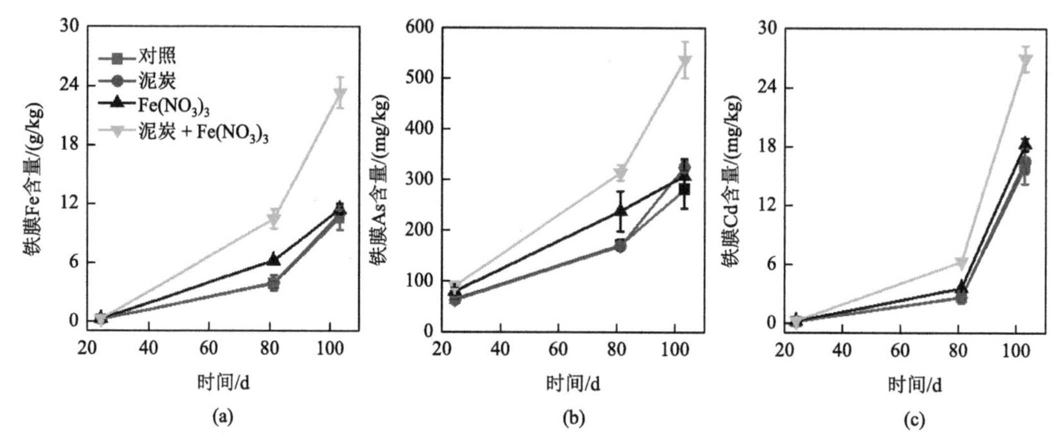

图 10.9　不同处理条件下铁膜中铁（a）、砷（b）和镉（c）含量随时间变化的趋势（Wang et al.，2019）

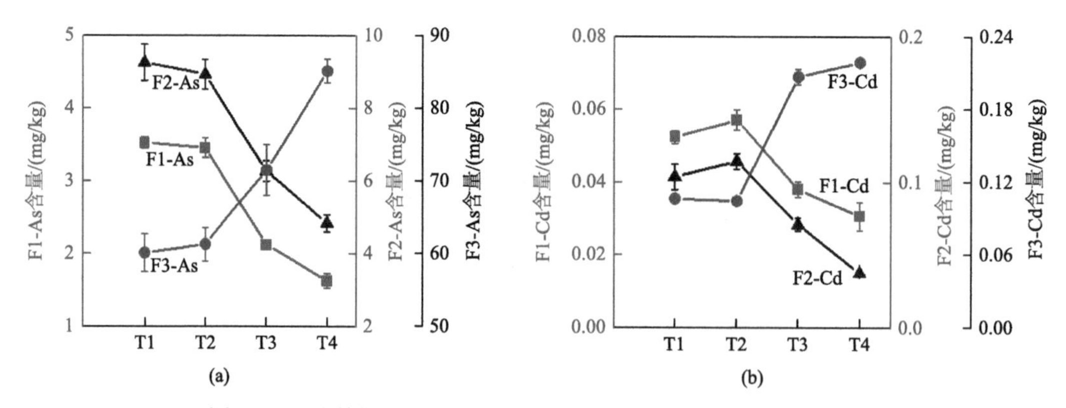

图 10.10　成熟期根际土壤 As（a）和 Cd（b）土壤连续提取形态

F1-As：非专性吸附态砷；F2-As：专性吸附态砷；F3-As：弱结晶铁铝氧化物结合态砷；F1-Cd：交换态镉；F2-Cd：碳酸盐结合态镉；F3-Cd：铁锰氧化物结合态镉（Wang et al.，2019）。

4. 泥炭复合 $Fe(NO_3)_3$ 协同作用的机制

铁是稻田土壤中具有氧化还原活性的最重要元素，因而在土壤物质循环过程中具有独特的作用。稻田中铁循环是连接碳氮养分循环与 Cd、As 行为的重要枢纽，铁-氮、铁-碳耦合在促进根表铁膜形成及 Cd、As 吸附固定中起重要作用。土壤有机质是环境中影响 As 等类金属元素迁移转化的一个关键因子，有机质的主要组分腐殖质含有多种官能团，

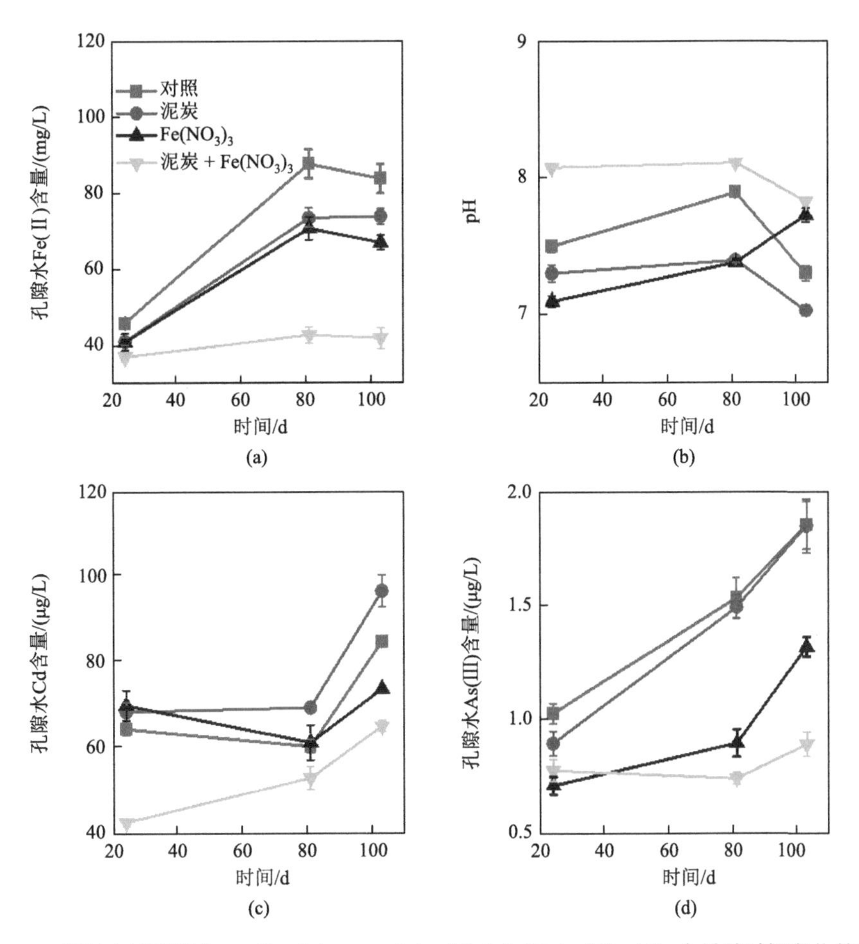

图 10.11　根际土壤溶液中 Fe(Ⅱ)（a）、pH（b）、镉（c）和 As(Ⅲ)（d）含量随时间变化的趋势（Wang et al.，2019）

可参与 As 等变价元素的氧化还原反应，以及吸附、络合过程（Buschmann & Sigg，2004）。腐殖质是厌氧环境如淹水土壤中的重要碳源和电子穿梭体（吴云当等，2016）。受腐殖质还原菌、铁还原菌和硫酸盐还原菌等微生物活动的影响，腐殖质处于还原状态，而还原态的腐殖质可直接将 As(Ⅴ)还原成 As(Ⅲ)（Qiao et al.，2019；Palmer & von Wandruszka，2005）。腐殖质表面存在的大量醌基，是参与电子传递的重要反应位点。腐殖质接受微生物传递的电子后，生成还原态腐殖质，可作为电子穿梭体将电子进一步传递给铁(氢)氧化物和 Cr(Ⅵ)、As(Ⅴ)等高价重金属，以完成电子传递过程（Aldmour et al.，2019；Bradley & Chapelle，1996），并释放大量的 Fe(Ⅱ)和 As(Ⅲ)等还原性离子。值得注意的是，释放的 Fe(Ⅱ)可为根表铁膜的形成提供充足的 Fe 源。在根际微氧环境中，O_2 氧化含有还原性醌基（如半醌基和氢醌基）的腐殖质，产生 H_2O_2；而 H_2O_2 与络合了 Fe(Ⅱ)的还原态腐殖质发生类 Fenton 反应，产生强氧化基团，即羟基自由基（·OH）（Page et al.，2012），引发类 Fenton 反应，促进 Fe(Ⅱ)的二次成矿、As(Ⅲ)的氧化以及铁膜对 As、Cd 的固定。还原态腐殖质被氧化后，则可恢复在间歇性缺氧环境中充当电子受体的能力（余红等，2021）。

现有研究结果表明，在水稻根际微氧环境中，复合施用 $Fe(NO_3)_3$ 和腐殖质可直接或间接地促进水稻根表铁膜形成，具体原理是：淹水环境中的 $Fe(NO_3)_3$ 可作为异化铁还原菌的电子受体，Fe(Ⅲ)被还原成 Fe(Ⅱ)；而 NO_3^- 则被还原为亚硝酸根，并耦合 Fe(Ⅱ)/As(Ⅲ)氧化，从而促进根表铁膜形成及其对 As、Cd 的吸附固定。研究发现，广泛存在于厌氧沉积物和稻田环境中的地杆菌（*Geobacter*）、发酵地杆菌（*Geothrix*）和希瓦氏菌（*Shewanella alga*）等厌氧微生物，可通过耦合还原态腐殖质氧化-硝酸盐还原过程来获取能量（Coates et al.，2002；Lovley et al.，1999），而腐殖质与 Fe(Ⅱ)形成的络合物，又可促进土壤中依赖硝酸盐的自养型 FeOB 的生长及活性（Kanaparthi & Conrad，2015），这些结果暗示 $Fe(NO_3)_3$ 和腐殖质二者存在协同效应，可提升根表铁膜的含量，将 Cd、As 固定在根表铁膜中，降低 Cd、As 进入水稻根系的概率。

10.1.4 国内外根-土界面镉砷阻控技术对比

水稻根表铁膜的形成除了受根际土壤铁、氮、碳、硫元素循环的控制之外，还受施用肥料、淹水条件、水稻根系泌氧量等农艺措施的影响。利用土壤铁、碳、氮、硫元素循环耦合镉、砷迁移转化过程，促进根表铁膜形成，将重金属阻挡在水稻根表之外，是当前治理稻田镉、砷复合污染的重要思路。

表 10.3 列举了部分基于铁、碳、氮和硫等元素循环，促进水稻根表铁膜形成，以及抑制水稻吸收 Cd、As 等重金属元素效果的研究。用于提升水稻根表铁膜生成量的土壤修复剂可分为三大类：①硝态氮肥、硒酸盐、硫酸盐和磷肥等常用肥料；②零价铁、亚铁盐、铁盐、铁（氢）氧化物等铁物种；③生物炭、腐殖质等有机质及其与铁复合形成的改性物质。

①硝态氮肥、硒酸盐、硫酸盐和磷肥等常用肥料。Chen 等（2023）通过大田试验研究了不同形态氮肥对土壤-水稻体系 As 迁移的影响，发现施用硝态氮肥可使根际土壤中 As(Ⅲ)氧化基因（*aioA*）和 FeOB（*Gallionella*）的拷贝数分别增加 40.1%和 25.6%，反硝化微生物 *narG*、*nosZ* 基因拷贝数分别增加 148.3%和 51.6%，水稻根表铁膜量及其固定 As 能力显著提升，稻米总 As 和无机 As 含量分别降低 32.4%和 15.4%。Zhou 和 Li（2019）研究了 Na_2SeO_3 对水稻吸收 Hg 的影响，发现 Se 可促使根际铁膜 Hg 的吸附量增加 1.42 倍，铁膜对 SeO_3^{2-} 也具有强亲和力，铁膜上吸附的大量 Se 和 Hg 反应生成的 HgSe 络合物，具有高稳定性和极难被植物吸收的特性，降低了 Hg 的生物可利用性。Se 的存在也可确保水稻根系通气组织等微观结构的完整性，有利于根系泌氧（Colmer et al.，2019）。Cd 胁迫诱导水稻组织发生应激反应，产生活性氧，如过氧化氢和过氧阴离子自由基，而 Se 可加速这些活性氧的消除并生成 O_2，这可能是根表铁膜量增加的主要原因（Huang et al.，2020）。刘同同（2020）发现施用硫酸盐可使根表铁膜铁含量增加 72.9%，Dai 等（2017）报道 Cd 污染可导致红树根系气孔率和泌氧量，分别下降 34.5%和 41.8%，KH_2PO_4 可缓解这种胁迫，但不利于根表铁膜的形成，这可能是因为 PO_4^{3-} 可与 Fe^{2+} 和 Fe^{3+} 发生沉淀，降低了 Fe^{2+} 的生物有效性。

表 10.3　不同修复剂促进根表铁膜形成及抑制水稻重金属元素吸收

类型		用量	模式	对铁膜固定重金属的影响	植株吸收重金属的影响	参考文献
铁物质	Fe^{2+}	2 g/kg	盆栽	相比对照，铁膜 Fe 含量分别增加 501%、357%；铁膜 Cr 含量分别增加 5.07%、5.07%	叶部 Cr 含量分别降低 46.9%、50.9%	Xu et al.，2018
	Fe^{2+}	30 mg Fe/L	水培	相比对照，铁膜 Fe、As 总量分别增加 12.6 倍和 90 倍	茎叶 As 含量下降 56.1%	Deng et al.，2010
	$Fe(OH)_3$	50 mg Fe/L	水培	相比对照，铁膜 Fe 含量增加 155 倍，铁膜 Zn 含量增加 60%。	水稻茎叶 Zn 降幅达 15%	Zhang et al.，1998
	无定形铁氧化物（Am-FeOH）	0.5%（质量分数）	盆栽	铁膜 Fe 浓度增加 5.64 倍，铁膜 As 浓度增加 36.4 倍	茎叶 As 浓度下降 99%	Jr Ultra et al.，2009
	同和铁粉	281.25 kg/hm^2	小区	相比对照，铁膜 Fe、Cd、As 分别增加 38.9%、35.0%、39.2%	相比对照，稻米 Cd、As 分别下降 47.3%和 27.8%	王向琴等，2018
有机质	腐殖质	1968.75 kg/hm^2	小区	相比对照，铁膜 Cd、As 分别增加 36.0%、44.2%	稻米 Cd、As 相比对照分别下降 29.6%和 24.1%	王向琴等，2018
	生物炭	1%	盆栽	相比对照，铁膜 Fe、Cd、As 分别增加–5.15%、–4.44%、–5.73%	相比对照，稻米 Cd、As 分别下降 2.90%和–6.68%	Qiao et al.，2018
	生物炭	4%	盆栽	铁膜 Fe 含量增加 115%	水稻籽粒 Cd 含量下降 58%	Zhou et al.，2018
	生物炭	5%秸秆生物炭 5%稻壳生物炭 5%米糠生物炭	盆栽	铁膜 Fe 含量分别增加 128%、85.7%和 14.3%；铁膜 Cd 含量分别增加–71.4%、66.7%和 33.3%，铁膜 Pb 含量分别为 258%、1266%和 675%	茎叶 Cd 含量约分别下降 94.7%、31.6%和 78.9%，Pb 含量约分别下降 71.1%、22.3%和 57.8%	Zheng et al.，2012
铁-C/N/S/Se 复合材料	零价铁复合腐殖质			相比对照，铁膜 Fe、Cd、As 分别增加 86.5%、68.2%、76.6%	稻米 Cd、As 相比对照分别下降 53.8%和 60.2%	王向琴等，2018
	含 25%Fe 铁基生物炭	1%	盆栽	相比对照，铁膜 Fe、Cd、As 分别增加 202%、52.5%、177%	相比对照，稻米 Cd、As 分别下降 47.2%和 41.8%	Qiao et al.，2018
	铁锰氧化物–生物炭复合材料（FMBC）	4%	盆栽	铁膜 Fe 含量增加 200%	籽粒 Cd 含量下降 80%	Zhou et al.，2018

续表

类型		用量	模式	对铁膜固定重金属的影响	植株吸收重金属的影响	参考文献
铁-C/N/S/Se 复合材料	$N_2 + Fe^{2+}$	Fe^{2+}(50 mg/L) + N_2(40 ml/min)	水培	铁膜 Fe、Cd 含量分别增加 10.6 倍、3.2 倍	茎叶 Cd 含量下降 20.8%	Xu & Yu，2013
	S-Fe 改性生物炭	—	盆栽	铁膜 Fe、Cd 含量分别增加 12.9%、24.6%	水稻根系、茎叶、稻壳和糙米 Cd 含量分别下降 23.2%、14.3%、24.0%和 34.6%	Rajendran et al.，2019
	$Na_2SeO_3 + Fe^{2+}$	2.5 μmol/L Na_2SeO_3 + 30 mg/L Fe^{2+}	水培	铁膜 Fe、Hg 含量分别增加 13.9%、42.3%	根系 Hg 含量下降 42.3%	Zhou & Li，2019
硒及其化合物	纳米硒	1 μmol/L	水培	铁膜 Fe、Cd 含量分别增加 14.3%、18.4%	水稻地上部 Cd 含量下降 47.1%	闫金朋，2019
	Se(IV)	1 μmol/L		铁膜 Fe、Cd 含量分别增加 14.3%、36.7%	水稻地上部 Cd 含量下降 27.9%	
	Se(VI)	1 μmol/L		铁膜 Fe、Cd 含量分别增加 14.3%、37.5%	水稻地上部 Cd 含量下降 2.94%	
	SeMet	1 μmol/L		铁膜 Fe、Cd 含量分别增加 42.8%、94.0%	水稻地上部 Cd 含量下降 72.1%	
	$Na_2SeO_3 + Fe^{2+}$	0.3 μmol/L Na_2SeO_3 + 1.0 mmol/L Fe^{2+}	水培	铁膜 Fe、Cd 含量分别增加 198%、318%	水稻根部和茎部 Cd 含量分别下降 46.3%和 44.7%	Huang et al.，2020
硫肥	硫磺（单质硫）	30 mg/kg	盆栽	铁膜 Fe、As 含量分别增加 10%、7.99%	茎叶 As 含量降低 13.8%	Hu et al.，2007
	硫酸钠	120 mg/kg	盆栽	铁膜 Fe、As 含量分别增加 10.0%、6.18%	茎叶 As 含量降低 44.9%	Hu et al.，2007
	硫酸钠	2.64 mmol/L	土培	铁膜 Fe、Cd 含量分别增加 28.2%、64.5%	籽粒 Cd 含量下降 39.5%	Cao et al.，2018
磷肥	P_2O_5	150 mg/kg	盆栽	铁膜 Fe、As 含量分别下降 16.1%、15.8%	糙米 As 含量增加 16.7%	Yang et al.，2020

②零价铁、亚铁盐、铁盐、铁（氢）氧化物等含铁材料。Zhang 等（2021）采用盆栽试验研究零价铁、亚铁盐和铁盐对水稻积累 As 和 Sb 的影响，结果显示，相比对照，水稻根表铁膜 Fe 含量分别提高了 31.9%、109.2%和 88.5%，稻米 As 含量分别降低了 21.7%、36.7%和 33.5%，稻米 Sb 含量分别降低了 15.6%、29.8%和 22.4%。

③生物炭、腐殖质等有机质及其与铁复合形成的改性物质。Qiao 等（2018）采用盆栽试验，研究了不同含铁量的零价铁负载生物炭对稻米积累 Cd 和 As 的影响，发现施用含铁量为 25%的铁基生物炭后，铁膜 Fe、Cd、As 分别增加 202%、52.5%、177%，相应地，稻米 Cd、As 分别下降了 47.2%和 41.8%。王向琴等（2018）报道与对照相比，施用腐殖质、零价铁复合腐殖质的水稻根表铁膜固定的 Cd 分别增加了 36.0%、68.2%，As 分别增加了 44.2%、76.6%，稻米 Cd 分别降低了 29.6%、53.8%，As 分别降低了 24.1% 和 60.2%。尽管施加泥炭复合硝酸铁促进铁膜 Fe（119%）和 As（68.9%）的增加量低于施加 25%铁基生物炭，但铁膜 Cd 的增加量（91.3%）、稻米 Cd、As 分别下降率（分别为 64.9%、62.9%）却远高于施加 25%铁基生物炭后的增加量，这说明泥炭复合硝酸铁是一种高效的稻田 Cd、As 同步修复调理剂。

10.2　铁改性泥炭土壤调理技术田间应用效果

腐殖质和 $Fe(NO_3)_3$ 的联合应用，具有促进水稻根际 Fe(Ⅱ)二次成矿作用，同时抑制稻米 Cd、As 吸收积累。泥炭与 $Fe(NO_3)_3$ 复合的“铁改性泥炭”土壤调理技术，通过大田试验，检验修复中轻度 Cd、As 复合污染稻田的稳定性和长效性，以及对土壤肥力的影响。

2016～2018 年，选择中度和轻度 Cd、As 复合污染的两块双季稻稻田（土壤理化性质见表 10.4），验证铁改性泥炭土壤调理技术同步钝化 Cd、As 的稳定性，并在中度污染稻田验证该技术的长效性。根据《土壤环境质量 农用地土壤污染风险管控标准（试行）》（GB 15618—2018）和《全国土壤污染状况评价技术规定》，供试的中度污染稻田中 Cd、As 的含量分别是土壤污染风险筛选值（Cd，0.6 mg/kg；As，25 mg/kg，6.5＜pH≤7.5）的 5.1 倍和 3.6 倍，轻度污染稻田中 Cd、As 的含量分别是土壤污染风险筛选值（Cd，0.3 mg/kg；As，30 mg/kg，pH≤5.5）的 1.17 倍和 1.64 倍。

表 10.4　供试土壤的基本理化性质

区域	有机质/(g/kg)	总氮/(g/kg)	有效磷/(mg/kg)	有效钾/(mg/kg)	CEC/(cmol/kg)	pH	总 Cd/(mg/kg)	总 As/(mg/kg)	有效态 Cd/(mg/kg)	有效态 As/(mg/kg)
中度	15.3	1.52	34.5	79.0	10.5	6.93	3.07	90.1	1.26	13.3
轻度	20.2	1.33	77.4	59.8	9.89	5.2	0.35	49.3	0.15	8.05

1. 铁改性泥炭的稳定性

1）对水稻根表铁膜中 Fe、Cd、As 含量及根际土壤中有效态 Cd、As 含量

如图 10.12 所示，施用铁改性泥炭可显著地提高水稻根表铁膜中 Fe、Cd 和 As 的含量（$p<0.01$）。在中度 Cd、As 复合污染稻田中，水稻根表铁膜的 Fe、Cd、As 含量分别从对照的 12.4 g/kg、14.1 mg/kg、0.26 g/kg，提高至 22.3 g/kg、28.2 mg/kg、0.53 g/kg，增幅分别达到 79.8%、100%和 104%；在轻度 Cd、As 复合污染稻田中，铁膜的 Fe、Cd、As 含量分别从对照的 11.2 g/kg、10.1 mg/kg、0.26 g/kg，提高至 21.9 g/kg、17.5 mg/kg、0.45 g/kg，增幅分别达 95.5%、73.2%和 73.1%。单独施加 $Fe(NO_3)_3$ 也可显著地促进根表铁膜中 Fe、Cd、As 含量；但是，单独施加泥炭对铁膜中 Fe、Cd 和 As 的含量无显著影响，表明大田环境中腐殖质作为电子穿梭体促进铁膜形成的作用较小。

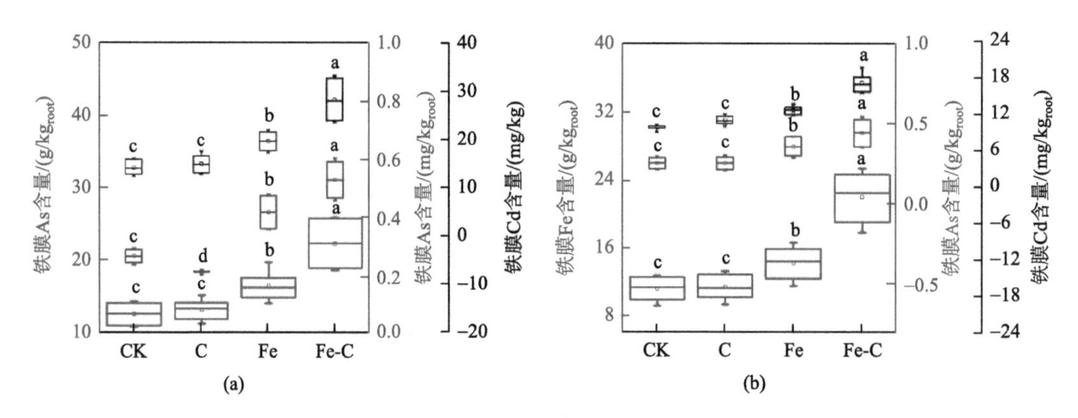

图 10.12 铁改性泥炭对两处稻田（a，中度污染；b，轻度污染）水稻铁膜 Fe、As 和 Cd 含量的影响

CK：对照；C：木本泥炭；Fe：$Fe(NO_3)_3$；Fe-C：铁改性泥炭。

一般来说，土壤中交换态和碳酸盐结合态 Cd（F1-Cd 和 F2-Cd）、非专性吸附态与专性吸附态 As（F1-As 和 F2-As），是具有生物有效性的 Cd、As，简称为土壤有效态 Cd、As。图 10.13 的结果显示，在中度 Cd、As 复合污染稻田中，施加铁改性泥炭的水稻

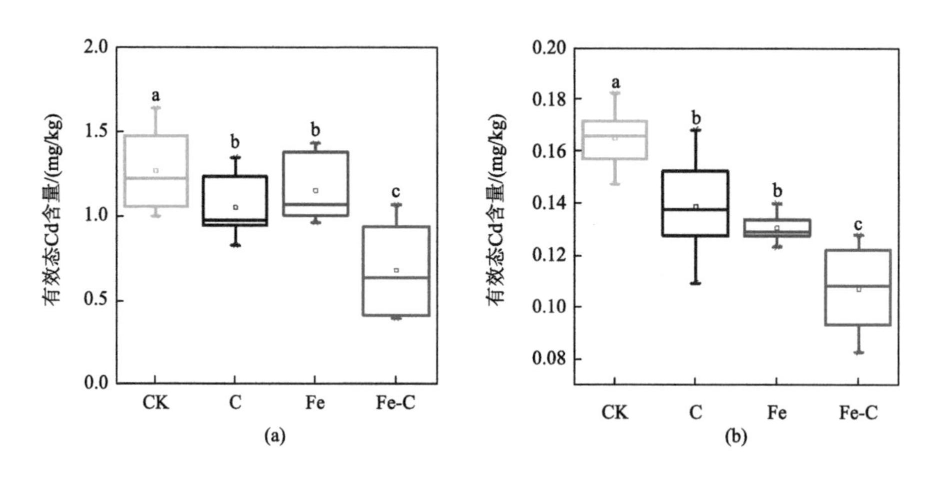

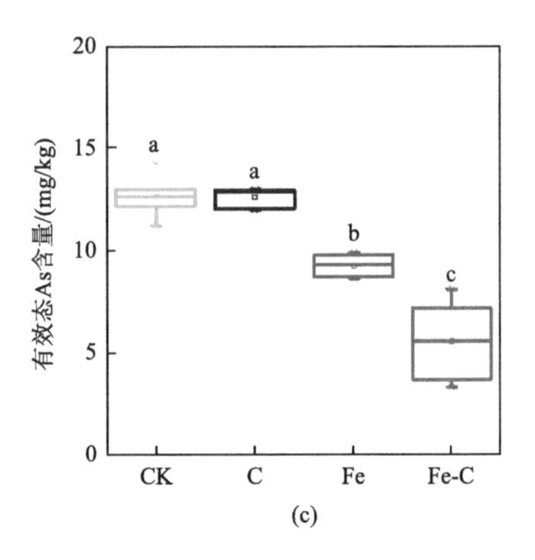

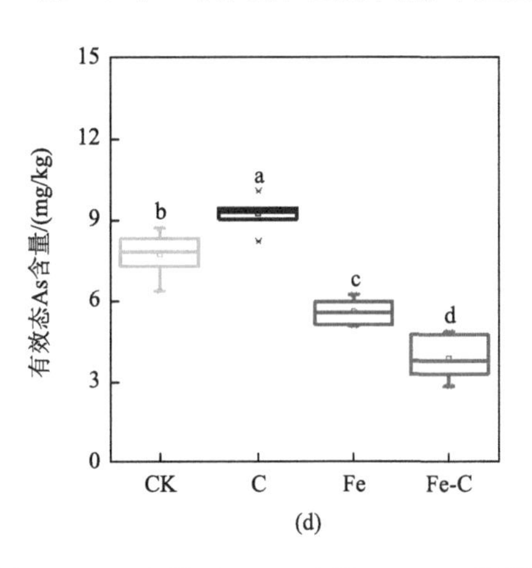

图 10.13 水稻成熟期各处理水稻根际土壤有效态 Cd、As 含量（a、c，中度；b、d，轻度）

CK：对照；C：木本泥炭；Fe：$Fe(NO_3)_3$；Fe-C：铁改性泥炭。

根际土壤中有效态 Cd、As 含量，分别从对照的 1.27 mg/kg、12.7 mg/kg 下降至 0.68 mg/kg、5.61 mg/kg，降幅分别达到 46.5%和 55.8%；而在轻度 Cd、As 复合污染稻田中，分别从对照的 0.17 mg/kg、7.74 mg/kg 下降至 0.11 mg/kg、3.92 mg/kg，降幅分别达到 35.3%和 49.4%。另外，在轻度污染稻田中，单施泥炭或单施 $Fe(NO_3)_3$ 均能使早稻田根际土壤有效态 Cd 的含量降低，而晚稻田不受影响；单施 $Fe(NO_3)_3$ 能显著降低早、晚稻田中有效态 As 含量。一般来说，在晚稻田土壤中，有效态 Cd 浓度显著高于早稻，而有效态 As 浓度显著低于早稻。与之相对应，晚稻糙米中 Cd 含量通常显著高于早稻，而晚稻糙米中 As 含量通常显著低于早稻。

2）土壤理化性质

供试的铁改性泥炭主要组分是 $Fe(NO_3)_3$ 和木本泥炭，都是健康土壤本身含有的成分，其中，木本泥炭主要成分是腐殖质，是健康肥沃土壤必不可少的成分。图 10.14 的结果显示，施加铁改性泥炭后，中度 Cd、As 复合污染稻田土壤的 pH、OM 和 CEC 值，分别从对照的 7.31、15.4 g/kg、10.5 cmol/kg 提高至 7.66、16.0 g/kg、11.8 cmol/kg（图 10.14a～c）；而轻度 Cd、As 复合污染稻田，分别从对照的 5.29、19.5 g/kg、9.88 cmol/kg 提高至 5.62、21.9 g/kg、11.1 cmol/kg（图 10.14d～f）。这充分说明铁改性泥炭能够改良土壤，提高土壤肥力，而且 pH、OM 和 CEC 均与 Cd 及 As 的形态和生物有效性有关，其变化必然导致 Cd 和 As 发生相应的变化。

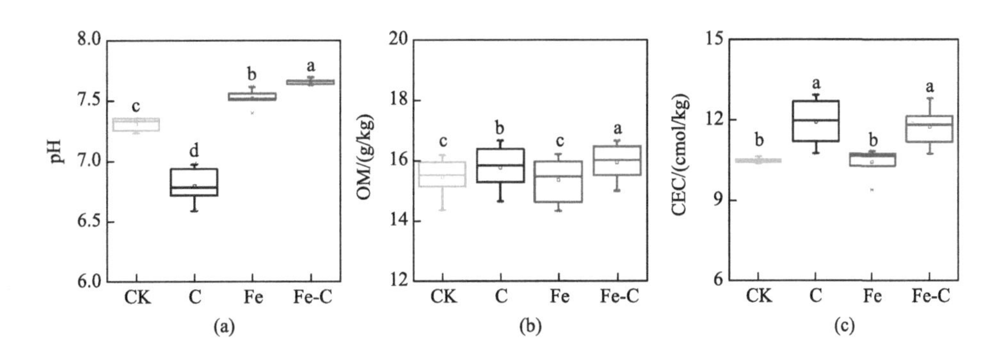

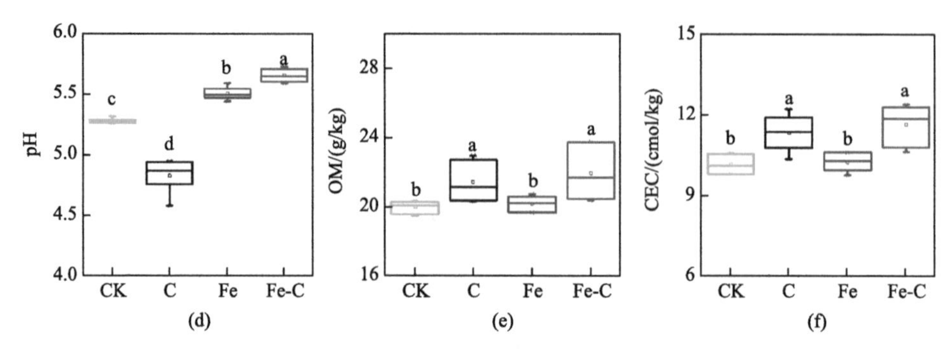

图 10.14 水稻成熟期各处理水稻根际土壤 pH、OM 和 CEC 值（a～c，中度污染；d～f，轻度污染）

CK：对照；C：木本泥炭；Fe：$Fe(NO_3)_3$；Fe-C：铁改性泥炭。

3）稻米镉砷积累的抑制作用

如图 10.15 所示，施用铁改性泥炭可显著降低稻米中 Cd、As 含量（$p<0.01$）。在中度 Cd、As 复合污染稻田中，稻米 Cd、As 的含量分别从对照的 0.71 mg/kg、1.16 mg/kg 下降至 0.38 mg/kg、0.48 mg/kg，降幅分别达到 46.5%和 58.6%；而在轻度 Cd、As 复合污染稻田中，稻米 Cd、As 含量分别从对照的 0.48 mg/kg、0.36 mg/kg 下降至 0.29 mg/kg、0.19 mg/kg，降幅分别达到 39.6%和 47.2%。单施泥炭和单施 $Fe(NO_3)_3$ 均可显著地降低稻米中 Cd 积累，单施 $Fe(NO_3)_3$ 还可显著降低稻米中 As 积累，但是，单施泥炭反而会增加稻米中 As 的积累。值得注意的是，施加铁改性泥炭稻米 Cd、As 降低的幅度，高于单施 $Fe(NO_3)_3$ 或单施泥炭的幅度之和（中度污染稻田中下降幅度之和分别为 45.3%和 15.8%；轻度污染稻田中分别为 33.3%和 15.7%），这表明铁改性泥炭中 $Fe(NO_3)_3$ 和腐殖质存在协同效应。

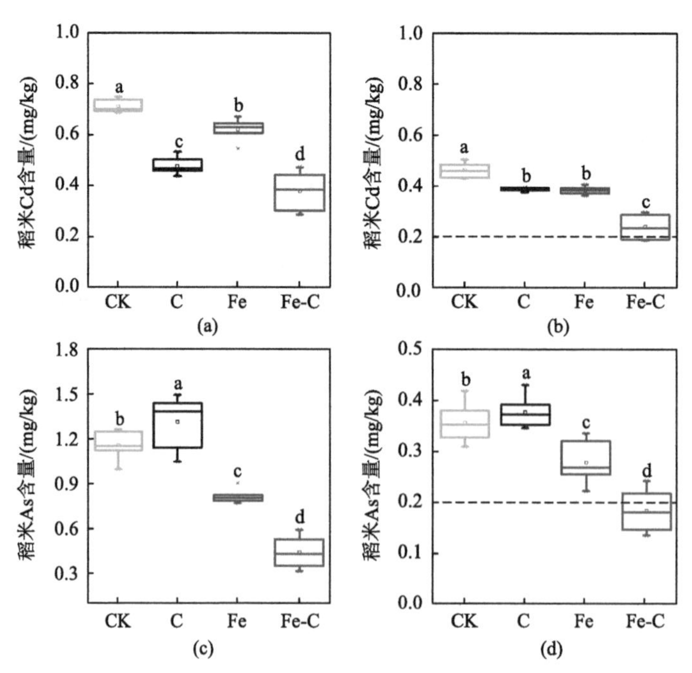

图 10.15 铁改性泥炭对两处稻田（a、c，中度污染；b、d，轻度污染）三年六造稻米 Cd、As 含量的影响

CK：对照；C：木本泥炭；Fe：$Fe(NO_3)_3$；Fe-C：铁改性泥炭。

研究发现早稻和晚稻对铁改性泥炭的响应存在差异，尽管稻米中的 Cd、As 含量均比对照显著降低（$p<0.01$），但早稻稻米 Cd 含量和晚稻稻米 As 含量下降的幅度更大，表明施用铁改性泥炭更有利于降低早稻稻米中的 Cd 和晚稻稻米中的 As 积累（图 10.16）。对年内或年际稻米 Cd、As 含量差异的显著性分别进行分析，发现年内稻米 Cd、As 含量的差异均具有显著性（$p<0.01$），而年际稻米 Cd、As 含量均无显著性差异，表明铁改性泥炭对于抑制水稻 Cd、As 积累的效果很稳定。

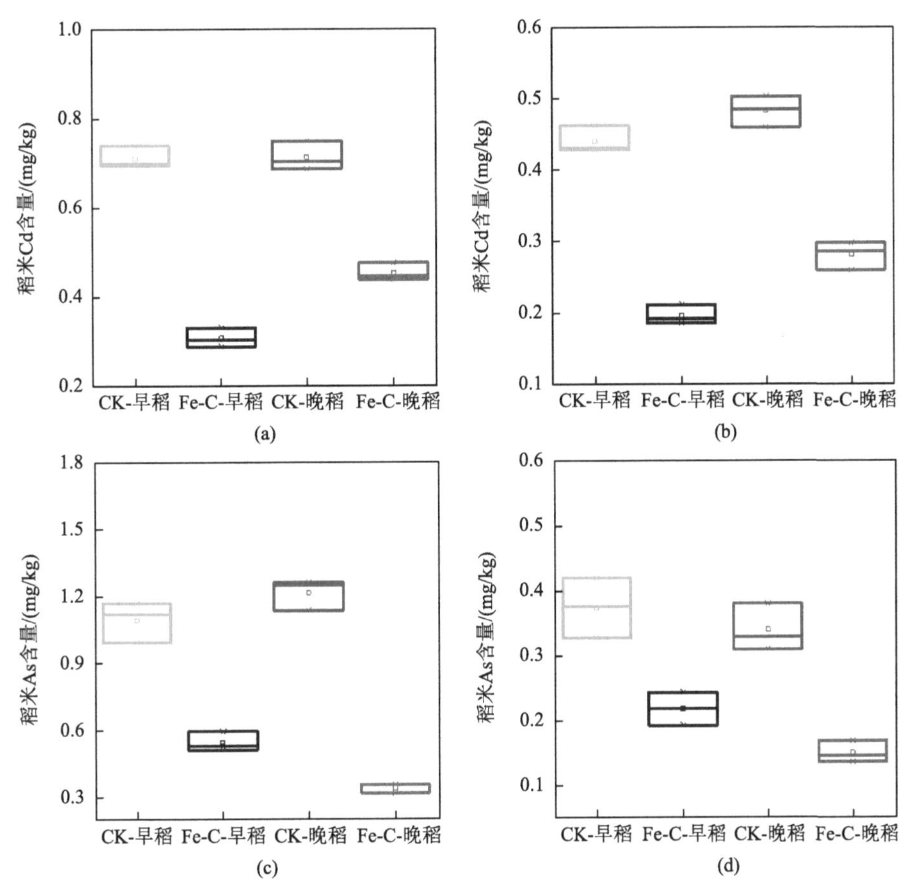

图 10.16　铁改性泥炭对两处稻田（a、c，中度污染；b、d，轻度污染）早造、晚造稻米 Cd、As 含量的影响

CK：对照；C：木本泥炭；Fe：$Fe(NO_3)_3$；Fe-C：铁改性泥炭。

4）提高水稻产量

如图 10.17 所示，施用铁改性泥炭后，水稻增产的效果显著（$p<0.01$）。与对照相比，在中度 Cd、As 复合污染稻田中施加铁改性泥炭后，水稻增产 63～71 kg/亩，增幅达 15.2%～16.5%；在轻度 Cd、As 复合污染稻田中施加铁改性泥炭后，水稻增产 54～75 kg/亩，增幅达 14.7%～18.4%。单独施加 $Fe(NO_3)_3$ 对水稻产量无显著影响，但是单独施加泥炭却可增加水稻产量，且中、轻度污染稻田中早、晚造的产量均比对照显著增加，这可能与泥炭能改善土壤性质、增强土壤肥力有关。对两处稻田施用铁改性泥炭后的水稻产量增幅进

行分析，发现年内水稻产量增幅的差异显著（$p<0.01$），而且晚造的水稻增产幅度均远大于早造，这可能是由于晚造的光照、气候或水稻品种特性等因素与早造存在差异所致。但是，无论早稻还是晚稻，年际水稻产量的增幅均无显著性差异，这表明铁改性泥炭促进水稻增产的效果很稳定。

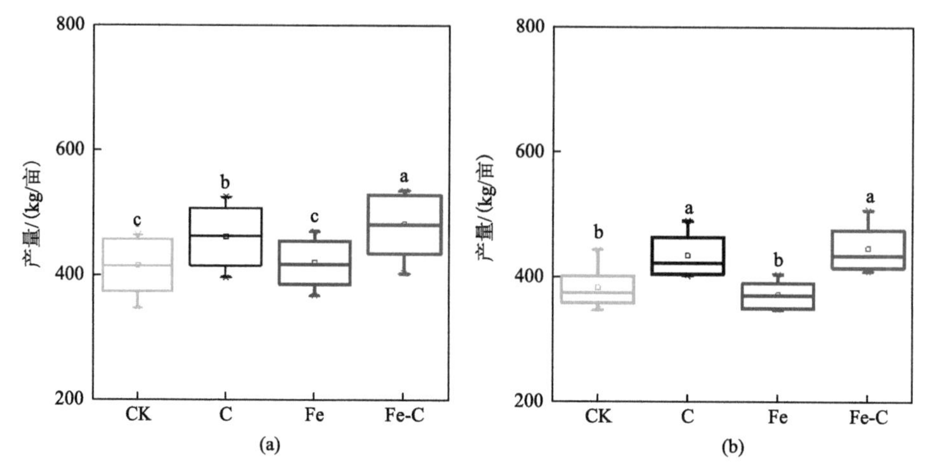

图 10.17　铁改性泥炭对两处稻田（a，中度污染；b，轻度污染）三年六造水稻产量的影响

CK：对照；C：木本泥炭；Fe：$Fe(NO_3)_3$；Fe-C：铁改性泥炭。

2. 铁改性泥炭的长效性

1）对水稻根表铁膜中 Fe、Cd、As 含量及根际土壤中有效态 Cd、As 含量的影响

研究表明，一次性施加铁改性泥炭后，随栽种次数增加，根表铁膜中 Fe、Cd、As 含量逐渐下降（图 10.18），但各季水稻的根表铁膜中 Fe、Cd 和 As 的含量均显著高于对照（$p<0.01$）（图 10.19）。例如，2018 年晚稻的根表铁膜中 Fe、Cd、As 含量分别为 18.9 g/kg、28.3 mg/kg、0.44 g/kg（图 10.18），与对照相比，增幅分别达 101%、95.3%和 78.2%。

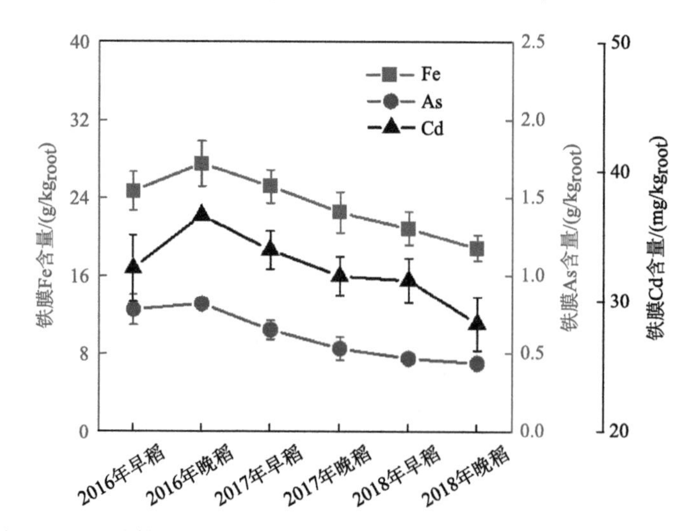

图 10.18　一次性施加铁改性泥炭后各造水稻根表铁膜中铁、镉、砷含量

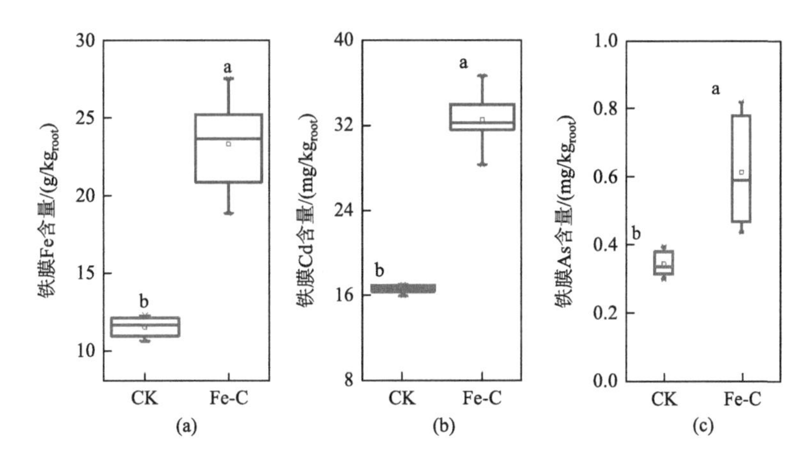

图 10.19 铁改性泥炭对根表铁膜中铁（a）、镉（b）、砷（c）含量的影响

CK 表示未施加铁改性泥炭的对照。

与对照相比，每造稻田的土壤有效态 Cd 含量显著下降（图 10.20a）。其中，2016 年早造、晚造的稻田中有效态 Cd 含量分别由对照的(1.13 ± 0.04) mg/kg、(1.23 ± 0.13) mg/kg 下降至(0.50 ± 0.08) mg/kg、(0.35 ± 0.03) mg/kg，下降幅度分别达 55.7%和 71.5%；2017 年早造、晚造的稻田中有效态 Cd 含量分别由对照的(1.20 ± 0.12) mg/kg、(1.16 ± 0.07) mg/kg 下降至(0.48 ± 0.03) mg/kg、(0.65 ± 0.07) mg/kg，下降幅度分别达 60.0%和 43.9%；2018 年早造、晚造的稻田中有效态 Cd 含量分别由对照的(1.19 ± 0.07) mg/kg、(1.26 ± 0.08) mg/kg 下降至(0.75 ± 0.07) mg/kg、(0.82 ± 0.04) mg/kg，下降幅度分别达 36.9%和 34.9%。随着年份增加，施加铁改性泥炭后稻田中有效态 Cd 含量的降幅虽然逐渐减少，但其含量仍远低于对照，表明铁改性泥炭对土壤 Cd 的钝化效果具有长效性。

研究表明，每造稻田的土壤有效态 As 含量也都比对照显著下降（图 10.20b）。其中，2016 年早造、晚造的稻田中有效态 As 含量分别由对照的(11.9 ± 0.74) mg/kg、(11.6 ± 0.75) mg/kg 下降至(5.17 ± 0.63) mg/kg、(4.04 ± 0.28) mg/kg，下降幅度分别达 56.6%和 65.1%；2017 年早造、晚造的稻田中有效态 As 含量分别由对照的(11.5 ± 1.49) mg/kg、

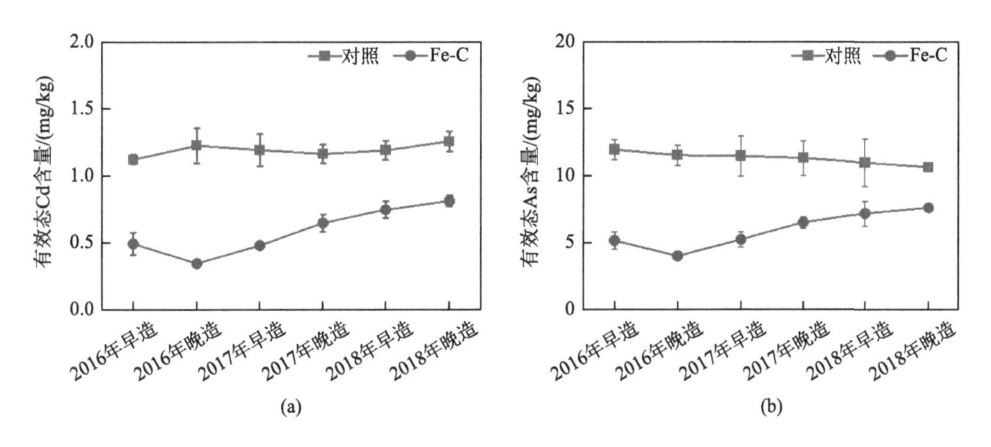

图 10.20 施加铁改性泥炭对各造水稻根际土壤有效态镉（a）和砷（b）含量的影响

(11.3 ± 1.28) mg/kg 下降至(5.25 ± 0.56) mg/kg、(6.53 ± 0.43) mg/kg，下降幅度分别达 54.3%和 42.2%；2018 年早造、晚造的稻田中有效态 As 含量分别由对照的(11.0 ± 1.77) mg/kg、(10.7 ± 0.31) mg/kg 下降至(7.20 ± 0.93) mg/kg、(7.63 ± 0.34) mg/kg，下降幅度分别达 34.5%和 28.7%。随着年份增加，施加铁改性泥炭后稻田中有效态 As 含量的降幅虽然逐渐减少，但其含量仍远低于对照，表明铁改性泥炭对土壤 As 的钝化效果也具有长效性。

2）对土壤理化性质改良的长效性

研究表明，在稻田中一次性施加铁改性泥炭后，土壤理化性质如 pH、OM 和 CEC 等，均得到一定程度的改善，结果如表 10.5 所示。

对土壤 pH 的效应。在 2016 年早造稻田一次性施加铁改性泥炭后，以后每年各造稻田的土壤 pH 均比对照显著上升。其中，2016 年早造、晚造稻田的土壤 pH 分别由对照的 7.07 ± 0.04、7.10 ± 0.06 升至 7.41 ± 0.06、7.38 ± 0.05，分别上升 0.34 和 0.28 个单位；2017 年早造、晚造稻田的土壤 pH 分别由对照的 7.14 ± 0.06、7.05 ± 0.04 升至 7.40 ± 0.06、7.27 ± 0.07，分别上升 0.26 和 0.22 个单位；2018 年早造、晚造稻田的土壤 pH 分别由对照的 7.12 ± 0.04、7.18 ± 0.03 升至 7.31 ± 0.13、7.34 ± 0.09，分别上升 0.19 和 0.16 个单位。

对土壤 OM 的效应。在 2016 年早造稻田一次性施加铁改性泥炭后，2016 年早造、晚造及 2017 年早造稻田的土壤 OM 含量均比对照显著增加。其中，2016 年早造、2016 年晚造和 2017 年早造稻田的土壤 OM 含量分别由对照的(16.2 ± 0.75) g/kg、(15.9 ± 0.66) g/kg 和(16.3 ± 0.46) g/kg 升至(17.3 ± 0.45) g/kg、(18.2 ± 0.32) g/kg 和(17.6 ± 0.58) g/kg，上升幅度分别达 6.79%、14.5%和 7.98%。但是，从 2017 年晚造开始，土壤 OM 含量与对照相比均无显著变化。

对土壤 CEC 的效应。在 2016 年早造稻田一次性施加铁改性泥炭后，2016 年早造、晚造及 2017 年早造稻田的土壤 CEC 值均比对照显著增加。其中，2016 年早造、2016 年晚造和 2017 年早造稻田的土壤 CEC 值分别由对照的(10.3 ± 0.83) cmol/kg、(10.4 ± 0.51) cmol/kg 和(10.3 ± 0.37) cmol/kg 升至(11.6 ± 0.63) cmol/kg、(11.8 ± 0.45) cmol/kg 和(11.7 ± 0.42) cmol/kg，分别上升 1.3 cmol/kg、1.4 cmol/kg 和 1.4 cmol/kg。从 2017 年晚造开始，土壤 CEC 值与对照相比也均无显著变化。

表 10.5 不同处理条件下土壤的 pH、OM 和 CEC 分析

年份	处理	早造稻田			晚造稻田		
		pH	OM/(g/kg)	CEC/(mmol/kg)	pH	OM/(g/kg)	CEC/(cmol/kg)
2016 年	对照	7.07 ± 0.04^{b}	16.2 ± 0.75^{b}	10.3 ± 0.83^{b}	7.10 ± 0.06^{b}	15.9 ± 0.66^{b}	10.4 ± 0.51^{b}
	调理剂	7.41 ± 0.06^{a}	17.3 ± 0.45^{a}	11.6 ± 0.63^{a}	7.38 ± 0.05^{a}	18.2 ± 0.32^{a}	11.8 ± 0.45^{a}
2017 年	对照	7.14 ± 0.06^{b}	16.3 ± 0.46^{b}	10.3 ± 0.37^{b}	7.05 ± 0.04^{b}	16.1 ± 0.35^{a}	10.7 ± 1.03^{a}
	调理剂	7.40 ± 0.06^{a}	17.6 ± 0.58^{a}	11.7 ± 0.42^{a}	7.27 ± 0.07^{a}	17.0 ± 0.32^{a}	11.6 ± 1.22^{a}
2018 年	对照	7.12 ± 0.04^{b}	15.8 ± 0.81^{a}	11.0 ± 1.67^{a}	7.18 ± 0.03^{b}	16.2 ± 0.50^{a}	10.9 ± 1.56^{a}
	调理剂	7.31 ± 0.13^{a}	16.8 ± 0.35^{a}	11.9 ± 0.67^{a}	7.34 ± 0.09^{a}	16.6 ± 0.43^{a}	11.2 ± 0.47^{a}

3）对稻米 Cd、As 含量的影响

与对照相比，在 2016 年早造一次性施加铁改性泥炭后，每造稻米的 Cd 含量显著下降，但随着年份增加，稻米 Cd 含量的降幅逐渐降低（图 10.21a）。其中，2016 年早造、晚造的稻米 Cd 含量分别由对照的(0.72 ± 0.04) mg/kg、(0.74 ± 0.02) mg/kg 下降至(0.32 ± 0.02) mg/kg、(0.33 ± 0.03) mg/kg，下降幅度分别达 55.6%和 55.4%；2017 年早造、晚造的稻米 Cd 含量分别由对照的(0.67 ± 0.05) mg/kg、(0.63 ± 0.06) mg/kg 下降至(0.38 ± 0.06) mg/kg、(0.41 ± 0.06) mg/kg，下降幅度分别达 43.2%和 34.9%；2018 年早造、晚造稻米的 Cd 含量分别由对照的(0.68 ± 0.07) mg/kg、(0.70 ± 0.02) mg/kg 下降至(0.43 ± 0.03) mg/kg、(0.46 ± 0.04) mg/kg，下降幅度分别达 36.7%和 34.2%。

与对照相比，每造稻米的 As 含量也显著下降，而且随着年份增加，稻米 As 含量的降幅也逐渐降低（图 10.21b）。其中，2016 年早造、晚造的稻米 As 含量分别由对照的(0.99 ± 0.11) mg/kg、(1.07 ± 0.04) mg/kg 下降至(0.31 ± 0.03) mg/kg、(0.25 ± 0.02) mg/kg，降幅分别达 68.7%和 76.6%；2017 年早造、晚造的稻米 As 含量分别由对照的(1.09 ± 0.06) mg/kg、(1.17 ± 0.05) mg/kg 下降至(0.43 ± 0.04) mg/kg、(0.61 ± 0.06) mg/kg，降幅分别达 60.6%和 47.9%；2018 年早造、晚造的稻米 As 含量分别由对照的(1.15 ± 0.09) mg/kg、(1.11 ± 0.10) mg/kg 下降至(0.67 ± 0.09) mg/kg、(0.74 ± 0.08) mg/kg，降幅分别达 41.7%和 33.3%。

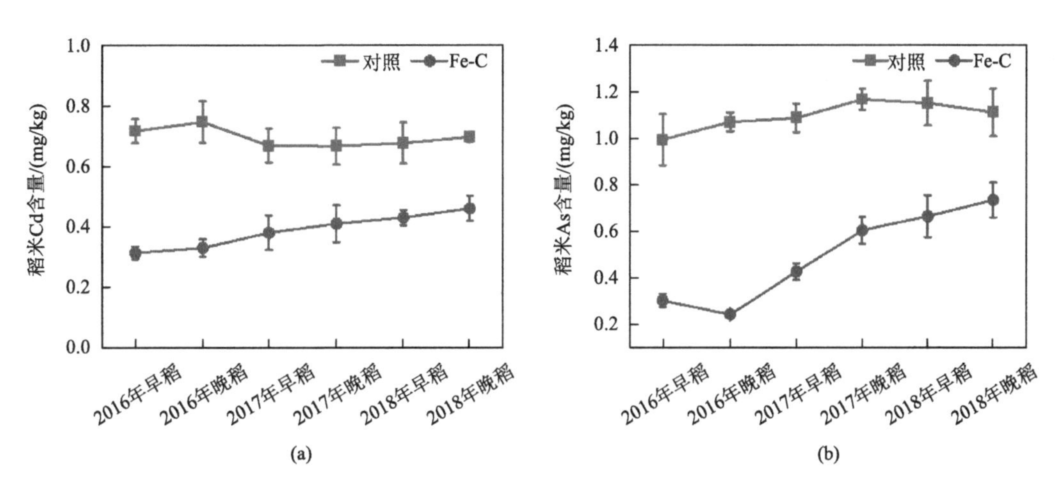

图 10.21 铁改性泥炭对稻米镉（a）、砷（b）含量的影响

4）对水稻产量的影响

研究表明，在稻田土壤中一次性施加铁改性泥炭调理剂后，随后三年中每造的水稻产量均比对照显著增加（图 10.22）。与对照相比，2016 年早稻和晚稻的亩产分别增加 77 kg 和 71 kg，增幅分别为 18.5%和 17.5%；2017 年早稻和晚稻的亩产分别增加 64 kg 和 60 kg，增幅分别为 14.6%和 14.1%；2018 年早稻和晚稻的亩产分别增加 59 kg 和 46 kg，增幅分别为 12.7%和 10.4%。随着年份增加，水稻产量的增幅由 18.5%逐渐下降至 10.4%，但是增产的效果依然显著（$p<0.05$），表明铁改性泥炭的应用具有长效性。

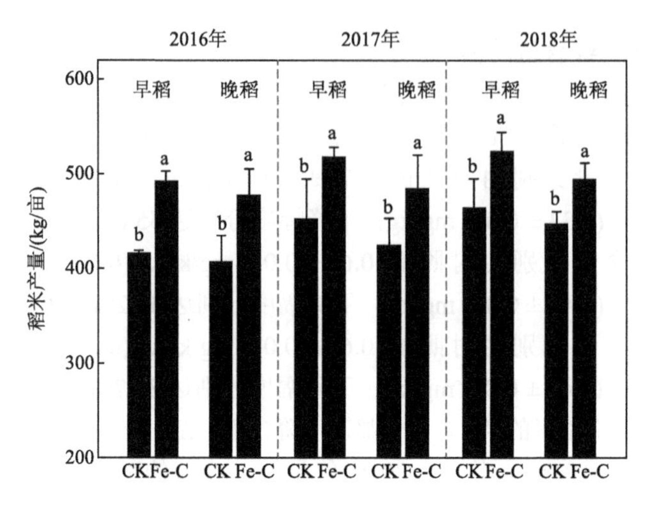

图 10.22 不同年份铁改性泥炭对水稻产量的影响

10.3 展　　望

利用稻田土壤物质循环、优化农艺措施、栽种重金属积累量低的水稻品种从而减轻重金属对水稻的毒害作用是当前学术界的研究热点。以上研究证实铁/氮/碳耦合在促进铁膜形成同步钝化 Cd、As 方面具有显著的协同效应，也有实验证据表明不同的耕作方式对水稻铁膜及植株吸收重金属具有显著差异（Liu et al. 2011）。不同水稻生育期根际环境具有很大差异，应从水稻生育期角度考虑水稻铁膜铁氧化物差异对根际固定重金属及水稻植株吸收重金属的影响。土壤碳氮元素循环强烈影响着重金属的环境行为，因此稻田不同形态氮肥的施加如何影响铁膜的形成及其吸附重金属也值得关注。不同水稻品种的铁膜形成及重金属吸附能力存在很大差异（Lee et al.，2013；Liu et al.，2004a，Syu et al.，2014；Wu et al.，2016）。今后应重点在分子生物学水平上研究铁膜的形成及作用机制，为选育对污染物低吸收、低累积的水稻品种及提高食品质量，保证食品安全提供理论依据，为解决稻田系统中的重金属污染提供合理的防治和修复措施。

对水稻铁膜的微生物已经有了初步的了解，发现铁膜微生物组成明显区别于根际及铁膜，表明铁膜生境的特殊性。但是对于铁膜微生物的作用仍缺少直接的证据，未来需从铁膜中分离关键的参与重金属循环过程的微生物，研究清楚其在铁膜生境重金属循环中所起的作用，以此来证明微生物在铁膜生境重金属固定中所扮演的角色。另外，原位检测铁膜上参与重金属元素循环的关键微生物类群在不同水稻生育期及不同重金属胁迫条件下的活性，也是证实微生物参与铁膜元素循环过程的直接证据。同时，应结合大数据分析，明确影响铁膜微生物群落结构特别是关键功能微生物（如砷氧化还原菌）丰度与活性的关键理化因子，将为从功能微生物角度通过对根表铁膜进行合理调节，研发控制铁膜吸附固定重金属以降低水稻植株吸收重金属的技术提供新思路。

参 考 文 献

陈娅婷，李芳柏，李晓敏，2016. 水稻土嗜中性微好氧亚铁氧化菌多样性及微生物成矿研究[J]. 生态环境学报，25（4）：547-554.

董明芳，2016. 根际铁锰氧化菌对水稻铁锰膜形成和 Cd 吸收转运的影响[D]. 南宁：广西大学.

段桂兰，王利红，陈玉，等，2007. 水稻砷污染健康风险与砷代谢机制的研究[J]. 农业环境科学学报，（2）：430-435.

傅友强，于智卫，蔡昆争，等，2010. 水稻根表铁膜形成机制及其生态环境效应[J]. 植物营养与肥料学报，16（6）：1527-1534.

何春娥，刘学军，张福锁，2004. 植物根表铁膜的形成及其营养与生态环境效应[J]. 应用生态学报，（6）：1069-1073.

李花粉，张福锁，毛达如，1997. 小麦根表铁氧化物及植物铁载体对植物吸收镉的影响[J]. 中国环境科学，（5）：50-53.

刘侯俊，胡向白，张俊伶，等，2007. 水稻根表铁膜吸附镉及植株吸收镉的动态[J]. 应用生态学报，（2）：425-430.

刘侯俊，张俊伶，韩晓日，等，2009. 根表铁膜对元素吸收的效应及其影响因素[J]. 土壤，41（3）：335-343.

刘同同，2020．不同水分管理模式下外源硫素对水稻吸收镉的调控效应[D]. 荆州：长江大学.

刘文菊，胡莹，朱永官，等，2008. 磷饥饿诱导水稻根表铁膜形成机理初探[J]. 植物营养与肥料学报，（1）：22-27.

刘文菊，张西科，张福锁，1999. 根表铁氧化物和缺铁根分泌物对水稻吸收镉的影响[J]. 土壤学报，（4）：463-469.

王向琴，刘传平，杜衍红，等，2018. 零价铁与腐殖质复合调理剂对稻田镉砷污染钝化的效果研究[J]. 生态环境学报，27（12）：2329-2336.

魏树和，周启星，张凯松，等，2003. 根际圈在污染土壤修复中的作用与机理分析[J]. 生态环境学报，14（1）：143-147.

吴讷，邵嘉薇，盛荣，等，2019. 水稻分蘖期和孕穗期根际反硝化菌群落结构及功能变化[J]. 应用生态学报，（4）：1344-1350.

吴云当，李芳柏，刘同旭，2016. 土壤微生物-腐殖质-矿物间的胞外电子传递机制研究进展[J]. 土壤学报，53：277-291.

邢承华，蔡妙珍，刘鹏，等，2006. 植物根表铁锰氧化物胶膜的环境生态作用[J]. 生态环境，（6）：1380-1384.

闫金朋，2019. 施用不同形态硒对镉胁迫下水稻生长及吸收，转运镉的影响[C]. 南宁：广西大学.

杨婧，胡莹，王新军，等，2009. 两种通气组织不同的水稻品种根表铁膜的形成及砷吸收积累的差异[J]. 生态毒理学报，4（5）：711-717.

杨旭健，傅友强，沈宏，等，2014. 水稻根表铁膜及其形成的形态、生理及分子机理综述[J]. 生态学杂志，33（8）：2235-2244.

余红，范萍，檀文炳，等，2021. 不同土地利用方式下土壤腐殖质作为胞外电子穿梭体的持续能力分析[J]. 环境科学研究，34（7）：1737-1746.

赵锋，王丹英，徐春梅，等，2009. 水稻氧营养的生理、生态机制及环境效应研究进展[J]. 中国水稻科学，23（4）：335-341.

Aldmour S T，Burke I T，Bray A W，et al.，2019. Abiotic reduction of Cr(Ⅵ) by humic acids derived from peat and lignite：Kinetics and removal mechanism[J]. Environmental Science and Pollution Research，26（5）：4717-4729.

Amstaetter K，Borch T，Larese-Casanova P，et al.，2010. Redox transformation of arsenic by Fe(Ⅱ)-activated goethite（α-FeOOH）[J]. Environmental Science & Technology，44（1）：102-108.

Ando T，Yoshida S，Nishiyama I，1983. Nature of oxidizing power of rice roots[J]. Plant and Soil，72（1）：57-71.

Bradley P M，Chapelle F H，1996. Anaerobic mineralization of vinyl chloride in Fe(Ⅲ)-reducing，aquifer sediments[J]. Environmental Science & Technology，30（6）：2084-2086.

Buschmann J，Sigg L，2004. Antimony(Ⅲ) binding to humic substances：Influence of pH and type of humic acid[J]. Environmental Science & Technology，38：4535-4541.

Cao Z Z，Qin M L，Lin X Y，et al.，2018. Sulfur supply reduces cadmium uptake and translocation in rice grains（*Oryza sativa* L.）by enhancing iron plaque formation，cadmium chelation and vacuolar sequestration[J]. Environmental Pollution，238：76-84.

Chaudhuri S K，Lack J G，Coates J D，2001. Biogenic magnetite formation through anaerobic biooxidation of Fe(Ⅱ)[J]. Applied and Environmental Microbiology，67：2844-2848.

Chen G，Du Y，Fang L，et al.，2023. Distinct arsenic uptake feature in rice reveals the importance of N fertilization strategies[J]. Science of the Total Environment，854：158801.

Chen M X，Cao L，Song X Z，et al.，2014. Effect of iron plaque and selenium on cadmium uptake and translocation in rice seedlings（*Oryza sativa*）grown in solution culture[J]. International Journal of Agriculture and Biology，16（6）：1159-1164.

Chen X，Kong W，He J，et al.，2008. Do water regimes affect iron-plaque formation and microbial communities in the rhizosphere of paddy rice？[J]. Journal of Plant Nutrition and Soil Science，171（2）：193-199.

Chen Z，Zhu Y G，Liu W J，et al.，2005. Direct evidence showing the effect of root surface iron plaque on arsenite and arsenate uptake into rice（*Oryza sativa*）roots[J]. New Phytologist，165（1）：91-97.

Cheng H，Wang M Y，Wong M H，et al.，2014. Does radial oxygen loss and iron plaque formation on roots alter Cd and Pb uptake and distribution in rice plant tissues？[J]. Plant and Soil，375（1）：137-148.

Christensen K K，Wigand C，1998. Formation of root plaques and their influence on tissue phosphorus content in *Lobelia dortmanna*[J]. Aquatic Botany，61（2）：111-122.

Coates J D，Cole K A，Chakraborty R，et al.，2002. Diversity and ubiquity of bacteria capable of utilizing humic substances as electron donors for anaerobic respiration[J]. Applied & Environmental Microbiology，68（5）：2445-2452.

Colmer T D，Kotula L，Malik A I，et al.，2019. Rice acclimation to soil flooding：Low concentrations of organic acids can trigger a barrier to radial oxygen loss in roots[J]. Plant，Cell & Environment，42（7）：2183-2197.

Colombo C，Palumbo G，He J Z，et al.，2014. Review on iron availability in soil：Interaction of Fe minerals，plants，and microbes[J]. Journal of Soils and Sediments，14（3）：538-548.

Crowder A A，Macfie S M，1986. Seasonal deposition of ferric hydroxide plaque on roots of wetland plants[J]. Canadian Journal of Botany：Revue Canadienne De Botanique，64（9）：2120-2124.

Dai M，Liu J，Liu W，et al.，2017. Phosphorus effects on radial oxygen loss，root porosity and iron plaque in two mangrove seedlings under cadmium stress[J]. Marine Pollution Bulletin，119（1）：262-269.

Deng D，Wu S C，Wu F Y，et al.，2010. Effects of root anatomy and Fe plaque on arsenic uptake by rice seedlings grown in solution culture[J]. Environmental Pollution，158：2589-2595.

Emerson D，Roden E，Twining B S，2012. The microbial ferrous wheel：Iron cycling in terrestrial，freshwater，and marine environments[J]. Frontiers in Microbiology，3：383.

Emerson D，Weiss J V，Megonigal J P，1999. Iron-oxidizing bacteria are associated with ferric hydroxide precipitates（Fe-plaque）on the roots of wetland plants[J]. Applied and Environmental Microbiology，65（6）：2758-2761.

Frommer J，Voegelin A，Dittmar J，et al.，2011. Biogeochemical processes and arsenic enrichment around rice roots in paddy soil：Results from micro-focused X-ray spectroscopy[J]. European Journal of Soil Science，62（2）：305-317.

Greipsson S，1994. Effects of iron plaque on roots of rice on growth and metal concentration of seeds and plant tissues when cultivated in excess copper[J]. Communications in Soil Science and Plant Analysis，25（15-16）：2761-2769.

Guo W，Zhu Y G，Liu W J，et al.，2007. Is the effect of silicon on rice uptake of arsenate（AsV）related to internal silicon concentrations，iron plaque and phosphate nutrition？[J]. Environmental Pollution，148（1）：251-257.

Hossain M B，Jahiruddin M，Loeppert R H，et al.，2009. The effects of iron plaque and phosphorus on yield and arsenic accumulation in rice[J]. Plant and Soil，317（1）：167-176.

Hu Y，Huang Y Z，Huang Y C，et al.，2013. Formation of iron plaque on root surface and its effect on Cd uptake and translocation by rice（*Oryza sativa* L.）at different growth stages[J]. Journal of Agro-Environment Science，32：432-437.

Hu Y，Li J H，Zhu Y G，et al.，2005. Sequestration of As by iron plaque on the roots of three rice（*Oryza sativa* L.）cultivars in a low-P soil with or without P fertilizer[J]. Environmental Geochemistry and Health，27（2）：169-176.

Hu Z Y，Zhu Y G，Li M，et al.，2007. Sulfur（S）-induced enhancement of iron plaque formation in the rhizosphere reduces arsenic accumulation in rice（*Oryza sativa* L.）seedlings[J]. Environmental Pollution，147（2）：387-393.

Huang G，Ding C，Li Y，et al.，2020. Selenium enhances iron plaque formation by elevating the radial oxygen loss of roots to reduce cadmium accumulation in rice（*Oryza sativa* L.）[J]. Journal of Hazardous Materials，398：122860.

Huang H，Zhu Y G，Chen Z，et al.，2012. Arsenic mobilization and speciation during iron plaque decomposition in a paddy soil[J]. Journal of Soils and Sediments，12（3）：402-410.

Huang Y Z，Hu Y，Liu Y X，2009. Heavy metal accumulation in iron plaque and growth of rice plants upon exposure to single and combined contamination by copper，cadmium and lead[J]. Acta Ecologica Sinica，29（6）：320-326.

Jiang F Y，Chen X，Luo A C，2009. Iron plaque formation on wetland plants and its influence on phosphorus，calcium and metal uptake[J]. Aquatic Ecology，43（4）：879-890.

Jr Ultra V U，Nakayama A，Tanaka S，et al.，2009. Potential for the alleviation of arsenic toxicity in paddy rice using amorphous iron-(hydr) oxide amendments[J]. Soil Science and Plant Nutrition，55：160-169.

Kanaparthi D，Conrad R，2015. Role of humic substances in promoting autotrophic growth in nitrate-dependent iron-oxidizing bacteria[J]. Systematic and Applied Microbiology，38（3）：184-188.

Khan N，Seshadri B，Bolan N，et al.，2016. Root iron plaque on wetland plants as a dynamic pool of nutrients and contaminants[M]//Sparks D L. Advances in Agronomy. Pittsburgh：Academic Press：1-96.

King G M，Garey M A，1999. Ferric iron reduction by bacteria associated with the roots of freshwater and marine macrophytes[J]. Applied and Environmental Microbiology，65（10）：4393-4398.

Klueglein N，Kappler A，2013. Abiotic oxidation of Fe(Ⅱ) by reactive nitrogen species in cultures of the nitrate-reducing Fe(Ⅱ) oxidizer *Acidovorax* sp. BoFeN1–questioning the existence of enzymatic Fe(Ⅱ) oxidation[J]. Geobiology，11：180-190.

Lai Y，Xu B，He L，et al.，2012. Cadmium uptake by and translocation within rice (*Oryza sativa* L.) seedlings as affected by iron plaque and Fe_2O_3[J]. Pakistan Journal of Botany，44（5）：1557-1561.

Lee C H，Hsieh Y C，Lin T H，et al.，2013. Iron plaque formation and its effect on arsenic uptake by different genotypes of paddy rice[J]. Plant and Soil，363（1）：231-241.

Li X，Zhang W，Liu T，et al.，2016. Changes in the composition and diversity of microbial communities during anaerobic nitrate reduction and Fe(Ⅱ) oxidation at circumneutral pH in paddy soil[J]. Soil Biology & Biochemistry，94：70-79.

Liang Y，Zhu Y G，Xia Y，et al.，2006. Iron plaque enhances phosphorus uptake by rice（*Oryza sativa*）growing under varying phosphorus and iron concentrations[J]. Annals of Applied Biology，149（3）：305-312.

Liu H J，Zhang J L，Christie P，et al.，2007a. Influence of external zinc and phosphorus supply on Cd uptake by rice（*Oryza sativa* L.）seedlings with root surface iron plaque[J]. Plant and Soil，300（1-2）：105-115.

Liu H J，Zhang J L，Christie P，et al.，2010a. Influence of iron fertilization on cadmium uptake by rice seedlings irrigated with cadmium solution[J]. Communications in Soil Science and Plant Analysis，41（5）：584-594.

Liu H J，Zhang J L，Zhang F S，2007b. Role of iron plaque in Cd uptake by and translocation within rice（*Oryza sativa* L.）seedlings grown in solution culture[J]. Environmental and Experimental Botany，59（3）：314-320.

Liu J G，Cao C X，Wong M H，et al.，2010b. Variations between rice cultivars in iron and manganese plaque on roots and the relation with plant cadmium uptake[J]. Journal of Environmental Sciences，22（7）：1067-1072.

Liu J G，Leng X M，Wang M X，et al.，2011. Iron plaque formation on roots of different rice cultivars and the relation with lead uptake[J]. Ecotoxicology and Environmental Safety，74（5）：1304-1309.

Liu W J，Zhu Y G，Hu Y，et al.，2006. Arsenic sequestration in iron plaque，its accumulation and speciation in mature rice plants（*Oryza Sativa* L.）[J]. Environmental Science & Technology，40（18）：5730-5736.

Liu W J，Zhu Y G，Smith F A，et al.，2004a. Do iron plaque and genotypes affect arsenate uptake and translocation by rice seedlings（*Oryza sativa* L.）grown in solution culture？[J]. Journal of Experimental Botany，55（403）：1707-1713.

Liu W J，Zhu Y G，Smith F A，et al.，2004b. Do phosphorus nutrition and iron plaque alter arsenate (As) uptake by rice seedlings in hydroponic culture？[J]. New Phytologist，162（2）：481-488.

Lovley D R，1993. Dissimilatory metal reduction[J]. Annual Review of Microbiology，47（1）：263-290.

Lovley D R，Fraga J L，Coates J D，et al.，1999. Humics as an electron donor for anaerobic respiration[J]. Environmental Microbiology，1：89-98.

Macfie S M，Crowder A A，1987. Soil factors influencing ferric hydroxide plaque-formation on roots of *Typhalatifolia* L[J]. Plant and Soil，102（2）：177-184.

Neubauer S C，Emerson D，Megonigal J P，2002. Life at the energetic edge：Kinetics of circumneutral iron oxidation by lithotrophic iron-oxidizing bacteria isolated from the wetland-plant rhizosphere[J]. Applied and Environmental Microbiology，68（8）：3988-3995.

Neubauer S C，Toledo-Duran G E，Emerson D，et al.，2007. Returning to their roots：Iron-oxidizing bacteria enhance short-term plaque formation in the wetland-plant rhizosphere[J]. Geomicrobiology Journal，24（1）：65-73.

Page S E，Sander M，Arnold W A，et al.，2012. Hydroxyl radical formation upon oxidation of reduced humic acids by oxygen in the dark[J]. Environmental Science & Technology，46（3）：1590-1597.

Palmer N，von Wandruszka R，2005. Reduction of inorganic arsenic with humic materials[J]. Geochimica et Cosmochimica Acta Supplement，69：A541.

Pezeshki S R，2001. Wetland plant responses to soil flooding[J]. Environmental and Experimental Botany，46（3）：299-312.

Qiao J，Li X，Li F，et al.，2019. Humic substances facilitate arsenic reduction and release in flooded paddy soil[J]. Environmental Science & Technology，53：5034-5042.

Qiao J T，Liu T X，Wang X Q，et al.，2018. Simultaneous alleviation of cadmium and arsenic accumulation in rice by applying zero-valent iron and biochar to contaminated paddy soils[J]. Chemosphere，195：260-271.

Rajendran M，Shi L，Wu C，et al.，2019. Effect of sulfur and sulfur-iron modified biochar on cadmium availability and transfer in the soil-rice system[J]. Chemosphere，222：314-322.

Seyfferth A L，Webb S M，Andrews J C，et al.，2010. Arsenic localization，speciation，and co-occurrence with iron on rice（*Oryza sativa* L.）roots having variable Fe coatings[J]. Environmental Science & Technology，44（21）：8108.

Shuman L M，Wang J，1997. Effect of rice variety on zinc，cadmium，iron，and manganese content in rhizosphere and non-rhizosphere soil fractions[J]. Communications in Soil Science and Plant Analysis，28（1-2）：23-36.

St-Cyr L，Crowder A A，1989. Factors affecting iron plaque on the roots of *Phragmites australis*（Cav.）Trin. ex Steudel[J]. Plant and Soil，116（1）：85-93.

Straub K L，Benz M，Schink B，et al.，1996. Anaerobic，nitrate-dependent microbial oxidation of ferrous iron[J]. Applied and Environmental Microbiology，62：1458-1460.

Syu C H，Jiang P Y，Huang H H，et al.，2013. Arsenic sequestration in iron plaque and its effect on As uptake by rice plants grown in paddy soils with high contents of As，iron oxides，and organic matter[J]. Soil Science and Plant Nutrition，59（3）：463-471.

Syu C H，Lee C H，Jiang P Y，et al.，2014. Comparison of As sequestration in iron plaque and uptake by different genotypes of rice plants grown in As-contaminated paddy soils[J]. Plant and Soil，374（1）：411-422.

Taylor G J，Crowder A A，1983. Uptake and accumulation of heavy-metals by *Typha latifolia* in wetlands of the Sudbury，Ontario region[J]. Canadian Journal of Botany：Revue Canadienne De Botanique，61（1）：63-73.

Taylor G J，Crowder A A，Rodden R，1984. Formation and morphology of an iron plaque on the roots of *Typha latifolia* L grown in solution culture[J]. American Journal of Botany，71（5）：666-675.

Tessier A P，Campbell P，Bisson M X，1979. Sequential extraction procedure for the speciation of particulate trace metals[J]. Analytical Chemistry，51（7）：844-851.

Trivedi P，Axe L，2001. Ni and Zn sorption to amorphous versus crystalline iron oxides：Macroscopic studies[J]. Journal of Colloid and Interface Science，244（2）：221-229.

Wang T G，Peverly J H，1996. Oxidation states and fractionation of plaque iron on roots of common reeds[J]. Soil Science Society of America Journal，60（1）：323-329.

Wang X，Yao H X，Wong M H，et al.，2013. Dynamic changes in radial oxygen loss and iron plaque formation and their effects on Cd and As accumulation in rice（*Oryza sativa* L.）[J]. Environmental Geochemistry and Health，35（6）：779-788.

Wang X Q，Liu C P，Yuan Y，et al.，2014. Arsenite oxidation and removal driven by a bio-electro-Fenton process under neutral pH conditions[J]. Journal of Hazardous Materials，275：200-209.

Wang X，Yu H Y，Li F，et al.，2019. Enhanced immobilization of arsenic and cadmium in a paddy soil by combined applications of woody peat and $Fe(NO_3)_3$：Possible mechanisms and environmental implications[J]. Science of the Total Environment，649：535-543.

Wang X J，Chen X P，Yang J，et al.，2009. Effect of microbial mediated iron plaque reduction on arsenic mobility in paddy soil[J]. Journal of Environmental Sciences，21（11）：1562-1568.

Weiss J V，Emerson D，Backer S M，et al.，2003. Enumeration of Fe(Ⅱ)-oxidizing and Fe(Ⅲ)-reducing bacteria in the root zone of wetland plants：Implications for a rhizosphere iron cycle[J]. Biogeochemistry，64（1）：77-96.

Wenzel W W，Kirchbaumer N，Prohaska T，et al.，2001. Arsenic fractionation in soils using an improved sequential extraction procedure[J]. Analytica Chimica Acta，436（2）：309-323.

Wu C，Ye Z H，Li H，et al.，2012. Do radial oxygen loss and external aeration affect iron plaque formation and arsenic accumulation and speciation in rice？[J]. Journal of Experimental Botany，63（8）：2961-2970.

Wu C，Zou Q，Xue S G，et al.，2016. The effect of silicon on iron plaque formation and arsenic accumulation in rice genotypes with different radial oxygen loss（ROL）[J]. Environmental Pollution，212：27-33.

Xu B，Wang F，Zhang Q，et al.，2018. Influence of iron plaque on the uptake and accumulation of chromium by rice（*Oryza sativa* L.）seedlings：Insights from hydroponic and soil cultivation[J]. Ecotoxicology and Environmental Safety，162：51-58.

Xu B，Yu S，2013. Root iron plaque formation and characteristics under N_2 flushing and its effects on translocation of Zn and Cd in paddy rice seedlings（*Oryza sativa*）[J]. Annals of Botany，111：1189-1195.

Xu D F，Xu J M，He Y，et al.，2009. Effect of iron plaque formation on phosphorus accumulation and availability in the rhizosphere of wetland plants[J]. Water Air and Soil Pollution，200（1-4）：79-87.

Yamaguchi N，Ohkura T，Takahashi Y，et al.，2014. Arsenic distribution and speciation near rice roots influenced by iron plaques and redox conditions of the soil matrix[J]. Environmental Science & Technology，48（3）：1549-1556.

Yang Y，Hu H，Fu Q，et al.，2020. Phosphorus regulates As uptake by rice via releasing As into soil porewater and sequestrating it on Fe plaque[J]. Science of the Total Environment，738：139869.

Zhang F，Shen J，Li L，et al.，2004. An overview of rhizosphere processes related with plant nutrition in major cropping systems in China[J]. Plant and Soil，260（1-2）：89-99.

Zhang G，Xian W，Yang J，et al.，2016. *Paracoccus gahaiensis* sp. nov. isolated from sediment of Gahai Lake，Qinghai-Tibetan Plateau，China[J]. Archives of Microbiology，198：227-232.

Zhang J，Duan G L，2008. Genotypic difference in arsenic and cadmium accumulation by rice seedlings grown in hydroponics[J]. Journal of Plant Nutrition，31（12）：2168-2182.

Zhang X，Liu T，Li F，et al.，2021. Multiple effects of nitrate amendment on the transport，transformation and bioavailability of antimony in a paddy soil-rice plant system[J]. Journal of Environmental Sciences，100：90-98.

Zhang X，Zhang F，Mao D，1998. Effect of iron plaque outside roots on nutrient uptake by rice（*Oryza sativa* L.）. Zinc uptake by Fe-deficient rice[J]. Plant and Soil，202：33-39.

Zhou H，Zhu W，Yang W T，et al.，2018. Cadmium uptake，accumulation，and remobilization in iron plaque and rice tissues at different growth stages[J]. Ecotoxicology and Environmental Safety，152：91-97.

Zhou X B，Li Y Y，2019. Effect of iron plaque and selenium on mercury uptake and translocation in rice seedlings grown in solution culture[J]. Environmental Science and Pollution Research，26：13795-13803.

第11章

水稻重金属生理阻隔技术

土壤中镉、砷等重金属极易被水稻吸收并转运至稻米中，导致稻米在我国成为镉、砷超标最严重的谷物之一。这些重金属可通过食物链进入人体，对人体健康构成严重威胁。我国环境保护部和国土资源部于2014年发布的调查报告显示，耕地土壤点位超标率为19.4%，其中轻中度污染占94.3%，主要污染物为镉和砷。因此，在轻中度污染耕地上如何安全生产水稻，已成为我国急需解决的重大环境和粮食安全问题。水稻籽粒中镉和砷富集受多种因素的影响，尤其是硅、硒等营养元素。这些营养元素通过物理屏障、隔离解毒、氧化应激响应等机制，降低水稻对镉/砷的吸收、转运和在籽粒中的积累。基于这些原理，目前已研发出硅、硒、锌、铁、锰等营养元素的生理阻隔技术，本章将重点阐述不同营养元素阻隔水稻镉、砷吸收积累的作用原理，并简要介绍其应用效果与展望（图11.1）。

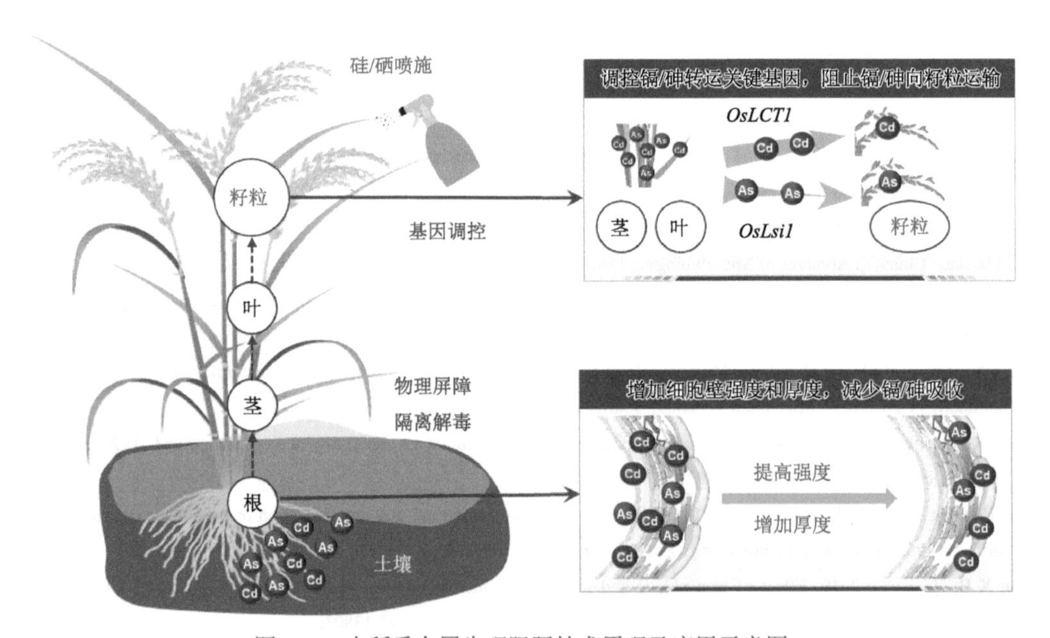

图11.1　水稻重金属生理阻隔技术原理及应用示意图

11.1　生理阻隔技术原理

11.1.1　生理阻隔技术的概念及基本原理

重金属在稻米中的积累经过多个过程。首先，重金属进入水稻的根系，然后由木质部和节点跨维管束进行转运，最后经韧皮部向籽粒转运并积累（图 11.2）。重金属主要有两种途径进入水稻根系。一种是通过根系表皮细胞间隙以被动吸收的方式，自由扩散进入质外体；另一种是通过根系表皮细胞膜上的转运蛋白以主动吸收的方式进入细胞内（Clemens et al.，2013）。进入根系的重金属，首先以横向运输的方式到达维管束，随后在转运蛋白的介导下进入木质部导管，继而在蒸腾作用的拉力作用下向地上部运输。在茎部节点中，转运蛋白可介导重金属从木质部跨越至韧皮部的维管束，进而经韧皮部向籽粒转运并积累。

镉、砷等重金属是非必需矿质元素，在水稻植株体内没有特定的吸收转运通道。但镉与锌、铁、锰，砷与硅、磷等必需元素或有益矿质元素的化学结构相似，因此，可通过这些必需元素或有益矿质元素的吸收转运通道进入水稻根系细胞，并向上转运至籽粒。近年来，已发现多个转运蛋白可介导水稻镉、砷的吸收转运。

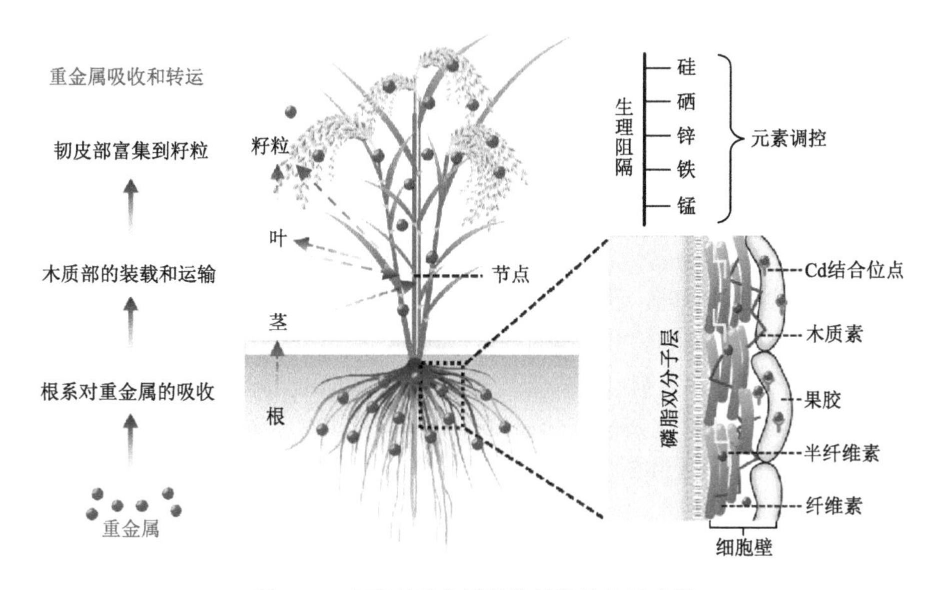

图 11.2　水稻对重金属吸收转运途径示意图

镉主要通过锌、铁、锰等转运通道进入水稻根系细胞。锌转运蛋白 OsZIP1 和 OsZIP3 可介导其吸收转运（Ramesh et al.，2003）；铁转运蛋白 OsNramp1、OsIRT1 和 OsIRT2 在缺铁诱导下表达上调，促进铁吸收的同时也可提高镉的吸收（Kobayashi et al.，2014）；锰转运蛋白 OsNramp5 定位于内外皮层细胞的远中柱端，在转运锰的同时可高效转运镉，介导镉离子穿过凯氏带的运输，有助于其在木质部的装载（Takahashi et al.，2014）。

OsHMA3 和 OsMTP1 转运蛋白定位于液泡膜上，可将镉转入液泡中隔离，限制镉向其他部位转运（Yuan et al.，2012）。*OsHMA3* 基因主要在水稻根系中表达，外源营养元素能上调其表达，进而促进镉在液泡的隔离，抑制其向地上部迁移（Sasaki et al.，2012）。OsHMA2 转运蛋白定位于水稻根系和节点维管束细胞膜上，参与了镉的木质部装载、向地上部转运和节点再分配等过程（Takahashi et al.，2012）。*OsLCT1* 基因主要在水稻节点、旗叶中表达，参与镉通过韧皮部向籽粒迁移的过程（Uraguchi et al.，2011）。

砷主要通过硅酸、磷酸等转运通道进入水稻根系细胞。在还原条件下，无机 As(III)

是土壤溶液中的主要形态，可通过硅酸的转运蛋白 OsLsi1 进入水稻根系，并由 OsLsi2 蛋白介导其木质部装载，进而输送到地上部。茎节点中 OsLsi6、OsLsi2 和 OsLsi3 等转运蛋白，可介导硅、砷的跨维管束运输，有利于其通过韧皮部向籽粒转运（Yamaji et al.，2015）。在氧化条件下，无机 As(Ⅴ)是土壤中的主要形态，主要由磷酸转运蛋白 OsPT8 介导进入根系细胞，然后很快被砷酸盐还原酶 OsACR2 还原成 As(Ⅲ)（Wang et al.，2016）。OsABCC1 蛋白位于液泡膜上，其基因可在根系、茎部、叶片和稻壳中表达，主要介导砷的液泡隔离，实现砷脱毒的同时也限制其向其他部位转运（Song et al.，2014）。

细胞壁在阻隔水稻体内重金属迁移过程中扮演重要角色。细胞壁是水稻组织器官的重要亚细胞组分，具有高度有序的复杂网状结构，包括纤维素、半纤维素、果胶和蛋白质等主要成分。细胞壁含有大量羧基、氨基以及醛基等负电基团，可与重金属离子发生物理、化学等反应，并以螯合物的形式固定重金属，从而限制重金属的跨膜运输。在重金属胁迫下，细胞壁是其进入水稻细胞的最后一道屏障（Li et al.，2020a），可通过区隔作用将有害的重金属离子限制在细胞壁区域，同时也导致细胞壁组分和功能发生变化（He et al.，2015）。

生理阻隔技术就是基于上述原理，通过施用特定的营养元素，调控水稻对重金属吸收转运相关基因的表达，使得水稻产生相应的生理效应，进而阻隔重金属向籽粒转运积累。这些生理效应包括：抑制水稻对重金属的吸收和转运，增强细胞壁对重金属的物理屏障作用，提高细胞对重金属的隔离解毒能力，增强水稻的营养水平和抗胁迫能力，等等。目前，应用较多的生理阻隔剂主要是含有硅、硒、锌、铁、锰等营养元素的材料，通过调控水稻的多个生理过程，有效降低稻米对镉砷等重金属的积累。其中，硅格外令人关注，因为硅本身是水稻必需的营养元素，不仅直接影响水稻植株的生长发育，而且还影响水稻植株抵抗病虫害、抗逆性及抵御重金属毒害等能力（Seyfferth et al.，2019）。叶面喷施是应用效果较好的方法（Liu et al.，2009），本章主要阐述叶面喷施生理阻隔剂降低水稻重金属积累的机制与效应。

11.1.2 硅调控水稻镉吸收转运的生理阻隔技术原理

硅是植物生长的有益元素，对水稻这种喜硅植物尤其有益。硅营养有利于植株生长、提高产量，并增强植株的抗胁迫能力（Ma & Yamaji，2006）。水培试验结果表明，施用纳米硅溶胶显著地降低了水稻幼苗根系、茎和叶的镉含量，降低幅度分别为 26.9%～30.1%、63.6%～67.0%和 56.7%～62.3%（图 11.3）。在水稻分蘖盛期至拔节期，以及抽穗期至灌浆期各喷施一次纳米硅溶胶，稻米镉含量降低至 0.16 mg/kg，降幅为 88.7%，低于我国食品中污染物限量标准（0.2 mg/kg）。

纳米硅溶胶可在分子、亚细胞、细胞和组织水平上抑制水稻细胞吸收镉（图 11.4）。在分子水平上，纳米硅溶胶可调控水稻根系中与镉吸收、转运和解毒相关基因的表达，从而降低水稻对镉的吸收和转运。在亚细胞水平上，纳米硅溶胶可增加水稻细胞壁组分中的硅含量，增加细胞壁的厚度、机械强度和含氧官能团数量，从而增强水稻细胞壁与镉离子的结合能力。在细胞和组织水平上，纳米硅溶胶可提高植株的抗氧化能力，并保持水稻细胞结构的完整性，减少氧化损伤，从而提高水稻对镉胁迫的耐受性。因此，纳米硅溶胶的作用表现出多个方面的效应，包括基因调控效应、氧化应激效应、细胞壁效应、细胞结构效应和分布效应等。

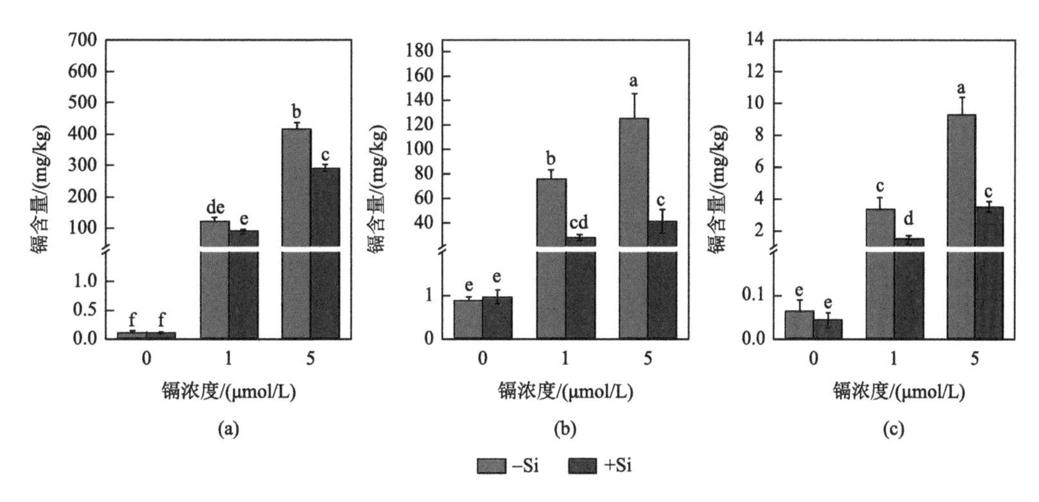

图 11.3　施用纳米硅溶胶对水稻根（a）、茎（b）和叶（c）镉含量的影响（Cui et al.，2022）

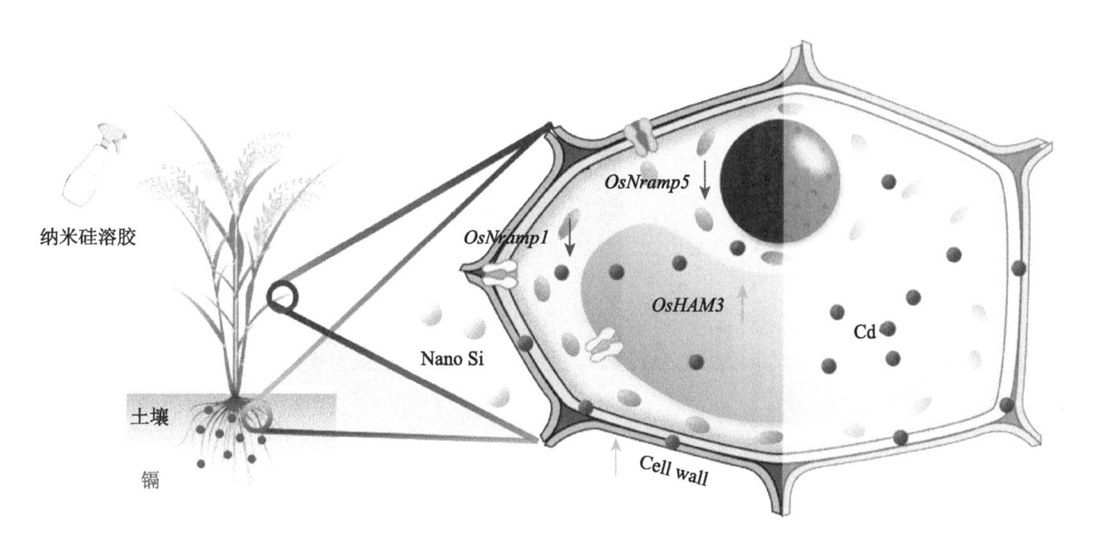

图 11.4　纳米硅溶胶抑制水稻对镉吸收和转运的生理机制

Nano Si，纳米硅；Cell wall，细胞壁。

1. 基因调控效应

调控镉转运基因的表达水平，是硅营养减缓植物对镉吸收积累的重要原理（Cui et al.，2020），而纳米硅溶胶的粒径尺寸是影响水稻细胞吸收转运镉的关键因子（Cui et al.，2017）。OsNramp5 是水稻根系镉吸收过程中最重要的转运蛋白（Uraguchi & Fujiwara，2013），镉可激发水稻悬浮细胞中 *OsNramp5* 基因的表达。值得注意的是，施加的纳米硅溶胶尺寸越小，其对 *OsNramp5* 基因表达量的抑制作用越显著（图 11.5b）。另一方面，OsHMA3 转运蛋白负责将细胞质中的镉离子转运到液泡进行隔离（Yan et al.，2016）。无镉胁迫下，水稻悬浮细胞中 *OsHMA3* 基因的表达水平较低。但当存在镉胁迫时，纳米硅溶胶可显著上调其表达，且纳米硅溶胶的尺寸越小，上调效应越强（图 11.5c）。

此外，OsLCT1 转运蛋白负责介导镉的跨维管束运输（Uraguchi et al.，2011）。镉胁迫下，施加纳米硅溶胶的尺寸越小，其对水稻悬浮细胞中 *OsLCT1* 基因表达量的抑制作用越大（图 11.5a）。因此，纳米硅溶胶通过调控水稻镉吸收、隔离和转运等相关功能基因的表达，抑制了细胞对镉的吸收和转运，且呈现出明显的尺寸效应。

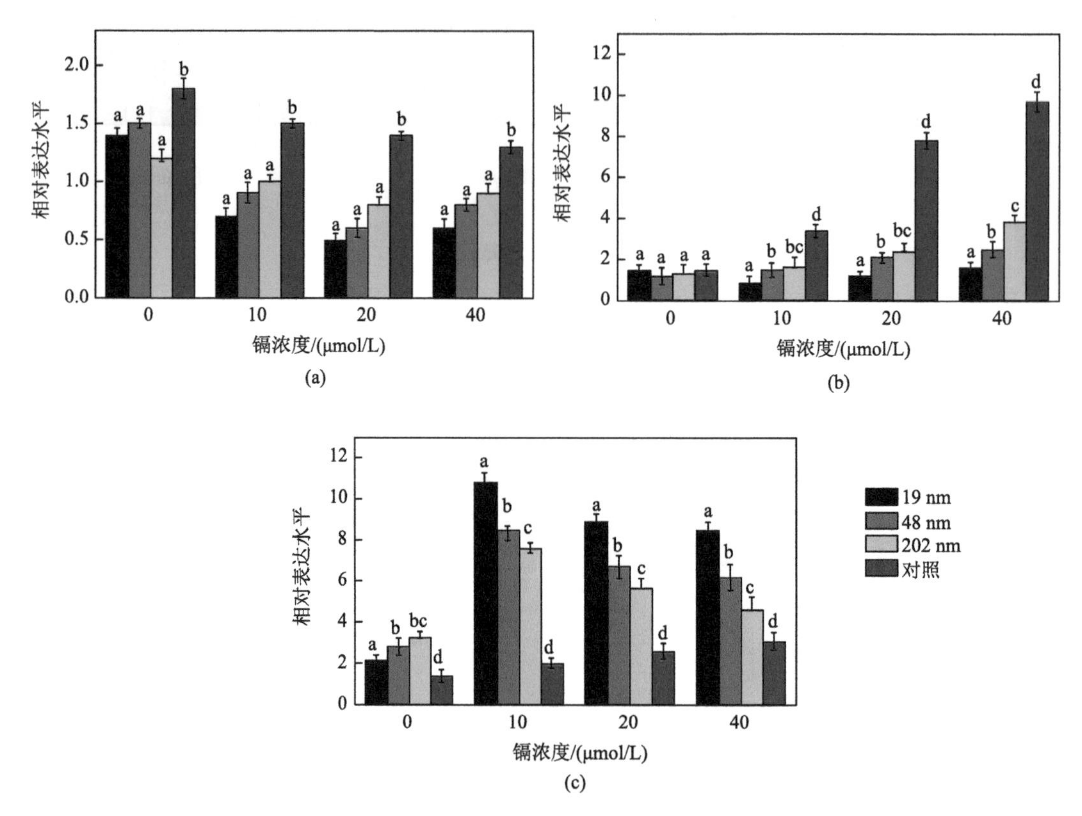

图 11.5 纳米硅溶胶调控水稻悬浮细胞中镉相关功能基因表达（Cui et al.，2017）

（a）*OsLCT1*；（b）*OsNramp5*；（c）*OsHMA3*。

2. 氧化应激效应

在镉胁迫条件下，植株产生大量的活性氧，包括羟基自由基、超氧负离子、过氧化氢等，对植株自身有害，诱发植株提高其体内抗氧化酶的活性（Sousa et al.，2019）。当施加硅时，植株的抗氧化酶活性显著提高，从而降低由镉胁迫所诱发的氧化应激响应水平（Gao et al.，2018）。在不同镉浓度胁迫下，施加纳米硅溶胶可提高水稻根系和叶片中超氧化物歧化酶（SOD）、过氧化物酶（POD）、过氧化氢酶（CAT）等三种抗氧化酶的活性。其中，施加纳米硅溶胶对根系中抗氧化酶活性的提高尤为显著，分别提高了 23.9%～32.1%、23.2%～38.1%和 42.2%～54.9%（图 11.6）。

脂质过氧化是许多植物对环境胁迫的生理响应之一（Meriga et al.，2004），是指植物细胞膜上不饱和脂肪酸和含氧自由基等发生一系列氧化反应，并生成过氧化物的过程，丙二醛（MDA）的含量可以反映脂质过氧化作用的强弱（Niu et al.，2013）。施加纳米硅溶胶还可降低水稻根系和叶片中 MDA 的含量，其中根系 MDA 含量降低 17.7%～21.1%（图 11.6），进而降低镉对细胞膜引起的脂质过氧化作用。此外，硅还可以通过维持细胞膜脂的完整性，调节 pH 和 Ca^{2+}稳态，使得 Ca^{2+}与镉离子竞争离子通道，从而缓解镉对水稻的毒性（Wang et al.，2020a）。

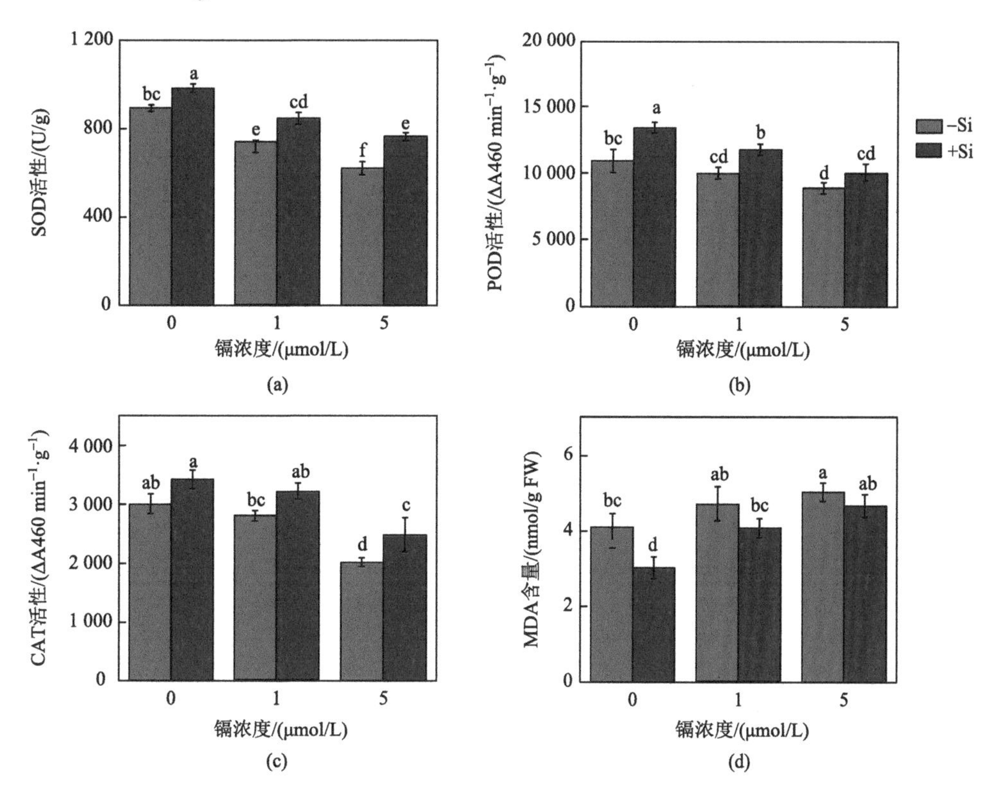

图 11.6　水培条件下，施硅缓解水稻根系镉毒性的氧化应激响应（Cui et al.，2022）

（a）超氧化物歧化酶（SOD）活性；（b）过氧化物酶（POD）活性；（c）过氧化氢酶（CAT）活性；（d）丙二醛（MDA）含量。

3. 细胞壁效应

施用硅营养生理阻隔剂可以增强细胞壁与镉离子的结合能力，从而有效地阻止镉进入细胞内部，缓解镉对水稻的毒性。在镉胁迫下，大部分镉积累在水稻根系细胞壁组分及可溶性部分中（Li et al., 2016）。水稻根系细胞壁组分中镉含量的比例为 35.5%～49.3%，可溶性部分中镉的比例为 48.8%～54.4%。施用纳米硅溶胶后，细胞壁组分中镉含量的比例上升至 50.0%～53.1%，而可溶性部分中镉的比例降低到 41.9%～43.8%。值得注意的是，施用纳米硅溶胶时，根系中大部分的硅分布于细胞壁组分中；而施用硅酸盐时，硅主要分布于细胞可溶性部分中（Cui et al.，2022）。

硅是细胞壁的重要组成元素，可使细胞壁原来疏松多孔的纤维网变成致密的“硅质纤维网”，形成“硅质细胞壁”。细胞壁中的半纤维素等组分可与硅交联，形成半纤维素螯合物，改变细胞壁的物理和化学性质，包括细胞壁的机械性、渗透性、可扩展性和孔隙度

（Cosgrove，2005）。镉胁迫下，原子力显微镜（AFM）显示水稻根系细胞壁表面粗糙。然而，施用纳米硅溶胶后使得细胞壁表面变得平滑，且细胞壁的平均杨氏模量从 13.76 GPa 提高到 23.45 GPa，增幅为 70.42%（图 11.7）。因此，施用纳米硅溶胶可增加细胞壁与硅的相互作用，将纳米硅溶胶固定在细胞壁中，提高细胞壁的机械强度，进而阻隔镉离子进入细胞。

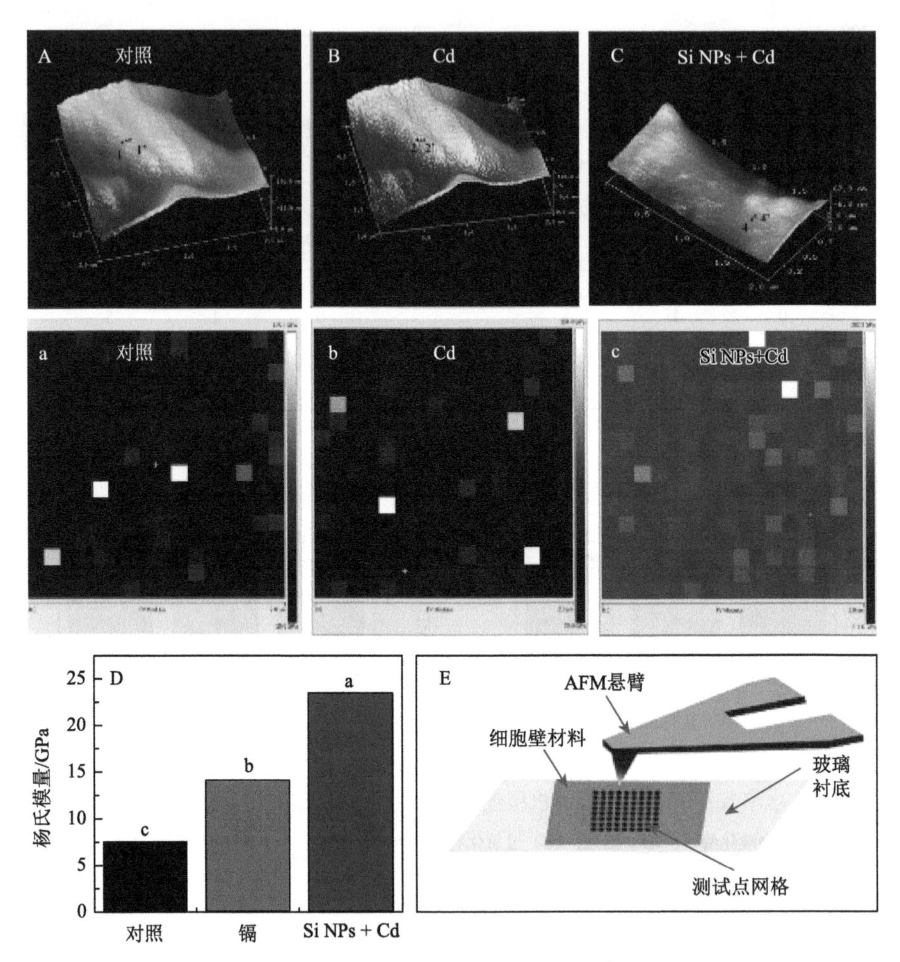

图 11.7　镉胁迫下纳米硅溶胶对细胞壁的 AFM 形貌和杨氏模量的影响（Cui et al.，2022）

A～C 为 AFM 的 3D 形貌图；a～c 为力学拓扑图。A 和 a：对照处理；B 和 b：镉处理；C 和 c：硅酸盐与镉处理；D：不同处理的平均杨氏模量；E. AFM 示意图。

此外，细胞壁表面含氧基团数量的增加可能是硅促进细胞壁对镉离子吸附固定的原因之一。植物细胞壁中纤维素、半纤维素和果胶含量与细胞壁含氧官能团的数量有关（Zhang et al.，2020a）。细胞壁对二价重金属阳离子的结合能力主要取决于其含氧官能团的数量，如羟基、羧基、醛基和氨基等（Guo et al.，2019）。纳米硅溶胶含有大量带负电荷的 Si—O 基团，通过在细胞壁沉积，显著增加其表面含氧官能团的数量，从而增强细胞壁对镉离子的静电吸附能力（Cui et al.，2020）。硅酸［$Si(OH)_4$］是植物根系吸收的主要硅形态，可与细胞壁组分结合形成胶体硅（Coskun et al.，2019）。当施用纳米硅溶胶时，硅可能会直接以纳米硅溶胶的形式沉积在细胞壁上，然后与镉离子结合，增加细胞壁组分的镉含量。研究表明，经过纳米氧化硅处理的水稻悬浮细胞的细胞壁可有效吸附镉离子，其吸附浓度是未处理的细胞壁中浓度的 6～10 倍（Ma et al.，2016）。

4. 细胞结构效应

纳米硅溶胶可通过保持细胞结构完整性，降低镉对水稻细胞的毒性。在水稻悬浮细胞的研究中，通过流式细胞仪分析发现，纳米硅溶胶可缓解细胞的镉毒性，且粒径越小，缓解效果越显著，呈线性正相关关系。采用非损伤微测技术分析细胞对镉离子的吸收速率，发现纳米硅溶胶抑制了水稻悬浮细胞对镉的吸收，其粒径越小，与镉离子的结合位点越多，抑制镉吸收的效果越显著（图 11.8）。通过透射电子显微镜观察细胞结构，发现空白处理和纳米硅溶胶处理的水稻悬浮细胞的结构完整，细胞器清晰可见，表明无镉胁迫下，纳米硅溶胶不影响水稻细胞的形态和结构。然而，单独镉胁迫下，水稻悬浮细胞的细胞壁和细胞膜出现破裂，部分细胞器消失；但在此基础上施加纳米硅溶胶后，细胞结构完整，形态正常（图 11.9）。

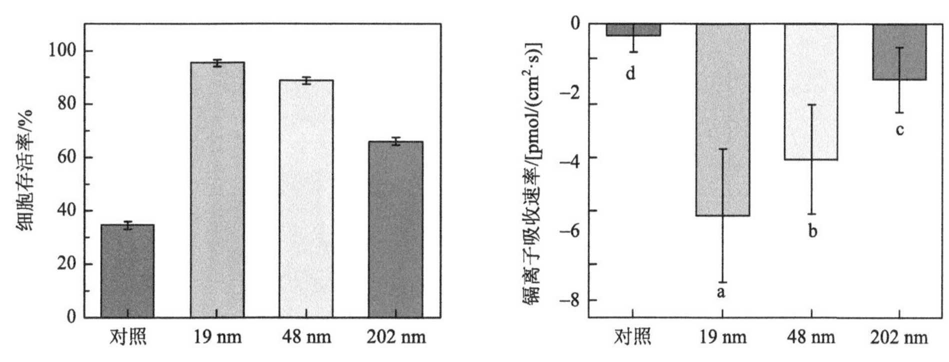

图 11.8　纳米硅溶胶降低水稻悬浮细胞吸收镉的尺寸效应（Cui et al.，2017）

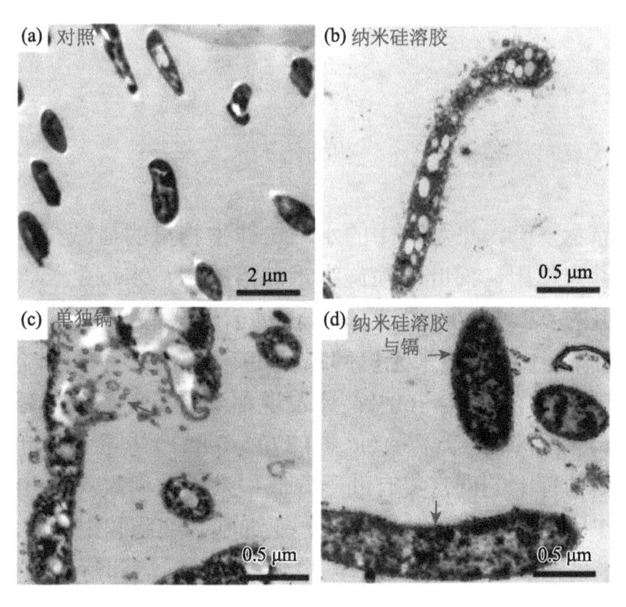

图 11.9　镉胁迫下纳米硅溶胶对水稻悬浮细胞结构的影响（Cui et al.，2017）

5. 分布效应

重金属区隔化是植物抵御重金属毒害的主要机制之一。水稻在适应重金属胁迫过程中，优先将有毒重金属隔离在细胞的非活性区域，如细胞壁、液泡、细胞间隙等。根系因其生物量大，细胞的非活性部位多，更易于积累重金属（Berni et al.，2019）。在水培条件下，叶面喷施纳米硅溶胶显著降低水稻幼苗根系和地上部的镉含量，降幅分别为 72.1%和 61.4%。与对照处理相比，叶面喷施纳米硅溶胶增加了水稻幼苗地上部细胞壁的镉含量（图 11.10），增幅为 31.0%。施硅没有减少水稻对镉的吸收和向地上部的转运，这可能是由于叶面施硅促进了植株生长，进而通过“稀释”效应降低了根系和地上部的镉浓度。

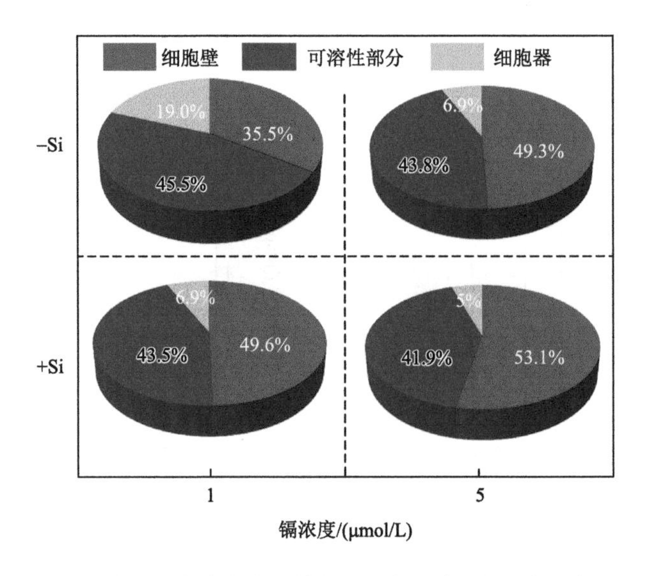

图 11.10　水培条件下叶面喷施纳米硅溶胶抑制水稻幼苗根系亚细胞中镉含量（Cui et al.，2022）

11.1.3　硅调控水稻砷吸收转运的生理阻隔技术原理

现有研究结果显示，砷污染稻田中的水稻植株生物量明显减少，说明砷对水稻生长与发育具有明显的毒害作用。而叶面喷施纳米硅溶胶后，水稻生长得到显著改善，稻米无机砷含量从对照组的 0.24 mg/kg 降至 0.18 mg/kg，降幅为 25%。稻壳作为一种富硅产物，按照 1%的用量施入土壤，稻米无机砷减少 20%～50%，秸秆砷含量降低至少 50%，秸秆和稻壳中硅含量增加了 25%～60%；还发现稻米无机砷含量与稻田土壤孔隙水中硅浓度（$r^2 = 0.735$）、水稻秸秆中硅含量（$r^2 = 0.370$～0.881）呈极显著的负相关关系，这表明土壤孔隙水和水稻秸秆中的硅富集有助于降低稻米中砷积累（Seyfferth et al.，2016）。

纳米硅溶胶的作用机制，可反映在分子、亚细胞、细胞和组织等水平上（图 11.11）。在分子水平上，纳米硅溶胶可调控水稻根系中砷吸收、转运和解毒相关基因的表达水平，以及与砷竞争吸收通道，降低水稻对不同形态砷的吸收和转运（Ma et al.，2008；

Mitani-Ueno et al.，2016）。在亚细胞水平上，纳米硅溶胶可增加水稻细胞、细胞壁和果胶组分中的硅含量，增加细胞壁的厚度和机械强度，从而增强水稻细胞壁与砷的结合能力。在细胞和组织水平上，纳米硅溶胶可促进砷在节点处与硅的共沉淀，从而抑制砷向籽粒的转运；增强植株的抗氧化能力，减少氧化损伤，提高水稻细胞活性，从而提高水稻对砷胁迫的耐受性。主要表现在基因调控效应、氧化应激效应、细胞壁效应、细胞活性效应和节点效应等方面。

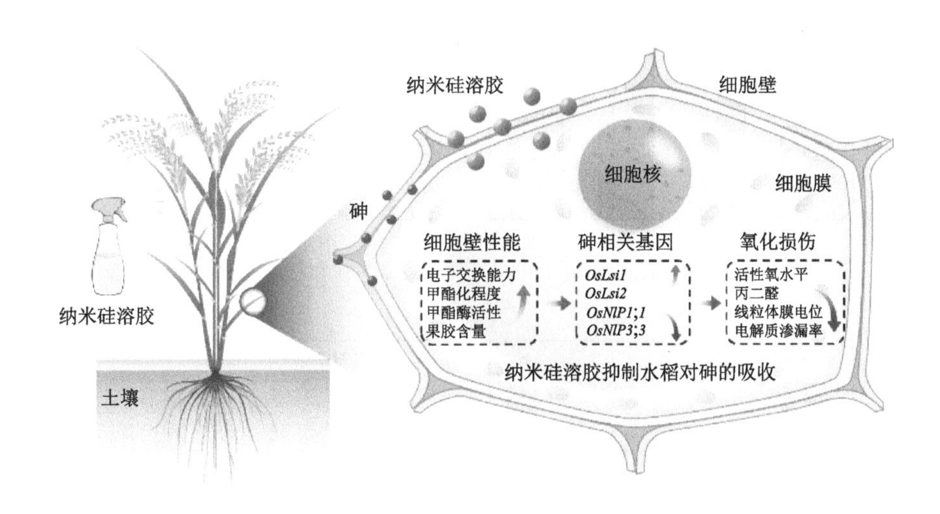

图 11.11　纳米硅溶胶抑制水稻细胞砷吸收的生理机制

1. 基因调控效应

调控砷转运基因的表达水平，以及与砷竞争吸收通道，是硅降低水稻对砷吸收积累的重要途径，其调控效果与砷胁迫浓度密切相关（Li et al.，2009；Seyfferth & Fendorf，2012；Seyfferth et al.，2019）。OsLsi1 和 OsLsi2 这两个转运蛋白，共同控制水稻根系和地上部对砷的吸收转运（Kim & Tai，2019）。通过水稻幼苗或悬浮细胞试验发现，施加硅酸、纳米硅溶胶等，可明显地抑制根系 *OsLsi1* 和 *OsLsi2* 基因的表达水平（Cui et al.，2020；Mitani-Ueno et al.，2016；Yan et al.，2021）。低浓度 As(Ⅲ)胁迫下，叶面喷施纳米硅溶胶，能够通过下调根系 *OsLsi1* 和 *OsLsi2* 基因的表达，有效地抑制水稻吸收和转运砷，砷主要积累在根系细胞液泡中（图 11.12a 和图 11.12b）；而在高浓度 As(Ⅲ)胁迫下，叶面喷施纳米硅溶胶，却显著上调了根系 *OsLsi1* 和 *OsLsi2* 基因的表达，促进了砷在根系质外体和细胞壁中的积累（Pan et al.，2021）。在不同浓度 As(Ⅲ)胁迫下，叶面喷施纳米硅溶胶均可显著地上调根系液泡 *OsABCC1* 基因的表达。因此，在低浓度 As(Ⅲ)胁迫下，叶面喷施纳米硅溶胶对水稻砷吸收的抑制效果较为显著，但在高浓度 As(Ⅲ)胁迫下的抑制效果不明显。

此外，细胞膜上的两个水通道蛋白家族成员 OsNIP1; 1 和 OsNIP3; 3，也可参与水稻对亚砷酸盐和硅酸的吸收（Sun et al.，2018）。研究发现，纳米硅溶胶可显著地提高水稻细胞中 *OsNIP1; 1* 和 *OsNIP3; 3* 的表达(图 11.12c 和图 11.1d)，减少砷在水稻中的积累(Sun et al.，2018）。由于砷相关转运基因的上游存在硅结合位点，硅营养生理阻隔剂还可能与上游基因结合，从而抑制砷相关转运基因的表达，减少水稻对砷的吸收和积累（Mitani-Ueno et al.，2016）。

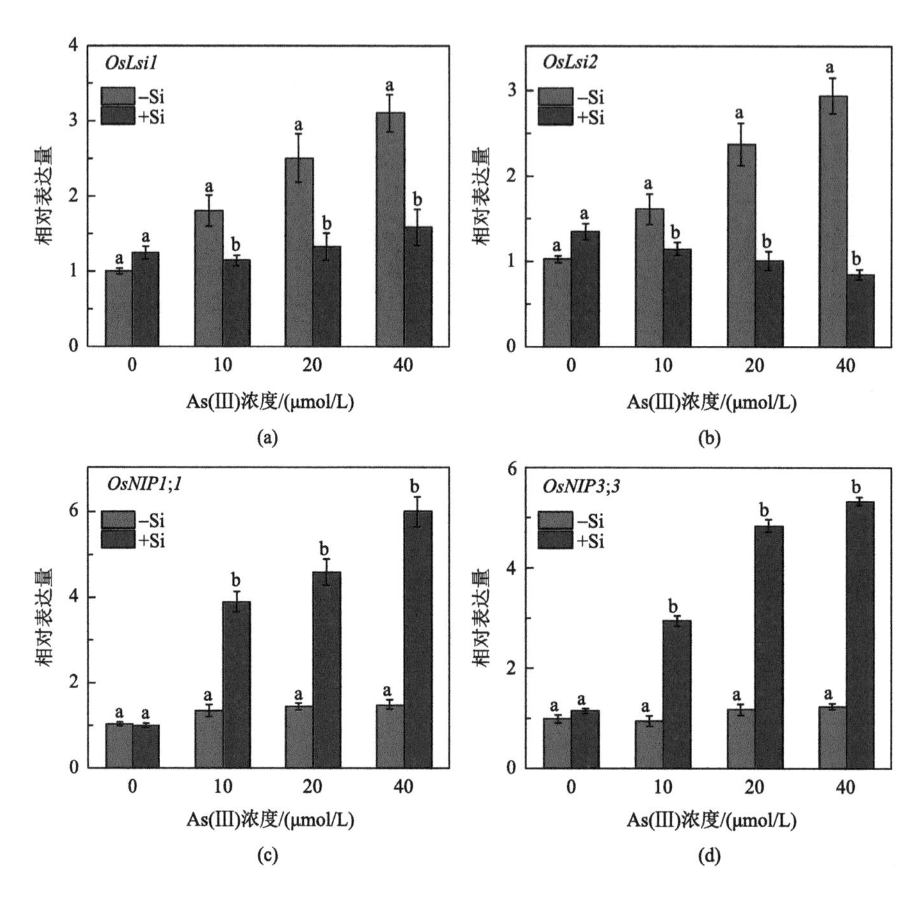

图 11.12　纳米硅溶胶调控水稻悬浮细胞中砷吸收转运相关基因的表达（Cui et al.，2020）

2. 氧化应激效应

在植物氧化应激效应中，丙二醛（MDA）含量是反映细胞膜脂质过氧化作用的指标，而电解质渗透率则是反映细胞膜破坏程度的指标（Niu et al.，2013）。水培试验结果显示，在砷胁迫下，水稻幼苗根系损伤严重，导致 MDA 含量增加了 49.6%～85.9%，电解质渗透率上升高达 101.5%～147.2%，且损伤程度随着 As(Ⅴ)胁迫浓度的增加而提高。叶面喷施纳米硅溶胶，可有效地降低水稻幼苗根系中 MDA 的含量，降幅为 16.0%～22.8%（图 11.13a）；同时也降低了根系电解质渗透率，降幅为 33.8%～34.8%（图 11.13b）（Liu et al.，2014）。这表明施用硅营养生理阻隔剂可有效地降低砷胁迫下水稻植株的 MDA 含量和电解质渗透率。

另外，在重金属胁迫下的氧化应激条件下，植株可产生抗坏血酸（ASA）和谷胱甘肽（GSH）等物质，通过络合重金属等方式进行解毒。施用硅营养生理阻隔剂可有效地增加抗坏血酸和谷胱甘肽的含量，提高解毒效果（Farooq et al.，2016；Geng et al.，2018；Huang et al.，2021）。例如，在砷胁迫下，水稻幼苗根系中抗坏血酸和谷胱甘肽的含量均有所提高，分别增加 27.8%～32.7%和 19.1%～26.0%；叶面喷施纳米硅溶胶，可提高水稻根系中抗坏血酸含量，但是明显降低谷胱甘肽的含量（图 11.13c 和图 11.13d）。

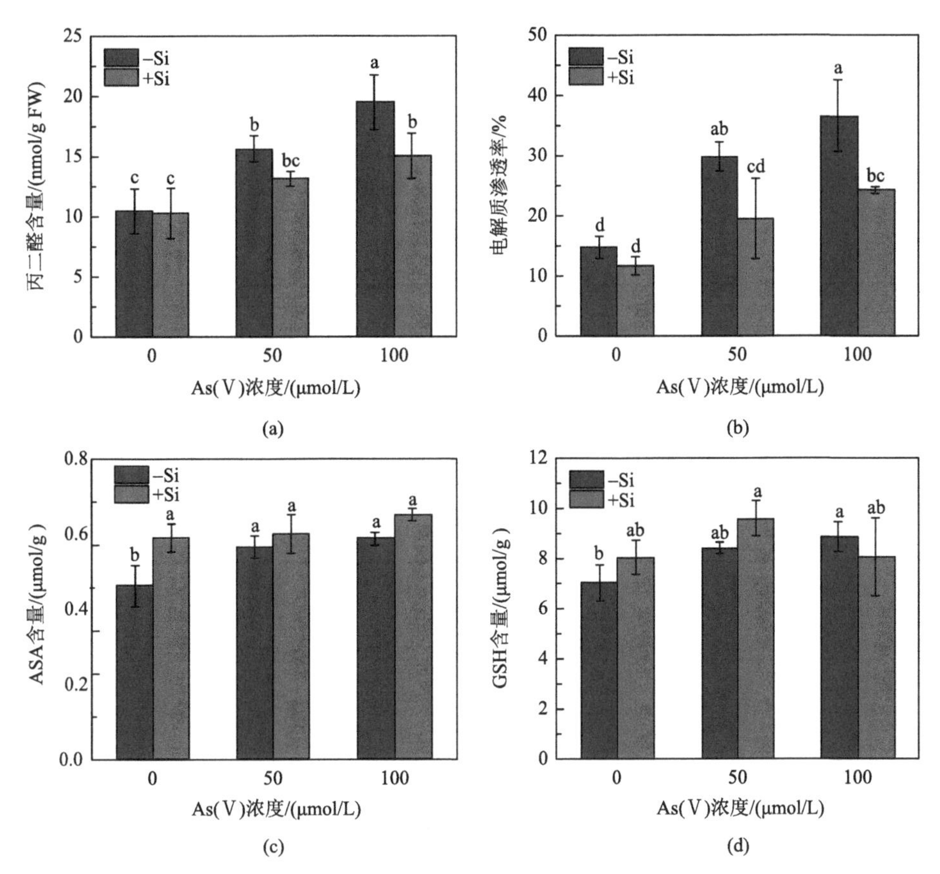

图 11.13　砷胁迫下叶面施硅调控水稻根系的氧化应激效应（Liu et al.，2014）

（a）丙二醛含量；（b）电解质渗透率；（c）抗坏血酸（ASA）含量；（d）谷胱甘肽（GSH）含量。

植物抗氧化酶可降低砷胁迫下生成的活性氧含量，从而起到解毒作用。施用硅营养生理阻隔剂，可提高水稻抗氧化酶的活性，从而缓解砷对植株的毒害作用。例如，在砷胁迫下，叶面喷施纳米硅溶胶，可提高水稻幼苗根系中 SOD、POD、CAT 的活性，增幅分别为 25.2%～54.0%、38.7%～41.9%和 15.5%～48.8%（图 11.14）。此外，叶面喷施纳米硅溶胶，还可以提高水稻幼苗根系中抗坏血酸过氧化物酶（APX）的活性，增幅为 16.5%～16.8%（Liu et al.，2014）。

3. *细胞壁效应*

细胞壁中果胶组分是砷的主要结合位点之一，施用硅营养生理阻隔剂，可明显增加细胞壁的果胶含量和阳离子交换能力（CEC）。水稻悬浮细胞试验结果显示，纳米硅溶胶

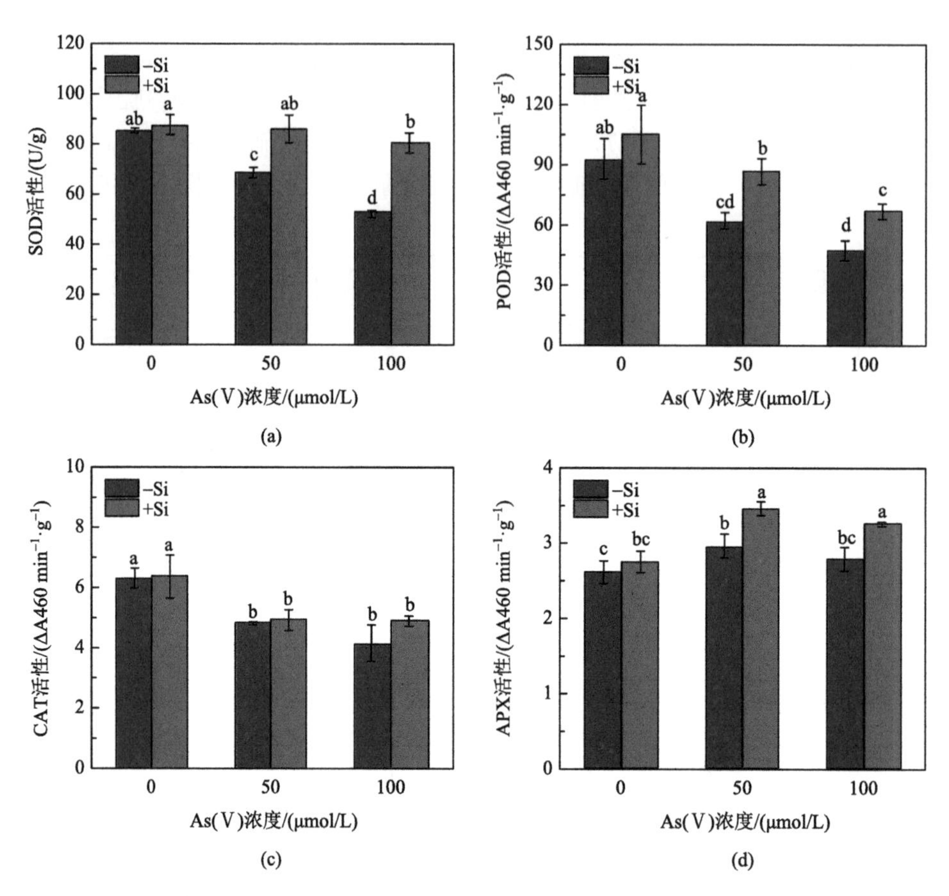

图 11.14 砷胁迫下叶面施硅对水稻根系抗氧化酶活性的影响（Liu et al.，2014）

（a）超氧化物歧化酶（SOD）活性；（b）过氧化物酶（POD）活性；（c）过氧化氢酶（CAT）活性；（d）抗坏血酸过氧化物酶（APX）活性。

不改变细胞中的砷含量，但显著增加细胞壁中的砷含量，使果胶组分中砷占细胞壁砷的比例达到 73.6%（图 11.15a）。此外，纳米硅溶胶能够显著提高细胞、细胞壁及其果胶中的硅含量（图 11.15b），并且显著提高细胞壁的 CEC（图 11.16a），从而显著降低细胞壁中果胶甲酯酶（PME）的活性（图 11.16b）。

果胶主要由三种物质组成，包括同型半乳糖醛酸聚糖、鼠李半乳糖醛酸聚糖 I、鼠李半乳糖醛酸聚糖 II。果胶中的多糖与阳离子的结合与交联会影响细胞壁的孔隙率（Li et al.，2020a）。细胞壁中果胶含量的显著提高可能会通过静电吸附作用，把更多的砷截留固定在细胞壁上（Cui et al.，2020）。

纳米硅溶胶能够促进细胞壁果胶的合成，增加细胞壁的厚度，增强细胞壁的机械性能，从而阻止 As(III)进入水稻细胞中（Cui et al.，2020）。水稻细胞壁的结构和性能可通过原子力显微镜测定的表面形态和杨氏模量来评估。在 As(III)胁迫下，水稻悬浮细胞的表面粗糙，随着纳米硅溶胶浓度的增加，细胞壁表面变得越来越平整且光滑（图 11.17）。空白对照的水稻细胞壁杨氏模量为 1.99 GPa，在 As(III)胁迫下显著降低至 0.26 GPa（图 11.17b），而纳米硅溶胶处理将杨氏模量增加了 4.5～23.8 倍。

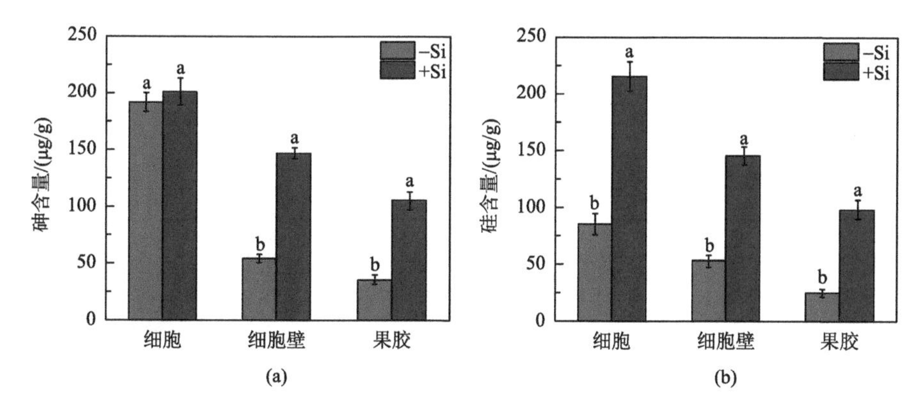

图 11.15　纳米硅溶胶影响水稻细胞砷和硅积累的亚细胞分布效应（Cui et al.，2020）

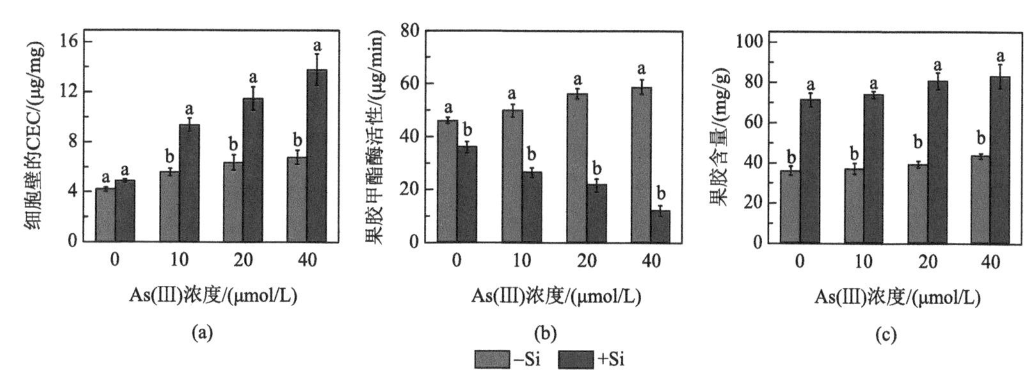

图 11.16　砷胁迫下纳米硅溶胶对水稻体内细胞壁的 CEC（a）、果胶甲酯酶活性（b）和果胶含量（c）的影响（Cui et al.，2020）

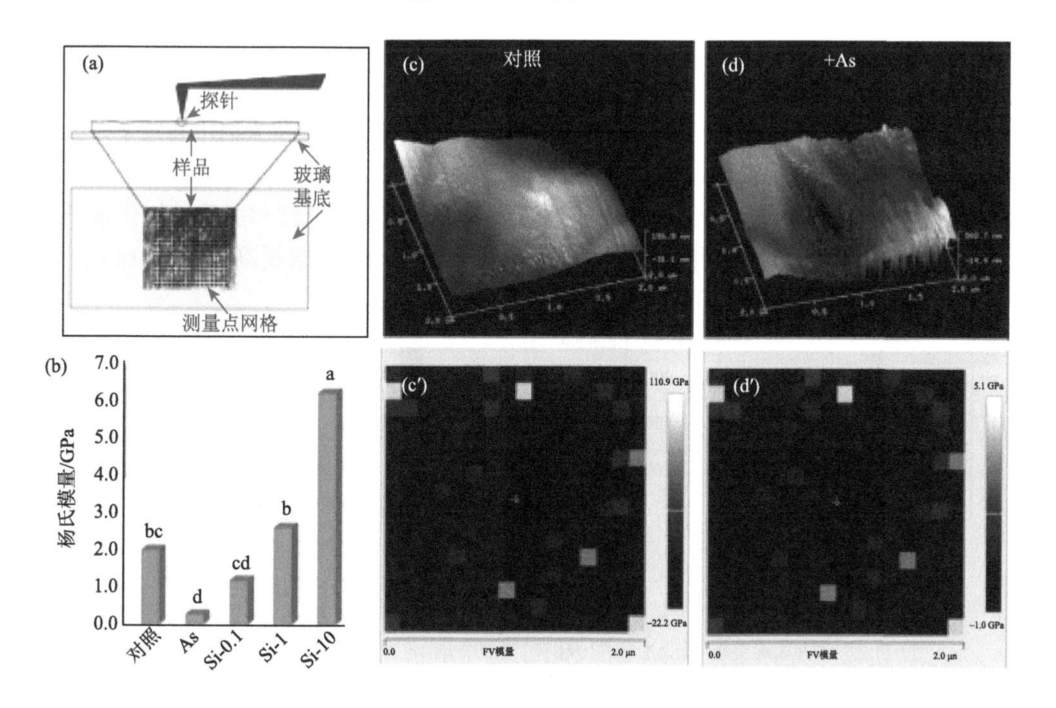

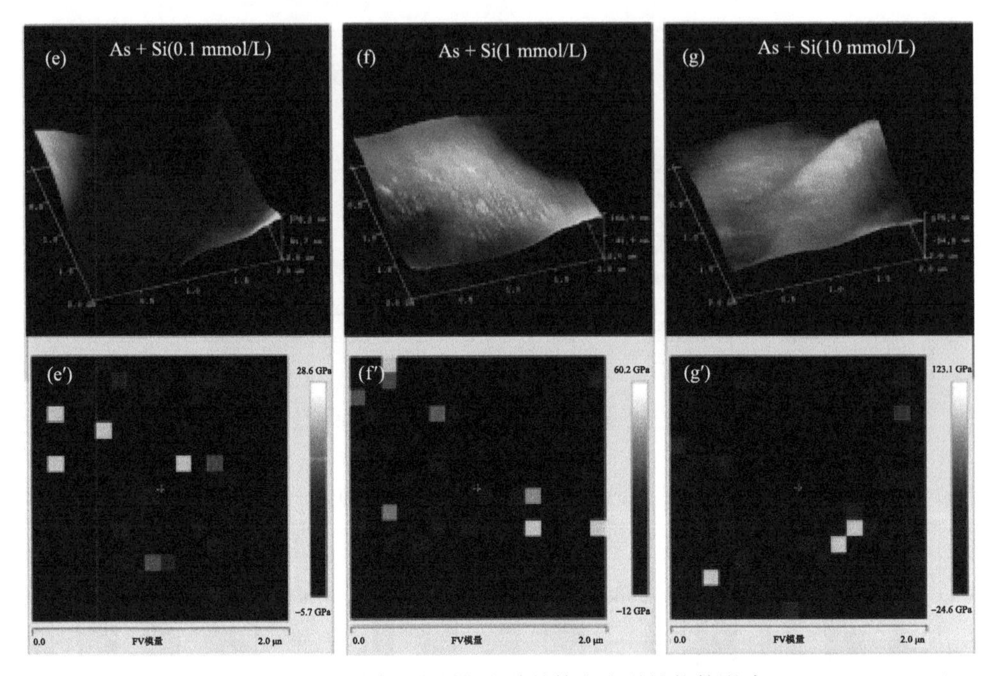

图 11.17 As(Ⅲ)胁迫下纳米硅溶胶对水稻细胞壁结构和力学性能的影响（Cui et al.，2020）

（a）原子力显微镜测试水稻细胞壁结构和力学性能的原理示意图；（b）细胞壁的杨氏模量；（c）和（c′），空白对照水稻细胞壁的三维结构和力学拓扑图；（d）和（d′）、（e）和（e′）、（f）和（f′）、（g）和（g′），分别为As(Ⅲ)胁迫下，0 mmol/L、0.1 mmol/L、1 mmol/L 和 10 mmol/L 硅处理水稻细胞壁的三维结构和力学拓扑图。

4. 细胞活性效应

施用硅营养生理阻隔剂，还可通过降低细胞活性氧浓度和线粒体膜电位水平来提高细胞的活性，从而降低砷对水稻细胞的毒性作用。线粒体是植物体内能量代谢的主要场所，也是活性氧的产生者和靶点；线粒体功能障碍主要表现为线粒体内膜电位水平提高，破坏电子传递链（Dubinin et al.，2021）。水稻悬浮细胞试验结果显示，在As(Ⅲ)胁迫下，纳米硅溶胶处理导致细胞活性氧浓度下降到原来的 16.1%～22.2%，线粒体膜电位水平下降45.7%～67.1%。这可能是因为纳米硅溶胶通过降低细胞膜的通透性和脂质过氧化水平，清除了过量的活性氧，进而减少细胞的氧化损伤，导致细胞活性显著提高（图 11.18）。

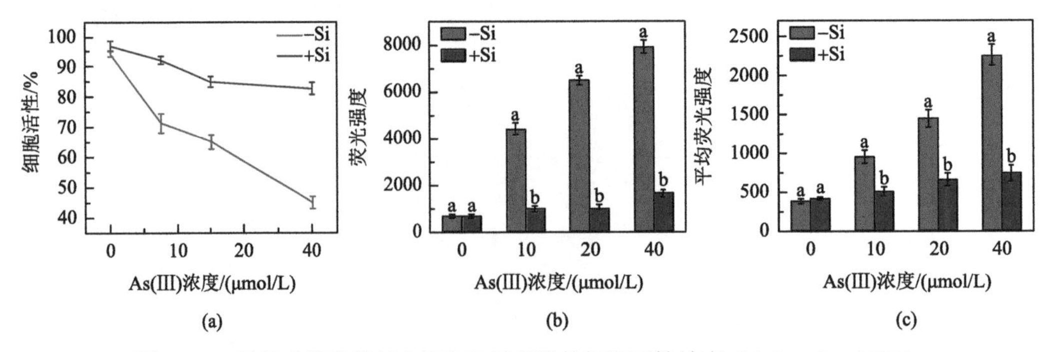

图 11.18 纳米硅溶胶降低水稻细胞砷毒性的细胞活性效应（Cui et al.，2020）

（a）细胞活性；（b）活性氧浓度；（c）线粒体膜电位水平

5. 节点效应

水稻茎部节点是控制营养元素向籽粒再分配的主要场所（Yamaji & Ma，2017），节点中液泡隔离及硅-砷共沉淀是硅营养生理阻隔剂降低稻米砷积累的重要机制（Pan et al.，2022）。在 As(III)胁迫下，于拔节期和扬花期叶面喷施纳米硅溶胶能够显著地降低稻米砷积累，尽管不能减少水稻植株对砷的吸收总量。这说明砷主要积累在水稻植株根系，叶面喷施纳米硅溶胶，能够显著地降低秸秆向稻米、节点向叶片、节点 I 向稻米的砷转运系数。激光剥蚀电感耦合等离子体质谱（LA-ICP-MS）定位节点中的元素分布结果表明，砷不仅固定在节点维管系统韧皮部的液泡中，还与硅共沉淀于节点的外皮组织，从而限制砷从节点向籽粒的转运（图 11.19）。

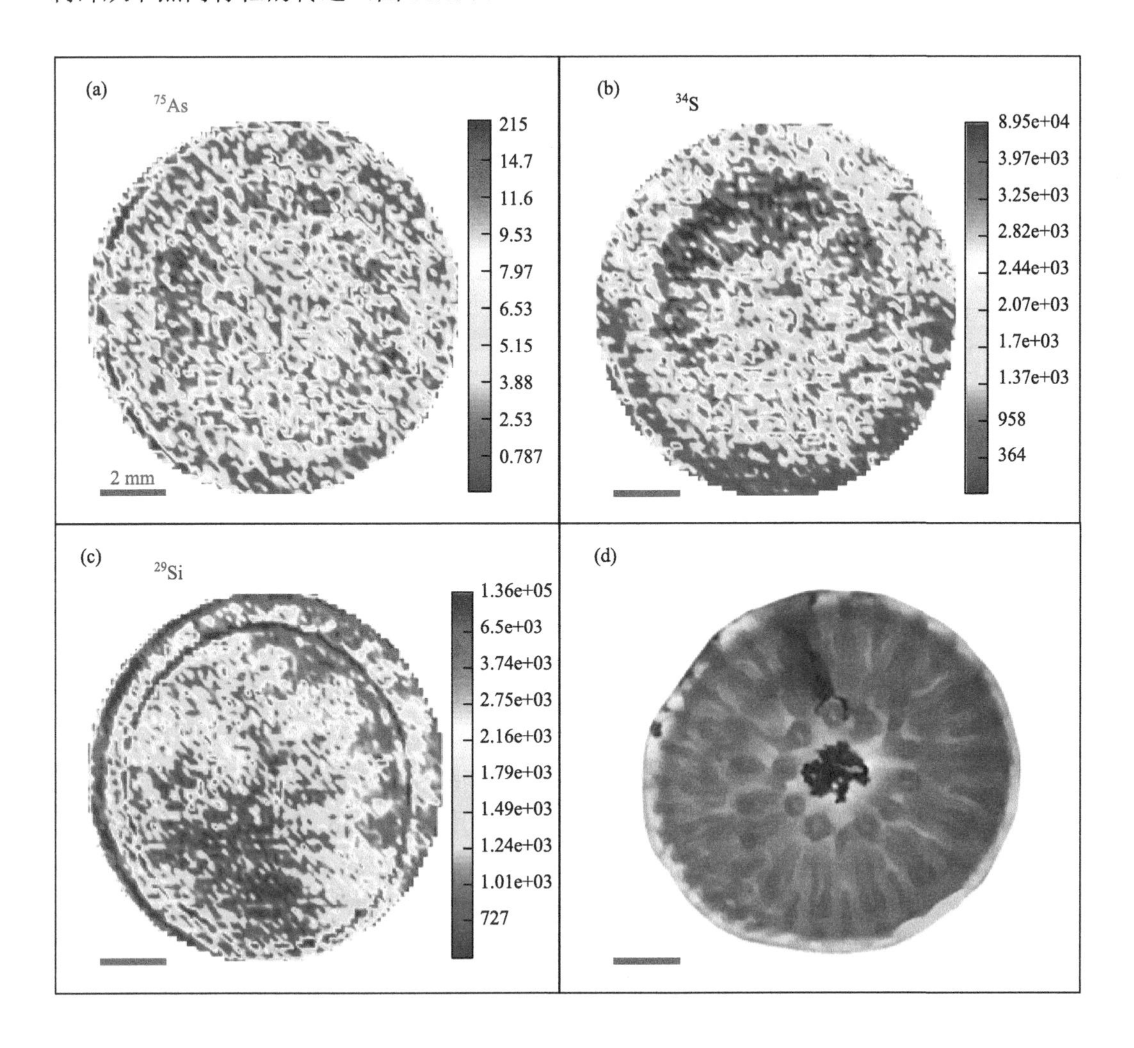

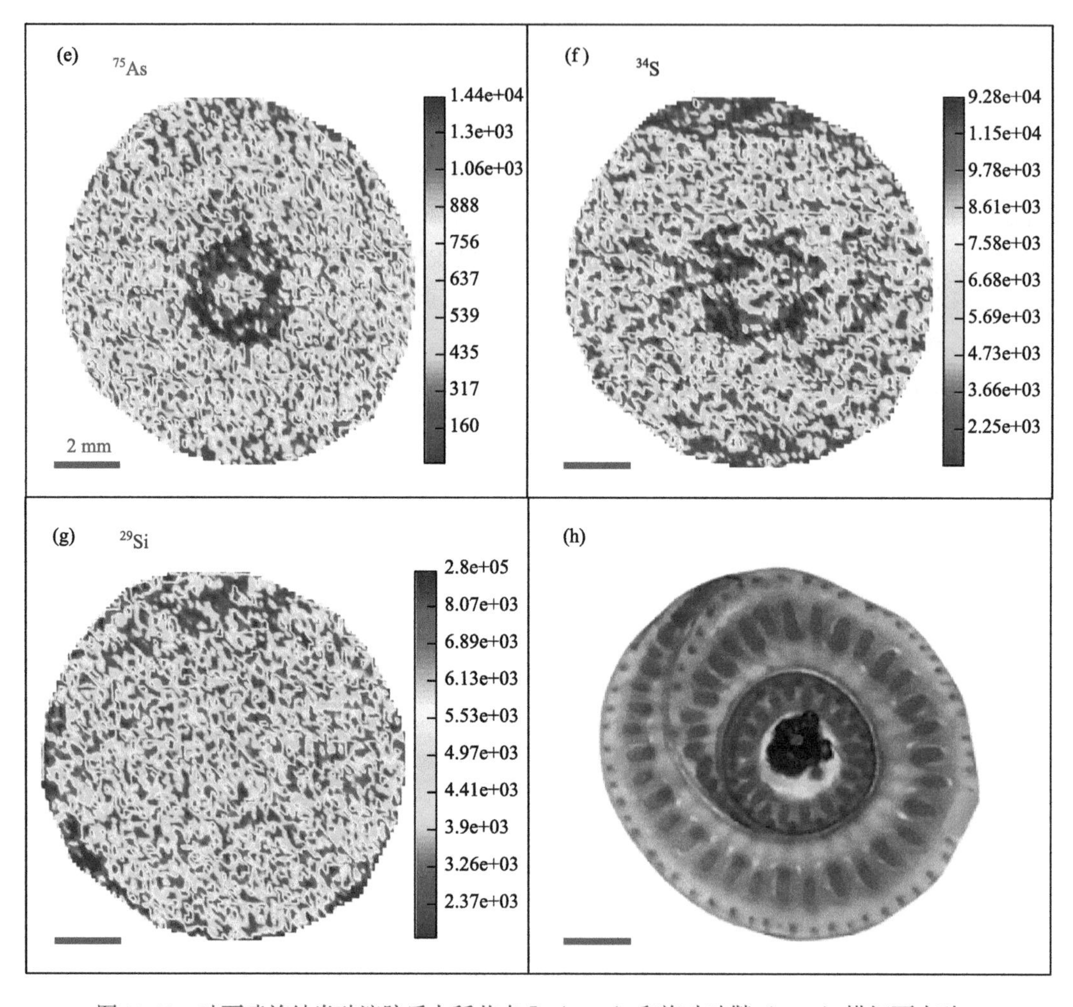

图 11.19 叶面喷施纳米硅溶胶后水稻节点Ⅰ（a～c）和旗叶叶鞘（e～g）横切面中砷、硫和硅的分布；（d）和（h）为光学显微镜下节点Ⅰ和旗叶叶鞘的形态（Pan et al.，2022）

11.1.4 硒调控水稻镉吸收转运的生理阻隔技术原理

硒是人体必需的微量元素之一，也是人体中含硒酶和硒蛋白的重要组成部分。含硒酶在清除自由基，以及拮抗重金属毒性中发挥重要作用（Rayman，2012）。大量盆栽试验结果表明，硒可以减轻镉对水稻的不利影响（Feng et al.，2021；Huang et al.，2018）。例如，施用亚硒酸，稻米镉含量降低了 25.3%～36.5%，而硒含量增加了 2.39～4.25 倍（Hang et al.，2018）。叶面喷施不同浓度的硒掺杂纳米硅溶胶后，均可显著地抑制稻米的镉、砷积累，并提高稻米的硒含量；随着硒浓度的增加，稻米镉、砷含量也随之显著下降，而稻米硒含量则随之显著增加。例如，叶面喷施 0.1%、0.5%、1%和 2%（质量分数）的硒掺杂纳米硅溶胶后，稻米镉含量分别下降了 37.5%、61.4%、63.9%和 79.6%，砷含量分别下降了 19.1%、45.9%、59.4%和 63.7%，硒含量则分别增加了 67.5%、265%、443%和 631%。当硒掺杂质量分数为 0.5%时，稻米镉含量由对照的 0.49 mg/kg 下降到

0.19 mg/kg，总砷含量也从 0.25 mg/kg 下降到 0.14 mg/kg，均低于《食品安全国家标准 食品中污染物限量》中对稻米镉和无机砷的限量标准。因此，叶面喷施含 0.5%硒掺杂纳米硅溶胶，可应用于镉砷污染土壤的富硒大米安全生产。基因本体论和聚类分析的结果显示，光合作用、还原稳态和初级代谢等生理过程对亚硒酸的响应最为强烈（Wang et al.，2012），表现为基因调控效应、细胞壁效应、细胞活性效应和生长效应等方面（图 11.20）。

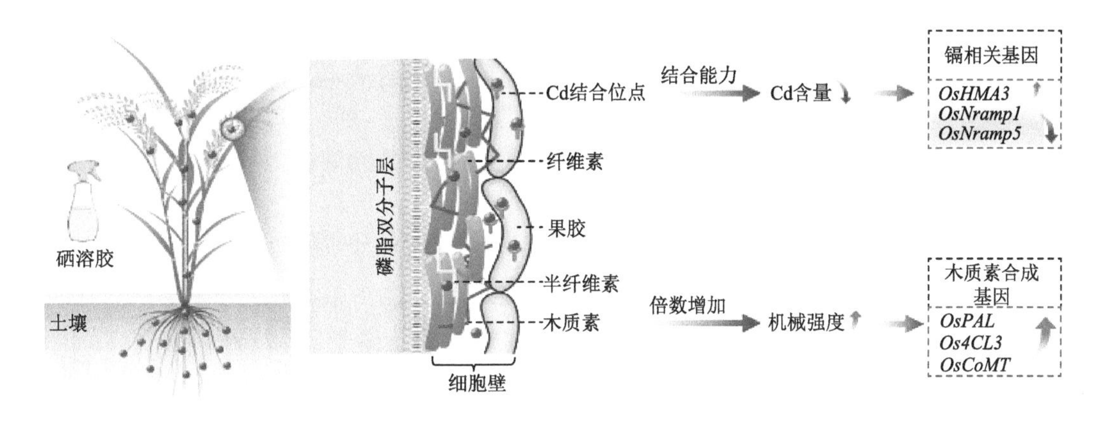

图 11.20　硒抑制水稻镉积累的生理机制

1. 基因调控效应

硒营养生理阻隔剂可以调控镉相关转运蛋白的基因表达量，抑制镉进入水稻细胞及向韧皮部转运，并促进镉在液泡中的隔离（Cui et al.，2018）。水稻悬浮细胞试验结果显示，在不同的镉浓度胁迫下，硒营养生理阻隔剂显著下调镉吸收基因 *OsNramp5* 和 *OsIRT1*，以及镉转运基因 *OsLCT1* 的表达量，同时，显著上调液泡隔离解毒基因 *OsHMA3* 的表达量（图 11.21）。此外，OsPAL、OsCoMT 和 Os4CL3 蛋白参与水稻木质素的合成（Zhang et al.，2017），虽然其表达量不受镉浓度的影响，但硒能刺激这三种木质素合成基因的表达，表达量分别增加了 3.2 倍、2.2 倍和 1.7 倍；提高了细胞壁中木质素的含量（图 11.22c），促进水稻细胞壁的木质化，增强细胞壁的机械强度，进而提高细胞壁对镉的阻隔效果（Cui et al.，2018）。

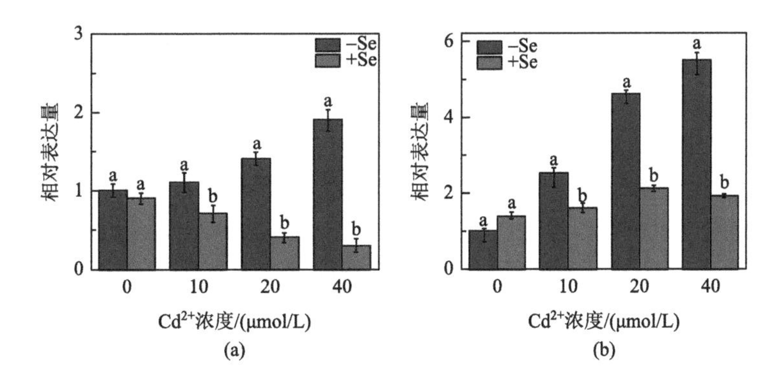

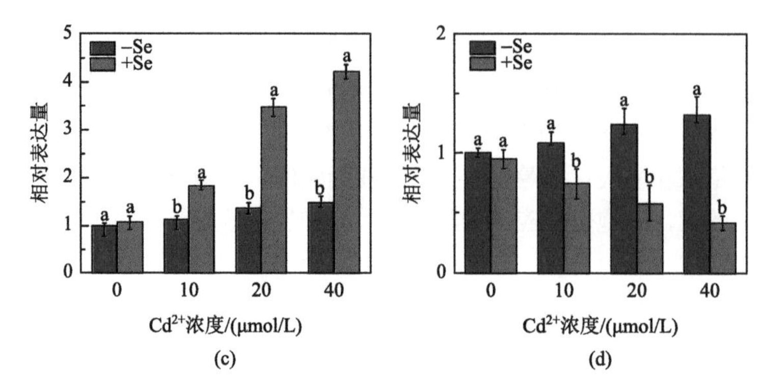

图 11.21　硒营养生理阻隔剂对镉胁迫下水稻悬浮细胞中镉吸收、转运和解毒相关基因表达的影响（Cui et al.，2018）

（a）*OsLCT1*；（b）*OsNramp5*；（c）*OsHMA3*；（d）*OsIRT1*。

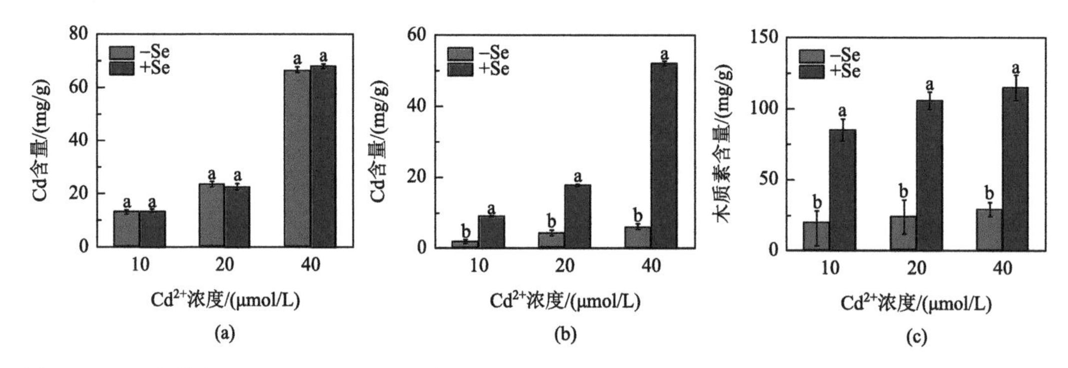

图 11.22　硒营养生理阻隔剂对镉胁迫下水稻悬浮细胞的细胞（a）和细胞壁（b）中镉含量，以及木质素（c）的含量的影响（Cui et al.，2018）

2. *细胞壁效应*

细胞壁是保护原生质体免受镉毒害的第一道防线，对镉离子的“绑定”降低了镉向植物其他部位的转运（Wang et al.，2008）。硒营养生理阻隔剂可以提高镉在水稻细胞细胞壁中的积累，进而降低镉对细胞的毒性。通过水稻悬浮细胞试验，发现在不同浓度镉胁迫下，硒营养生理阻隔剂并没有减少水稻细胞对镉的吸收总量（图 11.22a），但显著地提高了细胞壁中的镉含量，68.4%～83.0%镉积累在细胞壁中（图 11.22b）。除了提高细胞壁木质素含量之外（图 11.22c），硒营养生理阻隔剂还可增加细胞壁的厚度，提高细胞壁的机械性能，从而抑制水稻细胞对镉的吸收（Cui et al.，2018）。通过透射电子显微镜分析细胞形态，发现空白对照组水稻细胞呈现正常的细胞结构（图 11.23a），镉胁迫下水稻细胞严重损伤，细胞收缩、变形、破裂，溶酶体和液泡等大多数细胞器消失（图 11.23b）；而硒营养生理阻隔剂处理的水稻细胞，形状正常，结构完整（图 11.23c），细胞壁的厚度从 124 nm 增加到 286 nm（图 11.23d）。原子力显微镜表征的结果显示，镉胁迫下水稻细胞壁表面粗糙，而硒营养生理阻隔剂处理的细胞壁表面光滑（图 11.24b 和图 11.24c），细胞壁杨氏模量从原来的 0.17 GPa 提高到 0.92 GPa（图 11.24d）。水稻水培盆栽试验结果显示，硒营养生理阻隔剂可以增加水稻根系细胞壁组分中镉含量，促进镉在水稻根系的积累，抑制镉向

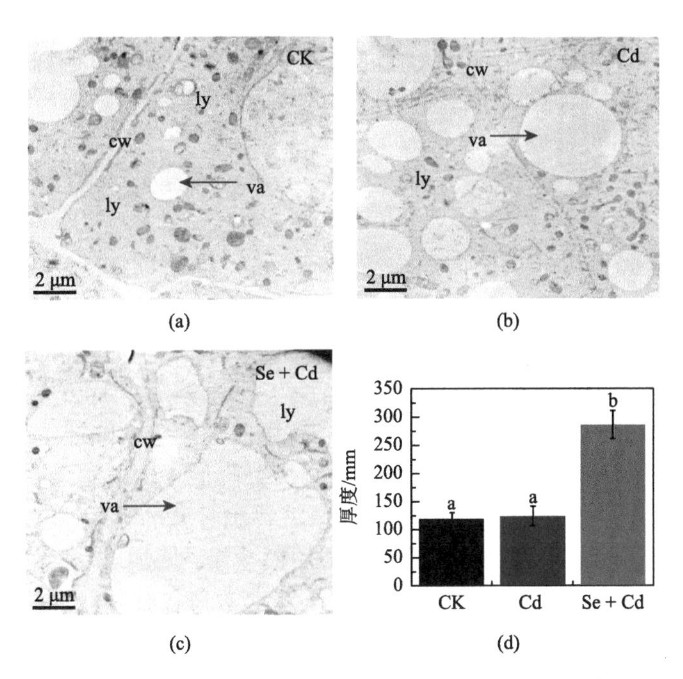

图 11.23　水稻悬浮细胞在镉胁迫下和硒营养生理阻隔剂处理后的透射电镜图（Cui et al.，2018）

（a）对照；（b）单独镉处理；（c）硒和镉处理；（d）各处理细胞壁的厚度。cw：细胞壁；ly：溶酶体；va：液泡。

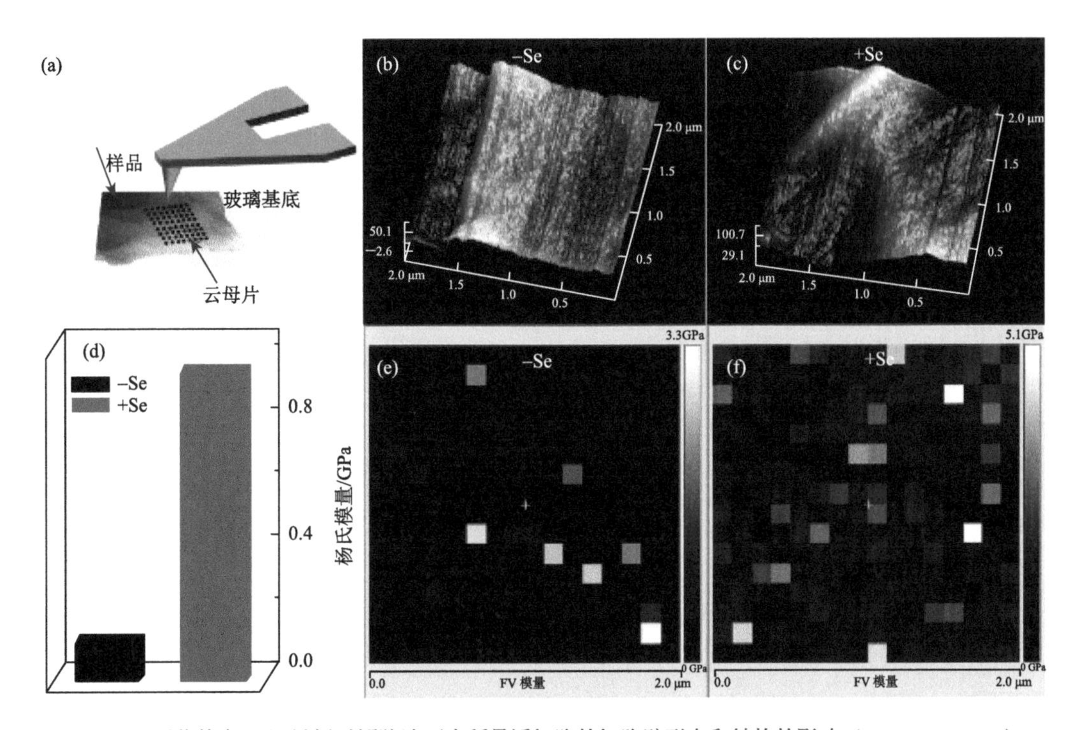

图 11.24　硒营养生理阻隔剂对镉胁迫下水稻悬浮细胞的细胞壁形态和结构的影响（Cui et al.，2018）

（a）原子力显微镜测试水稻细胞壁结构和力学性能的原理示意图；（b）镉处理组中水稻细胞壁的三维结构图；（c）镉＋硒处理组中水稻细胞壁的三维结构图；（d）细胞壁的杨氏模量；（e）和（f）镉处理组和镉＋硒处理组中水稻细胞壁的力学拓扑图。

地上部转运（Zhu et al.，2020）。总之，硒通过增加一些细胞壁组分的含量，调节与木质素合成相关基因的表达，增加细胞壁的厚度，促进细胞壁上重金属积累，但抑制在原生质体内的积累。

3. 细胞活性效应

硒营养生理阻隔剂可通过降低细胞活性氧含量，提高细胞的活性，减少水稻细胞对镉的吸收。流式细胞仪测定结果显示，在镉胁迫之前，将硒添加到水稻悬浮细胞培养基中，细胞的活性氧含量降低了 80%以上（图 11.25a）；在 10 μmol/L、20 μmol/L 和 40 μmol/L 镉胁迫下，硒处理增加了细胞的存活率，分别增加了 44.0%、52.0%和 83.1%，基本恢复到未受镉胁迫下的水平（图 11.25b），镉吸收速率分别降低了 3.4 倍、10.2 倍和 10.4 倍（图 11.25c）。水培试验结果也表明，硒显著降低了镉胁迫条件下水稻幼苗过氧化氢含量，增加了水稻根系过氧化氢酶和还原型谷胱甘肽的含量（Wan et al.，2019）。此外，施用亚硒酸还降低了 28.7%的细胞器中的镉含量，增加 23.4%的可溶性细胞质中的镉含量（Wan et al.，2019）。这可能是因为 Cd 常常与谷胱甘肽和植物螯合肽中的巯基（—SH）基团结合，形成植物螯合肽 Cd 络合物，再转运到液泡中隔离，阻止对细胞器的伤害（Clemens，2006）。综上所述，硒营养可能通过降低镉胁迫造成的氧化损伤，以及改变植物体内镉的亚细胞分布，降低镉的毒性，继而增加植物细胞的活性以及促进植物生长。

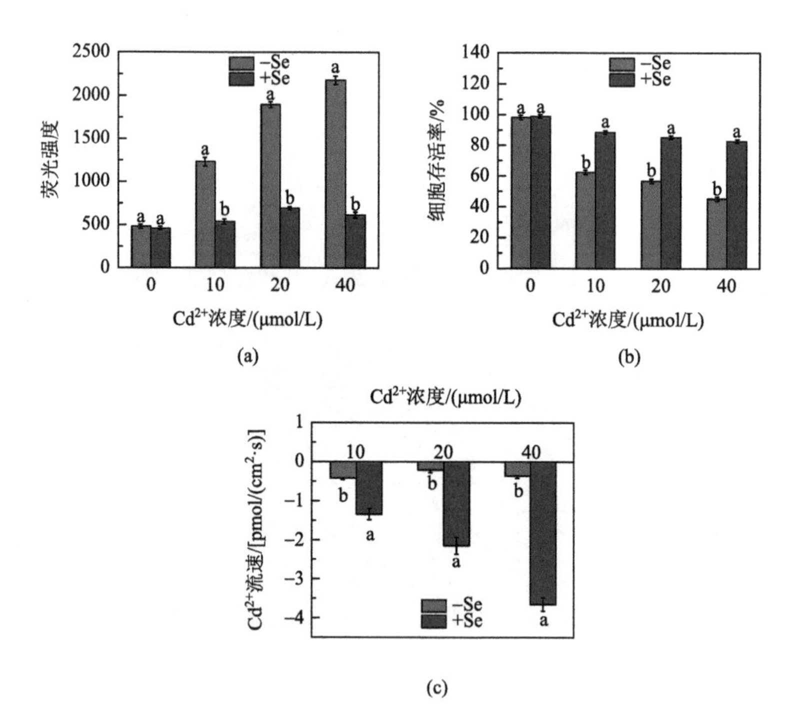

图 11.25 硒营养生理阻隔剂对镉胁迫下水稻悬浮细胞的细胞存活率（a）、活性氧水平（b），以及镉吸收（c）的影响（Cui et al.，2018）

4. 生长效应

镉胁迫下，施加硒营养生理阻隔剂可以提高水稻叶片中叶绿素的含量，促进植物生长，缓解镉对水稻的毒害作用，但在不同镉浓度胁迫下，这种效应存在差异（Zhang et al.，2020a）。例如，在 0.2 μmol/L 和 1 μmol/L 镉胁迫下，叶面喷施纳米硒溶胶不改变水稻叶绿素含量；在 5 μmol/L 镉胁迫下，纳米硒溶胶显著提高水稻新叶、老叶中的叶绿素含量，增幅分别为 15.3%和 19.1%。一些研究结果显示，低浓度硒可以促进植物生长（Ding et al.，2020），适量的硒可以保护叶绿体结构，以及细胞膜结构的完整性，减少电解质渗透，增强光合作用。

镉胁迫会破坏光捕获复合体Ⅱ（光系统Ⅱ），降低叶绿素和类胡萝卜素的含量，继而影响光合作用（Rizwan et al.，2018）。硒增强光合作用可通过以下机制：①促进 Mg、Fe、Mn、Zn 和 Cu 等矿质元素的吸收，有利于叶绿素的合成并维持其稳定性；②通过影响抗氧化系统间接地调控光合作用；③通过影响 Fe-S 蛋白的合成，调控光合作用过程中的电子传递及光合能量的转换（Jiang et al.，2017；Pilon-Smits et al.，1999）。

水稻的光合作用强度及其合成的碳水化合物决定水稻产量。在 0.2 μmol/L 和 1 μmol/L 镉胁迫下，叶面喷施纳米硒溶胶不改变水稻根长；而在 5 μmol/L 镉胁迫下，叶面喷施纳米硒溶胶显著增加水稻的根长。在 0.2 μmol/L、1 μmol/L 和 5 μmol/L 镉胁迫下，叶面喷施纳米硒溶胶显著增加了水稻的株高，增幅分别为 34.0%、63.1%和 55.4%。此外，镉胁迫下叶面喷施纳米硒溶胶，提高光合作用速率，促进碳水化合物积累，水稻根系、茎、叶的生物量增加，稻米千粒重和产量也增加（Gao et al.，2018；Jiang et al.，2022），水稻根系、茎、叶中镉的含量显著降低（图 11.26），稻米镉含量降低了 40.36%，稻米产量增加了 7.58%（Jiang et al.，2022）。也有报道，喷施纳米硒溶胶可以增加水稻叶片中可溶性糖和还原糖含量，通过提高叶片蔗糖磷酸合酶活性，提高植株的蔗糖含量以及对砷胁迫的耐受性（Bhadwal & Sharma，2022）。

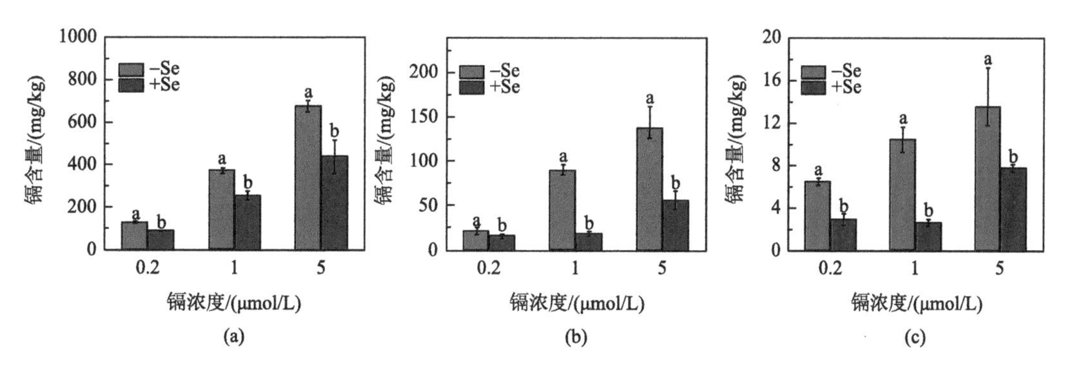

图 11.26 水培体系中叶面喷施纳米硒溶胶对水稻根系（a）、茎（b）和叶（c）中镉含量的抑制效应（Cui et al.，2018）

11.1.5 锌、铁和锰的生理阻隔效应及机制解析

1. 生理阻隔效应

铁、锌、锰等都是水稻的必需微量元素，缺乏这些元素会影响植株的生长、稻米产量和品质。维持适宜的铁、锌、锰营养，可以显著地提高水稻叶片的叶绿素含量，增强光合作用的效率；调节多种酶的活性，增强水稻的抗逆性，从而缓解重金属的毒害作用。表 11.1 列举了硅、硒、铁、锌等叶面阻隔剂喷施后，对稻米镉砷积累的生理阻隔效果。

施用铁肥能够促进土壤砷镉的固定，降低水稻植株中砷镉的积累（Farrow et al.，2015；Khum-in et al.，2020）。例如，纳米零价铁（ZVI）可降低土壤有效态镉含量，导致稻米镉含量降低 40%（Khum-in et al.，2020）；氧化铁可降低稻米砷积累，但施用量与稻米砷含量呈负相关关系（Farrow et al.，2015）。大田试验结果显示，土壤溶液和糙米中砷含量依次为：纳米零价铁＜无定形铁氧化物＜炼钢转炉炉渣＜不施铁对照组。纳米零价铁的高效可能与形成难溶的硫化砷，以及纳米零价铁表面铁氧化后介导砷的吸附有关（Makino et al.，2016）。

水培试验结果显示，在 1 mg/L 镉胁迫下，添加 4 mg/L Fe^{2+}，水稻幼苗叶片中活性氧含量降低了 84.7%，缓解镉胁迫下活性氧对水稻幼苗的毒害作用（董明芳等，2017）。上官宇先等（2019）通过大田试验比较不同种类铁肥及施用方法对水稻籽粒镉积累的影响，结果表明，叶面喷施螯合铁降低稻米镉含量的幅度最大。其中，孕穗期、扬花期和灌浆期各喷施一次螯合铁，稻米镉含量最低；扬花期喷施螯合铁后，稻米铁含量的增量最多；铁从植株营养器官向稻米的转运速率远高于镉，四个水稻品种秸秆中的 Cd 含量与稻米 Cd 含量呈直线负相关关系。因此，合理施用铁肥可以降低轻度镉污染稻田中稻米的镉含量。

叶面喷施适量硫酸锌（0.45～0.75 g/cm^2）可提高水稻的光合作用，缓解镉对水稻的生理毒害，能够显著降低早稻和晚稻籽粒、穗轴以及穗下节的镉含量（韩潇潇等，2019；史静等，2013）。在水稻灌浆初期叶面喷施硫酸锌，虽然水稻产量无明显变化，但糙米镉含量降低了 9.0%～47.8%，锌含量提高了 31.7%～55.6%，糙米镉含量降低的主要原因是减少了镉从根向籽粒的转运（吕光辉等，2018）。据报道，砷胁迫下施用大尺寸的锌和纳米氧化锌，能够显著地降低水稻根系砷含量，降幅分别为 83.3%和 39.5%；茎部砷含量分别降低了 80.0%和 60.2%；施用纳米氧化锌还可显著地降低水稻茎部镉含量，降幅为 26.3%（Ma et al.，2020）。

锰可缓解镉胁迫下水稻抗氧化的能力，降低水稻植株镉积累。叶面喷施纳米氧化锰可以增加水稻叶片的叶绿素含量，显著增加水稻叶片的气孔导度、胞间二氧化碳浓度和蒸腾速率，缓解镉对水稻光合作用的抑制作用。喷施 0.1 L/m^2 0.3%或 0.5%纳米氧化锰，显著降低水稻叶片中 MDA 含量，增加叶片中 CAT、POD 和 SOD 的含量，进而清除镉诱导的过量活性氧，避免镉胁迫带来的氧化损伤（周一敏等，2022）。据推测，可能主要通过增加水稻根表铁锰胶膜对镉的吸附/共沉淀作用，提高铁锰胶膜中镉含量，从而阻止

水稻根系对镉的吸收。也有报道，锰不仅有助于降低水稻幼苗根系和地上部亚细胞组分中的镉含量，还能改变各组分中镉的分配比，其中根系细胞壁中镉的分配比提高 4.7%～7.9%，地上部细胞壁中镉的分配比提高 8.5%～9.1%（徐莜等，2016）。抽穗期叶面喷施纳米二氧化锰，锰能够快速被水稻叶片吸收，可降低水稻叶、壳和糙米中的镉含量，增加水稻所有部位的锰含量（周一敏等，2022）。叶面喷施硫酸锰也能够显著地降低水稻籽粒和穗轴中的镉含量，稻米镉含量降低超过 40%，而且随着喷施次数的增加，效果更加明显（尹晓辉等，2017）。

表 11.1　不同营养元素对稻米镉砷积累的生理阻隔效果

叶面阻隔剂		模式	用量	稻米镉/砷降幅	参考文献
硅	硅酸钠	土培	3.0 mmol/L，分蘖期和拔节期各一次	无机砷，61.2%	Zhang et al.，2020b
	硅酸钾	土培	0.4 g/L，150 L/hm^2，孕穗期	镉，44.3%～48.6% 砷，23.9%～38.2%	Zeng et al.，2021
	纳米硅	土培	2.5 mmol/L，分蘖期	镉，71.4%	Gao et al.，2018
	原硅酸	土培	0.4%，分蘖期和抽穗期各一次	五价砷，67% 三价砷，78%	Dwivedi et al.，2020
	二氧化硅	水培	100 mg/L，分蘖期	镉，26.9%～43.8%	Li et al.，2020b
硒	纳米硒	土培	0.025 mmol/L，分蘖期	镉，72%	Deng et al.，2021
	亚硒酸钠和硅酸钠	土培	1.0 mmol/L 硅酸钠和 12.5 μmol/L 亚硒酸钠	镉，79.5%	Cai et al.，2021
	纳米硒与纳米硅	土培	12 μg/ml 纳米硒、44 μg/ml 纳米硅，分蘖期	镉，35%	Wang et al.，2020b
	纳米硒与纳米硅	土培	20 mg/L 纳米硒和 10 mg/L 纳米硅，分蘖期和抽穗期各两次	镉，62%	Hussain et al.，2020
铁	赖氨酸铁	土培	250 ml，幼苗	地上部镉，53% 地下部镉，34%	Hussain et al.，2020
	螯合亚铁	土培	分蘖期和孕穗期	镉，29%	Wang et al.，2021a
	腐殖质铁	土培	1%（质量浓度），孕穗期	镉，60.4%	Wang et al.，2022
	$EDTA \cdot Na_2Fe$ 和硫酸锌	土培	0.5 g/L，孕穗期两次	镉，65.4%	Duan et al.，2018
锌	硫酸锌	土培	0.5%（质量浓度），灌浆初期	镉，40.8%	Wang et al.，2018
	硫酸锌	土培	0.4%（质量浓度），灌浆期两次	镉，32.2%	Zhen et al.，2021
	Zn-EDTA	土培	0.5%（质量浓度），灌浆期	镉，6.3%	Wang et al.，2020b
	纳米氧化锌	土培	100 mg/L，分蘖期	镉，30%	Ali et al.，2019
	硫酸锌	土培	0.7 kg/hm^2，分蘖期	镉，52%	Fahad et al.，2015
其他物质	水杨酸	土培	0.1 mmol/L，幼苗	镉，28.6%	Wang et al.，2021a
	水杨酸	土培	0.1 mmol/L，分蘖期和抽穗期各一次	镉，53%	Wang et al.，2021b

续表

叶面阻隔剂		模式	用量	稻米镉/砷降幅	参考文献
其他物质	天冬氨酸	土培	20 mg/L，幼苗	地上部镉含量降低 40%	Rizwan et al.，2017
	NaH_2PO_4、Na_2S	土培	0.5 g/L，分蘖期和开花期各一次	镉，74%	Liu et al.，2019
	Na_2S	土培	0.5 g/L，分蘖期	镉，41%	Liu et al.，2020
	柠檬酸	土培	5.0 mmol/L，抽穗期	镉，50.8%	Xue et al.，2021
	花青素	土培	7.5 g/L	镉，42.4%	Mi et al.，2021
	甘油	土培	5 mmol/L，灌浆期和孕穗期各一次	镉，60.4%	Yang et al.，2020
	二巯基丁二酸	土培	5 mmol/L，分蘖期	镉，48.0% 无机砷，51.2%	Yang et al.，2021

2. 基因调控机制解析

铁、锌、锰等营养元素可调控镉相关基因的表达水平，并与镉通过竞争相同的转运通道，抑制水稻根系对镉的吸收。OsIRT1 和 OsIRT2 是水稻根系吸收亚铁离子的关键蛋白，对镉离子的亲和性较高，过量表达时能够提高水稻对镉的转运。缺铁时，水稻根系 *OsIRT1* 和 *OsIRT2* 基因表达上调，促进水稻对铁的吸收，同时也提高对锌、锰和镉等元素的吸收（Nakanishi et al.，2006）。补充铁肥料，可降低 *OsIRT1* 基因的表达水平，从而降低水稻根系对镉的吸收，但提高水稻籽粒中铁和锌的积累（Ishimaru et al.，2006）。

ZIP 家族为锌、铁转运蛋白，可以在吸收转运锌、铁的同时吸收转运镉离子。其中，*OsZIP1* 基因主要在水稻根系表达；*OsZIP3* 基因在水稻植株所有部位都有表达；*OsZIP4* 基因主要在水稻根系和茎部的韧皮部，以及叶片的维管束和叶肉细胞中表达，参与锌在水稻体内的分配（Ishimaru et al.，2005）；*OsZIP5* 和 *OsZIP8* 也参与水稻体内锌的分配（Lee et al.，2010）。*OsZIP3* 和 *OsZIP4* 基因，在锌高积累型水稻根系的表达，高于低积累型的水稻；缺锌会诱导 *OsZIP1*、*OsZIP3* 和 *OsZIP4* 这三个基因在水稻根系表达的上调，以及 *OsZIP4* 基因在水稻地上部表达的上调（Bashir et al.，2012）。由于镉与锌属于同族元素，化学性质类似，镉可借助锌的转运通道进入水稻细胞，在水稻的吸收和积累过程中，镉与锌存在拮抗作用（Cai et al.，2019）。

锰与镉离子共享吸收通道的 OsNramp1 和 OsNramp5 等蛋白，其中 OsNramp5 蛋白定位于水稻根系内外皮层细胞的细胞膜上，可介导锰、铁的吸收转运，是水稻吸收镉的关键转运蛋白。*OsNramp5* 基因的功能缺失，可导致水稻籽粒中镉含量大幅减少，锰含量也减少一半以上（Cai et al.，2020）。在 Mn 与 Cd 共存的条件下，Mn^{2+}优先结合在水稻根系细胞膜上的载体蛋白和通道蛋白上，通过拮抗作用抑制 Cd^{2+}的跨膜运输，减少根系细胞胞液中的 Cd 含量及其向地上部的转运（徐莜等，2016）。据报道，低浓度的锰可以促进水稻幼苗对镉的吸收，而高浓度的锰可能通过与镉竞争离子通道和载体蛋白，降低水稻对镉的吸收和转运，从而减少水稻对镉的积累（Chen et al.，2019a）。

11.2　水稻重金属生理阻隔技术应用

2013～2016 年，在广东、湖南、广西三省（区）开展了水稻重金属生理阻隔技术应用效果大田试验，主要以叶面喷施的方式，分别于水稻分蘖盛期和灌浆期施用纳米硅溶胶，用量为 500 ml/亩。研究发现，广东地区稻米镉和总砷含量均值，分别降低至 0.41 mg/kg 和 0.20 mg/kg，降幅分别为 36%和 30%；湖南地区稻米镉和总砷含量均值，分别降低至 0.51 mg/kg 和 0.18 mg/kg，降幅分别为 26%和 10%；广西地区稻米镉含量均值降至 0.41 mg/kg，降幅为 33%（图 11.27）。总体而言，在湖南和广西的镉砷污染地块中，叶面喷施纳米硅溶胶，稻米镉和砷含量均有不同程度的降低；与湖南和广西相比，广东的稻米中镉和砷的含量降幅更大，说明生理阻隔技术对广东稻米的降镉、降砷效果更显著。这可能是由于湖南和广西污染地块中镉砷活性较高，导致稻米对其吸收量较大。此外，喷施纳米硅溶胶能促进水稻生长和稻米产量增加、品质改善，且成本低，操作方便，因此，稻田重金属生理阻隔技术是一种方便有效并不误农事的方法。据统计，该技术作为红壤土镉砷污染农田的安全利用主推技术，应用面积累计超过 120 万亩次，实现了低成本、高效率的重金属污染稻田稻米安全达标生产，解决了水稻镉砷同步生理阻隔的难题，为保障我国稻米达标生产起到了至关重要的作用，具有广阔的应用前景。

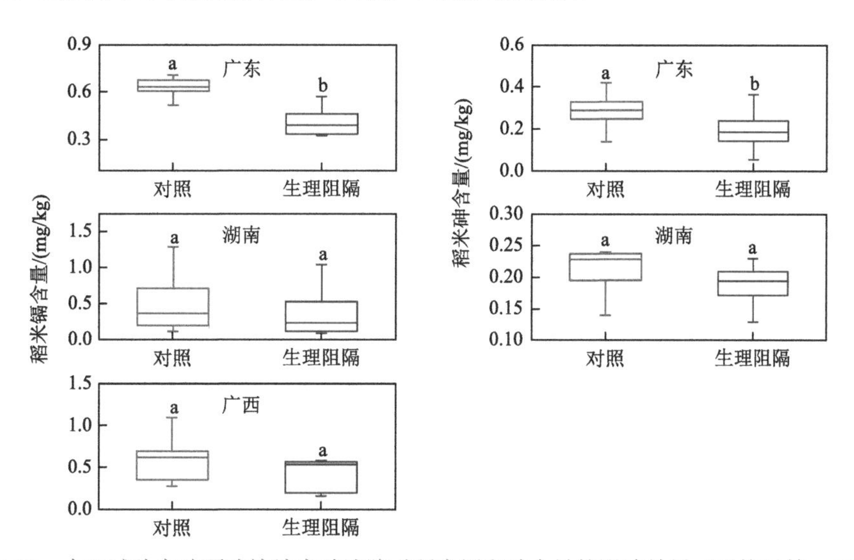

图 11.27　大田试验中叶面喷施纳米硅溶胶对稻米镉和砷含量的影响效果（于焕云等，2018）

11.3　展　　望

硅、硒、锌、铁、锰等营养元素是水稻生长的有益元素，通过基因调控、物理屏障、隔离解毒等作用方式，这些营养元素能有效降低水稻对镉砷的吸收、转运和在籽粒的积累，减轻水稻受重金属的毒害作用。基于以上生理阻隔原理，研发出硅/硒营养生理阻隔技术，并研制出纳米硅和纳米硒溶胶产品。该技术的田间应用结果表明，叶面喷施纳米硅溶胶和纳米硒溶胶，可抑制镉/砷由水稻根系向稻米转运，能较大幅度降低稻米镉砷含量，实现了边生产边治理，提高了中轻度污染稻田的安全利用率。由于不同地区和不同水肥管理等情况下，生理阻隔剂对水稻镉砷的阻隔效果不够稳定，镉砷阻控机制和施用方法有待提升。因此，应重点加强以下方面的研究。

（1）高效叶面生理阻隔剂研发。在现有研究的基础上，深入探讨在不同地区、不同轮作制度及不同水肥管理情况下，生理阻隔剂对水稻重金属的阻隔效果，从而确定其适用范围，探讨环境因素（温度、湿度、光照、土壤肥力）、喷施时间、喷施剂量、喷施次数等对稻米重金属含量的影响，从而筛选出高效的叶面生理阻隔剂。此外，通过叶面生理阻隔剂与表面活性剂、叶面肥等配合施用，筛选出多功能高效阻隔重金属吸收的配方。

（2）营养元素阻控镉砷机制的深入探究。水稻对镉砷的专性吸收转运分子机制还有待深入探究，除了现已明确的硅、硒、铁、锌、锰等营养元素的转运通道以外，还需通过基因组学、转录组学和代谢组学等组学方法，从基因和代谢水平上深入解析营养元素调控水稻对重金属吸收积累的分子机制，为研发高效吸收更稳定的营养元素生理阻隔剂提供科学依据。

（3）因地制定针对性强的调控措施。由于不同区域稻田重金属含量、理化性质、水稻品种、水肥管理的差异，导致生理阻隔剂施用对稻米镉砷积累抑制效果的稳定性难以保证。因此，应根据不同稻田的理化性质、污染程度、前期田间试验结果等，选用适合的营养元素生理阻隔剂，制定最佳的实施策略。此外，应加强大功率喷施机械，特别是加强生理阻隔剂与农药喷施相结合的研究，节约劳动力成本的同时，能够提高喷施的均匀性，降低技术实施难度，最大程度地降低稻米镉砷含量。

参考文献

董明芳，郭军康，冯人伟，等，2017. Fe^{2+}和Mn^{2+}对水稻根系铁膜及镉吸收转运的影响[J]. 环境污染与防治，39（3）：249-253.

顾明华，李志明，陈宏，等，2020. 施锰对土壤锰氧化物形成及镉固定的影响[J]. 生态环境学报，29（2）：360-368.

韩潇潇，任兴华，王培培，等，2019. 叶面喷施锌离子对水稻各器官镉积累特性的影响[J]. 农业环境科学学报，38（8）：1809-1817.

金小琬，朱茜，黄进，等，2019. 硒对叶绿体及光合作用的影响[J]. 分子植物育种，17（1）：288-294.

黎森，王敦球，于焕云，2019. 铅-砷交互作用影响小白菜生长及铅砷积累的效应研究[J]. 生态环境学报，28（1）：170-180.

李义纯，李永涛，李林峰，等，2018. 水稻土中铁-氮循环耦合体系影响镉活性机理研究[J]. 环境科学学报，38（1）：328-335.

刘侯俊，李雪平，韩晓日，等，2013. 铁镉互作对水稻脂质过氧化及抗氧化酶活性的影响[J]. 应用生态学报，24（8）：2179-2185.

吕光辉，许超，王辉，等，2018. 叶面喷施不同浓度锌对水稻锌镉积累的影响[J]. 农业环境科学学报，37(7)：1521-1528.

上官宇先，陈琨，喻华，等，2019. 不同铁肥及其施用方法对水稻籽粒镉吸收的影响[J]. 农业环境科学学报，38（7）：1440-1449.

史静，潘根兴，张乃明，2013. 镉胁迫对不同杂交水稻品种 Cd，Zn 吸收与积累的影响[J]. 环境科学学报，33（10）：2904-2910.

徐莜，杨益新，李文华，等，2016. 锰离子浓度及其转运通道对水稻幼苗镉吸收转运特性的影响[J]. 农业环境科学学报，35（8）：1429-1435.

尹晓辉，邹慧玲，方雅瑜，等，2017. 施锰方式对水稻吸收积累镉的影响研究[J]. 环境科学与技术，40（8）：8-12，42.

于焕云，崔江虎，乔江涛，等，2018. 稻田镉砷污染阻控原理与技术应用[J]. 农业环境科学学报，37（7）：1418-1426.

周爽，彭亮，雷鸣，等，2015. 纳米级二氧化锰材料阻控土壤砷向水稻迁移的研究[J]. 环境科学学报，35（3）：855-861.

周一敏，黄雅媛，刘凯，等，2022. 典型铁、锰矿物对稻田土壤砷形态与酶活性的影响[J]. 环境科学，43（5）：2732-2740.

Ali S，Rizwan M，Noureen S，et al.，2019. Combind use of biochar and zinc oxide nanoparticle foliar spray improved the plant growth and decreased the cadmium accumulation in rice（*Oryza sativa* L.）plant[J]. Environmental Science and Pollution Research，26：11288-11299.

Bashir K，Ishimaru Y，Nishizawa N K，2012. Molecular mechanisms of zinc uptake and translocation in rice[J]. Plant and Soil，361（1-2）：189-201.

Berni R M，Luyckx X，Xu S，et al.，2019. Reactive oxygen species and heavy metal stress in plants：Impact on the cell wall and secondary metabolism[J]. Environmental and Experimental Botany，161：98-106.

Bexfied L M，Belitz K，Lindey B D，et al.，2021. Pesticides and pesticide degradates in groundwater used for public supply across the United States：Occurrence and human-health context[J]. Environmental Science &Technology，55（1）：362-372.

Bhadwal S，Sharma S，2022. Selenium alleviates carbohydrate metabolism and nutrient composition in arsenic stressed rice plants[J]. Rice Science，29（4）：385-396.

Cai Y，Wang M，Chen B，et al.，2020. Effects of external Mn^{2+}activities on *OsNRAMP5* expression level and Cd accumulation in indica rice[J]. Environmental Pollution，260，113941.

Cai Y，Xu W，Wang M，et al.，2019. Mechanisms and uncertainties of Zn supply on regulating rice Cd uptake[J]. Environmental Pollution，253：959-965.

Cai Y M，Wang X M，Beesley L，et al.，2021. Cadmium uptake reduction in paddy rice with a combination of water management，soil application of calcium magnesium phosphate and foliar spraying of Si/Se[J]. Environmental Science and Pollution Research，28（36）：50378-50387.

Chen D D，Chen R，Xue J，et al.，2019a. Effects of boron，silicon and their interactions on cadmium accumulation and toxicity in rice plants[J]. Journal of Hazardous Materials，367：447-455.

Chen X，Qi Y，Zhu C，et al.，2019b. Effect of ultrasound on the properties and antioxidant activity of hawthorn pectin[J]. International Journal of Biological Macromolecules，131：273-281.

Clemens S，2006. Toxic metal accumulation，responses to exposure and mechanisms of tolerance in plants[J]. Biochimie，88（11）：1707-1719.

Clemens S，Aarts M G M，Thomine S，et al.，2013. Plant science：The key to preventing slow cadmium poisoning[J]. Trends in Plant Science，18（2）：92-99.

Cosgrove D J，2005. Growth of the plant cell wall[J]. Nature Reviews Molecular Cell Biology，6（11）：850-861.

Coskun D，Deshmukh R，Sonah H，et al.，2019. The controversies of silicon's role in plant biology[J]. New Phytologist，221（1）：67-85.

Cui J，Jin Q，Li F，et al.，2022. Silicon reduces the uptake of cadmium in hydroponically grown rice seedlings：Why nanoscale silica is more effective than silicate[J]. Environmental Science：Nano，9：1961-1973.

Cui J，Li Y，Jin Q，et al.，2020. Silica nanoparticles inhibit arsenic uptake into rice suspension cells via improving pectin synthesis and the mechanical force of the cell wall[J]. Environmental Science：Nano，7（1）：162-171.

Cui J，Liu T，Li F，et al.，2017. Silica nanoparticles alleviate cadmium toxicity in rice cells：Mechanisms and size effects[J]. Environmental Pollution，228：363-369.

Cui J，Liu T，Li Y，et al.，2018. Selenium reduces cadmium uptake into rice suspension cells by regulating the expression of lignin synthesis and cadmium-related genes[J]. Science of the Total Environment，644：602-610.

Deng S，Li P，Li Y，et al.，2021. Alleviating Cd translocation and accumulation in soil-rice systems：Combination of foliar spraying of nano-Si or nano-Se and soil application of nano-humus[J]. Soil Use and Management，37（2）：319-329.

Ding Y，Di X，Norton G J，et al.，2020. Selenite foliar application alleviates arsenic uptake，accumulation，migration and increases photosynthesis of different upland rice varieties[J]. International Journal of Environmental Research and Public Health，17（10）：3621.

Duan M M，Wang S，Huang D Y，et al.，2018. Effectiveness of simultaneous applications of lime and zinc/iron foliar sprays to minimize cadmium accumulation in rice[J]. Ecotoxicology and Environmental Safety，165：510-515.

Dubinin M V，Semenova A A，Nedopekina D A，et al.，2021. Effect of F16-Betulin conjugate on mitochondrial membranes and its role in cell death initiation[J]. Membranes，11（5）：352.

Dwivedi S，Kumar A，Mishra S，et al.，2020. Orthosilicic acid（OSA）reduced grain arsenic accumulation and enhanced yield by modulating the level of trace element，antioxidants，and thiols in rice[J]. Environmental Science and Pollution Research，27（19）：24025-24038.

Fahad S，Hussain S，Khan F，et al.，2015. Effects of tire rubber ash and zinc sulfate on crop productivity and cadmium accumulation in five rice cultivars under field conditions[J]. Environmental Science and Pollution Research，22（16）：12439-12449.

Farooq M A，Detterbeck A，Clemens S，et al.，2016. Silicon-induced reversibility of cadmium toxicity in rice[J]. Journal of Experimental Botany，67（11）：3573-3585.

Farrow E M，Wang J，Burken J G，et al.，2015. Reducing arsenic accumulation in rice grain through iron oxide amendment[J]. Ecotoxicology and Environmental Safety，118：55-61.

Feng R W，Zhao P P，Zhu Y M，et al.，2021. Application of inorganic selenium to reduce accumulation and toxicity of metals and metalloids in plants：The main mechanisms，concerns，and risks[J]. Science of the Total Environment，771（6）：144776.

Gao M，Zhou J，Liu H，et al.，2018. Foliar spraying with silicon and selenium reduces cadmium uptake and mitigates cadmium toxicity in rice[J]. Science of the Total Environment，631-632：1100-1108.

Geng A，Wang X，Wu L，et al.，2018. Silicon improves growth and alleviates oxidative stress in rice seedlings（*Oryza sativa* L.）by strengthening antioxidant defense and enhancing protein metabolism under arsanilic acid exposure[J]. Ecotoxicology and Environmental Safety，158（30）：266-273.

Guo X，Liu Y，Zhang R，et al.，2019. Hemicellulose modification promotes cadmium hyperaccumulation by decreasing its retention on roots in *Sedum alfredii*[J]. Plant and Soil，447：241-255.

Hang X，Gan F，Chen Y，et al.，2018. Evaluation of mercury uptake and distribution in rice（*Oryza sativa* L.）[J]. Bulletin of Environmental Contamination and Toxicology，100：451-456.

Haynes R J，2019. What effect does liming have on silicon availability in agricultural soils？[J]. Geoderma，337：375-383.

He C，Ma J，Wang L，2015. A hemicellulose-bound form of silicon with potential to improve the mechanical properties and regeneration of the cell wall of rice[J]. New Phytologist，206（3）：1051-1062.

Hu Y，Norton G J，Duan G，et al.，2014. Effect of selenium fertilization on the accumulation of cadmium and lead in rice plants[J]. Plant and Soil，384：131-140.

Huang H，Li M，Rizwan M，et al.，2021. Synergistic effect of silicon and selenium on the alleviation of cadmium toxicity in rice plants[J]. Journal of Hazardous Materials，401：123393.

Huang Q，Xu Y，Liu Y，et al.，2018. Selenium application alters soil cadmium bioavailability and reduces its accumulation in rice grown in Cd-contaminated soil[J]. Environmental Science & Pollution Research International，25：31175-31182.

Hussain B，Lin Q，Hamid Y，et al.，2020. Foliage application of selenium and silicon nanoparticles alleviates Cd and Pb toxicity in rice（*Oryza sativa* L.）[J]. Science of the Total Environment，712，136497.

Ishimaru Y，Suzuki M，Kobayashi T，et al.，2005. OsZIP4，a novel zinc-regulated zinc transporter in rice[J]. Journal of Experimental Botany，56（422）：3207-3214.

Ishimaru Y，Suzuki M，Tsukamoto T，et al.，2006. Rice plants take up iron as an Fe^{3+}-phytosiderophore and as Fe^{2+}[J]. The Plant Journal，45（3）：335-346.

Jiang C，Zu C，Lu D，et al.，2017. Effect of exogenous selenium supply on photosynthesis，Na^+ accumulation and antioxidative capacity of maize（*Zea mays* L.）under salinity stress[J]. Scientific Reports，7：42039.

Jiang S，Du B，Wu Q，et al.，2022. Selenium decreases the cadmium content in brown rice：Foliar Se application to plants grown in Cd-contaminated soil[J]. Journal of Soil Science and Plant Nutrition，22：1033-1043.

Khum-in V，Suk-in J，In-Ai P，et al.，2020. Combining biochar and zerovalent iron（BZVI）as a paddy field soil amendment for heavy cadmium（Cd）contamination decreases Cd but increases zinc and iron concentrations in rice grains：A field-scale evaluation[J]. Process Safety and Environmental Protection，141：222-233.

Kim H，Tai T H，2019. Identification of novel mutations in genes involved in silicon and arsenic uptake and accumulation in rice[J]. Euphytica，215：72.

Kim Y H，Khan A L，Kim D H，et al.，2014. Silicon mitigates heavy metal stress by regulating P-type heavy metal ATPases，*Oryza sativa* low silicon genes，and endogenous phytohormones[J]. BMC Plant Biology，14：13.

Kobayashi T，Nakanishi I R，Nishizawa N K，2014. Iron deficiency responses in rice roots[J]. Rice，7：1-11.

Lee S，Jeong H J，Kim S A，et al.，2010. OsZIP5 is a plasma membrane zinc transporter in rice[J]. Plant Molecular Biology，73（4-5）：507-517.

Li H，Luo N，Zhang L J，et al.，2016. Do arbuscular mycorrhizal fungi affect cadmium uptake kinetics，subcellular distribution and chemical forms in rice？[J]. Science of the Total Environment，571：1183-1190.

Li N，Feng A，Liu N，et al.，2020a. Silicon application improved the yield and nutritional quality while reduced cadmium concentration in rice[J]. Environmental Science and Pollution Research，27（16）：20370-20379.

Li R Y，Stroud J L，Ma J F，et al.，2009. Mitigation of arsenic accumulation in rice with water management and silicon fertilization[J]. Environmental Science & Technology，43（10）：3778-3783.

Li W，Wang K，Chern M，et al.，2020b. Sclerenchyma cell thickening through enhanced lignification induced by OsMYB30 prevents fungal penetration of rice leaves[J]. New Phytologist，226（6）：1850-1863.

Li X，Peng P，Long J，et al.，2020c. Plant-induced insoluble Cd mobilization and Cd redistribution among different rice cultivars[J]. Journal of Cleaner Production，256，120494.

Liu C，Li F，Luo C，et al.，2009. Foliar application of two silica sols reduced cadmium accumulation in rice grains[J]. Journal of Hazardous Materials，161（2-3）：1466-1472.

Liu C，Wei L，Zhang S，et al.，2014. Effects of nanoscale silica sol foliar application on arsenic uptake，distribution and oxidative damage defense in rice（*Oryza sativa* L.）under arsenic stress[J]. RSC Advances，4（100）：57227-57234.

Liu J，Hou H，Zhao L，et al.，2019. Mitigation of Cd accumulation in rice from Cd-contaminated paddy soil by foliar dressing of S and P[J]. Science of the Total Environment，690：321-328.

Liu J，Hou H，Zhao L，et al.，2020. Protective Effect of foliar application of sulfur on photosynthesis and antioxidative defense system of rice under the stress of Cd[J]. Science of the Total Environment，710：136230.

Liu S，Ji X，Liu Z，et al.，2021. Dependence of rice grain cadmium and arsenic concentrations on environment and genotype[J]. Water Air and Soil Pollution，232：471.

Ma J，Cai H，He C，et al.，2015. A hemicellulose-bound form of silicon inhibits cadmium ion uptake in rice（*Oryza sativa*）cells[J]. New Phytologist，206（3）：1063-1074.

Ma J，Zhang X，Zhang W，et al.，2016. Multifunctionality of silicified nanoshells at cell interfaces of *Oryza sativa*[J]. ACS Sustainable Chemistry & Engineering，4（12）：6792-6799.

Ma J F，Yamaji N，2006. Silicon uptake and accumulation in higher plants[J]. Trends in Plant Science，11（8）：392-397.

Ma J F，Yamaji N，Mitani N，et al.，2008. Transporters of arsenite in rice and their role in arsenic accumulation in rice grain[J]. Proceedings of the National Academy of Sciences of the United States of America，105：9931-9935.

Ma X，Sharifan H，Dou F，et al.，2020. Simultaneous reduction of arsenic（As）and cadmium（Cd）accumulation in rice by zinc oxide nanoparticles[J]. Chemical Engineering Journal，384：123802.

Makino T，Nakamura K，Katou H，et al.，2016. Simultaneous decrease of arsenic and cadmium in rice（*Oryzasativa* L.）plants cultivated under submerged field conditions by the application of iron-bearing materials[J]. Science and Plant Nutrition，62（4）：340-348.

Meriga B，Reddy B K，Rao K R，et al.，2004. Aluminium-induced production of oxygen radicals，lipid peroxidation and DNA damage in seedlings of rice（*Oryza sativa*）[J]. Journal of Plant Physiology，161（1）：63-68.

Mi Y，Cheng M，Yu Q，et al.，2021. Foliar application of anthocyanin extract regulates cadmium accumulation and distribution in rice（*Oryza sativa* L.）at tillering and booting stages[J]. Ecotoxicology and Environmental Safety，224，112647.

Mitani-Ueno N，Yamaji N，Ma J F，2016. High silicon accumulation in the shoot is required for down-regulating the expression of Si transporter genes in rice[J]. Plant and Cell Physiology，57（12）：pcw163.

Nakanishi H，Ogawa I，Ishimaru Y，et al.，2006. Iron deficiency enhances cadmium uptake and translocation mediated by the Fe^{2+} transporters OsIRT1 and OsIRT2 in rice[J]. Soil Science and Plant Nutrition，52（4）：464-469.

Niu X，Mi L，Li Y，et al.，2013. Physiological and biochemical responses of rice seeds to phosphine exposure during germination[J]. Chemosphere，93（10）：2239-2244.

Nwugo C C，Huerta A J，2008. Effects of silicon nutrition on cadmium uptake，growth and photosynthesis of rice plants exposed to low-level cadmium[J]. Plant and Soil，311（1-2）：73-86.

Pan D，Huang G，Yi J，et al.，2022. Foliar application of silica nanoparticles alleviates arsenic accumulation in rice grain：Co-localization of silicon and arsenic in nodes[J]. Environmental Science：Nano，9：1271-1281.

Pan D，Liu C，Yi J，et al.，2021. Different effects of foliar application of silica sol on arsenic translocation in rice under low and high arsenite stress[J]. Journal of Environmental Sciences，105：22-32.

Pilon-Smits E A，Hwang S，Lytle C M，et al.，1999. Overexpression of ATP sulfurylase in indian mustard leads to increased selenate uptake，reduction，and tolerance[J]. Plant Physiology，119（1）：123-132.

Ramesh S A，Shin R，Eide D J，et al.，2003. Differential metal selectivity and gene expression of two zinc transporters from rice[J]. Plant Physiology，133（1）：126-134.

Rayman P M，2012. Selenium and human health[J]. The Lancet，379（9822）：1256-1268.

Rizwan M，Ali S，Abbas T，et al.，2018. Residual effects of biochar on growth，photosynthesis and cadmium uptake in rice（*Oryza sativa* L.）under Cd stress with different water conditions[J]. Journal of Environmental Management，206：676-683.

Rizwan M，Ali S，Akbar M Z，et al.，2017. Foliar application of aspartic acid lowers cadmium uptake and Cd-induced oxidative stress in rice under Cd stress[J]. Environmental Science and Pollution Research，24（27）：21938-21947.

Sasaki A，Yamaji N，Yokosho K，et al.，2012. Nramp5 is a major transporter responsible for manganese and cadmium uptake in rice[J]. Plant Cell，24（5）：2155-2167.

Seyfferth A L，Amaral D，Limmer M A，et al.，2019. Combined impacts of Si-rich rice residues and flooding extent on grain As and Cd in rice[J]. Environment International，128：301-309.

Seyfferth A L，Fendorf S，2012. Silicate mineral impacts on the uptake and storage of arsenic and plant nutrients in rice（*Oryza sativa* L.）[J]. Environmental Science & Technology，46（24）：13176-13183.

Seyfferth A L，Morris A H，Gill R，et al.，2016. Soil incorporation of silica-rich rice husk decreases inorganic arsenic in rice grain[J]. Journal of Agricultural and Food Chemistry，64：3760-3766.

Song W，Yamaki T，Yamaji N，et al.，2014. A rice ABC transporter，OsABCC1，reduces arsenic accumulation in the grain[J]. Proceedings of the National Academy of Sciences of the United States of America，114（44）：15699-15704.

Sousa A D，Saleh A M，Habeeb T H，et al.，2019. Silicon dioxide nanoparticles ameliorate the phytotoxic hazards of aluminum in maize grown on acidic soil[J]. Science of the Total Environment，693：133636.

Suda A，Makino T，2016. Functional effects of manganese and iron oxides on the dynamics of trace elements in soils with a special focus on arsenic and cadmium：A review[J]. Geoderma，270：68-75.

Sun S K，Chen Y，Che J，et al.，2018. Decreasing arsenic accumulation in rice by overexpressing *OsNIP1；1* and *OsNIP3；3* through disrupting arsenite radial transport in roots[J]. New Phytologist，219（2）：641-653.

Takahashi R，Ishimaru Y，Shimo H，et al.，2012. The OsHMA2 transporter is involved in root-to-shoot translocation of Zn and Cd in rice[J]. Plant Cell and Environment，35（11）：1948-1957.

Takahashi R，Ishimaru Y，Shimo H，et al.，2014. From laboratory to field：*OsNRAMP5*-knockdown rice is a promising candidate for Cd phytoremediation in paddy fields[J]. PLoS One，9（6）：e99816.

Uraguchi S，Fujiwara T，2013. Rice breaks ground for cadmium-free cereals[J]. Current Opinion in Plant Biology，16（3）：328-334.

Uraguchi S，Kamiya T，Sakamoto T，et al.，2011. Low-affinity cation transporter （OsLCT1）regulates cadmium transport into rice grains[J]. Proceedings of the National Academy of Sciences of the United States of America，108（52）：20959-20964.

Wan Y，Wang K，Liu Z，et al.，2019. Effect of selenium on the subcellular distribution of cadmium and oxidative stress induced by cadmium in rice（*Oryza sativa* L.）[J]. Environmental Science and Pollution Research，26（16）：16220-16228.

Wang C，Rong H，Zhang X，et al.，2020a. Effects and mechanisms of foliar application of silicon and selenium composite sols on diminishing cadmium and lead translocation and affiliated physiological and biochemical responses in hybrid rice（*Oryza sativa* L.）exposed to cadmium and lead[J]. Chemosphere，251：126347.

Wang F，Tan H，Huang L，et al.，2021a. Application of exogenous salicylic acid reduces Cd toxicity and Cd accumulation in rice[J]. Ecotoxicology and Environmental Safety，207：111198.

Wang F，Tan H，Zhang Y，et al.，2021b. Salicylic acid application alleviates cadmium accumulation in brown rice by modulating its shoot to grain translocation in rice[J]. Chemosphere，263：128034.

Wang H，Xu C，Luo Z C，et al.，2018. Foliar application of Zn can reduce Cd concentrations in rice（*Oryza sativa* L.）under field conditions[J]. Environmental Science and Pollution Research，25（29）：29287-29294.

Wang P，Chen H，Kopittke P M，et al.，2019. Cadmium contamination in agricultural soils of China and the impact on food safety[J]. Environmental Pollution，249：1038-1048.

Wang P，Zhang W，Mao C，et al.，2016. The role of OsPT8 in arsenate uptake and varietal difference in arsenate tolerance in rice[J]. Journal of Experimental Botany，67（21）：6051-6059.

Wang S，Wang F，Gao S，2015. Foilar application with nano-silicon alleviates Cd toxicity in rice seedlings[J]. Environment Science and Pollution Research，22：2837-2845.

Wang X，Deng S，Zhou Y，et al.，2021c. Application of different foliar iron fertilizers for enhancing the growth and antioxidant capacity of rice and minimizing cadmium accumulation[J]. Environmental Science and Pollution Research，28（7）：7828-7839.

Wang X，Du Y，Li F，et al.，2022. Unique feature of Fe-OM complexes for limiting Cd accumulation in grains by target-regulating gene expression in rice tissues[J]. Journal of Hazardous Materials，424（15）：127361.

Wang X，Liu Y O，Zeng G M，et al.，2008. Subcellular distribution and chemical forms of cadmium in *Bechmeria nivea*（L.）Gaud[J]. Environmental and Experimental Botany，62（3）：389-395.

Wang Y D，Wang X，Wong Y S，2012. Proteomics analysis reveals multiple regulatory mechanisms in response to selenium in rice[J]. Journal of Proteomics，75（6）：1849-1866.

Wang Z，Wang H，Xu C，et al.，2020b. Foliar application of Zn-EDTA at early filling stage to increase grain Zn and Fe，and reduce grain Cd，Pb and grain yield in rice（*Oryza sativa* L.）[J]. Bulletin of Environmental Contamination and Toxicology，105（3）：428-432.

Xiao F Z，Gui J L，Tao J，et al.，2012. Cell wall polysaccharides are involved in P-deficiency-induced Cd exclusion in *Arabidopsis thaliana*[J]. Planta，236（4）：989-997.

Xue W，Wang P，Tang L，et al.，2021. Citric acid inhibits Cd uptake by improving the preferential transport of Mn and triggering the defense response of amino acids in grains[J]. Ecotoxicology and Environmental Safety，211：111921.

Yamaji N，Ma J F，2017. Node-controlled allocation of mineral elements in Poaceae[J]. Current Opinion in Plant Biology，39，18-24.

Yamaji N，Sakurai G，Mitani-Ueno N，et al.，2015. Orchestration of three transporters and distinct vascular structures in node for intervascular transfer of silicon in rice[J]. Proceedings of the National Academy of Sciences of the United States of America，112（36）：11401-11406.

Yan G，Fan X，Ti L，et al.，2021. Root silicon deposition and its resultant reduction of sodium bypass flow is modulated by OsLsi1 and OsLsi2 in rice[J]. Plant Physiology and Biochemistry，158：219-227.

Yan J，Wang P，Wang P，et al.，2016. A loss-of-function allele of OsHMA3 associated with high cadmium accumulation in shoots and grain of Japonica rice cultivars[J]. Plant，Cell & Environment，39（9）：1941-1954.

Yang J，Chen X，Lu W，et al.，2020. Reducing Cd accumulation in rice grain with foliar application of glycerol and its mechanisms of Cd transport inhibition[J]. Chemosphere，258：127135.

Yang J L，Li Y Y，Zhang Y J，et al.，2008.Cell wall polysaccharides are specifically involved in the exclusion of aluminum from the rice root apex[J]. Plant Physiology，146（2）：602-611.

Yang X，Wang C，Huang Y，et al.，2021. Foliar application of the sulfhydryl compound 2, 3-dimercaptosuccinic acid inhibits cadmium，lead，and arsenic accumulation in rice grains by promoting heavy metal immobilization in flag leaves[J]. Environmental Pollution，285：117355.

Yuan L，Yang S，Liu B，et al.，2012. Molecular characterization of a rice metal tolerance protein，OsMTP1[J]. Plant Cell Reports，31（1）：67-79.

Zeng P，Wei B，Zhou H，et al.，2021. Co-application of water management and foliar spraying silicon to reduce cadmium and arsenic uptake in rice：A two-year field experiment[J]. Science of the Total Environment，818：151801.

Zhang C，Wang L，Nie Q，et al.，2008. Long-term effects of exogenous silicon on cadmium translocation and toxicity in rice（*Oryza sativa* L.）[J]. Environmental and Experimental Botany，62（3）：300-307.

Zhang J，Qian Y，Chen Z，et al.，2020a. Lead-induced oxidative stress triggers root cell wall remodeling and increases lead absorption through esterification of cell wall polysaccharide[J]. Journal of Hazardous Materials，385：121524.

Zhang S J，Geng L P，Fan L M，et al.，2020b. Spraying silicon to decrease inorganic arsenic accumulation in rice grain from arsenic-contaminated paddy soil[J]. Science of the Total Environment，704：135239.

Zhang W，Wu L，Ding Y，et al.，2017. Nitrogen fertilizer application affects lodging resistance by altering secondary cell wall synthesis in japonica rice（*Oryza sativa*L.）[J]. Journal of Plant Research，130（5）：859-871.

Zhen S，Shuai H，Xu C，et al.，2021. Foliar application of Zn reduces Cd accumulation in grains of late rice by regulating the antioxidant system，enhancing Cd chelation onto cell wall of leaves，and inhibiting Cd translocation in rice[J]. Science of the Total Environment，770：145302.

Zhu J，Zhao P，Nie Z，et al.，2020. Selenium supply alters the subcellular distribution and chemical forms of cadmium and the expression of transporter genes involved in cadmium uptake and translocation in winter wheat（*Triticum aestivum*）[J]. BMC Plant Biology，20（1）：1-12.

第12章

区域稻田土壤重金属污染源解析方法及应用

稻田土壤重金属污染途径与归趋等环境行为与过程，是当前土壤学和环境地球化学的热点和难点问题。本章首先总结区域稻田土壤重金属污染来源的复杂性和多样性，提出了稻田土壤重金属污染源解析面临的挑战；再介绍现有的基于定性和定量研究的区域稻田土壤重金属污染溯源方法，主要包括扩散模型、受体模型、人工智能模型等方法，总结并评述了这些方法的适用条件、数据类型、优点和局限性，特别是对人工智能模型和同位素示踪方法做了详细的阐述；最后通过对贵州典型Pb-Zn矿区以及广东北部某矿区周边稻田土壤的实证案例，深入地解析了不同迁移介质环境条件的地质背景矿区周边稻田土壤重金属的来源及迁移途径，采用随机梯度提升和随机森林两个集成模型，识别小尺度农业土壤中重金属Pb和Cd的污染源，定量评估多源和多相态自然和人为重金属污染过程的贡献（图12.1）。

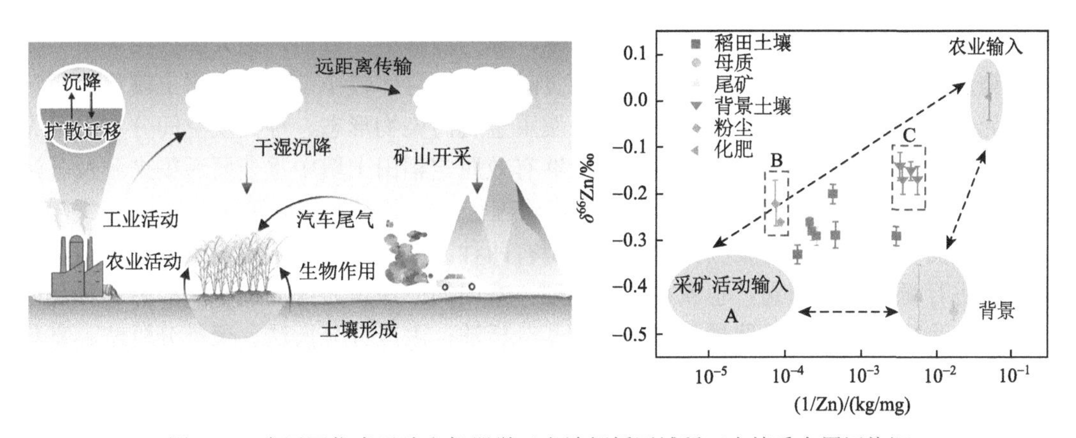

图12.1 应用同位素示踪和机器学习方法解析区域稻田土壤重金属污染源

12.1 区域稻田土壤重金属污染源解析方法

12.1.1 区域稻田土壤重金属污染源复杂性

重金属是工业必不可少的原材料，一些重金属甚至与人类生活密不可分。显然，人类生产活动中会不可避免地释放出一些重金属，且一般随固体废渣、废气、废水等进入土壤环境中。由于稻田特殊的生态环境，致使稻田成为一些重金属的“汇”，稻田土壤中重金属超标问题日益受到公众的关注。稻田土壤重金属污染途径与归趋等环境行为，已成为当前土壤学和环境地球化学的热点和难点问题。

农业土壤中重金属的来源广泛，可分为自然源和人为源。自然源主要来自成土母质的风化，也包括少量来自大气的干湿沉降；人为源包括农业来源和工业来源，前者主要来自牲畜粪便、矿质肥料、石灰、农药、灌溉水和大气沉降物等，后者主要来自矿山尾矿、冶金、三废排放等。

由于矿藏分布、工业生产、人类活动等均具有区域性特征，因此，包括稻田在内的农业土壤重金属污染也具有区域性特点，并显现出特定的规律性。污染的稻田土壤往往具有重金属元素种类多、形态复杂和污染周期长等特点。控制和修复重金属污染土壤的一个重要前提是确定污染源，深入了解稻田土壤中重金属的来源及迁移途径是高效进行重金属污染治理的关键环节。土壤中重金属分布的高度空间异质性、污染源的复杂性和多样性，以及缺乏长期监测数据，给评估农业土壤中多源和多相态重金属污染带来了极大挑战。因此，发展基于重金属表生地球化学过程的稻田土壤重金属源解析、迁移途径解析的新方法，对不同污染源的贡献进行定量计算，是开展稻田土壤重金属污染防治的科学基础。

12.1.2 区域稻田土壤重金属污染源解析方法概述

对稻田土壤中重金属污染的来源进行定性和定量研究，就是稻田土壤重金属污染源解析。仅判别稻田土壤中重金属的主要来源称为源识别；不仅判别土壤中重金属的主要来源，还需要利用数学分析手段计算其贡献，称为源解析。目前，绝大部分相关研究仅对污染源进行分类，而直接给出各污染源贡献的研究总体较少。我国稻田土壤重金属污染多元化程度日益加剧，单纯研究稻田土壤重金属污染物形态、种类及空间分布，已无法满足现有的稻田土壤治污需求。发展能够有效厘定稻田土壤中重金属污染来源及各污染源贡献率的方法，在稻田土壤重金属污染治理行动中显得十分迫切且必要。

一般而言，重金属污染溯源的数学模型有两种。一种是区分污染源的种类，结合气象参数进行源排放的识别，也就是扩散模型，常用的方法是源排放清单法；另一种是以污染受体为研究对象的受体模型，包括因子分析法、主成分分析法、聚类分析法、富集因子法、空间分析法、化学质量平衡法和正定矩阵因子分解法等。因子分析法、主成分分析法、聚类分析法和富集因子法等方法，一般只能实现在土壤重金属污染源识别层面的解析；化学质量平衡法和正定矩阵因子分解法等方法能够实现源解析层面的分析。

常用的土壤重金属污染溯源方法优缺点见表 12.1。传统的土壤重金属污染溯源方法，主要是对重金属元素全量及各化学形态进行统计学分析和评价，但难以对污染贡献做出定量评价，且需要较大量的采样数据。污染稻田土壤中的重金属往往是不同来源的混合污染，这是确定稻田重金属来源及其迁移过程的主要挑战。近年来，相对先进的同位素示踪技术，逐渐应用到环境监测和生命科学领域，成为源解析研究的热点。目前，Zn、Cd、Cu、Hg 等稳定同位素，已成为研究者追踪重金属污染的重要鉴别指标，为攻克稻田土壤重金属污染源解析难题提供了新的思路。

主要的源解析建模方法有两种：传统方法和较新的集成学习方法，前者是建立一个强鲁棒性模型，而后者是建立多个优秀模型并取平均结果。已有研究表明，多元统计分析和地理信息系统（GIS），是识别可能的重金属污染源和潜在风险的有力工具（Facchinelli et al.，2001）。用于预测土壤污染源的多元统计分析方法有多种，主要包括主成分分析（Micó et al.，2006；Han et al.，2006）、聚类分析（Bhuiyan et al.，2010；Soares et al.，1999）和判别分析（Qishlaqi & Moore，2007）。Zhou 等（2007）还开发了基于 GIS 和多变量分析的模型，以绘制和评估重金属污染物的来源和分布。条件推理树和有限混合分布模型等随机模型，已用于在大范围区域内，区分自然背景和人类活动的潜在影响和贡献（Hu et al.，2013；Lin et al.，2010）。传统的多变量分析可以帮助识别污染源，并根据相关性区分自然贡献和人为贡献，但对异常值和地球化学数据集的非正态分布极其敏感，因此检验所有变量的概率分布是必不可少的（Micó et al.，2006）。GIS 方法可以通过空间预测，来识别造成特定污染区域的来源，但这种空间预测的准确性，在很大程度上依赖于采样点位的密集程度，具有较大的不确定性。区域尺度上，受复杂地质环境的影响，容易出现异常值和总体偏差，从而影响最终的解析结果（Fragkos et al.，1998）。结合多变量分析，地统计学和 GIS 的常用方法可以定性预测重金属的潜在污染源，但无法定量估算来自不同污染源的贡献。

表 12.1 稻田土壤重金属污染溯源方法对比

模型	方法	操作	溯源类型	数据类型	优点	局限
扩散模型	源排放清单法	各排放源在一定时间跨度和空间区域内排放污染物的集合。获取污染源活动水平数据，用代表性因子识别污染空间分布特征	源识别	重金属通量	能识别出重点污染源及其进入土壤的途径	源排放清单具有不完整性，分析结果存在不确定性，较难定量
	计算机成图法	应用 GIS 技术分析异常空间分布与污染源的关系，常用多元统计分析方法和地统计学软件 GS+ 相结合	源识别	重金属含量及其空间关系	使污染源分析结果空间化，反映污染源在空间上的变化	需大面积采样，工作量较大。无法对土壤多元体系进行辨析，无法对污染贡献定量
受体模型	元素比值法	利用多种元素判断不同源	源识别	重金属含量	简单易懂，检测简单	数据量大，必须明确污染源中两种以上元素浓度比值
	多元统计分析	包括主成分分析（PCA）、UNMIX 模型、聚类分析、判别分析、因子分析（FA）、多元线性回归法（MLR）等，利用统计软件分析	源识别/源解析	重金属含量等	能够较客观地判定污染源，不需要准确的源成分谱数据。UNMIX 模型可得到非负定量结果	数据量大，不是针对具体数据，而是对偏差进行处理，易使结果产生偏差
	化学质量平衡法	前提是从端元到土壤不发生消减，各类污染不发生反应。利用土壤化学成分构建线性方程，对不同来源污染贡献进行评价	源解析	重金属含量	所需数据少，应用广泛，方法成熟	主观性强，无法得到污染源对土壤的长期贡献
	正定矩阵因子分解法	用最小二乘法进行迭代运算，同时确定污染源谱和贡献，所有元素均为非负数约束条件下矩阵分解方法	源解析	重金属含量	结果非负，明确易解释，可优化数据质量	数据量大，一般与多元统计分析结合
	同位素示踪法	利用稳定同位素化学性质来判断重金属的行为	源解析	金属同位素比值	精确度高，样品量少，计算简单，辨识能力高，可分析迁移转化过程	实验仪器和条件较高，清洁程度要求较高，预处理以及测试花费高
	混合法	将成熟的单一方法混合分析	源解析	重金属含量等	可更加全面地进行数据分析，取长补短	数据量大，采样量多
人工智能模型	机器学习模型	数据驱动的源-汇关系定量解析	源解析	所有类型	智能快速捕捉重金属源-汇关系	数据量大

12.1.3 区域稻田土壤重金属污染源解析的稳定同位素示踪方法

1. 基本原理

同位素是一组具有相同数量质子和不同数量中子的核素，在元素周期表上占据相同的位置。同位素中子数量之间的差异，使得每种同位素表现出不同的质量和物理性质，利用这种特性，可以实现同位素的分离和分析，并应用于许多研究领域。自然界中存在的同位素有1000多种，根据其是否自发地产生放射性衰变，可分为放射性同位素和稳定同位素。稳定同位素组成是对某一元素不同稳定同位素相对丰度的表征，作为一种自然属性，存在于每一种物质中，即每种物质都有自己独特的稳定同位素组成“指纹”，因此可以通过不同物质这一特定的“标签”来区分混合物质的来源。

自然界中，氧化还原条件变化引起的地球化学反应，以及生物吸收利用和生物化学反应，会导致元素的稳定同位素组成发生变化，这种现象称为同位素分馏效应。在同位素分馏效应下，各物质特异的稳定同位素组成更加明显，更有利于解析各种生物地球化学过程。实际上，无论是否发生同位素分馏，受体物质的同位素组成，都可以被视为来自不同端元的同位素值的物理混合。也就是可利用不同来源物质和受体样品中特定的同位素组成，作为标志来判定污染物来源，再结合稳定同位素混合模型，计算不同污染端元对混合物的贡献率。因此，在不同污染端元稳定同位素组成存在显著差异的前提下，可对污染稻田土壤的稳定同位素组成进行测定，通过一系列方法和模型，实现对稻田土壤中重金属污染来源的定性及定量研究，即实现稻田土壤重金属污染源解析（图12.2）。

2. 常用的模型

源示踪是基于不同同位素特征端元的混合，如果所涉及的端元的同位素组成已知，并具有足够的差异，那么样品中不同来源物质的贡献，可以通过混合计算来量化。目前，金属元素的稳定同位素指纹示踪技术，在重金属污染源定性及定量分析中的应用已较成熟。一般来说，采用二元和三元模型进行定量研究相对较多，也有少数学者应用IsoSource模型和SIAR模型等进行研究。下面具体介绍几种较常用的定量模型。

1）二元模型

在最简单的情况下，如果已知污染稻田土壤重金属两个来源（比如自然源和人为源）的同位素组成，则可以使用最简单的二元模型，计算每个来源的贡献：

$$\delta_{\text{soil}} = \delta_{\text{A}} x_{\text{A}} + \delta_{\text{B}} x_{\text{B}} \tag{12.1}$$

$$1 = x_{\text{A}} + x_{\text{B}} \tag{12.2}$$

其中，其中δ_{A}、δ_{B}和x_{A}、x_{B}分别代表A、B两个污染端元的重金属同位素组成和贡献率，δ_{soil}代表污染土壤的重金属同位素比值。

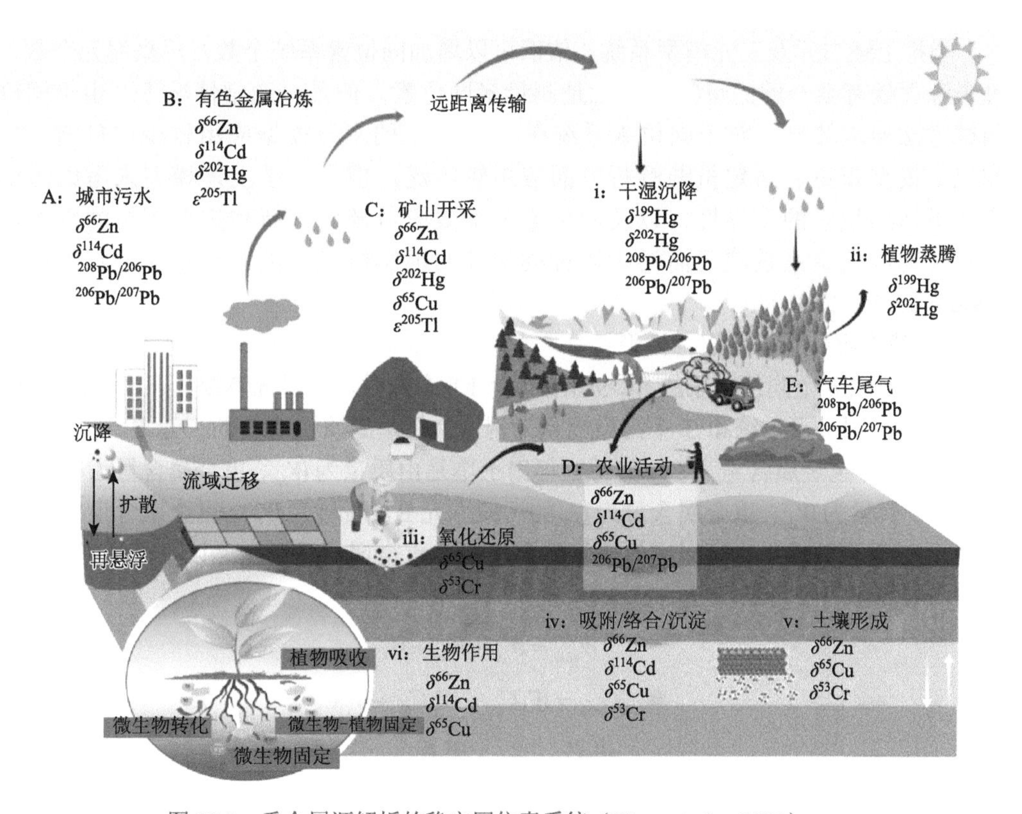

图 12.2　重金属源解析的稳定同位素系统（Wang et al.，2021）

重金属可通过大气远距离传输、流域迁移等方式在表生环境中迁移转化。稻田土壤中重金属的来源包括自然源和人为源，其中 A～E 主要指示不同人为活动导致的重金属稳定同位素变化；i～vi指示不同生物地球化学过程导致的重金属稳定同位素变化。

这种简单的二元模型一般无法得到多种人为源的准确贡献率，比如灌溉、施肥、交通尾气排放、采矿和冶炼等。在使用二元模型之前，可分别以目标重金属元素的含量，以及其与该元素的同位素比值绘图进行验证。如果二者存在密切的线性相关，可以假定确实只有两个来源；如果不是，则说明有更多的源，二元模型将不再适用。

2）三（多）元模型

上述最简单的二元模型可以认为是在 1 个同位素系统，确定 2 个污染源的情况下形成的解析模型。当需要用 n 个同位素系统和 $n+1$（$n>1$）个源时，类推上述二元模型系统仍然可以得到贡献率的唯一组合，例如，在 2 个同位素系统和 3 个污染源的情况下，即为三元模型：

$$\delta_1 = \delta_{1A}x_A + \delta_{1B}x_B + \delta_{1C}x_C \tag{12.3}$$

$$\delta_2 = \delta_{2A}x_A + \delta_{2B}x_B + \delta_{2C}x_C \tag{12.4}$$

$$1 = x_A + x_B + x_C \tag{12.5}$$

其中，δ_1 和 δ_2 分别代表污染土壤的两种重金属同位素比值，δ_{1A} 和 δ_{2A} 分别代表污染端元 A 的两种重金属同位素比值，δ_{1B} 和 δ_{2B} 分别代表污染端元 B 的两种重金属同位素比值，δ_{1C} 和 δ_{2C} 分别代表污染端元 C 的两种重金属同位素比值。

类推上述二元及三元模型系统，依旧可以增加同位素系统个数及污染端元个数，对每个源贡献有唯一解的可行方法就是测量多同位素。但是，通常情况下，由于同位素测试方法要求较高，对于同位素系统在 3 个以上的多元模型应用较少。目前，二元和三元模型在重金属定量源解析方面应用较广泛，但是由于上述模型未考虑污染源头和受体同位素的变异性，以及同位素分馏效应对源头判断和定量解析的影响，也没有考虑同位素系统缺乏而污染源种类繁多的现实情况，因此也存在一定的局限性（Wang et al.，2021）。

3）基于质量平衡的混合模型

当需要用 n 个同位素系统和 $>n+1$（$n>1$）个源时，有研究者提出了其他溯源模型。下面以 1 个同位素系统和 3 个污染端元为例，介绍基于质量平衡的三元混合模型。假设质量为 W_{soil}、重金属含量为 C_{soil} 的污染稻田土壤是由质量为 W_{A}、重金属含量为 C_{A} 的污染端元 A，质量为 W_{B}、重金属含量为 C_{B} 的污染端元 B，质量为 W_{C}、重金属含量为 C_{C} 的污染端元 C 混合而成，则可以通过土壤质量平衡、重金属质量平衡，以及同位素比值混合规律，计算出三个污染端元的贡献率：

$$W_{\text{soil}} = W_{\text{A}} + W_{\text{B}} + W_{\text{C}} \tag{12.6}$$

$$W_{\text{soil}}C_{\text{soil}} = W_{\text{A}}C_{\text{A}} + W_{\text{B}}C_{\text{B}} + W_{\text{C}}C_{\text{C}} \tag{12.7}$$

$$\delta_{\text{soil}} = \delta_{\text{A}}\frac{W_{\text{A}}C_{\text{A}}}{W_{\text{soil}}C_{\text{soil}}} + \delta_{\text{B}}\frac{W_{\text{B}}C_{\text{B}}}{W_{\text{soil}}C_{\text{soil}}} + \delta_{\text{C}}\frac{W_{\text{C}}C_{\text{C}}}{W_{\text{soil}}C_{\text{soil}}} \tag{12.8}$$

公式（12.6）～（12.8）可以表达为以下公式，三个未知数三个方程，仍然可以计算三个污染端元的唯一贡献率：

$$1 = \frac{x_{\text{A}}C_{\text{soil}}}{C_{\text{A}}} + \frac{x_{\text{B}}C_{\text{soil}}}{C_{\text{B}}} + \frac{x_{\text{C}}C_{\text{soil}}}{C_{\text{C}}} \tag{12.9}$$

$$1 = x_{\text{A}} + x_{\text{B}} + x_{\text{C}} \tag{12.10}$$

$$\delta_{\text{soil}} = \delta_{\text{A}}x_{\text{A}} + \delta_{\text{B}}x_{\text{B}} + \delta_{\text{C}}x_{\text{C}} \tag{12.11}$$

4）IsoSource 模型

以上介绍的所有模型均可获得唯一解，但是当污染端元数较多，可列出的公式个数比未知数多时，则无法得到唯一解，这种情况视为数学不确定的系统，IsoSource 模型可以计算不确定系统中每个污染端元的贡献。IsoSource 模型可以经过反复的运算，产生多种来源比例的组合。实际操作中，用户需要在 IsoSource 软件中输入源和混合物受体样品的同位素比值，以及所需的源增量和质量平衡公差，从而输出每个源的分布直方图和描述性统计信息，分析得到在误差允许范围内每个源的贡献率范围。该模型以二元、三元模型为基础，同样利用质量守恒原理，软件中的基本方程如下：

$$\delta_{\text{soil}} = \delta_1 x_1 + \delta_2 x_2 + \cdots + \delta_n x_n \tag{12.12}$$

$$1 = x_1 + x_2 + \cdots + x_n \tag{12.13}$$

IsoSource 模型可解决少同位素系统多污染源的情况，同时还考虑了同位素分馏效应对贡献率的影响。该模型为美国环境保护署推荐的开放获取源解析软件，如需了解有关此模型的更多信息，请参阅美国环境保护署文件（USEPA，2016，2017）。

5）贝叶斯混合模型（MixSIR/SIAR）

在未确定的系统中，随着混合模型中包含的潜在源数量的增加，任何一个源贡献的不确定性也会增加。使用 IsoSource 模型，可以根据任意用户定义的阈值产生一系列可行的解。但是 IsoSource 模型不能包含不确定性和变化性，虽然输出的结果指示了一系列可行的解决方案，但没有量化哪个方案的可能性最大。贝叶斯计算提供了规避上述限制的方法，在估计源对同位素混合物的贡献时，明确地考虑了同位素值的不确定性。根据混合物和来源同位素值的潜在不确定性，描述来源贡献估计的不确定性，以及多源造成的不确定性。Moore 和 Semmens（2008）和 Parnell 等（2010）在 IsoSource 模型的基础之上，采用贝叶斯分析方法分别提出 MixSIR（mixing using sampling-importance-resampling）模型和 SIAR（stable isotope analysis in R）模型，除了实现的拟合算法有较小差异之外，SIAR 在许多方面与 MixSIR 相似。相比 IsoSource 模型，SIAR 模型多考虑了源头和受体同位素的变异性，包含了多个可变性来源，可将源解析过程中的不确定性纳入其中，提高了解析结果的确定性。两个模型的本质差异是 SIAR 包含了 MixSIR 所缺少的整体残差项，SIAR 考虑了测试数据上的未知误差来源（Moore & Semmens，2008；Parnell et al.，2010）。实际操作中，MixSIR 是一个建立在 MATLAB 平台上的图形用户界面（GUI）程序，而 SIAR 需要借助 R 软件进行分析。

3. 应用

金属同位素地球化学的发展，在一定程度上依赖于质谱分析技术的发展。20 世纪发展起来的众多质谱技术中，热电离质谱法（thermal ionization mass spectrometry，TIMS）曾被认为是精确测定金属同位素比的唯一可靠方法。20 世纪 90 年代末，多接收电感耦合等离子体质谱法（multi-collector inductively coupled plasma mass spectrometry，MC-ICP-MS）成为金属同位素分析的新兴方法，已成为 21 世纪金属稳定同位素研究中最广泛采用的技术。在其他环境介质中，以稳定同位素为基础的污染源识别的成功尝试，可以为土壤金属源解析提供启发。目前，同位素指纹分析在稻田土壤重金属污染源解析方面的研究，主要集中在 Cd、Hg、Pb 等与工业活动密切相关的重金属元素上。

由于 Cd 同位素的变化主要受蒸发/凝结和生物活动两大过程控制，在煤燃烧和金属熔炼过程中，会发生可检测的同位素分馏，因此 Cd 同位素可作为煤炭或者冶炼等高温工业来源的有力指标。有研究者利用 Cd 同位素分析进行稻田土壤 Cd 污染溯源，发现我国江汉平原稻田土壤的 Cd 同位素组成，与冶炼厂粉尘和焚烧炉飞灰相似，说明冶炼和精炼等工业来源是该地区稻田土壤 Cd 的主要来源（Wang et al.，2019）。此外，Cd 同位素也可以指示稻田土壤中人类农业活动的影响。Salmanzadeh 等（2017）分析了某稻田 1959～2015 年所施用的化肥、土壤本身和端元的 Cd 同位素组成，并利用贝叶斯混合模型对混合端元进行了贡献率计算，结果表明，稻田土壤中的 Cd 约有 10%来自背景土壤，约 70%来自 2000 年前所施用的磷肥，17%来自 2000 年后所施用的磷肥。

Pb 在自然界中以四种同位素的形式存在：^{204}Pb（1.4%）、^{206}Pb（24.1%）、^{207}Pb（22.1%）

和 ^{208}Pb（52.4%），^{204}Pb 是大爆炸中唯一形成的原始稳定同位素，而 ^{206}Pb、^{207}Pb 和 ^{208}Pb 分别是 ^{238}U、^{235}U 和 ^{232}Th 的放射性衰变产物。利用 Pb 同位素进行污染物源示踪的研究起步较早，应用也较广泛。Liu 等（2019）在土壤-水稻体系中采用田间监测、Pb 同位素比值分析，以及 IsoSource 模型结合的手段，对土壤 Pb 来源进行定量解析，结果表明，稻田土壤中 Pb 的来源背景土壤占 20%～80%、化肥占 0%～42%、大气沉降占 16%～42%、灌溉水占 0%～28%。

与利用单一重金属稳定同位素对稻田土壤重金属溯源相比，采用多种重金属稳定同位素联合进行源解析的研究工作相对较少。Huang 等（2015）运用 Hg、Pb 同位素比值、GIS 和多元统计分析三种方法，进行城市边缘农业土壤重金属源解析研究，初步利用同位素比值关系图，定性地判断 Pb 和 Hg 污染源，然后利用 IsoSource 模型，定量地解析 6 种可能污染源的贡献率。Wen 等（2015）分析了中国典型 Pb-Zn 矿区的 Cd、Pb 同位素特征，并结合二元模型来追踪污染来源，发现周边土壤中 Cd、Pb 的污染主要来自采矿和精炼过程中排放的粉尘沉积。

总的来说，仅靠单一同位素解析稻田土壤重金属来源时，将面临巨大的挑战。第一，同位素变化几乎都是由分馏过程引起的，土壤中的吸附、溶解、氧化还原反应和生物过程等都会导致同位素分馏，使污染源同位素信号模糊，从而降低源解析结果的准确性。即使相关的理论和技术在不断完善，但是重金属迁移过程中的复杂环境，造成同位素分馏过程亦很复杂，故目前对于大多数重金属（如 Cu、Zn、Cd、Hg、Ti）同位素在环境中迁移的分馏机制仍然知之甚少。第二，即使排除同位素分馏造成的影响，依旧存在不同污染源的重金属同位素组成差异较小或差异不明显的情况，这就导致单一同位素不能很好地解决样品同位素值相似或重叠造成解析准确性差的问题，分析的结果往往存在主观性和不确定性。继续完善现有模型，尝试建立新的模型，实现对多个特定源的精确解析，将是未来研究的重点。

12.1.4 稻田土壤重金属污染源解析的机器学习集成模型

机器学习（machine learning，ML）是人工智能的一部分，属于计算科学领域，提供专门分析和解释数据的模式及结构，以达到无须人工交互就可以完成学习、推理和决策等行为的目的。这个概念第一次正式使用是在 1959 年，当时在 IBM 公司工作的程序员 Arthur Samuel，将机器学习描述成赋予未设定程序的计算机能力。但直到 1999 年，卡耐基梅隆大学机器学习系主任 Tom Mitchell 才给学习程序下了一个定义：如果一个计算机程序针对某类任务 T 的性能用 P 衡量，且根据经验 E 来自我完善，那么我们称此计算机程序在从经验 E 中学习，针对某类任务 T，它的性能用 P 来衡量。通过这种方式能够在一定程度上实现人工智能，如图像识别、语音识别及机器翻译等。在 20 世纪下半叶，机器学习逐渐发展为人工智能的一个子领域，如今，机器学习在我们的日常生活中起了越来越重要的作用。

机器学习有三大主要任务：监督学习、无监督学习和强化学习。从原理上来看，监督学习是从带有标记的训练数据中学习一个模型，通过该模型，我们可以对看不见的数据或未来的数据进行预测。监督学习的任务依据标签的类型可以分为两类，第一类是分类任务，其标签是离散的，代表每一组数据的类别，因此分类任务的目的是根据过去的观察，预测新实例的类别标签；第二类是回归任务，与分类任务不同的是，其标签是连续值，很难通过类别去解释，因此在回归分析中，我们的训练数据是许多预测变量（解释性变量）和连续响应变量（结果），目的是发现这些预测变量和响应变量之间的关系，从而预测结果。

在机器学习的监督学习算法中，目标是学习出一个稳定的且在各个方面表现都较好的模型。但实际情况往往不这么理想，有时只能得到多个有偏好的模型，即弱监督模型，仅在某些方面表现得比较好。集成学习就是组合多个弱监督模型，以期得到一个更好更全面的强监督模型。集成学习潜在的思路是即便某一个弱分类器得到了错误的预测，其他的弱分类器也可以将错误纠正。

集成方法是将几种机器学习技术组合成一个预测模型的元算法，以达到减小方差（如 bagging）、偏差（如 boosting）或改进预测（如 stacking）的效果。集成方法可分为序列集成方法和并行集成方法两类。序列集成方法是指参与训练的基础学习器按照顺序生成（如 AdaBoost），基本原理是利用基础学习器之间的依赖关系，通过对之前训练中错误标记的样本赋予较高的权重，以提高整体的预测效果。并行集成方法是指参与训练的基础学习器并行生成（如随机森林），基本原理是利用基础学习器之间的独立性，通过平均可以显著降低错误，常用的集成算法类型有随机森林、梯度提升和 XGboost 等。

由于土壤生态系统的多过程、多要素耦合的高度复杂性，如何有效地解析稻田土壤中重金属的迁移特性、空间分布及污染源，是土壤环境学领域面临的一个重要课题。利用人工智能和机器学习的方法和工具，来开展土壤重金属污染源解析，已成为一个重要的研究方向。针对稻田土壤重金属迁移特性分析、风险空间分布分析和源解析等方面，存在建模精度不高、预测和推广能力不强等缺点，采用机器学习集成模型，在定量评估农业土壤中多相态重金属污染的复杂来源方面具有优势。近年来，随机梯度提升（SGB）技术已成为预测数据挖掘最强大的方法之一（Hastie et al.，2009），该技术通过在迭代树构建中损失函数的梯度下降，最大程度地提高了模型的准确性（Friedman，2001）。尽管随机梯度提升模型很复杂，但其预测性能却优于大多数传统模型（Friedman，2006）。

随机梯度提升在解译生态和遥感数据的复杂空间格局方面的应用，近年来受到越来越多的关注（De'ath，2007；Lawrence et al.，2004）。迄今为止，尚未见随机梯度提升在环境科学中的应用。针对稻田土壤污染识别的精准性不高、科学性不足、全面性不够和数据共享难度大等问题，随机梯度提升在识别和归因区域农业土壤重金属的多源和多相污染研究中的应用，具有极大潜力，还可用于检验预测变量之间的交互作用，以提供可靠的变量选择。

基于集成的随机森林（RF）方法，被用作评估各种来源及其重要性的补充工具。在随机森林模型中，每个节点都使用在该节点上随机选择的一组最佳预测变量进行拆分。与包括判别分析、支持向量机和神经网络等在内的许多数据挖掘技术相比，随机森林对于过度拟合具有强大的抵抗力。因此，我们选取贵州省和广东省两个典型稻田土壤重金属污染区域开展研究，应用随机梯度提升和随机森林等先进机器学习方法，对其重金属污染的空间分布特征，以及污染源进行智能分析评估，为区域稻田土壤污染防治提供高效方法和技术手段。

12.2 区域稻田土壤重金属污染源解析的同位素示踪方法应用案例

本节主要介绍两个典型区域稻田土壤重金属污染源解析的具体案例，深入解析具有不同迁移介质环境条件的地质背景矿区周边农田土壤重金属的来源及迁移途径。一个是贵州典型 Pb-Zn 矿区周边稻田土壤 Zn 同位素污染源解析，通过定性地解释稻田土壤中 Zn 的采矿输入、农业输入和自然背景三个主要来源，进一步基于质量平衡的混合模型对矿区稻田土壤中 Zn 的这三个污染端元贡献率进行定量估计；第二个是广东北部某矿区周边稻田土壤 Zn 污染源解析，首先解析出该区域稻田土壤中 Zn 至少存在三个端元：采矿活动端元（AMD-沉淀）、农业活动端元（化肥）及成土母质，进而采用端元混合模型，对该矿区稻田土壤 Zn 端元贡献进行定量计算，实现源解析。

12.2.1 贵州典型 Pb-Zn 矿区周边稻田土壤 Zn 污染源解析

1. 研究区概况

研究区为贵州某典型 Pb-Zn 矿场，位于贵州南部都匀市以东约 30 km，地处典型的喀斯特地貌区域。西南喀斯特地区是我国典型的重金属异常富集地区，特异的地质演化过程，造成了其环境背景的脆弱，由于土壤的环境承载力低、稳定性差、灾害承受力弱，再加上采矿活动的影响，导致当地农业土壤重金属污染状况十分严重，对周边村民的身体健康构成巨大的威胁。

2. 样品采集与分析

根据当地实际情况，沿流经矿山的河流、对照河流（不流经矿山的支流）共布置 8 个采样点，采集稻田耕层土壤、河水（灌溉水）、沉积物样品；在矿区内，采集矿石、矿山废水、粉尘、尾矿样品；同时采集背景土壤、化肥及母岩样品。分析各样品的物理化学基本性质、结构组成、矿物组成、典型重金属含量及赋存形态，并以 Zn 为目标重金属，分析环境介质样品的 Zn 稳定同位素组成。

3. 稻田土壤 Zn 污染源解析

根据 Zn 含量和 δ^{66}Zn 的关系图（图 12.2），稻田土壤中 Zn 的来源可以定性地解释为三个直接污染端元，分别是尾矿、粉尘和背景土壤。长时间堆放的尾矿通过细粒物质的风散沉降，以及雨水浸出传输进入周边的稻田；粉尘主要是矿山活动产生的扬尘与空气中颗粒的混合物；自然背景来自成土母质。采用以下基于质量平衡的混合模型公式，对矿区稻田土壤中 Zn 的这三个污染端元贡献率进行计算：

$$Zn_{total} = x_A Zn_A + x_B Zn_B + Zn_C x_C \tag{12.14}$$

$$Zn_{total}\delta^{66}Zn = Zn_A\delta^{66}Zn_A x_A + Zn_B\delta^{66}Zn_B x_B + Zn_C\delta^{66}Zn_C x_C \tag{12.15}$$

$$1 = x_A + x_B + x_C \tag{12.16}$$

其中，A、B 和 C 分别代表尾矿、粉尘和背景土壤三个污染端元；x_A、x_B、x_C 为每个污染端元的贡献率，Zn_{total} 表示污染区域的锌同位素组成，Zn_A、Zn_B、Zn_C 分别表示三个污染端元的锌浓度。图 12.3 的结果显示，稻田土壤中背景土壤的贡献率最大，平均为 80%；粉尘的贡献是人为输入 Zn 中最大的，平均为 18.6%；越远离采矿区，尾矿输入的贡献越低。总的来说，在研究区进行稻田土壤重金属污染治理，关注由采矿活动造成的重金属污染的同时，不可忽视喀斯特地区高地质背景的影响。

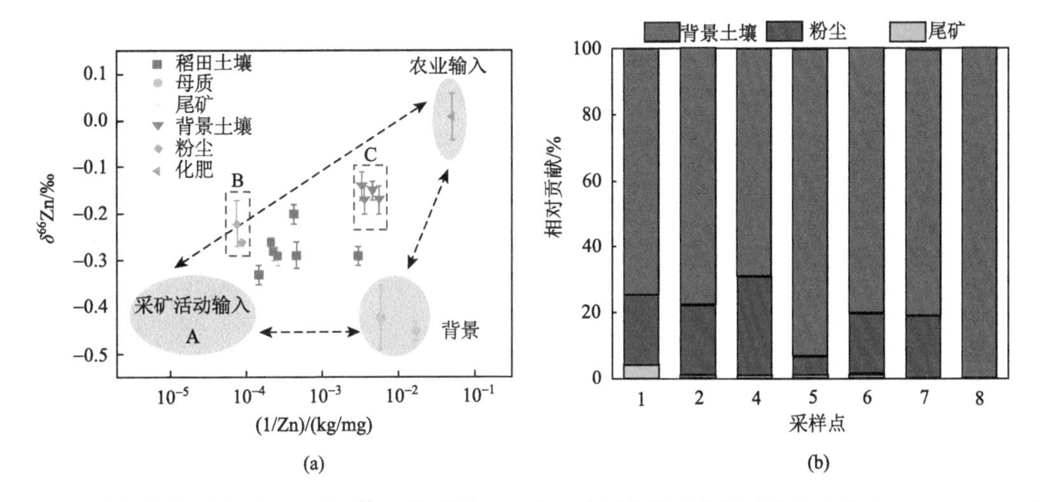

图 12.3　喀斯特典型矿区 1/Zn 和 δ^{66}Zn 关系图（a）和三个污染端元的相对贡献（b）（Xia et al., 2020）

12.2.2　广东北部某矿区周边稻田土壤 Zn 污染源解析

1. 研究区概况

研究区位于广东省北部某矿区。该矿区为大型多金属硫化物矿区，有着 40 多年的开采历史。由于该地区长期开采有色金属，产生了大量含重金属的酸性矿山废水（acid mine drainage，AMD），流入横石水河，造成了横石水河下游大面积稻田土壤重金属污染。广东省环保厅 2011 年发布的《广东典型区域土壤污染综合治理项目实施方案》显示，横石水河下游上坝村稻田土壤 Cd、Pb、Cu、Zn、As 含量，为对照土壤的 2.3～6.2 倍，稻米重金属总超标率 41.4%，对当地居民的身体健康造成严重威胁。

2. 样品分析

沿着横石水河共布置 13 个采样点，并在横石水河的一条未受矿区影响的支流布置一个对照点，每个采样点采集表层土壤、地表径流、沉积物样品。同时，选择河流的上游（TX）和下游（SL）两个采样点，采集剖面土壤样品（TX 剖面和 SL 剖面分别对应上下游）。此外，还采集矿石、AMD、酸性矿山废水沉淀（AMD-沉淀）作为矿区潜在端元；在下游上坝村收集母岩、大气干沉降及雨水作为潜在的自然端元，并收集当地施用的复合肥作为潜在的农业端元。

3. 源识别

根据 Zn 浓度和 δ^{66}Zn 的关系图（图 12.4），所有的污染稻田土壤均分布在酸性矿山废水沉淀（AMD-沉淀）及化肥的两端元混合线上，而未污染的稻田土壤分布在化肥和母岩的两端元混合线上。这表明该区域稻田土壤中 Zn 至少存在三个端元：采矿活动端元（AMD-沉淀）、农业活动端元（化肥）及成土母质。在污染稻田土壤中，成土母质的地球化学信号被采矿和农业活动所掩盖，显示出两端元的混合特征。

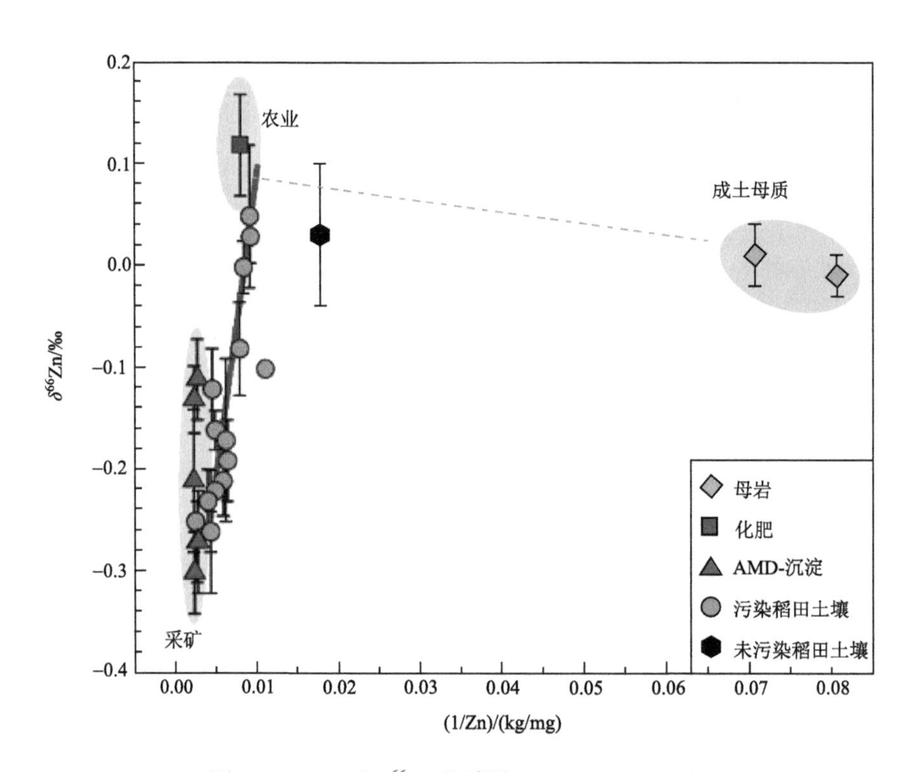

图 12.4　1/Zn 和 δ^{66}Zn 关系图（Xia et al.，2020）

4. 迁移过程识别

矿石与 AMD、AMD 与 AMD-沉淀之间的 Zn 同位素分馏特征，分别与硫化物矿物淋滤及 Zn 沉淀过程的同位素分馏特征相近，表明洗矿导致矿石中的 Zn 释放并进入矿山废水中，再进一步沉淀，进入 AMD-沉淀。结合矿物定量及分步提取结果，Zn 离子主要以与含铁矿物（黄钾铁矾、针铁矿）共沉淀的形式，进入 AMD-沉淀。Zn 从尾矿库中排放并进入周边环境后，以铁氧化物为主要载体在地表径流中迁移，最终进入稻田土壤中。

5. 来源定量

采用端元混合模型对该矿区稻田土壤 Zn 端元的贡献进行定量计算，所用公式如下：

$$\delta^{66}\mathrm{Zn}_{\mathrm{sample}} = f_{\mathrm{mining}}\delta^{66}\mathrm{Zn}_{\mathrm{mining}} + f_{\mathrm{agricultural}}\delta^{66}\mathrm{Zn}_{\mathrm{agricultural}} \tag{12.17}$$

$$1 = f_{\mathrm{mining}} + f_{\mathrm{agricultural}} \tag{12.18}$$

$\delta^{66}\mathrm{Zn}_{\mathrm{sample}}$、$\delta^{66}\mathrm{Zn}_{\mathrm{mining}}$ 和 $\delta^{66}\mathrm{Zn}_{\mathrm{agricultural}}$ 分别表示稻田土壤、采矿活动端元（AMD-沉淀）和农业活动端元（化肥）的 Zn 同位素组成，f_{mining} 和 $f_{\mathrm{agricultural}}$ 分别表示采矿活动端元和农业活动端元的贡献。结果表明，采矿活动是污染稻田土壤中 Zn 的主要来源，平均贡献可达 66.2%（图 12.5）；同时，采矿活动对稻田土壤 Zn 的贡献，还存在矿区上游比下游高、表层土壤比深层土壤高的空间分布特征。

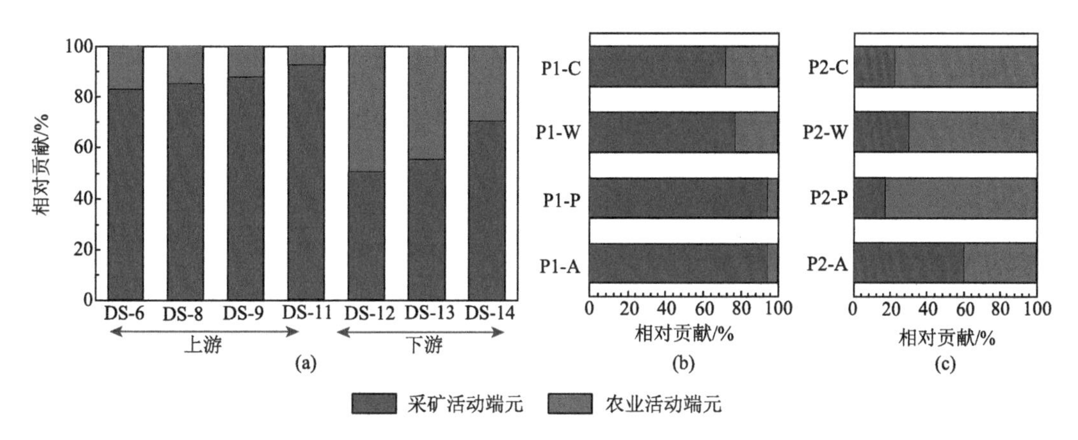

图 12.5 采矿活动端元和农业端元对水稻表层土（a），TX 剖面（b）和 SL 剖面（c）中 Zn 的相对贡献（Xia et al.，2020）

12.3 区域稻田土壤重金属污染源解析的机器学习集成模型应用

区域稻田土壤重金属污染源解析的机器学习集成模型很多，本节仅介绍随机梯度提升（SGB）和随机森林（RF）两个集成模型在识别与定量估计小尺度稻田土壤重金属污染源中的应用，主要聚焦多源和多相态重金属污染过程中的自然和人为输入，对重金属污染源进行定量评估，并概述基于机器学习集成模型进行稻田土壤重金属污染源解析的适用性。

12.3.1 研究区数据收集与准备

1. 样品采集及分析项目

研究区位于广东省北部，陆地面积为 $1.92\times10^2\ \mathrm{km}^2$。总共采集了 250 个样品，包括耕地 0～20 cm 土层土壤、灌溉水源河流水面以下 10～15 cm 水样和大气样品。按照 Hu 等（2013）的方法测定土壤中的重金属 Cd 和 Pb 含量，Reza 和 Singh（2010）的方法测试地表水中 Cd 和 Pb 的浓度，并采用火焰原子吸收光谱法（Perkin Elmer 1100）测定大气中的 Pb 和 Cd 含量。

2. 污染源数据预处理

选取 6 种类型的预测因子来评估土壤重金属的来源及其贡献，分别为：①背景值，表示自然来源；②大气源，包括大气中重金属的含量；③水源，包括河流水中重金属的含量；④城市化来源，包括人口密度和道路密度（指采样点周围道路的长度）；⑤农业来源，包括灌溉、肥料和杀虫剂；⑥与重金属排放量有关的工业来源，以每个采样点到释放 Pb 和 Cd 的三个主要工厂（冶炼厂 A、电厂 1 和冶炼厂 B）的距离来表示。道路分为公路和铁路，以每个采样点为中心创建了一个半径为 500 m 的缓冲区，并根据该缓冲区的道路图确定该区内的道路总长度。还根据该地区的土地利用图，计算池塘和沟渠的总面积（代表灌溉）及缓冲区内的矿区面积。数据处理在 ArcGIS 10.1 软件中进行。从统计年鉴和人口普查数据，获得人口密度、化肥和农药的施用情况。

12.3.2 模型构建

1. 随机梯度提升

袋装算法（bagging）（Soares et al.，1999）和自适应提升（boosting）（Bhuiyan et al.，2010）是两种常见的分类和回归方法。自适应提升方法结合了基于树方法的重要优势，可处理各种类型的预测变量，并能容纳缺失的数据和离群值，且无须强大的模型假设（De'ath，2007；Lawrence et al.，2004；Maloney et al.，2012）；还拟合了多个增强的回归树，克服了单树模型的最大缺点，即相对较差的预测性能（Moisen et al.，2006）。基于增强的随机梯度提升，仅应用训练数据中的一小部分，以提高计算速度和预测精度，同时还有助于避免数据过度拟合。

应用随机梯度提升建立自变量（土壤重金属污染源）和因变量（土壤重金属含量）之间的关系，随机梯度提升是以 boosting 和 bagging 为基础运行的（Friedman，2001，2002）。许多小回归树依据前一棵树的损失函数的梯度顺序构建，在每次迭代时，都会从数据集的随机子样本（选择而无须替换）中构建一棵树，从而逐步改进模型。在功能估计中，系统由随机的“响应”变量组成 y，以及一组随机的“解释”变量 $X=\{x_1,\cdots,x_n\}$，给定一个“训练”样本 $\{y_i,x_i\}_1^N$ 的 (y,x) 值，目标是找到一个函数 $F^*(x)$，使得 x 映射到 y，以便在所有 (y,x) 值的联合分布上，某些特定损失函数 $\Psi(y,F(x))$ 的期望值最小（图 12.6）。

$$F^*(x)=\arg\min_{F(x)} E_{y,x}\Psi(y,F(x)) \tag{12.19}$$

提升估计 $F^*(x)$ 使用“加法”扩展

$$F(x)=\sum_{m=0}^{M}\beta_m h(x;a_m) \tag{12.20}$$

通常选择一个参数为 $a=\{a_1, a_2, \cdots\}$的 x 简单函数 $h(x;a)$（基础学习器），扩张系数 $\{\beta m\}_0^M$ 和参数 a（Bhuiyan et al.，2010）以前向逐步的方式共同拟合训练数据。首先是设置初始值 $F_0(x)$，然后，对于 $m=1, 2, \cdots, M$（Friedman，2001）：

$$(\beta_m, a_m) = \arg\min_{\beta,a}\sum_{i=1}^{N}\Psi(y_i, F_{m-1}(x_i) + \beta h(x_i;a)) \tag{12.21}$$

和

$$F_m(x) = F_{m-1}(x) + \beta_m h(x;a_m) \tag{12.22}$$

梯度提升（Friedman，2002）近似求解任意损失函数的 $\Psi(y, F(x))$，分两个步骤进行：$h(x;a)$用最小二乘法拟合：

$$a_m = \arg\min_{a,\rho}\sum_{i=1}^{N}[\tilde{y}_{im} - \rho h(x_i;a)]^2 \tag{12.23}$$

当前的“伪”残差：

$$\tilde{y}_{im} = -\left[\frac{\partial\Psi(y_i, F(x_i))}{\partial F(x_i)}\right]_{F(x)=F_{m-1}(x)} \tag{12.24}$$

然后，给定 $h(x;am)$，系数 β_m 的最优值如下：

$$\beta_m = \arg\min_{\beta}\sum_{i=1}^{N}\Psi(y_i, F_{m-1}(x_i) + \beta h(x_i;a_m)) \tag{12.25}$$

该策略用式（12.23）中最小二乘法拟合的函数代替式（12.21）中一个潜在的函数优化问题，然后用一般损失准则 Ψ 优化了式（12.25）中的参数（Friedman，2006）。

梯度提升将这种方法专门用于基础学习器 $h(x;a)$是 L 终端节点回归树的情况，每迭代 m 次，回归树将 X 空间划分为 L 个不相交的局域 $\{R_{lm}\}_{l=1}^{L}$，并分别预测每个常数：

$$h\left(x;\{R_{lm}\}_l^L\right) = \sum_{l=1}^{L}\bar{y}_{lm} l(x \in R_{lm}) \tag{12.26}$$

这里 $\bar{y}_{lm} = \text{mean}xi \in R_{lm}(\bar{y}_{im})$ 是每个局域中式（12.24）的平均值 R_{tm}。该基础学习器的参数是拆分变量和定义树的相应拆分点，这些拆分点又定义了相应的局域第 m 次迭代时分区的大小。利用 $\{R_{lm}\}_{l=1}^{L}$ 回归树，可以在每个局域内分别求解式（12.25），R_{lm} 由相应的终端节点 1 定义的第 m 棵树。因为式（12.26）预测一个恒定值 $\bar{y}_{lm}$ 在每个局域内 R_{lm}，则将式（12.25）的解简化为基于准则的简单“位置”估计 Ψ：

$$\Upsilon_{lm} = \arg\min_{\Upsilon}\sum_{xi \in R_{lm}}\Psi(y_i, F_{m-1}(x_i) + \Upsilon) \tag{12.27}$$

式中，Υ 表示最小损失。当前近似值 $F_{m-1}(x)$然后分别在每个相应局域中进行更新：

$$F_m(x) = F_{m-1}(x) + \upsilon \cdot \Upsilon_{lm} l(x \in R_{lm}) \tag{12.28}$$

“收缩率”参数 $0 < \upsilon \leqslant 1$ 控制程序的学习率。根据经验，较小的值（$\upsilon \leqslant 0.1$）导致更低的泛化误差（Friedman，2002）。Breiman（1999）建议的随机梯度提升，则是将随机性纳入训练数据的子样本中，作为梯度提升程序的组成部分。

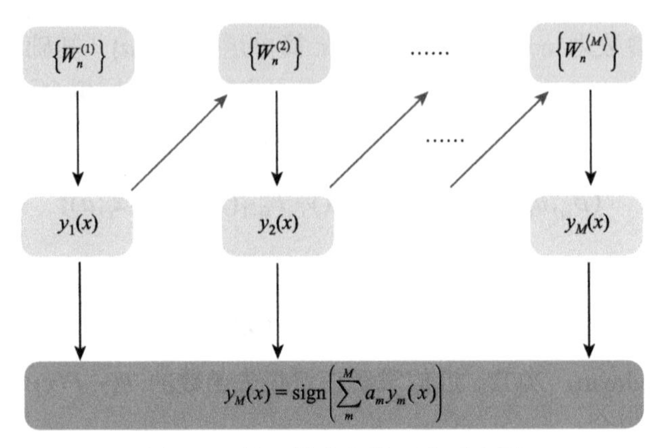

图 12.6　梯度提升分类/回归示意图

其基本原理是根据当前模型损失函数的负梯度信息来训练新加入的弱分类/回归器，然后将训练好的弱分类/回归器以累加的形式结合到现有模型中。

2. 随机森林

随机森林（RF）是一种包含了多个决策树的集成学习方法，并且输出的结果是由若干树输出类别的众数（分类）或平均数（回归）决定的（图 12.7）。Kam 于 1995 年首先提出，然后 Breiman 于 2001 年详细阐述了随机森林算法的原理和整个流程。

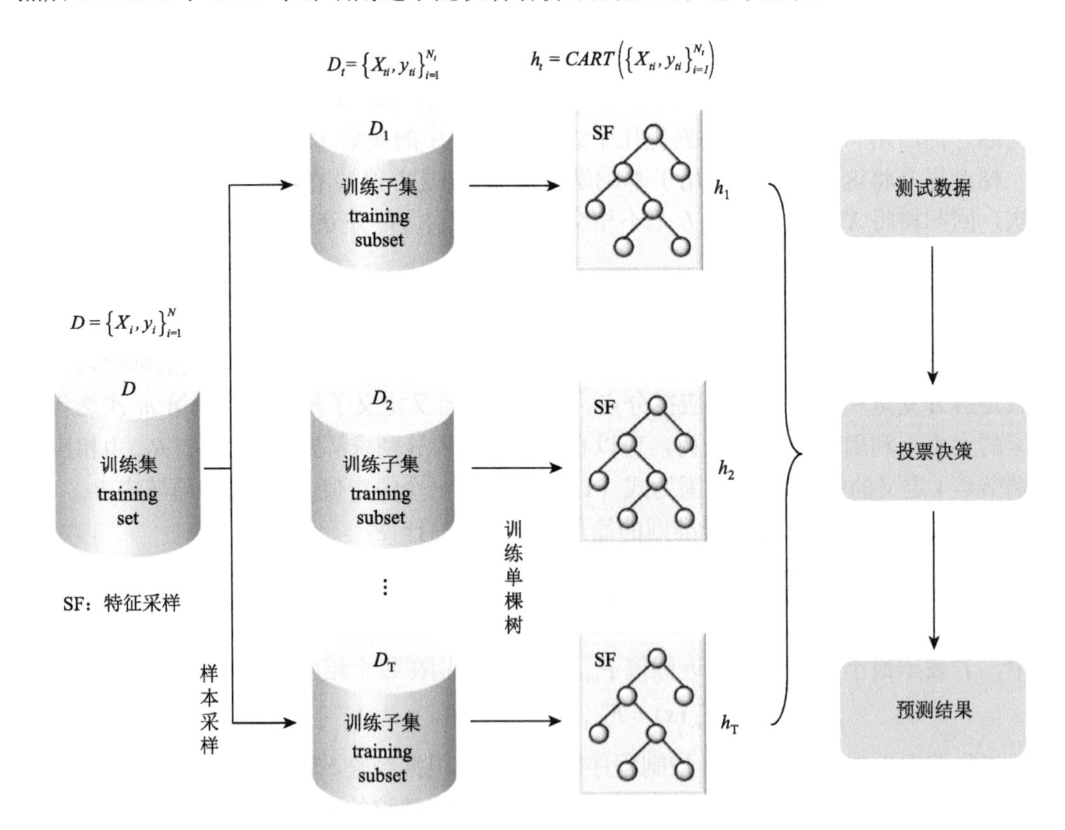

图 12.7　随机森林示意图

在决策树的基础上，将 bagging 的思想用到树的学习中。给定训练集 $X=\{x_1, x_2, \cdots, x_n\}$ 和目标 $Y=\{y_1, y_2, \cdots, y_n\}$，bagging 方法重复（$B$ 次）从训练集中有放回地进行采样，然后在这些样本上训练模型。

在训练结束之后，对未知样本 x 的预测，可以通过对 x 上所有单个回归树的预测求平均来实现，或是在分类任务中选择多数投票的类别。这种方法降低了方差，从而带来了更好的性能。换言之，即使单个树模型的预测对训练集的噪声非常敏感，但对于多个树模型，只要这些树不相关，这种情况就不会出现。简单地在同一个数据集上训练多个树模型，会产生强相关的树模型，甚至是完全相同的树模型。

随机森林与这个通用的方案只有一点不同，就是使用一种改进的学习算法，在学习过程中每次候选节点中选择特征的随机子集，这个过程有时又称为“特征 bagging”。这样做的原因是 bootstrap 抽样会导致树的相关性，如果有一些特征预测目标值的能力很强，那么这些特征就会被许多树所选择，从而导致树的强相关性。基于集成模型的稻田土壤重金属污染源解析流程参见图 12.8。

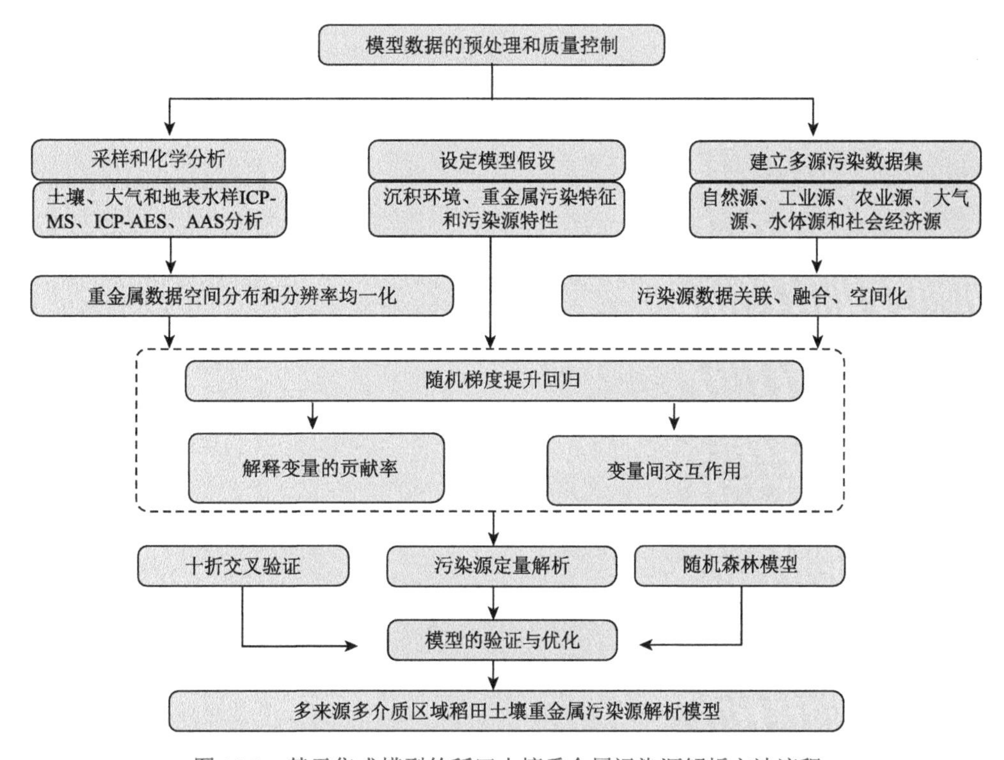

图 12.8　基于集成模型的稻田土壤重金属污染源解析方法流程

3. 污染源定量估计

我们计算了随机梯度提升和随机森林中每个预测变量的重要性，以获取土壤重金属来源的贡献。预测变量的重要性被进一步标准化，以使它们总计为 100%，然后可以将获得的重要性用于选择变量，采用偏相关图和三维交互图可视化模型解译，随机梯度提升在 R 软件环境中实现。

有关随机梯度提升模型拟合选项需适当设置准则，模型拟合设置如下：使用重金属含量作为因变量，将泊松分布应用于模型，并设置相互作用深度，该相互作用深度控制树中的节点数，从而最大可能地相互作用。在 5 个节点中，bagging 分数控制为计算每棵树，而随机选择的训练数据的分数，对于这些分析将其设置为 0.5，收缩率（设置为 0.005）控制算法的学习速度，训练分数保留其默认值 1.0，并且采用袋外（OOB）方法确定最优的 boosting 迭代次数。

为了评估重金属来源的贡献，在随机森林中使用土壤重金属含量作为因变量，来计算土壤重金属污染源的重要性。随机森林是一组决策树，每棵树都在生长，同时通过套袋对从训练集获得的样本进行训练，而无须在每个节点上使用随机分割选择替换，并拟合生成的样本。基尼系数对回归森林的重要性，是 CART 树和随机森林中，众所周知的一个常用的变量重要性度量方法。然而，由于在选择分裂变量时存在不纯度的偏倚，得到的变量重要性指标当然也存在偏倚（Shih & Tsai，2004；Strobl et al.，2007）。为此，许多学者采用 Breiman（2002）提出的降低依序均方误差，作为变量重要性评估的最新方法（Díaz-Uriarte & de Andrés，2006；Genuer et al.，2008；Hemant，2007）。因此，此处也采用这种基于置换的“MSE 降低”，作为随机森林重要性测度指标。所有变量重要性指标均经过标准化，总计为 100%。随机森林也在 R 软件环境中实现。

4. 模型验证和优化

模型验证基于十折交叉验证的十次拟合，在每次测试中，通过计算受试者工作特征（ROC）方法曲线下面积（AUC），来测试测量值与预测值之间的一致性；然后将 AUC 平均（Fielding & Bell，1997）。偏差百分比解释模型拟合数据的程度，用残差偏差/总偏差（Mateo & Hanselman，2014）来计算偏差百分比（Pseudo-R^2），用 Pseudo-R^2 比较随机梯度提升和随机森林模型的预测表现性。

12.3.3 广东省某镇农业土壤重金属污染源解析结果

1. 土壤重金属含量的描述统计

某镇农业土壤中的重金属有多个来源，包括自然背景、采矿、冶炼活动、大气沉降、农药、水流以及社会经济活动等。由于不能仅通过含量测量来评估 Pb 和 Cd 的来源贡献，在重金属污染密集点与工业中心明显重叠的情况下，利用空气、土壤和地表水中 Pb 和 Cd 的空间分布图，可揭示重金属潜在的来源。因此，本案例采用随机梯度提升和随机森林分析方法，对土壤中重金属的来源进行了估算。

2. 土壤铅污染源定量估计

表 12.2 显示了研究区土壤污染风险评价结果，表明冶炼厂 A 和 B 存在极高土壤重金属 Pb 和 Zn 污染风险。图 12.9a 显示了土壤 Pb 含量的随机梯度提升和随机森林模型中各个预测变量的重要性，以及在考虑所有其他协变量之后，偏相关估计预测变量对建模响

应的影响。总体而言，随机梯度提升模型的解释偏差（Pseudo-R^2）为 74.3%，随机森林模型对土壤 Pb 的解释度为 49.3%，说明随机梯度提升模型优于随机森林模型。随机梯度提升模型的结果表明：①距冶炼厂 A、电厂 1 和冶炼厂 B 的距离，以及 Pb 背景值是最重要的预测变量，它们的贡献分别为 21.6%、20.5%、19.9%和 9.6%；②在所有的预测变量中，距冶炼厂 A 的距离贡献最大；③水中 Pb 浓度被列为最不重要的变量（1.7%），其次是大气中 Pb 浓度（3.1%）和化肥使用（2.8%）（图 12.9a）。显然，人为输入比自然输入贡献了更多的土壤铅污染。

表 12.2 研究区土壤污染风险评价

土壤重金属风险指数	冶炼厂 A 风险值	冶炼厂 B 风险值
P_Nemerow	11.92	8.74
P_Zn	12.46	11.46
P_Pb	11.35	8.69
P_Ni	1.82	1.84
P_Fe	0.82	0.94
P_Mn	1.40	1.58
P_Cr	1.09	1.44
P_Al	0.29	0.39
P_Cu	15.88	10.76

距电厂 1 和距冶炼厂 B 的距离与土壤铅含量的变化具有相似的函数关系。在距电厂 1 采样点的 9.5 km 范围内，距电厂 1 的距离与土壤铅含量之间没有明显相关性；当距电厂 1 的距离在 9.5～10 km 时，土壤 Pb 含量随距离的增加而降低；当距离增加到 14 km 时，土壤 Pb 含量保持稳定；在 14～14.5 km 的距离上，土壤 Pb 含量与距电厂 1 的距离之间存在很强的正相关关系。

采样点与冶炼厂 B 的距离与土壤铅含量成反比，临界阈值为 3 km。随着采样点与冶炼厂 A 之间距离的增加，在 6 km 内土壤铅含量增加，大于 6 km 时这种相关性即消失。

随机森林模型的结果与从随机梯度提升模型获得的结果一致。对于随机森林模型，研究发现：①距电厂 1、冶炼厂 A 和冶炼厂 B 的距离以及背景值是最重要的预测变量，对 Pb 污染的贡献率分别为 18.1%、17.4%、16.0%和 11.5%；②水中 Pb 浓度是影响土壤 Pb 含量最不重要的变量。

3D 交互作用可以显示土壤 Pb 含量与六对最相关的预测变量之间的非线性关系。根据对变量的相关系数，两个对变量（背景值和距电厂 1 的距离，大气中 Pb 浓度和距电厂 1 的距离）对土壤铅含量的影响相似，并且以相似的方式影响 200 mg/kg 以下 Pb 含量的土壤。对变量的影响表明了复杂的相互作用结构，包括距电厂 1 的距离和距冶炼厂 B 的距离、道路密度和距电厂 1 的距离，以及距电厂 1 的距离和距冶炼厂 B 的距离。当土壤铅含量在 600 mg/kg 范围内时，距冶炼厂 B 的距离和距冶炼厂 A 的距离，对土壤铅含量的影响最大，这些交互作用有助于对随机梯度提升模型及其潜在影响有更好的理解。

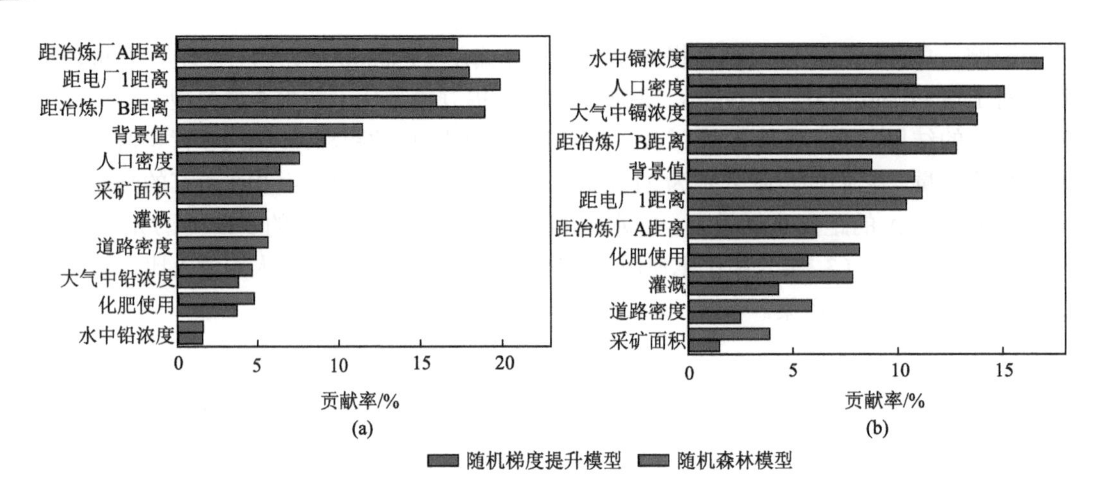

图 12.9　基于随机梯度提升和随机森林模型的土壤 Pb（a）和 Cd（b）的污染源定量估计

3. 土壤镉污染源定量估计

图 12.9b 显示了土壤 Cd 含量的随机梯度提升和随机森林模型预测变量的重要性。与 Pb 相似，我们选择了六对最相关的预测变量，以估算两个变量相互作用对土壤 Cd 含量的影响。对于土壤 Cd，Pseudo-R^2 对于随机梯度提升模型为 66.8%，对于随机森林模型为 56.5%，显然，随机梯度提升模型更优。主要结果显示：①水中 Cd 浓度、人口密度、大气中 Cd 浓度、距冶炼厂 B 的距离、背景值和距电厂 1 的距离，是最重要的预测变量，分别对土壤 Cd 含量贡献 17.3%、14.3%、13.0%、12.4%、10.7%和 10.3%；②土壤 Cd 含量随人口密度的增加而升高，但当人口密度大于 3×10^5 人/km^2 时，这种相关性即消失；③随着采样点与电厂 1 之间的距离增加 3 km，土壤 Cd 含量降低，表明土壤 Cd 含量与水和大气中 Cd 呈正相关；土壤 Cd 含量低于 0.3 mg/kg，可能归因于空气，低于 4.8 mg/kg 可能与水有关。对于随机森林模型，大气镉浓度、水中镉浓度、距电厂 1 的距离、人口密度和背景值，对土壤 Cd 的影响最大，分别对土壤 Cd 含量贡献 13.7%、11.2%、11.1%、10.9%和 83%。

土壤 Cd 含量与六对最相关的预测因子之间存在非线性和复杂的关系。变量的相关系数表明，距冶炼厂 A 的距离和距电厂 1 的距离对土壤中 Cd 的影响最大，影响范围为 1.0～2.8 mg/kg。水中 Cd 浓度与距冶炼厂 A 距离的交互作用，对土壤 Cd 含量的影响范围在 1.7～2.7 mg/kg。这些类型的相互作用有助于阐明源与重金属污染之间的潜在关系，并且可能是随机梯度提升方法（尤其在此应用中）具有明显优势的原因。

4. 模型验证

该案例基于集成的方法框架，估算了小尺度土壤重金属的污染源，该框架称为随机梯度提升方法，旨在作为聚类分析和人工神经网络等常规方法的有力替代方法。通过应用梯度下降算法，随机梯度提升分析允许模型的参数在函数空间中变化，并且与传统的多变量分析相比，对于每个单独的预测变量或组合而言，与土壤重金属之间的联系都更加有力。随机梯度提升用于提高预测能力并解决评估重金属来源的两个问题：确定来源

（选择最有用的协变量子集）和评估各个来源的重要性（计算选择变量进行拆分的次数）。该分析并非旨在证明其他方法的预测不可能是正确的，而是试图对问题进行构架，以说明从理论角度来看预测是微弱的，并且不可避免地无法如现实世界中预期的那样发挥作用。此外，越来越多研究人员有共识，认为人为来源在确定土壤重金属方面比自然来源更为重要，随机梯度提升方法预测真实环境比其他方法更可靠（Kabata-Pendias，2000；Micó et al.，2006；Wong et al.，2002；Zhang et al.，2008）。我们的研究结果也显示：①人为来源对研究区域土壤铅和镉含量的贡献最大（分别为 90.4%和 87.6%）；②冶金行业对土壤铅和镉含量分别贡献 68.1%和 32.2%；③自然来源对铅的贡献为 9.6%，对镉的贡献为 12.4%（图 12.9）。在相对较小的尺度内，环境条件的变化足以对土壤重金属含量，以及源-汇关系产生非常大的影响。这些影响能够被集成机器学习模型捕获，并采用严格的样本外测试，对模型进行验证和优化。

5. 模型适用性

在小尺度上，大气和水对土壤重金属的影响往往很显著（Donisa et al.，2000；Zhou et al.，2007），因为很少有外部来源决定土壤重金属含量，主要是本地水体和大气重金属含量决定土壤重金属污染状况。总体看来，研究区域土壤中铅和镉的实际来源似乎来自混合污染源，这与同位素方法所获得的结果一致（Guan et al.，2014）。有效地探索污染源信息，以及对这些来源的重金属所带来的健康风险评估，需要强大的解析方法。土壤重金属污染源的合适建模方法取决于研究尺度，其中，随机梯度提升模型为小尺度的污染源精准智能识别，以经济高效的方式帮助决策者进行土壤环境管理，为保护公众和生态系统的健康提供了一种有效的定量解析方法。

土壤中重金属污染的多来源和多相态特点，使得不同污染源的识别与归因面临极大的挑战。例如，某镇农业土壤遭受重金属严重污染（13.2%的铅和 34.8%的镉样品超过了国家土壤环境质量标准），6 种污染源对土壤中铅、镉的贡献中，背景值分别为 9.6%和 12.4%，大气源分别为 3.1%和 13.0%，水体分别为 1.7%和 17.3%，城市化分别为 10.1%和 20.0%，农业分别为 7.4%和 11.7%，工业分别为 68.1%和 32.2%。大气和水源对土壤中 Cd 的总贡献率为 30.3%（图 12.9）。可见，当污染源复杂交互影响土壤环境时，集成模型，尤其是随机梯度提升模型，在定量识别多个污染源时，可以获得良好的结果。防控水和空气的污染是系统性土壤污染防控的组成部分，前人的研究也证实了以下结论：水和空气的污染防控是土壤污染阻控最佳的途径（Järup，2003；Kabata-Pendias，2000；Lone et al.，2008）。

12.4　展　　望

金属稳定同位素分馏可以提供金属来源的信息，并已成功地应用于土壤中重金属来源的定量或定性解析。然而，该领域仍然存在一些挑战。首先，金属稳定同位素前处理和测试方法复杂，离子交换等高质量预处理是准确测定金属同位素的前提，而高精度分析方法（MC-ICP-MS 或 TIMS）耗时且昂贵，这无疑阻碍了金属稳定同位素方法在稻田土壤重金属源解析中的广泛应用。因此，未来的研究应寻求更高效的样品纯化方法，探索传统 ICP-QMS 在质量偏置校正方法下快速用于金属同位素检测的可行性。其次，单一金属稳定同位素示踪技术在多来源的定量解析时具有一定局限性，因此，有必要针对稻田土壤重金属污染特征，基于重金属元素的地球化学性质和行为差异，构建多金属稳定同位素示踪体系，并结合多元混合模型，以实现多源复合污染土壤中重金属污染源的定量解析。最后，大部分金属元素的稳定同位素分馏受地表环境中生物地球化学反应影响较大，在区域迁移过程中重金属生物地球化学反应造成的同位素分馏，会极大影响末端土壤受体中同位素组成的来源解析，造成源解析的偏差。在未来，需进一步建立镓、铅等受生物地球化学反应影响较小的重金属元素污染的辅助性同位素源解析方法，以提升污染源定量化解析的精确性。

集成模型在确定小尺度农业土壤多源和多相态重金属污染方面具有鲁棒性和泛化性，是定量估计土壤重金属来源的合理选择。区域土壤重金属累积过程的空间异质性影响土壤地球化学过程和生态系统的结构和功能，而且土壤源-汇过程的空间变化具有复杂的非线性多过程和多要素的耦合特征，随机梯度提升模型提供了一个强大的工具，以高预测精度深入剖析土壤重金属及其源之间的复杂关系，对小尺度农业土壤中的多源、多相态重金属污染源解析具有良好的效果。未来的研究需考虑更广泛类型的预测变量，如不同行业的重金属排放、交通排放和不同土地利用和管理方式的影响；还需要进一步探讨不同工业来源影响土壤重金属累积的过程。另外，未来可将稳定同位素方法和更多表现优秀的机器学习集成模型结合建立更加精准、智能和泛化的区域土壤重金属污染源定量解析方法体系。

参 考 文 献

Bhuiyan M A H，Parvez L，Islam M A，et al.，2010. Heavy metal pollution of coal mine-affected agricultural soils in the northern part of Bangladesh[J]. Journal of Hazardous Materials，173：384-392.

Breiman L，1999. Using adaptive bagging to debias regressions[R]. Technical Report 547，Statistics Dept. UCB.

Breiman L，2002. Manual on setting up，using，and understanding random forests v3.1[EB/OL]. https://www.docin.com/p-810812167.html.

De'ath G，2007. Boosted trees for ecological modeling and prediction[J]. Ecology，88：243-251.

Díaz-Uriarte R，de Andrés S A，2006. Gene selection and classification of microarray data using random forest[J]. BMC Bioinformatics，7：3.

Donisa C，Mocanu R，Steinnes E，et al.，2000. Heavy metal pollution by atmospheric transport in natural soils from the northern part of eastern Carpathians[J]. Water，Air，and Soil Pollution，120：347-358.

Facchinelli A，Sacchi E，Mallen L，2001. Multivariate statistical and GIS-based approach to identify heavy metal sources in soils[J]. Environmental Pollution，114：313-324.

Fielding A H，Bell J F，1997. A review of methods for the assessment of prediction errors in conservation presence/absence models[J]. Environmental Conservation，24：38-49.

Fragkos C，Rosenbaum M S，Ramsey M H，et al.，1998. GIS techniques for mapping and evaluating sources and distribution of heavy metal contaminants[J]. Geological Society，London，Engineering Geology Special Publications，15：365.

Friedman J H，2001. Greedy function approximation：A gradient boosting machine[J]. The Annals of Statistics，29：1189-1232.

Friedman J H，2002. Stochastic gradient boosting[J]. Computational Statistics & Data Analysis，38：367-378.

Friedman J H，2006. Recent advances in predictive（machine）learning[J]. Journal of Classification，23：175-197.

Genuer R，Poggi J M，Tuleau C J A E P，2008. Random Forests：Some Methodological Insights[M]. Île-de-France：Centre de recherche INRIA Saclay.

Guan Y，Shao C，Ju M，2014. Heavy metal contamination assessment and partition for industrial and mining gathering areas[J]. International Journal of Environmental Research and Public Health，11：7286-7303.

Han Y M，Du P X，Cao J J，et al.，2006. Multivariate analysis of heavy metal contamination in urban dusts of Xi'an，central China[J]. Science of the Total Environment，355：176-186.

Hastie T，Tibshirani R，Friedman J H，et al.，2009. The Elements of Statistical Learning：Data Mining，Inference，and Prediction[M]. Berlin：Springer.

Hemant I，2007. Variable importance in binary regression trees and forests[J]. Electronic Journal of Statistics，1：519-537.

Hu Y，Liu X，Bai J，et al.，2013. Assessing heavy metal pollution in the surface soils of a region that had undergone three decades of intense industrialization and urbanization[J]. Environmental Science and Pollution Research，20：6150-6159.

Huang Y，Li T Q，Wu C X，et al.，2015. An integrated approach to assess heavy metal source apportionment in peri-urban agricultural soils[J]. Journal of Hazardous Materials，299：540-549.

Järup L，2003. Hazards of heavy metal contamination[J]. British Medical Bulletin，68：167-182.

Kabata-Pendias A，2000. Trace Elements in Soils and Plants [M]. Boca Raton：CRC Press.

Lawrence R，Bunn A，Powell S，et al.，2004. Classification of remotely sensed imagery using stochastic gradient boosting as a refinement of classification tree analysis[J]. Remote Sensing of Environment，90：331-336.

Lin Y P，Cheng B Y，Shyu G S，et al.，2010. Combining a finite mixture distribution model with indicator kriging to delineate and map the spatial patterns of soil heavy metal pollution in Chunghua County，central Taiwan[J]. Environmental Pollution，158：235-244.

Liu J，Wang D Q，Song B，et al.，2019. Source apportionment of Pb in a rice-soil system using field monitoring and isotope composition analysis[J]. Journal of Geochemical Exploration，204：83-89.

Lone M I，He Z L，Stoffella P J，et al.，2008. Phytoremediation of heavy metal polluted soils and water：Progresses and perspectives[J]. Journal of Zhejiang University Science B，9：210-220.

Maloney B，Sambamurti K，Zawia N，et al.，2012. Applying epigenetics to alzheimer's disease via the Latent Early-Life Associated Regulation（LEARn）model[J]. Current Alzheimer Research，9：589-599.

Mateo I，Hanselman D H A，2014. Comparison of statistical methods to standardize catch-per-unit-effort of the Alaska longline sablefish fishery[C]. US Department of Commerce，National Oceanic and Atmospheric Administration.

Micó C，Recatalá L，Peris M，et al.，2006. Assessing heavy metal sources in agricultural soils of an European Mediterranean area by multivariate analysis[J]. Chemosphere，65：863-872.

Moisen G G，Freeman E A，Blackard J A，et al.，2006. Predicting tree species presence and basal area in Utah：A comparison of stochastic gradient boosting，generalized additive models，and tree-based methods[J]. Ecological Modelling，199：176-187.

Moore J W，Semmens B X，2008. Incorporating uncertainty and prior information into stable isotope mixing models[J]. Ecology Letters，11：470-480.

Parnell A C，Inger R，Bearhop S，et al.，2010. Source partitioning using stable isotopes：Coping with too much variation[J]. PLoS One，5（3）：e9672.

Qishlaqi A，Moore F，2007. Statistical analysis of accumulation and sources of heavy metals occurrence in agricultural soils of khoshk river banks，Shiraz，Iran[J]. American-Eurasian Journal of Agricultural & Environmental Sciences，2（5）：565-573.

Reza R，Singh G，2010. Heavy metal contamination and its indexing approach for river water[J]. International Journal of Environmental Science & Technology，7：785-792.

Salmanzadeh M，Hartland A，Stirling C H，et al.，2017. Isotope tracing of long-term cadmium fluxes in an agricultural soil[J]. Environmental Science & Technology，51：7369-7377.

Shih Y S，Tsai H W，2004. Variable selection bias in regression trees with constant fits[J]. Computational Statistics & Data Analysis，

45：595-607.

Soares H M V M，Boaventura R A R，Machado A A S C，et al.，1999. Sediments as monitors of heavy metal contamination in the Ave river basin（Portugal）：Multivariate analysis of data[J]. Environmental Pollution，105：311-323.

Strobl C，Boulesteix A L，Zeileis A，et al.，2007. Bias in random forest variable importance measures：Illustrations，sources and a solution[J]. BMC Bioinformatics，8：25.

USEPA，2016. Post-processing IsoSource Results. United States Environmental Protection Agency（Retrieved from）[Z]. United States Environmental Protection Agency.

USEPA，2017. Stable Isotope Mixing Models for Estimating Source Proportions（Retrieved from）[Z]. United States Environmental Protection Agency.

Wang L，Jin Y，Weiss D J，et al.，2021. Possible application of stable isotope compositions for the identification of metal sources in soil[J]. Journal of Hazard Materials，407：124812.

Wang P C，Li Z G，Liu J L，et al.，2019. Apportionment of sources of heavy metals to agricultural soils using isotope fingerprints and multivariate statistical analyses[J]. Environmental Pollution，249：208-216.

Wen H J，Zhang Y X，Cloquet C，et al.，2015. Tracing sources of pollution in soils from the Jinding Pb-Zn mining district in China using cadmium and lead isotopes[J]. Applied Geochemistry，52：147-154.

Wong S C，Li X D，Zhang G，et al.，2002. Heavy metals in agricultural soils of the Pearl River Delta，South China[J]. Environmental Pollution，119：33-44.

Xia Y，Gao T，Liu Y，et al.，2020. Zinc isotope revealing zinc's sources and transport processes in karst region[J]. Science of the Total Environment，724：138191.

Zhang X Y，Lin F F，Wong M T F，et al.，2008. Identification of soil heavy metal sources from anthropogenic activities and pollution assessment of Fuyang County，China[J]. Environmental Monitoring and Assessment，154：439.

Zhou J M，Dang Z，Cai M F，et al.，2007. Soil heavy metal pollution around the Dabaoshan Mine，Guangdong Province，China[J]. Pedosphere，17：588-594.

第13章

稻田土壤重金属污染治理工程化实践

稻田土壤重金属污染治理是一项复杂的系统性工程，涵盖了前期调查、风险分级、单元划分、方案设计、工程实施、环境监理、效果评估与验收等在内的多项任务。重金属污染分类分区治理，是实现稻田土壤污染防治与可持续利用的有效措施，借助科学方法划分土壤重金属治理单元，结合土壤污染类别、污染水平、农产品质量等级和区域环境要素，将稻田划分为优先保护、安全利用和严格管控三个类别。利用“一地一单元一策”的污染治理思路，通过技术比选与方案编制，制定基于治理单元的风险管控与修复方案，因地制宜地开展土壤污染治理。本章首先归纳分析了稻田土壤重金属污染治理技术发展趋势及挑战，然后提出稻田土壤重金属污染治理的总体技术方案，最后选取南方某地 1 万亩重金属污染稻田土壤治理工程进行案例分析，总结提炼稻田土壤重金属污染分类治理技术要求与工程实践经验。基于分类分级的理念与三重阻控的技术原理对稻田土壤重金属污染进行治理。

13.1 稻田土壤重金属污染治理技术发展趋势及挑战

农用地土壤重金属污染治理是我国土壤污染防治攻坚战的重点，而稻田土壤重金属污染治理是其中的难点。根据治理技术应用场景的不同，稻田土壤重金属污染治理策略可大致分为两类：第一，以土壤重金属含量达标为目的的修复技术，主要有客土、深翻等物理修复，化学淋洗，植物提取等生物修复，旨在使土壤中重金属含量降低至筛选值以下；第二，以可食用农产品质量达标为目的的安全利用技术，不以消减土壤重金属总量为首要目标，而是保障农产品质量，降低重金属活性，主要包括钝化调理、生理阻隔、农艺调控、三重阻控等技术。

13.1.1 重金属污染土壤修复技术

1. 物理修复

客土、深翻等物理方法是以洁净土壤覆盖或置换污染土壤，从而降低土壤中重金属含量，减少植物根系吸收，保障农产品质量安全。客土技术分为覆盖式、排土式、回填式、深翻式等不同类型，主要工艺流程包括：测量放线、设备入场、污染土剥离与运载、下层开挖、污染土回填、清洁土回填、土地平整、土壤改良与验收交付。客土施工时剥离层的深度不能小于 20 cm，下层开挖深度在 20～50 cm。根据工程客土需求量及取土场地环境，筛选适宜的取土场地，通常选择运输距离较近、交通条件较好，且与修复区域土壤性质相似的土源作为取土场地。与此同时，客土回填需考虑耕作的需求，宜选用质地较好、未污染，且不含石块、石砾、瓦片等异物的土壤，然后，通过种植先锋豆科作物肥田，施用氮磷钾肥及有机肥等，快速改良培肥土壤，达到耕地质量要求。

2. 化学淋洗

化学淋洗技术是通过向重金属污染土壤添加合适的化学溶液，分离出污染土壤中的重金属组分，或使重金属污染物从土壤固相转移到液相，并洗脱出来。该技术利用了物理分离和化学洗脱的基本原理，一般流程包括：①对污染土壤进行破碎和颗粒分级预处理，如破碎土块，分离出大颗粒和碎石等；②分级后的土壤细颗粒进入淋洗单元，利用高氯酸、硫酸、盐酸、草酸、EDTA、DTPA、硫代硫酸盐等淋洗液对土壤进行清洗；③若污染的土壤介质中含有挥发性重金属污染物，如汞和砷，需对预处理及土壤淋洗单元加装废气收集装置，并采用合适的技术手段对废气进行净化处理；④定期监测粗颗粒、细颗粒样品及淋洗水中重金属的含量，动态掌握污染物的去除效率。土壤成分、重金属种类及浓度、分级/淋洗的方式、水土比、淋洗时间、温度与 pH 等，是影响土壤化学淋洗效果的关键因素。

3. 生物修复

生物修复是利用具有特殊功能的植物、微生物或动物来提取、钝化、挥发土壤中的重金属，以逐渐降低土壤中重金属含量，包括植物修复、微生物修复与动物修复。其中，植物修复格外受人关注，根据其作用原理，分为植物吸收、植物固定、植物挥发等方法。例如，东南景天、伴矿景天具有较高的镉富集能力，能吸收土壤中的镉，从而降低土壤中镉含量。

微生物修复是利用功能微生物的代谢活动，促进重金属转化，降低土壤中重金属的活性与毒性，或加快其挥发损失。例如，丛枝菌根真菌与作物根系共生，可吸收固定镉、砷等重金属，降低作物地上部重金属含量。砷甲基化菌可促进土壤中的无机砷转化为低毒的甲基砷。

动物修复是利用蚯蚓、线虫等动物对重金属的吸收、转化、分解等代谢活动，促进重金属形态和价态转化，降低重金属活性甚至含量，从而减少作物对重金属的吸收，也可以改善土壤理化性质，提高土壤肥力。

4. 联合修复

由于污染源、土壤质地、环境条件、污染途径与迁移机制等因素的不同，土壤重金属污染十分复杂而多样，常见多种重金属的复合污染，而非单一重金属污染。因此，污染土壤修复是一个复杂、多样、难以统一的工程，不同的修复技术具有差异化的特征和适用对象。例如，物理修复技术费用昂贵，修复不彻底；化学淋洗技术可能会对土壤质地与结构产生较大的破坏作用，导致土壤肥力退化和微生物多样性下降；生物修复技术存在周期长、效率低的局限性。因此，有必要开发联合修复技术，来克服单一技术在适用性、修复效率、修复成本等多方面存在的局限性。

常见的联合修复技术包括物理–化学联合修复技术、化学–生物联合修复技术、微生物-植物联合修复技术等。其中，物理-化学联合修复技术，解决了客土及深翻修复费用高、工程量大、难以推广应用的问题；化学-生物联合修复技术中，施加的化学氧化/还原剂可以定向调节土壤重金属的价态，再结合植物提取、植物挥发、植物稳定、根际微生物降解等，提高重金属提取效率，加速降低重金属危害；微生物-植物联合修复技术，利用功能微生物促进重金属转化、活化土壤重金属，以及促进植物生长，从而提高重金属超累积植物的提取能力和效率，加快重金属污染土壤修复进程。

13.1.2　重金属污染土壤安全利用技术

1. 钝化调理技术

重金属钝化调理技术是指向重金属污染土壤添加钝化剂，促使重金属由活性形态转化为稳定形态，降低土壤中重金属的迁移性和生物有效性，从而达到重金属污染土壤修复之目的。根据化学钝化材料的性质，可以将钝化调理技术分为无机钝化、有机钝化、生物炭钝化、新型化学钝化技术及组合钝化技术等。无机钝化技术所使用的材料很多，主要有磷灰石、磷酸钙、磷矿粉、骨粉等含磷钝化剂；硅肥、硅酸盐、石灰、碳酸钙等硅钙钝化材料；零价铁、赤泥、针铁矿、硫酸铁等铁质材料；水钠锰矿、锰氧化物等含锰材料；凹凸棒石、海泡石、蒙脱石、沸石、蛭石、坡娄石、高岭土、膨润土等黏土矿物。有机钝化材料也有很多，常见的包括堆肥、市政污泥、腐殖质、畜禽粪便、作物秸秆、生物炭基材料等。常见的新型化学钝化材料包括地质聚合物（无机硅酸盐、硅铝酸钠水合物 NASH、棕榈燃料灰）、海藻酸钠生物聚合物等。组合钝化材料包括聚丙烯酰胺（PAM）、聚丙烯酸酯、亚甲基二苯基二异氰酸酯合成有机聚合物，以及无机、有机材料的联合使用。

2. 生理阻隔技术

生理阻隔技术是指利用植物吸收、积累与转运重金属的生理特性，以及矿质养分与重金属之间的相互作用（主要是拮抗作用），通过施用生理阻隔剂（大多是叶面喷施），抑制作物吸收重金属或改变重金属在植株体内的分配特性，从而降低农产品可食用部位重金属超标的风险。依据调控剂成分的差异，可分为硅调控、锌调控、铁/锰调控等。

稻米中的重金属积累与水稻植株内的重金属吸收、转运和再分配过程密切相关。土壤中的重金属通过两条途径进入水稻根系，一条是以被动吸收的自由扩散方式进入根表皮细胞间隙；另一条是通过根表皮细胞膜上的转运蛋白进入细胞内，如镉、砷、汞、铅等可借助铁、锌、锰、磷、硅等必需元素的转运通道进入水稻根部。水稻根系吸收的重金属大部分滞留在根部组织的细胞壁上，主要是由于细胞壁上大量的羧基、氨基及醛基等官能团，可与镉/砷等重金属离子以多种方式结合而将其固定，从而阻止其跨膜运输。只有极少量的重金属通过维管组织，转运到地上部的叶、茎和籽粒中，籽粒中的重金属积累与多种因素有关，包括作物基因型、土壤及环境条件等。

3. 农艺调控

农艺调控是指通过因地制宜地改变耕作方法和土壤环境条件、调整种植结构等措施，最大程度地降低农作物吸收和积累重金属，实现农产品安全生产之目的。常用的农艺调控措施包括水肥管理、土壤环境条件调节、低积累作物选育、作物替代种植、种植结构调整等。水肥管理是通过合理施用 Ca、Mg、Zn、Si、Fe、Se、N、P、K 及稀土元素等肥料，降低农作物对重金属的吸收和积累，并在一定程度上，增强农作物的抗逆性，缓解重金属对农作物的胁迫。相关作用机制主要包括营养元素与重金属之间的拮抗作用、营养元素改善农作物代谢活性，以及调节土壤根际微环境等。土壤 pH 和 Eh 是影响重金属迁移性和生物有效性的重要因素，在水稻灌浆期控制稻田水分含量，能有效降低土壤 Cd 的生物有效性，也能降低籽粒 Cd 含量。由于不同作物、不同品种对不同重金属的吸收和富集能力存在差异，种植重金属弱吸收或食用部位重金属低积累的作物品种，可有效地减少重金属在食物链中的传递。

4. 土壤-水稻体系的多界面阻控技术

土壤-水稻体系中重金属的迁移转化，涉及土-水、根-土、根-籽粒三重界面，以及物理、化学和生物学多个过程。针对这种多界面的复杂性、原理不清、重金属与类金属行为不同而难以同步阻控、空间异质性大导致效果不稳定等难题，我们率先提出土壤-水稻体系“多界面-多过程-多元素”的阻控思路，创新土壤-水稻体系“三重阻控”技术体系。该技术体系具体思路为：分别通过铁-碳耦合的镉砷同步钝化、铁-氮耦合的铁膜固定、硒-硅耦合的生理阻隔等技术途径，在土-水界面，利用铁循环调控降低土壤重金属活性；在根-土界面，提高铁膜固定并降低根系吸收；在根-籽粒界面，阻隔重金属向籽粒转移。配套研发的铁改性生物炭、铁改性腐殖质、硒复合硅溶胶产品的有效性、适用性、安全性均通过了国家有关部门认证。特别是“U 盾”牌铁改性生物炭，是我国第一个标注了“适合于砷、镉污染水稻土”的土壤调理剂。此外，还配套制定了相关的国家标准、行业标准、地方标准共 15 项。相关稻田土壤重金属污染治理技术的原理、特征与适用污染水平见表 13.1。

表 13.1 稻田重金属污染治理技术类别与特征分析

序号	技术策略	技术方法	技术原理	相对修复成本	适用污染水平
1	土壤修复	物理修复	不需要清挖土方，施工简单，可以较为彻底地消除农田污染； 深翻使表层污染物分散到耕作层以下，起到稀释作用； 客土法将清洁无污染土壤覆盖到污染土壤表层，减少作物根系与污染土壤的接触	低（深翻），高（客土）	轻度污染（深翻）、中度—重度污染（客土）
2		化学淋洗	利用萃取液从土壤中原位去除污染物，不专门针对特征污染物，而是消除含有高浓度污染物的土壤组分	中等	重度污染
3		生物修复	分为植物、动物和微生物修复。植物修复包括植物富集、植物降解、植物固定、植物挥发、根际微生态等作用机制。动物修复利用蚯蚓、线虫等动物的代谢降低污染物毒性或活性。微生物对土壤重金属的修复机制如下：通过氧化还原改变金属价态，通过甲基化-去甲基化改变金属形态，通过生物吸附、生物固定等作用改变金属迁移性	低	轻度—中度污染

续表

序号	技术策略	技术方法	技术原理	相对修复成本	适用污染水平
4	土壤修复	联合修复	整合物理、化学、生物等不同技术手段的优点，应对重金属及有机复合污染土壤修复需求，提高应对复合污染的修复效率	中等	重金属复合污染、重金属-有机物复合污染
5	安全利用	钝化调理	向重金属污染土壤中施加钝化调理剂，或辅助采用水肥管理等农艺措施，改善土壤物理化学和（或）生物性质，降低土壤重金属生物有效性与农产品重金属污染风险	高	轻度—中度污染，一种重金属污染
6		生理阻隔	利用植物吸收、累积与转运重金属的生理特性，喷施生理阻隔剂，抑制作物吸收重金属或改变重金属在植株体内的分配特性，从而降低农产品可食用部位重金属超标风险	低	轻度—中度污染
7		农艺调控	采用水肥管理、营养管理、叶面调控、低累积作物、非食用农作物替代等措施，实现重金属污染土壤的风险控制	低	轻度污染
8		三重阻控	“多界面-多过程-多元素”的阻控思路，即在土-水界面利用铁循环调控降低土壤重金属活性、根-土界面提高铁膜固定并降低根系吸收、根-籽粒界面阻隔重金属向籽粒转移	中等	全部污染类型

13.1.3　重金属污染土壤治理案例

近些年来，重金属污染耕地土壤治理技术取得了长足发展。截至 2022 年，已经开发出多种技术，广泛应用于稻田土壤重金属污染治理，主要包括客土法、深翻法、电动修复、化学淋洗、钝化调理、植物修复、农艺措施等物理、化学和生物治理技术（Tang et al.，2016）。客土法、电动修复、化学淋洗虽然能快速而有效地清除稻田土壤重金属污染，但存在高耗能、低效率或二次污染严重等问题。例如，采用客土法治理 1 m^3 污染土壤的成本约 20～30 美元，电动修复成本约为 80～300 美元（Cauwenberghe，1997）。化学淋洗的成本，欧洲为 100～200 美元/t，美国则为 25～120 美元/t（Tang et al.，2016），此外，淋洗过程会导致土壤酸化，降低土壤质量（Gong et al.，2018）。

1. 土壤修复案例

日本富山县的神冈矿，长年开采导致大量含有镉的尾矿和废水排放到神通川河流中，沿岸的稻田利用受污染的河水灌溉，导致稻米中镉含量严重超标，严重危害到当地居民的生命健康，著名的“痛痛病”事件就发生在此地。自 1967 年最初确诊该病以来，截至 2011 年底，该病患者的人数已达到 196 人。

富山地区政府针对神通川流域污染耕地的修复，制定了详细的修复流程：①划定耕地土壤污染区：生产的稻米镉含量超过标准值就被认定为污染耕地，禁止种植水稻；日本政府对镉含量在 0.4 mg/kg 以上的稻米进行采购，防止流入市场。②制定修复计划：制定土地使用方法，以复原为目的的施工法，以及复原后的安全性确认计划。③修复实施：

土壤复原工程的实施。④安全确认调查的实施：土壤复原后，对出产的稻米镉含量进行为期 3 年的检测。⑤解除指令：经调查，低于标准的耕地，方可解除管控。

日本富山县政府从 1977 年开始对神通川流域的 3000 hm^2 农用地进行了全面的调查，确定 1500.6 hm^2 土地需要修复，其中以稻田为主。依据《日本农业土地土壤污染防治法》，客土法被选定为农业土壤镉污染修复的主要技术方法。在稻米镉含量为 0.4～1.0 mg/kg 的稻田土壤采用灌水技术修复；在稻米镉含量超过 1.0 mg/kg 的稻田土壤，采用客土法修复。客土法实施过程简单，具有较低的失效风险以及可预测的时间框架，而且修复后的稻田处于相对原始的状态，但工程量大。

根据土壤性质、土层结构等特点，客土工程又有以下几种方法。

（1）直接客土法：从其他地方搬运未受污染的洁净土壤，以一定厚度覆盖在污染土壤上。由于采用该方法改良后的稻田会比原始稻田高出 20～30 cm，需重新整修农渠和道路，重新划分水田。

（2）转换客土法：首先根据土壤污染程度和植物根系伸长程度，确定需清除的污染土壤深度；然后剥离污染的土层土壤，再覆盖上未受污染的洁净土壤，并加入土壤改良剂。此方法可避免因直接覆盖未受污染土壤，导致稻田地面上升带来的弊端。

（3）埋入客土法：剥离表面被污染的土层，在修复区内合适位置挖坑将其掩埋，挖出的下层未污染土壤，回填到稻田中，并加入磷肥、硅酸石灰等土壤改良材料。

（4）上覆客土法：首先清除受污染的表层土壤，再继续挖出未受污染的底土，然后将污染的土壤回填，再覆盖未受污染的底土。由于底土相对贫瘠，还需从他处搬运未受污染的肥沃土壤来覆盖表层，以保障土壤肥力。

该修复工程 70%采用埋入客土法，30%采用上覆客土法，根据环境条件区分采用。另外，还配合工程措施进行了土地整理。据统计，富山县政府共更换了 863 hm^2 的土地，土壤修复工程直到 2012 年 3 月才全部竣工，最终修复为安全农田。这是目前文献报告中规模最大的农用地土壤工程修复案例，修复工程总投入超过 400 亿日元，耗资巨大。

客土法的优缺点都十分明显，优点是污染耕地土壤得到彻底有效的修复，确保土壤质量与农产品安全达标；缺点是成本高、工程量大，而且受洁净土壤运输半径的限制。在全域综合整治的背景下，当工程实施条件允许及资金充足时，从土地资源价值的角度考虑，客土法是一种可操作性较强、效果较好、工程可控的修复方法。表层洁净土壤可采用熟化耕作层的快速培育方法，在短期内即可达到耕地土壤肥力标准。

2. 安全利用案例

近年来，钝化调理技术越来越受到关注，已经在稻田土壤重金属污染治理中开展了广泛的应用。该项技术能够实现治理与生产相结合，既能保证按时完成修复，同时又不影响正常的耕作，海泡石、石灰、生物炭、铁基生物炭等多种钝化剂，可用于原位钝化调理（Qiao et al.，2018；Xu et al.，2021）。Liu 等（2021）对比分析了石灰和生物炭两种代表性的化学钝化剂，施加量为 400 kg/(亩·a)，两年后，稻米镉含量降至国家食品镉含量阈值（0.2 mg/kg）以下。植物修复技术具有不破坏土壤结构、成本低的优势，但植物修复时间较长，需要中断生产，从而制约其大面积应用（Tang et al.，2016）。

在湖南示范的 VIP + *n* 复合治理模式，可有效解决南方酸性、轻度、中度 Cd 污染稻田土壤的安全利用问题。项目所在地为湖南某地的轻、中度镉污染土壤，土壤总镉含量 0.3～1.5 mg/kg，土壤 pH 4.5～6.5。所采用的具体技术包括：镉低累积水稻品种栽培（V）、采用全生育期淹水灌溉（I）、施用生石灰调节土壤酸碱度（P），此外还有增施有机肥、土壤钝化剂、叶面阻隔剂等技术措施（即“ + *n*”）（黄道友等，2018）。该案例的研究结果显示：

①不同水稻品种对土壤 Cd 的吸收，以及 Cd 在不同器官组织中的分配比例存在明显的差异。因此，通过种植 Cd 低累积水稻品种，在一定程度上，可以解决低污染稻田安全利用问题。已发现的 Cd 低累积水稻品种包括：湘早籼 32 号、湘早籼 45 号、中嘉早 17、株两优 189 和株两优 819，湘晚籼 12 号、湘晚籼 13 号、H 优 518、H 优 159、金优 498 和金优 59 等（唐熙雯，2020）。

②优化水分管理：在水稻全生育期稻田需保持至少 3 cm 深水面，直至收割前 10 d 左右自然落干，可大幅地减少稻米 Cd 积累，这说明可以根据灌溉对稻米 Cd 积累的影响规律，调控 Cd 向籽粒的转运，实现轻、中度 Cd 污染酸性土壤的安全生产。

③酸碱度调节（P）：土壤 pH 是影响稻田 Cd 生物有效性及植物吸收积累的最关键因素之一。通过施用石灰等材料，可提高土壤 pH，降低土壤 Cd 的活性，从而降低稻米 Cd 含量。石灰用量可根据土壤酸碱度及质地确定，一般以调控土壤的 pH 到 7.0 为目标。

④其他多项技术（*n*）：利用钝化调理、叶面阻隔、水肥管理、植物提取、秸秆移除等技术中的一种或者多种组合，调节土壤环境，包括物理化学性质与微生物群落结构，以提高土壤阳离子交换量，促进形成不溶性的重金属-有机复合物，降低土壤中重金属的生物有效性。

目前，在湖南长沙、株洲、湘潭及湘江流域地区的污染稻田，全面推广应用了 VIP + *n* 修复模式。该技术适用于轻、中度 Cd 污染稻田的修复治理，通过多种治理技术的结合，实现边治理边生产，减少源头输入，能有效地提高土壤 pH，降低土壤 Cd 生物有效性，糙米 Cd 含量达到《食品安全国家标准 食品中污染物限量》的要求。

13.2 稻田土壤重金属污染治理的总体技术方案

13.2.1 总体思路

重金属污染稻田土壤治理是一个复杂的系统工程，首先要确定基本原则，再明确技术流程，划分治理单元，进行技术比选与方案制定，最后是工程的实施与验收等。

13.2.2 基本原则

重金属污染稻田土壤治理过程应遵循科学性、可行性、安全性与可持续性等基本原则，必须以稻米重金属含量达标为目标，对目标区域稻田土壤进行重金属污染评价、风险评估、分类分区，科学制定治理方案，因地制宜选择经济合理、技术可行、绿色可持续的修复或风险管控方案，针对不同污染类别、等级的稻田土壤采取恰当的治理措施，同时应避免产生二次污染及对土壤生产力的破坏，并根据国家和行业相关标准对土壤污染治理工程进行效果评估、验收和跟踪监测。

13.2.3 技术流程

重金属污染稻田土壤治理技术流程，包括前期准备、单元划分、技术比选与方案制定、工程实施与验收，具体详见图 13.1。

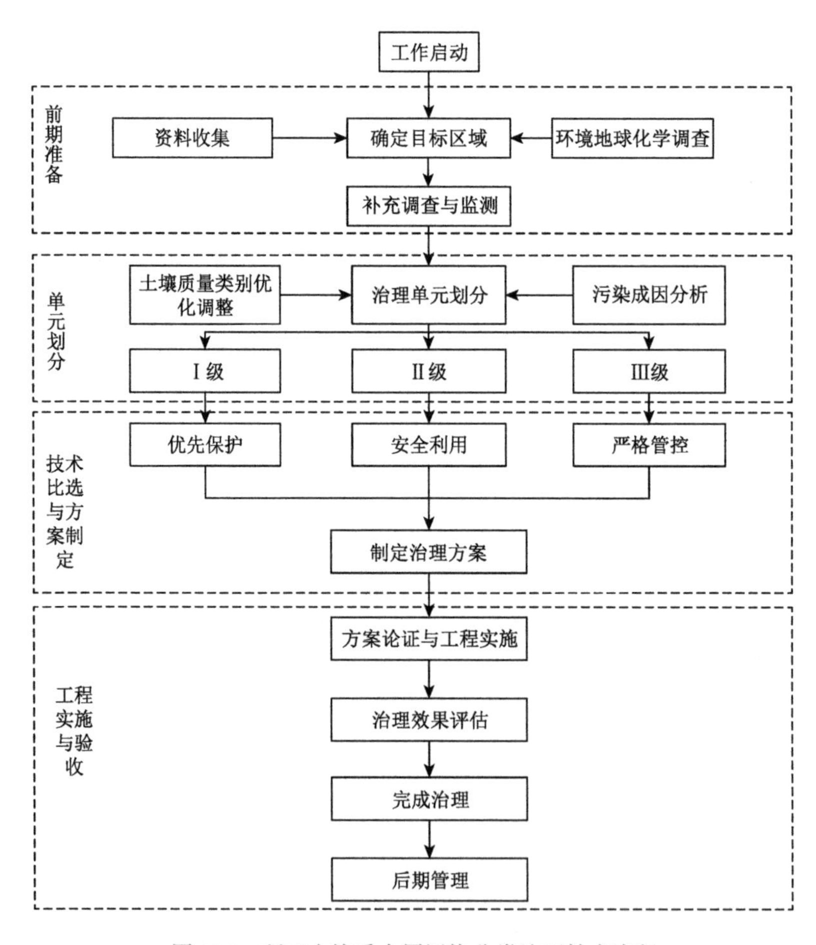

图 13.1　稻田土壤重金属污染分类治理技术流程

1. 前期准备

前期准备是为了科学、准确地划分目标区域和范围，是进行土壤重金属污染风险评估的基础，主要工作包括资料的收集整理和分析、确定目标区域、补充调查与监测等。

收集的资料包括基础地形和规划相关图件、区域地质背景、区域水文与水化学背景、区域气候与气象特征、土壤类型及其基本性状、农业生产布局与社会经济现状、重金属输入与输出资料、土壤与作物的重金属污染数据。

确定目标区域：对收集到的资料进行汇总分析，初步判断区域内稻田土壤重金属污染状况，划定重点关注区域，包括点位超标区、重点污染源影响区、主要农产品产区及其他需要重点关注的区域。

补充调查与监测：对重点关注区域进行补充调查与环境监测后，进一步明确目标区域土壤与农产品的重金属污染状况。结合目标区域污染源输入调查、土壤与农产品重金属含量初步分析结果，根据土壤与农产品重金属含量水平，将目标区域划分为若干采样单元，参照《农用地土壤污染状况详查点位布设技术规定》和《土壤环境监测技术规范》（HJ/T 166—2004）的技术要求进行布点、采样和监测。

布点与采样过程需遵循以下原则：①每个地理单元内布设不少于 30 个采样点，所采集的土壤与农作物样品的位置需一一对应，土壤与农产品重金属污染程度高的区域应加密布点；②区域内土壤与农产品重金属含量变异较大时，布点密度应适当增加；③根据污染成因特征进行优化布点，如大气源污染成因的可按照主导风向布点，灌溉污染成因的可按照水流方向布点；④尽可能选择高富集水稻品种进行样本的采集，按照 1∶1 的原则采集早稻与晚稻样本。按照《土壤环境质量 农用地土壤污染风险管控标准（试行）》（GB 15618—2018）技术要求，测定土壤重金属含量。按照《食品安全国家标准 食品中污染物限量》（GB 2762—2022）的方法分析农产品重金属含量，分析测试指标包括土壤基本理化性质指标（pH、阳离子交换量、电导率和有机质等）和土壤与农产品的重金属指标（镉、砷、铅、铬和汞）。

2. 单元划分

治理单元作为区域土壤污染风险评价及治理的基础单元，划定过程需综合考虑稻田土壤点位的质量评价结果和区域环境要素，如土地利用方式、污染源类型、分布和特征、地形地貌、沟渠与河流等因素。首先，对稻田土壤重金属污染成因进行分析，综合考虑高环境背景、酸性土壤和沙化土壤等，高重金属生物有效性土壤类型，以及高生物累积的水稻品种。其次，在土壤质量类别优化调整和成因分析基础上，进行单元划分，具体单元边界还需依据物理边界、地块边界和权属边界等来确定。

1）划分原则

治理单元的划分应遵循继承性、科学性、针对性、合理性等综合原则。继承性是指以评估区域内全国农用地土壤污染状况详查、全国农用地土壤重金属污染普查、多目标区域地球化学调查，以及农用地土壤环境监测等历史性土壤污染调查数据为基础，统筹考虑农产品质量协同调查数据，充分保障评价过程的继承性。

科学性是指农用地重金属污染治理单元的划分，主要按照《农用地土壤环境质量类别划分技术指南（试行）》（环办土壤〔2017〕97 号）划定，进一步结合土壤污染类型与程度、土壤理化性质以及农产品进行辅助判定，划分污染区域，采取有针对性的分类分区污染治理措施，实现精准化治理。

针对性是指根据《农用地土壤环境质量类别划分技术指南（试行）》划定的污染治理单元，按照重金属污染的土壤-农产品协同污染治理单元等级划分原则，为制定产地重金属污染治理方案，提供准确的单元划分依据。

合理性是指统筹考虑产地所在区域的河流分布、地形地貌和水文气象等因素，结合当前科技发展和专业技术水平，合理评价产地重金属污染等级。

2）单元划分方法

农用地重金属污染治理单元划分工作程序，包括土壤环境质量综合分析、土壤质量类别优化调整、治理单元划分、不确定性分析及图件制作等内容。

土壤环境质量综合分析：采用内梅罗污染指数进行土壤环境质量综合分析。

土壤质量类别优化调整：汇总收集到的区域概况资料、土壤潜在污染源、社会经济资料以及土壤环境与农产品质量相关数据，结合补充调查与监测获取的稻田土壤与农产品重金属含量数据，对目标区域的土壤环境质量类别进行评价。分别利用土壤重金属污染指数（P）及农产品重金属污染指数（$\overline{E}$）对目标区域进行评价，作为土壤质量类别优化调整的重要依据。

采用土壤重金属污染等级与农产品重金属污染等级相结合的评估方法，评估指标分别为土壤重金属污染指数（P）、农产品重金属污染指数（$\overline{E}$）。以农产品重金属污染指数为第一评定准则，对土壤重金属污染等级进行分类分区，利用土壤重金属污染指数，对单元内重金属污染类型和等级进行调整。土壤重金属污染指数（P）和农产品重金属污染指数（$\overline{E}$）的计算公式分别如下：

$$P = \frac{\overline{C}}{C_s} \tag{13.1}$$

式中，P 为评价区域土壤重金属污染指数，$\overline{C}$ 为评价单元土壤中重金属含量的实测均值（mg/kg），C_s 为土壤重金属的限量值（mg/kg），采用《土壤环境质量 农用地土壤污染风险管控标准（试行）》（GB 15618—2018）中建议的土壤重金属污染风险筛选值。

$$\overline{E} = \frac{(\overline{A} - 2S_e) - S}{S} \times 100\% \tag{13.2}$$

式中，$\overline{E}$ 为评价区域农产品重金属污染指数（%），$\overline{A}$ 为研究区农产品中重金属含量的实测平均值（mg/kg），S_e 为研究区农产品中重金属含量实测值的标准误差（mg/kg）；S 为农产品重金属的限量标准值（mg/kg），采用《食品安全国家标准 食品中污染物限量》（GB 2762—2022）中的农产品重金属限量标准。

利用农产品重金属污染指数对单元土壤重金属污染类型和等级进行调整时，评价单元内对应的农产品样品必须超过 3 个，原则上应采集区域内对重金属最为敏感的作物作为评价对象。

治理单元划分：治理单元的划分具体考虑因素为：①点位污染等级评价。在地理单元的基础上，评价土壤和农产品重金属点位污染等级，原则上尽量保持每个地理单元内的点位污染类型水平一致。②污染源类型。污染源类型及其影响范围，是划定污染评价单元的重要考虑因素，污染源类型一般包括灌溉水污染型、大气污染型、化肥与农药污染型、其他污染型和污染成因。③其他因素。在上述两类因素的基础上，结合土地利用方式、作物种植结构和地块边界等因素，综合确定污染等级评价单元的区域和边界，评价单元内土壤和农产品的空间分异性。

评价土壤和农产品区域污染等级，在地理单元的基础上划分治理单元。基于已有的资料及图件，采用地统计学等空间统计方法，依次叠置求交集，划定相关类别的边界，最后划定相对均一的治理单元。

治理单元划分具体过程如下。①底图搭建：工作底图包括行政区划、河流水系、交通（公路）、土壤类型分布、第二次全国土地利用现状调查数据、地形地貌、植被类型及覆盖率分布等基础性图件，以及遥感影像图；②范围加载：加载点位污染等级评价结果，初步划定污染等级评价单元；按照主导性原则，若每项污染物 80%以上的土壤点位分类结果一致时，则采用该结果判定该项污染物所代表的治理单元类别；③范围核定：利用灌区分布和灌溉水源等资料，成土母质、区域气候与气象、地表水文、植被及生态系统类型等自然环境资料，以及农业生产情况、工业污染源和污染物排放、已搬迁污染企业、污灌农田和人口状况等社会环境资料等，进一步核定单元范围；④边界划定：以行政区域为单位，按照上述地理单元的对应关系，综合考虑点位评估情况、重点污染源等，结合实际地势、地貌和农用地分布等资料，划定治理单元。

不确定性分析：分析造成农用地重金属污染治理单元划分结果不确定性的主要来源，包括有关资料和数据充分度、评价指标及其参数取值的适宜度等多个方面，分析评估单元划分过程中遇到的限制条件、欠缺信息等，以及其对评估结论的影响。

3. 技术比选与方案制定

根据优先保护类、安全利用类和严格管控类农用地的需要和标准，针对性地制定重金属污染治理方案，采取最为经济合理的技术措施，确保受污染农用地安全利用。

1）总体治理目标

根据农用地类别，提出相应的重金属污染治理目标。优先保护类以确保区域内农用地质量不退化，农产品重金属含量不高于《食品安全国家标准 食品中污染物限量》（GB 2762—2022）中的限量标准为目标。安全利用类的目标是降低区域内土壤污染风险，达到提出的目标区域安全利用率目标值，即安全利用率不低于 90%。严格管控类必须严格控制食用农产品的种植，降低土壤污染环境风险。

2）分类管理原则

优先保护类属于Ⅰ级风险重金属污染稻田，应在优先保护类农用地集中区域严格控制可能带来重金属污染输入的新建企业；对于已建成的相关企业，应定期开展监测并采取措施，防止对农用地造成污染。还需要加强灌溉水、农业投入品、土壤及农产品等的监测，及时掌握土壤和农产品质量状况，确保农产品质量安全。建议制定保护方案，严格控制污染物输入，提高土壤质量，增加土壤环境容量。

安全利用类属于Ⅱ级风险重金属污染稻田，这类土壤中的重金属已对农产品安全构成一定的危害，但可以通过适当的风险管控或修复措施实现农产品达标。应重点关注稻田和菜地，控制污染输入与迁移，监测土壤重金属动态，综合整治周边环境污染。可采用土壤钝化、生理阻隔等措施，辅以农艺措施、种植低累积作物品种等联合技术进行修复治理。

严格管控类属于Ⅲ级风险重金属污染稻田，这类土壤应进行严格的风险管理。可选择重金属低累积的可食用作物替代种植、非食用作物种植结构调整、污染修复、退耕还林还草等模式，严格控制重金属污染产生的健康风险。

3）技术比选

根据重金属污染治理目标，结合土壤污染特征、土壤理化性质、土壤重金属生物有效性和作物吸收积累特征等，从技术成熟度、技术效果、技术成本、实施周期及工程适用性等方面，对候选技术进行分析比较，提出本区域适用的技术或技术组合方案。

采用土壤污染指数法评价土壤污染状况，农产品指数法评价农产品质量。综合土壤污染与农产品质量状况，将治理单元划分为Ⅰ、Ⅱ、Ⅲ三个等级，分别对应优先保护类、安全利用类和严格管控类治理单元。

优先保护类属于Ⅰ级稻田土壤，应制定保护方案严格控制新增污染，并通过土壤改良、灌溉水监测、土壤及农产品监测等技术手段提升土壤环境质量，实现农产品达标生产。

安全利用类包括Ⅱ级高风险和Ⅱ级低风险的稻田土壤。Ⅱ级土壤类型中风险较低的稻田土壤，采用土壤钝化、生理阻隔、微生物阻控等措施，辅以农艺措施等联合技术，一般无须采用低累积作物品种替代种植。Ⅱ级土壤类型中风险较高的稻田土壤，采用土壤钝化、生理阻隔、微生物阻控等措施，辅以农艺措施等联合技术，一般采用低累积作物品种替代种植。

重金属污染土壤安全利用技术包括钝化调理技术、生理阻隔技术、农艺调控及土壤-水稻体系的多界面阻控技术，需根据稻田的污染类型选用适宜的治理技术手段。

严格管控类包括Ⅲ级高风险和Ⅲ级低风险的稻田，对这类土壤应进行严格的风险管理。

Ⅲ级土壤类型中风险较低的稻田土壤，可选择替代种植模式，种植重金属低累积的可食用作物，或采用种植结构调整模式，种植重金属低累积的非食用作物。

Ⅲ级土壤类型中风险较高的稻田土壤，可选择修复模式，降低土壤重金属含量和风险等级，或采用退耕还林还草模式。

4）方案制定

根据技术比选结果，选择并设计具体的重金属污染治理技术，明确重金属污染治理实施程序、内容、药剂、设施及有关参数。实施方案还应包括施工监理方案和应急预案，防止施工过程中的二次污染，并应对突发环境事件。从技术、资金、政策、环境、社会管理和公众参与等方面，分析重金属污染治理实施的风险，论证其可行性，并分析相关的经济、社会和环境效益。方案编制后，应组织土壤重金属污染治理相关领域专家进行论证，通过后方可实施。

4. 工程实施与验收

1）工程实施

不同于场地土壤重金属污染治理修复工程，稻田土壤重金属污染治理工程实施，须根据当地农民种植习惯、耕作时间进行，不得影响正常的农业生产活动。施用的农业投入品，必须经由具有计量认证资格的第三方机构检测，符合相关质量标准，不得对土壤及周边环境造成二次污染。工程实施记录，主要包括工程进度、工程预算、二次污染防范措施、工程实施主要技术指标的环境监测计划、安全管理计划和第三方监理计划等。

2）治理效果评估

风险管控或修复活动完成后，依据《耕地污染治理效果评价准则》（NY/T 3343—2018），由第三方开展治理效果评估并出具检测报告，然后由效果评估单位独立地进行稻田土壤重金属污染治理效果评估，并编制效果评估报告。

治理效果判定分为两个等级，即达标和不达标。达标表示修复治理效果已经达到了治理目标，不达标表示治理效果未达到治理目标。对于安全利用类稻田土壤修复治理，同时符合以下 4 项条款，才能判定为达标，任一项条款不符合，均判定为不达标。这些条款包括：①农产品中目标重金属单因子超标率不高于国家规定的目标值；②农产品中目标重金属单因子污染指数算术平均值小于或等于 1，采用独立样本双尾 t 检验来判断，显著性水平一般应小于或等于 0.05；③治理投入产品的单因子污染物含量，应符合《肥料中有毒有害物质的限量要求》（GB 38400—2019）规定的限量要求；④治理前后农作物产量的下降率，应小于或等于 10%。

将实施区域细化分为若干验收单元，达到治理效果的验收单元，视为实现重金属污染治理目标；未达到治理效果的验收单元，在调整优化重金属污染治理方案后，再次进行重金属污染治理。如经过两轮以上的治理，仍然不能达到重金属污染治理目标的区域，需调高一个类别进行重金属污染治理。

3）长期监测管理

为了实现稻田的安全利用，应定期开展农产品质量跟踪监测和调查评估，并根据跟踪监测和评估结果，适时调整农艺措施，以确保区域内农产品稳定达标。严格管控类稻田，应定期开展土壤质量跟踪监测和调查评估，并根据跟踪监测和评估结果，及时更新土壤类别。监测与监理可以由同一个单位实施，根据事先确定的采样与监测方案，由监测方、效果评估方、重金属污染治理实施方，共同采集土壤、农产品、灌溉用水和大气干湿沉降等样品，由具有计量认证资格的第三方机构测试，并出具独立的采样与检测报告。

13.3　稻田土壤重金属污染治理技术的应用

13.3.1　案例背景

本案例位于我国南方某地，该地主要是因为矿产资源的开发利用，造成附近稻田土壤出现不同程度的重金属污染，稻米重金属含量超标，威胁粮食安全和当地居民身体健康。首先详细调查稻田土壤重金属污染状况，评价农作物与稻田土壤重金属污染状况；然后综合土壤点位污染等级评价结果、污染源类型、土地利用方式和地块边界等因素，确定污染等级评价单元的区域和边界；最后基于治理工程技术筛选结果与治理方案，进行工程施工、环境监测与效果评估。

13.3.2 土壤污染概况与单元划分

在污染稻田区域采集了 99 对稻田土壤和稻米样品，测定重金属含量。结果显示，Cd 和 Pb 的污染最为严重，土壤平均含量分别为 0.36 mg/kg 和 57.4 mg/kg，稻米平均含量分别为 0.69 mg/kg 和 0.39 mg/kg，均超过稻田土壤和稻米中重金属含量国家标准。溯源分析发现，重金属污染主要源自周边矿山排放的酸性废水，通过灌溉进入到稻田。Zhou 等（2007）也对该地矿山附近的稻田土壤进行了调查，发现稻田土壤中的 Cu、Zn、Cd 和 Pb 含量分别高达 567 mg/kg、1140 mg/kg、2.48 mg/kg 和 191 mg/kg，进一步证明了该地区存在严重的稻田土壤污染现象。

本案例选取了该地 1 万亩的稻田进行详细调查，结果如表 13.2 所示，该区域土壤 pH 的平均值为 5.18，中位值为 5.00，表明土壤偏酸性。该区域稻田土壤 Cd 污染最为严重，平均值为 0.36 mg/kg，明显超过了国家稻田土壤镉的标准限值（0.20 mg/kg），而且其最大值达到 0.95 mg/kg，稻田土壤点位超标率高达 60.4%；另外，还存在一定的砷（As）污染，平均值为 33.6 mg/kg，虽然略低于国家稻田土壤 As 的标准限值，但是整体稻田土壤点位超标率也达到了 41.0%，土壤中 As 浓度最大值高达 194.0 mg/kg；Pb 土壤点位超标率最低，仅为 2.2%。因此，项目治理区域内稻田土壤污染主要以 Cd 和 As 为主。该区域稻田土壤综合点位超标率超过 80%，污染源主要为周边铅锌矿开采过程中排放的重金属污染物，通过矿区废水、废气以及废渣的排放，经污水灌溉、地表径流、大气沉降等传输途径进入稻田。

表 13.2 稻田土壤中重金属的浓度

类别	pH	土壤 Cd/(mg/kg)	土壤 As/(mg/kg)	土壤 Pb/(mg/kg)
平均值	5.18	0.36	33.6	57.4
中位值	5.00	0.32	21.4	49.9
最大值	7.55	0.95	194.0	123.0
最小值	4.35	0.17	7.6	24.5
超标率/%	—	60.4	41.0	2.2

区域内稻米中重金属含量结果如表 13.3 所示，早稻 Cd 的平均值为 0.20 mg/kg，与国家标准中镉浓度阈值一致，点位超标率为 41.%，最大值达到 0.61 mg/kg；而晚稻污染更为严重，晚稻 Cd 超标率达到 62.7%，均值为 0.39 mg/kg，最大值达到 1.37 mg/kg。这与该区域稻田土壤污染情况较为一致，土壤 Cd 超标点位也达到了 60.4%，并且土壤偏酸性也会进一步提高 Cd 的活性。稻米 As 中，早稻和晚稻中 As 浓度均值未超过国家标准限量(0.20 mg/kg)，但其最大值分别为 0.38 mg/kg 和 0.33 mg/kg，超标率也分别达到了 19.4% 和 14.9%。稻米 Pb 含量分析结果中，早稻 Pb 污染较晚稻更严重，早稻铅含量均值为

0.24 mg/kg，不仅明显高于晚稻（0.17 mg/kg），也超过了国家标准限量。虽然铅土壤超标率仅为 2.2%，但稻米铅超标水平远高于土壤超标水平。对治理区域内整体稻米重金属含量进行统计，综合超标率为 85%以上。因此，该区域急需开展稻田土壤重金属污染治理工程，降低稻米中重金属浓度，保障粮食安全。

表 13.3　稻米中不同类别重金属富集浓度

类别	早稻 Cd	早稻 As	早稻 Pb	晚稻 Cd	晚稻 As	晚稻 Pb
平均值/(mg/kg)	0.20	0.18	0.24	0.39	0.15	0.17
中位值/(mg/kg)	0.18	0.20	0.20	0.32	0.15	0.15
最大值/(mg/kg)	0.61	0.38	0.81	1.37	0.33	1.23
最小值/(mg/kg)	0.03	0.07	0.08	0.05	0.04	0.10
标准限量①/(mg/kg)	0.20	0.20	0.20	0.20	0.20	0.20
超标率/%	41.0	19.4	44.8	62.7	14.9	11.2

①：标准限量依据《食品安全国家标准 食品中污染物限量》（GB 2762—2022）。

结合本章前文所述的单元划分方法，将案例地块分为五个不同的治理单元：Ⅰ、Ⅱ、Ⅲ三个等级，分别对应优先保护、安全利用和严格管控类治理单元，其中安全利用类又细分为Ⅱ级高风险和Ⅱ级低风险，严格管控类细分为Ⅲ级高风险和Ⅲ级低风险。治理单元的划分不但考虑了重金属污染等级，而且也兼顾了土地利用类型、地理边界、社会经济状况等因素。

13.3.3　治理方案编制与工程实施

1. 总体治理目标

重金属污染稻田土壤治理过程应遵循科学性、可行性、安全性与可持续性等基本原则，必须以稻米 Cd、As 和 Pb 含量达标为目标，对 1 万亩目标区域开展稻田土壤和稻米（早稻和晚稻）重金属污染评价、风险评估、分类分区，科学制定治理方案，根据该区域地球化学和自然地理特性选择经济合理、技术可行、绿色可持续的修复方案，针对Ⅰ、Ⅱ、Ⅲ污染等级的稻田土壤采取恰当的治理措施，同时应避免治理过程中产生二次污染及对土壤生产力造成破坏。

2. 治理技术选择

依据地方标准《耕地土壤重金属污染风险管控与修复 风险评价》（DB44/T 2263.2—2020），划分的重金属污染耕地土壤安全利用类两个风险等级（Ⅱ、Ⅲ），明确目标重金属类型，选择合适的安全利用技术，并加强对土壤污染风险的监控。

依据广东省地方标准《重金属污染稻田土壤安全利用技术指南》（DB44/T 2278—2021），针对不同的重金属污染选择相应的治理技术，原则如下：

镉、砷污染稻田土壤安全利用技术选择原则：风险等级为Ⅱ的区域，宜选择钝化调理和生理阻隔的联合技术，辅以水肥管理等措施；风险等级为Ⅲ的区域，宜选择强化钝化调理和生理阻隔的联合技术，辅以低累积水稻品种种植和水肥管理等措施。

铅、汞、铬污染稻田土壤安全利用技术选择原则：风险等级为Ⅱ的区域，宜选择强化钝化调理剂，辅以水肥管理等措施；风险等级为Ⅲ的区域，宜选择强化钝化调理剂，辅以低累积水稻品种种植和水肥管理等措施。

基于以上原则，结合团队前期技术积累与工程实践经验，最终选择基于三重阻控、种植低累积水稻品种和水肥管理相组合的技术方案，对该案例地块进行综合整治，完成污染稻田重金属治理的各项目标。

3. 技术原理与关键参数

基于三重阻控原理，并且结合低累积水稻品种种植和水肥管理，该工程案例中采用的技术措施主要包括撒施钝化剂或土壤调理剂、撒施有机肥、水分管理、调节 pH、喷施叶面阻控剂、种植低累积水稻品种等，具体技术参数见表 13.4。

针对镉污染稻田土壤，具体措施为施加有机肥和土壤调理剂，有机肥施用量为 100 kg/(亩·茬)，土壤调理剂为 150～400 kg/(亩·a)。通过向土壤中施入可以降低重金属活性的钝化剂（土壤调理剂），降低土壤重金属的生物有效性，减少水稻对重金属的吸收积累。钝化剂优先选择获得农业农村部相关土壤调理剂登记证的产品，严格控制钝化剂原料成分，防止出现二次污染和造成土壤肥力降低。此外，还需结合全生育期淹水水分管理强化治理效果，因为淹水稻田土壤处于还原状态，土壤中厌氧微生物驱动的铁还原过程会消耗土壤中的质子，从而提高土壤 pH，降低土壤中镉的活性，达到降低水稻根系镉吸收和稻米镉含量之目的。

针对镉、铅复合污染稻田土壤，除了施加有机肥、土壤调理剂和合适的水分管理，还要喷洒叶面阻隔剂。在水稻生长中后期，通过喷施硅肥、锌肥等叶面阻控剂（一般喷施 2～3 次），以降低镉等重金属向籽粒转运。需要注意严格控制阻控剂产品中的有害成分，降低二次污染风险。

针对镉、砷复合污染稻田土壤，选用施加有机肥[100 kg/(亩·茬)]和土壤调理剂[250 kg/(亩·a)]，并结合水肥管理技术，具体为灌浆期前淹水、灌浆期后保持田间湿润。这是因为镉和砷呈现出不同的特性，土壤 pH 升高，一方面有利于提高砷的活性；另一方面，在淹水条件下，促进微生物驱动的砷还原过程，反而提高了砷的活性。因此，对于砷污染稻田，在抽穗期后，宜采用浅湿灌溉的水肥管理模式，在不影响水稻产量的前提下，宜适当延长晒田时间。

表 13.4　稻田重金属污染治理工程技术参数

污染类型	风险等级	第一重阻控/(kg/亩)	第二重阻控/(kg/亩)	第三重阻控/(L/亩)
镉	轻度Ⅰ（超标 0～1 倍）	150～200	30～50	1～2
镉铅	轻度Ⅱ（超标 1～2 倍）	200～300	50～75	1～2

续表

污染类型	风险等级	第一重阻控/(kg/亩)	第二重阻控/(kg/亩)	第三重阻控/(L/亩)
镉铅	中度Ⅰ（超标 2 倍以上）	300～400	75～100	2～3
镉砷	轻度Ⅱ（超标 1～2 倍）	200～300	50～75	1～2
	中度Ⅰ（超标 2 倍以上）	300～400	75～100	2～3

13.3.4　监测与效果评估

治理前，该区域稻米重金属超标 1～2 倍，个别小面积区域超过 2 倍。经过两年的治理，1 万亩修复稻田所生产的稻米，无机砷、镉和铅的达标率都有显著的提升。早稻和晚稻稻米的无机砷含量达标率，2019 年分别为 99.8%和 97.5%，2020 年分别为 98.5%和 99.7%；镉含量达标率 2019 年提升到 83.9%和 85.4%，2020 年都超过 90%；铅含量达标率均在 99%以上。

通过该稻田土壤重金属污染治理的工程案例，一方面验证了基于三重阻控原理的稻田土壤重金属污染治理技术的可靠性和适用性，实现对稻田土壤重金属污染的治理；另一方面初步摸索出工程化、精准化与标准化的稻田分类分区污染治理工程模式，对我国实施大规模稻田土壤重金属污染修复治理工程具有重要意义。

13.4　展　望

按照《土壤污染防治行动计划》、《农用地土壤环境管理办法（试行）》及《农用地土壤环境质量类别划分技术指南（试行）》，在土壤与农产品重金属污染现状调查的基础上，根据相关技术规范将稻田土壤划分为优先保护、安全利用和严格管控三个类别进行分类施策。稻田土壤重金属污染治理是一项复杂且烦琐的系统性工程，需要从农产品安全、土壤环境质量、土壤资源等多个维度优选风险管控与修复技术，需要依据污染区域的社会、经济、环境的差异性，因地制宜地开展治理工程，体现“一地一单元一策”的污染治理策略。相关的挑战与发展方向，主要有以下三个方面。

首先，需要从土壤资源、环境与生产三个维度综合考虑，在保障农产品安全的前提下，提升土壤的生态系统服务和功能价值。因此，稻田土壤重金属污染治理，需要结合高标准农田建设、土壤地力提升，以及全域综合整治等重点工程，探索稻田土壤重金属污染治理的一体化模式。

其次，需要从源头管控—系统优化—末端治理的全流程综合治理来考虑。源头管控就是严格控制污染源的重金属排放，特别是从区域尺度控制重点企业的重金属排放；系统优化就是要对土壤、肥料、水分、品种等生产的基本要素进行全方位提升，特别是如何将土壤重金属调理剂产品与常规化肥产品相结合，研发出重金属污染治理的功能性肥料；末端治理就是要逐步降低土壤重金属含量及活性，提升土壤重金属环境容量。

最后，在我国实施“双碳”战略与保障国家粮食安全的大背景下，稻田土壤重金属污染治理既要从全生命周期的角度多维度评估碳汇效应，也要从土壤质量提升的角度评估其生产能力。研发具有治理污染、增加土壤有机碳、减排甲烷的绿色可持续治理技术，实现土壤重金属污染的绿色低碳、高效率、低成本的修复，并协同实现污染治理、土壤生产力提升、生态碳汇增加等多个目标。

参 考 文 献

黄道友，朱奇宏，朱捍华，等，2018. 重金属污染耕地农业安全利用研究进展与展望[J]. 农业现代化研究，39（6）：1030-1043.

唐熙雯，2020. 酸性轻、中度镉污染稻田“VIP + *n*”综合治理技术模式及效益分析[J]. 安徽农学通报，26（9）：145-146，152.

生态环境部土壤生态环境司，生态环境部南京土壤环境科学研究所，2022. 土壤污染风险管控与修复技术手册[M]. 北京：中国环境出版集团，439.

Cauwenberghe L V，1997. Electrokinetics[J]. Ground-Water Remediation Technologies Analysis Center，Pittsburgh.

Gong Y，Zhao D，Wang Q，2018. An overview of field-scale studies on remediation of soil contaminated with heavy metals and metalloids：Technical progress over the last decade[J]. Water Research，147：440-460.

Liu K，Fang L，Li F，et al.，2021. Sustainability assessment and carbon budget of chemical stabilization based multi-objective remediation of Cd contaminated paddy field[J]. Science of the Total Environment，819：152022.

Qiao J，Liu T，Wang X，et al.，2018. Simultaneous alleviation of cadmium and arsenic accumulation in rice by applying zero-valent iron and biochar to contaminated paddy soils[J]. Chemosphere，195：260-271.

Tang X，Li Q，Wu M，et al.，2016. Review of remediation practices regarding cadmium-enriched farmland soil with particular reference to China[J]. Journal of Environmental Management，181：646-662.

Xu D，Fu R，Wang J，et al.，2021. Chemical stabilization remediation for heavy metals in contaminated soils on the latest decade：Available stabilizing materials and associated evaluation methods：A critical review[J]. Journal of Cleaner Production，321：128730.

Zhou J M，Dang Z，Cai M F，et al.，2007. Soil heavy metal pollution around the Dabaoshan Mine，Guangdong Province，China[J]. Pedosphere，17（5）：588-594.

第 14 章

农用地土壤重金属污染治理技术标准体系

农用地土壤环境质量关乎国家粮食安全、乡村振兴以及生态文明建设，迫切需要建立风险评价、土壤质量分类、污染治理等方面的技术标准，保障农用地安全达标生产。截至目前，尽管我国已经发布了多项相关技术文件与行业标准，但现有的技术标准体系建设仍然处于起步阶段，任重而道远。鉴于此，本章首先总结了国际标准化组织以及联合国粮农组织等国际组织发布的农用地土壤重金属污染治理技术标准，再分析了国内重金属污染农田治理过程的总体思路、基本原则及技术框架，并在总结国家相关法律、法规与管理政策的基础上，回顾了农用地重金属污染风险管控与修复技术标准建设现状，提出了未来标准体系建设所面临的主要挑战及关键任务。

14.1 土壤重金属污染治理国际标准现状

14.1.1 国际土壤环境管理标准

1. 国际标准化组织标准

目前，制定土壤重金属污染风险管控与修复规范化文件的国际组织包括：国际标准化组织(ISO)、国际谷类加工食品科学技术协会(ICC)、国际有机农业运动联盟(IFOAM)、世界卫生组织（WHO）等。根据国际组织的属性，可将国际标准分为欧洲标准（EN）、欧盟法规（EC）、国际标准化组织（ISO）标准等。

ISO 成立于 1947 年，已成为迄今为止全球最大的国际标准化研究组织。其宗旨是促进全球标准化及其相关活动的发展，以便于商品和服务的国际交换，在智力、科学、技术和经济领域开展合作。在所有的国际标准化组织中，ISO 成为与土壤重金属污染治理最为密切的组织之一。

ISO 已发布多项重金属污染土壤管理相关标准，主要分为土壤质量管理、土壤质量调查监测、治理技术规范等三大类。在土壤质量管理方面，涉及土壤调查报告编制、土壤环境质量管理成本与效益、全生命周期评价，以及中水回用等技术规范；在土壤质量调查监测方面，包括重金属背景值、总量及有效态含量、土壤污染环境影响等方面的技术要求。如 ISO 颁布的《土壤质量 背景值测定指南》(ISO 19258：2018 Soil Quality—Guidance on the Determination of Background Values）和《土壤质量 可持续修复》(ISO 18504：2017 Soil Quality—Sustainable Remediation）。

国际标准对质量调查、风险评价、风险管控与修复等土壤重金属污染防治的全流程活动作出规范化限制，指导土壤环保管理的规范化活动。ISO 发布的代表性土壤重金属污染防治标准见表 14.1～表 14.3。

表 14.1　ISO 发布的代表性土壤重金属污染防治标准（土壤质量管理类）

标准号	发布年份	标准名称
ISO 14004：2016	2016	Environmental Management Systems—General Guidelines on Implementation
ISO 14034：2016	2016	Environmental Management—Environmental Technology Verification（ETV）
ISO 14005：2019	2019	Environmental Management Systems—Guidelines for a Flexible Approach to Phased Implementation
ISO 14007：2019	2019	Environmental Management—Guidelines for Determining Environmental Costs and Benefits
ISO 14033：2019	2019	Environmental Management—Quantitative Environmental Information—Guidelines and Examples
ISO 14016：2020	2020	Environmental Management—Guidelines on the Assurance of Environmental Reports
ISO 14040：2006/Amd 1：2020	2020	Environmental Management—Life Cycle Assessment—Principles and Framework—Amendment 1
ISO 14063：2020	2020	Environmental Management—Environmental Communication—Guidelines and Examples
ISO 16075-1：2020	2020	Guidelines for Treated Wastewater Use for Irrigation Projects—Part 1：The Basis of A Reuse Project for Irrigation
ISO 14031：2021	2021	Environmental Management—Environmental Performance Evaluation—Guidelines

表 14.2　ISO 发布的代表性土壤重金属污染防治标准（土壤质量调查监测类）

标准号	发布年份	标准名称
ISO 15178：2000	2000	Soil Quality—Determination of Total Sulfur by Dry Combustion
ISO 19258：2018	2018	Soil Quality—Guidance on the Determination of Background Values
ISO 14869-1：2001	2001	Soil Quality—Dissolution for the Determination of Total Element Content—Part 1：Dissolution with Hydrofluoric and Perchloric Acids
ISO 14870：2001	2001	Soil Quality—Extraction of Trace Elements by Buffered DTPA Solution
ISO 14869-2：2002	2002	Soil Quality—Dissolution for the Determination of Total Element Content—Part 2：Dissolution by Alkaline Fusion
ISO 16772：2004	2004	Soil Quality—Determination of Mercury in Aqua Regia Soil Extracts with Cold-vapour Atomic Spectrometry or Cold-vapour Atomic Fluorescence Spectrometry
ISO 18772：2008	2008	Soil Quality—Guidance on Leaching Procedures for Subsequent Chemical and Ecotoxicological Testing of Soils and Soil Materials

续表

标准号	发布年份	标准名称
ISO 15688：2012	2012	Road Construction and Maintenance Equipment—Soil Stabilizers—Terminology and Commercial Specifications
ISO 11269-2：2012	2012	Soil Quality—Determination of the Effects of Pollutants on Soil Flora—Part 2：Effects of Contaminated Soil on the Emergence and Early Growth of Higher Plants
ISO 13196：2013	2013	Soil Quality—Screening Soils for Selected Elements by Energy-dispersive X-ray Fluorescence Spectrometry Using a Handheld or Portable Instrument
ISO 28258：2013	2013	Soil Quality—Digital Exchange of Soil-related Data
ISO/IEC 15149-1：2014	2014	Information Technology—Telecommunications and Information Exchange Between Systems—Magnetic Field Area Network（MFAN）—Part 1：Air Interface
ISO 18227：2014	2014	Soil Quality—Determination of Elemental Composition by X-ray Fluorescence
ISO 17184：2014	2014	Soil Quality—Determination of Carbon and Nitrogen by Near-infrared Spectrometry（NIRS）
ISO 16558-1：2015	2015	Soil Quality—Risk-based Petroleum Hydrocarbons—Part 1：Determination of Aliphatic and Aromatic Fractions of Volatile Petroleum Hydrocarbons Using Gas Chromatography（Static Headspace Method）
ISO 18642：2016	2016	Fertilizer and Soil Conditioners—Fertilizer Grade Urea—General Requirements
ISO 18763：2016	2016	Soil Quality—Determination of the Toxic Effects of Pollutants on Germination and Early Growth of Higher Plants
ISO 17183：2016	2016	Soil Quality—Screening Soils for Isopropanol-extractable Organic Compounds by Determining Emulsification Index by Light Attenuation
ISO 18400-101：2017	2017	Soil Quality—Sampling—Part 101：Framework for the Preparation and Application of a Sampling Plan
ISO 15952：2018	2018	Soil Quality—Effects of Pollutants on Juvenile Land Snails（Helicidae）—Determination of the Effects on Growth by Soil Contamination
ISO 16133：2018	2018	Soil Quality—Guidance on the Establishment and Maintenance of Monitoring Programmes
ISO 18400-205：2018	2018	Soil Quality—Sampling—Part 205：Guidance on the Procedure for Investigation of Natural，Near-natural and Cultivated Sites
ISO 8157：2022	2022	Fertilizers，Soil Conditioners and Beneficial Substances—Vocabulary

表 14.3 ISO 发布的代表性土壤重金属污染防治标准（治理技术规范类）

标准号	发布年份	标准名称
ISO 5679：1979	1979	Equipment for Working the Soil—Disks—Classification，Main Fixing Dimensions and Specifications
ISO 11267：2014	2014	Soil Quality—Inhibition of Reproduction of Collembola（*Folsomia candida*）by Soil Contaminants

续表

标准号	发布年份	标准名称
ISO 14001：2015	2015	Environmental Management Systems—Requirements with Guidance for Use
ISO 18557：2017	2017	Characterization Principles for Soils，Buildings and Infrastructures Contaminated by Radionuclides for Remediation Purposes
ISO 14055-1：2017	2017	Environmental Management—Guidelines for Establishing Good Practices for Combatting Land Degradation and Desertification—Part 1：Good Practices Framework
ISO 18504：2017	2017	Soil Quality—Sustainable Remediation
ISO 11504：2017	2017	Soil Quality—Assessment of Impact from Soil Contaminated with Petroleum Hydrocarbons
ISO 19204：2017	2017	Soil Quality—Procedure for Site-specific Ecological Risk Assessment of Soil Contamination（Soil Quality TRIAD Approach）
ISO 17924：2018	2018	Soil Quality—Assessment of Human Exposure from Ingestion of Soil and Soil Material—Procedure for the Estimation of the Human Bioaccessibility/Bioavailability of Metals in Soil
ISO 31000：2018	2018	Risk Management—Guidelines
ISO 15886-3：2021	2021	Agricultural Irrigation Equipment—Part 3：Characterization of Distribution and Test Methods

2. 不同国家及地区的土壤质量管理标准

当前，许多国家和地区建立了基于风险的土壤环境标准体系，虽然各国发布的标准名称和定位有所区别，但均将重金属作为一类污染物指标列入其中。表 14.4 总结了 10 个代表性国家或地区涉及的 23 种重金属指标，土壤重金属标准的制定过程与应用范围都有所不同。

表 14.4　不同国家/地区土壤环境标准涉及的重金属指标（章海波等，2014）

元素	符号	中国大陆（内地）	中国台湾	中国香港	美国	加拿大	英国	荷兰	德国	日本	澳大利亚
砷	As	√	√	√	√	√	√	√	√	√	√
银	Ag				√						
钡	Ba			√	√	√		√			√
铍	Be				√						√
镉	Cd	√	√	√	√	√	√	√	√	√	√
钴	Co			√				√			√
铬(总量)	Cr(Total)	√	√		√	√			√		√
铬(Ⅲ)	Cr(Ⅲ)			√	√	√		√			√
铬(Ⅵ)	Cr(Ⅵ)			√	√	√		√	√	√	√

续表

元素	符号	中国大陆（内地）	中国台湾	中国香港	美国	加拿大	英国	荷兰	德国	日本	澳大利亚
铜	Cu	√	√	√		√		√	√	√	√
汞(总量)	Hg(Total)	√	√	√		√	√		√	√	
无机汞	Hg (Inorganic)				√			√			√
有机汞	Hg(Organic)							√		√	√
锰	Mn			√							√
钼	Mo			√				√			
镍	Ni	√	√	√	√	√	√	√	√		√
铅	Pb	√	√	√		√		√	√	√	√
锑	Sb			√	√			√			
硒	Se				√	√	√			√	
锡	Sn			√							
铊	Tl				√	√			√		
钒	V				√	√					√
锌	Zn		√	√	√	√		√	√		√

“√”代表此国家或地区涉及该项指标。

为适应环境修复行业的标准要求，一些发达国家也相继成立了属于本国的标准化组织，影响较大的几个标准化组织有：美国国家标准化学会（ANSI）、美国材料与试验协会（ASTM）、英国标准学会（BSI）等。美国国家标准化学会作为自愿性标准体系协调中心，是经美国联邦政府授权的非营利性民间标准化团体。美国材料与试验协会是一个专业标准化组织，成立于 1898 年，总部位于美国宾夕法尼亚州。该协会负责研究工业用材料和产品性能的标准化，以及制定技术条件和试验方法，如 ASTM E1676-2012《用蚯蚓作实验室土壤毒性试验的标准导则》，ASTM D4220/D4220M-14《保护和运输土壤样品的标准做法》等。英国标准学会于 1901 年在英国伦敦成立，目前已经制定出几乎涵盖了所有行业，总量高达 20 000 多项的标准，涉及质量管理、环境管理、职业健康和安全管理等。其他发达国家或国际联盟标准化组织，还有加拿大标准协会（CSA）、德国标准化协会（DIN）等。

在重金属筛选值的制定上，美国环境保护署的土壤筛选值，以人体健康风险和地下水保护为目标而制定；英国的土壤指导值则主要以人体健康风险为目标而制定；荷兰的土壤目标值和干预值，以及加拿大的土壤指导值，同时考虑了人体健康风险和生态风险；德国的触发值和行动值，同时考虑人体健康、生态风险、地下水三个保护目标。

在标准应用方面，多数国家主要制定了针对商业和居住用地的土壤环境标准，英国、加拿大、德国、日本还制定了针对农用地的标准。除此之外，联合国粮农组织和世界卫生组织还开展了国际食品标准系列化建设，具体负责该项事务的机构为食品法典委员会（CAC）、食品法典委员会执行委员会（CCEXEC）和食品污染物法典委员会（CCCF）。这些机构主要负责制定和许可食品、饲料中污染物及天然毒物的最高容许量，并对现行导则和标准进行必要的修订。其中，分析和采样方法法典委员会（CCMAS）负责制定适用法典分析和采样方法的标准；食品法典农药残留委员会（CCPR）负责制定特定食品或食品组中农药残留的标准。这些委员会的工作涉及 341 项食品卫生标准，约 2522 项农药污染物的残留最高允许限量标准（林玉锁，2004）。

14.1.2 主要发达国家或组织土壤重金属污染治理标准

20 世纪 70 年代，发达国家就启动了环境污染调查、风险评价与管理、修复技术与标准体系、公众参与及信息公开等方面的建设，“污染者承担制”已成为国家层面污染土壤修复过程的通用管理原则。由于地理特征、法律法规、管理政策、国风民情等方面的差异，不同国家在进行土壤管理标准的推导过程中，所采取的理论方法、科学思想及管理模式等都存在诸多不同，主要集中在敏感受体、土地利用方式、风险评估模型、风险等级的分类、筛选与赋值等方面。现将发达国家或组织农用地土壤重金属污染治理相关标准体系及其制定过程的差异汇总，以期为我国农用地土壤重金属风险管理提供经验借鉴与启示。

发达国家或组织始于 20 世纪 80 年代初期制定土壤环境保护法律和法规，已经形成相对完善的法律文件。如 1983 年荷兰颁布了《土壤修复法案（暂行）》（Interim Soil Remediation Act）、《土壤保护法》（Soil Protection Act）和《土壤质量法令》（Soil Quality Decree），1994 年初修订了《土壤保护法》（Soil Protection Act）（李芸，2014；周艳等，2016）；欧盟于 1972 年和 2006 年分别颁布了《欧盟土壤宪章》（European Soil Charter）；德国基于 1998 年制定的《联邦土壤保护法》（Federal Soil Protection Act），于 1999 年出台了更为详细的《联邦土壤保护和工业污染场地处理条例》（Federal Soil Protection and Contaminated Sites Ordinance），与此同时，德国政府还出台了《联邦区域规划法》（Federal Regional Planning Act）、《联邦自然保护法》（Federal Nature Conservation Act）等相关配套法律文件；1980 年美国颁布了《综合环境反应、补偿和责任法》又称为《超级基金法案》（Comprehensive Environmental Response，Compensation and Liability Act，CERCLA）；英国于 1990 年颁布了《环境保护法案》第 2A 部分（Environmental Protection Act 1990：Part 2 A），并在后续颁布了《规划政策声明 23》（Planning Policy Statement 23）、《城乡规划法》（Town and Country Planning Act）和《水资源法》（Water Resources Act，WRA）等相关法案；日本相继出台了《农用地土壤污染防治法》《土壤污染对策法》，以及与土壤污染防治间接相关的《大气污染防治法》《废弃物处置法》《化审法》《农药取缔法》等法案。

发达国家或组织也制定了基于风险的土壤污染管理导则、指南、规程等规范性文件，涵盖土壤调查、风险评价、风险管控与修复等内容。早在 1996 年，美国环境保护署就发布了基于三级风险评估的《土壤筛选导则》（Soil Screening Guidance，SSG），并根据用地类型的不同，分别制定了相应的土壤筛选值（soil screening levels，SSLs），以及基于非人类生物保护的生态土壤筛选值（Eco-SSLs）。

英国基于污染场地暴露评估模型（contaminated land exposure assessment，CLEA）推算出土壤指导值，用于指导是否对该国污染土壤采取修复行动措施。该指导值为基于不同的用地类型和健康可接受标准条件下，对人体健康风险可接受的污染物浓度。

1994 年，荷兰提出了保护人体健康和陆地生态毒理风险的土壤目标值（target values）和干预值（intervention values），以及基于农业、居住、工业等多种土地利用方式的风险最大允许值。1996 年，该国对原有的《土壤保护法》作进一步修订，不同部门间协作发布了标准土壤（含 10%有机质和 25%黏土）污染物的目标值和干预值，以及针对部分严重污染物的指示值（indicative levels）。该国利用 CSOIL 模型推导目标值和干预值，考虑了生态物种的生存以及人体健康，如超过 50%的生态物种或微生物活动受到影响，或存在人体健康风险，就认为不可接受（王国庆，2016；魏旭，2018）。

德国通过统计土壤-植物体系重金属赋存-吸收积累数据，建立起 TRANSFER 数据库，以农产品限量为风险控制标准，并利用回归方程反向推算方法，推导出基于农田作物质量安全保障的土壤重金属浓度值，以此作为触发值和行动值设置的主要依据（刘阳泽等，2021）。

加拿大环境保护部门于 2006 年颁布了《土壤质量指导值》（Canadian Soil Quality Guidelines，CSQGs），该标准设置了工业、商业/服务业、农业、公园和居住等不同用地场景，通过特定用地场景下的风险暴露情景和风险系数，推导出基于风险的人体健康和生态环境保护的土壤环境质量标准。

1991 年，日本制定了《土壤环境质量标准》，涉及镉、铜、砷、铅等重金属及有机氯化合物、苯等有机物的标准限量，并于 1994 年和 2001 年进行了两次修订，增加了农药、除草剂等 20 多项指标，并增设考虑地下水涵养和水质保护目的监测指标。于 2002 年 12 月 26 日颁布了《土壤污染对策法实施细则》，内容涵盖地下水和土壤中无机金属污染物及农药污染标准。

针对粮食与蔬菜等农产品中的重金属污染，日本、欧盟等发达国家或组织出台了相应的食品污染物限量标准。由于粮食与蔬菜中的重金属主要来源于工业生产、固废堆存、杀虫剂与除草剂等农药的喷洒，因此这些食品质量标准涉及多个农药残留物指标。日本对进口的粮食、蔬菜、油料等食品中的污染物浓度进行限制，涉及的重金属有 Sn、Cd、Pb、As 等，超过该标准限值的农产品一律予以销毁，不予进口。美国对农产品中农药残留物的限量进行规定，同时规定儿童食品中不得检出 Pb。

当前各个国家关于土壤重金属的限量标准水平不一，其原因在于各国在标准的研究和制定过程中，选取了不同的风险情景，如土地类型、暴露途径、环境敏感受体等，同时在风险模型选择、治理理念确立、目标设置等方面也存在差异，但大部分都基于风险的土壤环境质量标准，总体可分为三类（详见图 14.1）：①基于土壤基本功能保护的质量标准（目标值）；②基于敏感受体（人体与其他生物体）健康或生存环境保护的筛选值（最大值）；③污染土壤启动修复或管控的干预值（管控值）。不同国家农用地土壤重金属限量统计情况见表 14.5。

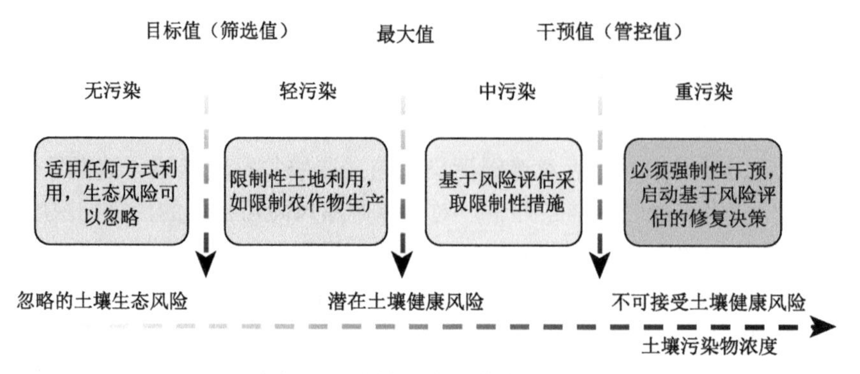

图 14.1　土壤污染风险管控标准

表 14.5　不同国家农用地土壤重金属限量统计　（单位：mg/kg）

国家	砷（As）	镉（Cd）	铬（Cr）	铜（Cu）	汞（Hg）	镍（Ni）	铅（Pb）	锌（Zn）	数据来源
中国（水田）	20～30	0.3～0.8	250～350	150～200	0.5～1.0	60～190	80～240	200～300	EPMC，2018
中国（其他）	25～40	0.3～0.6	150～250	50～100	1.3～3.4	60～190	70～120	200～300	EPMC，2018
澳大利亚	20	3	50	100	1	60	300	200	EPAA，2012
加拿大	20	3	250	150	0.8	100	200	500	CME，2009
德国	50	5	500	200	5	200	1000	600	EEA，2007
坦桑尼亚	1	1	100	200	2	100	200	150	TMS，2007
荷兰	76	13	180	190	36	100	530	720	EEA，2007
新西兰	17	3	290	$>10^4$	200	N/A	160	N/A	NZME，2012
英国	43	1.8	N/A	N/A	26	230	N/A	N/A	EEA，2007
美国	0.11	0.48	11	270	1	72	200	1100	USEPA，2002

N/A 表示该项目指标对标国家或地区不适用。

14.2　农用地土壤重金属污染治理技术标准

14.2.1　农用地土壤重金属污染治理

1. 总体思路

农用地土壤重金属污染治理策略与建设用地有显著的区别，建设用地土壤污染治理策略为风险管控与修复，清除或有限地去除土壤中的污染物，或针对风险产生的三要素（污染源、暴露途径和风险受体）进行管控。根据位置的不同，修复技术分为原位和异位修复。原位修复是在原来受到污染的土壤中进行处理，对土壤的影响较小，但修复周期较长；而异位修复需要将污染土壤挖掘出来，对土地的破坏较大，但修复周期较短。相对来说，原位修复技术更加适用于轻度污染和污染程度较小的土地，而异位修复技术更适用于重度污染和污染程度较大的土地。我国人多地少的国情决定了农用地土壤重金属污染治理，必须优先采用边生产边治理的策略，兼顾农用地土壤的粮食生产功能。农用地土壤重金属污染风险管控，是指采用农艺措施、土壤调理等措施，降低土壤中重金属生物有效性；或者采用生理阻隔等措施，降低农产品可食用部分重金属的积累，从而降低农产品重金属污染风险；或者通过改变作物种植结构等调整措施降低农产品污染风险。采取污染阻控、低累积品种替代、种植结构调整等系列治理措施，确保可食用农产品重金属含量不高于《食品安全国家标准 食品中污染物限量》规定的限值，或更换为非食用作物、经济作物，以防止重金属污染物通过食物链进入人体。我国土壤重金属污染问题与高碳排放的能源结构、产业结构密切相关，农用地土壤重金属污染治理应标本兼治，在切断污染源的基础上，选择低碳、绿色、高效的风险管控与修复技术，实现减污降碳协同增效。

近些年来，我国农用地土壤重金属污染防治工作取得了较大的进展。2016 年，国务院发布《土壤污染防治行动计划》（简称“土十条”）。2018 年 8 月 31 日，第十三届全国人大常务委员会第五次会议通过《中华人民共和国土壤污染防治法》，提出“保护优先、风险管控”土壤污染防治的基本原则，为依法、科学、精准治理土壤污染，做好顶层设计。我国在土壤环境质量标准、食品污染物限量、农用地土壤环境质量类别划分、风险管控与修复、治理效果评估等全链条，发布了多项规范性文件，推动了农用地土壤重金属污染治理的标准化。

按照“土十条”的要求，受污染耕地的安全利用率到 2020 年应达到 90%左右。《“十四五”土壤、地下水和农村生态环境保护规划》明确要求：2025 年受污染耕地安全利用率达到 93%。我国土壤污染防治虽然取得了良好的进展，但是现有的标准体系难以为农用地土壤重金属污染治理，提供全方位的技术标准支撑，建立较完善的农用地土壤重金属污染治理技术标准体系势在必行。与发达国家几十年来土壤重金属污染治理技术标准体系建设相比，我国当前的法律、法规、政策与技术规范还有待补充和完善，需要加强与国际标准的衔接，为“净土保卫战”提供高质量的技术标准体系。

2. 基本原则

标准体系建设对我国落实《中华人民共和国土壤污染防治法》、打赢“净土保卫战”具有深远的意义。相比于发达国家，我国土壤污染风险管控与修复研究起步晚、基础薄弱、技术标准体系建设滞后。因此有必要梳理分析国内外土壤重金属污染治理相关标准建设的已有成果，借鉴发达国家的先进治理经验，构建适合我国国情的标准体系。农用地土壤重金属污染治理技术标准体系的建设，应遵循科学性、适应性、可靠性与可持续性等基本原则。

科学性：农用地土壤重金属污染治理技术标准体系，首先应当建立在系统的科学原理及关键核心技术研究的基础上；其次，将风险管控理念贯穿于整个技术标准体系；最后，农用地土壤重金属污染治理不同于建设用地，要将土壤与农作物作为一个完整的体系考虑，且需符合多要素、多元素、多过程、多界面的地球表层系统理论。

适应性：我国人多地少的国情，以及镉、砷等元素的地统计平均丰度较低，但活性较高的特征，决定了我国农用地土壤重金属污染治理，应优先选择以降低重金属活性为主的边生产边治理策略。发达国家的农用地土壤重金属污染风险管控法律、法规、标准等建设的相关经验，并不一定完全适合我国国情，可基于风险管控的基本原则，进行选择性地吸收、引进和再创新，建立适合于我国国情的技术标准体系。

可靠性：农用地土壤重金属污染治理活动，是一个包括污染调查、风险识别与评价、风险管控与修复、效果评估、后期管理等在内的全流程综合过程，技术标准体系需要覆盖全流程。

可持续性：农用地土壤重金属污染治理技术标准体系，应有利于保持或提高产地土壤质量，保证产地土壤可持续利用，在经济和技术上均具有可持续性；应优先选择不影响农业生产，不改变农产品种类，不降低土壤生产功能的污染治理技术。

3. 技术框架

当前，我国土壤重金属污染治理技术框架，基本涵盖了法律、法规、管理政策文件与各级标准，其中管理政策文件包括国务院或各部委发布的管理政策，以及地方各级农业农村和生态环境管理部门发布的相关管理办法。我国已经初步建成了以国家环境限量标准（风险管控标准）为主体，基础标准、管理技术规范和环境检测标准相配套，省级地方标准、行业标准和团体标准为补充的综合性土壤重金属污染风险管控与修复技术标准体系，内容涉及污染调查、风险评价、土壤质量类别划分、风险管控与修复、效果评估与验收管理等各个环节。根据所发布标准的级别，可将这些标准分为国家、行业、地方与团体标准。根据标准的用途，又可分为基础标准、质量标准、技术规范与监测分析（图 14.2）。

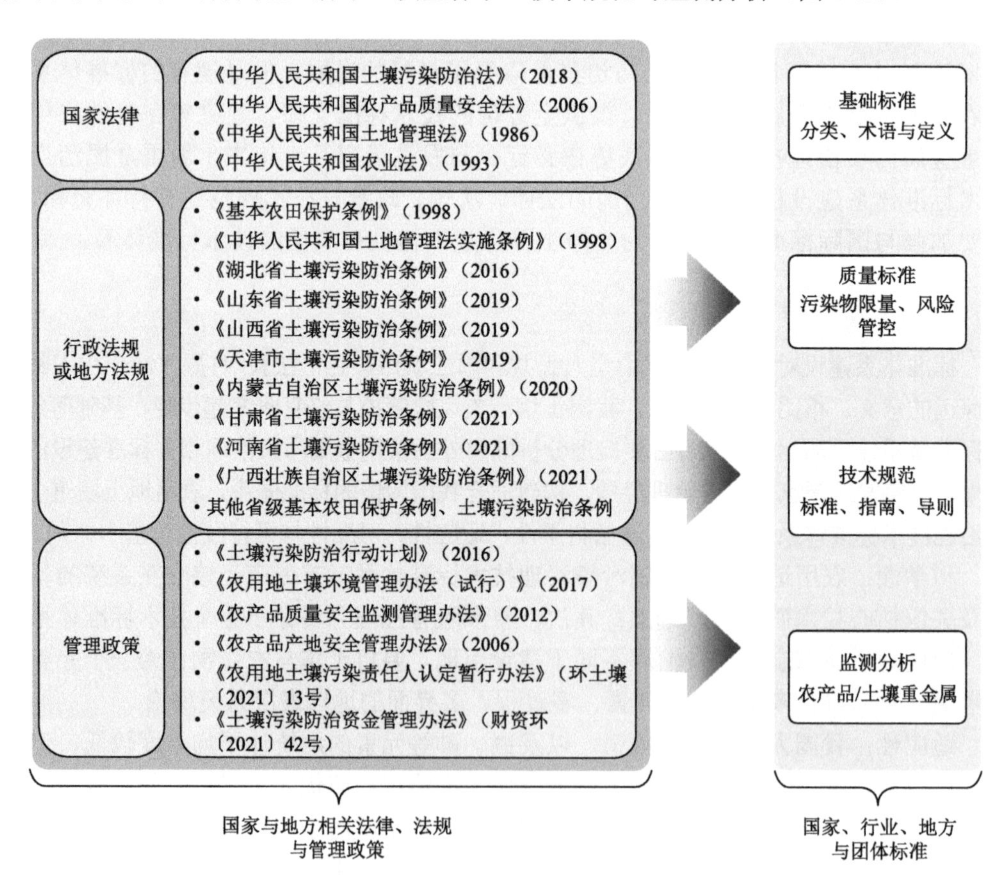

图 14.2　我国部分现有农用地土壤重金属污染管理规定

我国土壤环境质量标准，制定了针对不同土地利用类型、不同污染风险等级的重金属污染物限量及检测标准。现有的农用地土壤重金属污染治理技术标准基本框架如图 14.3 所示。

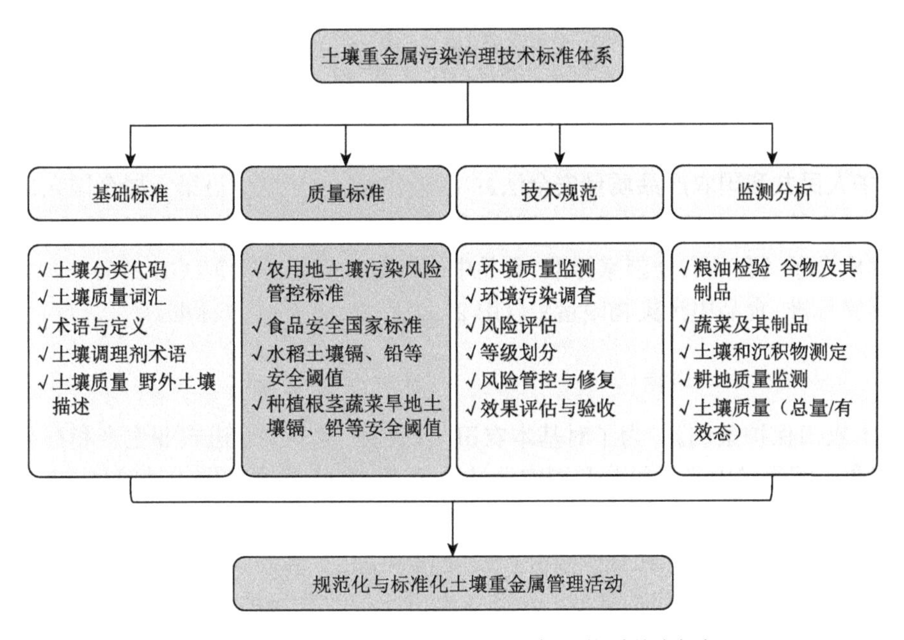

图 14.3　土壤重金属污染治理技术标准体系基本框架

14.2.2　法律、法规及管理政策

我国农用地土壤重金属污染治理相关的法律、法规及管理政策文件，按照其效力高低可分为国家法律、行政法规、部门规章、国家规范性文件、地方性法规、地方政府规章、地方规范性文件等。

1. 国家法律

截至 2022 年，中国出台了数百部环境污染防治相关的法律文件，其中与土壤重金属污染防治直接相关的法律文件，包括《中华人民共和国环境保护法》《中华人民共和国土壤污染防治法》《中华人民共和国农产品质量安全法》等。

《中华人民共和国环境保护法》：于 1989 年 12 月 26 日第七届全国人民代表大会常务委员会第十一次会议通过，2014 年 4 月 24 日第十二届全国人民代表大会常务委员会第八次会议修订。该法所称环境，是指影响人类生存和发展的各种天然的和经过人工改造的自然因素的总体，包括大气、水、海洋、土地、矿藏、森林、草原、湿地、野生生物、自然遗迹、人文遗迹、自然保护区、风景名胜区、城市与乡村等。该法对监督管理、保护与改善环境、防治污染和其他公害、信息公开和公众参与及法律责任做出明确规定。

《中华人民共和国土壤污染防治法》：于 2018 年 8 月 31 日第十三届全国人民代表大会常务委员会第五次会议通过，并于 2019 年 1 月 1 日起正式生效，填补了我国土壤污染防治立法的空白，为百姓“吃得放心、住得安心”提供了法律保障。该法律文件包括七章九十九条，分别为：总则，规划、标准、普查和监测，预防和保护，风险管控和修复，保障和监督，法律责任，附则。特别定义了风险管控和修复的内涵，包括土壤污染状况调查和土壤污染风险评估、风险管控、修复、风险管控效果评估、修复效果评估、后期管理等活动。鉴于土壤污染的隐蔽性、滞后性、长期性特征，确定了土壤污染防治应当坚持“预防为主、保护优先、分类管理、风险管控、污染担责、公众参与”的原则。

《中华人民共和国农产品质量安全法》：于 2006 年 4 月 29 日第十届全国人民代表大会常务委员会第二十一次会议通过，填补了我国农产品质量安全管理的法律空白。此后，我国相继出台了《食品安全国家标准 食品中农药最大残留限量》（GB 2763—2021）、《食品安全国家标准 食品中污染物限量》（GB 2762—2022）等国家标准。

2. 行政法规或地方性法规

《基本农田保护条例》：为了对基本农田实行特殊保护，促进农业生产和社会经济的可持续发展，根据《中华人民共和国农业法》和《中华人民共和国土地管理法》，1998 年 12 月 27 日中华人民共和国国务院令第 257 号发布《基本农田保护条例》，并根据 2011 年 1 月 8 日《国务院关于废止和修改部分行政法规的决定》修订。该条例划定了我国基本农田保护区，实行基本农田保护制度，对基本农田实行特殊保护。

各省（区、市）土壤污染防治条例： 湖北省、山东省、山西省、湖北省、天津市、内蒙古自治区、甘肃省、河南省、广西壮族自治区、宁夏回族自治区等多个省（市、区）的人民代表大会常务委员会，相继制定并发布本省（区、市）的土壤污染防治条例。

3. 管理政策

《土壤污染防治行动计划》：在生态文明建设与污染防治攻坚战的背景下，2016 年 5 月 28 日，国务院发布了《土壤污染防治行动计划》（简称“土十条”）。“土十条”的颁布，确立了我国土壤污染防治的总体要求、工作目标、主要指标。主要内容包括：①开展土壤污染调查，掌握土壤环境质量状况；②推进土壤污染防治立法，建立健全法规标准体系；③实施农用地分类管理，保障农业生产环境安全；④实施建设用地准入管理，防范人居环境风险；⑤强化未污染土壤保护，严控新增土壤污染；⑥加强污染源监管，做好土壤污染预防工作；⑦开展污染治理与修复，改善区域土壤环境质量；⑧加大科技研发力度，推动环境保护产业发展；⑨发挥政府主导作用，构建土壤环境治理体系；⑩加强目标考核，严格责任追究。2018 年 5 月 28 日，生态环境部联合国家发展和改革委员会、科学技术部等 12 个部委发布了《土壤污染防治行动计划实施情况评估考核规定（试行）》，对落实土壤污染防治工作责任，强化监督考核，管控土壤污染风险产生积极作用。

《农用地土壤环境管理办法（试行）》（环境保护部、农业部令第 46 号）：为了加强农用地土壤环境保护监督管理，保护农用地土壤环境，管控农用地土壤环境风险，保障农产品质量安全，根据《中华人民共和国环境保护法》《中华人民共和国农产品质量安全法》等法律法规和《土壤污染防治行动计划》，制定了《农用地土壤环境管理办法（试行）》，由环境保护部和农业部 2017 年 9 月 25 日联合发布，自 2017 年 11 月 1 日起施行。该管理办法明确指出：农用地土壤污染防治相关活动，是指对农用地开展的土壤污染预防、土壤污染状况调查、环境监测、环境质量类别划分、分类管理等活动。农用地土壤环境质量类别划分和分类管理，主要适用于耕地。园地、草地、林地可参照执行。

《农产品质量安全监测管理办法》：依据《中华人民共和国农产品质量安全法》、《中华人民共和国食品安全法》和《中华人民共和国食品安全法实施条例》，农业部 2012 年第 7 号令发布了《农产品质量安全监测管理办法》，自 2012 年 10 月 1 日起施行，2022 年 1 月 7 日农业农村部令 2022 年第 1 号修订。该管理办法主要服务于监督管理部门的农产品质量安全监测工作，对农产品质量安全风险监测，以及农产品质量安全监督抽查活动方法、程序、责任主体及工作纪律做出明确的规定。

《农产品产地安全管理办法》（中华人民共和国农业部令第 71 号）：为加强农产品产地管理，改善产地条件，保障产地安全，依据《中华人民共和国农产品质量安全法》，制定了《农产品产地安全管理办法》，于 2006 年 9 月 30 日经农业部第 25 次常务会议审议通过，自 2006 年 11 月 1 日起正式施行。农产品产地安全是指农产品产地的土壤、水体和大气环境质量等符合生产质量安全农产品要求，该办法分别对产地监测与评价、禁止生产区划定与调整、产地保护、监督检查等各方面做出详细规定。

《土壤污染防治资金管理办法》：2022 年财政部和生态环境部发布财资环〔2022〕28 号文件，对土壤污染防治资金的使用加强了规范化管理。该办法基于《中华人民共和国预算法》《中华人民共和国土壤污染防治法》《中共中央 国务院关于全面实施预算绩效管理的意见》《生态环境领域中央与地方财政事权和支出责任划分改革方案》《中央对地方专项转移支付管理办法》等规定，对防治资金的管理和使用原则和要求、实施期限、支持领域、责任单位、使用过程、专项转移支付等进行了详细的规定。

《农用地土壤污染责任人认定暂行办法》：2021 年 1 月 28 日，生态环境部、农业农村部、自然资源部、国家林业和草原局联合发布《农用地土壤污染责任人认定暂行办法》。该办法适用于农用地土壤污染责任人不明确，或者存在争议时的土壤污染责任人认定活动，涵盖启动与调查、审查与认定、过程管理等内容。

14.2.3 我国农用地土壤重金属污染治理技术标准概况

据不完全统计，截至 2021 年 12 月，我国现有的农用地土壤重金属污染治理技术标准总计 329 项，其中国家、行业、地方和团体标准分别为 69、97、120 和 43 项。

在所有发布的行业标准中，涵盖了生态环境、农业农村、地质矿产、粮食、林业、自然资源等多个行业部门。所有的相关行业标准中，生态环境部和农业农村部是农用地土壤重金属污染治理标准发布的两大核心部门，其发布的行业标准数量占比分别约为 27%和 46%；其次是林业、地质矿产和粮食主管部门，占比分别约为 11%、7%和 5%。

从全国近 20 年发布的省级地方标准统计结果可以看出，各省（区、市）主管部门发布的地方标准数量呈逐年上升趋势，从 2001 年的 2 项到 2020 年的 19 项，表明各省级相关行政主管部门，也积极参与到农用地土壤重金属污染治理的标准化建设工作中，推动了行业的持续发展。在所有发布地方标准的省（区、市）中，广东和黑龙江是地方标准发布数量最多的两个省份。

14.2.4 我国农用地土壤重金属污染治理技术标准体系

1. 基本流程

农用地土壤重金属污染治理过程包括六个关键流程和全流程技术标准体系，如图 14.4 和图 14.5 所示。

第一步是资料收集与分析。要求全面、完整、系统性地分析治理区域的地质背景、水文与水化学背景、气候与气象资料、土壤类型与基本理化性质、生产布局、社会与经济状况等信息。

第二步是进行环境质量调查。参照《农用地土壤污染状况详查点位布设技术规定》进行补充采样监测，并结合资料收集与污染调查结果，确定污染分布区域、污染状况和污染风险。

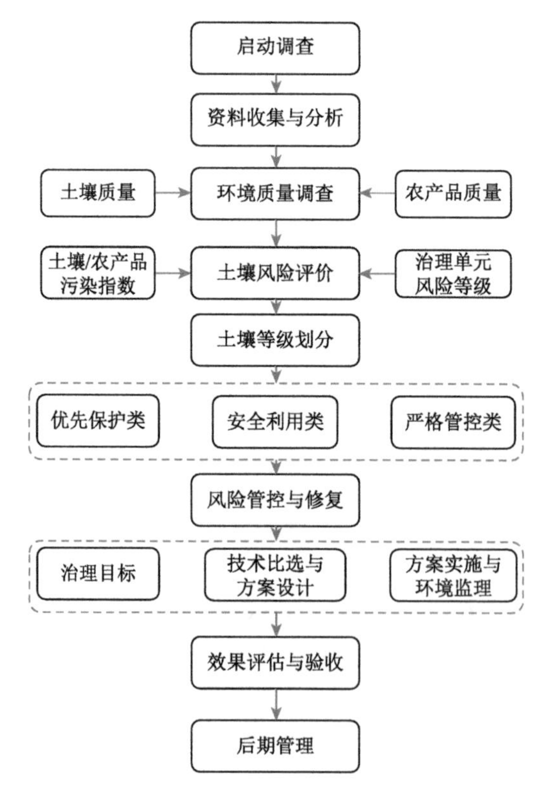

图 14.4　农用地土壤重金属污染治理基本流程

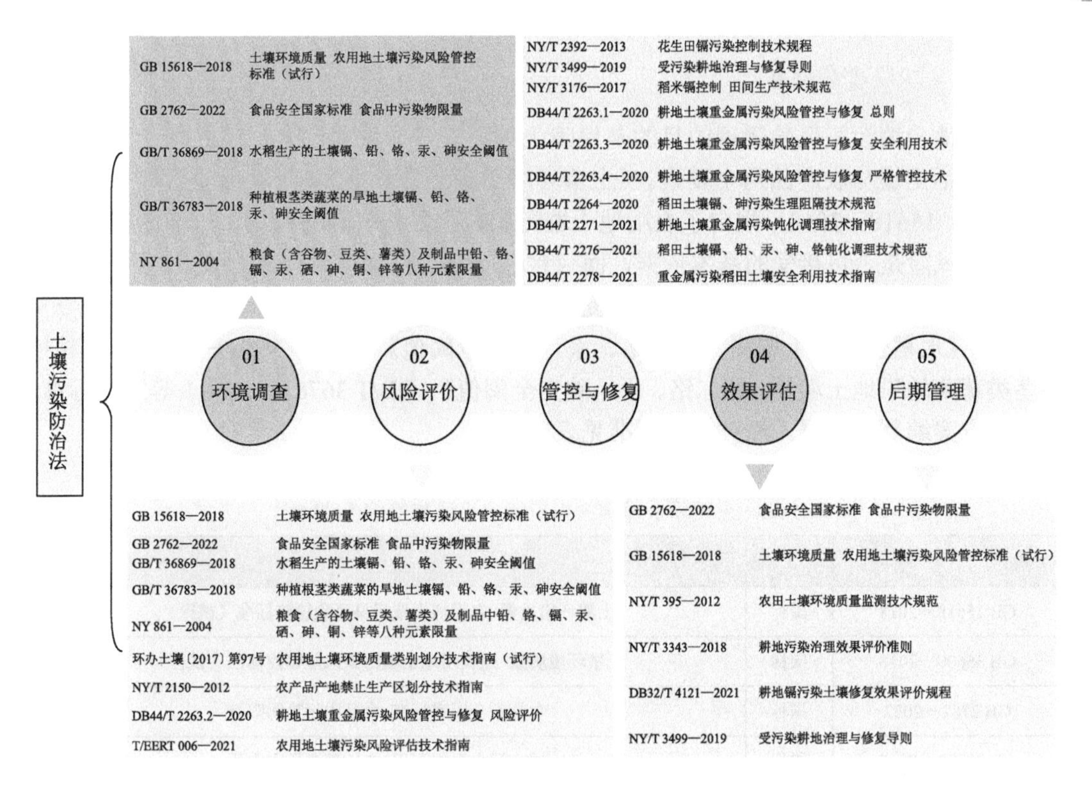

图 14.5　土壤重金属污染治理全流程技术标准体系

第三步是进行土壤及农产品调查点位的重金属污染风险评价与土壤质量分类分级。根据《农用地土壤环境质量类别划分技术指南（试行）》，首先划分点位重金属污染风险等级，并根据地统计学原理，在治理单元内评估土壤和农产品重金属污染风险，划分治理单元区域内农用地土壤环境质量类别，为农用地分类管理提供依据。

第四步是风险管控与修复。对优先保护类、安全利用类和严格管控类农用地，制定相应的风险管控或修复方案。优先保护类农用地需要严格管控新增污染，加强灌溉水、农业投入品、土壤及农产品质量监测；安全利用类农用地的重金属污染已对农产品安全构成一定危害，可以采取污染阻控技术，辅以水肥管理、低累积作物品种等农艺措施，实现农产品达标；严格管控类农用地必须执行严格的风险管控，优先种植重金属低累积的可食用作物品种，或调整种植结构，种植经济价值较高的非食用类经济作物。

第五步是效果评估与验收。首先对实施区域进行统一验收，判断是否达到治理目标。如果整个区域无法达到治理目标，可细分为若干验收单元，达到治理效果的验收单元，视为实现风险管控与修复目标，未达到治理效果的验收单元，在调整优化风险管控与修复方案后，再进一步进行风险管控与修复。

第六步是后期管理。实现安全利用的农用地，应定期开展农产品质量跟踪监测和调查评估，并根据跟踪监测和评估结果，适时调整农艺措施以确保区域内农产品稳定达标。对于严格管控类农用地，应定期开展土壤质量跟踪监测和调查评估，并根据跟踪监测和评估结果调整农用地土壤环境质量类别。

2. 土壤环境质量调查

农用地土壤污染风险管理的目的是保障土壤与农产品质量安全，因此，土壤环境质量调查包括土壤与农产品两个要素。《土壤环境质量 农用地土壤污染风险管控标准（试行）》（GB 15618—2018）规定了农用地土壤污染风险筛选值和管控值，可作为初步判定土壤环境风险是否可接受的基本依据，而《食品安全国家标准 食品中污染物限量》（GB 2762—2022）是判断农产品重金属含量是否达标的基本依据。此外，在风险管控与修复实践中，《水稻生产的土壤镉、铅、铬、汞、砷安全阈值》（GB/T 36869—2018）、《种植根茎类蔬菜的旱地土壤镉、铅、铬、汞、砷安全阈值》（GB/T 36783—2018）等国家标准，可作为方案编制的依据。相关技术标准见表 14.6。

表 14.6 土壤重金属相关国家标准（风险管控/限量类）

标准号	级别	标准名称
GB 15618—2018	国标	土壤环境质量 农用地土壤污染风险管控标准（试行）
GB 36600—2018	国标	土壤环境质量 建设用地土壤污染风险管控标准（试行）
GB 2762—2022	国标	食品安全国家标准 食品中污染物限量
GB 20922—2007	国标	城市污水再生利用 农田灌溉用水水质
GB 5084—2021	国标	农田灌溉水质标准
GB/T 36869—2018	国标	水稻生产的土壤镉、铅、铬、汞、砷安全阈值
GB/T 36783—2018	国标	种植根茎类蔬菜的旱地土壤镉、铅、铬、汞、砷安全阈值

生态环境部、农业农村部还颁布了相关的行业标准，包括《食用农产品产地环境质量评价标准》（HJ 332—2006）、《无公害农产品 种植业产地环境条件》（NY/T 5010—2016）和《温室蔬菜产地环境质量评价标准》（HJ 333—2006），可作为农产品产地环境质量评价的标准依据。农用地土壤调查，可依据《土壤环境监测技术规范》（HJ/T 166—2004）、《农用地土壤污染状况详查点位布设技术规定》、《环境影响评价技术导则 土壤环境（试行）》（HJ 964—2018）等标准执行。为兼顾当地农用地土壤条件的差异性，山东省还发布了地方标准《设施蔬菜土壤质量标准》（DB37/T 2050—2012）。相关技术标准见表 14.7。

表 14.7 土壤重金属相关行业标准（风险管控/限量类）

标准号	级别	标准名称	行业	标准状态
HJ 332—2006	行标	食用农产品产地 环境质量评价标准	环境	现行
HJ 333—2006	行标	温室蔬菜产地 环境质量评价标准	环境	现行

续表

标准号	级别	标准名称	行业	标准状态
TD/T 1033—2012	行标	高标准基本农田建设标准	国土	现行
NY 861—2004	行标	粮食（含谷物、豆类、薯类）及制品中铅、铬、镉、汞、硒、砷、铜、锌等八种元素限量	农业	现行

3. 风险评价与土壤环境质量类别划分

农用地土壤重金属污染风险评价，包括收集与分析、点位风险评价、治理单位风险评价与等级划分、不确定性分析与总结报告等过程。近年来，我国已经多次开展土壤重金属污染调查，主要包括全国土壤污染状况调查、农产品产地土壤重金属污染调查、多目标区域地球化学调查与详查、全国土壤污染状况详查等，为开展土壤重金属污染风险评价，以及土壤环境质量类别划分，积累了大量的基础数据。

农用地土壤与建设用地土壤污染风险评价方法存在明显的区别。建设用地土壤污染风险评价，是基于《建设用地土壤污染风险评估技术导则》（HJ 25.3—2019）中污染场地概念模型及多种暴露途径而进行的。而农用地土壤重金属污染风险评价，是基于土壤和农产品重金属污染风险的协同评价，确定点位风险，从而划定土壤质量类别与污染风险等级。

《食品安全国家标准 食品中污染物限量》（GB 2762—2022）对谷物及其制品、蔬菜及其制品、水果及其制品、豆类及其制品等农副产品中的重金属限量进行了规定，涉及的重金属指标包括铅、镉、汞、砷、锡、镍、铬。此外，农业部发布的行业标准《粮食（含谷物、豆类、薯类）及制品中铅、铬、镉、汞、硒、砷、铜、锌等八种元素限量》（NY 861—2004），对谷物、豆类等农副产品的 8 种典型重金属指标进行限量规定。农副产品中典型重金属的限量标准详见表 14.8。

表 14.8　食品中典型重金属限量

污染物	农产品（大类）	农产品（小类）	限量/[(mg/kg)]	备注
铅（Pb）	谷物及其制品	谷物及其制品	0.2	
	蔬菜及其制品	新鲜蔬菜	0.1	芸薹类蔬菜、叶菜蔬菜、豆类蔬菜、生姜、薯类除外
		叶菜蔬菜	0.3	
		芸薹类蔬菜、豆类蔬菜、生姜、薯类	0.2	
		蔬菜制品	0.3	酱腌菜、干制蔬菜除外
	水果及其制品	新鲜水果	0.1	蔓越莓、醋栗除外
		水果制品	0.2	水果干类除外
		水果干类	0.5	
	豆类及其制品	豆类	0.2	
		豆类制品	0.3	豆浆除外
		豆浆	0.05	

续表

污染物	农产品（大类）	农产品（小类）	限量/[(mg/kg)]	备注
镉（Cd）	谷物及其制品	谷物	0.1	稻谷除外
		谷物碾磨加工品	0.1	糙米、大米（粉）除外
		稻谷、糙米、大米（粉）	0.2	
	蔬菜及其制品	新鲜蔬菜	0.05	叶菜蔬菜、豆类蔬菜、块根和块茎蔬菜、茎类蔬菜、黄花菜除外
		叶菜蔬菜	0.2	
		豆类蔬菜、块根和块茎蔬菜、茎类蔬菜	0.1	芹菜除外
		芹菜、黄花菜	0.2	
	水果及其制品	新鲜水果	0.05	
	豆类及其制品	豆类	0.2	
	坚果及籽类	花生	0.5	
汞（Hg）	谷物及其制品	谷物	0.02	稻谷、糙米、大米（粉）、玉米、玉米粉、玉米糁（渣）、小麦、小麦粉
	蔬菜及其制品	新鲜蔬菜	0.01	
砷（As）	谷物及其制品	谷物	0.5	稻谷除外
		谷物碾磨加工品	0.5	糙米、大米除外
		大米（粉）	0.2	无机砷
	蔬菜及其制品	新鲜蔬菜	0.5	总砷
镍（Ni）	油脂及其制品	油脂及其制品	1.0	氢化植物油、含氢化和（或）部分氢化油脂的油脂制品
铬（Cr）	谷物及其制品	谷物	1.0	以糙米计
		谷物碾磨加工品	1.0	
	蔬菜及其制品	新鲜蔬菜	0.5	

4. 风险管控与修复

原则上应依据土壤环境质量类别，制定有针对性的风险管控与修复策略。对于优先保护类，应防止新增污染，设为基本农田保护区，并进行土壤改良，提高土壤环境容量。对于安全利用类，应采用土壤钝化、生理阻隔等措施，辅以农艺措施等，联合采用低累积作物品种，具体应根据稻田、旱地等类别分析确定。对于严格管控类，应着力降低土壤重金属含量和风险等级，优先种植重金属低累积的可食用作物，或种植重金属低累积的非食用作物，降低土壤重金属含量和风险等级，还可实行退耕还林还草。

《耕地土壤重金属污染风险管控与修复 风险评价》（DB44/T 2263.2—2020）制定了三类五级的风险管控与修复策略。农用地土壤重金属风险管控与修复技术的国家标准鲜有发布，行业技术标准主要有《受污染耕地治理与修复导则》（NY/T 3499—2019）、《耕地污染治理效果评价准则》（NY/T 3343—2018）、《农用地土壤重金属污染风险管控与修复 名词术语》（NY/T 3957—2021）、《稻米镉控制 田间生产技术规范》（NY/T 3176—2017）、《花生田镉污染控制技术规程》（NY/T 2392—2013）等。

具有代表性的地方标准包括：广东省发布的《耕地土壤重金属污染风险管控与修复 总则》（DB44/T 2263.1—2020）、《耕地土壤重金属污染风险管控与修复 安全利用技术》（DB44/T 2263.3—2020）、《耕地土壤重金属污染风险管控与修复 严格管控技术》（DB44/T 2263.4—2020）、《稻田土壤镉、砷污染生理阻隔技术规范》（DB44/T 2264—2020）、《耕地土壤重金属污染钝化调理技术指南》（DB44/T 2271—2021）、《稻田土壤镉、铅、汞、砷、铬钝化调理技术规范》（DB44/T 2276—2021）、《重金属污染菜地土壤安全利用技术指南》（DB44/T 2277—2021）和《重金属污染稻田土壤安全利用技术指南》（DB44/T 2278—2021）河北省发布的《农用地土壤重金属污染修复技术规程》（DB13/T 2206—2020）、广西壮族自治区发布的《农田土壤重金属污染修复技术规范》（DB45/T 2145—2020）、四川省发布的《农用石灰改良重金属轻度污染酸性土壤技术规程》（DB51/T 2496—2018）、湖南省发布的《重金属污染地桑树栽培技术规程》（DB43/T 1700—2019）、天津市发布的《农田土壤镉和莠去津复合污染原位钝化修复技术规程》（DB12/T 951—2020）、辽宁省发布的《温室土壤连作障碍修复技术规程》（DB21/T 3290—2020）、吉林省发布的《设施蔬菜土壤改良技术规程》（DB22/T 2138—2018）、四川省发布的《冬水稻田土壤改良技术规程》（DB51/T 2498—2018）、福建省发布的《水稻田镉污染防控技术规程》（DB35/T 1528—2015）、江苏省发布的《紫菜产品铅限值控制技术规范》（DB32/T 3174—2017）等。

5. 效果评估与验收

风险管控与修复活动完成后，由效果评估单位独立地进行耕地土壤重金属污染风险管控与修复效果评估，并编制效果评估报告。可参照表 14.9 所列的行业标准，进行评估过程的取样与监测的标准化操作。根据土壤环境质量类别不同，效果评估可分为安全利用、严格管控类耕地治理效果评估。

安全利用效果评估的首要目标是判定安全利用区域内农产品重金属含量达标率是否达到治理要求。一般来说，2021 年前，根据“土十条”的基本要求，治理目标设定为受污染耕地安全利用率达到 90%左右，自 2022 年起，生态环境部有关文件要求将受污染耕地安全利用率提高到 93%。次要目标主要包括：与对照相比，农产品重金属含量下降的百分比、土壤重金属有效态下降的百分比，以及农产品产量影响评价、生态环境效应评价、土壤肥力影响评价、经济合理性评价等。

严格管控效果评估需要根据设定的技术方案，以及与之匹配的治理目标来进行。替代种植主要评估替代种植的食用农产品安全达标率；种植结构调整主要评估目标区域内食用农产品安全达标率、经济作物的效益，以及土壤重金属含量变化情况等；治理修复主要评估土壤重金属含量是否满足筛选值要求。另外，生态环境效应、经济合理性也是重要的评价内容。

农业农村部发布了《受污染耕地治理与修复导则》（NY/T 3499—2019）、《耕地污染治理效果评价准则》（NY/T 3343—2018）行业标准，可作为效果评估的依据。具有典型代表性的地方标准主要有江苏省发布的《耕地镉污染土壤修复效果评价规程》（DB32/T 4121—2021）、天津市发布的《设施农用有机肥重金属镉风险控制要求》（DB12/T 953—2020）、四川省发布的《农产品产地重金属污染土壤采样技术规范》（DB51/T 2221—2016）、河南省发布的《农用地土壤污染状况调查技术规范》（DB41/T 1948—2020）。

表 14.9　代表性土壤重金属相关行业标准（技术规范类）

标准号	标准名称	行业
HJ 964—2018	环境影响评价技术导则土壤环境（试行）	环境
HJ/T 166—2004	土壤环境监测技术规范	环境
NY/T 3499—2019	受污染耕地治理与修复导则	农业
NY/T 3176—2017	稻米镉控制 田间生产技术规范	农业
NY/T 2392—2013	花生田镉污染控制技术规程	农业
NY/T 395—2012	农田土壤环境质量监测技术规范	农业
NY/T 1262—2007	农业环境污染事故等级划分规范	农业
NY/T 1654—2008	蔬菜安全生产关键控制技术规程	农业
NY/T 2149—2012	农产品产地安全质量适宜性评价技术规范	农业
NY/T 2150—2012	农产品产地禁止生产区划分技术指南	农业
NY/T 2949—2016	高标准农田建设技术规范	农业
NY/T 5295—2015	无公害农产品 产地环境评价准则	农业
NY/T 5335—2006	无公害食品 产地环境质量调查规范	农业
NY/T 1054—2021	绿色食品 产地环境调查、监测与评价规范	农业
NY/T 391—2021	绿色食品 产地环境质量	农业
DZ/T 0214—2002	铜、铅、锌、银、镍、钼矿地质勘查规范	地质矿产
LY/T 3180—2020	干旱干热河谷区退化林地土壤修复技术规程	林业
LY/T 2250—2014	森林土壤调查技术规程	林业
RB/T 147—2018	有机植物生产土壤培肥与土壤改良剂评价技术规范	认证认可

6. 后期管理

实施安全利用、严格管控措施，并通过效果评估与验收的治理区域，需要进行后期管理。安全利用区域，应定期追踪评估农产品的安全达标率；安全达标效果稳定的区域，可将土壤环境质量类别动态调整为优先保护类；效果不稳定的区域，应优化风险管控与修复技术方案，以满足农产品安全达标的目标。严格管控区域，应定期开展土壤质量跟踪监测和调查评估，根据跟踪监测和评估结果，调整土壤环境质量类别。

目前，我国尚缺乏对风险管控与修复后产生的环境、经济与社会影响的评估，以及相关的监督性技术文件与技术规范。建设用地污染修复，发达国家的后期管理（长期管理）经验，可为我国农用地土壤污染治理的长期管理实践提供借鉴。如美国采用五年跟踪审查（five-year review，FYR）的方式，对修复后的污染土壤进行管理，评价污染土壤修复措施的实施情况和效果，以及是否保护环境和人类健康，待确定稳定达标后，将其从《国家优先治理名录》（National Priority List，NPL）中移除。英国、加拿大也都有长期管理的相关技术规范。农用地土壤污染治理的长期管理需要满足以下目标：评估风险管控与修复行动的长期有效性，通过长期监测明确是否需要额外的治理行动，长期监测治理区域的农产品达标水平，长期监测治理区域的土壤环境质量类别。代表性土壤重金属相关行业及国家标准（技术规范类）见表 14.9 和表 14.10。

表 14.10 代表性土壤重金属相关国家标准（技术规范类）

标准号	级别	标准名称
GB/T 28405—2012	国标	农用地定级规程
GB/T 28407—2012	国标	农用地质量分等规程
GB/T 30763—2014	国标	农产品质量分级导则
GB/T 33130—2016	国标	高标准农田建设评价规范
GB/T 36195—2018	国标	畜禽粪便无害化处理技术规范
GB/T 39029—2020	国标	生物产品去除重金属功效评价技术规范
GB/T 39792.1—2020	国标	生态环境损害鉴定评估技术指南 环境要素 第 1 部分：土壤和地下水
GB/T 30600—2022	国标	高标准农田建设 通则

14.2.5 国外农用地土壤重金属污染治理技术标准的经验分析

发达国家的土壤重金属污染治理技术标准建设经验，可总结为：①立法先行，有法可依；②基于风险的土壤污染防治行动；③多级部门联动机制；④可持续的土壤质量管理。

1. 立法先行，有法可依

发达国家十分注重土壤环境质量保护的前期立法工作。近 40 年来，各个发达国家生态环境质量的改善，可归因于环境保护的早期立法。1980 年 12 月 11 日，美国联邦政府通过了《综合环境反应、补偿和责任法》（又称《超级基金法案》），明确了联邦政府、州级政府和地方政府各方管理责任主体，以及污染治理费用责任主体，有效地解决了污染防治过程中的主体责任难以落实的问题。1987 年，荷兰正式颁布了《土壤保护法》，并于 1994 年、1996 年进行了修订，该法的基本特征是预防为主，防治结合，可持续土壤环境管理。

2. 基于风险的土壤污染防治行动

土壤与农产品重金属污染风险是划分土壤环境质量类别的依据，也是实施风险管控与修复的依据。只有当农用地土壤污染造成了人体健康风险或生态风险，才需要启动风险管控与修复。例如，农产品重金属含量超过了《食品安全国家标准 食品中污染物限量》规定的污染物限量，则该农产品可通过食物链途径产生潜在的健康风险，就需要采取适当的风险管控与修复措施。在土壤污染治理中，荷兰采用目标值和干预值，英国采用健康风险指导值和保护生态的筛选值等，都是基于环境风险的土壤质量指导值。

3. 国家政府主导的多级部门联动机制

发达国家的土壤污染防治经验表明，虽然各国的制度、法律规定、管理体系、技术标准、保护目标等存在一定的差异，但其污染防治都是在各个国家政府的主导下，由环境、农业、卫生等多部门联动协作完成。例如，在美国，首先由联邦政府或州级政府出台国家级与地方的法律文件，规定土壤污染防治的主体责任、监督责任与处理处置条款等；然后，技术部门出台土壤污染相关的技术标准，服务于风险管控与修复过程所需的导则、指南、规范、规程等标准化文件；最后，土壤污染调查、风险评价、风险管控与修复等活动的执行与监督过程，由国家各级政府部门、技术单位、公众等协同推进。

4. 绿色低碳、环境友好与绿色可持续的土壤质量管理

农用地土壤重金属污染防治，不能仅局限于土壤或农产品重金属含量达标。农用地土壤的功能既包括生产功能，也包括生态功能；既要满足农业生产高产优质，也要尽可能发挥土壤的生态功能，提高生物多样性。农用地土壤污染治理，需要与高标准农田建设、土壤质量提升、固碳减排等目标协同实施，提高其可持续性。

14.2.6 主要挑战与标准规划建议

我国农用地土壤重金属污染治理的标准化工作已经取得了初步成效，但是由于土壤污染治理的复杂性、长期性及艰巨性，仍然面临着诸多挑战。构建我国农用地土壤重金属污染治理技术标准体系，任重而道远。

1. 主要挑战

土壤环境质量管理，既要坚持全国统一的标准管理，也要兼顾地域差异。我国幅员辽阔，国土面积跨越热带、亚热带、温带、寒带等多种类型的气候带；土壤类型众多，西北黄土、南方红土与东北黑土的土壤性质差别较大；南北方种植结构、人群饮食习惯差异明显。虽然采用 GB 15618—2018 规定的 4 个 pH 范围的筛选值与管控值，有利于加强全国土壤环境质量的分类管理，但是仍然面临着西南地区地质高背景、华南与中南地区酸性土壤重金属高活性的特殊性，各省（区、市）可根据其土壤地理与地球化学特征，制定针对性更强的地方标准，与国家标准形成一个有机整体。

农用地土壤污染治理，包括前期调查、风险评价与类别划分、风险管控与修复、效果评估、后期管理等多个环节。目前，前期调查、风险评价与类别划分、效果评估等环节，已有相应的行业标准；风险管控与修复、后期管理等环节的技术标准尚处于起步阶段，特别是国家标准尚为空白，而行业标准的系统性有待加强。今后，需要加强相关行业标准、国家标准的研究制定，建立我国农用地土壤重金属污染治理技术标准体系。

农用地土壤重金属污染治理，需要加强其多目标协同的可持续性。在遵循“依法治

污、科学治污、精准治污”的同时，还需要充分考虑土壤重金属污染治理的系统性、复杂性、长期性，将高标准农田建设、土壤质量提升与土壤污染治理结合起来，发挥国家在耕地保护投资方面的效益。另外，“碳达峰”和“碳中和”是国家履行《巴黎协定》重要的行动计划，土壤有机碳是重要的碳汇，农业生产可能是温室气体排放的源，也可能是提升有机碳的汇，因此要制定相应的技术标准，将农用地土壤重金属污染治理与固碳减排有机结合。

2. 技术标准体系建设思路

部门联动，共建标准：依据“土十条”的第二条，推动土壤污染防治立法，建立健全法规标准体系，提出“系统构建标准体系”的目标。依据《农用地土壤环境管理办法（试行）》，农业农村部、生态环境部共同负责农用地土壤重金属污染治理的管理工作。农用地包括耕地、园地、草地、林地等多个用地细分类别，而且农用地土壤具有资源、生产、生态等多种功能，还涉及自然资源等其他部门。因此，必须多部门间联动才能不断完善农用地土壤重金属污染治理技术标准体系。

覆盖全流程，构建标准体系：农用地土壤重金属污染治理，涉及多个环节，相关环节的技术标准现状，本章已经做了较详细的介绍。需要强调的是，污染治理首先应该建立在污染源得到有效管控的基础上。重金属污染源包括工业排放源、农业投入品来源、灌溉水来源等，编制重金属污染源头管控的相关技术标准十分必要。另外，土壤重金属污染治理，还需要产业体系的支持，因此，相关的技术与产品的认证及技术标准的编制也十分必要。

交叉融通，多目标协同治理：土壤是生态文明建设的重要载体，稻田等耕地的土壤环境质量是粮食安全生产的命根子，我们要像保护大熊猫一样保护耕地。土壤质量事关粮食安全、人民身体健康、生态文明建设、乡村振兴等国家重大需求。因此，土壤重金属污染治理需要融合生态环境、农业农村、自然资源等多个行业的理论，形成技术标准体系，协同实现上述国家目标。

14.3　展　　望

首先，建立农用地土壤重金属污染治理的国家标准体系。目前，我国已经颁布了多项土壤环境质量的国家标准，如《稻田重金属治理　第 1 部分：总则》《稻田重金属治理　第 2 部分：钝化调理》《稻田重金属治理　第 3 部分：生理阻隔》等 3 项国家标准，已经批准。今后，需要进行麦田、菜地土壤重金属污染治理国家标准的制定，进一步完善农用地土壤重金属污染治理国家标准体系。

其次，建立农用地土壤重金属污染治理的国家-行业-地方标准体系，按照标准层次，可分为国家标准、行业标准、地方标准和团体标准等。农用地土壤重金属污染治理技术国家标准的立项与发布，由国家市场监督管理总局和国家标准化管理委员会统一管理，由全国土壤质量标准化技术委员会（TC404）、全国肥料和土壤调理剂标准化技术委员会（TC105）、全国自然资源与国土空间规划标准化技术委员会（TC93）、全国环境管理标准化技术委员会（TC207）等单位，具体负责技术标准制定的组织工作。相关行业标准，由农业农村部、生态环境部、自然资源部组织立项、审批与发布。省级地方标准，由各省（区、市）市场监督管理局组织立项、审批与发布。

再次，建立农用地土壤重金属污染治理的全流程技术标准体系。农用地土壤重金属污染治理具有系统性、复杂性、长期性的特征，涵盖前期调查、风险评价与类别划分、风险管控与修复、效果评估与验收、长期管理等全流程活动，也涉及污染源解析、污染源控制、污染物监测、污染治理技术与产品等多个环节。因此，需要编制系统的全流程技术标准体系。

最后，建立农用地土壤重金属污染治理的多目标协同技术标准体系。基于发达国家污染土壤绿色可持续管理的成功经验，结合我国环境保护产业发展的实际情况，制定并实施绿色可持续的重金属污染农田风险管控与修复技术标准，建议对污染农田重金属污染治理过程实施全生命周期评价、全流程碳足迹及社会、经济、环境综合效益评估，促进绿色可持续治理技术发展，以契合国家“双碳”战略目标。

参考文献

李芸，2014. 上海市污染土壤环境质量评价标准体系构建之探讨[J]. 环境污染与防治，36（7）：92-96.

林玉锁，2004. 农产品产地环境安全与污染控制[J]. 科技与经济，17（4）：40-44.

刘阳泽，刘毅，李天魁，等，2021. 部分国家农用地土壤环境质量标准体系研究[J]. 生态毒理学报，16（1）：66-73.

王国庆，2016. 荷兰土壤/场地污染治理经验[J]. 世界环境，（4）：25-26.

魏旭，2018. 荷兰土壤污染修复标准制度述评[J]. 环境保护，46（18）：73-77.

章海波，骆永明，李远，等，2014. 中国土壤环境质量标准中重金属指标的筛选研究[J]. 土壤学报，51（3）：429-438.

周艳，万金忠，林玉锁，等，2016. 浅谈我国土壤问题特征及国外土壤环境管理经验借鉴[J]. 中国环境管理，8（3）：95-100.

后　记

我清楚地记得 1986 年 8 月底走入北京农业大学（现中国农业大学），土壤农化系小黑板上写着："欢迎你走进沙漠！不，走进绿洲！"1990 年 7 月，我从北京农业大学毕业后，既没有走进沙漠，也没有走进绿洲，而是回到湖南省涟源市农业局当一名农业技术员，驻村驻点工作了 3 年，走进了稻田、走进了红土地。

1993 年 9 月，进入华南农业大学资源环境学院攻读硕士学位，师从吴启堂教授，开始接触土壤重金属污染治理的相关研究，协助导师做水稻重金属污染控制的盆栽试验。吴老师是我国土壤重金属污染治理领域的学术带头人与开拓者之一，对我教益良多，我现在的很多研究思路都受益于硕士阶段的研究经历。硕士毕业后，进入华南理工大学应用化学系攻读博士学位，师从古国榜教授。古老师是我国稀贵金属萃取领域的学术带头人。古老师给了我很大的自由度，在古老师的支持下，我开始了二氧化钛光催化及有机污染物降解机制研究。3 年博士学习，拓宽了视野，学会了按照工学思维思考，初步掌握了环境功能材料的研究方法。这段学习经历唤醒了我的科研潜质，同时也使我有机会进入香港理工大学土木结构与工程系做访问研究，师从李湘中教授。李老师是国际环境工程领域知名教授，既是我的授业导师，也是我的人生导师，像父亲一样，对我关爱有加，总是鼓励我扎扎实实做好科研工作，特别是 2001 年帮助我申请到香港理工大学的博士后职位，我的科研之路正式扬帆起航。在这段经历中，我找到了做科研的灵感，也找到了做科研的自信，认识到了从事科研创新的人生价值，把科研由一份工作提升为一份事业。

我的科研经历，硕士阶段播种，博士阶段发芽，博士后阶段成长为小树。特别值得一提的是：我从 2003 年开始由二氧化钛光催化研究转向环境铁化学研究。这是一次华丽的转身。2004 年 9 月，我从香港理工大学回到单位后，面向我国红壤环境问题，以红壤的特征元素铁为切入点，以铁循环生物地球化学机制为核心科学问题，逐步拓展研究思路与学科方向，形成稻田土壤重金属污染的铁循环控制原理与技术体系。

回顾我 30 年来的学习与工作经历，能为理想拼搏，把科研当事业，把奉献当爱好，是因为我有一个温暖的小家庭，以及两个富有动力的大家庭。我妻子吴耀楣女士充当了主体角色，她对知识的信仰，坚定了我及女儿李晴对学问的孜孜追求；她的智慧奉献，促进了婆家、娘家全体上下和谐奋进、修身正己的良好家风。父母的吃苦耐劳、面对困难的韧性是我一生莫大的精神财富，培养了我外柔内强的心性，给予我克服困难的勇气和毅力。岳父母给予我长期且强大的支持。岳父诗书传家，他的无数儒学故事，教会我如何做人、如何做事。家人的支持与鼓励是我不懈努力、不断求索的动力源泉，也是我积极面对困难、勇往直前的精神财富。我把对家人的爱、责任与感激之情融于此书。

我 30 年的人生重要节点，岳父都有诗联记录，引岳父 2021 年春节为我办公室题联作为后记结语：

联一：总九州之才以立功，筹金汤之固；连四方之志而谋事，聚玉烛之和。

联二：谋稻谋粱谋造福；为精为一为昌平。（横匾：为稻粱谋）

李芳柏

2023 年 7 月 6 日于广州